Wolfgang Jacobeit · Schafhaltung und Schäfer

Schafhaltung

Wolfgang Jacobeit

und Schäfer

in Zentraleuropa bis zum Beginn des 20. Jahrhunderts

Akademie-Verlag · Berlin
1987

Mit 15 Textabbildungen, 51 Abbidlungen
auf 16 Farbtafeln
und 16 Schwarz-Weiß-Tafeln

ISBN 3-05-000144-5

2., bearbeitete Auflage
Erschienen im Akademie-Verlag Berlin
DDR-1086 Berlin, Leipziger Str. 3—4

Lizenznummer: 202 · 100/168/87
Printed in the German Democratic Republic
Gesamtherstellung: VEB Druckhaus
„Maxim Gorki" 7400 Altenburg
Lektorin: Hildegard Palm
Gesamtgestaltung: Ulrich Reuter, VBK-DDR
Umschlagfoto: Helga Reuter, VBK-DDR
LSV: 0705
Bestellnummer: 754 537 4 (6910)
06500

Inhalt

Im Gedenken an Paul Nedo

Vorwort

Habent fata sua libelli!

Als dieses Buch 1961[1] in erster Auflage erschienen war, glaubte ich, meinen Anteil an der komplexen Aufarbeitung eines für die Wissenschaft der Volkskunde wichtigen Themenbereichs geleistet zu haben. Die Entwicklung unseres Fachs zu einer historischen Disziplin im Rahmen der marxistischen Gesellschaftswissenschaften stellte auch mich vor mannigfache neue Aufgaben, deren Bewältigung keine Zeit für noch zu ergänzende oder weiterführende Forschungen zur Geschichte und Volkskunde von Schafhaltung und Schäfer im zentraleuropäischen Rahmen zuließ.

Mit einer gewissen Genugtuung durfte ich die zahlreichen rasch aufeinanderfolgenden, meist ausführlichen Rezensionen aus der Feder international bekannter Fachkollegen zur Kenntnis nehmen, die ihre durchweg wohlmeinende Einstellung über meine Bemühungen äußerten, aber auch kritisch weiterführende Meinungen zum Ausdruck brachten.

Aufmerksam verfolgt habe ich natürlich auch die nach 1961 fast überall in Europa erschienene weitere ethnographische und kulturgeschichtliche Literatur zu Schäferei und Hirtenwesen, an der ich mich bisweilen beratend oder mit eigenen Beiträgen beteiligen durfte.

Als der Akademie-Verlag 1983 meine Meinung erbat, ob ich eine zweite Auflage „des Schäfers“ befürworten und sie erarbeiten würde, glaubte ich — auch nach mehr als zwanzig Jahren — zustimmend reagieren zu können, da mir die Thematik als solche nicht fremd geworden war und ich gewiß sein konnte, die seit 1961 erschienene Literatur größten Teils zu kennen bzw. daß mich Kollegen bei der Suche nach entlegeneren neuen Schriften unterstützen würden. Außerdem war das Buch in relativ kurzer Zeit vergriffen gewesen, wurde auch kaum antiquarisch angeboten, so daß mit einem gewissen Bedarf nach einer zweiten Auflage gerechnet werden konnte.

Es war von vornherein mit dem Akademie-Verlag beschlossen worden, daß es nicht Sache der zweiten Auflage sein könne, die gesamte seit 1961 erschienene Literatur zum Thema einzuarbeiten, wohl aber dort entsprechend zu verwenden, wo kritische Hinweise aus Rezensionen, Büchern und Zeitschriftenaufsätzen an bestimmten Passagen, zu Meinungen, Zusammenhängen, Einordnungen und Sachbezügen in der ersten Auflage zu Recht erhoben worden waren. Dies ist, soweit es mir notwendig erschien und möglich war, geschehen. Die Bibliographie wurde durch Sachtitel, einschließlich der mit 1984 als Erscheinungsjahr ausgewiesenen, komplettiert. Es fand auch eine stilistische Überarbeitung insgesamt statt, Wiederholungen wurden ausgemerzt, der Anmerkungsapparat z. T. merklich reduziert, aber auch ergänzt. Der Bildteil ist, den Anforderungen an ein modernes Fachbuch entsprechend, neu konzipiert und wesentlich erweitert worden.

Die Abfassung des Vorworts zu einer neuen Auflage nach so langer Zeit erfordert freilich auch, über den Stellenwert des jeweiligen wissenschaftlichen Werkes im Rahmen der Entwicklung der zuständigen Disziplin zu reflektieren: Bereits die erste Auflage des Schäferbuchs war einer Wissenschaftstradition der Volkskunde verpflichtet, die der Geschichte bzw. der Kulturgeschichte nahe stand und die von einer konkreten historischen Orientierung neue Impulse für das Fach und dessen gesellschaftlichen Aussagewert erwartete. Es war dies zugleich eine Richtung, die sich um die Erarbeitung größerer, komplexer Zusammenhänge auf der Grundlage von Ergebnissen entsprechender Sachforschungen (im Sinne einer konkreten Themenstellung) bemühte. Ferner bestimmten ihre Vertreter die Auffassung, daß Volkskunde nur dann einen Beitrag zur gesellschaftswissenschaftlichen Hermeneutik leisten könne, wenn sie sich als ein interdisziplinär offenes Fach erweise. In diesem Sinne hat mich schon Will-Erich Peukert gelehrt, Volkskunde zu betreiben. In der fördernden Zusammenarbeit mit Wolfgang Steinitz und Jürgen Kuczynski fand ich diese Auffassung von Gegenstand und Aufgabe des Fachs als historische Disziplin im o. g. Sinne immer wieder bestätigt. Mit Paul Nedo verband mich über diese Sichtweise volkskundlicher Wissenschaftlichkeit eine jahrzehntelange Freundschaft. Dem Gedenken an ihn ist daher auch diese zweite Auflage gewidmet.

Von dem Gesagten ausgehend war die erste und ist auch die zweite Auflage eine wissenschaftliche Kompilation. Die daraus resultierenden „Vorteile" liegen in der Einbettung des Themas in allgemeinere gesamthistorische, großräumigere Zusammenhänge unter Beachtung der konkret gegebenen historisch-gesellschaftlichen Bedingungen und Voraussetzungen. Eine Darstellung dieser Art bringt somit beträchtlichen Erkenntnisgewinn, vermittelt tiefere Einblicke in die jeweilige thematische Vielfalt und führt zu neuen Forschungsfragen an den Stoff auch im Detail. Eine wissenschaftliche Kompilation ist vor allem dann sinnvoll, wenn es darauf ankommt, aus weit verzweigten, jahrzehntelang gesammelten Einzelfakten eine Synthese mit verallgemeinerungsfähigem Aspekt zu erarbeiten. Sie wird allerdings fragwürdig, wenn sie sich ohne ausreichende Materialgrundlage in Spekulationen ergeht. Ihr Wert kann aber nicht dann angezweifelt oder gar negiert werden, wenn beispielsweise auf die regionale Vielfalt oder auf den Variantenreichtum einer Sache, einer Erscheinung o. ä. hingewiesen wird, ohne die jeweiligen Einzelheiten selbst minutiös zu beschreiben, Typologien aufzustellen usw. Aus diesem Grunde wurden kritische Anmerkungen in Rezensionen, die sich darauf beziehen, daß in der ersten Auflage des Buches z. B. die Hirtenstäbe in ihrer europäischen Verbreitung und in ihren vielfältigen Formen bzw. Hakenkrümmungen zu wenig oder gar nicht behandelt worden seien, bei der Erarbeitung der zweiten Auflage unberücksichtigt gelassen, weil damit kein wirklicher Erkenntniswert verbunden gewesen wäre. Ähnliches gilt für die verschiedenen Arten des Melkens oder der Milchverarbeitung, die in ihrer regionalen Spezifik für Europa darstellen zu wollen, einer Sisyphus-Arbeit gleichkäme. Wichtiger wäre es vielmehr, von der Gleichartigkeit gewisser Erscheinungen in ihrer Verbreitung und ihrer historischen Entwicklung auszugehen und daraus erst Rückschlüsse z. B. auf ethnische Zusammenhänge zu ziehen. Seit 1961 sind so viele Sammelbände und Landschaftsmonographien zum Schäfer- und Hirtenwesen erschienen, daß sich jeder an Details Interessierte informieren kann. Diese Arbeiten sind dann auch in die Bibliographie aufgenommen worden. Sie wurden aber nur gelegentlich für den Text der zweiten Auflage — freilich nach eingehendem Vergleich mit der ersten Auflage — verwendet.

Das Für und Wider um diesen Problemkomplex des Kompilatorischen beendend, möchte ich mich der Meinung eines Forschungskollektivs aus dem Fränkischen Freilandmuseum Bad Windsheim anschließen, in der es heißt: „Die vollständige Einbeziehung aller zur Verfügung stehenden Quellen, wie sie in großräumigen Arbeiten kaum zu leisten ist, ermöglicht eine relative Nähe zu den handelnden und betroffenen Menschen." Dennoch gelte auch schon für kleinräumige Untersuchungen, daß sich die Grundstrukturen gleichen, „wenn auch manche Einzelheiten schon in den Nachbarorten anders ausgesehen haben können"[2].

Neben den schon erwähnten sachkundigen und detaillierten Aufsatzsammlungen zu Schäferei und Hirtenwesen verdienen einige monographische Werke nach 1961 besondere Beachtung, weil sie es verstanden haben, die erarbeitete Materialfülle einer Landschaft oder auch nur eines Dorfes, eines räumlich begrenzten „wirtschaftlich-kulturellen Typs" u. ä. nicht nur mehr oder weniger sachlich geordnet darzubieten, sondern in sozialökonomisch-historischen Zusammenhängen zu interpretieren, sie also in einer interdisziplinär angelegten Komplexität zu betrachten, wie sie z. B. gegenwärtigen Untersuchungen zur Geschichte des Alltags eigen ist. In diese Kategorie progressiver Untersuchungen und Darstellungen möchte ich solche, nach 1961 erschienenen Publikationen einreihen wie die von Mariel-Jean Brunhes-Delamarre[3], Mátyás Szabó[4], Herbert Maeder — Robert Kruker[5], Wolfgang Staiger — Heidi Barbara Kloos[6], Peter Martin — Rolf Vogeding — Konrad Bedal[7] u. a. Vergessen seien aber auch nicht solche methodologischen Leitbilder wie die von keinem Geringeren als Georges Henri Rivière initiierte „Recherche cooperative sur programme" des Pariser Centre National de la Recherche Scientifique (C.N.R.S.) über die südfranzösische Viehzucht- und Weidewirtschaftsregion des Aubrac, die als „Etude ethnologique, linguistique, agronomique et économique d'un établissement humain" (1970ff.) eine umfassende interdisziplinär konzipierte Kulturgeschichte dieser Landschaft vom Mittelalter bis in die Gegenwart bietet. Ihr kann das langjährige und mehrbändige Forschungsunternehmen der Polnischen Akademie der Wissenschaften „Pasterstwo Tatr polskich i Podhala" (1959ff.), gleichzeitig stellvertretend für die südosteuropäischen Untersuchungen zur Geschichte und Ethnographie der balkanischen Vieh- und Weidewirtschaft, an die Seite gestellt werden.

Was diese Untersuchungen auszeichnet, ist ihr kulturhistorischer Zugriff, der die Entwicklung bis zur Gegenwart mit den sich in ihr vollziehenden Wandlungen einbezieht und denen es dabei nicht um ein Optimum an Fakten als solchen zu tun ist, sondern denen es um die Lebensweise, um die wechselvolle Geschichte des Alltags von Menschen geht, die einer Landschaft, einer Siedlung, einem ganzen Territorium das Gepräge geben. Über Anliegen und Zielstellung solcher Untersuchungen möchte ich Herbert Maeder und Robert Kruker zustimmen, die zu ihrem jüngst erschienenen Text-Bildband über die Schweizer Alpkultur so formuliert haben: „Weite Teile des Textes sind nachträgliche, manchmal neutral beschreibende, manchmal kritisch durchleuchtende Wiedergaben wirtschaftlicher, gesellschaftlicher und kultureller Fakten. Mit unseren Urteilen haben wir die Alpkultur als etwas Ganzes im Auge. Sie dürfen deshalb nicht als verbindliche Aussagen von Spezialisten aufgefaßt werden, sondern als Gedanken von außenstehenden Beobachtern mit Sympathie für die Lebens- und Wirtschaftsweise in den Alpen".[8]

Wenn es am Schluß dieses Vorwortes einen Dank auszusprechen gilt, dann gebührt er in erster Linie dem Akademie-Verlag, der den Gedanken einer zweiten Auflage gefaßt und realisiert hat. Als Lektoratsleiterin hat Frau Palm die Drucklegung vorbildlich betreut. Dr. S. Becker, Marburg, und Dipl. ethn. R. Quietzsch, Berlin, unterstützten mich mit Literaturhinweisen. Die Kollegen Herbert Maeder/Robert Kruker sowie Wolfgang Staiger/Heidi Barbara Kloos stellten mir in Auswahl ihr aktuelles Fotomaterial uneigennützig zur Verfügung.

Zu danken habe ich darüber hinaus nach wie vor all den vielen Fachkollegen, die mich bei der ersten Auflage in so hervorragender und uneigennütziger Weise unterstützten. Daß dieser Dank in nicht wenigen Fällen nun postum abgestattet werden muß, nimmt ihm nichts von seiner ehrfurchtsvollen Verbundenheit mit jenen.

Birkenwerder, im Juli 1984

Wolfgang Jacobeit

Einleitung

„Wenn die Schafe wol stehen / die Weiber wol abgehen / die Bienen wol schwermen / der darff sich nichts hermen. Denn es ist gewislich war / wer mit dem einigen Schafvieh recht umbzugehen weis / der kan mit seiner Haushaltung wol fortkommen / sintemal am gantzen Schaf nichts böses oder unnützliches ist: Das Fleisch / die Wolle / die Haut / die Milch / Butter und Kese / die Dermer / ja auch der Mist und Koth ist alles mit einander sonderlich gut / und kan allenthalben wol gebraucht werden ... Und wol dem Wirth / dem die Schaff wol beystehen / denn der leidet keine Noth / seine Schäflein können ihm nechst Gott wol forthelffen / sie neren / speisen / trencken / kleiden und erhalten ihn / und machen ihn freilich zum Herren / wie ich denn selbst einen Bauern in der Schlesien gesehen / der nicht allein ein Bürger Gut in der Stadt hatte / sondern auch ein gut Dorff darzu kauffte / und schriebes nehest Gott alles dem Schaffvih zu / das er reich worden war / dieweil er mit deme wol umbgehen kund".[1] Diese Bemerkung einer für seine Zeit bedeutenden Persönlichkeit, des Physiokraten Colerus, mag für viele andere stehen, die die Vorzüge der Schafhaltung hervorheben und Maßnahmen anraten, wie sie im Rahmen einer gut ausgewogenen Landwirtschaft zum Wohle der Allgemeinheit gefördert werden könnte. Neben der vielseitigen Nutzungsmöglichkeit, die uns Colerus so plastisch schildert, sind es jedoch noch einige andere Eigenschaften, die das Schaf vor anderen Haustieren auszeichnen und die dazu beigetragen haben, daß es sich von jeher einer besonderen Wertschätzung erfreute.

Infolge seiner sprichwörtlichen Genügsamkeit, ja Bedürfnislosigkeit ist das Schaf ein Tier, das sich ausgezeichnet in eine extensive Form der Bodennutzung eingliedert,[2] da es sich „in erster Linie zur Ausnutzung magerer, trockener Weiden eignet. Solche nutzt es allerdings so gut aus wie kein anderes Haustier".[3] Auf Böden mit entsprechend niedriger Bonität, die vor der Einführung der künstlichen Düngung landwirtschaftlich kaum genutzt werden konnten, werden wir also häufig ein Überwiegen der Schafhaltung feststellen können. So waren und sind zu einem gewissen Teil auch heute noch die Heidegebiete ausgesprochene Schaflandschaften. Die Heidschnucke der Lüneburger Heide, die nur bei dem dort charakteristischen Pflanzenwuchs gedeiht, ja in Gegenden mit Grasweiden auf die Dauer gar nicht lebensfähig wäre, spielte im Wirtschaftsleben der Heidehöfe eine bedeutende Rolle. Die Schnuckenzucht stand gleichberechtigt neben der Anbauwirtschaft, wenn sie diese in gewissen Fällen nicht sogar verdrängte. Sie „machte die Leistungsfähigkeit des Hofes aus ..."[4]. Die Bedeutung der Schafhaltung, wie sie hier für das Gebiet der Lüneburger Heide angedeutet wurde, gilt natürlich auch für alle anderen Landschaften mit ähnlichen Bodenverhältnissen, in denen die „absolute Schafweide" die Anbauflächen überwog. Es ist dabei gleichgültig, ob es sich um Weiden im bergigen Gelände oder um Sandgebiete in der Ebene handelte.[5]

Genügsamkeit und Anspruchslosigkeit des Schafes waren in den Zeiten der extensiven Wirtschaft auch für seine Durchwinterung von Bedeutung. Da die Futtervorratswirtschaft eine Stallhaltung in der kalten Jahreszeit nur im kleineren Maße erlaubte, war man gezwungen, die Tiere so lange wie möglich draußen weiden zu lassen, und selbst bei mäßiger Schneebedeckung trieb der Schäfer seine Tiere noch aus. Mit ihren Hufen kratzten sie den Schnee fort, um an die kümmerliche Grasnarbe heranzukommen, oder der Schäfer benutzte, wie in der Lüneburger Heide, eine Art Handschneepflug, die sogenannte „Kruke“, mit der er im weiten Bogen einen mehrere Meter breiten Weg um den „Butenkam“[6] herum bahnte. Auf diesem dann schneefreien Streifen weideten die Schnucken. Im Stall wurde lediglich Zufutter[7] gestreut. War der Winter so streng und anhaltend, daß die Tiere ihre Nahrung nicht draußen suchen konnten, wurden sie zwar im Stall gehalten. Doch war das Heu, das sie bekamen, oft „so elend ... oder ihnen so kärglich zugemessen ..., daß nicht selten ganze Heerden davon wegsterben“, berichtete v. Schwerz aus dem Münsterland.[8] Trotz des Problems der Überwinterung, das bei der Struktur der früheren extensiven Landwirtschaft ja für alle Tiere das gleiche war, bestand beim Schaf dennoch die Möglichkeit, es dank seiner Eigenschaften im allgemeinen leichter über die futterarme Zeit[9] zu bringen. Schließlich wird es auch im intensivierten Betrieb noch heutigentags so lange wie möglich ausgetrieben und findet eine gute Weide selbst auf der Wintersaat.

Fragen wir nun danach, wie die Grundlage der Schafhaltung dort beschaffen war, wo die absoluten Weiden gegenüber der Anbaufläche kleiner gewesen sind, wo sie in dem bisher genannten Maße fehlte. Zunächst stehen auch hier natürlich landwirtschaftlich ungenutzte Flächen, wie Feldraine, Koppelwege, Straßengräben, Böschungen usw. zur Verfügung. Aber auch im landwirtschaftlichen System selbst hat das Schaf seine Stellung und Bedeutung: Die Dreifelderwirtschaft, bei welcher der Stand der Viehzucht nach Krzymowski (1951, S. 150) „ein ebenso extensiver wie derjenige des Pflanzenbaues“ ist, gibt dem Schaf mit der Brache eine Weidemöglichkeit und damit Existenzgrundlage.[10] Hinzu trat im Herbst die Stoppelweide, auf welche die Schäfer schon ungeduldig warteten und die ihnen nach den Bestimmungen des Flurzwanges nach einem gewissen Termin auch zur Verfügung stand. Wer seine Felder nicht rechtzeitig abgeerntet hatte, mußte gewärtig sein, daß sie rücksichtslos übertrieben wurden.[11] Die Bedeutung gerade der Stoppelweide für die Schafhaltung ergibt sich z. B. auch daraus, daß in Wallenrod am Vogelsberg nach eingebrachter Ernte ausgeschellt wurde, daß „die Stoppeln aufgehen“, d. h. zur Weide freigegeben sind.[12]

Anders als in Gebieten mit absoluter Schafweide besteht dort, wo Dreifelderwirtschaft überwiegt, eine ausgesprochene Wechselbeziehung zwischen Schafhaltung und Anbauwirtschaft, ja beide bedingen in gewissem Sinne einander. Während letztere auf Grund ihres Fruchtfolgesystems dem Schaf eine hinlängliche Ernährungsgrundlage garantiert, fördert dieses allein durch das Beweiden die Nutzungsmöglichkeit der Anbaufläche. Als Beispiel sei folgender Fall aus Immenhausen im württembergischen Oberamt Bebenhausen angeführt: Die dortige Gemeinde reichte (um 1780) ein Gesuch um Abschaffung ihrer Schafe ein, da sie in Zukunft die Brache besäen wolle. Dieser Eingabe wurde stattgegeben. Aber schon nach kurzer Zeit („nicht länger als zwei Pflugrechte“) bat sie wieder, ihren Antrag rückgängig zu machen, „weil das Gras in ihrem schweren Boden so überhand name, daß sie davor fast keine Frucht mehr bekäme“.[13] Es ist also der Schafsverbiß, der das Feld vor dem Verkrauten bewahrt und im Stadium der Dreifelderwirtschaft ebenso wichtig für die Ertragsfähigkeit des Bodens sein konnte wie der Schafdünger, über dessen Bedeutung an anderer Stelle gesprochen werden soll. Als mit den kameralistischen Bestrebungen eine Intensivierung des Anbaus einhergeht und die Brache weitgehend mit Futterpflanzen bebaut wird, ist zwar der Schritt zu einer ausgedehnteren Stallhaltung getan, doch ist das Wechselverhältnis zwischen Anbau und Schafhaltung gestört: Die Schafhaltung beginnt zumindest im bäuerlichen Bereich abzusinken.[14]

Der Schafsverbiß, der sich also durchaus vorteilhaft für die Anbauwirtschaft auswirken konnte, hat jedoch auch negative Eigenschaften, die sich für die Ernährung des Tieres selbst nachteilig auswirken können und ausgewirkt haben. — Bekannt sind eine Vielzahl landesherrlicher Bestimmungen, welche die Waldweide für Schafe verbieten, da ihr Verbiß dem Baumbestand erheblich schadet.[15] In der Tat kann der Verbiß so stark und intensiv sein, daß er den Charakter ganzer Landschaften prägt. Das gilt in ganz besonderem Maße für das Gebiet der Lüneburger Heide, die — ursprünglich bewaldet — im Mittelalter abgeholzt und dadurch zur Heide und zum erstrangigen Weideland wurde. Jeder Versuch einer Bepflanzung oder Aufforstung wurde durch den Verbiß unmöglich gemacht.[16] Für die schwäbische Alb berichtet Hornberger[17] ebenfalls, daß der Landschaftscharakter durch die Wanderschafherden bestimmt wurde. — Auch die Verkarstung von Gebirgen geht zu einem beträchtlichen Teil auf die starke Schafhaltung besonders im Bereich der balkanischen Transhumanz zurück. So berichtete Professor Vakarelski, Sofia, auf der Tagung für Agrarethnographie in Berlin (1955), daß in Bulgarien die starken Wanderherden heute noch ein Aufforsten der Gebirge verhindern.[18] Für die Beskiden beschreibt Hanslik[19] sehr anschaulich die Folgen derartiger ausgedehnter Schafhaltung:

„Die Beskiden, von Natur ein prächtiger, natürlicher Waldboden, mußten erst geschwendet, niedergebrannt werden, bevor sie der Viehzucht eine Stätte boten ... Sowohl die sterilen Abhänge als auch ... die Gipfel der Berge wurden so entwaldet. Die natürliche Folge der Entwaldung aber war die Entwertung des Bodens durch Abkriechen der Humus- und Gekriechschicht. Trockenpflanzen, wie vor allem der Wachholder, siedelten sich an der Stelle des alten Nadelwaldes auf dem durchlässiger gemachten Gesteine an. Solche Bilder typischer ... Raubwirtschaft bieten heute viele Gemeindewälder unseres Gebietes. Insbesondere bietet der Eintritt in das Soladefilee nördlich von Saybusch einen schauerlichen Eindruck dar durch die mächtige Wachholderwüste, welche die Talhänge bis tief nach Międzybrodzie hinein begleitet.

Auf den Rückenflächen hat die Vernichtung des Nadelwaldes infolge der geringeren Steilheit des Bodens nicht zur Wachholderbildung geführt, sondern zur Ansiedlung von Laubbäumen, besonders von Buchen, die unter dem Schaffraß in Form von Gestrüpp in die Breite wachsen. Selten ist es einem Baum gelungen, sich durchzuarbeiten. Meist steht er inmitten einer Gestrüppinsel, durch diese vor den Tieren geschützt, da. Es wird nicht bald so magere, von lauter hartem ‚Bürstling' gebildete Wiesen mit so artenarmer Vegetation geben, wie diese beskidischen Weiden der Goralen. Tausende von Maulwurfshügeln bedecken den ungepflegten Boden. Das sind die Zustände, die heute noch in dem größten Teile unseres Gebietes die Regel sind und die einem den großen Unterschied alpiner und karpathischer Weidewirtschaft[20] sehr lebendig ins Bewußtsein bringen."

Wir haben diese Schilderung so ausführlich gebracht, weil sie die verheerenden Folgen des Schafsverbisses zeigt und die landesherrlichen Verbote der Schafweide im Wald verständlicher werden läßt. Wie schon oben gesagt, kann sich der Verbiß einerseits günstig auf die Anbauwirtschaft[21] auswirken, versperrt andererseits aber dem Schaf — wie auch der Ziege — die ausgiebige Waldweide.[22]

Hatten wir feststellen können, daß das Schaf dank seiner Genügsamkeit auch auf kärgstem Boden gedeiht, ja seine Haltung dort oft die einzige nennenswerte landwirtschaftliche Nutzung sein kann, gilt es abschließend zu untersuchen, ob es Umstände gibt, welche seine Haltung erschweren. Wir sehen dabei vorerst davon ab, daß intensiver Anbau mit künstlicher Düngung und Möglichkeiten, auch bisher steriles Land erfolgreich unter den Pflug zu nehmen, das Schaf nicht nur beiseite schiebt, sondern seine Haltung sehr erschwert.[23] — Obwohl genügsam und widerstandsfähig gegen bestimmte Witterungseinflüsse, ist das Schaf ein Tier, das für eine Reihe seuchenähnlicher Krankheiten recht anfällig ist. Zu diesen gehören vor allem Leberegelseuche und Moderhinke, die auf feuchten und nassen Wiesen auftreten.

So heißt es schon in einer kleinen Schrift des 16. Jahrhunderts: „Mit der Hüttung der Schaffe muß ein Schäffer vorsichtig sein / damit er sie nicht in den Rohrsümpffen / brüchigen / und nidrigen / nassen Orthen hütte / Denn sie gerne darnach auff den Winter sterben / Sondern die hohe und truckene Orth zur Weyde / sein den Schaffen am bequemsten / sonderlich die Brochweyde / etc."[24] Noch heute gehört es zur Gewohnheit der Schäfer, auch erst dann auszutreiben, wenn die Sonne das Gras vom Taubefall getrocknet hat, und es ist klar, daß die Schafhaltung in Gebieten mit hoher Niederschlagsmenge[25] oder in Überschwemmungsgelände nicht von Bedeutung sein kann. In dieser Anfälligkeit liegt es wohl mitbegründet, daß das Schaf in der Marschenwirtschaft mit ihren fetten aber feuchten Weiden kaum gehalten wird, dafür aber dort die Rindviehhaltung blüht. Erst auf der trockeneren Geest treffen wir das Schaf wieder in größerer Zahl an.[26]

Die Schafhaltung

I. Von der Schafhaltung zur Schafzucht[1]

Die eingangs angedeutete vielseitige Nutzungsmöglichkeit und die spezifischen Eigenschaften des Schafes, die seine Haltung gegenüber der anderer Haustiere zweifellos begünstigten, haben ihm schon in früherer Zeit eine große Bedeutung gegeben.

Wir hatten an anderer Stelle[2] bereits Gelegenheit, auf die Schafhaltung in den neolithischen Kulturen Europas hinzuweisen, wobei wir die Möglichkeit einer Schafhaltung schon für das Mesolithikum verneinen mußten. Mit zunehmender Organisierung der Landwirtschaft stieg auch die Bedeutung des Schafes, dessen Produkte man sich immer stärker zunutze machte. Ob einige davon besonders geschätzt wurden bzw. ob man das Tier vielleicht sogar auf eine bestimmte Nutzung züchtete, läßt sich für den mitteleuropäischen Raum kaum sagen. Daß man die Wolle verwertete, beweisen hinlänglich die aus bronzezeitlichen Moorfunden geborgenen Stoffreste. Sehr wahrscheinlich ist das Schaf aber auch als Fleischtier und Milchlieferant genutzt worden, während man die Bedeutung des Düngers erst später erkannt haben dürfte.

Die Linguisten sind, soweit wir sehen, der einhelligen Meinung, daß das Schaf zu den ältesten und wichtigsten Haustieren der Indoeuropäer zählte.[3] Ob dabei das Torfschaf (*ovis aries palustris Rütimeyer*), wie Nehring[4] meint, vorindoeuropäisch ist und das Kupferschaf (*ovis aries studeri Duerst*) mit einer feineren und ergiebigeren Wolle von den Indoeuropäern nach Mitteleuropa gebracht wurde, ist ein zoologisch-prähistorisches Problem von Wichtigkeit, das hier aber nicht weiter erörtert werden kann.[5] Fest steht aber wohl, daß die allgemeine Einheitlichkeit des Haustierbestandes im jüngeren Neolithikum verlorengeht,[6] d. h., daß vom Ende des Neolithikums ab das Schaf in mehreren Varianten auftritt, was — bei allem Vorbehalt — auch schon auf eine differenziertere Nutzung hinweisen könnte.[7]

Genauere Hinweise auf die Schafhaltung und ihre Bedeutung geben uns aber erst die klassischen griechischen und römischen Quellen. Ganz allgemein ist zu sagen, daß das Schaf im Wirtschaftsleben der antiken Welt eine exzeptionelle Stellung eingenommen hat. Macht und Reichtum der Könige und Fürsten beruhte vielfach auf dem Besitz an Schafherden, ja „aus Herdenführern sind die Führer des Volkes (*ποιμένες λαῶν*) hervorgegangen. Ehrende Beinamen altgriechischer Geschlechter *πολύαρνης* und *πολύμηλος* (Varro II, 1) nehmen auf Schafreichtum Bezug. Die Überlieferung läßt auch die römischen Könige von Schafhirten abstammen“.[8] Für den alten Orient hat Jost[9] nachgewiesen, daß sich die Könige „mit Vorliebe die Bezeichnung Hirte zulegen“. Auch „das Ägyptische gibt ebenfalls Zeugnis von der Gleichsetzung von Hirte und König“.[10] Und „mit der Anwendung des Hirtenbildes auf das Königtum Davids wird Hirte zum hebräischen Königstitel, wie der *ποιμὴν λαῶν* bei den Griechen und in Babylonien“.[11] Im übrigen schildert das Alte Testament in den verschiedenen Büchern sehr deutlich die Stellung des Schafes im Wirtschaftsleben des israelischen Volkes. — Auch im kultischen Bereich zeichnet sich deutlich ab, in welch starkem Maße die allgemeine Prosperität mit von der Schafhaltung abhing. Eine ganze Anzahl von Göttern sind Schutzherren der Schafherden. Sie werden als Schäfer dargestellt und angesprochen.[12] Das Bild bzw. das Gleichnis von „guten Hirten“ und die religiöse Hirtenallegorie überhaupt gehen letzten Endes auf die Bedeutung der Schafhaltung in den klassischen Ländern Europas und des Vorderen Orients zurück.[13]

In der Antike nun ist das Schaf im gewissen Rahmen bereits auf spezielle Produkte hin gehalten, ja vielleicht auch schon gezüchtet worden. Die Berichte antiker Autoren lassen jedenfalls erkennen, daß man bereits Kreuzungen kannte und es verstand, für die jeweilige Schafrasse die richtige Weidelandschaft zu finden.[14] Wir wissen auch, daß Schafe mit feiner Wolle, die im Preis sehr hoch standen, in Ägypten und Libyen gehalten wurden.[15] Auch das attische und das

Tarentinerschaf wurden als „oves tectae" wegen ihrer feinen Wolle besonders gepflegt.[16] — Daß es auch als Fleischtier genutzt wurde, erhellt aus seiner häufigen Erwähnung als Opfertier in der klassischen Welt.[17]

1. Allgemeine Nutzung

In Zentraleuropa dürften die Verhältnisse in der frühgeschichtlichen bis spätgermanisch-frühmittelalterlichen Periode so gewesen sein, daß das Schaf hier noch vorwiegend *allgemein* genutzt wurde. Bevölkerungsdichte, Handwerk und Handel sind noch nicht so weit entwickelt, daß spezielle Produkte der Schafhaltung besonders begehrt gewesen wären. Aus den spätgermanischen Gesetzen läßt sich jedenfalls nichts entnehmen, was über eine allgemeine Nutzung des Schafes hinausginge. Daß das Tier aber — eben seiner vielseitigen Nutzungsmöglichkeiten wegen — geschützt war, zeigen deutlich die schweren Strafen, die über den verhängt wurden, der sich des Diebstahls an einem Schaf schuldig gemacht oder gar die Person des Schafhirten angegriffen hatte.[18] — Wie wir später noch ausführlicher erörtern werden, ist das Recht der Schafhaltung ursprünglich vorwiegend auf das dörfliche Gemeinwesen beschränkt. Auch derjenige, welcher größeren Landbesitz hat, ist gezwungen, sein Vieh dem Gemeindehirten vorzutreiben, d. h., daß wir zu Beginn des Feudalismus vor allem von einer bäuerlichen Schafhaltung sprechen müssen, die in erster Linie der Deckung des eigenen Bedarfs an Wolle, Fleisch, Milch und deren Verarbeitungsprodukten diente,[19] wobei der wertvolle Dünger durch das Beweiden der Brache allen Schafhaltern gleichmäßig zugute kam. Auch die nicht unbeträchtlichen Schafherden auf den königlichen Gütern[20] werden kaum anders als für die Bedürfnisse des Hofes gehalten worden sein, die allerdings in späteren Jahrhunderten so angewachsen waren, daß beispielsweise der kursächsische Hof zur Auffüllung seiner Herde mehrfach Hunderte von Schafen einführte bzw. ankaufte.[21]

Wir sagten, daß das Recht der Schafhaltung anfangs allgemein war, daß Einzelpersonen kaum größere Rechte eingeräumt wurden. Ja, in vielen Fällen — das geht aus einer Anzahl von Weistümern hervor — wird das erweiterte Weiderecht einzelner zu Gunsten der Allgemeinheit, d. h. zu Gunsten der bäuerlichen Schafhaltung eingeschränkt. Zu einer besonderen Herausbildung von Einzelprivilegien sei auch noch gar keine Veranlassung gewesen, meinte bereits Hildebrand,[22] denn vor dem 13. Jahrhundert lasse sich zumindest in Deutschland kaum ein Wollhandel feststellen. Das aber bedeute, daß der Grundherr gar keine Veranlassung hatte, wesentlich mehr Wolle zu produzieren, als er für seinen eigenen Bedarf benötigte.

Das wird nun aber anders, als mit der Entwicklung und Ausbreitung des Städtewesens ein Anwachsen der Bevölkerung und eine Konsolidierung des städtischen Handwerks einhergeht. Diese Faktoren, die ganz allgemein einen größeren Bedarf an Versorgungsgütern bedingen, wirken sich natürlich auch auf die Schafhaltung aus. So finden wir um diese Zeit nicht nur einen allgemeinen Aufschwung der Schafhaltung, der sich aus dem erhöhten Fleischbedarf der Stadtbevölkerung erklären läßt, sondern auch ein Anwachsen der Wollproduktion und damit der Wollverarbeitung, d. h., vom 14. Jahrhundert an wurde im zentraleuropäischen Raum im größeren Rahmen *erstmalig* damit begonnen, das Schaf auf eine bestimmte Nutzung, und zwar vorwiegend auf Wolle, zu halten und damit auch in gewisser Weise zu züchten.[23] Von diesem Zeitpunkt an produziert man über die eigene Bedarfsdeckung hinaus, und es ist schon vom Standpunkt der Nutzung aus wohl berechtigt, nun von einer bäuerlichen und einer grundherrlich-feudalen Schafhaltung zu sprechen. Von einer grundherrlich-feudalen Schafhaltung insofern, als die Produktion — namentlich die der Wolle — über den eigenen Bedarf hinaus nur von den Gütern aus möglich ist, die über größeren Landbesitz und damit über genügend Weideland verfügen, das sie später durch willkürliche Einbeziehung von Bauernland noch erweitern.[24] Man muß im Lauf der Entwicklung — wir kommen darauf noch im einzelnen zu sprechen — sogar von einem Gegensatz zwischen bäuerlicher und gutsherrlich-feudaler Schafhaltung sprechen, denn „die kleinbäuerliche Schafhaltung tritt immer mehr zurück gegenüber dem Großbetrieb in der grundherrlichen Wirtschaft, die sich in diesem Zweige der Viehzucht geradezu monopolistisch zu entwickeln bestrebt war".[25] Nur selten gelingt es den Bauern, sich dieser Monopolstellung zu erwehren und beispielsweise ihr Almenderecht gegenüber dem Grundherrn durchzusetzen. Hinzu kommt, daß auch die Städte selbst vom 14. Jahrhundert ab beginnen, Schafe in großen Herden zu halten, um den Fleisch- und Wollbedarf aus eigenem Aufkommen zu decken.

Wir haben also — um es noch einmal zusammenzufassen — im wesentlichen zu unterscheiden zwischen einer vorwiegend bäuerlichen Epoche der Schafhaltung zur Deckung des Eigenbedarfs ohne bedeutende Spezialisierung einer bestimmten Nutzung des Schafes und einer späteren, etwa seit dem 14. Jahrhundert grundherrlich-feudal bestimmten Epoche der Schafhaltung, in der auch mit den Mitteln und Maßnahmen des außerökonomischen Zwanges über den Eigenbedarf hinaus in erster Linie Wolle produziert wird. Damit wird dieser Abschnitt in der Geschichte der Schafhaltung oder im gewissen Sinne auch der Schafzucht zu einer Geschichte der Wollproduktion schlechthin.

Diese Nutzung jedoch allein zum Gegenstand einer historischen Abhandlung zu machen, gäbe kein reales Bild von der Entwicklung der Schafhaltung, die ja bis ins Spätmittelalter hinein gerade durch die allgemeine vielseitige Nutzungs- und Verwendungsmöglichkeit charakterisiert ist. Es wird also im folgenden unsere Aufgabe sein, von der Bedeutung der verschiedenen Produkte der Schafhaltung und ihrer Nutzungsmöglichkeiten einen kurzen wirtschaftshistorisch orientierten Abriß zu geben, wobei die Wolle als letztes behandelt werden soll.

2. Verwertung des Düngers

Ein Produkt der Schafhaltung, das sowohl in der bäuerlichen als auch in der grundherrlich-feudalen Wirtschaft einen großen Wert darstellt, ist der Schafdung, dessen anfallende Menge durch keine züchterischen Maßnahmen erhöht werden kann, dessen Wert allein durch die Güte des Futters bzw. den Zustand der Weide bestimmt wird. — Wir sagten schon in der Einleitung, daß Schafhaltung und Dreifelderwirtschaft einander bedingen, daß die Produktivität dieser bis ins frühe 19. Jahrhundert vorherrschenden Form der Anbauwirtschaft weitgehend vom Schafdünger abhängig war.

Erst vom 14. Jahrhundert ab gibt es einen Anreiz, ja liegt die Notwendigkeit vor, infolge des Anwachsens der Stadtbevölkerung die allgemeine Produktion zu erhöhen. Wenn das in unserem Zusammenhang auch nur bestimmte Nutzungsformen der Schafhaltung betraf, so galt es in hohem Maße auch für die Anbauwirtschaft. Auf diesem Sektor die Produktivität zu erhöhen, war zu damaliger Zeit aber nur durch eine Verbesserung des Bodens mit den zu Gebote stehenden natürlichen Mitteln möglich, d. h. durch intensivere Düngergaben.[26] Da anfallender Stalldung im System der Dreifelderwirtschaft nur gering war, konnte besonders durch die Schafhaltung bzw. durch das Beweiden und das damit erfolgende planmäßige Düngen der Brach- und Stoppelweiden eine relative Bodenverbesserung durchgeführt werden. Denn vor jedem anderen ist der Schafdünger reich an Phosphorsäure, Kalk und Harnstickstoff.[27]

Während in der Frühform der Dreifelderwirtschaft Brache und Stoppelweide in erster Linie der Ernährung des Schafes dienten, wurde nunmehr der Schafhaltung auch die Aufgabe der Weidedüngung gestellt. Mit anderen Worten: Man wird vom 14. Jahrhundert ab mit dem Beginn einer bewußteren Düngung innerhalb des Systems der Dreifelderwirtschaft rechnen dürfen.

Diese Form des bewußteren und planmäßigeren Düngens in der Dreifelderwirtschaft ist das Pferchen,[28] von dem Hildebrand[29] schreibt, daß es vor allem erst im 15. und 16. Jahrhundert richtig zur Geltung gekommen sei. Zu Grunde liegt „das Recht des Pferchs, das Recht nämlich, die Schafe der Hörigen usw. zur Düngung der gutsherrlichen Felder zu benutzen. Wir finden von dieser für größere Landwirthschaften so wichtigen Gerechtsame, wegen der vor Einführung der veredelten Schafzucht vielfach Schäfereien unterhalten wurden,[30] im frühen Mittelalter in Deutschland keine Spur." Ergänzend zu Hildebrand muß allerdings gesagt werden, daß das Pferchrecht nicht ausschließliches Privileg der Grundherren,[31] die ihre Felder durch die Schafe der Untertanen düngen ließen, war. Das Pferchrecht haben in einer Gemeindeschäferei die einzelnen Bauern bzw. in einer Genossenschaftsschäferei meist auch die einzelnen Schafhalter. Daß das Pferchrecht eine später eingeführte Gerechtsame ist, die nicht ihren ursprünglichen und organischen Platz inmitten der sonstigen Weide- und Hutungsrechte einnahm, zeigt der Umstand, daß es „weder mit der Trift-, Hutungs- und Schäfereygerechtigkeit unzertrennlich verknüpft, noch aus diesen schlechterdings zu folgern [ist] ... Doch wird hierzu nicht allemal ein besonderer Titel erfordert, sondern wer das Recht hat, auf seinen Feldern zu weiden, von dem wird auch vermuthet, daß er im Besitz des Pferch- und Hürdenschlages sey."[32] Ergänzend dazu sagt Eschenmayer,[33] daß das Pferchrecht in der Regel mit dem „Schäfereyrechte und der Schäfereygerechtigkeit", aber nicht mit dem Rechte „Schaafe zu halten verbunden [sei]. Es kann zwar jeder Eigenthümer auf eigenen Grundstücken das Pferchrecht ausüben ... hingegen zu dem Pferchrecht auf fremden Grundstücken gehöret ihm ein besonderer Rechtstitel."

Hinzu kommt, daß die Größe der Schafherden je nach den Weidemöglichkeiten, die der Gemeinde zur Verfügung standen, meist begrenzt war. Da aber größere Bauern mehr Vieh halten durften als die mittleren und kleinen, standen ihnen auch mehr Pferchnächte zur Verfügung. So wurde ein proportional gleiches Düngen für alle Berechtigten gewissermaßen garantiert- und das galt weitgehend bis zum Einsatz der Mineraldüngung um die Mitte des 19. Jahrhunderts. Erworbenes Pferchrecht durfte somit auch nicht an Ortsfremde in irgendeiner Weise veräußert werden.[34]

Wie geht nun das Pferchen vor sich? „Beim Pferch oder Hordenschlag werden die Schafe auf einem zu düngenden Feld für die Zeit der Ruhe in eine Umzäunung gesperrt, wodurch dem Boden direkt Kot, Harn und sogar die Ausdünstungen zugeführt werden".[35] Diese Umzäunung wird aus einer Anzahl von Hürden erstellt, die nach der Form des Feldes meist rechteckig oder quadratisch sind, aber auch dreieckig sein können.[36] Die Hürden bestehen in heutiger Zeit aus Latten, die durch drei Längspfosten und diagonale Verstrebungen zusammengehalten werden (Länge 3,5—4 m, Höhe 1—1,2 m). Bei der Wanderschäferei benutzt man in vielen Fällen geknüpfte Pferchnetze.[37] Mancherorts verwendeten die Schäfer noch im 20. Jahrhundert die aus Weidenruten geflochtene Pferchwand, die, wie zahlreiche Abbildungen von Schäferszenen ausweisen, seit dem späten Mittelalter wohl allgemein gebräuchlich waren und die in gewisser Weise zugleich als Wetterschutz dienen konnten. v. Engel[38] hebt diesen Vorteil der zu seiner Zeit in Mecklenburg üblichen, aus Haselruten geflochtenen Zäune gegenüber den Lattenhürden hervor. In England soll man noch in den dreißiger Jahren unseres Jahrhunderts vielfach mit Stroh durchflochtene Pferchwände benutzt haben, die einen dichten Schutz bildeten. „In einem solchen Pferch müssen dann die Schafe den Winter verbringen und auch ablammen".[39] Bekanntlich ist in Ungarn diese zusätzliche Bestimmung der Pferche besonders ausgeprägt.[40]

Beim Aufstellen bzw. Umsetzen des Pferches kommt es vor allem darauf an, ihn gegen das Andrängen der auf kleinsten Raum zusammengetriebenen Herde und gegen den Winddruck zu sichern, d. h. es müssen die Eckverbindungen und die äußeren senkrechten Pfosten zweier aneinander stoßender Hürden besonders fest gemacht werden. Hierzu benutzen die Schäfer etwa $1^1/_2$ m hohe Pfähle, die unten angespitzt und oben oft durch ein Eisenband verstärkt sind, damit sie beim Einschlagen in die Erde nicht aufspalten. An diesen Pfählen werden die Hürden durch selbst verfertigte „Weidenkringel"[41] oder Drahtschlingen derart befestigt, „daß sie den Pfahl mit je einem Pfosten von zwei Hürden" zusammenhalten.[42] Mit einem Holzhammer von etwa 25 cm Durchmesser und 30 cm Länge, an welchem ein ca. 1 m langer Stiel befestigt ist, werden die Pfähle eingeschlagen.[43] Selten verwendet man dazu einen eisernen Hammer.

Je nach der Herdengröße, nach welcher sich natürlicherweise die Intensität der Düngung richtet, muß der Pferchplatz verlegt werden. Man sagt, der Pferch wird „vor- oder fort- oder nachgeschlagen",[44] und das geschieht 1—3 mal in der Nacht,[45] wobei im ganzen eine Fläche von etwa 1 ha gedüngt wird.[46]

Diese Art des Pferchens,[47] durch welche das ganze Feld je nach Größe während einiger Nächte[48] gleichmäßig gedüngt wird, ist recht intensiv, denn „man nimmt an, daß der Pferch von 400 Schafen in einer Nacht gleich der Auffuhr von 20 ctrn. Stallmist sei".[49] „Man betrachtet als einen starken Pferch, wenn 3200 Stück Schafe oder mehr, als einen mittelmäßigen Pferch, wenn 2400, als einen schwachen, wenn 1600 Stück eine Nacht über auf einem württ. Morgen Feldes zubringen".[50] Wenn man bedenkt, daß eine Herde von nur 150 Muttertieren und der entsprechenden Anzahl von Lämmern in 10—12 Pferchnächten auf 1 ha Land

35,5 Kilo Stickstoff
14,1 Kilo Phosphorsäure (P_2O_5) und
43,1 Kilo Kalk (K_2O),[51]

also hochwertigen Dünger produzieren kann, so zeigt das deutlich den Wert, der selbst zu unserer Zeit in Gegenden, in denen Schafhaltung noch betrieben wird, gilt.[52] So gewinnt in den Gäulandschaften zwischen Main und Neckar „für den vermehrten Hackfruchtbau der Schafdünger an Bedeutung, so daß auch nach Wegfall der ehemals großen Gemeindeweiden mit ihrem reichen Futter die Schafhaltung geblieben ist und im modernen landwirtschaftlichen Gefüge einen neuen Platz gefunden hat".[53] Schließlich sei auch erwähnt, daß „schwer erreichbare und abgelegene Grundstücke ... nur durch die Pferchwirtschaft in Kultur gebracht und in solcher erhalten werden können".[54]

Der Wert des Hürdenschlags für die Landwirtschaft spiegelt sich in der Überlieferung vielfältig wider. So bestimmt die „Pauer Gesinde, Hirten und Schäffer Ordnung, nach welcher sich jedermann in denen 6. Neu-Märckischen Creysen zwischen der Oder und Warte, und im Lande Sternberg auch in denen beyden Herrschaften Besekow und Storckow richten sollen" vom 16. Juni 1646,[55] daß kein Schäfer „wie bishero muthwillig geschehen, hinführo sich verweigern [solle], auf seiner Obrigkeit Begehren von Mariae Verkündigungs Tage, bis so lange die Pfale frostes halber nicht mehr in die Erde gebracht werden können, das Hortlager zu Mittag und zu Nacht zu halten, bey Erstattung des Schadens, so derselbige, deme das Hortlager abgehet, auf guter Leute Erkäntniß zu estimieren hat, und bey Straffe, so nach Maß der bewiesenen Wiederwertigkeit anzuordnen. Do fern auch die Hortten nicht alle Morgen fortgesetzet würden, soll der Schäffer für jedesmahl, so er vorsätzlichen versäumet, einen Scheffel Rocken vom Lohn seinen Herren verfallen seyn". Auch das Zinckesche Lexikon[56] weiß zu berichten, daß „ein jeder Schäfer schuldig [sei], den Pferch zu schlagen, und wenn er, ausser ungestümen Wetter, solches unterlässet, muss er vor jede Nacht einen Scheffel Korn Strafe geben." Aus diesen beiden Beispielen herrschaftlicher Verordnungen, die sich noch um ein Beträchtliches vermehren ließen, ergibt sich ganz eindeutig, wie stark Produktivität und Ertragsfähigkeit des Bodens vom Schafdünger bzw. dem Pferch abhängig waren.

Konnte der Grundherr durch Strafandrohungen auf sein Pferchrecht pochen, mußte der Bauer schon die Gunst des Schäfers zu gewinnen suchen. Nicht umsonst heißt es im Schwäbischen: „Im Herbst soll man dem Schäfer mit einem Stück Brot nachspringen ...",[57] d. h. ihn einladen und auffordern, mit seiner durchziehenden Herde die Stoppelfelder zu bepferchen. In Landschaften mit Genossenschafts- oder Gemeindeschäferei ging der Pferch reihum. „Der Bauer, auf dessen Feld der Schäfer pferchte, war verpflichtet, dem Schäfer die ganztägige Nahrung und Hundefutter zu liefern."[58] Der Schafhalter gar (im Waldeckschen), der zu Martini den Pferch hatte, mußte eine Gans braten und den Schäfer mit seiner Frau zum Essen einladen.[59] Wie uns Schäfermeister Karl Müller aus Altengottern im Kr. Mühlhausen mitteilt, hing die Intensität des Pferchdüngens sehr von Menge und Qualität des Essens ab, das der Schäfer bekam. Denn er verstand sich, wie unser Gewährsmann sagt, auf gewisse Kniffe, wie er die Dungabsonderung fördern oder auch verringern konnte.[60] Man sparte natürlich auch nicht mit Anerkennung für die Leistung des Schäfers, wenn er über Martini hinaus den Pferch schlagen konnte. War er im Fränkischen mit seinen Tieren noch zu Weihnachten auf den Feldern, zog gern ein großer Teil der Männer und der Dorfjugend am Heiligen Abend hin zum Pferch, um ihm Geschenke zu bringen.[61] — Im allgemeinen wurde der Schäfer wohl für das Pferchen entlohnt, und mitunter dürfte dieser Betrag nicht allzu gering gewesen sein, denn noch 1955 klagte ein Schäfermeister vor dem Göttinger Arbeitsgericht das ihm zustehende Pferchgeld von 2.— pro Nacht ein.[62] Aber auch die Gemeinde oder die Schäfereigenossenschaft ließ sich den Wert des Schafdüngers von dem Berechtigten oder dem Pächter gut bezahlen. Diese Summen waren beträchtlich. Betrugen doch allein an Pferchgeld die jährlichen Einnahmen der Schafweidegenossenschaft von Nörten-Hardenberg bei Göttingen (noch 1870) 731 Taler.[63]

Nicht so allgemein verbreitet wie das Pferchen, war die Verwertung des Schafmistes auch als Stalldünger, und zwar, wie es scheint, in Gebieten, in denen der Schafbestand nicht so schnell absinken konnte, d. h. in Gebieten mit vorwiegend absoluten Weiden.

Stallartige Nutzung des Schafdungs wird uns bereits aus den flämischen Landschaften des 16. Jahrhunderts berichtet, in denen möglicherweise das Pferchen gar nicht bekannt war.[64] Hier wurden die Schafe in feste, mit einem Dach versehene Krale getrieben. Ein Kalenderblatt aus dem Breviarium Grimani des 16. Jahrhunderts zeigt, wie eng sie darin lagen. In diesen offenen „Ställen" übernachtete die Herde das ganze Jahr über. Aus Erde und Heidekraut wurde die Streu gemacht, die immer wieder erneuert wurde und auf der die Tiere selbst den Mist gut festtraten.[65] Wahrscheinlich wurden diese Krale einmal im Jahr geleert.

Ein ähnliches Prinzip soll es im Hunsrückgebiet (Gondershausen) gegeben haben: „Die Schafe gingen nach der Ernte über die Stoppelfelder, sonst war die ‚Stiwel'[66] ihr Weideplatz. Hier standen hohe Eichbäume, unter denen an heißen Tagen die Herde mittags in den Pferch getrieben wurde. Die Bauern streuten Stroh hinein, „das von den Schafen gedüngt und ‚gestiwelt' wurde. Der wertvolle Dünger wurde nachher in die Felder abgefahren".[67]

Regelrechte Umlaufställe für Schafe hat man in Niederdeutschland noch im 20. Jahrhundert gehabt. So wird uns aus Harth, Kr. Büren berichtet, daß der Schafstall des Gutes erst im Frühjahr ausgemistet wurde, wenn die Herde im wesentlichen den ganzen Winter dort verbracht hatte.[68] — „Die Schafställe [im Kreise Cloppenburg] wurden als Hauptdungstätte benutzt. War der Stall vom Mist entleert, kam zuerst der neu angefallene Dünger als Unterlage hinein, darauf eine mollige Lage Stroh, und der Anfang der neuen Dungstätte war gemacht. Immer wieder wurde der Dünger aus den Ställen in den Schafstall gebracht, immer schön mit Stroh bestreut. Die Schafe traten den Dünger fest, so daß er sich gut als Kurzdünger verwerten ließ. Im Frühjahr war, wie ich selbst gesehen habe, der Dünger im Schafstall so hoch angewachsen, daß die Herde beim Öffnen der Tür wie ein grauer Wasserfall herunter- und heraussprang aus dem Stall".[69] Ein solcher Stall soll „etliche 100 Fuder" Schafdung jährlich geliefert haben.[70]

Etwas anders verfuhr man z. B. in Schätzedorf, Kr. Harburg, wo der mit Plaggen vermengte Schafdünger noch eine Zeit lang in Mieten eingelagert wurde.[71]

In den Umlaufställen des Oberwallis hatten die Schafe die Dungschicht im Frühjahr so fest getreten, daß man sie in rechteckige Stücke schneiden konnte. Diese „Schafpletschen" wurden an der Luft getrocknet und waren dann als Dünger sehr begehrt.[72] — Diese feste Konsistenz der Mistschicht machte man sich auch dort zunutze, wo das geringe Holzvorkommen für die Heizung im Winter nicht ausreichte. Man stach hier würfelförmige Stücke ab, die an der Luft zunächst ein halbes Jahr lang vorgetrocknet, dann in Scheiben gespalten, noch einmal ein halbes bis ein Jahr lang getrocknet und dann mit Holz zusammen verbrannt wurden. Der Heizwert war so gut, daß vier bis fünf Mistscheiben pro Tag genügten, um das Feuer zu unterhalten.[73] Von der Asche der Mistscheiben schreibt 1742 ein Reisender aus dem Averstal: „... und rühmet man absonderlich die davon gemachten Aschen wegen ihrer kräftigen Würkung [als Dünger] vor allen andern Aschen aus".[74]

3. Saateintreten

„Dat schâp hat'n güllenen fôt,
Wo et hentrêt, wasst et gôt."[75]

Dieses niederdeutsche Sprichwort mag sich einerseits auf die Wichtigkeit und Bedeutung des Schafdunges bzw. des Pferchbetriebes beziehen. Andererseits aber gehört der Tritt des Schafes, ebenso wie der Verbiß mit zu den charakteristischen Eigenschaften dieses Tieres: „Der Tritt der Schafe festigt den Boden, daß die Saat besser aufläuft oder besser durch den Winter kommt und auch dazu allerlei Schädlinge vernichtet."[76] „Der Schaftritt", sagt Schneiter,[77] „drückt die Samen besser in die Erde als der Rindertritt". Eine gut geleitete Schafherde könne — zusammen mit dem Pferchen — Ödlandschaften wieder zu Weidegründen veredeln, während eine schlecht geleitete Rinderherde eher verödend wirke.[78] Hinzu kommt weiter, daß der Schafdung — namentlich beim Pferchen — gleich in den Boden getreten wird und nicht wie bei anderem Weidevieh verwittern kann. Pferchen und gleichzeitiges Eintreten des Düngers sind eng miteinander verknüpft, eine Kombination, die kein anderes Weidetier auszeichnet.

Die Eigenschaften des Schaftritts sind schon seit alters bekannt. Nach Darstellungen des Alten Reiches wissen wir, daß in Ägypten die ausgeworfene Saat durch Schafe in den Nilschlamm eingetreten wurde. Während ein Mann die Herde mit der Peitsche vor sich hertreibt, lockt ein anderer den Leitwidder mit Körnern auf das Saatfeld. „Man pflügt mit den Schafen den Acker noch einmal durch", heißt es. (Im Neuen Reich treten Schweine an die Stelle der Schafe).[79] Daß das Saateintreten durch Schafe sakral bedingt sei, weil sie im ägyptischen Kultus eine Rolle spielten,[80] ist nicht anzunehmen. Die Kenntnis von der besonderen Eigenschaft des Schafhufes ist hier allein ausschlaggebend gewesen.

Das Saateintreten ist auch in unserem Untersuchungsbereich bekannt und findet sich noch in neuerer Zeit — und das ist beachtenswert — in Reliktgebieten mit recht alten Formen von Anbauwirtschaft. So berichtet Heckscher[81] vom Anbau des „Moorbuchweizens" im Ostenholzer Moor, wo nach Entwässerung und folgendem Abbrennen des Moores die Saat direkt in die Asche gesät und dann von Schafen eingetreten oder durch die Bauern eingeharkt wurde. — Saateintreten durch Schafe wird auch aus dem Eifelgebiet erwähnt: „Um St. Nellestag (Korneliustag, 16. September) beginnt auf den Schiffeläckern die Kornsaat. Wenn der Bauer eingesät hat, bittet er bisweilen den in der Nähe haltenden Schäfer, die frische Saat mit der Herde einzutreten und die aufgelockerte Erde festzustampfen. Dafür erhält der Schäfer einen Schoppen Branntwein. Den Schafen ist aber diese Arbeit, nämlich das immer wiederholte Hin- und Zurückgetriebenwerden, eine unerwünschte Störung und sie mucken dann gern.[82] Auch dem Schäfer bereitet diese Beschäftigung keine Freude".[83] — Schließlich wird uns auch aus dem angrenzenden Belgien vom Saateintreten berichtet. Nach Freigabe der Stoppelweide (nach St. Michaelstag) mußte sich der Schäfer bisweilen verpflichten, vorher ein Feld mit Roggensaat durch seine Herde eintreten und die Schollen zerkleinern zu lassen. Der Besitzer sparte dabei das Eggen.[84]

Überblicken wir diese Schilderungen des Saateintretens, so fällt sofort auf, daß das Schaf hier eine Arbeit verrichtet, die beim Brandfeldbau der Strauchegge zufällt: das Einscharren der Saat in die Asche. Auffallenderweise stammen auch die angezogenen Belege tatsächlich aus dem Bereich dieser archaischen Form der Anbauwirtschaft.[85] Wir müssen es uns versagen, auf diese Dinge näher einzugehen, weil sie eine eigene Untersuchung erforderten. Wir können nur auf die möglichen Zusammenhänge zwischen Schafhaltung und Brandfeldbau hinweisen.

4. Fleischkonsum

Hinsichtlich seiner weiteren Nutzung ist das Schaf vor allem Fleischtier gewesen und zwar spätestens seit dem 11. Jahrhundert, „überall greifbar seit Ende des 13. Jahrhunderts".[86] Das bedeutet, daß das Anwachsen der Stadtbevölkerung in dieser Zeit seinen Einfluß auch auf das Schaf als Fleischlieferant ausgeübt hat. Lamprecht[87] spricht geradezu von „einer neuen Blüte der Schafzucht im Großen, welche rein wirtschaftlich auf dem gesteigerten Fleisch- und Wollkonsum, in socialer Beziehung auf der vollen Ausbildung der vogteilichen und grundherrlichen Berechtigungen beruht."

Leider fehlen uns ausreichende definitive Angaben und Zahlen über das Anwachsen der Schafhaltung auf Grund des gesteigerten Fleischkonsums der Städte. Die Aufzählung der Viehbestände beispielsweise auf einigen schlesischen Gütern des 14. und 15. Jahrhunderts[88] oder in Häusern des deutschen Ritterordens aus dem 14. Jahrhundert zeigen wohl ein starkes Überwiegen der Schafhaltung, doch läßt sich daraus nicht auf den Fleischkonsum in den Städten schließen, weil in den Zahlen nicht unterschieden werden kann, ob es sich um Hammel — also Fleischtiere — oder um Wollschafe handelt oder ob sie zum Verkauf bestimmt waren, denn es muß berücksichtigt werden, daß auch der Eigenbedarf der grundherrlichen Güter an Schlachtschafen bedeutend war.[89] Häufig dürften die Städte wohl eigene Hammelherden zu ihrem Bedarf gehalten haben[90]. Ob aber die Wollproduktion oder der Konsum von Schaffleisch seit dem Ansteigen der Schafhaltung im 13. Jahrhundert im Vordergrund standen, läßt sich schwer sagen. Immerhin hat Schmoller[91] feststellen können, daß — bei allen Vorbehalten — in Sachsen die Hammel höher als die Schafe gehandelt wurden.

Daß Schaffleisch in einigen Ländern begehrter war und ist als in anderen, ist auch ein wirtschafts- und nahrungsethnographisches Problem, das hier besonders als Forschungsdesiderat angemeldet werden soll.

Über die Verwertung des Fetts oder Talgs — besonders von Hammeln — finden sich nur spärliche Angaben.[92] Sie dürften die Entwicklung der Schafhaltung kaum nachhaltig beeinflußt haben. — Das gleiche gilt von der Verwendung der Schafdärme.[93]

5. Milchverarbeitung

Die Schafmilch und ihre Verarbeitungsprodukte sind seit jeher beliebt gewesen. Noch heutigen Tages gibt es Schafrassen,[94] die ausschließlich auf ihre Milchnutzung gezüchtet werden. Auch das Einzelschaf, die sog. „Kuh des kleinen Mannes", wird in erster Linie wegen der Milch gehalten. Besonders geschätzt ist fast überall in Zentraleuropa der Schafkäse in zahlreichen Geschmacksrichtungen namentlich in neuerer und neuester Zeit.

Die Verwendung von Schafmilch im eigentlichen Sinne dürfte mehr ein Kriterium bäuerlicher Schafhaltung sein. Überall treten Schafmilch, Schafbutter und Schafkäse als

Zins- und Pachtabgaben in den Urkunden auf. Dagegen scheint die Milchnutzung bei den herrschaftlichen Schäfereien keine so bedeutende Rolle gespielt zu haben,[95] obwohl doch gerade bei den späteren großen Schäfereien der Anfall an Schafmilch bedeutend gewesen sein müßte. Immerhin erhielt man in Württemberg von 400 veredelten Schafen im Frühjahr 2700 österreichische bzw. 2077 württembergische Maß Milch.[96] Leider fehlen auch hier exakte Möglichkeiten, noch Zahlen zu ermitteln, die über den etwaigen Verkauf von Schafmilchprodukten Aufschluß geben könnten. Möglicherweise genügten den Grundherren für den Eigenbedarf die Abgaben ihrer Untertanen an Schafmilchprodukten. Vielleicht auch war die Schafmilch nicht immer der Geschmack der adligen Kreise, denn beispielsweise hatte die Kurfürstin Anna von Sachsen befohlen, „den Rahm der Schafmilch nicht unter den andern Rahm zu mischen, denn jedermann habe vor Schafbutter Abscheu; man solle solche besonders machen und dem Gesinde geben."[97] Der wesentliche Grund aber — besonders seit der Merinoperiode — scheint zu sein, daß der Grundherr bei forcierter Wollproduktion ungleich mehr Gewinn aus der Schäferei schlagen konnte. Gesteigerte Milchwirtschaft hingegen soll entweder sogar die Qualität der Wolle gemindert, zumindest aber einen nachteiligen Einfluß auf die anfallende Wollmenge gehabt haben, denn im Fürstentum Ansbach-Bayreuth, das zur Wollaufbesserung der einheimischen Schafe spanische Merionoböcke eingeführt hatte, war „das Melken der Schaafe ... nicht erlaubt, [wie] auch in Spanien selbst bei den Merinos nicht eingeführt. Den unbedeutenden Nutzen der Milch und Käse ersezt die mehrere und feinere Wolle, das bessere und mehrere Fleisch reichlich."[98] Und schon für frühere Jahrhunderte macht Anton[99] folgende Beobachtung: „Die Schaf Käse werden immer seltner angeführt, nur ums Jar 1185 finde ich einmal 30 Stück angegeben. Dafür aber wird der Wolle häufiger gedacht." Göriz[100] berichtet für Württemberg: „Es kommt das Melken in den meisten [Schaf-] Heerden nicht mehr vor." Das heißt aber, daß man es früher — vor der Veredelung der Schafe und Züchtung vornehmlich auf Wolle — tat. Nicht ohne Grund spielt in den Gebieten mit Formen stark extensiver Schafhaltung,[101] die keine hochgezüchteten Wolltiere kennen, die Milcherzeugung eine bedeutende Rolle. Dort gehören Melkgefäße und Käsereigeräte zur Schäferausrüstung, sind die stationären „Sennhütten" auf den Hochweiden mehr Käsereibetrieb als Unterkunft für die Schäfer, stehen sich in dieser Hinsicht, wie noch zu zeigen sein wird, Transhumanz und Alpenwirtschaft recht nahe.[102] Auch in den Museen sind derlei Schäfergeräte selten anzutreffen. Dieses ist auch ein Hinweis darauf, daß die Schafmilch und ihre Produkte bei uns schon lange keine Rolle mehr gespielt haben, daß Wollproduktion und Milcherzeugung einander auszuschließen scheinen.[103] Hierfür dürfte m. E. auch die Tatsache sprechen, daß man in der neuesten Zeit eine spezielle Milch-Schafrasse[104] gezüchtet hat, oder daß für einige Landstriche Frankreichs die Wollproduktion, für andere die Käsebereitung (z. B. Roquefort) charakteristisch seien.[105]

6. Wollproduktion

Haben wir bisher die enge Verbindung von Anbauwirtschaft und Schafhaltung[106] einerseits, die Bedeutung einiger ihrer Produkte andererseits kennengelernt, wenden wir uns nunmehr dem Zweig der Schafhaltung zu, der ganz fraglos die größte Bedeutung hatte, nämlich der Wollproduktion. Wir betonen dabei noch einmal, daß vornehmlich mit der Wollproduktion über den Eigenbedarf hinaus die Schafhaltung als solche im wesentlichen von einem bäuerlichen Stadium in ein grundherrlich-feudales übergeht.

Die allgemeinen wirtschaftshistorischen Gründe für das Ansteigen der Schafhaltung deuteten wir oben schon mehrfach an, so daß wir uns jetzt darauf konzentrieren, allein die speziellen Ursachen der erhöhten Wollproduktion zu untersuchen.

Es ist natürlich, daß das Schaf, welches ehedem mehr oder minder nur allgemein genutzt wurde, kaum eine Wollqualität besaß, die den Aufbau bzw. die Förderung einer Woll-„Industrie" erlaubt hätte. Hierzu waren feinwollige Schafe notwendig, die besonders gepflegt werden mußten. Im allgemeinen war die Wollqualität schlecht und eignete sich gerade für den Hausgebrauch, also für die Deckung des eigenen Bedarfs.[107]

Im wesentlichen sind es zwei Länder, die sich seit dem 12. Jahrhundert durch ihre fein- und langwolligen Schafe auszeichnen: England und Spanien. Beide Staaten — das sei hier bereits vorweg genommen — beliefern lange den europäischen Kontinent mit Wolle bzw. Wollprodukten. Während Spanien aber bis ins 18. Jahrhundert den Export von Merinoböcken kategorisch verbietet, um aus Konkurrenzgründen den Aufbau von Woll-Schäfereien im übrigen Europa zu verhindern,[108] stellte England, namentlich seinen Nachbarn auf der anderen Seite des Kanals, Zuchtmaterial zur Verfügung. Erst in der ersten Hälfte des 14. Jahrhunderts untersagt Eduard III. die Ausfuhr lebender Zuchtböcke.[109] Infolge der vorzüglichen Wollqualität wirkte dann die, wenn auch recht späte, Ausfuhr spanischer Merinos so revolutionierend auf die gesamte europäische Schafhaltung, daß es mit vollem Recht erlaubt ist, von einer Vormerino- und einer Merinoperiode in der Geschichte der europäischen Schafhaltung zu sprechen.

Es hat den Anschein, als hätten vor allen anderen die schon immer geschäftstüchtigen Klöster die beginnende Wollkonjunktur erkannt. Denn vielerorts gehören zu ihren Anlagen sowohl Zuchtanstalten für feinwollige Schafe wie auch Fertigungsstätten für Wollerzeugnisse. So sind es im England des 12. Jahrhunderts die Zisterzienserklöster, die sich um die Zucht von Wollschafen verdient machen und untereinander auf den Wollmärkten in Konkurrenz treten.[110] Die Abtei von St. Germain d'Auxerre in Burgund besaß im 13. Jahrhundert eine Schäferei von 1000 Tieren und in Clairvaux hielt man zur gleichen Zeit gar 3000 Wollschafe.[111] Für die Lüneburger Wollweber waren die Spinnereien der Klosterschäferei Scharnebeck (1254 bis 1527), die zeitweilig an die 1000 Tiere weiden ließ, eine starke Konkurrenz. Lange Rechtshändel führten schließlich dazu, daß die Lüneburger sich bereit finden mußten, „eine jährliche Rente als Abstand an die Scharnebecker Klosterschäferei" zu zahlen.[112]

Bald jedoch verlagerte sich die Wollverarbeitung in die Städte, die damit den Grundstock zur Entfaltung von Macht und Reichtum legten. In Belgien und Nordfrankreich, wo einheimische flämische und auch importierte englische und spanische Wolle verarbeitet wurden, blühten rasch eine Reihe bedeutender Städte wie Valenciennes, St. Omer, Douai, Brügge, Gent und Ypern auf.[113] So groß war im 13. Jahrhundert dort schon das Aufkommen feinwolliger Qualitäten, daß es z. B. in Ypern verboten war, die grobe irische oder lothringische Wolle zu verarbeiten.[114] Im Bereich dieser Städte war man bestrebt, möglichst autark zu werden und die einheimische Wolle zu verbessern. Besonders wurden englische Zuchtböcke eingeführt, und im 14. Jahrhundert gab es im Gebiet von Arras bereits mehr Schafe als Schweine.[115]

In Deutschland machen sich erst mit dem ausgehenden 12. Jahrhundert Anzeichen für die Veredlung der heimischen Rassen bemerkbar. Im 15. Jahrhundert aber werden bereits flämische Schafe von Regensburger Kaufleuten gehalten, werden pommersche Herden durch englische Zuchtböcke aufgekreuzt.[116] — Es ist klar, daß eine Aufzucht der heimischen Schläge durch Tiere mit guter Wollqualität nicht mehr im bäuerlichen bzw. im Gemeindebetrieb geschehen konnte. Wie wir oben schon feststellten, waren es zunächst die Klöster, die dazu über geeignete Voraussetzungen verfügten. Ihnen schlossen sich der Landadel und die Landesherren selbst an, denn die immer stärker werdenden Rohstoffbedürfnisse der Wolle verarbeitenden Gewerbe sicherten regelmäßigen Absatz und guten Gewinn. So verlagert sich die Schafhaltung auf Kosten der Bauern immer mehr in die landwirtschaftlichen Großbetriebe.[117] Mag sein, daß die bäuerliche Schafhaltung hin und wieder auch gefördert wurde, daß Grundherren die Bauern selbst veranlaßten, ihren Herdenbestand ebenfalls den Erfordernissen des wolleverarbeitenden Handwerks anzupassen,[118] doch muß im allgemeinen festgehalten werden, daß „spätestens seit dem 14. Jahrhundert, eine ziemlich weitgehende Beschränkung des markgenossenschaftlichen Schafauftriebs die Regel [ist], neben welchem dann der grundherrlichen Schafweide ein reicher Spielraum der Vergrößerung offen blieb ...“[119]

Das Aufblühen der Städte, die in hohem Maße die Landbevölkerung anzogen und dadurch z. B. in Deutschland am Entstehen zahlreicher Wüstungen Anteil hatten,[120] bedingte im Laufe des 15. Jahrhunderts eine allgemeine Agrarkrise, die mit einem Ansteigen der extensiven Weidewirtschaft, also der Schafhaltung, einherging.[121] Durch Kriege, Unruhen[122] und Seuchen wurde diese Entwicklung noch gefördert.

Ein für das Europa dieser Zeit markantes Beispiel ist England, wo die Schafzucht schon seit der zweiten Hälfte des 14. Jahrhunderts einen schnellen Aufschwung genommen hatte. Die Gründe hierfür lagen einmal im Übergang vom Wollexport zur Wollverarbeitung im eigenen Land und in dem Mangel an Arbeitskräften, welcher durch den „Schwarzen Tod“, der „ein Drittel bis zur Hälfte der Bevölkerung“ dahingerafft hatte, entstanden war. „Die feudalen Landbesitzer waren gezwungen, um sich Arbeitskräfte zu sichern, zahlreiche Konzessionen zu machen und zu ihnen gehörte, zunächst einfach als Verbesserung der Arbeitsbedingungen, die Aufhebung zahlreicher feudaler Fesseln“.[123] Neue Epidemien aber hatten eine weitere Dezimierung der Bevölkerung zur Folge. Der Mangel an Arbeitskräften wurde immer prekärer und führte zu einer weiteren Steigerung der Schafhaltung, da man diese ja mit einem Minimum an Menschen betreiben konnte. „Jetzt ging man zur Vertreibung von Bauern über, da sich die Schafzucht als außerordentlich profitabel erwies; jetzt wurde aus der Not (an Arbeitskräften) eine (recht profitable) Tugend gemacht“.[124] Von sich aus wandelten die Grundherren gutes Ackerland in Weideareale um,[125] und man scheute sich nicht, ganze Dörfer niederzureißen, nur um noch mehr Weideland zu gewinnen.[126] Die Bauern, deren Existenz ernsthaft in Frage gestellt, ja in vielen Fällen vernichtet war, „antworteten darauf ähnlich wie die Maschinenstürmer 300 Jahre später. Immer wieder raubten und töteten sie Schafe ... Schließlich kommt es zu dem großen Aufstand von 1549 unter Ketts Führung, in dem 20000 Schafe geschlachtet worden sein sollen. Aber sie konnten der Bewegung nicht Einhalt gebieten“.[127] — Das Echo der Zeitgenossen auf die englische „Agrarrevolution“,[128] über die auch Karl Marx[129] so eindringlich geschrieben hat, spiegelt das ganze Ausmaß der Katastrophe wider: „Ja, diese Schafe sind an allem Unheil schuld“, klagt ein Landmann, „denn sie haben den Ackerbau aus dem Lande getrieben, durch den früher Lebensmittel aller Art geliefert wurden, und jetzt gibt es nichts als Schafe, Schafe, Schafe! Es stand weit besser, als es nicht nur genug Schafe, sondern auch Ochsen, Kühe, Säue, Ferkel, Gänse und Kapaunen, Eier, Butter und Käse, ja, außerdem noch genug Brotkorn und Malzkorn gab, alles auf demselben Gut gezogen“.[130] „Und statt 100 oder 200 Personen, die davon ihr Auskommen hatten, sind es jetzt nur drei oder vier Schafhirten und der Herr allein, die davon leben.“[131] Aber „Gott gab die Welt den Menschen zur Wohnung und nicht den Schafen und dem Wild“.[132] Thomas More schließlich hat den sehr treffenden Begriff von den „menschenfressenden Schafen“[133] geprägt.

Das englische Beispiel demonstriert deutlich das Anwachsen der Wollschafhaltung nicht allein nur auf Kosten der bäuerlichen Schafhaltung, sondern auch der Anbauwirtschaft. Aus diesem Mißverhältnis, das später auch in Deutschland[134] viele Bauern an der Wurzel ihrer Existenz trifft, entstehen letzthin eine Anzahl von Aufständen und Revolten gegen die Grundherren, welche die Rentabilität ihrer Wirtschaften zum größten Teil auf dem Gewinn aus der Schafhaltung aufbauen, deren Grundlage zu einem nicht unbeträchtlichen Teil auf der angemaßten Nutzung bäuerlichen Weide- und Ackerlands beruht. Von dieser Stufe der Entwicklung ab können wir eigentlich erst von scharfen Gegensätzen zwischen Schafhaltung und Anbauwirtschaft einerseits, zwischen Schäfern und Bauern andererseits sprechen.[135] — Schließlich müssen wir festhalten, daß die spezielle Wollnutzung eine starke marktwirtschaftliche Komponente[136] in der Schafhaltung bildet, wie sie beispielsweise bei der Nutzung von Fleisch oder Milch nicht zutage tritt.

Einer Entwicklung der Schafhaltung, wie wir sie im England des 15./16. Jahrhunderts verfolgen konnten, schoben in Deutschland die Landesherren beizeiten einen Riegel vor.[137] Sie taten das zweifellos nicht nur, um das Gleichgewicht zwischen Weide- und Anbauwirtschaft aufrechtzuerhalten, sondern ließen sich durchaus auch von dem Gedanken leiten, die eigenen Einkünfte zu erhöhen[138] bzw. sie durch die Manipulationen des Landadels nicht schmälern zu lassen. So war beispielsweise im 16. Jahrhundert die Zahl des Weideviehs im Vogtland, wo eine beachtliche Wollverarbeitung existierte, so stark angewachsen, daß der Kurfürst von Sachsen Maßnahmen erwägen mußte, wie er seine Wälder schützen könnte. 1591 wird deshalb eine Kommission eingesetzt, die in Erfahrung bringt, „daß der Adel viele Schäfereien eingerichtet habe, so er vordem nicht gehabt, auch seine Wälder zum Teil gerodet und zu Äckern gemacht habe. Dabei hätte er also seine Triften verringert und sich nur auf die Triften in Ew. Churf. Gnaden Hölzer verlassen“.[139] Allgemein darf man wohl sagen, daß „seit dem 16. Jahrhundert ... in den ... deutschen Landesherrschaften ... eine staatlich zentralisierte Wirtschaftspolitik [einsetzte], gekennzeichnet durch sofortige Ausschaltung des überterritorialen kirchlichen Macht- und Besitzstandfaktors, die Einschränkung der Rechte des Adels und die Erweiterung der landesherrlichen Rechte auf Kosten der Bürger und Bauern. ... Alle gesetzgeberischen Maßnahmen, von teilweise revolutionärem Charakter, zielten darauf ab, die finanziellen Einkünfte des Staates zu heben“.[140] Es ist für unsere Fragestellung unerheblich, unter welchen Aspekten die Landesherren ihre Maßnahmen einleiteten. Fest steht jedenfalls, daß sie bestrebt waren, die Schafhaltung bzw. die Schafzucht in ihren Territorien ganz allgemein zu fördern, sie im rechten Rahmen zu halten und jeden Übergriff und alle Auswüchse zu unterbinden.[141] Die Vielzahl der Bestimmungen und Verordnungen, die sich seit dem 16. Jahrhundert in immer zunehmendem Maße mit der Schafhaltung beschäftigen, lassen erkennen, daß man an den Höfen mit den Einzelheiten dieses wichtigen Zweiges der Viehwirtschaft vertraut war und sich bemühte, sie mit allen Mitteln zu pflegen und zu fördern.[142] In einer brandenburgischen Schäfereiordnung von Michaelis 1572 wird z. B. bestimmt: „Wann auch jährlich das Heu und Laub vor die Schaffe gewonnen wirdt, Sollen die Schaffmeister unser Scheffereyen, neben unsern Amptschreibern, und voigten dabey seyn, auch sonst ein jeder in seiner Schefferey darzu verordnen, und solches befördern helffen, damit gut Heu vor die mulcke Schaffe und Lemmer auf die stelle geführet unnd nicht das beste Heu mit den Kühen vorfüttert werde, unnd hernach an den Schaffen nicht mangeln möge“.[143] Ein fuldaischer Erlaß vom 30. April 1738 bestimmt gar, daß nach der Sonnen- oder Mondfinsternis nicht eher auszutreiben sei, als bis sich die „muthmassliche gifftige Nebel“ verzogen hätten.[144]

Von ausschlaggebender Bedeutung waren jedoch die Maßnahmen der Landesherren für eine systematische Verbesserung und Veredelung der Schafbestände im ganzen Lande, und zwar bereits vor der Einführung spanischer Merinos: Besonders sind hier die württembergischen Herzöge zu nennen, die das heimische Zaupelschaf, das keine guten Woll- und Fleischerträge abwarf, durch flämische Schafe aufzüchteten. Es hat jedoch sehr lange gedauert, bis sich diese Tiere im Lande durchsetzten, da die Bevölkerung an der Haltung der herkömmlichen Rasse festhielt.[145] „Lediglich in den fürstlichen Schäfereien war man daran gegangen, die Zaupelschafe durch flämische Schafe zu ersetzen. Dadurch erreichten sie allerdings gegenüber den Privatschäfereien ein gewisses ... Übergewicht“.[146] In einigen Territorien Deutschlands[147] war die Schafhaltung infolge landesherrschaftlicher

Maßnahmen schließlich qualitativ so bedeutend geworden, daß deutsche Wolle selbst im Ausland gefragt war. Schlesische Wollschafe wurden auch schon im 16. Jahrhundert zur Aufbesserung heimischer Schafarten angekauft. 1567 bezieht Herzog Kasimir von Teschen zweihundert Schafe aus Niederschlesien „zur Aufbesserung seiner neu angefangenen Wirtschaft“,[148] und 1570 werden 600 schlesische Schafe an den Kurfürsten von Sachsen geschickt.[149] Derselbe importiert auch ostfriesische Böcke und soll Zuchtversuche mit Schafen gemacht haben, die zweimal im Jahr Lämmer warfen.[150] — Interessant ist, daß im 18. Jahrhundert das ungarische Zackelschaf durch das „német birge“, das „deutsche Schaf“, verdrängt wird.[151] Leider wissen wir nicht, aus welchem Gebiet Deutschlands dieses Tier stammte. Vielleicht waren es auch schon Merinos aus deutschen Zuchtanstalten, z. B. aus Württemberg, wo die mit spanischen Schafen aufgekreuzten Stammherden europäischen Ruf genossen. Zu dieser Zeit nannte man Württemberg die „Schafmutter“ aller benachbarten Länder (Hornberger 1959, S. 53).

Die Bestrebungen zur Aufzucht, Veredelung und Pflege[152] der Schafbestände werden durch die Folgen des Dreißigjährigen Krieges zunichte gemacht. So ist die damals schon anerkannte Reinheit der württembergischen Schafe wieder verschwunden. Statt der Widder gab es nur noch Ziegenböcke, und die Räude war so stark verbreitet, daß sie trotz aller Polizeimaßnahmen nicht mehr fortzubringen war.[153] Der Schafbestand stieg aber trotzdem — wie übrigens stets und überall nach verheerenden Kriegen und Katastrophen, weil unkontrollierbar — über das Maß[154] und führte zeitweise zu ähnlichen Erscheinungen, wie wir sie im 15./16. Jahrhundert aus England kennengelernt hatten. — Man kann eigentlich sagen, daß bis zur Einführung der Merinos die Landesherren mit mehr oder weniger Erfolg bemüht waren, das bis 1618 Erreichte wiederherzustellen.[155]

Die revolutionierende Wende in der europäischen Schafhaltung tritt erst mit der Einführung spanischer Merinozuchtböcke[156] ein.

Ein kurzer Hinweis auf Eigenschaften und Bedeutung dieser Rasse sei einführend gestattet: Conrad Keller[157] führt das Merino auf asiatische Arkalabstammung zurück. Die besonders feine, gekräuselte Wolle habe bereits in der Tuchmacherei Phrygiens und Galatiens eine Rolle gespielt. Griechenland habe es früh übernommen. Griechische Kolonisten hätten es dann nach Süditalien und Gallien mitgebracht, von wo es schließlich nach Spanien gekommen sei. Bereits zu Columellas Zeiten, meint Keller, habe das spanische Merino im Mittelmeerraum dominiert. Später hätten die Araber viel zu seiner weiteren Veredelung beigetragen. Mais[158] betont ebenfalls den asiatischen Ursprung des Tieres und hält die iberische Halbinsel für das sekundäre Ausbreitungsgebiet. Er nimmt jedoch an, daß es bereits durch die Phöniker dorthin gekommen sei, die später sogar selbst spanische Wolle importiert und verarbeitet hätten. Die ältere Schafschicht Spaniens habe der mischwolligen Churra- oder Lacharasse angehört, die vornehmlich zur Milchnutzung gehalten wurde. Ohne hier für die eine oder andere Meinung Partei ergreifen zu wollen, können wir festhalten, daß ein besonders feinwolliges Schaf bereits in der Antike eine Rolle spielte, das uns später wahrscheinlich als spanisches Merino entgegentritt. — Die eminente Bedeutung, die es für ganz Europa, ja die ganze Welt gewann, lag natürlich in erster Linie in der hohen Qualität des Vlieses.

Vom 13. bis zum 18. Jahrhundert stand die Merinozucht unter dem Schutz des spanischen Königs, der sie in einem Maße ausdehnte und förderte, daß die englischen Verhältnisse im 15./16. Jahrhundert dagegen verblassen. Es sei hier vorweggenommen, daß sich in Spanien ein Interessenverband der Schafhalter, Mesta genannt, gebildet hatte, der mit eigener Jurisdiktion begabt, alle auftretenden Streitigkeiten in jedem Fall zu seinen Gunsten entschied.[159] So wuchs der spanische Wollstapel gewaltig an[160] und verdrängte die Konkurrenz der englischen, flämischen oder gar der deutschen Wolle. Spanien besaß bis 1751, d. h. bis zum Verbot der Mesta, das europäische Wollmonopol[161]. Nach diesem Zeitpunkt wurde die spanische Anbauwirtschaft auf Kosten des Weideareals der Mestaherden wieder intensiviert, d. h., die Stärke der Herden nahm ab bzw. mußte notwendigerweise verringert werden. Vor allem aber setzte die Aufhebung des Ausfuhrverbots für Merinozuchtmaterial dem spanischen Wollmonopol ein Ende.[162] Denn von nun an scheuten auch die kleinen Territorialfürsten in Europa keine Mühe und Kosten,[163] spanische Zuchtböcke zu erwerben, um mit ihnen die eigenen Schafbestände zu veredeln.[164] Die Merinos waren um so begehrter, als die Mesta auf unbedingte Reinhaltung ihrer Herden gehalten hatte, wofür auch entsprechende Gesetze erlassen worden waren.[165]

Gefördert wurde das allgemeine Streben nach Rationalisierung, Verbesserung und Autarkie auf den gesamten landwirtschaftlichen Sektor durch den Physiokratismus. Man nahm sich staatlicherseits der Dinge intensiv an, und Landwirtschaft wurde zur großen Mode, die ihren sinnfälligen Ausdruck etwa darin fand, daß sich Marie Antoinette mit Kartoffelblüten schmückte, Joseph II. persönlich den Pflug führte oder Georg III. sich als „Farmer Georg" feiern ließ,[166] aber daß auch die Schäferspiele, die Schäferpoesie, überhaupt die ganze Schäferidylle, in dieser Periode des Aufschwungs der Schafhaltung durch Veredelung mit spanischen Merinos neue Impulse erhielt.

Wir hatten aber schon einmal festgestellt, daß die Bestrebungen deutscher Landesfürsten zur Aufzucht und Verbesserung der einheimischen Schafrassen auf den Widerstand der ländlichen Bevölkerung gestoßen waren. Mit der Einführung der Merinos lagen die Verhältnisse nun noch schwieriger, weil diese Tiere besondere Behandlung erforderten, die in Deutschland mit seinen bis dahin doch meist nur grobwolligen Schlägen[167] nicht bekannt war.

Außer dem Widerstand der schafhaltenden Bevölkerungskreise gegen die Merinozucht[168] machte sich anfänglich vor allem die Unkenntnis der Schäfer über ihre neuen Aufgaben recht hinderlich bemerkbar. Anscheinend hat man es auch nicht sofort und überall verstanden, sie für ihre neuen Aufgaben mit Nachsicht und Geduld vorzubereiten. Man machte ihnen im Gegenteil noch Vorwürfe, wenn die Merinohaltung anfangs nicht so einschlug, wie man erhofft hatte. So meint Heintl,[169] daß die allgemeine Unkenntnis in Dingen der Schafhaltung vor allem daher rühre, daß man „selbe immer nur unter den Händen der Schäfer gelassen, und aus Bequemlichkeit sich bey ihren Angaben beruhiget hat; diese Finsterniß kömmt ihnen sehr wohl zu statten. Um dieselbe zu erhalten, schwätzen sie von allerhand Krankheiten, deren Ursprung und Gang sie selten kennen, und von Heilmitteln, aus denen sie Geheimnisse machen, und welche nur zufälligerweise helfen können ... Sie bringen einzelne Gräser, zeigen sie geheimnißvoll vor und erklären sie als sehr schädlich für das Vieh", wie sie überhaupt stets von der schlechten Eigenschaft einer Weide sprächen, wenn Schafe durch ihre Unkenntnis oder mangelnde Aufsicht zugrunde gingen. Selbst ein Mann wie Albrecht Thaer ist nicht gut auf die Schäfer zu sprechen, wenn er meint, „sie seien voll von Vorurteilen und Aberglauben und bestünden auf den von ihnen eingeprägten Meinungen mit Hartnäckigkeit und mit dem gewöhnlichen Handwerksstolze [er meint besonders die ‚Zunftschäfer'], wobei ihr Sinn gegen die augenscheinlichsten Wahrheiten verstockt sei."[170] Als Ursache für eine solche Haltung, wie sie den Schäfern zum Vorwurf gemacht wird, nennt von der Goltz[171] den Umstand, daß sich der Schäferberuf vielfach vom Vater auf den Sohn, ja über Generationen vererbe. „Dadurch gewannen sie reiche Sachkenntnis und Erfahrung in der Behandlung von Schafen und waren darin ihren Herren meist weit überlegen. Hierauf fußend setzten sie dann auch Verbesserungen in der Schafhaltung, wenn dieselben ihren Ansichten oder gar ihrem Vorteil zuwiderliefen,[172] großen und meist erfolgreichen Widerstand entgegen ... Sie waren vielbegehrte, aber auch oft gefürchtete Menschen, was ihrem ohnehin schon starken Selbstbewußtsein noch mehr Nahrung verlieh." — Natürlich hat es auch nicht an Stimmen gefehlt, die, wie folgendes Beispiel zeigen soll, zu Geduld rieten: „Den Schäfern muß man beständig fleißig nachsehen und nachsehen lassen, niemals aber ihren Angelobigungen trauen. Es kostet Mühe, ihnen den neuen Dienst zur spanischen Schaafzucht zu lehren, Ambition muß in ihnen erregt, und sie mit Liebe, auch wenn sie es verdienen, mit Achtung behandelt und alles angewendet werden, sie dahin zu bewegen, daß sie aus Patriotismus für die gute Sache arbeiten."[173] Auf ihren wirtschaftlichen Erfolg bedachte Zeitgenossen — das ist bis in die jüngste Zeit hinein zu verfolgen — haben mit beredten Worten darauf verwiesen, daß Blüte und Rentabilität der Schafzucht im letzten doch allein von den Schäfern abhängen, „die seit der Erscheinung der Schriften des Herrn geheimden Raths Schubart von Kleefeld, viel Ungemach haben ausstehen müssen, ja die von allen Triftleidenden als das größte Uibel der Landwirthschaft angesehen werden, und von denen man glaubt, daß sie nichts als Hinterlist und Betrug auszuüben sich angelegen seyn lassen, diese sind es doch auf denen der größte Theil des Nutzens ankömmt, welchen man von diesem Zweige der Landwirthschaft ziehen kann. Ein tüchtiger Schäfer ist ein Mann, den ein Landwirth nicht genung schätzen kann; auf diesem beruhet alles Glück, das man sich vom Schaafhalten versprechen kann ... Eine Herrschaft, die einen solchen würdigen Mann hat, der alle Vortheile der Herrschaft sucht, ohne seinen Nebenmenschen zu nahe zu treten, die halte ihn werth und bezahle ihn reichlich; andere Einnahmen werden diese Ausgaben gewiß wieder ersetzen".[174](!) In der Tat ist mit diesen Bemerkungen von v. Engel das Richtige getroffen, denn vor der Einführung der feinwolligen spanischen Tiere stand das Problem des tüchtigen Schäfers bei weitem nicht in dem Maße. Nun aber erkannte man allmählich — trotz einiger Unbelehrbarer — seine Bedeutung und ergriff Maßnahmen, ihn zu fördern. So wurde z. B. der Makel der Unehrlichkeit von den Schäfern genommen, sie durften dort Zünfte bilden, wo es ihnen bisher versagt war.[175] Auch ihre materielle Existenzgrundlage besserte sich, ja sie war wohl einer der wichtigsten Punkte, wie eine Reihe von Sprichwörtern zeigt:

„Wenn dem Schäfer der Rock vom Leibe fault, fault dem Schafe die Lunge aus dem Leibe";[176]

„Erst ging mein alter Schäfer und dann meine Schafe vom Hofe";[177]

„Wer den Schäfern den Lohn schmälert, der kürzt den Schafen die Wolle";[178]

„Was den Hirten zu leide geschieht, geschieht den Schafen zum Schaden";[179]

„Des Hirten Not, der Schafe Tod".[180]

Sie zeigen deutlich, wie stark Gedeihen und Rentabilität einer Herde von der ausreichenden Versorgung und guten Behandlung des Schäfers abhängig waren.[181]

Weiterblickend als mancher Gutsbesitzer zeigten sich auch hier wieder die Landesherren in ihren Maßnahmen, ohne die — das muß betont werden — die Merinozucht in Deutschland niemals von Erfolg gewesen wäre. Sie erkannten bald, daß mit der Einführung des spanischen Zuchtmaterials eine gründliche Ausbildung bzw. Umschulung des Pflegepersonals auf die neuen Gegebenheiten einhergehen mußte. — „Man sahe in Sachsen zuerst die Nothwendigkeit eines nähern Unterrichts von der Natur, Wart- und Pflegung dieser Thiere, und daß solcher auf Grundsätze und Erfahrungen zugleich ankäme, ein und errichtete daher auf der Landschäferey zu Hohenstein eine Schäferschule, wo allezeit 6 Schäferpursche lernen, die nach 1 oder 2 Jahren von andern abgelöset werden".[182] — Markgraf Christian Friedrich Carl Alexander von Ansbach gründete um 1788 in Triesdorf bei Ansbach eine „Schafverbesserungs-Pflanzschule",[183] Preußen erst 1825 in Frankenfelde bei Wriezen a. d. Oder eine „Königliche Schäfer-Lehranstalt", auf der jährlich zehn Schäfer für die Merinozucht ausgebildet wurden. Wer dort zwei Jahre absolvierte ,bekam sogar eine Prämie von 20 Talern.[184] Auch auf dem Thaerschen Gut in Möglin ist eine Schäferschule errichtet worden.[185] Staatliche Schäfereischulen gab es auch in Österreich.[186]

Das Lehrpersonal dieser Schulen ist z. T. auch aus Spanien gekommen, denn in Ansbach-Bayreuth war ein „Sotomajoral" (Unteraufseher einer der großen spanischen Mestaherden) angestellt,[187] der allen interessierten Schafhaltern und den Schäfern die notwendigen Grundlagen der Merinopflege vermittelte. Die erste Merinoherde, die 1765 nach Sachsen kam, soll sogar von spanischen Schäfern und spanischen Hunden begleitet worden sein.[188] Einheimische Schäfer wurden zur Unterweisung auch direkt nach Spanien beordert und trieben die angekauften Herden selbst in die Heimat. Der König von Württemberg schickte vorher zwei seiner Schäfer eigens auf die berühmte Schäferschule Daubentons[189] nach Montbord in der Bourgogne. Dann erst reisten sie zusammen mit einem königlichen Beamten nach Spanien, um die Tiere anzukaufen.[190] Ähnlich verfuhr auch der Markgraf von Ansbach.[191]

Die gründliche Ausbildung der Schäfer in den staatlichen Schulen oder direkt in Spanien trug ihre Früchte. Die Merinoherden der Landesherren gediehen gut, und allmählich schwand auch die Ablehnung der Bevölkerung gegen die neue Schafrasse. Ja, „an die Stelle des vorherigen allgemeinen, auf Vorurtheil und Eigensinn gegründet gewesenen Widerwillens, ist allgemeines Bestreben nach solchen Schafen [Merinos] getreten. Beinahe täglich erscheinen Abgeordnete von den Gemeinden, welche spanische Widder entweder gelehnt haben, oder kaufen wollen, und bei dieser Gelegenheit immer theoretischen und practischen Unterricht erhalten. Selbst adeliche und unadeliche Königliche Vasallen suchen um spanische Widder, wenigstens um Bastards nach, und es ist ein Vergnügen, die schnelle und wirksame Ausbreitung dieses nützlichen Insituts zu sehen."[192] Ähnlich lautet ein Bericht aus Sachsen: „In den Jahren von 1816 bis 1830 war Lohmens Schäferei[193] ein wahrer Wallfahrtsort für Schafzüchter, Landwirthe, Schafspekulanten und Wißbegierige; Käufer aus aller Herren Länder strömten herbei, — Fürsten, Grafen und Herren, selbst Frauen scheueten nicht den Schafstall und seine — Böcke!"[194]

Neben den Anleitungen und Schulungen, durch die der Staat die Merinozucht förderte, scheint er sich auch eine gewisse Oberaufsicht über die privat angelegten Schäfereien vorbehalten zu haben. In Sachsen waren z. B. vier Landschafmeister ständig unterwegs, die kontrollierten, ob die Tiere rein gehalten, ob sie eine ausreichende und gesunde Weide hatten und ob sie gut gepflegt wurden.[195] Auch aus den Akten des preußischen Generaldirektoriums unter Friedrich II. geht hervor, daß sich eine Behörde ständig über den Stand der Schafhaltung unterrichten ließ, um sofort eingreifen zu können, wenn der Bestand abzusinken drohte.[196]

Die Einführung des Merinos nach Europa, welche mit vollem Recht als „Geburtsstunde der Schafzucht der ganzen Welt"[197] bezeichnet wird und das Zeitalter des „Goldenen Vlieses" einleitet, ist der Beginn einer exakten, naturwissenschaftlich betriebenen Schafzucht[198] überhaupt. Dieser Einfluß, den hier die Wissenschaft gewinnt, ist überall ablesbar: Ein großer Unterschied besteht z. B. zwischen den Schäfereiverordnungen, Traktaten, Schäfereiden usw. aus der Zeit vor Mitte des 18. Jahrhunderts und ähnlichen staatlichen Bestimmungen aus der Zeit nach Einführung der Merinohaltung.[199] Auch das allgemeine Niveau der Schäfer wurde gehoben. So wird 1787 in den Gutsakten von Garzin (östl. Barnim), wo eine große Schäferei betrieben wurde, als bemerkenswert erwähnt, daß der dortige Schäfer für seine Abrechnungen nicht mehr den Kerbstock gebraucht, sondern bereits ein Eintragebuch benutzt,[200] was wohl soviel bedeutet, daß er auch schreiben gelernt hatte. Noch beredter spricht in diesem Zusammenhang die Mitteilung Wilhelm Grimms an seinen Freund Haxthausen vom 8. 8. 1813 über den Schäfer von Brunsberg, den „die Aufklärung duchfiltriert" und der versichert habe, an keinen Spuk mehr zu glauben.[201] — In diesen Zusammenhang gehört auch eine kurze Erwähnung über den Einfluß, den die neue Schafzucht dort ausübte, wo sie auf eine noch stark extensive Schafhaltung stieß, wie z. B. in Ungarn. Hier versorgten anfangs fremde Schäfer — wahrscheinlich spanische und deutsche — die eingeführten Herden. Der Eindruck, den sie hinterließen, muß sehr nachhaltig gewesen sein, denn es haben sich in der 1. Hälfte des 19. Jahrhunderts im Ungarischen zwei Begriffe für den Schäfer gebildet: „Juhás“, der Hüter des extensiv gehaltenen Zackelschafs und „Birkás“, der Merinoschäfer (Birká = Merino),[202] der auch in Familiennamen seinen Niederschlag gefunden haben soll.[203] Die ganz neuen Methoden der Pflege und Wartung,[204] ganz andere Hütehunde[205] und schließlich eine eigene Standesorganisation der Merinoschäfer[206] mögen diesen Eindruck hervorgerufen haben. — Erwähnt werden muß auch die Tatsache, daß mit der Einführung der Merinos nach Deutschland die heimische Wollindustrie einen großen Aufschwung nahm, ja in manchen Fällen erst ins Leben gerufen wurde. Im Markgrafentum Ansbach-Bayreuth z. B. war der hohe Preis für gute importierte Wolle und Wollmanufakturwaren ein wesentlicher Grund zur Veredelung der heimischen Schafbestände durch spanische Tiere.[207] Nun, da die Merinozucht im ganzen Bereich des Markgrafentums gut anschlug, kam es darauf an, das wollverarbeitende Gewerbe zu erweitern und zu verbessern. Der Verantwortliche für die ansbachische Merinozucht, Kriegs- und Domänenrat Lehner, „lehrte auch zuerst die Kunst, diese im Land erzeugte feine spanische Wolle auch im Lande zu verarbeiten, da vorher niemand damit umgehen konnte.“ Er „bildete aus einem der ihm untergeordnet gewesenen gemeinen Schäfer einen sehr tüchtigen feinen Tuch-Walker, der jetzt alle Arten von in Wolle gefärbten und ungefärbten Tüchern walken kann“,[208] d. h. daß die feinere und ganz andersartige Beschaffenheit der Merinowolle neue Techniken, Verarbeitungspraktiken, ja eine neue „Industrie“ bedingte. — Diese wenigen Beispiele mögen die Fülle der Bereicherungen, die das wirtschaftliche Leben durch die Einführung der Merinos erfährt, offenbart und gezeigt haben, „daß mit dem Moment der Wanderung der Merinos über die Pyrenäen“ nicht nur eine ganz neue Epoche in der Geschichte der Schafhaltung begann, sondern auch „die Zivilisation der betreffenden Länder stieg. Diese Einführung war auch die Ursache der außerordentlichen Vermehrung des Kapitals, das nun das Mittel ward, die Kraft der Tätigkeit der Bewohner in Bewegung zu setzen. Der Tuchfrack wurde das Gesellschaftskleid des Mannes“.[209]

(Erwähnen müssen wir an dieser Stelle wiederum, daß die Merinozucht trotz vieler positiver Auswirkungen eine Gefahr insofern darstellte, als der Gewinn, den sie abwarf, dazu verleitete, sie auf Kosten der Bauern maßlos zu übersteigern, ja deren Existenz dadurch in Frage zu stellen.[210] Wir werden aber diese Fragen noch eingehender in anderem Zusammenhang erörtern.)

Die Zeit des „Goldenen Vlieses“ dauerte jedoch nicht lange. Die Bestrebungen von Aufklärung und Physiokratismus wirkten sich nicht allein auf den Übergang zur rationellen, wissenschaftlich fundierten Schafzucht aus. Sie umfaßten den gesamten land- und viehwirtschaftlichen Bereich und wirkten hier genauso einschneidend. Eine Fülle von Maßnahmen zur Steigerung der Erträge, zur Bewirtschaftung bisher unbrauchbarer Böden wurde eingeleitet, die Ablösung des extensiven Systems der Dreifelderwirtschaft begann. Flurbereinigung, Auflösung der grundherrlichen Weidegerechtigkeiten usw. standen am Ende dieser Entwicklung. Es ist klar, daß diese Maßnahmen, die ihrerseits z. T. ins Extrem schlugen, das Gleichgewicht zwischen Anbauwirtschaft und Schafhaltung nicht immer herstellen konnten. Im Gegenteil: Die Möglichkeiten für die Schafzucht sanken dadurch beträchtlich. „Das Schaf muß der Kultur weichen“, wurde zum geflügelten Wort des mittleren bis späten 19. Jahrhunderts. Was dem intensivierten Anbau in der ersten Hälfte des 19. Jahrhunderts im Wege stand, wurde rücksichtslos beiseite geräumt. Nur zwei Beispiele seien dafür genannt: Schon 1779 erließ die hessische Regierung Erlasse gegen das „schädliche Hüten“. Der Futteranbau sollte erweitert und dadurch die Stallhaltung gefördert werden. Selbst durch Aussetzen von Prämien propagierte Hessen-Kassel die Stallfütterung, der sich die Bevölkerung allerdings lange widersetzte.[211] Im Jahre 1800 erging sogar ein Kameral-Preisausschreiben der hessischen Regierung, das die „Stallfütterung des Viehs und Abschaffung der Hute" zum Thema hatte.[212] Auch von der Kanzel aus propagierten Pfarrer die intensivierten Anbaumethoden und rieten zur Abschaffung der Schafe. In Berghausen bei Fredeburg (Kr. Meschede) verlas Pfarrer Christoph Grothoff (1805—1895) selbstverfaßte Zweizeiler und Liedchen gegen die Schafhaltung.[213]

Als Folge der nun häufiger intensivierten Anbauwirtschaft, deren Wirkung auf die Schafhaltung wir im einzelnen nicht näher untersuchen wollen,[214] hat sich am nachhaltigsten die jetzt wieder einsetzende Futterknappheit bemerkbar gemacht, der die Schäfer nur mit ausgeklügelter Raffinesse und Dreistigkeit zu begegnen wußten. In der Pfalz z. B. trug sich in den 1890er Jahren ein Fall zu, der die schwierige Situation schlaglichtartig beleuchtet: Ein Schafhalter, der noch eine recht große Herde besaß, wußte sich nicht anders zu helfen, als daß er sie einfach teilte. Jeder Herde fügte er dieselbe Anzahl schwarzer Schafe zu und hielt sich zwei Schäfer von gleichem Aussehen, die sich auch den gleichen Bart wachsen lassen mußten. Die Hunde beider Herden waren zum Verwechseln ähnlich. „Kurz es wurde alles getan, damit, wenn ein Schaden entstand, niemand schwören konnte, es habe ihn der eine oder andere Schäfer mit seiner Herde angerichtet. Die Rechnung des Schafbesitzers war auch ganz richtig; seine beiden Schäfer gingen immer straffrei aus, wiewohl der Schaden, den ihre Tiere angerichtet hatten, sich nach Tausenden von Mark berechnete".[215] Hierhin gehört auch eine Nachricht der Süddeutschen Schäfereizeitung (29/1939, S. 10), wonach ein Schäfer bei Gießen stillvergnügt seine Tiere auf dem Grünstreifen der Autobahn weiden ließ und, deswegen zur Rede gestellt, antwortete, daß er durch den Bau der Autobahn seine beste Weide verloren habe. — Die immer wieder geäußerten Beschwerden von Gutsbesitzern oder Gutsverwaltern über den Schäfer, der unersättlich sei, wenn es um das Futter für seine Tiere gehe, sind vor allem in dem akuten Weide- und Futtermangel begründet.[216]

Die stark intensivierte Anbauwirtschaft ist jedoch nur *ein* Faktor, der zum Absinken der Schafhaltung führte. Ein zumindest ebenso wesentlicher Umstand kommt noch hinzu: das überseeische Wollaufkommen.

Wie durch die Ausfuhr von Merinozuchtmaterial das spanische Wollmonopol um die Mitte des 18. Jahrhunderts gebrochen wurde, so erlitten auch die europäischen Züchter, die Merinoböcke zum ersten Aufbau einer Schafzucht nach Übersee exportiert hatten, eine empfindliche Niederlage. „Im Jahre 1850 waren die ersten Proben australischer Wolle auf dem Breslauer Markte zu sehen, und es war, als wenn die Sansculotten in die geheiligten Königsschlösser des französischen Ancien Régime eindrängen. Grobe, halbzerrissene Säcke, durch den Land- und Wassertransport um die halbe Welt ramponiert und beschmutzt, aus denen Fetzen einer groben, langen, ungewaschenen mit Disteln und Dornen durchsetzten Wolle heraushingen. Der Hohn und die Verachtung der schlesischen Wollbarone war grenzenlos. Man zeigte sich lachend die armseligen Erzeugnisse herum, und hatte keine Ahnung davon, daß binnen wenigen Jahren diese demokratischen Eindringlinge die ganze Herrlichkeit der hochfeinen Negrettis und Electorals von der Erde fegen würden. Es war eine ebenso übermächtige Konkurrenz der überseeischen Wolle, die ohne viel Kosten produziert wurde, gegen die edele Schafzucht Europas, wie wir sie später an dem amerikanischen Getreide erlebten".[217] Betrachten wir die Entwicklung der Wollproduktionsziffern nicht nur der australischen, sondern auch der amerikanischen Schafzucht, so wird es klar, daß die deutsche bzw. die europäische Wolle überhaupt nicht mehr konkurrenzfähig und damit unrentabel geworden war. „Australien, das 1807 nur $2^1/_2$ Zentner Wolle exportierte, führte 1867 1237923 Zentner aus, und 1883 zählte man daselbst 77 Millionen Schafe. Ähnlich in Amerika. Kaliforniens Schafbestand betrug 1856 nur 128315

Stück, bis 1874 war er auf 45 Millionen gewachsen. Dementsprechend hob sich auch die Wollproduktion von 0,5 Millionen auf 19 Millionen kg. Der Schafbestand der argentinischen Republik hat sich auf 70 Millionen erhöht (1875), und aus Bueons-Ayres wurden 1873 bereits 87 Millionen kg Wolle exportiert ... Die Folge davon war, daß die Wollpreise bedeutend zurückgingen, und die weitere Folge, daß in Europa die Rendite dieses Zweigs fast auf Null sank".[218] Es ist nur erklärlich, daß sich die wollverarbeitende Industrie ohne Bedenken an die überseeische Wolle anschloß und nur noch wenig Wert auf die einheimische legte. Die Entwicklung ging z. B. im Vogtland, das um 1800 einen Höchststand an Schafdichte erreicht hatte, so weit, daß dieses Gebiet trotz seiner starken Wollindustrie seit den 30er Jahren unseres Jahrhunderts zu den schafärmsten Gebieten Deutschlands zu rechnen ist.[219]

Beide Faktoren, intensivierte Anbaumethoden und überseeische Wollimporte, treffen also gemeinsam auf die hochgezüchtete deutsche bzw. mitteleuropäische Merinozucht und berauben sie ihrer Existenzgrundlage.[220] An einigen Zahlen sei dies deutlich gemacht:

Der Oberbarnimer Schafbstand zählte

1861	1873	1883	1892
107933	92036	60663	47038
1900	1925 und	1933	
31713	20091	13589 Tiere.[221]	

Im Amte Datteln bei Recklinghausen war die Entwicklung noch krasser. Kurz vor 1800 betrug der Anteil der Schafe an der gesamten Viehhaltung 80%. Heute sind es nur noch 3,04%(!).[222] Schließlich bringt Lehmann[223] einen ganz Deutschland umfassenden Gesamtüberblick, der leider erst mit dem Jahr 1873 beginnt, aber doch die rückläufige Tendenz deutlich werden läßt:

1873	1883	1892	1900
25 Mill.	19 Mill.	13 Mill.	10 Mill.
1907	1912	1914	
7,9 Mill.	5,8 Mill.	5,4 Mill. Schafe.	

Danach kamen auf 100 Einwohner in Deutschland

1873 60 Schafe,
1900 17,2 Schafe,
1912 8,7 Schafe.[224]

(Es sei allerdings in diesem Zusammenhang erwähnt, daß seit jeher in Not- und Kriegszeiten die Schafhaltung für gewöhnlich zunimmt. So wurden beispielsweise im Kreise Osterholz

1938 1 925 Schafe,
1948 5 861 Schafe, dagegen
1950 1 800 Schafe gezählt.[225]

Auch auf der landwirtschaftlich stark genutzten Fläche des Kreises Geldern zeigt die Schafhaltung ähnliche Zahlen. Es sind dort

1939 1 800 Schafe,
1943 4 300 Schafe,
1946 4 600 Schafe,
1948 6 400 Schafe, aber
1950 2 300 Schafe gehalten worden.[226]

Diese Zahlen sind insofern recht instruktiv, als sie zeigen, daß die Anbaufläche, selbst wenn sie sehr intensiv genutzt wird, doch noch soviel absolute Weide übrig läßt, daß der Schafbestand, wenn es die Umstände erfordern, ohne Schwierigkeiten beträchtlich vergrößert werden kann. Daß ein gut ausgewogenes Verhältnis zwischen Anbauwirtschaft und Schafhaltung bei planvoller Lenkung auch heute noch möglich ist, zeigt die Tatsache, daß auf dem Boden der Deutschen Demokratischen Republik die Schafhaltung stark zugenommen hat, während sie in der Bundesrepublik Deutschland weiterhin im Rückgang begriffen ist.)[227]

Hatte sich zur Zeit des „Goldenen Vlieses" das Ansehen des Schäferstandes gehoben, schwand nun seine Bedeutung infolge der rückläufigen Tendenz der Schafhaltung erklärlicherweise wieder. „Der Beruf des Schäfers hat um 1900 aufgehört zu bestehen. Das Suchen nach einem guten Schäfer ist den Gemeinden, die bis dahin eine Herde gehalten, immer schwieriger geworden. Der allgemeine Wohlstand hob sich, es gab vielerlei Erwerbsmöglichkeiten, und von Beruf Schäfer zu sein, galt vielfach als nicht fein genug. Man kann sagen, daß die Schäfer der guten alten Zeit früher ausgestorben sind, als die Herden selbst“[228]. Auch René Nelli[229] bestätigt, daß im französischen Département Aude mit dem Rückgang der Schafhaltung Bedeutung und Ansehen des Schäfers schwanden. War er noch wenige Jahrzehnte vorher nachahmenswerte Figur höfischer Feste und bevorzugtes Objekt der Idyllendichtung, dem man manches nachsah, tritt nunmehr das Gegenteil ein. „A partir du 19° siècle, cependant, on se met à leur [den Schäfern] reprocher, leur saleté, leur routine, leur incompétence, etc.“[230] Auch die jungen Mädchen „ne veulent, en aucun cas, épouser un berger“.[231]

Das starke Absinken der Schafhaltung führte auch dazu, daß sich Wirtschaftsformen auflösten oder ihren Charakter änderten. Um nur einige Beispiele herauszugreifen, sei erwähnt, daß die Bergamasker Wanderschäferei fast ganz zum Erliegen kam. In Dörfern, in denen früher fast alle Einwohner Schäfer waren, lebten von diesem Beruf in den 30er Jahren unseres Jahrhunderts etwa noch 3 bis 4 Familien.[232] In Deutschland ist vielfach zu beobachten, daß Gebiete, die früher vorwiegend Gemeindeschäferei betrieben, seit der Jahrhundertwende von Wanderschafherden besucht werden, d. h., daß die Reste absoluter Schafweide zur Ernährung von Wanderherden gerade noch ausreichen.[233] Dort, wo früher ausgesprochene „Hofschäferei“ betrieben wurde — vorwiegend in Niederdeutschland — ist wiederum Gemeinde- oder Genossenschaftsschäferei eingeführt worden, d. h. daß die dortige Weidefläche für die ehedem recht starken Hofherden zu knapp geworden war.[234] — Wir sehen aus diesen Beispielen aber auch, daß die vielfältigen Formen der Schafhaltung, von denen in diesem Zusammenhang vorerst nur einige gestreift wurden, genügend Möglichkeiten bieten, dieses in jeder Weise nutzbringende Tier auch in das System intensiver Anbauwirtschaft einzugliedern.

Von fachkundiger Seite wird immer wieder darauf hingewiesen, daß man den Rückgang der Schafhaltung durch Übergang von der Woll- zur Fleischnutzung hätte steuern und auffangen können.[235] In der Tat sind größere Gutsbetriebe auch zur Züchtung von Fleischrassen bzw. zur Aufkreuzung mit englischen Fleischschafen übergegangen.[236] Aber auch dieser Maßnahme war kein dauernder Erfolg beschieden, denn der Konsum von Schaffleisch ist speziell in Deutschland recht gering und trotz aller Propaganda auch gering geblieben. Exportmöglichkeiten, wie sie ehedem z. B. nach Frankreich bestanden, mußten sich durch das verstärkte Fleischaufkommen von Übersee auf die Dauer ebenfalls zerschlagen.

Bedeutend blieben lediglich die Stammschäfereien, die ihre Herden ausschließlich zu Zuchtzwecken hielten und in der ganzen Welt Anerkennung und Absatz fanden.

Nach eingehender Betrachtung der Wollproduktion auf der Grundlage besonders der feudalen Gutsherrschaft wollen wir im folgenden kurz über die Bedeutung der Wollproduktion im bäuerlichen Bereich informieren: Den Bestrebungen der Landesherren, den Schafbestand durch feinwolligere Rassen aufzuzüchten, setzten die Bauern, wie wir feststellten, anfangs Widerstand entgegen, der einerseits wohl den Fortschritt hemmte, andererseits aber erklärlich ist. Sie produzierten neben den Zinsabgaben meist allein für den eigenen Bedarf. Dafür reichte die grobe Wolle der heimischen, unveredelten Tiere aus. Hemmend wirkte außerdem die Tatsache, daß das bäuerliche Weideareal im Gegensatz zu dem des Grund- oder auch des Landesherren sich nicht vergrößerte, sondern durch deren willkürliche Maßnahmen immer mehr eingeschränkt wurde. Es fehlten dem Bauern also auch die Möglichkeiten, sich an den Experimenten der Schafveredlung zu beteiligen.
In den Landschaften allerdings, in denen vor Einführung wissenschaftlich fundierter Maßnahmen die Qualität des Bodens so schlecht war, daß dieser eigentlich nur für Schafhaltung geeignet war — also vor allem in den Heidegebieten — mögen die Verhältnisse etwas anders gelegen haben. In der Einleitung stellten wir bereits fest, daß auf sol-

chen Höfen die Schafhaltung so groß war, daß sie allein deren Rentabilität ausmachen konnte. Das aber bedeutet, daß hier das Wollaufkommen über die Deckung des eigenen Bedarfs hinausging[237] und der Bauer sich nach Möglichkeiten umsehen mußte, die überschüssige Wolle, wenn sie auch nur von grober Qualität war, abzusetzen. In manchen Fällen war es die Rohwolle selbst, die er verkaufen konnte; gewinnbringender dürfte aber der Verkauf schon verarbeiteter Wolle gewesen sein. Hierüber liegt uns ein Bericht des ehemals Münsterschen Hauptmanns Flensberg vor, der 1780 das Niederstift Münster bereiste und seine Eindrücke wie folgt wiedergibt: „Die viele Wolle, die der Landmann von diesen Schafen [grobwollige Heidschnucken] zieht, hat Anlaß gegeben, sie zu Strümpfen zu verstricken. Alles strickt hier was nur Hände hat, Bauer und Bäuerin, Kinder, Knechte und Mägde, vom fünften Jahre des Lebens an bis ins höchste Alter. So wie die Ackerarbeit freie Muße gibt, sitzt alles beim Feuer oder im Schatten und strickt. Der Knecht strickt beim Mistwagen unterwegs, wenn er zum Acker, zur Wiese oder sonst über Land geht, so die Magd, so alle Hausgenossen; der Schäfer den ganzen Tag hinter den Schafen, und selten findet man hier den Landmann, auch auf größeren Reisen, ohne Strickzeug. In den Bauernschaften und Dörfern versammeln sich im Winter die Strikker den Abend hindurch zu 20 bis 30 in einer Stube, um bei der Wärme des Ofens und dem Schein einer Tranlampe oder auf der Diele beim Feuer ohne Licht so wohlfeil als möglich zu arbeiten, oft bis 11 oder 12 Uhr".[238] Aus Thülen, Kr. Cloppenburg wird berichtet, daß noch nach 1900 der Schäfer die langen Schifferstrümpfe („Bikstrümpfe") strickte, die er sonntags im Kirchdorf verkaufte. Von Aufkäufern wurden sie dann gesammelt und entweder in Holland oder an der deutschen Küste losgeschlagen.[239] Sehr verbreitet war das Strümpfestricken auch im Bereich der Lüneburger Heide, wo es vornehmlich Sache der Männer gewesen sein soll, „der Kuhhirte und der Schäfer hinter der Herde, die Knechte in der Spinnstube, der Altenteiler auf dem Sorgenstuhl und der Bauer auf der Ruhebank beim Ofen".[240] Daß in Pommern allerdings die beträchtliche häusliche Wollverarbeitung ein Grund für die dort von jeher bedeutende Schafhaltung war,[241] ist ein gänzlich abwegiger Gedanke.

Wie weit diese — man kann schon sagen — „Heimindustrie"[242] ursprünglich verbreitet war, konnte im Rahmen der Themenstellung dieser Untersuchung nicht festgestellt werden.

Sicher ist aber, daß das Stricken des *Schäfers* eine allgemeine weit verbreitete Erscheinung war. Aus Trebatsch, Kr. Beeskow, erfahren wir, daß der dortige Schafmeister nicht allein stricken, sondern auch häkeln konnte.[243] v. Schulenburg[244] berichtet, daß die Schäfer für Lohn nicht nur Strümpfe und Handschuhe strickten, sondern mit Hilfe einer einfachen Spindel die Wolle selbst spannen. Spinnen und Stricken der Schäfer findet sich auch von den Grandes Landes bis zu den Basken, über die Pyrenäen bis ins katalonische Gebiet hinein verbreitet.[245] (Lotte Beyer [246] will sogar festgestellt haben, daß die Schäfer des Languedoc nach deutscher und nicht nach französischer Stricktechnik arbeiten.) — Die Menge der durch Schäfer hergestellten Strickwaren scheint mitunter so bedeutend gewesen zu sein, daß sie das merkantile Interesse der Regierung erregte; denn ein deutscher Landesherr erkundigte sich in einem Ausschreiben vom 5. Januar 1770 angelegentlich danach, ob sich die Schäfer u. a. auch mit dem „heilsamen Stricken" beschäftigten.[247] Hingegen ist es typisch für den Bereich der Gutsschäfereien, daß dort dem Schäfer vielfach das Stricken untersagt war, weil es seine Aufmerksamkeit beeinträchtigen könnte.[248]

Wollverarbeitung im bäuerlichen Betrieb, wie wir sie kennenlernten, und Stricken des Schäfers stehen kaum im Zusammenhang. Die Gründe sind jedenfalls verschiedene. Während die bäuerliche Wollverarbeitung auch in Form einer gewissen Heimindustrie in erster Linie im Bereich der Hofschäferei geübt worden sein dürfte, die, wie schon gesagt, infolge zahlreicher absoluter Schafweiden ein Wollaufkommen hatte, das über die eigene Bedarfsdeckung hinausging, betrieb der Schäfer das Stricken vor allem als zusätzliche Einnahme zu seinen ohnehin mageren Diäten, zumal dann, wenn er in Deputatlohn stand und keine eigenen Tiere mithalten durfte. Das uns so geläufige anheimelnd-romantische Bild des strickenden Schäfers hat also seinen sehr realen Hintergrund.

Wie nun, müssen wir abschließend fragen, wurde die Wolle überhaupt gewonnen, welche Maßnahmen waren dafür notwendig?

Die Wollschur gilt im allgemeinen als „die erste Ernte des Jahres".[249] Mit dieser Feststellung ist bereits der Termin festgelegt, an dem die Schafe ihr Wollkleid verlieren. Er liegt vor der Getreideernte, je nach Landschaft und Klimalage verschieden, im frühen oder späten Frühjahr bis Frühsommer. Dieser Termin erklärt sich natürlicherweise aus dem Umstand, daß man eigentlich nur in der warmen Jahreszeit den Tieren ihr Vlies nehmen kann. Allerdings gibt es auch genügend Beispiele dafür, daß die Schafe zwei- bis dreimal im Jahr geschoren wurden, wobei schon der zweite Schurtermin in den Spätsommer bis Frühherbst, bei dreifacher Schur sogar in den Winter fällt.[250] Jedoch sind in solchen Fällen die Tiere während der kalten Jahreszeit aufgestallt.

Um ihre Wolle zu gewinnen, werden die Schafe im allgemeinen geschoren. Es finden sich aber auch Hinweise darauf, daß man noch eine andere Methode kannte, die Wolle zu gewinnen. So weist Moriz Heyne[251] darauf hin, daß in einer althochdeutschen Glosse „scheren" und „raufen" (ausraufen) nebeneinander gebraucht werden, und in einem Freiberger Stadtrecht des Mittelalters gar von „raufwolle" gesprochen wird: „... welch man uf dem hantwerke roufwolle wil under mengen, der sal se vor irst den meistern wisen. mengit her se aber under, âne der meister wissen, so sal her iz ... verbûzen".[252] Das heißt also, daß zwei Arten von Wolle produziert und verarbeitet wurden, eine qualitätvollere, feinwollige und eine weniger gute, grobwollige. Die bessere Sorte wurde durch Scheren, die schlechtere wahrscheinlich durch Ausraufen gewonnen. In älteren Zeiten, meint Moriz Heyne,[253] sei überhaupt die Wolle wohl mehr gerauft worden, und ich glaube, es ist erlaubt, sich dieser Meinung anzuschließen, wenn wir uns daran erinnern, daß in Deutschland ein feinwolligeres Schaf frühestens erst seit der Mitte des 12. Jahrhunderts — wahrscheinlich aber noch später, nämlich seit dem 14. Jahrhundert — zu züchten versucht wurde. Das grobwollige Schaf dominierte also zunächst. Gewiß wird man es auch geschoren haben, aber da es unter gewissen Umständen die Eigenart hat, die Wolle in der warmen Jahreszeit abzuwerfen[254] oder abzuschaben, wie es von den Schafen auf den Färöern berichtet wird[255], wo die Inselbewohner die abgeschabte Wolle aufsammeln oder den Schafen derart ausreißen, daß die armen Tiere nach einer solchen Prozedur oft blutend davonlaufen,[256] war das Scheren nicht unbedingt notwendig. — Wenn gelegentlich ge äußert wurde,[257] daß das Scheren erst durch die Kenntnis der Eisenbearbeitung möglich wurde, so müssen wir dem entgegenhalten, daß einmal die Schere in der Form, wie sie heute benutzt wird, bereits zur Bronzezeit existierte, andererseits aber noch im römischen Altertum das Ausraufen der Wolle vorherrschend war.[258] Erst mit der speziellen Züchtung feinwolliger Tiere hat die Wollschur das Ausraufen verdrängt.[259]

Bedurfte das Ausraufen noch keiner besonderen Kenntnisse, so waren bei der Schur schon gewisse Handfertigkeiten vonnöten. Ja, es entstanden berufsartige Formen des Scherens. So kennt man in der Gegend von Arles ganze Mannschaften von Spezialarbeitern, die zur Zeit der Schur durchs Land ziehen und ihre Dienste den Schafhaltern antragen. Jede dieser Gruppen zählt sechs bis acht Scherer und eine Frau, welche die Wollballen sortieren und bündeln muß. In den zwanziger Jahren unseres Jahrhunderts zogen noch an die 25 Teams solcher Spezialisten durchs Arlesaner Land.[260] In Mitteleuropa treffen wir ähnliche Scherkolonnen ebenfalls an, doch wird häufig auch von Frauen berichtet, die das Wollescheren vornahmen.[261] Mitunter, aber doch relativ selten, schert auch der Schäfer bzw. beginnt er mit der Schur.[262]

Wenn man der Wollschur die Bedeutung als „erster Ernte“ des Jahres geben will, ist es verständlich, daß dieses Ereignis gebührend gefeiert wird. Häufig ist es ein Feiertag des Schäfers, der an diesem Tage nicht austreibt und Ruhe hat. In Spanien bringt man ihm sogar einen Stuhl, damit er in aller Bequemlichkeit dem Scheren zusehen kann.[263] Diesen Ruhetag nutzten die Schäfer bisweilen auch dazu, sich an einem zentralen Ort zu Versammlungen und zur Abhaltung von Festen zu treffen. So etwa in Belzig, wo sie noch um 1800 aus der dortigen Umgebung in der ehemaligen Gaststätte Rosenkranz zu einem „Hirtenfest“ zusammenkamen.[264] Im allgemeinen aber wird der Schurtag von denjenigen festlich begangen bzw. ausgerichtet, die den Nutzen aus der „Ernte“ ziehen, den Schafhaltern. Ein besonderes Brauchtum scheint sich jedoch nicht herausgebildet zu haben. Die Hauptsache dabei ist das reichliche Essen und Trinken, das der Halter seinen Scherern spendiert. (Dr. Fleuren, London, teilt uns allerdings mit, daß auf vielen Bergfarmen in Nordengland und in Wales die Schafschur *das* gesellschaftliche Ereignis des Jahres sei.)

Eng verbunden mit der Wollschur ist auch der Prozeß der Schafwäsche, die zu der Zeit, als man die Wolle noch ausraufte, wohl nicht angewendet wurde, weil sie sinnlos gewesen wäre. Dann aber, als mit der feineren Qualität die Wolle im Preis stieg, war es notwendig, vor der Schur das Vlies zu waschen, da Aufkäufer und Händler Wert darauf legten, einmal saubere Wolle zu bekommen, und zum andern mehr als das reine Wollgewicht nicht zu bezahlen geneigt waren. (Durch Verunreinigungen konnte das Wollgewicht nämlich beträchtlich heraufgesetzt und damit der Gewinn des Schafhalters erhöht werden.)

Im wesentlichen spielt sich das Waschen der Schafe vor der Schur überall unter gleichen Bedingungen ab. Zum Teil sind gemeindeeigene Waschanlagen vorhanden,[265] oder es haben sich regelrechte Schafwaschgenossenschaften gebildet, die als „angestammtes Gewerbe“ angesehen werden. Im württembergischen Wasserstetten an der Lauter (zwischen Münsingen und Urach) gab es in den dreißiger Jahren unseres Jahrhunderts noch fünf solcher Schafwäscher, die ihren Beruf vom Vater auf den Sohn vererbten. Unter einem „Oberwäscher“ bildeten sie eine Art „Genossenschaft“.[266] Natürlich gab es auch gutseigene Wäschereien und Waschanlagen, die entweder von Fall zu Fall eingerichtet oder auch fest ausgebaut waren. — „Meistens liegen diese Wäschen an Bachläufen, deren Wasser gestaut werden kann. Es ist Voraussetzung, daß das Wasser genügend warm und vor allem nicht zu hart ist. Die Herden werden am Abend vor der Wäsche eingeweicht, indem man die Schafe zwingt, einen bestimmten Teil des gestauten Baches zu durchschwimmen. Die geschwemmte Herde kommt die Nacht über in einen gut eingestreuten, luftigen Stall, wo sie ‚dampft‘ und wo der Unrat in der Wolle sich löst. Am anderen Morgen durchschwimmt die Herde nochmals den Bachlauf, tropft dann ab, und nun beginnt das eigentliche Waschen. Jedes einzelne Schaf wird nun unter einen starken Wasserstrahl gehalten, und jeder der drei Wäscher behandelt einen bestimmten Körperteil des Schafes. Wenn der dritte Wäscher fertig ist, läßt er das Schaf nach der Abtropfstelle schwimmen, wo sich die Schafe zunächst schütteln und, wie der süddeutsche Schäfer sagt, ‚verschnaufen‘. Auf dem Rückmarsch zum Schurort müssen staubige Landstraßen vermieden werden. Die Schur kann in der Regel nach 3 Tagen beginnen, d. h. wenn die Schafe auch am Hals unten vollständig trocken sind“.[267] Dieser Vorgang ist im wesentlichen überall der gleiche. Lediglich die Waschanlagen variieren in ihrem Aufbau. Bevorzugt wird im allgemeinen fließendes Wasser.

Das Schafwaschen gehört wie so vieles, was mit der Schafhaltung zusammenhängt, zum Repertoire volkstümlicher Heimatschilderungen. Da ist vom lustigen Blöken der Schafe, der kreisenden Schnapsflasche bei den fröhlich singenden Wäschern und dem deftigen Essen nach getaner Arbeit die Rede

Welch ungeheure Anstrengung, ja welche Schinderei diese Arbeit jedoch für die Wäscher bedeutet, davon lesen wir dort nichts. Aus Coerde bei Münster stammt aber ein Bericht Möcklinghoffs,[268] in welchem die ganze Prozedur der Schafwäsche einmal vom Standpunkt der Wäscher aus dargestellt wird:

Im Berichtsgebiet fand die Wäsche an einem See statt. Vier bis fünf Männer, „die durchaus gesund sein müssen, vor allem was das Herz anbetrifft", stehen bereit, die schwere Arbeit zu übernehmen. Wenn die Schafe versammelt sind, gehen die Wäscher „mit einer alten Hose und Joppe bekleidet, bis zum Bauchnabel ins Wasser und stellen sich in zwei Meter Abstand am Ufer entlang auf, mit dem Rücken zu den Schafen. Nun nimmt der Schäfer ein Schaf mit der linken Hand am Hals und mit der rechten an der Keule und wirft es dem ersten Mann im Wasser zu, der nimmt das Schaf am Hals und zieht es vor sich hin, dann legt er die rechte Hand über Nase und Maul, mit der linken Hand drückt er die beiden Ohren zu und taucht das Schaf unter. Nachdem er es aufwärts gezogen hat, beginnt er mit beiden Händen die Wolle auszudrücken vom Hals angefangen bis zum Schwanz; dann gibt er das Schaf an seinen Nachbarn ab, der nimmt den Kopf von dem Tier unter den rechten Arm und drückt die Seiten aus. Auch der gibt das Tier mit einem kleinen Schubs seinem Nachbarn, bis das Schaf beim letzten Mann gelandet ist. Der spült das Schaf, indem er es hinter den Ohren am Halse faßt und immer hin und her zieht. Nun gibt er das Tier, das wegen der nassen Wolle fast nicht mehr stehen kann, dem am Ufer zurückgebliebenen fünften Mann zurück, der es" in eine Hürde bringt. „Dort läuft das Wasser aus. Solch eine Schafwäsche von 200–500 Stück dauert drei bis vier Stunden, und diese Zeit müssen die vier Männer im Wasser zubringen. Wenn nicht immerzu die Schnapsflasche rundging, könnte das kein Mensch aushalten, und jeder würde sich zu Tode erkälten, aber nun wissen sie noch nichts davon, bis die Arbeit zu Ende ist. Dann heißt es, heraus aus dem Wasser, schnell angezogen, abtrocknen, anderes Zeug an, und sofort auf den bereitstehenden Wagen mit einem Strohlager; und kaum haben diese vier Männer, die im Wasser standen, sich niedergelegt, dann schlafen sie schon, und schlafend kommen sie zu Haus an. Nachdem man sie nun wachgerüttelt hat, sind sie wieder ganz da, es fehlt ihnen nichts mehr als nur zu essen, denn einen fürchterlichen Hunger haben die Schafwäscher von ihrer anstrengenden Arbeit im kalten Wasser natürlich mitgebracht. Aber wenn die Schafe gewaschen werden, dann hat die Bäuerin besonders gut gekocht, man wäscht ja nicht alle Tage Schafe."

Nicht überall sind die Arbeitsbedingungen so primitiv. In der Gemeindewäsche in Benhausen bei Paderborn standen die Wäscher wenigstens in Holztonnen,[269] und in Harth, Kr. Büren waren die gesamten Waschanlagen, also auch die Standplätze der Wäscher, sogar ausgemauert,[270] so daß sich dann die ohnehin schwere Arbeit weniger gesundheitsschädlich auswirken konnte.

In neuester Zeit geht die Schafwäsche immer mehr zurück.

Zusammenfassung

Die Geschichte der Schafhaltung ist die Geschichte ihrer zahlreichen Nutzungsmöglichkeiten, die wiederum – durch die allgemeine wirtschaftshistorische Entwicklung bedingt – durch die jeweilige Höhe des Bedarfs an einzelnen Produkten gekennzeichnet wird.

Wir stellten fest, daß sowohl in der ur- und frühgeschichtlichen Zeit Mitteleuropas als auch in den Epochen der antiken Geschichte die Nutzungsmöglichkeiten der Schafhaltung im wesentlichen nur allgemein ausgeschöpft und über den eigenen Bedarf hinaus weniger in Anspruch genommen wurden, d. h., daß eine Spezialisierung auf ein bestimmtes Produkt der Schafhaltung in nennenswertem Umfang kaum stattfand und damit auch von einer *Schafzucht* im eigentlichen Sinne noch kaum gesprochen werden kann. Diesem Charakter der Schafhaltung entsprechend liegen die Weide- und Triftgerechtigkeiten noch in den Händen der bäuerlichen bzw. dörflichen Gemeinde.

Dieser Zustand ändert sich, als im 14. Jahrhundert die mitteleuropäische Stadt schnell an Bedeutung gewinnt, große Teile der Landbevölkerung anzieht und das Handwerk, speziell das Wolle verarbeitende, aufzublühen beginnt. Das Schaf mit seinen vielfältigen Nutzungsmöglichkeiten ist das Tier, das jetzt infolge des erhöhten Bedarfs an Nahrungsmitteln und Kleidung an Bedeutung gewinnt. Es beginnt die Produktion über den eigenen Bedarf hinaus, die Gemeinderechte werden durch grundherrliche Übergriffe eingeschränkt. Es zeichnet sich ein Gegensatz zwischen den Interessen bäuerlicher und denen grundherrlicher Schafhaltung ab, wobei die Entwicklung der Wollproduktion von ausschlaggebender Bedeutung ist.

Um ein abgerundetes Bild der Geschichte der Schafhaltung in Mitteleuropa zu geben, behandelten wir in gebotener Kürze die einzelnen Produkte und ihre Bedeutung in wirtschafts- bzw. agrarhistorischer Hinsicht.

Bei der Betrachtung über die *Verwertung des Düngers* konnten wir die enge Verbindung und die gegenseitigen Bedingtheiten zwischen Dreifelderwirtschaft und Schafhaltung deutlich herausarbeiten.

Das *Saateintreten*, dem wir bereits im ägyptischen Altertum begegnen, glaubten wir mit archaischen Formen der Anbauwirtschaft (Brandfeldbau) in Verbindung bringen zu können.

Mit dem Anwachsen der Städte im 14. Jahrhundert hängt auch die steigende Bedeutung des Schaf-*Fleisches* zusammen, während die *Milch*-Produkte wohl mehr im bäuerlichen Bereich verwertet wurden, zumal sich Wollproduktion und Milchnutzung auszuschließen scheinen.

Die *Woll*-Produktion ist schließlich der ausschlaggebende Faktor in der Geschichte der Schafhaltung. Der erhöhte und immer größer werdende Bedarf an Wolle macht planvolle Züchtungen von Wollschafen notwendig. In Hinblick auf das Zuchtmaterial schien es berechtigt, von einer Vormerino- und einer Merinoperiode zu sprechen.

Die einseitige Ausrichtung auf Wollproduktion, die durch den Bedarf der Wollindustrie immer größere Gewinne abwarf, zerstörte jedoch das einst so gut austarierte Gleichgewicht zwischen Dreifelderwirtschaft und Schafhaltung und führte z. B. im England des 15./16. Jahrhunderts zu einer bewußten Versteppung des Bodens, der ungeheuren Herden von Wollschafen Nahrung bot.

Dieser Entwicklung steuerten die deutschen Landesherren, die, wenn natürlich auch zu ihren Gunsten, aber auch auf Kosten der Grundherren, die Schafhaltung verbesserten und Aufzüchtungsmaßnahmen der einheimischen grobwolligen Schläge einleiteten. Gute Ansätze zerschlug der Dreißigjährige Krieg.

Die große Wende bringen die spanischen Merinoschafe, die seit der Mitte des 18. Jahrhunderts zum Export freigegeben werden und in alle Länder Europas, auch in kleinste Fürstentümer Deutschlands, eingeführt werden. Gefördert von physiokratischen Bestrebungen entwickelt sich eine wissenschaftlich fundierte, planvolle Züchtung feinwolliger Schafe in Zentraleuropa. Die Ausbildung von Schäfern und Schafhaltern in den eigens errichteten königlichen und fürstlichen Lehranstalten trägt reiche Früchte. Das allgemeine Niveau wird gehoben, den Erfordernissen wissenschaftlich geführter Wirtschaft Verständnis entgegengebracht.

Die wirtschaftlichen Bestrebungen der Aufklärung, ohne deren belebende Wirkung der großartige Aufschwung der Merinozucht in Deutschland und in Europa gar nicht denkbar gewesen wäre, führten andererseits auch zu einer fruchtbaren Entwicklung der Anbauwirtschaft. Den Schafen wurde dadurch mehr und mehr die Weide und Futtergrundlage entzogen, ihre Zahl sank von Jahrzehnt zu Jahrzehnt. — Freilich war es nicht der aufblühende Anbau allein, welcher die Schafhaltung zurückdrängte. Es waren im gleichen Maße die in eigenen Stammschäfereien gezüchteten feinwolligen Merinoböcke, die nach

Übersee verkauft, dort erst den Grundstock zu einer Wollproduktion legten, welche binnen kürzester Zeit die europäische Wolle vom Weltmarkt fegte und damit die Schafhaltung noch unrentabler gestaltete. Man verlor das Interesse an ihr.

Wir betrachteten sodann den Sektor der bäuerlichen Wollproduktion, die im wesentlichen immer noch der Deckung des eigenen Bedarfs diente. Wir fanden aber auch — besonders im Bereich der bäuerlichen Hofschäferei — Wollproduktion und gleichzeitige Verarbeitung über den eigenen Bedarf hinaus. Bemerkenswert war, daß es sich hier um grobe, unveredelte Wolle handelte.

Eine Betrachtung über die Wollschur ließ deutlich werden, daß die entwickeltere Technik des Scherens mit der Produktion feiner Wolle einhergeht. Das gleiche gilt von der Schafwäsche, die auch erst ihren Sinn bekommt, wenn das feinwollige Vlies im ganzen geschoren und verkauft wird.

II. Wirtschaftsformen der Schafhaltung

A. Wanderweidewirtschaft

Genügsamkeit und Anpassungsfähigkeit, die wir in der Einleitung als charakteristische Merkmale des Schafes bezeichneten und die zu seiner Bedeutung beigetragen haben, erlauben es, dieses Tier außer in einer Weidewirtschaftsform mit *festem* Standort, auch in einer solchen mit *wechselndem* Standort zu halten.

Die wirtschaftsethnographische Forschung unterscheidet im wesentlichen drei Systeme der Wanderweidewirtschaft: Nomadismus, Alpwirtschaft und Transhumanz. Ihnen gemeinsam ist das Wandern von Herden bei mehr oder minder großen Entfernungen zwischen den einzelnen Weidegründen, die je nach den klimatischen oder geographisch-floristischen Gegebenheiten im Wechsel der Jahreszeiten aufgesucht werden.[1] Unter den in Frage kommenden Herdentieren spielt das Schaf überall eine maßgebliche Rolle, so daß es geboten erscheint, alle drei Formen zu betrachten, sie zu analysieren und begrifflich genau zu trennen. Denn unter gewissen Bedingungen sind zwar die Unterschiede zwischen den einzelnen Systemen fließend, aber im Grunde trägt jedes dort, wo es in reiner Ausprägung hervortritt, ganz charakteristische Merkmale, die es in seinem ganzen Habitus scharf von den anderen abhebt.[2] Dennoch hat man sich nicht mit der nötigen Sorgfalt einer klaren Terminologie befleißigt, sondern bezeichnet oft, wie die vielfältige Literatur ausweist,[3] mit Nomadismus etwa eine Erscheinung, die ganz eindeutig der Transhumanz angehört oder versteht unter Alpwirtschaft Vorgänge, die in den Bereich des Bergnomadismus fallen, u. a. Aus dieser Anwendung einer unkorrekten Terminologie erklären sich solche zusammengesetzten Begriffe wie „alpine Transhumanz“,[4] und Boesch[5] hat nur zu recht, wenn er meint, daß „in wissenschaftlichen Arbeiten ... von einem ‚alpinen Nomadismus‘ nicht mehr gesprochen werden“ sollte.

1. Nomadismus[6]

„Das Schaf erscheint für Großherdenhaltung und Wanderweidung maximal günstig. Es ist futtergenügsam und leicht beweglich, vermag sich im Winter schneebedecktes Futter freizulegen und hält auch dem Hunger und Durst der sommerlichen Steppendürre stand, indem es als Steppentier auf Grund besonderer Anpassungsfähigkeit im Fettsteiß, oder Fettschwanz, analog Kamel und Zebu, Nahrungs- und Wasserreserven stapelt“.[7] Es ist also das gegebene Weidetier für die nomadistische Form der Wanderweidewirtschaft, die ja durch „ständiges und meist periodisches Wandern ganzer Stämme von Viehhaltern zum Zwecke der Weidegewinnung für ihre Herden“[8] gekennzeichnet ist. Einige Zahlenangaben mögen seine Stellung und Bedeutung in dieser Wirtschaftsform demonstrieren: Bei den Kirgisen war es nicht ungewöhnlich, daß reiche Besitzer bis zu 50000 Schafe[9] hatten. Im Jahre 1911 belief sich im ehemaligen Gouvernement Turkestan der Anteil von Schaf und Ziege auf 80% des Gesamtviehbestandes der dortigen Nomadenbevölkerung.[10] Das Verhältnis lag bei den Mongolen auf 54%.[11] In den sibirischen Steppen waren im Jahre 1913 von rund 56 Millionen Herdentieren

28,75	Millionen	Schafe
11,35	,,	Rindvieh
9,9	,,	Pferde
3,2	,,	Ziegen
1,48	,,	Kamele
1,24	,,	Schweine
0,1	,,	Esel und Maulesel.[12]

Für Nordafrika liegen die Verhältniszahlen ähnlich. „Das Hauptherdentier des nordafrikanischen Nomaden ist das Schaf, das in den algerischen Steppen etwa 80% des Viehbestandes ausmacht“.[13] Bei den Nomaden der

Sahara bilden sie „den zahlenmäßigen Grundstock der Herde“.[14]

Was das Schaf dem Nomaden bedeutet, hat Schakir-Zade[15] folgendermaßen zusammengefaßt: „... den hauptsächlichsten Reichtum des Steppennomadentums [bilden] die Schafherden, weil das Schaf die geeignetste Tierart für Leben und Bedürfnisse des Nomaden ist. Das Schaf gibt mit seiner Milch, seinem Fleisch und Fett Nahrung, mit Fellen und Wolle Kleidung und Wohnung... Bestimmend für die Schafhaltung war außer den genannten Vorzügen dieser Tiergattung auch die Nachfrage der seit ältesten Zeiten mit den Nomaden in Güteraustauschverbindung stehenden orientalischen Völker. Wie bei den Nomaden selbst blieb auch bei der ansässigen Bevölkerung des Orients bis in die Gegenwart hinein die einzige beliebte Fleischsorte das Hammelfleisch. Die Bedeutung des Schafes für das Wirtschaftsleben der Nomaden reicht noch weiter. Es ist nämlich nicht nur einfaches Wirtschaftsobjekt, sondern gilt bei Kirgisen und Kasaken ... auch im inneren Handel als Wertmesser und Zahlungsmittel. Die Kirgisen bezahlen untereinander stets mit Schafen. Statt mit ... Rubel rechnen sie mit ‚Tokti‘, das ist ein einjähriges Schaf ...“

Hermanns[16] bestätigt die gleiche Bedeutung des Schafes für Tibet und betont: „Wenn der Nomade auch Rinder und Pferde verloren hat, so kann er sich durch Schafzucht allein doch durchschlagen“.[17] Da diese aus dem zentralasiatischen Raum gewonnenen Angaben, die sich beliebig ergänzen und vermehren ließen, den gleichen Verhältnissen in Nordafrika entsprechen, dürfen wir wohl verallgemeinernd feststellen, daß Schafe im Bereich des Nomadismus — selbst wenn sich eine „Monokultur“[18] entwickelt hat — nicht nur der Grundstock des Herdenbestandes, sondern sogar die Grundlage der gesamten Wirtschaftsform sein können.[19] Unter den Weidetieren dürften ihnen lediglich noch die als Lastträger gehaltenen Pferde, Kamele und Esel an Bedeutung nahekommen, denn „zwei Anforderungen stellt der Nomade primär an seine Herde: die Lieferung von Nahrung, vor allem von Milch, und den Transport des Gepäcks auf der Wanderung. Beides ist gleich wichtig: ein Wanderstamm ohne Transporttiere ist genauso wenig lebensfähig wie ohne Nahrungsquelle“.[20]

Selbstverständlich ist das Schaf nicht alleinige Nahrungsquelle des Nomaden, denn bekanntermaßen ist menschliches Leben ohne vegetabilische Nahrung nicht möglich,[21] d. h. der Nomade (auch der sog. Vollnomade) ist zur Erhaltung seiner Existenz gezwungen, sich Cerealien und andere Feldfrüchte zu beschaffen. Man ist im allgemeinen der Ansicht, daß dies vorwiegend durch Handel und Raub geschähe. Gewiß, aber — und darauf scheint bisher weniger geachtet worden zu sein — auch der Vollnomade treibt eine gewisse Art von Anbau. Die Nachrichten der Saharareisenden aus der ersten Hälfte des 19. Jahrhunderts berichten jedenfalls davon,[22] und die moderne Forschung mißt der Notwendigkeit vegetabilischer Nahrungsbeschaffung bei den Nomaden Zentral- und Westasiens große Bedeutung bei.[23] Davon ausgehend äußert Herzog[24] die unserer Ansicht nach nur folgerichtige Meinung, daß z. B. das „nordafrikanische Nomadentum aus dem Anbau entstanden ist und als verkümmerte Abzweigform stets entweder selbst Pflanzen nebenbei angebaut hat oder in hohem Maße von benachbarten Ackerbauern oder Oasenbauern abhängig war“. Man könnte sogar hinzufügen, daß das angeblich so stark ausgebildete Räubertum der Nomaden der Sorge um vegetabilische Nahrungsbeschaffung recht abträglich sein mußte, denn was nützte es dem so viel gerühmten „Hirtenkrieger“, wenn er die Anbauer erschlug oder deren Felder verwüstete? Er traf sich mit solchen Unternehmungen nur selbst. Man darf also annehmen, daß die bekannten Schilderungen vom „kämpferischen Charakter“[25] des Nomaden vielfach übertrieben sind und der Wirklichkeit nicht immer entsprechen. Im übrigen wurden die seßhaften Anbauer von ihnen durchaus nicht so in die Defensive gedrängt, wie man es gemeinhin berichtet; eher war es umgekehrt.[26]

Nachdem wir gleiche Grunderscheinungen zwischen den Hauptgebieten des Nomadismus in Zentralasien und Nordafrika festgestellt haben, ist es wohl erlaubt, den o. g. Herzogschen Gedankengang auf den Nomadismus ganz allgemein zu übertragen[27] und damit auch die Frage nach dem Ursprung dieser Wirtschaftsform zu stellen. Wenn wir dies tun, so bedeutet das, daß der Nomadismus erst entstanden sein kann, als bereits eine gewisse organisierte Form der Anbauwirtschaft bekannt war. Das bedeutet auch, daß wir uns den Gedanken Eduard Hahns anschließen, der die gleiche Ansicht schon einmal geäußert hat.[28] Wir sind aber der Meinung, daß eine Abspaltung des Nomadentums unmittelbar von der Anbauwirtschaft nicht erfolgte, sondern daß dazu eine Wirtschaftsform notwendig war, welche Elemente der Anbauwirtschaft wie auch solche des Nomadismus gleichermaßen in sich vereinigte. Diese Wirtschaftsform aber dürfte die Transhumanz gewesen sein, welche als Charakteristikum Anbauwirtschaft und Schafhaltung zugleich betreibt. Unter entsprechenden Umständen mag die viehwirtschaftliche Komponente stärker in den Vordergrund getreten sein, so daß eine Spaltung zwischen beiden Faktoren eintrat, die zum Nomadismus führte. Der Bedarf des Nomaden an Feldfrüchten bzw. deren Beschaffung wäre so als Rest der alten Gemeinsamkeit aus der Periode der Transhumanz zu betrachten.[29]

Wir glauben also sagen zu können, daß der Nomadismus unter den drei Formen der Wanderweidewirtschaft nicht die primäre ist.

Wenn auch die Sorge um die Herden den gesamten Stamm zwingt, zum Zweck der Weidegewinnung ständig von Platz zu Platz zu ziehen, so wandelt sich die unstete Lebensführung, die ganz im Mittelpunkt des Daseins steht, doch relativ rasch, sobald der Nomade in Bereiche anderer Kultur- und Wirtschaftsformen gerät. In erster Linie werden das vorwiegend Anbau treibende Kulturen sein, zu denen er ohnehin eine mehr oder minder starke Beziehung unterhält, ja unterhalten muß und denen er sich unter gewissen Umständen immer stärker angleicht.

Es haben sich bei diesen Assimilierungsprozessen Übergangsformen gebildet, die schwer zu definieren und zu kategorisieren sind und die eine Fülle von Parallelerscheinungen zu Alpwirtschaft und Transhumanz zeigen. Um zu einer klaren Terminologie der drei genannten Formen der Wanderweidewirtschaft zu gelangen, müssen auch diese Zwischenformen charakterisiert werden. Es genügt dabei nicht, etwa nur ein Merkmal besonders herauszustellen, wie es Werth[30] tut, der Vollnomaden von Halbnomaden nach der Größe des Umfanges des Pflanzenanbaus scheiden will. Herzog[31] bemerkt dazu sehr richtig: „In der verschieden auslegbaren Formulierung ‚Anbau in größerem Umfange' ist die Unsicherheit der Abgrenzung ... erkennbar, die noch zunimmt, will man die *Halbnomaden* begrifflich klar von den Bergnomaden und Transhumantes trennen". — Schickele,[32] der allerdings auch den Gebirgsnomadismus zum Halbnomadismus rechnet, spricht von „ackerbautreibenden Halbnomaden mit größeren Rinder-[33] und verminderten Kleinviehbeständen, bei kleinen unregelmäßigen Wanderungen mit zusammengeschrumpften Herden, pendelnd um die in den Frühjahrs- oder Notzeitquartieren gelegenen, meist bewässerten Äcker". Merner[34] erwähnt für die nordafrikanischen Halbnomaden wohl noch das Vorhandensein steinerner Speicher, aber noch keinen Hausbau. „Werden die großen Zelte auch nicht mehr abgebrochen, so ist doch die Dauer der Seßhaftigkeit zu der des Umherziehens nur eine geringe. Die Wanderzüge sind räumlich eng begrenzt, vor allem aber fehlt ihnen der ausgeprägte jahreszeitliche Wechsel. Vielmehr wird der Weidemittelpunkt oft nur von einer Wasserstelle zur anderen verlegt."

Als *Bergnomaden* sind hingegen „nur diejenigen Stämme oder Gruppen anzusehen, die zum überwiegenden Teile ihren Herden bei den jahreszeitlichen Wanderungen in das Gebirge oder auf die Ebene folgen und nebenbei — oft im Zwischengebiet, wo sich vielleicht auch Speicher befinden — etwas Anbau treiben".[35] Auch hierzu darf ergänzend gesagt werden, daß die Neigung zur Seßhaftigkeit geringer als bei den Halbnomaden ist, daß Anfänge fester Wohnbauten vorhanden sind, und daß das Rind als Transporttier eine bedeutende Stellung einnimmt.[36] „Es muß [weiterhin] betont werden, daß gerade der Bergnomadismus die am wenigsten geschlossene Form des Wanderhirtentums darstellt, mit einer Fülle von Übergängen zum Vollnomadentum, zum Ackerbau, zur Transhumanz und auch zur Almwirtschaft".[37]

Ob sich Halb- und Bergnomadismus aus dem Vollnomadismus entwickelt haben bzw. seine Auflösungsformen sind oder ob sie umgekehrt auch Vorformen des Nomadismus sein können, werden wir noch zu erörtern haben.

2. Alpwirtschaft

Wir wenden uns nunmehr der Alpwirtschaft zu, die „am ausgeprägtesten noch in den europäischen Mittel- und Hochgebirgen erscheint",[38] und im Gegensatz zum Nomadismus unbedingte Seßhaftigkeit voraussetzt.[39] Seßhaftigkeit, das bedeutet hier das Vorhandensein einer festen Station, in die man im Laufe des jährlichen Weideturnus immer wieder zurückkehrt, in der man sich die längste Zeit des Jahres aufhält, ja, die der eigentliche Ausgangs- und Fixpunkt des ganzen Wirtschaftssystems ist. Seßhaftigkeit, das bedeutet aber auch das Vorhandensein einer Organisationsform, welche die Ernährungsmöglichkeiten der Tiere nicht mehr allein von den Zufällen der Witterung und dem dadurch bedingten Zustand der Weiden abhängig sein läßt. Daß diese Faktoren sich auch auf die Art des Weideviehs auswirken ist natürlich, und wir finden im Bereich der Alpwirtschaft vorwiegend Rindvieh. Schafherden sind nur in relativ geringem Maße vorhanden. Es muß jedoch die Frage gestellt werden, ob dieses Verhältnis auch ehedem das gleiche war.

Wie vollzieht sich nun die Alpwirtschaft?

Im Gegensatz zum Nomadismus und auch zur Transhumanz bevorzugt sie ein ausgesprochen vertikal bestimmtes System der Herdenwanderung, die sich in vorbestimmten Etappen und in relativ kurzen Entfernungen — meist sogar im Bereich der Allmende[40] — abspielt. Diese Etappen sind charakterisiert durch

a) Talwirtschaft
b) Maiensäß- oder Vorsäßwirtschaft, mitunter
c) Vorwinterung und
d) Alpwirtschaft.[41]

Die *Talwirtschaft* ist „die am tiefsten gelegene und am intensivsten bewirtschaftete Zone der gesamten produktiven Fläche" mit Fettwiesen, die als „geschlossenes oder zerstreutes Privateigentum der einzelnen Bauern um Wohnhaus und Stall herum" liegen. Hier und auf den etwas höher gelegenen Magerwiesen wird das Heufutter gewonnen, das zwischen Weihnachten und Mitte Mai, wenn Herden und Hirten in der Talwirtschaft, die ja gleichzeitig ständiger Wohnsitz ist, überwintern, in den Ställen verfüttert wird.[42]

Die *Maiensäß-* oder *Vorsäßwirtschaft* verbindet die Stallfütterung auf Stufe a mit dem eigentlichen Weidegang der Stufe d; sie spielt sich also in mittlerer Höhenlage „zwischen unterster und oberster Wirtschaftsstufe" ab. Das Vieh wird hier durch offenen Weidegang *und* Stallfütterung ernährt. Vorhanden sind feste Ställe, aber auch Wohngelegenheiten für die Hirten, ja für ganze Familien. Die Maiensäß schließt sich an die höher gelegene Allmendeweide an.[43]

Zwischen Talwirtschaft und Maiensäß schiebt sich häufig noch eine dritte Stufe ein, die man im Prätigau *Vorwinterung* (Stufe c) nennt. Hier wird meist nur im Stall gefüttert, und zwar vom Heu der umliegenden Wiesen. Für den Hirten sind keine besonderen Wohngelasse errichtet. Er schläft entweder im Stall oder kehrt am Abend ins Tal (Stufe a) zurück.[44]

Im Hochsommer wird dann die höchste und ausgedehnteste Gemeindeflur aufgesucht, auf der sich die eigentliche *Alpwirtschaft* (Stufe d) abspielt. Hier herrscht ausschließlich Weidegang. Im Gegensatz zu den Stufen a und b, die in der Regel privat genutzt werden, ist die Alpwirtschaft meist genossenschaftlich organisiert.[45] Die Alp selbst ist mit den nötigen Gebäuden für die Unterbringung der Hirten und Sennen und den Anlagen für die Milchverarbeitung ausgestattet. Man hält sich hier während der drei Hochsommermonate auf.[46]

In umgekehrter Reihenfolge findet die Alpabfahrt statt. Die Überwinterung in Stufe a dauert etwa $6^1/_2$ Monate.[47]

Die Alpwirtschaft ist also ein vertikal aufgebautes Weidesystem zum Zwecke der „systematischen Ausnützung von hochgelegenem Weideland im Gebirge durch Viehherden, meistens durch Kuhherden, deren Milch an Ort und Stelle verarbeitet wird".[48] Sie ist durch organisierte, etappenweise Wanderung auf gleichbleibendem, relativ kleinem Raum gekennzeichnet. Die Basis des Systems[49] ist die Talwirtschaft mit dem Dauerwohnsitz der Wirtschaftenden und dem Stall für die Überwinterung der Herde.[50] Die Nutzung der Weideflächen und der Herdenprodukte ist in der Regel genossenschaftlich. Betreuung des Viehs und Verarbeitung der Milch erfolgt — der genossenschaftlichen Ordnung entsprechend — durch gedingte Hirten und Sennen. Der Viehhalter selbst verläßt — z. T. auch mit einem Teil oder gar der ganzen Familie — die Talwirtschaft eigentlich nur, um auf den Stufen b und c das Heu zu bergen.[51] Im wesentlichen begleitet die Familie also ihre Tiere nicht.[52]

Überblicken wir noch einmal die charakteristischen Merkmale der Alpwirtschaft,[53] so wird es sofort klar, daß jeder angebliche Zusammenhang mit dem Nomadismus bzw. dem Halb- oder Bergnomadismus gänzlich abwegig ist. Ja, beide Systeme schließen direkt einander aus, wenn man sich klar macht, daß die Basis des Alpwesens eine seßhafte, also eine bäuerliche Wirtschaftsform ist, worauf außerdem noch die vorwiegende Haltung von Rindvieh und das genossenschaftliche Prinzip hindeuten.

Gutzwiller[54] möchte diese Wirtschaftsform in ihrer heutigen Ausprägung bereits in die alpenländische Ur- und Frühgeschichte datieren. Wir glauben dies aber schon deshalb nicht annehmen zu können, weil das Alpwesen ein gut funktionierendes Wirtschaftssystem voraussetzt, das wir in so frühen Zeiten für den Alpenraum nicht ansetzen dürfen. Wir sind aber der Meinung, daß das Rind nicht immer die tragende Rolle gespielt hat, daß es in der Alpwirtschaft sekundär ist. In Zeiten größerer Extensität wird wohl wie überall das Schaf das maßgebende Tier gewesen sein. Wir haben noch in neuerer Zeit aus Reliktgebieten der Alpwirtschaft bestimmte Nachrichten, die darauf hinweisen: „Von Ackerbau im eigentlichen Sinne kann in diesen Gebieten [Süd- und Südostserbien] keine Rede sein. Das rauhe Klima hat die Mehrzahl der Bewohner auf die Viehzucht [d. h. Schafhaltung] angewiesen. Es ist selten ein Haus in diesen Gebieten, das nicht mehr als die Hälfte des Lebensunterhaltes in der Viehzucht findet. Dadurch wird gerade die Anthropogeographie dieses Gebietes so interessant, daß ganze Dörfer während des Sommers vollständig verlassen und leer stehen, um dann wieder den Winter über die Mittelpunkte des Lebens zu sein".[55] Die Goralen[56] ziehen ähnlich wie die Huzulen mit ihren Schafherden im Sommer auf die höher gelegenen Berge, um sie im Winter wieder zu ihren Behausungen zurückzutreiben. Das Futterheu für den Winter führen letztere erst beim Alpabgang mit sich.[57] Vom Hirten der Bukowinaer Karpaten heißt es, daß er im Herbst mit seinen Schafen, die er im Frühjahr und Sommer übers Gebirge getrieben hat, wieder ins Heimattal zieht und dort bis zur Zeit des neuen Auftriebs Bauernarbeit verrichtet.[58] — Wichtig ist in diesem Zusammenhang ein Bericht aus dem Paring-Gebirge (Südkarpaten), wo man bereits kombinierte Schaf- und Rinderherden kennt: „Die Beschäftigung der Männer bildet das Hüten der Schafe, die der Frauen und Mädchen das Hüten des Rindviehs".[59] „Die meisten Familien besitzen eine gemeinsame ‚Stina', in welcher Jung und Alt vom Frühling bis zum späten Herbst hinein leben, mit Ausnahme der *Ackerbau treibenden* Männer, die sich nur zu dem am St. Johannistage ... abgehaltenen Volksfest ‚Nedeia' bei Schalmeienklang und Branntwein versammeln, wobei auch die meisten Heiraten, Kauf- und Tauschgeschäfte abgewickelt werden, Freundschaften entstehen usw.".[60]

Wenn wir noch einmal auf die Schilderung aus Serbien zurückblicken, wo es hieß, daß die Dörfer den Sommer über leer stünden und sich erst im Herbst oder Winter wieder Leben zeige, so besagt die Mitteilung aus dem Paring-Gebirge, daß hier innerhalb des Dorfes oder auch der Familien bereits eine stärkere Arbeitsteilung stattgefunden hat: Die Talwirtschaft bleibt fest besetzt, dort wird Anbau getrieben und nur ein Teil der Männer und Frauen begleitet die Tiere. Darüber hinaus sind die Herden mit Rindern gemischt, d. h. der Grad der Seßhaftigkeit ist gestiegen.[61] Das Schaf wird verdrängt, Teile der Familie, welchen die Betreuung der Herden oblag, werden in die Täler zurückgezogen. Ihre Aufgabe übernehmen gedingte Hirten. Damit ist fast der Zustand erreicht, den wir am Schweizer Beispiel schildern konnten. Aber auch dort, im klassischen Land der Alpwirtschaft, mag ehedem der Zustand so ähnlich gewesen sein wie in einigen Gebieten der Karpaten noch in neuerer Zeit. Denn „bis gegen Ende des 13. Jahrhunderts waren bei der Nutzung der Wiesen und Weiden mehr extensive Wirtschaftsformen vorherrschend gewesen. Das zeigt sich unter anderem in einer überaus starken Schafhaltung. Vom Ausgang des 13. Jahrhunderts an beginnt sich die Betriebsweise zu verstärken. Immer mehr gewinnt die Rindviehzucht an Boden, die wiederum eine regere Erzeugung hauptsächlich von Zieger,[62] Käse und Butter, von Fleisch und Häuten zur Folge hat."[63]

Die Gründe für die Steigerung der Rindviehhaltung auf Kosten der Schafe sieht Wackernagel in den Folgeerscheinungen der frühkapitalistischen Epoche.[64] Hier mag also die Entwicklung entgegengesetzt wie im übrigen Europa verlaufen sein, wo sich ja die *Schafhaltung* eindeutig durchsetzte.

Wir dürfen wohl dahingehend zusammenfassen, daß die Alpwirtschaft mit ausgesprochener Rindviehhaltung nicht primär ist. Dem im allgemeinen ausgeprägten extensiven Charakter der Landwirtschaft entsprechend, dominierte ursprünglich auch in den Alpen und anderen weniger zugänglichen Mittelgebirgen das Schaf. Das vertikale System des Alpwesens unserer Zeit war jedoch durchaus schon vorgezeichnet, wenn auch seine Basis, die Talwirtschaft, noch nicht so ausgebaut bzw. noch schwach entwickelt war. Das fiel jedoch nicht allzu stark ins Gewicht, wenn wir uns überlegen, daß das Schaf durchaus in der Lage ist, sich im Winter draußen längere Zeit Futter zu suchen als etwa das Rind. Der starke Ausbau der Talwirtschaft vor allem als Futterbasis für die Überwinterung trat sicher erst mit der verstärkten Rindviehhaltung ein. Allerdings müssen wir festhalten, daß auch bei der Alp-Schafhaltung in den Tälern schon Anbau und Heubevorratung getrieben wurde.

Nach dem bisher Gesagten ist es für die später noch folgenden Erörterungen über Zusammenhänge zwischen den drei Formen der Wanderweidewirtschaft methodisch wichtig, lediglich die Primärform der Alpwirtschaft mit *Schafhaltung* in Betracht zu ziehen.

Welche Stellung nimmt das Schaf in der gegenwärtigen Form der Alpwirtschaft ein? — Bereits im 16. Jahrhundert wird das Weiderecht der Schafherden im Bereich der Alpen zugunsten des Großviehs erheblich eingeschränkt.[65] Als Gründe dafür werden bis in unsere Zeit hinein u. a. die verderblichen Folgen des Verbisses angeführt.[66] Andererseits schätzt man jedoch den Schafdünger sehr, und Richard Weiss[67] berichtet aus Graubünden, daß, soweit Schafe überhaupt noch auf den Alpen vorkommen, sie zur systematischen Düngung des entsprechenden Weidegrundes genutzt werden, und zwar im Pferchbetrieb.[68] — Im allgemeinen aber muß man mit Richard Weiss[69] feststellen, daß „die magersten, wasserärmsten, rauhesten und höchstgelegenen Weidegebiete, welche sonst von keinem zahmen Weidtier mehr benutzt werden können", als sog. Schafalpen genutzt werden. Dort, wo die Kuhalpen bis an die Grate der Berge reichen, ist für die Schafe nur mehr wenig Raum. Sie müssen entweder fremde, tagelang entfernte Weiden aufsuchen oder werden mitunter sogar an Seilen auf ganz unzugängliche Weidestreifen herabgelassen.[70] Die Tiere, die auch genossenschaftlich gehalten werden, sind sich dann vielfach selbst überlassen.[71] Ab und zu wird ein Schafhalter von der Genossenschaft beauftragt, sie mit Salz zu versorgen.[72] — Zur Schur oder zur winterlichen Aufstallung werden sie zusammengetrieben und dann „geschieden", d. h. den einzelnen Besitzern wieder zugestellt. Diese Arbeit ist oft recht schwierig, weil die Tiere ja halb verwildert sind. In Goisern (Salzkammergut) mußten dem Hirten dabei mehrere Dorfbewohner beim Zusammentreiben helfen.[73] — Im allgemeinen ist die Schafhaltung im heutigen Betrieb der Alpwirtschaft nur noch von geringer Bedeutung. Man hält oder hielt Schafe im wesentlichen zur Deckung des eigenen Bedarfs an Fleisch und Wolle.[74] „Die Milch der Schafe ist [dagegen] von Einheimischen weder heute noch früher verwendet worden".[75]

3. Transhumanz (Wanderschafhaltung)

Mit Transhumanz[76] bezeichnen wir nunmehr die dritte Form von Wanderweidewirtschaft.

Hatten wir bei Nomadismus und Alpwirtschaft (im frühen Stadium) ein Bevorzugen des Schafs festgestellt, können wir nunmehr sagen, daß die Grundlage der Transhumanz allein die Schafhaltung bildet. Neben einigen Transporttieren gibt es kaum anderes Weidevieh, das innerhalb dieser Wirtschaftsform erwähnenswert wäre.

„Wir wollen unter Transhumance die Wanderung verstehen, die die (Schaf-) Herden einer seßhaften, ackerbautreibenden Bevölkerung unter der Führung von einzelnen Hirten regelmäßig ausführt, um von einer hochgelegenen Sommerweide ... zur Winterweide in einer Ebene außerhalb des Gebirges zu kommen"[77] und umgekehrt.[78] „Das Wesentliche ist, ... daß diese Wanderung in die Ebene zurückgelegt wird, um dort eine *wirkliche* Weide zu finden, und daß auch im Winter keine Einstallung erfolgt".[79] Dieser Definition, welche die Hauptmerkmale des dritten Typs der Wanderweidewirtschaft eigentlich als einzige[80] klar herausstellt, schließen wir uns an, möchten sie aber noch in einigen Punkten ergänzt wissen: Wie bei der Alpwirtschaft Personal und Vieh an eine Hauptsiedlung gebunden sind, so auch bei der Transhumanz. Während dort aber das „Band territorial ist, indem das Personal und das Vieh sich im Winter in dieser [Haupt]-Siedlung aufhält, ist es bei der transhumance mitunter nur ökonomisch und administrativ, indem man sich niemals dort aufhält, sondern die Siedlung nur bei den Wanderungen zwischen den Sommer- und Winterweidegründen passiert. Nur der Unternehmer oder der Besitzer der Herde ist dort wohnhaft".[81] Er bestellt die Äcker „oder geht auch einem nichtlandwirtschaftlichen Berufe nach; die Obhut über die Herden überträgt er Hirten".[82] Schafhaltung und Anbauwirtschaft bilden bei der Transhumanz also keine betriebliche, sondern lediglich eine besitzmäßige Einheit.[83] — Als weiteres typisches Merkmal müssen wir die oft hunderte Kilometer langen Schaf-Wanderstraßen betrachten, welche die Weidegründe im Sommer und im Winter verbinden und nach alten Bestimmungen und Traditionen festgelegt sind.[84] Ohne sie wäre der komplizierte organisatorische Vorgang der Wanderung von Tausenden von Schafen zweimal im Jahr gar nicht denkbar.[85] Erwähnen möchten wir weiterhin, daß der Wechsel von der Sommer- zur Winterweide nicht unbedingt einer vertikalen Wanderung entsprechen muß. Transhumanz kann unter bestimmten floristischen und klimatischen Bedingungen durchaus auch nur horizontal, also in gleicher geographischer Höhenlage erfolgen.[86] — Daß zu den allgemeinen Merkmalen transhumanter Weidewirtschaft allerdings Streitigkeiten oder gar eine Feindschaft zwischen Bauern und Wanderschäfern gehören, möchten wir verneinen.[87]

Haben wir nunmehr Definition und Merkmale festgelegt, fragen wir jetzt nach den Grundlagen dieser Wirtschaftsform: „On peut constituer", schreibt Dedijer,[88] „... plusieurs influences de facteurs sociaux, économiques et même ethnographiques. Mais ceux-ci exercent toujours un rôle secondaire dans la transhumance. Les influences qui proviennent de la nature demeurent au premier rang." Auch Jules Blache[89] ist der Ansicht, daß „der Ursprung der Transhumance ... weniger auf einer genialen Erfindung des Menschen als auf den Gesetzen der lebendigen Natur [beruhe], denen der Mensch ebenso unterworfen ist wie die Tiere, seine Ernährer." Bensch[90] meint: „Gebunden ist diese Lebensform überall an Gebirge, deren für primitiven Feldbau ertragfähige Landstriche zu schmal sind, um den Anbau von Pflanzen zur Nahrungsgrundlage der gesamten Bevölkerung werden zu lassen." — Daß die natürlichen Bedingungen eine äußerst wichtige Rolle spielen, erhellt allein schon daraus, daß die Transhumanz in allen Gebieten um das Mittelmeerbecken herum verbreitet ist. „Nous rencontrons la transhumance au Caucase, dans différentes montagnes de l'Asie Mineure, sur toutes les montagnes de la péninsule des Balkans, dans les Karpates, les Alpes, les Appenins, les Cévennes, les Pyrénées et dans la chaîne de l'Atlas".[91] Diese Landschaften aber zeichnen sich durch ähnliche und gemeinsame natürliche Gegebenheiten aus: „Im Tiefland gibt es im Winter weder Schnee noch Frost, aber viel Feuchtigkeit und Regen. Darum liegt die Kulminationsperiode der Vegetation in diesen Gebieten zu dieser Jahreszeit, während sie im Gebirge im Sommer liegt, wenn die Flachländer von Hitze und Trockenheit verbrannt sind. Daher kann man die Herden abwechselnd der Jahreszeit entsprechend ins Gebirge oder ins Tiefland schicken, und darum ist in den mediterranen Ländern keine Einstallung nötig".[92]

Unter diesen Voraussetzungen gesehen, gewinnt gerade die zitierte Äußerung Blaches an Gewicht, denn es ist doch recht wahrscheinlich, daß schon die Wildschafe, den Weidemöglichkeiten dieser Gebiete entsprechend, zwischen Gebirge und Ebene im jahreszeitlichen Wechsel hin und her pendelten.[93] Der Mensch aber mußte, zumal dann, wenn er unter bestimmten Voraussetzungen, von denen noch zu sprechen sein wird, in gesteigertem Maße von den Produkten der Schafhaltung lebte, diesen Zügen der Wildschafe folgen. Denn „wirtschaftsgeschichtlich handelt es sich bei der Transhumanz um eine frühe Lösungsform des Futterproblems für gesteigerte Schafzucht in Gegenden, wo nur die zusammenfassende viehzüchterische Ausnützung des in Klima und Vegetation verschiedenen Gebirgsvorlandes und des Hochlandes eine unterbrechungslose Herdenernährung durch entsprechende Herdenpendelungen erreicht".[94] Für diese Übernahme des natürlichen, tierhaft-instinktiven Weidevorgangs in die menschliche Wirtschaft mag die erstaunliche Tatsache sprechen, daß die portugiesischen Wanderschäfer angeblich auch heute noch nicht wissen, warum die Schafe von so weither auf die Bergweiden getrieben werden. Als Grund geben sie lediglich an, daß das Vieh es seit jeher gewöhnt sei, im Sommer auf den großen Marsch zu gehen. Wenn die Zeit herannahe, würden die Schafe vor Heimweh nach den Bergen so unruhig, daß sie sterben würden, zöge man mit ihnen nicht davon. Zur Zeit der Mesta aber hätten die spanischen Schäfer angenommen, „que les grandes marches ne servaient qu'à rendre les animaux plus forts produisant de cette sorte de la laine de meilleure qualité".[95] Mais,[96] der den Ansichten Blaches zwar ablehnend gegenübersteht und die Transhumanz auf der „geistigen Leistung des Menschen" aufgebaut wissen möchte, kommt jedoch nicht umhin, diese „geistige Tat des Menschen" lediglich auf eine „Nachahmung von Naturphänomenen" und die „Kombination von Natur aus gegebener Faktoren" zu beschränken.

Die gleich günstigen Umweltbedingungen haben jedenfalls zur Folge, daß sich im gesamten mediterranen Raum die Transhumanz fast als einzig mögliche Wirtschaftsform der Schafhaltung mit einheitlichen Grundzügen herausgebildet und erhalten hat. Bei der Weiträumigkeit des transhumanten Verbreitungsraumes sind natürlich gewisse Abweichungen im äußeren Erscheinungsbild wahrzunehmen. Aus ihnen glaubte man besondere transhumante Wirtschaftssysteme konstruieren zu können und sprach so z. B.

von normaler, inverser, doppelter[97] und Kleintranshumanz.[98] Wenn wir uns an die Äußerungen Boeschs erinnern (s. Anm. 47), der feststellte, daß sich im Bereich der Alpwirtschaft selbst auf kleinem Raum zwei Betriebe hinsichtlich ihrer funktionellen Eingliederung und ihrer formalen Struktur kaum gleichen, dann trifft dies genauso auch für die Transhumanz zu. Ausschlaggebend ist allein das Vorhandensein der eingangs genannten Merkmale, die ganz allgemein auf Transhumanz und nicht auf irgendwelche Sonderformen, deren Zahl man ohne weiteres noch erhöhen könnte, hinweisen. Wir können nur unterstreichen, was Mais über diesen Fragenkomplex gesagt hat: Er stellt fest, daß „die Einteilung der Transhumance in normale und inverse nach rein geographischen bzw. siedlungsgeographischen Gesichtspunkten erfolgt [ist], vom ethnologischen Standpunkt aus aber ist sie doch eine geschlossene Einheit und bringt nur eine Andersgruppierung der einzelnen Elemente mit sich, nicht aber eine Strukturveränderung als solche. Sie wird erst dann von Belang, wenn man diese beiden Formen in einem Gebiet gleicher klimatischer Bedingungen zum Beispiel antreffen kann".[99]

Innerhalb des mediterranen Verbreitungsraumes sind zwar Unterscheidungsmöglichkeiten gegeben, die sich aber aus der politischen und wirtschaftlichen Einflußnahme der jeweiligen Staaten verstehen, wie andererseits auch die Transhumanz selbst auf die politisch-wirtschaftliche Entwicklung in einzelnen Ländern wie kaum eine andere Wirtschaftsform eingewirkt hat. Solche Unterschiede herauszuarbeiten ist allerdings notwendig und wichtig, da sie die beste, ja die einzige Möglichkeit bieten, ihren eigentlichen Charakter kennenzulernen.[100] — Wir werden daher im folgenden versuchen, eine knappe Darstellung über Entwicklung, Bedeutung, aber auch über die Erscheinungsformen der Transhumanz in den einzelnen Gebieten ihres Verbreitungsraumes zu geben:

a) Iberische Halbinsel

Das klassische Land der Transhumanz ist Spanien.[101] „Dort ist auch heute noch die Herdenwanderung die den natürlichen Gegebenheiten am besten angepaßte Form der Weidewirtschaft".[102] „Ainsi le relief, les sols, les climats sont tels dans la Péninsule Ibérique que, à toute époque de l'année, le bétail est sûr de trouver quelque part la végétation qu'il affectionne davantage, et, sans prendre d'autre peine que celle de se déplacer, le pasteur peut nourrir presque sans frais d'immenses troupeaux".[103] „... des Pyrénées à l'Ebre, de la Galice et des Monts Cantabriques à la Manche et à l'Estremadoure, des Monts Ibériques à la Nouvelle Castille, de l'Andalousie à Valence, c'était comme un flux et reflux de laine, une oscillation rythmique des troupeaux."[104]

An Stelle der alten ausgedehnten Wanderstraßen ist seit 1900 der billigere und schnellere Eisenbahntransport getreten, der die Wanderschafhaltung in Spanien neu belebte.[105]

Wohl liegen die natürlichen Voraussetzungen für Transhumanz in Spanien besonders günstig, doch sind es noch eine Reihe anderer Faktoren, die es zum „klassischen Land" der Schafhaltung überhaupt machte.

Wir hatten bereits auf die Bedeutung des Merinoschafs hingewiesen, dessen feine Wollqualität den Spaniern jahrhundertelang das europäische Wollmonopol gesichert hat. Dieses Tier, das möglicherweise schon in klassischer Zeit hoch geschätzt war und das von den arabischen Eroberern noch veredelt und besonders gepflegt worden sein mag, erhielt seine überragende Bedeutung für die gesamte spanische Wirtschaft eigentlich erst durch die jahrhundertelangen Kriege der Rekonquista, die aus dem einst so blühenden Land — namentlich im Süden der Halbinsel — eine Wüste machten und damit alle Voraussetzungen für extensive Wirtschaft mit forcierter Schafhaltung schufen,[106] d. h. man nutzte das Land lediglich noch als Weideareal für die Schafherden, um so Nutzen aus der verbrannten Erde zu ziehen. Diese Herden, die dicht hinter den kämpfenden Heeren einherzogen, konnten, wenn es notwendig wurde, dem Zugriff des maurischen Gegners schnell entzogen werden. So „rettete der Herdenbesitzer nicht nur sein Eigentum für sich selbst, sondern er blieb auch im stande, dem Staate zu allen Zeiten die schuldigen Tribute zu entrichten".[107] „Christ sein hieß zugleich Viehzüchter sein, während die Ackerbauer meistens Araber waren oder zu diesen hielten", schreibt Elli Müller[108] und trifft mit dieser Feststellung den eigentlichen Kern der Entwicklung in der spanischen Schafhaltung und Transhumanz. Denn aus dem zunächst glaubensmäßigen Gegensatz entwickelte sich bald eine generelle Gegnerschaft zwischen Bauer und Schafhalter, die nicht mehr allein auf Araber und Spanier beschränkt blieb, sondern auch in den rekatholisierten nördlichen Gebieten des Landes aufbrach, ja aufbrechen mußte, weil der Herdenbestand an Schafen immer stärker anwuchs und damit der Weidebedarf — zumal auf den lebensnotwendigen Wanderungen vom Norden nach dem Süden (vom Gebirge in die Ebene) und umgekehrt — größer wurde.[109]

Hierzu tritt nun noch ein besonderer Umstand, der darin besteht, daß die spanische Krone und der Hochadel im Laufe der Zeit lebhaft an einer Vergrößerung der wandernden Merinoherden interessiert waren, ja es sieht so aus, als hätten sich „die reichen Herdenbesitzer Alt-Castiliens ... sogleich aus Prälaten und dem Feudaladel"[110] zusammengesetzt. Diese Herdenbesitzer nun haben schon relativ früh einen Schutz- und Interessenverband, die *Mesta*,[111] gegründet, der sich des höchsten Wohlwollens der spanischen Könige erfreute und mit einer Reihe von Vorzugsrechten begabt wurde,[112] die im Laufe der wechselvollen Geschichte dieses Bundes immer mehr erweitert wurden.

„Über die Entstehung dieser eigentümlichen Gilde herrscht große Unklarheit, weil den Mesteños daran lag, den Ursprung ihres Zusammenschlusses durch falsche Urkunden in ein graues Dunkel zu hüllen. Immerhin muß aber das Alter der Mesta ziemlich hoch sein, denn sie beruht auf physischen Ursachen und Voraussetzungen, welche stets in gleichem Maße vorlagen; als Vereinigung aller größeren Besitzer von Schafherden in Altcastilien, die auf Kosten der Weidebesitzer drückende Servitute und Privilegien ausübt, scheint die Mesta eine speziell Spanien eigentümliche Einrichtung zu sein".[113] — Ähnliche Institutionen in anderen Ländern sind aber auf das Vorbild der Mesta zurückzuführen. Das Dunkel, das sich um die Anfänge dieses Verbandes gelegt hat, der in manchem die Züge eines Geheimklubs trägt, läßt leider auch so wichtige Fragen, wie die nach etwaigen Vorläufern auf dörflich-bäuerlicher Grundlage,[114] ohne Antwort.

Die Entwicklung der Mesta, die „in einem Ausbau ihrer Privilegien im Kampf gegen die bäuerlichen Gemeinden, namentlich die von Estremadura"[115] besteht, hat im Lauf der Jahrhunderte einen so eigenartigen Weg genommen, daß es wert ist, ihn hier zu verfolgen:

Die älteste historisch faßbare Urkunde dürfte von Alfons dem Weisen von Kastilien aus dem Jahre 1273 stammen, in welcher die schon genannten Privilegien garantiert zu sein scheinen. „Der Schutzbrief erstreckte sich zwar nicht nur auf die Herden der Wanderschafe, die Transhumantes, sondern auch auf die stehenden, Estantes, außerdem auch auf Rinder-, Schweine- und Ziegenherden; da aber die stehenden Herden eines derartigen Schutzes nicht bedurften, begann man den Schutzbrief ausschließlich auf die Wanderherden, die sich privilegiert und unter königlichem Schutz stehend, stolz den Namen ‚Cabaña real' zulegten, zu beziehen. Die Wanderherden waren nach ihrer Herkunft in vier Quartiere ‚Quadrillas' eingeteilt, nämlich die von Soria, Cuenca, Segovia und Leon. Bald begann die Mesta zur Regelung ihrer inneren Angelegenheiten Gesetze zu geben und eine eigene Jurisdiktion auszubilden, die sie auch für die Unbeteiligten bindend zu machen versuchte. Zunächst gelingt es ihr nach langen Prozessen diejenigen Mitglieder, die nicht in jenen Quadrillas, sondern weiter südlich ihren Sitz haben, in der Pachtung von Weiden in Estremadura unschädlich zu machen".[116]

Am Anfang des 16. Jahrhunderts zeigt sich bereits ein scharfer Interessengegensatz zwischen der Mesta und den Gemeinden, namentlich von Estremadura. Denn nach der

Entdeckung Amerikas wuchs die Nachfrage nach Getreide, das man exportieren wollte, und tatsächlich wird eine Menge Ödland bzw. Weide umgebrochen und dem Anbau wieder zugänglich gemacht. 1532 setzten die Cortes sogar ein Gesetz durch, nach welchem es verboten war, neues Ackerland wieder in Weide zu verwandeln. Aber schon 1551/52 kamen die Parteigänger der Mesta an die Macht, die nun ihrerseits ein Gesetz durchbrachten, nach dem das neu in Kultur genommene Land wieder zur Weide werden sollte.

„Es zeigt sich, daß der Einfluß der Mesta auf die Gesetzgebung sich inzwischen erhöht hat und dies durch eine Maßregel, die umgekehrt dazu hätte dienen sollen, den Verein von der Krone abhängig zu machen. 1500 hatte der König nämlich bestimmt, daß künftig immer ein aktiver oder gewesener Minister den Vorsitz der Mesta führen solle; die Folge dieser Verfügung war aber die, daß der mächtige Verein nunmehr gewissermaßen eine Institution der Regierung wurde und daß seine internen Verfügungen die Kraft von Landesgesetzen gewannen. Wenn in der Folgezeit katastrophenartige Verminderungen der privilegierten Schafherden durch Epidemien, lange Winter und Mißwachs eintreten, so wird das regelmäßig den bäuerlichen Allmendbesitzern, die angeblich die Weide verteuerten, in die Schuhe geschoben, zur Erweiterung der Mestaprivilegien und zur zwangsweisen Verbilligung der gepachteten Weiden benützt. Dem stets wachsenden Bedürfnis nach ausgedehnten Weideflächen werden durch immer neue Anbauverbote mit rückwirkender Kraft der Ackerbau und die stabile Viehzucht völlig zum Opfer gebracht. Philipp II. bestimmt 1580, daß alles Land, das 20 Jahre vor und seit 1552 Weide gewesen sei, es ewig bleiben müsse“.[117]

Trotzdem erwies sich der Getreideanbau für die Bauern als so lohnend, daß sie ruhig die Strafe auf sich nahmen, die sie zu zahlen hatten, wenn sie Weide zu Ackerland kultivierten. In dieser Zeit scheint die Mesta durch Einbuße von Weideland und Steigerung der Pachtpreise große Verluste erlitten zu haben, denn ihr Viehbestand geht enorm zurück. 1634 erreicht sie es nochmals, daß ein Gesetz erlassen wird, nachdem alles seit 1590 umgebrochene Weideland nicht mehr bebaut werden darf. Noch mehrere solcher Verordnungen folgen im Lauf der Jahre, bis schließlich noch 1748(!) Ferdinand IV. ein scharfes Gesetz gegen die Kultivierung ehemaligen Weidelands, vor allem im Gebiet der Winterweide, erläßt.[118]

In anderen Ländern Spaniens, wo, wie z. B. in Aragon, das nur durch Personalunion mit der Krone Castilien zusammenhing, die Macht der ständischen Vertretungen erhalten geblieben war, konnte die Mesta trotz ihrer Privilegien durch den König keinen Fuß fassen. Sie ist dort über gewisse Ansätze nie hinausgekommen. Das gleiche gilt für Navarra und das Baskenland. Auch in den intensiv Ackerbau treibenden kastilischen Provinzen wie Valencia und Murcia hat man es verstanden, sich gegen die Ansprüche der Mesta zur Wehr zu setzen. In Andalusien konnten nur die großen und starken Gemeinden ihr Besitzrecht behaupten. Estremadura mit seinen kleinen auseinander gestreuten Dörfern stand dagegen dem Zugriff der Mesta offen. Gerade in dieser Landschaft hat man relativ spät die Gefahr erkannt. Erst als die Nachfrage nach Getreide durch das Anwachsen der Städte immer lauter wurde, sah man den Fehler ein, der Mesta für billiges Geld den Ackerboden als Weideland überlassen zu haben.

1764 kommt es zu einer Klage der Vertreter der Provinz Estremadura im ständigen Cortesausschuß gegen die Übergriffe der Mesta, die in ihre Schranken zurückgewiesen werden müsse. Innerhalb der Regierung bilden sich zwei Parteien, die bis 1791 in drei mächtigen Folianten ihre gegenseitigen Fehden niedergelegt haben. Die Mestagegner greifen diesmal die „verhaßte Organisation“ an der Wurzel, indem sie an Hand von Urkundenmaterial bis auf ihre Anfänge zurückgehen und nachweisen, wie die Mesta aus einer Organisation gegenseitigen Schutzes zu einer „monopolistischen Genossenschaft zur gemeinsamen Unterdrückung des Ackerbaues“ entwickelt wurde. Andererseits weisen die Verteidiger dieser Institution den Bauern nach, daß diese aus lauter Landhunger immer neue Weiden umbrechen wollen, „um sie durch Raubbau auszusaugen, statt auf der vorhandenen Ackerfläche, die zu diesem Zweck vollauf genügen würde, den Betrieb zu intensivieren“.[119]

Mit dem Verbot der Mesta 1751 endet gleichzeitig das spanische Wollmonopol für Europa, ein lukratives Geschäft, das ausschließlich in den Händen dieses Verbandes gelegen hatte. In die gleiche Zeit fallen auch die ersten Ausfuhren spanischer Merinozuchtböcke nach Europa, welche bis dahin bei Todesstrafe untersagt waren.

Diesem kurzen historischen Abriß könnten wir noch viele ergänzende Angaben beigesellen,[120] die jedoch auch nur das bestätigen würden, was eine Reihe von Autoren über den Charakter der Mesta ausgesprochen haben: Sugenheim[121] schreibt: „Vergebens würden wir die Geschichte des Monopols selbst in den Staaten, wo es am meisten beschützt worden ist, durchforschen, um etwas aufzufinden, was sich mit dieser monströsen Usurpation, mit dieser größten Geißel vergleichen ließe, der die Landwirthschaft jemals irgendwo unterworfen gewesen.“ „...la mesta, partout où elle a apparu, a fait le désert“ zitiert der gleiche Verfasser aus der „Revue de deux Mondes“ 1850, S. 404. Fribourg[122] nennt sie „l'ennemie acharnée de l'agriculture“, während Arbos[123] mit der Bezeichnung „une chose royale“ sehr richtig darauf hinweist, daß die Mesta kein gemeinnütziger Interessen- oder Schutzverband war, sondern eine vorwiegend feudale „Unternehmer“-Vereinigung darstellte, deren Förderung sich die spanische Krone ganz besonders angelegen sein ließ.[124] Hatten wir doch schon gehört, wie groß die Summen waren, die der König aus dem Wollerlös der Tausende von Tieren zählenden Mestaherden einzustreichen pflegte.[125]

Daß sich dieses System beispiellosen Raubbaus und brutaler Willkür gegenüber der bäuerlichen Bevölkerung „rentierte“, zeigt die Tatsache, daß man beabsichtigte, einen gleichen Verband auch im eroberten Amerika ins Leben zu rufen.[126] — Mit Niedergang und Auflösung der Mesta ging erklärlicherweise auch eine Reduktion der Wanderherden einher.[127] Die Transhumanz als solche aber blieb auf Grund der geographischen Gegebenheiten bestehen,[128] nur wurden in neuerer Zeit die alten Wanderstraßen durch Eisenbahntransporte ersetzt; eine Erscheinung, wie sie je nach der verkehrspolitischen Entwicklung fast im gesamten mediterranen Verbreitungsraum anzutreffen ist.

Dort aber, wo man auf der iberischen Halbinsel noch in der alten Art die Schafwanderungen durchführt, dürften auch die alten Gewohnheiten noch üblich sein. Dias hat eine solche Herde in Portugal, das ehedem auch einen Mestaverband hatte,[129] begleitet und darüber eingehend auf dem 16. internationalen Geographenkongreß in Lissabon berichtet.[130] Danach findet der traditionelle Abmarsch in das Hochweidegebiet der Serra da Estrela zwischen Johanni und St. Peter statt, und es ist interessant, daß „les contrats annuels des pâtres transhumants de la Mesta se célébraient déjà au Moyen-Âge le jour de St. Jean“[131]. Auch Organisation und Leitung einer solchen Wanderung dürften zu Zeiten der Mesta die gleiche gewesen sein. Der Verantwortliche für die Zeit des Marsches ist der „Passarão“ (in Spanien „Maïoral“ genannt), der die Zusammenstellungen der einzelnen Herden zur großen Wanderherde vornimmt, sie an einem bestimmten Ort sammelt, Schäfer anwirbt usw. Er fährt heutzutage mit dem Motorrad der Herde voraus und führt in den einzelnen Rastorten Verhandlungen über Versorgung und Übernachtung, die meist nicht allzu schwierig sind, da die einzelnen Etappen durch die Tradition der Wanderungen schon festgelegt und auch die Bedingungen im wesentlichen immer die gleichen sind.[132] Auch für Übergriffe durch Nichtbeachten von Weideverboten usw. ist der „Passarão“ verantwortlich. Doch kommen sie immer seltener vor, eher kennt man schon Schafdiebstähle der Bauern, die am Rande der „cañadas“, der traditionellen Wanderstraßen, wohnen.[133]

Nach dem Durchzug durch die letzte Etappe vor der Hochweide werden die Tiere gezählt und dem eigentlichen Schafmeister zur Betreuung übergeben.[134] Die sommerliche Weidezeit endet traditionell mit dem 24. August, dem St. Bartholomäustag. Bis zu diesem Termin, der nach den gegebenen jährlichen Umständen auch um einige Tage vorverlegt werden kann, sind die Weiden noch reichlich.[135] Die Schäfer schreiben dem 24. August magische Bedeutung zu, und wir wollen hier schon erwähnen, daß der St. Bartholomäustag auch im süddeutschen Verbreitungsraum der Wanderschäferei seinen besonderen Charakter hat. Er gilt ebenfalls als Termin für die Beendigung der Sommerweide und den gleichzeitigen Herbstbeginn. An diesem Datum findet in Markgröningen und anderen Orten der traditionelle Schäferlauf statt, und St. Bartholomäus ist der Heilige und Patron der Schäfer.

Die Rückwanderung erfolgt in ähnlicher Weise. Der „Maïoral contractant" übernimmt die Herde wieder und führt sie unter gleichen Bedingungen bis in die Nähe des Ausgangspunktes zurück, wo sie wieder aufgeteilt wird und die einzelnen Gruppen den jeweiligen Besitzern zurückgegeben werden.[136]

Wenn die Transhumanz auf der iberischen Halbinsel durch die günstigen geographischen Umstände auch noch genügend Lebenskraft besitzt, sind ihre Tage nach Ansicht von Dias doch gezählt. Die äußeren Schwierigkeiten nehmen immer stärker zu, und auch die allgemeine Verächtlichmachung der Tradition führt zu Erschwernissen und Unzuträglichkeiten, denen die Wanderschäfer auf die Dauer nicht gewachsen sein werden. „Un jour viendra où toutes ces difficultés l'emporteront sur leur bonne volonté et leur courage. Ce sera la victoire de l'égoisme individualiste sur le collectivisme traditionnel, qui succombe petit à petit devant les progrès du premier".[137]

b) Italien

„Da, wo Herdenwanderungen noch am häufigsten vorkommen, d. h. von den Abruzzen nach Apulien, bestehen noch heute wie vor Jahrhunderten, ja vielleicht Jahrtausenden, besondere Hirtenwege. Wie ein stiller, grasiger Fluß, so sagt der einheimische Dichter, durchzieht der *tratturo* das Land. Das mindestens 10, aber auch 200—300 m breite grüne Band dieser Hirtenstraße entrollt sich über Berg und Tal in gerader Linie von den Appenninen dem apulischen Meere zu. Nur Gras wächst darauf, kein Baum, kein Haus darf darauf gestellt werden, kein Spaten, kein Pflug darf diese Erde anschneiden, die seit undenklicher Zeit den Hirten vorbehalten ist, damit sie darauf ungehindert ihren weiten Weg zurücklegen und dort ihre Schafe weiden können. In den Abruzzen wachen heute sogar staatliche Aufseher ‚guardie trattore' darüber, daß niemand außer den Hirten diesen Weg berühre. Auch in Sizilien gibt es solche Hirtenwanderstraßen, die von den Bergen zum Meere führen. Sie sind meistens zirka 30 m breit und heißen hier trazzera".[138]

Ähnliche geographisch-klimatische Verhältnisse wie in Spanien führten also auch in Italien zu gleichen Erscheinungen, zur Transhumanz.[139] Während in Spanien aber der Anfang bewußter Herdenwanderungen noch im Dunkel zu liegen scheint und erst eigentlich mit der Mesta greifbar wird, ist es in Italien sicher, daß die Transhumanz bereits in antiker Zeit durchgeführt wurde und im Laufe der Zeit von allen Herrschern, namentlich von denen, die ihre Macht in Unteritalien, also dem Winterweidegebiet, konsolidiert hatten, große Förderung erfuhr.

So sollen schon in „frühesten Zeiten ... die Römer ihre Herden im Sommer ins Albanergebirge" geschickt haben. „Sie hatten freies Durchzugsrecht durch das Land der Sabiner, die im Winter in der römischen Ebene weiden ließen. Das Vieh der Bewohner vom Tiber und Chianatal fand im Sommer genügend Weideland in den Vulkangebieten nördlich von Rom, während in der Ebene selbst anscheinend eine extensive Kultivierung betrieben wurde. Die Winterweide gab dem Ackerland den notwendigen Dünger".[140] Ähnlich wie die Kriege der Rekonquista in Spanien begünstigten die Verwüstungen durch die punischen Kriege in Italien die Voraussetzung für verstärkte Schafhaltung, der sich vor allem die römischen Kaiser annahmen.[141] Die Wanderwege der Herden waren damals schon gesetzlich festgelegt und zum Staatseigentum erklärt worden. Wegzölle wurden durch einen kaiserlichen Beamten, den „publicanus“, erhoben. Schon aus dieser Zeit gibt es Hinweise auf Unzuträglichkeiten zwischen Bauern und Hirten.[142] Aus einer Inschrift des 1. Jahrhunderts n. d. Z. geht hervor, daß die Bürger von Saepinum und Bovianum heranziehende Schafherden zurückgetrieben und den Schäfern Widerstand geboten hatten.[143] Selbst auf kaiserliche Herden nahm der Bauer keine Rücksicht, wenn es galt, seinen Grund und Boden vor den Verwüstungen durch die Schafe zu bewahren, denn eine Inschrift des 2. Jahrhunderts bestimmt, daß die kaiserlichen Wollschafherden (oves tectae) zu respektieren seien.[144]

Diese Entwicklung setzt sich auch unter den Normannenherrschern und später besonders unter Kaiser Friedrich II. fort, der Schafhaltung im großen Stil betreibt und sich durch entsprechende Erlasse das alleinige Weiderecht[145] sichert. Besonders trifft das für Apulien zu, das „schon immer ... Winterweideland gewesen“ war. „In vielen Teilen ist tatsächlich ein Ackerbau wegen des Untergrundes aus hartem Kalkstein unmöglich. Das Tafelland oder die ‚Tavoliere‘, das Gebiet zwischen Fortore und Ofanto mit einigen Stellen von Salzboden war geradezu prädestiniert für Schafweide“.[146]

Mit der 1445 einsetzenden Reorganisierung des durch die Spanier eroberten Apuliens wurden die Herdenwanderungen straff organisiert. „Als König von Aragonien war ... [der spanische Eroberer] von dort her mit solchen Dingen vertraut und kannte vor allem die Bedeutung der Transhumance als königliche Einnahmequelle. So erklärte er in seinem Gesetz das ganze apulische Tafelland als königliche Domäne. Ackerbau in diesem Gebiet war vollkommen verboten; dagegen nahm er alle, die Herden nach Apulien sandten, unter seinen persönlichen Schutz. Er führte Merinoschafe aus Spanien ein, stellte die Tavoliere außerhalb des allgemeinen Gesetzes und richtete die ‚Dogana delle Mena delle Pecore‘[147] ein. Die ‚Dogana brechen‘, d. h., die Tavoliere vor den festgesetzten Tagen betreten, kostete zehn Jahre Galeere, ebenso die Benutzung eines anderen Weges. Diese Wege, die ‚Tratturi delle pecore‘ ... führten z. B. von Foggia nach Aquila, Peschio Asseroli und Celano und bedeckten eine Fläche von 20000 ha. Für 24 Stunden durften die wandernden Tiere auf den Ruheplätzen, den ‚riposi laterili‘, bleiben. Der 30. Oktober war der große Tag, an dem die Dogana feierlichst im Namen Gottes eröffnet wurde und mehr als eine Million Tiere die Ebene betraten“.[148]

Ganz sicher ist die Dogana eine den spanischen Verhältnissen entlehnte Einrichtung. Nach der einschlägigen Literatur[149] zu urteilen, scheint es aber nicht erwiesen, ob sie ein Interessenverband der Schafhalter und Herdenbesitzer wie die Mesta gewesen ist oder eher „ein künstliches Finanz- und Steuersystem“[150] bzw. ein „Schafzollamt“[151] darstellte. Denn anders als in Spanien hat man den Eindruck, daß es in Apulien dem Aragonesen vor allem auf die Steuereinnahmen ankam. Nämlich erst dann, wenn die Herdenbesitzer ihre Weide- und Pachtsteuer oder einen Freipaß in Foggia bezahlt hatten, durften sie die zugewiesenen Weideplätze beziehen. Auch waren sie angehalten, Apulien nicht eher zu verlassen, als bis alle Verpflichtungen dem Staat gegenüber beglichen waren. Hierzu gehörte auch die Anweisung, die Produkte überwinternder Herden in Foggia abzusetzen.[152] Zwar hatten die Schafhalter und Pächter zur Wahrung ihrer Interessen auch Vertreter auf dem „Schafzollamt“ in Foggia,[153] aber man kann sich des Eindrucks nicht erwehren, daß die steuerlichen Maßnahmen einer Förderung der Schafhaltung zur Hebung des Einkommens aus der Wollproduktion eher zuwiderliefen, was sich wohl daraus erklärt, daß ja die Herden, die in Apulien überwinterten, nicht wie in Spanien Eigentum der Krone oder des Hochadels waren. Trotz dieser Maßnahmen nahm die Schafhaltung aber weiter zu, so daß immer neue Weideplätze geschaffen werden mußten.[154] Die Maßnahmen, welche der König durch die Dogana ergreifen ließ, sind denen der Mesta ähnlich. Auch sie hat ihren eigenen Gerichtshof, in dem sie „als Kläger und Richter in eigener Sache“[155] auftritt und sogar über Vergehen urteilt, die nicht mit Besitz und Beruf der Schafhalter und Hirten zusammenhängen.[156] „1547 bekommt der Großrichter der Dogana sogar die Blutgerichtsbarkeit, er darf Todesurteile fällen de plano, sine figura judici“.[157] Diese strenge Rechtsprechung soll insofern notwendig gewesen sein, als in Apulien ein ständiger Kleinkrieg zwischen Schäfern und königlichen Aufsichtsbeamten herrschte,[158] eine Tatsache, die ebenfalls dafür spricht, daß die Dogana kein mestagleicher Verband war.

Erst 1806 hob Murat dieses schädliche System auf und rief Siedler zum Anbau ins Land. Nach seinem Sturz wurden die eingeleiteten Maßnahmen jedoch wieder rückgängig gemacht, die Dogana in ihre alten Rechte eingesetzt und die Siedler vertrieben. Erst 1860 wurde sie endgültig aufgehoben und das Land bebaut.[159] Nach ständigen Zwisten zwischen Siedlern und Schafhaltern entschloß sich die Regierung aber erst 1908 dazu, nur noch vier Tratturi des einstigen weitverzweigten Wegenetzes bestehen zu lassen. Es waren dies die Straßen: Aquila—Foggia, Celano—Foggia, Pescasseroli—Candela, Casteldisangro—Lucera, die unter Polizeiaufsicht gestellt wurden. Die übrigen Tratturi wurden entweder an die Anrainer aufgeteilt oder zu Straßen ausgebaut.[160]

„Auch die römische Campagna mit ihrem gebirgigen Hintergrund war während des ganzen Mittelalters bis hinein in unsere Zeit Winterweidegebiet. Von 1660 bis 1873 war die Hälfte des ganzen Gebietes in den Händen von sieben Besitzern“.[161] Bevorzugtes Winterweidegebiet waren auch die toskanischen Maremmen.[162]

Die italienischen Tiefländer gehören heute zu den durch Anbau intensiv genutzten Böden. Trotzdem spielt hier die Schafhaltung noch eine Rolle, da durch Anlage artesischer Brunnen genügend Wassermöglichkeiten für die Herden geschaffen wurden und eine Wanderung auf die Sommerweide nicht mehr notwendig ist.[163]

Auf Sizilien sollen bestimmte Erscheinungsformen der Transhumanz bis in die aragonesische Zeit zurückverfolgt werden können. Nur haben sich hier Einrichtungen wie die der Dogana nicht bemerkbar gemacht. Soweit die Schafherden im Wanderbetrieb gehalten wurden, waren sie — das trifft vor allem wohl für das 19. Jahrhundert zu — im „Besitz selbständiger Unternehmer“.[164]

„Im Winter nehmen die Hirten ihre Stationen in den Küstengebieten des Südens vor allem dort, wohin die Fruchtbaumkultur und die Rebe noch nicht vorgedrungen sind, und wo, wie in der Gegend zwischen Mazzara und Selimunt die Zwergpalme den Boden überwuchert oder, wie weiter im Osten, wo das Buschwerk das Land durchsetzt. Im April ist hier nichts mehr abzuweiden, und nun wird die Hügelregion und im Juni bis in den Oktober das Gebirge aufgesucht, worauf dann die Rückwanderung ebenfalls mit verschiedenen Aufenthaltsorten erfolgt. — Die Pächter müssen danach trachten, Ländereien verschiedener Lage zusammenzubringen, und den Hirten wird die Aufgabe, oft über weite Gegenden hin auf den Straßen und den Trazzere das Vieh dorthin zu führen. Die Gemeinden erheben bei dieser Trift für das Abweiden der Wegränder hohe Abgaben, die zu vielen Streitigkeiten und Prozessen führen“.[165]

Nachdem wir solche Erscheinungen wie Mesta und Dogana kennengelernt haben, ist es interessant, die Rechts- und Besitzverhältnisse bei der sizilianischen Transhumanz etwas näher zu betrachten. Wie schon angedeutet, sind es „größere Kapitalisten, die ihr Geld in Vieh angelegt haben, den Boden pachten und mit Hirten, die Lohn oder auch daneben Anteil am Ertrag erhalten, den Betrieb durchführen. Häufiger sind es mittlere und kleine Besitzer, welche Hirtengesellschaften bilden, und teils selbst, teils durch ihre Söhne und Verwandten die Aufsicht und die Pflege der Tiere ausüben. Die Gesellschaftsverträge sind abweichend voneinander geartet, haben aber alle das Gemeinsame, daß sie sich nur auf Schafe und Ziegen, ausnahmsweise auch auf Pferde erstrecken“.[166]

„Die Gesellschaften (mandre) kommen in verschiedenen Formen vor, je nachdem der Gemeinsamkeitsgedanke stärker oder schwächer bei ihnen zur Verwirklichung gebracht werden soll. Die Zahl der Teilhaber (prezzemari) ist unbestimmt, die Menge des Viehs abhängig von der Größe der gepachteten Fläche. Die wirtschaftliche Tätigkeit der Viehpflege und Hütung, der Käse- und Quarkbereitung erfolgt durch Lohnarbeiter (soldanieri), welche jedoch entweder die Genossen selbst oder ihre Söhne und Verwandten sind. Jeder Teilhaber besitzt eine Anzahl, die sein Eigentum bleibt und durch ein Zeichen an den Ohren kenntlich ist. Nach diesem eingelegten Kapital, den Aktien in Vieh, wird der Reinertrag verteilt, der in einem Geschäftsjahr, d. h. vom 1. September an gerechnet, erzielt worden ist... Das Gedeihen [der mandre] hängt ... davon ab, daß in jeder Gesellschaft ein Hauptinteressent ist, dem die ganze Leitung des Geschäftes übertragen worden ist, und der mit vollem Recht der Herr (padrone) genannt wird. Er schließt die Pachtverträge ab und haftet an erster Stelle dem Verpächter, verpachtet eventuell die Felder zum Getreidebau, stellt die Lohnarbeiter an, bezahlt sie, ordnet ihre Tätigkeit, verkauft den Käse usw. Die Verträge der Genossen untereinander beruhen auf Treu und Glauben, und die gegenseitigen Verpflichtungen werden durch das Herkommen geregelt. Die Kosten werden gemäß der Anteile übernommen, über die ein jeder verfügt".[167]

Ähnlich wie in Unteritalien war auch in Sizilien die Transhumanz zu antiker Zeit schon bekannt. Auf die Schilderungen Virgils verweisend, meinte Grothe[168]: Die Hirten „bildeten als *Ποιμένες* eine eigene Klasse Menschen, welche die Heerden der Reichen von Syracus und anderen sicilischen Städten führten, ohne vielleicht Weidegrenzen einhalten zu müssen".

Auf Sardinien ist Transhumanz ebenfalls vertreten. Hier ist bis in unsere Tage das ländliche Leben häufig durch den Gegensatz zwischen Wanderschäfern und Bauern bestimmt worden. Die Bauern, die sich zum Schutz gegen die Übergriffe der Hirten zu Kolektivwirtschaften zusammengeschlossen haben, treiben eine Art Zweifelderwirtschaft. „Es galt die bebauten Flächen vor den Wanderherden und den Hirten zu schützen. Dieser Kampf war schon in römischer Zeit lebendig, wo beständig die Hirten des Berggebietes in die fruchtbaren Kulturen des Südens einbrachen, so daß schließlich die Römer einen richtigen Limes zwischen beiden Gebieten errichteten",[169] der archäologisch nachgewiesen ist. — In nachrömischer Zeit verödeten weite Gebiete der Insel und Wanderschäfer begannen im kleinen Umfange mit der Wiederbesiedelung schon im 16. Jahrhundert: „Hirten aus den Berggegenden des Inneren brachten in den Wintermonaten ihre Herden nach diesem verlassenen Gebiet, und der Bischof von Iglesias, dem die Gegend als Lehen gehörte, gab ihnen gegen geringes Mietegeld das Weiderecht; sie erbauten sich primitive Hütten und wohnten aus Sicherheitsgründen — denn es war noch die Zeit der Piratenüberfälle — in Gruppen von 5—6 zusammen; in der Nähe der Hütten errichteten sie von einem Steinmäuerchen umfriedigte Pferche, in die sie abends gemeinsam ihre Herden einschlossen; diese Siedlung bekam den Namen furriađróžu (von furriai, ‚die Herde in den Pferch treiben'); so entstanden kleine Weiler, die man boḍḍéu = Collegium nannte".[170]

Ob wir auf Korsika mit Schafherdenwanderung rechnen können, scheint noch nicht eindeutig geklärt zu sein. Jungraithmayr[171] bespricht transhumanzähnliche Erscheinungen, die dort durch die „geographisch-klimatische Situation" entstanden seien. Während in der warmen Jahreszeit vor allem Kleinviehherden, also doch wohl Schafe, im Gebirge weiden, treibt der „Ziehbauer"[172] im Herbst zu Tal, bearbeitet seine tiefer gelegenen Baumkulturen und bezieht an der Küste „sein winterliches Standquartier". Leider geht aus der Schilderung nicht hervor, ob die Herde im Tiefland aufgestallt wird oder sich in freier Weide ihr Futter sucht. Dieser Umstand ist aber der ausschlaggebende, wenn wir — wie in diesem Fall — zwischen Transhumanz und Alpwirtschaft unterscheiden wollen.

„Eine sehr interessante, aber fast verschwundene Form der Transhumance finden wir noch in der Lombardischen Ebene. Die Winterweiden der Schafe liegen bei Bergamo und im Mailändischen, während man im Sommer die Tiere Adda aufwärts am Comersee entlang über die Schweizer Grenze ins Engadin führt. Die Heimat der Hirten ist in der Mittelzone, im Hügelland".[173] Diese Herdenwanderung soll schon seit dem 13. Jahrhundert bekannt sein[174] und muß stets einen bedeutenden Umfang gehabt haben. Um 1870 sollen jährlich zwischen 25000 und 40000 Bergamasker Schafe über den Bernina-Paß und das Bergell ins Engadin gezogen sein,[175] und im Kanton Graubünden weideten 1881 auf 66 Almen an die 30000 Schafe aus Bergamo. Die Einnahmen aus der Verpachtung der Sommerweiden beliefen sich im gleichen Jahr auf 27196 Schweizer Franken.[176] Diese Einkünfte standen jedoch in keinem Verhältnis zu dem Schaden, der durch eingeschleppte Seuchen und Verbiß entstand. Er belief sich 1881 auf 400000, 1889 gar auf 6 Millionen Schweizer Franken.[177] Eine entsprechende Viehseuchenverordnung der Schweizer Bundesregierung vom 1. 7. 1886, die sehr scharf gehandhabt wurde, brachte bis zum Ende des vorigen Jahrhunderts die ausländischen Herdenwanderungen — vor allem aus Bergamo, aber auch aus Tirol und Württemberg — fast ganz zum Erliegen.[178] Neben den Folgen der ausländischen Wollimporte und der Intensivierung des Ackerbaus ist es also der Verlust der Sommerweide gewesen, der den Bergamaskern die Existenzgrundlage entzogen hat. Sie waren ja nicht nur gedingte Hirten im Transhumanzbetrieb, sondern waren auch selbst Herdenbesitzer.[179] Während die Dörfer früher fast ausnahmslos von Hirtenfamilien bewohnt wurden, findet man in ihnen heute nur noch drei bis vier Familien, die dem alten angestammten Beruf nachgehen.[180]

Erst die beiden Weltkriege haben hier die Transhumanz wieder aufleben lassen, allerdings wohl nur im innerschweizerischen Raum. Bestrebungen hierfür gehen schon auf die Jahre 1900 und 1902 zurück, und nach dem ersten Weltkrieg war die Tendenz wieder rückläufig, „aber von 1940 an wurde sie ununterbrochen geführt und verbandsmäßig organisiert".[181] Der Gesamtschafbestand vermehrte sich von 1936 bis 1944 um 33000 Tiere, das ist um 18%.[182] Zwar knüpften die Schweizer an alte Traditionen an — z. B. wurden neben Schweizern und Württembergern vorwiegend Bergamasker als Schäfer eingestellt —, aber im Vordergrund sind es doch ganz rationale und volkswirtschaftliche Erwägungen und die durch beide Weltkriege bedingten Ernährungsschwierigkeiten, welche den Anlaß zur Wiederaufnahme der Transhumanz gaben: Die Überwinterungsmöglichkeit für eine größere Anzahl von Schafen war in der Schweiz durch die besonderen Umstände und Bedingtheiten der Alpwirtschaft sehr erschwert. In normalen Zeiten sind die Schafe, wenn sie von den Hochweiden im Herbst zu Tal getrieben wurden, geschlachtet worden. Der gerade im Winter ansteigende Bedarf an Schaffleisch war in normalen Zeiten aber nur durch Importe zu decken. Deshalb waren in Zeiten der Ernährungskrise (also während der beiden Weltkriege) die Schweizer gezwungen, sich eine eigene Schaffleischreserve zu schaffen. Dies geschah dadurch, daß sie die noch nicht schlachtreifen Tiere auf die Winterweide schickten. Nicht umsonst waren die Besitzer dieser Wanderherden Viehhändler und Metzger.[183] So erfüllte also die auf neuer wirtschaftlicher Basis wieder ins Leben gerufene Transhumanz „einen wertvollen volkswirtschaftlichen Zweck, indem sie den Bergbauern und Schafhaltern die Schafhaltung erleichtert und überhaupt möglich macht." Sie „bedeutet ... eine Art ‚Konservierung' lebender Schafe und Aufspeicherung der Schlachtschafe als Fleischreserve ... Sie ist ein wertvolles Mittel der Produktionslenkung geworden".[184] Unter den modernen volkswirtschaftlichen Gesichtspunkten führt der Bergamasker Schäfer[185] aber sein uraltes Hirtenleben weiter. Er bleibt ständig bei der Herde; auch im Winter liegt er nachts am Feuer oder bestenfalls in einer Scheune. Seine Familie in den Bergamasker Alpen pflegt er ein- bis zweimal im Jahr zu besuchen.[186] Angeblich gehört ihm nichts weiter als nur der Hund und die Kleidung.[187]

Die oberitalienische Tiefebene war ehedem jedoch nicht nur Winterweide für die Bergamasker Transhumanz, sondern auch für „inverse“ Herdenwanderungen aus der französischen Tarantaise und Maurienne[188] sowie aus dem italienischen Teil Tirols (Folgaria, Vermiglio, Comasine).[189] In gewisser Konkurrenz zur Lombardei stand die Republik Venedig, die den Tirolern aus dem Tesino-Tal, das in der zweiten Hälfte des 18. Jahrhunderts eine sehr große Schafdichte zu verzeichnen hatte, manche Vergünstigungen bei der Überwinterung ihrer Herden einräumte.[190] Umgekehrt schickten auch die Venetianer ihre Herden auf die Sommerweide ins Tirolische.[191]

Wie auf der iberischen Halbinsel treffen wir auch in Italien auf ein gut funktionierendes Organisationssystem, das die Wanderungen steuert und die Funktionen unter den Betreuern einer Herde festlegt. Man nennt eine wandernde Herdeneinheit „Masseria“. Sie besteht aus 2000 bis 3000 Schafen. An ihrer Spitze steht als Oberhirt der „Capo-Vergaro“, dem als „pastori“ 30—35 Mann unterstehen. Zur Masseria gehören weiter 15—20 Lastpferde oder Muli, Transportkarren für die verschiedensten Utensilien wie Pferchnetze, Käsereigeräte u. a. m. Die Herde wird in 10 bis 12 kleinere Verbände aufgeteilt und den pastori anvertraut. So weit sich das Weiderevier aber auch erstrecken mag, Zentrum der Masseria bleibt stets das spitze Zelt des „Capo Vergaro“.[192] Ergänzend hierzu schreibt Scheuermeier[193]: „Bei den Wanderhirten in Mittel- und Unteritalien bilden die die Herden begleitenden Männer und Jungen eine nach Rang und Funktion patriarchalisch abgestufte Hirtenfamilie. Der die Herde begleitende Oberaufseher ... bestimmt die Auswahl der Weideplätze, die Dauer des Aufenthalts und beaufsichtigt die Verwertung der Milch, wenn er nicht persönlich käst. Sehr oft ist er der Besitzer der ganzen Herde, und sein Reichtum hindert ihn nicht, das primitive Leben und die Arbeit seiner Genossen zu teilen. Dem Meister oder Käser zur Seite steht ein Bursche, der Wasser holt, Holz spaltet, das Feuer besorgt und die Molkereigeräte reinigt ... Die Schafe hütet der eigentliche Hirt und mit ihm etwa noch ein Hirtenknabe ...“ Mitunter werden noch mehr Funktionen vergeben. Dann gibt es neben dem Meister und dem jungen Burschen den allgemeinen Hirten, den Schafhirten, den Hirten für die unfruchtbaren Schafe, den Lämmer- und Ziegenhirten.[194]

Das Dasein eines italienischen Wanderschäfers ist hart und entbehrungsreich. Nicht allein, daß er seine Tiere das ganze Jahr über begleitet und auch bei ungünstiger Witterung bei der Herde wacht,[195] ist sein Leben durch beispiellose Armut gekennzeichnet. Er nährt sich von steinhartem Brot, das „oft für den ganzen Winter auf einmal gebacken wird“ oder von Brot, das man „in gesalzenem Wasser gekocht und mit Öl gewürzt hat“.[196] Der Schäfer in der Campagna erhielt meist nicht mehr als 100 Franken. Dazu bekam er täglich 1 Kilo Brot, etwas Öl, Salz und einige Zwiebeln.[197] Als ihm das halbe Pfund Fleisch pro Woche gestrichen wurde, kam es 1883 zum Lohnstreik, der durch ein Nachgeben der Herdenbesitzer beigelegt werden konnte.[198] — Diese unwürdigen Verhältnisse bestehen nicht überall. Sie treffen eigentlich nur dort zu, wo der Schäfer im reinen Lohnverhältnis steht. Sobald er eigene Tiere unter der Herde halten darf, sind seine Lebensbedingungen besser.

Wir müssen hier noch auf ein Merkmal transhumanter Weidewirtschaft aufmerksam machen, das uns bisher kaum begegnete, da wir die Wanderschafhaltung in erster Linie in Gebieten betrachteten, in denen die Maßnahmen der Mesta oder der Dogana das Land — vor allem die Winterweide — für den Anbau unbrauchbar gemacht hatten. In diesen Landstrichen war genügend absolute Schafweide vorhanden, gab es grasige, beweidbare Wanderstraßen, die den Schäfer nicht vom guten Willen der Bewohner abhängig machten. Anders wird es nun dort, wo die Winterweide auf intensiv genutztem Boden liegt, wo die Wanderstraßen zwar auch festgelegt sind, aber ebenfalls durch Anbaugebiete führen, und wo es oft Mühe kostet, die Tiere zu ernähren. Hier ist natürlich ein ständiger Anlaß zu Streitigkeiten zwischen den durchziehenden Schäfern und den Anrainern gegeben, und der Schäfer ist vom Wohlwollen der Bauern abhängig. Andererseits sind diese selbst daran interessiert, die Schafe im Herbst auf ihren Feldern zu sehen, denn, wie wir bereits feststellen konnten, ist der Schafdünger von größtem Wert für die Anbauwirtschaft. So hat sich auf den Winterweiden und während des Wanderzuges ein Abzahlungssystem entwickelt, das auf dem Pferchen basiert.[199] Das Mitführen und Aufstellen von beweglichen Hürden (aus Netzen oder Gattern) ist zu einem besonderen Kennzeichen der Herdenwanderungen in Gebieten mit intensivem Anbau (im Bereich der Winterweide oder der Wanderstraßen) geworden.[200] In Italien haben die Schäfer auch Holzkeulen — „maglio" oder „mazza" genannt[201] —, die sie zum Einschlagen der Hürdenpfähle gebrauchen. In gewissen Fällen haben die Bauern selbst feste, mit Steinen aufgeführte Pferche errichtet, in welche die Wanderschafe am Abend speziell zur Dungabsonderung getrieben werden.

c) Südfrankreich

Im Gegensatz zu Spanien und in gewisser Weise auch zu Apulien—Unteritalien genoß die Transhumanz in Südfrankreich keine Förderung durch den Staat.[202] Dennoch spielt sie dort bis heute keine unbedeutende Rolle, zumal die geographisch-klimatischen Voraussetzungen in reichem Maße gegeben sind. Wir finden sie verbreitet in den französischen Alpen, den Cévennen, den Bergen der Auvergne, am Nordabhang der Pyrenäen[203] und in den entsprechenden Tiefländern.

Noch stärker als etwa in der Lombardei wird die Transhumanz in Südfrankreich durch die intensive Anbauwirtschaft in den Tiefländern, also den Winterweidegebieten, beeinflußt. Eine nennenswerte Verwüstung dieser Landschaften durch Unruhen und Kriege hat kaum stattgefunden, so daß die Bodennutzung immer im Vordergrund stand und der Ausweitung der transhumanten Schafhaltung dadurch von vornherein Grenzen gesetzt waren.[204] Die Kennzeichen reiner Transhumanz sind jedoch klar ausgeprägt.

Ob man die Transhumanz in Südfrankreich schon auf antike Zeiten zurückführen kann, scheint nicht gewiß. Nach Zeugnissen antiker Schriftsteller nimmt Bladé[205] an, daß damals immerhin „le régime pastoral était largement développé sur le versant nord des Pyrénées". Grand[206] spricht von der Transhumanz als einer Erscheinung in den Bergländern Frankreichs seit dem 6. Jahrhundert n. u. Z. Sichere Nachrichten stammen aber erst aus dem 13. Jahrhundert, als „Graf Raymond Berengar [1232] den Einwohnern von Arles für ihre Herden freien Durchzug ohne Zollerhebung gewährleistet".[207] Seit dieser Zeit verstummen auch nicht die Klagen der Schäfer und Herdenbesitzer über Schikanen seitens der Landbevölkerung, über das Umackern der zugewiesenen Wanderwege, der „Carraires", über die Erhebung unberechtigter Zölle und Durchzugsgebühren usw. In völligem Gegensatz zu Spanien versuchten hier die Bauern so viel Gewinn wie möglich aus den durchziehenden Herden zu ziehen,[208] und die Grundbesitzer des provencalischen Tieflandes taten alles, möglichst viel Herden in ihre Ländereien zu ziehen, denn die Abgaben der Schäfer erwiesen sich als sehr lukrative Einnahmen.[209] Königliche Anweisungen, die Gebühren für die Wanderherden nicht zu überfordern,[210] scheinen wenig Beachtung gefunden zu haben. Als die Schäfer Abänderung und Revision forderten, wurden sie ihnen durch das Parlament von Aix am 21. 7. 1783 zwar gewährt, doch hob die Revolutionsregierung das Edikt auf und setzte die Bauern und Grundbesitzer wieder in ihre ursprünglichen Rechte ein.[211] Seit 1878 rollt auch in Südfrankreich die Herdenwanderung im wesentlichen auf Schienenwegen. Trotzdem aber müssen manche Herden noch von der letzten Bahnstation aus 2—8 Tage marschieren, bis sie ihr eigentliches Weidegebiet erreicht haben. Sie benutzen die alten „carraires" meist nicht mehr, die jetzt zum größten Teil von den Anrainern unter den Pflug genommen wurden, was Arbos[212] als einen „triomphe de l'agriculture sur le pastoralisme" bezeichnet.

Trotz aller Unzuträglichkeiten war die Herdenwanderung in Südfrankreich recht bedeutend. Im Gebiet der Alpen/Provence-Transhumanz zählte man um 1790 immerhin 500000 Schafe. Daß diese Zahl um die Mitte des 19. Jahrhunderts auf 400000 und zwischen 1900 und 1920 auf 160000—241000 zurückging,[213] lag in erster Linie wohl an der allgemeinen rückläufigen Tendenz der Schafhaltung in Europa. In diesen Zahlen sind auch die Schafherden enthalten, welche in sog. inverser Transhumanz in den Alpen gehalten wurden, d. h. deren Sommerweide ihr eigentlicher Standort war.[214]

Die Wanderungen zur Sommerweide erfolgten in drei Hauptzügen von der Camargue und der Crau in die französischen Alpen, vom Languedoc zum Zentralplateau und aus Südwestfrankreich in die Pyrenäen.[215]

Die Wanderungen selbst vollzogen sich unter ähnlicher Organisation wie in Spanien und Italien: „Par ces voies rustiques cheminaient de véritables armées de bétail qui, pour circuler sans confusion, avaient comme une ordonnance militaire".[216] Die Herden der einzelnen Besitzer marschierten natürlich nicht einzeln für sich, sondern wurden in „compagnies" zusammengefaßt, die — am Anfang des 19. Jahrhunderts —20000 Tiere zählen konnten. Eine solche „Kompanie" wurde von einem „bayle unique (bayle est en Provence le nom de tout chef d'ouvriers)" oder „par un conseil de guerre ‚la robe', qui se tenait au centre de la troupe, donnant les ordres de marche" angeführt. Sie war in mehrere Einzelherden zu 500—2000 Stück unterteilt. An ihrer Spitze (anscheinend der gesamten Herde) marschierten mit einigen Ziegen die älteren Böcke „portant d'énormes sonnettes ou ‚roudouns'".[217] Es folgten danach die schönsten Widder, auf deren Rücken man einige Büschel Wolle hatte stehen lassen, und dann die übrige Herde. Esel trugen in Doppelkörben die Habseligkeiten der Schäfer, die Käsereigeräte und die frisch geworfenen Lämmer. Große Alpenhunde mit breiten Stachelhalsbändern hielten die Ordnung aufrecht.[218] Aber auch die Ziegen und Esel eigneten sich zu solcher Ordnungsarbeit gut und sollen ein Charakteristikum der südfranzösischen Herdenwanderungen gewesen sein.[219] „Während ein Hirte der Herde den Weg wies und ein zweiter die Nachhut bildete, besorgten Esel ohne Reiter, Ziegen und Hunde die Ordnung in den Herden selbst und an ihren Flanken, und zwar so, daß Esel und Ziegen bei den oftmals nach Tausenden zählenden Tieren in gewissen Abständen eine Art Führer bildeten, während die Hunde an den Seiten die Schafe zusammenhielten".[220] — Die einzelnen Schäfer hatten auf dem Marsch ihre bestimmten Funktionen. Die einen befanden sich bei der Herde, andere sorgten für Unterhalt und Nachtlager, andere führten die Verhandlungen und zahlten, wenn Schaden angerichtet worden war. Letztere waren „les écrivains ou les bayles comptables". Nachts, wenn sich die gesamte Herde im Kreis gelagert hatte, kamen die Verantwortlichen für die einzelnen Herdenteile zur Besprechung zusammen. Die Schäfergehilfen machten indessen, gefolgt von den Hunden, die Runde um die rastenden Tiere. — 1790 wird von einer Wanderherde berichtet, die 12000 Schafe umfaßte und von 35 Menschen geführt wurde. Das Gepäck allein sollen 150 Esel getragen haben.[221]

Die Überwinterung der Schafherden ist in bedeutendem Maße mit der Gewinnung des für die Anbauwirtschaft so wichtigen Düngers verbunden. Im Gebiet von Arles z. B. bleiben die Herden tagsüber auf der freien Weide, nachts aber ziehen sie in gemauerte Gehege und erhalten dort — schon seit dem Ende des 19. Jahrhunderts — zusätzliches Futter,[222] wahrscheinlich doch, um die Dungabsonderung zu fördern. — Mit dieser Verabreichung zusätzlichen Futters ist eine Maßnahme ergriffen worden, die an und für sich der Transhumanz fremd ist, denn gerade die freie Weide im Winter, also ohne zusätzliche Fütterung, ist ja ein wichtiges Kriterium für diese Form der Wanderweidewirtschaft. Man darf annehmen — und wir werden in anderem Zusammenhang noch weitere Hinweise geben können—, daß hier ein Schritt zur Alpwirtschaft getan worden ist, die ohne winterliche

Stallfütterung nicht auskommen kann. Im allgemeinen bleibt jedoch die übliche Art der Überwinterung weiter bestehen und Arbos[223] spricht sogar von „la monotonie de cette existence“.

Bei Besprechung der Transhumanz im französischen Alpenraum haben wir noch eine Entwicklungsform zu betrachten, die als „transhumance commerciale“[224] bezeichnet wird und dadurch charakterisiert ist, „daß man Schafe von Ländern aufkauft, welche außerhalb der Flachländer liegen, die in natürlichen Transhumanceverbindungen mit den betreffenden Hochländern stehen. Auf den Alpen Savoyens weidet man z. B. italienische Schafe. Sobald sie in dem Gebirge genügend gemästet sind, schickt man sie mit der Eisenbahn oder zu Fuß an einen Ort, wo sie verkauft werden: Chamonix, Evian, Thonon, Genève, Lausanne. Immer wenn eine Herde die Alp verläßt, kommt eine neue an. Diese Wirtschaftsmethode ist der reine Raubbau. Die Geschäftsleute, welche sie verwenden, kümmern sich nicht darum, daß die Weiden dadurch erschöpft und verödet werden ... Im Département Hautes-Alpes, wo man im Jahre 1931 92 Schafherden von zusammen 50000 Stück vom Deltagebiet der Rhône aufnahm, erhielt das fremde Element von sommerweidenden Schafen einen beträchtlichen Zuschuß von einem anderen Gebiet: 20000 Schafe wurden von Französisch-Nordafrika verschifft und auf die Weiden in dem erwähnten Département geführt, um dort im Sommer gemästet zu werden, wonach sie an die Schlachthöfe im Tiefland verkauft wurden“.[225] — Nach dieser Schilderung der Vorgänge einer „transhumance commerciale“ müssen wir zunächst feststellen, daß nicht mehr alle Merkmale reiner Transhumanz vorhanden sind. Die Schafe beziehen wohl mehr von der Ebene aus die Sommerweide, kehren aber nicht zu ihr zurück, um dort zu überwintern, sondern werden sofort in die Schlachthöfe getrieben, d. h. die Schafe werden auf den Sommerweiden lediglich gemästet. Wir werden also in solchen Fällen eher von einer „Saisonschafhaltung“, als von Transhumanz oder „transhumance commerciale“ sprechen müssen. (Möglicherweise ist die wieder belebte Wanderschafhaltung im innerschweizer Raum[226] ein Zwischenglied zwischen reiner Transhumanz und Saisonschafhaltung[227].)

Auf der anderen Seite ist aber nicht zu verkennen, daß trotz allgemeiner Abnahme des transhumanten Schafbestands sein Anteil mit ca. 900000 Tieren in den Weidegebieten der Alpen und Pyrenäen zu Beginn der 1970er Jahre ein beträchtlicher Faktor der französischen Viehwirtschaft war. Für diesen Transhumanz-Betrieb waren etwa 1000 Schäfer tätig, deren Herkunft sich folgendermaßen zusammensetzte: Italiener 57%, Franzosen 36%, Spanier 3%, Portugiesen und Marokkaner je 2%. Interessanterweise soll ihre Kleidung und Ausrüstung noch so „urtümlich“ gewesen sein, wie sie in der ethnographischen Literatur der 30er und 40er Jahre beschrieben wurden. Neu hinzugekommen sind lediglich das Transistorradio und bisweilen ein Fernglas.[228]

Beachtet werden muß in diesem Zusammenhang aber noch ein Moment, auf das wir schon mehrfach hingewiesen haben und das gerade bei den eben geschilderten Vorgängen besonders deutlich wird: Das ist die marktwirtschaftliche Seite der Transhumanz und forcierten Schafhaltung, die im Laufe der Entwicklungsgeschichte dieses Zweiges der Viehwirtschaft immer wieder eine Rolle spielt und auch hier beim Übergang zur Saisonschäferei ausschlaggebend ist. Sobald die Schafhaltung in irgendeiner Form aus dem Zusammenhang mit der Anbauwirtschaft heraustritt, entwickelt sie sich unter Führung eines Unternehmertums, das sich sowohl aus dem Landadel als auch aus Kaufleuten rekrutieren kann, oft zu einem für andere Zweige der Landwirtschaft schädigenden Element.[229]

Diese Feststellung trifft zu einem großen Teil auch auf die Gegenwart zu, wenngleich andererseits konstatiert werden muß, daß sich Saisonschafhaltung zu einem wichtigen und nützlichen Zweig der modernen Landwirtschaft allenthalben entwickeln kann. Daß Wanderschafhaltung gegenwärtig aber auch eine Rolle bei der Realisierung alternativer Lebensformen spielen kann, ist als Indiz für gegenwärtige Entwicklung zumindest anzumerken[230].

Im Bereich der Pyrenäen-Transhumanz hat sich zwischen den entsprechenden Gemeinden und Landschaften auf der spanischen und auf der französischen Seite ein Vertragssystem entwickelt, das nicht kodifiziert ist, das aber schon sehr alt sein muß. Es regelt den ganzen Wanderbetrieb über die Grenze hinweg ohne größere Komplikationen, da es lediglich auf den natürlichen Gegebenheiten aufgebaut ist und die gemeinsame Sorge um das Vieh im Vordergrund steht. So überwintern beispielsweise französische Herden im Spanischen und kehren im Sommer zusammen mit spanischen Schafen auf die französischen Hochweiden zurück und umgekehrt. Diese Verträge, die zwar auf Gewohnheitsrecht beruhen, dürften aber durch historische Ereignisse beeinflußt worden sein, denn es ist zu beachten, daß gerade die französischen Landschaften, die in Transhumanzverbindungen mit Spanien stehen, z. T. zur spanischen Krone gehörten (z. B. Roussillon, Navarra), bzw. ihren Besitzer einige Male wechselten. Immerhin hat sich dieses Vertragssystem unter der auf beiden Seiten der Pyrenäen lebenden Bevölkerung bis ans Ende des 19. Jahrhunderts erhalten und seine Lebenskraft auch in Kriegszeiten bewiesen.[231] Man sollte annehmen, daß ähnliche Verträge, die auf gegenseitiger Unterstützung und auf vernünftiger, natürlicher Nutzung der geographisch-klimatisch bedingten Möglichkeiten beruhten und deshalb einer Kodifizierung nicht bedurften, am Anfang der transhumanten Wirtschaftsweise standen, als die bäuerliche Komponente durch die marktwirtschaftliche noch nicht verdrängt war.

d) Balkan und Karpaten

Mit der Behandlung der Transhumanz im südöstlichen Bereich mediterraner Verbreitung stoßen wir auf Probleme anderer Art, als wir sie bisher kennenlernten. Bei der Gleichartigkeit der natürlichen Grundlagen dieser Wirtschaftsform im Mittelmeerraum dürften die Fragen, die sich für die Balkantranshumanz ergeben, im wesentlichen zwar von gleicher Relevanz für die schon untersuchten Landschaften sein. Nur sind wir dort auf sie weniger aufmerksam geworden, weil die Wanderschafhaltung z. B. in Spanien und Italien allein schon durch so straffe Organisationsformen wie Mesta und Dogana keinen ganz natürlichen Verlauf nahm und manche besonders ethnographisch-kulturgeschichtlich interessante und wichtige Dinge einfach verschüttet sind.

Anders liegen nun die Dinge auf dem Balkan und im Karpatenraum, wo zwar stammliche und nationale Vielschichtigkeit der Bevölkerung, Türkenzeit, willkürliche Grenzziehungen usw. ihren Einfluß auf die Transhumanz ausgeübt haben, jedoch ihre Lebenskraft — bis in die neueste Zeit hinein — nicht brechen konnten. Sie ist dort auch zu einem festen Bestandteil der kulturgeschichtlichen und ethnographischen Forschung geworden. Die Bedeutung, die man den Herdenwanderungen in diesem Raum beimißt, spiegelt sich allein schon in der Tatsache wider, daß auf dem 1. Kongreß slawischer Geographen und Ethnographen 1924 L. Sawicki eine „Slawische Kommission zur Erforschung der Transhumanz in den Karpaten und auf dem Balkan" ins Leben rief, die in eine tschechoslowakische, polnische, bulgarische und jugoslawische Sektion gegliedert war. In dieser Kommission waren Jiří Král (Tschechoslowakei) und Włodzimierz Kubijowicz (Polen) die bedeutendsten Vertreter.[232]

Es kann nicht die Aufgabe dieser Darstellung sein, die Vielfalt der Probleme, die sich aus der Beschäftigung mit der balkanischen Transhumanz ergeben, auszuschöpfen. Dazu fehlen dem Verfasser allein schon die notwendigen sprachlichen Voraussetzungen. Im übrigen sind die einzelnen Fragen so ineinander verwoben, daß nur der an Ort und Stelle tätige Forscher in jahrelanger Kleinarbeit Klärung gewinnen kann. Verfasser maßt sich gegenüber seinen Kollegen, die auf dem gleichen Fachgebiet in den einzelnen Balkanländern arbeiten, nicht an, Endgültiges über die Transhumanz in diesem Raum aussagen zu können. Es soll hier — ebenso wie bei den Beispielen Spanien, Italien und Südfrankreich — lediglich der Versuch unternommen werden, an Hand zugänglichen balkanischen Materials die allgemeinen Erkenntnisse über Charakter und Bedeutung der Wanderschafhaltung zu überprüfen und zu erweitern.

Der äußere Ablauf der karpato-balkanischen Wanderschafhaltung ist im wesentlichen der gleiche, den wir schon in Spanien-Portugal, Italien und Südfrankreich kennengelernt haben. Schafherden von enormer Anzahl zogen noch in der Zeit zwischen beiden Weltkriegen im Winter vom Balkan in die Ebene von Edirne (Adrianopel), vom Rila- und Rhodope-Gebirge in die Gegend um Saloniki, vom Vitos in den Kessel von Skoplje. Man findet sie weiter in Mazedonien und Thessalien. Vom Grammos wurden sie in die Tiefebene des Semeni, vom Pindus und Olymp in die Tiefebene von Trikkala und Larisa und ins Tieftal des Aspropotamos getrieben.[233] Das bedeutendste Zentrum der Wanderschafhaltung scheint Siebenbürgen gewesen zu sein, wo noch 1876 10000 Hirten mit 1 Million Schafen[234] im Wechsel der Jahreszeiten zu den Weiden wanderten: „Aus der weiteren Umgebung von Hermannstadt trieben Wanderhirten im Sommer ihre Herden auf die Hochweiden fast des gesamten siebenbürgischen Karpatenbogens. Entsprechend dazu lagen die Winterweidegebiete in einem weiten Ring in den südlichen und östlichen Tiefländern, nämlich in den Aulandschaften links der Donau, im südlichen Oltenien, in der Moldau, in Bessarabien und in der Dobrudscha. Die weitesten Ausgriffe derartiger Herdenwanderungen [führten] ... bis in die Krim und sogar bis in den Kaukasus. Gelegentlich wurde auch das Banat und die Fruschka-Gora als Winterweidegebiet aufgesucht.

Ein zweites Verdichtungsgebiet lag in den Bergen um Kronstadt. Als Winterweideland wurde das linksseitige Donauufer zwischen Dâmbovitza und Pruth, aber auch die Moldau westlich des Pruth zwischen Jassy und Dorohoi aufgesucht.

Die Hirten des dritten Weidezentrums im Călimangebirge trieben ihre Herden zum Teil in die gleichen Tiefländer der Moldau, ein anderer Teil wanderte in die Niederungen am Samosch, etwa von Sathmar westlich bis zur Theiß.

Von der vierten Ausstrahlungszone aus, dem östlichsten Teil der Südkarpaten um Hatzeg und dem Quellgebiet der Temesch, wurde das Banater Tiefland von Temeschburg nach Süden bis zur Donau aufgesucht ... Die Sommerweiden liegen auf den Verflachungen des gesamten Karpatenbogens vom Retezat bis zum Rodnaer Gebirge. Die Winterweidegebiete legen sich als ein durchschnittlich 150 km entfernter Ring um den Karpatenbogen, wobei das südöstlichste Stück dieses Ringes nach Größe und Bedeutung die anderen weit übertrifft, reicht es doch von Widin in den linksseitigen Donauauen über Galatz bis an den Dnjesterliman bei Cetatea Alba und umfaßt so das gesamte südliche Bessarabien und die Dobrudscha bis zur Schwarzmeerküste. Zwischen die Wintergebiete und die Sommerweiden aber schaltete sich ein engmaschiges Netz von Wanderwegen ein, das wie ein dichtes Geäder das Land durchzog und in dem das Leben der Wanderhirten unaufhörlich vom Tiefland zum Gebirge und vom Gebirge zum Tiefland pulste".[235]

Es ist erklärlich, daß die Organisation einer solchen Herdenwanderung, die noch weit größere Strecken zurückzulegen hatte, als wir bisher kennenlernten, ebenso straff, militärähnlich sein mußte wie auch im westlichen mediterranen Verbreitungsraum. Wir brauchen also auf diese Dinge nicht mehr näher einzugehen.[236] Auch hier wurden die Wanderungen ehedem auf festgelegten Straßen, die den „carraires" oder „tratturi" gleichkamen, durchgeführt. In neuerer Zeit freilich fanden sie auf normalen Landstraßen statt.[237] — Sobald die Herden während der Winterweide oder auf dem Marsch zu dieser in Anbaugebiete geraten, ergeben sich ebenfalls die gleichen Probleme, die wir schon kennenlernten. Mit allen Mitteln suchen die Tieflandbauern die Schäfer zu veranlassen, bei ihnen zu übernachten. So waren im 18./19. Jh. z. B. in jedem Ort des griechisch-mazeonischen Transhumanzgebiets, der für gewöhnlich von den Wanderherden berührt wurde, besondere Weideplätze eingerichtet, „auf welchen es allen reisenden Karavanen erlaubt ist, Zelte aufzuschlagen, und ihr Vieh zu weiden. Wie sich der Zug einem Orte nähert, gehen ihm verschiedene Einwohner entgegen den Hirten Speise und Trank anzubiethen, und sie dadurch zu bewegen die Herden über Nacht auf ihre Brachfelder lagern zu lassen, damit sie vor dem Winteranbau gedünget werden. Jeder solche Tag ist bey jedem Orte ein Festtag; die Schafe läßt man auf die Aecker; in der Nähe daran auf einem grünen reinen Anger werden für die Hirten die Zelte aufgeschlagen, welche sie mit sich führen; dann wird gegessen, getrunken, Musik gemacht, getanzt und gesprungen: erst die späte Nacht überliefert die Hirten der Ruhe, um sie zur morgigen Reise wieder zu stärken“.[238] Allerdings werden die Herden im Frühjahr nicht so freudig begrüßt, wenn sie wieder auf die Hochweiden ziehen. „Da nun neben dem Wege die Felder angebaut sind; so bestellen die Ortschaften Feldhüter, welche die Aufsicht haben, daß das Vieh die Saaten nicht beschädige. Bey Heerden von 10 und 20tausend Stück alten und jungen Viehes ist es wohl schwer ganz zu verhindern, daß nicht bald da, bald dort eine Anzahl Schafe die Fruchtfelder überstreichen. In der Türkey wäscht eine Hand die andere: Der Feldhüter geht den Treibern mit einem leeren Sacke, und mit einer Scheere entgegen, und ersuchet sie um etwas Wolle; diese scheeren ihm gern von den Bäuchen einiger Schafe ein paar Oka (ein Oka ist bey 2 Pfund Wiener Gewicht) Wolle zum Opfer ab; dagegen sieht der Feldhüter die Schafe nicht, welche sich auf den Feldern ergötzen. So gelangen die Heerden zurück auf die Gebirge, auf welchen sie die vorjährige Lebensart wieder anfangen“.[239]

Von Übergriffen der einen oder anderen Seite in der Art, wie wir sie in Spanien oder Südfrankreich kennenlernten, und sie direkt als ein Merkmal transhumanter Wirtschaftsformen ansprechen konnten, scheint die balkanische Transhumanz im wesentlichen frei zu sein. Allein dieser Umstand weist auf eine andere Grundlage der dortigen Wanderschafhaltung hin. Ihre Träger sind nicht wie im westlichen Verbreitungsraum vorwiegend Krone, Hochadel und grundherrliches Unternehmertum, sondern sind in erster Linie die Bauern der einzelnen Länder, sind die verschiedenen Ethnien gewesen, die in Form der Transhumanz am rationellsten und ergiebigsten den kargen Boden nutzten. Ganz sicher war das Bauerntum auch in den bisher besprochenen westlichen Landschaften ursprünglich maßgebend, war die Schafhaltung dort ein notwendiger Bestandteil der Gesamtwirtschaft. Erst die einseitige, forcierte Schafhaltung hat einen Strukturwandel bedingt, der sich in erster Linie darin äußert, daß aus den Bauern, die ehedem als Herdenbesitzer fungierten, einfache Hirten wurden, die sich vielfach gegen Lohn verdingen mußten. — Anders im Balkan-Karpatenraum, wo der Schäfer noch durchaus angesehenes Mitglied der Großfamilie bzw. der Dorfgemeinschaft war, deren Herde er betreute.[240] Dieses ganz andersartige Verhältnis, das den westlichen Mittelmeerländern fremd geworden ist, findet bei den Serbokroaten folgenden Ausdruck: „Im allgemeinen wird ein čoban (Schäfer) durch Wahl der Schafbesitzer bestimmt und ausschlaggebend bei der Wahl ist die Erfahrung, das Gedächtnis und der Scharfblick des Bewerbers. Ist die Wahl auf einen Hirten gefallen, so lädt der starešima, das ist der Älteste der Gemeinde oder Großfamilie, Verwandte und Freunde zum Mittagessen ein und bei diesem übergibt er dem neuen čoban als Zeichen seiner Würde die mačuga — meist ein mit einer Schlange schön verzierter Stock — und wünscht ihm Glück, worauf ihm auch alle anderen Anwesenden Glück und Segen wünschen. Durch diesen Akt geht die ganze Gewalt über die Herde auf ihn über und niemand darf ihm mehr in seine Anordnungen dreinreden. So werden die cŏbani auch sehr selten gewechselt und Absetzungen kommen nur vereinzelt vor ... Stirbt ein čoban, so wird er allgemein betrauert. Der Herde nimmt man das Geläute ... ab, dem Leittier schert man die Wolle ab und der neue čoban trägt zum Zeichen der Trauer ein Jahr lang keine svirala [Hirtenpfeife] bei sich, mancherorts geht er sogar den ganzen Sommer über barhaupt".[241]

Aber auch dort, wo sich bereits Genossenschaften reicher Schafbesitzer, also ebenfalls unternehmerartige Verbände, gebildet hatten, war das alte bäuerliche Verhältnis noch durchaus erhalten,[242] Im allgemeinen wird man sagen dürfen, daß die balkanische Transhumanz noch lange die Einheit von Anbauwirtschaft und Schafhaltung im Sinne unserer oben gegebenen Definition am besten dokumentiert, sicher nicht zuletzt deshalb, weil sie auf einer ethnisch orientierten Basis ruhte.

Dennoch darf nicht unerwähnt bleiben, daß z. B. in den rumänischen Fürstentümern Moldau und Muntenien für die durchziehenden Herden ebenfalls Steuern und beim Überwandern von Grenzen Zölle erhoben wurden, die insgesamt zu den wichtigsten Staatseinkünften gehörten. Daß es dabei auch manchen Versuch der Bojaren und Steuerpächter gab, sich unrechtmäßig zu bereichern, nimmt nicht Wunder. Es ist aber im gleichen Zusammenhang zu vermerken, daß im 18./19. Jahrhundert von manchen rumänischen Feudalherren zum Schutz der Schafhalter und ihrer Herden Maßnahmen gegen willkürlich erhobene Abgaben getroffen wurden.[243]

Diese Grundlage der balkanischen Transhumanz und die Länge der dortigen Herdenwanderungen, die in ihrem Verlauf mehrere fremde Volkstümer berühren können, haben zu Kulturübertragungen und Entlehnungen geführt, die im Frühstadium der Transhumanz allgemein gewesen sein mögen, und die man mit zu ihren Merkmalen rechnen sollte.

Eine Behandlung dieser Fragen rührt an ein Problem, das heute noch nicht endgültig gelöst zu sein scheint, das auch im Rahmen dieser Arbeit nur gestreift werden kann: das Problem der Walachen.[244]

Sie werden unter dem Namen „Vlachen" erstmalig im 10. Jahrhundert aus dem Bereich des byzantinischen Reiches erwähnt. Im 11. Jahrhundert sollen sie mit ihren Herden durch Bulgarien, am Ende des 12. Jahrhunderts durch Serbien gezogen sein. „Aus altserbischen Denkmälern erkennt man deutlich, daß sie nicht an den Boden gebunden waren, sondern sich von einem Ort zum anderen bewegten ... Aus Urkunden des 13. Jahrhunderts ersieht man weiter, daß die Vlachen damals schon die Sommer- und Winterweiden ... hatten" und sie in den Steuerveranlagungen, im Gegensatz zu den Bauern, als nicht seßhaft bezeichnet werden. „Erst Ende des 13. und Anfang des 14. Jahrhunderts ... fingen die Vlachen an, sich ansässig zu machen".[245] Král,[246] einer der besten Kenner karpato-balkanischer Verhältnisse, ist der Ansicht, daß die Vlachen zunächst romanischsprachige Bevölkerungselemente des Balkans waren, die, von den einwandernden Slawen ins Gebirge abgedrängt, zum Teil slawisiert wurden und Transhumanz[247] betrieben. Vom Donau-Balkangebiet ausgehend breiteten sie sich im Verlauf ihrer Wanderungen immer weiter nach Norden aus. In die Karpato-Ukraine kamen Vlachen bereits als halbslawisches Element, und sie waren schon ruthenisiert, als sie später in die östliche Slowakei gelangten. Sie bewegten sich dann westwärts weiter und wurden auf den südlichen Abhängen der Karpaten zu Slowaken, auf den nördlichen zu Polen. So brachten die im 15. Jahrhundert vom Norden in das Gebiet von Orava eingewanderten Vlachen vorwiegend polnisches Kulturgut mit, während die mährische Walachei durch die im 16. Jahrhundert von Osten kommenden Einwanderer slowakisch beeinflußt wurde. Diese Einflüsse sind bis heute noch erkennbar. Die vlachische Wanderung endete jedoch nicht in der mährischen Walachei, sondern führte entlang der slowakisch-mährischen Grenze weiter in südlicher Richtung bis in das Gebiet des heutigen Trenčin und Nové Mesto nad Váhom.[248] Hier — wie aber auch schon in der mährischen Walachei — sind „sie dann z. T. seßhaft, aber auch Dauersiedler geworden".[249]

Diese transhumante Wanderung eines Volkes, die nicht kriegerisch erobernd vor sich ging, sondern sich innerhalb eines halben Jahrtausends auf einem relativ kleinen Raum (im Vergleich zur Länge der Zeit) vollzog, gab vielfältige Berührungspunkte mit der einheimischen Bevölkerung, die sich um so nachhaltiger auswirkten, als der Aufenthalt der Vlachen — vornehmlich in den Tiefländern — dem Charakter der Wirtschaftsform entsprechend, z. T. von nicht geringer Dauer war.[250] So ist es nicht verwunderlich, daß vlachische Einflüsse auf die einheimische Bevölkerung deutlich sichtbar werden und sich auf allen Lebensgebieten abzeichnen. Durch sie lernte ein Teil der Bevölkerung die transhumante Wirtschaftsform kennen, ja die vlachische Viehzuchtterminologie verbreitete sich über den ganzen Karpatenraum.[251] Malaschofsky[252] meint sogar, daß mit Ausnahme eines einzigen Falles es bisher nicht gelungen ist, „eine ältere Hochweidewirtschaft in den Karpaten als die walachische nachzuweisen". Dieser Ausnahmefall wurde für die Tatra festgestellt, wo schon vor den Vlachen deutsche Siedler aus der Zips „Hochweidewirtschaft"[253] betrieben haben sollen. Es ist daher nicht verwunderlich, wenn man zwischen „Walachen im völkischen Sinne und dem Wort Walachen als reine Berufsbezeichnung [unterscheidet] ... wobei unter letzteren auch Hirten nichtwalachischer Volkszugehörigkeit zu verstehen"[254] sind.[255] Neben griechischen, albanischen Spracheinflüssen, rumänischen Ortsnamen usw. brachten die Vlachen auch ihr Recht und ihre Organisation mit in den Karpatenraum.[256] Und was hier für die Endphase der vlachischen Wanderung gilt, trifft selbstverständlich auch für das Gesamtgebiet, das sie transhumierend durchwanderten, zu. Die Einflüsse sind jedenfalls so stark und deutlich, daß Malaschofsky[257] meint — den Charakter der Transhumanz verkennend —, es hätte „im Zuge dieser wahrlich gewaltigen Herdenwanderungen auch eine bedeutende Bevölkerungsverschiebung durch die wandernden Hirten vor sich gehen" müssen.[258]

Kulturübertragung und gegenseitige Beeinflussung auf Grund der transhumanten Wirtschaftsform sind in einer Reihe von Untersuchungen beleuchtet worden. Someşan[259] meint sehr richtig, daß sich Berührungspunkte nicht nur in den Tiefländern, sondern auch auf der Sommerweide ergeben, wenn man berücksichtige, daß z. B. allein auf einem Bergzug, dem Călimani, jedes Jahr 150000 Schafe und Zehntausende von Kühen und Ochsen aus Transsylvanien und der Moldau geweidet haben. In diesem Sinne seien die Karpaten kein völkertrennender, sondern im Gegenteil ein völkerverbindender Gebirgszug gewesen.[260] — Martonne[261] berichtet in diesem Zusammenhang sehr anschaulich über das Wandern und Übertragen von Spielen, Brauchtum Hochzeitssitten usw. aus Siebenbürgen in die Karpaten durch siebenbürgisch-rumänische Wanderschäfer. — An Hand eines Vergleichs von albanischen Schellenbogen und Glockenhalsbändern (für Schafe und Ziegen) mit ähnlichen Stücken aus anderen Teilen des Balkans, aber auch aus Tirol und der Lombardei, kommt Arthur Haberlandt[262] sogar zu dem Schluß: „Es hat den Anschein, als ob die Form im Gefolge der Romanisierung der Viehwirtschaft treibenden Gruppen dieser Gebiete sich eingebürgert hätte, an deren Auftreten sie auch heute noch vielfach geknüpft ist." Eine solche Annahme müßte freilich erst Stück für Stück nachgeprüft und an Hand weiterer Kulturelemente erhärtet werden können. — Es hat sich auch mit guten Ergebnissen Seidel[263] von seiten der Sprachwissenschaft mit der balkanischen Transhumanz beschäftigt, als er nach Ursachen „für die übereinstimmenden Züge der Balkansprachen" suchte und nun glaubt, sie in „Übereinstimmungen in der sozial-ökonomischen Struktur bei den verschiedenen Balkanvölkern", d. h. in der Transhumanz gefunden zu haben. Wörtlich schreibt er: „Die Transhumanz brachte Hirten verschiedener Nationalität (vor allem Rumänen und Albaner) in engen Kontakt, der sich jedes Jahr wiederholen konnte und dadurch Jahrhunderte währte. Dadurch erklärt sich die Tiefe der gegenseitigen sprachlichen Beeinflussung ...". Er fährt fort: „Es versteht sich von selbst, daß solche wechselseitige Sprachbeeinflussung nur bei bilinguer Bevölkerung möglich ist. Bilinguismus ist aber bei Hirten, die weite Gebiete durchwandern und mit vielen Völkern zusammentreffen, eine Selbstverständlichkeit".[264] Zusammenfassend sagt Seidel: „Die ‚balkanische' Sprachstruktur ist das Ergebnis einer konvergenten Entwicklung verschiedener Sprachen; sie ergab sich während der Wanderungen großer Bevölkerungsteile verschiedener Nationalität durch den Bilinguismus der transhumanten Hirten, die die Struktur und die Artikulationsbasis ihrer eigenen Sprache beim Gebrauche der fremden Sprache niemals völlig aufgaben. Nicht kulturelle Überlegenheit einer bestimmten Sprache brachte den ‚balkanischen Sprachbund' hervor, sondern Bilinguismus, der sich aus den sozial-ökonomischen Bedingungen ergab, unter denen ein wesentlicher Teil der Bevölkerung lebte." Daß wir mit Erscheinungen wie dem Bilinguismus auch in anderen Transhumanzgebieten rechnen können, zeigt eine Schilderung der Johannisspiele bei den provencalischen Wanderhirten auf der Hochfläche von Mallefougasse. Die Sprache, die man dort höre, sei ein „Gemisch aus Provencalisch, Genuesisch, Korsisch, Sardinisch, der Nizzaer Mundart, dem alten Französisch, dem Piemontesisch ...".[265] — Ein letztes Beispiel — diesmal soziologisch-religiöser Beeinflussung durch die Transhumanz — wollen wir noch aus dem Ort Nevesinje (im bosnisch-herzegovinischen Raum) anführen: Im 16./17. Jahrhundert legte sich das türkische Joch schwer auf die orthodoxe, Transhumanz treibende Bevölkerung und zwang sie, den islamischen Glauben anzunehmen. „Mais lorsque en été, ils se rendaient avec leur bétail en haute montage, ils abandonnaient l'islam et reprenaient la religion de leurs pères. Par contre, dès que la neige tombait, ils étaient obligés de retourner dans leur village, où ils adoptaient les pratiques de l'Islam. Ils vécurent ainsi pendant trente ans, chrétiens en été et mahométans en hiver. Lorsque leurs enfants furent entièrement islamisés, ils renoncèrent aussi à la transhumance".[266] Dieses Beispiel ist gleichzeitig ein sprechendes Zeugnis für die Anpassungsfähigkeit transhumanter Bevölkerung, die den Grundzügen ihrer Wirtschaftsform folgend, das Gedeihen und das Wohl ihrer Herden in den Vordergrund stellt und sich dadurch zu mancherlei Konzessionen bequemen muß. Aus diesem Grund liegen ihr letztlich auch kriegerische Handlungen fern: „Wir lieben nicht Krieg zu führen, unsere Sache ist, die Herden zu hüten, und wenn wir durchaus Krieg führen müssen, sind wir bereit dafür zu zahlen",[267] d. h. die Söhne auszulösen, wenn sie eingezogen werden sollen.[268]

„Au XIXe siècle la transhumance entre dans une phase de décadence pour ne plus se relever".[269] Diese Feststellung soll zwar in der Hauptsache für Transsylvanien gelten, trifft aber im gleichen Maße auch für den übrigen Balkanraum, ja für die gesamte Transhumanz in Europa zu. Hier wie überall sind es die gleichen Gründe für den Niedergang der Schafhaltung. Auf dem Balkan waren, außer der Intensivierung des Anbaus und der Durchführung von Bodenreformen, vor allem die durch neue Grenzziehungen bedingten Zoll- und Steuerschranken ein arges Hindernis für die Herdenwanderungen, die sich ursprünglich in den Ländern, die unter türkischer Herrschaft standen, frei abspielen konnten.[270] Um 1880 kommt durch solche Maßnahmen fast die gesamte rumänisch-siebenbürgische Wanderschafhaltung schlagartig zum Erliegen.[271] Das Abströmen der ihrer Existenz beraubten Hirten in die Gebiete der Winterweide, wo sie begannen, Handel zu treiben, zu handwerkern oder sich ansiedelten bzw. in die Städte zogen,[272] war so stark, daß man mit einer Verödung Siebenbürgens rechnete;[273] ein Hinweis darauf, in welchem Umfang auf dem Balkan transhumante Wanderweidewirtschaft getrieben worden ist.

Für die genetische Stellung der Transhumanz innerhalb des Dreiersystems der Wanderweidewirtschaft tritt bei der Betrachtung der Auswirkungen ihres Rückgangs auf dem Balkan eines besonders deutlich hervor: die Form des Übergangs zur Alpwirtschaft, in die sie dann letzten Endes einmünden kann. Durch Intensivierung des Anbaus, durch Anlage industrieller Einrichtungen[274] usw. wird besonders die Winterweide eingeengt und damit die Futterbasis geringer. Dadurch bedingt werden die Herden kleiner, die Wanderungen kürzer, ja man ist bestrebt, bzw. man ist gezwungen, den Tieren im Winter zusätzliches Futter zu geben. Man beginnt damit, sich auf eine feste Wintersiedlung zu stützen, und es ist klar, daß dann auch das Rind in immer stärkerem Maße das Schaf verdrängt. „So entsteht [zunächst natürlich noch auf der Basis der Schafhaltung] der Almbetrieb im engeren Sinne des Wortes, der sich an ein bestimmtes Stück Alpenweide knüpft, das im Sommer von den Herden bestimmter Siedlungen unter der Aufsicht ihrer schon seßhaften Hirteneigentümer oder gemieteter Hirten aufgesucht wird. Ihre Unterkunft auf den Weiden ist anfangs nur leicht gebaut und übertragbar, später, wenn sich die Weidewirtschaft auch auf Rinder erstreckt, schon fester gefügt und von vollkommenerer Bauart. So entstehen mit der Zeit feste Almhütten, die für lange Jahre ihre Lage beibehalten und schließlich eine Nachahmung des alpinen Almbetriebes gestatten“.[275] — Man darf wohl annehmen, daß eine solche Entwicklung unter ähnlichen Bedingungen überall die gleiche ist und damit die Alpwirtschaft als letzte genetische Phase des Dreiersystems der Wanderweidewirtschaft angesehen werden kann.

Freilich müssen gerade die besonderen Umweltbedingungen bei Betrachtungen über Verfall oder Eingliederung der Transhumanz in moderne Systeme landwirtschaftlicher Entwicklung immer wieder Berücksichtigung finden. Das trifft beispielsweise für die Volksrepublik Rumänien zu, wo die Sozialisierung der Landwirtschaft auf rationeller Basis zwar kaum noch Voraussetzungen für das Durchführen transhumanter Herdenwanderungen zuläßt, wo aber „die Form der Winterweide in nahe gelegenen Ackerbaugebieten noch erhalten [bleibt], so daß die saisongebundenen Wanderungen der Herden in dieser Form nicht aufhören, sondern vielmehr auch im sozialistischen Sektor bewußt organisiert werden. Die Erklärung dafür müssen wir in der Tatsache suchen, daß die traditionellen Schafzuchtgebiete diese Spezialisierung natürlicherweise beibehalten werden, da ja die Gebirgsweiden in nächster Nähe gegeben sind“.[276]

e) Nordafrika und Kleinasien

In den übrigen Verbreitungsgebieten mittelmeerischer Transhumanz, namentlich in Nordafrika und Kleinasien, sind die Erscheinungsformen nicht so klar abgegrenzt wie in Europa. Sehr stark macht sich hier noch der Einfluß des Gebirgsnomadismus geltend, und auch Formen von Alpwirtschaft sind nicht selten. Jedenfalls sind nicht alle Beispiele, die in der Literatur genannt werden, typisch für Transhumanz. Vorherrschend dürften Misch- und Übergangsformen sein. Dort aber, wo Transhumanz in reiner Form auftritt, unterliegt sie den gleichen Bedingungen und trägt die gleichen Merkmale, die wir schon kennengelernt haben. Erkenntnismäßig ergeben sich für unsere Themenstellung jedenfalls kaum neue Aspekte, so daß wir uns mit diesen ganz allgemeinen Bemerkungen begnügen können.[277] Auf jeden Fall gehören aber Nordafrika wie auch Kleinasien (sowie Gebiete Mittelasiens) durchaus zum großen Verbreitungsraum mittelmeerischer Transhumanz.

f) Deutschland

Wir haben bisher die Formen der Transhumanz betrachtet, die sich auf die Randlandschaften des mediterranen Beckens erstrecken. Wir werden im Folgenden zu untersuchen haben, wo Wanderschafhaltung in Europa auch außerhalb dieses Raumes auftritt, welche natürlichen Bedingungen dort gegeben sind[278] und welche Bedeutung sie in Geschichte und Wirtschaft der einzelnen Gebiete erlangt hat.

Wir wenden uns nach Norden und zwar zur sog. „Wanderschäferei“ in Deutschland, die „weitaus am ausgedehntesten ... vor allem in Bayern und Württemberg [ist]. Dort stehen Mittelfranken, Unterfranken und Nordschwaben, hier der an Bayern angrenzende Teil, die Hohenloher und Haller Ebene, die Ellwanger Berge, das Härdtfeld und die Hänge des Schwäbischen Juras voran. Für Baden kommt vor allem das nördlich des Mains gelegene Stück, und zwar auch in erster Linie das östliche Gebiet, in Frage. Die westfälische Industrie hat die Schäferei sehr verdrängt, und es finden sich die Weiden mehr im Osten als im Westen. Die Sommerweiden liegen meist im Lenner Gebirge und in der Gegend von Paderborn. Auch in der Rheinprovinz sind die wandernden Herden noch fast in allen Teilen vertreten; ... Aus dem ostelbischen Deutschland wird nur von einer Stelle, von dem Kreise Jerichow über das Vorkommen von Wanderschaften berichtet, sonst fehlen sie mit Ausnahme von Schleswig-Holstein, wo die Tiere für den Winter von der Küste nach dem Inneren getrieben werden, ganz“.[279]

Um den Charakter der Wanderschäferei kennenzulernen, fragen wir zunächst nach ihren ökonomischen Bedingungen: „Auf niedrigster Entwicklungsstufe[280] spielt sich die Schafhaltung immer in der Form der Wanderschäferei ab. Ackerbau fehlt neben den vorherrschenden Weideflächen, und auch Stallungen gibt es nicht, welche den Schäfer veranlassen könnten, mit seinen Herden an einem Orte zu verweilen. Schließlich fehlt auch jede Winterfütterung und damit jeder ständige Futterplatz. Alles läuft darauf hinaus, mit wenig Arbeit eine möglichst große Herde durchzubringen, und dies ist nur möglich, wenn man den Weideplatz wechselt. Höchstens können die Tränken für den Schäfer einen Grund bilden, von Zeit zu Zeit bestimmte Standorte wieder aufzusuchen. Soweit nicht bereits die Ausbildung des Privateigentums an Grund und Boden dem Schafhalter in der Wahl seiner Weideplätze Beschränkungen auferlegt, sind es also ausschließlich die Futter- und Tränkeverhältnisse, welche seine Wanderung bestimmen, zumal er selbst noch keinen festen Wohnsitz hat“.[281]

Münzinger[282] bezeichnet die Wanderschäferei „als die billigste und allein mögliche Form der süddeutschen Schafhaltung ..., bei welcher das Schaf saisonmäßig dem vorhandenen Futter folgt und möglichst wenig im Stall gefüttert wird.“ — Überblicken wir diese Schilderungen, so gibt es keinen Zweifel, daß die Wanderschäferei eine reine Form der Transhumanz ist, die, wie wir nach der vorangehenden Darstellung über ihre Verbreitung feststellen können, vorwiegend in vertikaler Richtung vor sich geht.

Diese Zusammenhänge sind außer vom Verfasser selbst (Jacobeit 1954b) und vor allem von Hornberger (1959) kaum untersucht und gewürdigt worden. Lediglich Johannes Heyne[283] weist einmal darauf hin, daß „... diese Betriebsform der Schafhaltung ... schon uralt [ist]. Sie findet sich in ausgedehntem Umfang heute noch in Südfrankreich und in Norditalien“. Hornberger[284] meinte, daß durch „die regelmäßigen Züge von der Sommerweide zur Winterweide, vom Heimatraum zum Ergänzungsraum und zurück ... unsere südwestdeutschen Verhältnisse in Parallele zu ähnlichen Verhältnissen weltweiter Verbreitung gestellt“ würden. „Die Wanderviehzucht, als eine Erscheinung der Weidewirtschaft karger Räume, begegnet uns in den Steppen Asiens und den Ländern des Mittelmeeres, in den Alpen und anderen Hochgebirgen der Erde; wie im Norden Norwegens“.[285] Man hat also schon — wenn auch nur vage — Zusammenhänge gesehen. Doch fehlten eindeutige Stellungnahmen, daß die deutsche Wanderschäferei nicht nur eine Parallele, sondern der nördliche Ausläufer mediterraner Transhumanz sei.[286] Lediglich Schmid[287] schreibt: „Nördlich der Alpen ist Transhumanz in Süddeutschland zu finden.“

Das bedeutendste Gebiet zentraleuropäischer Transhumanz liegt in Süd- und Südwestdeutschland, wobei in Württemberg ca.

90%, in Baden 60% und in Bayern 35% aller Schafe in den Händen von Wanderschäfern waren.[288]

Schwäbische und Fränkische Alb sind die hauptsächlichsten Sommerweidegebiete süddeutscher Herdenwanderungen. „Die trokkenen und mit einer steppenartigen Vegetation überzogenen Buckel“[289] ähneln sehr stark dem Landschaftscharakter Kastiliens und Estremaduras. Nicht ohne Grund wurden gerade hier 1785 die ersten Originalmerinos in Württemberg angesetzt, die in der vertrauten Landschaft gut gediehen.[290] Im übrigen sprechen nicht zuletzt für eine Einführung spanischen Zuchtmaterials Ähnlichkeit und Verwandschaft, ja Gleichheit der Weidewirtschaftsform in Spanien und Württemberg.[291] Noch bis in neueste Zeit wurden auf der Alb ca. 300000 Schafe ernährt, von denen nur der zehnte Teil in Ställen überwinterte. „Die Alb ist somit die Landschaft Süddeutschlands, die am stärksten als Weidelandschaft und als eine Landschaft des Schäfers in Erscheinung tritt“.[292]

Bei der „Trockenheit des verkarsteten Untergrundes“ werden die Albweiden schon im August unergiebig. „Dann ergreift der Schäfer den Wanderstab und zieht auf die Ackerfelder der Donauseite oder zwei Stockwerke tiefer, auf die Stoppelfelder des Gäus“, wo dort zu Bartholomäi, also am 24. August,[293] die „Herbstweide“ beginnt.[294] „Nun ist der Schäfer im Bauernland, in den Kornkammern Südwestdeutschlands. Soweit nicht Zwischenfruchtbau getrieben wird, oder ein sofortiges Umpflügen nach der Ernte erfolgt, bieten sich hier Futtervorräte, die allein das Schaf mit Hilfe seines spitzen Mauls aufzunehmen und zu verwerten vermag ... Die Herbstweide verlängert sich in milden Jahren zu einer Vorwinterweide, bis Schnee und Kälte ein weiteres Verbleiben unmöglich machen. Dann wird abermals gewandert und wieder in ein tieferes Stockwerk gezogen. Am Rhein und Main und in der Pfalz sind jetzt die Gebiete, die von Weihnachten bis 25. März als Winterweide dienen“.[295] Es findet also ein scheinbarer dreifacher, und wenn wir eine „Frühjahrsweide“ mit hinzurechnen wollen, sogar ein vierfacher Weideturnus[296] statt, von dem wir im Bereich der mediterranen Transhumanz nichts hörten. Wir glauben aber nicht, daß es sich hier um eine Besonderheit der süddeutschen Wanderschäferei handelt, denn es ist ja gerade ein Merkmal der Transhumanz, daß sie ihre Züge je nach den vorhandenen klimatischen und Vegetationsverhältnissen einrichtet und im Gegensatz zur etappenweisen Hütung der Alpwirtschaft gerade in den Herbst- und Wintermonaten in ständiger Bewegung ist. Die Hauptaufenthaltsgebiete sind und bleiben Sommer- und Winterweide. Um diese jeweils zu erreichen, ist es natürlich notwendig, Gebiete zu durchziehen, in denen die Herden ausreichend ernährt werden können. Ausgesprochene Herbst- oder Frühjahrsweidegründe sind sie aber nicht, sondern, wie gesagt, Durchzugslandschaften auf dem Wege zur Sommer- oder Winterweide.

Die „Streckenkarte“ der süd- und südwestdeutschen Transhumanz „zeigt die verschiedenen Richtungen, die nach der Pfalz, dem Oberrhein, dem Bodenseegebiet, nach Niederbayern und umgekehrt zur Schwäbischen und Fränkischen Alb, zu Vogelsberg und Rhön führen. Es sind allgemeine Richtungen, jedoch keine festgelegten Schafwege [mehr], sie suchen den Hauptverkehr zu umgehen und richten sich oft nach Heimatorten der Schäfer und Schafhalter oder nach Zwischenweiden, die zu einer Rast von einigen Tagen, gelegentlich auch von ein paar Wochen einladen. Das süddeutsche Wandergebiet hat Ausläufer über das Rheinische Schiefergebirge zur Eifel, in die Kölner Bucht und ins Sauerland“.[297] Darüber hinaus setzt sich das Wandergebiet auch in nordöstlicher und nordwestlicher Richtung weiter fort. So war z. B. die Umgebung Kahlas früher Winterweidegebiet der Wanderschäfer aus der Rhön und Franken,[298] und auch aus Bayern kamen Wanderherden, um im südlichen Vorland des Thüringer Waldes zu überwintern.[299] Es hat auch den Anschein, als hätten süddeutsche Herden selbst in den Niederungen der Weser und an der holländischen Grenze oder im Harzvorland überwintert.[300] Nach einer Mitteilung des Heimatmuseums in Hildburg-

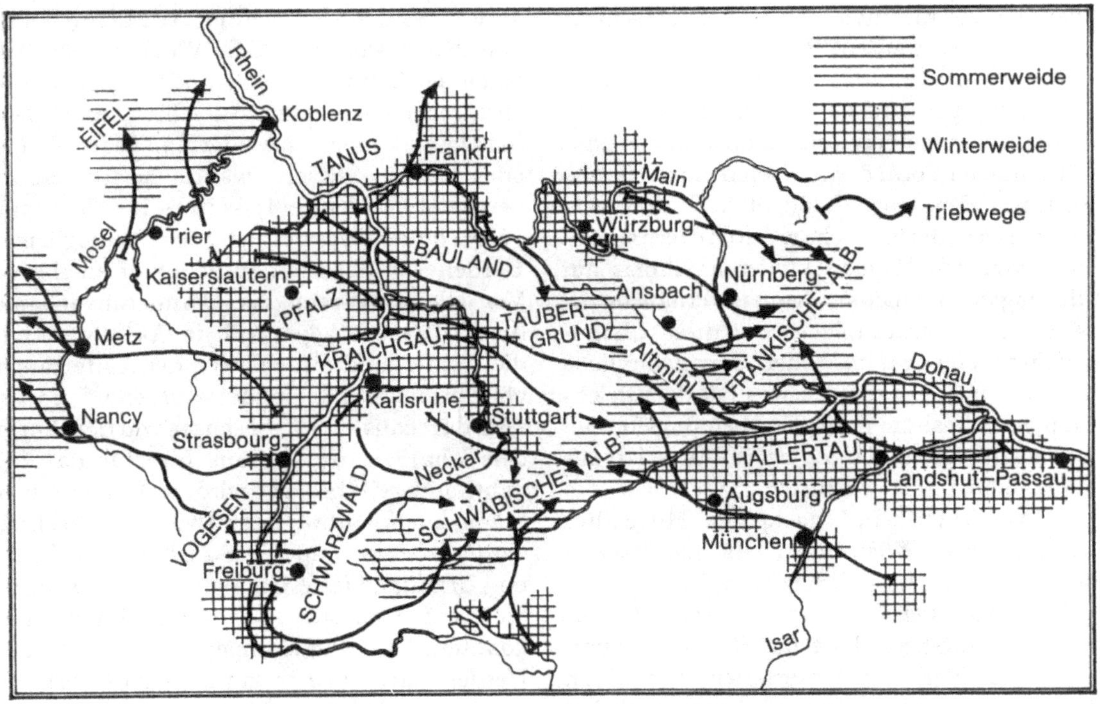

Wege der süddeutschen Wanderschäfer (nach Hornberger 1955, S. 84.)

hausen soll der Thüringer Wald von fränkischen Schäfern sogar als Sommerweide benutzt worden sein. — Das Weidegebiet erstreckte sich ehedem auch über den Rhein hinaus bis nach Franken, und zwar nicht allein in die als Winterweide günstig gelegenen Tiefländer im Elsaß und in Lothringen, sondern auch auf die „weiten, öden, aus dem Kalkstein der oberen Juraformationen aufgebauten Plateaus in der Umgebung der oberen Meuse, Ornain und Aire“,[301] ja, selbst bis nach Paris, wo zwischen 1871 und 1914 jährlich 50000—80000 Masthammel aus Süddeutschland zusammengetrieben wurden.[302] Das „Pariser Geschäft“ entwickelte sich so günstig, daß in einem Vorort der französischen Metropole eine eigene deutsche Schäferstube als Stützpunkt eingerichtet wurde,[303] ja, süddeutsche Schäfer sind in Frankreich auch seßhaft geworden.[304] Mit dem Jahr 1914 haben die Pariser Wanderungen aufgehört.[305]

Wie in den übrigen, bisher besprochenen Transhumanzlandschaften, haben auch in Süddeutschland die Wanderschäfer ihr besonderes Gepräge. Man sagt, daß es ihnen nie eingefallen wäre, nur „nach rein geldlichen Gesichtspunkten Schafe zu züchten, und zwar auch zu jener Zeit nicht, als die Wollpreise ständig wechselten und schließlich einen unerhörten Tiefstand erreichten“.[306] Sie ziehen den Dienst in der Wanderschäferei dem in einem Gutsbetrieb vor,[307] und nicht ohne Grund bevorzugt man württembergische Wanderschäfer, wenn man deutsches Personal für die Schweizer Wanderherden einstellt.[308] Das Vertrautsein mit den weit schwierigeren Verhältnissen einer transhumanten Wirtschaftsform hat es mit sich gebracht, „daß man in Süddeutschland schon seit Generationen Berufsschäfer findet, welche durch niemand, auch nicht durch Schäfer Norddeutschlands, kurzerhand zu ersetzen sind“.[309] Vielfach sind auch süddeutsche Herdenbesitzer und Schafhalter aus dem Wanderschäferberuf hervorgegangen,[310] eine Erscheinung, die durchaus auch auf die mediterrane Transhumanz zutrifft. Oft haben sie keinen Landbesitz und pachten Weiden für ihre Herden,[311] wodurch sie mitunter auch als Pachtschäfer angesprochen werden.[312]

Bisweilen wird die Auffassung geäußert, daß die württembergische Transhumanz „aus der früheren Form der herrschaftlichen Schafhaltung [dem sog. Landgefährt] hervorgegangen [sei], die ihre Schafe durch Herumwandern von den Weiden kühleren Klimas auf diejenigen wärmeren Klimas ernährte".[313] Man könnte daraus folgern, daß dieses „Landgefährt" eine mesta- oder doganaähnliche Einrichtung gewesen sei, was bei der Gleichheit der transhumanten Erscheinungsformen gar nicht verwunderlich wäre. Was ist das Landgefährt aber wirklich?

Wie fast überall im späten Mittelalter besaß auch in Württemberg die Landesherrschaft das Privileg der Schafhaltung. Dazu gehörte die sog. Triftgerechtigkeit, die ihr bzw. der Gutsherrschaft das Recht einräumte, die Felder der Untertanen mit ihren Schafherden zu beweiden, und zwar zunächst in der sog. „offenen Zeit", d. h. in der Zeit von Martini bis Georgi, also in der kalten Jahreszeit. (Daß durch willkürliche Übergriffe die „offene Zeit" in sehr vielen Fällen über das ganze Jahr ausgedehnt wurde, sei hier nur nebenbei vermerkt). In Württemberg nun hatte der Landesherr die Triftgerechtigkeit auf das gesamte Land ausgedehnt. Sie wurde „theils von den Kammerschäfereien ausgeübt, theils an einzelne Personen auf kürzere oder längere Zeit verliehen, auch an einzelne Höfe der Kammer, welche als Bauernlehen oder in Folge einer gänzlichen Veräußerung in die Hände einzelner Privater kamen, bleibend geknüpft, so daß eine beträchtliche Zahl von ‚Landfahrern' von diesem Rechte Gebrauch machte, durch ihr Zusammentreffen manche Collisionen herbeiführte, die Waiderechte der Gemeinden und anderer Schäfereibesitzer empfindlich beschränkte und den Grundeigenthümer vielfach beeinträchtigte, während mit diesen Nachtheilen die Vortheile, welche das Landgefährt der Kammer abwarf, in gar keinem Verhältnisse standen".[314] Über das ganze Land verteilt gab es die sog. Schafhöfe — 1442 waren es sechzehn[315] —, die den großen Herden als Nachtquartier dienten und von denen aus sie auf die Weide zogen. Am Ende der Sommerweide wanderten sie in die entsprechend tiefer gelegenen herrschaftlichen Schafhöfe, wo sie entweder auf freier Weide oder auch in Ställen ernährt wurden. Hornberger (1959, Karte 1) konnte für das Jahr 1523 diese Wanderung der herzoglichen Herden von Schafhof zu Schafhof kartieren. Vor allem während der Wanderungen trat die Triftgerechtigkeit voll in Aktion, indem die Felder und Brachäcker der Untertanen ohne weiteres abgeweidet wurden.[316] Es ist also durchaus eine transhumanzartige Form der Schafhaltung, die uns hier für das 15. Jahrhundert[317] bezeugt wird, z. T. aber einen schon mehr alpwirtschaftlichen Charakter dadurch trägt, daß die Schafhöfe im Ober- und Unterland feste Stationen waren, in denen die Herden notfalls auch aufgestallt werden konnten. Die Wanderungen der herzoglichen Herden waren relativ kurz. Es gibt aber für die Zeit um 1600 auch Anzeichen für Großwanderungen zu Schafhöfen, die im Mömpelgardschen lagen (Hornberger 1959, S. 45). Die dieser Form der Schafhaltung entsprechende Triftgerechtigkeit war also das „Landgefährt", mit dem schließlich das gesamte System landesherrschaftlicher Schafhaltung in Württemberg bezeichnet wurde.

Wir können uns demnach nicht der Meinung anschließen, die württembergische Transhumanz sei aus dem Landgefährt hervorgegangen oder sei, soweit bis jetzt nachweisbar, „ein Kind des 15. Jahrhunderts" (Hornberger 1959, S. 59). Im Gegenteil, die mit diesem Begriff bezeichnete landesherrschaftliche Schafhaltung, welche wohl im 14./15. Jahrhundert aufgebaut wurde,[318] basiert ursächlich auf der Wirtschaftsform der Transhumanz, die allein schon auf Grund der günstigen natürlichen Voraussetzungen in Süddeutschland älter als angenommen sein dürfte. Freilich hat das Landgefährt zur besseren Organisation und Erleichterung der Herdenwanderungen beigetragen.[319]

Wir haben noch zu fragen, ob und gegebenenfalls wie weit dieses landesherrschaftliche Institut dem Charakter von Verbänden wie Mesta oder Dogana nahekommt und erinnern uns an die Ausführungen Wächters (Anm. 314), der das Landgefährt als unrentabel bezeichnet hatte. Aus diesem Grunde sah schon Herzog Ulrich eine Auflösung der Selbstverwaltung seiner Schafhöfe vor, aber erst seine Nachfolger entschlossen sich wirklich zu diesem Schritt. 1590 wurden die Schafhöfe mitsamt den Herden und der Triftgerechtigkeit in Erbpacht gegeben. Erst von dieser Zeit ab — freilich gefördert durch die Wirrnisse des 30jährigen Krieges — beginnen die eigentlichen Übergriffe und Mißbräuche des Landgefährts.[320] In einer Landesordnung von 1621 wird die Triftgerechtigkeit für die Zeit vom 11. bzw. 22. November bis 4. März festgelegt, denn das Landgefährt wurde ja „nicht mehr blos auf das Bewaiden der bei den Wanderungen von der Sommerung auf die Winterung und umgekehrt, auf den am Wege gelegenen Ortsmarkungen, für welche Zwecke es ursprünglich allein gestattet war, beschränkt, sondern die Praxis hatte schon längst zu Gunsten der Schäfereibesitzer ein förmliches Waidrecht, in einem bestimmten Bezirke, [d. h. in mehreren Oberämtern] während der Wintermonate daraus gebildet, und nur für den Fall von Collisionen mehrerer Berechtigter beschränkende Normen festgesetzt".[321] — „Das herzogliche Landgefährt fand seinen endgültigen Abschluß erst im Jahre 1746 dadurch, daß alle herrschaftlichen Schafe und zur Schäfereiverwaltung gehörigen Gebäude und Güter verkauft wurden. Das Landgefährt wurde nunmehr nur noch von Privatschäfern, die im Besitz eines Patentes sein mußten,[322] ausgeübt und wurde schließlich im Jahre 1828 als solches aufgehoben und durch neue Bestimmungen, die Übergriffe der Schäfer verhindern sollten,[323] ersetzt. Durch das Gesetz über die Ausübung von Weiderechten vom 27. März 1873 ... wurden die Rechte der Wanderschäfer weiter gekürzt",[324] was schließlich dazu führte, daß sie — man kann fast sagen — aus Notwehr mit ihren Herden in bebaute Felder einfielen, wenn sie bei schlechter Futterlage ihre Tiere auf dem Marsch nicht ernähren konnten. Diese Kurzsichtigkeit der Behörden hat ganz erheblich mit dazu beigetragen, daß der Wanderschäfer ganz allgemein als Landplage — besonders während der Wanderzeit — angesehen wurde.

Man wird also das württembergische Landgefährt, das auf einer anderen Grundlage beruht, nicht mit einem solchen agrarfeindlichen Ausbeutungssystem wie dem der Mesta oder Dogana vergleichen können. Eher wird man sagen dürfen, daß die Landesherrschaft bemüht war, Gegensätze, wenn sie zwischen Schäfern und Bauern auftraten, auszugleichen.

„Die Wanderschäferei im Westen Deutschlands ist im Vergleich mit Süddeutschland unbedeutend".[325] Die Anzahl der Wanderherdenbetriebe betrug dort am Ende der zwanziger Jahre unseres Jahrhunderts 50—80 und verteilte sich in erster Linie auf die westfälischen Kreise Paderborn, Büren, Lippstadt, Brilon, Meschede, Arnsberg und Soest.[326] Wandernde Schafherden in der ehemaligen Rheinprovinz sind besonders aus den Regierungsbezirken Koblenz, Köln, Düsseldorf und Trier bekannt.[327] Die hauptsächlichen Sommerweiden liegen im Sauerland, das den Verhältnissen auf der Rauhen Alb am ehesten entspricht,[328] im Bergischen Land[329] und in der Eifel.[330] Die entsprechenden Winterweiden finden sich in den Ebenen am Niederrhein, in der Senne bei Paderborn, in der Voreifelebene, im Münsterland, an der Weser usw.

Wenn wir uns aber die Wegekarte der süddeutschen Transhumanz anschauen, fällt auf, daß westliches und südliches Verbreitungsgebiet eng miteinander verzahnt sind. Süddeutsche Wanderschäfer weiden auf westdeutschen Weiden, westdeutsche Wanderschäfer wandern mit ihren Herden bis tief nach Süden und manche Winterweiden werden von ihnen gemeinsam betrieben. So berichtet Lahrkamp,[331] daß die Winterweiden in der Pfalz, in Thüringen, auf der Mainau u. a. von westfälischen und süddeutschen Schäfern gemeinsam aufgesucht werden, und Hornberger[332] schreibt, daß sich im oberrheinischen Tiefland mit angrenzender Wetterau, das sich „infolge des relativ trockenen und sehr milden Beckenklimas und der geringen Schneebedeckung von nicht einmal zwanzig, meist nur zehn Schneetagen im Jahr" zu einer idealen Schafweide eignet, jeden Winter ein großer Teil der süd- und westdeutschen, aber auch französischen Herden versammelt.[333] — Wenn man also diese Verzahnung zwischen beiden Gebieten feststellt, erhebt sich gleichzeitig die Frage, ob man nicht statt von süddeutscher, südwestdeutscher und westdeutscher viel richtiger von einer *süddeutsch-rheinischen* Transhumanz sprechen soll. Auf jeden Fall legt es das heutige Erscheinungsbild nahe, von einer süddeutsch-rheinischen transhumanten Weidewirtschaft zu sprechen,[334] die ihre Anpassungsmöglichkeit und -fähigkeit auch an moderne landwirtschaftliche Bedingungen erwiesen hat.[335]

Zwar gehörte vor dem zweiten Weltkrieg die mitteldeutsche Landschaft insofern mit zur süddeutsch-rheinischen Transhumanz, als sie ihre Winterweiden z. T. zur Verfügung stellte, doch scheint eigene Wanderschafhaltung nicht vertreten gewesen zu sein. Im allgemeinen war dort lediglich Saison- oder Mastschäferei in geringerem Umfang vorhanden. Nur Aereboe[336] weiß aus den Kreisen Wernigerode, Merseburg, Mühlhausen und Erfurt-Land von Wanderschafhaltung zu berichten. Da unsere Fragebogenaktion in Thüringen keinen Beleg für Transhumanz in den genannten Kreisen erbracht hat, stehen wir den Angaben Aereboes skeptisch gegenüber und möchten annehmen, daß es sich hier ebenfalls um Mastschäferei handelte.

Der starke Ausbau der Anbauwirtschaft, durch den die Futterbasis für die Schafhaltung immer mehr zusammenschrumpfte, hatte, wie im mediterranen Transhumanzgebiet, seine Auswirkungen natürlich auch auf die süddeutsch-rheinische Wanderschafhaltung, die sich zu einem beträchtlichen Teil zur Saison- oder Mastschäferei hin entwickelte. Dieser Ausweg war nur zu natürlich, da das absolute Schaffutter auf den Sommerweiden noch ausreichend war, die Winterweide aber nicht mehr im gleichen Maße beansprucht werden konnte. In solchen Fällen wurde noch eine Herbstweide gepachtet,[337] auf der sich die Schafe vor dem Verkauf noch einmal voll fressen mußten. Vielfach aber mag man auch darauf verzichtet haben und zog es stattdessen vor, die Kleewiesen nachts aufzusuchen. Jedenfalls bekamen die Bauern vor allem mit den „Hammelschäfern" Streit,[338] von denen sie außerdem — im Gegensatz zum wirklichen Wanderschäfer — kaum den Vorteil des Pferchens hatten. — Durch die Mastschäferei wurde — wie wir es auch in Südfrankreich festgestellt hatten — die marktwirtschaftliche Komponente in den Vordergrund gestellt, was z. B. darin zum Ausdruck kommt, daß die größeren Hammelherden im Besitz von Metzgern waren, die sich jedes Jahr neue Herden kauften und durch eigene Schäfer auf Mastweiden treiben ließen.[339] Aber auch aus den Reihen ehemaliger Wanderschäfer gingen „Hammelgroßfleischer" hervor.[340] Die Entwicklung zur Mastschäferei ist jedenfalls so stark geworden, daß Lahrkamp[341] bereits zwischen Wanderschäfern und Mastschäfern unterscheidet und Hutten[342] neben dem „Hammelschäfer" den „Zuchtschäfer" = Wanderschäfer nennt, aber auch noch einen „gemischten" Schäfereibetrieb als Kombination zwischen Transhumanz und Mastschäferei herausstellt. Die Besitzer solcher Betriebe halten „neben einer eigenen Herde von Mutterschafen noch 1—2 und mehr Haufen Göltvieh. Diese Betriebsweise setzt die meisten Fachkenntnisse und auch kaufmännische Kenntnisse voraus." Die Möglichkeit der Differenzierung innerhalb einer ehemals geschlossenen Wirtschaftsform zeigt jedenfalls, daß wir nicht mehr ohne weiteres und allgemein den Begriff der Transhumanz auf die heutigen Erscheinungsformen in Deutschland anwenden können. Wir haben statt dessen zwischen wirklicher Wanderschafhaltung und Mast- oder Saisonschäferei zu unterscheiden, wobei wir letztere als eine Endphase transhumanter Entwicklung ansprechen können.

Wie überall spielte natürlich auch in der süddeutsch-rheinischen Transhumanz das Pferchen auf der Winterweide eine große Rolle. Nicht umsonst stammt das Sprichwort

„Im Herbst soll man dem Schäfer mit einem Stück Brot nachspringen und im Frühjahr mit dem Besenstiel“[343] aus dem Schwäbischen, wo man — wieder typisch für Wanderschafhaltung — im Winter für den kostbaren Dünger Futter, Salz, Unterhalt des Schäfers usw. zu zahlen bereit war,[344] im Frühjahr aber, wenn der Rückmarsch zur Alb erfolgte, den Flurschützen aufstellte, der achtgeben mußte, daß die Herde nicht von der Straße in die junge Saat „abwich“.[345] (Im übrigen soll das aus Bindfäden geknüpfte Pferchnetz, das die Wanderschäfer immer bei sich führten,[346] die Erfindung eines westfälischen Wanderschäfers sein.)[347]

Die Transhumanzerscheinungen, die wir bisher betrachteten, zeichneten sich durch vertikale Wanderungen zwischen den Weidegebieten aus. Wir sagten aber schon zu Beginn dieses Kapitels, daß unter entsprechenden floristischen und klimatischen Bedingungen die Wanderungen auch auf gleicher Höhenlage, also horizontal, erfolgen können. Solche Erscheinungsformen sind uns vor allem aus Norddeutschland bekannt und schon Aereboe[348] macht darauf aufmerksam, daß Wanderschäferei nicht nur in den „süddeutschen Staaten“, sondern auch in Schleswig-Holstein bekannt sei. Im Kreis Husum z. B. wird auf „den fiskalischen Vorlandsländereien am Seedeiche die Schafhaltung zur Sommerweide in größerem Umfange betrieben. .. Für den Winter gehen die Herden nach dem mittleren Schleswig-Holstein. Auch in anderen Kreisen dieser Provinz kommt die Wanderschäferei vor, so in Eckernförde, Oldenburg, Pinneberg, Rendsburg, Plön, Steinburg und Angeln. Als Schafweiden werden vor allem Stoppeln und abgegraste Rindvieh- und Pferdeweiden, während des Winters selbst Wiesen benutzt. Wegeränder und Ränder des Knicks werden auf den Marschtagen abgeweidet. Die Lämmer fallen im März auf freiem Felde und gedeihen vorzüglich“.[349] Diesen Bericht bestätigt und ergänzt eine Mitteilung des Museums in Hohenwestedt, wonach an der ganzen Nordseeküste im Sommer große Schafherden in den Außendeichsländereien weiden. Im August wird aber eine Schlickpflanze, „Queller“ genannt, besonders für die Jungtiere gefährlich. Diese werden dann entweder mit der Bahn oder wandernd auf den holsteinischen Mittelrücken und an die Ostseeküste gebracht. Man spricht dort von „Pensionsschafen“. Die Muttertiere folgen erst im Spätherbst, wenn Überschwemmungen und die schlechte Küstenwitterung eine freie Weide an der Nordseeküste unmöglich machen. Im Frühjahr erfolgt die Rückwanderung aller Tiere, denn sie müssen dann „aus unseren Ackerbaugebieten verschwinden“. Interessant ist, daß sich auch bestimmte Triftwege entwickelt haben, die man freilich mit dem System der mediterranen Wanderstraßen nicht vergleichen kann.

Eine transhumanzartige Weidewirtschaft mit kombinierter Schaf-Jungviehhaltung ist 1945 in Mecklenburg und auf den vorgelagerten Inseln entstanden: „Die Weideplätze liegen auf dem Zingst mit den umliegenden kleinen Eilanden und auf Hiddensee. Schafe und Jungvieh stammen zum größten Teil von den Neusiedlern des Festlandes. Die Tiere kommen Ende Mai auf verschiedenen Wegen zu ihren Weideplätzen. Dort werden sie von Hirten in Empfang genommen und von diesen bis etwa Ende September betreut. Dann geht es wieder heimwärts. Die Hirten sind also an Ort und Stelle immer dieselben. Die Zahl von Schafen und Jungvieh beträgt etwa 1600. Davon sind $^1/_3$ Schafe und $^2/_3$ Jungvieh“.[350] Ob die Überwinterung auf freier Weide oder in Ställen geschieht, wurde trotz mehrfacher Rückfragen leider nicht mitgeteilt. Da diese nordmecklenburgische Weidewirtschaft aber aus der Not der Zeit entstanden zu sein scheint, halten wir es durchaus für möglich, daß zumindest eine teilweise Überwinterung des Schafbestandes auf freier Weide erfolgte. Wir können also — zumal die Herden auch nicht allein aus Schafen bestehen — höchstens von einer transhumanzartigen Weidewirtschaft sprechen.

Ähnliche Verhältnisse wie in Schleswig-Holstein treffen wir auch an der flandrischen Kanalküste an. Zwischen See und Schelde erstrecken sich weite sandige Strecken, diesich für den Anbau nicht eignen und der Viehbaltung vorbehalten bleiben. Die unmittelhare Seeküste zeichnet sich aber durch „grazige ziltweiden“ aus, die besonders für Schafe geeignet sind. In den Perioden des Jahres aber, wo diese Salzweiden auch von den Schafen nicht mehr bestoßen werden können, treibt man die Herden auf benachbarte Sandflächen. „Wellicht bestond hier een periodieke landverhuizing van, veld'naar ziltweide en omgekeerd, juist zoals de transhumance in de berglanden“.[351] Da über die Art der Überwinterung leider nichts gesagt wird, können wir auch hier nur von einem transhumanzartigen Charakter dieser flandrischen Schafhaltung sprechen, die möglicherweise aber schon so alt ist, daß die ausgedehnte mittelalterliche flandrische Wollverarbeitung zum guten Teil darauf beruht haben kann.[352]

Ob die Armeria-Weiden (benannt nach einer speziellen Pflanze) an der englischen Küste, die im Frühjahr von Schafherden bestoßen werden,[353] mit in diesen Zusammenhang gehören, kann hier nicht näher untersucht werden. (Vertikale Transhumanz scheint in England aber bekannt gewesen zu sein, wenn sie heute auch mehr an Saisonschäferei erinnert, „weil die Herden bei der Wanderung ihren Besitzer wechseln. Der Farmer des Hochlandes züchtet die Schafe, der Farmer des Flachlandes kauft die Tiere im Herbst, treibt sie zu Tal und mästet sie dann“).[354] — Nach einer knappen Darstellung von Graham (1953) soll Transhumanz in Irland bis ins 17./18. Jahrhundert nachzuweisen sein. Man bekommt jedoch den Eindruck, daß es sich bei der geschilderten Wirtschaftsform eher um Alpwirtschaft handelt bzw. um Übergangserscheinungen zwischen Transhumanz und Alpwirtschaft.

g) Alter

Wir haben damit die dritte der idealtypischen Formen von Wanderweidewirtschaft in ihren hauptsächlichen Erscheinungen im Mittelmeerraum und, nördlich der Alpen, in Mitteleuropa,[355] kennengelernt und wenden uns nunmehr der Erörterung der Altersfrage zu, die uns für die genetische Stellung de Transhumanz innerhalb des Dreiersystems der Wanderweidewirtschaft wichtige Aufschlüsse geben wird.

Wenn — wie wir feststellten — zu den spezifischen Merkmalen der Transhumanz die besitzmäßige Einheit von Anbauwirtschaft und Schafhaltung gehört, so bedeutet das bei der nun folgenden Untersuchung, daß wir bis auf eine Periode zurückgehen müssen, in welcher sowohl Anbau als auch Viehhaltung nachweisbar sind, d. h. wir haben mit unserer Untersuchung bereits im Neolithikum einzusetzen. Wir lassen dabei Erörterungen über die älteste Form und den Entwicklungsgang des Anbaus außer Betracht, da er in unserem Zusammenhang weniger von Belang ist.[356] Im allgemeinen sind sich Urgeschichtsforscher und Agrarhistoriker darüber einig, daß sich nach der ersten neolithischen Landnahme der Anbau in Form einer wilden Feld-Graswirtschaft vollzog, d. h. einer Wirtschaftsform, die sowohl dem Anbau als auch der Viehhaltung gleichermaßen Rechnung trug. Sie bedingte noch keine unmittelbare Seßhaftigkeit und keine „permanenten Äcker“,[357] denn beim Fehlen jeder bewußten Düngung war der Boden nur für begrenzte Zeit nutzbar, und man war gezwungen, immer neue Anbauflächen zu erschließen. Das zurückgelassene brachliegende Feld vergraste, erholte sich und bot gleichzeitig ein gutes Weideland für das Vieh. Dort allerdings, wo die Bodenbonität überdurchschnittlich war, dürfte auch der Grad der Seßhaftigkeit größer gewesen sein. Dieser Umstand trifft besonders für die bandkeramischen Kulturen zu, deren Siedlungen auf Lößboden angelegt waren und die alle Anzeichen einer intensiveren, seßhaften Wirtschaftsform tragen: Rind und Schwein als „nichtwandernde“ Haustiere dominieren.

Mit dieser bandkeramischen, besonders der östlichen Tripoljekultur, werden wir uns im folgenden eingehender zu beschäftigen haben, da sie dank der sowjetischen Ausgrabungen besonders gut bekannt geworden ist[358] und dadurch die Möglichkeit bietet, einen für unser Thema wichtigen Entwicklungsgang zu verfolgen und entsprechende Schlüsse daraus zu ziehen:

Das osteologische Fundmaterial aus den Tripoljesiedlungen bestätigt zunächst den allmählichen Übergang zur Seßhaftigkeit. Während nämlich noch in der A-Stufe (3000 bis 2700 v. u. Z.) die Knochenreste von Wildtieren überwiegen, also die Jagd vorherrscht, d. h. der Anbau noch von untergeordneter Bedeutung war, haben sich die Verhältnisse in der B—C_1 Stufe (2700—2000 v. u. Z.) völlig gewandelt. Der Anteil der Wildtierknochen sinkt rapide, dafür schnellt die Zahl der Rinderknochen empor und beweist damit den vorwiegend seßhaften Charakter dieser Periode. In der dritten (C_2)-Stufe (2000—1700 v. u. Z.) hingegen bemerken wir einen beträchtlichen Rückgang in der Rinder- und Schweinehaltung zugunsten von Pferd und Schaf. Die nachstehende, von Hančar aufgestellte Tabelle[359] mag diese Entwicklung innerhalb eines Zeitraumes von fast $1^1/_2$ Jahrtausenden (!) verdeutlichen:

scheinlich auch Wanderbewegungen notwendig".[362] Dies könne bedeuten, meint Tackenberg, daß sich die Großfamilien, auf welche noch die Großbauten in den Dörfern am Anfang der Spättripoljestufe hinweisen, auflösten und mit ihren Herden eigene Wege gingen. Die Kleinbauten, die in der vollen Spätstufe erscheinen, lassen auf eine zunehmende Wanderbewegung schließen, da sie schneller und einfacher zu bauen waren, was bei einem häufigeren Wohnplatzwechsel von Bedeutung ist. — Hančar geht sogar noch einen Schritt weiter und interpretiert die Verhältnisse in der C_2-Stufe folgendermaßen[363]: „Der Mensch der End- oder Nachtripoljekultur ... verlegte den Schwerpunkt seiner Wirtschaft vom Hackbau[364] auf die Viehzucht, gelangte zu den Anfängen der Großherdenhaltung des Schafes, löste neben dem bodenfest bleibenden Hackbaubetrieb das Futterproblem mit Wanderweidung auf bisher ungenutzten Böden und machte, wirtschaftsgeschichtlich gesehen, den ersten Schritt zur

Tripolje-Entwicklungsstufen	Pferd	Rind	Kleines Hornvieh	Schwein	Hund	Kamel	Wildtiere
A 3000 bis 2700 v. u. Z.	1	10,5	9,5	23,5	3	—	52,5
B — C_1 2700 bis 2000 v. u. Z.	6,5	41	16,5	17	5	?	14
C_2 2000 bis 1700 v. u. Z.	19	26	20	4	0,3	1,7	29

Was bedeutet diese dritte (C_2-) Stufe in der Entwicklung der Tripoljekultur? Sie bedeutet zunächst, daß die Wirtschaft in dieser Periode nicht mehr auf vorwiegender Seßhaftigkeit beruht. Das starke Hervortreten von Pferd und Schaf und das erstmalige Erscheinen des Kamels zeigen deutlich, daß die Seßhaftigkeit zugunsten einer mehr unsteten Wirtschaftsform eingeschränkt wurde, daß „Viehzucht gegenüber dem Ackerbau im Anstieg begriffen war".[360] Um aber „Rinder- und Schafherden,[361] die an Zahl der Tiere die eine Ackerbau und Viehzucht ausgeglichen treibende Bauernbevölkerung übersteigen, zu ernähren, sind große Flächen und wahr-

Scheidung der Bevölkerung in Anbauer- und Viehzüchterstämme und damit zum Hirtennomadentum."

Ohne zunächst nach der Wirtschaftsform dieser so wichtigen Spätstufe zu fragen, wollen wir den Umständen nachgehen, die dazu geführt haben, daß eine seßhafte Anbauwirtschaft mit ausgeglichener Viehhaltung aufgegeben wurde oder besser gesagt aufgegeben werden mußte, denn es müssen schon zwingende Gründe gewesen sein, welche die Tripoljeleute veranlaßten, der Viehhaltung erhöhte Aufmerksamkeit zu schenken, also die Weidewirtschaft zu bevorzugen.

Tackenberg[365] nimmt als Ursache für eine solche Wandlung im Wirtschaftsgefüge die zunehmende Austrocknung des Bodens durch das Ansteigen der Jahrestemperatur an, wodurch ein Rückgang des Waldwuchses eintrat und die Steppenbildung gefördert wurde. Steppenbildung aber bedeutet Zunahme bzw. Auslösen von Wanderbewegungen.[366] Das Schaf übersteht „Trockenzeiten erheblich besser" als das Rind.[367]

Hančar[368] versucht auf Grund des Fundmaterials aus den sowjetischen Ausgrabungen festzustellen, ob der „wichtige Wirtschafts- und Kulturwandel des Tripolje-Endstadiums aus autochthoner Entwicklungsdynamik seine Kräfte nahm oder aber von auswärts, aus Steppe oder Wald von zugewanderten Stämmen zur Auslösung gebracht wurde".

Ende des zweiten, Anfang des ersten Jahrtausends v. u. Z. zeigt sich nun in den Kulturen der nordasiatischen Waldsteppe, im Ural-Altai-Gebiet, eine „Entwicklungsbewegung, ausgelöst vom metallurgischen Fortschritt, getrieben von der naturbedingten Produktionszentrenbildung und den allgemein sich steigernden Bedürfnissen am Metallgerät, intensiv gedrängt auf Durchführung eines regulären Handels, Erzeugung von Tauschgut und Ausbau des Transportwesens. Schaf und Pferd erweisen sich hierbei als ausschlaggebende Kulturelemente: das weide-, vermehrungs- und nutzungsgünstige Schaf im Rahmen der Tauschgutproduktion, das Pferd durch den Entwicklungsschub zur fähigkeitsentsprechenden Spezialnutzung im Transportausbau".[369] Unabhängig von Hančar gelangt auch Otto[370] für den Bereich der Leubinger Kultur Mitteldeutschlands zu ähnlichen Ergebnissen, die von Zusammenhängen zwischen Metallurgie und verstärkter Viehhaltung zeugen: Er vertritt die Ansicht, daß die Metallverarbeitung gerade im Frühstadium der Entwicklung „die Produktion eines Überschusses von Nahrungsmitteln [erfordert habe], weil nur unter dieser Voraussetzung eine Freistellung, wenn auch nur eine teilweise Freistellung, von Arbeitskräften für das Erzsuchen, Schmelzen und Verarbeiten des Metalls möglich war. Diese Voraussetzung konnte aber kaum erfüllt werden, wenn sich die Wirtschaftsweise der Leubinger Kultur vorwiegend auf den Feldbau gestützt hätte." Darüber hinaus macht Otto auf einen wichtigen Umstand aufmerksam, der auch schon bei Hančar anklang: Die Akkumulation bei den Stämmen und Sippen, die an den Erzlagerstätten siedelten und das Erz verarbeiteten, mußte notwendigerweise zu einem gewissen Gefälle in der Lebenshaltung gegenüber denjenigen führen, die nur vom Anbau lebten. Sie fand „nur dort ein ausgleichendes Gegenüber ... wo z. B. die Viehzucht ebenfalls zu einer solchen Akkumulation geführt hatte"[371] und die für den Eintausch von Metallerzeugnissen notwendig war. Eine solche Thesaurierung war aber nur auf der Basis der Schafhaltung möglich.[372] Otto hält es durchaus für wahrscheinlich — wenn auch archäologisch noch nicht nachweisbar —, daß der Überschuß an Vieh, d. h. an Schafen, um die Wende Stein-Bronze-Zeit in Mitteldeutschland so groß war, daß er „Geldfunktion erhielt".[373]

Zusammenfassend stellen wir noch einmal fest, daß das Zusammentreffen mehrerer Faktoren — Austrocknung des Bodens durch erhöhte Jahrestemperatur, Entwicklung und schnelles Anwachsen der Metallurgie, damit erhöhter Bedarf an Metallgeräten und möglicherweise Einflüsse von außen (Schnurkeramik) — einen wirtschaftlichen Strukturwandel in den eurasischen Kulturen der Stein-Bronze-Zeit ausgelöst hat, der sich darin manifestiert, daß die seßhafte Anbauwirtschaft zugunsten einer Viehwirtschaft mit ausgesprochenen Wandertieren (Schaf und Pferd) zurückgedrängt wird.

Wenn wir den Charakter einer solchen neu entstandenen Wirtschaftsform bestimmen wollen, müssen wir vor allem das zentrale Problem der Futterbeschaffung für den stark angewachsenen Herdenbestand erörtern. Da eine Stallhaltung für diese Zeit nicht nachweisbar und auch nicht anzunehmen ist, kann die Ernährung der Tiere im wesentlichen also nur auf freier Weide, und dann während des ganzen Jahres, erfolgt sein. Das bedeutet aber, daß neue, zusätzliche

Weidegründe erschlossen werden mußten, die man im Stadium seßhafter Anbauwirtschaft mit entsprechend abgestimmter Viehhaltung noch nicht brauchte, da die Waldweide und die brach liegenden Felder ausgereicht hatten. Bleiben wir in dem gut erforschten pontisch-kaspischen Raum, so können wir in der Zeit von etwa 1700—700 v. u. Z. eine „Entwicklungsbewegung der Viehzucht von einheitlicher Art"[374] feststellen, die als ein besonderes Merkmal die „Aneignung bisher wirtschaftlich ungenutzter Areale (Überschwemmungsebenen, Dünen und die eigentliche Steppe im Dnjeprraum, die Trockensteppe im Kaspigebiet, die subalpine Region im Kaukasus)"[375] aufweist. Genutzt werden also alle nur gangbaren Weidegründe, unabhängig von ihrer jeweiligen Höhenlage. Da sie aber natürlicherweise nicht alle zu jeder Jahreszeit aufgesucht werden können, muß bereits eine Differenzierung in Sommer- und Winterweide erfolgt sein. Das aber bedeutet — und es ist archäologisch nachgewiesen —, daß beispielweise „das mit der gesteigerten Schafzucht verbundene Futterproblem durch Herdensömmerung auf den Kaukasushochweiden und durch Herdenüberwinterung im schneeärmeren Kaukasusvorland und seinen Steppen gelöst wurde ... Daß diese Einbeziehung der Hochbergweiden ins viehzüchterische Wirtschaftssystem der bronzezeitlichen Vorlandskaukasier keinesfalls einem plötzlichen Abbruch ihrer Besiedlung in den Vorbergen und einer Auswanderung in die Hochtäler gleichkam, sondern einem räumlichen Auseinanderlegen der Wirtschaft im Jahresablauf auf zwei oder drei Örtlichkeiten (Steppen—Winterweide, Wohnsitz mit Anbau und gewerblicher Erzeugung im Vorberggelände, Hochgebirgs-Sommerweide), einer Verteilung der Arbeitskräfte auf zwei Wirkungskreise (Anbau und gewerbliche Erzeugung gegenüber Wartung und Schutz der Herden) sowie viehzüchterisch einem Betrieb von bedeutender Extensität entsprach und daß die Verlegung des Wirtschaftszentrums (Dauersiedlung mit Anbau, Gewerbe und Nekropole) in die Hochtäler ..., bisweilen an die obere Waldgrenze, erst allmählich und in Etappen erfolgte",[376] kann nur — was auch Hančar tut[377] — als Transhumanz[378] gedeutet werden. Eine andere Form von Wanderweidewirtschaft ist schlechterdings unmöglich. Alpwirtschaft schließt allein schon deshalb aus, weil die Stallhaltung noch gänzlich unbekannt ist und — wie schon an anderer Stelle festgestellt — ein so gut funktionierendes Organisationssystem voraussetzt, das wir für diese frühe Zeit unmöglich annehmen können. Auch eine nomadistische Viehwirtschaft ist kaum denkbar, da der Viehhalter gerade in dieser frühen Zeit der Anbauwirtschaft als der Erzeugerin lebensnotwendiger Vegetabilien keinesfalls entraten konnte. Allerdings bleibt zu berücksichtigen, daß in der Entwicklung, wie wir sie darstellen konnten, schon der Keim einer Spaltung zwischen reinen Anbauern und reinen Viehhaltern begründet liegt, und Hančar[379] nennt ausdrücklich das späte zweite und beginnende erste Jahrtausend v. u. Z. das Zeitalter, „in welchem Großherdenviehzüchter in den nord- und südkaukasischen sowie südsibirisch-ostturanischen Vorlands- und Vorgebirgssteppen den Übergang zu Wirtschaft und Lebensform des Hirtennomadismus vollzogen, der im örtlichen Jelažnojebetrieb[380] bis zur Aufhebung auch jener ortsfesten Dauerbindung vorbereitet war, die ein Teil seiner Wirtschaftseinheiten gegenüber ihren Großherden und deren Betreuern wirtschaftlich-administrativ in seßhaft bäuerlicher Art wahrte".[381] Als „eine frühe Lösungsform des Futterproblems für gesteigerte Schafzucht in Gegenden, wo nur die zusammenfassende viehzüchterische Ausnützung des in Klima und Vegetation verschiedenen Gebirgsvorlandes und des Hochlandes eine unterbrechungslose Herdenernährung durch entsprechende Herdenpendelungen erreicht",[382] dürfte die Transhumanz die einzig mögliche Wirtschaftsform in dieser Periode großer wirtschaftlicher und historischer Umwälzungen gewesen sein.[383]

Die für den pontisch-kaspischen Raum dargelegten Voraussetzungen und Notwendigkeiten für das rasche Ansteigen der Schafhaltung in der Stein-Bronze-Zeit könnten unter ähnlichen Bedingungen auch in Mitteleuropa zu denselben Erscheinungen, d. h. zu transhumanzartiger Wirtschaftsform, geführt haben. Es fehlt jedoch noch an ausreichenden Darstellungen von urgeschichtlicher Seite, die das Wirtschaftsleben der damaligen Epochen unter diesem Blickpunkt im größeren Verbreitungsraum untersucht hätten. Es sind lediglich eine ganze Reihe von Umständen bekannt, die konkret kaum eine andere Deutungsmöglichkeit als die der Transhumanz zulassen,[384] die aber immer nur das Untersuchungsergebnis aus geographisch kleinen Räumen sind. Im allgemeinen aber rechnet die europäische Urgeschichtsforschung doch schon sehr stark mit transhumanter Wirtschaftsform in der Stein-Bronze-Zeit.[385]

Möglicherweise lassen sich unter Voraussetzung urgeschichtlicher Transhumanz auch gewisse Probleme einer Lösung näherbringen, die bisher noch umstritten zu sein scheinen. So wird man sich bei der künftigen Erörterung über urgeschichtliche „Alpwirtschaft“ bzw. über die Frage der Besiedlung von Hochgebirgsregionen vor Augen halten müssen, daß die damaligen Menschen nur unter dem Zwang klimatischer und wirtschaftlicher Verhältnisse die unwirtlichen und in vieler Beziehung gefahrvollen Gebirge in ihren Wirtschaftsraum einbezogen. Das mag einmal die durch das Ansteigen des Jahresmittels entstandene Situation, zum anderen die Notwendigkeit der Metallsuche gewesen sein, d. h. man kann sicher erst seit der Stein-Bronze-Zeit mit einer Nutzung der hoch gelegenen Gebiete rechnen, und von dieser Zeit ab finden sich die Spuren menschlicher Tätigkeit auch in diesen Räumen, von denen die meisten Zufallsfunde zu sein scheinen und auf die Arbeit von Metallschürfern zurückzuführen sein werden. Aber auch Gefäßbruchstücke mit angekohlter Milch wurden im Bereich des österreichischen Kupferbergbaus in 1800 m Höhe geborgen,[386] und sie bezeugen wohl hinlänglich eine „urzeitliche Hochweidenutzung“, wie sich Pittioni[387] vorsichtig ausdrückt. Wir tragen aber keine Bedenken, in solchen Fällen von Transhumanz zu sprechen, denn in den neolithisch-bronzezeitlichen Stationen der Schweiz ist ebenfalls „eine Verschiebung in der Artenzusammensetzung des Viehbestandes zugunsten des Schafes auf Kosten des Rindes“[388] zu verzeichnen. Wir haben aber wahrscheinlich machen können, daß ein solcher Herdenbestand nur durch Transhumanz ernährt werden konnte. Die notwendigen zusätzlichen Weideflächen gab es ja im Alpenraum genau so gut wie in jedem anderen Gebirgszug Europas. Vielleicht lassen sich auch die Pfahlbaudörfer in dieser Periode als Dauersiedlung der Wanderschafhaltung treibenden Vorgebirgsbewohner ansprechen.[389] — Daß jedoch eigentliche Alpwirtschaft in urgeschichtlicher Zeit ausgeschlossen ist, erklärten wir schon in anderem Zusammenhang.

Es stellt sich aber noch ein zweites Problem, nämlich die indoeuropäischen Wanderungen, als deren Träger gemeinhin die Vertreter der Einzelgrab- oder Streitaxtkultur bzw. der Schnurkeramik angesehen werden.

Im Gegensatz zu den auf fruchtbarem Löß siedelnden Bandkeramikern, die eine Anbauwirtschaft auf stark seßhafter Grundlage auszeichnet, weisen die Spuren der Schnurkeramiker auf eine Nutzung von Böden, die sich weniger für Anbau eigneten. „In allen diesen Gebieten war zwar Ackerbau möglich, aber die Bedingungen dafür waren im Durchschnitt doch merklich schlechter als in den Lößgebieten. Wohl aber fand eine vorwiegend viehzüchtende, nicht zu dichte Bevölkerung dort überall gute Lebensmöglichkeiten. Es spricht in der Tat vieles dafür, die Schnurkeramiker an erster Stelle als Viehzüchter anzusehen ... und zwar als Viehzüchter mehr aus Gewohnheit und ererbter Neigung als aus einem Zwang der Umwelt, was ... nicht ausschloß, daß sie auch den Pflug zu führen verstanden“.[390] Noch konkreter argumentiert Kersten[391]: „Die Bevorzugung der mageren Heideböden durch das Einzelgrabvolk erfolgte vielleicht in Rücksicht auf die Zucht von Schafen, durch die es vermutlich in erster Linie seinen Unterhalt fand, während es den Ackerbau wohl nur in geringerem Umfang betrieb. Doch spricht die über lange Zeiträume erfolgte Belegung mancher

Einzelgrabfelder dafür, daß wir uns die Einzelgrabbevölkerung nicht als nomadenhaft herumstreifende Hirten vorstellen dürfen, sondern wohl als ein Volk, das von festen Wohnplätzen aus seine Weidegründe aufsuchte und in der Nähe seiner Siedlungen die letzten Ruhestätten seiner Toten errichtete." Auch Otto[392] lehnt eine nomadistische Wirtschaftsform der Schnurkeramiker ab und schlägt „für den mitteleuropäischen Raum sowie für die nördlichen Gebiete" die Annahme von „Stämmen mit vorherrschender Viehhaltung" vor.[393]

Übertragen wir diese urgeschichtlichen Beobachtungen auf unsere bisherigen Überlegungen, so liegt es nahe — und Kothe[394] spricht es bereits aus —, die frühen Indoeuropäer als Träger einer transhumanzartigen Wirtschaftsform zu identifizieren. Dafür spricht auch die Ausbreitung von Pferd und Wagen, die ja mit den Streitaxtleuten einhergeht, und die in diesem Zeitraum nur bei Völkern mit transhumanter Weidewirtschaft möglich gewesen sein kann, da nur sie — im Gegensatz zum seßhaften Anbauer — das wandertüchtige Pferd als Lasttier gebrauchten.

Bei der besonderen Stellung der Indoeuropäer für die kulturelle Entwicklung des eurasischen Raumes kommt der Annahme einer transhumanten Wirtschaftsform verstärkte Bedeutung zu. Wir hatten bereits festgestellt, wie nachhaltig und vielfältig der im balkano-karpatischen Raum vorherrschende Einfluß und Austausch durch die transhumanten Walachen war, die als friedliche Wanderschäfer einherzogen. Sollte es nicht erlaubt sein, ähnliche Herdenwanderungen mit den gleichen Merkmalen der Verbreitung kulturhistorischer Faktoren auch bei den Frühindoeuropäern anzunehmen? Könnten sie vielleicht auch die ersten gewesen sein, die Wanderschafhaltung als einzig mögliche Form der Herdenernährung in dieser Epoche mit der bis zum Klimaoptimum sich steigernden Jahrestemperatur betrieben und sie — ähnlich wie die Walachen — den Völkern, deren Gebiete sie durchstreiften, übertrugen? Daß sie dabei auch den Pflugbau, der ihnen ja bekannt gewesen sein muß, nach Europa übertragen haben können, wäre bei der Annahme von Transhumanz möglich. „Eindeutig", wie Kothe[395] meint, sind diese Dinge jedoch noch nicht. Dafür ist seine Untersuchung, die eine Vielzahl hypothetischer Konstruktionen als erwiesene Tatsachen aufstellt, das beste Beispiel.

Dieser Möglichkeit friedlicher Durchdringung und kulturell-wirtschaftlicher Beeinflussung Europas auf Grund transhumanzartiger Wirtschaftsweise der Einzelgrableute oder Frühindoeuropäer steht jedoch die Tatsache ihrer stürmisch-kriegerischen, nomadenhaft erscheinenden Eroberungszüge vor allem in Vorderasien gegenüber. Wir hatten aber — gestützt auf die Argumentation Hančars[396] — die Annahme ausgesprochen, daß die frühe Transhumanz vor allem im kaukasisch-kaspischen Raum ein Übergang zur nomadistischen Wirtschaftsform ist. Wie nun, wenn gerade in der Urheimat der Indoeuropäer eine Spaltung in Stämme, welche die Wanderschafhaltung beibehielten und solche, die in nomadistische Lebensformen gedrängt wurden, eintrat. Wir sind zwar noch nicht in der Lage, eine solche Hypothese durch stichhaltige Argumente zu stützen, möchten sie aber doch den Fachwissenschaftlern zur Diskussion vorlegen.

Für die Geschichte der Transhumanz ist es schließlich nicht unwichtig festzustellen, daß die Herdenwanderungen nicht nur in vertikaler Richtung vor sich gehen müssen, sondern durchaus auch horizontal auf gleicher Höhenlage stattfinden können, worauf gerade die „schnurkeramische Transhumanz" hinzuweisen scheint. So ergibt sich also, daß die Wanderschafhaltung um die Wende Neolithikum—Bronzezeit wahrscheinlich eine nicht nur geläufige Form der Weidewirtschaft im Bereich der Hoch- und Mittelgebirge war, sondern als „eine frühe Lösungsform des Futterproblems für gesteigerte Schafzucht"[397] ganz allgemein betrachtet werden kann.[398]

Das nach wie vor recht lückenhafte Material erlaubt noch keine definitiven Schlüsse über die tatsächliche Bedeutung, welche die Transhumanz in den urgeschichtlichen Kulturen gehabt hat. Wir sind aber davon überzeugt, daß ihre Einbeziehung in die Überlegungen der urgeschichtlichen Forschung manche Probleme in neuem Licht erscheinen lassen, ja sie einer Lösung näher bringen wird.

h) Terminologie

Abschließend seien noch einige Worte zu dem Begriff „Transhumanz" selbst gesagt. Wir stellten schon eingangs fest, daß in einer Anzahl von Untersuchungen zwischen den drei Formen der Wanderweidewirtschaft nicht scharf geschieden wird, daß man etwa von „alpiner Transhumanz", von Halbnomadismus an Stelle von Alpwirtschaft, vor allem aber von Nomadismus bei Vorliegen reiner Transhumanz spricht. Neben einer gewissen Oberflächlichkeit und Nachlässigkeit im Gebrauch der Terminologie wird die falsche Begriffsbildung zu einem nicht unbeträchtlichen Teil dadurch hervorgerufen, daß man sich unter Transhumanz nichts Rechtes vorstellen kann. Vielfach hat sich eingebürgert, Wanderungen von Haustieren ganz allgemein mit Transhumanz zu bezeichnen (etwa das Transportieren von Bienenvölkern auf die Sommertracht). Alpwirtschaft und Nomadismus sind dagegen eindeutigere, klarere Begriffe.

Das Wort selbst stammt aus dem spanischen „trashumar" bzw. aus dem italienischen „trashumanar" und ist über das französische „transhumer" bzw. „transhumance" in unsere Terminologie als „Transhumanz" gelangt. Es ist in jedem Fall ein unglücklich gewählter Terminus. Muß man doch beispielsweise zu der Verlegenheitslösung „Transhumantes" greifen, wenn von den Menschen, welche diese Wirtschaftsform betreiben, gesprochen werden soll. Untersuchungen über die Etymologie des Wortes im Spanisch/Italienischen oder Französischen, die zu einer Klärung des Begriffs führen könnten, sind wenig befriedigend. Konstruktionen, die von einer Zerlegung in „trans" und „humus" ausgehen, führen etwa zu folgendem Ergebnis: „Wo die *Land*nutzung über die bestellte Erde in Form der Viehhaltung *hinaus*greift und mit ihr keine andere Einheit als die des Besitzes (aber keine betriebliche Einheit) bildet, haben wir Transhumanz vor uns".[399] So kann das Typische dieser so bedeutenden Wirtschaftsform nicht herausgestellt und erklärt werden. Auffallenderweise stammen sowohl „trashumar", als auch „transhumance" erst aus der zweiten Hälfte des 19. Jahrhunderts[400] und bezeichnen ganz allgemein Herdenwanderungen.[401] Es war bisher nicht möglich festzustellen, mit welchen Begriffen man vor dem 19. Jahrhundert in den beiden klassischen Ländern dieser Wirtschaftsform die Wanderschafhaltung bezeichnet hat.

Das Unbefriedigende des Begriffes kommt in der Fachwelt an manchen Stellen zum Ausdruck und hat auch schon zu Versuchen geführt, andere Termini einzuführen. Neben der alten Nomenklatur hat sich bisher am meisten das von Wölfel geprägte „Ziehbauerntum" durchgesetzt, aus dem sich dann Begriffe wie „Weidebauern" usw. entwickelt haben. Uns scheint aber dieser Terminus nicht die befriedigende Lösung zu sein, da er vieles Typische verschweigt und eigentlich nur von der einen Komponente, nämlich dem Anbau, spricht. Was aber doch ständig „zieht", sind ja die Schafherden und nicht die Anbau treibende Bevölkerung. So betrachtet, muß „Ziehbauerntum" direkt falsche Vorstellungen von der Transhumanz erwecken.[402] — Man wird also nur vom Typischen ausgehen müssen, und von dieser Richtung her sind uns mehrere Versuche bekannt geworden. „Die sowjetische Terminologie gebraucht die Ausdrücke ‚Hirte' und ‚Hirtenviehzucht' scharf geschieden von ‚Nomade' und ‚Nomadenviehzucht' im Zusammenhang mit jener Wirtschaftsform, bei der ein Teil der Wirtschaftseinheit jahreszeitweise mit den Herden auf Wanderweidung ist, hierbei aber dem andern im bäurischen Wirtschaftszentrum seßhaften Teil wirtschaftlich sowie administrativ zugehörig bleibt".[403] Es ist klar, daß hier zwischen Transhumanz und Nomadismus unterschieden werden soll. Aber wenn auch die einzig gangbare Möglichkeit, nämlich von der viehhalterischen Komponente auszugehen, klar erkannt wurde, ist auch dieser Lösungsversuch nicht akzeptabel, da er viel zu allgemein gehalten ist. — Bensch[404] schlägt „Herdenwanderung" im Gegensatz zur „Stammeswanderung" der Nomaden vor, und Mayer[405] glaubt Transhumanz mit „gemischter Wanderweidewirtschaft“ übersetzen zu können. Auch diese beiden Begriffsbildungen, die sich vergeblich bemühen, das so unbefriedigende und oft falsch verstandene „Transhumanz“ zu ersetzen, sind zu wenig präzis und müssen fallen gelassen werden.

Wir möchten statt dessen eine andere Möglichkeit vorschlagen, die ebenfalls von der für die Transhumanz so charakteristischen Zusammensetzung der Wanderherden ausgeht und im Begriff der mitteleuropäischen „Wanderschäferei“ schon vorgeprägt ist. Den Ausdruck „-schäferei“ glauben wir allerdings ersetzen zu müssen, weil darunter eigentlich eine bestimmte, hoch organisierte Form der Schafzucht verstanden wird, und würden meinen, daß mit dem Begriff „*Wanderschafhaltung*“ das gegenüber der Alpwirtschaft und dem Nomadismus besonders Typische zum Ausdruck kommt. Ein anderer Lösungsversuch, der neben der schafhaltenden auch die Anbau treibende Komponente im Begriff selbst nennen möchte, scheint mir nicht möglich zu sein. Schließlich haben wir es hier mit *Wanderweidewirtschaft* zu tun, bei der der Anbau nicht das integrierende Element ist. Im übrigen kommt in „Alpwirtschaft“ auch nur die viehhaltende Seite zum Ausdruck.[406]

Zusammenfassung

Wanderschafhaltung, Nomadismus und Alpwirtschaft sind also die drei Formen der Wanderweidewirtschaft, die sich durch cha-

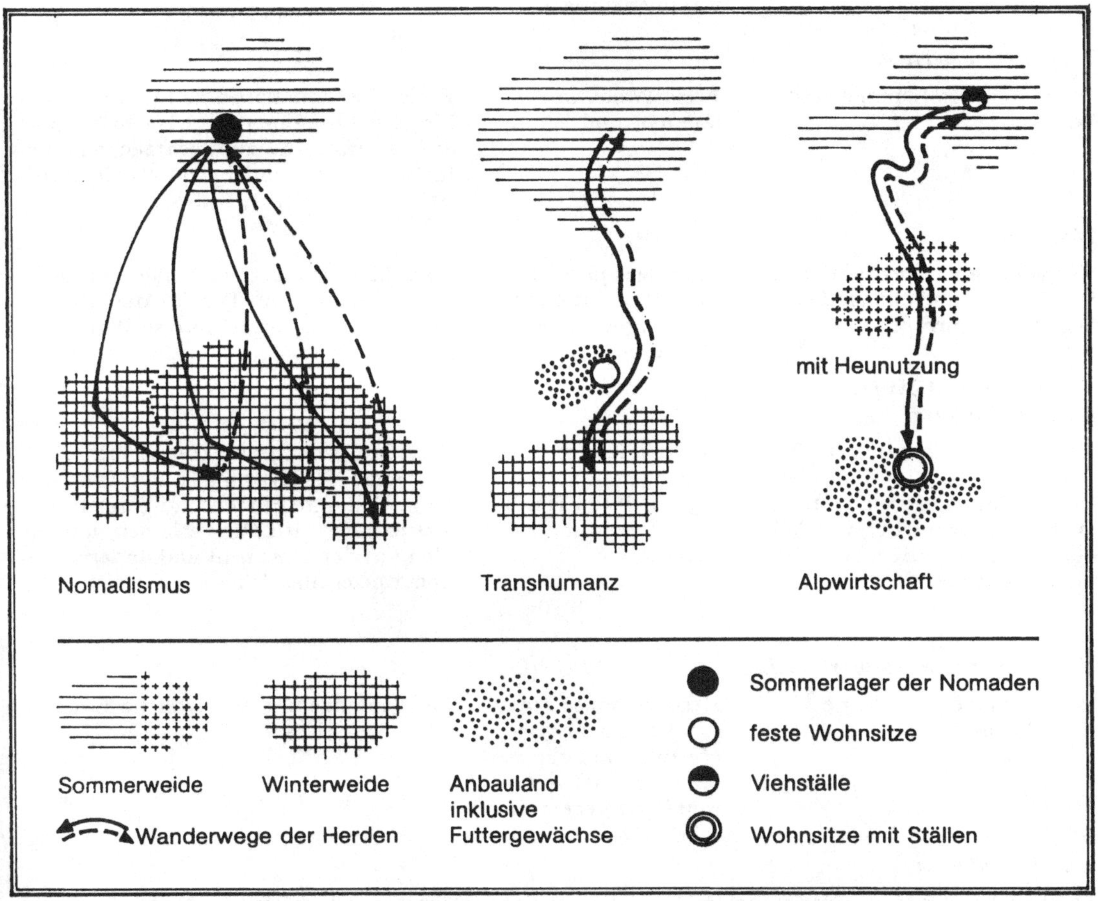

Schematische Darstellung von Nomadismus, Transhumanz und Alpwirtschaft (nach Boesch 1951, S.205, Abb. 1)

rakteristische Merkmale voneinander unterscheiden lassen, die andererseits aber auch Übergangs- und Zwischenstadien bilden können, als solche aber schwer zu klassifizieren sind. Wir stellen im Folgenden alle drei Formen in schematischer Skizzierung und in Form einer Tabelle nebeneinander, um dadurch die Besonderheiten noch einmal deutlich hervortreten zu lassen und übernehmen zur Illustrierung Beispiele, welche Boesch[407] bereits vorgeführt hat:

Die Beschäftigung mit den drei Systemen der Wanderweidewirtschaft hat natürlich auch zu Fragen der gegenseitigen Beziehungen und dem eventuellen Abhängigkeitsverhältnis geführt. Darüber sind eine Reihe von Theorien entwickelt worden, mit denen wir uns noch auseinanderzusetzen haben und bei deren Erörterung es uns vor allem auf die Klärung der Stellung der Wanderschafhaltung ankommt. Wir werden dabei feststellen, daß die Ansichten durchaus nicht einhellig

Wanderschafhaltung (Transhumanz)	Nomadismus (außer Halb- u. Bergnomadismus)	Alpwirtschaft
Zusammensetzung der Herden		
Vorwiegend Schafe.	Ausschließlich wandertüchtiges Vieh.	Früher Schafe, heute vorwiegend Rindvieh.
Ernährung der Herde		
Freie Weide in Sommer und Winter	Freie Weide in Sommer und Winter.	Freie Hochsommerweide im Hochgebirge. Frühsommer- und Herbstweide auf der Maiensäß mit zusätzlichem Heufutter. Ausschließlich winterliche Stallhaltung in der Talsiedlung.
Wanderwege		
Vertikale, aber auch horizontale Wanderung auf vielfach festgelegten Straßen.	Ständiges periodisches Wandern auf ungefähr festliegenden Routen.	Ausschließlich feste vertikale Wanderwege, die meist im Bereich der Allmende liegen. Etappenweise Wanderung.
Tätigkeit und Wohnplatz der Herdenbesitzer		
Anbautreibende, seßhafte Bevölkerung, die außerhalb der Weidegründe, oft auch der Wanderstraßen lebt. Ein Teil der männlichen Bevölkerung übernimmt die Herdenbetreuung.	Nicht seßhafte Bevölkerung, die ständig mit ihren Herden umherzieht und sie betreut.	Seßhafte, Anbau und Heuwirtschaft treibende Bevölkerung in der Talsiedlung. Gedingte Hirten und Sennen. Die Talsiedlung wird nur verlassen, um das Heu auf der Maiensäß und anderen höher gelegenen Wiesen zu bergen.
Verhältnis zur Anbauwirtschaft		
Besitzmäßige, aber keine betriebliche Einheit.	Kein systematischer Anbau, nur als Ergänzung und zur Beschaffung der notwendigen vegetabilischen Kost.	Besitzmäßige und betriebliche Einheit.
Gemeinsamkeiten		
Periodische Herdenwanderungen im Wechsel der Jahreszeiten zur Ausnutzung der vorhandenen Weidemöglichkeiten, je nach den klimatischen oder geographisch-floristischen Gegebenheiten.[408]		

sind und sich zwischen fundierten Äußerungen und gewagten oberflächlichen Hypothesen bewegen. So glaubt Martonne,[409] der sich als einer der ersten mit der Wanderschafhaltung beschäftigt hat, daß sie „réellement une transition de l'état nomade à l'état sédentaire" repräsentiere.[410] Wenn man vom gegenwärtigen Erscheinungsbild — etwa dem Nordafrikas — ausgeht, stimmt diese Äußerung natürlich. Genau umgekehrt liegen die Dinge allerdings in der historischen Entwicklung, die wir am pontisch-kaukasischen Beispiel gut demonstrieren konnten. Mit dieser historischen Entwicklung beschäftigt sich Werth.[411] „Jedenfalls stellt die Transhumance eine kulturgeschichtlich interessante Zwischenform zwischen Almwirtschaft und Hirten-Nomadentum dar." Diese Behauptung stützt Werth durch eine Hypothese, für die sich nicht die mindesten Anhaltspunkte finden lassen. Er schreibt[412]: „Es ist ... offenbar nicht so, wie es noch immer wieder heißt: daß sich in der Almwirtschaft, wie sie noch heute betrieben wird, die Nomadenkultur der Urvorfahren erhalten hat, sondern umgekehrt: die Nomadenkultur ist aus der Almwirtschaft des Pflugbaues hervorgegangen. Nur so läßt sich Verbreitung, Wirtschaft und sonstiger Inhalt der ersteren verstehen. Der Gang der Wandlung mag dabei durch folgende ... Entwicklungsreihe ... zusammengefaßt werden: *Reine Almwirtschaft:* Sommer = Hochweiden (Alm). Winter = Stallfütterung. Daneben im Tal Getreidebau. *Transhumance:* Sommer = Hochweiden (Alm) Winter = Winterweiden. Dazwischen Dauerwohnsitz mit Getreidebau. *Küher-Wirtschaft.*[413] Symbiose zwischen reinem Hirt (Küher), der im Sommer mit seinem Vieh auf der Hochweide ist, und dem Talbauern, der Getreide usw. baut und im Winter das Vieh des Kühers — gegen Milchprodukte — im Stall aufnimmt und füttert. *Reines Hirtennomadentum:* Sommer = Hochweiden. Winter = Tieflandweiden (oder ähnlich) ohne Pflanzenbau." Zur Charakterisierung dieser durch nichts zu stützenden Hypothese, welche die Dinge buchstäblich auf den Kopf stellt, sei erwähnt, daß sich Werth, wie aus seinen sehr alten Literaturbelegen zu erkennen ist, nur einseitig informiert hat. Wir können uns nicht aufhalten, die einzelnen Punkte seiner Theorie zu widerlegen. Das Werthsche Zitat verfolgte in unserem Zusammenhang keinen anderen Sinn, als zu demonstrieren, wie verworren die Dinge gesehen werden können. Nicht zuletzt haben dazu die sich meist widersprechenden Auffassungen der einzelnen Ethnologenschulen vom Ursprung des Nomadismus, von den Anfängen der Viehzucht usw. geführt. Es nimmt dann nicht wunder, wenn ein Forscher wie Boesch, der sich bemüht, den Dingen auf den Grund zu gehen, feststellt: „Nomadismus, Transhumanz und Alpwirtschaft sind in erster Linie als Anpassungen der Wirtschaft an ein bestimmtes natürliches Milieu und nicht als Stufen der kulturellen Entwicklung aufzufassen, wie dies für den Nomadismus fälschlicherweise lange im Rahmen der Entwicklungsreihe: Jäger → Nomade → Ackerbauer angenommen wurde".[414]

Wir haben gerade bei der Erörterung über die Altersfrage der Wanderschafhaltung deutlich zu machen versucht, daß gerade dieser Wirtschaftsform eine erhöhte Bedeutung in der kulturhistorischen Entwicklung des Menschen im eurasischen Raum zukommt. Weiterhin haben wir im Verlauf der Untersuchung gesehen, daß durch bestimmte Faktoren Entwicklungs- und Verbindungslinien zwischen den drei Formen der Wanderweidewirtschaft entstanden sind und glauben es vertreten zu können, diese Beziehungen und Abhängigkeiten in einem Schema sichtbar zu machen, das folgendermaßen zu interpretieren ist:

Wenn wir die von Hančar auf Grund der hervorragenden sowjetischen Ausgrabungsergebnisse so trefflich dargestellte Entwicklung von der Tripolje A-Stufe bis zur C_2-Stufe zu Grunde legen, können wir feststellen, daß, durch verschiedene Faktoren bedingt, die seßhafte Tripoljeanbauwirtschaft mit entsprechend eingegliederter Viehhaltung um die Wende Neolithikum—Bronze- bzw. Kupferzeit durch Wanderschafhaltung abgelöst wird. Diese am Tripoljebeispiel aufgezeigte Ent-

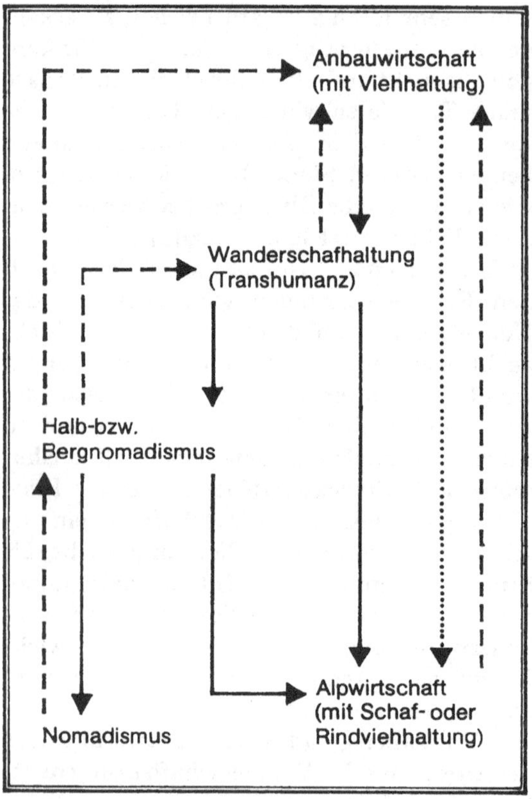

Schematische Darstellung historischer Beziehungen zwischen Transhumanz, Nomadismus und Alpwirtschaft

wicklung glaubten wir mit guten Gründen auch auf Teile des mitteleuropäischen Raums übertragen zu dürfen.

Von der Wanderschafhaltung ausgehend — und wiederum durch äußere Einflüsse bedingt — hat sich der frühe Nomadismus des vorderasiatischen Raumes entwickelt, von dem wir fragten, ob seine Träger nicht etwa der kriegerisch-erobernde Teil der Indoeuropäer gewesen sein könnte.[415] Dieser urgeschichtliche Vorgang des Übergangs von der Wanderschafhaltung zum Nomadismus findet darin eine Stütze, daß auch der „reine" Nomade der neuen Zeit ohne vegetabilische Beikost nicht existenzfähig ist, daß er auch eine gewisse Art von Anbau kennt, die er sich als „transhumantes" Erbe bewahrt hat. Dafür spricht weiter die Kürze der Zeit, binnen derer er über die Zwischenform des Halb- oder Bergnomadismus wieder zur Seßhaftigkeit und Anbauwirtschaft zurückkehren kann.

Den Gedankengängen Jettmars[416] folgend glauben wir, daß sich dieser Übergang zum Nomadismus nicht ohne Zwischenstufen abgespielt hat. Wir setzen sie mit Halb- oder Bergnomadismus gleich, da beide sowohl zum Nomadismus als auch zur Wanderschafhaltung bzw. zur Anbauwirtschaft eine gleiche Affinität und Entwicklungsfähigkeit haben.

Von der Wanderschafhaltung führt aber der Weg nicht nur zum Nomadismus, sondern besonders unter den Einflüssen der Intensivierung des Anbaus in neuerer Zeit auch zur Alpwirtschaft, wie wir an einigen Beispielen verfolgen konnten.

In der historischen Entwicklung, die also von der Anbauwirtschaft mit Viehhaltung ausgeht, kommt der Transhumanz bei der Entwicklung zu Wanderweidewirtschaftsformen im pontisch-kaspisch-mittelmeerischen Raum eine zentrale Bedeutung zu. Direkte Wege von der Anbauwirtschaft mit Viehhaltung zum Nomadismus dürften ausgeschlossen oder höchstens unter ausgefallenen, zwingenden Notwendigkeiten möglich sein. Ein Übergehen von der Anbauwirtschaft mit Viehhaltung zur Alpwirtschaft ist u. W. nicht bekannt. Theoretisch halten wir es jedoch für möglich, so daß es erlaubt schien, einen entsprechenden Weg in unserem Schema durch Punktierung anzudeuten.

Unser Schema enthält aber auch gestrichelte Pfeilrichtungen, die rückläufig sind, und die vor allem nach dem Material der neueren Zeit bestimmt wurden. Wir haben es ebenfalls an den jeweiligen Stellen unserer Untersuchung erwähnt und sagten bereits, daß der Nomadismus unter entsprechenden Umweltsverhältnissen sehr rasch verfallen kann. Wie Halb- und Bergnomadismus die wahrscheinlichen Übergangsformen von der Wanderschafhaltung zum Nomadismus waren, sind sie umgekehrt auch wieder die ersten „Verfallsstufen", von denen der Weg zur Wanderschafhaltung, zur Alpwirtschaft, aber auch unmittelbar zur Anbauwirtschaft mit Viehhaltung ohne die Zwischenstufe der Wanderschafhaltung führen kann.

Rückwärtige Verbindungen von der Alpwirtschaft zum Bergnomadismus sind kaum möglich, wie andererseits auch direkte Verbindungen Alpwirtschaft — Nomadismus und umgekehrt ausgeschlossen sein dürften. In neuester Zeit — unter dem Einfluß der Rationalisierung in der Landwirtschaft — halten wir jedoch Auflösungserscheinungen der Alpwirtschaft, die wieder zu reiner Anbauwirtschaft mit Viehhaltung führen können, für möglich.

Nomadismus und Alpwirtschaft sind letztlich die Endpunkte einer Entwicklung, die von der Anbauwirtschaft mit Viehhaltung (um 2500 v. u. Z.) über die Zwischen- und Verbindungsstufe der Wanderschafhaltung (um 1800 v. u. Z.) führte, die jedoch bei der rückwärtigen Verfallsbewegung nicht unbedingt wieder in Anspruch genommen werden muß.

Ob unsere hier dargelegten Theorien eine Stütze finden oder Ablehnung erfahren, wird nicht zuletzt von künftigen Untersuchungen der Urgeschichtsforschung abhängen deren jüngste Ergebnisse an dieser Stelle freilich nicht mehr eingebaut werden konnten. Nach Kenntnis des Verfassers dürften sie jedoch die hier vorgetragenen Ergebnisse kaum modifizieren.

B. Standschäferei

Den Begriff „Standschäferei“ oder „stationäre Schafhaltung“ setzen wir in bewußten Gegensatz zur „Wanderschafhaltung“. Denn das Schaf ist in dieser Wirtschaftsform ganz anderen Bedingungen unterworfen, die den Möglichkeiten und der Notwendigkeit einer *Zucht* weit näher kommen.

Die Standschäferei gliedert sich zunächst in die Anbauwirtschaft unmittelbar und organisch ein und ist in ihr auch rechtlich verankert. Die Ernährung der Herden erfolgt im wesentlichen durch kombinierte Fütterung, d. h. durch freie Weide in der warmen und durch Stallfütterung in der kalten Jahreszeit. Die freie Weide liegt in der Mehrzahl der Fälle so, daß die Schafe auch des Nachts, mitunter selbst unter Mittag, in die heimatlichen Stallungen zurückgeführt werden können. Die Notwendigkeit des Pferchens, wovon wir bereits eingehend sprachen, läßt die Herden allerdings zur Nachtzeit meist außerhalb der Stallungen sein. Wanderungen zu entfernter gelegenen Weidegründen sind nicht selten, doch sind sie in keinem Fall mit solchen der Wanderschafhaltung vergleichbar. Stets bleibt das Dorf, die Gemeinde, die feste Station, wohin sich die Herde zu jeder Zeit zurückziehen kann. Auch deshalb glauben wir hier den Begriff „-schäferei“[417] einführen zu können, der uns bei der Wanderschafhaltung nicht passend schien.

Übergangsformen zwischen Wanderschafhaltung und Standschäferei sind zweifellos vorhanden. Sie werden dort auftreten, wo die Intensivierung der Anbauwirtschaft den jahreszeitlichen Wanderungen eine Grenze setzt bzw. die freie Weide immer weiter einengt. So sind z. B. im walachischen Bereich der Wanderschafhaltung Erscheinungen bekannt, wo die Schafherde tagsüber noch auf höher gelegene Weiden zieht, aber schon am gleichen Abend oder nach wenigen Tagen wieder zur festen Talsiedlung zurückkehrt.[418]

Wir sahen, daß sich die Wanderschafhaltung im wesentlichen durch einen gleichen Habitus ihres Ablaufs auszeichnet, und die Unterschiede in den Organisationsformen mehr gradueller Natur sind. Anders bei der Standschäferei, die zwar auch überall den gleichen weidetechnischen Ablauf erkennen läßt, aber hinsichtlich der Organisationsformen und der Besitzverhältnisse prinzipielle Unterschiede aufweist. Ja, eine Differenzierung ist selbst nach dem Lohnverhältnis der Schäfer möglich.[419]

Die Probleme, die bei der Standschäferei und ihren Organisations- sowie Besitzstandsformen auftauchen, hängen aufs engste mit allgemeinen wirtschaftshistorischen Fragen zusammen, welche wir bereits im 1. Kapitel berührten. Stand dort aber die wirtschaftliche Nutzung des Schafes im Mittelpunkt der Darstellung, wird es nunmehr unsere Aufgabe sein, vor allem die Gegensätze zwischen bäuerlicher und grundherrlich-feudaler Schafhaltung in ihrer Entwicklung und in ihren Folgen aufzuzeigen.

1. Gemeindeschäferei

„Da ... zur Zeit der bäuerlichen Flurverfassung die gemeinsamen Weiden vorherrschten, so war die Organisation der gemeinschaftlichen Schäferei mit der bäuerlichen Gemeindeverfassung ursprünglich als *Gemeindeschäferei* gegeben".[420] In erster Linie werden also die Allmenden beweidet. Wenn sie nicht anderweitig gebraucht werden, „fallen sie der Gemeindeschäferei regelmäßig anheim". Erst in zweiter Linie steht dieses Land den einzelnen Gemeindemitgliedern als Weide zur Verfügung.[421] Das Besitzrecht an einer solchen Herde kann gemeinschaftlich sein oder gilt nur für die Tiere der einzelnen Weidegenossen. — Schon aus diesen knappen Anmerkungen ergibt sich, daß hier eine Einrichtung entstanden ist, die sich nicht gewohnheitsrechtlich regeln läßt, für die bestimmte Rechtsnormen entwickelt werden mußten. In den alten deutschen Rechten und Weistümern haben sie ihren Niederschlag gefunden und zeigen deutlich, wie stark der dörfliche Gemeinschaftsgedanke, der uns in den Bestimmungen und Einrichtungen der Dreifelderwirtschaft so plastisch demonstriert wird, auch bei der Schafhaltung bestimmend ist:

„1. Nimant en sal sin vie zu huse lazen, daz deme hirten gevolgen mag, ane zuwe, die verkil zut, de selben sal man bewaren, daz se nicht en schade.

2. Nimant en muz ouch sunderlichen hirten haben, da her deme hirte sin lon mete minre der gemeine, her en habe dri hoven adir me, die sin eigen sin adir sin len, der muz wol sunderlichen schafehirten haben.

3. Waz man abir deme hirten lones gelobit von den hoven unde nicht von dem vi, daz lon en muz nimant enthalden durch daz, daz daz dorf nicht hirtelos en blibe",[422] heißt es im Sachsenspiegel. Im Weistum zum Bornheimer Berg vom 29. Oktober 1303 wird auch das Einspruchsrecht der Gemeinde deutlich hervorgehoben: „Auch ist for den cingrefen uz gedragen und gedeilet, daz in keime dorfe in des koneges grashefte nieman keinen sundirhirten haben sal, iz insi dan mit der lude willen, die in den dorfen wazzer und weide deme konege sollint ferzinsen. Kummit iz abir also, daz die forgenannten lude keinen manne eins sundirhirten gunnent in den dorfen, adir einer sheferie, sa sal der shefere den luden helfen des koneges dienst zü rehte dragen, sie enwullen is in dan durch liebe erlazen".[423]

Fast hundert Jahre später hören wir noch von ähnlichen Bestimmungen in einem Weistum der Bibrauer Mark von 1385, das eindeutig festlegt: „Me wysen wir, das kein man, er sy ritter odir knecht, pfaffe odir leyge, keine sunderunge sal han mit keime hirten, odir sal keinen ussleger han; wer das dede, der hette der merker recht gebrochen".[424] Wie uns aus Ebergötzen bei Göttingen von Rektor Bäthge mitgeteilt wurde, waren ähnliche Bestimmungen dort noch 1837 in Kraft, als im Dorf eine Gemeindeschäferei eingerichtet wurde. Jeder Teilhaber hatte die gleichen Rechte. Doch wollten die reichen Bauern mehr Vergünstigungen haben als etwa die Kätner. Man widersetzte sich ihren Ansprüchen aber, und, obwohl sie ihren Viehbestand bereits vergrößert hatten, mußten sie die überzähligen Tiere auf Außenweiden treiben.

Neben solchen Bestimmungen, welche das Primat des gemeinschaftlichen Weiderechts immer wieder bestätigen und bekräftigen, gibt es aber auch Anordnungen, namentlich aus späterer Zeit, in denen mehr ins Detail gehende Fragen erörtert werden. So ist es ein Grundanliegen der Dorfgemeinschaft, dafür zu sorgen, daß die Weideflächen nicht dadurch erschöpft werden, daß einzelne weideberechtigte Dorfgenossen zuviel Schafe halten und dadurch die Gemeindeherde im ganzen geschädigt wird, denn „die Größe der Schafbestände ist direkt von der Größe der Gemeinheitsflächen abhängig."[425] Die Dorfordnung von Raitzhain (1576) bestimmt daher zu diesem Punkt: „Es ist ein alter Gebrauch und Herkommen, daß ein jeglicher, der da Acker hat, ein Viertel Schafe mag halten, ... und welcher keinen Acker hat, darf auch keine Schafe halten, und welcher mehr denn ein Viertel Schafe hat, der soll der Gemeinde eine Tonne Bier zur Buße geben und die übrigen Schafe hinweg tuen".[426]

Die Entwicklung zum Frühkapitalismus, die, wie schon dargestellt, zu einem Ansteigen der Schafhaltung führte und damit die marktwirtschaftliche Komponente wirksam werden ließ, führte zur Anweisung der grundherrlichen Weiderechte auf Kosten der Gemeinden. (Wir werden darauf noch später im einzelnen zu sprechen kommen.) Dennoch aber ist es wichtig festzuhalten, daß mancherorts das Vorrecht der Gemeindeschafhaltung aufrecht erhalten werden konnte und auch von seiten der Grundherrschaft den speziellen Dorfordnungen Folge geleistet wurde. Selbst dort, wo die Herrschaft sich eigene Hirten gedungen hatte, galten die Anordnungen des Gemeindeschäfers. So bestimmte z. B. die Dorfordnung von Badra (zwischen 1550/1570)[427]: „Wan die fhlure besäet seindt, eß sei uber Winter ader Sommer, so sollen sie die hirtten und Scheffer hegen bei Straffe einer Dorffs Einunge, so offt hierwider gehandelt, wohin aber deß Dorffs Hirtte hüetet, do mugen die Scheffer auch hintreiben". Ganz eindeutig wird hier also festgelegt, daß der Gemeindehirt, der in diesem Fall wohl das gesamte Dorfvieh hütete, ein gewisses Beaufsichtigungsrecht nicht nur über die bestellten Felder, sondern auch über das Treiben des herrschaftlichen Schäfers hatte.

Kompromisse wurden in späterer Zeit zwischen Gemeinde und Grundherrschaft geschlossen, um beiden Weideberechtigten gleiche Vorteile zu garantieren: „Hirtten und Scheffer des Probstes und der Gemein, soll keiner vor dem anderen vorteill haben, sondern wan und wohin einer treibet, dahin soll auch der ander zu hueten und zu treiben Macht haben, so soll es auch mit hueten und weidenn in alle wege, wie von alters gehaltenn werden ...", bestimmt eine Verordnung des Dorfes Bellingen[428] zwischen 1550 und 1570. Ähnliches wird schon 1397 in der schlesischen Gemeinde Schriegwitz festgelegt: „... das die [Schaf-]trifft gemein sein sulle in sulcher mose, das man us deme vorwercke uf der lute, des schulteissen und der gebuer erbe und weide ... triben und huten sulle und auch herweder, das die lute, schulteis und gebuer des dorfes ... uf alle deme erbe, weide ... die zu deme vorwercke ... gehoren ... triben und huten sullen".[429] In gewissen Fällen haben Gemeinde und Grundherr „gemeinschaftlich ihr Vieh durch einen angenommenen Hutmann austreiben lassen"[430] und mancher Gutsbesitzer, dem „es an genugsamen Fluren zur Trift und Weide mangelt", hielt auch keinen eigenen Schäfer. Vielmehr ließ er seine Tiere, die man „Küchenschafe" oder „Stechhaufen" nannte, mitsamt dem Dorfvieh durch den Gemeindeschäfer weiden. „Es werden demnach an den Orten, wo der Gerichtsherr nur Küchenschafe halten darf, diese mit den Schafen der Unterthanen auf herrschaftliche und gemeinde Fluren zugleich getrieben, da der Gerichtsherr dieserwegen den vornehmsten Nachbar im Dorfe zugleich vorstellet, den Gemeindehirten mit besoldet, und dessen Aufsicht sein Vieh mit anvertrauet".[431]

Aus diesen Verordnungen läßt sich aber bereits herauslesen, daß die Verhältnisse nicht mehr eindeutig von seiten der Gemeinde her bestimmt wurden. Letztlich zeigen sie schon ein Zurückweichen vor den Forderungen und den Maßnahmen der Grundherren, die im Lauf der Zeit ihre Weiderechte immer weiter ausdehnten. Die Gemeindeschäferei aber — das geht aus den angeführten Quellen deutlich hervor — ist ein organischer Bestandteil der damaligen Landwirtschaft, die auf dem gut austarierten Verhältnis zwischen Anbauwirtschaft und Vieh- bzw. Schafhaltung aufgebaut ist. Hier gibt es keinen Platz, über den Bedarf hinaus zu produzieren. Im Vordergrund steht die Erhaltung des Gemeindeeigentums bzw. die Erhaltung des Eigentums eines jeden Dorfgenossen.

In dieser Hinsicht kommt dem Gemeindeschäfer besondere Bedeutung zu, da von ihm das Gedeihen der Herde abhängt und er es verhindert, daß das Vieh in den bebauten Feldern Schaden anrichtet. Es ist daher verständlich, daß gerade ihm in den Gemeindeordnungen ein besonderer Platz eingeräumt wird, wie wir das beispielsweise schon aus der o. g. Glosse des Sachsenspiegels feststellen konnten. Auch in den germanischen Volksrechten wird er immer wieder erwähnt und derjenige, welcher ihm Schaden antut, wird hart bestraft. Alle Anordnungen, in denen von ihm die Rede ist, zielen immer wieder darauf ab zu verhindern, daß der Schäfer das Dorf und die Gemeindeherde eines Tages verlassen könnte. Selbst wenn er sich eines Weidefrevels schuldig macht, kann er straffrei ausgehen. So heißt es z. B. in der Gemeindeordnung von Thonhausen in Thüringen (1556) im 23. Artikel: „Es soll keiner den gemeinen Hirten, so er ihm Schaden zufüget, schelten oder schlagen, sondern pfänden; wer darüber tut, soll der Gemeinde einen Eimer Bier zu geben schuldig sein".[432] Streng geht man gegen diejenigen vor, welche den Schäfer um seinen Lohn[433] prellen wollen. Im Bretzenheimer Weistum von 1578 ist für solche Vergehen vorgesehen, den Schuldigen durch den Büttel oder andere Exekutivorgane zu pfänden.[434] Die Dorfordnungen von Thonhausen/Mannichswalde (Thüringen) z. B. erklären 1556 und 1673 übereinstimmend: „Wer im Hirtenlohne ein Vieh verschweigt und es nicht verschüttet,[435] dem hat die Gemeinde Macht, sein bestes Vieh aus dem Hofe zu treiben und zu vertrinken, so hoch sie es anwerten könne".[436] Das bedeutet also: Vom Lohn für den Schäfer „ist in der Regel keiner, der im Dorfe einiges Vieh besitzet, und solches vor den Gemeindehirten mit austreibet, befreyet. Ja, es sind nicht aller Orten die Pfarrer und Schulmeister mit dem proportionirlichen Beytrage zu verschonen, sondern, ob sie gleich die Gemeindehut und andere Gerechtigkeiten frey genießen, dennoch gleiche Bürden mit den Nachbarn zu tragen disfals verbunden. An einigen Orten ist sogar der Gerichtsherr zu einem Beytrage von Altersher verbunden, er mag sein Vieh vor den Gemeindehutmann treiben, oder einen besondern Hirten dazu halten".[437]

Wir sehen also, daß die Gemeindeschäferei eine Art der Schafhaltung war, die ursprünglich Vorrechte eines einzelnen von vornherein ausschloß, ja zum Wohle der Allgemeinheit ausschließen mußte. Bezeichnenderweise war sie ehedem in den Bereichen der ostelbischen Latifundienwirtschaft kaum vertreten.[438] Einschränkung und spätere Auflösung unterliegen den Einflüssen, die von der forcierten Wollschafzucht durch die Grundherren und von der Intensivierung der Anbauwirtschaft ausgehen. Sie betreffen aber auch die sich wandelnden sozialen Verhältnisse, auf Grund deren die mit traditionellen Gemeinderechten ausgestatteten Bauern gegenüber der zahlenmäßig anwachsenden landarmen und landlosen Dorfbevölkerung auch hinsichtlich der Schafhaltung begünstigt wurden. Noch 1823 verbot beispielsweise die fränkische Gemeinde Hambühl diesen unterprivilegierten Sozialschichten als „den nicht gemeindeberechtigten Hausgenossen jegliche Viehhaltung, und zwar, ... weil sie kein Gemeinderecht haben und kennen auf ihren Eigenthum keine darnehmen und weill es den gemeinds Leuten kein Kle und kein gras und gros weit mehr und sollen auch den wald meiten".[439]

Ihre größte Bedeutung mag die Gemeindeschäferei mit der vollen Ausbildung der Dreifelderwirtschaft gefunden haben.[440] Doch dürfen wir annehmen, daß auch schon in urgeschichtlicher Zeit, d. h. bei den Kulturen, die bereits eine relativ seßhafte Anbauwirtschaft mit Viehhaltung kannten, eine ähnliche Art der Schafhaltung stattgefunden hat. Denn gerade in dieser Zeit, in der sich die gesamte Wirtschaft auf die Siedlergemeinschaft stützte und nur durch sie ertragfähig und rentabel war, kam einer so straff organisierten Viehhaltung besondere Bedeutung zu.[441] Die Merkmale dieser Viehwirtschaftsform sind eigentlich überall die gleichen, auch dort, wo sie im städtischen Bereich ausgeübt wird. Sie variiert in erster Linie nach Art der Entlohnung des Schäfers.

2. Genossenschaftsschäferei

Aus den früheren Gemeindeschäfereien sind meist die *Genossenschaftsschäfereien* hervorgegangen.[442] Sie sind eingetragene Vereine und sollen sich am häufigsten im Gebiet der ehemaligen Provinz Hannover finden. Im Gegensatz zur Gemeindeschäferei können die Mitglieder an verschiedenen Orten wohnhaft sein.[443] Die Genossenschaftsschäfereien sind also jüngeren Datums, und wir glauben nicht, wie Freyer[444] meint, daß ihre Entstehung so weit zurückreiche, „daß schriftliche Aufzeichnungen über ihre Gründung nirgends zu erlangen sind." Denn ganz sicher sind sie eine notwendige Folge der Auflösung der Dreifelderwirtschaft und der damit zusammenhängenden Separierung und Verkopplung.[445] So ist die Genossenschaftsschäferei eine den veränderten Umständen, d. h. den eingeschränkten Weideflächen entsprechende Nachfolgerin der Gemeindeschäferei, bis in unsere Tage hinein in Gebrauch geblieben und hat sich auch bei so einschneidenden Maßnahmen, wie denen der Sozialisierung der Landwirtschaft in der Deutschen Demokratischen Republik, mitunter halten können.[446]

Rechte und Pflichten der einzelnen Genossenschaftler dürften die gleichen wie bei der Gemeindeschäferei sein. Nur besteht hier natürlich nicht mehr eine solche straffe Organisationsform, da die Mitgliedschaft auf freiwilliger Basis beruht. — Dem anderen Organisationscharakter entsprechend war die Genossenschaft genötigt, die Ausgaben für die Entlohnung des Schäfers, die Erhaltung des Pferchs, das Salz für die Schafe, die Begleichung der Strafgelder für den Schäfer, die diesem etwa beim Übertreiben fremder Felder auferlegt wurden, und schließlich die Kosten für die Schafwäsche und die Wollschur durch bestimmte Einnahmen zu dekken. Die Haupteinnahmequelle war das Pferchgeld.[447] Denn der Schäfer pferchte nicht nur bei den einzelnen Genossenschaftlern, sondern auch „auf Bestellung" bei Bauern, die selbst keine Schafe mehr hielten. Wie wir bereits vermerkten, konnte die jährliche Höhe des Pferchgeldes beträchtlich sein.

Dem Gemeindeschäfer ähnlich ist auch die Stellung des Genossenschaftsschäfers, der nach gleichen Grundsätzen entlohnt wird. Allerdings wird der Unterschied darin deutlich, daß der Genossenschaftsschäfer nicht mehr im Gemeinde-Hirtenhaus wohnt, sondern im Schäferhaus.[448]

Das nicht immer Vorhandensein einer örtlichen oder gemeindeeigenen Weidefläche bringt es bisweilen mit sich, daß die Genossenschaftsherde auf eine weiter gelegene, auswärtige Pachtweide ziehen muß und erst im Winter wieder zurückkehrt. Die Tiere werden dann entweder bei den einzelnen Schafhaltern oder auch in einem gemeinsamen Genossenschaftsstall untergebracht.[449] Je nach Landschaft können hier möglicherweise Übergangs- bzw. Verfallsformen früherer Wanderschafhaltung vorliegen.

Zur Terminologie ist zu bemerken, daß sich in der Literatur, vor allem aber unter den Schäfern selbst, der Ausdruck „Bauernschäferei" statt Genossenschaftsschäferei eingebürgert hat.[450] Dieser Begriff erklärt sich u. E. aus der für die Schäfer gegebenen Notwendigkeit, ein markantes Unterscheidungsmerkmal zur Gutsschäferei zu bestimmen, und da war „Bauernschäferei" eine gute Lösung. Wir meinen aber nicht, diesen Begriff übernehmen zu dürfen, da er sowohl Gemeinde-, als auch Genossenschaftsschäferei betreffen kann, denn in beiden Fällen sind die Weideberechtigten vornehmlich Bauern. Die wesentlichen Elemente aber, nämlich die gemeinschaftliche bzw. genossenschaftliche Organisations- und Besitzform, finden im Begriff „Bauernschäferei" keinen Ausdruck. Zudem besteht sehr leicht die Gefahr einer Verwechslung mit der später noch zu behandelnden „Hofschäferei".

Es ist notwendig, daß in einer Gemeinde- oder Genossenschaftsschäferei die Tiere eines Besitzers gekennzeichnet werden, wenn es nicht zu Streitigkeiten am Ende des Hutjahres kommen soll.[451] Am häufigsten ist wohl das Einschneiden von Besitzmarken in die Ohren,[452] das Einbrennen von besonderen Zeichen oder den Initialen des Besitzers in die Hörner oder das Aufmalen[453] auf das Fell des

Schafes. Nicht umsonst muß der Schäfer bei der „Schafscheide“ im Herbst die Ohren der gefallenen Tiere vorweisen, um sich vor den Schafhaltern rechtfertigen zu können.[454] Die Art der Kennzeichnung kann auch eine andere sein; z. B. werden den Tieren mit Besitzmarken versehene Holztäfelchen oder Lederflecken um den Hals gehängt.[455] Im Burgenland verwendete man früher „kleine holzgeschnitzte Zeichen, Axt, Messer, Säge, Hammer, Hobel, Zange und dergleichen ...“[456] als Mittel zur Kennzeichnung.

Natürlich muß auch über die einzelnen Besitzmarken in einer Herde „Buch geführt“ werden. Man macht das z. T. recht einfach dadurch, daß man beispielsweise die beweglichen Kennzeichen in doppelter Ausfertigung herstellt und das zweite Exemplar mit dem Namen des Besitzers auf dem Gemeindeamt hinterlegt.[457] Aus dem Bereich der Alpwirtschaft (Wallis), wo man mit Brandzeichen arbeitet, „liefert jeder Eigentümer dem Alpvogt ein hölzernes Schäfchen mit ledernen Ohren, das auf dem Leib und dem Lederzeichen im Ohr das Brandzeichen hat. Alle diese Schafzeichen sind an eine Schnur gezogen und werden zur Kontrolle im Gemeindehaus aufbewahrt“.[458] In unserem zentraleuropäischen Bereich der Gemeinde- und Genossenschaftsschäferei hat der Schäfer die Besitzzeichen in ein Merkheft geschrieben.

Bei der strengen Ahndung von Diebstahl und Betrug im mittelalterlichen Recht nimmt es nicht wunder, daß auch der Mißbrauch der Besitzkennzeichen exemplarisch bestraft wurde. Als Beispiel sei das Bannteiding von Eipeltau in Niederösterreich (1512) genannt, in dem es über diesen Punkt heißt: „... wer an den schoffen auch mer march hat dan ains, der ist der gmain das schof verfallen“.[459]

Nur am Rande wollen wir vermerken, daß einerseits die Abrechnungen, welche die Schäfer vorzunehmen hatten, wie andererseits auch die jeweiligen Deputatlieferungen der Schafhalter an das Hütepersonal, auf der Grundlage der Kerbstockrechnungen durchgeführt wurden. Da es sich aber um ein allgemein gehandhabtes Buchungs- und Rechnungsverfahren handelt, genüge dieser Hinweis.[460]

3. Gutsschäferei

Wir haben bereits mehrfach darauf hingewiesen, daß der Frühkapitalismus einen großen Umschwung in der Schafhaltung bewirkte. Die bäuerliche Schafhaltung, bisher nur auf eigene Bedarfsdeckung ausgerichtet, wurde zu Gunsten einer Über- bzw. Mehrwertproduktion, besonders von Wolle, zurückgedrängt. Damit erhielt die marktwirtschaftliche Komponente, die unter gegebenen Verhältnissen immer stärker ausgebaut wurde, einen bestimmenden Platz. Beispiele wie die aus England, Spanien oder Süditalien zeigten, wie sehr das gut ausgewogene Verhältnis zwischen Anbauwirtschaft und bäuerlicher Schafhaltung unter solchen neuen Aspekten gestört wurde und zu katastrophalen Folgen für die Anbauwirtschaft führen konnte.

Wenn auch in ihrem Ausmaß und ihrer Wirkung nicht so kraß wie in den genannten Ländern, führte doch auch in Deutschland die Entwicklung in ähnliche Bahnen, die sich vor allem in den rechtlichen Bestimmungen abzeichneten. Sie zielten darauf ab, das Gemeinschaftsprinzip in der bäuerlichen Schafhaltung zu durchbrechen und dem einzelnen Vorrechte einzuräumen, die ihn in Stand setzten, aus seiner Privatherde den größtmöglichen Gewinn zu ziehen. Schon bei der Vorführung entsprechender Quellen in unserer Darstellung über die Gemeindeschäferei konnten wir den Widerstand der Gemeinde gegen den Verstoß der alten Ordnungen, aber auch die Kompromißbereitschaft und das Zurückweichen vor den Forderungen der Grundherren — und sie waren diese einzelnen, die sich Sonderrechte usurpierten — erkennen.

Noch das Landrecht des Sachsenspiegels regelte die Kompetenzfragen zwischen der Schafhaltung der Gemeinde und der des einzelnen eindeutig zu Gunsten der ersteren.

Wenn dem „Dreihufenmann“ auch das Recht eingeräumt wurde, sich einen Sonderschäfer zu halten, war er dennoch dazu bestimmt, seinen Anteil an den Unterhaltskosten für den Gemeindeschäfer beizusteuern. Wir sahen weiter aus späteren Quellen, daß sich die Gemeinde durchaus ein Beaufsichtigungsrecht über diesen Sonderschäfer vorbehielt. Man kann also annehmen, daß zu Beginn der frühkapitalistischen Epoche die Rechte der Gemeinde noch so gut wie ungeschmälert waren. Aber schon wenig später werden im Schwabenspiegel, dessen Verfasser „über den Sachsenspiegel hinausgehend gemeindeutsches Recht darstellen“[461] will, ergänzende Angaben gemacht: „Nieman mag sinen eigenen hirten gehaben. wan dv́ gotes hv́ser, vnde die herren die selbe wisen hant. vnde swer der man ist. der selbe drie hûbe hat. vnd daz wise mat daz darzû hoeret. der mag haben einen schaf hirten“.[462]

Der Kreis derjenigen, die einen Privatschäfer halten dürfen, ist also schon erweitert worden, ohne daß Bestimmungen über die Beteiligung dieser Leute an der Entlohnung des Gemeindeschäfers getroffen worden wären. Wir unterschreiben durchaus die Ansicht Hildebrands,[463] daß im Schwabenspiegel bereits der erste Schritt getan wurde „zu den die Gutsherrschaften bevorzugenden Schäfereirechten, welche das frühere Mittelalter nicht kannte. Freilich ein unscheinbarer Anfang im Verhältnis zu der späteren Ausdehnung derselben, welche bis zu der Ansicht führen konnten, als sei die Schäfereigerechtigkeit, d. h. das Recht, auf der ganzen Feldmark, meist ausschließlich, Schafe weiden zu dürfen, ein der Gutsherrschaft aus der Grundherrlichkeit, oder gar dem Landesherren aus dem Obereigenthumsrecht zukommendes Recht, das gewisse Klassen von Personen abgesprochen oder beschränkt werden könnte“.

Freilich blieben in den Dorfordnungen die alten Bedingungen über die Bestellung eines Sonderschäfers pro forma noch dieselben, aber sie nahm wohl niemand mehr ernst. Die Ohnmacht der Gemeinden hinsichtlich der Durchsetzung ihrer Rechte zeigen folgende Beispiele: „Darnach weiset man niemand keinen eigenen hirten, dann einem gesessenen ritter, der da sitzet baulich in dem gerichte, der mag einen eigenen hirten halten, und heisst eine schäfferey ...“[464] Zum Hohn wird aber eine weitere Bestimmung aus der gleichen Weisung: „Darnach weiset man einem gesessenen pastor einen eigenen hirten zu haben, das ist keine schäfferey, darvon soll er der nachbauren kinder ein pfingstrecht thun ...“[465]

Die weitere Entwicklung zur eigengrundherrlichen Schafhaltung, zur Gutsschäferei, findet ihren Niederschlag in einer Reihe neuer „Gerechtigkeiten“ und Servitute, die man bisher nicht gekannt hat und die auch kaum zu einer Zeit entstanden sein können, in der „die Schafzucht noch sehr wenig geschätzt wurde ... deren Werth jene Zeit [noch] nicht zu ermessen vermochte“.[466] Nun aber scheinen sie seit dem 16. Jahrhundert als fester Bestand zum Recht der Grundherren zu gehören, wenn sie auch im Bauernkrieg keine so bedeutende Rolle gespielt haben sollen.[467] Im 17. und 18. Jahrhundert ist ihre Anwendung aber so geläufig geworden, daß die Juristen in ihren Kommentaren von den alten Rechten der Gemeindeschäfereien kaum noch etwas schreiben. Die Grundlage ihrer Ausführungen besteht darin, die Berechtigungen der Grundherren als ein selbstverständliches Faktum von altersher anzuerkennen. Als ein Beispiel dafür seien die Ausführungen bei v. Friedenberg[468] wiedergegeben: „Alldieweilen nun aber das Schaaf-Halten aus des Kaysers Rudolphi II di als Königs in Böheimb anhero erlassener Pragmatic nicht vor eine gemeine Wirthschaftliche Nutzung nur, sondern vor ein Herrschaftliches Regale zu achten ist, welches also der Bauerschafft ohne ausdrückliche Brieffliche Verleyhung ihrer Herrschafft, nicht zustehen kann...“[469]

Welcher Art sind nun diese Rechtsnormen, auf deren Anwendung die gesamte grundherrlich-feudale Schafhaltung seit dem Spätmittelalter beruht?

Eschenmayer[470] nennt als erstes das *Recht der Schäfer*, durch das die Verbindlichkeiten, aber auch die Rechte des Hütepersonals geregelt werden. Seit dem 16. Jahrhundert — frühere Belege sind mir bislang noch nicht bekannt geworden — gibt es zahlreiche Schäferordnungen, welche auf Territorialebene die oft verschiedenartigen Auslegungen dieses Schäferrechts zu koordinieren suchen.

Das *Recht der Schafhaltung* steht jedem Besitzer von „hütungsfreyen Grundstükken"[471] zu und „bestehet in der Befugniss, einzelne Schafe, zu deren Wartung aber kein eigener Schäfer erforderlich ist, zu halten und solche in hutfreien Cämpen, Wiesen und Aekkern, wozu der Eigenthümer, ohne eines Andern Grund und Boden zu berühren, gelangen kann, weiden zu lassen".[472]

Hingegen erlaubt das *Schäfereirecht* „eine Schaafheerde zu haben und einen eigenen Schäfer dafür zu halten".[473] Eschenmayer[474] ergänzt — was sehr wichtig ist —, daß das Schäfereirecht nur ausgeübt werden darf, wenn auf eigenem Grund und Boden die Herde erhalten werden kann. So, scheint uns, ist das Schäfereirecht lediglich eine Erweiterung des Rechtes der Schafhaltung.

Die wichtigste Rechtsnorm aber ist die *Schäfereigerechtigkeit,* die „sich auf eine Dienstbarkeit [gründet], nach welcher der Berechtigte ... Befugniss hat, auf der ganzen Feldmark, mithin auch auf fremden Grundstücken, seine Schaafe zu hüten und einen eigenen Schäfer dazu zu halten".[475] Die von Gabke[476] erwähnte Hütungsgerechtigkeit oder das Weiderecht dürfte lediglich eine andere Bezeichnung für Schäfereigerechtigkeit sein bzw. eine Erweiterung auf das gesamte Weidevieh bedeuten. Wichtig ist aber noch die Ergänzung, daß die Schäfereigerechtigkeit andere Teilhaber der Feldmark von der Schafhaltung ausschließt, daß also lediglich der Berechtigte seine Herde dort hüten darf.[477]

Nicht genug damit wurde auch noch das *Triftrecht* (auch Übertriebsrecht oder Triftgerechtigkeit genannt) eingeführt, das als Ergänzung zum Schäfereirecht und zur Schäfereigerechtigkeit gelten kann: „Es ist das Recht eines Landgutes, das auf demselben zu haltende Vieh über eines andern eigenthümliche Grundstücke auf die zu solchem Gute gehörigen oder einem andern zuständigen Felder, Wiesen oder Gehölze ungehindert treiben zu dürfen. Hieraus erhellet also deutlich, daß der Hirte auf solchen fremden Grundstücken mit dem Vieh nicht stehen bleiben, noch auf und niedertreiben dürfe, sondern die Trift in eiem Zuge fort verrichten müsse, woraus der Unterschied zwischen Trift und Hutung alsbald wahrzunehmen ist".[478]

Ergänzt werden muß zwar, daß das Triftrecht nicht das ganze Jahr über in Kraft sein soll, sondern nur zu der Zeit, wo die Saat noch nicht aufgegangen ist. Wir werden jedoch noch sehen, wie rücksichtslos gerade diese Bestimmung von den herrschaftlichen Schäfern überschritten wurde.[479] — Hinsichtlich der Ausübung der Triftgerechtigkeit werden wir in manchen Fällen an die Verhältnisse auf den „tratturi" oder den „cañadas" im mediterranen Verbreitungsgebiet der Wanderschafhaltung erinnert, wie folgende Bestimmungen zeigen: „Der Eigenthümer der dienstbaren Grundstücke darf keine solchen Veränderungen mit [den Triften] vornehmen, dass das Triftrecht weder ganz noch zum Theile dadurch gehindert oder geschmälert werde".[480] Die Breite der Trift ist „gewöhnlich durch Verträge, rechtskräftige Urtheile oder Observanz bestimmt, mangeln aber diese, so entscheidet die Obrigkeit nach dem Gutachten sachverständiger Personen. Es gibt auch Fälle, wo der Richter den Viehtrieb, als eine servitus necessaria, gegen eine billige Vergütung des dem Eigenthümer verursachenden Schadens, constituiren kann".[481] Mitunter ist es dem Berechtigten auch durch einen zusätzlichen Vertrag gestattet, auf besonders geräumigen Triften seine Herde zu lagern und ausruhen zu lassen.[482]

Wenn in den Kommentaren der Fachjuristen — bei der Gemeindeschäferei bedurfte man ihrer Unterstützung nicht! — auch betont wird, daß die einzelnen Rechtsgrundsätze, die wir soeben kennenlernten, auch von Gemeinden ausgeübt werden können, so muß festgestellt werden, daß Schäfereirecht und Schäfereigerechtigkeit mit den dazu gehörigen Ergänzungsbestimmungen zum landes-

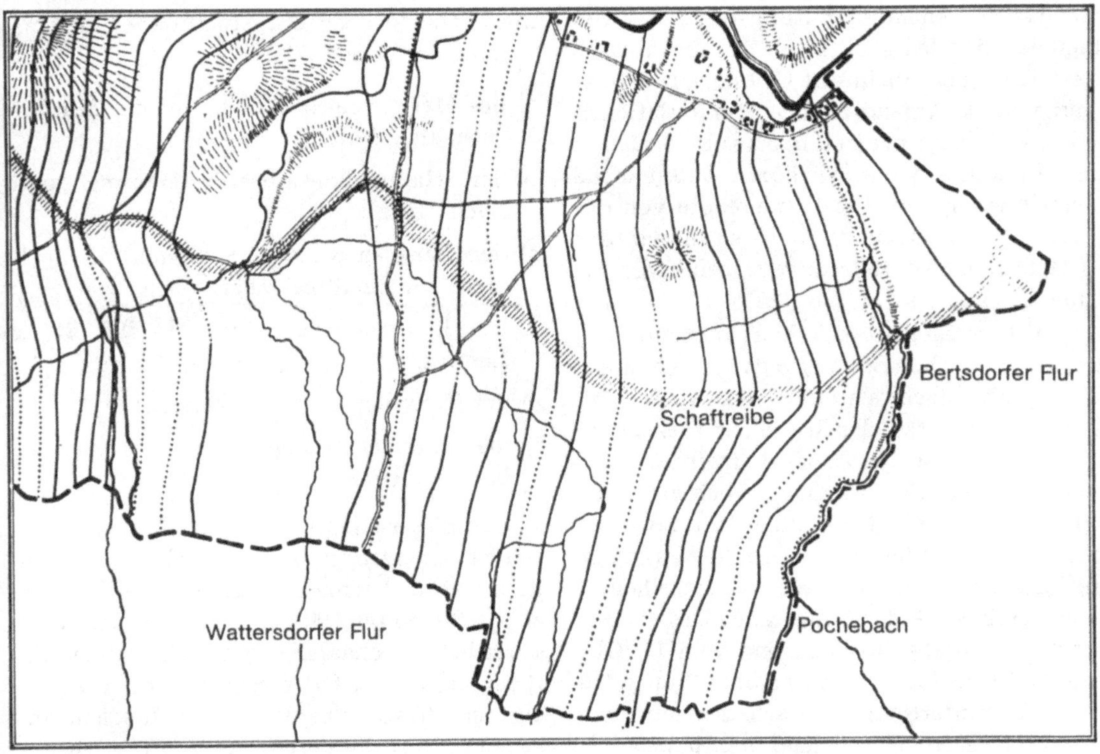

Flurkarte von Großschönau (Oberlausitz) aus dem Jahre 1545 mit der Schaftrift („Schaftreibe“) des dortigen Gutes. (Museum Großschönau.)

herrlichen Regal gehörten.[483] Das bedeutet, daß der Fiskus natürlich höchlich daran interessiert war, sie in erster Linie demjenigen zu verleihen, der einen entsprechenden Preis zu zahlen in der Lage war. Das dürften die Gemeinden nicht gewesen sein, woraus auch resultiert, daß die Begünstigten in erster Linie Grundherren waren.[484] Es sei andererseits aber nicht vergessen, daß gerade in Deutschland der Landesherr derjenige war, welcher der Willkür der Grundherren gegenüber den Bauern in manchen Fällen einen Riegel vorschob.

Der schroffe Gegensatz dieser Gerechtsame zu den Verordnungen über die Gemeindeschäferei in den Weistümern und Dorfordnungen ist offensichtlich. Er zeigt nicht nur die Verschiebung im Gefüge der Schafhaltung auf, sondern dokumentiert gleichzeitig die mit dem Frühkapitalismus einsetzende Entmachtung des Dorf- und Gemeindewesens und die Schmälerung der alten Rechtsformen.

Daß diese Entmachtung der Gemeinden nicht stillschweigend vor sich ging, ist erklärlich. Wir werden im folgenden die Auseinandersetzungen zwischen Bauer und Grundherr zu verfolgen haben, die mit dem Übergang zur Merinozucht — erklärlicherweise! — einen gewissen Höhepunkt fanden.[485]

Die Grundherren mögen verschiedentlich versucht haben, die Bauern zu überreden, ihre Weiderechte an der Allmende abzutreten oder zu veräußern. Das lag insofern nahe, als die entsprechenden Bestimmungen der Dorfordnungen und Weistümer nicht einfach abgelöst wurden und ehedem ja „das Vieh der Herrschaften und Unterthanen nur eine Heerde ausmachte“.[486] Das will mit anderen Worten besagen, daß die Grundherren ihr ohnehin bestehendes Hutungsrecht auf Gemeindeboden lediglich so zu erweitern suchten, daß ihnen allein auf Grund von Abmachungen oder irgendwelchen Manipulationen schließlich die ganze Feldmark zur Verfügung gestellt wurde. Wenn wir hören, daß manche Gemeinden später ihre Weiderechte von der Herrschaft zurückkauften,[487] so findet das in früheren Veräußerungen seine Erklärung.

Abtretungen, die durchaus auch auf legaler, geschäftlicher Basis erfolgt sein konnten, dürften aber doch relativ selten gewesen sein. In der Regel nutzte der Grundherr rücksichtslos die ihm von der Landesherrschaft übertragenen Rechte[488] und machte sich nicht das mindeste daraus, diese außerdem noch zu überschreiten. Wie weit sie es trieben, zeigt an Stelle von vielen anderen Einzelheiten eine Beschwerde der Untertanen des sächsischen Ritterguts Purschenstein vom 11. Oktober 1830(!),[489] in der es heißt: „Nun wäre noch allerunterthänigst nachzutragen, mit den herrschaftlichen Schaafvieh haben wir leider daßselbe Verhältniß, wie alle andre Ortschaften der Rittergüther Purschenstein und Sayda; wir müßen unsere hochbesteuerten Fluren an Feldern und Wiesen mit ungeheuren Heerden dergleichen Vieh ver- und aushütten laßen, indem seit mehreren Jahren bey den gestiegenen Wollpreißen die Oeconomie-Pachter ihren sonst beträchtlichen Rindviehbestand soweit reduciret haben, daß sie nur soviel Kühe hielten, als in den Haußhalt zur höchsten Noth erforderlich war, dagegen den Schaafbestand außerordentlich vermehrten, so daß deren Zahl 2000 bis 2500 Stück und mehr, besonders in den Jahren 1824—1830 angewachsen war. Nun müßen wir nicht allein diese herrschaftliche in obiger Zahl angegebene Schaafheerde auf allen unsern Fluren erhalten, sondern auch die des Schaafmeisters, der nach gesammelter Kenntniß auf den 10ten Theil des Ertrags als auch eben so auf Zuschuß gesetzt seyn soll.

Nimmt man also nur die herrschaftliche Schaafzahl 2000 Stück an, so hat der Schaafmeister auch noch 200 Stück dabey. Hierzu kommt noch die Zahl

a) des Meisterknechts Vieh, der die Mutterschaafe hütet,
b) der Hammelknecht mit Hammel und Zuchtfähre,
c) der Zeitvieh-Knecht, Schaafe, die noch nicht zur Zucht gelangen sollen,
d) der Lämmer-Knecht mit 3—500 Stück Lämmern,
e) der Märzvieh- oder Prackknecht und
f) die Zutreiber, wenigstens zwey bey a und b befindlich.

Keiner dieser 6 bis 7 Schaafknechte oder Hirten hat ein bestimmtes baares Geldlohn, sondern statt deßen nach Verhältniß des Dienstes zu 20, 30, 50 bis 100 Schaafe unter den herrschaftlichen Schaafen, doch jeder seinen antheiligen Einwurf der Schaafe unter seiner eigenen Heerde, um sie, da er sich solche angewöhnt, auf die besten Weideplätze zu unsern Nachtheil nagen läßt. Hierdurch wächst diese Heerdenzahl immer sehr beträchtlich an und wer ernährt sie, oder vielmehr, wer giebt das Schaafknecht-Lohn? Nur wir armen Unterthanen.

Nach dem im Jahre 1737 allerhöchst confirmierten Erbregister heißt es nur — die Herrschaftlichen Küchenschaafe! — wo zwar keine Anzahl benannt ist, und welche doch gewiß nicht über 3 bis 400 Stück zum Küchen-Verbrauch, Stamm und Fortzucht zu rechnen seyn dürften. Wie kommen also wir, die wir unsere Grundstücke gehörig in allen Caßen versteuern müßen, dazu auch noch soviel Herrschaftl. Lasten aller Art ... zu tragen, daß wir noch solche wolkenreiche Schaafheerden von ersten Frühlingstagen an, wo sich der Schnee nur erst in Scheiben formt, bis zum todten Spätherbst, auf unsre Grundstücke sollen füttern und diese geraume Zeit über sättigen.

Wir können nicht so wie in Nieder oder fetten Lande unsere Fluren alljährlich mit Früchten aller und der besten Arten besäen, wo selbige demnach auch in diesen Gegenden nach 3 oder 4 Jahren in Ruhe als zum Kleebau oder Brache liegen müßen. Nein! Wir müßen von der Düngung an gerechnet nach 5 allerhöchstens gewonnenen Saaten unsre Felder dann wenigstens 6 auch mehrere Jahre in Ruhe liegen laßen um theils daß sie sich wieder erholen, theils daß wir während der Zeit auch das nöthige Heu- und Winterfutter darauf erbauen, da wir mit Wiesen nicht zu reichlich begabt sind, theils aber auch, um mit dem Dünger auf unsere Fluren gleichförmig durchzukommen. Denn wir müßen in unsern Boden, der sehr kiesigt mager und oft ganz steinigt ist, weit fetter und düchter düngen als der Nieder- oder Fettländer, und brauchen bey uns wenigstens Sechzig Fuder guten Dünger, wo letztere nur Zwanzig Fuder halb in Stroh bestehenden Dünger nöthig haben. Wenn wir nun im Frühjahr ein dergleichen sogenanntes Stück Haferstoppel, bey uns Neuland genannt, liegen laßen oder zu Heufeld bestimmen, so wächst darauf zuerst die Grasbestockung deßelben einige wilde Kräuter und Pflanzen, welche die Schaafe sehr lieben als Scabiosen, Schaafgarbe, Stiefmütterchen, wilder rother und weißer Klee, Teufels-Abbis, Saudistel, alte Hühner, Johannisblumen und wie man dergl. Kräuter alle benennt, und allen andern Pflanzen und Gräsern vorziehen. Dieses den Schaafknechten wohl bewußt, anstatt diese Fluren nur auf der Trift zu überziehen, treiben sie 3 auch 4 mal hin, her und quer darauf, laßen Stock und Wurzel auf den Grund abnagen, und was noch nicht herausgerissen ist wird durch die spitzen Schuhe der Schaafe in Abgrund getreten. Denn wo eine solche Wolke Schaafe nur eine Stunde schwebt, schadet es mehr als ein Hagelwetter, und der mühsame Wirt schaut mit thränenden Augen denen im Überfluß gesättigten Heerden traurig nach. Diese allgemeine Landesübel ganz abzustellen sey unser ganz unterthänigst doch auch innigster Vortrag."

1831 wird diese Klage der Gemeinde Dittersbach und auch anderer Gemeinden als unbegründet abgewiesen bzw. ihnen nahegelegt, die Klagen zurückzuziehen, was auch geschieht. — Das Jahr 1840 brachte den Bauern dann endlich die Ablösung aller dieser Lasten, die sie hunderte von Jahren erduldet hatten. Der Rittergutsbesitzer von Purschenstein jedoch gab infolge der Einschränkung seiner Weidemöglichkeiten die Schafzucht auf.

Ähnliche Klagen und Berichte, die auch im Sagengut ihren Niederschlag gefunden haben, gibt es — wie gesagt — häufig,[490] und zwar aus fast allen Landschaften Deutschlands. Man wird zugeben müssen, daß die forcierte Schafhaltung der deutschen Grundherren im Ansatz durchaus zu einer Entwicklung wie etwa in England oder Spanien hätten führen können. Denn auch vor den Getreidefeldern machten die Schafherden nicht Halt und benutzten gar die eben abgeernteten Felder als billige Mastweide. (In der Altmark wird 1722 z. B. eine Schäfereiordnung erlassen, die u. a. den herrschaftlichen Schafherden das Recht einräumt, als erste drei Tage lang die Stoppeläcker zu beweiden, und zwar schon dann, wenn die Roggen- oder Weizenstiegen noch standen. Erst am vierten Tag durfte die Gemeindeherde auf die Stoppeln getrieben werden, unter der Voraussetzung, daß das Korn bereits eingefahren war[491]). Diese Entwicklung wurde aber dadurch verhindert, daß die Landesherren im allgemeinen mit den feudalen Grundherren keine gemeinsame Sache machten, sondern sich ebenfalls vor ihren Übergriffen sichern und schützen mußten.[492] Außerdem hatten sie damit zu tun, Streitigkeiten, die sich unter dem Landadel wegen der Verleihung der Schäfereigerechtigkeit ergaben, zu schlichten.[493] Es sei aber vermerkt, daß es natürlich auch Territorialherren gab, die ähnliche und gleiche Mittel anwendeten und jede Gelegenheit des Profits auf Kosten ihrer Untertanen wahrnahmen.[494]

Gegen die so offenkundigen und zweifellos überall bekannten Übergriffe und Ungerechtigkeiten standen die Bauern im wesentlichen allein. Auf eine wirksame Unterstützung durch den Landesherrn war wohl nur in wenigen Fällen zu zählen und — wie wir schon sahen — verfochten auch die Fachjuristen des Landwirtschaftsrechts in erster

Linie die Rechtmäßigkeit der grundherrlichen Maßnahmen.[495] Uns ist lediglich eine einzige Schrift — und die noch von einem anonymen Verfasser — bekannt geworden, die „Widerlegung des Tractats von der Schäferey-Gerechtigkeit sammt einigen sicheren Rechtsgründen" (Braunschweig 1785) betitelt ist und die sich gegen einen 1784 in Berlin erschienenen Schäfereitraktat wendet. Er habe keinen anderen Sinn, heißt es da, als nur die Vorteile des Adels und der Grundherrschaft auf Kosten der bäuerlichen Gemeinden zu vertiefen und zu festigen. Der Verfasser betont, daß gleiches Recht für alle zu gelten und nur das Wohl der Allgemeinheit im Vordergrund zu stehen habe. — Mahnende Worte an den Landadel zur Vermeidung von Übertretungen der verliehenen Rechte finden sich noch einmal in der kleinen Schrift von Lüder Hermann Hanß v. Engel: Die Schäfereyen im Sächsischen Erzgebirge und in Mecklenburg gegen einander gestellt. Dresden 1791, S. 16f.

Die Bauern waren also auf Selbsthilfe angewiesen und machten davon Gebrauch, wenn sie nicht vor den Forderungen der Herrschaft zurückwichen oder zu Kompromissen geneigt waren.[496] Sie beschränkten sich auch keineswegs nur auf Beschwerden[497] oder auf die Herausgabe entsprechender Verordnungen zur Festigung der alten Gemeinderechte,[498] sondern ergriffen auch praktische Maßnahmen, die Grundherren in ihre Schranken zu weisen. In erster Linie richten sich ihre Aktionen gegen die herrschaftlichen Schäfer, die als Handlanger ihres Herrn bei ihnen in einem schlechten Ruf standen.[499] Sehr treffend chrakterisiert sie Archivar Schönfeld aus Moritzburg/Sachsen: „Meines Wissens hat es Lohnschäfer auf sächsischen Rittergütern nicht gegeben. Um aus einer Schafherde Höchstprofite herauszuschlagen, brauchte eben der Junker einen raffinierten Schäfer, der ständig auf der Lauer lag nach zahlreicheren und besseren Hutungsmöglichkeiten, der skrupellos genug war, die Dorfordnung täglich und stündlich zu verletzen, der für neue Hutungsplätze bedenkenlos einen Meineid leistete.[500] Bei einem Lohnempfänger konnte man das alles nicht voraussetzen." Es sind auch Fälle bekannt, wo Rittergutsbesitzer ihre Schäfer direkt zur Beaufsichtigung der Tagelöhner anstellten[501] oder sie gar Bütteldienste verrichten ließen.[502] Es wundert uns daher nicht, wenn wir hören, daß 1493 in Kursachsen ein herrschaftlicher Schäfer von Bauern erschlagen wurde.[503] Aus einer ganzen Reihe von Antworten auf unseren Fragebogen ergibt sich zweifelsfrei, daß bis ins 18. Jahrhundert hinein die Schäfer der herrschaftlichen Güter „Haß und Verfolgungen, Mord und Totschlag"[504] ausgesetzt gewesen waren. Einhellig berichteten z. B. die Amtleute von Meißen, Großenhain, Oschatz, Nossen, Grimma, Rochlitz und Glauchau, daß sich die ersten Aktionen im sächsischen Bauernaufstand von 1790 gegen die herrschaftlichen Schäfer gerichtet haben.[505] So groß war der Schaden, den die starken Wollschafherden der herrschenden Feudalklasse auf den Feldern der Untertanen anrichteten, daß im Vogtland 1793 die Bauern aus Droßdorf, Tirpersdorf und Lottengrün, 1795 die aus Wolfspfütz, Schönbrunn, Schneidenbach, Oberreichenbach sowie Großfriesen und 1797 die Falkensteiner, Dorfstädter und Ellefelder die herrschaftlichen Herden gewaltsam vertrieben. Militär mußte zur Niederschlagung der Unruhe eingesetzt werden.[506] — Auch in den deutschen Sagensammlungen gibt es eine ganze Anzahl von Belegen über das gespannte Verhältnis zwischen Bauern und herrschaftlichen Schäfern, und manche der sogenannten Schäfersteine oder Schäferkreuze kennzeichnen solche Plätze, an denen sich die geschädigten Bauern entschieden zur Wehr gesetzt hatten. Nicht immer und überall dürfte ihre Notwehr den beabsichtigten Erfolg gehabt haben. Als jedoch der Schäfer des thüringischen Ritterguts Posterstein 1722 von einem erzürnten Bauern erschlagen wurde, bestimmte das den Gutsherrn, die Schafhutung abzulösen.[507]

Neben solchen Maßnahmen, die wir als Einzelaktionen bezeichnen können, zeigen einige Archivbelege auch Beispiele für gemeinsame Unternehmungen der Bauernschaft zur Abwehr dieser Bedrückung durch die Gutsherrn. Die Akten des ehemaligen Ritterguts Schmölln (Sign. A 93)[508] enthalten unterm 9. Februar 1788 eine Beschwerde des dortigen Besitzers folgenden Inhalts: „Es hat mir der allhiesige Schäfer und Menger Peter Schwindau angezeiget, daß er bey dermahligem harten Frost, ebenfalls wie seine vor ihm allhier gewesenen Schäfer jederzeit gethan hätten, über der allhiesigen Unterthanen besäete Felder getrieben sey, um so wohl die heuer vorzüglich grose Korn Saat überlaufen zu laßen, als auch auf die Orte zu treiben, wo er sonst bey hiesiger Lage der Felder nicht hintreiben könnte, inmasen, wie der Augenschein zeigte, an verschiedenen Orten, die Unterthanen vorgesäet hatten, und er bey dergestaltiger Witterung, wo niemanden der geringste Schade geschähe, nur allein von der Huthung auf diese Weise Gebrauch machen könnte. Es hätten aber sowohl ihm selbst, die allhiesigen Hofe Gärthner Christian Thunig No. 60. als auch Gottfried Thunig No. 61. verbothen, nicht auf der Unterthanen Felder zu hüten, sondern es hätten auch sogar ... des hiesigen Hofe Gärthners Müllers N. 65. Ehefrau, sich an dem herrschaftl. Schaf Vieh vergriefen, und solches mit losen gebrauchten Reden, welche besonders anzuzeigen er sich vorbehielte, mit Peitschen von Feldern weggetrieben, welches ebenfalls Zacharias Rodig No. 21. nebst seiner Frau an demjenigen Schaf Vieh gethan hätten, welches der Schaf Knecht Johann Gottlieb Neumann auf der andern Fluhr jenseits des Dorfes gehütet hätte.

Wie nun aber durch dergleichen Begünstigungen meiner von mir und meinen Vorfahren stets ausgeübte und zu kommende Gerechthsame ein beträchtlicher Schade erwächst, und zu befürchten stehet, daß wohl gar obgedachte oder auch mehrere hiesige Unterthanen sich erfrechen möchten mehrere Excesse deshalb fürzunehmen", so erhebt er Protest und verlangt Bestrafung der Schuldigen. Schon am 11. Februar 1788 verurteilt die Bautzener Behörde die genannten Leute zu 5 Talern Buße, wobei sie sich für eine weitere Untersuchung des Falles gewärtig zu halten haben (Sign. A 85).

Zwei Jahre später meldet unterm 30. August 1790 das Archiv des Ritterguts Purschenstein,[509] wo man die Schäferei- und Triftgerechtigkeit besonders rücksichtslos gehandhabt haben dürfte, daß die Untertanen aus sechs Dörfern vor das Schloß gezogen seien und dort zu Protokoll gegeben hätten, daß „sie diesen Morgen die herrschaftlichen Schaafe von ihren Feldern abgetrieben hätten und sie für die Zukunft nicht mehr daselbst dulden würden und auf ihren Feldern hüten lassen wollten ..." Wie überbelegt das Rittergut mit Schafen war — wahrscheinlich handelt es sich doch schon um Merinoherden —, zeigt die Beschwerde des Pächters vom 2. September, also schon vier Tage nach dem Aufstand der Bauern, daß nun die Weiden für die Herden nicht mehr ausreichten. (D. h. also, daß die Purschensteiner Schafzucht fast ausschließlich auf der Beweidung der Bauernfelder aufgebaut war!) Man dürfe es aber auch nicht wagen, auf andere Dörfer auszuweichen, damit diese nicht auch „Anlaß zum Aufruhr bekommen möchten", denn „die Bauern dieser 6 Dorfschaften halten immer noch in den Büschen ihre Wachten vor jedem Dorfe, damit sie den Schäfer, wenn er Mine machte, auf die Bauern Güther zu hüten, gleich abtreiben können, und die Gesandschaften gehen die ganze Zeit von Dorf zu Dorf, um einander Nachricht zu geben ..." Erst am 13. September 1790 kann der Aufstand der sächsischen Bauern insgesamt niedergeschlagen werden. Die Purschensteiner erreichten wohl einige Erleichterungen, doch nahmen sich 40 Jahre später die dortigen Herren, wie wir bereits bemerkten, dieselben Übergriffe wieder heraus.

Fast zu bewaffneten Auseinandersetzungen, die einer gewissen Komik nicht entbehren, kam es 1725 zwischen dem Besitzer des Ritterguts Schwerz und der anhaltischen Gemeinde Spickendorf. Streitobjekt war eine in der Spickendorfer Mark gelegene Wiese, die zwar dem Rittergut gehörte, aber von der Gemeindeschafherde bestoßen wurde. Dagegen protestierten eines Tages die Schwerzer und drohten, das Bauernvieh zu erschießen, sobald es sich noch einmal auf der Wiese zeigte. Die Spickendorfer reichen Klage beim

Amt Gibichenstein ein und schwören mit einem starken Zeugenaufgebot, welches sich zumeist aus Gemeindeschäfern der Umgegend zusammensetzt, daß auf der strittigen Wiese von Michaelis bis Walpurgis stets freies Weiderecht gelegen habe. Die Dorfherde wird also wieder auf die Wiese getrieben, diesmal bewacht von den Bauern, die bereit stehen, mit Mistgabeln, Prügeln und Steinen ihr Recht zu verteidigen. Richtig erscheint auch hoch zu Roß, unterstützt von seinen Dienstleuten, der Schwerzer, um seine Drohung wahrzumachen. Angesichts der entschlossenen Haltung der Bauern wagt er jedoch nichts zu unternehmen. Es gelingt ihm lediglich, ein paar Schafe als Pfand mitzunehmen. So setzt sich diese Affäre mehrere Tage hintereinander fort, bis der Grundherr — die Spickendorfer lassen sich nicht einschüchtern — einen Prozeß anstrengt, der beide Parteien viel Geld kostet und mit dem Kompromiß abgeschlossen wird, daß dem Schwerzer das Vortriebsrecht eingeräumt wird, obwohl das Recht doch auf Seiten der Bauern stand.[510]

Eingriffe erfolgten von seiten der Grundherrschaft auch bei der Festsetzung der Höchststärke der Gemeindeschafherden. Um selbst ein Maximum an Schafen halten zu können, waren die Gutsbesitzer bestrebt, die Zahl der Bauernschafe so weit wie möglich zu drücken.[511] Auch diese Maßnahmen müssen auf entschiedenen Widerstand der Bauern gestoßen sein, denn im Gerichtsbuch der Komturei Lietzen (1731/45)[512] heißt es: „Es klaget der Verwalter und Schäfer ... daß die Bauern sich widersetzet, als sie auf Befehl der gnädigen Herrschaft die Schafe zählen und die über die in der Schafordnung gesetzte Zahl befindlichen wegnehmen sollten und hatten sie aus Furcht, daß sie Unglück haben werden, retirieren müssen, zumal die Bauern gesagt, sie lassen sich keine Schaf nehmen ..., sie hatten auch sogar auf andere Dörfer, nach Neutempel gesandt und befohlen, sie sollten sich kein Schaf wegnehmen lassen“.[513]

Die aufsässigen Bauern wurden mit drei Tagen Gefängnis bestraft.[514]

Oft genug werden sie auch ob ihrer Ohnmacht resigniert haben, wie aus einem sächsischen Untersuchungsbericht über den 1790-er Aufstand hervorgeht. Viele Bauern, heißt es dort, hätten ihr Vieh abgeschafft, weil die herrschaftlichen Schafherden das ganze Futter wegfräßen.[515] Andererseits setzten sie sich, wie wir aus dem Vogtland berichten konnten, auch tatkräftig zur Wehr, wenn die herrschaftliche Schafhaltung zu rücksichtslos „gehandhabt“ wurde.

Es bleibt nur noch zu erwähnen, daß die Befreiung der Bauern von den Lasten der Schäferei- und Triftgerechtigkeit erst durch Separierung und Verkopplung im 19. Jahrhundert erfolgte. Damit wurden die Gutsherrschaften auf eigene Weidegründe beschränkt und für viele von ihnen war damit die Schafhaltung so unrentabel geworden, daß sie es vorzogen, die Herden abzuschaffen.

Immerhin befanden sich noch vor dem zweiten Weltkrieg 60% aller Schafe in Gutsschäfereien, vor allem in den Gebieten östlich der Elbe und in Mitteldeutschland.[516] Hier waren auch die berühmten Stammschäfereien entstanden, die reine Züchtung trieben und ihr Material als Grundstock vieler Herden — besonders nach Übersee — exportierten. Gemeinde- und Genossenschaftsschäfereien waren in Ostelbien so gut wie unbekannt. Sie haben dort — das möge aus diesem Abschnitt klar geworden sein — keinen Platz, wo das Prinzip der Gemeinschaftlichkeit zugunsten privaten Unternehmertums abgelöst wurde.

4. Hofschäferei

Die Hofschäferei nun ist eine Form der Schafhaltung, die sehr stark vom Bäuerlichen her bestimmt wird.

Zugrunde liegt ihr das Schäfereirecht, das freilich auch durch Verleihung der Schäferei- und Triftgerechtigkeit erweitert werden kann. In der Regel aber beschränkt sich diese Art der Standschäferei auf die dem Bauernhof eigenen Weidemöglichkeiten. Verbreitet ist die Hofschäferei vor allem in den Einzelhofgebieten, und zwar besonders dort, wo vor der Intensivierung der Anbauwirtschaft die Flächen mit absolutem Schaffutter größer als die landwirtschaftlichen nutzbaren Böden waren. Hier war die Schafhaltung oft die einzige Möglichkeit, den Hof rentabel zu gestalten. In der Lüneburger Heide, wo teilweise 300—500 Morgen Heide für Herden von 200—450 Schnucken zur Verfügung standen, wurden um 1850 noch ca. 20000 Zentner Wolle produziert.[517] „Und so ist es zu verstehen, daß die Schnuckenzucht fast auf jedem Heidehof ebenbürtig neben dem Ackerbau stand, ihn zeitweise sogar in eine untergeordnete Stellung verdrängte. Die Schnuckenherde machte die Leistungsfähigkeit des Hofes aus, sie brachte bequem einen sicheren Zins“.[518] — Wir finden Hofschäferei aber auch in Gebieten mit intensiver Bodennutzung. So teilte uns die Fürstlich Leiningsche Domänenverwaltung in Amorbach/ Unterfranken mit, daß dort die Schafhaltung „immer ein Teilbetrieb, wenn auch oft ein erheblicher, der Landwirtschaft war. Fast in jedem Dorfe wohnte ein Schafbauer. Bei ihm verschob sich das Gewicht seiner bäuerlichen Tätigkeit auf die Schafhaltung, er übte entweder die Hut selbst aus oder übertrug sie einem Familienangehörigen oder auch einem gedingten Schäfer“. Gleiches wird aus dem westfälischen Kreis Büren[519] und aus Bayern[520] berichtet. Hierzu müssen wir ergänzen, daß in ausgesprochenen Einzelhofgebieten — etwa in der Lüneburger Heide — die Gemeindeschäfereien erklärlicherweise so gut wie unbekannt waren.[521] Auf Gemeinweide wurden lediglich Kühe und Schweine gehalten. In diesen Gebieten setzte sich Gemeindeschäferei erst mit der intensiveren Anbauwirtschaft durch, d. h. als die hofeigenen Weidemöglichkeiten zu klein wurden.[522]

Man könnte nun annehmen, daß zwischen Hof- und Gutsschäferei nur ein gradueller Unterschied bestünde. Das stimmt jedoch nur, soweit man den äußeren Betriebsablauf betrachtet. Vergleicht man jedoch das gesamte Erscheinungsbild, so wird der Unterschied sofort deutlich: Das Merkmal der Hofschäferei ist nicht allein die Weide auf eigenem Grund und Boden, sondern ist das Hüten der Schafe mit eigenen Kräften, die aus der Bauernfamilie selbst oder vom Hof stammen. Die Bindung der Schäferei und auch des Schäfers an den Hof ist hier also sehr eng.

Ursprünglich sind in dieser Betriebsform die Familienangehörigen als Schäfer bevorzugt worden. Ein Zeugnis dafür liefert eine Mitteilung aus Harth im Kreis Büren[523]: „Bis zum Tode meines Vaters — 1917 — wurde auf meinem elterlichen Hofe ... eine Schafherde gehalten. Der Schäfer war mein Vater, seitdem ihm die Bauernarbeit zu schwer wurde und er den Hof meinem ältesten Bruder übertragen hatte. Vor ihm versorgte etliche Jahre ein gemieteter Schäfer die Herde, der wiederum meinen Großvater abgelöst hatte. In der Hauptsache waren also die eigenen Familienmitglieder, die Väter, die Schäfer, und nur zur Aushilfe wurden fremde Schäfer gedungen.“

Neben den Altenteilern,[524] denen noch im hohen Alter die Betreuung der Schafherde des Hofes oblag, sind es vielfach auch zweit- oder nachgeborene Söhne[525] oder es ist der Onkel,[526] der als Schäfer oder auch als Imker fungiert. Es ist natürlich, daß dadurch die Bande zwischen Bauer und Schäfer sehr eng waren, und es sind sicher keine Ausnahmefälle gewesen, wenn ein solcher Schäfer sein Amt vierzig Jahre und länger ausübte,[527] wenn selbst der Hof schon den Besitzer gewechselt hatte.

Aber auch in den Fällen, wo man nicht auf ein Familienmitglied zurückgreifen konnte, sondern sich einen fremden Schäfer dingen mußte, bestand ein ausgesprochenes Vertrauensverhältnis, ja eine familiäre Vertraulichkeit zwischen Bauer und Schäfer. Er gehörte nicht nur zum Gesinde und damit zur bäuerlichen Tischgemeinschaft,[528] sondern konnte auch rangmäßig an erster Stelle stehn. In Weese, Kr. Celle,[529] nahm „der Schäfer die Stellung eines Großknechts ein. Selbst der Sohn hatte ihm zu gehorchen. Im Sommer, wenn geerntet wurde, hütete meist ein Junge die Schafe und er half bzw. teilte die Arbeit ein“. Waren gar zwei Herden auf dem Hof, dann gab es einen Groß- und einen Kleinschäfer. Ersterer „war nach dem Hofbesitzer und dessen ältestem erwachsenen Sohne ...

die größte männliche Respektsperson auf dem Hofe. Seine Ansicht galt viel und wurde bei jeder besonderen Gelegenheit eingeholt".[530] In der Ernte ist er „der Vormäher und hat als solcher die Führung der Schnitter; nach ihm hat sich jeder zu richten".[531] — Die „fremden" Schäfer kamen oft schon als Hütejungen nach der Schulentlassung auf den Hof, avancierten im Laufe der Jahre zum Schäfer und konnten dann den Posten des Großknechts einnehmen[532] oder wurden nach drei Jahren Dienstzeit zum Kleinknecht „befördert".[533]

Dem patriarchalisch-familiären Wesenszug eines Einzelhofes entsprechend, hatten ehedem sämtliche Familienmitglieder einschließlich des Gesindes Anteil an der Hofherde. Noch 1861 ergibt das Zehntregister des Lüneburger Michaelisklosters, daß „der Lämmerzehnte nicht nur allein vom Bauern erhoben wurde, sondern daß auch die Anteile von Frau, Kindern und Gesinde an der Herde der Zehntung unterlagen".[534] (Die sog. Leuteschafherden dürften allerdings ein Bestandteil der Gutsschäfereien gewesen sein, da sie den Zweck hatten, entweder die wahre Größe des herrschaftlichen Schafbestands zu verschleiern bzw. eine zusätzliche Pferchung auf den Gutsäckern vorzunehmen. Sie waren bis in die 30er Jahre unseres Jahrhunderts besonders in den ostelbischen Gebieten verbreitet.)

Wir dürfen sagen, daß die Hofschäferei eine ganz besondere Stellung in den bisher besprochenen Formen der Schafhaltung einnimmt. Ganz sicher ist sie in Mitteleuropa schon alt und entspricht durchaus dem autarken Charakter der Einzelhofsiedlung. In manchen Landschaften mag sie die Schafhaltung des „Dreihufenmannes" aus der Zeit des Sachsenspiegels gewesen sein und hat dann vielleicht auch zu Entwicklungen, wie sie uns in der Gutsschäferei begegneten, geführt. Mit der Gemeindeschäferei dürfte sie jedoch keine Beziehung gehabt haben. Diese gewinnt im Bereich der Einzelhöfe bzw. der Hofschäferei erst viel später Bedeutung.

Zur Terminologie wäre zu sagen, daß der Begriff „Bauernschäferei" abzulehnen ist.[535] Bauern sind ja auch die Träger der Gemeinde- und Genossenschaftsschäfereien. Der Hof des Bauern aber — im Gegensatz zum Gut des Grundherrn — hat mit seinen ganz spezifischen Wesensmerkmalen dieser Form der Schafhaltung das Gepräge gegeben, so daß uns nur „Hofschäferei" der passende Terminus zu sein scheint.

5. Einzelschafhaltung

Die Einzelschafhaltung entspricht dem „Recht zur Schafhaltung", auf das wir bereits aufmerksam machten. Sie ist eine Form, die eigentlich als einzige keine besondere Organisation voraussetzt oder notwendig macht, denn eine Herdenhaltung mit Schäfer gibt es nicht. Wir sprechen daher in diesem Falle auch wieder von „-schafhaltung" und nicht von „-schäferei".

Bis in welche Zeit sie zurückzuführen ist, läßt sich nicht exakt bestimmen. Wir möchten aber annehmen, daß sie erst mit dem Verfall der Gemeindeschäferei voll wirksam wird und eine stärkere Verbreitung vor allem nach der Verkopplung eintritt. Die „Bergmannskühe" des Ruhrgebiets sollen jedenfalls auf die Gemeinheitsteilungen des 19. Jahrhunderts zurückgehen.[536] Heutzutage ist die Einzelschafhaltung mehr oder minder wieder überall vertreten, findet sich aber verstärkt im Verbreitungsraum der Milchschafrassen, also in Ostfriesland und in den Marschengebieten[537] oder dient einem billigeren Wollaufkommen für den eigenen Bedarf.
Die Durchführung der Einzelschafhaltung geschieht auf zweierlei Art:

a) Die Schafe — meist zwei bis acht Stück — werden zusammen mit dem Großvieh auf die Koppeln getrieben und sind sich dort selbst überlassen. Die Lämmer werden auf der Weide geworfen. Erst in der kalten Jahreszeit kehren sie in den Stall zurück,[538] wenn sie nicht einfach verkauft werden. Voraussetzung für diese Form ist der bäuerliche Betrieb mit Spezialisierung auf die Milch- bzw. Großviehwirtschaft vorwiegend in den „norddeutschen Weidegegenden".[539] Brüggemann[540] spricht in diesem Fall sogar von Gruppenhaltung, ein Begriff, den wir nicht übernehmen wollen, da „Gruppe" in unserem Zusammenhang ein zu verschwommener Terminus ist, der Vorstellungen von Herdenhaltung ohne Schäfer erwecken könnte. Das wesentliche aber ist doch gerade, daß eben nur einzelne Tiere auf die Großviehkoppeln getrieben werden.

b) Diejenigen Leute, die keine eigenen Viehkoppeln haben, müssen ihre Schafe — meist ist es nur ein einziges — nachts über nach Hause holen. Am Tage weiden sie es nach der Methode des „Tüderns"[541] auf sonst hutungsfreiem Gelände. Das „Tüderzeug" kann dabei sehr einfach aus einem in die Erde geschlagenen Pfahl bestehen, an den das Schaf mit einer langen Leine gebunden ist und das Gras im radialen Umkreis je nach der Länge des Strickes abfrißt. Diese Art hat aber den Nachteil, daß sich die Leine leicht um den Pfahl wickelt, das Tier schließlich jämmerlich blökend ganz kurz am Pfahl angebunden ist und sich kaum noch rühren kann. — Vollkommener ist eine andere Tüdereinrichtung, die Poppinga[542] für Ostfriesland beschreibt und die o. g. Schwierigkeiten ausschaltet: „Ein langes Seil, welches durch einen Ring führt, ist über der Erde straff gespannt und an beiden Enden durch starke Pfähle befestigt. An dem Ring, der sich frei an dem Seile hin- und herbewegen kann, befindet sich ein kurzes Leitseil, meist Kette, mit dem Schaf. Auf diese Weise kann das Tier eine große rechteckige Grasfläche abweiden."

Zusammenfassung

Allgemeine wirtschaftshistorische Erscheinungen sind es, die auf die einzelnen Formen der Standschäferei eingewirkt, ja zu ihrer Entwicklung beigetragen haben. Wir denken nur an die Gutsschäferei, die im kleineren und dem Stand der Landwirtschaft angemessenen Rahmen ursprünglich unter der Organisation der Gemeindeschäferei betrieben wurde. Erst durch eine stärkere marktwirtschaftliche Komponente seit der Periode des Frühkapitalismus, und häufig genug mit den Mitteln des feudalen außerökonomischen Zwanges durchgesetzt, konnte sie eine selbständigere Stellung auf Kosten der bäuerlichen Schafhaltung, will sagen der Gemeindeschäferei, einnehmen. Hingegen entsteht die Genossenschaftsschäferei erst im Zuge der allgemeinen Intensivierung der Anbauwirtschaft und ist im letzten nur eine durch die Einengung und Beschränkung der Weideflächen hervorgerufene Lösung des Futterproblems. — Als Wirtschaftsformen der Standschäferei, die den ursprünglichen Gegebenheiten, d. h. einem gut ausgewogenen Verhältnis zwischen Anbauwirtschaft und Schafhaltung entsprechen, sind Gemeinde- und Hofschäferei anzusehen.

Der Schäfer

III. Die Schäfertypen

Auf dem Hintergrund wirtschaftshistorischer Entwicklung und geprägt durch die Besonderheiten der einzelnen Wirtschaftsformen der Schafhaltung zeichnet sich nun das Bild des Schäfers ab. Ohne ihn sind eine organisierte Schafhaltung und eine rentable, leistungsfähige Schafzucht schlechterdings unmöglich.

In der Untersuchung über die einzelnen Wirtschaftsformen der Schafhaltung behandelten wir jeweils auch schon seine Stellung und konnten dabei gewisse Unterschiede feststellen. Wollten wir nach diesen allein den Schäfer betrachten, ergäben sich faktisch zwei Gruppen, die entweder vom *Gemeindeschäfer* oder vom *Sonderschäfer* des mittelalterlichen „Dreihufenmannes" angeführt würden. Tatsächlich lassen sich beide auf einer Abbildung im Sachsenspiegel erkennen,[1] wo der Dreihufenmann zwischen zwei Männern steht, die durch die charakteristische Kopfbedeckung, eine rote Gugel, und mit der Keule in den Händen, zunächst als dem Hirtenstand angehörig ausgewiesen sind. Der erläuternde Text dazu ergibt aber einwandfrei, daß es Schäfer sein sollen. Von diesen ist der eine, welchen der Dreihufenmann durch Gebärden von sich weist, der Gemeindeschäfer, während der andere, der durch seine Haltung seine Rechtmäßigkeit zu erkennen gibt, einen Sonderschäfer darstellt.[2] Diese Unterscheidung allein nach den genannten beiden Typen vorzunehmen, ist zwar für die frühe Zeit noch möglich, würde aber nicht ausreichen, wollten wir sie auch auf die späteren Verhältnisse, etwa auf die Periode der Schafzucht anwenden. In gewissem Umfang bleibt für den Schäfer natürlich das jeweilige System der Schafhaltung bestimmend, doch sind in erster Linie Lohn- und Besitzverhältnisse für seine Stellung in der Gemeinde und unter seinesgleichen maßgebend.

1. Lohn- und Deputatschäfer

Dorfordnungen und Weistümer vom frühen Mittelalter an erhellen, wie wesentlich es war, daß die Schäfer „‚ohne Ar und Halm' und ohne eigene Viehhaltung",[3] die im einfachen Dienstverhältnis standen, pünktlich und ausreichend Lohn erhielten. Wir fassen sie zusammen unter der Gruppe der *Lohn- und Deputat-, schäfer*.

Sie sind die Vertreter des „einfachsten Standes"[4] unter den Schäfern, denn sie durften ursprünglich „keine eigenen Schafe unter der von ihnen betreuten Herde halten".[5] Die Entlohnung konnte in Geld und Naturalien oder in Geld und Kost geschehen, wobei sich die Höhe des Verdienstes nach der Anzahl der Tiere oder auch nach der Größe des Besitzes des Schafberechtigten richten konnte. Vergütungen erhielten diese Schäfer auch beim Pferchen bzw. beim Hürdenschlag.[6] Die Berechtigung, daß sie eigene Tiere unter der Herde halten durften, findet sich eigentlich erst in neuerer Zeit.[7]

Dieses Lohnsystem wurde natürlich stark modifiziert angewandt und richtete sich vor allem danach, ob der Lohnschäfer in einer Gemeinde-, Genossenschafts-, Hof- oder Gutsschäferei beschäftigt war. In den beiden letzten Fällen kann er in gewissem Sinne zum Gesinde gezählt werden, wenn auch die entsprechenden Merkmale nicht immer in vollem Umfange vorhanden sind.[8]

Im allgemeinen werden wir den Lohn- und Deputatschäfer vornehmlich im Dienst einer Gemeinde oder einer Genossenschaft finden. Er wohnte entweder mit im Gemeindehirtenhaus — war er in manchen Fällen doch sogar Angestellter des allgemeinen Gemeindehirten, vor allem in den Gegenden, wo die Großviehhaltung überwog — oder konnte auch bei den einzelnen Schafberechtigten unterkommen, also bei diesen „rund essen".[9] Die Bauern oder Genossenschaftler bearbeiteten seinen Landbesitz mit, wenn er welchen hatte, fuhren ihm das Feuerungsmaterial für den Winter, fütterten im Bedarfsfall seine eigenen Tiere mit durch usw. Eine Norm für die Entlohnung läßt sich schwerlich aufstellen.[10] Soviel kann aber wohl gesagt werden, daß der Geldbetrag für einen Lohnschäfer relativ niedrig war.[11] Erst als er Möglichkeiten erhielt, eigene Schafe zu halten und sie für sich zu nutzen, führte er ein auskömmlicheres Dasein, stieg sein Ansehen.[12]

Wir sagten bereits im 1. Kapitel, daß die bäuerliche Schafhaltung die Entwicklung zur Schafzucht nicht mitgemacht hat, auch nicht mitmachen konnte, und daß sie dadurch ein gewisses retardierendes Moment darstellt. Auch im allgemeinen Erscheinungsbild des Schäferstandes spiegelt sich diese Polarität wider. Während das Amt des Lohn- und Deputatschäfers als vorwiegender Hüter der bäuerlichen Herde fast unverändert die Jahrhunderte überdauerte, zeigt das des privaten Sonderschäfers eine weit größere Entwicklungsfähigkeit, die zur Ausbildung einer Reihe von Typen geführt hat, ohne die gewisse allgemeine Züge des Schäfertums gar nicht denkbar und verständlich wären.

Wir werden uns im folgenden mit diesen Ausprägungen des einstigen Sonderschäfers eingehender zu beschäftigen haben.

2. Menge- oder Setzschäfer

„Ein Mengeschäfer oder Aufmengeschäfer wird derjenige genennet, welcher seine eigenen mit den herrschaftlichen Schaafen dergestalt vermenget hat, dass beyderley Schaafe, zusammen genommen, nur eine Heerde ausmachen, und der Ertrag nach dem Verhältnisse, wie die Herrschaft und der Schäfer vertragsmässig mit einander übereinkommen, getheilt wird. Der Mengeschäfer menget oft das fünfte, sechste, siebente oder zehente Schaaf bey, und nach diesem Verhältnisse ziehet er auch den Nuzen, neben einem entweder contractsmässigen, oder durch Landesgeseze bestimmten Deputate an Getreide und dem freyen Futter für sein Vieh, als Belohnung seiner Dienste.“

„Wenn also ein angenommener Schäfer mit einer Schäferey einziehet, so werden die herrschaftlichen Schafe in die gewöhnlichen Sorten, nach ihrem Alter und Geschlecht gesetzt. Zu einer jeden Sorte muß der Schäfer von den seinigen, den ihm durch die Gesetze oder Vertrag zugestandenen Antheyl beysetzen. Sobald solches mit allen Sorten geschehen ist, bekommen die Schafe des einziehenden Schäfers das *Zeichen des herrschaftlichen Viehes*, und alsdann machen sie zusammen eine Heerde aus, welche nach der Schäfersprache das Gemenge genannt wird.“ „... nur die durch das gemeinschaftliche Zeichen bewirkte Vereinigung macht, daß hier das besondere Eigenthum des Einzelnen aufhört, und jeder der Theilnehmer nur auf einen Theil im allgemeinen, auf ein ideales Recht, Anspruch machen darf; wie z. B. nach den Bestimmungen unserer Schäfer-Ordnung der Schäfer zwar im Ganzen den fünften Theil aller Nutzungen verlangen, keineswegs aber sagen kann: Dieses oder jenes Schaf gehört mir zu!“[13]

Zum Gemenge gehören jedoch nicht die Schafe des Schäferknechts. Diese sollen ein besonderes Merkzeichen bekommen, um sie genauestens von der Gemengeherde zu unterscheiden. Das bedeutet, „daß der Knecht keinen Diebstahl begeht, und nicht als Dieb bestraft werden kann, wenn er diese seine eigenen Schafe von der Hurde wegnimmt, und darüber nach Gefallen disponirt“. Mit dieser Feststellung wurde eine gutsherrschaftliche Klage, wonach ein Schäferknecht gestohlen haben soll, weil er über seine eigenen Schafe verfügt hatte, von der juristischen Fakultät in Jena abgewiesen.[14]

Wir erkennen nach den gegebenen Definitionen und den besonderen rechtlichen Bedingungen den Unterschied zum Lohn- und Deputatschäfer. Ihm gegenüber nimmt der Mengeschäfer eine respektablere Stellung ein. Wenn auch noch abhängig, ist er doch schon Herdenbesitzer und repräsentiert damit das beginnende „Unternehmertum“ im Schäferberuf.

Sein Erscheinen ist auf die beginnende allgemeine Kapitalisierung[15] in der Schafhaltung zurückzuführen, die später in der Gutsschäferei ihren Ausdruck findet. Um möglichst hohe Gewinne von der Schafherde zu erlangen, ist der Gutsbesitzer natürlich bestrebt, tüchtige Schäfer heranzuziehen, die allerdings nicht allzu häufig gewesen zu sein scheinen.[16] Als Anreiz mag man ihnen, die zunächst ja auch nur im Lohnverhältnis standen, das Halten eigener Schafe gewährt haben.[17] Im Laufe der Zeit haben sich daraus eigene Herden entwickelt, welche ihre Besitzer, da diese keinen eigenen Grund und Boden hatten, zwangen, sie dort mitweiden zu lassen, wo es möglich war. Eine Gemeindeschäferei erwies sich dafür jedoch als wenig geeignet, da dort die Anzahl der Schafe proportional der Größe der Weidefläche festgelegt war. Im Gegensatz zur Gutsschäferei mit den Privilegien der Schäferei- und Triftgerechtigkeit war eine Erweiterung der Gemeinweide kaum möglich, und so ist es nicht verwunderlich, daß sich Mengeschäfer im Bereich der bäuerlichen Schafhaltung selten finden. Als Entwicklungstyp des Sonderschäfers gehören sie vorwiegend in die Gutsschäferei.

Die erste Nachricht, die wir über Mengeschäfer finden konnten, stammt aus einer Urkunde (1353), wo über die Schäfereien des Klosters Kaufungen von „gemengit oder ungemengit" gesprochen wird.[18] Häufiger werden sie in Akten aus späteren Jahrhunderten erwähnt, wo bereits Einzelheiten über den Gemengeanteil und die Obliegenheiten eines Mengeschäfers zu finden sind. Danach scheinen anfänglich die schäferlichen Anteile an der gemeinsamen Herde relativ groß gewesen zu sein. 1573 soll z. B. dem Schäfer von der 300 Tiere zählenden Eberswalder Stadtherde jeweils das fünfte Schaf gehört haben,[19] und in einem Gutachten über die Schäferei zu Berlingen bei Pfalzburg um 1570 heißt es gar: „Wann man scheffereyen anstellen wöll, so soll der schefer das dritte thail daran haben..."[20] Es ergibt sich also schon für das 16. Jahrhundert eindeutig, daß nicht nur die Größe der schäferlichen Herden beträchtlich war, sondern daß der Gewinn, den die Schäfer am Ende ihres jeweiligen Vertrages aus der gemeinschaftlichen Herdennutzung zogen, relativ groß gewesen sein mußte. Sehr bald hat sich darum die Obrigkeit mit den Mengeschäfern beschäftigt und das Mengeverhältnis immer stärker reduziert. Während z. B. noch 1551 in einer kurfürstlich-sächsischen Landesordnung festgehalten wird, daß der Mengeschäfer in beiden Teilen der Lausitz „nicht minder als aufs sechste Schaf dienen"[21] soll, heißt es schon 1597, daß das Verhältnis „nicht minder dann auf sieben oder acht Schaafe, nach Gelegenheit der Creyse ..."[22] sein darf. In Flandern, wo sich ja eine forcierte Wollschafzucht schon früher als in Deutschland entwickelt hatte, scheint man zur selben Zeit die Reduzierung noch krasser vorgenommen zu haben, denn es heißt in einer Urkunde aus Nieuwerkerke von 1537: „De scepere sal moghen houden twintich oft vijfentwintich scapen ende nyet meer",[23] und 1555 bestimmt die Abtei von Averbode, daß man „goede verstandige schepers" einstellen solle, die als Lohn „van elck hondert gemeyne scapen ... vier schapen mogen houden".[24] (Es scheint uns allerdings nicht sicher, ob hier Mengeschäfer gemeint sind, denn es ist von einem ausgesprochenen Mengeverhältnis nicht die Rede.)

Im 17. und 18. Jahrhundert nimmt die Mengeschäferei weiter zu und wird allgemein im Gutsbetrieb,[25] obwohl das Mengeverhältnis immer weiter heruntergedrückt wird und schließlich fast überall ein Zehntel der herrschaftlichen Herde beträgt. Dafür scheinen sich jedoch andere Leistungen des Gutsbesitzers, z. B. die Naturallieferungen, zu erhöhen.[26] Aber auch der Schäfer hat eine Reihe von Verpflichtungen zu erfüllen, die außerhalb seiner eigentlichen Tätigkeit liegen. Nach der schlesischen Gesindeordnung vom 1. März 1652 bzw. nach einem oberamtlichen Patent vom 9. September 1676 muß er mithelfen beim Heurechen, Laubfutterhauen und ist angehalten, die Erntearbeit zu unterstützen.[27] Weiter soll er den Schafmist aufladen und das Vieh umsonst schlachten. Sonst aber ist er „von aller anderer Hoff-Arbeit befreyet. Ingleichen von Gemein-Anlaagen, und Contributionen, ausser Capitation, und Vieh-Steuer".[28] Fast einhellig wird betont, daß der Mengeschäfer von der Nutznießung des Pferches ausgeschlossen ist.[29]

Die Reduzierung des Mengenverhältnisses scheint darauf hinzuweisen, daß bei der ständig wachsenden Gutsherde der Anteil des Schäfers zu hoch wurde. v. Lengerke[30] berichtet jedenfalls für Mecklenburg, daß sich die Betriebskosten durch den Mengeschäfer so gewaltig steigerten, daß sie den gesamten Ertrag der Schafhaltung verschlängen. Größere Höfe seien deshalb wieder dazu übergegangen, ihre Schäfer im Lohnverhältnis zu beschäftigen.[31] Andererseits war die Herabsetzung des schäferlichen Herdenanteils auch eine Maßnahme, den immer stärker werdenden Einfluß und die wachsende wirtschaftliche Selbständigkeit der Mengeschäfer, ja ihre schon in hohem Maße erreichte Unabhängigkeit zu beschneiden. Waren sie am Anfang der Entwicklung durchaus eine starke Stütze der Gutsschäfereien, die mit ihrer Hilfe die Gewinne vor allem aus der Wollproduktion erhöhten, häufen sich zumal im 18. Jahrhundert die Klagen über sie. 1782 heißt es z. B. in einem Bericht: „Mecklenburg und Pommern sind voll von solchen Schäferfamilien, welche, ohne einen Fuss breit Landes zu besitzen, viele hundert bis tausend Schafe halten, mit denen sie von einem Gute zum andern ziehen, so bald sie glauben, ihre Bedingungen verbessern zu können".[32] Darüber hinaus erfahren wir ergänzend von Odebrecht,[33] daß sie in Preußen auf eigene Kosten in großem Umfang Schafhaltung betrieben, indem sie „eine der vielen wüsten Feldmarken, die in allen Gegenden der Mark schon damals in großer Auswahl vorhanden waren" und für geringen Zins an die benachbarten Dorfgemeinden zur Verfügung standen, von ihren Herden bestoßen ließen. Damit schadeten sie einerseits natürlich den Grundherren, denen sie die Weiderechte schmälerten, entzogen sich andererseits aber auch der Aufsicht der Landesbehörden. Es ist klar, daß die Vorteile, die ihnen anfangs eingeräumt wurden, und zu denen in der Mark Brandenburg auch das Recht auf Kündigung des Dienstverhältnisses schon nach einem Jahr gehörte,[34] nunmehr zu Ausschreitungen führten. Diese müssen schließlich ein solches Ausmaß angenommen haben, daß die Mengeschäfer in Preußen verboten wurden.[35]

3. Hälfteschäfer

Durch die Folgen des Dreißigjährigen Krieges ist die Mengeschäferei gefördert worden, und zwar in zweifacher Hinsicht. Einmal war es den Mengeschäfern leichter möglich, eigene Unternehmen aufzuziehen und sich wirtschaftlich immer unabhängiger zu machen, zum anderen aber hatten die Katastrophen des langen Krieges dazu geführt, daß viele Gutsschäfereien dezimiert und verödet und die Besitzer in ihrer wirtschaftlichen Selbständigkeit eingeschränkt, ja verarmt waren. Schäferei- und Triftgerechtigkeit blieben vielfach ungenutzt.

Diese Lage vieler Grundherren machten sich wirtschaftlich starke und unabhängige Mengeschäfer zunutze, indem sie als *Hälfteschäfer* die brach liegenden Gerechtigkeiten nutzten, denn meist waren sie ja noch nicht im Besitz von eigenen Ländereien, auf denen sie ihre Herden hätten weiden können. Notwendige Verordnungen und Maßnahmen der Landesherren setzten aber der Ausbreitung und Neuinstallierung von Schäfereien jeder Art Schranken. Als Hälfteschäfer waren die „Menger"[36] aber legal am ehesten in der Lage, einträgliche Gewinne aus ihrer Herde zu ziehen. Andererseits mag diese Art der Schafhaltung nur als ein „blohses Nothmittel für schwache und verunglückte Wirthe"[37] anzusehen sein.

Als „eine Arth gemeinschaftlicher Schäferey"[38] möchten wir sie jedoch nicht bezeichnen, denn „ein Hälfteschäfer ist derjenige, welcher sein Vieh, ohne es mit dem herrschaftlichen zu vermengen, gegen die Hälfte der Abnuzung in die Schäferey einbringet. Wenn die Wirthe, nach einem erlittenen Unglücksfalle, zu schwach sind, ihre Schäfereyen wieder zu ergänzen, so ist es ein bequemes Hülfsmittel, weil es doch besser ist, eine Hälfteschäferey zu führen, als die ganze Schäfereygerechtigkeit unbenuzt zu lassen; denn es wird doch dadurch der Ackerbau in seiner guten Eigenschaft erhalten. Sie bekommen auch, wie der Mengeschäfer, ein bestimmtes Deputat und freyes Futter für das Hälftevieh. Der Ertrag wird gleich getheilt".[39]

4. Pachtschäfer

Ist mit dem Hälfteschäfer eine weitere Stufe zu größerer Selbständigkeit und Unabhängigkeit erreicht worden, kulminiert die Entwicklung schließlich im Pachtschäfer, dem wir die größte Selbständigkeit — freilich unter feudalzeitlichen Verhältnissen — unter den Schäfer-„Typen" zusprechen können, und der damit im krassen Gegensatz zum Lohnschäfer steht, welcher kaum zu größerer Selbständigkeit gelangt ist.[40]

Als Pachtschäfer[41] bezeichnen wir die Schäfer oder Schafhalter, „denen die Schäferey auf gewisse Jahre unter der Bedingung zur Abnutzung überlassen wird, daß sie entweder überhaupt oder für jedes hundert jährlich ein gewisses Pachtquantum entrichten".[42] „Ein solcher Schäfer übernimmt die ihm gelieferte herrschaftliche Heerde als eisern Vieh [d. h.], daß er alle damit verknüpfte Gefahr und Verlust über sich nimmt und selbige, nach geendigten Pachtjahren, in eben der Anzahl und Sorten, als er sie empfangen hat, wieder zurückgewähret. Wobey sich jedoch von selbst verstehet, daß dagegen auch die Herrschaft an dem Zuwachs der Schäferey in den Pachtjahren keinen Antheil hat. Mit Einem Worte, was stirbet, das stirbet ihm, und was zuwächset, das wächset ihm zu, nämlich dem Schäfer, welche Art von Verpachtung in der Rechtsgelahrtheit unter dem Namen eines Contractus Socidae bekannt ist".[43]

Während in diesem Fall der Pachtschäfer selbst kein Herdenbesitzer ist und sich erst durch das eingegangene Pachtverhältnis den Grundstock zu seiner eigenen Herde schuf, kennt eine andere Form die Verpachtung von Schäferei- und Triftgerechtigkeiten an einen Schafhalter. Diese Verpachtung trat meist in den Fällen ein, in denen der Berechtigte keine Möglichkeit besaß, seine Gerechtsame mit eigener Herde wahrzunehmen. Der Gegensatz zu der ersten Form der Verpachtung und zur Hälfteschäferei besteht im Grunde darin, daß sie für den Berechtigten nur noch relativen Wert besaß, da ihm die Möglichkeit fehlte, eine eigene Herde aufzubauen.

Waren Menge- und Hälfteschäfer im wesentlichen an die Gutsschäfereien gebunden, übernahm der Pachtschäfer auch Gemeindeweiden in Nutzung[44] und war als eigener Herdenbesitzer auch in der Wanderschafhaltung tätig. Ja, diese ist, wie wir sahen, in bedeutendem Maße von der Pacht der Weidegründe — besonders im winterlichen Tiefland — abhängig. Schon seit der Ablösung des herzoglich-württembergischen Landgefährts[45] im Jahre 1590 dürfen wir von Pachtschäfern in der Wanderschafhaltung sprechen. Pachtschäfer und Wanderschäfer können seit dieser Zeit hinein in vielen Fällen gleichgesetzt werden. — Dagegen scheint in der Hofschäferei das Pachten von Weide oder Herde weniger bekannt gewesen zu sein.[46]

Ihre Haupttätigkeit übten die Pachtschäfer jedoch im Bereich der Gutsschäfereien aus. Zwar meint Odebrecht,[47] daß sie „wesentlich aus dem Bestreben entstanden [seien], den größeren Vortheil der Gutsbesitzer und die Beschränkung des unerträglich gewordenen Übermuths der Schäfer[48] zu erreichen", aber uns will scheinen, daß Selbständigkeit und Unabhängigkeit des Schäfers in der Person des Pachtschäfers, der meist gleichzeitig Schafhalter war, ihren Höhepunkt erreicht haben. In gewissen Fällen mag das streng geregelte Pachtsystem gegenüber der Mengeschäferei dem Gutsherrn einen gewissen Schutz und Vorteil geboten haben, aber im wesentlichen waren die Profitierenden doch die Schäfer. (Das kommt bereits in einer kurfürstlich-sächsischen Landesordnung von 1651, die Ober- und Niederlausitz betreffend, zum Ausdruck.[49]) Ihr Bestreben lief allein darauf hinaus, so viel Gewinn wie möglich zu erwerben. Dabei machten sie sich die allgemeine wirtschaftliche Depression nach dem 30jährigen Krieg zunutze, indem sie viele Gutsschäfereien, die in Schwierigkeiten geraten waren, aufkauften. Eigenen Landbesitz zu erwerben, den sie in der Mehrzahl der Fälle noch nicht hatten, war ihr Hauptziel. Mit welchen Mitteln sie dies erreichten, mag folgendes Beispiel aus Mecklenburg erläutern, wo am Ende des 18. Jahrhunderts nur wenige Gutsschäfereien in den Händen der Gutsbesitzer lagen, „die mehrsten sind denen Schäfern eigen“[50]: „Fast alle Martini ziehen die Schäfer vom ganzen Lande, nicht der vierte Theil ausgenommen von einem Guthe zum andern, und pachten nie, oder doch sehr selten, länger als auf ein Jahr; es wäre denn, daß der Schäfer schon sehr alt und Kinder hätte, denen er forthelfen wollte.“ Ein solcher Pachtschäfer braucht natürlich auch einen Schafknecht, welchem „40 bis 50 Stück freye Schaafe vom Schäfer gehalten“ werden, die in der Pacht mit der Herrschaft enthalten sind. Von diesen freien Schafen zieht der Knecht etwa 25 bis 30 Stück Lämmer und geht zu Martini bereits zu einem anderen Pachtschäfer; im Jahr darauf wieder zu einem, immer unter den gleichen Bedingungen, so lange „bis er zwey bis dreyhundert Schafe beysammen hat. Nun pachtet er selbst eine Schäferey, zu seinen Schaafen nimmt er Knechte, die so viele Schaafe haben, daß das Quantum so er haben will komplet wird. Von seinem Gelde [das er durch den Wollverkauf in den vergangenen Jahren gespart hat] kauft er sich eine oder zwey Kühe, und ein paar alte Pferde, und nun ist er Schaafmeister“. Trifft ihn kein Unglücksfall mit seiner Herde, so vermehrt sich sein Reichtum schnell. Da ihm pro hundert Schafe eine freie Kuh zusteht, vermehrt sich sein Rindviehbestand ebenfalls. Hinzu kommen die nicht unbeträchtlichen Bareinnahmen für Wolle und die relativ geringe Pachtsumme. „Nun hebt er sich mit Gewalt, er pachtet nicht allein eine neue Schäferey, sondern auch das Rindvieh auf einem Guthe, welches die Guthsbesitzer gerne thun, weil sie dadurch eine Wohnung, Garten und dergleichen ersparen.“ Hat er sich mit seiner Schäferei genügend Kapital auf diese Weise erworben, pachtet er ein Gut auf mehrere Jahre. Bei sparsamem Wirtschaften „kommt ein solcher Mann nach Abschluß seiner Pachtzeit in den Stand große Sachen zu pachten, und darauf folgt mehrentheils entweder ein Ankauf von einem Ritterguthe, oder er bleibt ein Kapitalist“.[51] Es war gerade in Mecklenburg besonders gut möglich, sich auf diese Weise aufwärts zu arbeiten, denn bei Abschluß einer Pacht „werden fast alle möglichen Unglücksfälle erst abgezogen, ehe und bevor ein Kauf oder Pachtpretium bestimmt wird, als nehmlich so viel Verlust an Pferden, an Kühen, an Mißwachs, summa es habe Nahmen wie es wolle, alsdann wird die Summe bestimmt und nun genießet der Käufer die Vortheile, wann er glücklich ist, dagegen ihn kein Unglücksfall zu Boden schläget, weil er mit in Anschlag gebracht worden“.[52]

Diese Art der Pachtschäferei wirkte sich gerade im Zeitalter des „Goldenen Vlieses“ sehr nachteilig gerade für Mecklenburg aus, da die neuen Schäferei- und Gutsbesitzer an einer Veredlung der Schafrassen zunächst wenig Interesse hatten und darauf erpicht waren, möglichst viel Schafe zu halten, „um bald zu großen Schäfern zu werden“.[53]

Die Anhäufung von Kapital und Liegenschaften ermöglichten es den Pachtschäfern natürlich auch, größere Objekte zu übernehmen, ja ,sie mögen durchaus begehrte Geschäftspartner gewesen sein. Für das Jahr 1707 finden sich z. B. im Kirchenbuch der Gemeinde Beetz, Kr. Oranienburg zwei Eintragungen über einen „Adeligen“ und einen „Königlichen“ Pachtschäfer.[54] Von Pachtschäfereien des Herzogs von Braunschweig-Lüneburg bzw. des Kurfürsten von Hannover erfahren wir aus den Ortschaften Thieshope (jetzt Landkr. Harburg) und Itze (jetzt Landkr. Lüneburg),[55] und bereits für das Jahr 1600 wird im Rendsburger Amtsarchiv eine königliche Schäferei im Dorfe Geutz erwähnt, die ein Schäfer gepachtet hatte.[56] Schließlich hat sich des Pachtschäfers auch eine Sage angenommen, die von einem Dorf bei St. Michaelsdom in Dithmarschen zu erzählen weiß, das im Kriege unterging. Nur ein Schäfer blieb übrig, „dem nun das ganze Dorfland gehörte“. Der Herzog kaufte ihm für vieles Geld später das Land wieder ab.[57] Was soll aber dieser Schäfer anders gewesen sein als ein Pachtschäfer, der große Ländereien gepachtet oder gekauft hatte?

Der schnell erworbene Reichtum der Pachtschäfer ist überhaupt verbreiteter Gegenstand des Volkserzählgutes geworden und scheint sich mit ganz speziellen Fassungen, die von den üblichen Schatzsagen, in denen der Schäfer eine Rolle spielt, abweichen, gerade im ostelbischen Bereich zu finden. Jahn[58] berichtet von einer solchen Sage, nach der ein Fritz Schlagenteufel, der in Patzig bei Bergen auf Rügen wohnte, bei einem nächtlichen Fest der Zwerge ein silbernes Glöckchen erbeutete, das einer der Teilnehmer verloren hatte. Fritz Schlagenteufel, der um die Bedeutung dieses Stückes wußte, gab es dem Zwerg nur gegen ein Äquivalent zurück, und das war ein weißer Zauberstab, „der es machen konnte, daß alle Schafe, welche damit getrieben wurden, vier Wochen früher fett wurden und zwei Pfund Wolle mehr trugen, als andere Herden. Dadurch wurde denn Fritz Schlagenteufel der reichste Schäfer auf ganz Rügen und kaufte sich zuletzt ein Rittergut, nämlich Grabitz bei Rambin, und wurde selbst ein Edelmann".[59] Diese Sage entspricht den Vorstellungen des Volkes vom Reichwerden der mecklenburgischen Pachtschäfer, wie es v. Engel berichtet hat.

Mit dem gleichen Thema beschäftigt sich noch eine weitere Sage, die um 1880 in Sydow, Kr. Schlawe aufgezeichnet wurde,[60] aber noch etwas phantastischer aufgemacht ist. Es erscheint nämlich einem Schäferknecht, der nachts seine Herde weidet, eine unheimliche Gestalt, die aber recht freundlich ist und ihn bittet, mit ihr zu kommen. Er solle ihr einen Gefallen tun, für den sie ihn gut belohnen werde. Der Schäfer willigte ein und wurde ein reicher Mann. „Nun begann ein Herrenleben für den Knecht. War er früher wegen seiner Armut als Knicker verschrien, so spielte er jetzt den reichen Mann. An Strümpfe- und Handschuh-Stricken war kein Gedanke mehr, die wurden gekauft. Auch rauchte er fortan nie mehr Tabak, sondern nur noch Cigarren. Außerdem wurden die feinsten und teuersten Kleider und eine neue Uhr gekauft, und wo ein Tanz war, da fehlte der früher so arme Schäferknecht nie". Dieser plötzliche Reichtum erregte natürlich den Neid der Leute, besonders seines Brotherrn, der ihn auch bestahl. Der Schäfer konnte nichts nachweisen und war darob sehr mißmutig. So lag er eines Abends wieder in seiner Karre, als abermals der „Rodjäckte" kam und ihm sagte, daß sein Brotherr ihn bestohlen habe. Er habe ihn bereits dafür gestraft und es gemacht, daß sich der Gutsherr ein Bein gebrochen habe. Der Schäferknecht solle aber der Sache nicht weiter nachgehen. „Damit du jedoch keinen Schaden erleidest, so will ich dir hier noch dreimal soviel Geld geben, als du das erstemal von mir empfangen hast. Bleibe aber nicht mehr Schäferknecht, sondern kaufe dir ein hübsches Gut, denn Geld hast du jetzt so viel, daß du als dein eigener freier Herr lustig und guter Dinge leben kannst." Sprach's und verschwand.

Auch diese Sage entspricht dem Vorgang, wie ihn v. Engel schildert. Sie zeigt weiterhin aber auch den verarmten Gutsherrn, der selbst vor einem Verbrechen nicht zurückschreckt, wenn es darum geht, seine heruntergekommene Wirtschaft wieder zu sanieren. — Auch eine andere Sage beschäftigt sich mit dem Reichtum eines Schäfers, der es versteht, sich durch Zauberei einen Gelddrachen dienstbar zu machen bzw. diesen zu zwingen, seine Schätze bei ihm abzuwerfen.[61] Als Ergänzung sei angeführt, daß in den Rügenschen Märchen mehrfach Schäfer und Schäfersöhne genannt werden, die „achtbare" Leute wurden und von denen einer sogar zum König von Rügen erwählt wird.[62]

Der „sagenhafte" Reichtum der Schäfer spiegelt sich auch in landesherrlichen Verordnungen wider, die Zeugnis davon ablegen, welche Ausmaße diese Akkumulation annehmen konnte, die ihnen — und das dürfte sowohl für Menge- und Hälfte- als auch für Pachtschäfer gelten — schließlich zu Kopf stieg. In der pommerschen „Erneuerten und erklärten Baur- und Schäferordnung", die auf die gleiche Ordnung von 1570 bzw. 1582(!) zurückgeht, heißt es: „Die Ueppigkeit, so an etlichen Oertern bey Baurweibern und derselben Töchtern, insonderheit die Schulz-Müller und Schäferinnen, gespühret wird, indem sie seidene Jopen und Brüstecken von Atlas, Dammast, Tobbin, Zandelort, Karteck, auch wol Sammet oder halb seiden Triep, und mit seidenen Borten oder Franzen tragen, wollen Wir nebst den Sammeten Hüllen abgeschaffet wissen".[63] — Noch detaillierter ist eine dreißig Jahre jüngere Kleiderordnung aus Brandenburg,[64] die sich speziell mit dem Schäfer beschäftigt und ein bezeichnendes Licht auf die später noch zu behandelnde „Schäfer-Edelmann-Ballade" wirft: „Es ist endlich billig, und erfordert es die Ehrbarkeit, daß ein jeder seinem Stand in Kleidung und Tractamenten sich gemeß verhalte, darumb ordnen Wir ferner hiermit und wollens ernstlich daß kein Schäffer (ob er schon ein Arrendarius adelicher Güter oder sonsten wehre) noch Schäfferknecht sich unterstehen solle zu tragen, und zu führen, à la mode Hüte, oder Stöcke, Federbüsche, grosse Überschläge, Handbletter, abgesetzte Stieffeln, Sporen, Sattelzeug, Pistohlen, Degen, Windhunde oder zu ihrer Kleidung Tuch zu gebrauchen, dessen die Ele über I. fl. kostet, denn solches alles ihnen abzunehmen, einen jeden weden frey stehen soll und so offt darwieder gehandelt wird, soll der Vertreter Uns 10. Rthlr. Straffe abzulegen schuldig seyn, So soll auch für jedes Essen welches sie bey ihren Gelägen über 3. aufsetzen werden, 3 Rthlr. Straffe abgefordert werden."

Die große Zeit der Pachtschäfer klang im Bereich der Gutsschäferei in der ersten Hälfte des 19. Jahrhunderts aus, als die intensivierte Anbauwirtschaft die gesamte Schafhaltung stark einschränkte. Die Rittergüter im Raum östlich der Elbe spezialisierten sich auf reine Schafzucht und bildeten Stammschäfereien, in denen es für einen Pachtschäfer freilich nicht mehr viel zu holen gab. Dagegen existieren sie im Bereich der süddeutsch-rheinischen Wanderschafhaltung vielfach noch als Träger dieser Wirtschaftsform — freilich unter veränderten ökonomischen Bedingungen.

5. Der Schäfermeister mit seinen Gehilfen

Bei Betrachtung der Wanderschafhaltung hatten wir gelegentlich darauf verwiesen, daß bei entsprechender Stärke des Herdenbestandes besondere Organisationsformen notwendig werden, die mit einem Oberschäfer an der Spitze militärähnlich aufgebaut sind. Es kann uns nicht überraschen, auch im Bereich der Standschäferei ähnliche Erscheinungen zu finden, und zwar vor allem dort, wo in größerem Umfange Schafhaltung und Schafzucht betrieben werden, und das ist in erster Linie bei der Gutsschäferei der Fall.

Nun sahen wir, daß gerade hier alle Schäfertypen vom Lohnschäfer bis zum Pachtschäfer vertreten sind, die wir bisher eigentlich nur im Hinblick auf ihr Abhängigkeits- und Entlohnungsverhältnis kennengelernt haben. Wenn wir aber die Organisationsform der Gutsschäferei und das Beschäftigungsverhältnis des Schäfers in den Vordergrund rücken, erweist sich als notwendig, noch den *Schäfermeister mit seinen Gehilfen* zu untersuchen, der sowohl im Lohn-, Deputat-, als auch im Pachtverhältnis beschäftigt sein kann.

Der Unterschied zum Menge-, Hälfte- oder Pachtschäfer der bisher kennengelernten Prägung scheint uns im Grunde der zu sein, daß der Schafmeister zum Gutsbesitzer ein engeres Verhältnis hat. Er ist der eigentliche herrschaftliche Schäfer, über den wir so viel Unrühmliches im Zusammenhang mit den Maßnahmen der Untertanen gegen die willkürliche Ausweitung der Schäferei- und Triftgerechtigkeiten durch den Grundherrn gehört haben, und der als Verantwortlicher die Oberaufsicht über den ganzen Schäfereibetrieb des Gutes führt. Als solcher scheint er bereits im römischen Altertum[65] und auch in den Bestimmungen der germanischen Volksrechte[66] bekannt gewesen zu sein. Wir möchten aber annehmen, daß er in so früher Zeit die Schafhaltung lediglich auf den landesherrlichen Domänen geleitet hat, daß seine Tätigkeit etwa auf den Besitzungen des „Dreihufenmannes" noch nicht vonnöten war.

Schon bei der Untersuchung über die Hofschäferei hatten wir von einem „Oberschäfer" und einem „Kleinschäfer" gesprochen, wenn zwei Herden gehalten wurden. In etwa findet sich die gleiche Erscheinung auch in der Gutsschäferei bis in die neueste Zeit hinein. Nur gibt es hier den „ersten Schäfer" für die Oberleitung mehrerer selbständiger

Herden eines Betriebes und den „zweiten Schäfer“, der lediglich eine dieser Herden betreut.[67] Als „Alleinschäfer“ bezeichnet man den Schäfermeister, der nur *eine* vorhandene Gutsherde beaufsichtigt. Er muß etwa 200 Mutterschafe allein versorgen können, und nur in den arbeitsreichen Zeiten des Jahres (Deckzeit, Lammzeit) soll ihm der Besitzer eine Hilfskraft zur Verfügung stellen.[68] Diesem Verhältnis entsprachen im 18./19. Jahrhundert Schäfermeister und -knechte. Die großen Stammschäfereien z. B. beschäftigten als Oberaufseher den Schäfermeister.[69] Ihm unterstanden der Meister- oder Schafknecht für die Mutterschafe, der Hammel- oder Jährlings- und Lämmerknecht[70] und noch Lehrjungen.[71] Die Herde war also nach der Art der Tiere eingeteilt, und die „Rangstufung“ unter dem Pflegepersonal richtete sich auch danach, denn der Meister, wenn er nicht nur die Oberaufsicht führte, „hadd de Mudderschap, een Knecht hadd de Hamel“ und wenn gar „de Schaap lämmern, dat makt de Scheper-Meister (dor hebben de Knechts nicks mit to dohn)“.[72]

Es ist also ganz erklärlich, daß der Schäfermeister unter den Beschäftigten eines Gutes recht bald eine achtbare Stellung einnahm. Schnell entwickelte sich daraus ein Vertrauensverhältnis zum Gutsbesitzer, „und nicht selten ist der Schäfer eher freundschaftlicher Berater des Gutsherrn als nur Untergebener“.[73] Eine ganze Anzahl von Belegen zu dieser Stellung des Schäfermeisters ließen sich anführen. Wir greifen aber nur einige markante heraus und erwähnen, daß er wie Förster, Lehrer und Gutsinspektor zu den Honoratioren des Dorfes rechnete,[74] den Vertretern der übrigen Gutsämter gleichgestellt war und meist sofort hinter dem Inspektor rangierte.[75] Das besondere Vertrauensverhältnis seinem Brotherrn gegenüber drückt sich etwa darin aus, daß der Amtmann von Radolfshausen bei Ebergötzen, Landkreis Göttingen, für ein Kind seines Schäfermeisters die Patenschaft übernahm und bei der Taufe selbst zugegen war,[76] daß auf den ehemaligen pommerschen Rittergütern der Besitzer mit der Frau des Schäfers, dieser aber mit der Gutsherrin den Erntedank-Tanz eröffnete,[77] daß er im Auftrage seines Dienstherrn Wolle und Schafe selbständig verkaufte[78] oder daß er auch die Gutsnachtwache übernahm.[79] Mit einem Wort: „De scheper, dat wir früher recht wat, wier de herr up'n hof“.[80] — Wir wollen freilich nicht vergessen, daß dieses Verhältnis zum Gutsherrn noch einen anderen Zug trägt, auf den wir schon bei der Erwähnung der Bauernaufstände gegen die rücksichtslose Ausweitung der herrschaftlichen Schäfereigerechtigkeit aufmerksam machten, wobei die Schäfer und Schäfermeister bekanntlich eine höchst unrühmliche Rolle gespielt hatten.

Je nach dem eingegangenen Kontrakt wurden die Schäferknechte vom Schafmeister unterhalten, wenn sie nicht auch in die Reihen des Gesindes eingegliedert oder den Gutsarbeitern im Lohn gleichgestellt wurden. Sie galten aber dann als „gehobene“ Landarbeiter und machten mit dem Gesinde keine gemeinsame Sache.[81] Sie waren sich ihrer Stellung als Schäfer durchaus bewußt[82] und arbeiteten im Gutsbetrieb selbst nur wenig mit. Wenn in Mecklenburg — so wird aus Bad Sülze berichtet[83] — die Ernte im Gange war, „halfen“ die Schäferknechte, wenn sie Abendbrot gegessen hatten, beim Abstaken: Sie mußten dann „mit de latern up'n balken sitten un lüchten“. — Recht eindrucksvoll ist eine Episode aus den Lebenserinnerungen des Lehrschäfermeisters Max Schütz, Neukirchen, Kr. Wetzlar, die er uns freundlicherweise mitgeteilt hat: „Schorsch“ war als Schäfergehilfe auf einem Gut eingestellt worden. Eines Morgens um 4 Uhr wurde er vom Verwalter geweckt, er solle zusammen mit dem Schäfermeister zwei Fuhren Grünfutter für den Kuhstall mähen. Schorsch wunderte sich sehr über diesen Auftrag, ging aber mit. Auf der Wiese legte er „seine Sense hin und setzte sich auf die Erde nieder. Der Meister sagte ... na Schorsch, willst du nicht mit mähen? Schorsch lachte und sagte: Meister, ich bin als Schäfergehilfe und nicht als Tagelöhner eingestellt worden. Also mähte der Meister allein.“ Um 6 Uhr kam der Verwalter, um das Futter zu holen. Schorsch blieb auch jetzt noch ruhig sitzen und antwortete dem Verwalter, als dieser ihn fragte, das gleiche, was er seinem Meister schon gesagt hatte und setzte hinzu, er könne nicht mähen. Der Verwalter zeigte es ihm und als er ihm „nach einer Weile die Sense in die Hand drückte, hieb Schorsch mit der Spitze in die Erde. Wieder mähte der Verwalter und Schorsch lachte sich eins. Nun nahm Schorsch die Sense, wetzte sie und legte Schwad um Schwad hin. Alle Arbeiter lachten darauf auf, weil Schorsch den Verwalter an der Nase herumgeführt hatte." Er zog nun mehrmals mit seinem Meister zum Mähen aufs Feld. Eines Tages aber weigerte er sich, weiter Tagelöhnerarbeit zu machen. Darauf wurde ihm gekündigt.

Schäfermeister dürfte es im dörflich-bäuerlichen Bereich weniger gegeben haben. Da die Schafhaltung über den Rahmen der Deckung des Eigenbedarfs kaum hinausging, waren auch die Herden kleiner. Als Lohn- und Deputatschäfer, unterstützt von eigenen Familienmitgliedern, reichte zum Hüten bisweilen sogar ein Mann aus, der sonst arbeitsunfähig war.[84] Eine dem Schäfermeister ähnliche Funktion nahm der Gemeindeschäfer eigentlich nur dann ein, wenn ihm die gesamte Viehhaltung des Dorfes unterstand und er sich entsprechende Kuh-, Kleinvieh- oder auch Gänsehirten dingen mußte.[85] — Es begegnet uns aber in der bäuerlichen Schaf- und Viehhaltung des öfteren ein „Schafmeister" ganz anderer Art. In Dettum, Kr. Wolfenbüttel, wurde um 1700 von den Schafhaltern ein Bauer zu diesem Amt gewählt, der die Oberaufsicht über die dörfliche Schafhaltung ausübte und dem der Oberhirt mit den Schäferknechten unterstand. Ihm oblag die eigentliche Betreuung der Herde. Der Schafmeister behielt sein Amt, solange er wollte.[86] Aber nicht allein die Oberaufsicht über den eigentlichen Weidebetrieb war seine Aufgabe. Zusammen mit den amtlichen Viehbeschauern hatte er sich über den Gesundheitszustand der Herden zu informieren und nahm damit die Funktion der Seuchenpolizei wahr.[87] — Die wichtigste Aufgabe, die ihm gestellt war, kann unserer Meinung nach nur die gewesen sein, „über Verwaltung des Hirtenamts sowie Wahrung der Rechte und Einkünfte des Hirten zu wachen".[88] Damit erweist sich die Stellung des dörflichen Schafmeisters sehr klar als eine Einrichtung der Gemeindeschäferei. Sie gehört zu den Maßnahmen, die bewirken sollen, „daz daz dorf nicht hirtelos en blibe".[89] Dieses Schafmeisteramt kann in manchen Gebieten schon bis ins Mittelalter zurückgehen, denn in Bad Neustadt/Saale wurden seit Bestehen schriftlicher Unterlagen jeweils zwei Schafmeister bestellt, die vom Stadtrat bestätigt wurden.[90] — Schäfermeister und Schafmeister dokumentieren demnach die Verschiedenartigkeit zwischen bäuerlicher und grundherrlich-feudaler Schafhaltung bzw. zwischen Gemeinde- und Gutsschäferei im weitesten Sinne.

6. Gegenseitige Beziehungen

So wie die einzelnen Wirtschaftsformen der Schafhaltung in ihrer idealtypischen Ausprägung dargestellt wurden, haben wir uns bemüht, auch die einzelnen Schäfertypen nach ihren charakteristischen Merkmalen und Besonderheiten zu betrachten. Selbstverständlich gibt es auch hier mancherlei Misch- und Übergangsformen, die uns aber, im Gesamtzusammenhang gesehen, nicht weiter von Belang zu sein scheinen. Es wäre höchstens zu erwähnen, daß sich in neuerer Zeit, d. h. eigentlich erst mit dem Niedergang der Schafhaltung, die Unterschiede zwischen den einzelnen Typen verwischen, ineinander übergehen oder ganz verschwinden. Der Schäfer — vorwiegend ist es der Schäfermeister — steht heute meist im Angestelltenverhältnis, ganz gleich, in welchem Betrieb er tätig ist. Diese Einheitlichkeit des Typs ist vor allem wohl dadurch bedingt, daß sich heutzutage alle Schäfer einer obligatorischen Ausbildung auf Fachschulen unterziehen müssen. — Für das Verständnis schäferlichen Wesens schien es uns wichtig, die ganze Berufsgruppe nach all ihren Tätigkeitsmerkmalen, sowie ihren Lohn- und Besitzverhältnissen an der Herde zu untersuchen. Dabei bleibt noch zu erwähnen, daß auch andere Einteilungsversuche vorgenommen wurden, so von Hornberger,[91] der lediglich die Gegebenheiten der heutigen Zeit zugrunde legt, und von Hirsch,[92] der die Schäfer nach ihrer „Redlichkeit“ gruppieren will. Wir meinen aber, daß solche Versuche für eine Charakteristik des Schäfers, wie er sich uns in seiner historisch-sozial-ökonomischen Entwicklung darbietet, ungenügend sind.

Unter den Antworten auf unseren Fragebogen befand sich auch eine Mitteilung aus dem Saargebiet, in der es heißt: „Die Schafhirten lebten unter sich immer in einem gewissen gespannten Verhältnis. Vielleicht wegen des Weideganges“.[93] Dieser Nachricht, die für die Frage der Beziehung zwischen den einzelnen Schäfergruppen von Wichtigkeit ist, sind wir nachgegangen und fanden in der Tat eine große Anzahl von Belegen, welche den Befund aus dem Saargebiet bestätigten und die Gründe dafür offenbarten.

Wir erwähnen zunächst einen Passus aus der pommerschen „Erneuerten und erklärten Baur- und Schäferordnung“ von 1616,[94] in der es unter Titel III heißt: Es dürfe bei „ehelichen Verlöbnissen“, sofern es sich um „Bauleute oder Hüfener, Freyschulzen, Müller oder Schäfer [handele], nicht über eine Tonne Bier bey Strafe eines Thalers; da es aber Schmiede, Kossaten oder Hirten wären, nur eine halbe Tonne Bier, bey Strafe eines Guldens für eine jede Tonne, aufgelegt und ausgetrunken werden.“ Hierzu ist zu sagen, daß in vielen Fällen unter „Schäfer“ der herrschaftliche Schäfermeister, unter „Hirt“ oder „Schafhirt“ aber der Hüter der Gemeindeschafherde verstanden wird.[95] Beide sind hier also in gegensätzlicher sozialer Stellung charakterisiert, wobei ersterer die ranghöhere Stufe einnimmt.

Es ist leicht erklärlich, daß sich dieser unterschiedliche soziale Status auch in den gegenseitigen Beziehungen zwischen Guts- und Gemeindeschäfer ausdrückt, d. h. meist wird von Gegensätzen bzw. Unterschieden zwischen einem Menge- oder Pachtschäfer und einem Lohnschäfer gesprochen. Die Gründe sind mannigfacher Art:

Der durch die Pflege der schäferlichen Tradition bekannte Schäfermeister Greb aus Burgsinn/Rhön meinte in einer Mitteilung an uns, daß die Selbständigkeit des Pachtschäfers seine Überlegenheit begründet habe. Auch Fischer hebt im gleichen Zusammenhang den eigenen Herdenbesitz des Pachtschäfers hervor.[96] Tatsächlich hat dieser Umstand großes Gewicht, denn es wird trotz der häufigen Klagen über die Mengeschäfer und andere zur Selbständigkeit drängenden Schafhirten schon in der kameralistischen Literatur bisweilen davon gesprochen, „daß das Halten von Lohnschäfern nicht vorteilhaft sei, weil ein solcher Schäfer einem ‚Miethling‘ gleichkomme, der die Schafe, weil er keine eigenen darunter hat, nicht achtet. Ein echter Schäfer diene nicht ums ‚liebe Brot‘, sondern er strebe danach, bald selbst Besitzer einer Herde zu sein“.[97] Da der Mietling im Schäferberuf ein häufiges Thema der Sonntagspredigten war und ist,[98] verwundert es nicht, wenn sich auch die selbständigen Schäfer dieses Begriffes bedienten, um damit ihre höhere Stellung zu dokumentieren. Das Braunschweigische Volkskundemuseum[99] besitzt z. B. einen Schäferhaken mit folgender Inschrift:

„Ich bin ein Hirt sprach Gottes Sohn /
doch dien ich nicht um eitlen Lohn /
Frei dien ich wies kein Miethling thut /
und weide meine Schafe gut /
Ich habe Schäflein nach der Wahl /
Kenn ihre Namen, ihre Zahl /
und ruf ich sie, so folgen sie /
gern meiner Stimme Melodie /
Friedrich Jacobs 1849.“

Wir möchten aber annehmen, daß der soziale Gegensatz zwischen selbständigen Schäfern und Lohnschäfern sekundär ist. Die eigentliche Ursache ergibt sich u. E. aus der wirtschaftshistorischen Entwicklung, die Schäfermeister Göricke[100] erkannt hat, wenn er meinte, daß die Schafzucht auf den Gütern ohne qualifizierte Schäfer nicht möglich ist. Sie waren überall begehrt, ihr Einkommen und damit ihr sozialer Status hoben sich schnell. Die Bauern dagegen wollten und konnten keine kostspieligen Experimente machen. Die Schafhaltung ging zurück, die Herden wurden kleiner und dementsprechend sanken auch Einkommen und Ansehen des Gemeindeschäfers.[101] Im letzten also — und das hat Schäfermeister Hermann Mahlow aus Gohre bei Stendal[102] richtig gesehen — ergab sich die höher bewertete Stellung des Gutsschäfers aus dem „gesellschaftlichen Unterschied zwischen Adel und Bauern“. — Wie sich aber ehedem die private Schäferei der bäuerlichen Schafhaltung unterzuordnen hatte, war vor der Zeit forcierter Schafhaltung natürlich auch die Stellung des Gemeindeschäfers eine ganz andere. Wir halten es für möglich, daß sein höheres Ansehen schon im Sachsenspiegel — und zwar in der Heidelberger Handschrift — zum Ausdruck kommt: Zwar bezieht sich auch dort der „Dreihufenmann“ auf den ihm „sonderlichen“ Hirten und weist den Gemeindeschäfer von sich, doch ist der Sonderschäfer kleiner wiedergegeben als sein Berufsgenosse.[103] Das, so will uns scheinen, könnte die ursprünglich bevorzugte Stellung des Gemeindeschäfers verdeutlichen. — Über eine etwaige Auswirkung dieser Unterschiede haben wir in den uns zugänglichen Quellen nichts gefunden. Wir glauben sie aber in einigen Sagen erkannt zu haben, in denen von zwei streitenden Schäfern gesprochen wird, die sich gegenseitig erschlagen. Diese Sagen ranken sich meist um einen Stein in der Feldmark, der am Tatort aufgestellt wurde.[104]

Der Unterschied zwischen gelernten und ungelernten Schäfern soll auch in der Ablehnung des sog. Schmierschäfers[105] zum Ausdruck kommen. Er hat eine Herde zu betreuen, die von Räude befallen ist und nun mit einer gewissen Salbe behandelt werden muß, welche übrigens jeder Schäfer ständig bei sich trägt. Bei einem tüchtigen, kenntnisreichen Schäfer könne diese Krankheit kaum ausbrechen, da er schon beim geringsten Anzeichen Gegenmaßnahmen ergreife, meint Schwalm.[106] Da die Räude aber eine sehr häufige und weit verbreitete Krankheit der Schafe ist, gegen deren Ausbruch auch der geschickteste und erfahrenste Schäfer oft nichts unternehmen kann,[107] meinen wir, daß der Grund der Ablehnung des Schmierschäfers — er durfte z. B. am Stadtilmer Schäfertanz nicht teilnehmen[108] — in einer seuchenpolizeilichen Maßnahme zu suchen ist, welche die Übertragung der Räude auf „reine“ Herden verhindern sollte.

Gegensätze bestehen im allgemeinen zwischen Wanderschäfern und Standschäfern. Die Besonderheiten der süddeutsch-rheinischen Wanderschafhaltung, die weit umfassendere Kenntnisse als die stationäre Guts- oder selbst auch Stammschäferei erfordert, haben es mit sich gebracht, daß man in ihrem Verbreitungsraum „schon seit Generationen Berufsschäfer findet, welche durch niemand, auch nicht durch Schäfer Norddeutschlands kurzerhand zu ersetzen sind.[109] Die Verhältnisse waren vor nicht langer Zeit noch so andersartig, daß z. B. ein Gutsschäfer aus dem ehemaligen Ostpreußen, der nach dem Kriege ins Rheinland verschlagen wurde und dort auf Wanderschafhaltung traf, in der Fachpresse um Hilfe bittet, „da diese Betriebsform für mich etwas völlig Neues ist“.[110] In der gleichen Nummer der Zeitung wird vor der Übergabe einer Wanderherde an ehemalige Gutsschäfer gewarnt, da diese „vor den Hütebedingungen im Rheinland oft kapitulieren“. Aus dieser wohl auch gegenseitigen Verständnislosigkeit ergeben sich manche Reibereien, die noch in unseren Tagen zu Tätlichkeiten ausarten können.[111] Wenn von irgendeinem Übergriff eines Wanderschäfers berichtet wird, sind sich alle Standschäfer darin einig, daß jener die Ehre des Berufsstandes verletzt hätte und distanzieren sich von ihm. Typisch für diese Einstellung ist die Auffassung von Schäfermeister Johann Gaedt, Bad Sülze/Mecklenburg.[112] „Der Lohnschäfer gilt nicht als unehrlich, das konnte nur der Wanderschäfer sein.“ Dem entspricht auch eine Mitteilung von Dr. Kunz, Brno, in der er vom schlechten Ruf der Wanderschäfer des mährischen Berglandes spricht. „Ovčák“, das ist Schäfer, war dort noch im 18. Jahrhundert eine Beschimpfung. — Die Ursachen der Gegensätze zwischen Wanderschäfern und Standschäfern liegen aber auf einer ganz anderen Ebene als zwischen Guts- und Gemeindeschäfern. Sie sind durch die Andersartigkeit der jeweiligen Wirtschaftsform der Schafhaltung bedingt, von denen die eine ganz anderen Bedingungen unterliegt als die andere. Sozialökonomische Unterschiede kommen hier weniger in Betracht.

Zusammenfassung

Die Entwicklung von der Gemeinde- zur Gutsschäferei spiegelt sich natürlicherweise auch in der Stellung des Schafhüters selbst wider. Wir lernten eine Reihe von Schäfertypen kennen, die sich einerseits auf den Gemeinde-, andererseits auf den Sonderschäfer aus dem Sachsenspiegel zurückführen lassen. Von diesen hat der Sonderschäfer hinsichtlich der Entlohnungs- und Besitzverhältnisse eine bestimmte Ausprägung erfahren, die ihn, der sich im Zuge der erweiterten Mehrwertproduktion besonders an Wolle in der Schafhaltung zum selbständigen, schafhaltenden „Unternehmer" entwickelt, über den Gemeindeschäfer, welcher im Lohn- und Deputatverhältnis verhaftet bleibt, heraushebt. Entsprechend gestalten sich auch die gegenseitigen Beziehungen zwischen den einzelnen Schäfertypen. Der Lohn- und Deputatschäfer nimmt die unterste Stelle ein.

Dort, wo Wanderschafhaltung und Standschäferei zusammentreffen, treten auf Grund der andersartigen Wirtschaftsform mitunter recht schroffe Gegensätze zutage.

IV. Der „Unehrliche“ Schäfer

Die wirtschaftliche Bedeutung, welche die Schafhaltung bis zu ihrem Niedergang im 19. Jahrhundert einnahm, spiegelte sich auch im Ansehen des Schäfers wider, von dem Gesundheit, Wohlergehen und Bestand der Herden und damit die Rentabilität dieses wichtigen Zweiges der Viehwirtschaft abhingen. Er genoß im Bereich der bäuerlichen Schafhaltung Schutz, Unterstützung und Förderung durch die Dorfgemeinschaft oder Genossenschaft und nahm im Bereich der Schafzucht auf grundherrlich-feudaler Ebene eine Stellung ein, die ihn, wie wir sahen, einmal zum Vertrauten seines Brotherrn machte, zum anderen aber auch zu einer gewissen Exklusivität als Herdenbesitzer führen konnte, der es zu bedeutendem Reichtum zu bringen vermochte. Man kann sagen, daß der Schäfer eine in seiner Umwelt durchaus achtbare und geachtete Persönlichkeit war, wenn er auch als Lohn- und Deputatschäfer unter seinesgleichen die niedrigste Stufe einnahm oder in der Zeit der Hochblüte des Gutschäfereiwesens bei den durch Schäferei- und Triftgerechtigkeiten belasteten und unterdrückten Bauern verhaßt war.

Es mag nun überraschen, ja unverständlich erscheinen, wenn festgestellt wird, daß die Schäfer ehedem so „verächtlich“ gewesen seien, „daß sie für unfähig zum Zeugnisse gehalten, selbst ihre Kinder nicht in Zünfte aufgenommen wurden,“ und daß es besonderer Reichsgesetze bedurfte, „um diesen Unbilden zu steuern“.[1] Versuchen wir, den Wirklichkeitsgehalt dieser Behauptung aufzuspüren, so müssen wir konstatieren, daß tatsächlich die Innungsordnungen von einem bestimmten Zeitraum ab in immer stärkerem Maße Bestimmungen über gewisse „unehrliche“ Gewerbe enthalten, deren Mitgliedern eine Aufnahme in die Handwerkerzünfte versagt wurde. Solche unehrlichen Berufe, die immer wieder in den Ordnungen auftauchen, sind vor allem Schäfer, Schinder, Leineweber, Bader, Müller, Angehörige der Exekutivorgane, Bachfeger, Totengräber u. a.

Derartige Bestimmungen sind schon relativ früh zu verzeichnen und erscheinen fast durchweg in den deutschen Innungsordnungen seit der Blüte des Handwerkertums. Vom 16. bis 18. Jahrhundert schwellen sie besonders stark an, nehmen erst mit dem Niedergang des Zunftwesens ab und hören schließlich ganz auf.

Wenn wir der Geschichte des Verrufs der Schäfer[2] im Bereich des Zunftwesens nachgehen, so hat es den Anschein, als seien sie nicht von vornherein auf der Liste der unehrlichen Gewerbe verzeichnet gewesen. Beispielweise sperren die Bremer Schuhmacher (1300) ihre Zunft nur für Söhne von Leinewebern und Trägerinnen, und die Braunschweiger Goldschmiede sprechen 1320 von Pfaffen-, Leinewebers- und „Bodeles“-Kindern, denen sie die Innungszugehörigkeit versagten.[3] Erst 1388 heißt es in der Rolle der Knochenhauer im benachbarten Hildesheim: „unde enschal nen schapere noch moller noch lynenwevere sin oder wesen hebben edder ore kindere“.[4] In anderen Landschaften liegen die Zeitansätze jedoch früher. 1353 ist nach einem Privileg des Rates von Beeskow für die dortigen Schuhmacher die Bestimmung ausgesprochen worden, daß die Lehrjungen auch nicht Kinder eines Schäfers u. a. sein dürften.[5] Diese Anordnung ist der älteste Beleg, welcher uns über den Verruf der Schäfer bekannt wurde. Wenig später bestimmen die Statuten der Schuster und Gerber aus Neubrandenburg: „Scheper, Linnenwever und unechte Kinder scolen unse werck nicht winnen noch besitten und ock nimant in unse werck scall se leren“.[6] 1377 findet sich in der Frankfurter (Main) Metzgerordnung[7] ein Passus, der sich auf den Schäfer allein bezieht und gleichzeitig zeigt, in welche Bereiche die Zunftbestimmungen bereits Eingang gefunden hatten: „Item ein Knecht, der nit eins metzelers son zu Franckefurt noch von Franckefurt burtig ist, nymmet der eins metzelers dochter zu der heiligen ee, der sal ein redelichen besiegelten brief brengen von dem rade oder gerichte, das er her burtig ist, das er von frommen erbern vater un muter und elich geborn und nit eins scheffers sone sij, so ferre yne wissentlich sij ungeverlich und er selbs auch einen erbern lumont habe." — Gewiß ließen sich bei einem systematischen Studium der Zunft- und Handwerkerordnungen die Belege noch vermehren, aber man wird wohl auch nach den bisher herangezogenen Quellen sagen dürfen, daß die Zugehörigkeit der Schäfer zu den „Unehrlichen" im 14. Jahrhundert noch nicht einheitlich, noch nicht allgemein gewesen ist, und daß wir möglicherweise erst um 1350 mit ersten Nachweisen für ihren Verruf rechnen können.

Reichlicher fließen die Quellen im 15. Jahrhundert. Das Wandern der Handwerksgesellen mag dazu beigetragen haben, daß der „Makel", der Schäfern und anderen Gewerben anhaftete, schneller verbreitet wurde. Aus den Urkunden läßt sich jedenfalls entnehmen, daß in dieser Zeit die Unehrlichkeit der Schäfer bereits in größerer räumlicher Ausdehnung bekannt war.[8] Die Ordnungen zeigen aber auch, daß die Ansichten über den Verruf bei Zunft und Rat durchaus nicht immer einhellig waren, und daß abgelehnte Bewerber die Obrigkeit um Unterstützung angingen. Gleichzeitig werden auch Gründe angeführt, warum die Schäfer als „Unehrliche" behandelt werden. In diesen Zusammenhängen ist ein Prozeß bezeichnend, den lt. „Göttinger Statuten"[9] Karl Henning als Sohn eines Schäfers gegen die Bäckergilde führte, welche ihm den Eintritt in die Zunft versagte, obwohl er beschworen hatte, „dat he nicht gevillet edder gesmeret hedde", d. h. daß er sich nicht als Schinder oder als „Schmierschäfer" betätigt habe. Die von Henning angerufene Entscheidung des Rates spricht ihm das Recht zu, sich bei den Bäckern einzukaufen, da er den von ihm verlangten Nachweis, weder Schinder noch Schmierschäfer gewesen zu sein, erbracht habe. Die Bäcker ihrerseits beziehen sich auf einen früheren Fall, wonach einem gewissen Heinrich Woldenberg die Zunftzugehörigkeit nicht zuerkannt wurde, nur weil er Schäferssohn war. Dieser Einwand wird im Fall Henning aus den genannten Gründen vom Rat abgelehnt. Auch in der Bayreuther Metzgerordnung von 1464 (?) heißt es: „Keyns schefers son soll man auf das Handwerk zue Leerknecht nit nehmen, der selbs mit der Hand schelmen geschunden oder dazu geholfen hat".[10] — Wir können also sagen, daß im 15. Jahrhundert zwar der Makel der Unehrlichkeit weiter verbreitet wird, daß andererseits aber auch schon Bestrebungen im Gange zu sein scheinen, die nicht jedem Schäfer den Zugang zum Handwerk verwehren wollen.

Mit wachsender Bedeutung des Zunftwesens in den späteren Jahrhunderten wurden die Einschränkungen zur Aufnahme in ein Gewerk immer krasser und engstirniger,[11] wobei es natürlich nicht ausblieb, daß auch außerhalb des Handwerks die nicht zunftwürdigen Berufe gemieden wurden und mancherlei Schwierigkeiten ausgesetzt waren. Auch die Gefahr, „unehrlich" zu werden, wurde immer größer, und die Furcht davor benutzten Landesherren bewußt, um unliebsame Untertanen zur Räson zu bringen. So wird 1525 in einer sächsischen Verordnung der Wettiner Fürsten Georg und Heinrich festgelegt, daß diejenigen Handwerksgesellen, welche sich an einem Aufstand beteiligt hatten, der Austreibung verfallen sollen. Selbst wenn sie ihre aufrührerische Tat bereuten, durften sie ihr Handwerk nicht mehr ausüben und mußten sich stattdessen ihr Brot als Schäfer, Bachstecher oder Straßenkehrer verdienen. Diese Strafe konnte auch noch auf die Nachkommen ausgedehnt werden.[12]

Im allgemeinen aber bricht sich seit dem 16. Jahrhundert bei den Behörden immer stärker eine Tendenz Bahn, den unsinnigen Beschränkungen bei der Zunftaufnahme einen Riegel vorzuschieben. Gewisse Ansätze glaubten wir bereits im 15. Jahrhundert festgestellt zu haben. Nun aber nimmt sich die Obrigkeit der Dinge an, und bereits 1537 soll sich eine brandenburgische Ordnung mit der Unehrlichkeit der Schäfer beschäftigt haben.[13] Die wichtigste Erklärung wird auf dem Reichstag zu Augsburg 1548 in „Der Römischen Kayserlichen Mayestat Ordnung und

Reformation guter Policey, zu Beförderung deß gemeinen Nutzens“ ausgesprochen, in der es heißt: „Als auch an etlichen Orten / der Gebrauch ist / daß die Leinweber / Barbierer / Müller / und dergleichen Handwercker in den Zünfften / zu andern / dann ihrer Eltern Handwercken nicht aufgenommen noch gezogen werden / und aber je unbillich / daß diejenigen / so eines ehrlichen Herkommens / Handels und Wesens / außgeschlossen werden solten / so wollen wir solche beschwerliche Gebräuch oder Gewohnheiten hiermit auffgehebt / und vernichtiget haben: Setzen / ordnen und wollen demnach / daß die Leinweber / Barbierer / Schäfer / Müller / Zöllner / Pfeiffer / Trummeter / Bader / und die / deren Eltern / davon sie geboren sind / und ihre Kinder / so sie sich ehrlich und wol gehalten haben / hinfüro in Zünfften / Gaffeln / Ampten und Gilden / keines Wegs ausgeschlossen / sondern wie andere redliche Handwercker auffgenommen / und darzu gezogen werden sollen / ...“[14]

Dieser Augsburger Reichstagsabschied Kaiser Karls V. ist die Grundlage aller Verordnungen geworden, die deutsche Landesherren in ihren Herrschaftsbereichen erlassen haben, um von den verrufenen Gruppen den Makel der Unehrlichkeit zu nehmen. Von dieser Zeit ab besitzen aber auch die juristischen Fakultäten und alle sonstigen Gerichte eine feste Handhabe für die Entscheidung in Prozessen, die von abgewiesenen „Unehrlichen“ gegen die Zünfte angestrengt wurden. Es hat nämlich keineswegs die einmalige Verkündigung der kaiserlichen Verordnung genügt, um die Mißbräuche und die Übergriffe der Innungen einzudämmen. Entweder wurde sie gar nicht beachtet oder man sabotierte sie dadurch, daß man die auf Geheiß der Obrigkeit doch ins Handwerk aufgenommenen „Unehrlichen“ dadurch am Vorwärtskommen hinderte, indem man bestimmte, daß „wo ein sollicher in unsern buntstätten durch die oberkeitt uffgenommen wurdt, solle ime kein knecht oder knab arbeitten“. So zu lesen in dem Schneiderbundesbrief vom 5. Mai 1565 für die Städte Worms, Frankfurt, Speyer, Mainz, Heidelberg, Oppenheim, Aschaffenburg, Koblenz, Boppard, Kreuznach, Kaiserslautern, Alzey, Bingen, Neustand a. d. H., Landau, Kronweissenburg und Pfeddersheim,[15] dessen ausgedehnter Geltungsbereich die Wirkungsmöglichkeit handwerklicher Zunftbestimmungen aufzeigt.

Solche Vorgänge erklären jedenfalls, daß schon wenig später, nämlich in der „Römischer Kayserlicher Mayestät und deß Reichs Ständen Policey-Ordnung zu Franckfurt Anno 1577 gebessert“ die 1548er Ordnung noch einmal wiederholt wird; mit dem Unterschied allerdings, daß bei der ersten Erwähnung der unehrlichen Berufe die Schäfer ausdrücklich schon mit angeführt werden. Demnach heißt die entsprechende Stelle jetzt: „... daß die Leinweber / Barbierer / Schäfer / Müller / und dergleichen Handwercker ...“[16] Der übrige Inhalt entspricht wortwörtlich dem Augsburger Reichstagsabschied Karls V.[17]

Die Tatsache, daß das kaiserliche Edikt von 1548 schon nach relativ kurzer Zeit wiederholt werden mußte, zeigt also deutlich, daß es von den Zünften negiert wurde. Auch landesherrliche Verordnungen — wir nennen als Beispiel aus dieser Zeit nur die kurfürstlich sächsische Polizeiordnung von 1577 (Tit. 21)[18] —, welche an die kaiserlichen Erlasse anknüpfen und diese teilweise auch übernehmen, werden kaum befolgt. Im Gegenteil, das Unwesen der Unehrlichkeit nimmt im 17. und 18. Jahrhundert immer stärker zu und führt zu Entartungen, die in manchen Fällen mehr als grotesk wirken, andererseits aber auch zeigen, welchen Unbilden ein „Unehrlicher“ ausgesetzt war. So erklärt 1729 ein Maurermeister zu Wilsdruff, daß er niemand zur Lehre annehmen wolle, der nur einen Schäfer zum Paten gehabt habe.[19] 1725 hatte sich bei dem Neudammer Tuchgewerbe ein Streit gar darüber entzündet, ob einem Mann das Meisterrecht zu gewähren sei, weil die Großmutter seiner Frau aus einem „Schäffer-Geschlechte“ stamme.[20]

Es wird mitunter festgestellt, daß nur Lohnschäfer als unehrlich angesprochen worden seien.[21] Aus der Fülle der Prozesse, die gerade von Schäfern und Schäferskindern angestrengt wurden, zeigt sich aber, daß sämtliche Schäfer, auch die Meister und selbständigen Pachtschäfer, dem gleichen Makel verfallen waren. Hierzu eine Schöffenentscheidung von 1636 aus Jena: „Obgleich euer Vatter ein Pacht-Schaafmeister gewesen, und vor dessen unterschiedliche, als Leinweber, Müller, Schäfer, und dergleichen, von etlichen verworffen werden wollen. Jedoch, dieweil in den Rechten, sonderlich in des Heil. Reichs-Constitutionen solche Gebräuch abgethan, und dass angezogene Personen in die Zünffte angenommen werden sollen, constituirt worden: So können die Gärber zu Gotha aus angezogenen Ursachen, dass euer Vatter ein Pacht-Schaafmeister gewesen euch nit tadelhafftig machen, noch verwerffen, sondern, da sie kein andere erhebliche Ursach haben, sind sie euch, ohne fernern Aufenthalt, zu einem Meister anzunehmen schuldig, und werden in nachmahliger Verwaigerung, von der Lands-Fürstlichen hohen Obrigkeit billich darzu mit Ernst angehalten".[22] — Übereinstimmend damit ein Schöffenspruch aus Leipzig 1641: „Dieweil aber dannoch der Schäffer Söhn, Innhalts der Reichs Constitutionen von ehrlichen Zünfften nicht auszuschliessen: So möget ihr auch von den Fleischer-Handwerck nicht excludiret werden, sondern es seynd die Meister, wann ihr euch sonsten im übrigen habilitiret, euch in ihr Innung und zum Mit-Meister aufzunehmen schuldig".[23] — Selbst die Heirat mit einer Schäferstochter konnte einen Makel bedeuten. Hierzu ein Schöffenspruch aus Leipzig 1638: „Habt ihr bey eurem Vetter das Weissgärber-Handwerck gelernet, und es hat sich begeben, daß ihr der Schäffers Tochter N. N. fleischlichen erkannt, hernach aber dieselbe geehlichet." Die Weißgerber, denen er die Sache erzählte und zu deren Lade er gehörte, bestimmten, daß er ein Jahr wandern, als Geselle arbeiten und sich dann wieder melden solle. „Dieweil dann nunmehr solche drey Jahr verflossen, und ihr deren Begehren ein Genüge gethan, habt ihr euch ferner um das Meister-Recht bey ihnen beworben; So seynd euch bemeldte Weissgärber in das Handwerck und Innung zum Meister auf- und anzunehmen schuldig, und es mag solches dahero, dass euer Weib ein Schäffers-Tochter ist, oder auch, weil ihr sie vor der Verehlichung beschlaffen, euch nicht verwaigert werden".[24] — Interessant ist schließlich noch ein Prozeß von 1641, der zeigt, wie die Schäfersöhne zu unwahren Angaben über ihre Herkunft buchstäblich gezwungen wurden, wenn sie einen anderen Beruf als den ihres Vaters auszuüben gedachten: „Ita pronuntiarunt Scabini Lipsienses auf Ansuchen Georgii Reiners zu Kemnitz, M. Majo Anno 1641. Seyd ihr unlängst von dem Rath zu Kemnitz zum Bürger aufgenommen worden, habt darauff euch mit eines Fleischhauers-Tochter in ein Ehegelöbnüß eingelassen, und bey dem Fleischer Handwerck um das Meister-Recht Ansuchung gethan; Ob nun wohl dasselbe aus denen Ursachen euch verweigert werden will, daß ihr bey euren Lehr-Jahren ein Ziegenböcklein castrirt und eines Schäfers Sohn seyd, auch mit eurem Geburths-Brieef darinnen ihr eines Zimmermanns Sohn genennet werdet, den Rat und das Handwerck hintergangen; Dieweil aber dennoch das Fleischer-Handwerck euch einmahl nicht zum Jungen, sondern auch, nach beschehener Castration zum Fleischer-Knecht angenommen, dieselbe aus Unverstand von euch in der Jugend vorgenommen, wegen desselben niemand des Handwercks sich verlustig machet, der Schäfer-Söhne, Innhalts der Reichs-Constitutionen von ehrlichen Zünfften nicht ausschliessen, und der Geburths-Brief nicht von euch, sondern eurem Vater, ohne eure Anleitung bey dem Gerichts-Verwalter ausgewürcket, und niemand durch denselben geschadet worden, N. m. i. e. f. So möget ihr auch von dem Fleischer-Handwerck nicht ausgeschlossen werden, sondern es sind die Meister, wann ihr euch sonsten im übrigen gebührend habilitirt, euch in ihre Innung und zum Mitmeister anzunehmen schuldig ..."[25]

Im allgemeinen sind solche Prozesse, deren Beispiele sich um ein beträchtliches vermehren ließen, in der Mehrzahl der Fälle immer zugunsten der Schäfer und Schäfersöhne entschieden worden. Dennoch aber zeigt „die Häufigkeit der sich gegen die Unehrlichkeit richtenden Verodnungen ... wie wenig Erfolg sie hatten,“[26] und treffend wird festgestellt: „So kann ein unehelich Kind Doctor werden und die vornehmste Bedienung erlangen, aber kein Schuster- oder Schneider-Handwerk lernen. Ohne ehelich und ehrlich gemachet und legitimiret zu werden“.[27] Wenn man nach dem Grund fragt, warum die beiden kaiserlichen Erlasse von 1548 und 1577, eine große Zahl landesherrlicher Bestimmungen und Ordnungen[28] und schließlich nochmals ein kaiserlicher Reichsschluß von 1731,[29] der bis auf die Schinder sämtliche als unehrlich verrufenen Berufe für zunftfähig erklärt, so wenig beachtet wurden und oft nur unter Androhung von Strafen oder Verlust der Zunftgerechtigkeit durchgesetzt werden konnten,[30] so muß bedacht werden, daß der Makel der Unehrlichkeit sich nicht allein mehr auf das Handwerkswesen bzw. auf die Zunftfähigkeit beschränkte, sondern sich schon auf das gesamte öffentliche Leben ausgedehnt hatte. Deshalb heißt es in einer landesherrlichen Ordnung von 1704 über die Ehrlichsprechung der Schäfer Ober- und Niederschlesiens, daß man „den ihnen zeithero von dem gemeinen Mann, und Pövel, wegen der Schäferey-Handthierung angemutheten üblen Wahn, und vermeynten Macul der Unehrlichkeit, gäntzlich aufgehoben“[31] wissen möchte. Von solchen Fällen seien nur einige wenige herausgegriffen: 1723 wurde vor den Toren Hamburgs ein baumlanger Schäfer von preußischen Werbern entführt. Es gelang ihm zu entfliehen, und die Stadt Hamburg beschwerte sich in der preußischen Residenz. Der Werbeoffizier wurde daraufhin bestraft. Einige seiner Freunde aber, die versucht hatten, die ganze Affäre zu vertuschen, sollen es unbegreiflich gefunden haben, „wie man so viel Aufhebens um einen armseligen Kerl mache, der sich hätte freuen müssen, durch den ehrlichen Soldatenrock aus seiner miserablen, unehrlichen Schäferjacke zu kommen“.[32] Aus Niederösterreich wird uns mitgeteilt, daß der „Halter“ im Wirtshaus abseits sitzen mußte.[33] Rektor Spangenberg aus Ebstorf, Kr. Ülzen, der aus dem Raum Vorsfelle-Wolfsburg-Fallersleben berichtet, daß die Schäfer beim Ausschaufeln eines Grabes unerwünscht seien, erklärt das aus der Tatsache, „daß man für das Seelenheil der Verstorbenen Bedenken hatte, wenn ein halb Unehrlicher mitwirke“. Wie tief der unehrliche Ruf der Schäfer im Volksdenken schon des 17. Jahrhunderts eingewurzelt war, zeigt ein Gerichtsprotokoll von 1604, nach welchem ein Schäfer, der auf einem herrschaftlichen Gut bei Pegau diente und während des Hütens gestorben war, erst nach zwei Tagen von „Richter und Schöppen aufgehoben und gleich an derselben Stelle begraben worden“ ist,[34] d. h. also, daß sich niemand bereit fand, den toten Schäfer anzurühren. 120 Jahre später hören wir aus Wunsiedel ein ähnliches Geschehnis: Hier sollte ein „Inwohner zum Hildenbach“ begraben werden. Es hat sich aber die Gemeinde widersetzt, ihn zu Grabe zu tragen und tat so, „als wäre er von Hutleuten oder Hirtengeschlecht und hätte mit seinem Stief Vater Flügeln zu Grün gehütet und den Fall wegthun helfen ...“ Erst als nach Vorlage von Urkunden die Amtshauptmannschaft und das Stadtrichteramt seinen guten Ruf nachwiesen, wurde er ehrlich begraben.[35] Noch deutlicher wird die Verblendung der Menschen aus einer anderen Eintragung im Wunsiedler Beerdigungsbuch[36]: Das drei Wochen alte Kind einer Dirne wurde von niemand, selbst nicht von den Geschwistern, zu Grabe getragen. Nicht etwa, weil die Mutter eine Dirne gewesen wäre, sondern weil sie „das erstemal sich mit eines Schäfers Sohn vermenget und ein Kind von ihm erzeuget, wodurch sie sich anrüchig oder unehrlich gemacht“.[37]

Wenn wir nach den Gründen der Machtlosigkeit der Landesherren gegenüber den Auswüchsen des Unehrlichkeitswesens fragten, dürfen wir aber nicht allein bei den Äußerungen der Volksmeinung stehen bleiben. Nachhaltig haben sich Verlautbarungen ausgewirkt, die aus den sozial höher gestellten Kreisen stammten, und zu denen in späterer Zeit auch ein Mann wie Justus Möser gehört, der sein Urteil über die „Unehrlichen“, die ein wahrhaft trauriges und beklagenswertes Geschick mit sich herumtrugen, in folgenden

Schafe auf dem Zug zur Hochgebirgsweide
(um 1982)

„Weites Gehüt" einer Schafherde der LPG „8. Mai" in Brodowin, Kr. Eberswalde (1985)

„Wanderschäfer" der LPG „8. Mai" in Brodowin, Kr. Eberswalde (1985)

Auf der Weide schnitzender Schäfer
(Schäfermeister Koch), Kr. Querfurt (1976)

Ein immer wiederkehrendes Motiv seiner künstlerischen Tätigkeit: Der Schäfer mit seinen Tieren

Körung von Schafböcken in Baden-Württemberg (um 1983)

Elektrogeräte erleichtern und beschleunigen die Schafschur beträchtlich

Schafauftrieb in einer schweizerischen Ortschaft

Schäferlauf in Markgröningen (19. Jh.)
Gemälde von Johann Babtist Pflug

Fahne der Markgröninger Schäferzunft
von 1775

Zum traditionellen „Schäferlauf" zieht eine gut geleitete Herde durch die engen Straßen von Markgröningen in Baden-Württemberg (1970er Jahre)

Beim Wettlauf übers Stoppelfeld in Markgröningen werden die Sieger zu Schäferkönigin und Schäferkönig „gekürt“ (1970er Jahre)

Worten zusammenfaßt: „Die unehrliche Classe in der bürgerlichen Gesellschaft ist weiter nichts, als die unterste oder die achte Classe. Die Ehre war durch die sieben Heerschilde vertheilet. Zum siebenden gehörten die gemeinen Bannalisten. Wann nun die achte Classe sich nicht zu der siebenden rechnen kann, muß sie dieses nicht eben mit der Gedult ertragen, womit es die siebende Classe erträgt, daß sie nicht zu der sechsten gehört?“[38] Entsprechend ist natürlich auch seine Einstellung zum kaiserlichen Reichstagsabschied von 1731, den er als eine Auswirkung der Philantropie seiner Zeit betrachtet, und der seiner starren Einteilung der Gesellschaft in sieben Heerschilde und damit der Ehre des Bürgertums darwiderläuft. „Die Folgen des Reichsabschieds“, so schreibt er, „sind würklich traurig für Gilden und Zünfte gewesen. Denn dadurch, daß ihre Ehre solchergestalt, und ihre Classe zerstöret ist, wird es almählich verächtlich, sich in eine Zunft zu begeben.“ Und „So wenig der Kayser einen aus der siebenden Classe stiftsfähig machen kann: so wenig hätte er jemand aus der Classe ohne Ehre zunftfähig machen sollen“.[39]

Es ist klar, daß solche Äußerungen, die einen verknöcherten Ehrbegriff bis zum Exzeß steigern, und die sicher mit gleicher Deutlichkeit auch schon Jahrhunderte vorher ausgesprochen wurden, ihren Einfluß auf die Volksmeinung haben mußten. So nimmt es nicht wunder, wenn den Zünften der Rücken gestärkt und manche Prozesse auf Kosten der „Unehrlichen“ ausgetragen wurden.

Aus mancherlei Gründen, so sahen wir, konnten bloße Anordnungen von Kaiser und Landesherren die Betroffenen nicht vom Makel der Unehrlichkeit befreien. Was nun die Schäfer anbelangt, so erfahren wir in dem kurbrandenburgischen „Edict, dass derer Schäffer, Voigte, Wächter, Stadtknechte etc. Kinder in die Zunfft nehmen. Vom 16. Julii 1659“, daß „Prälaten, Herren, Ritterschaft und Städte in der Chur-Brandenburg diesseits und jenseits der Oder und Elbe klagten, daß sie dahero nicht wohl Schäffere, Voygte, Stadtdienere und Wächtere bekommen könnten, weil derselben Kinder von ehrlichen Zunften und Gilden in Unseren Märkischen Landen nicht wollen admittiret und aufgenommen werden“.[40] Das heißt doch soviel, daß sich niemand mehr mit einer Beschäftigung abgeben wollte, die ihn ja nicht nur von der Erlernung eines Handwerks ausschloß, sondern noch weit schlimmer, ihn aus Gesellschaft und Gemeinschaft verstieß. Man wird also annehmen können, daß der Schäfer, wahrscheinlich allgemein in Mitteleuropa, seit dem 17. Jahrhundert und vielleicht schon früher, zu einem ausgesprochenen Mangelberuf wurde. Eine Tatsache, die gerade in der grundherrlich-feudalen Schafhaltung, welche an einer Verbesserung und Aufzucht der Herden und damit an einer möglichst großen Rentabilität stärkstens interessiert war, besonders spürbar werden mußte.

Wir verstehen also gut, warum die Obrigkeit mit Hilfe einer Fülle von Verordnungen bestrebt war, von den Schäfern den Makel zu nehmen. Es waren weniger altruistische oder philantropische als vielmehr merkantile Gründe. Trotzdem oder gerade deshalb erscheint es merkwürdig, daß sie sich den Zünften, ja der Volksmeinung gegenüber nicht immer durchzusetzen vermochte, obgleich sie ihre Verfügungen immer stärker mit Strafandrohungen verknüpfte. Wir fragen also wiederum nach den Gründen dafür und stellen folgendes fest: 1730 bitten die Schäfer des Meißenschen und Erzgebirgischen Kreises ihren sächsischen Landesherren um die Errichtung einer Zunft nach dem kaiserlichen Vorbild in Böhmen und Schlesien. Sie verweisen in ihrem Antrag darauf, daß die Verordnungen zur Ehrlichsprechung der Schäfer wohl gut gemeint seien, aber keine Anerkennung finden könnten, da nur derjenige, welcher Mitglied einer Zunft sei, auch geachtet werde.[41] Damit ist neben den schon angeführten Gründen die eigentliche Ursache für das Nichtbefolgen der landesherrlichen Verfügungen genannt: Wer keiner Zunft angehört, steht außerhalb der Gemeinschaft und wird von ihr gemieden.[42] In diesem Zusammenhang können wir nur darauf verweisen, daß die Schäfer-Zunftgründungen — besonders im 18. Jahrhundert —

in der Hauptsache notwendige und sichere Maßnahmen darstellen sollen, den Schäferstand besonders für die Wartung und Pflege der feinwolligen Merinoherden zu erhalten. Waren die allgemeinen Verordnungen gegen das Unehrlichkeitswesen fruchtlos, mußten sich die Landesherren wohl oder übel[43] bequemen, Zunfts- und Verbandsgründungen nicht nur zuzulassen, sondern selbst anzuregen und durchzuführen. So wird 1717 die abermalige Ehrlichsprechung der schlesischen Schäfer mit der Verkündung einer Schäferinnung, die ein großes und ein kleines Siegel erhielt, verbunden,[44] und 1745 wird in der erneuerten Schäferzunftordnung von Pfaffenhoffen in Artikel 17 ausdrücklich hervorgehoben, daß die Obrigkeit es „vor gut erachtet [habe], daß obschon sonsten denen Schäfern ohnedem erlaubet, ihre Söhne redliche Handwerke erlernen zu lassen, und ihre Töchter an dergleichen leut zu verheurathen, es dannoch als einen apparten articul hiermit zu inseriren".[45] — Es bedürfte eingehender Spezialstudien, um festzustellen, ob dort, wo Schäferzünfte errichtet worden waren, der Makel weitgehend getilgt oder ob noch weitere, Strafe androhende Verordnungen notwendig waren. Aus der Kenntnis des von uns erarbeiteten Materials glauben wir jedoch sagen zu dürfen, daß in erster Linie die Zunftgenehmigungen den Ruf des Schäfers wiederherstellten. Nicht von ungefähr findet sich nach 1717(!) in einem schlesischen Kirchenbuch die Eintragung über einen „*ehrsamen* herrschaftlichen Schäfer".[46] Solche Vermerke dürften um diese Zeit kaum allein auf landesherrliche Verordnungen zurückzuführen sein. Daß gewisse Verbandsgründungen mit dem Zeitpunkt der beginnenden Merinozucht in Mitteleuropa zusammenfallen, zeigt uns den Zusammenhang der Dinge deutlich, und wir unterschreiben die Auffassung Meitzens,[47] wonach im ehemals preußischen Staatsgebiet „das Aufkommen der feineren Herden" die Reste der Unehrlichkeit des Schäfers beseitigt habe.

1. „Unehrlichkeit" und ihre „Gründe"

Haben wir bisher festgestellt, daß die Schäfer zusammen mit manchen anderen Berufen als unehrlich galten — und zwar nicht allein im Bereich des zunftfähigen Handwerks —, und daß es jahrhundertelange Kämpfe kostete, sie von diesem Makel zu befreien, werden wir nunmehr im einzelnen nach den Gründen zu suchen haben, welche sie in den schlimmen Verruf brachten.

Wir schicken voraus, daß noch vor der Blüte des handwerklichen Zunftwesens der Kreis der Personen, der als „unehrlich" angesprochen wird, relativ klein ist. Das Landrecht des Sachsenspiegels[48] bestimmt noch: „Kemphen unde ire kindere, spillute und alle, de unecht geboren sint, unde di dube adir roub sonen adir weder geben unde si des vor gerichte verwunden werden, adir de iren lip adir hut unde har ledigen mit phenningen, de sint alle rechtelos", außerdem alle in des Reiches Acht Gefallenen. Von denjenigen, die später als unehrlich Verrufene galten und denen die Aufnahme in ein Gewerk versagt blieb, hören wir also noch nichts. Der Personenkreis dieser aus der Gesellschaft Ausgestoßenen erweitert sich erst — das stellten wir schon für den Schäfer fest — etwa seit dem 14. Jahrhundert.[49]

Wollen wir nach den allgemeinen Ursachen solcher Diffamierung fragen, so hält die Forschung eine ganze Reihe von Antworten parat: „Die wahre Ursachen, dass man hernach die Scharfrichter, ingleichen Bader, Balbierer und andre ehrliche Leute unehrlich gemacht, sind wohl hauptsächlich nach Einführung der Universitäten denen Römischen und canonischen Rechten und deren Lehrern zuzuschreiben".[50] Tatsächlich ist z. B. der Henker ehedem nicht unehrlich gewesen — er wird ja auch nicht im Sachsenspiegel und anderen Volksrechten erwähnt. Die Vollstreckung der Todesstrafe lag ursprünglich in Deutschland von Fall zu Fall in den Händen eines durchaus „achtbaren Gaugenossen", den dann später der „römische" Scharfrichter ersetzte. Dessen Tätigkeit allerdings galt als knechtischer Dienst, der von Leibeigenen, begnadigten Verbrechern usw., also von „Unehrlichen", wahrgenommen wurde.[51] (Kulischer[52] lehnt die vielfach verbreitete Ansicht, daß die unehrlichen Gewerbeangehörigen als ehemalige Unfreie gemieden worden seien, ab, „weil ursprünglich auf den Fronhöfen auch andere Gewerbetreibende vorhanden waren, welche daher ebenso als ‚ehrlos' hätten gelten müssen".)

Das sich immer krasser auswirkende Unehrlichkeitswesen, das im 17. Jahrhundert seinen Ausdruck in den Sprichwörtern fand „Was unehrlich ist, können die Ämter nicht leiden"[53] oder gar „Das Handwerk muß so rein sein, als hätten es die Tauben gelesen",[54] spricht von einer Überheblichkeit der Zünfte, die sich recht drastisch in der Mißachtung landesherrlicher und kaiserlicher Erlasse gegen diese Unsitte zeigt. In den Exklusivitätstendenzen der zünftigen Handwerker, die letztlich in der Furcht vor wirtschaftlicher Konkurrenz begründet liegen, ist, so meinen wir, eine wesentliche Ursache der Unehrlichkeit zu suchen.[55] Die sozialen, durchaus fortschrittlich zu nennenden Tendenzen des Handwerks der frühen Zeit sind dadurch in den späteren Jahrhunderten weitgehend verschüttet worden und führten zu Stagnation und Verfälschung der ursprünglichen Ideen.[56]

Es ist ferner der Gedanke geäußert worden, daß die Verbreitung der Bibel seit der Reformation „die Stütze jener Vorstellungen von der Unehrlichkeit" gewesen sei,[57] denn an mehreren Stellen werde dort derjenige, der mit Aas in Berührung gekommen sei, als unrein gebrandmarkt. Das mag durchaus mit ein Kriterium für die schnelle Verbreitung dieser Unsitte gerade im 16. Jahrhundert gewesen sein. Aber die eigentlichen Gründe und Ursachen liegen doch auf anderer Ebene und beschränken sich vorwiegend auf den handwerklichen Sektor. Denn es ist keineswegs so, daß, wie Frenzel—Karg—Spamer[58] meinen, „auch die ländliche Bevölkerung ... von der gleichen Anschauung *beherrscht*"[59] gewesen sei. Was den Schäfer angeht, so fürchtet man ihn auf dem Lande wohl wegen mancher übernatürlich anmutenden Eigenschaften und Fähigkeiten, aber man verachtet ihn nicht wie in der Stadt. Eine Reihe von Sagen und Äußerungen des Volksglaubens legen dafür beredtes Zeugnis ab.

Gewiß läßt sich die Tatsache des Unehrlichkeitswesens nicht aus „einem einzigen Grunde heraus"[60] erklären. Uns will aber scheinen, daß gerade die Exklusivitätstendenzen des Handwerks zur Vermeidung der Konkurrenz einen wesentlichen Platz einnahmen.[61] Wie ließen sich sonst Fälle erklären, in denen wohlbestallten Handwerksmeistern der Verruf angehängt wird, nur weil sie ganz unabsichtlich mit einem Schäfer oder sonst einem Unehrlichen in Berührung kamen? Typisch dafür ist eine Affäre, die sich 1652 in Rothenburg o. d. T. abgespielt hat: Der Schwarzfärber Georg Bubenleben, der als Ratsmitglied zum Pfleger der dortigen Schäferbrüderschaft bestimmt war, wird von seiner Innung gemaßregelt, weil er „wider die Handwerksordnung mit den Schäfern, als zugleich würcklichen Abdeckern und Schindern gegessen, getrunken und getanzt" habe. Seine Verleumder werden jedoch empfindlich bestraft, weil sie gegen das kaiserliche Edikt von 1548 verstoßen hatten.[62]

Der Erfindungsreichtum der Zünfte im „Feststellen" von unehrlich machenden Delikten muß überhaupt groß gewesen sein; wird doch im kaiserlichen Abschied von 1731 u. a. auch die Unsinnigkeit aufgehoben, daß „Tuchmachern, so Rauf-Wolle verarbeiten, ja öfters gar noch aller dieser Leute Kindern von den Handwerckern der gröste Streit und Verdrusz erreget worden".[63] Solche Beispiele, die von der „immer bereiten Neigung der Zünfte zu extremer Zuspitzung ihrer Anschauungen und Grundsätze über Handwerkstüchtigkeit" sowie von dem „bei ihnen überhand nehmenden Geist der Unduldsamkeit"[64] zeugen, ließen sich noch um eine große Anzahl vermehren. Es kann hier aber nicht der Ort sein, die Frage der Exklusivität der Zünfte mit dem widernatürlich gesteigerten „Ehrbewußtsein" weiter zu verfolgen. Auf die eigentlichen Gründe für die „Unehrlichkeit" des Schäfers kommen wir in der „Zusammenfassung" dieses Kapitels zurück.

a) Kriminelle Delikte

Nach diesem notwendigen Exkurs, der ganz allgemein die Ursachen des Unehrlichkeitswesens aufzeigen sollte, wenden wir uns wieder speziell dem Schäfer zu und wollen zu erkennen suchen, warum gerade er, dem man doch mit soviel Vertrauen begegnete, wenn man ihm — auch die Städte! — die zahlenmäßig nicht gerade kleinen Herden zur Pflege und Betreuung übergab, dem Makel der Unehrlichkeit verfiel.

„Ein guter, fleissiger, wachsamer und treuer Schäffer ist leichter zu beschreiben, als zu finden. Doch was Wunders, diese Leute sind ja meistentheils allein, unter dem freyen Himmel, in Höltzern und Wäldern, ohne Zeugen oder andere Aufseher, müssig, bald da, bald dort herum schwärmend, und gemeiniglich zu allerhand Schelmen-Stücken von Jugend auf abgeführet".[65] Mit dieser Bemerkung des bekannten Physiokraten Franciscus Philippus Florinus wird schon einiges angedeutet, was man den Schäfern gemeinhin zum Vorwurf macht und was zu ihrer Diffamierung geführt haben soll.

Bei Behandlung der einzelnen Schäfertypen konnten wir bereits andeuten, daß gerade das System des „Aufmengens" oder auch die Hälfte-Schäferei den Schäfern oft nicht leicht zu kontrollierende Möglichkeiten boten, ihren Verdienst auf Kosten des meist herrschaftlichen Mengepartners zu erhöhen. Solche Handlungen führten, wie wir hörten, mancherorts zum Verbot der Mengeschäferei, förderten die Einführung der Pachtschäferei oder ließen die Lohnschäferei zum Teil wieder stärker hervortreten. Andererseits dürften aber gewisse Betrügereien oder Diebstähle, vor allem an herrschaftlichem Vieh, gerade von Schäfern verübt worden sein, die nur im Lohn- oder Deputatverhältnis arbeiteten und deren Lebensstandard niedrig genug war. Leider differenzieren die Quellen zwischen diesen beiden Typen zu wenig und sprechen meist nur in Bausch und Bogen von den betrügerischen Schäfern.

Es gibt ein Sprichwort: „Schäfervieh stirbt nie",[66] und das will heißen, daß bei Unglücksfällen oder bei seuchenartigen Erkrankungen einer aufgemengten Herde besonders der Anteil des Mengepartners von der Sterblichkeit betroffen wird. In der Regel waren es immer die Tiere des Schäfers, die von Krankheiten und Gefahren „verschont" blieben. Da die Schafe meist an den Ohren mit Eigentumsmarken gezeichnet wurden, war es Pflicht der Schäfer, dem Dienstherrn die abgeschnittenen Ohren vorzuweisen zum Zeichen dafür, daß das Tier wirklich zugrunde gegangen war. Es liegt aber auf der Hand, daß es viele Arten und Möglichkeiten gab, den Herdenbesitzer, mit dem man „gemengt" hatte, zu hintergehen. Der Schäfer konnte ruhig ein Schaf seines Partners schlachten oder verkaufen und es einfach als „Sterbling" anzeigen. Um ihnen ihr Treiben zu erschweren — und oft genug mag man sie in flagranti ertappt haben,[67] — forderte man bald ein Vorweisen des ganzen Felles. Aber auch das konnte den Betrügereien keinen Einhalt gebieten, und man bestimmte in der „Renovierten Gesinde-Tagelöhner, Bauer-Schaeffer-Tax-und Victual-Ordnung" des Herzogs Adolf Friedrich von Mecklenburg aus dem Jahre 1654 (Abschnitt IV, §§ 15/16), „daß hinfüro die Sterb-Schaffe nicht allein mit darzeigung der gantzen Felle berechnet, sondern so offt und so viel Schaff und Lämmer, Jung und Alt, groß oder klein sterben, sollen dieselbe noch gantz und unabgezogen der Herrschaft, ihren Dienern, Verwaltern und Vöigten jedes Orths, die dessen befehl haben, gezeiget, auch alsoforth in ihrer gegenwardt abgezogen, und also zur Rechnung alßbald auffgeschnitten werden. Es sol auch das Fleisch oder Aas alßdann forth entweder den Hunden gegeben, oder je also in Stücken zerhacket werden, daß niemand dasselbe zukaufen ... betrogen werde, sie auch die Schäffere selbst (so sie es heimlich geschlachtet und erwürget) nicht zu geniessen haben können, der gewissen Zuversicht, wann dieses fleißig in acht genommen, vielem Betrug und Diebstall, so bey berechnung der Felle und sonsten deßfalls fürgefallen, weil man also auff diesen Weg ein jedes Sterb-Schaff oder Fäll nicht mehr dann an einem Orth und nur einmahl zeigen kan, werde vorgebauet werden, was auch nicht also unabgezogen gezeiget wird, sol für ungestorben gehalten“ und dem Schäfer entsprechend in Rechnung gesetzt werden. Es wird dem Besitzer ferner angeraten (§ 16), einem abgezogenen vorgezeigten Fell gleich beide Ohren abzuschneiden, damit es der Schäfer nicht noch einmal vorweisen kann. Tut er es trotzdem, wird es ihm nicht als gestorben berechnet, sondern gilt als lebendig. — Nicht nur, daß sie die Schafe ihres Herrn verkauften oder schlachteten, schreckten sie nicht davor zurück, mit Hilfe gewisser Praktiken Krankheiten der Tiere vorzutäuschen. So nehmen manche Schäfer „eine große lange Steck-Nadel, drucken oder schlagen solche den besten und fettesten Schöpßen zwischen dem Kopff, und Nacken ein, wovon sie drähend werden und offt gähling sterben, da sie hernach das Fleisch verzehren, und die Felle vor Stürbliche angeben“.[68] — Daß in einer Mengeherde gerade während der Lammzeit den Betrügereien Tür und Tor geöffnet war, braucht hier nicht näher erläutert zu werden.[69] — Eine andere Methode, sich zusätzlich Gewinn zu verschaffen, bestand darin, über die festgesetzte bzw. genehmigte Zahl von Menge- oder Pachtschafen hinaus weitere Tiere in die herrschaftliche Herde zu bringen. Diese verstecken die Schäfer dann „auf dem Stroh-Boden oder hinter die Versatz-Wände, ziehen ihnen ein Stroh-Seil durch das Maul, daß sie nicht blecken, und schreyen können“.[70] Gegen entsprechende Bezahlung ließen sie auch die Schafe fremder Leute in der Herde ihres Partners oder ihres Dienstherren mitweiden.[71]

Wir verstehen also durchaus, daß gegen solche Praktiken, die nicht immer leicht nachzuweisen waren, nichts anderes helfen konnte, als eine Reduzierung bzw. ein Verbot der Mengeschäferei bzw. des Haltens eigener Schäferschafe. Die Schaumburger Polizeiordnung verbietet schon für 1615 bei Strafe der Konfiskation das Halten eigener Tiere in der Herde des Dienstherrn,[72] und noch in der Hessischen Hirtenordnung von 1828 erlaubt man dem Schäffer lediglich — vorbehaltlich der Genehmigung des Herdenbesitzers — das Mittreiben zweier (!) eigener Tiere. Zwar darf ihm statt des Lohnes ein Anteil an der Herde gegeben werden, doch nie so, „daß einzelne, bestimmte Schafe ausschließlich Eigentum der Schäfer sind“.[73] Tatsächlich muß das Halten eigener Schafe für den Schäfer eine große Versuchung gewesen sein, den eigenen Herdenanteil unrechtmäßig zu erhöhen, denn noch am Ende des 19. Jahrhunderts wurde in Tremlitz ein Schäfer nach § 268 des damaligen Reichsstrafgesetzbuches (Fälschung einer Privaturkunde) belangt, weil er das Eigentumszeichen des Gutsbesitzers an den Schafen entfernt und dafür das seine eingeschnitten hatte.[74]

Wir meinen, daß Unredlichkeiten der Art, wie wir sie beschrieben, in erster Linie von Schäfern verübt wurden, die einen gewissen Prozentsatz an der Herde zu eigen hatten. Für den Lohn- und Deputatschäfer war derartiges Tun mit einem zu großen Risiko verbunden. Um sein geringeres Einkommen aufzubessern, mag er sich auf andere Weise an der ihm anvertrauten Herde bereichert haben. Das unrechtmäßige Melken der Schafe, über das oft geklagt wird, zählt dabei mit zu den harmlosen Vergehen.[75] Schwerwiegender aber sind schon Praktiken, welche, wie berichtet wird, die Schäfer bei fetten Tieren anzuwenden wissen. Wenn sich diese „praf erhitzet“, verstehen sie es, „mit einer Ahlen gar artlich die Seyten zu eröffnen, und hernach das Fett durch ein klein Röhrlein, oder Federkiel außzusaugen, und außzuzäpffen, auch die Wunde und Löchlein eine Zeit lang offen zu halten“.[76] Colerus schreibt von einem ähnlichen Vorgang bei einem österreichischen Schäfer, der im Herbst „immer einen Hammel nach dem anderen nidergeworffen / die Wolle von der seiten ein wenig weggeschnitten / ac pellum modiculum cultello aperuerat, postea per illud foramen pinguedinem, den Talch oder das Unslett / extraxerat ...“[77] Gleichsam aber entschuldigend setzt er dieser Schilderung voraus: „Dis setze ich nicht gerne / das es die Schefer nicht erfaren.“ Das soll wohl so viel heißen, daß nicht alle Schäfer so verfahren, und daß er bestrebt ist, die Ehrlichen und Tüchtigen unter ihnen, an welchen man doch oft Mangel hatte, mit der Bekanntgabe dieser betrügerischen Dinge nicht zu beleidigen.[78] — Es versteht sich, daß der Erwerb von Wolle den Schäfern besonders ins Auge stach. War doch durch ihren Verkauf der meiste Gewinn zu erzielen. Man bediente sich dabei der verschiedensten Methoden: Bisweilen wurde nächtlicherweise die gesamte Familie angesetzt, um den Schafen mit Hilfe eiserner Kämme die Wolle auszuraufen.[79] „Andere wissen den Schaafen gar meisterlich die Wolle nach und nach, ohne Wahrnehmung außzuropffen, oder dieselbige durch Hecken, Dörner und Gesträuch zu treiben, und die Wolle von denen Dörnern wegzuklauben".[80] Ein von Richard Wossidlo in Mecklenburg aufgezeichnetes Lied bezieht sich in seiner dritten Strophe auf das Wollestehlen und zeigt damit, daß dieses Vergehen dort zu den charakteristischen Eigenschaften der Schäfer gerechnet wurde:

„Un wenn de Schepa stehlen will, denn drift
he in de Hecken
Un röpt de Schap de Wull woll ut un steckt
se in de Säcken.
Un so dat jemand sehen dut, denn geit he
krumm un sihr geduckt.
O Schelms sünd de Schepers".[81]

Aber nicht genug damit, versuchten sie gelegentlich wohl auch mit den amtlich eingesetzten Wollwiegern gemeinsame Sache zu machen. So heißt es bereits 1425 in einer Anordnung der Stadt Frankfurt a. M. für die städtischen Wollwieger: „Und sollen auch von nyman, weder scheper noch ander, liebe oder mijde nemen, man gebe iß yn selber gerne oder nit; dan sie sollen nit me nemen, dan als hernach geschrieben steet".[82] — Doch nicht allein die Produkte der Schafhaltung waren es, welche die Schäfer „anzogen". Sie versuchten anscheinend mit allem, dessen sie habhaft werden konnten, ihre Einkünfte aufzubessern. Eine kurfürstlich-sächsische Verordnung besagte z. B., daß das Salz für die Schafherden des Landesherren mit Hanfsud zu vermengen sei, damit es nicht anderweitig verwendet werde.[83]

„En ehrlichen Schäper kann tau nix komen", sagte eine Schäfersfrau unserem Gewährsmann Lehrer Buerschaper in Bernshausen, Krs. Duderstadt, was wohl soviel bedeutet, daß manche Schäfer keine allzu großen Bedenken trugen, ihr Einkommen mit den ihnen geläufigen Mitteln zu erhöhen. Quellen aus vergangenen Jahrhunderten[84] bedauern allgemein, daß das Schäfersein, ehedem eine „ehrliche Handthierung", so abgesunken sei, „indem der Schäfer Tücken, und Betrügereyen nicht außzugründen seyn, und weder ein hundert-äugiger Argus, alles sehen, noch ein scharff-sichtiger Poliphemus zehlen kan; wie jener Eyß-graue alte Schäfer ... selbst außgesagt: Wann man wird einen Schäfer finden, der Haar unter der Zungen hat, so kan man ihn vor ehrlich erkennen; dergleichen aber in der Welt nicht zu finden ist".[85]

Die Betrügereien und Diebstähle der Schäfer müssen ein großes Ausmaß angenommen haben, denn die landesherrlichen Ordnungen sind voll von ihnen. Aber auch das Sprichwort kennt eine große Zahl von Belegen über ihr unrühmliches Treiben. Von einem Schäfer, wohl mehr als Entschuldigung gedacht, scheint folgendes zu stammen:

„De schêper muß stehlen, süss dögt hei nich" (aus Bergen).[86]

Oder als Variante zu dem schon angeführten „Bekenntnis" der Eichsfelder Schäfersfrau:

„Wenn es einem Schäfer schlecht geht,
ist er selber schuld daran" (aus Lindstedt).[87]

Auch das Thüringer Sprichwort

„Wer Mädchen hat bekommt Bräute,
Wer Schafe hat kriegt Häute",

das uns Schäfermeister Karl Müller aus Altengottern, Kr. Mühlhausen, mitgeteilt hat, scheint unter Schäfern entstanden zu sein. Mit diesem Zweizeiler wollten sie sicher die hohe Sterblichkeit der Tiere dem Schafhalter erklären, wenn nicht gar vor ihm „entschuldigen".

Sehr unmißverständlich drückt die Mehrzahl der Sprichwörter aus, was man im allgemeinen vom Schäfer hält:

"Wenn einer zehn Jahre Schäfer war, gehört er aufgehängt".[88]

„Müller und Schäfer kommen nach sieben Jahren nicht mehr in den Himmel" (aus Göttingen).[89]

„Neunundneunzig Schäfer geben hundert Lumpen" (aus Schwaben).[90]

„Schäfer legen die Schuld auf die Wölf',
wenn sie die Schaf'gestohlen."[91]

„Wenn man alle Schäfer auf einen Wagen lädt zieht hernach einen oben, einen unten und einen aus der Mitte heraus und betrachtet sie, so sehen sie sich alle gleich: es sind lauter Lumpen".[92]

„Die Schäfer haben ein ander Recht.
Man hängt den Meister über den Knecht".[93]

Ein Sprichwort, das auf die im Sinne der Handwerksunfähigkeit zu deutende Unehrlichkeit Bezug zu nehmen scheint, lautet:

„Die Schäfer und die sind Diebe,
Sie haben weder Siegel noch Briefe".[94]

„Weder Seigel noch Briefe", das heißt, sie haben keine Innung.

Auch ihre Verstellungskunst drückt sich in einem Zweizeiler aus, den uns Schäfermeister Greb aus Burgsinn/Rhön, der als „Dichter des Schäferstandes" weit bekannt ist, freundlicherweise zur Verfügung stellte:

„Die frommen Hirten auf dem Feld,
Die größten Tag'dieb auf der Welt!"

Wohl mehr scherzhaft spiegelt sich die Volksmeinung in einem Ausspruch wider, der in die Form eines Rätsels gekleidet ist und um 1870 noch im Schwäbischen geläufig war:

„Warum hängen die Schaf' die Ohren runter,
wenn sie durchs Dorf gehen? —
Weil sie sich schämen müssen,
daß der größte Spitzbub' vorangeht!"[95]

Die bisher genannten und behandelten Delikte sind jedoch nur eine Seite der den Schäfern zur Last gelegten Vergehen. Ein zumindest so schweres Unrecht, das in den Ordnungen freilich nicht so stark anklingt wie die bisherigen Übeltaten, ist das widerrechtliche Beweiden von Wiesen und Äckern, die entweder nicht der Weidegerechtigkeit unterliegen oder nur zu gewissen Jahreszeiten zur Verfügung stehen. Vornehmlich bei der Behandlung der Gutsschäferei hatten wir darauf hinweisen können, daß der Schäfer im Auftrage seines Dienstherrn rücksichtslos dessen Schäferei- und Triftgerechtigkeiten erweiterte und im Streit mit den Gemeinden z. B. ohne Bedenken einen Meineid leistete. Daß er, der Gutsschäfer, wegen solcher Vergehen bei den Bauern nicht gerade beliebt war, erläuterten wir am Beispiel verschiedener Unruhen gegen diese herrschaftliche Willkür. — Freilich wollen wir auch nicht vergessen, daß Separation und Verkoppelung, das Aufhören der Dreifelderwirtschaft, Rationalisierungsbestrebungen in der Anbauwirtschaft usw. das Weideareal für die Schafherden immer mehr einengten, so daß es für den Schäfer oft nicht leicht war, seinen Tieren ein auskömmliches Futter zu bieten. Die Liebe zu seiner Herde, die wie bei keinem anderen Hirten bei ihm sprichwörtlich ist, trieb ihn unter solchen Umständen dazu, sich mit viel Geschick und Raffinesse in fremde Felder und Weiden einzuschleichen, um dort seine Tiere — freilich oft unter schlimmen Verwüstungen — weiden zu lassen. In dieser Hinsicht waren sich alle Schäfer, ob sie nun im Dienst einer Gemeinde oder eines Grundherrn standen, gleich, und sie kannten keinen Unterschied zwischen den Feldern des Gutes oder denen der Dorfbewohner.[96] Das widerrechtliche Beweiden jedoch als „ritterlichen Schäfersport"[97] zu bezeichnen, müssen wir ablehnen. Solche Bemerkungen stammen aus einer romantisch gefärbten Schau, die den tatsächlichen Grundlagen solchen Verhaltens nie gerecht wurde und nur die falsche, idyllenhafte Seite des Schäfertums zu betrachten imstande war.

Die Schilderungen vom widerrechtlichen Übertrieb sind, soweit sie von Schäfern selbst stammen, meist recht schnurrig und zeigen ihre Pfiffigkeit und Behendigkeit, sich in prekären Situationen schnell zurecht zu finden und die Dinge zu ihrem Vorteil zu lenken. Der Betroffene und ohnedies Geschädigte erscheint in solchen Geschichten meist noch als der Dumme und Genasführte. „Lux, komen her, hei sitt unnern Sül“, sagte ein Schäfer zu seinem Hund, als sich der Besitzer eines sonst von jenem widerrechtlich beweideten Grundstücks in einer Kanalröhre versteckt hatte, um ihn auf frischer Tat zu ertappen. Aus lauter Bosheit blieb er lange Zeit auf dem Versteck des Bauern stehen, welches ihm der Feldhüter verraten hatte.[98] Lehrschäfermeister Schütz, Neukirchen, Krs. Wetzlar, berichtete in seinen Lebenserinnerungen aus der Lehrlingszeit. Man hatte ihm einen Weideplatz angewiesen, der neben einem Feld mit Linsen und Esparsette lag und dem Rittergut gehörte. Dieser Acker reizte ihn nun sehr, da er seinen Tieren gern etwas Gutes tun wollte. Doch verstand er sich noch nicht recht auf diese Art des Übertriebs, die nicht gleich auffallen durfte. Zum Unglück hatten sich nun die Schafe in Gruppen gestellt und einige Stellen des Feldes kahl gefressen, als er zur Mittagszeit, während alles schlief, dort eingetrieben hatte. Er bekam es natürlich mit der Angst zu tun und überlegte, wie er sich wohl am besten vom Verdacht der Täterschaft freisprechen könnte. Da fiel ihm ein, daß er des öfteren Rehe wahrgenommen hatte, die sich im gleichen Feld ebenfalls gütlich getan hatten. Das behielt er sich als Ausrede, und als ihn eines Tages der Gutsherr stellte und nach dem Grund des so zugerichteten Feldes fragte, erzählte ihm der Schäferlehrling die Geschichte von den Rehen. Der Gutsbesitzer glaubte ihm nicht nur, sondern schenkte ihm sogar noch drei Mark, damit er in Zukunft aufpassen und die Rehe verjagen soll.[99]

Merkwürdigerweise lassen aber die Sprichwörter, die sich speziell mit dem widerrechtlichen Abweiden beschäftigen, jeden Ton der Schärfe vermissen. Sie sind eher schwankhafter Natur, wie beispielsweise ein Sprichwort, das uns Schäfermeister Müller aus Altengottern, Krs. Mühlhausen, mitteilt, und das als Wortspiel aufgefaßt sein will:

„Der Herrgott und der Schäfer sind Berufskollegen.
Warum?
Gott ‚behütet‘ die Fluren in der Mitte,
der Schäfer am Rande!“

Eine variierte Form kennen wir aus Schwaben:

„Der Herrgott meint's mit dem Schäfer gut:
Er läßt wachse, was er abhüte tut“.[100]

Ebenfalls aus dem Schwäbischen stammt die Persiflage eines bekannten Liedes, das Hornberger[101] bei einem Schäfer aufgezeichnet hat:

„Üb immer Treu und Redlichkeit
Bis an dein kühles Grab,
Und weide gleich ein Viertel breit
Von jeder Wiese ab.“

Verbreitet ist im Rheinland das Sprichwort:

„Zigeuner und Schäfer füttern umsonst“.[102]

Und in einem Lied aus Wonfurt, das so recht die List und spitzbübische Verschlagenheit unserer Schäfer ausdrückt, heißt es:

„Schäfer ‚sag‘ wann fahr'st in Klee?
‚Wann ich keinen Bauern seh‘,
Da fahr' ich hurtig in den Klee.‘“[103]

Wenn wir nun fragen, ob alle die genannten Delikte und Übergriffe zum Verruf, zur Unehrlichkeit der Schäfer geführt haben, so müssen wir feststellen, daß in den überlieferten Prozessen und Anweisungen für das Fernhalten der Schäfer aus den Zünften, von den ihnen hier zur Last gelegten Dingen — jedenfalls nach unserer Kenntnis — nichts gesagt wird. Die Quellen betonen statt dessen immer wieder, daß die Schäferei ehedem durchaus ein ehrliches Geschäft gewesen sei. Wir meinen auch, daß in der Zeit vorwiegender Gemeindeschafhaltung gar keine Veranlassung zu Betrügereien gegeben war, und kein Anreiz für den Schäfer bestanden hat, sich auf Kosten seiner Brotherren zu bereichern.

Anders wird es freilich durch die sich immer stärker entwickelnde Gutsschäferei. Der Ausbau dieser Betriebsform erforderte eine große Anzahl von Pflegepersonal, das nicht immer zur Verfügung stand. Es konnte daher nicht ausbleiben, daß sich die Grundherren auch mit allen möglichen Leuten zufrieden geben mußten, die vorgaben, etwas von der Schafhaltung zu verstehen, im letzten aber kein anderes Ziel verfolgten, als sich soviel wie möglich an dem Woll-„Profit“ zu beteiligen. Daß dies nicht immer auf legale Art geschah, ist verständlich. Der Charakter der Mengeschäferei usw. trug noch dazu bei, die Schäfer zu Betrügereien und Diebstählen regelrecht zu verführen. Daß die oft unzureichende Bezahlung der Lohnschäfer mit ein Grund für die Diebereien war, ist einleuchtend. — Wir werden also sagen können, daß im wesentlichen erst mit der vollen Ausbildung der Gutsschäferei die Kriminalität unter den Schäfern zunehmen konnte, die sich uns in der langen Liste der verschiedenen Delikte, die ihnen zur Last gelegt wurden, präsentierte. Nicht ohne Grund ist die Geschichte der Kriminalistik im 16./18. Jahrhundert voll von Totschlags-, Mord- und Diebstahlfällen, die in vielen Fällen Schäferknechten zur Last gelegt werden,[104] und die zeigen, welche Elemente sich im Schäferberuf breitgemacht hatten.

Der Makel der Unehrlichkeit, mit dem die Zünfte den Schäfer belegen, ist aber bekanntlich früher anzusetzen. Demnach können ursächlich die ihnen zur Last gelegten Delikte nicht der Grund für ihren Verruf gewesen sein. Daß die wachsende Kriminalität unter den Schäfern in späteren Jahrhunderten allerdings mit ein Grund war, sie vom Handwerk fernzuhalten, mag durchaus mit ins Gewicht gefallen sein.

b) Unstetigkeit

Mitunter ist geäußert worden, daß eine Ursache der Unehrlichkeit der Schäfer in ihrer Unstetigkeit, ihrem Wandertrieb liege.[105] Dadurch seien sie vielfach dort, wo sie für ihr Amt gedingt werden, ortsfremd und ständen damit außerhalb der Gemeinschaft.

Tatsächlich ist der Grad der Fluktuation bei Schäfer und Hirt relativ groß. Das liegt aber nicht an einem Wandertrieb, den man fälschlicherweise gern als Rest nomadenhaften Lebens annimmt. Zum guten Teil ist ihnen das unstete Leben aufgezwungen worden. So berichtet z. B. Hörmann[106] aus dem Fränkischen: „Um zu verhindern, daß ein Hirt das Heimatrecht im Ort erwirbt und im Alter versorgt werden muß, behält keine Gemeinde den Hirten länger als vier Jahre. Meist wandert der Hirt jedes Jahr. Es kommt vor, daß eine Gemeinde den Hirten, mit dem sie zufrieden ist, länger behalten möchte; in Postbauer z. B. wurde der Hirt zwar nach Ablauf von vier Jahren neu gedungen, mußte aber, um die Folgen für die Gemeinde abzuwenden, auf sechs Wochen in seine Heimatsgemeinde übersiedeln.“ Bei der allgemeinen Gleichförmigkeit der Grundsätze des Dingens und Verdingens können wir annehmen, daß solche unsozialen Maßnahmen — mögen sie auch erst späteren Epochen angehören[107] — mehr oder minder überall verbreitet waren. In dieser unsicheren Lage müssen wir wohl auch einen der Gründe für den engen Zusammenschluß der Schäfer untereinander sehen.

In gewissen Landschaften hat sich bekanntlich ein Schäfertum entwickelt, das für seinen Beruf besonders prädestiniert ist. Solche Schäfer sind natürlich weit über die Grenzen ihrer Heimat hinaus begehrt, und es ist klar, daß sie ihr Tätigkeitsfeld immer dort suchen, wo ihnen die besten Möglichkeiten geboten werden, d. h., daß gerade bei ihnen die Fluktuation beträchtlich war und ist.

Bei der Erörterung der Mengeschäferei stellten wir allerdings fest, daß viele ihrer Vertreter mit z. T. sehr großen Herden in der Gegend umherstreunten und nicht daran dachten, ihren eingegangenen Verträgen nachzukommen. Solche Schäfer, die keinen geregelten Betrieb führten, wirkten sich z. B. in Brandenburg effektiv als Landplage aus, und die landesherrlichen Ordnungen sind dort voll von Beschwerden über sie und voll von Maßnahmen, ihren Übermut zu dämpfen.[108] Aber auch diese Art der Unstetigkeit kann kein Anlaß für den Makel der Schäfer in den Augen des Handwerks gewesen sein.

Es kommt aber noch ein ganz anderes Moment hinzu, auf das wir erstmalig in der Ordnung der St. Michaelis Brüderschaft zu Hirzfelden von 1584 aufmerksam werden. In dieser von landesherrschaftlicher Seite erlassenen Satzung wird nämlich darauf verwiesen, daß Schäferknechte und -jungen ihren

Tätigkeitsort wegen des ihnen anhaftenden Makels der Unehrlichkeit öfter wechselten und so ihre Verträge nicht einhielten. Wir sehen also, daß die Unstetigkeit, die den Schäfern vorgeworfen wird, durchaus auch eine *Folge* ihrer „Unehrlichkeit“ sein kann.

Das sich auf legale Weise in vertraglicher Ordnung (Verdingen) vollziehende „Wandern“ von Arbeitsort zu Arbeitsort aber hat mit Unstetigkeit nichts zu tun und kann auf die Frage nach den Gründen der schäferlichen Unehrlichkeit keine Antwort sein. Wäre ja sonst auch das „ziehende“ Gesinde mit dem gleichen Verruf behaftet. — Es will uns scheinen, daß die so oft konstruierte Verquickung schäferlichen und nomadenhaften Wesens zu diesem falsch verstandenen und leichtsinnig interpretierten „Vorwurf“ der Unstetigkeit — die Auswüchse der Mengeschäferei und die Unstetigkeit als *Folge* der Unehrlichkeit werden dabei ausgenommen — geführt hat.

c) Trägheit

„Diä Scheperlüde woaren tuo deärmoals ni sonderlich anjesiän, wiels diä Lüde immer meenten, si wiren wat fuel, un wiels si bi eär Hüöden wider nischt tuo duon hedden, sinnewierten si eäwer jeden Quark noa un wullen immer klüöker sin, as in eänger Mensch, wat oek hüet tuo Dae no oft deär Fal sin sal“.[109] Dieser Vorwurf der Faulheit des Schäfers ist überall verbreitet. Besonders in schwankartigen Geschichten kommt er zum Ausdruck und oft in recht drastischer Form. Gibt man doch in Ebergötzen, Krs. Göttingen-Land, auf die Frage, was muß ein Schäfer tun, um Geselle zu werden, zur Antwort: „Er muß dreimal vor Faulheit umfallen!“[110] Die Bezeichnung „fauler Schäfer“ ist in Deutschland sprichwörtlich für einen Menschen geworden, der sich auf den Tisch lümmelt, indem er breit seine Ellenbogen aufstützt.[111] „He is so ful as'n Scheper“, heißt es in Schleswig-Holstein. „Wenn de en den Weg wisen schall, dann wist he mit'n Been.“[112] — Wie zeigt sich aber diese Faulheit des Schäfers und worin drückt sie sich aus? Ein Schäfer war zur Hochzeit gewesen. Als man ihn fragte, wie es ihm gefallen habe, meinte er: „O dat anner güng all, blot dat ick bit Äten sitten müßt un nich liggen künn, dat hett mi nich gefallen“.[113] Diese „Eigenschaft“ des Schäfers, das Dasein möglichst im Liegen zu verbringen und sich dabei durch nichts stören zu lassen, ist eine ständige Zielscheibe des Spottes: „Ein Schäfer lag weinend unter einem Baume, an welchem sein brotgefüllter Ranzen hing. Auf die Frage Vorübergehender, was ihm fehle, antwortete er, ihn hungere. ‚Komm her, hier hast du Brot‘, sagten die. Worauf der Schäfer erwiderte: ‚Ja, wenn ick upstân wulle, dann brûke ick man na mîn'n holster to langen, da is brot enaug inne.‘“[114] In Westfalen (Krs. Paderborn) erzählt man sich eine Geschichte, in welcher ein Bauer seinen Schäfer auf der Weide aufsucht und ihn fragt: „Jossef, worümme geiste dann ni liggen?“ Darauf die Antwort: „Dann mut ik auk wier upstohn!“[115] In der Kranichfelder Gegend kennt man gar folgende Scherzfrage: Welcher Schäfer ist fleißiger, der sich hinlegt, oder der stehenbleibt? Antwort: Der sich hinlegt, dernn er muß wieder aufstehn![116] Es ist verständlich, daß einer, der seinen Beruf angeblich im Liegen ausübt, auch in Verdacht gerät, nur zu schlafen. Heißt es doch in einem Hunsrücker Spottliedchen über die Hirten u. a.:

„... de Scheeferd bei de Schoofe,
dä duud neischd weire wie schloofe“.[117]

Daß alle diese Belege aus dem Volksmund nicht nur scherzhaft zu deuten sind, daß sie durchaus einen realen Hintergrund haben können, zeigt eine Bestimmung aus der altmärkischen Schäferordnung von 1722, nach der ein Schäfer, welcher beim Hüten seiner Herde nicht stehend angetroffen wurde, entlassen werden konnte.[118] Man fürchtete also um ihre Wachsamkeit.[119] Ein solcher Erlaß zeigt, daß die Vorstellung von der Faulheit der Schäfer in der Tat recht weit verbreitet war. Wir meinen jedoch, daß dieser Vorwurf realiter wieder nur auf eine bestimmte Kategorie von Schäfern zutraf, die wir bereits in der Folge von Ausartungen in den Gutsschäfereien bzw. im Mengeschäfereiwesen kennengelernt hatten.

Wie man aber immer zu stark verallgemeinert, hat man die Faulheit und damit eine mangelnde Aufsichtspflicht gewisser Schäfertypen auch auf den ganzen Beruf übertragen, und nur wer die andere Seite, nämlich die wirkliche Schäferarbeit, nicht kennt, kommt zu solchen Aussagen wie der folgenden: „... in ganz Deutschland galt noch lange Zeit das Viehhüten, eben weil es ein Dienst halb im Müßiggehen und Hindämmern war, für die am meisten verächtliche Arbeit ...“[120] – Betrachten wir hingegen die Arbeit und Tätigkeit eines wirklichen Schäfers, dem es nicht ausschließlich um den reinen Profit geht, dem das Wohlergehen seiner Tiere am Herzen liegt, erscheint der Vorwurf der Trägheit schon in einem anderen Licht. „Ruhe und Rast ist die halbe Mast“,[121] sagt ein altes Schäferwort, und das will besagen, daß es für das Gedeihen einer Schafherde notwendig ist, sie mit äußerster Ruhe zu leiten. Interessant ist in diesem Zusammenhang eine Art Analogiezauber, den Rantasalo[122] mitteilt: Der Hirt mußte gut essen und danach ruhen, damit die Tiere auch viel äßen und das Futter gut ansetze. Dieser „Zauber“ hat natürlich seine ganz reale Grundlage, die in der oft verblüffenden Anpassungsfähigkeit des Schäfers an seine Herde und umgekehrt liegt. Wenn der Schäfer die Tiere nicht hin und her jagt, sich ruhig am Rande der Weide hinsetzt – wobei er allerdings nicht seine Aufsichtspflicht verletzen darf – werden sie gut gedeihen. Ja, „... im Sommer bei seiner Herde da muß[123] der Schäfer ‚faul‘ sein, d. h. ruhig und langsam mit seinem Vieh umgehen; im Winter dagegen hat der Schäfer mehr Arbeit zu leisten als zwei Tagelöhner, da ist er nicht mehr der ‚faule‘ Schäfer“.[124] Und noch etwas anderes kommt hinzu, was in der schäferlichen Tradition begründet liegt, durch die sich überhaupt viele Wesensmerkmale dieses Berufes erklären lassen. Am Beispiel der walachischen Wanderschäfer hat das v. Sawicki[125] sehr klar zum Ausdruck gebracht, und wir tragen keine Bedenken, seine Bemerkungen auch auf unseren Untersuchungsraum zu übertragen: „Alles, was sie tun, wiederholen sie täglich seit Jahrzehnten in gleicher Weise, so wie es ihre Ahnen durch Jahrhunderte getan haben, langsam, mechanisch, mit der Ruhe und Sicherheit, welche das vollständige Aufgehen in einer Lebenstätigkeit mit sich bringt. Diese Ruhe und bedächtige Sicherheit ihres Handelns hat ihnen bei der Talbevölkerung auch den Vorwurf der Faulheit eingetragen. Der Konservativismus ist bei ihnen in höchstem Grade ausgestaltet, sie lieben keinerlei Neuerungen, weichen keinen Schritt von alten Sitten ab, selbst wenn sie deren Hohlheit und Unzulänglichkeit erkannt haben. Die Langsamkeit im Handeln und der Konservatismus der Anschauungen hat bei den mährischen Hirten den schwerfälligen Charakter erzeugt, der für sie so bezeichnend ist. Ihr Hängen am alten erklärt auch die Schwierigkeit, die bei der Einführung irgendeiner wirtschaftlichen Verbesserung bei ihnen überwunden werden muß.“

Wir können abschließend zu dem Vorwurf der „Trägheit“ sagen, daß auch er nur auf eine bestimmte Kategorie von Schäfern zutrifft, die nach ganz eigennützigen Motiven ihren Beruf betreiben. Verallgemeinerungen und Unkenntnis von der wirklichen Arbeit und den Aufgaben eines mit seinen Tieren verbundenen Schäfers haben ganz zu Unrecht dazu geführt, in Bausch und Bogen vom „faulen Schäfer“ zu sprechen. Daß auch dieser „Makel“ ihn nicht in die Reihe der „Unehrlichen“ eingliederte, liegt auf der Hand.

d) Unfreiheit

Häufig wird die Ansicht vertreten, daß die Tätigkeit von Schäfern und Hirten „ehedem nur von Unfreien, Hörigen oder Leibeigenen ausgeübt wurde“.[126] Man stützt sich dabei bekanntlich auf die These, daß alle auf dem Lande im Lohn stehenden Berufe von Unfreien ausgeübt worden seien. – Unmittelbare Zeugnisse, daß die Schäfer zu dieser Kategorie gehört hätten, scheinen relativ selten zu sein. Wir hören lediglich, daß im Jahre 770 ein gewisser Wolfpert mit Zustimmung des Herzogs Tassilo an das Kloster Mondsee

„unum colonum et duos homines domesticos ad pastores (die zu Hirten tauglich sind)“[127] schenkte und Maurer[128] nennt die Hirten auf den Fronhöfen in spätgermanischer Zeit höher gestellte Unfreie. In der Abtei Werben, also auf klösterlichen Grundbesitz, sollen im 10./11. Jahrhundert die Viehhüter zu den Leibeigenen gehört haben.[129] Für das 11./13. Jahrhundert wird von den Hirten der französischen Grundherren als Vollhörigen gesprochen,[130] und noch im 16. Jahrhundert soll der Graf von Ranis einen leibeigenen Schäfer wegen irgendeines Vergehens mit dem Tode bestraft haben.[131] Gewiß ließen sich noch weitere Beispiele von Unfreiheit bei Schäfern finden. Uns kann es aber genügen, festgestellt zu haben, daß es in irgendeinem engeren Abhängigkeitsverhältnis stehende Schäfer gegeben hat. Die Frage ist aber, ob sie allgemein zu den „Unfreien“ zu rechnen sind, und das meinen wir, trifft nicht zu. Sicher scheint zu sein, daß die frühen Fronhöfe, soweit sie Schäferei betrieben, leibeigenes Hütepersonal beschäftigten. Das wird in einem gewissen Grad auch auf spätere Gutsherrschaften zutreffen und könnte sich dann eigentlich nur auf den Typ des Lohn-Deputatschäfers beziehen.

Wie aber sieht es im Bereich der Gemeindeschäferei aus, und mit welchen Gründen glaubt man hier Unfreiheit bzw. ein engeres Abhängigkeitsverhältnis erkennen zu können?

Meist wird das schon im Sachsenspiegel für die Hirten verzeichnete Verbot des Schwerttragens bzw. die Nichtteilnahme am Heerbann genannt.[132] Außerdem wird die Befreiung vom Gerichtsding erwähnt. — Justus Möser hat sich auch mit dieser Frage beschäftigt. Auf seine Ansicht dürften sich eine ganze Reihe von Äußerungen zu diesem Problem des Nicht-Waffen-Tragens der Schäfer zurückführen lassen, wodurch der Blick für die tatsächlichen Zusammenhänge getrübt wurde. Möser[133] schreibt: „Bey den Deutschen war alles unehrlich, was nicht im Heerbann oder im Bürgerbann focht.“ Noch zu seiner Zeit, meint er, „verbietet ein jeder Hauptmann seinem Gemeinen, mit anderen Leuten, die nicht zu ihnen gehören, Brüderschaft zu trinken oder sich mit ihnen zu dutzen ... Und hatte der Heerbann mindre Ursache mit allen Leuten nicht aus einem Kruge zu trinken? Der Krug war der geheiligte Becher, der in einer ebenbürtigen Gesellschaft nach der Reihe herum gieng. Wer nicht zu der Gesellschaft gehörete, gehörte auch nicht zum Kruge; und so sagten unsere Vorfahren: Wir trinken mit keinen Schäfern etc. aus einem Kruge, weil sie nicht mit fürs Vaterland ausziehen, sondern daheim bei der Heerde bleiben müssen.“ Wie hängen aber diese Dinge, die von Möser und seinen Nachschreibern ganz unsinnig mit „bürgerlichen Ehrenrechten“ verquickt werden, tatsächlich zusammen? Ist das Nicht-Befolgen-Müssen des Heerbannes oder anderer Verpflichtungen ein Ausdruck der Unfreiheit und damit der Unehrlichkeit?

Frensdorff[134] stellt ganz richtig fest, daß der Sachsenspiegel (II, 71, 3) auch den Küster vom Heerbann befreit, „der doch nirgends zu den unehrlichen Leuten gerechnet wird“. Hirten, Glöckner und Pastoren sind in einem Weistum zu Clotten an der unteren Mosel (1446) von der Teilnahme am Gerichtsding befreit.[135] Im Weistum zu Cröve am linken Moselufer wird etwa um die gleiche Zeit festgelegt, daß allein „die hirten oder die huder, die von der gemeinden wegen und geheiss des zenders des tags auff irer weiden weren“[136] vom Gerichtsding befreit sind. Solche und ähnliche Bestimmungen setzen sich durch die Jahrhunderte bis in unsere Tage fort, und wir wollen einige als Beispiele anführen, da sie auf unsere Frage eine eindeutige Antwort zu geben scheinen: 1551 ließ der Landvogt zu Ortenberg bei Offenburg die waffenpflichtige Mannschaft der österreichischen Herrschaft in der Ortenau aufnehmen. Nach diesem Verzeichnis ist durchweg festzustellen, daß die Hirten nicht zu den Waffenpflichtigen gerechnet werden. Meist werden sie noch vor allen anderen in Frage kommenden wie Messner, Förster, usw., als erste genannt.[137] Lamprecht[138] spricht von den Hirten als „den schlechthin unabkömmlichen Personen ..., bei denen ein Dispens vom Messehören in

Frage kam und eine Entbindung von der Dingpflicht stattfand". War in einem kurhessischen Landtagsabschied vom 9. November 1658 außer den Schäfern auch das notwendig gebrauchte Gesinde von der Militärdienstpflicht befreit worden, gilt dieser Passus nach einem entsprechenden Schreiben vom 22. Juni 1702 nur noch für die Schäfer, „die wirklich eine Herde zu hüten haben".[139] Aus dem Jahre 1767 existiert für Sachsen ein „Verzeichniß derjenigen Personen, so in Ansehung ihres treibenden Nahrungs-Bewerbs von der bevorstehenden Land-Recruten-Gestellung eximiret seyn sollen". Zu diesen gehören u. a. auch „Schäfer und Schaaf-Knechte", die hierbei als „Wirthschafts-Bediente" angesprochen werden.[140] Auch für die Aufstellung einer sächsischen Landmiliz waren in einem Generale vom 7. Januar 1734 die Schäfer ebenfalls ausgenommen worden[141] und solche Befreiungen von der Rekrutenpflicht werden in Sachsen für die Jahre 1778[142] und 1792[143] wiederholt. Lediglich einmal — in einem Generale vom 7. April 1768[144] — wird von der bisherigen Regelung insofern abgewichen, als bestimmt wird, daß es durchaus im *Ermessen* der Obrigkeit liege, z. B. Schafknechte zum Heeresdienst abzustellen, ohne daß der Betroffene dagegen Einspruch erheben könne. Freigestellt wurden die Schäfer auch im Saargebiet, wie aus einer Rekrutierungsliste von 1803 im katholischen Pfarrarchiv zu Losheim hervorgeht.[145] Selbst 1813 war der Hirt vom Dienst im preußischen Landsturm befreit, wie sich aus entsprechenden Akten, die in Fehrbellin verwaltet werden, ergibt.[146] Freilich gilt die allgemeine Wehrpflicht seit ihrer Einführung auch für den Schäfer, aber wir finden die Fortsetzung der alten „Tradition" noch in einem Artikel der Süddeutschen Schäfereizeitung (41/1951, S. 99), der sich gegen die Dienstpflicht des Schäfers bei der Feuerwehr bzw. gegen eine entsprechende geldliche Abgabe anstelle dieses Dienstes wendet.

In allen diesen Bestimmungen finden wir keinerlei Hinweise darauf, daß die Schäfer wegen ihrer angeblichen Unfreiheit vom Militärdienst suspendiert wären, und es ist merkwürdig, aber auch symptomatisch, daß sich eine vom Vorurteil getrübte Anschauung, wie sie uns hat Justus Möser präsentiert, so lange halten konnte. Wir glauben sagen zu dürfen, daß gerade die Häufigkeit der Befreiung vom Waffenhandwerk für einen bestimmten Personenkreis gegen die Annahme einer „Wehrunwürdigkeit" infolge eines starken Abhängigkeitsverhältnisses spricht. Denn wäre es notwendig, Leute, die wegen ihrer Unfreiheit ohnehin nicht waffenfähig sein konnten, in den diesbezüglichen landesherrlichen Bestimmungen besonders zu nennen? Es müssen weit realere und triftigere Gründe gewesen sein, welche Schäfer und Hirten von Heerbann und Wehrpflicht befreiten.

In unserer Abhandlung über die Gemeindeschäferei hatten wir darauf verwiesen, daß im Rahmen des gesamten landwirtschaftlichen Betriebes dem Schäfer eine besondere Bedeutung zukam. Bei der Abhängigkeit zwischen Dreifelderwirtschaft und Schafhaltung war ihm als dem Hüter der Schafherde eine große Verantwortung übertragen. Zeigt doch die Vielzahl der Weistümer und Dorfordnungen, die sich mit Maßnahmen beschäftigen, „daz daz dorf nicht hirtenlos en blibe",[147] wie wichtig und notwendig sein Amt war. Ohne ständige Betreuung und Beaufsichtigung war eine Rentabilität der Viehwirtschaft gar nicht denkbar, abgesehen davon, daß durch eine schlecht geleitete Herde im Bereich der Anbauwirtschaft großer Schade gestiftet werden konnte. Es ist also — man möchte sagen — lebensnotwendig, den Schäfer vom Waffenaufgebot zu suspendieren, denn der Gewinn seiner Wehrkraft stand in keinem Verhältnis zum Schaden, der sich aus seiner Abwesenheit von der Herde ergeben konnte. So — scheint uns — ist diese „Waffenlosigkeit" eher ein Zeichen der Vertrauensstellung, die er einnahm, aber nicht eine Folge von Unfreiheit.

Wir wollen auch hier nicht verkennen, daß durch Verallgemeinerungen — leibeigene, unfreie Schäfer hatten wir für den Bereich der Fronhöfe und später auch für den herrschaftlichen Grundbesitz angenommen — die Vorstellung, alle Hirten seien unfrei gewesen, genährt wurde. Ursprünglich, das zeigen alle die angeführten Verordnungen, gelten Hirt und Schäfer keineswegs als unfrei[148] und dadurch als unehrlich. Man kann sich aber gut vorstellen, daß Ansichten, wie sie Justus Möser aussprach, von den Zünften, welche gerade zu seiner Zeit den Gipfel ihres „bornierten Vorurteils" in Fragen des Unehrlichkeitswesens erreicht hatten, dankbar aufgegriffen wurden. Lieferten sie ihnen doch wieder neue Argumente, das Handwerk für alle, die ihnen nicht genehm waren, zu sperren. Somit dürfte auch für diesen als Ursache schäferlicher Unehrlichkeit angenommenen „Makel" das gleiche gelten wie für die schon besprochenen „Delikte": Es sind spätere Vorstellungen, die uns hier entgegentreten und die ursächlich nicht zum Verruf der Schäfer und damit zur Handwerksunwürdigkeit geführt haben.

e) Der Schäfer als Schinder

Unter den sog. unehrlichen Gewerben gab es kein verabscheuungswerteres als das der Schinder (auch Abdecker, Caviller, Fall- oder Wasenmeister genannt). Mit ihnen beschäftigen sich die kaiserlichen und landesherrlichen Verordnungen, die bekanntlich immer wieder auf eine Aufhebung, zumindest aber eine Lockerung des Unehrlichkeitswesens drängen, nur wenig. Sie und ihre Kinder bleiben von der Aufnahme in ein Handwerk ausgeschlossen, stehen als Prototyp der Unehrlichkeit außerhalb der Gesellschaft, und erst der kaiserliche Abschied von 1731 lockert pro forma die strenge Ächtung, indem er die Schinderskinder in der zweiten Generation unter der Bedingung für zunftfähig erklärt, daß die erste Generation mindestens 30 Jahre lang einen „ehrlichen" Beruf ausgeübt haben müsse.[149] Bei dem sturen Verhalten der Zünfte und der auch außerhalb dieser Organisationen eingetretenen Verabscheuung der „unehrlichen" Gewerbe mag es für ein Schinderskind sehr schwer, wenn nicht unmöglich gewesen sein, diese Bedingung zu erfüllen. Erst 1772 erlassen die Behörden ein „Commissionsdecret", das die Schinderskinder für ehrlich erklärt und ihnen ohne Vorbedingungen den Zugang zum Handwerk freigibt. Trotzdem wird auch in dieser Verordnung von der Arbeit des Schinders als einer „verwerflichen" und „verabscheuten" Tätigkeit gesprochen.[150]

„Die geringschäzung der schinder ist nicht aus den alten Teutschen gewonheiten, sondern aus den Römischen und geistlichen rechten herzu leiten".[151] Diese Einführung des römischen Rechts, die ganz allgemein als einer der Gründe für das Unehrlichkeitswesen angenommen wird, scheint sich besonders auf den Schinder ausgewirkt zu haben. Nach einem Gesetz aus der Merowingerzeit[152] braucht derjenige, welcher gegen den Willen des Eigentümers ein totes Pferd abzieht, lediglich eine Buße als Wertersatz für das Fell zu leisten. Erwähnt wird aber nicht, daß er durch seine Handlung unehrlich würde, was in späterer Zeit ohne weiteres der Fall gewesen wäre. Jahrhunderte später noch rechnet das Freisinger Rechtsbuch,[153] das 1328 fertiggestellt ist, ganz im Sinne des Sachsenspiegels zu den rechtlosen Leuten lediglich Kämpfer und deren Kinder, alle unehelich Geborenen, Diebe und Straßenräuber sowie diejenigen, die als Folge einer verbüßten Gerichtsstrafe ein äußeres Mal tragen. Auch hier wird das Schinden, wenn es einer unrechtmäßig tut, als schwerer Diebstahl, zum Teil sogar mit der Todesstrafe geahndet.[154] Von etwaiger Unehrlichkeit ist jedoch ebenfalls noch keine Rede.

Was nun den Einfluß des römischen Rechts betrifft, macht v. Zangen[155] darauf aufmerksam, daß die Geistlichen anfänglich auch Chirurgie betrieben hätten. Dies aber sei ihnen auf den Synoden von Nîmes (1284) und Bayonne (1300) als unanständig untersagt worden, weil die Ausübung dieser Kunst mit „Schneiden und Brennen vergesellschaftet war". Daher wurde „diese aus einem so ehrwürdigen Chor verbannte Kunst in den Augen des verfinsterten Pöbels verächtlich", was zur „Geringschäzigkeit der Barbirer, Bader und Bruchschnitter", d. h. zu deren Unehrlichkeit geführt hat. Um wieviel mehr mag eine solche Auffassung der Kurie über die chirurgische Kunst auch die Meinung über den Schinder, welcher sich sogar mit der Beseitigung von Kadavern zu befassen hatte, bestimmt haben! Die Ausstoßung des Schinders aus der Gesellschaft geschah schnell und brutal. Sein Amt — 1265 soll in einer ersten Urkunde seine Besoldung durch den Fiskus erwähnt worden sein[156]—, welches oft mit dem des Henkers oder Scharfrichters verbunden war, galt in der Schweiz „für so beflekkend und entehrend, daß der Scharfrichter, welcher nicht zugleich jenes Geschäft hat, eine Stufe höher steht, und es ist nicht unwahrscheinlich, daß die Anrüchigkeit des Scharfrichters im Mitelalter dadurch, wenn nicht entstanden doch gewachsen ist, daß er das crepirte Vieh besorgte".[157]

Und doch gehörte gerade der Schinder zu den Berufen, denen als Vertreter der Seuchenpolizei größte Verantwortung übertragen worden war. Mußte er doch jedes gefallene Vieh sofort, mindestens aber binnen sechs Stunden, an einem sicheren Ort verscharren, um Entstehung und Ausbreitung von Seuchen zu verhindern, heißt es in einem sächsischen Generale von 1765.[158] Es wird im gleichen Generale weiterhin festgelegt: Sofern „die Menge des gefallenen Viehes, oder die Entlegenheit des Ortes, oder eine andere Ursache verhindern sollte, daß das Vieh, binnen der gesetzten Zeit ... von dem Caviller nicht verscharret werden könnte: So ist solches von des Orts Einwohnern selbst zu bewerkstelligen, ohne daß sie sich deshalben eines ohnehin ungegründeten Vorwurffs zu befürchten haben, wie denn derjenige, so ihnen dergleichen zu machen sich unterstehen sollte, unnachbleiblich mit Vierzehn Tagen Gefängniß[159] zu belegen, und zur Abbitte und Ehrenerklärung anzuhalten". Um noch größeren Schaden zu verhüten, muß man also „ehrliche" Leute heranziehen, die dem verachteten Schinder zur Hand gehen! Interessant ist in diesem Zusammenhang, daß in dem kaiserlichen Edikt von 1731, welches nur die sehr bedingte Aufnahme der Schinderskinder ins Handwerk ermöglichte, ebenfalls verkündet wird, daß Leute, die bei Viehseuchen dem Abdecker mithülfen, bei Androhung von Strafe nicht als unehrlich zu schelten seien.[160] Menschen, welche die gleiche anrüchige Arbeit verrichteten, wurden also mit zweierlei Maß gemessen. — Noch grotesker, ja tragikomisch mutet uns ein sächsisches Generale vom 16. November 1751[161] an, in welchem die lederverarbeitenden Handwerker (!) darum bitten, die Häute des an der Seuche gefallenen Rindviehs abziehen und unter nötiger Sorgfalt bzw. unter Beachtung von Maßnahmen zur Verhütung von Ansteckung auch verarbeiten zu dürfen.[162] Die entsprechenden Gewerbe stellen selbst (!) „zu dieser Arbeit gewisse verpflichtete und auf eine Zeit lang von anderer Arbeit abzusondernde Personen." Zwar wird hier nicht gesagt, ob die Schinderarbeit Angehörige des Handwerks selbst vorgenommen haben oder ob man dafür andere Personen „kaufte", doch bleibt immerhin festzustellen, daß, wenn es um den Gewinn ging, — und das Fell der gefallenen Tiere kostete faktisch nichts — alle sonst so unnachgiebig verfochtenen Vorwürfe der Unehrlichkeit plötzlich aufgehoben zu sein schienen.

In unserem Zusammenhang interessiert uns aber besonders der Passus des Generales von 1751, nach dem die Leute, welche das Abledern der gefallenen Rinder vorzunehmen hatten, für eine zeitlang quasi in Quarantäne gehen sollten. In dem schon angezogenen Generale von 1765[163] heißt es sogar, daß „alle, so das gefallene Vieh hinausschaffen, oder vergraben helffen, binnen Vierzehn Tagen sich keinem gesunden Viehe nähern" sollen. Diese Anordnungen — wenn auch aus relativ später Zeit — lassen deutlich erkennen, daß die Schindertätigkeit ganz unter seuchenpolizeilichen Erwägungen stand. Denn zur Verhütung von Seuchen war es nicht allein notwendig, die Kadaver fortzuräumen, sondern auch weitere Ansteckung zu vermeiden. Das bedeutet, daß der Schinder, — und das Viehsterben mag im Mittelalter noch verheerender gewesen sein als im 18. Jahrhundert — eigentlich in ständiger Quarantäne leben mußte und damit von der Umwelt und der Gemeinschaft notgedrungen getrennt war. Mag auch das römische Recht den unmittelbaren Anstoß zu seiner „Unehrlichkeit" gegeben haben, in etwa war der Boden für seinen

Verruf schon bereitet. Denn es ist klar, daß einer, der gezwungen ist, fast ständig für sich zu leben, den man meiden muß, will man nicht großes Unheil durch Verschleppung von Seuchen heraufbeschwören, allmählich in das Odium zunächst eines Sonderlings geraten muß. Es bedarf dann nur eines kleinen Anstoßes, ihn als den prädestinierten „Unehrlichen" in die Ächtung zu stoßen. Daß er dabei mit seiner Tätigkeit eine äußerst wichtige Aufgabe wahrnahm, spielte keine Rolle.

Welche Beziehungen bestehen nun zwischen Schäfer und Schinder? — Nach Abdeckereiprivilegien des 17. und 18. Jahrhunderts war jeder Viehbesitzer verpflichtet, „das gefallene sowie das aus der Viehseuche (Rinderpest) abgestandene, auch bei dem Schlachten unrein befundene Vieh (*Schafe ausgenommen*),[164] dem Scharfrichter oder Abdecker des Distrikts anzusagen".[165] Haefcke[166] präzisiert die Aufgabe des Schinders noch und sagt: „Zumeist wurden von demselben nur große Haustiere, Pferde und Rindvieh, betroffen; stellenweise auch die kleineren, Haustiere, wie Schweine, Kälber, Hunde; sehr selten Schafe".[167]

Wessen Amt ist es nun, sich der verendeten Schafe anzunehmen? — Artikel 16 der erneuerten Schäferzunftordnung von Pfaffenhoffen (1745)[168] bestimmt: „... dieweilen wie vor alters Herkommen, so solle die verstorbene Schaaf durch keinen Wasenmeister, sondern durch die Schäfer abgezogen werden, bey Straf wieder die Wasenmeistern oder sonst darwieder handlende." Schäfer und Schinder sind also zwei Berufe, die, was die Besorgung der gefallenen Tiere betrifft, zwar gleiche Tätigkeit ausüben, deren Kompetenzen von seiten der Obrigkeit aber streng getrennt zu sein scheinen. Was die Pfaffenhoffener Ordnung vom Amt der Schäfer sagte, gilt an anderer Stelle für die Abdecker. In Privilegien des Herzogs von Sachsen von 1619 und 1628 wird nämlich verboten, daß den Abdeckern von irgendwelchen Leuten, „wer die auch seyn, mit Abdecken, Aufkaufung und Verparthierung des schadhaftigen und todten Viehes (außerhalb was der Schäfer Ambt und Beruf mit sich bringt) einigen Eingriff und Schmälerunge getan werde".[169]

Das Abziehen der Schafe ist also Sache des Schäfers und wird ihm direkt aufgetragen. Fragen wir, warum der Schinder diesen Dienst nicht auch mit versah, so können dafür einige Gründe angeführt werden: Zunächst ist festzustellen, daß das Weideareal des Schäfers nicht immer bzw. nicht zu allen Zeiten so dicht am Gemeindeort gelegen war, daß im benötigten Fall sofort ein Schinder zur Hand sein konnte. Das verendete Tier aber so schnell wie möglich zu beseitigen, war gerade in einer Schafherde vom seuchenpolizeilichen Standpunkt aus besonders wichtig. Ist doch gerade das Schaf für bestimmte Krankheiten sehr anfällig, und ausbrechende Seuchen können verheerende Folgen haben. Im übrigen — und das wäre ein weiterer Grund — mußte ja der Schäfer von jedem verendeten Tier Ohren oder Fell seinem Dienstherrn vorweisen, d. h. er mußte gerade wegen dieses Nachweises zur Bekräftigung seiner Aussage Hand an das tote Tier legen. Da gerade die Anordnungen über den letzten Punkt mit zu den ältesten rechtlichen Bestimmungen aus dem Schäfereiwesen gehören, dürfen wir annehmen, daß auch das Abziehen und Beseitigen der toten Schafe von jeher Sache des Schäfers war, daß diese Aufgabe von ihm schon erfüllt wurde, bevor es besoldete Schinder gab.[170]

Wir wiederholen es noch einmal: Die Kompetenzen zwischen Schäfer und Schinder sind ursprünglich getrennt. Dennoch gibt es eine Fülle von Nachweisen, daß die Schäfer mit Billigung bzw. im Auftrage der Behörden — aber auch gegen deren Willen — das Amt des Schinders mit ausübten. Aus allen Teilen Deutschlands wird darüber einhellig berichtet.[171] Wie uns von mehreren Schäfern aus Delitzsch mitgeteilt wird, betätigten diese sich dort noch bis 1920 als Schinder; und Museumsdirektor Ulitzner wußte zu berichten, daß in der Gegend von Schleusingen/ Thüringen die Schäfer sogar „Schinder" genannt wurden. 1692 brachten drei Fleischergesellen aus dem Fürstentum Wohlau einen vermutlichen Wolf, den sie tot im Walde gefunden hatten, zum Schäfer, der ihnen das

Tier abledern sollte.[172] Es hatte sich also schon in manchen Gegenden eingebürgert, daß der Schäfer das Amt des Schinders wahrnahm. In einer Gemeindeordnung von Zöbingen (1666) wird vom Schäfer direkt verlangt, daß er alles gefallene Vieh in einem bestimmten Bereich „ohne entgeld abzüechen und die hauth dagegen liffern solle".[173] Vom Schweinehirten wird das gleiche schon in einem Weistum zu Huisheim in Schwaben (1505) gefordert.[174] In einer Gemeinderechnung von Külsheim, Kr. Uffenheim, aus dem Jahre 1610 heißt es gar: „1 Ib 12 dn dem schafhirtten von den luderbainen vom wasen zu butzen."[175]

Warum der Schäfer über sein eigentliches Aufgabengebiet, die toten Schafe abzuziehen, hinausging, oder auch auf behördliches Geheiß hinausgehen mußte, hat verschiedene Gründe. Colerus[176] spricht von der Notwendigkeit, daß die Schäfer gerade in Gegenden, wo es noch viele Wölfe gab, die in den Schafherden großen Schaden anrichteten, für ihre Wach- und Abwehrhunde immer genügend Fleischfutter zur Verfügung haben mußten: „Drumb müssen auch alldar die Schefer halbe Schinder mit sein. Denn sie nemen alte untüchtige Pferde und schlachten sie / oder wo sonsten Pferde / Kühe oder ander Vieh stirbet/ das ziehen sie ab / hauens in zwey theil / und hengens in iren Schafstellen hoch empor / damit erhalten sie ire grosse starcke Molossen[177] / das Jar durch / sonderlich im Winter."[178] Schäfermeister Greb aus Burgsinn/ Rhön bestätigte, daß der Schäfer mitunter bereit gewesen sein soll, dem Wasenmeister zur Hand zu gehen, um dadurch zu billigem Hundefutter zu kommen. — Wichtiger aber scheint uns folgendes zu sein: Unter den Ausgaben der Stadtkammer von Wunsiedel findet sich 1546 diese Eintragung: „18 Pfg. Lorenzen Hutmann, daß er einen wuttigen Hund umgebracht",[179] also Schinderarbeit geleistet hat. Nun ist interessant, daß die „Hundschlager" in Wunsiedel von auswärts kamen, also im Bedarfsfalle nicht immer anwesend waren. Was lag also näher, die Aufgaben des Schinders dem Schäfer mit zu übertragen, wie es in Wunsiedel tatsächlich geschehen ist?[180] Wir können aus diesem Fall folgern, daß nicht jede Gemeinde einen Abdecker angestellt hatte, daß für einen bestimmten Distrikt vielleicht jeweils nur einer eingesetzt war, der natürlich der anfallenden Arbeit nicht in allen Orten gleicherweise gerecht werden konnte. Im übrigen darf man als sicher annehmen, daß die Schinderarbeit zu den ausgesprochenen Mangelberufen gehörte. Denn wer hat sich wohl schon zu dem verachtetsten aller Gewerbe hingezogen gefühlt? Die Seuchengefahr erheischte jedoch eine verantwortliche Person, und in einem Fall wie in Wunsiedel bot sich von selbst der Schäfer an, der durch die Anforderungen seines eigenen Berufes mit der Arbeit des Schinders durchaus vertraut war. — Als weiteres Motiv mag auch — besonders bei Lohn- und Deputatschäfern — die Aufbesserung des knappen Einkommens durch zusätzliche Übernahme von Schinderarbeit eine Rolle gespielt haben.

Es bedarf keiner besonderen Erörterungen, wenn wir es für sicher halten, daß die Ausübung der Schindertätigkeit den Schäfer sehr schnell in den gleichen Verruf bringen mußte wie den Abdecker, ja, daß beide gleichgesetzt wurden. Wenn wir weiterhin berücksichtigen, daß die ersten Nachweise für die Unehrlichkeit beider Berufe ungefähr aus dem gleichen Zeitraum stammen (Mitte des 14. Jahrhunderts), scheint es nahe zu liegen, daß in der schon früh erfolgten Übernahme von Schinderarbeit der eigentliche Grund für den verachteten Ruf des Schäfers zu suchen ist.[181] Alle vorher genannten „Gründe" und Delikte sind als sekundär anzusehen, wenn sie natürlich auch mit dazu beigetragen haben, die Anschauungen von der „Unehrlichkeit" des Schäfers zu festigen. — Das Abdekken der Schafe allein hat nicht zum Verruf geführt. Wurde es doch selbst noch in der Pfaffenhoffener Schäferzunftordnung von 1745 ausdrücklich gestattet, ja ihnen aufgetragen, diese Arbeit nicht dem Wasenmeister zu überlassen. v. Zangen[182] hält darum die gleiche Behandlung von Schäfer und Schinder für ungerechtfertigt.[183] „In so fern aber ein Schäfer sich nicht begnüget Schaafe auszuwirken, sondern sich auch mit anderm gefallenen Vieh besudelt, so ist er allerdings als ein Schinder anzusehen, und erhält alsdann dasjenige seine Anwendung, was im Reichsbeschluß von 1731 dieserwegen verordnet worden ist", d. h., daß die Zulassung zu einer Zunft erst in der zweiten Generation erfolgen kann. Wir sind überzeugt, daß die teilweise übernommene Schinderarbeit — von der wir stets das Abdecken der Schafe ausnehmen — den Zünften immer wieder eine Handhabe gab, den kaiserlichen und landesherrlichen Anordnungen über die Ehrlichsprechung der Schäfer auch noch nach 1731 bzw. bis 1772 zu trotzen. Freilich dürfen wir nicht verkennen, daß bei dem Hang zur Verallgemeinerung und bei der Unkenntnis der eigentlichen schäferlichen Arbeit mitunter auch schon das Abledern der Schafe als Schindertätigkeit angesehen wurde.[184]

Die notwendige Abgrenzung der Kompetenzen durch behördliche Verfügung, die wir schon oben erwähnten, zeigt uns, daß das gegenseitige Verhältnis zwischen Schäfer und Schinder nicht gerade das beste war. Aus einer Reihe von Beispielen ergibt sich, daß der Schinder den Schäfer immer als einen Eindringling in seine Rechte betrachtete, was ein weiterer Hinweis darauf ist, daß ursprünglich die Tätigkeit beider durchaus voneinander getrennt und abgegrenzt gewesen ist. Soweit es zu öffentlichen Auseinandersetzungen kommt, verlaufen diese sehr drastisch. Folgender Fall spielte sich in dem Harzstädtchen Benneckenstein ab: Dort war einem Einwohner ein Kalb eingegangen, das durch den hinzugezogenen Schäfer abgedeckt worden war. Dies wurde dem zuständigen Wasenmeister hinterbracht, der zur Strafe in die Tür des Kalbsbesitzers sein Schindermesser stieß und den Schinderkarren drei Wochen vor dessen Haus stehen ließ. Wahrlich ein empfindlicher Denkzettel für den Benneckensteiner Bürger, der die Zeichen des Schinders vor seinem Haus nicht ohne weiteres entfernen konnte, wenn er nicht Gefahr laufen wollte, selbst unehrlich zu werden.[185]

Das Eindringen der Schäfer in die Belange der Schinder ist von diesen also nicht unwidersprochen hingenommen worden. In einem kurfürstlich-hessischen Regierungsschreiben vom 20. Dezember 1709[186] wird verboten, daß „die Rhönschäfer und Juden die abständige und auf den Schindwasen gehörigen Pferde hin und wieder im Land aufkaufen und hinwegtreiben", weil dadurch dem Geschäft der Schinder Abbruch getan werde. In einem ähnlichen Schreiben vom 8. Juni 1772 wird wiederum untersagt, getallenes Vieh selbst abzuziehen oder diese Arbeit Schäfern und auswärtigen Landstreichern aufzutragen.[187] Noch 1894 kommt es zu einem Prozeß, in welchem der Abdecker der Stadt Gadebusch einen Gutspächter verklagt, weil dieser eine Anzahl von einer Seuche befallener Schafe selbst hat beseitigen lassen und ihn damit schädigte. In der ersten Instanz wird der Pächter zwar schuldig gesprochen, doch weist das Oberlandesgericht nach erfolgter Berufung die Klage mit dem Bemerken ab, daß dem Abdecker — wenn nicht ausdrücklich anders festgelegt — lediglich das Beseitigen des Großviehs, aber nicht das der Schafe zustehe und beruft sich auf entsprechende landesherrliche Erlasse von 1654, 1750 und 1789.[188]

Bei einem solchen Überschneiden gegenseitiger Belange ist es erklärlich, daß die Schinder nicht verstehen wollen und auch nicht verstehen können, daß die Schäfer in den kaiserlichen und landesherrlichen Edikten besser als sie behandelt werden, obwohl diese doch „weit unflätigere Arbeit verrichteten, als sie, und dahero keinen Vorzug verlangen könnten", heißt es 1626 in einer Beschwerde der Schinder vor der juristischen Fakultät der Universität Jena.[189]

Als Beweise führen sie an, „daß sie [die Schäfer] nemlich eben so wohl die gestorbenen Aeser als ihrer einer abdeckten, und im Hertzogthum Francken Sachsen-Coburgischen Theils, wie auch im Marggrafthum Anspach, Baireuth, und anderer Oerter, die Schäfer nicht allein die gestorbenen Schaaf-Aeser, sondern auch wohl Pferde und anders wegthun müsten. Überdiß verrichteten die Schäfer mehr als die Feldmeister, denn wenn diese ein gestorbenes Schaaf abgezogen, so liessen sie das Aas liegen und giengen davon, jene aber die Schäfer, müsten dasselbe Aas auf hängen und wieder abnehmen, da offtermahls das Ungezieffer darinnen wimmelte, dennoch müsten sie es mit ihren Händen begreiffen und sich damit besudeln, welches abscheulich. Ja die Schäfer pflegten auch die gestorbenen Pferde und ander Vieh, so etliche Tage gelegen, heimlich abzudecken, auch die Messer, damit sie ein solches Aas zerleget, bey andern wohl ungewaschen einzustecken, und vor andern Leuten damit das Brod und anders zu schneiden, welches sie aber [die Abdecker] nicht im Gebrauch hätten. Weiter wenn die Schäfer die jungen Lämmer hämmelten, faßten sie die Sachen mit den Zähnen an, und zögen sie heraus, und scheuten sich doch nicht mit andern ehrlichen Leuten aus der Kannen und andern Gefäße zu trinken. Deßwegen im Stifft Halbertstadt, Hertzogthum Braunschweig und andern Orten mehr kein Schäfers-Sohn oder Tochter in eine ehrliche Gülde oder zünfftig Handwerck eingelassen oder aufgenommen würde".[190] Die Entscheidung der Jenenser Fakultät ist jedoch eindeutig und lautet: „Daß ein Schäfer vermög der Reichs-Sazungen [von 1548 und 1577] in seinem Stand so weit besser und ehrlicher, daß seine Kinder zu ehrlichen Zünften und Handwerkern gelassen würden, und dannenhero ein Prärogativ vor eurem einem habe; auch deswegen, wo ihr einem Schäfer zu nahe gegangen, zu depreciren und zu revociren schuldig".[191]

Die Gegensätze zwischen Schäfern und Schindern sind der Allgemeinheit freilich nicht bewußt geworden. Im Gegenteil: Eine Reihe von Sprichwörtern und Schwänken drücken immer wieder eine gewisse Einheit beider Berufe aus. Es mag dies daran liegen, daß, wie wir feststellten, die Schäfer zum Teil direkt aufgefordert und von den Gemeinden angehalten waren, das Amt des Schinders mit wahrzunehmen; und solche Fälle müssen recht zahlreich gewesen sein. Wie ließe sich sonst das überall verbreitete Sprichwort

„Schäfer und Schinder sind Geschwisterkinder"[192]

mit der niederdeutschen Variante

„De Schaper und de Schinder sind Swestern und Bräauerskinder"[193]

erklären? Das gleiche gilt auch von einer Schwankerzählung, die Wossidlo 1929 im Kreise Stargard aufgenommen hat: „N' Schinnerknecht un Scheper begegen sik. Dor segt de Schinnerknecht, Gdag Broder. De Scheperknecht gifft em to Antwuurt: Wir sind keine Brüder. Dor segt de Schinnerknecht, wenn wi keen Bröder sünd, denn sünd wi doch Böölkenkinner".[194] (Interessant ist an dieser Geschichte übrigens, daß der Schäfer vom Schinder gar nichts wissen will und eine verwandtschaftliche Beziehung schroff ablehnt. Wir werden darauf noch zu sprechen kommen.) In einer anderen von Wossidlo im Kreis Waren aufgezeichneten Schwankerzählung zeigt es sich aber, daß die Schäfer mit den Schindern doch so eng verbunden sind, daß sie sich nicht lösen können: „Scheper un schinner hebben quartal hatt' hebben sik ümmer sträden üm de städ, wo se quartal hollen wullen, de esel krigt 'n schild up'n necken (von de scheperzunft), wo he't hendreggt, dor sälen de schepers ehr quartal hebben, dor het he't na de askuhl dragen, dat is nu de schepers ehr quartal."[195] Andere Beispiele sprechen nicht mehr von „verwandtschaftlichen Beziehungen", sondern berücksichtigen lediglich das gleiche Gewerbe bzw. die gleiche Tätigkeit:

„Ein Schäfers- und ein Schindershund,
Habent einen Schlund"[196]

oder

„Ein Rettig und eine Rüb',
Ein Müller und ein Dieb,
Ein Schäfer und ein Schinder,
Welches ist mehr oder minder?"[197]

Ein Sprichwort, das in scharfer Form besonders den Schäfer verurteilt, scheint sich vor allem im Schwäbischen verbreitet zu haben und bestätigt die oben genannten obrigkeitlichen Verordnungen, die dem Schäfer verbieten, das Geschäft des Schinders zu schmälern:

„Zwei Schäfer gebent drei Schinder!"[198]

Es scheint uns typisch für volkstümliches Denken, wenn es in den Kreis der verachteten Schäfer und Schinder auch andere Berufe mit einbezog, die sich mit totem Vieh zu beschäftigen hatten, aber in den diversen Ordnungen nicht als „Unehrliche" erwähnt oder gar behandelt werden. Der Gerechtigkeitssinn kann es nicht zulassen, daß Menschen, die in etwa ja das gleiche tun, mit zweierlei Maß gemessen werden. Daher die vom Mecklenburgischen Wörterbuch in Rostock mitgeteilten Sprichwörter:

„Scheper, Schlachter, Schinner, sünd Annerbäulkenkinner".

oder

„Jäger, Scheper und Schinner ..."[199]

Eine von Schäfermeister Greb aus Burgsinn/Rhön mitgeteilte Fassung lautet:

„Der Schäfer und der Schinner,
Das senn Geschwisterkinner,
Un der Säuhirt noch dabei,
Dös senn die Schinner alle drei."

Ein weiteres Sprichwort

„Der Schäfer und der Schaber (Gerber)
Sind zwei gute Schwager"[200]

scheint den Schinder gleich mit in die Person des Schäfers einbezogen zu haben. Andere Sprichwörter lassen den Schäfer auch wieder ganz heraus, so daß nur der Schinder in Verbindung mit anderen Berufen genannt wird:

„Metzger, Gerber und Schinder
Sind zäma geschwisterte Kinder."[201]
„Schinners und Löers (Gerber)
Sind Süster und Bröers."[202]

Die beiden folgenden Sprichwörter:

„De balbier un de schinder sünd swestern bräuerkinder"[203]

und

„Doktor, Schaper, Schinder sind Geschwisterkinder"[204]

dürften sich, wie Hansen-Ostfalen schon interpretiert, in dieser Form nicht auf die gemeinsame schinderhafte Tätigkeit, sondern viel mehr auf das den genannten Berufen eigene „Kurieren" beziehen.

Die Bedeutung dieser Sprichwörter spielte in der Öffentlichkeit eine größere Rolle, als man es gemeinhin von Sprichwörtern sonst kennt. Es scheint uns dabei unwichtig zu untersuchen, ob etwa „der Stabreim ... in dem leicht eingängigen Wortspiel ‚Schäfer und Schinder' die Verbindung dieser beiden noch verstärkt haben"[205] mag. Wesentlicher ist, hier festzuhalten, daß noch 1792 ein juristisches Spruchkollegium das Zeugnis eines Schäfers als ungültig verwirft, nur weil es im Sprichwort heiße: Schäfer und Schinder sind Geschwisterkinder.[206] Es ist also keineswegs so, wie Wander [207] meint, daß nach dem Erscheinen der Reichspolizeiordnung Kaiser Karls V. von 1548 unser Sprichwort keine Gültigkeit mehr besessen habe, da „von einer rechtlichen Verwandtschaft nicht mehr die Rede sein" könne. Wir werden sogar annehmen dürfen, daß die im Sprichwort ausgedrückten Beziehungen zwischen Schäfer und Schinder in entsprechenden juristischen Händeln immer wieder von Belang waren. Hat doch Georg Tobias Pistorius in seinem „Thesaurus paroemiarum germanico-juridicarum" Band 7, Augsburg 1724 auf Seite 561f., § 3 einen besonderen Traktat über dieses Sprichwort verfaßt.

Außer in den Sprichwörtern wird das schindermäßige Tun des Schäfers auch in einigen Spottnamen festgehalten, wie sie namentlich in Mecklenburg vorzukommen scheinen. Wir nennen hier nur die gebräuchlichsten: „Aashans", „Aasräkel" und „Puulaf". Das Schimpf- oder Spottwort „Schaapafblitzer" bezeichnet anscheinend auch die Tätigkeit eines Schäfers, der die verendeten Schafe abzieht.[208] — Ein anderer Spottname, der uns häufig begegnet, ist „Bendix"[209] mit den Variationen „Benedek"[210] „Dix"[211] oder „Benz".[212] Die Erklärungen für diesen merkwürdigen Namen, der ganz sicher nicht nach dem literarischen Vorbild Bürgers gebildet wurde,[213] sondern vielmehr vom Dichter aus dem Volksläufigen übernommen sein dürfte, beziehen sich zunächst auf eine

Verbindung mit dem heiligen Benedictus oder Benedictulus, der als Patron der Schäfer gilt,[214] weil er nach der Legende in seiner Jugend Schafe gehütet hat.[215] Nun gibt es von solchen Heiligen eine ganze Anzahl, ohne daß sie als besondere Patrone der Schäfer herausgestellt würden. In unserem Untersuchungsbereich sind überdies als Schäferheilige vorzugsweise Wendelin, Bartholomäus und Wolfgang verehrt worden, von denen wir jedoch nicht sagen könnten, daß sie als ausgesprochene Vorbilder für Personennamen unter den Schäfern gedient hätten. Um wieviel weniger wird das beim heiligen Benedictus der Fall sein, der nach unserer Kenntnis eine das Übliche überragende Verehrung nicht genießt. Wir meinen also, daß eine Erklärung für „Bendix" usw. aus diesem Zusammenhang primär nicht in Frage kommt. Klenz[216] schreibt nun: „... da sich aber ‚Meister Bendix' für ‚Scharfrichter' findet,[217] desen Amt vielerorts mit der Abdeckerei verbunden war, und diese manchmal auch von den Schäfern ausgeübt wurde, ... so könnte ‚Bendix' geradezu auf benedicere zurückgeführt werden als ‚einer, vor dem man sich segnet oder bekreuzt'; auch im aktiven Sinne ließe es sich erklären: ‚einer, der das Kreuzeszeichen macht' bei seinen Besprechungen als Kurpfuscher."[218] Uns erscheinen diese Zusammenhänge mit dem Verbum „benedicere" als zu spekulativ, und wir möchten eher der Erklärung Bendix = Henker-Abdecker-Schäfer nähertreten, zumal wir bei den Sprichwörtern feststellen konnten, daß das Volk die Beziehungen zwischen Schäfer und Schinder als sehr eng betrachtete. Ein entsprechender Hinweis auf die Wahrscheinlichkeit unserer Annahme ergibt sich aus dem Spottnamen „Schofdix",[219] den man nach dem soeben Gesagten als „Schaf-Schinder" oder gar als „Schäfer-Schinder" deuten könnte. Es ist jedenfalls eine Bezeichnung, die unserem weit verbreiteten Sprichwort „Schäfer und Schinder sind Geschwisterkinder" durchaus entspricht. — Der in Sondershausen ortsübliche Spottname „Dix = fauler Bursche"[220] oder die Bezeichnung „Bendix" für den jüngsten Schäferlehrling[221] scheinen jeweils für den sonst üblichen Begriff des schon genannten „faulen Schäfers" gesetzt worden zu sein.

Die immer wieder festgestellte enge Verknüpfung von Schäfer- und Schinderarbeit hat — das glauben wir erwiesen zu haben — zur Gleichsetzung beider Berufe im allgemeinen Rechtsempfinden geführt. Da das Amt des Wasenmeisters zu den verächtlichsten Berufen — zumindest seit der Einführung des römischen Rechtes — gezählt hat, und auch der Schäfer in dieser Tätigkeit relativ früh genannt wird, können wir annehmen, daß etwa zur gleichen Zeit, als man den Schinder aus der Gesellschaft verstieß, auch der Schäfer unehrlich wurde. In dieser Verbindung dürfte also die primäre Ursache der Unehrlichkeit des Schäfers liegen, der allerdings allein wegen des Abziehens toter Schafe, die zu der von ihm betreuten Herde gehörten, ursprünglich nicht in Verruf geraten war.

Wir haben an mehreren Beispielen gesehen, welchen Verfolgungen Menschen ausgesetzt sein konnten, die man als „Unehrliche" aus den Reihen der Gesellschaft verbannt hatte. Es ist selbstverständlich, ja es ist eine Notwendigkeit, daß sich diese Menschen gegen ihre Peiniger auch zur Wehr setzten. Nicht zuletzt wird auf solche Reaktion ein gut Teil all der Vorwürfe zurückzuführen sein, welche man gegen die Schäfer erhob.

„Da in jedem Menschen — und am stärksten in denen, die sich als niedrig angesehen wissen oder betrachten — die natürliche Sehnsucht nach Geltung steckt, ist es psychologisch verständlich, daß jene ... versuchten, auf irgendeinem Weg Anerkennung zu finden. Das Heil sahen sie in dem immer stärker um sich greifenden Aberglauben ..."[222] Nun ist diese Bemerkung Zanders nicht zu allgemein zu nehmen, denn der ganz natürliche Geltungstrieb konnte sich auch anderweitig Luft schaffen. Wir denken nur an die herrschaftlichen Schäfer, die sich zu Vertrauten ihrer Dienstherren und zu Aufsichtspersonen über andere Gutsarbeiter aufschwangen. Dennoch aber ist festzuhalten, daß der Schäfer gar „nicht selten auch als Hexenmeister und Zauberer [galt], der ... mit den unsichtbaren Mächten, ja mit dem Teufel selbst, auf gutem Fuße stünde".[223] Dieser Ruf, der im übrigen auch mit als Grund für ihre Unehrlichkeit angesehen wird,[224] findet seinen Niederschlag in einer ganzen Reihe von Sagen, in vielen Prophezeiungen, welche Schäfern zugeschrieben werden, in den zahlreichen Vorstellungen von seinen zauberischen Fähigkeiten usw.[225] Wir haben eine Reihe von Zeugnissen dafür, wie sich die Schäfer ganz bewußt in der Volksmeinung über ihre „Verbindung" mit zauberischen Mächten sonnten und es auch verstanden, aus der Leichtgläubigkeit ihrer Mitmenschen Kapital zu schlagen. Vergessen wir aber auch nicht, daß so mancher Schäfer der Zauberei angeklagt, als Hexenmeister denunziert wurde und sein Leben deshalb auf dem Scheiterhaufen beschloß. Man wird also in gewissem Sinne der oben geäußerten Ansicht Zanders zustimmen können, andererseits darf aber nicht unberücksichtigt bleiben, daß die Menschen, die auf Grund ihres Berufes nicht ständig in der Gemeinschaft leben konnten,[226] ohnehin sehr schnell in den Ruf gerieten, mehr als andere zu wissen und zu können.

2. Verhalten des Schäfers

Nachdem wir die Gründe für seine „Unehrlichkeit" kennengelernt haben, wird es nun unsere Aufgabe sein, festzustellen, wie sich der Schäfer selbst gegenüber all den Vorwürfen, die man ihm machte, verhielt.

Wir sagten, daß die Tätigkeit des Abdeckens gefallener Tiere der primäre Grund für den Verruf des Schäfers gewesen sei. Wenn auch – noch im 18. Jahrhundert in der Pfaffenhoffener Bruderschaftsordnung ausdrücklich hervorgehoben – das Abziehen der toten Schafe zu den gewöhnlichen Arbeiten und Aufgaben des Schäfers zu rechnen ist, stellten wir fest, daß trotz der Beschränkung auf die Sterblinge in der eigenen Herde der Ruf des Schäfers nicht besser wurde.

Sein Bestreben aber, den Teufelskreis der Unehrlichkeit zu durchbrechen, ließ ihn sich bemühen, ganz bewußt alle Handlungen, an denen der Makel der Unehrlichkeit haften könnte, zu vermeiden. In klarer Erkenntnis dessen zogen sich viele Schäfer auch vom Abziehen der eigenen Schafe zurück. Solche Bestrebungen, die zwar nicht in jedem Fall von der Gesamtheit der Schäfer akzeptiert wurden, fanden ihren Niederschlag auch in obrigkeitlichen Verordnungen, von denen wir als Beispiel den Artikel 9 der Schafordnung von Bad Neustadt/Saale aus dem Jahre 1574 anführen können, worin es heißt: „Der Schäffer soll auch einen andern bestellen, der die tode Schaafnösser abstreifft, davon ihme gegen lieferung der hauth 1 fl. zu lohn gegeben werden soll." Hundert Jahre später (1675) wird in einer Wiederholung derselben Ordnung dieser Passus noch einmal angeführt.[227] Auch das Sprichwort

„Was der Schäfer net mag,
Nimmt der Schinder in d' Hand"[228]

scheint uns die gleiche Distanzierung von der Arbeit des Schindens zu zeigen.

In einem Traktat aus dem 18. Jahrhundert[229] werden schon drei Gattungen von Schäfern unterschieden, von denen als erste „... gelernte ehrliche Schäfer, die niemahl etwas mit dem Fall zu thun gehabt", genannt werden. „... diese machen sich mit andern nachfolgenden nicht gemein, heurathen auch nicht zusammen." Diese „nachfolgenden" aber sind einmal „zwar gelernte auch tüchtige Schäfer, die aber zugleich mit dem Fall umgehen, was ihnen nemlich unter dem Stecken fällt, das ziehen sie ab, müssen auch dann und wann Kälber, Schweine etc. den Gemeinden oder Schäferey Herrn wegthun..." und zum anderen die sogenannten „Schmierschäfer."[230] Es werden also „gelernte ehrliche" von „zwar gelernten auch tüchtigen" Schäfern unterschieden, und das müßte bedeuten, daß es diese erste Gruppe tatsächlich erreicht hat, den Makel der Unehrlichkeit dadurch abzustreifen, daß sie sich ganz konsequent niemals mit dem Abziehen auch eigener Schafe abgab, während die zweite Gruppe, da sie noch weiterhin Schafe und anderes Vieh ablederte oder abledern mußte, weiter in Verruf blieb. In diesem Zusammenhang ist folgende Bemerkung von Florinus[231] wichtig: Er kennt nämlich solche Schäfer, die eigene „Schaaf-

Ställ haben, und selbige durch ihre Kostschäffer verwalten lassen, oder aber andern (die man Pacht-Schäfer nennet) verpachten; Im Gegentheil aber gibt es andere, welche sich zum Schaafhüten verdingen und die hier verstanden werden. Von diesen letztern nun entstehet die Frag: Ob sie nebst ihren Kindern vor ehrlichen zu halten, und in die Handwercks-Zünft aufzunehmen seyn". Das bedeutet also, daß Kinder der reichen Herdenbesitzer bzw. der „gelernten ehrlichen" Schäfer in einer nicht festzulegenden Zahl von Fällen bereits handwerkswürdig waren, also tatsächlich den Makel der Unehrlichkeit verloren hatten. Wollen wir diesen Sachverhalt in unser Einteilungssystem der Schäfertypen übertragen, so dürfen wir wohl sagen, daß die Schäfer mit eigener Herde und eigenen Ställen zu den Menge-, Hälfte oder Pachtschäfern zu rechnen sind, die bereits zu solchem Reichtum gekommen waren, daß sie es nicht mehr nötig hatten, den Schäferstock selbst in die Hand zu nehmen. Dagegen sind die anderen, — in erster Linie die Lohn- und Deputatschäfer — von denen wir hörten, daß sie innerhalb des Schäferstandes als die niedrigsten galten, zum großen Teil noch gezwungen, sich weiterhin mit dem „Fall" zu beschäftigen. — Wir verstehen nun auch besser, warum sie von den schon reichlich exklusiv lebenden Mengeschäfern usw. verächtlich angesehen wurden: Es ist nicht allein der soziale Status, der beide trennt, sondern eben auch die Tatsache, daß die reich gewordenen Schäfer bzw. Herdenbesitzer mit den noch die niedrige, „unehrliche" Arbeit des Abdeckens verrichtenden Lohnschäfern ganz bewußt nichts gemein haben wollten. Sie strebten mit aller Kraft aus dem Verruf der Unehrlichkeit und hatten wohl auch Chancen, ihr Ziel zu erreichen, wenn auch betont werden muß, daß in vielen Fällen das eingefleischte Vorurteil *allen* Schäfern gegenüber so stark war, daß sie nicht überall die Handwerksfähigkeit für ihre Kinder erlangten.[232] Müssen wir doch berücksichtigen, daß im 17./18. Jahrhundert, wo z. B. die Mengeschäferei in voller Blüte steht, auch das Unehrlichkeitswesen der Zünfte die krassesten Auswüchse zu verzeichnen hat.

Wohl legten sicher nicht wenige Schäfer besonderen Wert darauf, gerade durch Distanzieren von jeder Tätigkeit des Abziehens den ursächlichen Grund ihrer Unehrlichkeit von sich abzuweisen, aber sie bemühten sich auch, alle anderen unehrlich machenden Handlungen zu vermeiden bzw. sich vorher genau zu versichern. So war einmal — leider konnten wir die Zeitangabe nicht ermitteln — in Bad Neustadt/Saale eine Ausstellung am Pranger zu leisten und dazu die Leiter an den Strafort zu bringen. Dieser Auftrag wird dem Schäfer von Brendlorenzen zuteil. Er erklärt sich aber erst dann zu der Arbeit bereit, als man ihm die Zusicherung gibt, daß die Mithilfe am Pranger ihn nicht unehrlich mache.[233] — Im Beerdigungsbuch von Wunsiedel wird auf Seite 295, Nr. 12[234] ein anderer Fall mitgeteilt: 1715 starb der dortige „Hundschlager", also der Schinder. Er konnte nicht beerdigt werden, da sich keine Träger zur Verfügung stellten; und „weil die Hirten und Hutleute sich gestemmet, [haben Rat und Bürgermeister] sie sämtlich ins Loch legen lassen, bis sie sich zu Tragen erkläret". Das bedeutet zunächst, daß es Gewohnheit war, die Unehrlichen von Unehrlichen zu Grabe tragen zu lassen. Die Schäfer aber, bestrebt ihren Makel zu verlieren, sperren sich nunmehr gegen diese Tätigkeit, zu der sie ehedem wohl immer ausgewählt sein mochten und können nur unter Gewaltanwendung gezwungen werden, wieder als Leichenträger für einen Unehrlichen zu fungieren. Wir dürfen also sagen, daß auch unter den Lohnschäfern — und das sind die hier Genannten gewesen — durchaus der Wunsch und der Wille vorhanden waren, die Unehrlichkeit abzuschütteln. Sie freilich vermochte man noch unter Anwendung von Gewalt zu zwingen, „unehrliche" Handlungen weiter durchzuführen. — Schließlich erwähnen wir noch, daß in den niederösterreichischen Viehhirtenzünften, von denen es im 17. und 18. Jahrhundert eine große Anzahl gibt, von seiten der Zechenmeister darauf geachtet wird, daß alte, aus verwandtschaftlichen Beziehungen bestehende Bindungen zu unehrlichen Leuten nicht weiter gepflegt werden.[235]

So, wie sich hier die Schäfer gegen die Unbill der Unehrlichkeit zur Wehr setzen, so sind sie auch bestrebt, als redliche und — auch im juristischen Sinne — ehrliche Menschen zu erscheinen und sich von allen anrüchigen Elementen fernzuhalten. Unterm 20. November 1671 beschwerte sich z. B. die Markgröninger Schäferzunft in einem Schreiben an den Herzog von Württemberg, „daß in dem Land hin und wider, vielfältiger Pürsch, von Schweizern, Tirolern und anderem verloffenem ausländischem Gesindel, sich befinde, welche von Jugend auf bei keiner Schäferei niemalen gewesen, weder ihr Mannrecht noch Geburtsbrief aufzulegen und vorzuweisen haben. Ja gar auch Bauern- und andere Dienstknechte, die etwann aus ihrem Dienst heimlich entloffen, bei Metzgern und anderen Personen, so von alters her keine eigene Schäferei gehabt noch gehalten und ohne Erlaubnis solche nach und nach auf- und anrichten, als Schäferknecht sich verdingen ..."[236] — Typisch ist auch eine Sage folgenden Inhalts: Friedrich Wilhelm I. von Preußen hatte unter seinen langen Grenadieren einen Schäfer aus Braunsberg, der ein Leben führte, „wie es kaum einem Major möglich war." Der König wollte gern wissen, wie der das wohl anstelle. Er verkleidete sich als gemeiner Soldat, und im Laufe der Zeit gelang es ihm, das Vertrauen des Schäfers zu erwerben. Gefragt, wie er es fertig bringe, ein so luxuriöses Leben zu führen, nahm ihn der Schäfer eines Abends mit zu einem Rundgang durch Potsdams Straßen. Vor dem Haus eines Kaufmanns blies der Schäfer in das Schloß, worauf sich die Tür öffnete. Dort nahm er aus der Kasse den Teil der Einnahmen, den der Kaufmann durch Betrug erworben hatte. Der König wollte nun gern mit dem Schäfer die eigene Schatzkammer besuchen, und so geschah es auch. Als der König aber von den dort aufgehäuften Schätzen ein Stück nahm, gab ihm der Schäfer einen derben Stoß und warf ihn hinaus. Für seine Ehrlichkeit wurde dem Schäfer am nächsten Morgen Offizierssold verliehen.[237] Bei der Erzählfreudigkeit der Schäfer, die bekanntermaßen zur Verbreitung von Sagen viel beigetragen haben, könnte man annehmen, daß diese Sage auch von einem Schäfer erzählt wurde, der natürlich bestrebt war, sich und seine Berufsgenossen ins rechte Licht zu rücken.

Recht empfindlich konnten Schäfer sein, wenn man sie strafbarer Handlungen verdächtigte oder auch nur Andeutungen darüber machte. Sprechend dafür ist eine vielverbreitete Schwankerzählung, die Wossidlo aufgezeichnet hat: Ein Schäfer nimmt zusammen mit seinem Hund am sonntäglichen Gottesdienst teil, wo der Pastor über den guten Hirten spricht. Als die Rede auf den „Mietling" kommt, der die Herde verläßt, sagt der Schäfer zu seinem Hund: „Kumm, Phylax, he stichelt".[238] — Genau so krumm nimmt er es, wenn man ihn und seinen Beruf nicht für voll nimmt. Auch hier wieder ein Beispiel aus Mecklenburg: „De meisten Dummen [Jungen] warden na'n Scheper schickt, dee wiren jo wider nich to bruken as bi de Schaap. Dor wullen se den Scheper mit argern."[239]

Noch heutzutage ist der Schäfer „ängstlich ... auf die Wahrung und Erhaltung seines guten Rufes bedacht ...,"[240] und ein rheinischer Wanderschäfer schreibt in einer Stellungnahme zu den Verwüstungen, welche seine Berufskollegen beim unrechtmäßigen Abweiden von Bauernfluren hervorrufen: „Es wird uns ... wohl nichts anderes übrig bleiben, als den guten Ruf der Wanderschäfer dadurch zu retten, daß wir ihn systematisch von allen unehrlichen Elementen säubern."[241] — Ähnlich äußert sich ein Schäfer zu einer Betrachtung über den „faulen Schäfer": „Wir Schäfer haben ... selbst das größte Interesse daran, unzuverlässige Elemente aus unserem Berufsstand fernzuhalten, damit diese nicht das Ansehen des ganzen Standes schädigen."[242] — Schäfermeister Müller aus Gießen schrieb als Antwort auf unsere Frage nach der Unehrlichkeit des Schäfers: „Ist mir eine Schande, sowas zu lesen. Ich kann nur sagen, daß der Rest, der noch an Ehrlichkeit unter dem Volk ist, höchstens noch bei dem Schäfer anzutreffen ist."[243] — Ein Vierzeiler, den uns zwei Schäfer aus Bad Sulza schicken ließen, und der so recht das Bestreben zeigt, ihren

Fleiß und ihre Redlichkeit herauszustellen, möge am Ende dieser Betrachtung stehen:

„Wer keinen Schäfer leiden mag,
Das ist ein schlechter Held;
Frühmorgens eh' die Sonn' aufgeht,
Pflegt er schon seine Herd' ".[244]

3. Schäferliche Berufstradition und Standesehre

Der jahrhundertelange Verruf, mit dem die Schäfer behaftet waren, mußte dazu führen, daß sie sich innerhalb ihres Berufes immer fester zusammenschlossen und nach außen hin abkapselten. Dies zeigt sich nun weniger in gewissen Organisationsformen, über die im folgenden Kapitel zu sprechen sein wird, sondern vielmehr in einer bewußten Pflege und Erhaltung schäferlicher Berufstraditionen und -praktiken.

Wir finden in den alten Schäferfamilien eine Berufskontinuität, die sich über lange Zeiträume erstrecken kann. Landwirtschaftsrat Hering, Stuttgart/Zuffenhausen, z. B. will im ehemaligen Pommern noch Schäfer gekannt haben, die ihre „berufliche" Ahnenreihe bis ins 16. Jahrhundert zurückführen konnten. Wir sind überzeugt, daß der Nachweis solcher Traditionsketten in manchen Gegenden durchaus möglich war. Ist doch nachweisbar die Familie Illemanns auf den Wrisbergschen Gütern (Prov. Hannover) von 1640 bis ans Ende des 19. Jahrhunderts als „treue und redliche" Schäfer, welche „die Interessen der Herrschaft gefördert haben", tätig gewesen.[245] — Im allgemeinen lassen sich die Schäferfamilien aber nur bis ins 18. Jahrhundert in ununterbrochener Folge nachweisen. So berichtet ein Schäfermeister Dahms voller Stolz, daß der Schäferberuf in seiner Familie über 160 Jahre lang ausgeübt wurde,[246] und laut Kirchenbucheintragung von 1712 ist die Schäferfamilie Abe bereits in der achten Generation in Langula, Krs. Mühlhausen, tätig.[247] In Schulzendorf, im ehem. Kreis Arnswalde, fand sich noch eine recht „junge" Schäferfamilie, die den Beruf erst seit vier Generationen ausübte.[248] Neben der ununterbrochenen Folge der Berufs- und Familientradition scheint uns hier noch die lange ortsgebundene Tätigkeit, die immer wieder genannt wird, wichtig zu sein. Wird doch damit ein weiterer Nachweis dafür erbracht, daß die gerügte Unstetigkeit in erster Linie wohl nur auf herumstreunende Schäfer angewendet werden kann.

Bei den echten Schäfern ist es selbstverständlich gewesen, daß sie sich ihre Frauen aus Schäferfamilien nahmen. Sind solche Familien auch noch stark ortsgebunden, ist es klar, daß sich „abgeschlossene Sippenkreise", deren Namen für eine bestimmte Gegend kennzeichnend sind,[249] herausgebildet haben. Unser Gewährsmann, Lehrer Wiswe aus Fümmelse, Krs. Wolfenbüttel, teilte uns mit, daß er beim Studium von Prozeßakten des 17. Jahrhunderts in seinem Untersuchungsgebiet starke verwandtschaftliche Beziehungen zwischen den Schäfermeistern festgestellt hat. — Im allgemeinen sind aber über die Herkunft der Schäferfrauen unseres Wissens — außer von Hornberger in Süddeutschland — keine Aufnahmen und Untersuchungen erfolgt. Wir kennen sonst nur allgemein gehaltene Angaben, z. B. aus dem Fränkischen,[250] in denen es heißt, daß die dortigen Schäfer ihre Frauen fast ausschließlich aus Schäferfamilien nehmen. Die schon einmal genannten zwei Schäfer aus Bad Sulza lassen sogar berichten,[251] daß es auch noch in neuerer Zeit ein Anliegen der Schäfervereine war, die Heiraten zwischen Schäferburschen und Schäfertöchtern zu fördern: „Es war eine Schande, wenn ein Schäfer nicht eine Tochter eines Schäfers heiratete, sondern vielleicht die eines kleinen Bauern oder gar eines Handwerkers." In etwa entsprechen diese Angaben aber dem Untersuchungsergebnis Hornbergers[252] aus Süddeutschland, das für die Generation des Schäfergroßvaters, dessen Eheschließung in der zweiten Hälfte des 19. Jahrhunderts liegt, bestimmend scheint.

Verheiratet waren damals mit der Tochter eines

Schäfers	51%
Schafhalters und Bauern	11%
Bauern	31%
Handwerkers	4%
Arbeiters oder Angestellten	3%

der befragten Schäfer. Es wird kaum möglich sein, über solche und ähnliche Zusammensetzungen schäferlicher Familien aus noch früheren Zeiten Material zu gewinnen. Wir möchten aber annehmen, daß in der Kulminationsperiode des Unehrlichkeitswesens das Schwergewicht weit stärker auf der Heirat mit Schäfertöchtern lag. Interessant ist die Aufstellung Hornbergers in diesem Zusammenhang aber besonders wegen der Prozentzahlen für Heiraten aus dem städtischen Bereich. Sind diese Zahlen nicht auch als ein Nachklingen des Verrufs der Schäfer vor allem in den Städten und bei den dort ansässigen Handwerkerinnungen zu werten? Im allgemeinen läßt sich zusammenfassend wohl sagen, daß bis in die zweite Hälfte des 19. Jahrhunderts die schäferliche Tradition im wesentlichen ungebrochen ist und durch Heiraten aus dem gleichen Berufskreis immer wieder neu belebt und erhalten wird.

Ganz anders liegen die Verhältnisse — allerdings nur wieder für Süddeutschland maßgebend — in heutiger Zeit. Eine entsprechende Umfrage Hornbergers[253] für die erste Hälfte unseres Jahrhunderts zeigt nämlich, daß von den Frauen süddeutscher Schäfer nur noch

12%	Tochter eines Schäfers
9%	Tochter eines Schafhalters und Bauern
47%	Tochter eines Bauern,

aber schon

20%	Tochter eines Handwerkers
12%	Tochter eines Arbeiters oder Angestellten

waren.

Die Nivellierung innerhalb eines Zeitraums von ein bis zwei Generationen, die ursächlich natürlich mit dem allgemeinen Absinken der Schafhaltung zusammenhängt, ist also zumindest in Süddeutschland recht bedeutend, und die beruflichen Kenntnisse und Fähigkeiten, die sich ehedem gerade aus der ungebrochenen Tradition ergaben,[254] können heutzutage — freilich nach den modernsten wissenschaftlich-veterinärmedizinischen Erfahrungen — meist nur noch in den Fachschulen vermittelt und erworben werden.

Gerade aber die auf jahrhundertelanger Erfahrung basierenden Kenntnisse und Fähigkeiten waren es, welche man bei Schäfern besonders schätzte[255] und die selbst einen guten Teil des schäferlichen Berufsstolzes und der Standesehre ausmachten.[256] „Schäper, dat kann man nich liähren, dat moot dorinnen sitten, da moot dorin geboren sin", sagte einmal ein alter Schnuckenschäfer,[257] und auch der Schäfer des Hofgutes Dagstuhl im Saargebiet wies es weit von sich, wenn man seine Tätigkeit als handwerklichen Beruf bezeichnete. Gewiß müsse man eine „gründliche Lehrzeit durchmachen", meinte er, aber die allein mache noch nicht das „Schäferleben" aus, wie er seine Tätigkeit nannte.[258]

Mag es die lange Tradition sein oder eine besondere Neigung zum Hirtenamt, ein „echter" Schäfer wird sich nur schwer von seinem Beruf trennen können. Über den süddeutschen Wanderschäfer wurde einmal gesagt, daß es keinem eingefallen wäre, „nach rein geldlichen Gesichtspunkten Schafe zu züchten, und zwar auch zu jener Zeit nicht, als die Wollpreise ständig wechselten und schließlich einen unerhörten Tiefstand erreichten".[259] Uns will scheinen, daß hier der Wanderschäfer etwas zu idealisiert dargestellt ist, aber ganz fraglos trifft Hutten im Kern das Richtige. Eine für diese Berufstreue typische Erzählung hat Wossidlo im Kreise Wismar aufgezeichnet[260]: „Scheper Stuhr, ihrst Scheper, würd naher Radmaker, dat ist em leed worden, dat künn he nich uthollen, dor würd he wedder Scheper." Selbst in der jungen Schäfergeneration unserer Tage können wir eine solche Haltung mitunter noch registrieren, die sich nur aus dieser Leidenschaft zum Schäferberuf[261] erklären läßt. Es ist nämlich festgestellt worden, daß Burschen, die sich der Schäferei zuwandten, aber nicht aus Schäferfamilien stammten — also auch nicht in der Tradition standen — nach abgelegter Gehilfenprüfung in die Industrie abwanderten. Anders die Jungen, welche noch in der schäferlichen Familientradition wurzeln. Wenn sie zum Teil wohl auch abwandern, finden sie in vielen Fällen doch wieder zum angestammten Beruf zurück[262].

Der Verruf der Schäfer hat durch eine damit bewirkte Abkapselung gegenüber anderen Ständen und Berufen dazu beigetragen, die Traditionen zu wahren und sie durch unmittelbare Weitergabe an den Sohn zu pflegen, der oft noch im gleichen Ort oder auf dem gleichen Gut aus den Händen des Vaters den Schäferstab übernahm. Die Äußerungen der Schäfer jedoch, aus denen wir auf ein Bewußtwerden oder auf ein Bewußtsein von Standesehre schließen können, entspringen nicht allein aus dem Wissen um ihre Fähigkeiten und ihre hohe beruflichen Traditionen, sondern sind zu einem guten Teil unmittelbar auf Reaktionen zurückzuführen, die eben in der jahrhundertelangen Abgeschlossenheit und dem Bestreben, dieser Ächtung zu entfliehen, ihren Ursprung haben.

Äußerungen von Standesehre konnten wir im letzten schon aus ihrem Verhalten gegenüber Anwürfen, denen sie ausgesetzt waren, registrieren. Ihre Bestrebungen, alles „unehrlich" Machende zu meiden, den Beruf von zweifelhaften Elementen freizuhalten, die Redlichkeit und Tüchtigkeit des Standes zu beweisen, gehören auch dazu.

Durch die Bibelübersetzung und durch den Einfluß der höfischen Schäferspiele und der Idyllendichtung hörten sie aber auch von den großen Schäfergestalten des biblischen Zeitalters und der antiken Geschichte. Die Berufung auf diesen teils mythischen, teils sagenhaften Kreis wurde zu einem Hinweis auf die Besonderheit des Schäferstandes, seine uralten Traditionen und vor allem ein Nachweis für die Ehrlichkeit ihres Berufs. Unter den vielen Beispielen, die man für das Berufen auf diese Vorbilder anführen könnte, seien nur einige markante herausgegriffen: Unserem Gewährsmann, Lehrer Wiswe aus Fümmelse, Krs. Wolfenbüttel, passierte es, als er in Reppner, heute Stadtkreis Watenstedt/Salzgitter, sein Amt versah, daß ihn der Vater eines Schuljungen höflich aber nachdrücklich darauf aufmerksam machte, daß er kein gewöhnlicher Landarbeiter, sondern eben Schäfer sei, und er „habe dabei auf Kain und Abel verwiesen". In dem schier unerschöpflichen Schatz des Wossidloarchivs in Rostock finden wir eine Aufnahme aus Waren, in der es heißt: „De schepers stammen ut Abrahams stamm, de is jo scheper wäst, sagte mir [Wossidlo] ein Alter in Waren. Dat's ok een ut Abrahams stamm, säden wi, wenn een höden ded' mit so'n langen rock: Abraham hett jo ok so'n langen rock anhatt." Auch der bekannte Sammler Konrad Hörmann[263] weiß von den fränkischen Hirten und Schäfern zu berichten, daß sie sich auf ihre berühmten Standesgenossen in der Bibel beziehen und stolz versicherten, „der Hirtenstand ist der erste Stand der Welt". Einen recht frühen Beleg (15. Jahrh.) liefert uns der berühmte französische Schäfer Jean de Brie in seinem Buch „Le bon berger,"[264] wo er in seinem Kapitel „à l'honneur et état du berger" von den ehrenhaften Hirtengestalten des alten Testaments und von den Hirtenkönigen der Antike, z. B. von Cyrus, spricht.[265]

Zusammenfassung

Ist der Schäfer ursprünglich sowohl in der bäuerlichen als auch in der grundherrlich-feudalen Schafhaltung eine Persönlichkeit, die geachtet war und große Wertschätzung genoß, da ohne ihn, ohne seine Kenntnisse und Fähigkeiten eine wohlorganisierte Schafhaltung und Schafzucht nicht möglich waren, erscheint er im Bereich des städtischen Handwerks und Innungswesens zusammen mit einer Reihe anderer Berufe als „Unehrlicher", als ein aus der Gesellschaft Verbannter.

Wir fanden, daß das Unehrlichkeitswesen allgemein, das in den durch Konkurrenzangst hervorgerufenen Exklusivitätstendenzen des städtischen Handwerks begründet ist, schon relativ früh einsetzt und erste

Nachweise für den Verruf der Schäfer um die Mitte des 14. Jahrhunderts beizubringen sind. Es fallen zeitlich also im wesentlichen

a) „Unehrlichkeit“ und
b) Kapitalisierung in der Schafhaltung

zusammen, d. h. die für das Ansehen des Schäferstandes negativen Einflüsse beider Faktoren fließen zusammen und führen im Laufe der Jahrhunderte zu Auswirkungen, die häufig Gegenstand landesherrlicher Anordnungen und Edikte sind.

Die Gefahr des Unehrlichkeitswesens, das sich immer stärker zu einem „bornierten Vorurteil“ der Zünfte auswächst und zu Stagnation und gefährlicher Verfälschung ursprünglich sozial-fortschrittlicher Ideen geführt hat,[266] ist von Kaiser und Landesherren schon relativ früh erkannt worden. Seit dem Augsburger Reichstagsabschied Kaiser Karls V. vom Jahre 1548 wiederholen sich bis 1731, letzten Endes sogar bis 1772, die Ehrlichsprechungen bestimmter Berufe, von denen der des Schäfers immer wieder mit an erster Stelle genannt wird. Im wesentlichen aber werden solche Erlasse von den Zünften nicht befolgt, ja sogar sabotiert, und oft kann nur die Androhung von Entzug der Zunftgerechtigkeit in Einzelfällen die Aufnahme eines Schäfersohnes in ein Handwerk erzwingen. Als Gründe der Machtlosigkeit der Reichs- und Landesbehörden stellten wir fest

a) die (im Sinne der städtischen Handwerksverbände) Unzünftigkeit bzw. Zunftlosigkeit unehrlicher Berufe;
b) die Beeinflussung weiter Volkskreise durch das Unehrlichkeitswesen auch außerhalb des Handwerks und
c) die Verteidigung dieses Übelstandes durch verknöcherte Thesen über den bürgerlichen Ehrbegriff.
d) Hinzufügen müssen wir jedoch auch die Tatsache, daß die Schäfer über eigene Produktionsmittel zunächst nicht verfügten und somit auch keinem Stand wie dem der Handwerker angehörten. Damit besaßen sie in der feudalen Gesellschaftsordnung weder Rechtsfähigkeit noch „Ehre“. Hieraus erklärt sich dann auch ihr eifriges Bestreben, Zunftfähigkeit und damit Standesehre zu erwerben. Alle angeführten Gründe für die „Unehrlichkeit“ der Schäfer sind von diesen Umständen feudalen gesellschaftlichen Verhaltens abzuleiten.

Die Ursachen, die für den Makel der Unehrlichkeit des Schäfers angeführt werden, sind mannigfaltig, doch kann nicht gesagt werden, daß sie alle seinen Verruf *begründet* hätten. Wohl haben sie — und das gilt besonders für den Vorwurf der Kriminalität, der Unstetigkeit und „Trägheit“ — dazu beigetragen, diesen zu festigen, aber in Wahrheit sind sie sekundärer Natur und haben ihren Ursprung in den Auswirkungen forcierter Schafhaltung auf dem grundherrlich-feudalen Sektor, in Mengeschäferei, Hälfte- und Pachtschäferei. Diese angeblichen Gründe entstammen also einer Periode, in welcher die Schäfer bereits zu den Unehrlichen zählten. — Die Unfreiheit ist ein „Vorwurf“, der wohl für manche Schäfer der frühmittelalterlichen Fronhöfe und der späteren Gutsbetriebe zutreffen mag, der aber nicht für die Gesamtheit des Schäferstandes gilt. Unkenntnis der schäferlichen Arbeit und leichtsinnige Verallgemeinerung haben auch hier ein Vorurteil genährt, das wiederum in der Einstellung und Geisteshaltung z. B. eines Justus Möser gipfelt, den angeblichen Makel der Schäfer aber auch nicht begründet hat. — Die eigentliche Ursache ihrer Unehrlichkeit ist die Verbindung mit der Tätigkeit des Schinders, der als der Verächtlichste aller unehrlichen Berufe seit der Einflußnahme des römischen Rechtes gilt. Wir stellten dabei fest, daß das Abziehen gefallener Schafe aus der eigenen Herde ehedem zu den Berufspflichten des Schäfers gehörte und ihn *nicht* unehrlich machte. Die teils freiwillige, teils angeordnete Übernahme unmittelbarer Schinderaufgaben aber, die stellenweise schon relativ früh anzusetzen ist, führte natürlich zu einer Gleichsetzung von Schäfer und Schinder besonders in den Augen des zünftigen Handwerks, wenn auch in Wahrheit die realen Beziehungen zwischen beiden Berufen nicht die besten waren und landesherrliche Verordnungen ihre Kompetenzen gegeneinander abgrenzen mußten.

Die Reaktion der Schäfer, wenn auch nicht in ihrer Gesamtheit, war darauf gerichtet, den Verruf dadurch zu beseitigen, daß sie sich von allen unehrlich machenden Handlungen, besonders der jeder Art des Abdekkens — auch der eigenen Schafe — fernhielten. Wie weit ihre Bestrebungen erfolgreich waren, läßt sich aus den Quellen nur schwer ablesen. Es scheint aber, daß es zum Teil nur denjenigen gelungen ist, die zu Reichtum und Unabhängigkeit gelangt waren.

Zu einem nicht unbeträchtlichen Teil sind Pflege der Berufstradition und der Standesehre aus dieser Reaktion gegen die Ausstoßung aus der Gesellschaft zu erklären. Wie man untereinander fest zusammenhielt, bis ins 19. Jahrhundert vorwiegend innerhalb des Standes heiratete und dadurch die Berufstradition vom Vater auf den Sohn unmittelbar weitergab, berief man sich ganz bewußt auf die berühmten Hirten- und Schäfergestalten aus der Bibel und der antiken Sage, um der Umwelt nachzuweisen, daß der Schäfer zu den ältesten und *ehrenvollsten* Berufen gehört.

V. Von der Schäferbrüderschaft zum Schäferverein

Der jahrhundertelange Verruf, unehrlich und damit aus der Gesellschaft verstoßen zu sein, hatte, wie wir feststellten, dazu beigetragen, den Zusammenhalt unter den Schäfern zu festigen, Berufstraditionen zu pflegen und die Standesehre hochzuhalten. Darüber hinaus aber dürfen wir annehmen, „daß die einstige rechtliche und soziale Stellung ... Gegenkräfte im Schäferstand wachgerufen hat, die zu örtlichen Zusammenschlüssen führten."[1] Mehrere solcher Organisationsformen sind uns als urkundlich belegte Vereinigungen, mit denen wir uns in diesem Kapitel in erster Linie zu beschäftigen haben werden, bekannt geworden. Manche sind anonym geblieben. Ob einige gar „zu den ältesten Gemeinschaftsformen gehören, die wir überhaupt kennen,"[2] dürfte schwerlich nachzuweisen sein. Wir unterlassen daher die Untersuchung solcher Hypothesen.

Fest steht, daß alle Schäfer untereinander ein starkes Zusammengehörigkeitsgefühl kennen,[3] das sie „über Stammesunterschiede, über wirtschaftliche Strukturen und geschichtliche Entwicklungen in den einzelnen Landschaften ... wie über Besitzverhältnisse und soziale Unterschiede"[4] hinweg verbindet. Hornberger glaubt, diesen Zusammenhalt nur für den süddeutschen Bereich erkennen zu können. Wir meinen hingegen, daß sich innerhalb unseres gesamten Untersuchungsraumes alle wirklichen Schäfer bis in unsere Tage einer einzigen großen Familie zugehörig fühlen.[5] — „Dreei Scheeper een Klump", heißt es in Niedersachsen (Vorsfelde, Wolfsburg Fallersleben),[6] und das will die Solidarität der Berufsgenossen untereinander kennzeichnen. Sie sind zu selbstverständlicher Hilfe für ihresgleichen jederzeit bereit, wie eine Eintragung im Kirchenbuch der evangelischen Pfarrei Bernstein bei Wunsiedel von 1804 (Stbl. 10)[7] zeigt: „1804 Johann Dürrbeck von Arzberg, ein abgekommener Hutmann, der sein Brod vor den Thüren suchte, kam vor einigen Tagen schon kränklich zu dem Hutmann in Stemmasgrün und starb den 28. Dez. daselbst an gänzlicher Entkräftung und wurde den 30. dieses in der Stille begraben."

Schließen wir an diese Hilfeleistung unter Berufsgenossen an, so werden wir an Bestimmungen aus dem Zunftwesen erinnert, nach denen die einzelnen Mitglieder ebenfalls zur gegenseitigen Unterstützung in den verschiedensten Fällen verpflichtet waren. Es liegt nahe, diesen Zusammenhalt unter den Schäfern nicht allein nur in der Tatsache ihrer Abtrennung und Abkapselung von anderen sozialen Gruppen, sondern auch in festen organisierten Gemeinschaftsformen, in einem Verbandswesen, zu suchen.

Solche Vereinigungen, welche die Schäfer freilich nicht überall eingingen, tragen in ihren frühen Formen mehr den Charakter von Brüderschaften. Erst in späteren Jahrhunderten, in der Periode stark entwickelter Schafhaltung, nehmen sie zunftartige Prägung an. Es ist daher richtig, wenn Hornberger meint, daß „die Schäferzünfte und die Schäferbruderschaften ... nur aus der Gesamtbetrachtung des mittelalterlichen Zunft- und Bruderschaftswesens zu verstehen"[8] sind; präziser gesagt, daß das handwerkliche Verbandswesen das Vorbild schäferlicher Gemeinschaftsbildungen geworden ist. Dies mag zunächst merkwürdig erscheinen, nachdem wir gerade im vorhergehenden Kapitel das durch Vorurteile belastete Verhältnis zwischen Schäfern und zünftigen Handwerkern kennengelernt haben. Aber wir müssen berücksichtigen, daß Zunftlosigkeit mit ein wesentliches Hindernis war, die „Unehrlichkeit" abzuschütteln. Es lag also nahe, nach dem Vorbild der Innungen entsprechende Bünde ins Leben zu rufen. Ob das aus den einzelnen Statuten nun hervorgeht oder nicht, festhalten wollen wir schon jetzt, daß ein wesentlicher Grund zur Schäferverbandsbildung in dem Bestreben liegt, den Makel der Unehrlichkeit zu verlieren, d. h. handwerkswürdig zu werden.

Die Entwicklung der Schäferbünde folgt letztlich den gleichen Intentionen wie die der

Handwerkerinnungen, an deren Anfang auch Brüderschaften stehen. Die Ansichten, daß diese rein religiöser Natur waren und nur „gottesdienstlich-wohltätigen Zwecken"[9] oder der Verehrung eines Heiligen dienten, ist nicht begründet. Die Hauptfunktion des handwerklichen Verbandswesens, so meinen wir mit Mottek[10], ist von Anfang an eine ökonomische gewesen, die sich zunächst in Hilfeleistungen bei Todes- und Unglücksfällen zeigt. Ausschaltung bzw. „Beschränkung der Konkurrenz war ... aber der Hauptzweck".[11] Für das Handwerk ist diese letzte Bemerkung zweifellos richtig, bei den frühen Schäferbrüderschaften können wir das jedoch aus den allerdings nur spärlich erhaltenen Urkunden nicht herauslesen. Hier scheint eher das zuzutreffen, was Keutgen[12] als ausschlaggebend für die Bildung einer Brüdergemeinschaft genannt hat: „Den Ausgangspunkt der Vereinsbildung ... liefert stets die Gleichheit des Gewerbes. Wo es sich um einen ganz neuen, freien Verein handelt, stehen daher gewerbliche Zwecke stets im Vordergrunde, mit denen aber die religiösen und geselligen sofort Hand in Hand gehen." Wir halten auch die Ansicht Kötzschkes[13] für zutreffend, daß die Mitglieder einer Brüderschaft „Anlehnung an die Kirche gesucht und auch gefunden haben". Denn was lag näher, als daß in einzelnen Fällen die verachteten Schäfer zu einer Zeit, in der sich die Obrigkeit noch nicht um sie kümmerte, bei der Kirche Zuflucht suchten?[14]

1. Die Schäferbrüderschaft zu Rothenburg o. d. Tauber

Die Anfänge der Schäfervereinigungen verlieren sich im Dunkel der Geschichte. Während wir die Entstehungszeit des allgemeinen Zunftwesens ins 12. und in das erste Viertel des 13. Jahrhunderts verlegen können,[15] lassen sich erst für das 14. und 15. Jahrhundert einige Angaben über Schäfervereinigungen beibringen. Aber auch sie, die z. T. in Form von Sagen auf uns gekommen sind, können uns über den eigentlichen Beginn dieses Verbandswesens nur vage Vorstellungen vermitteln.

Als die älteste Vereinigung[16] gilt im allgemeinen die Schäfergesellschaft oder Schäferbrüderschaft (beide Bezeichnungen sollen sich nebeneinander finden) zu Rothenburg o. d. Tauber. Urkundlich ist über ihr Alter nichts feststellbar.[17] Bekannt ist jedoch eine Sage, nach der „vor vielen hundert Jahren" ein Schäfer einen Schatz fand,[18] den er für die Anlage eines Betplatzes vor dem Klingentor zu Ehren des heiligen Wolfgang stiftete. Dorthin zogen einmal im Jahr die Schäfer aus der Umgebung, um ihren Verbandstag zu begehen. An Stelle des Betplatzes wurde die St. Wolfgangkirche erbaut, die später den Namen Schäferskirche erhielt, weil der Rat der Stadt den Schäfern das Recht erteilt hatte, in ihr den jährlichen Gottesdienst abzuhalten. Der Versammlungstag fand jedoch nicht am Namenstag des Heiligen (31. Oktober), sondern am Dienstag nach Bartholomäi, also Ende August, statt.[19] Wollen wir diese Sage — selbstverständlich mit allen Vorbehalten — in unsere Überlegungen einbeziehen, könnten wir lediglich vermuten, daß eventuell eine Vereinigung schon vor der Anlage der St. Wolfgangkirche existiert hat. Da aber — wie die Korrespondenz mit dem Rothenburger Stadtarchiv ergeben hat — auch die Daten des Kirchenbaus keinen Hinweis auf das Alter unserer Brüderschaft geben, ist die Aussagekraft dieser Sage recht schwach.

Jahreszahlen, aus denen wir auf das Alter der Vereinigung schließen könnten, finden sich aber in anderen Sagen, die über den Ursprung des „Rothenburger Schäfertanzes" berichten. Im Jahre 1375 — andere nennen das Jahr 1393[20] — sollen die Rothenburger Juden angeblich versucht haben, die Bürgerschaft zu vernichten, indem sie das Brunnenwasser vergifteten; ein aufmerksamer Schäfer habe den Anschlag vereitelt. Aus Dankbarkeit dafür hätte der Rat der Stadt der Schäferbrüderschaft das Recht erteilt, an ihrem Festtag — jedes Jahr am Dienstag nach Bartholomäi — einen Tanz auf dem Markt zu halten.[21] 1397 soll dieser Tanz bereits nachgewiesen sein.[22] Schnizlein[23] spricht allerdings nur von Mutmaßung, denn es gäbe keinerlei Hinweise dafür in den Urkunden. Jedoch sollen 1397 in Rothenburg Judenverfolgungen stattgefunden haben.[24] Ob sich damals Schäfer an solchen Pogromen maßgeblich beteiligt haben, müßte an Ort und Stelle in den Archiven nachgeprüft werden. — Da Sagen aber oft ein gewisser Realitätsgehalt zugrunde liegt, ist es vielleicht erlaubt zu sagen, daß in der zweiten Hälfte des 14. Jahrhunderts ein fränkischer Schäferverband mit Rothenburg als Zentrum bestanden haben könnte.

Einen weiteren Hinweis auf eine solche frühe Organisation gab uns Pfarrer Dannheimer aus Schweinsdorf bei Rothenburg, indem er mitteilte, daß 1429 im italienischen Como Rothenburger Wollhändler urkundlich nachgewiesen sind, und daß die fränkische Reichsstadt im Mittelalter ein bedeutender Umschlagplatz für Wolle war.[25] Wollmärkte aber waren ein großer Anziehungspunkt für die Schäfer aus solchen Landschaften, in denen die Wollproduktion blühte. Unsere Annahme, in Rothenburg könnte bereits im 14. Jahrhundert eine Schäfervereinigung existiert haben, findet durch diese urkundliche Nachricht also eine Stütze.

Die älteste *urkundliche* Erwähnung einer Schäferbrüderschaft zu Rothenburg stammt jedoch erst aus dem Jahr 1516.[26] Sie ermöglicht es uns nun auch, etwas über den Charakter dieser Gemeinschaft auszusagen, die als „Schäffer Bruederschafft" bezeichnet wird und unter dem Schutz des Rates der Stadt steht. Ratsmitglieder, die als Pfleger für die Wolfgangskirche bestellt sind, „habenn allenthalben sich zu den Schäffern zue fugenn, hilff und Steur an sollich obgemelt prueder-schafft und ir hantraichung zu geben" und sie zu ermahnen, „dem almechtigen got, der junckfrauen Marie, den vorgemelten patronen [Wolfgang und Wendelin] und allem himmlischen here zu lobe und allenn christglaubigen seelen und besonders deren so in der vermelten pruederschafft sein zu ewigen trost und haile ... zwu messenn" halten zu lassen. Darüber hinaus werden sie angehalten, dem Beauftragten des Rates „auch das almusen das ain ieglicher nach seinem vermogen" zu geben in der Lage ist, zu überreichen, da es doch „ein sonderlich loblich und verdienstlich gut werkh gegen got dem allmechtigen ist ..."

In der Urkunde[27] finden sich außer der Tatsache, daß es 1516 eine Schäfervereinigung gibt, die sich zu Gebet und Messe in der St. Wolfgangkirche einfindet, keinerlei Hinweise auf den Schäfertanz usw. Der Charakter der Brüderschaft ist eindeutig. Sie dient vornehmlich religiösen Zwecken, läßt aber die Solidarität und die Hilfsbereitschaft unter den Mitgliedern der Vereinigung durch das Einsammeln von Almosen erkennen, welche nach handwerklichem Zunftrecht zur Versorgung alter und hinfälliger Berufsgenossen verwendet werden. Die in der Begrüßungsformel genannten „Meisteren und Gesellenen der Schäffer Bruederschafft" lassen gleichfalls erkennen, daß man sich die handwerkliche Innung zum Vorbild genommen hat. Hinweise auf Beruf oder Ansehen der Schäfer finden sich aber noch nicht. Nach dem Inhalt des Textes zu urteilen, war im Erscheinungsjahr der Urkunde bereits eine gewisse Tradition des Schäfertages vorhanden. Er muß also älter als 1516 sein. Mehr zu sagen ist nicht möglich. — Auch nach der Annahme der lutherischen Lehre blieb der religiöse Charakter der Brüderschaft gewahrt, wie eine Urkunde aus dem Jahre 1588[28] zeigt, in der es heißt, „daß die jährliche Zusammenkunft, wie früher zur Zeit der päpstlichen Religion mit gesungenen und gesprochenen Messen, nach erfolgter rechter christlicher Religion vermögs der Augspurgischen Confession [mit] Predigen und Lehren Gottes Worts, nachvolgends auch mit gemeinlicher Malzeit und ander Fröligkeit' gehalten werde". Mit dieser „Fröligkeit" mag der Schäfertanz gemeint sein, den wir in der ersten Urkunde von 1516 jedoch nicht (oder noch nicht?) erwähnt finden.

Zusammenfassend darf man sagen, daß sich Hinweise auf eine Existenz der Rothenburger Schäferbrüderschaft schon für die 2. Hälfte des 14. Jahrhunderts ergeben. Der einzige uns bisher bekannte archivalische Nachweis erlaubt allerdings nur festzustellen, daß diese Vereinigung älter als 1516 sein muß.

Schäfer mit beidseitig benutzbarem Stab. Titelseite des Traktats „Jean de Brie. Le bon berger" (Paris um 1542)

Tafel 10

Niedersächsische Fensterbierscheibe mit Schäfer in der Kleidung des 18. Jahrhunderts

Schäfer mit abgewinkelten Schäufelchen und anderen Gerätschaften. Portinari-Altar des Hugo van der Goes (1476)

Schäfer beim Meditieren über die Konstellation
der Gestirne. Holzschnitt, Ende 15. Jh.

Schäfer Ast aus Radbruch, einer der berühmtesten Wunderdoktoren mit großem Zulauf (um 1925)

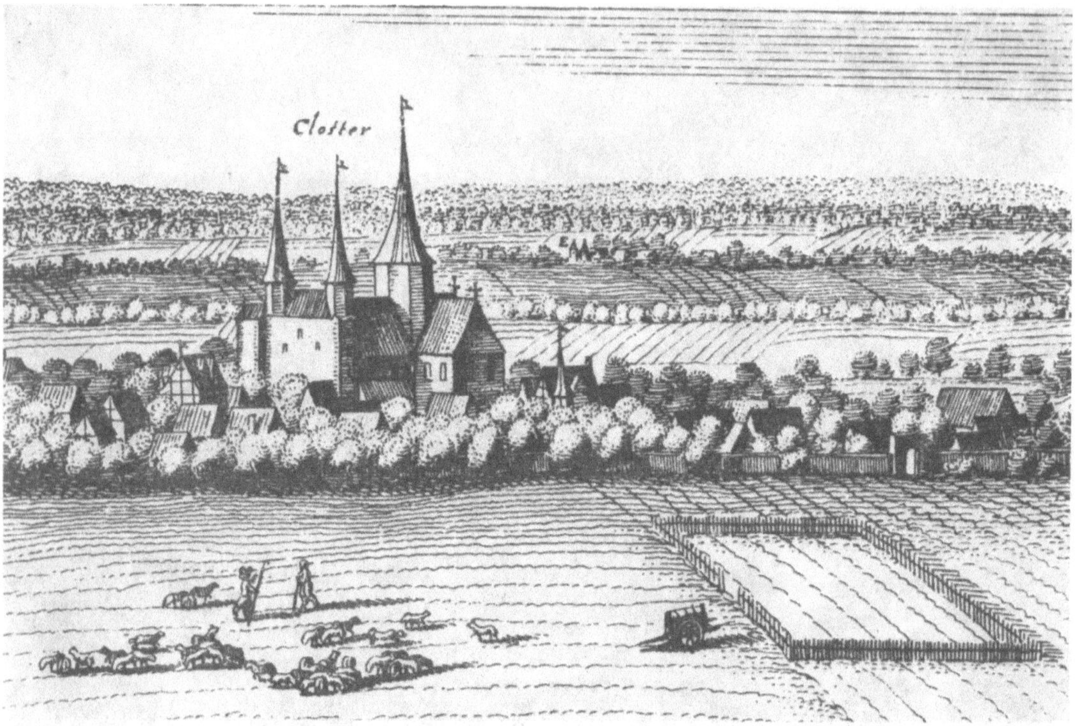

Schäfer mit Herde, Schäferkarren und Pferch vor Königslutter (1654)

Eingang zur Merino-Stammschäferei Augusts des Starken im sächsischen Lohmen

Schafwäsche in fließendem Gewässer
(19. Jahrhundert)

Schafschur durch eine Arbeiterkolonne
(19. Jahrhundert)

Bei der Schafhaltung im Hochgebirge erfordert
die Pflege der Lämmer besondere Aufmerksamkeit

2. Die Schäferzunft zu Markgröningen

Unklar bleiben auch Ursprung und Alter der württembergischen Schäfervereinigung zu Markgröningen. Sie ist vor allem durch den traditionellen Schäferlauf bekannt geworden, der mit Unterbrechungen bis in unsere Tage hinein als Volksfest mit wachsendem folkloristischem Spektakel gefeiert wird.

1443 finden wir ihn erstmalig in einer Rechnung erwähnt, nach welcher der Markgröninger Spitalmeister seinen Konventsbrüdern Beutel, Nesteln und Messer anläßlich des Schäfertages gekauft hat.[29] Im gleichen Jahr werden auch der regierende Graf Ludwig und seine Gemahlin als Gäste des Festes erwähnt, und 1484 stattet Graf Eberhard im Bart den Schäfern seinen Besuch ab[30]. — Dies scheinen die für die Abhaltung des Markgröninger Schäfertages ältesten erreichbaren Daten zu sein. Mit Recht sind die württembergischen Historiker der Meinung, daß die Versammlung der Schäfer bzw. der Schäferlauf älter als 1443 sei. Doch sind einer Rückdatierung Grenzen gesetzt, die sich aus der Landesgeschichte ergeben: Da das spätere Schäferzunftgericht nur die Grafschaft Württemberg umfaßte, Markgröningen selbst aber erst 1336 württembergisch wurde, wird man die Vereinigung nicht in vorwürttembergische Zeit verlegen dürfen,[31] wie es Heyd[32] tun möchte. Wir dürfen also sagen, daß der Schäferlauf — und nur von ihm ist in der genannten Urkunde die Rede — in dem Zeitraum von 1336—1443 ins Leben gerufen worden ist. Da aber die Existenz eines Tanzes oder ähnlicher Veranstaltungen im Mittelalter das Zeichen eines Privilegs an eine entsprechende zunftartige Gemeinschaft darstellte, dürfen wir, wie im Fall von Rothenburg, sagen, daß in der angegebenen Zeitspanne in Markgröningen bereits der Sitz einer schäferlichen Vereinigung war.

Über den Charakter dieser Schäferversammlung etwas auszusagen, ist freilich noch schwieriger als in Rothenburg, da für Markgröningen die älteste Schäferordnung erst vom 21. August 1651[33] datiert ist. Es liegen also zwischen dem Zeitpunkt der Gründung bis zur ersten bekannten Satzung mindestens zweihundert Jahre, in denen so vielfältige Einflüsse zu berücksichtigen sind, daß der ursprüngliche Verbandscharakter nur schwerlich erkennbar sein dürfte. Um auch dem historischen Entwicklungsgang dieses Kapitels nicht vorzugreifen, halten wir es deshalb für angebracht, die Ordnung von 1651 in den entsprechenden Zusammenhängen zu besprechen,[34] zumal um diese Zeit erste Tendenzen auftreten, die Markgröninger Vereinigung, die ursprünglich für den gesamten württembergischen Raum verbindlich war, zu spalten. Diese Bestrebungen, die zur Gründung von Nebenladen in Urach, Wildberg und Heidenheim führten, sind aber nur aus den jeweiligen historischen Zusammenhängen zu erklären und zu verstehen.

Der Patron der Markgröninger Schäfer — wie auch der Metzger, mit denen sie zunftmäßig zeitweise sogar verbunden waren — ist der heilige Bartholomäus, an desssen Tag, also am 24. August, sie ihre Zusammenkunft hielten. Ihm ist auch die 1277 erbaute Stadtkirche geweiht. Die vorherige Kirche aber war zu Ehren der Apostel Peter und Paul errichtet worden. Ob nun die Schäfer an der Einsetzung des neuen Patrons Bartholomäus mitgewirkt haben oder ein Einfluß von der schon früher im benachbarten ehemaligen Filial Tamm nachgewiesenen Bartholomäuskirche vorliegt, ist nicht mehr nachzuprüfen. Hornberger[35] weist aber darauf hin, daß die Einwohner dieses Nachbarorts interessanterweise behaupten, daß sie „die ursprünglichen Inhaber des Schäfertages [seien] und glauben, daß die Stadt Markgröningen ihn unrechtmäßig an sich genommen habe". Der Heilige dürfte von jeher eine besondere Rolle in der württembergischen Schäfergemeinschaft gespielt haben. Fragen wir aber danach, warum gerade Bartholomäus eine solche Verehrung genoß und an seinem Tag das Schäferfest gefeiert wurde,[36] so erinnern wir uns, daß der 24. August ein wichtiger Lostag war. Etwa bis zu diesem Termin befanden sich im Bereich der Wanderschafhaltung die Herden im Oberland, um von dort den Marsch in die

Winterweidegebiete des Unterlands anzutreten.[37] Dieser Tag war also ein wichtiger Termin im Arbeitsjahr des süddeutschen Wanderschäfers, und es lag nahe, ihn entsprechend zu begehen. Die Verehrung des Heiligen selbst wäre demnach nur sekundär zu werten. Am 24. August gleichzeitig auch die Kirchweih der Markgröninger Bartholomäuskirche abzuhalten,[38] war verständlich.

Auf die Verbindung der Markgröninger Schäfergemeinschaft bzw. des Schäferlaufs mit dem Heiligen weisen Sagen hin, die sich um den treuen Schäfer Barthel gerankt haben. Eine, deren Motiv auch in anderen Landschaften immer wieder zu finden ist, spricht von einem Markgröninger Grafen mit reichem Land und Viehbesitz. Sein treuester Hirt, Bartholomäus, wurde eines Tages von den übrigen Schäfern verleumdet, er verkaufe heimlich die besten Schafe seines Herrn. Der Graf ging den Gerüchten nach, stellte Bartholomäus auf die Probe und befand ihn als ehrlich. „Dieweilen ich dich als treuen Knecht erfunden habe, soll der Tag deines Namens gehrt werden bis in die spätesten Zeiten.“[39] Eine Variante mit dem gleichen Motiv berichtet Hornberger.[40] — Eine andere Sage spielt sich vor dem Hintergrund des Reichskrieges ab, den Heinrich VII. 1310 gegen Graf Eberhard von Württemberg führte. Der Graf wurde auf seiner Festung Asperg von den kaiserlichen Truppen schwer bedrängt. Der Schäfer Barthel, der ihn schon einmal in einer Schlacht herausgehauen hatte, zeigte dem Grafen einen unterirdischen Gang nach Markgröningen. Auf diesem Weg konnte die Besatzung entsetzt werden. Graf Eberhard bestimmte darauf Barthel zum Meister über die Markgröninger Schäfergemeinschaft und stiftete an seinem Namenstag den jährlichen Schäferlauf.[41]

Etwaige Zusammenhänge, die sich wie in Rothenburg aus der Abhaltung eines Wollmarktes ergeben können, lassen sich urkundlich anscheinend nicht belegen. Römer[42] weist aber darauf hin, daß im Markgröninger Gebiet ehemals eine blühende Schafzucht existiert hat, und hält daher für die ältere Zeit die Abhaltung von Woll- und Hammelmärkten für nicht ausgeschlossen.

3. Die Schäfer- und Hirtenbrüderschaft zum heiligen Kreuz in der Klus bei Halberstadt

Die Gründung einer Schäfer- und Hirtenbrüderschaft anscheinend rein religiösen Charakters ist für das Jahr 1516 bei Halberstadt bezeugt.

Nach der erhaltenen Urkunde[43] gab am Sonntag nach dem Fest des heiligen Evangelisten Lukas — das ist der Sonntag nach dem 18. Oktober — der Konvent des Klosters Münzenberg bei Quedlinburg seine Zustimmung, daß der Rektor der Kapelle zum heiligen Kreuz in der Klus, welche außerhalb der Mauern Halberstadts lag, zusammen mit einer Reihe namentlich angeführter Leute „ceterique pastores et opiliones in cuiitate halberstad“ und benachbarten Orten eine Brüderschaft der Schäfer und Hirten „ad laudem omnipotentis dei“ errichtete. Zur Abhaltung der Gottesdienste wurde die Kapelle mit Schafen und Geld ausgestattet. An den Quatembern jedes Jahres sollen für die noch lebenden, aber auch für die verstorbenen Mitglieder der Brüderschaft samt ihren Familien Seelenmessen gelesen werden. Hierfür ist den betreffenden Priestern von den Vorstehern der Brüderschaft, zu denen wir wohl die eingangs namentlich aufgeführten Personen zu rechnen haben, von der erwähnten Ausstattung der Kapelle eine angemessene Vergütung zu entrichten. Außerdem soll alljährlich zu Michaelis in Gegenwart der Brüderschaft und des Rektors eine Generalrechnung gelegt und wenn notwendig, neue Vorsteher gewählt werden. Der Klosterkonvent verpflichtet sich, eine Bestätigung der Brüderschaft bei der übergeordneten Kirchenbehörde und dem Markgrafen von Brandenburg einzuholen.

Grundsätzlich können wir diese Vereinigung als wirkliche religiöse Brüderschaft im Sinne Henggelers[44] ansehen, denn es wird die Bestätigung einer höheren Kircheninstanz eingeholt. Auch der offizielle „Zweck“ — ad laudem omnipotentis dei — wird ausdrücklich erwähnt. Der soziale Sinn der Brüderschaft — nämlich die Unterstützung der Gebrechlichen, der Witwen und Waisen — findet keine Erwähnung, denn die Spenden werden anscheinend nur für die Entschädigung der Priester verwendet.

Und doch könnte hinter der Gründung dieser Brüderschaft zum heiligen Kreuz in der Klus eine ganz reale Absicht stehen. Wird doch ausdrücklich hervorgehoben, daß diese Kapelle „extra ciuitatem halberstadensem situata" sei. Daraus aber darf man vielleicht schließen, daß die Hirten und Schäfer, von denen es heißt, daß sie „in ciuitate halberstad" lebten, schon einmal versucht haben, eine Vereinigung innerhalb der Stadtmauern zu gründen. Dieser Versuch müßte dann von den Zünften vereitelt worden sein. Eine zunftähnliche Gemeinschaft innerhalb der Stadtmauern zu errichten, hätte ja bedeuten können, daß Hirten und Schäfer in Halberstadt handwerkswürdig geworden wären. Die Furcht vor der Konkurrenz, die zu dem übersteigerten Unehrlichkeitswesen führte, wäre hier z. B. bereits spürbar (Bönhasen). Das Ersuchen, die Brüderschaft außerhalb der Stadtmauern zu errichten, könnte also als Reaktion auf einen ersten fehlgeschlagenen Gründungsversuch innerhalb der Stadt gedeutet werden.[45]

Die Anlehnung an das Innungswesen, dem man nacheiferte, wird aus der Tatsache der Generalabrechnung und der Wahl von Vorstehern deutlich. — Wichtig ist weiterhin, daß die Initiative zur Errichtung der Brüderschaft von den Hirten und Schäfern selbst ausgeht. Die kirchliche und weltliche Obrigkeit werden lediglich um ihre Zustimmung gebeten, die von der unteren Instanz auch gewährt wird. Ob jedoch der zuständige Kardinal-Erzbischof von Magdeburg und Mainz und der Markgraf von Brandenburg ihren Konsens erteilt haben, ist nicht bekannt.

Während in Süddeutschland der Anlaß zur Gründung der frühen Schäfervereinigungen mit dem Abhalten von Woll- und Schafmärkten zusammenzuhängen scheint, mögen bei Halberstadt schon realere Standesfragen — Unehrlichkeit, Erlangen der Handwerkswürdigkeit —, deren sich die Schäfer selbst annahmen, maßgebend gewesen sein. Bevor sich Kaiser und Reich mit dem Verruf der Schäfer beschäftigen, haben diese also vielleicht schon selbst zu eigenen Maßnahmen gegriffen, um sich von ihrem „Makel" zu befreien.

Hörmann[46] ist, wie es scheint, der einzige, der die Brüderschaft zum heiligen Kreuz in der Klus bei Halberstadt einmal erwähnt. Er sagt von ihr, daß sie „nicht zur Regelung beruflicher, sondern der kirchlichen Angelegenheiten" gestiftet sei. Im größeren Zusammenhang gesehen scheint es aber nicht ausgeschlossen, daß die religiösen Übungen lediglich das äußere Erscheinungsbild waren, während der Zweck, der mit dieser Vereinigung verfolgt wurde, ausschließlich „beruflichen" Angelegenheiten galt.

4. Die Schäferbrüderschaft zu Schnaittach bei Nürnberg

Hornberger[47] ist bei seinen Untersuchungen im Fränkischen auf eine Schäferbrüderschaft aufmerksam geworden, die für 1535 in Schnaittach bei Nürnberg bezeugt ist. Nähere Hinweise außer denen, daß in diesem Gebiet die Schafzucht stark verbreitet war, bringt er nicht. Doch läßt sich aus der betreffenden Urkunde, die uns das Staatsarchiv Nürnberg in einer Abschrift freundlicherweise zur Verfügung stellte,[48] immerhin entnehmen, daß der Schnaittacher Bund ehedem besonders der Kirche nahe gestanden zu haben scheint. — Was das Alter dieser Schäferbrüderschaft betrifft, so zeigt die Urkunde bereits einen bestimmten Entwicklungsabschnitt. Man trifft wohl den richtigen Zeitansatz, wenn man die Gründung in das Ende des 15. bzw. in den Anfang des 16. Jahrhunderts verlegt.

5. Die Sankt-Michaelis-Brüderschaft zu Hirzfelden im Oberelsaß[49]

Das Gebiet zwischen Ill und Rhein ist wenig fruchtbar, sehr steinig und wird deshalb vor allem als absolute Schafweide genutzt. Inmitten dieser Landschaft liegt das Dorf Hirzfelden, das der Mittelpunkt einer „uralten" Brüderschaft sämtlicher Schäfer und Schafhöfe der „elsässischen, sund- und breisgauischen Staden" wurde.

Der Ursprung der Vereinigung kann nicht mehr datiert werden. Die Archivalien hierüber scheinen schon im 15. Jahrhundert vernichtet worden zu sein. Durch den Bauernkrieg zerfiel die Brüderschaft vollständig. Die Folge davon war eine große Mißwirtschaft in der Schafhaltung des ganzen Landes. Seuchen vernichteten das Vieh, und niemand hielt sich mehr an die eingegangenen Verpflichtungen. — Am 15. Juli 1580 schrieb der Rat und Hofprokurator der Ensisheimer Vorlande Sebastian Breining an den Ritter Egenolf von Rappoltstein einen Brief, in dem er ihn darauf aufmerksam machte, daß es notwendig wäre, „daz man ain sollich gut werkh [eben die alte Brüderschaft] widerumb in ain neuw ordnung richten und bringen solle ..." Dieser Brief ist das älteste Schriftstück, das über die Hirzfeldener Vereinigung bekannt geworden ist.

Aus dem gleichen Schreiben erfahren wir noch nähere Umstände über die Verhältnisse, die nach dem Niedergang der Brüderschaft eingetreten sind, und über ihre Geschichte: „Lehrbuben, Meisterknechte und selbst Wasenmeister verdingen sich als Schäfer, und wenn sie die Weiden ‚vergifft und reich worden', nehmen sie ‚urlaub hinder der thür' und entlaufen, unbekümmert um Herrn, Trift und Herde. Früher sei der ganze Oberrhein durch die Bruderschaft in Kreise eingeteilt gewesen, an deren Spitze ein Brudermeister gestanden. Wer sich als Schäfer verdingen wollte, hatte dem Meister Urkunde und Schein vorzulegen, daß er gelernt habe ‚presthaften Schafen ze helffen ... und wie die weid ze besuechen'. Alles sei aber längst in Abgang gekommen. So sei die ‚Sucht' eingerissen, die ganze Herden dahinraffe und die Höfe und Weiden entvölkere". — Der Graf von Rappoltstein war mit einer Neuordnung einverstanden. Wo sollte man aber die alten Satzungen finden, nach denen man sich zu richten hatte? Man erfuhr nur, „der alte Hans Mendlin, seinerzeit Schäfer und Schultheiß in Regisheim, und Hans Himel, der alte Schäfer in Hirzfelden, hätten die ‚alten brieff' böswillig verbrannt, weil ihnen etliche Bestimmungen darin unbequem gewesen wären"; schließlich „entdeckte man den alten Herrschaftsdiener Wölflin im Rappoltsteinischen Amtshause zu Heitern. Der wußte zu berichten, wie die Bruderschaft von jeher seinem gnädigen Herrn zugestanden, ‚von wegen seiner uf der Hart habenden scheferey und des Hofes Reinfelden alt habender gerothsame ...' und wie sie stets von den ‚schefereyen im Riet und andern mehr von adel' hochgehalten worden wäre. Der Amtmann in Heitern hätte als Statthalter das Einziehen der Strafgelder besorgt, und der Schäfer-Schaffner im Rheinfelder Hof — sei durchweg Brudermeister gewesen. Nach seinen Angaben wurde dann ein Entwurf ausgearbeitet, dessen Ausführung aber auf die lange Bank geschoben wurde. Aber die Schäfer ließen keine Ruhe; sie drückte zum großen Teil arge Not, und die Regierung der Vorderlande stand auf ihrer Seite." — „Am Kreuzerhöhungstage 1581 ... tagte der Ausschuß der Schäfer in der gewöhnlichen Gastherberge und Schenke zu Dessenheim, allwo die Dringlichkeit der Neuordnung besonders betont wurde. Hans Satt, der Schäfer zu Erbenheim am Ochsenfelde, wurde beauftragt, mit einer vom Thanner Amtsschaffner Franz-Beer verfaßten Bittschrift bei Engenolf persönlich vorzusprechen. Aber noch zwei Jahre dauerte es, bis der hohe Herr endlich höchst eigenhändig den Gänsekiel ergriff und seinem Sekretario, der sich just zu einer Badereise rüstete, kurz und bündig erklärte: ‚Ihr wollet ... solch Ordnung vor eurer abreiss verfertigen, damit wir des uberlauffs einmahl uberhoben sein ...'. So konnte denn auf dem Bartholomäustag 1584 zu Hirzfelden auf der Hart die neue Schäferordnung zum erstenmale den versammelten Brüdern und Schwestern feierlich verkündet werden. Der festliche Tag war ein Montag." Schon Monate vorher waren Boten in alle Gegenden des Bezirkes gezogen, die Schäfer zu dem wichtigen Tag nach Hirzfelden einzuladen. Die Versammlung wurde mit einem Gottesdienst eingeleitet. Anschließend verlas der Landweibel die neue Ordnung. Unter Aufsicht des Brudermeisters fanden die Eintragungen in das Bruderschaftsbuch statt. Den Abschluß bildete eine fröhliche „Irte" mit Spiel, Tanz und allerlei Kurzweil. — Die Brüderschaft überstand alle späteren Wirren gut und wurde 1649 bzw. 1658 auch von der französischen Verwaltung bestätigt.

Soweit der historische Ablauf der Hirzfeldener Brüderschaft, der uns Dinge erfahren ließ, von denen bei den bisher kennengelernten Schäfervereinigungen nicht die Rede war.

Über ihr wirkliches Alter erfahren wir aus der Ordnung von 1548[50] leider nichts. Es wird lediglich erwähnt, daß „die Schefer und deren Bruederschafften Elsässischer, Sundtgauwer und Breissgewischer gestaden vor langen unverdenkhlichen Jaren von der Herrschafft Rappoltzstein sondere Freyheiten, järliche Zuesamenkünften auch altem Herkhomen und gewonheiten gehabt" ... hätten. Es wird auch der Name dieser ehemaligen Vereinigung genannt: „Sanct Michaelis Bruderschafft zu Hirtzfelden". — Aus dieser recht vagen Zeitangabe ein absolutes Datum herauszulesen, ist nicht möglich. Wenn wir aber davon ausgehen, daß das Schriftstück von 1580 das ältest erhaltene ist[51] und weiter berücksichtigen, daß zwei alte Schäfer die Brüderschaftsbriefe verbrannt haben, und daß sich der alte Herrschaftsdiener Wölflin an die Hirzfeldener Gemeinschaft erinnern konnte, dann trifft zeitlich die Annahme Walters zu, daß schon der Bauernkrieg die alte Brüderschaft zerstört habe. Wir könnten also die Gründung der oberrheinischen Schäfergemeinschaft in die letzten Jahre des 15., bestimmt aber in den Anfang des 16. Jahrhunderts zurückverlegen.

Die 1584er Ordnung enthält in ihrer Präambel auch Hinweise auf Bestimmungen aus der ersten, verlorengegangenen Ordnung der Brüderschaft, die wir bei den bisher besprochenen Vereinigungen noch nicht wahrgenommen haben. Es heißt nämlich, die alte Brüderschaft sei „... darin versehen gewesen, das den Herrschafften, denen vom Adel, Gemeinden und andern zum trewlichsten gedient auch under Inen selbs guethe ordnung erhalten werde ...". Diese Ordnung sei aber „durch unfleiss und sondern vortheil etlicher Schäffer, die deren nit gern gehorsamen wollen, verlegt", also beiseite gebracht worden. Das bedeutet aber, daß schon die alte Hirzfeldener Ordnung Bestimmungen enthalten haben muß, die sowohl in das eigentliche Berufsleben der oberrheinischen Schäfer eingriffen, als auch ihr Verbandswesen straffer zusammenfaßten, als wir es bisher kennengelernt haben. — Wir sprachen bereits in unserem ersten Kapitel davon, daß bereits vor der Einführung der Merinos einzelne Landesfürsten Maßnahmen zur Aufzucht ihrer Herden ergriffen hatten, um die Schafhaltung rentabler zu gestalten. Solche Maßnahmen aber sind von der Bevölkerung nicht nur nicht unterstützt, sondern sabotiert worden; nicht zuletzt von den Schäfern selbst, die bei derartigen Bestrebungen natürlich stärker unter Aufsicht genommen wurden. Durch eine straffe Verbandsordnung konnte man aber am ehesten ein gut ausgebildetes und brauchbares Schäferpersonal heranziehen. Natürlich wird gerade in der frühen Zeit des Verbandswesens einigen Schäfern eine solche Ordnung nicht gepaßt haben, vor allem denen nicht, die schon auf eigene Kosten und zum eigenen Vorteil Schafhaltung betrieben.[52]

Als Folge der Auflösung des alten Bundes ist nun ein Moment zu erwähnen, das aus dem ersten Punkt der neuen Ordnung von 1584 sichtbar wird. Es heißt dort nämlich, daß vor allem Schäferknechte und Schäferjungen „von Iren Herren, Junkhern und gemeinen Scheffermeistern zu Zeiten von Irer unerbaren Diensten wegen sich enteussern, von dannen weglauffen und nichts desto weniger andern Herren, Junkhern und gemeinen Scheffern ohne einige Abscheid Ires Haltens und allso in solche Leichtferttigkheit erwachsen, dass sie demnach in kheinen weg mer guet thuen ...". Dieser Passus spricht deutlich aus, welches Unheil das Unehrlichkeitswesen bereits angerichtet hatte. Wenn 1659 die Brandenburgischen Landstände darüber klagen, daß sie wegen des Verrufs keine Schäfer mehr bekommen können, machte sich am Oberrhein bereits 1584 die Fluktuation stark bemerkbar. Solche Verhältnisse aber, die den Bestrebungen nach organisierter Schafzucht sehr zuwider liefen und ökonomisch manchen Schaden verursacht haben mögen, waren in allen Reichslanden um diese Zeit schon weit verbreitet. Das zeigt letztlich auch das Edikt Kaiser Karls V. von 1548 gegen das Unehrlichkeitswesen. — Was wir in der Ordnung von 1584 erstmalig finden, was vielleicht auch schon in der alten Hirzfeldener Ordnung angeklungen sein mag, sind praktische Maßnahmen gegen die Folgen der Unehrlichkeit der Schäfer: Sie werden fest an die Brüderschaft gebunden, dürfen ohne einen entsprechenden schriftlichen Bescheid ihres früheren Dienstherren keine neue Stelle antreten usw. Es sind Maßnahmen, die darauf hinauslaufen, einen gut ausgebildeten Schäferstand zu erhalten, zu kräftigen und alle unsauberen Elemente, die sich — durch das beginnende Umherstreunen bedingt — eingeschlichen haben, auszuscheiden. Daher Bestimmungen, „dass auch khein Schefferkhnecht oder Junge, so ausserthaben diser Bruderschaft gedient, zu kheinem Schefferkhnecht oder Jungen (und sonderlich die sich für Maister aussgeben und setzen wollen) von Niemanden nicht angenommen werden", er weise denn seine entsprechenden Abschiedspapiere vor, oder „seye dan zuvor von den vier Maistern dieser Bruderschafft darzu für gueth erkhandt und hab dessen auch von Inen schriftliche Kundtschafft", also eine Art Gesellenbrief. — Was in dieser Bestimmung angeordnet wird, ist nichts anderes als der Zunftzwang, wie er bei den städtischen Handwerkern üblich war. Denn auch bei ihnen fand nur derjenige Arbeit, welcher Mitglied der Innung war und dadurch von ihr kontrolliert werden konnte. Solche Maßnahmen machte sich der österreichische Landesherr am Oberrhein zunutze, auch die Schäfer seines Territoriums unter Aufsicht zu stellen und wieder geregelte Verhältnisse einzuführen. — Zum Zunftzwang gehören auch Anordnungen, nach denen die Schäfer im Bereich der Brüderschaft verpflichtet sind, „sich bey der Bruderschafft järlich [zu] erzeigen" und ihre Meister dürfen sie daran nicht hindern. „Wo aber einer under disen bruedern . . . nit erscheinen und Ires aussbleibens nit genugsamen ursachen anzeigen würden, dass er der Bruederschafft darfür fünff schilling Rappen zue straff zue bezahlen schuldig seyn."

Die Ordnung von 1584 trifft aber nicht nur Maßnahmen gegen die Folgen des Unehrlichkeitswesens, sondern sucht das Übel selbst an der Wurzel zu fassen, indem sie erklärt, es sei von jeher Brauch gewesen, „dass die Scheffermeister oder Knecht Iren Herren, Junckhern oder Mayern umb lebendige und abgangne Schaff oder Lämer ordenliche Rechnung thuen und die abgangne ... aussziehen müessen, aber dessen allwegen die Freyheit gehabt, dass kheiner weder Maister, Knecht oder Junger seiner ehren halben von Niemand nicht angezogen oder gescholtten werden sollen ..." Wer aber wegen des Abziehens der Schafe die Ehre der Schäfer antastet, soll „darumben nit allein durch die gemeine Bruderschafft sondern auch jedes Oberkheit umb ein ansehnliches abgestrafft" werden usw. — Offensichtlich in Anlehnung an die kaiserlichen Edikte wird die Unehrlichkeit der Schäfer aufgegriffen und bestimmt, daß im Bereich der Hirzfeldener Brüderschaft kein Schäfer oder dessen Kinder „an Ehren verletzt noch bey Handtwerkhen oder andern ehrlichen sachen aussgeschlossen oder verkhleinert werden" dürfe. — Es hängt mit diesen Bestrebungen, das Unehrlichkeitswesen selbst und seine für den Schäferberuf und die Schafhaltung schädlichen Folgeerscheinungen zu mildern und zu beseitigen, zusammen, wenn die Ordnung von 1584 erlaubt, ja es wünschenswert erscheinen läßt, daß auch andere „vil höher weltlich oder geistliche Personen", sie seien „Edel oder unedel, Mann oder Weibspersonen", in die Brüderschaft aufgenommen werden. Soll doch damit den städtischen Zünften gezeigt werden, daß auch eine zunftähnliche Gemeinschaft „extra muros" die Billigung, Achtung und den Schutz höhergestellter Kreise haben kann, und damit der Vorwurf der Unehrlichkeit nichtig wird. Zum anderen soll es ein Zeichen auch für die an ihrem Verruf schwer tragenden Schäfer sein, daß sie durchaus nicht von aller Welt verachtet werden, und daß sich außerhalb der Innung Menschen finden, die nicht nur ihren Verband anerkennen, sondern ihn durch ihren Beitritt auch fördern. Wie kaum in späterer Zeit haben die österreichischen Landesherren und der Rappoltsteiner Graf mit der Ordnung der Hirzfeldener Brüderschaft konsequent den Kampf gegen das verderbliche Unehrlichkeitswesen — jedenfalls soweit es die Schäfer anlangt — aufgenommen.

Ein anderer Punkt in den Statuten von 1584 scheint uns noch von besonderer Bedeutung zu sein. Es heißt darin nämlich, „dass ein jeder Scheffermeister oder Knecht sich umb ein besoldung, wie er khan und mag, verdingen möge und die andern Inen darumben zue straffen nit machen haben, und da sye, Maister und Knecht, diser Bruderschafft der besoldung halben mit frucht, geld und unterhaltung einer anzal Schaaf einiche ordnung oder Conspiration nit machen sollen, weder offentlich noch heimlich" bei hoher Strafandrohung. — Wenn eingangs gesagt wurde, daß zwei alte Schäfer die frühere Brüderschaftsordnung vernichtet hätten, weil ihnen einige Bestimmungen darin nicht gepaßt haben, dann dürften sich diese auf den Verdienst der Schäfer bezogen haben. Der Anlaß mag gewesen sein, daß manche Schäfer unter Einfluß der Dienstherren ihre Arbeitskraft zu billig verkauften und höhere Lohnforderungen anderer mit Hinweis auf diese Schäfer abgelehnt wurden. Das in der 1584er Satzung ausgesprochene Verbot eigener Ordnung oder „Conspiration" kann sich nur auf frühere Aktionen der oberrheinischen Schäfer beziehen, die einem Streik gleichzusetzen sind. Mit Hilfe einer solchen „Conspiration" werden sie ihren Lohnforderungen Nachdruck haben verschaffen wollen. — So sehr man das Bestreben des österreichischen Landesfürsten und des Rappoltsteiner Grafen anerkennen wird, konsequente Maßnahmen gegen den Verruf der Schäfer auf ihrem Territorium ergriffen zu haben, wird man andererseits vermerken müssen, daß sie dem Wunsch der oberrheinischen Schäfer nach gemeinverbindlicher Regelung der Entlohnung nicht Rechnung trugen.

Weitere Bestimmungen richten sich gegen Betrügereien vor allem der Schäferknechte, betonen die Eintracht (frid und einigkheit) innerhalb der Brüderschaft und bestimmen die üblichen Maßnahmen für die Versorgung alter und kranker Mitglieder, damit diese „nit sonst am bettelstaab umbziehen müessen".

„Irer Furstlichen Durchleuchtigkeit Landwaibel zu Ottmarssheim" wird zum „Staabfuerer" der Brüderschaft bestimmt und hat als Vertreter des Landesherrn darauf zu achten, daß die Ordnung eingehalten und nicht übertreten wird. Wenn auch — das geht aus der Präambel der Urkunde von 1584 deutlich hervor — einige Schäfer „alss Ausschütz gemeiner Scheffer Bruederschafft diser Ellsässischen, Sundt- und Breyssgeuischen Gestaden" fungieren und um Wiederaufrichtung der früheren St. Michaelis-Brüderschaft nachgesucht haben, ist der Landesherr doch der eigentliche Inaugurator der Satzung, ohne dessen Zustimmung eine irgendwie geartete Schäfervereinigung nicht gestattet ist, wie der Punkt über das Verbot „offentlicher noch heimlicher Conspiration" deutlich erkennen läßt. Er behält sich in jedem Fall die Oberaufsicht vor.

Die Abhaltung des jährlichen Brüderschaftstages zu Bartholomäi stellt auch die Hirzfeldener Vereinigung in den Kreis der von der Wanderschafhaltung mitgeprägten süddeutschen Schäferbünde, die ihre Jahresversammlungen an diesem Tage oder an einem Termin, der um Bartholomäi liegt, abhielten.

Die St. Michaelisbrüderschaft zu Hirzfelden von 1584 zeigt gegenüber den bisherbesprochenen Vereinigungen einen ganz anderen, neuartigen Charakter. Im wesentlichen standen bei jenen noch die Belange religiöser Brüderschaften im Vordergrund. Das Unehrlichkeitswesen hatte noch nicht solche Ausmaße angenommen wie um die Mitte des 16. Jahrhunderts. Erst mit dem Augsburger Reichstagsabschied von 1548 dürfte die Bekämpfung des Unehrlichkeitswesens durch die Landesherren eingesetzt haben. Denn in den ältesten erhaltenen Ordnungen von Rothenburg und Halberstadt (beide von 1516) war von der Unehrlichkeit und ihren Folgen offiziell nicht die Rede. Nun aber werden in Hirzfelden die Dinge beim Namen genannt und in der Nachahmung handwerklich-zünftlerischer Gewohnheiten konsequente Maßnahmen zum Wohle der heimischen bzw. herrschaftlichen Schafhaltung ergriffen, d. h. die Schäfer werden nicht nur für ehrlich erklärt, sondern ihnen wird auch eine Ordnung nach städtischem Vorbild verliehen, die überdies noch durch den Beitritt anderer Personen größeres Gewicht erhält.[53] Wir dürfen also sagen, daß das schäferliche Verbandswesen um 1550 in eine neue Phase tritt, deren erster Nachweis die Statuten der Hirzfeldener Brüderschaft von 1584 sind. Die Initiative der Schäfer, sich selbst eigene Gemeinschaftsformen zu schaffen — Bestrebungen, die möglicherweise bereits vor 1550 zu verzeichnen waren (Halberstadt) — wird allerdings von der Obrigkeit abgefangen und untersagt. Auch hierfür ist Hirzfelden der erste urkundliche Nachweis.

6. Landesherrliche Ordnungen und Schäferbünde

Da sich das städtische Innungswesen um die rund zweihundert Jahre immer wiederholten behördlichen Bestimmungen gegen das Unehrlichkeitswesen wenig kümmerte, können wir verstehen, daß — verstärkt durch die schädlichen Auswirkungen des Menge- und Pachtschäfereiwesens — das Fortschreiten des Verrufs die Schäfer aufsässig machte. Einige Punkte aus der Ordnung der Hirzfeldener St. Michaelis-Brüderschaft von 1584 lassen erst den Anfang dieser Entwicklung erkennen. Fast zur gleichen Zeit finden sich in anderen Teilen Deutschlands aber weit krassere Erscheinungen.

a) Mecklenburg und Pommern

In erster Linie ist es immer wieder das regellose Wechseln des Dienstortes, das zu ständigen Klagen Anlaß gibt und Gegenmaßnahmen auslöst. In Hirzfelden hatte man es schon gerügt, aber auch die Ursachen — nämlich die „Unehrlichkeit" selbst — genannt. Im ostelbisch-gutsherrschaftlichen Mecklenburg nun versuchte man sich gegen das Umherstreunen dadurch zu sichern, daß man 1572 die Schäfer unter Eid nahm[54]: „Nach dem die erfarung gibt / das viel Scheffer / so sich an andern örtern verschalckt auch wol bey unreinen Schafen gedient / sich in unsere Lande einschlaichen / und untrewlich hauss halten / auch darnach davon lauffen / Als sollen hinführo alle Scheffer und Schaffknecht in sonderliche Eydtpflicht genömmen werden / treulich zu dienen und ihres Ambts mit fleis und ohne mutwillige beschedigung ihrer Herschafften oder verseumnis zu warten / ..."[55] Solche Maßnahme fruchtete jedoch nichts, denn auf dem Landtag zu Güstrow am 17. Oktober 1599 wird vor Herzog Ulrich darüber Beschwerde geführt, daß „sonderlich im Amt Stavenhagen etliche Hirten sich haufenweis zusammen rotteten, einen sonderlichen König, und sonderlich vermeintes Recht unter sich hätten, sich haufenweise bey 30. 40. und 50. Personen stark in die Dörfer einlagerten, ihr Recht hielten, und den Bauersleuten große Ueberlast täten ..."[56]

Was 1584 in der Hirzfeldener Ordnung als „offentliche noch heimliche Conspiration" untersagt wurde, finden wir also in Mecklenburg wieder, nur scheint sich hier diese Schäfervereinigung bereits zu einem Landstörzertum ausgebildet zu haben. Wichtig ist aber, daß seit der Mitte des 16. Jahrhunderts der Wunsch nach Gemeinschaften, ganz gleich welcher Art, bei den Schäfern in Deutschland allgemein wird. — Der österreichische Landesherr am Oberrhein und der Rappoltsteiner Graf waren klug genug, diesem berechtigten Verlangen der Schäfer Rechnung zu tragen. Wenn sie auch eigenmächtige Vereinigungen verboten, sanktionierten sie dennoch eine zunftartige Brüderschaft, um die ein Ausschuß der oberrheinischen Schäfer nachgesucht hatte. Damit beschränkten sie sich nicht allein auf eine Bekämpfung der Folgen des Unehrlichkeitswesens, sondern gingen in richtiger Erkenntnis dem Grundübel vieler Mißstände im Schäfereiwesen selbst zu Leibe.

Titelblatt einer Mecklenburgischen Schäferordnung (mit frdl. Genehmigung der Universitätsbibliothek Rostock.)

Wie reagierten nun die mecklenburgischen Herzöge auf die Güstrower Beschwerde von 1599? — Direkte Hinweise finden sich in den Urkunden anscheinend nicht, doch sind eine Reihe von Ordnungen erhalten, die sich mit den mißlichen Verhältnissen in der Schafhaltung beschäftigen. In Mecklenburg, Pommern und Brandenburg waren in dieser Hinsicht die Dinge gleich schlecht bestellt, und die jeweiligen Landesherren standen untereinander in Verbindung, um gemeinsame Gegenmaßnahmen zu ergreifen.[57] Wir können also in gewisser Weise für alle drei Gebiete verbindliche Bestimmungen annehmen. Die älteste Ordnung, die sich mit den Verhältnissen im Schäfereiwesen beschäftigt, dürfte aus dem Jahre 1570 stammen. Auf ihr bauen die folgenden auf bzw. wiederholen sie.

Mit welchen Fragen beschäftigen sie sich? Wir legen unseren Überlegungen die Schäferordnung vom 16. Mai 1616[58] zugrunde, die für den pommersch-rügischen Raum erlassen wurde, und deren Zielsetzung es ist, von den „Gebrechen [im Schäfereiwesen] so viel wie möglich zu remediren, und bey den Schäfereyen eine gewise und im ganzen Lande durchgehende Gleicheit und Richtigkeit zu verfügen und zu erhalten". Im Gegensatz zur Hirzfeldener Ordnung beschäftigt sich der pommersch-rügensche Erlaß ausschließlich mit Belangen, die das Verhältnis von Grundherrschaft und Schäfer betreffen, d. h. mit der Mengeschäferei. In insgesamt neun ausführlichen Artikeln werden seuchenpolizeiliche Maßnahmen gegen die Schmierschafe ergriffen, werden Durchführungsbestimmungen über die Praxis des Schafhütens einschließlich des Pferchens erlassen, wird das „Schaafmeisters-Amt" genau festgelegt, Anstellungsverhältnis und Lohnfragen, einschließlich denen der Schäferknechte, erörtert. Mit einem Eid, der ausführlicher als der von 1572 ist und von allen, die sich als Schäfer verdingen, beschworen werden soll,[59] schließen diese Bestimmungen von 1616. — Es ist also eine Ordnung, die nur für die Praxis in Ostelbien bestimmt ist und die glaubt, mit Befehlen und Eidesformeln alle Mißstände beseitigen zu können. Ihre Grundhaltung ist klar zu erkennen: Sie hat einzig und allein Sinn und Zweck, der Grundherrschaft den Gewinn aus der Schafhaltung zu garantieren. Artikel V „Schaafmeisters Besoldung und Deputat" läßt das deutlich erkennen: „Damit nun der Schaafmeister so viel besser unterhalten werde, beybleiben, und seinen Dienst mit Freuden und gutem Vermögen, vermittelst Göttlichen Segens, vorseyn könne, und die Herrschaft, der es doch am meisten kostet, auch von ihren Schäfereyen ziemlichen Nutz und Frommen haben möge ..." Über die Unehrlichkeit als einen maßgeblichen Grund des ganzen Übelstandes oder über Fragen des Schäferverbandswesens, die ja auch in Norddeutschland akut waren, wird nichts gesagt. Allein die Interessen der Gutsherren und des Adels sind ausschlaggebend. Dieses im Gegensatz zu Süddeutschland ganz andersartige Verhältnis erklärt sich mit aus der Tatsache, daß dort das schäferliche Innungswesen seit langem verwurzelt war. Dementsprechend mußten auch von seiten des Landesherrn Einstellung und Verständnis gegenüber den Wünschen und Anregungen nach einer organisierten zunftartigen Gemeinschaft anders sein.[60]

Natürlich änderten Ordnungen, welche die Bestrebungen der Schäfer negierten und über das reine Reglementieren kaum hinausgingen, nichts. 1642 wird abermals auf einem Landtag zu Güstrow über den „Uebermuth der Schäfer und des Gesindes (die in den bössen Zeiten sehr dünne, und daher trotzig geworden)"[61] Beschwerde geführt. Das bedeutet, daß sich — freilich auch unter dem Einfluß des Dreißigjährigen Krieges — die Verhältnisse noch mehr verschlechtert hatten.

b) Brandenburg

Ein angespanntes Verhältnis zwischen der Obrigkeit und den Schäfern scheint besonders kraß in Brandenburg bestanden zu haben. Hier war bereits 1559 in der Urfehde des Hans Blagen und des Thomas von der Hagen mit dem Havelberger Kapitel von einer Hirtengilde die Rede, der jeder Schäfer angehören mußte, wenn er nicht rücksichtslos verfolgt oder gar getötet werden wollte. Sie sollte auch einen Eid aufgeworfen haben, niemand treu oder hold zu sein.[62] Wie die Landesherrschaft darauf reagierte, ließ sich nicht in Erfahrung bringen. Offensichtlich wurde sie aber dieser Bewegung nicht Herr, denn die „Gesinde-, Hirten, und Schäffer-Ordnung" vom 11. Mai 1620[63] muß sich ausführlich mit diesem Problem beschäftigen: Bei Festungs- ja Todesstrafe, „verbieten Wir ... allen Hirten unnd Schäffern, alle verbündnüsse, vergadderungen, verknüpfung und innung, deren sie sich an eines theils orten, gantz frevelhaffter, boßhaffter unnd hochstraffbahrer weisen, unterwunden."[64] Es hat den Anschein, als hätten in Brandenburg eine Reihe solcher Vereinigungen unter den verschiedensten Bezeichnungen existiert. Möglicherweise sind Namen wie Vergatterungen oder Innungen authentisch und würden dann darauf hinweisen, daß ausdrücklich städtische Gemeinschaftsformen als Vorbild übernommen wurden. Merkwürdigerweise scheinen diese Schäferbünde archivalisch nur durch ihre Verbote nachzuweisen zu sein, denn auch sonst läßt sich über sie nicht Näheres in Erfahrung bringen.

Das Vorbild einer Zunft wird jedoch eindeutig klar, wenn wir des weiteren in der Ordnung von 1620 hören, daß die brandenburgischen Schäfer eine Satzung haben, nach welcher sie festlegen „keinen, vor einen Hirten, oder Schäffer zu leyden: dessen Eltern nicht auch Hirten, oder Schäffer, gewesen weren: daferne er nicht die Gülde bey ihnen gewönne: auch zu derselbten Gülden schwüre". Es ist also nicht nur das allgemeine Nachahmen des städtischen Innungswesens, was wir hier vorfinden, sondern es sind sogar die übersteigerten Formen der handwerklichen Exklusivität, die möglichst nur den Kindern eigener Zunftgenossen Zutritt zu den Gewerben gestatten — letztlich also im Unehrlichkeitswesen gipfeln,— und von den Schäfern ebenfalls angewendet werden. Die Bestimmungen, die sich aus diesem Teil ihrer Satzungen ergeben, werden sehr scharf gehandhabt.

Es gehört in den gleichen Zusammenhang, wenn sich die „bündischen" Schäfer Brandenburgs weigern, wegen ihrer Vereinigung anderen Leuten Rede und Antwort zu stehen, oder sich gar bestrafen zu lassen. Haben sie sich doch selbst eigene Richter gesetzt. Da das schäferliche Verbindungswesen in Brandenburg handwerkliches Zunftleben geradezu kopiert, kann man annehmen, daß diese Richter mit den Zunftmeistern[65] gleichzusetzen sind, die vor offener Lade Recht sprachen.

Was schon in Hirzfelden zum Verbot der „Conspirationen" geführt hatte, finden wir auch in Brandenburg wieder. In der kurfürstlichen Verbotsordnung von 1620 heißt es nämlich: „Auch haben sie [die Schäfer] die, nicht leyden wollen, die sich umb geringern Lohn, mieten lassen: oder aber anderer gestalt, als wie es ihnen gefellig: die Schaffe verpachteten, oder auch zu haufen setzeten".

Soweit sind die einzelnen Artikel, welche sich die Brandenburger Schäfervereinigungen selbst gegeben haben, allein aus den von dem Landesherrn verkannten Bemühungen und Bestrebungen zu verstehen, durch Übernahme städtischen Innungswesens den Makel der Unehrlichkeit abzustreifen. Daß unlautere Elemente durch Gewalt und Racheakte den Forderungen der Schäfer angeblich Nachdruck verleihen wollten, hatte eine exemplarische Bestrafung durch die Landesbehörden zur Folge. Wurden doch in „Dörffer, unnd orte, in welchen die jenigen, so ihnen mißfellig gewesen [also die Schäfer, die sich dem „Zunftzwang" nicht beugten] sich auffgehalten, und gedienet" Fehdebriefe geschickt oder „auch Brandzeichen gestackt". „Es seind auch Unsere selbst Ampter, hierunter, nicht übersehen, noch verschonet blieben".

Wenn auch der Kurfürst am Schlusse dieses Verbots sagen läßt, es sei „hohe Zeit ... diesem ungehaltenen, frechem, bösem Gesinde, gebührenden ernst sehen zu lassen", scheinen seine Anordnungen doch nicht gerade erfolgreich gewesen zu sein. Denn als teils ergänzte und erweiterte Wiederholung wird das gleiche Verbot in den Jahren 1635, 1641, 1644, 1645, 1646, 1651, 1681, 1683, 1685, 1705, 1722 und 1735 noch einmal ausgesprochen. In einem „Befehl an den Landreuter zu Arenswalde" vom 4. Dezember 1654[66] heißt es dann auch: „... es wird von allen Orten her geklaget, daß nicht allein wenig gefunden werden, welche die publicirte Pauer, Gesinde, Schäffer und Hirten-Ordnung in schuldige Obacht halten, sondern daß auch die Unbilligkeiten fast täglich also steigen, daß endlich kein Ende darinnen abzusehen ..."[67]

Aus dieser Fülle der Wiederholungen ergibt sich deutlich, daß, wie sicher auch in Mecklenburg und Pommern, ein Negieren oder Verbieten der Schäferbünde nicht den erhofften Zweck hatte. Das ganze Gegenteil war der Fall. Die Fluktuation nahm zu, und die Schäfer, in ihren Bemühungen vom Landesherrn verkannt, schlossen sich nur um so fester zusammen. Beeinflußt zwar durch unlautere Elemente, aber auch gestärkt durch das Bewußtsein, für die landes- und gutsherrschaftliche Schafhaltung unentbehrlich zu sein,[68] mußten die Verbote ihrer Vereinigungen scheitern.

Soweit sich die brandenburgischen Ordnungen außerdem mit den Schäfern befassen, behandeln sie, wie auch in Mecklenburg, die gleichen Fragen der Hütepraxis, der Entlohnung, des Mengeverhältnisses usw., sehen also die Dinge allein von der Seite und vom Interesse des Gutsherrn her. Auf die Belange der Schäfer selbst aber gehen sie nicht ein und bemühen sich noch nicht einmal um das Verständnis ihrer Lage als Unehrliche". Man möchte fast sagen, daß die „illegalen" Schäferbünde eine Art Notwehr gegen die Verbannung aus der Gesellschaft gewesen sind, auf der anderen Seite aber auch ein Indiz für die sozialökonomischen Verhältnisse im ostelbischen Territorium darstellen.

c) Lausitz

Neben Mecklenburg, Pommern und Brandenburg hören wir auch im Bereich des sächsischen Kurfürstentums von Verboten schäferlicher Gemeinschaftsformen ebenfalls um die Mitte des 17. Jahrhunderts. Innerhalb der Landesordnung von 1651 (Tit. V) wurde auch ein Erlaß „Von Schaafmeistern, dero Knechten, und auch andern Viehe-Hirten, und ihrer allerseits Lohn"[69] — das Gebiet der Ober- und Niederlausitz betreffend — publiziert. Wenn man diesen im ganzen übersieht, gewinnt man den Eindruck, als sei er eigentlich nur gegen die illegal errichteten Schäferbünde gerichtet, denen der Kurfürst von Sachsen seine Ordnung entgegenstellt und sie unter Androhung von Gefängnis und Zwangsarbeit anzunehmen befiehlt. Auch die Grundherren haben sich ihr zu beugen. — Nach Anweisungen gegen nicht genehmigtes Aufsagen des Dienstes, Vorkehrungen gegen Betrugsversuche der Schäfer und nach Maßnahmen, welche speziell die Mengeschäfer, ihr Dienstverhältnis usw. betreffen, beginnen ab § 12 die Verbote der von „Schäfern und Hütern [errichteten] Verbündniß, Vergadderung, Verknüpfung und Innung ... bey Leibes-Straffe oder Verlust ihrer Schaafe". Die Obrigkeit jedes Ortes ist angewiesen, besonders aufmerksam zu sein und „solche Versammlung der Schäfer in ihren Gerichten nicht zu verstatten, sondern dieselben in Hafft zu nehmen ..." Inhaltlich – und wenn wir die Reihenfolge der aufgezählten schäferlichen Verbandsformen berücksichtigen, auch wörtlich – stimmen diese ersten allgemeinen Angaben mit der brandenburgischen Ordnung von 1620 überein. Auch die weiteren Ausführungen sind den brandenburgischen Verbotsanweisungen gleich. Das liegt einmal an der Gleichartigkeit der feudalen Verhältnisse in beiden ostelbischen Territorien. Zum anderen aber werden sich auch hier die Herrscher über gemeinsame Maßnahmen gegen die Schäfer verständigt haben. Bei der großen Fluktuation gerade über territoriale Grenzen hinweg konnten die behördlichen Schäferordnungen auch nur dann Aussicht auf Erfolg haben, wenn sie in mehreren Landesherrschaften zur selben Zeit gleich waren.

So finden wir dann im § 15 dieselben Vergehen der Schäferbünde erwähnt, die wir bereits in der 1620er Ordnung des Kurfürsten von Brandenburg kennenlernten. Es ist also auch in Sachsen so, daß das Vorbild der Zunft bis zu den Erscheinungen der Exklusivität, der Zunftmeister, der korporativen Rechtsprechung, des Zunftzwanges usw. getreulich kopiert wird.

Interessant ist aber der Umstand, daß es in Sachsen notwendig geworden zu sein scheint, auch die Behörden und die Herrschaft mit in Strafe zu nehmen, wenn sie als Exekutive der landesherrlichen Verbote von Schäferbünden „hierinnen conniviret und zusiehet, und obberührter massen nicht verfährt ..." Das kann nur bedeuten, daß auch in Sachsen die illegalen Schäferbünde durchaus lebenskräftig waren und von den kurfürstlichen Verbotsanordnungen nicht allzu stark getroffen wurden. Das beste Beispiel dafür ist eben die Strafandrohung gegenüber den unteren Landesbehörden, die zum Teil die Wünsche der Schäfer nach innungsmäßigem Zusammenschluß respektiert zu haben scheinen. Die wirtschaftlichen Vorteile mögen auch für den Grund- und Gutsherren im Falle der Anerkennung größer gewesen sein als umgekehrt. Daß die Provinzialexekutive unter einem gewissen Druck seitens der Schäfer gehandelt hat, möchten wir nicht annehmen, da die Ordnung von 1651 solche Übergriffe, wie wir sie in dem brandenburgischen Erlaß von 1620 feststellen konnten, genannt hätte, zumal sie im ganzen weit schärfer gehalten ist. Da in § 22 sogar vermerkt wird, daß sich bei Strafe die Landesbehörden nicht unterstehen sollten, etwa dieser Ordnung zuwiderzuhandeln, glauben wir sagen zu dürfen, daß man außerhalb der Residenzen die Unsinnigkeit der landesherrschaftlichen Verbote eingesehen hatte und sich gegenüber den Wünschen der Schäfer entsprechend nachsichtig verhielt.

d) Schlesien

Auch die Schäfer im benachbarten Schlesien hatten die gleichen Bestrebungen nach Errichtung von organisierten Gemeinschaften. Heißt es doch in der Gesindeordnung vom 1. März 1652 bzw. in einem oberamtlichen Patent vom 9. September 1676[70]: „Conventicula zu halten, und gewisse Zeichen und Verbündnisse zu machen, wird denen Schäfern bey Leibes-Straff verbothen".

Die Wiederholung von landesherrlichen Schäferordnungen überall dort, wo es keine sanktionierten und zugelassenen Schäfervereinigungen gab, zeigt, daß den Mißständen im Schäfereiwesen durch solche Maßnahmen nicht abgeholfen werden konnte. 1659 hatten die brandenburgischen Landstände[71] erkannt, daß der an den Schäfern haftende Verruf der Unehrlichkeit ein wesentlicher Grund für die Fluktuation, das heißt für den Mangel an guten Schäfern sei. Der absolutistische Obrigkeitsstaat aber sperrte sich hier gegen solche Erkenntnisse von der wahren Ursache der Übelstände und griff neben der ständigen, aber fruchtlosen Wiederholung alter Schäferordnungen zu Maßnahmen, die von vornherein zum Scheitern verurteilt waren: Um der sehr starken Fluktuation in Pommern zu steuern, wurde dort die „Königlicher Regierung renovirte und ajoustirte Gesinde-Tagelöhner-Bauer und Schäfer-Ordnung. Vom 7. Januar 1670“[72] erlassen, die Schäfer, welche ohne Genehmigung Pommern verlassen hatten, im Abstand von 6 Wochen dreimal öffentlich zur Rückkehr aufzufordern. Wurde dieser Aufforderung keine Folge geleistet, so war die Obrigkeit berechtigt, „Namen und Geburts-Ort offenbar an den Kack oder Galgen schlagen zu lassen, und ... dadurch ... unehrlich zu machen“. Wenn eine Maßnahme die Rückkehr der Schäfer nach Pommern verhinderte, ja unmöglich machte, dann nur eine solche unsinnige Anordnung!

Die Reaktion der Schäfer auf ein solches Unverständnis herrschaftlicher Verfügungen zeigte sich nun nicht allein in der Errichtung von illegalen Vereinigungen, sondern auch in einer gewissen passiven Resistenz, wie aus dem „Edict wider den Frevel gegen die Gesinde-Tagelöhner- und Schäfer-Ordnung. Vom 20. Junius 1663,“[73] das für Pommern bestimmt ist, hervorgeht. Rund ein Vierteljahr vorher hatte die dortige Landesregierung in einer „Renovirten Gesinde-Tagelöhner- und Schäferordnung“ vom 4. April 1663 den Schäfern verboten, ihren Arbeitsplatz vor dem Ablauf von drei Jahren zu wechseln. Die Reaktion darauf ist schlagartig, denn schon in den Bestimmungen vom Juni 1663 ist die Obrigkeit gezwungen zuzugeben, „daß das in diesem Lande sich befindende Schäfer-Gesinde und Dienstvolk sich ungescheuet sollen vernehmen lassen, viel eher [als drei Jahre!] ihre Dienste zu quitiren und aus dem Lande zu ziehen, oder auch die Schaafe zu verkaufen, und Kuhhirten zu werden, als der neulich [4. April 1663] mit gemeinem Rath der sämtlichen Herren Landstände ... beliebten und gepublicirten Gesinde-Tagelöhner- und Schäfer-Ordnung sich zu unterwerfen und nachzuleben.“[74] Danach wird die Ordnung vom April 1663 mit allen gegen die Fluktuation der Schäfer erlassenen Verboten noch einmal in Kraft gesetzt. Andererseits aber — und das beleuchtet das Verhältnis der Obrigkeit zu den Schäfern schlaglichtartig — sieht sich der Landesherr zu gewissen Konzessionen gezwungen: „Damit auch die Schäfer sich so viel weniger zu beschweren Ursache haben mögen, so ist beliebet, daß annoch auf jedes Hundert Schaafe, welche der Herrschaft zuständig ... Zwey Scheffel Gersten zugeleget“. Zugunsten der Schäferknechte werden auf Hundert Mengeschafe zwölf Knechtschafe, bei kleineren Herden sogar fünfzehn Knechtschafe zugebilligt. In „Der Königl. Regierung Declaration über die Schäfer-Ordnung vom 5. September 1663,“[75] also wieder nur ein Vierteljahr später, werden ihnen weitere Zugeständnisse materieller Art gemacht, ja sie erhalten sogar ein gewisses Beaufsichtigungsrecht zugesprochen. Sollte nämlich der Gutsherr mehr Schafe halten, als er „ausfuttern oder weiden lassen“ kann, „soll der Schäfer der Herrschaft ein solches, und die daher besorgende Ungelegenheit remonstriren, und um Dimißion anhalten, in Entstehung gütlicher Erlassung aber ein solches dem Hofgericht vortragen ...“

Das schon nach dem Ablauf eines Vierteljahres erfolgte Eingeständnis, vor der geschlossenen Front der Schäfer — denn der Widerstand einzelner hätte die Wiederholung der Ordnung schon nach so kurzer Zeit nicht notwendig gemacht — zurückweichen zu müssen, und andererseits die erreichten Konzessionen materieller Art lassen an gemeinsame erfolgreiche Aktionen der Schäfer, etwa im Sinne eines Streikerfolges,[76] denken. Illegale Schäferbünde werden in den pommersch-rügenschen Ordnungen zwar nicht genannt, aber wir glauben, sie auf Grund unserer Überlegungen ebenfalls annehmen zu dürfen.

e) Die Schäferzunft des Beetzendorfischen Kreises bei Salzwedel

Die Brüderschaft der Schäfer und Hirten zum heiligen Kreuz in der Klus bei Halberstadt, die St. Michaelisbrüderschaft zu Hirzfelden, wie vielleicht auch die frühen süddeutschen Schäferbünde waren wohl von der Obrigkeit sanktioniert, aber auf Betreiben und Ersuchen der Schäfer selbst ins Leben gerufen worden. In den soeben genannten

Landesherrschaften, in denen — jeweils wahrscheinlich mehrere — illegale Schäferbünde bestanden, hören wir aber merkwürdigerweise nichts von solchen Gesuchen der Schäfer um Errichtung einer Zunft. Wir möchten jedoch meinen, daß auch von ihnen entsprechende Bittschriften an die Behörden gerichtet wurden, da es kaum anzunehmen ist, daß die Schäfer, ohne zunächst unmittelbare Gründe zu haben, sofort in die „Illegalität" gingen. Ließ doch schon die Halberstädter Brüderschaft von 1516 beim Markgrafen von Brandenburg um Genehmigung nachsuchen. Für die spätere Zeit — das ergibt sich aus unserem Schriftwechsel mit den Archiven der Länder, in denen illegale Schäfervereinigungen bestanden haben — fehlen jedoch alle derartigen Hinweise. Lediglich aus den 20er Jahren des 18. Jahrhunderts bewahrt das Landeshauptarchiv in Dresden ein Gesuch der Schäfer des Meißenschen und Erzgebirgischen Kreises um Errichtung einer Zunft auf, und fast um dieselbe Zeit (1717) geht eine gleiche Bitte der schlesischen Schäfer an Kaiser Karl VI.

Warum solche Gesuche gerade aus dem 17. Jahrhundert, als die illegalen Verbände besonders aktiv waren, gemeinhin nicht auffindbar sind, vermochten wir nicht nachzuprüfen. — Glücklicherweise hat sich aber an entlegener Stelle[77] der Text einer Urkunde aus dem Jahre 1653 erhalten, in der sich die „Altmeister und sämtliche Schäfer des Beetzendorfischen Kreises an sämtliche von der Schulenburgk, auf Beetzendorf und Apenburgk erbgesessen, wegen Wiederaufrichtung ihrer Zunft" wenden.

In diesem Gesuch nun hören wir — nachdem auf die Übelstände im Schäfereiwesen als Folge des Dreißigjährigen Krieges hingewiesen wurde — folgende erstaunliche Tatsache: „Alß nuhn Undencklich Von Ihr Churf. Durchleuch. selbesten auch Unser Vorgesatzten Obrigkeit es also Vergonstiget Und zugelaßen, gewesen, eine Zunfft oder Gilden Unter Unß zu halten, das keiner sich Unserer gilden durben ausschlißen, der sich zum Schaffhirten wollen gebrauchn laßen, ist auch gebreuchlichen befunden, da ein oder der ander Unter Unß sich außerhalb der Gilden Verwanten wollen beheirahten, derselbige alßdan der gilden eine Tonne Bieres zum abtrag oder einzeugung tuhn mußen." — Es hat also im Bereich des Kurfürstentums Brandenburg ehemals eine Schäferzunft mit ausdrücklicher Billigung des Landesherrn bestanden. (Wann sie gegründet wurde, erfahren wir nicht. Nach dem Charakter der Zunft, auf den wir schon nach dem soeben Zitierten schließen dürfen, kann sie jedoch kaum vor 1550 angesetzt werden, da nach unserer Meinung Formen des Zunftzwanges und die Übernahme ausgesprochen exklusiver Innungstendenzen, z. B. die Buße für denjenigen, der außerhalb der Zunft heiratet, erst nach 1548 zu verzeichnen sind.) Nicht nur den Schäfern des Beetzendorfischen Kreises wird das Bestehen eines früheren Bundes bekannt gewesen sein, denn wir finden in all den „Vergehen", welche die herrschaftlichen Ordnungen brandmarken, die Dinge wieder, welche in der Beetzendorfischen Urkunde als Kern einer ehemaligen Verbindung genannt werden: Es sind immer wieder die gleichen Tendenzen, die wir bei den Schäferbünden aller Gebiete vorfinden und die darauf abzielen, dem handwerklichen Innungswesen nachzueifern, um den Makel der Unehrlichkeit zu verlieren.

Für die Geschichte des brandenburgischen Schäferverbandswesens ist es interessant, daß die Urkunde von 1653 zu einer Zeit erscheint, als der Kurfürst sein Verbot der Schäferbünde von 1620 bereits zum sechsten Male ohne Erfolg hatte wiederholen lassen. Obwohl die Beetzendorfischen Schäfer darauf hinweisen, daß die Mißstände in der Schafhaltung erst dann aufgetreten sind, als „solche Undt dergeleichen Ordenungen bißhero in Unserem Kreise Verkehret Undt abgeschaffet worden ...", vermag der Kurfürst immer nur mit Verboten der Schäferbünde zu antworten. Dabei sind wir überzeugt, daß in Brandenburg nicht nur die Beetzendorfischen Schäfer ihrer Obrigkeit die Ursache allen Übels dargelegt haben. Auch der Hinweis der Schäfer, daß den Mißständen „leicht konte gesteueret werden, wan Unter Unß ... eine gute Ordenung Undt Zunfft wider auffgerichtet würde, [in die sich] hinfüro keiner, er hette sich dan solcher Ordenung vorhero ergeben, einschleichen dürfe", findet keine Beachtung. Auch das, was man von den Schäfern verlangt und voraussetzt und durch die dauernden Schäferordnungen, d. h. Verbote, erzwingen will, wollen sie ehrlich beherzigen und erbieten sich sogar, ihr „Hirten Ambt treulich zuversehen, die Verbrechere Unter Unß nicht zu dulden, besonderen wan solche tauschere gefunden, der Vorgesatzten ordentlichen Obrikeit gebührlichen abzustrafen zuhinterbringen, damit die auffrichtikeit befor dert Undt allem Unterschleiff Undt Trigerey die thüre versperret sein moge". — Wir verstehen nur zu gut, wenn die Schäfer durch das ständige Abweisen oder Negieren ihrer Bitten um Errichtung einer Zunft verbittert sind und gegen den Willen des Landesherren Ordnungen errichten, deren genauer Inhalt uns zwar unbekannt geblieben ist, von denen es aber — nach dem Vorbild der Beetzendorfischen Urkunde — zu sagen erlaubt ist, daß sie das Ziel hatten, durch Proklamieren des Zunftzwanges den Schäferstand von unsauberen Elementen frei und rein zu halten. Denn stets stand überall die Beseitigung von Vorwürfen, die zur Unehrlichkeit führen konnten, mit an erster Stelle ihrer Bemühungen.

In der Urkunde von 1653 ist noch ein weiterer Passus von Interesse, worin gesagt wird, daß die Errichtung einer Zunft und Ordnung, „wie bereits in etzlicher andren Churfürstlichen Undt Adelichen botmeßigkeit gescheen", die Mißstände beseitigen könne. Diese Bemerkung über Vorgänge in anderen Herrschaftsgebieten scheint uns deshalb wichtig, weil wir annehmen, daß die Schäfer ihren Landesherrn damit auf Präzedenzfälle — etwa auf die süddeutschen Brüderschaften — hinweisen wollten, um ihm eine positive Entscheidung ihrer Eingabe zu erleichtern. Zum anderen aber zeigt dieser kurze Satz deutlich, daß die Schäfer wohl im gesamten Reichsgebiet Kontakt miteinander hatten und um ihre gemeinsamen Schwierigkeiten wußten.

7. Die Schäferzunft zu Markgröningen[78] und ihre Nebenladen

Während also in einigen Teilen Deutschlands der absolutistische Obrigkeitsstaat mit einer Fülle von Verboten das schäferliche Verbindungswesen — wenn auch vergeblich — zu unterdrücken versuchte, entwickelte es sich im Kerngebiet der alten Vereinigungen des 14.—16. Jahrhunderts stetig, genoß dort Billigung und Unterstützung der jeweiligen Landesherrschaft; eine gegensätzliche Entwicklung also, die ihre Ursache in gewisser Weise auch im deutschen Agrardualismus feudaler Gutsherrschaft östlich und feudaler Grundherrschaft westlich der Elbe finden mag.

Markgröningen,[79] das sich zum Zentrum und allgemeinem Vorbild fast aller Schäferbünde Süddeutschlands entwickelte, hat uns für die frühe Zeit seines Bestehens leider keine Statuten hinterlassen. Die erste Satzung, die auf uns gekommen ist, stammt erst vom 21. August 1651[80] und erlaubt uns nicht, sichere Rückschlüsse auf den Charakter der schon im 15. Jahrhundert bestehenden Vereinigung zu ziehen.

Von insgesamt 18 Punkten beschäftigen sich allein die ersten sieben ausschließlich mit dem Schäfertag zu Bartholomäi und mit Maßnahmen, welche die Verbandsorganisation betreffen. Psychologisch sehr klug beginnt Herzog Eberhard im ersten Punkt mit einer Bestätigung der althergebrachten Freiheiten der württembergischen Schäfer, jährlich einmal in Markgröningen zusammenzukommen, dort den Schäferlauf und einen Tanz auf „offentlicher Gassen" abzuhalten, wozu die Stadt selbst noch einige materielle Zuwendungen geben soll. — Die übrigen sechs Punkte betreffen allein die Stärkung der Organisation durch handwerklich-innungsmäßige Maßnahmen, wie obligatorische Anwesenheit beim Verlesen der Ordnung, Rechtsprechung über alle Händel durch die ernannten Obermeister usw. Es ist also auch hier wieder die gleiche Übernahme zunftartiger Einrichtungen festzustellen.

Wenn wir aber die ersten sieben Punkte dieser Ordnung etwa mit den Rothenburger oder Halberstädter Brüderschaftssatzungen vergleichen, fällt auf, daß sich auch im Kerngebiet des Schäferverbandswesens die Oberaufsicht der Landesherrschaft immer stärker bemerkbar macht und den Schäfern offensichtlich auch demonstriert werden soll. Typisch dafür scheint uns der vierte Artikel zu sein, aus dem hervorgeht, daß die Durchführung des Schäferlaufs, wenn er in Punkt 1 auch generell gewährt wurde, von Fall zu Fall doch erst von einer nochmaligen Einwilligung der Obrigkeit abhängt, d. h., daß die Genehmigung nur erteilt wird, wenn sich die Schäfer entsprechend ruhig verhalten und vor allem nicht das Verlesen der Ordnung versäumen. Um ihnen die Abhängigkeit von der Gunst des Landesherrn weiterhin deutlich zu machen, bleibt ihre Fahne nicht etwa in der Verwahrung des Obermeisters, sondern wird nach Abschluß des Schäferlaufs auf dem Rathaus deponiert.[81] Gleichzeitig sollen sie „nach verrichtetem Actu ... vor die empfangene Verehrung und erlangte Freyheiten gnädigster Herrschafft, gemeiner Stadt unterthänig und dienstliche Dancksagung thun lassen ...“

Die übrigen Punkte der Ordnung beschäftigen sich dann mit praktischen Fragen, unter denen die Seuchenbekämpfung einen bedeutenden Platz einnimmt. Zur Sprache kommt aber auch die Fluktuation, die durch festgesetzte Kündigungstermine gesteuert werden soll. Im Gegensatz etwa zu den brandenburgischen Verordnungen werden hierbei den Schäfermeistern bestimmte Rechte über die Schäferknechte eingeräumt, ja ihnen wird bei Strafandrohung direkt eine Verantwortungspflicht übertragen. Es ist ganz offensichtlich, daß sich der württembergische Herzog auf eine gewisse Selbstverwaltung und Aufsichtsbzw. Kontrollpflicht der Schäferbünde ihren Mitgliedern gegenüber stützt. Er kann das um so mehr, als die Schäfer bemüht sind, ihre Reihen von zwielichtigen Elementen freizuhalten. Außerdem werden die Meisterschäfer durch einen zu leistenden Eid,[82] der die praktischen Bestimmungen der 1651er Ordnung in komprimierter Form noch einmal enthält, vor allem aber der Seuchenbekämpfung breiten Platz einräumt, stärker an die Obrigkeit gebunden. Die Schäferknechte hingegen haben sich bei Strafe für den Meister innerhalb von vierzehn Tagen nach Dienstantritt bei den Behörden zu melden und an Eidesstatt durch Handschlag Treue zu geloben. Vor allem aber werden ihre Personalien aufgeschrieben, damit man sie jederzeit belangen kann, wenn es sich herausstellen sollte, daß sie woanders „gefrevelt“ haben.[83]

Von Unterhaltsverpflichtungen des Markgröninger Bundes alten und gebrechlichen Mitgliedern gegenüber wird direkt zwar nichts erwähnt, doch dürfen wir annehmen, daß die mehrfach genannten Leggelder für solche Zwecke mit verwendet wurden. Diese soziale Seite ist bei den Handwerksinnungen so allgemein und selbstverständlich, daß sie nicht immer erwähnt wird. Bei dem zunftmäßigen Charakter der Markgröninger Vereinigung dürfen wir also auch diese Verpflichtung voraussetzen.

Es ist ein ganz anderes Prinzip, das man in Süddeutschland von jeher bei der Behandlung der Schäfer — im Gegensatz etwa zu Brandenburg oder Sachsen — verfolgt hat. Die Förderung der Schäferbünde gab den süddeutschen Landesherren ein weit stärkeres Mittel an die Hand, ihre Bestrebungen hinsichtlich der Schafhaltung durchzusetzen. Nicht ohne Grund haben schon vor der Merinoperiode die württembergischen Aufzucht- und Veredlungsversuche Erfolge gehabt. (Das in Ungarn als „német birge“ bezeichnete „deutsche Schaf“ könnte möglicherweise aus Württemberg stammen.)

Die Markgröninger Vereinigung war zunächst für die Schäfer des gesamten Herzogtums Württemberg verbindlich.[84] Im Laufe der Zeit aber machten sich die weiten Reisen zum Besuch des Schäfertages recht unliebsam bemerkbar, da die Herden während der Abwesenheit des Pflegepersonals unerfahreneren Leuten überlassen werden mußten. 1655 beklagten sich deswegen die Schäfer in Stadt und Amt Tübingen. Ihnen schlossen sich 1658 Bürgermeister und Gericht an, und zusammen mit benachbarten Ämtern „ob der Staig“

baten sie, alljährlich in Tübingen eine Zusammenkunft abhalten und die Leggelder dort bezahlen zu dürfen. Ihr Gesuch fand bei den herzoglichen Behörden keine Zustimmung und wurde abgelehnt.[85]

Die Schäfer aber gaben keine Ruhe und wandten sich über den Keller von Wildberg, Daniel Süßkind, am 12. August 1685 an den Herzog und berichteten ihm, es sei „von langen Jahren ... in alter Herkommenheit gewesen, daß auf Hochfürstliche Permission ... die gesambten Maister der Schäferzunft in denen vier Stätten und Ämbtern Callw, Nagold, Altenstaig und Wildberg zuletzt gedachtem Orth auf den Tag Laurentii ihre Zusammenkunft gehalten"[86] hätten. Sie aber würden nun gezwungen, jährlich nach Markgröningen zu reisen und bäten daher um Entscheidung des Herzogs, „ob die Schäfer obgenannter Stätt und Ämbter wider ihr rühmendes Privileg nach Markgröningen zusollen oder nicht". Bereits eine Woche später, am 19. August 1685, antwortet Herzog Friedrich Karl, daß er mit der alten Regelung eines jährlichen Treffens der Schäfer aus den Ämtern Calw, Nagold, Altensteig und Wildberg am Laurentiustage in Wildberg einverstanden sei, da durch Beisein des herzoglichen Amtmanns „ihre jährliche Zusammenkunft, allwo das fürstliche Interesse nach Maasgab der Schäfer Ordnung gleichmäßig beobachtet werden könne", möglich sei. Im übrigen solle es den Wildberger Schäfern freistehen, den „Gröninger Schäfertag zu besuchen oder nicht". Allerdings sollen sich neue Schäfer beim Gröninger Obermeister vorstellen, sich dort einkaufen und einschreiben lassen, vor allem aber von der Schäferordnung (von 1651) Kenntnis nehmen.[87]

Zunächst müssen wir festhalten, daß mit herzoglichem Patent außer in Markgröningen auch in Wildberg eine Schäferzunft bestanden hat. Wir können sogar etwas über den Zeitpunkt ihrer Errichtung sagen. Daniel Süßkind erwähnt nämlich in seinem Schreiben vom 12. August 1685, daß die Wildberger Zunft mit Genehmigung „Ihrer Hochfürstlichen Durchlaucht Weiland des Durchlauchtigsten Fürsten und Herrn, Herrn Eberharden ..." ins Leben gerufen worden sei. Hiermit kann nur Herzog Eberhard III. von Württemberg gemeint sein, der auch die Markgröninger Ordnung von 1651 erlassen hat. In einem Bericht des Kellers zu Wildberg vom 12. Januar 1723[88] soll sogar von einer „anno 1665 errichtet gewesenen Schäferei-Nebenladen" die Rede sein. Wir werden also sagen können, daß der Wildberger Bund zwischen 1651 — diese Ordnung war ja für das gesamte Herzogtum gültig — und 1665 gegründet worden ist. Das könnte bedeuten, daß die Beschwerde der Tübinger Schäfer von 1655 bzw. 1658 doch nicht ganz erfolglos geblieben war.

Da der Keller von Wildberg bereits von einer „Schäferei-Nebenladen" des Jahres 1665 spricht, steht wohl fest, daß diese damals schon von Markgröningen abhängig war, und auch 1685 ist Wildberg noch nicht frei von der Oberaufsicht der zentralen württembergischen Schäferzunft.

Wichtig scheint uns in dem Brief des Herzogs vom 9. August 1685 die kurze Bemerkung zu sein, daß gegen Wildberg als Treffpunkt der Schäfer nichts einzuwenden sei, da durch den dortigen Amtmann das fürstliche Interesse wahrgenommen werden könne. Hier offenbart sich wieder der Charakter der süddeutschen Vereinigungen des 17. Jahrhunderts als ein Instrument, das dem Landesfürsten den wirtschaftlichen Gewinn und Vorteil aus der Schafhaltung garantieren soll.

Die Bestimmungen des Herzogs vom 19. August 1685 sind jedoch — sicher auf Betreiben von Markgröningen — nicht in Kraft geblieben. Denn am 22. Dezember 1722 erhält der Herzog abermals ein Schreiben des Stabskellers zu Wildberg,[89] aus welchem hervorgeht, daß „die Schäfer einige Jahr her nach ergangenem Hochfürstlichem Befehl wieder nach Markgröningen einen Deputierten schicken und dahin ihre Leggelder geben müssen". Wann dieser Befehl ergangen ist, wissen wir nicht zu sagen. Sicher ist aber, daß die zur Wildberger Zunft gehörenden Schäfer von der herzoglichen Anordnung nicht sehr erbaut waren, denn der Stabskeller klagt, daß seit dieser Zeit „allhier alle gute Anstalt und Zusammenkunft unterblieben [sei], gehet daher auch alles untereinander und kann keine Ordnung mehr ohne Zusammenkunft observiert werden. Ist auch nicht möglich, das von Markgröningen aus die Fehler können eingesehen, viel weniger korrigiert werden, mithin dasjenige Geld, so die Schäfer dieser allhier dahin geben, gleichsam verloren ist".

Die Schäfer fordern also eine Zunft, welche für sie nicht nur auf dem Papier steht, und der sie Gelder einzahlen müssen, die ihnen nicht zugute kommen, sondern einen Verband, der ihre Interessen tatkräftig vertreten kann, da die Obermeister jederzeit einfacher zu erreichen sind als die von Markgröningen. Die jährliche Zusammenkunft und eine gut funktionierende Zunft — darauf machten schon 1653 die Beetzendorfischen Schäfer aufmerksam — sind aber Voraussetzung und Garantie für Ordnung im Schäfereiwesen. — Es wäre also „höchst notwendig zur Abhelfung vieler erheblicher Fehler und Mißbräuch, daß die Wildberger Lade, welche zweifelsohne ehedem mit nicht geringem Bedacht stabiliert und nutzlich erfunden worden, wieder in völligen Stand und Ordnung nicht allein gebracht, sondern auch allen Schäfern in denen Städt und Ämtern Wildberg, Hirsau, Neuenbürg, Wildbad, Nagold, Altensteig, Dornstetten, Freudenstatt, Alpirsbach, St. Georgen, Dornhan, Sulz, Rosenfeld, Herrenberg und Calw zu Wildberg jährlich auf Jakobi bei der Lade erscheinen, mit Nachdruck auferlegt würde". Die Wildberger Schäfer drängen dabei keineswegs auf eine Loslösung von der Markgröninger Hauptlade, sondern wollen ihr „von Wildberg aus jährlich von einem jeden neuen Meister ein Gulden 30 Kreuzer Meisterrecht und jedem Meister 3 Kreuzer Leggeld" übermitteln, sind auch „jährlich einen Beitrag zu dem Schäferlauf zu tun erbietig, wann nur Eurer Hochfürstlich Durchlaucht einen jährlichen Schäfermarkt und Lauf in Wildberg gnädigst gestatten würde". Doch soll die Verbindung zu Markgröningen nur administrativ bleiben, das Wildberger Zunftleben aber eigenständig gestaltet werden. Dafür sprechen sehr deutlich die Bitte um Verleihung eines eigenen Schäferlaufs zu einem Termin, der einen Monat vor den Markgröninger Veranstaltungen liegen soll.

Aller Wahrscheinlichkeit nach waren aber nicht die Wildberger Schäfer diejenigen, welche sich gegen eine jährliche Teilnahme am Markgröninger Schäfertag sträubten. Auch aus anderen Ämtern müssen den Herzog ähnliche Beschwerden erreicht haben, denn seine Antwort auf das Schreiben des Kellers zu Wildberg (22. Dezember 1722), die vom 5. Juli 1723 datiert ist,[90] wird nicht nur an den herzoglichen Stabsbeamten zu Wildberg, sondern auch an die zu Urach und Heidenheim gerichtet. In diesem Brief heißt es nun, „daß über die ordinari und Haupt Laden zu ... Gröningen noch drey Neben Laden, wie vor alters auch geweßen in dem Land nemlich zu Heydenheim, Urach und Wildberg angerichtet" werden sollen.

Dieses herzogliche Schreiben von 1723 scheint der einzige Hinweis zu sein, daß neben Wildberg auch noch in Heidenheim und Urach Nebenladen bestanden. Hatten wir bei Wildberg das Alter der Zunft in etwa angeben können, fehlen über Heidenheim und Urach solche Angaben. Über Heidenheim berichtet nach unserer Kenntnis lediglich Hornberger,[91] daß dort ehedem ein bedeutender Wollmarkt bestanden habe. 1599 bestimmte nämlich Herzog Friedrich I., daß die Wolle nicht mehr in Ulm, sondern in Heidenheim gestapelt werde. Es ist also nicht ausgeschlossen, daß die Heidenheimer Vereinigung bereits mit diesem Markt in Verbindung steht. Nachweisen läßt sich jedoch nichts, und eher möchte man annehmen, daß die Gründung aller drei Nebenladen um 1655 liege, daß sie also quasi in Konkurrenz zu Markgröningen entstanden seien.

Allen drei Nebenladen wird jeweils ein Schäferlauf verliehen und der Zunfttag in Heidenheim auf Johannis Baptistä, in Urach auf Petri und Pauli' und in Wildberg auf Jacobi festgelegt. Um eine genaue Erfassung der württembergischen Schäfer zu garantieren, wurden auch die Wirkungsbereiche der erneuerten Nebenladen bestimmt. Und zwar gehören zu Heidenheim die Städte und Ämter „Göppingen, Königsbronn, Anhaußen, Herbrechtingen, Blaubeuren, Heubach, Weiltingen und Brentz". Für „Münsingen, Steußlingen, Ebingen, Tuttlingen, Bahlingen, Tübingen, Bebenhausen, Kirchheim, Pfullingen und Neuffen" war die Uracher Zunft zuständig. Der Vorschlag des Wildberger Kellers von 1722 wurde um einige Städte oder Ämter erweitert, so daß der Wildberger Zunft „Herrenberg, Bulach, Zavelstein, Calw, Wildbad, Hirsau, Nagold, Dornstetten, Freudenstatt, Altensteig, Hornberg, Schiltach, Dornhaan, Neuenbürg, Liebenzell, Rosenfelt, Sultz, Kloster-Reichenbach, Alpirsbach und St. Georgen" angehörten.

Im übrigen vollziehen sich die jeweiligen Schäfertage nach Markgröninger Muster, und die herzoglichen Beamten in den drei Städten werden angewiesen, auf genaue Durchführung zu achten.

Was das Verhältnis der Nebenladen zu Markgröningen anlangt, steht es den einzelnen Schäfern frei, zu Bartholomäi vor der Hauptlade zu erscheinen. Von den in Urach, Heidenheim und Wildberg eingezogenen Leg- und Meistergeldern soll „die Hälfte zur Haupt Laden nach besagtem Gröningen geliefert und das übrige bey der Neben Laden gelassen werden".

Die Vertreter der Markgröninger Hauptlade waren mit der gesamten Regelung erklärlicherweise nicht einverstanden und versuchten nachzuweisen, daß die Nebenladen vor 1723 gar nicht bestanden hätten. Als sich gar herausstellte, daß sie gar nicht oder nur mangelhaft in der Lage waren, die fälligen Gelder an Markgröningen abzuführen, bat die Hauptlade den Herzog, „die jüngst aufgerichteten Nebenladen gnädigst aufzuheben."[92] Der Herzog lehnte den Antrag ab und empfahl den Markgröningern die fälligen Gelder durch einen eigens bestellten Boten einziehen zu lassen. Wildberg und Heidenheim kamen ihren Verpflichtungen nach, Urach war jedoch zahlungsunfähig. Dies war wiederum Anlaß zu Beschwerden, und die Landesbehörden entschieden 1728 kategorisch, daß mit der Abführung der Gelder erst begonnen werden solle, wenn die Nebenladen sich selbst zu unterhalten imstande wären. Die Leggelder sollten sogar zwischen der Nebenlade, der Hauptlade und der herzoglichen Rentkammer geteilt, die Zulassungsgelder bis auf ein Viertel, welches die Nebenladen behalten durften, vollständig an die Rentkammer abgeliefert werden.

Wir sehen also, daß die württembergische Obrigkeit nur so lange die Partei der Hauptlade ergriff, als die Nebenladen noch nicht konsolidiert waren. Als sich aber herausstellte, daß die Schäfer weit eher zu ihren heimischen Zünften als zu der Hauptlade standen und sich auch nicht beirren ließen, wandte der Herzog seine Aufmerksamkeit und seine Unterstützung ganz offensichtlich den Nebenladen zu, die ihre Lebenskraft dadurch bewiesen, daß sie neben Markgröningen noch bis zum heutigen Tage — freilich mit mehr oder weniger langen Unterbrechungen — ihren jährlichen Schäfertag mit den dazugehörigen Veranstaltungen durchführen. Der Geltungsbereich der Markgröninger Schäferzunft, ehemals für das gesamte Herzogtum Württemberg verbindlich, wurde also mit dem Jahr 1723 erheblich eingeschränkt. Bis zu ihrer Auflösung im Jahre 1828 erfaßte sie effektiv nur noch die Schäfer des Unterlandes[93] und hatte damit praktisch keine andere Funktion wahrzunehmen als die ihrer Nebenladen. Markgröningen als Hauptlade aller württembergischen Schäferzünfte hatte nur noch nominellen Wert.

8. Die Schäferzunft zu Bretten

Über die Schäferzunft, die in dem zwischen Odenwald und Schwarzwald gelegenen badischen Städtchen Bretten ihren Sitz hatte, sind wir durch eine sehr gründliche Untersuchung des Heimatforschers Rudolf Groll gut informiert.[94]

Vordem waren wir lediglich auf eine Chronik der Stadt angewiesen,[95] dessen Verfasser viel Widersprüchliches über die Umstände, die zur Gründung der Brettener Schäferzunft führten, gesagt hat. Als „Kind seiner

Zeit", teilte uns Groll mit, „verquickte er Quellen mit zum Teil recht fragwürdigen Überlieferungen und ist deshalb fast unbrauchbar". — In seiner nur wenige Zeilen umfassenden Schilderung der Brettener Schäferzunft basiert auch Hornberger[96] allein auf dieser Chronik, doch übernimmt er in einem späteren Aufsatz „Das einstige Schäferfest in Bretten (Baden)"[97] das Ergebnis der Grollschen Untersuchungen als Ergänzung und Berichtigung zu seinem süddeutschen Schäferbuch.

„Wann die Brettener Zunft errichtet wurde, ist unsicher, sie muß aber schon sehr früh vorhanden gewesen sein, mindestens vor 1500. Was daraus zu schließen ist, daß vier Herren, die Kurfürsten von der Pfalz, die Bischöfe von Speyer, die Herzöge von Württemberg und die Markgrafen von Baden gemeinsam den Vertrag unterzeichneten. Als am 27. Dezember 1492 Pfalzgraf Philipp seine Stadt Brettheim mit vier Jahrmärkten begnadete, als Lohn für treue Dienste und ‚um ihres aufkommens und besserung willen', wurde auch ein Markt am St. Laurenzen-Tag gestattet. Er ist zwar in der Urkunde noch nicht ausdrücklich als Schäfermarkt bezeichnet, aber aus einer späteren Nachricht geht hervor, daß wahrscheinlich schon damals ein Schäfermarkt damit verbunden war.

Merkwürdigerweise umfaßte die Brettener Schäferzunft nicht etwa das Gesamtgebiet der vier Herren, sondern von Speyer nur den rechtsrheinischen Teil um Bruchsal und das heutige Philippsburg, von der Markgrafschaft die Ämter Pforzheim und Durlach, von der Kurpfalz nur das Oberamt Bretten. Was Württemberg anlangt, so gehörten die Schäfer des Klosteramts Maulbronn dazu. Das ermöglicht den Rückschluß, daß die Einung vor 1504[98] geschlossen sein muß, sonst wären die Schäfer bereits damals zur Markgröninger Zunft gekommen. Die Brettener Schäferzunft umfaßte im wesentlichen die Flußläufe der Salzach (heute Saalbach) und der Kraich, und damit das Gebiet des alten Kraichgaus, wozu noch das Pfinztal und Teile des Enztales kamen. Letzteres gehörte mindestens teilweise ebenfalls zum alten Kraichgau. Die damit gegebenen Grenzen sind im wesentlichen identisch mit denen des Stiftes St. Widen zu Speyer, dem die Landschaft kirchlich unterstand. Somit wäre der Ursprung der Zunft mindestens in das späte Mittelalter zu verlegen, in eine Zeit, in der die Erinnerung an den uralten Verwaltungsbezirk Kraichgau noch nicht vergessen war."[99]

Mag auch 1492 als Gründungsjahr urkundlich nicht sicher datiert sein, so scheint doch erwiesen, daß die Zunft in irgendeiner Weise mit einem der später als Schäfermarkt bezeichneten vier Märkte in Zusammenhang stehen muß,[100] daß also — wie möglicherweise in Rothenburg und Markgröningen oder später in Pfaffenhoffen — wirtschaftliche Belange die Gründung auch der Brettener Zunft förderten. Somit dürfte das Gründungsjahr nicht viel später als 1492 liegen. Dem von Groll hervorgehobenen Stichjahr 1504 kommt unseres Erachtens dagegen kaum eine Bedeutung zu. Denn wenn auch das Klostergebiet Maulbronn 1504 an Württemberg fällt, gibt der Herzog von Württemberg selbst noch 1634 der erneuerten Brettener Schäferzunftordnung seinen Konsens. Er läßt also seinen de jure seit 1504 zu Württemberg gehörigen Maulbronner Landeskindern das Recht zu Mitgliedschaft und zum Besuch des Brettener Schäfertages, obwohl Markgröningen als die eigentlich zuständige Zunft nicht allzu weit entfernt ist.

Nun kann er das um so eher tun, als die Satzung der Markgröninger Zunft — sie ist ja in jedem Fall die ältere — in einer ganzen Reihe von Artikeln zweifellos das Vorbild zur Brettener Ordnung von 1634 war[101] bzw. in gewissen Punkten sinngemäß, in einzelnen Passagen sogar wortgleich, übernommen worden ist. So ergeben sich beispielsweise folgende Übereinstimmungen:

Markgröningen 1651	*Bretten* 1634
Artikel 8	Artikel 2
Artikel 9	Artikel 3
Artikel 11	Artikel 4[102]
Artikel 12	Artikel 7
Artikel 13	Artikel 8
z. B. Artikel 16	Artikel 9
Artikel 17	z. B. Artikel 10

Soweit sich die übrigen Brettener Paragraphen nicht mit praktischen Schäfereifragen beschäftigen,[103] befassen sie sich vor allem mit dem Verhalten der Schäfer auf dem Zunfttag zu Laurentii, also am 10. August. Während siebzehn Jahre später die Markgröninger Ordnung das Abhalten des Schäferlaufes generell vom Betragen der Schäfer abhängig macht, zählt die Brettener Satzung die vorkommenden Vergehen noch besonders auf und stellt sie einzeln unter Strafe.

Während sich aber in der Markgröninger Satzung die ersten sieben Punkte mit der Veranstaltungsfolge des Schäfertages beschäftigen, wobei besonderer Wert darauf gelegt wird, daß bei Strafe alle Anwesenden der Verlesung der Ordnung beiwohnen und das fürstliche Oberaufsichtsrecht immer wieder betont und hervorgehoben wird, findet sich in Bretten über diese Dinge kaum etwas. Heißt es doch in der Präambel sogar: „Zue Wißen und Kund sye Allermäniglichen, daß auf Heutt dato die Schäfer Ordnung durch undergenannte Meister wiederumb erneuert und Uff Gericht wordten ..." Bei den von der Obrigkeit sanktionierten Schäferzünften dürfte ein den Zunftmeistern zugestandenes Recht zur Erneuerung der Statuten ungewöhnlich sein.

Obligatorisch ist in Bretten das aktive Mitwirken am Schäferlauf. So heißt es im Artikel 12, daß jeder Meister und Knecht in einem beliebigen Wirtshaus der Stadt feiern dürfe, „doch mit dem Geding, daß er in ein Weg als den Andern, wann er zu Lauffen begehrt mit dem Fahnen hinaus geht und bis zum End dabei verharren und bleiben soll Bey straff von einem Gulden". Der folgende Artikel bestimmt weiter, daß diejenigen, welche es versäumt haben, am Lauf teilzunehmen, „den Nachlauff haben [sollen] und wer sich darwider setzt und Unordnung anfangen würdte, so soll derselbe zur Straff verfallen sein, halb der Obrigkeit, das ander den Maistern".

Der gleiche äußerliche Ablauf des Schäfertages und die Übereinstimmung einer Reihe von Satzungspunkten erlaubt es uns, nicht nur von einer Verwandtschaft, sondern auch von einer gewissen Abhängigkeit der Brettener von der Markgröninger Zunft zu sprechen. Wir dürfen also beide Ordnungen in einem Zusammenhang stehend betrachten.[104] In gewissen Artikeln stellt die Markgröninger Ordnung von 1651 aber ein weiteres Stadium des schäferlichen Zunftwesens in Süddeutschland dar, besonders hinsichtlich der Stärkung des landesherrlichen Einflusses auf Kosten der Selbstverwaltung der Schäferzunft und einer relativ großen Unabhängigkeit der Zunftmeister.

Der Brettener Schäfersprung wurde über den Dreißigjährigen Krieg hinaus regelmäßig abgehalten. Er fand erst mit dem Jahr 1689 ein Ende, als die Stadt durch Melac gebrandschatzt wurde. Nach fast zwanzigjähriger Pause baten die Schäfer 1708 ihre Obrigkeit, den „herkömmlichen Lorenzetag" wieder abhalten zu dürfen.[105] „Die jedermann bekannten Statuten seien zwar dem Mordbrand zum Opfer gefallen, aber das der Stadt Bretten zugehörige schöne und wertvolle Privileg, den Schäfertag zu halten, sei nachzuweisen und damit noch im Kraft. So meinten die Brettener Schäfer, soweit sie zur Kurpfalz gehörten, nicht aber die Vertreter der andern Potentaten. Die Antworten auf die Einladung zum Lorenzetag 1708 sind ein wahres Kabinettstück kleinstaatlicher Diplomatie. Obwohl knapp 20 Jahre seit dem letzten Schäfersprung verflossen waren, konnte sich kein Amtmann mehr darauf besinnen. Der Amtmann Konrady von Derdingen hat das Einladungsschreiben weitergeleitet und wartet auf Bescheid von Stuttgart. Der Vizedom von Bruchsal hat niemals etwas vom Schäfersprung gehört, Baden-Durlach antwortet überhaupt nicht,[106] nur der Vogt von Maulbronn erinnert sich, einmal gehört zu haben, daß die Schäfer diesseits der Enz[107] am Laurentiustage in Bretten waren. Was sie aber dort getan haben, ist den Beamten angeblich nicht bekannt. Im Jahre 1715 schrieb der Faut von Bretten abermals an die Vertreter der anderen drei Herrschaften. Wiederum drehen und wenden sich die Amtsleute. Sie sind nicht zur Antwort befugt oder wollen den genauen Wortlaut der Artikel wissen, der doch klar den Vertrag umreißt. Der Speyrer

Vizedom ist der Ansicht, daß der Markt und Tag seit 1688 oder 1689 nicht mehr abgehalten seien, damit sei Speyer aller Pflichten ledig und der Faut selber Schuld. Im übrigen habe der Bischof von Speyer nach den vorgelegten Urkunden den Vertrag nicht bestätigt,[108] wenn daher bis jetzt die Schäfer nach Bretten gekommen wären, so nur aus gutem Willen, ja ohne obrigkeitliche Genehmigung. Die Regierungsräte in Durlach schrieben, daß ihnen von einem früher in Bretten durchgeführten Schäfertag nichts bekannt sei, die eingesandten Statuten seien ungenügend, und überhaupt sei die Frist von vier Wochen viel zu kurz, um eine so wichtige Entscheidung zu treffen, ob die Baden-Durlachischen Schäfer in Bretten zunftpflichtig seien oder nicht ... Die Stadt Markgröningen bat nochmal um die Zunftordnung und fand sie in allen Stükken ihrer eigenen gleich.[109] Dann schweigen fast 50 Jahre die Urkunden."[110] Das Bemühen der Stadt Bretten, den Schäfertag wieder in Gang zu bringen, war vorerst gescheitert.

Die Pfälzer Schäfer gaben aber keine Ruhe. Am 26. April 1763 verfügte Karl Theodor von der Pfalz neue Statuten[111] und erweckte damit die alte Brettener Zunft wieder zum Leben.

Gleich der erste Artikel nimmt Bezug auf die schwierigen Territorialverhältnisse, an welchen letzten Endes alle Versuche gescheitert waren, den Schäfertag nach 1689 wieder aufleben zu lassen. Es heißt darin: „Derweilen auswärtige Schäffer vermög von ihren Herrschaften erhaltenen Befehl von dieser Brettener Zunft abgegangen, wodurch die aus dem Oberamt allein bestehende solende Zunft geschwächet, so sollen die Hilspacher[112] Schäffer, sowohl als andere angränzende, sofern dieselbe nicht allschon vorhero einer anderen Zunft einverleibet seynd in die ihrige aufzunehmen verstattet sein." Ein Blick auf die für die zweite Hälfte des 18. Jahrhunderts gültige historische Karte zeigt, daß in der Tat die Brettener Zunft, wenn sie sich nur auf Mitglieder aus kurpfälzischem Gebiet stützen mußte, keinen großen Zulauf mehr haben konnte. Als kurpfälzische Exklave inmitten württembergischem, badenischem und Speyerer Besitz fehlte ihr, zumal bei der Zunftunlust der umliegenden Potentaten, jedes Hinterland. Die Zugehörigkeit der Hilsbacher Schäfer zur Brettener Lade war auch keine Lösung, da ihr Weg zum Zunfttag durch mehrere fremde Territorien führte und daher recht beschwerlich war.[113] Die Aufstellung der Zunftmitglieder aus dem Brettener Oberamt und der Kellerei Hilsbach für 1763 ergab dann auch nur dreiundzwanzig Meister und neunundzwanzig Knechte. Es ist also nur eine Weiterführung der Tradition der alten Brettener Schäferzunft, zu der sich Kurfürst Karl Theodor auf Bitten seiner Schäfer entschloß. Eine besondere Bedeutung kann ihr kaum noch zugemessen werden.

Die neue Ordnung war der von 1634 in einer großen Zahl von Artikeln wortgleich, wie man aus einer Gegenüberstellung leicht feststellen kann. Zusätzlich sind lediglich — den neuen Erfordernissen der Zeit entsprechend — Bestimmungen über eine ordentliche Lehrzeit der Schäferjungen (Artikel 20/21) und gewisse Erleichterungen für die Meistersöhne (Artikel 11), die im Notfall die besondere Unterstützung der Zunft genießen (Artikel 23).

1803 fielen im Reichsdeputationshauptschluß Stadt und Amt Bretten an Baden, das 1709 die Teilnahme am Schäfertag bereits verboten hatte. Es ist verständlich, daß sich die neue Regierung Bestrebungen zur Erneuerung der Zunft abgeneigt zeigte und erklären ließ: „Von der neu zu errichtenden Schäferzunft verspricht sich der Kreis keinen Zweck oder Nutzen. Eine Errichtung sei ein für allemal abzulehnen."[114] Wohl oder übel mußten sich die Brettener Schäfer mit diesem Bescheid zufrieden geben, aber ihren Schäfertag feierten sie als Fest unverdrossen weiter. Ja, „sie sandten ihre Ladungen auch an die neubadischen Ämter, anscheinend mit Erfolg. Und siehe da, langsam kamen auch die Schäfer wieder, selbst aus Maulbronn[115] und Brackenheim besuchten einige das Fest. 1818 wurde weiter gegriffen und auch die Ämter Pforzheim, Durlach, Eppingen, Bruchsal und Ettlingen durch den [Schäferherbergswirt]

Köllsch auf das ‚uralte Volksfest' aufmerksam gemacht."[116] Der letzte Schäfertag, seiner eigentlichen Bestimmung als Versammlung zünftiger Schäfer allerdings entkleidet und zum allgemeinen Volksfest geworden, fand 1848 statt. Dann wurde auch er von einer restaurativen Regierung des Nachmärz verboten und nie mehr wiederholt.

Damit endet die fast vierhundertjährige Geschichte der Brettener Schäferzunft, die in äußerer Gestaltung und nach dem Inhalt ihrer Satzungen im eigentlichen Sinne ein Ebenbild der Markgröninger Zunftorganisation war und nur im Zusammenhang mit dieser betrachtet werden kann.

9. Die Schäferbrüderschaft zu Pfaffenhoffen im Unterelsaß

Jenseits des Rheins umfaßte die Schäferbrüderschaft von Pfaffenhoffen ehemals sämtliche Schäfer des Unterelsaß. Auf der Grundlage von Akten aus dem Jahre 1763 berichtete erstmals Letz[117] über diese Schäfervereinigung. Aber erst Thieling entdeckte 1942 im Archiv der Stadt Buchsweiler (Bouxwiller, Département Bas-Rhin) ein bisher unbekanntes Aktenstück, das „Schaeferzunft und Wollmarkt" betitelt war und die Vorschläge zu einer erneuerten Ordnung der Pfaffenhoffener Brüderschaft vom 9. März 1745 in einer beglaubigten Abschrift enthielt. Diese Urkunde nun, die von einer Anzahl meist herrschaftlicher Schäfer dem Grafen von Hessen-Hanau-Lichtenberg zur Begutachtung und Genehmigung vorgelegt worden war, ist das älteste Dokument über diese Schäfergemeinschaft.[118]

Die Satzung enthält neben allgemeinen Bemerkungen über „uhralte Zeiten", seit denen die Gemeinschaft schon bestehe, auch präzisere Altersangaben, denn es wird in der Präambel von einer „in anno 1659 beschehenen Erneuerung ihrer articul" gesprochen. Wieviele solcher Wiederholungen und Erneuerungen vorgelegen haben mögen, können wir freilich nicht sagen.Die Brüderschaft ist jedenfalls älter als 1659.

Insgesamt schlagen die unterelsässischen Schäfer zwanzig Artikel vor, von denen sich die ersten sieben — ähnlich wie bei der Markgröninger Zunftordnung von 1651 — mit der Abhaltung des jährlichen Schäfertages, den Vergünstigungen und den Bedingungen für eine Aufnahme in die Brüderschaft beschäftigen. An Markgröningen erinnert stark das nach dem Kirchgang stattfindende Auslosen eines Hammels durch die Schäferburschen und von Strümpfen durch die Mädchen. Es wird zwar kein Wettlauf durchgeführt, doch ist schließlich auch das Auslosen eine Art Wettkampf.

Auffallend ist der sehr straffe Zunftzwang, der in einzelnen Punkten zum Ausdruck kommt, und eine für jedes Vergehen übermäßig hoch erscheinende Geldbuße. Der Grund für diese Maßnahmen wird in der Präambel angedeutet, nach der die in der Ordnung von 1659 enthaltenen Strafen „allzu gelind angesetzet" und „auch ein und andere nothwendige articul der Bruderschaft bestens und Aufnahm betreffend, außer acht gelassen worden" seien. Diese veralteten Artikel hätten zur Folge gehabt, daß „die Bruderschaft allzeit mehr und mehr in Abgang gerathen, dergestalten dass da ehedessen schier alle Schäfer des unterelsässischen Bezirxs darinnen einverleibet waren, kaum mehr viertzig bis fünftzig dabey erscheineten". Es müssen also im Unterelsaß recht schwierige Verhältnisse anscheinend dadurch entstanden sein, daß der Brüderschaft nicht die nötige Aufmerksamkeit gewidmet wurde, was „in Ansehung der damaligen Kriegsläuften" wohl auch nicht immer möglich war. Die Fluktuation, das Unterwandern durch unredliche Elemente muß so stark geworden sein, daß man sich nur mit Hilfe exemplarischer Maßnahmen durchsetzen und die Brüderschaft wieder zu einer echten Gemeinschaft zusammenführen konnte. So steht die Ordnung von 1745 ganz unter dem Zwang der Notwendigkeit, die Brüderschaft wieder zu konsolidieren und ihr Ansehen zu stärken (Artikel, die sich etwa mit Maßnahmen zur Bekämpfung von Seuchen oder anderen praktischen Dingen des Schäferlebens befassen, fehlen bezeichnenderweise gänzlich.) Daher eine Anordnung (Art. 10), daß „kein zünftiger Meister einen unzünftigen zu gehülfen nehmen zum Scheeren“ darf, oder daß es einem zünftigen Meister verboten ist, „einem Handelsmann der eine Schäferey hat, oder einem Juden ein Schaf weniger dann um vier pfennig zu scheeren“ (Art. 11).

Daß der Verruf der Unehrlichkeit, den man von sich weisen will, auch hier wieder eine Rolle spielt, erweist Artikel 17, in welchem es „vor gut erachtet [wird], dass obschon sonsten denen Schäfern ohnedem erlaubet, ihre Söhne redliche Handwerke erlernen zu lassen, und ihre Töchter an dergleichen leut zu verheurathen, es dannoch als einen apparten articul hiermit zu inserieren“. — Einen solchen Hinweis fanden wir bisher erstmalig in den Hirzfeldener Satzungen von 1584, und das läßt uns vermuten, daß in mancher Hinsicht die dortige St. Michaelis-Brüderschaft — um Michaelis findet auch der Pfaffenhoffener Schäfertag statt — bei der unterelsässischen Gemeinschaft Pate gestanden hat. Dies ist um so eher möglich, als beide Brüderschaften auf linksrheinischem Gebiet liegen und beide elsässische Landesteile umfassen. Wie weit eine solche durchaus mögliche Verbindung einen Hinweis auf das Alter der Pfaffenhoffener Brüderschaft zuläßt, erlaubt die Quellenlage allerdings nicht zu sagen.

Im vorhergehenden Artikel 16 beschränkt man sich, darauf hinzuweisen, daß das Abziehen der toten Schafe Sache des Schäfers und nicht die des Wasenmeisters oder anderer Leute sei. Daß er wegen dieser Tätigkeit nicht unehrlich genannt werden darf, wird nicht mehr gesagt. Ob hier Einflüsse vom Reichstagsabschied des Jahres 1731, der die Schäfer noch einmal ausdrücklich ehrlich gesprochen hatte, vorliegen, ist wenig wahrscheinlich, da das Unterelsaß um diese Zeit bereits zur französischen Krone gehört, der sich auch die Pfaffenhoffener Schäfer durchaus zugehörig fühlen. Sagen sie doch in der Präambel zu der vorliegenden Ordnung, daß sie sich entschlossen hätten, diese „nicht allein bey gnädigster hoher Herrschaft erneuern, sondern auch von einem Königlichen Hohen Souverainen Rath zu Collmar, ratificieren, und homologiren zu lassen, und als ihren verordneten Oberherrn anneben geziemend ersuchend, diese ihre künftighin zu halten vorgebende articul der Bruderschaft, zu genähmigen ...“.

Ein Artikel (15) ist noch besonders hervorzuheben. Nach ihm soll nämlich „ein jeder unzüftiger Schäfer oder sonstiger Handelsmann auf denen jeweiligen Pfaffenhofer Wollmarkten welche Woll verkaufen, von jedem verkauften Centner Woll in Ansehung die Wollmarkte der Schäferzunft halben zu Pfaffenhofen aufgerichtet worden, der Bruderschaft Einen gulden abrichten ...“ — Wir hatten schon in einigen Fällen auf die Beziehungen zwischen Schäfertagen und Wollmärkten hinweisen können. Hier aber wird gesagt, daß der Wollmarkt in Pfaffenhoffen ein ausgesprochenes Regal der Brüderschaft ist, offensichtlich mit der Maßgabe, daß allein den zünftigen Schäfern der Verkauf der Wolle ihrer eigenen Tiere dort erlaubt ist und auch die übrigen Einnahmen zugunsten der Brüderschaft verwendet werden können. Dieses Regal des Wollmarktes muß zumindest schon in der Ordnung von 1659 verankert gewesen sein, denn 1698 führt die Gemeinde Pfaffenhoffen gegen den Nachbarort La Walck einen Prozeß, weil dieser am gleichen Tag einen Wollmarkt abhielt. Das zuständige Gericht entschied sich für die klagende Gemeinde, das heißt also für die Brüderschaft.[119] 1738 wurde die Frage dieses Privilegs noch einmal zwischen der Brüderschaft und der Regierung in Buchsweiler verhandelt, aber auch zugunsten der Schäfer geregelt. Die Einrichtung des Wollmarktes hielt sich noch länger als die Zunft selbst. 1865 wird er zum letzten Mal genannt.

Wir dürfen also sagen, daß — ähnlich wie in Hirzfelden — die Pfaffenhoffener Brüderschaft eine starke Unterstützung durch die Obrigkeit erhielt. Das Privileg des Wollmarktes mag dabei nur ein materieller Anreiz für die Schäfer gewesen sein. Weit wichtiger erscheint uns die straff formulierte Ordnung, die durchaus die Billigung der Schäfer erfahren hat und damit wiederum beweist, daß nur eine konsolidierte Gemeinschaft mit straffem Zunftcharaker die Ordnung im Schäfereiwesen garantierte. — Der Zustrom zur Brüderschaft war groß. Umfaßte doch 1763 die Vereinigung 188 unterelsässische Gemeinden, von denen nur 99 zur Herrschaft des Grafen von Hessen-Hanau-Lichtenberg gehörten. Beinahe die Hälfte aller Mitglieder der Brüderschaft rekrutierte sich also aus anderen Gebieten. Das bedeutet, daß sie nicht territorial wie etwa die Markgröninger Zunft gebunden war, sondern eine bestimmte Landschaft umfaßte, die ehedem vielleicht innerhalb der Grenzen eines alten Verwaltungsraumes gelegen war. Die Satzungen von 1745 machten auch keinen Unterschied zwischen den Schäfern aus der Hessen-Hanau-Lichtenbergischen Grafschaft und denen aus anderen Territorien. Ausdrücklich wird gerade von letzteren unter Androhung einer gewissen Strafe verlangt (Art. 20), daß sie auf dem Brüdertag zu erscheinen hätten, und daß dort alle strittigen Fragen, „nicht aber vor gericht noch Recht“, verhandelt und entschieden würden. Es sind also außerordentliche Vollmachten, welche die Pfaffenhoffener Brüderschaft auszeichnet und ihre rechtlichen Kompetenzen über den bisher üblichen Rahmen hinaus erweitert.

10. Die Zunft der schlesischen Schäfer zu Breslau

1704 hatte ein kaiserliches Dekret eigens die schlesischen Schäfer für ehrlich erklärt.[120] Aber schon am 29. Juli 1717 erfolgt in einem Spezialprivileg eine Wiederholung der Aufhebung des Verrufs, die dadurch ergänzt wird, daß ihnen „gewisse Handwercks-Statuta oder Zunfft- und Innungs-Aticul ... allerdgnädigst verliehen, und sie zugleich mit einem Handwercks-Wappen, oder Zunfft-Siegel begnadiget“[121] werden.

In allen bisher besprochenen Ordnungen ist der Zusammenhang zwischen dem Kampf der Schäfer gegen das Unehrlichkeitswesen und den Zunftgründungen nicht so eindeutig hervorgetreten wie hier. Wohl steht mit einigen Ausnahmen — vor allem nach 1548 — der Wille der Landesherren im Vordergrund, die bloße Ehrlichsprechung der Schäfer noch dadurch zu unterstützen, daß man ihrem Wunsch nach Bildung von organisierten Gemeinschaftsformen Rechnung trug, aber nirgendwo wurde bisher die Fruchtlosigkeit einfacher Erklärungen, hinter denen keine herrschaftlich sanktionierte Schäferzunft stand, so deutlich wie in Schlesien.

Ob sich die schlesischen Schäfer selbst an den Kaiser als ihren unmittelbaren Landesherrn wandten und um Einrichtung einer Zunft baten, hat sich urkundlich u. W. nicht nachweisen lassen. Dittrich[122] ist allerdings der Auffassung, daß sie um ein kaiserliches Zunftdiplom nachgesucht hätten, und wir möchten seiner Ansicht beipflichten. Erfahren wir doch aus der schlesischen Gesindeordnung vom 1. März 1652 und später aus einem oberamtlichen Patent vom 9. September 1676,[123] daß es „denen Schäfern bey Leibes-Straff verbothen [war], Conventicula zu halten und gewisse Zeichen und Verbündnisse zu machen“. Aus solchen exemplarischen Verboten schlossen wir aber in anderem Zusammenhang, daß die Schäfer ihre Landesherren durch entsprechende Petitionen auf Genehmigung einer zunftartigen Vereinigung immer wieder gedrängt haben mußten. Außerdem aber hatte Josef I. als König von Böhmen für die dortigen Schäfer im Jahre 1709 eine Zunft errichtet.[124] Da nun auch Schlesien zum Habsburgischen Hausbesitz gehörte, war ein Präzedenzfall geschaffen, auf den sich die Schäfer jederzeit berufen konnten und wohl auch mit Erfolg berufen haben. Die Übernahme von böhmischen Zunftartikeln in die schlesischen Satzungen läßt jedenfalls gewisse Zusammenhänge erkennen.

Unmittelbare Vorstufen zu der schlesischen Zunft von 1717 — außer den verbotenen „Conventicula“ — dürfte es aber nicht gegeben haben. Die schlesische Schäferzunft — mit den Hauptladen in Breslau und Troppau[125] und weiteren sechzehn Nebenladen[126] — ist also eine junge Gründung, die in ihren Satzungen,[127] immer wieder den eigentlichen Zweck ihrer Errichtung betont, nämlich die Schäfer als Angehörige eines „handwerklichen“

Berufs zu schützen und sie — zum Wohle der landesherrlichen Interessen — zu fördern.

„Es sollen und mögen“, heißt es, „die Schaflers-Leuthe ihre Kinder anderen ehrlichen Leuthen verheyrathen, zu allen Handwerckern als ehrliche Kinder aufdingen, und lernen lasen“. Um aber jede Möglichkeit eines Vorwurfs von vornherein auszuschließen, werden sie aufgefordert, sich „der Abdeckerey des umstehenden Viehes wie auch aller unehrlichen Handthierung gäntzlich [zu] entschlagen“. Ob damit auch das Abledern der gefallenen Schafe unter Abdeckerei verstanden wird, können wir nicht sagen. Da aber für gemeinhin die Beseitigung der Schafe nicht gerade als Schinderarbeit bezeichnet wird, möchten wir annehmen, daß ähnlich wie in der Pfaffenhoffener Ordnung von 1745 diese Tätigkeit zu den üblichen Verrichtungen der Schäfer gerechnet wird.

Ganz neu aber ist folgender Punkt der schlesischen Schäferordnung: „Welch Meister, Knecht, Lehr-Jung etc. mit aberglaubischen Sachen, Zaubereyen, und Hexereyen umgehet, soll in Halßbrüchigen Sachen der ordentlichen Land-Gerichts-Obrigkeit, in kleinern Verbrechen aber, der Herrschafft, worunter sich der Deliquent aufhaltet, gleichwie auch der Verhöhler, zur Bestraffung alsogleich angezeuget werden.“[128] Diese recht scharf formulierte Anordnung, die bei allen bisherigen Bünden noch nicht aufgetaucht ist, läßt sich in erster Linie aus der Tatsache erklären, daß vornehmlich in den österreichischen Landesteilen die Kirche und die Bewegung der Gegenreformation im 17./18. Jahrhundert auf das Zunftwesen starken Einfluß genommen haben. Besonders in Böhmen, Niederösterreich und im Burgenland war das Bekenntnis zur katholischen Konfession Hauptbedingung für die Aufnahme in eine der zahlreichen „Viehhalterzechen“. In den Ordnungen dieser kirchlich stark gebundenen Vereinigungen spielte der Kampf gegen den Aberglauben und alle damit in Zusammenhang stehenden Praktiken eine große Rolle.[129] — Kirchlicher Einfluß macht sich auch darin bemerkbar, daß die schlesischen Zunfttage auf Fronleichnam und den Dreikönigstag gelegt werden. Bei den bisher besprochenen Vereinigungen lagen diese Termine entweder um die Zeit des Abtriebs aus dem Oberland (um Bartholomäi) oder am Ende des Hutjahres im Herbst (um Michaelis).

Neuartig ist auch ein Passus, in dem es heißt, daß ein zünftiger schlesischer Schäfer, wenn er in ein anderes Fürstentum verziehen will, eine Bescheinigung umsonst erhält, aus welcher hervorgeht, „daß er in der Lade eingeschrieben sey, und anderwerts, wo er hinkommt, muß er wiederum in die Zeche eingeschrieben werden“. Der Schäfer gehört also nicht mehr *einer* Vereinigung an, sondern es wird ganz nach handwerklichem Muster angestrebt, ihn möglichst überall den jeweiligen Bünden anzuschließen. Es ist kaum anzunehmen, daß diese kaiserliche Verordnung für das ganze Reichsgebiet geplant war, dafür gab es zu wenige Schäfervereinigungen. Anders war es aber, wenn man nur die habsburgischen Hauslande betrachtet. Da gab es allein in Schlesien zwei Haupt- und sechzehn Nebenladen. In Böhmen bestanden bereits eine Hauptlade in Prag und mehrere Nebenladen. Nimmt man die niederösterreichischen und burgenländischen Viehhalterzechen, die teilweise auch noch eigene Nebenladen hatten, hinzu, dann erstreckte sich von der sächsischen bis zur ungarischen Grenze ein Netz von Schäfervereinigungen, die streng zunftmäßig aufgebaut waren und damit die Gewähr gaben, einen guten Schäferstand heranzubilden und alle untüchtigen Elemente auszuschalten.[130]

Nach langem Sträuben haben die schlesischen Landesherren eingesehen, daß sie nur durch Gewährung von Schäferbünden der starken Fluktuation zu steuern und damit eine wohl organisierte Schafhaltung und Schafzucht aufzubauen vermochten. Sehr deutlich wird das an einem weiteren Punkt der Satzungen von 1717: „Ein Meister soll dem andern, bey Erkranckung des Schaaf-Viehes, mit Rath und That beyspringen, damit die Obrigkeit dadurch keinen Schaden leyde“. Damit die herrschaftlichen Belange auch gut vertreten werden und der Landesherr die Gewähr hat, daß bei den Versammlungen alles seinen geregelten Gang geht, soll

— wie auch sonst üblich — bei jeder Lade „ein Rathmann praesidiren, und Beysitzer seyn". — Wenn Becker[131] meint, daß „in der ständischen Epoche der sozialen Entwicklung ... alle zunftmäßigen Organisationen dieser Zeit ... im Dienste wirtschaftlicher Interessen" standen, dann trifft das von den Schäferbünden her gesehen zum Teil schon für das Ende des 16. Jahrhunderts, stärker dann für das 17., vor allem aber für das 18. Jahrhundert mit dem Aufbau der Merinoschafhaltung und -zucht in deutschen Territorien zu.

11. Der Versuch einer Zunftgründung durch die Schäfer des Meißenschen und Erzgebirgischen Kreises

Neben Schlesien gehörte auch Sachsen (1651) zu den Ländern die der Bildung von Schäfervereinigungen kategorisch ablehnend gegenüber standen und in der Schärfe der Formulierungen die Verbote der brandenburgischen Kurfürsten noch übertraf. — In Schlesien nun hatte sich der Kaiser als Landesherr schließlich nicht nur bereit erklärt, die starre Haltung aufzugeben, sondern war dazu übergegangen, das Land in ein Netz von Schäferzünften, welches seine Hauslande umspannte, einzugliedern.

Solche Maßnahmen mußten natürlich in den Nachbarländern bekannt werden und regten gerade dort, wo in dieser Hinsicht noch alles im Argen steckte, die Betroffenen an, den Landesherrn zu ähnlichen Maßnahmen zu bewegen. So haben sich 1723 die Schäfer des meißenschen und erzgebirgischen Kreises unter Hinweis auf die kaiserlichen Zunftgründungen in Schlesien und Böhmen zu einer Petition an ihren König entschlossen. Ein glücklicher Fund im Sächsischen Landeshauptarchiv in Dresden[132] gibt uns die bisher einmalige Möglichkeit, den gesamten Ablauf einer solchen Eingabe, die zur bürokratischen Prozedur wird, zu verfolgen und manches, was wir bei den bisher untersuchten Schäfervereinigungen als wahrscheinlich interpretieren konnten, zu bestätigen.

Unter Loc. No. 518, Fol. 1321 findet sich in Dresden eine Beschwerde der Schäfer des meißenschen und erzgebirgischen Kreises an den sächsischen König, datiert vom Jahre 1729. Diese Beschwerde, die gleichsam als Präambel einer längeren Eingabe gewertet sein will, ist ein wahrhaft erschütterndes Dokument von Menschen, die seit Generationen zu den verachteten „Unehrlichen" gehören und die bestrebt sind, mit allen Mitteln diesem Verruf zu entfliehen und eine vor allen übrigen Gliedern der Gesellschaft gleichwertige Stellung einzunehmen.

In dieser Beschwerde wird nun festgestellt, „daß wir uns von denen Bürgern und Bauern, als ob wir nicht so gut, und redlich als sie, verspotten und verachten, sonderlich aber wenn wir zu Ehren Gelacken, Hochzeiten undt Kindtauffen geladen werden, oder auch nur zuweilen in einer Schenck uns blicken laßen, Niemand mit uns weder eßen noch trincken will, oder doch die ehrenrührigsten Wortte, Verschmähungen und vieles Ungemach darbey erdulden müßen, und endlich, daß der Policey-Ordtnung[133] zuwider unsere Kinder in die Handtwercke keineswegs auff undt angenommen, oder doch außer Landes, weil ein Unterschied zwischen gemeinen und zünfftigen Schäffern gemachet zu werden pfleget, nicht gefördert werden wollen". Aus diesen Gründen bitten die Schäfer ihren König, dem kaiserlichen Beispiel zu folgen, der in Böhmen und Schlesien Innungsartikel erlassen habe, „krafft welcher ... zwey Hauptladen in der Stadt Prag und Kuttenberg nebst verschiedenen sogenannten Filial Laden in allen Creysen auffzurichten verstattet worden". Bereits 1723, so heißt es weiter, hätten sie eine Eingabe gemacht, die aber keine Beantwortung erfahren habe. Die Schäfer betonen, daß sie keinerlei Vorrechte mit einer solchen Zunft haben wollten, sondern lediglich ihrer „Schmach zu entkommen" trachteten.

Hierzu ist bereits einiges zu sagen: Wenn es noch einen Zweifel gegeben hätte, daß das Drängen der Schäfer nach Verbandsgründungen vor allem der Sorge entsprungen sei, der Schmach der Unehrlichkeit so schnell und so sicher wie möglich zu entrinnen, ist mit dieser Präambel der Nachweis erbracht worden. — Immer klarer wird auch ihr Verhalten in den Herrschaftsgebieten, in denen man ihnen das Recht auf Zunftgründungen versagt. Wie wir es schon einmal feststellten, sind die illegalen Verbände tatsächlich als reine Notwehr gegen die Vorwürfe und Folgen der Unehrlichkeit zu werten. Um ihnen ein möglichst zunftmäßiges Aussehen zu verleihen, waren die harten Maßnahmen gegen diejenigen vorgesehen, die sich dem Zunftzwang nicht beugten. Auf der anderen Seite fällt uns an der Ordnung der Schäferbrüderschaft zu Pfaffenhoffen von 1745 auf, daß, obwohl die Bestimmung des Zunftzwanges besonders kraß gehandhabt wurde, Schäfer aus 188 Gemeinden, die zudem noch nicht einmal territorial zusammengehörten, zu den Jahrestagen strömten. Warum? Weil besonders straffe Bestimmungen den wirklichen Zunftcharakter deutlich hervortreten ließen. — Wichtig ist aber noch ein zweites: Es heißt in der Präambel, daß trotz der Polizeiordnungen von 1548/1577 die Schäferkinder in Sachsen in kein Handwerk aufgenommen werden. Anders aber „außer Landes, weil ein Unterschied zwischen gemeinen und zünfftigen Schäffern gemachet zu werden pfleget ...“ Die Schäfer haben also Recht, wenn sie sagen, daß die Tatsache, einem Verband, einer organisierten Gemeinschaft anzugehören, den Makel der Unehrlichkeit beseitigt. Das mag nicht in allen Zeiten so gewesen sein. Ihr erbitterter Kampf um die Gewährung von zunftähnlichen Rechten im 17./18. Jahrhundert zeigt aber, daß trotz des Höhepunktes der Exklusivitätstendenzen im Handwerk „zünftige“ Schäfer vor „gemeinen“ Schäfern zu einer Innung zugelassen werden konnten. Die von uns im vorhergehenden Kapitel angezogenen Prozesse zwischen Schäfern und Handwerkszünften ließen dieses Argument für eine eventuelle Zunftfähigkeit niemals anklingen. Unsere Hinweise können jedoch nur sporadisch sein. Bei eingehenden Untersuchungen und bei Vorhandensein genügenden Materials, das in den Archiven noch unerschlossen ruht, könnte sich möglicherweise herausstellen, daß in Landstrichen, wo die Schäfer eine starke Zunftbewegung hatten, der Vorwurf ihrer Unehrlichkeit eine weit geringere Rolle spielte als z. B. in Brandenburg oder anderen norddeutschen Territorien. Wir dürfen also sagen, daß es nicht allein das Vermeiden von schinderähnlicher Arbeit oder anderen möglichen Delikten war, was die Schäfer wieder in den Kreis der Gesellschaft zurückzubringen vermochte. Ohne einer Vereinigung mit starkem Zunftcharakter anzugehören, konnten sie kaum hoffen, in eine Handwerksinnung aufgenommen zu werden.

Dieser so aufschlußreichen Präambel schließen die meißenschen und erzgebirgischen Schäfer den Entwurf von 31 Innungsartikeln an, die in der Nachahmung handwerklicher Zunftsatzungen ein Musterbeispiel sind und überdies deutlich die Absicht erkennen lassen, durch Betonen der Förderung herrschaftlicher Interessen den Landesherrn für ihr Projekt günstig zu stimmen.

Wenn die sächsischen Schäfer schon in ihrer Präambel auf das Vorbild der kaiserlichen Zunftgründungen in den habsburgischen Hauslanden, speziell in Böhmen, verwiesen, ist es erklärlich, daß sich auch ihre Satzungsvorschläge an die kaiserliche Ordnung anlehnten und diese zumindest dem Sinn nach teilweise übernahmen. Ein sprechendes Beispiel dafür sind die ersten Artikel des Satzungsentwurfs. Obwohl das Territorium des Königreichs Sachsen zum Verbreitungsraum des lutherischen Bekenntnisses gehört, haben die meißenschen und erzgebirgischen Schäfer die für Böhmen aufgestellte Forderung auf Nachweis des römisch-katholischen Glaubens[134] entsprechend variiert und bestimmen für ihren Bereich, daß jeder, der in die Schäferzunft aufgenommen werden will, dem „wahren Christlichen Glauben beygethan seyn, Gottes Heiligen Nahmen niemahls unnüze im Munde führen, vielmehr Sein Heiliges Wortt stets vor Augen haben“ und sich danach richten soll.

Die folgenden Artikel beschäftigen sich in erster Linie mit der Förderung der Schafhaltung durch entsprechende Maßnahmen, sollen also besonders das Interesse des Königs wachrufen und ihm die Vorteile einer Schäferzunft nahebringen. — In den bisher besprochenen Ordnungen war von einer Ausbildung und Lehrzeit insofern die Rede, als den Zunftmeistern das Recht einer Überprüfung der Schäferknechte, welche Meister werden wollten, zustand, ja zur Pflicht gemacht wurde. In dem sächsischen Entwurf wird nun ein regelrechtes Ausbildungssystem vorgeschlagen. Danach soll ein jeder Lehrjunge erst zur Probe eingestellt und nach gewisser Zeit vor versammelter Lade einem Lehrmeister zugeteilt werden, dem er in allen Dingen zu gehorchen hat. Nach drei Jahren Lehrzeit kann er zum Schäferknecht avancieren. Will er dann Meister werden, stehen ihm abermals zwei Dienstjahre und ein Probejahr bevor. Durch diese sechsjährige Laufzeit soll verhindert werden, daß sich ein „unerfahrener Pursch, durch die zuweilen ganze Schäffereyen ruiniret, und verderbet worden, sich zum Meister gebrauchen laße". Dieses sehr nützliche Ausbildungsprinzip wird aber zugunsten einer Konzession an den König sofort wieder durchbrochen, denn in Artikel 7 erklären sich die sächsischen Schäfer mit Vorschlägen der Herrschaft einverstanden, wenn diese von sich aus Schäferknechte oder Schäfermeister annehmen will. Wenn sie „nur von redlicher Geburth und Herkommen"[135] seien, sollen sie ohne Widerrede in die Zunft aufgenommen werden.[136]

Die jährlichen Versammlungen der Meister — allgemeine Jahrestage für alle Schäfer scheinen im bisher üblichen Sinne nicht geplant zu sein — sollen am Tage nach Michaelis stattfinden. Dabei steht nicht die Erledigung von Zunftangelegenheiten an erster Stelle, sondern die Besprechung von Maßnahmen, „damit soviel möglich alles Unglück bey derer Herrschafften Schäffereyen vermieden werde". Bei besonderen Anlässen sollen die Meister auch außerhalb dieses Termins zusammentreten. — In der schlesischen Schäferordnung fanden wir eine ähnliche Bestimmung.

Was die Organisation der vorgeschlagenen Zunft betrifft, so soll die Hauptlade in Neu-Ostra bei Dresden oder in Freiberg angelegt werden. Es wird weiter der Hoffnung Ausdruck gegeben, daß der Bequemlichkeit halber in allen königlich-sächsischen Ämtern Nebenladen errichtet würden. Auch in diesem Punkt ist die Anlehnung an die schlesische und böhmische Ordnung unverkennbar. — Im allgemeinen liege die Entscheidung über Zunftangelegenheiten bei dem Altmeister und den Innungsbeisitzern. Sollte eine Einigung aber einmal nicht möglich sein, sei die Stimme des königlichen Beamten, der an den Versammlungen jeweils teilnimmt, ausschlaggebend.

Erst nach diesen Vorschlägen, die ganz offensichtlich dem Landesherrn die Vorteile einer Zunft vor Augen führen sollen, gehen die Schäfer auf ihr eigentliches Anliegen, nämlich die Beseitigung ihres Verrufs, ein. Wenn die Pfaffenhoffener Brüderschaftsordnung von 1745 darauf hinweisen kann, daß das Abziehen der Schafe allein Aufgabe des Schäfers sei, bestimmen noch die sächsischen Entwürfe,[137] daß „kein Meister, Knecht, oder Junge ein umgefallenes Vieh berühren oder solches abfellen [soll], sondern wenn sich etwas dergleichen, es sey im Felde oder Schaaf Stalle ereignete, wollen die Meister einen Abtecker oder Caviller auf ihre Kosten halten, damit mit dem Felle der Herrschafft berechnet werden könne.[138] Und zwar solches um soviel lieber, weil bis anhero zunächsten einiger Verdacht auff die Schaaff Meister, als ob mit Berechnung des Felles Unterschleiff vorgehe, geleget worden, welchem hierdurch abgeholffen, auch sonst aller schimpfflicher Vorwurff von andern Handwerckern vermieden werde". — Schon in den Bad Neustädter Schafordnungen von 1574 und 1675[139] war den Schäfern angeraten worden, die toten Schafe von anderen abziehen zu lassen. In der sächsischen Ordnung aber steht nicht allein die Vermeidung von Schinderarbeit im Vordergrund, sondern auch die Reinigung von jedwedem Verdacht, die Herrschaft etwa betrügen zu wollen. Ja, es hat fast den Anschein, als suchten die Schäfer den Abdecker nur, um einen Zeugen für ihre Redlichkeit zu haben, denn die Beseitigung des „schimpfflichen Vorwurffs“ durch die schinderhafte Tätigkeit steht erst an zweiter Stelle. — Weitere Artikel der vorgeschlagenen Satzungen wachen über den untadligen Lebenswandel der Zunftmitglieder: Meister und Knechte sollen den Umgang mit „verdächtigen liederlichen Volcke, Faullenzern und Landtstreichern“ meiden und sie der Obrigkeit anzeigen (Art. 18).[140] „Ferner soll sich ein iedweder Meister, Knecht und Junge aller groben Verbrechen und Laster, als Ehebruch, Hurerey und anderer Üppigkeiten gänzlich enthalten“, bei Bestrafung durch die Obrigkeit (Art. 23). Diebstahl ist ein Grund, aus der Zunft verstoßen zu werden (Art. 24), und Beleidigungen sowie Verleumdungen von Zunftgenossen ziehen empfindliche Strafen nach sich (Art. 25). Schließlich wird das Führen von Schußwaffen und damit zusammenhängend das Wildern verboten (Art. 29). — Um allen Anfechtungen zu begegnen, dürfen Knechte und Jungen ohne die ausdrückliche Genehmigung ihres Meisters die Unterkunft nachts nicht verlassen (Art. 20). Auf anständiges Verhalten während der Jahresversammlungen, die bei offener Lade stattfinden, ist zu achten (Art. 19), Anlässe zu Streitigkeiten unter zünftigen Schäfern sind zu vermeiden (Art. 17). Es ist auffallend, daß alle von den Schäfern selbst inspirierten Satzungsvorschläge Maßnahmen gegen alle die Delikte sind, die man ihnen als „Unehrlichen“ zur Last legt. Wenn wir aber an die herrschaftlichen Ordnungen des 17. Jahrhunderts aus Norddeutschland und Sachsen denken, finden wir jetzt in gewissem Sinne die damals genannten Verbote wieder, d. h., die sächsischen Schäfer machen mit ihren Satzungsentwurf bewußt Konzessionen an den Landesherrn.

Nach einigen Bemerkungen über sorgfältige Pflege der anvertrauten Herde, gewisse Vorsichtsmaßnahmen und das Verbot, ohne triftige Gründe die Arbeitsstelle vor der festgelegten Zeit zu wechseln, und wenn, dann nur mit Genehmigung der Zunft, der ein Zeugnis des letzten Dienstherrn vorliegen muß, beschäftigen sich zwei Artikel mit sozialen Maßnahmen für Hinterbliebene und in Not geratene Schäfer (Art. 27/28).

Die starke Nachahmung handwerklichen Innungswesens gipfelt schließlich in einem Zunft- oder Zuspruch, den Schäferknecht und Schäfermeister wechseln sollten, wenn sie miteinander ein Arbeitsverhältnis eingingen, d. h., wenn ein Schäferknecht um Anstellung nachsuchte. Als Zeichen der Zunftzugehörigkeit soll der Knecht mit einer bestimmten Haltung des Schäferstabes den Meister folgendermaßen grüßen: „Gott die Ehre, und unserm allergnädigsten Landes Herrn, der uns unsere Innungs-Freyheit verliehen hat der ewige Ruhm![141] Erbarer lieber Meister, dieweil ich ein ehrlicher Knecht bin, auch bey Meister N. zu N. gedienet, so will ich bey euch lieber Meister iezo einsprechen, und euch freundlich bitten, ihr wollet mich in eure Dienste aufnehmen, ich will mich treu und redlich verhalten, und es heut oder morgen gegen euch und die Eurigen wieder verschulden.“ Will ihn der Schäfermeister einstellen, antwortet er: „Dieweil du Gott zu Ehren, und unserm allergnädigsten Landes-Herrn, der uns unsere Innungs Freyheit verliehen hat, zu ewigen Ruhm, bey mir einwanderst, und treu und redlich zu dienen versprichst: So heiße ich dich nach Handwercksgebrauch willkommen, und will dich in meine Dienste annehmen: Du solst dich aber in deinen Diensten so aufführen, und bezeigen, wie es unsere Innungs Articul auch Handwercksgebrauch und Gewohnheit erfordern, Gott willkommen!“ Im Fall eines abschlägigen Bescheids antwortet der Meister: „Habe Danck vor deinen Zuspruch, geleithe dich Gott auff deiner Wanderschafft und beschehre dir dein Brodt anderer Orthen.“

In einem letzten Punkt (Art. 31) schließlich verpflichten sich die meißenschen und erzgebirgischen Schäfer freiwillig, der königlichen Rentkammer bei der Einschreibung neuer Mitglieder, bei der Ausfertigung von Knechts- und Meisterbriefen usw. eine gewisse Summe abzuführen.

Wie verhält sich nun der Landesherr gegenüber den Bitten seiner Schäfer? Wir können nur vermuten, daß er sie noch einmal für ehrlich erklären ließ, ohne ihnen sonst weitere Konzessionen zu machen, denn am 10. Juni 1730 wenden sich die Schäfer beider Kreise noch einmal an ihn und machen darauf aufmerksam, daß sie schon vor sieben Jahren Eingaben um Genehmigung einer Zunft gemacht hätten, die aber noch nicht beantwortet seien. Sie fügen hinzu, daß eine einfache Ehrlichsprechung — wie an vielen Beispielen erwiesen sei — nichts fruchte. Nur wer zünftig sei, könne die Gewißheit haben, als vollwertiges Glied der Gesellschaft angesehen zu werden. Noch einmal bekräftigen sie, daß sie alles tun würden, um die Interessen der Herrschaft zu fördern und erflehen förmlich die Billigung ihrer Zunftartikel durch den König.

Nun endlich setzt sich der bürokratische Apparat in Bewegung. Noch im gleichen Monat wird ein Gutachten der entsprechenden Behörden eingeholt, das man dann der Entscheidung zugrunde legt. Es heißt darin, daß die „Innungen, nach den Landes-Gesezen, nicht auf dem Lande, sondern in denen Städten sich aufhalten sollen, und selbige, wie bekannt, dem Commercio und gemeinen Wesen so vielen Schaden zuzuziehen pflegen, daß wenigstens auf deren Einschränkung man bißhero [habe] bedacht seyn müßen ..." Von der „erwehnten neuerlichen Schäfer-Innung" wird daher „als einer höchstschädlichen Sache gänzlich abgerathen". Es wird lediglich noch einmal erwähnt, daß diejenigen, welche die Schäfer als Unehrliche betrachten und dies zum Ausdruck bringen, mit schweren Strafen belegt werden sollen.

So endet dieses siebenjährige Ringen der sächsischen Schäfer um gesellschaftliche Anerkennung mit einem Fiasko, bedingt durch Unverständnis der Landesbehörden. Wenn gerade in Sachsen die herrschaftlichen Schäfer beim Bauernaufstand von 1790 mit die meistgehaßten Leute sind, gegen die sich erste Aktionen der Bevölkerung richten, so liegt das nicht zuletzt an dieser unnachgiebigen Haltung der sächsischen Regierung den Wünschen der Schäfer gegenüber. Um sich irgendwie Geltung und Anerkennung zu verschaffen, schlugen sie sich vielfach auf die Seite der Feudalherrn, deren Vertraute und — deren Büttel sie wurden.[142]

Die Haltung der Landesbehörden resultiert andererseits aber auch aus einer allgemeinen mehr und mehr die Bedeutung der Zünfte einschränkenden Haltung. Nach 1731 werden die Handwerkerinnungen überall im Reich strenger unter Aufsicht genommen,[143] und ein königlich-sächsisches Mandat vom 19. Oktober 1731 verbietet den Handwerkern, ohne Wissen der Obrigkeit Versammlungen abzuhalten, neue Artikel in ihre Ordnung einzufügen usw[144]. In der Ablehnung des Gesuchs der Schäfer klingt diese merkantilistische, neuartige Gewerbe fördernde Tendenz schon deutlich an, ja sie ist die eigentliche Begründung der landesherrlichen Entscheidung. Immerhin bleibt aber festzuhalten, daß zur gleichen Zeit, als der Herzog von Württemberg (Markgröningen mit Nebenladen), der Graf von Hessen-Hanau-Lichtenberg (Pfaffenhoffen) und schließlich der Kaiser selbst mit einem Schäfer-Zunftsystem im Bereich seiner Hauslande das schäferliche Verbandswesen neu erstehen ließen, die sächsischen Landesherren auf ihrer traditionellen ablehnenden Haltung allen Gesuchen der Schäfer gegenüber beharrten.

Aus den *brandenburgisch-preußischen Landen* sind spätere, nach der Petition der Beetzendorfischen Schäfer von 1653 versuchte offizielle Zunftgründungen unseres Wissens nicht aktenkundig geworden. Vermutlich haben die Schäfer bei der bekannten unnachsichtigen Haltung des Landesherrn solche Versuche auch gar nicht mehr unternommen. Dennoch aber müssen im geheimen ihre Bünde weiter bestanden haben, und zwar bis ins 19. Jahrhundert hinein, denn kein geringerer als Albrecht Thaer[145] schreibt über sie: „Die Schäfer wollen unter sich in den meisten Ländern eine Zunft ausmachen, die aber meines Wissens nirgends ein exclusives Privilegium hat. Sie nennen sich gelernte Schäfer, und müssen ihre Stufen vom Lehrjungen zum Gesellen und zum Meister durchgehen und sich den Handwerksgebräuchen unterwerfen, wenn sie zunftmässig seyn wollen. — Diese

Schäfer sind aber größtentheils nicht belehrt, sondern nur abgerichtet. Sie sind voll von Vorurtheilen und Aberglauben, und bestehen auf die ihnen eingeprägten Meinungen mit Hartnäckigkeit und mit dem gewöhnlichen Handwerksstolze. Ihr Sinn ist verstockt gegen die augenscheinlichsten Wahrheiten. Sie hangen unter einander zusammen, und suchen gewisse Prätensionen geltend zu machen; vereinigen sich gegen dasjenige Mitglied ihrer Zunft, welches darin nachgiebt, verheimlichen und bemänteln die Fehler und Unterschleife, sogenannte Kaffeleien, welche einer von ihnen macht und richten ihre Aussagen nach dem Zunftgeiste ein."

Aus dieser Ansicht des großen Reformers spricht der gleiche Geist, den wir bereits in der Vielzahl der brandenburg-preußischen Schäferordnungen des 17./18. Jahrhunderts feststellen konnten. Der feudal-absolutistische Territorialstaat richtet sich grundsätzlich nach den Interessen der adligen Gutsherren, denen eine geschlossene Berufsgemeinschaft der Schäfer nicht genehm ist. Die Unkenntnis Thaers über die Existenz von Schäferzünften — wenn diese auch im 19. Jahrhundert schon weitgehend verschwunden waren — zeigt darüber hinaus, daß auch ihm der günstige Einfluß, den das Schäferverbandswesen dort, wo es von landesherrlicher Seite sanktioniert war, auf die Schafzucht nahm, nicht bekannt gewesen ist. Seine Meinung über die Zunftschäfer als verstockte, ränkesüchtige und betrügerische Personen wäre sonst sicher anders ausgefallen. — Wir wundern uns indessen nicht, daß die Schäfer dort, wo ihre Wünsche und Bitten nach Zunftgründung nur auf Unverständnis und Ablehnung stießen, den Bestrebungen der Schafhalter nach Veredlung des Bestandes durch wissenschaftlich fundierte Methoden — besonders nach der Einführung der Merinos — einen gewissen Widerstand entgegensetzten. Thaer aber, in Unkenntnis über den wahren Sachverhalt, mußte schließen, daß die Resistenz seiner Schäfer eben auf „Vorurtheilen und Aberglauben", welche durch ihre zunftartigen Gemeinschaften nur noch gefördert würden, ja sogar ausgelöst worden seien, beruhe.

Wichtig bleibt in unserem Zusammenhang festzustellen, daß die zunftartigen Tendenzen, die wir in den illegalen Bünden des 17./18. Jahrhunderts nachweisen konnten, nicht nur weiterbestehen, sondern sich sogar noch ausgeweitet haben: Man kennt die dortigen Schäfervereinigungen nur noch unter dem Begriff der Zunft, welcher die Schäfer „mit dem gewöhnlichen Handwerksstolze" anhangen. Reine Handwerkerinnungen und Schäferverbände, wenn sie von seiten der Landesherrschaft auch nicht sanktioniert sind, werden also auf eine Stufe gestellt; ein Beweis dafür, daß sich die Schäferbünde in Brandenburg-Preußen trotz der Vielzahl von Verboten durch zwei Jahrhunderte hindurch nicht nur am Leben erhielten, sondern sogar erstarkt waren.

Wollen wir noch *Mecklenburg-Pommern* als drittes ostelbisches Territorium, das sich durch Verbote der Schäferbünde hervorgetan hat, erwähnen, so sind uns Meinungsäußerungen wie die Albrecht Thaers oder Gesuche der Schäfer um Zunftgründungen nicht bekannt geworden. Wir dürfen aber annehmen, daß sich auch in diesen Gebieten das Schäferverbandswesen weiter entwickelt hat, denn in keiner anderen Landschaft Deutschlands haben sich im Volksmund so viele Nachrichten über Schäferquartal und Schäferzuspruch erhalten wie in Mecklenburg. Wir kommen darauf im anderen Zusammenhang zurück.

12. Die Zunft der böhmischen Schäfer zu Prag

Bei der Besprechung der schlesischen Schäferzunft und bei der Betrachtung über die Petition der meißenschen und erzgebirgischen Schäfer konnten wir in mehreren Punkten auf das Vorbild der kaiserlichen Statuten für Böhmen[146] hinweisen. Die Übernahme gewisser Artikel in die Breslauer Satzung lag insofern nahe, als Schlesien ebenfalls zum habsburgischen Hausbesitz zählte. Anders in Sachsen, wo es den Schäfern darauf ankam, die unnachgiebigeren Behörden nicht nur auf den Präzedenzfall der böhmischen Zunft aufmerksam zu machen, sondern durch bewußte Anlehnung an Artikel aus der dortigen kaiserlichen Ordnung ihren Landesherrn für das geplante Projekt einer Zunftgründung geneigter zu machen. Außerhalb Süd- und Südwestdeutschlands kommt also der böhmischen Zunft im südöstlichen Raum des Reiches eine zentrale Bedeutung für das schäferliche Verbandswesen zu.

Nach der Präambel der böhmischen Ordnung, die wahrscheinlich auf 1709 datiert werden kann[147], ergibt sich, daß die böhmischen Schäfer ebenfalls schon früher Versuche unternommen haben, den Kaiser (Leopold I.) als böhmischen Landesherrn zu einer Zunftgründung zu veranlassen. Wie bereits an anderen Beispielen gezeigt, war dabei auch der Grundgedanke maßgebend, die Unehrlichkeit abzustreifen und den guten Ruf wiederherzustellen. Als Zunftort wurde die Bergstadt Kuttenberg vorgeschlagen. — Die Eingabe der böhmischen Schäfer ließ Leopold I. im Jahre 1700 dahingehend beantworten, daß er ihnen nahelegte, gefallenes Vieh nicht mehr zu berühren.[148] 1701 erfolgte ihre Ehrlichsprechung durch kaiserliches Mandat. Zur gleichen Zeit wurde jedoch ihr Gesuch um Gründung einer Zunft abgelehnt. Hier ergibt sich eine interessante Parallele zum Ablauf ähnlicher Ereignisse in Schlesien im Jahre 1704.

„Da sie aber“, so heißt es in der Präambel von 1709, „immer weiter bei uns wegen ihrer vorangegangenen Bitte vorstellig wurden, und um Erteilung von Innungsartikeln und Errichtung einer Lade demütig gebeten haben, und wir ihre Forderung in bedachtsamer Erwägung in Betracht ziehen, wie durch Erteilung von Innungsartikeln und Errichtung einer Lade nicht nur die Ehre und der Ruhm des Allerhöchsten gepriesen und vermehrt, sondern auch bei den Hirten eine gute Ordnung, Furcht und Zucht eingeführt werde: weshalb wir uns auch ihrer demütigen und untertänigen Bitte ... zuzuneigen und den böhmischen Schafhirten, die in böhmischer und deutscher Sprache niedergeschriebenen Zunftartikel nicht minder auch die Innung und Lade ... zu erteilen und zu verleihen, geruhen ...“ — Was Josef I. bewogen haben mag, entgegen der Entscheidung seines Vaters doch eine Schäferzunft in Böhmen zu errichten, ist uns nicht bekannt. Man wird aber annehmen dürfen, daß die schon älteren niederösterreichischen Viehhalterzechen, die sowohl staatlich-ökonomischen, als auch kirchlichen Interessen dienten, ein nachahmenswertes Beispiel waren. Denn wie Niederösterreich gehörte ja gerade auch das böhmische Land zum Rückeroberungsgebiet der gegenreformatorischen Bewegung.[149] Die Gleichartigkeit gewisser Artikel in der niederösterreichischen und böhmischen Ordnung hinsichtlich von Fragen der Zugehörigkeit zum römisch-katholischen Glauben oder der Bekämpfung abergläubischer Praktiken usw. läßt unserer Meinung nach einen gemeinsamen Grundgedanken erkennen.

In anderen Fragen, z. B. Beseitigung der Unehrlichkeit, Aufteilung der Zunft in eine Hauptlade (zu Prag) und mehrere Nebenladen oder in Fragen der Organisation der herrschaftlichen Schafhaltung u. a., zeigen sich manche Übereinstimmungen mit der Ordnung der Breslauer Zunft, der Petition der sächsischen Schäfer von 1723 und den Satzungen der noch zu behandelnden österreichischen Viehhalterzechen. Es wird also nicht notwendig sein, die einzelnen Punkte der Ordnung, soweit sie uns bekannt sind,[150] noch einmal zu wiederholen und zu erörtern. — Die Bedeutung der böhmischen Zunft besteht darin, daß ihre Artikel als Vorbild für die Ordnung des gesamten Schäferzunftsystems, das die habsburgischen Hauslande von Schlesien bis zur ungarischen Grenze überspannte, gedient haben dürften. Dieses Verbandssystem folgt in vielen Zügen ökonomischer Art durchaus den Grundsätzen anderer Potentaten jener Zeit. Der bedeutende Unterschied zu diesen liegt jedoch in der Verquickung kirchenpolitischer Fragen (Gegenreformation) mit den angestrebten Reformen des Schäfer- und Schäfereiwesens in den habsburgischen Hauslanden. Die Entwicklung wird vom österreichischen Territorium ausgegangen sein, wo solche Tendenzen, wie wir noch sehen werden, schon älter sind.

Um die gleiche Zeit wird eine ähnliche Zunft in *Mähren* eingerichtet, von der wir jedoch in einem behördlichen Erlaß vom 2. Dezember 1709 erfahren, daß sie nicht überall von den Grundherren anerkannt wurde. Schäfer, die um Einblick in die Zunftartikel gebeten hätten, seien von manchen ihrer Dienstherren mit Hohngelächter abgewiesen worden.[151] Diese Mitteilung wirft ein interessantes Licht auf das Verhältnis zwischen den mährischen Schäfern sowie der ländlichen Feudalklasse und erinnert stark an die Zustände des 17./18. Jahrhunderts in Mecklenburg, Pommern, Brandenburg und Sachsen, wo es letztlich der Adel vermocht hatte, Schäferzunftgründungen zu hintertreiben, nicht zuletzt aus dem Grunde, billigere Arbeitskräfte einstellen zu können, als es bei zunftmäßiger Bindung des Hütepersonals möglich gewesen wäre.

13. Der Verband der fränkischen Schäfer und Hirten zu Gunzenhausen

Nach der möglicherweise ältesten Schäfervereinigung in Rothenburg o. d. T. lernen wir im gleichen fränkischen Raum im 18. Jahrhundert noch einen weiteren Schäfer- und Hirtenbund, den von Gunzenhausen kennen. Hornberger[152] rechnet ihn mit zu den Vereinigungen, über deren „innere Gliederung, rechtliche Stellung und soziale Bedeutung" nur Vermutungen bestehen.

Tatsächlich ist die Quellenbasis für diesen zweiten fränkischen Bund sehr schmal. Lediglich eine einzige Urkunde — aus dem Jahre 1733 — scheint erhalten zu sein, in der „... Bürgermeister und Rat der Stadt Gunzenhausen, bekennen und [kundtun] öffentlich gegen jedmänniglich, daß unsere Hirten und Schäfer von der Altmühl nach altem Brauch und Herkommen seit unfürdenklichen Zeiten Recht und Feiheit haben, alljährlich an Walpurgi sich hierorts zu versammeln und mit ihren Frauen und Jungfrauen sich zu freuen, auch ihren Jahrestag abzuhalten, zu essen und zu trinken, wie's Brauch und Sitte, und auch ihren alten Hirtentanz aufzuführen. Wobei wir aber gerne hören mögen, daß alles sich vollziehe in Zucht und Ordnung und ohne alles Gefährde für jedmänniglich und für die Herde ..." Bei dieser Zusammenkunft soll eine Ordnung verlesen worden sein, in welcher Rechte und Pflichten der Schäfer und Hirten aufgezeichnet waren.[153]

Über den Inhalt der einzelnen Artikel ist Näheres nicht in Erfahrung zu bringen. Auch ist nicht bekannt, ob der Landesherr des Fürstentums Ansbach oder die Stadtväter von Gunzenhausen den Bund ins Leben gerufen haben. Auffallend ist jedoch, daß das Privileg der Walpurgiszusammenkunft und der Hirtentanz von der *Stadt* Gunzenhausen garantiert werden. Das könnte auf eine Verbindung zu Rothenburg hinweisen, dessen Rat — allerdings war Rothenburg freie Reichsstadt — 1516 ebenfalls die dortige Schäferbrüderschaft bestätigte.

Das Alter des Gunzenhausener Verbandes ist nur schwer zu rekonstruieren. Die Bemerkung „seit unfürdenklichen Zeiten" läßt lediglich vermuten, daß die Zusammenkünfte am Walpurgistag älter als 1733 sind. — Wir möchten in diesem Zusammenhang aber noch einmal auf die vorhin angedeutete mögliche Verbindung zu der Rothenburger Schäferbrüderschaft zurückkommen, die ehedem wohl alle fränkischen Schäfer angezogen hatte. Gerade Franken aber ist ein für die Schafzucht prädestiniertes Gebiet, und es läßt sich denken, daß der Aufschwung, den sie seit der 2. Hälfte des 17. Jahrhunderts nahm, dazu geführt hat, daß Rothenburg als einziger Versammlungsort zu klein wurde und außerdem für die im südlichen Teil des Landes wohnenden Schäfer beschwerlich zu erreichen war. Es ist deshalb nicht ganz unmöglich, daß die „Hirten und Schäfer von der Altmühl" sich selbständig zu machen wünschten, etwa nach dem Muster der Markgröninger Nebenladen. Dieser Gedanke liegt um so näher, als die Wanderschafhaltung Franken und Schwaben eng verband und ein entsprechender Gedanken- und Erfahrungsaustausch der Schäfer beider Landschaften immer stattgefunden hat. Vielleicht hat Rothenburg als zweifellos älteste Vereinigung der fränkischen Schäfer die einer Hauptlade ähnliche Funktion eingenommen (wie Markgröningen), denn auch die Versammlungstermine der Württemberger Nebenladen lagen nicht zum gleichen Zeitpunkt. Der Jahrestag der Rothenburger Brüderschaft fand um Bartholomäi statt, während der Gunzenhausener bereits zu Walpurgis abgehalten wurde. Sollte dadurch den Altmühl-Schäfern auch die Möglichkeit gegeben werden, am Rothenburger Treffen teilzunehmen? — Gewiß können wir hier nur Vermutungen aufstellen. Mögliche Verbindungen zur Rothenburger Brüderschaft einerseits, zum württembergischen Verbandssystem andererseits sind aber immerhin denkbar. Sie würden uns erlauben, die Gründung der Gunzenhausener Vereinigung in die zweite Hälfte des 17. Jahrhunderts zu verlegen. — Wie weit der Markgraf von Ansbach als Konkurrent der freien Reichsstadt Rothenburg an der Gründung des Gunzenhausener Bundes mitgewirkt hat, läßt sich nicht sagen. Immerhin liegt das mittlere Flußgebiet der Altmühl mit dem Verwaltungsmittelpunkt Gunzenhausen innerhalb seines Herrschaftsgebietes.

Wenn auch von einer Schäfer-„Zunft“ zu Gunzenhausen in der Urkunde von 1733 nichts gesagt wird, ist zumindest durch das Abhalten eines Tanzes ihr zunftartiger Charakter wahrscheinlich.

14. Die hessischen Schäferzünfte

Lag das Schwergewicht der landesherrschaftlich sanktionierten und gesteuerten Schäferzünfte bis in die erste Hälfte des 18. Jahrhunderts vorwiegend im Raum südlich der Mainlinie, erweitert sich nunmehr dieses Verbreitungsgebiet in nordwestlicher Richtung nach Hessen.

Nachdem wir vor den 1730er Jahren nichts über Schäferbünde in diesem Gebiet erfahren haben, fällt jetzt die Intensität auf, mit der sich einzelne hessische Potentaten der Gründung von Schäfervereinigungen annehmen. Hören wir doch im Zusammenhang mit den Verhandlungen zur Konstituierung einer hessisch-darmstädtischen Schäferzunft (1734/36), daß ähnliche Verbände bereits in Kurmainz, Nassau-Weilburg und Solms-Braunfels bestanden. Ihnen schloß sich am 1. Februar 1736 die von Landgraf Ernst Ludwig für Hessen-Darmstadt errichtete Schäferzunft an, und auch in den hessisch-kasselschen Landen soll eine ähnliche Einrichtung ins Leben gerufen worden sein.[154] — Diese so plötzlich einsetzende Tendenz zur Zunftgründung dürfte auf äußere Einflüsse zurückzuführen sein, und zwar möchten wir annehmen, daß sich die Aufgliederung der Schäferzünfte in mehrere Nebenladen, die wir sowohl in Württemberg als auch in den habsburgischen Hauslanden festgestellt hatten und die auch 1729 von den sächsischen Schäfern vorgeschlagen wurde, durchaus bewährt hatte: Die Schäfer, in relativ kleinräumigen Bünden zusammengefaßt, waren leichter zu kontrollieren als in einer für ein größeres Territorium zuständigen Hauptlade. Im übrigen spielte natürlich auch die Tatsache eine Rolle, daß die Herden gefährdet waren, wenn der Schäfer durch Teilnahme an weit entfernten Zunfttreffen längere Zeit abwesend sein mußte. In einer Zeit aber, in der die Bestrebungen der Landesherren nach qualitätvollen Herdenbeständen mit an erster Stelle im gesamten landwirtschaftlichen Betrieb standen, mußte vor allem eine sorgsame Pflege garantiert sein. Diese aber war durch die nur kurzfristige Abwesenheit der Schäfer an Jahresversammlungen kleinräumiger Zünfte nicht gefährdet. — Der Anstoß zu den hessischen Zunftgründungen mag zu einem gewissen Teil aber auch von der Pfaffenhoffener Schäferbrüderschaft ausgegangen sein, die, wie wir feststellen, eine große Anziehungskraft besaß und zum Herrschaftsgebiet der Grafen von Hessen-Hanau-Lichtenberg gehörte. 1736 erlangte Ludwig VIII. von Hessen-Darmstadt als Erbprinz die elsässische Herrschaft Lichtenberg aus der Erbschaft seines Schwiegervaters, des letzten Grafen von Hanau. Damit wurde ein großer Bereich der Pfaffenhoffener Brüderschaft dem hessen-darmstädtischen Besitz angeschlossen, und es ist nicht unmöglich, daß gewisse Impulse von ihr ausgingen, die zur Gründung der anderen hessischen Schäferzünfte beigetragen haben.

Von all diesen Vereinigungen dürfte zur Zeit nur die erneuerte und verbesserte Ordnung des hessen-darmstädtischen Bundes vom 23. April 1770[155] bekannt sein. Sie geht auf den ersten Zunftgründungsbrief vom 1. Februar 1736 zurück, welcher aber schon einmal am 16. Juli 1757 wiederholt und bestätigt wurde.[156] Wenn wir auch über die entsprechenden Statuten aus den übrigen hessischen Landesherrschaften nichts aussagen können, möchten wir doch annehmen, daß der hessendarmstädtische Zunftbrief, der in noch nicht dagewesener Vollständigkeit den Schäfereibetrieb eines Territoriums regelt, für den gesamten hessischen Raum maßgebend war, denn es wird nicht nur der auswärtige Schäfer in die darmstädtische Zunft aufgenommen (Artikel 4), sondern auch der einheimische soll, wenn er z. B. im Kurmainzischen seine Herde weidet, in die dortige Vereinigung aufgenommen werden können (Artikel 5). Das aber setzt im wesentlichen eine gemeinsame Grundlage und weitgehende Übereinstimmung aller für den hessischen Raum erlassenen Zunftordnungen voraus und zeigt gleichzeitig eine Weiterführung bzw. Aufnahme einer Tendenz, die wir schon in der kaiserlichen Ordnung von 1717 für Schlesien festgestellt hatten.

Wie bei vielen der bisher besprochenen Zunftordnungen geht auch — jedenfalls nach der Präambel zu urteilen — die von Hessen-Darmstadt auf eine Initiative der Schäfer zurück. Und zwar sind es die Meister aus den Ämtern Alsfeld, Romrod, Grebenau, Homberg a. d. Ohm, Burggemünden, Grünberg, Uhlrichstein und Allendorf, die ihren Landesherrn ersuchen, die Satzungen „zu erneuern, zu verbessern und zu confirmiren". Wir möchten aber annehmen, daß es sich hier — im Gegensatz zu manchen anderen erneuerten Ordnungen, die wir kennenlernten — mehr um eine routinemäßige Bestätigung der Schäferzunft durch den jeweiligen neuen Landesherrn handelt, da in der Präambel ausdrücklich von den „von Unsers hochseel. Herrn Vatters und Herrn Grosvatters Gnaden, Gnaden erhaltenen Zunft-Articul" die Rede ist. Im wesentlichen dürfte daher die erste Satzung von 1736 in der Fassung von 1770 wörtlich und ohne besondere Zusätze enthalten sein.

Im Vergleich zu den bisherigen Zünften weisen die hessisch-darmstädtischen Statuten eine Reihe ganz anderer Gesichtspunkte auf. War bisher auf die verliehenen Rechte des Zunfttages besonderer Wert gelegt worden, indem sie ausführlich und mit an erster Stelle behandelt wurden, sagt der 37. Artikel lediglich, daß die Schäfer aus den genannten Ämtern „alle Jahr entweder auf oder Acht Tag nach Bartholomäi ein ordentl. Zunft-Quartal, in Beyseyn derer Schäfer-Zunftmeister an dem Ort, wo ihr Herberg mit dem ausgehangenen Schild aufgerichtet worden", abhalten sollen. War das Nichterscheinen zu diesem Termin bei den anderen Schäferbünden unter erhebliche Zunftstrafe gestellt worden, heißt es in Hessen-Darmstadt nunmehr, daß „die persöhnliche Erscheinung aller Schäfermeister, wegen der Entlegenheit, Versäumung und Kosten ohnnöthig gehalten wird".[157] Zum Besuch der Jahresversammlung sind lediglich die eigentlichen Zunftmeister und diejenigen verpflichtet, „so zur Zunftmäsigen Bestrafung angebracht worden, ingleichen sich aufs neue in die Zunft begeben wollen". Wir entnehmen aus diesem Artikel einmal, daß die jährliche Zusammenkunft bzw. die Errichtung der Zunftlade nicht mehr an einen festen Ort gebunden war. Wahrscheinlich wechselte der Platz innerhalb der oben genannten Amtsstädte, die in der Landgrafschaft zentral lagen. Zum anderen zeigt das Durchbrechen der bisher so streng geforderten Präsenzpflicht aller Schäfer, daß der Zunftcharakter im bisherigen Sinne gelockert worden ist. Die Jahresversammlungen haben keinen anderen Zweck mehr, als geschäftlich-organisatorische Fragen abzuwickeln, wobei dem Zunftgedanken allerdings dadurch Rechnung getragen wird, daß sich Neulinge einzuschreiben haben und noch die Zunftgerichtsbarkeit ausgeübt wird. Alle anderen Fragen aber regelt die Ordnung mit einer Fülle von entsprechenden Bestimmungen automatisch. Die straffe Durchführung des Zunftzwanges — selbst für Lehrlinge — bleibt jedoch bestehen. Denn ganz lapidarisch wird in Artikel 1 erklärt, daß jeder, der eine Schafhut haben oder sich als Schäfer betätigen will, bei Strafe Mitglied der Zunft sein müsse.[158]

So wie dem Zunfttag und seiner Gestaltung nur noch beiläufiges Interesse entgegengebracht wird, so wird auch die ehedem so heikle Frage der Ehrlichkeit der Schäfer in einem einzigen Punkt fast flüchtig erwähnt. Es heißt in Artikel 42 lediglich, daß derjenige, welcher den Schäfern „wegen ihrer Zunft oder Schild etwa einen verächtlichen Vorwurf machen oder sie an ihrer Ehre antasten sollte", streng bestraft würde, „sintemahlen dieselbe ohnedas ehrliche Leute, und nach der im Druck ausgegangenen Reichsverordnung de ao. 1731. §. 4. zu allen Zünften qualificiret seynd, mithin ihnen ... auf keine Weise etwas unehrliches in Weg gelegt werden kan und soll". — Während bei früheren Ordnungen die Behandlung der Unehrlichkeit der Schäfer einen breiteren Raum einnahm und eine gewisse Anteilnahme zu erkennen war, ist hier das Hauptargument der bürokratische Verweis auf den Erlaß von 1731.

Es sind also nur wenige der insgesamt 53 (!) Artikel, die sich mit Fragen beschäftigen, welche bisher im Mittelpunkt unserer Betrachtungen standen. Gewiß standen auch etwa in Württemberg oder im Elsaß die wirtschaftlichen Interessen der Obrigkeit hinter den Zunftgründungen, die in ihren Einrichtungen und Bestimmungen mit dazu ausersehen waren, die Schäfer zu beaufsichtigen. Hier aber — und darin zeigt sich der ganz andersartige Charakter der hessischen Zünfte — haben die das eigentliche Zunftwesen betreffenden Satzungen nur noch formalen Wert. Sie sind ausschließlich ein Instrument der wirtschaftlichen Interessen des Landesherrn geworden. Diese merkantilen Gesichtspunkte allein — und Hessen war wegen seiner Wollproduktion von jeher bekannt — mögen die hessischen Territorialfürsten bewogen haben, noch zu so später Zeit Schäferzünfte zu errichten. — Es wäre wichtig, in den Archiven Nachforschungen zu halten, ob ähnlich wie in Sachsen oder Brandenburg die hessischen Schäfer schon vor 1734/36 Gesuche um Gewährung einer Zunft an ihre Regierung gerichtet hatten und ebenfalls abschlägig beschieden worden waren. Der ganz andersartige Ton der vierundfünfzig Artikel läßt nämlich daran denken, daß auch in Hessen die Landesherren ehemals ähnliche Verbotsmaßnahmen wie in Mecklenburg-Pommern, Brandenburg oder Sachsen angewandt haben. Hierfür, d. h. für eine im Grunde schäferzunftfeindliche Einstellung, spricht ein Gutachten, das 1782 ein Regierungsrat Motz für einen Antrag anderer hessischer Schäfer nach Errichtung einer weiteren Zunft abfaßte: „Das Zunftgesuch ist denen Schäfern ... um deswillen abgeschlagen worden, weil man besorgen mußte, daß denen Schäfern dadurch Gelegenheit gegeben wurde, denen Schaafhaltern ihres Lohns halben und sonsten gleichsam Gesetze vorzuschreiben. So billig das Gesuch an sich ist, so scheinet es mir doch auch zu gefährlich zu seyn, ohne eine nähere Prüfung für die supplicanten favorabiliter anzutragen, weil die Schäfere so voller räncke sind, daß sich der erfahrenste und wachsamste oeconom für ihren vielen Betrügereyen nicht genug stellen kann."[159] Die Regierung selbst vertrat die gleiche Ansicht und schlug den Antrag der Schäfer nieder. — Man könnte dem entgegenhalten, daß die Ablehnung der Petition erst aus dem Jahre 1782 stamme und daher die allgemeinen Tendenzen zum Abbau des Zunftwesens aus dem Motzschen Gutachten sprächen. Wir glauben aber, daß die besonderen Vorurteile gegenüber den Schäfern eindeutig herauszulesen sind und selbst in der Formulierung dem entsprechen, was wir in den Verboten niederdeutscher und sächsischer Potentaten ausgedrückt fanden.

Nur die Einsicht, daß das Verweigern des Wunsches der Schäfer nach Zunftgründungen auf die Dauer unmöglich und den Interessen der hessischen Schafhalter nicht förderlich war, schließlich auch das Beispiel des Kaisers selbst, der ebenfalls nach einer Reihe von Verboten zur Bildung eines Schäferzunftsystems übergegangen war, mögen die hessischen Fürsten veranlaßt haben, ihre unnachgiebige Haltung aufzugeben. Daß ihnen der eigentliche Sinn des Anliegens der Schäfer aber im Grunde fremd blieb, läßt die Ordnung von 1770 deutlich erkennen.

Andererseits wollen wir nicht zu erwähnen vergessen, daß die in den sonstigen Zünften üblichen sozialen Bestimmungen in der hessischen Ordnung erweitert und unter die besondere Aufsicht des Landgrafen gestellt wurden. So soll ein Lehrjunge nicht unter 14 Jahren gedingt werden (Artikel 9). Wenn er sich schlecht aufführt, hat der Meister wohl das Recht ihn fortzujagen (Artikel 11), doch darf auch der Junge seinen Lehrherrn verlassen, wenn dieser ihn zu hart anfaßt (Artikel 12). — Sollten Fälle eintreten, daß der Dienstherr einem Schäfer den Lohn vorenthält, werden die fürstlichen Beamten, die in der eigens eingerichteten Schäfer-Zunft-Kommission sitzen — auch der Oberzunftmeister ist höherer Beamter —, dafür Sorge tragen, daß ihm sein Recht zuteil wird (Artikel 43). — Die Schäferzunftmeister haben die Verpflichtung, arbeitslosen Zunftangehörigen eine Tätigkeit nachzuweisen (Artikel 49). Ist das nicht möglich, darf sich ein solcher Schäfer, vorausgesetzt, daß er ein gutes Führungszeugnis aufzuweisen hat, ein Jahr lang im hessisch-darmstädtischen Gebiet aufhalten (Artikel 45). — Schließlich genießen die Hinterbliebenen und arbeitsunfähige Schäfer nicht allein den Schutz der Zunft, sondern sind auch von der Steuerzahlung befreit (Artikel 47).

15. Eine Schäferzunft im Herzogtum Pfalz-Zweibrücken

Noch stärker als in Hessen scheinen wirtschaftliche Interessen zu einer Zunftgründung im Herzogtum Pfalz-Zweibrücken geführt zu haben. Leider ist über diese Vereinigung, von der bislang noch keine Archivalien beigebracht werden konnten, nur einmal in der Literatur gehandelt worden[160], so daß wir uns die Interpretation einer möglichen Zunftordnung, die uns bisher den Charakter der jeweiligen Vereinigung erkennen ließ, versagen müssen. Immerhin erlaubt aber auch der vorhandene kurze Bericht einige Rückschlüsse.

Es heißt darin nämlich, daß der Herzog zur Verbesserung der Schafzucht seines Landes diese Zunft eingerichtet habe. Ihre Hauptaufgabe sei gewesen, die Schäfer in der Pflege und Sorge um die ihnen anvertrauten Herden zu unterweisen. Es wird bestimmt, „daß alle neu anzunehmende Schäfer vor deren Reception von denen Zunftmeistern in Beyseyn eines von der Oeconomie Commission dazu Abgeschickten, examinirt und wegen ihrer Wissenschaft geprüfet, sonach verpflichtet, auch bey ermangelnder Wissenschaft wegen der Krankheiten der Schaafe mehrers unterrichtet werden".

Gewiß ist auch in den vorherigen Zunftordnungen immer wieder eine gute Sachkenntnis und entsprechende Überprüfung der Schäfer gefordert und bestimmt worden, doch nie mit dieser Pointierung wie in Pfalz-Zweibrücken. Das läßt uns vermuten, daß die dortige Schäferzunft relativ spät, möglicherweise erst in der zweiten Hälfte des 18. Jahrhunderts nach oder bei Einführung spanischer Merinos ins Leben gerufen wurde. Bekanntlich bedurfte es besonderer Methoden, diese Tiere zu warten und zu pflegen, die den heimischen Schäfern noch nicht geläufig waren. Verschiedene Landesherren ließen ja deshalb Fachschulen einrichten, in denen die Schäfer oft sogar von spanischen Merinohirten in der neuen Behandlung unterwiesen wurden. Es ist also durchaus möglich, daß der Zweibrückener Landesherr mit seiner Zunftgründung ähnliche Ziele verfolgte. Dafür spricht vor allem auch die Anwesenheit eines Vertreters der herzoglichen Ökonomiekommission bei der Prüfung. Während in den Schulen nur ein relativ geringer Prozentsatz unterrichtet werden konnte, erfaßte der Herzog durch die Zunft aber alle Schäfer seines Landes.

Neben der Förderung der Schafzucht waren auch Kontrolle und Aufsicht über die

Schäfer des Landes Sinn und Zweck der Zweibrückener Zunft, von der Hirsch sagt, daß sie „eine vernünftige Auswahl, genaue Prüfung und richtige Verzeichnis aller Schäfer und Knechte im Land“ ermögliche und das beste Mittel sei, „die fleisigen, verständigen und ehrlichen, vor den andern, die sich nicht wohl aufführen, zu distinguiren“. Diese Unterscheidungen klar zu treffen, war aber, wie wir wissen, ein besonderes Anliegen der Schäfer bei ihren Bestrebungen, Zünfte zu gründen. Wir glauben also daraus schließen zu können, daß die Schäfer des Herzogtums Pfalz-Zweibrücken an der Aufstellung der Ordnung ihrer Vereinigung zumindest beratend mitgewirkt haben. Dafür spricht auch die Tatsache, daß die Frage der Unehrlichkeit angeschnitten worden zu sein scheint. Denn es heißt bei Hirsch, daß sich die „sogenannten reinen Schäfer [mit] denen, die mit dem s. v. kleinen Fall umgehen“[161] nicht vertragen und von diesen getrennt sein wollen.

Die Schäferzunft des Herzogtums Pfalz-Zweibrücken scheint sich also nicht wesentlich von den bisherigen Zünften unterschieden zu haben, nur dürfte, ähnlich wie in Hessen, das wirtschaftliche Interesse des Landesherrn den Ausschlag zu ihrer Gründung gegeben haben.

Aus einer kurzen Notiz[162] entnehmen wir noch, daß ebenfalls im linksrheinischen Gebiet, und zwar in Weissenburg (Wissembourg, Département Bas-Rhin) die Schäfer des Unterelsaß im 18. Jahrhundert ihr „Jahrgeding“ abhielten. Soweit es uns möglich war, sind wir dieser Mitteilung nachgegangen, konnten jedoch eine Weissenburger Schäfervereinigung nicht nachweisen. Bei der Anziehungskraft der unweit gelegenen Pfaffenhoffener Brüderschaft will uns auch die Existenz einer zweiten unterelsässischen Zunft fraglich erscheinen.

16. Die Zunft der deutschen Schäfer in Transdanubien (Stuhlweißenburg)

Die Einführung der Merinos nach Ungarn stieß zunächst auf Widerstände der einheimischen Bevölkerung, die am herkömmlichen Zackelschaf festhielt und zur Pflege der feinwolligen Rassen noch nicht geschult war. Ausländische — vor allem spanische und deutsche Schäfer — wurden engagiert, welche die feinwollige Schafzucht auf den ungarischen Gütern in Schwung bringen sollten. Sie brachten vielfach ihre eigenen Herden mit, für die sie um ein Spottgeld die großen Weideflächen pachteten. Neben Dienstschäfern waren es zu einem großen Teil auch Pachtschäfer, die nach Ungarn zogen.

Bei ihren Studien zur Erforschung des Verbandslebens der heimischen Hirten beschäftigen sich die ungarischen Ethnographen besonders mit der Organisation dieser Merinoschäfer.[163] Ob auch spanische Schäfer dabei mitgewirkt haben, entzieht sich noch unserer Kenntnis. Die Hauptinitiative lag wohl bei den deutschen Schäfern, die ganz nach heimatlicher Manier Zünfte errichteten.

Stuhlweißenburg (Székesfehérvár) war der Treffpunkt dieser deutschen Schäfer oder sog. „Pusztenmeister“, die sich dort jährlich am Michaelistag zu ihrer Zunftversammlung einfanden. Als Zunftorte fungierten außerdem die Städte Dombovár und Simontornya,[164] wie Rodiczky [165] mitteilt. — Aufrechterhaltung von Zucht und Ordnung unter den Hirten und Hebung der Schafzucht war das Ziel dieser Vereinigungen, und ihr Ansehen war so groß, daß sich die Güter von der Innung die Schäfer zuweisen ließen[166]. Rodiczky hebt sogar hervor, daß ohne Vermittlung der Zunft keine Schäfer angeworben werden konnten. Selbst wenn es nur ein Mittreiber war, mußte der jeweilige Gutsherr seinen Schäfermeister zur Michaelis-Jahresversammlung[167] schicken, um einen solchen dort anzuwerben. Der Zunfttag war also gleichzeitig der große Stellenmarkt für die Schäfer des Landes.

Durch Rodiczky[168] ist uns auch die Schilderung eines solchen Zunfttages der deutschen Schäfer in Transdanubien aus der 2. Hälfte des 19. Jahrhunderts erhalten: „Am Vorabend von Sankt Michaelis kamen alte und junge Knechte, sowohl als ‚Dirnen‘, d. h., die bei den Schafmeistern angestellten weiblichen Dienstboten, in vollem Staat mit Musikbegleitung unter Führung ihrer vorherigen Meister herangerückt. Am Versammlungsort geschah sofort die Aufnahme, worauf seitens des neuen Meisters Truhen und Habseligkeiten der Knechte und Dirnen mit Beschlag oder Bewahrung genommen wurden. Nach Verabreichung eines frugalen Abendmahles konnte dann jedermann seiner Wege gehen, und diese Wege führten zu manchem erotischem Duett, wobei nicht selten der ganzjährige Lohn ‚verkümmelt' wurde, oder zu einer Paukerei, die so mancher mit seinen geraden Gliedern bezahlte. Den Morgen Michaelis zog alles in Prozession und vollem Staate zur Kirche, wo der Gottesdienst ziemlich bis Mittag dauerte. Dann aber sprang man aus der Kirche buchstäblich ins Wirtshaus, wo es bald ‚hoch' herging ... Die Behörden tolerierten den Unfug, denn die Exzesse wurden ja nur so en famille in aller Freundschaft inszeniert; Laien hielten sich der bunten Horde wohlweislich ferne." Die einzelnen Schafmeister hatten unbedingt nüchtern zu bleiben, da sie die Verantwortung für die neu Angeworbenen trugen und sie wohlbehalten und rechtzeitig zur neuen Arbeitsstelle bringen mußten.

Wenn uns die Ordnung dieser Zunft auch nicht bekannt geworden ist, läßt sich doch aus den zitierten Schilderungen einiges über ihren Charakter erschließen: Grundsätzlich scheint sie den deutschen Vorbildern des 18. Jahrhunderts zu entsprechen. Stuhlweißenburg wird die Hauptlade beherbergt haben, während Dombovár und Simontornya Sitz der Nebenladen waren. Der Zunftzwang war stark ausgebildet. Die Eigenständigkeit der Vereinigung war anscheinend bedeutender als in Deutschland. Das straffe Regime und die Arbeitsvermittlung durch die Zunft lagen aber gerade in Ungarn ganz im Interesse der Schafhalter, denen es darauf ankommen mußte, ihre wertvollen Herden ausgebildeten und unter Aufsicht der Zunftmeister stehenden Schäfern anzuvertrauen.

Nur kurz erwähnen wollen wir noch, daß 1821 der „Schäferbund der Österreicher und Ungarn" gegründet wurde, der auf die alle drei Jahre am Plattensee[169] stattfindenden „Schäfer-Konvente" zurückgehen soll. Ob hier immerhin mögliche Verbindungen zur Stuhlweißburger Schäferzunft bestanden, werden uns vielleicht eines Tages die ungarischen Ethnographen berichten können, die der Erforschung gerade dieser Seite des heimischen Hirtenlebens ihre Aufmerksamkeit schenken.

17. Die österreichischen Viehhalterzechen und späten Hirten-Schäferbrüderschaften anderer Gebiete

Bei der Betrachtung der schlesischen Schäferordnung von 1717 konnten wir auf einen Passus hinweisen, der das Umgehen mit „aberglaubischen Sachen, Zaubereyen, und Hexereyen" unter exemplarische Strafe stellte. In den übrigen deutschen Ordnungen waren derlei Bestimmungen sonst nicht zu finden. Wir machten aber darauf aufmerksam, daß sie sich aus den Ordnungen der Viehhalterzechen und Schäferzünfte in den habsburgischen Hauslanden herleiten lassen, die dort unter starkem kirchlichen Einfluß standen.

a) Niederösterreich

Die Entwicklung des Zunftwesens der Hirten ist in Österreich zunächst kaum anders als in Deutschland verlaufen. Leopold Schmidt[170] spricht von ihrem Streben nach „eigenen ständischen Zusammenschlüssen" seit dem Hochmittelalter. Brauneis[171] hat bei Forschungen im niederösterreichischen Landesarchiv die Privilegien und Ordnungen der Viehhalterzechen, die bis auf Karl V. zurückgehen, gefunden, und ergänzend hat Leopold Schmidt festgestellt, daß sie im 16. Jahrhundert „eine gewisse landesmäßige Geschlossenheit"[172] gehabt hatten. Im wesentlichen — das mag hier schon für die folgenden Jahrhunderte vorweggenommen werden — scheinen die Zechordnungen in Aufbau und Inhalt die gleichen wie in Deutschland gewesen zu sein.

Nun bemerkt aber Brauneis,[173] daß die niederösterreichischen Viehhalter zur Zeit der Reformation „recht unstete Leute [waren], die rauflustig, revolutionär und keine guten Christen gewesen sein sollen". Leopold Schmidt[174] setzt hinzu, daß sie in Niederösterreich „als durchaus protestantisch" angesehen wurden[175] und meint, daß die Neuordnung ihrer Zunftorganisation (1603), nämlich die Aufteilung in Viertelladen, bereits damit zusammenhinge. An den deutschen Schäferzünften haben wir gesehen, daß im 17./18. Jahrhundert eine Tendenz zur Aufteilung der Hauptladen besteht, die auf Betreiben der Schäfer selbst und auf ökonomische Maßnahmen zurückzuführen ist. In Österreich scheint die Einrichtung von Viertelladen in erster Linie den Zweck verfolgt zu haben, die Halter, deren man offensichtlich nicht recht Herr wurde, unter verstärkte Kontrolle zu nehmen. Noch 1673 wendet sich ein kaiserliches Mandat gegen die herumstreunenden, anscheinend arbeitslosen Schäfer, die sich in den Wäldern des Erzherzogtums Österreich zusammenrotteten und Unheil stifteten,[176] und 1670 erhält die Schafhirtenzunft zu Waidhofen a. d. Thaya ein neues Privileg, in dem es heißt: „Weil sie unter ihnen keine Ordnung gehalten und weil nun abzuhelfen derlei Klagen und Ungelegenheiten. Bekommen Ordnung mit 32 Punkte."[177] Ausdrücklich werden ihnen in diesem Privileg Ehrlichkeit und Handwerkswürdigkeit verbrieft, aber der Verkehr mit Henkern und Abdeckern bei Strafe untersagt.

Ähnliche Ordnungen, die im Laufe der Zeit für die Ortschaften Krems, Korneuburg, Laa, Baden Tulln, Sitzendorf, Staats, Orth, Mödling, Fischamend, Neunkirchen, Neulengbach, Friedau[178] u. a. erlassen wurden, enthalten nun aber überdies Verbote von Zaubereien, Wahrsagekünsten usw..[179] In der Verquickung dieser Dinge mit Zunftangelegenheiten besteht der Unterschied zu den deutschen Schäfervereinigungen, mit Ausnahme der schlesischen Zunft von 1717.

Es nimmt sich also in Österreich nicht nur der Landesherr, der seine wirtschaftlichen Belange gefördert sehen will, der Viehhalterzechen an, sondern auch die Kirche macht als zweite Institution ihren Einfluß geltend, der sich anfänglich wohl nur in Anordnungen äußerte, die den Aberglauben unter den Hirten eindämmen sollten. Schon 1592, in dem Zechartikelbrief der Viehhirtenbrüderschaft zu Neunkirchen, zeigen sich Maßnahmen, der Ausbreitung des Protestantismus unter den Schäfern entgegenzuwirken.[180] Als wichtigste gehört hierzu das Bekenntnis zum römisch-katholischen Glauben als Voraussetzung für die Aufnahme in eine der Halterzechen.[181] Bei der straffen Handhabung des Zunftzwanges war es einem Hirten, der sich als Protestant einer Brüderschaft nicht anschließen wollte, unmöglich, seinem Gewerbe nachzugehen. Sicher liegt aber gerade in dieser Absicht, die Gegenreformation mit Hilfe der Zunfteinrichtungen durchzusetzen, der Grund für die Unruhen unter den niederösterreichischen Hirten des späten 17. Jahrhunderts (s. o.), von denen sich ja viele zum Protestantismus bekannten.

Unter diesem Einfluß der Gegenreformation[182] nehmen die niederösterreichischen Halterzechen immer mehr den Charakter religiöser Brüderschaften an. „So war der Meister verpflichtet, den Lehrling zu den Sakramenten zu führen und bei Todesgefahr einen Priester zu holen. Nach seinem Tode mußte er ihm drei Seelenmessen lesen lassen. Für die verstorbenen Brüder einer Zeche wurden vierteljährlich Seelenmessen gelesen, an denen die übrigen Mitglieder teilzunehmen hatten."[183] Die Jahreshauptversammlung der niederösterreichischen Zechen wurde für Fronleichnam, den höchsten kirchlichen Feiertag, einberufen. „Sie begann mit einer Messe, an welcher sämtliche Brüder teilnehmen mußten. Nach der Messe fand die Fronleichnamsprozession statt, bei welcher die Hirten ihre Fahne trugen. Diese zeigte auf der einen Seite das Lamm Gottes und auf der anderen Seite Christus als guten Hirten und König David. Ihr folgten die Meister, in der einen Hand den Hirtenstab, in der anderen die brennende Kerze."[184] Danach folgte die Abwicklung der üblichen Zunftangelegenheiten, in der sich die österreichischen Zechen von den deutschen Schäferbünden nicht unterschieden. — Einfluß und Abhängigkeit von der Kirche drücken sich u. a. auch darin aus, daß bei der Auflösung der Zechen unter Josef II. die Fahnen der zuständigen Kirche und nicht etwa dem Vertreter des Landesherrn am Zechenort zur Betreuung übergeben wurden. Die übrigen Requisiten wurden einfach versteigert.[185]

Was nun die Halterzechen Niederösterreichs als Interessenvertretung der Hirten anbelangt, so war ihre Stellung hinsichtlich der Ausübung der ihnen verbrieften Rechte vermutlich selbständiger als die der deutschen Schäferzünfte. Verklagte doch 1725 die Tullner Hirtenzunft den Freiherrn Johann Paul Partolloti zu Partenfels bzw. seine Erben auf 100 Dukaten, weil sie in ihren Herrschaften Judenau, Rappoldenkirchen und Neulengbach keine zünftigen Hirten angestellt hatten.[186] — Aber auch um die Wahrung der jeweiligen Kompetenzen der einzelnen Zechen wurden jahrelange, kostspielige Händel ausgetragen, wie uns Brauneis[187] am Beispiel des Prozesses der Zunft zu Krems gegen die von Waidhofen demonstrieren kann.[188]

b) Burgenland

Viehhalterzechen finden wir auch im angrenzenden Burgenland. Nach den spärlichen Nachrichten, die uns zur Verfügung standen,[189] kann man annehmen, daß sie größtenteils jünger als die niederösterreichischen sind und um 1772[190] ins Leben gerufen wurden.[191] Dieser Zeitansatz läßt sie uns vor allem mit der Einführung von Merinos in Verbindung bringen, d. h., daß sie rein wirtschaftlichen Interessen ihre Entstehung verdanken. Soweit wir etwas davon wissen, läßt sich dies auch in den Zunftordnungen erkennen. Es wurde nämlich — ähnlich wie in Pfalz-Zweibrücken — besonderer Wert auf ordentlichen Unterricht und Belehrung der Schäferjungen über alle Sparten ihres Berufs gelegt.[192]

Über die Einflußnahme der Kirche auf die burgenländischen Halterzechen ist uns bislang allerdings wenig Konkretes bekanntgeworden. Immerhin schreibt Leopold Schmidt,[193] daß „ebenso wie in Niederösterreich ... diese geistig immer sonderinteressierten Schafhirten der Ödenburger Gegend wohl auch Teilhaber und Bewahrer evangelischer Traditionen" waren.

c) Die Wendelins-Schäferbrüderschaft zu Trillfingen

Von unmittelbaren Einwirkungen der Gegenreformation auf die deutschen Schäferzünfte können wir wenig feststellen. Allerdings müssen wir einräumen, daß eine Einflußnahme der Kirche schon durch die frühen Wendelin-Brüderschaften vorhanden war. Von diesen Vereinigungen, die „von Bauern, Hirten und anderen meist ländlichen Berufen in gleicher Weise gebildet werden und keinen ausgesprochenen berufsständischen Charakter tragen", gab es in Süddeutschland und der Schweiz immerhin an die fünfzig.[194] Mit der Reformation nimmt die Entwicklung dieses Verbandswesens ab, um allerdings im 17. und noch stärker in der zweiten Hälfte des 18. Jahrhunderts, wieder anzuwachsen. Es ist aber nicht unsere Aufgabe, uns mit diesen Brüderschaften, die rein religiösen Charakter tragen und sämtliche ländlichen Berufe in sich vereinigen, näher zu beschäftigen.[195] Wir erwähnen sie nur, um zu zeigen, wie die Kirche u. U. auch in Deutschland ihre Einflüsse auf das Schäfertum geltend machen konnte.[196]

Der erste Hauptsturm der gegenreformatorischen Bewegung hat sich, wie gesagt, im Charakter der deutschen Schäferzünfte nicht ausgeprägt. 1725 findet sich aber eine Anweisung der Markgröninger Hauptlade, die „Ausländern" und „widrigen Religionsgenossen" die Aufnahme in eine der württembergischen Schäferzünfte verbietet und nur einheimische, evangelische Schäfer einzuschreiben befiehlt.[197] Hornberger[198] interpretiert diese Verfügung als eine Maßnahme gegen alle unsauberen Elemente, die der Aufrechterhaltung des schäferlichen „Standesstolzes und Standesbewußtseins" abträglich waren. Hingegen möchten wir diese Verfügung als eine gewisse Vergeltungsmaßnahme gegen das Verhalten der katholisch ausgerichteten Brüderschaften betrachtet wissen, die ihrerseits protestantische Schäfer nicht aufnahmen. Zum anderen sehen wir in ihr die Vereitlung eines Versuchs, die protestantischen württembergischen Schäfervereinigungen durch katholische Schäfer unterwandern zu lassen.

Daß letztere Gedankengänge nicht so abwegig sind, zeigt die Gründung der Wendelins-Schäferbrüderschaft von Trillfingen (bei Hechingen/Hohenzollern) im Jahre 1780, ganz in der Nachbarschaft der württembergischen Stadt Urach, die bekanntlich Sitz einer der Markgröninger Nebenladen war. Es ist offensichtlich, daß diese Vereinigung ein Konkurrenzunternehmen gegen diese protestantische Schäferzunft war, die ja auch bis ins Hohenzollernsche hinein ausstrahlte. Andererseits wollen wir jedoch auch nicht verkennen, daß das Aufnahmeverbot für katholische Schäfer zur Errichtung der Trillfinger Brüderschaft mit beigetragen haben kann. Welche Beweggründe auch immer angeführt werden mögen, fest scheint zu stehen, daß sie ihre Entstehung dem Streit der Konfessionen verdankte. Daß allein die Nähe einer alten Wendelinskapelle, die „den Charakter eines Schäferwallfahrtorts“[199] gehabt haben soll und 1764 wegen zu großen Andrangs vergrößert werden mußte,[200] der Grund für die immerhin recht späte Gründung gewesen sein soll, ist nicht glaubhaft.

1778 fanden die ersten Besprechungen statt und 1780 wurde mit der Genehmigung von 12 Artikeln die Brüderschaft ausgerufen. Untersuchen wir diese Ordnung,[201] so stellen wir zunächst fest, daß von Dingen der praktischen Schäferei oder von Fragen, welche die Schäfer in früheren Zunftordnungen bewegten, nichts gesagt wird. Selbst das Wort „Schäfer“ ist nicht einmal erwähnt. Wie die frühen Brüderschaften beschäftigen sich die einzelnen Artikel fast ausschließlich mit der Abhaltung religiöser Übungen und mit den Abgaben, welche die Mitglieder an die Trillfinger Wendelinskapelle zu entrichten haben. Die Verpflichtung gegenüber der Brüderschaft ist lediglich auf das Zahlen des Leggeldes und die Teilnahme am Gottesdienst beschränkt. Es ist festgelegt, „daß derjenige, welcher ohne wichtige und gegründete Ursach [beim Gottesdienst] ausbleiben wird, wenn er ein Leggeld auch schon durch einen Mitbruder übergeben würde, nicht das mindeste zu geniessen haben soll, es wäre denn Sache, dass er krank und eben darum zu erscheinen ausser Stand gesetzt würde“ (Artikel 7). Die Formulierung allein dieses Punktes zeigt uns, daß die Trillfinger Brüderschaft mit einer der bisher behandelten Schäferzünfte nichts zu tun hat.

Die Trillfinger Brüderschaft besteht heute noch, allerdings ist die Dominanz der Schäfer zugunsten anderer ländlicher Berufe verlorengegangen. Sie hat den Charakter der üblichen Wendelins-Brüderschaften angenommen.

Einen Vergleich mit anderen Brüderschaften und Zünften läßt die Trillfinger Vereinigung nicht zu. Standen damals der Kampf um die Beseitigung der Unehrlichkeit und um die Anerkennung der Schäfer durch die Gesellschaft im Vordergrund, sind am Ende des 18. Jahrhunderts diese Dinge schon weitgehend überwunden. Gemeinsam ist bestenfalls noch die äußere Form, ganz verschieden aber ist ihr Charakter.

Der eigentliche Zunftgedanke — das vermerken wir bereits an den hessischen Schäferzünften, die allein den wirtschaftlichen Interessen des Landesherrn dienten — ist wohl seit dem Reichtsagsabschied von 1731 immer mehr geschwunden. Abbau und Drosselung der Handwerkerzünfte mußten sich natürlich auch auf die schäferlichen Organisationen auswirken, und es kommt im späten 18. Jahrhundert den Schäfern selbst offenbar nicht mehr so sehr darauf an, durch Zunftgründungen ihre Unehrlichkeit zu beseitigen. Die Dinge haben sich allmählich eingespielt. Die rein rationell abgestimmten, nur noch wirtschaftlichen Zwecken dienenden Zünfte und die späten Brüderschaften stehen am Endpunkt einer fast vierhundertjährigen Entwicklung.

d) Belgien

Außerhalb des süddeutsch-schweizerischen Raumes treffen wir die Verehrung St. Wendelins speziell durch die Schäfer noch einmal in Ostbelgien an, besonders in den Orten Wallerode, Honsfeld und Sourbrodt.[202] Am 20. Oktober, dem Wendelinstag, begaben sich die Schäfer aus der ganzen Umgegend nach Sourbrodt, wo ihnen die ersten Bänke in der Kirche als Ehrenplätze angewiesen waren. Der Priester erzählte die Legende des Heiligen, und als einzige durften die Schäfer an diesem Tage beim Meßopfer um den Altar schreiten. Bei jedem Umgang gelobten sie, ihrem Patron nachzueifern und den Dienst treu zu erfüllen. Der Abend war dann einem lustigen Gelage gewidmet. Möglicherweise liegt dieser Verehrung des Heiligen die Organisation einer früheren Schäferbrüderschaft zugrunde.

e) Holland

Eine recht eigentümliche Vereinigung, die eher eine Gemeinschaft der Schafhalter als der Schäfer ist, finden wir in dem holländischen Ort Esschen. Es ist die sogenannte Schafs- oder St. Antoniusgilde, die am 11. Januar 1712 ins Leben gerufen wurde und für die Förderung der dortigen Schafzucht viel getan hat.[203]

Jeder, der sich diesem Bund anschließen wollte, mußte neben einer bestimmten Geldsumme ein trächtiges oder ein stillendes Mutterschaf als Eintrittsgeld bezahlen. Die so gebildete Herde, die zum Teil über hundert Tiere stark war, wurde jeweils auf die Dauer von drei Jahren verpachtet und der Geldeerlös dafür verwendet, am Tage des Schutzpatrons ein Gelage abzuhalten. Zuvor wurde jedoch eine Messe gelesen, und am Tage nach der Gasterei betete man in einer weiteren Messe für die Seelen der verstorbenen Gildebrüder. Mit einer Geldbuße wurden alle diejenigen belegt, welche es versäumten, die Messe zu hören und dem heiligen Antonius zu opfern. Sollte das Gelage aus irgendeinem Grunde nicht stattfinden können, mußten die Gildemitglieder bei Strafe dennoch die Messe besuchen. Die übrigen Einnahmen wurden alle Jahre auf St. Huybrechtstag[204] ebenfalls in einer Gasterei vertan. Beim Tode eines Mitgliedes verfielen Schaf und Eintrittsgeld der Gilde. Für die Betreuung der Herden wurden zwei „Zuchtmeister" gehalten.

Die Statuten sind im Laufe der Zeit immer wieder erneuert und erweitert worden. Am wichtigsten ist davon wohl ein Artikel von 1768, in dem festgelegt wird, daß derjenige, welcher ein Jahr lang nicht zu den Zusammenkünften erscheint, nicht nur ein weiteres Schaf zahlen muß, sondern außerdem noch aus der Gilde ausgeschlossen wird. — Die Verpflichtung gegenüber der Vereinigung wird also straff gehandhabt und geht in dieser Form über das hinaus, was wir sonst bei religiösen Schäferbrüderschaften finden.

Bis weit ins 19. Jahrhundert hinein blieb dieser Bund bestehen. 1875 wurden die im wesentlichen gleichen Bestimmungen als „Reglement und Artikel der Schafgilde unter dem Patronat des Allmächtigen Gottes und des Heiligen Antonius zu Esschen errichtet im Jahre 1712" wiederholt.

Der Nutzen, den die Mitglieder hatten, lag in folgendem: Die gemeinsame Herde, die je nach Kassenstand noch durch angekaufte Tiere vermehrt wurde, nahmen die einzelnen Gildebrüder jeweils für drei Jahre in Pacht. Während dieser Zeit zogen sie allein den Gewinn aus dem Erlös der Herde. Pünktlich im Januar — wahrscheinlich am St. Antoniustag — war die Pachtsumme zu entrichten. Nach dem Ablauf der drei Jahre mußte die Herde im gleichen Zustand wieder an die Gilde zurückgegeben werden. Es liegt hier also eine ganz eigentümliche Vermischung von Elementen aus der Pacht- und der Genossenschaftsschäferei vor.

Wollen wir den Charakter der Esschener Schafgilde bestimmen, müssen wir sagen, daß sie in erster Linie ein wirtschaftlicher Zweckverband war, verbunden mit den äußeren Merkmalen der späten religiösen Brüderschaften. Mit dem schäferlichen Verbandswesen als solchem hat sie freilich nichts gemein.

18. Doppelzünfte

Es sei an dieser Stelle nur als Exkurs die Frage angeschnitten, ob die Schäfer in den Gebieten, wo sie keine eigenen Zünfte bilden durften, möglicherweise bei einer reinen Handwerkerzunft Aufnahme fanden. Nun mag eine solche Annahme nach dem, was wir über das Verhältnis der Handwerkerinnungen zu den Schäfern wissen, recht abwegig erscheinen. Aber im Bereich der Markgröninger Organisation taucht immer wieder die Mitteilung auf, daß die Metzger für die Ordnung des Schäferfestzuges am Bartholomäustag verantwortlich waren und nach einer Sage sollen sie sogar den Schutz für die Sicherheit der Lade übernommen haben.[205] Hornberger[206] behauptet, daß die Schäfer Markgröningens mit den Metzgern zunftmäßig verbunden gewesen seien, denn beide hätten gleichermaßen den heiligen Bartholomäus verehrt, der auf der Schäferzunftfahne „im braunen Metzgerkittel mit dem Messer in der Hand und einem Schaf zu Füßen“[207] dargestellt ist. Merkwürdigerweise hat diese „Doppelzunft“ aber in den württembergischen Schäferzunftordnungen keinen Niederschlag gefunden. — Aus dem Bereich des jetzigen Großherzogtums Luxemburg teilt uns Professor Hess, Luxemburg, mit, daß aus seltenen Beispielen eine Aufnahme der Schäfer in die Metzgerzunft bekannt sei, da sie selbst keine Vereinigung unterhalten durften. Urkundlich aber scheinen diese „Beispiele“ auch nicht belegt zu sein. — Die einzige uns bekannte Urkunde, die eine Zunft der Brandenburger Schäfer und Lohgerber für das Jahr 1424 „bestätigt“, also eine Doppelzunft gewesen sein soll,[208] erweist sich beim Nachprüfen der Originalquelle[209] in Wahrheit als eine Zunft der Schuhmacher und Lohgerber in der Altstadt Brandenburg vom 30. April 1424.

Es sind also sehr vage, nicht kontrollierbare Angaben, die von gemeinsamen Schäfer-Handwerkerzünften sprechen. Wir können sie darum in unsere Überlegungen nicht einbeziehen, halten ihre Existenz auch ohnehin für wenig wahrscheinlich.

Etwas anderes ist es schon mit einer Vereinigung der Rebleute, Weingärtner, Drescher, Schnitter, Tagelöhner, Holzhauer und Hirten in Basel, die dort für 1622 bezeugt sein soll. Sie rechnete angeblich zu den dort ansässigen zwanzig Handwerkerzünften.[210] Eine ähnliche Einrichtung gab es wohl auch in Kreuznach, wo die sogenannte „Hundsgässer Zunft“ alle möglichen nichthandwerklichen Berufe, auch die Hirten, vereinigte.[211] Zu den Mitgliedern dieser Verbände dürften alle diejenigen gehört haben, die als Angehörige landarmer bzw. landloser und plebejischer Schichten im städtischen Auftrag öffentliche Dienste verrichteten. Es lag nahe, daß sie sich zu handwerksähnlichen Verbindungen zusammenschlossen, und da war auch für Schäfer und Hirten Platz.

19. Die Schäfervereine

Als Josef II. begann, die niederösterreichischen Viehhalterzechen aufzulösen, waren dafür wirtschaftliche Gründe maßgebend. Er wollte damit — ganz im Zuge der Rationalisierungsmaßnahmen in der Landwirtschaft des ausgehenden 18. Jahrhunderts — den Übergang von der Weidewirtschaft zur Stallhaltung erleichtern und fördern.[212] Solche und ähnliche Tendenzen, so stellten wir schon in unserem ersten Kapitel fest, hatten die bewußte Einschränkung der Schafhaltung zum Ziel und waren allgemein verbreitet. Die Zeit des „Goldenen Vlieses“ ging unaufhaltsam zu Ende und mit ihr — das ist nur zu natürlich — schwand auch die Bedeutung der Schäferzünfte. Ob sie überall von staatlicher Seite direkt aufgelöst wurden, läßt sich nur schwer feststellen. Sie dürften im wesentlichen eingeschlafen sein, d. h., sie hatten ihren Sinn und Zweck auch für die Schäfer des ausgehenden 18. und vor allem des frühen 19. Jahrhunderts verloren. Mit der Einschränkung des Handwerkerinnungswesens und mit der Proklamierung der Gewerbefreiheit schien die Zugehörigkeit zu einer Schäfervereinigung auch nicht mehr unbedingt notwendig zu sein. Man war nun „handwerkswürdig“, das

Gespenst der Unehrlichkeit war — nicht zuletzt auch unter den humanistischen Einflüssen der französischen Revolution — endgültig gebannt.

Ja, die Schäferzunft mit ihrem Zunftzwang hinderte jetzt manchen daran, sich selbständig zu machen. Das heißt, selbst von ihren Mitgliedern wurden die Schäferbünde allmählich als eine Last empfunden. Es darf uns daher nicht wundern, daß sich 1816 — und das in Württemberg! — das Markgröninger Zunftgericht an König Wilhelm I. wandte und ihn bat, in das Mißverhältnis zwischen veralteten Rechtsanschauungen und modernen Notwendigkeiten — z. B. die gründliche Ausbildung des Schäfernachwuchses — Klarheit zu bringen.[213] Ihrem Ersuchen scheint nicht stattgegeben worden zu sein, denn 1818 beantragen diselben Schäfer die Auflösung ihrer Zunft.[214] Aber erst am 9. April 1828 kann sich der württembergische König dazu entschließen,[215] indem er gleichzeitig das Recht des „Landgefährts"[216] sowie weitere Schäfereigerechtigkeiten aufhebt und das ganze Schäfereiwesen seines Landes neu ordnet, um es „auf eine gleichförmige, der natürlichen Freiheit aller landwirtschaftlichen Gewerbe nach Möglichkeit entsprechenden Weise zu [regeln], und die rechtlichen Verhältnisse der Schafwaide zum Feldbau auf eine dem gegenwärtigen Cultur Stande angemessene Weise festzusetzen ...,"[217] heißt es in der Präambel zu diesem Gesetz, das eindeutig zum Vorteil der Anbauwirtschaft erlassen worden ist.

Wenn auch nicht überall, so blieb doch das schäferliche Gemeinschaftsgefühl in den alten Zunftgebieten meist erhalten und manifestierte sich dort in der Abhaltung eines jährlichen Schäfertages, in dessen Mittelpunkt allerdings nicht mehr Zunftangelegenheiten, sondern lediglich der eigentliche Festablauf standen. Die Städte Markgröningen, Wildberg und Urach hatten beschlossen, die Schäferfeste weiterzuführen. Nur in Heidenheim wurde die Tradition bis zum Jahre 1922 unterbrochen. In Rothenburg hielt man den Schäfertanz wieder 1912, in Gunzenhausen 1923 ab.[218] Es darf aber nicht verschwiegen werden, daß dort, wo man im Laufe der Zeit wieder versuchte, bewußt an altes schäferliches Zunft- und Festbrauchtum anzuschließen, die Gestaltung der jährlichen Versammlungen den Schäfern gar zu leicht entglitt und „unter dem Einfluß der Fremdenverkehrsvereine ... oft mehr zu einer finanziell einträglichen Attraktion,"[219] zu sogenannten „Volksfesten" wurde, bei denen die Schäfer lediglich noch die Fassade bildeten.

Wie in früheren Jahrhunderten die Schäfer selbst die Initiative zur Zunftgründung ergriffen hatten — freilich unter ganz anderen Beweggründen — gab es auch nach dem Verfall ihres Verbandswesens einzelne, die versuchten, ihre Berufsgenossen wieder zusammenzufassen. Viele solcher Versuche, die auf kleinerer Gebietsebene mit mehr oder weniger Erfolg durchgeführt worden sein mögen, sind unbekannt und ihre Initiatoren anonym geblieben. Wir können lediglich von zwei Schäfern berichten, die mit viel Zähigkeit eine neue Vereinigung in ihrer Heimat anstrebten und schließlich auch Erfolg hatten. — Da ist einmal Schäfermeister Mathäus Keck zu nennen, der bei seinen ersten Versuchen, die Heidenheimer Schäferzunft wieder zu errichten, auf den Widerstand seiner Berufskollegen stieß. Erst nach der Bildung des Süddeutschen Schäfereiverbandes im Jahre 1911 konnte er 1913 den „Brenztal-Schäferverein" gründen, welcher die alte Heidenheimer Zunftfahne übernahm und damit unmittelbarer Traditionsträger dieser alten württembergischen Vereinigung wurde.[220] Der erste Zunfttag, der „neuen" Heidenheimer Zunft — d. h. des Brenztal-Schäfervereins — fand 1922 unter Teilnahme von 50000 (!) auswärtigen Gästen statt.[221] Ob man einen solchen Rummelplatz — denn etwas anderes kann es ja bei einer solchen Beteiligung nicht gewesen sein — u. a. als ein Zeichen dafür werten darf, „wie stark man nach den vergangenen schweren Erschütterungen des ersten Weltkriegs zu den ruhigen und kraftvollen Quellen schwäbischen Volkstums zurückstrebte", möchten wir sehr in Zweifel ziehen.

Ein wenn auch nicht so traditionsreiches Schäferverbandswesen wie in Württemberg konnten wir für den hessischen Raum nachweisen. Hier hatte wohl fast jede der kleinen Grafschaften im 18. Jahrhundert ihre Schäferzunft, wenn auch, wie wir meinen, die Landesherren im allgemeinen nicht sehr zunftfreudig gewesen sein mögen. Wir dürfen annehmen, daß die dortigen Vereinigungen die Wende vom 18. zum 19. Jahrhundert nur noch für kurze Zeit überlebt haben. Die Tradition ist auch dort schon recht früh abgerissen. — In dem oberhessischen Städtchen Hungen amtierte nach dem ersten Weltkrieg Wilhelm Müller als Stadtschäfer. Er stammte aus einer der ältesten Schäferfamilien des Sauerlandes, und ihm war es gelungen, seine hessischen Kollegen zum Oberhessischen Schäferverein zusammenzurufen. Darüber teilte er uns brieflich folgendes mit: „Am 8. 2. 1919 gründete ich in Hungen, Kreis Gießen, den Oberhessischen Schäferverein, stiftete auch eine Schäferfahne. Auf der Fahnenstange eine Schäferschippe, die Fahne grünes Tuch, Stickerei ein Schaf, in einem Feld die untergehende Sonne, in der anderen Ecke den letzten Schweif des Bethlehem-Sternes. Ein Hürdenlauf 200 m über Hindernisse bestimmte Schäferkönig und -königin. Am 28. 8. 47 enthüllte ich einen Gedenkstein in Hungen, Findling 1,80 m hoch mit einem Lamm im Relief. Der Schäfertag in Hungen fand jeden letzten Sonntag im August statt", also um Bartholomäi. — Als Schäfermeister Keck den „Brenztal-Schäferverein" begründete, konnte er nicht nur an die alte Heidenheimer Zunft, sondern vor allem auch an den Heidenheimer Schäferlauf anknüpfen. Wir wissen, daß Schäfermeister Müller aus einer alten Schäferfamilie stammte, in der sich Erinnerungen an Schäfervereinigungen besonders gut erhalten haben mögen, und daß aller Wahrscheinlichkeit nach in der ehemaligen Grafschaft Solms-Braunfels, in welcher Hungen liegt, eine Schäferzunft existierte. Für ihn waren also auch ähnliche Anknüpfungspunkte vorhanden. Aber diese Dinge spielen beim Oberhessischen Schäferverein wohl nur eine untergeordnete Rolle, denn beeinflußt wurde Wilhelm Müller vor allem durch den Metzgermeister Übele, der um 1900 aus Künzelsau in Württemberg nach Hessen umgesiedelt war. Als man nach der Gründung des Oberhessischen Schäfervereins „auch nach einer repräsentativen Ausdrucksform suchte, wurde der Vorschlag Übeles mit Freuden aufgenommen und ein Schäferfest nach dem Muster der schwäbischen Feste geplant."[222] Am 8. Februar 1922 fand dann der erste oberhessische Schäfertag ganz nach Markgröninger Art statt. Er gewann im Lauf der Jahre eine solche Beliebtheit, daß sich 1933 Bad Nauheim mit Erfolg um die Abhaltung dieses Festes bewarb. In den beiden folgenden Jahren veranstalteten es die Städte Laubach und Lich — vor allem aus Gründen der Fremdenwerbung. Noch heute versammeln sich die oberhessischen Schäfer zu ihrem Jahrestag wieder ständig in Hungen.

Von einer „Memminger Schäferzunft", die 1836 im gleichnamigen bayrischen Amtsbezirk von dörtigen Schäfern und Schafhaltern gegründet wurde, berichtet Hornberger.[223] Diese Vereinigung diente in erster Linie der Regelung wirtschaftlicher Angelegenheiten und dem gesellschaftlichen Zusammensein. Für diesen Zweck wurde in der Wirtschaft zum *„Goldenen Stern"* eine Zunfttafel aufgehängt, die heute noch erhalten ist. „Kulturelle und politische Bedeutung hatte der Verein nicht; er blieb aber als örtliche Interessengemeinschaft bis in die Gegenwart bestehen." Mehr als das, was Hornberger berichtet, scheint über diesen Verein nicht bekannt zu sein.

Die Gründer aller übrigen Schäfervereine, welche sich seit dem 19. Jahrhundert wie ein Netz über ganz Deutschland hinziehen, sind im wesentlichen anonym geblieben. Als Interessenverbände auf Stadt-, Kreis- und kleinerer Gebietsebene pflegen sie ein gesellschaftliches Leben in Form von meist im Winter stattfindenden Schäferbällen, treten aber auch zur Erörterung praktischer Berufsangelegenheiten und zur Regelung von Lohnfragen zusammen. Das Eigenartige an ihrer Erscheinung ist die Tatsache, daß sie auch in den Landschaften in beträchtlicher Anzahl vertreten sind, die ehedem keine eigenen oder nur illegale Schäferzünfte kannten. Das schäferliche Verbandswesen etwa seit der Mitte des 19. Jahrhunderts gewinnt durch diese Verbreitung über den gesamten deutschen Raum ein einheitlicheres Aussehen als in früheren Jahrhunderten. Die Gründe mögen darin zu suchen sein, daß durch die Förderung der Anbauwirtschaft und durch die starke Konkurrenz der überseeischen Wolle die Schafhaltung und damit auch die Schäfer in allen Teilen Deutschlands vor gleiche Probleme gestellt wurden, die ihrerseits gleiche Maßnahmen erforderten. Da ein Hauptinhalt des Schäfervereinswesens aber die Beratung solcher Probleme war, mußte sich ein mehr oder minder gleichartiges Erscheinungsbild ergeben, mußte sich in den Schäfern ein gemeinsames Solidaritätsgefühl entwickeln. Anklänge und Erinnerungen an das alte Zunftwesen und an gewisse Bestimmungen aus früheren Satzungen finden sich hie und da; ob bewußt oder unbewußt läßt sich vorderhand nicht nachprüfen, weil die volkskundlich-kulturhistorische Erforschung des neueren schäferlichen Verbandswesens noch zu wenig Ergebnisse aufweist. Wir können daher im folgenden nur auf Einzelerscheinungen hinweisen, die uns vor allem durch die Antworten auf unsere Fragebogen und aus einigen Notizen in der Fachpresse bekannt wurden:

Die Diskussion um fachliche Fragen, die Förderung und Belehrung des Nachwuchses standen mit an erster Stelle der von den Schäfervereinen wahrgenommenen Aufgaben. Das geht z. B. deutlich aus der Äußerung eines alten Schäfers hervor, der über die Vermittlung praktischer, jahrhundertelanger Erfahrungen an die jungen Schäfer auf den Versammlungen erzählt. „Solche unmittelbare Übertragung praktischer Kenntnisse von einer Generation auf die andere ist außerordentlich wichtig. Deshalb sollte das Vereinswesen der Schäfer auch wieder mehr gefördert werden."[224] — Schäfermeister Gaedt aus Bad Sülze in Mecklenburg teilt uns im gleichen Zusammenhang mit, daß nur die Schäfer in den dortigen Verein aufgenommen wurden, die ein fünfzehnjähriges selbständiges Arbeiten nachweisen konnten. Hier wird also auf das berufliche Können größter Wert gelegt, und man fühlt sich an gewisse Bestimmungen aus den alten Zunftordnungen erinnert. — Zu den Nachweisen beruflicher Fähigkeiten gehört auch das sogenannte Leistungshüten, ohne das heutzutage kein Schäfertreffen mehr stattfindet, und das auch bei den tradierten Festen in Württemberg einen hervorragenden Platz eingenommen hat. Der dort als Sieger aus dem Wettlauf hervorgegangene „Schäferkönig" muß heutzutage seine Würde faktisch mit dem Besten im Leistungshüten teilen. In gewissem Sinne ist damit der alte Wettkampfgedanke von der modernen Form der Ermittlung des Tüchtigsten übernommen worden.[225]

Am Schäferball des Stollberger Vereins durften lediglich die Schäfer und ihre Angehörigen teilnehmen. Zwei am Saaleingang postierte Schäfer sorgten dafür, daß sich kein Fremder einschleichen konnte.[226] Man war es gewöhnt, ganz unter sich zu sein. — Daß manche Schäfervereine den Zweck verfolgten, die Eheschließung zwischen Schäfern und Schäferstöchtern zu fördern, erwähnten wir bereits in anderem Zusammenhang.

Auch der alte, im Zunftwesen allgemein verankerte Gedanke der gegenseitigen Hilfeleistung ist mancherorts erhalten geblieben. So berichtete uns Herr Eichler aus Ballenstedt am Harz, dessen Vater in Thüringen Schäfer war, daß die Mitglieder des dortigen Schäfervereins auf ihren monatlichen Versammlungen freiwillige Spenden gaben, die man einmal zur Ausgestaltung des jährlichen Vergnügens verwendete, aus denen aber auch ein gewisser Solidaritätsfonds erhalten und aufgefüllt wurde, der zur Bezahlung von Hochzeitsgeschenken, Totenkränzen o. ä. diente.[227]

Soweit die wenigen Beispiele aus dem Leben der Schäfervereine, die aber doch zeigen, daß die Erinnerungen an das frühere Verbandswesen durchaus noch vorhanden waren und daß trotz oder gerade wegen des Niedergangs der Schafhaltung auch das alte

Spätmittelalterliches St. Wendelin — Fresko
in der Pfarrkirche von Kleinheubach/Main

Barbara-Altar des Hamburger Meisters Francke (um 1410). Ältester ikonographischer Beleg für „Schäferschäufelchen"

Schafschur. Kalenderbild (Juni) der Domuhr zu Münster/Westfalen

Alle morgen
Anno

August der Starke als „Chef der Schäfer"
Aquarell von 1721

Dame am Hofe Augusts des Starken als
„einfache Schäferin", Aquarell von 1721

Thüringisches Schäferglas aus Lauscha,
Emaille-Malerei, 1721

Rokokko-Schäferszene auf der Vorderseite einer
sächsischen Truhe (1777)

Heilkundiger Schäfer bei der Diagnose
Gemälde von Anton Burger (19. Jh.)

Alter Schäfer mit „Hakenschippe“
Gemälde von Max Thedy (19. Jh.)

Historisches und modernes Spielzeug aus dem erzgebirgischen Seiffen ⟶

Zusammengehörigkeitsgefühl unter den Schäfern noch nicht erloschen ist. Gerade hierfür hat Hörmann, der Erforscher fränkischer Hirtenkultur, ein recht instruktives Beispiel gegeben, das unsere kurze Betrachtung beschließen soll. Bei der folgenden Schilderung handelt es sich um die Jahresversammlung des fränkischen „Schafzuchtvereins Hemhofen" im Januar 1907: „Alljährlich im Januar kommen die Schäfer des Landstrichs zu beiden Seiten der Regnitz zwischen Steigerwald und Fränkischer Schweiz in irgend einem Ort des ausgedehnten Sprengels zusammen. Dem Namen nach ists eine Generalversammlung des ‚Schafzuchtvereins Hemhofen', was da stattfindet, in Wirklichkeit aber eine ganz einzig dastehende gemütliche Zusammenkunft, ein Klang aus einer längst verschollenen Zeit. Man ‚dischkarirt' da ein halbes Stündchen über seine vierbeinigen Zöglinge und die Erfahrungen des letzten Jahres, bis die vom langen Marsch in der Winterkälte steif gewordenen Glieder wieder aufgetaut sind. Dann aber hält einer aus dem ‚festgebenden' Ort eine Rede — heuer legte er nach der Bibel die Hoheit des Schäferstandes aus —, man singt, man führt eine naive Schäfer-Komödie auf und dann gehts zum Tanz. Das alles ist es nun freilich nicht, was diesen Schäfer-Rout so eigenartig macht, sondern die Teilnehmer sinds. Die wetterharten, oft verwitterten Gesellen, die das ganze Jahr draußen im Feld leben, allein mit sich und der Natur und ihren Tieren, deren jedes sie, wie der Stieler Karl einmal sagte, ‚am G'sicht' kennen, die oft tage- und wochenlang keine zehn Worte reden, außer mit ihrem Hund oder wenn ihnen das Essen zugetragen wird, und die halbe Naturphilosophen sind. Als sie heuer angezogen kamen, manche sogar aus zehn Stunden Entfernung (den ‚Danksager' machte diesmals z. B. ein ehrwürdiger Greis aus Kloster Ebrach, 50 Kilometer hinten aus dem Steigerwald her), Blumensträuße am Rock, in ihren Schäfermänteln, ein paar auch mit der altmodischen roten Weste, dem langen schwarzen Rock und dem breitkrämpigen Hut vergangener Jahrhunderte, fielen die alten Kerle einander um den Hals und weinten in der Freude des Wiedersehens. Und den Abend über herrschte ein merkwürdiger warmer und doch würdiger Ton ..."[228]

Die Vielzahl der vorwiegend auf kleinerer Gebietsebene errichteten Schäfervereine mußte förmlich zum Zusammenschluß in größerem Rahmen führen. Sicher nicht ohne Grund war es wieder Süddeutschland, das hier beispielgebend war. 1911 konstituierte sich in Stuttgart der „Süddeutsche Schäfereiverband", der in einzelne Landesabteilungen aufgegliedert war und seine Hauptfunktion „in der Wahrung der [schäferlichen] Berufs- und Standesinteressen bei der Gesetzgebung und gegenüber den Behörden"[229] sah. Ein eigenes Organ, die „Süddeutsche Schäfereizeitung", sollte der Popularisierung der Absichten des Verbandes dienen. „Er verstand es ebenso, die Interessen der Großschafhaltung mit denen des einfachen Wanderschäfers zu verbinden und den züchterischen Aufgaben gerecht zu werden, wie er sich auch um das geistige Überlieferungsgut des Standes kümmerte."[230]

Hingegen war der anschließend entstandene „Norddeutsche Schäfereiverband" nach Hornbergers Meinung[231] „fast ausschließlich bestimmt durch die materiellen und finanziellen Interessen des Großgrundbesitzes und der großen Schafzüchter. Er war weitgehend ein kapitalistisches Unternehmen, in dem der kleine Schäfer und Schafknecht nur am Rande beteiligt war und wo das geistige Kulturgut des Schäferstandes so gut wie keine Rolle spielte".

Diese so kraß formulierte Gegenüberstellung eines sich seiner „ideellen Werte" bewußten süddeutschen Schäfertums und einer kapitalistisch ausgebeuteten, einer amorphen Masse ähnlichen norddeutschen Schäferschicht, kann nicht unwidersprochen bleiben. Denn wie konnte sich der norddeutsche Schäfereiverband der Pflege eines „geistigen Kulturgutes" annehmen, das sich um diese Zeit auch in Süddeutschland nur noch als Fassade für Volksbelustigungen großen Stils hergab, wenn die historischen Voraussetzungen dafür gar nicht gegeben waren? Größtenteils sind hier doch erst die Schäfervereine die einzigen von den Behörden genehmigten Verbandsformen. Vordem, d. h. bis ins 19. Jahrhundert hinein, existierte dort das organisierte Schäfertum meist in einer gewissen Illegalität, welche die Entwicklung eines nach außen hin sichtbaren Zunftbrauchtums unmöglich machte. — Was die kapitalistische Ausbeutung des norddeutschen Schäfers anlangt, so hat Hornberger zweifellos Recht. Allerdings muß ergänzend hinzugefügt werden, daß eine Ausbeutung nicht erst seit Gründung des norddeutschen Schäfereiverbandes, sondern bereits seit Bestehen des Gutsschäfereiwesens stattgefunden hat. — Wenn hier aber von der Ausbeutung der kleinen Dienstschäfer gesprochen wird, dann ist es ohne längere Ausführungen klar, daß auch der süddeutsche Wanderschäfer zu den Ausgebeuteten gerechnet werden muß. Zwar gibt es in Süddeutschland, speziell in Württemberg, keine Latifundien, aber es gibt Großschafhalter, die ihre Angestellten und Arbeiter genauso rücksichtslos für ihre wirtschaftlichen Interessen einsetzen wie etwa ein ehemaliger mecklenburgischer Rittergutsbesitzer. Betrachten wir aber auch in Süddeutschland diesen Fragenkomplex in historischer Sicht, dann enthüllen sich die dortigen Schäferzünfte als Interessenverbände der Landesherren. Eine Ausbeutung fand also sowohl in Nord- als auch in Süddeutschland statt. Der Unterschied liegt lediglich in der feudalen Schicht der Ausbeuter und in den Methoden der Ausbeutung, die in Norddeutschland wohl plumper und krasser angewendet wurden. Die Sanktionierung der Zünfte aber und die Stiftung von besonderen Privilegien sind vom Standpunkt des Landesherrn her gesehen nur Mittel zum Zweck, d. h., sie sollen der Förderung *seiner* wirtschaftlichen Interessen dienen. In diesem Sinne sind Süddeutscher und Norddeutscher Schäfereiverband gleichermaßen Unternehmerorganisationen.

Gewiß liegt ein Unterschied zwischen nord- und süddeutschem Schäfertum in der verschiedenartigen Entwicklung des Verbandswesens oder, klarer gesagt, des Zunftbrauchtums.[232] Bei der ständigen Auseinandersetzung mit den Behörden hatte der norddeutsche Schäfer dem süddeutschen jedoch einiges voraus: Er mußte sich immer wieder von neuem für seine eigenen Interessen einsetzen und erlangte dadurch eine selbständigere Haltung, während in Süddeutschland diese Notwendigkeit für den Schäfer nicht unbedingt bestand. Die Zunft regelte durch ihre fest eingefahrenen Satzungen eventuelle Unstimmigkeiten von selbst, und da der Oberzunftmeister in der Regel als Beamter des Landesherrn das letzte Wort hatte, wurde dafür gesorgt, daß dessen Interessen und Rechte nie geschmälert wurden. Es liegt also ein ganz andersartiges Verhältnis zur Obrigkeit vor, das einen wesentlichen Unterschied zwischen nord- und süddeutschem Schäfertum ausmacht: Opposition im Norden, Konservatismus im Süden. Die oppositionelle Haltung des norddeutschen Schäfers läßt sich zumindest bis in die Zeit nach dem ersten Weltkrieg nachweisen, denn „die nordostdeutschen Schäfereien, die den Schwerpunkt [im Norddeutschen Schäfereiverband] bildeten, waren weiterhin beherrscht von einem Gegensatz zwischen Gutsherrschaft auf der einen und Landarbeiter auf der anderen Seite. Die Landarbeiterverbände waren in der Zeit nach dem ersten Weltkrieg sogar maßgeblich an dem Verband der Schäfer beteiligt und gaben ihm gegenüber den Schafzüchtern und Schafhaltern eine klassen- und parteipolitische Note,“[233] die in Süddeutschland freilich nicht in Erscheinung trat, da nach Hornbergers Ansicht[234] „noch eine berufsständische Schäferschaft, in der die sozialen Probleme ausgeglichener waren und keine wesentliche Rolle spielten“, bestand. Also auch hier wieder Kampf um die Durchsetzung zustehender Rechte und um Sicherung eigener Interessen auf der einen, gemäßigte und konservative Einstellung auf der anderen Seite. — Diesen Dingen im einzelnen nachzugehen, sollte zum Gegenstand einer eingehenden Untersuchung gemacht werden. In dieser Arbeit, die im wesentlichen den Zeitraum „bis zum Beginn des 20. Jahrhunderts“ umfaßt, konnten wir uns nur auf Andeutungen beschränken.

Versuche, beide Verbände 1914 zum „Deutschen Schäfereiverband" bzw. 1920 zum „Reichsverband für deutsche Schafzucht" zu verschmelzen, sind nicht von langer Dauer gewesen. Die jeweiligen Wirtschaftsformen der Schafhaltung waren wohl zu entgegengesetzt, als daß sie sich hätten ohne Schwierigkeiten vereinigen lassen können. Gegensätze der o. g. Art dürften jedoch kein Hinderungsgrund gewesen sein. Denn bei den Fusionsversuchen waren für die Funktionäre beider Verbände allein Fragen der Rentabilität maßgebend und nicht etwa die Haltung der Schäfer. — Es gab dann später den „Reichsdeutschen Schäferverein", dessen Mitglieder sogar ein Abzeichen trugen, aber das Schwergewicht des Verbandswesens lag doch auf Landesebene. — Nach dem zweiten Weltkrieg fanden sich die Schäfer schnell wieder zu Vereinen zusammen, viele neue wurden gegründet, in Süddeutschland vielfach unter Protektion der Kirche. Sind auch die Formen des Vereinslebens im wesentlichen die gleichen geblieben, ist unter den Schäfern doch eine klarere Einstellung zu Fragen der Verteidigung ihrer Rechte und der Wahrung ihrer Interessen insofern zu vermerken, als sie sich in beiden deutschen Staaten den Gewerkschaften angeschlossen haben.[235]

20. Vom Lehrling zum Schäfermeister

Der Zunftcharakter der schäferlichen Vereinigungen bzw. die bewußte Nachahmung handwerklichen Innungswesens bedingte auch eine systematische Ausbildung und Lehre für den schäferlichen Nachwuchs. Das Interesse an einem gut geschulten Hirtenstand lag dabei aus naheliegenden und schon mehrfach erwähnten Gründen zunächst beim Landesherrn. Aber auch der Schäferzunft war daran gelegen, denn nur zu oft gab es ja herumstreunendes Gesindel, das sich als Schäfer ausgab, dadurch viel Unheil anrichtete und den ganzen Stand in Verruf brachte.

Von seiten der Obrigkeit wurde in der Regel eine dreijährige Lehrlingszeit angesetzt, nach der bei bestandener Prüfung eine die gleiche Zeitspanne umfassende Gesellenzeit folgte. Erst dann konnte die Meisterprüfung abgelegt werden.[236] Eine Abkürzung des Verfahrens wurde lediglich bei Schäfer- bzw. Schäfermeisterssöhnen angewendet.[237] Man machte es sich im allgemeinen zum Prinzip „keinem eine Heerde [anzuvertrauen], der nicht von dem Obermeister der Schäferzunft für tüchtig erfunden worden" war.[238] Dieser Ausbildungsgang ist im wesentlichen auch in moderner Zeit noch der gleiche und sieht in der Praxis etwa so aus: „Die ersten Jahre ist ein junger Schäfer selten allein, er wird an seinen Platz gestellt, wo er neben einem alten, erfahrenen Schäfer hütet. Dem Jungen wird die Pflege der Mutterschafe übertragen, während der Alte die Pflege der Lämmer übernimmt, deren Aufzucht die meisten Kenntnisse und Erfahrungen verlangt. Bei allen Nöten des jungen Schäfers ist der alte zur Hand, er weist an, wie jener zu weiden hat und lehrt so den Neuling die Weide nach ihrer Güte zu beurteilen und teilt ihm seine im Laufe der Jahre unter den verschiedenen Umständen erworbenen Erfahrungen mit. Erst wenn der Lernende auf diese Weise einige Jahre Erfahrungen gesammelt hat, vertraut man ihm eine Göltviehherde allein an, die Mutterherden bleiben immer in der Hand der erfahrensten Schäfer."[239]

Durch ein so enges Arbeitsverhältnis zwischen Lehrling und Meister blieb die Ausbildung auch nicht allein im „Fachlichen" stecken. Der Lehrschäfer vermittelte seinem Jungen auch Kenntnisse und Erfahrungen, welche durch eine lange Familientradition im Beruf auf ihn gekommen waren, oder die er selbst in einem Leben in freier Natur erworben hatte. Wenn es die Arbeit erlaubte und der Winter kam, sammelte wohl ein Lehrschäfermeister seine Zöglinge um sich, erteilte Instruktionen für die kommende Weidezeit, unterwies sie aber auch in der Wetterkunde,[240] in der Botanik, und lehrte sie überhaupt, die Natur zu beobachten. Manches „geheime" Wissen um die Heilkraft der Pflanzen oder die chirurgische Behandlung von Tier und Mensch und vieles andere mag da mit eingeflossen sein.

Bleibt noch einiges über die Meisterprüfungen zu sagen: Über den Prüfungsstoff teilt Hornberger[241] mit, daß die Markgröninger Lade die Beantwortung von sechzehn Fragen verlangte, unter denen die Auskünfte über Fütterungsverhältnisse, züchterische Maßnahmen, Krankheitsbekämpfung usw. an erster Stelle gestanden haben. Ein von Wossidlo in den dreißiger Jahren über die Meisterprüfungen in Mecklenburg befragter alter Schäfermeister erzählte: „Dar kämen so'n Stücker 3 Meister tosammen, de frögen. All de Krankheiten un de Futterasch, de en Schap bikamen ded, un de Wull mußt hei kennen." Ein anderer Schäfer ergänzte diese Ausführungen dahingehend, daß zum Prüfungsstoff auch das Taxieren von Vieh und die Kenntnis, auf gefährlicher Weide ohne Verlust zu hüten, gehört habe.[242] Im allgemeinen heißt es in Mecklenburg: „Wenn'n Scheper soeben Lammtiden dörchmaakt hett un nich narrsch worden is, denn ward he nich mihr narrsch."[243] Lamm- und Sprungzeit gelten gemeinhin als die schwierigsten Abschnitte im schäferlichen Arbeitsjahr. Wer diese Zeit siebenmal durchgemacht hat und trotzdem Schäfer geblieben ist, hat seine Lehre beendet und die Prüfung bestanden. Das ist wohl der Sinn des Sprichworts. — Über eine ganz andere Art der Prüfung hören wir aus den Ardennen.[244] Dort mußten sich die Kandidaten, die sich um die Stelle eines Gemeindeschäfers bewarben, einer Geschicklichkeitsprüfung unterziehen. Dazu gehörte einmal, daß die Prüflinge ein bestimmtes Schaf aus der Herde fangen und zur Ader lassen mußten. Zum anderen hatten sie einen Wettlauf dreimal rund um die Weide zu veranstalten. Schließlich folgte „een werpproef met het herdersschopje.[245] Jeder moest met zijn schopje drie kleine balletjes klei naar een doel werpen". Die relativ geringe Bewertung des Fachlich-Schäferlichen läßt uns vermuten, daß hier keine eigentliche Prüfung im Sinne der vorher besprochenen „Examina" stattfand, sondern daß lediglich durch wettkampfartige Methoden unter mehreren Bewerbern der Beste ausgewählt werden sollte.

Aus Mecklenburg, dem Land, das nur Schäfervereinigungen in der Illegalität kannte, hatte Wossidlo eine solche Fülle von Belegen über „Prüfungen" von Schäferknechten und -meistern sammeln können, daß man daraus berechtigte Schlüsse auf Bedeutung und Lebenskraft der dortigen Bünde ziehen darf. Wir erwähnten schon einige Prüfungsbestimmungen, die über rein berufliche Fragen Auskunft verlangten. Ganz anderer Art sind nun aber diejenigen, welche Wossidlo aufgezeichnet hat und die sich nach unserer Kenntnis in keiner anderen deutschen Landschaft wiederholen oder ihnen ähnlich sind.[246] In zahlreichen Varianten treten vor allem immer zwei „Prüfungen" in Erscheinung, von denen die eine etwa so formuliert wird: „Wenn einer Schepermeister warden wull, denn müßt hei sik in'n Graben henlengn, un dei Schap würden aewer em raewerjagt. Denn müßt hei uppassen, wenn dei Buck keem, un den'n in'n Galopp den'n Bütel awbieten." — Mag sich diese „Prüfung" daraus herleiten, daß man vom Schäfer gemeinhin das Kastrieren der Schafsböcke verlangte, wobei er mitunter den Hoden einfach mit den Zähnen abbiß,[247] so läßt sich ein anderes „Examen" kaum aus der schäferlichen Berufsarbeit erklären: Um Meister werden zu können, muß der Schäferknecht nämlich „Kater- un Rattenschiet in'n Düstern an'n geruch unerscheiden känen". Einer diesbezüglichen Variante, die Wossidlo in Gielow bei Malchin aufgezeichnet hat, mag vielleicht das engere Verhältnis zu den Hunden zugrunde liegen, das sich im Leistungshüten gerade in unserer Zeit besonders ausgeprägt hat: Der Prüfling muß sich beim „Quartal", also einer Schäferversammlung, einfinden und sich die Augen verbinden lassen. „Nu het jo jeder sinen hund bi sik, denn möt he jeden hund vör nors rüken. Wenn he sinen mank rut kennt, denn ward he ton ritter slagen", d. h., er hat die Meisterprüfung bestanden. — Wossidlo berichtet aber noch von einer ganz anderen „Meisterprüfung", die ihm ein Schäfersohn

1928 aus Rüting bei Wismar folgendermaßen erzählt hat: „Mien Vadder wier Scheper in Rüting. Wenn'n Scheperknecht een Johr de Schaap höddt hett, is he insett't as Scheper. (Ik wier söss Johr olt, dor heff ik dat afläwt.) Denn müßt he up'n Disch sitten gahn, en groten Tunnelkätel würd up em stülpt, denn würd von de Annern an den Kätel ankloppt, se wullen sehen, ob he Klockenspill verdrägen künn (de Schaap hebben jo oft Klocken). Denn müßt he ok juuchen, so dull as he künn. Toletzt fööl he run von'n Disch mit sinen Kätel. De Schepers keemen dit Johr bi eenen Scheper tosammen, anner Johr bi'n annern. Dormals wiren se bi minen Vadder. So lang' as he noch juuchen künn, kreeg he'n Sluck, dee würd em hendahn unner den Kätel. (Dat wier'n grotes Fest jedes Johr). Se hebben bet morgens hento jubelt, betahlt würd dat von de Zunft, se hebben ok danzt. Dat wiren blos Schepers mit ehr Frugens un Kinner."[248]

Wir meinen nicht, daß diese Erzählungen einer tatsächlichen Prüfung entsprechen. Vielmehr möchten wir annehmen, daß sich hier ein Stück Brauchtum aus dem schäferlichen Verbandsleben in Mecklenburg erhalten hat. Denn was da geschildert wird, kommt weit eher einem Aufnahmeritus in eine Handwerkerinnung nach erfolgter Meister- oder Gesellenprüfung gleich. Eine Bestätigung dafür finden wir in einer 1930 in Warnemünde von Wossidlo aufgezeichneten Variante gleichen Vorgangs, in der es heißt: „Wenn he soeben Lammtiden dörchmakt hett un denn unnern'n Tannenkätel ne Stunn lang dat uthollen hett, wenn dor mit Holtklöppers rup haugt ward, denn kann he Meister warden." Das bedeutet also, daß erst die siebenjährige Lehr- und Gesellenzeit absolviert werden muß, bevor der junge Meister durch diesen beschriebenen Ritus in die Vereinigung der Schäfer aufgenommen werden kann.[249] Denn der Ernst, mit dem die Schäfer im allgemeinen für einen guten Ausbildungsstand ihres beruflichen Nachwuchses eintraten, läßt annehmen, daß sie gerade in Gebieten, wo sie ehedem nur im geheimen ihre Bünde unterhalten konnten, besonderen Wert auf einwandfreies fachliches Können legten. Da sie aber das handwerkliche Innungswesen in seinen Einzelheiten kopierten, dürfte auch das eigentliche Zeremoniell der Aufnahme in die Zunft „Vorbild" gewesen sein, welches sie der Eigenart ihres Berufes gemäß abänderten und variierten bzw. in obszön vergröbernder Form davon erzählten. Daß es aber bei Aufnahmeriten in eine Handwerkerinnung oft nicht gerade sehr fein zuging, ist bekannt.

21. Der Schäfergruß

Handwerklichem Brauch entsprechend hatten s. Z. die meißenschen und erzgebirgischen Schäfer in ihrem Satzungsentwurf einen Zuspruch vorgeschlagen, durch den sich ein um Arbeit nachsuchender Schäfer seinem künftigen Meister als Zunftangehöriger ausweisen sollte. Bei allen anderen Schäfervereinigungen ist uns dieser Brauch nicht wieder begegnet. Er mag in vielen Fällen durch das beim Dienstwechsel vorzuweisende Zeugnis des ehemaligen Arbeitgebers ersetzt worden sein.

Interessant ist nun aber, daß sich gerade wieder in Mecklenburg eine Fülle solcher Zusprüche erhalten hat.[250] Es ist uns kein Gebiet bekannt geworden, wo der Schäferzunftspruch oder kurz gesagt der „Schäfergruß" eine solche Rolle im mündlichen Erinnerungsgut gespielt hätte wie in Mecklenburg.[251] Der Grund dafür kann nur in der Tatsache liegen, daß in einem Land, wo die Schäferbünde nur im geheimen bestehen konnten, der Schäfergruß als Erkennungszeichen eine weit stärkere Bedeutung haben mußte als in Gebieten mit obrigkeitlich autorisierten Schäferzünften. Aus den Nachrichten, die wir aus Mecklenburg über die Schäferquartale besitzen, läßt sich — bei aller Vorsicht gegenüber der Interpretation aus mündlichem Quellenmaterial — immerhin entnehmen, daß diese Versammlungen an wechselnden Orten, an entlegenen Stellen, oder mal bei dem einen, mal bei dem anderen Schäfermeister abgehalten wurden.[252] Man suchte sich also in irgendeiner Weise gegen unliebsame Überraschungen zu sichern, und dazu gehörte neben geheim gehaltenen Orten auch eine gewisse Überprüfung fremder Schäfer durch den Schäfergruß.

Die wichtigsten Varianten — etwa zwanzig — hat Wossidlo in seinem Bühnenstück „Ein Winterabend in einem Mecklenburgischen Bauernhause“ in Form eines Zwiegesprächs zweier sich begegnender Schäfer folgendermaßen zusammengefaßt:

A. „Hoch über die Bäume, über Berg und Tal, da herrschen wir Brüder allzumal.
Goden Dach, Broder, bet an'n Ellbagen.

B. Schönen Dank, Broder, bet an't Schullerblatt.

A. Ik sall di grüssen von'n Scheper un sinen Köter, von den Lämmersack un dat ganze hochwürdige Scheperpack.

B. Recht so, Bröderken. — Wo kommst du her?

A. Von der Oberresidenz.

B. Was hast du da getan?

A. Sieben Jahr Dinger gehött.

B. Hest ok wat lihrt, Broder?

A. Jawol, Broder, kann höden un knütten, kann hitzen un blitzen, kiwen un kniwen, schinnen un schaben, scheren un smeren, utpuken un afpellen un't Metz twischen Näs' un Lippen hollen.

B. Recht so, Broder, das muss ein richtiger Schafmeistergeselle auch können. — Verstehst du auch den Gruß?

A. Profekt, Broder.

B. Laß er mal hören.

A. Hochedelgeboren, Hochwohlgeschoren, Hochtutinshorn, Joseph von Feldgesell, Vielvertrauter und Feldbeschauer, Strumpffabrikant und Handschumacher.

B. Schön Dank, Broder, nun will'k glöben, dat du'n geburen Scheper büst. — Sett dinen Staken mal bi minen Staken, dat wi mit'n anner Bekanntschaft maken. — Sech mal, wie heet din Hund, Broder?

A. Mien Hund heet Fix.

B. Fix is nicks. Mien Hund heet Dilljahn, dat kann ken Schelmbuur verstahn. — Versteht dien Hund auch di Spraa.

A. Ja, Broder, wenn ik sech: den Buern sien griep, un den Schnulzen sien kniep, un mien laat gahn, saßt ok'n halben Schaapkaes' hebben, dat versteiht he.

B. Versteht er auch die Kunst, Broder?

A. Ja, he haalt de Schaap tohoop as 'ne düster Wulk.

B. Denn laat em mal eens so oewer'n Barch gahn.

A. Fix! ... so rüm ... hierher!

B. Ja, dien Hund is goot, Broder.
Wenn de Tiff'n Köter wier,
un denn noch'n bäten gröter wier,
un denn noch'n bittschen bunt,
denn was't 'n bannigen Hund.
Gibt es nichts Neues, Broder?

A. Ja, Broder, een von uns' Lüd' will frigen.

B. Wat kricht he denn vör een?

A. En oll klatthorig Stadtdiern.

B. Oh, hadd he nahmen een ut unsern Stamm, denn wull ik em gäben hebben 'n Jarrling, un 'n Smarrling, un 'n Aulamm un 'n Tietschaap, un 'n dicken harten runden Dahler; nu sall he ok nich züh dat hebben. Un nu Adschüs, ok Bröderken. Up 't nächst Quartal bi de Kavelstörper Eek sehn wi uns wedder.“[253]

Das hier von Wossidlo als reine Erkennungsformel verarbeitete „Hochedelgeboren, Hochwohlgeschoren ...“ ist in einer Reihe von unveröffentlichten Varianten im WAR jedoch so gestaltet, daß von dem fremden Schäfer eine bestimmte Haltung und Einstellung gefordert wird. Denn es heißt in einer Fassung aus Bützow, Kreis Güstrow, ergänzend: „Un wer den Burn de Kühle deit, de is'n Schelm in Ewigkeit.“ In Buchholz bei Dobbertin antwortet der fremde Schäfer auf die Aufforderung, den Gruß herzusagen, sogar: „Hochwohlgeborn ... etzig schelm von ewigkeit, nimm den Knüppel un slah den buern vör'n Kopp“ und in der Gadebuscher Gegend hieß es: „Nimm'n Knüppel in de Hand, schlag'n Eddelmann up'n Kopp.“ — Wenn wir in diesem Zusammenhang an die große Anzahl von Verboten schäferlicher Zusammenkünfte im 17. und 18. Jahrhundert im ostelbischen Raum und an die Reaktionen der betroffenen Schäfer denken, die in einer Art Notwehrakt den betreffenden Gutsbesitzern den Kampf ansagten, wenn diese „nichtzünftige" Schäfer beschäftigten, so finden wir darin die Erklärung für den aggressiven und bewußten Ton, der hier zum Ausdruck kommt und zumindest die mecklenburgischen Bünde als eine Kampfgemeinschaft für die Wahrung schäferlicher Interessen erkennen läßt.

Neben dem eigentlichen Schäfergruß gehört zu den Erkennungszeichen für einen echten Schäfer auch die Aufzählung der vielen Handfertigkeiten, die er verstehen muß. Zusätzlich fragt man aber in Klütz, Kreis Schönberg,: „Hest ok handwarksgerät, broder?" Darauf die Antwort:„Jawol, Broder. Heff'n Haken, 'n staken, fillermetz un lämmersack un köter an erster Stelle."[254]

Meist trifft der reisende Schäfer auf der Weide nur den Schäferknecht an. Wenn er sich vor diesem „ausgewiesen" hat, wird er wohl aufgefordert, mit zum Meister zu kommen, der ihn in der gleichen Weise noch einmal überprüft. Hat dieser ihn auch als echten Schäfer erkannt, wird er gastlich aufgenommen, ja es hat sich in solchen Fällen wohl eine feste Regel entwickelt, wie Wossidlo in Penzlin, Kreis Waren, feststellen konnte: „Wenn en reisen -scheper bi enen wahnhaften scheper keem halwer namiddag, denn müßte he em nacht behollen. Dorvör müßt he morgens de ihrst fodering mit de knechts mitmaken, dat 2. frühstück kreech he mit für unnerwägens. Wenn he to middag keem, kreech he middag. Wier dat middag all ut, dann kreech he drög' kost un 4 schilling." — In einigen Fällen fragt der Meister den anreisenden Schäfer auch: „Brora, büst ok recht ut'n Stamm?" Antwort: „Jo, woll bünn ick recht ut'n Stamm: Großvader un Großmoder, all recht ut'n Stamm!" Was wir schon am Ende des vorigen Kapitels über Berufstradition und Standesehre der Schäfer vermerkten, wird hier wieder bestätigt. Man legt Wert darauf, nicht nur einen fachlich versierten, sondern auch einen ganz in der Berufstradition stehenden Schäfer als Gehilfen anzunehmen. — In diesem Sinne ist auch die Enttäuschung über die Heirat eines Schäfers mit einem Stadt- oder Bauernmädchen zu verstehen, wie sie am Ende des Schäfergrußes zum Ausdruck kam. Wenn ein Schäfer aber ein Mädchen aus seinem „Stamm" heiratet, ist die Freude groß, und man ist mit Zuwendungen an das junge Paar nicht kleinlich. Einige Varianten mecklenburgischer Schäfergrüße lassen das deutlich erkennen.

Die Kenntnis des Schäfergrußes ist aber nicht allein nur bei der Arbeitssuche notwendig, sondern gilt auch für die Teilnahme an den Geselligkeiten der Schäfer anläßlich des Quartals oder einer Hochzeit. Aus Grabow/Mecklenburg stammt folgende Begebenheit, die Wossidlo dort aufgezeichnet hat:

„Bin'n Schäperquartal ist de Lämmerjung
kam'n un hätt fragt:
‚Is dat erlauwt to danzen?
Wat büst Du?
Ick bün de Lämmerjung.
Achtern Aben!'
Naher ist de Hamelknecht kam'n un hätt
fragt:
‚Is dat erlauwt to danzen?
Wat büst du?
Ick bün de Hamelknecht.
Dicht bi'n Aben!'
Denn is de anner kam'n:
‚Ick soll ok välmals grüßen von dat hochlöbliche Köter-, Lämmer- und Schäperpack. —
Is dat erlauwt to danzen?
Danz äben weg!'"

In einer anderen Variante aus Ganzlin, Kreis Parchim, wird das gleiche berichtet. Doch hier weist sich der betreffende Schäfer nicht mit dem üblichen Gruß aus, sondern erklärt einfach „Ik bin bie de ollen ... ik bin vadders soehn", d. h., er stammt aus altem Schäferblut und damit ist er würdig, mit der Braut tanzen zu dürfen. Das Bedürfnis, ganz unter sich zu sein, Berufsfremde aus dem schäferlichen Kreis fernzuhalten, wird aus diesen Beispielen besonders deutlich.

Abweichend von den bisherigen Formen des Schäfergrußes ist eine andere Art des sich Ausweisens, die der Kuhhirt David Fauck aus Labenz im ehemalig pommerschen Kreis Schivelbein 1808 in seinem Notizbuch aufgezeichnet hat.[255] Es heißt dort: „Von des Schäffers Meister Stück! / Der Schäffer gantz Vollkommen ist / Wenn er die Schäffer Pracktke wist. / Von klugen Schäffern Insgemein / Darüber schreib den Spaß wohl ein. / — Ein Schäffer muß auch das Meisterstück die Rechte Schäffer Prackt wissen, wie Vollkommen er sonst seyn mag, so ist doch ohne die Zu wissen, noch nicht gantz Vollkommen. Darum doch ein Schäffer gantz Vollkommen werden soll, daß Meisterstück die Schäffer Prakt Zu wissen, so hab ich sie aufgeschrieben. Die Frage ist. Warum hat der Wolff den Lamen kleinen Rechten Hinterfuß. Antwort, der Wolff hat von Gott drey Wahlworte gehabt, von den dreyen sich eines Zu erwählen, ob er wolte den Lamen Fuß haben, oder den Sonntag Feyren. oder eine Klocke tragen, die eine halbe Meils wegs Zu hören. Da hat der Wolf gesagt. er könte die Wärckeltage nichts zu beissen krigen, als nur am Sonntag, so müste er Hungern. Und wenn er eine Klock trüge die eine halbe Meile wegs zu hören, so würden ihm alle Leute und Hunde all zu sehr nach dem Leben Trachten können. Lieber wolt er den Lamen kleinen Fuß haben, welchen nun alle Wölffe haben. Wie solches würklich an allen Wolffs-Spuren zu sehen, daß der Rechte Hinter Fuß kleiner ist wie die andern."

Ohne daß nach der Kenntnis besonderer beruflicher Fertigkeiten gefragt wird, konnte also in Pommern die Wolfsgeschichte an die Stelle der sonst in Mecklenburg üblichen Erkennungsformel treten. Sie hat die gleiche Funktion und gilt wie in Mecklenburg als ein Nachweis der Zunftzugehörigkeit, was durch die Vorbemerkungen Faucks auch unterstrichen wird.

Ob die von Schütte[256] im Braunschweigischen aufgezeichneten „Schäfergrüße" tatsächlich als Erkennungsformeln wie die in Mecklenburg, Pommern und in der ehemaligen Neumark zu werten sind, vermögen wir nicht zu entscheiden. Sie scheinen uns vielmehr ganz gewöhnliche Rätsel bzw. Abzählreime zu sein.[257]

22. Zusammenkünfte außerhalb eines Verbandes

Haben wir bisher allein das organisierte schäferliche Verbandswesen — auch dort, wo es offiziell verboten war — kennengelernt, werden wir uns nun mit Zusammenkünften zu beschäftigen haben, welche die Schäfer mehr nach „Gewohnheitsrecht" veranstalteten.

In erster Linie waren es die Schaf- und Wollmärkte, die ihnen am Ende des Hutjahres willkommenen Anlaß boten, sich zusammenzufinden und Erfahrungen auszutauschen. Sie mögen in den Landschaften, wo es keine Schäfervereinigungen gab, das Verbandswesen in irgendeiner Form sogar ersetzt haben. Von den im Verbreitungsgebiet der rheinischen Wanderschafhaltung berühmten Schafmärkten in Büren, Korbach, Meschede, Soest, Medebach, Paderborn und Niedermarsberg weiß jedenfalls Lahrkamp[258] zu berichten, daß diese Orte immer eine gewisse Rolle als Treffpunkt der rheinischen Wanderschäfer gespielt haben. Dort hat noch in neuerer Zeit eine ganz eigene Atmosphäre geherrscht, die auf den sonst üblichen Viehmärkten nicht anzutreffen ist. „Nirgends", schreibt Lahrkamp,[259] „findet auf den Märkten anderer Viehgattungen ein so reger Tauschhandel statt. Man tauscht Lämmer gegen Sommerhämmel, Muttertiere gegen Lämmer, Wolle gegen Schafe, Merzschafe gegen andere Schafe, Hunde gegen Hunde usw. Daneben gibt es beim Barverkauf die seltsamsten Zahlungsbedingungen, die alle auf Vertrauen und Kreditwürdigkeit fußen und ohne die es den meisten Wanderschäfern in der Nachkriegs- und Inflationszeit unmöglich gewesen wäre, sich einen Posten eigener Schafe anzuschaffen." Ein solches gegenseitiges Vertrauensverhältnis kann natürlich nur unter Menschen möglich sein, die sich durch gemeinsame Sorgen und Interessen seit jeher verbunden fühlen, also eine Gemeinschaft bilden, auch wenn diese nicht immer kodifizierte Satzungen besaß. — Daß die Schäfer auf solchen Märkten nicht nur Schafhandel trieben, ist erklärlich. Sie werden vor allem die Gelegenheit, mit weitab wohnenden Berufskollegen zusammenzukommen, wahrgenommen und gegenseitige Erfahrungen ausgetauscht haben. Lecotté teilte uns mit, daß die französischen Schäfer auf den Märkten der Landschaften Brie und Champagne auch ihr „geheimes Wissen“ erwarben[260] und weitergaben.

Am Beispiel einiger süddeutscher Schäferzünfte stellten wir fest, daß Schafmärkte und Schäferzünfte miteinander verbunden waren. In solchen Fällen dürfte die Einrichtung eines Schafmarktes der Zunftgründung vorausgegangen sein. Somit könnte eine eingehende Untersuchung über die Schafmärkte möglicherweise zur Erhellung der noch recht dunklen Entstehungsgeschichte mancher Schäferzünfte Wesentliches beitragen. Interessant ist in diesem Zusammenhang die Geschichte des allerdings recht jungen Schafmarktes zu Landsberg am Lech. 1862 stellte der dortige Magistrat einen Antrag auf Genehmigung eines Schafmarktes, um das durch die Eisenbahn beeinträchtigte Wirtschaftsleben der Stadt wieder zu heben. Der Magistrat begründete seine Eingabe mit der Feststellung, daß allein im Landgerichtsbezirk Landsberg 30000 und in den benachbarten acht Bezirken jeweils die gleiche Anzahl Schafe gehalten würden. Dazu kämen die aus Württemberg herüberwechselnden Wanderherden mit mindestens 15000 Tieren. Dem Antrag wurde stattgegeben, und von Jahr zu Jahr stieg die Auftriebszahl, bis um 1900 die Schafhaltung so weit abzusinken begann, daß der Landsberger Markt ab 1910 gar nicht mehr beschickt werden konnte. Wichtig für uns ist es nun aber zu wissen, daß als Anreiz für denjenigen Schafhalter, der die meisten Tiere in Landsberg auftrieb, je eine Fahne und zwei Vereinstaler ausgesetzt waren,[261] d. h. also, daß nebenher eine Art Schäferverein gegründet wurde, durch den die Schafhalter und Schäfer an Landsberg gebunden bleiben sollten. Solche Erwägungen mögen in früheren Jahrhunderten auch für manche Stadtväter und Landesherren, die an einem gut beschickten Schafmarkt interessiert waren, maßgebend gewesen sein und die Stiftung von Schäferzünften gefördert haben.

Vornehmlich im Bereich der Wanderschafhaltung waren die für mehrere Herden eingerichteten großen Waschanlagen ein Treffpunkt der Schäfer. Da die Zeit des Aufenthalts an diesen Orten jedoch nur kurz sein konnte und die Herde zum Weitermarsch drängte, kommt diesen Zusammenkünften im späten Frühjahr oder im Frühsommer nicht die Bedeutung wie den herbstlichen Schafmärkten zu. — Dort, wo die Schäfer selbst die Wollschur vornahmen, kamen sie wohl auch zusammen, um sich gegenseitig zu helfen.[262] Aber auch hier gilt das gleiche wie bei der Schafwäsche: Die Frühjahrs- bzw. Sommerszeit ist für ein Zusammentreffen mit einem ruhigen Austauschen von Erfahrungen nicht so geeignet wie die Zeit nach Abschluß des Hutjahres.

Außer bei den genannten Gelegenheiten sollen sich die Schäfer eines kleineren Gebietes bisweilen getroffen haben, um mancherlei Fragen zu besprechen.[263] In Ostbelgien ist stellenweise von einem Flurnamen „Schäffersröste“ die Rede, d. h., von einem Rastort, wo sich mitunter die Schäfer umliegender Gemeinden zu Besprechungen und Beratungen zusammenfanden. Bekannt soll hierfür die Höhe am Lucheborn sein, „wo sich ehedem jede Woche die Schäfer der vier Dörfer Büllingen, Honsfeld, Heppenbach und Hepscheid während der Mittagsrast trafen ...“[264] Solche Treffen, die es sicher nicht nur in Ostbelgien gegeben hat, von deren Verlauf wir aber leider nichts wissen, müssen eine besondere Bedeutung gehabt haben, denn Eisel[265] berichtet in seinen Voigtlandssagen von einem Grundstück in der Nähe der Ortschaft Hohenreuth, welches „Die Hostien“ genannt wurde, und wo sich an einem bestimmten Tag des Jahres die Hirten von Zettlitz, Zossen, Großbocka, Kleinbocka, Schaafpresseln, Seifersdorf und Nonnendorf zu Beratungen einfanden. Wer dem Treffen keine Folge leistete, durfte im nächsten Jahr bei den „Hostien“ nicht hüten.[266] In gewissem Sinne könnte man fast an einen Zunftzwang vor allem bei illegalen Schäferbünden denken.

Trotz des nur knappen und sporadisch vorhandenen Materials darf man zusammenfassend wohl den Schluß ziehen, daß die Schäfer auch dort, wo sie keine regelrechten Verbände unterhielten, in gewisser Weise „organisiert“ waren. Zu solchen Formen des Gemeinschaftslebens rechnen wir sowohl die Zusammenkünfte anläßlich der Schaf- und Wollmärkte, als auch die Beratungen draußen an einem bestimmten Ort in der Feldmark.

23. Die Schäferheiligen

Bei der Besprechung der Schäferzünfte, vor allem aber der Schäferbrüderschaften, wurden wir immer wieder auf Heilige aufmerksam, die besondere Verehrung genossen und an deren Namenstag meist die Jahresversammlungen abgehalten wurden. Sie müßten demnach besondere Beziehungen zum Schäferberuf haben. Diese zu untersuchen, soll im folgenden unsere Aufgabe sein. Wir konzentrieren uns dabei auf die drei am meisten genannten Heiligen, Wendelin, Bartholomäus und Wolfgang, von denen Wendelin[267] die größte Verehrung genießt.

a) Wendelin

Nach der Legende[268] war der Heilige ein schottischer oder irischer Königssohn, der sich von dem verschwenderischen Leben am Hofe seines Vaters abwandte und als armer Pilger, der nur den Wunsch hatte, sein Leben Gott zu weihen, die Heimat verließ. Er gelangte auf seiner Wanderschaft in das Gebiet der heutigen Pfalz bzw. in das Erzbistum Trier und nahm bei einem Edelmann Dienste als Schäfer. Dort versah er sein Amt so gut, daß sein Herr ihn anderen vorzog. Das schaffte Wendelin manche Neider, die ihn bei dem Edelmann verleumdeten. Aber nie konnte ihm ein Versehen nachgesagt werden. Wenn er seine Schafe auch noch so weit getrieben hatte, stets brachte er abends die Herde wieder vollzählig ins Schloß. „Eines Tages ritt der Edelmann weit fort auf Raub, während Wendelin seine Schafe über sieben Meilen entfernt an einen herrlichen Berg geführt hatte, wo er gerne seine Andacht verrichtete. Als der Edelmann mit seinen Gesellen zurückritt, kam er zufällig in die Gegend, da die Herde weidete. Er war sehr ungehalten, denn er glaubte nicht, daß der Hirte vor zwei Tagen zu Hause sein könne, und er wollte doch am Abend seinen Gästen ein Tier schlachten. Da beruhigte ihn Wendelin und meinte, wer Gott im Herzen trage, dem müsse alles Recht werden.“[269] Doch der Ritter glaubte seinem Schäfer nicht. Wie groß aber war sein Erstaunen, als er vor seinem Schloß anlangte und Wendelin gerade die Herde durchs Tor eintreiben sah. Dieses Wunder wirkte so stark auf den ungläubigen Mann, daß er Wendelin um Verzeihung bat, ihn aus seinen Diensten entließ und ihm eine prächtige Wohnung in Aussicht stellte. Doch dieser bat sich nur eine kleine Klause in der Nähe eines Klosters aus, um in aller Andacht Gott dienen zu können. Dort soll er noch manche Wunder gewirkt haben, und als der Abt des benachbarten Klosters starb, übertrugen die Mönche Wendelin die Nachfolgerschaft, die er nach anfänglichem Sträuben auch annahm. Nach seinem Tode wurde er in der Gruft der Klosterkirche bestattet. „Tags darauf aber war das Grab leer und der Leichnam lag neben der Gruft. Da beschloß man, [ihn] auf einen Wagen zu legen und zwei ungezähmte Stiere davor zu spannen. Die führten den Heiligen in die Wildnis bis an den Berg, da er einst gehütet hatte. Dort blieben sie stehen. Daselbst wurde eine Kapelle erbaut und die Gebeine des Heiligen beigesetzt. Das Kloster soll Tholey und die Grabstätte St. Wendel gewesen sein.“[270] — Es ist also ganz eindeutig, daß sich von der Legende her die Beziehungen zum Schäfertum ergeben. Hierüber bedarf es keiner weiteren Erklärungen.

Wie steht es aber mit dem königlichen Schäfer Wendelin als historischer Erscheinung? Wieweit ist seine mit so vielen Einzelheiten ausgeschmückte Vita tatsächlich historisch belegt? — Man spricht in der Literatur im allgemeinen davon, daß er im sechsten Jahrhundert gelebt habe und im Jahre 617 gestorben sei.[271] Damit fiele zwar sein Wirken in der Pfalz bzw. im Erzbistum Trier in die Missionstätigkeit der iroschottischen Mönche auf dem Festland, aber in Wirklichkeit sind diese Daten urkundlich nicht nachweisbar, wie Selzer[272] in einer sehr sorgfältigen und weit ausholenden Untersuchung über den Heiligen festgestellt hat. Es fehlt nämlich „jede zeitgenössische historische Vita des hl. Wendelin und auch die schriftliche Festlegung der Legende geschah reichlich spät. Nachweisbar ist erst im Hochmittelalter eine lateinische W.-Legende. Die meisten erscheinen erst im Spätmittelalter in der ersten Blütezeit des W.-Kultes."[273] Da aber „eine historische, zeitgenössische Darstellung des geschichtlichen Lebens und Strebens des hl. Wendelin mit festen, sicheren Daten und Taten fehlte, mußte sich seiner die Legende bemächtigen. Und sie tat es — wenn auch spät, aber um so reichlicher —, um das Schweigen der Quellen gutzumachen. Der hl. Wendelin, wie er in der Verehrung des christlichen Volkes weiterlebt, ist völlig zum *Legendenheiligen* geworden; kaum mehr als ein Schimmer des historischen Grabsteines unseres Heiligen dringt durch die dichten wuchernden Efeuranken seiner Legende hindurch."[274] — Dieser Darstellung Selzers ist eigentlich nichts mehr hinzuzufügen. Der schottische oder irische Königssohn und spätere Abt von Tholey ist eine reine Sagengestalt, deren angebliches Wirken von der Legendenbildung oder -erfindung bewußt um fünf bis sechs Jahrhunderte zurückverlegt wurde. Unsicher, ja ungeklärt bleibt danach auch, wer eigentlich derjenige ist, der im Dom von St. Wendel als ehemaliger Abt Wendelin von Tholey begraben ist und als Heiliger verehrt wird.

„Wendelin" ist zunächst ein unbedeutender Lokalheiliger gewesen, der erst mit der Zugehörigkeit der Stadt St. Wendel zu Trier im 14. Jahrhundert „über seine Grabgrenze hinaus" zu wirken beginnt.[275] Auch erst dann dürfte sich die Legendenbildung seiner stärker angenommen haben, um ihn mit dem Fluidum eines großen Heiligen zu umgeben. Gewisse Vorbilder waren bereits vorhanden, die man kopieren konnte und wohl auch kopiert hat, denn Selzer[276] hat festgestellt, daß starke Ähnlichkeit bis in Einzelheiten hinein zwischen St. Wendelin und den Heiligen Jodocus, Sebaldus, Koloman, Brigitta, Rosalie und Florian bestehen. „Noch auffallender [aber] ist die Ähnlichkeit — man darf schon von Gleichheit reden — zwischen Wendelin und einem der vielen Florentinus ...", der dreißig Jahre lang Schweinehirt war.[277] Diese Ähnlichkeit zwischen einer ganzen Anzahl von Heiligen, die im wesentlichen die gleichen Patronate haben, erklärt Selzer[278] so: „Das Volk schafft stereotype Heilige, es sind volkstümliche Modeheilige aus dem Gedächtnis und der jeweiligen Anschauung und dem Bedürfnisse des Volkes geworden." Diese Ausdeutung des Fachspezialisten, auf die Gestalt unseres Heiligen bezogen, besagt, daß Wendelin im Lauf der Jahrhunderte bestimmte Wandlungen bis hin zum Hirten erfahren hat.

Selzer[279] kann eine Anzahl solcher Entwicklungstufen feststellen und führt uns zunächst ein romanisches Relief (11./12. Jahrhundert) aus dem Dom zu St. Wendel vor, welches als nachweisbar älteste Darstellung Wendelins gilt und ihn als knienden Mönch ohne Attribut neben St. Martin zeigt. — Etwa frühgotisch ist ein weiteres Relief vom gleichen Dom, das den Heiligen wohl wieder als Mönch, aber nunmehr schon als Kirchenpatron mit Stab und Buch darstellt. Beide Attribute scheinen ihn „als Verkünder des Evangeliums, als Pilgermönch und Wandermissionar zu kennzeichnen". „Der eigenartige Stab erinnert an die Kambutta der irischen Mönche. Der *Stab* wird und bleibt jetzt in der kommenden Darstellung das Bleibende und Charakteristische trotz aller Wandlungen. Er wird zum Pilger-, Hirten-, Abts- ja Bischofsstab." — Die Darstellung wiederholt sich — diesmal mit Namensnennung — am hochgotischen Sarkophag des Heiligen. Die Entwicklung geht weiter über den Pilgertyp, angetan mit Stab, Hut, Rosenkranz usw. bis hin zum Einsiedler. Beide Darstellungen, deren früheste spätgotisch ist, haben bereits gewisse Züge der Legendenbildung in sich aufgenommen. — Der für uns wichtigste Entwicklungstyp ist dann schließlich der des „älteren bärtigen Hirten", wie ihn Selzer nennt. Die älteste Darstellung stammt wieder aus St. Wendel, ist auf 1425/30 datiert und zeigt den Heiligen als Statuette aus Gelbguß noch mit den Attributen des Pilgertyps versehen. Aber schon hält er in der rechten Hand die lange Schäferschippe; zu seinen Füßen weiden Schweine. „Dieser St. W.-Darstellungstyp des älteren, bärtigen Hirten mit Hirtenstab, Rosenkranz ist der gebräuchlichste und häufigste des späteren Mittelalters, in ihm ist der Pilger und Mönch bereits dem Hirten untergeordnet." — Für unsere Zusammenhänge können wir es bei diesen Entwicklungstypen, die Selzer anführt, bewenden lassen. Ergänzend müssen wir aber festhalten, daß seit der Zeit der St. Wendeler Gelbgußstatuette unsere Heiligendarstellungen vor allem Hirtenbilder zeigen, welche durch die charakteristische Hirtenkeule gekennzeichnet sind. Wirkliche Schäferdarstellungen, ausgewiesen durch die Schäferschippe als Attribut, finden sich noch relativ selten. Erst in der zweiten Periode des Wendelinkultes — seit der Zeit der Gegenreformation — tragen die Wendelinfiguren fast ausschließlich spezielle Schäfergeräte. Der eigentliche *Hirten*-Typus ist fast völlig verdrängt. Man kann also innerhalb des Selzerschen Entwicklungsschemas zwei Phasen festhalten: In der ersten Periode des Kultes die vorherrschende *Hirten*-Darstellung, die in der zweiten Periode durch die des *Schäfers* verdrängt worden ist.[280]

Was hat aber realiter dazu geführt, Wendelin die Gestalt eines Hirten bzw. in späterer Zeit die eines Schäfers zu verleihen? Im 14. Jahrhundert wird der Heilige für uns erstmalig als Seuchen- und Pestpatron faßbar. Bald darauf begegnet er uns dann schon als Viehpatron, und man muß nach Selzer[281] hinzufügen, daß eine Übertragung des Seuchenpatronats für Menschen auf das Vieh auch bei anderen Heiligen beobachtet wurde. Vom Vieh- zum Hirtenpatronat war es dann nur ein kleiner Schritt, und sicher hat auch der Pilgerstab die Umwandlung zum Hirtenstab und Hirtenpatronat begünstigt. Wie weit die Legende das Hirtenpatronat gefördert hat, ist schwer feststellbar. Vielfach ist es so, daß die Legende selbst sekundär vom Patronat her beeinflußt wird, was gerade bei Wendelin besonders zuzutreffen scheint,[282] denn die erste Erwähnung des Heiligen als Seuchenpatron im 14. Jahrhundert und die eigentlich erst seit dem 15. Jahrhundert bekanntgewordene Vita sprechen durchaus für eine solche Annahme.

Wenn man berücksichtigt, daß es im deutschen Sprachraum weitere 77 männliche und 16 weibliche Kompatrone unseres Heiligen gibt — dazu kommen überdies die vielen Lokalheiligen, die in den genannten Zahlen nicht enthalten sind — dann erkennt man, daß es nicht spezielle Eigenschaften St. Wendelins sein konnten, die ihn über die große Zahl der übrigen Viehpatrone hinausheben. Zu seiner weiten Verbreitung in Deutschland müssen andere Dinge beigetragen haben. Selzer,[283] der auch diese Frage eingehend untersucht hat, führt sie vor allem auf die wirtschaftliche Bedeutung des Ortes St. Wendel zurück, „dessen Viehmärkte durch lange Zeit die ansehnlichsten Südwestdeutschlands waren", und die nicht nur von diesem Gebiet aus beschickt wurden, sondern auch ein Treffpunkt für die Händler und Hirten aus dem gesamten Rheingebiet, ja sogar aus Mittel- und Oberdeutschland waren.[284] —Es kommt aber noch ein zweites hinzu: Bei einer Übersicht über die fast geschlossene Verbreitung der Wendelins-Patrozinien im alemannisch-fränkischen Raum fällt auf, daß sich eine größere Dichte um „Hügel- und Höhengebiete" bildete (Eifel, Odenwald, Rhön, Schwarzwald, Rauhe Alb, Südvogesen, Vorarlberg, Mittelschweiz usw.). Selzer[285] stellt dazu sehr richtig fest, daß es sich hier um Gebiete handelt, die vorwiegend Milch- und Viehwirtschaft treiben. Genauer gesagt sind es die mitteleuropäischen Verbreitungsräume der Wanderweidewirtschaft (Alpwirtschaft und Wanderschafhaltung), bei der die Hirten oft weite Entfernungen zurückgelegen und dabei den Kult verbreitet haben.[286] Bei stationärer Viehhaltung, wie etwa in Norddeutschland, wäre an eine solche Ausbreitung nicht zu denken, wie ja unser Heiliger in diesem Gebiet auch kaum eine Verehrung erfahren hat. Man wird also sagen dürfen, daß in gleicher Weise die Viehmärkte in St. Wendel und die Wanderweidewirtschaft im südwest-mitteleuropäischen Raum den Kult des Heiligen nicht nur stark gefördert, sondern auch zu seiner weiten Verbreitung beigetragen haben. Dabei wechselt die Bedeutung Wendelins als Viehpatron je nach Landschaft und Bevorzugung der einzelnen Vieharten.[287] — Im übrigen erklärt sich auch aus der Beziehung des Heiligen zum Verbreitungsraum der süddeutsch-rheinischen Wanderschafhaltung einerseits, zur Schweizer und Vorarlberger Alpwirtschaft andererseits seine Stellung als alemannisch-fränkischer Volksheiliger, dessen geschlossener Kultraum im wesentlichen mit den alten Stammesgrenzen der Alemannen und Franken zusammenfällt und auch die deutsche Sprachgrenze nicht überschreitet.[288]

Man würde der legendären Gestalt Wendelins nicht gerecht, wollte man in ihm nur den Viehpatron und Schutzheiligen der Schäfer und Hirten sehen. Die Wandlung in der Darstellung vom Mönch über den Pilger zum Hirten und Schäfer läßt eine gewisse Haltung und Einstellung des Volkes zu der Heiligengestalt, die es sich ja letztlich selbst geschaffen hatte, erkennen. Nicht ohne Grund endet die Entwicklung der Darstellungen im Schäferbild. Denn die Schäfer, sagt Schreiber,[289] waren nach der Volksauffassung berufen, „das Leben zu deuten, seine Geheimnisse zu ergründen, der Zukunft das Horoskop zu stellen, Heilbringer und Volksärzte zu sein". Nach dieser Auffassung, die wir nur bestätigen können, gewinnt die Gestalt Wendelins für uns ein ganz anderes Gesicht: Er ist keinesfalls allein der ausgesprochene Schäferheilige und Viehpatron, sondern ihn bittet man als *Schäfer*, der *alles* kann und weiß, in allen Nöten um Rat und Hilfe. So erweitert sich das Viehpatronat „zum allgemeinen Bauernpatronat. St. Wendelin ward Bauernheiliger, Helfer in allen bäuerlichen Anliegen der Stube und des Stalles, der Felder und der Flur ..."[290] Diese Erweiterung des Patronats, die möglicherweise erst in der zweiten Blütezeit seiner Verehrung so recht zum Ausdruck kommt, zeigt sich in einer ganzen Anzahl von Erscheinungen: Kolb[291] hat schon darauf aufmerksam gemacht, daß alle Heiligenplastiken, „die nicht innerhalb eines kirchlichen Raumes, sondern in Haus und Flur stehen, in weitem Maße als Schutzbilder anzusehen sind, sei es gegen Witterungsunbilden oder sonstiges Unheil". Zu diesen Plastiken gehören — jedenfalls im Taubertal — in großer Anzahl Wendelindarstellungen. — Es erinnert an das frühe Seuchenpatronat des Heiligen, wenn man erfährt, daß noch um 1900 in Grafeld, Kreis Bersenbrück, „Wendelinpulver" gegen Ungeziefer verkauft wurde.[292] — In der Kirche von Siegsdorf (wahrscheinlich in Oberbayern) steht eine Plastik Wendelins aus dem 18. Jahrhundert, dem man als Attribut nicht wie gewöhnlich die Schäferschippe, sondern einen Dreschflegel (!) in die Hand gedrückt hat.[293] — Schließlich sei noch als letztes Beispiel ein Spruch mitgeteilt, den unser Gewährsmann Martin Freitag aus Mehrstetten, Kreis Münsingen, an der Tür einer Schäferkarre fand:

„O Wendelein, ich bitte Dich
steh mir doch bei und höre mich!
Sag meiner Allerliebsten fein
ein gutes Wort ins Herz hinein.
Sag ihr, wies um mein Herz bestellt
und wie sie mir so wohl gefällt
und wie ich ihr so zugetan
und sie fürwahr nicht lassen kann."

Unter den genannten Beispielen ist wohl gerade das letzte ein recht sinnfälliger Ausdruck dafür, daß Wendelin, der Schäfer, ein wirklicher Volksheiliger war, an den man sich selbst in Liebesangelegenheiten wenden konnte. — Eine Verquickung des Schäfer- und Bauernpatronats Wendelins äußert sich auch im Brauchtum. Wie uns Dr. Jacob aus Mondorf/Saar freundlicherweise mitteilte, rief man dort unseren Heiligen vornehmlich als Viehpatron an. Sein Bild und Altar standen in der Mondorfer Kirche. Eine angeblich von einem Schäfer geschnitzte Plastik — im letzten Kriege ist sie vernichtet worden — zeigte Wendelin in Schäferkleidung, aber ohne Hut. Daraus entwickelte sich der Brauch, daß die Mondorfer Schulbuben von Haus zu Haus gingen und für den „Hut des heiligen Wendelin" Geld sammelten. Als der Hut beschafft war, hörten diese Heischezüge zwar von selbst auf, doch führte fast gleichzeitig ein aus Holland gekommener Priester den Brauch ein, daß in der Fronleichnamsprozession neben den weiß gekleideten Mädchen die Jungen zu Ehren des Heiligen mit blauem Kittel, weißer Hose und Wurfschaufel angetan als „Schäfergarde des heiligen Wendelin" hinter dem Allerheiligsten einherzogen. — So hilfreich der Heilige einerseits sein konnte, so hart strafte er auf der anderen Seite diejenigen, die seinen Weisungen nicht folgten, seinen Rat in den Wind schlugen oder ihn gar verspotteten und nicht anerkennen wollten. So erging es einem Schweizer, von dem folgendes aus dem Ende des 17. Jahrhunderts berichtet wird[294]:

„Anno 1677 Diente ein Calvinischer Schweitzer Wilhelm genand, in der Schweitzerey der Fröling Von Söteren, welcher Sonntäglich in St. Wendels Kirch die prädig zu hören pflegte. Als dieser einmahl an St. Wendel-Tag in der Prädig waare und disen lieben Heyligen gar sehr loben hörte gedachte er bey sich: Es ist alles falsch und gelogen, waß der Münch auff der Cantzel saget. Als bald war der so stockblind, daß man ihn auß der Kirch führen mußte. Alsdann erkannte und bereuete seine sünd batte den Heyligen/Wendel/ wegen der Gotteslästerung umb Verzeihung, und gelobte ihm, daß wann er ihm sein gesicht wider geben würde so wolte er Catholisch werden. Da ware St. Wendel so gutt, daß er ihm seine blinden Augen erleuchtete und jener ware so danckbar daß er gleich darauf Catholisch wurde, beichtete communicierte, und diß wunder zum Lob St. Wendels aller außbreitete."[295]

b) Bartholomäus

Die Beziehungen des heiligen Bartholomäus zum Schäferwesen sind anders als die Wendelins. Nach der Legende gehörte der Heilige zu den zwölf Aposteln. Er fand dadurch den Märtyrertod, daß man ihn ans Kreuz schlug, die Haut vom Leibe zog und ihn dann köpfte. Auf den bildlichen Darstellungen trägt er daher Beil oder Messer, hält den Kopf in der Hand oder hat seine Haut über den Arm gehängt. Diese Attribute haben ihn zum Patron der Fleischer, Gerber, Handschuhmacher, Fellhändler, ja selbst der Buchbinder gemacht, kurz aller Gewerbe, die in irgendeiner Weise mit der Fell- und Lederverarbeitung zu tun hatten. Im Bereich der südwestdeutschen Wanderschafhaltung kennen wir ihn als Patron vor allem der dortigen Schäferzünfte. An seinem Namenstag, am 24. August, fand der Markgröninger Schäferlauf statt.

Wie kommt es zu dieser Beziehung des Märtyrers zu den Schäfern? Naheliegend ist die Annahme, daß die von den Schäfern oft ausgeübte Schindertätigkeit dazu geführt haben könnte. Es ergeben sich jedoch in der einschlägigen Literatur nicht die geringsten Anhaltspunkte dafür.[296] — Die Beziehungen des Heiligen zum Schäfertum müssen sich daher aus anderen Wurzeln herleiten. Für die Markgröninger Zunft mag zwar die Verbindung mit der dortigen Metzgerinnung eine gewisse Rolle gespielt haben, für die allgemeine Verehrung des Heiligen gerade unter den Wanderschäfern sind jedoch andere Gründe maßgebend gewesen.

„Sankt Bartholomäi
nimmt den Bauern den Käs (Vesperbrot)
und dem Schäfer die Leinenhose."

So lautet ein Sprichwort im Luxemburgischen,[297] welches aussagen will, daß zu Bartholomäi, am 24. August, für den Bauern die im Sommer den ganzen Tag währende Feldarbeit zu Ende gegangen und die Ernte eingebracht ist. Der Schäfer aber kann mit der leichten Sommerkleidung nicht mehr auskommen, wenn er Tag und Nacht bei seiner Herde bleiben soll. Mit anderen Worten, der Herbst ist eingezogen. Noch deutlicher kennzeichnen die Tiroler Bartholomäi als den Beginn der kalten Jahreszeit, wenn sie sagen:

„Um Bartlmä
Schaut der Schnee
Übers Joch her."[298]

In Obersteier feiert man den 24. August als Herbstanfang.[299] Auch in England heißt es:

„St. Bartholomäus bringt den kalten Tau."[300]

Der Namenstag des Heiligen ist also ein wichtiger Lostag am Ende des bäuerlichen

Arbeitsjahres, und „Verbote der Arbeit deuten darauf hin, daß Bartholomäi einst zu den Feiertagen gehörte, wovon auch Sagen warnend erzählen."[301] Die Schwaben vor allem begingen am 24. August das Erntefest. — Bei der Behandlung sowohl der spanischen als auch der süddeutschen Wanderschafhaltung und bei der Besprechung der frühen Markgröninger Schäferzunft konnten wir schon auf die Bedeutung dieses Tages gerade für die Wanderschafhaltung hinweisen, welche darin besteht, daß mit dem Abschluß der Erntearbeiten im Verbreitungsraum dieser Wirtschaftsform der Schäfer freie Weide hatte, wenn er um Bartholomäi das Hochland verlassen mußte. Für ihn ist der 24. August der Abschluß der Sommer- und der Beginn der Winterweide, also ein besonderer Abschnitt im Ablauf seines Arbeitsjahres, der von einigen Schäferzünften als Jahrestag begangen wird.[302]

Die Beziehungen des Heiligen zu den Schäfern rühren also nicht aus den Umständen seines Martyriums und den entsprechenden Attributen her, sondern sind — rein wirtschaftsethnographisch — durch die termingebundenen Notwendigkeiten und Besonderheiten der Wanderschafhaltung bedingt.

c) Wolfgang

Was schließlich den heiligen Wolfgang, Bischof von Regensburg, betrifft, dessen Andenken der letzte Oktobertag gewidmet ist, so schließen wir uns der in der Literatur vertretenen Ansicht an, daß sich seine Verehrung durch Schäfer und Hirten aus der ersten Silbe seines Namens erklären läßt. Durch die Anrufung seiner Person glaubten sie den ärgsten Feind ihrer Herden, den Wolf, vertreiben zu können.[303] Der Kult des Heiligen wurde jedoch, anders als bei Wendelin und Bartholomäus, mehr in der Abgeschiedenheit kleiner Kapellen und Kirchen geübt, war dadurch nicht weniger intensiv. Die Verbindung der Schäfer zu diesem Patron drückt sich z. B. darin aus, daß man den früheren Schäfer des saarländischen Gutes Dagstuhl einfach „den Wolfgang" nannte,[304] also, ähnlich wie bei Wendelin, den Heiligen mit dem Schäfer schlechthin identifizierte; eine Erscheinung übrigens, die wir bei Bartholomäus nicht angetroffen haben und auch gar nicht erwarten können, da seine Beziehungen zum Schäferwesen — man möchte sagen — rein zufällig sind. Ausschlaggebend war hier ja der Lostag und nicht gerade der für diesen Termin zuständige Heilige.

d) Andere Heilige

Wir sagten bereits, daß es neben den 77 männlichen und 16 weiblichen Kompatronen Wendelins eine Menge lokalgebundener, wenig bekannter Heiliger gibt, die nach Aussage der Legenden in ihrer Jugend meist als Schäfer tätig waren.[305] Alle diese Heiligen zu besprechen, würde über den Rahmen unserer Arbeit hinausgehen. Wir greifen nur zwei heraus, die ehedem *wirklich* Schäfer gewesen sein sollen und nach ihrem Tode als Volksheilige verehrt wurden.

An der Südseite der Kirche zu Waldburg in Schwaben befindet sich hart am Boden eine Nische mit dem Standbild des früheren Habnit, der in der Nähe Waldburgs als Wunderdoktor gewirkt haben soll. Die Figur ist „über und über mit Kindsschlotzern [das sind Sauger] beladen", die man ihm opferte. Die Erde zu Füßen des Standbildes wird ausgescharrt und kranken Kindern unter den Kopf gestreut. Habnit soll „englische Krankheit, Herzgesperr und Unterwachs" heilen.[306] — Was wir schon bei Wendelin erwähnten, bestätigt sich hier wieder. Habnit genoß in seiner Eigenschaft als Schäfer, der alles konnte und wußte, das besondere Vertrauen des einfachen Menschen fernab von den Städten. Es ist daher einleuchtend, wenn seine Gestalt nach dem Tode die legendenhaften Züge eines Wundertäters angenommen hat. Der Schäfer ist auch hier zum Volksheiligen geworden. Wie weit Habnit auch als Berufspatron der Schäfer und Hirten gilt, geht aus der Schilderung Birlingers nicht hervor. Es scheint aber, daß sich sein Patronat allein auf die Heilung von Kinderkrankheiten beschränkte.

Die gleichen Voraussetzungen treffen auch für den heiligen Eberhard (28. September) zu, der jedoch anders als Habnit in Nieder- und Oberbayern als Vieh- und Pestpatron verehrt wird, also durchaus auch von den Viehhütern angerufen wird. Seine Grabstätte befindet sich in der Kirche zu Duntenhausen, wo man ihm kleine Votivwachsfiguren, Tiere darstellend, opferte. Im Kult hat er gemeinsame Züge mit anderen süddeutschen Viehpatronen. Im einzelnen berichtet die „Bavaria Sancta" über ihn folgendes: „In einer Filial-Kirchen, welche diesem Closter einverleibt, und zu Ehren dess H. Ertz-Engel Michaelis geweyhet, Duntenhausen insgemein benannt, ist auch vorhanden ein Grab eines Heiligen, mit Namen Eberhard, welcher, wie auch sein Bildnus an den Tag gibt, ein Schaaf-Hirt in gemelten Dorff gewesen seyn soll. Sein Grab wird schier noch Täglich besucht, sowohl von den Benachbahrten, als auch von den weiter Entlegenen. Man pflegt auch die Erden von seinem Grab hinweck in die Häuser und Ställ zu tragen, und wird dem Vieh wider vergiffte und erbliche Seuchen angewendet; daß auch dises für ein Wunder-Werck gehalten kan werden, dass von so engem Grab so vil Erdrich kan hinweck genommen werden. Weilen aber diser Heilige lang vorhero, als dise Kirchen von einem Bischoff von Freysingen hiesigem GOtts-Hauss ist geschenckt worden, mit Tod abgangen, darum wissen wir noch Jahr, noch Tag seines Ableibens: doch wird seine Gedächtnus und Verehrung umb das Fest dess H. Michaelis, mit grösserem Zulauf gehalten. Was von der Schenckung dieser Kirchen gesagt, kan man auss noch vorhandenen Päbstlichen Briefeen abnemmen, in welchen Eberhardus auch Heilige genannt wirdt. Das Baurs-Volck auss selbiger Gegend, erzehlet von diesem Heiligen mehr andere Wunderwürdige Sachen, die man hie ausslasst, weilen sie ohne ferneres Zeugnus erzehlet werden."[307]

Zusammenfassung

Die Geschichte des Schäferverbandswesens steht ganz im Zeichen des Ringens um die handwerkliche Innungswürdigkeit, d. h., um die Beseitigung des Makels der Unehrlichkeit, der den Schäfern in allen Teilen Deutschlands gleichermaßen anhaftete. Die Zähigkeit, mit welcher sie bis ins 18. Jahrhundert hinein versuchten, sich Verbandsorganisationen nach dem Muster der städtischen Zünfte zu schaffen, zeigt deutlich, daß es in erster Linie die Zunftlosigkeit war, welche sie und andere „Unerhliche" hinderte, ihren Verruf zu beseitigen. Alles andere sind Mutmaßungen[308] und bleibt für unsere Zusammenhänge irrelevant.

Erste Schäfervereinigungen lassen sich relativ früh, mindestens für das 15. Jahrhundert in Süddeutschland (Rothenburg, Markgröningen, Bretten) nachweisen, zeigen aber in ihren Statuten, soweit sie erhalten sind, noch keine Auseinandersetzungen mit dem Unehrlichkeitswesen. Man darf annehmen, daß das Abhalten von Woll- und Schafmärkten in den drei genannten Städten die Bildung von Schäferbrüderschaften gefördert hat, also *zunächst* merkantile Gesichtspunkte für ihre Gründung maßgebend gewesen sind. — Aus der Interpretation der Gründungsurkunde der Schäfer- und Hirtenbrüderschaft zum heiligen Kreuz in der Klus bei Halberstadt von 1516 läßt sich jedoch möglicherweise erkennen, daß das städtische Handwerk einen ersten Versuch der Schäfer, innerhalb der Stadtmauern eine Brüderschaft zu errichten, vereitelt hatte. Die Ordnung von 1516 könnte als ein erster Hinweis dafür angesehen werden, daß die Schäfer begonnen hatten, den Kampf gegen ihre Ausstoßung aus der Gesellschaft korporativ aufzunehmen.

Die Zuspitzung des Unehrlichkeitswesens führte zu dem Edikt Kaiser Karls V. von 1548, nach welchem neben vielen anderen „unehrlichen" Berufen auch die Schäfer für ehrlich erklärt wurden. Seit dieser Verordnung erst, können wir sagen, nehmen sich in Süddeutschland einzelne Territorialherren der hart bedrängten Schäfer offen an, indem sie ihrem Wunsch nach Zunftgründungen willfahren, sich aber die Oberaufsicht vorbehalten. — Wie die Ordnung der Sankt-Michaelis-Brüderschaft zu Hirzfelden im Oberelsaß von 1584 zum erstenmal erkennen läßt, wirkte sich das Unehrlichkeitswesen schon im 16. Jahrhundert derart aus, daß die Schäfer, weil sie von aller Welt gemieden wurden und ihnen der soziale Aufstieg in die „bürgerliche Welt" verschlossen blieb, sich nicht mehr an eingegangene Dienstverpflichtungen gebunden fühlten und dorthin gingen, wo sie noch geachtet zu werden glaubten, d. h., es begann die Zeit der Fluktuation, unter der die Schafhaltung sehr zu leiden hatte. Gegen diese Verhältnisse nahm die Hirzfeldener Ordnung von 1584 ganz klar Stellung, indem sie mit dem Mittel des Zunftzwanges die Schäfer des unter österreichischer Verwaltung stehenden oberelsässischen Territoriums zusammenfaßte, geheime Bünde verbot, aber auch mit exemplarischen Strafen denjenigen drohte, welche die Schäfer wegen des Abziehens toter Schafe fürderhin zu verleumden wagen würden. — Es ist klar, daß mit solchen und ähnlichen Maßnahmen die süddeutschen Landesherren vor allem an die Wahrung ihrer eigenen wirtschaftlichen Interessen dachten, zumal in dieser Zeit bereits Versuche unternommen wurden, die heimischen grobwolligen Schafbestände durch feinwolligere ausländische Rassen aufzukreuzen. Aber — und das gilt für alle Schäferzunftordnungen bis ins 18. Jahrhundert hinein — die Schäfer unterstützten nicht nur diese obrigkeitlichen Maßnahmen, sondern ergriffen selbst die Initiative, indem sie ihren Landesherren immer wieder eine straffe Verbandsordnung nach dem Vorbild der städtischen Handwerkerzünfte nahelegten. Denn gerade der Zunftzwang war das wirksamste Mittel, ihren Beruf von allen unlauteren Elementen freizuhalten, die sich infolge der Fluktuation immer unliebsamer bemerkbar machten. Den handwerklichen Widersachern aber nicht den mindesten Grund zu weiteren Verleumdungen zu geben, war ein wesentliches Anliegen der Schäfer. Das Beispiel der Schäferbrüderschaft zu Pfaffenhoffen im Unterelsaß zeigt sogar, daß besonders streng formulierte Statuten ein wirksames Mittel waren, weite Kreise der Schäfer selbst aus benachbarten Territorien heranzuziehen. (Die süddeutschen Schäferzünfte — außer der von Bretten — waren sonst auf Territorialebene errichtet.) — In Süddeutschland kamen sich so die Interessen der Landesherren und die der Schäfer entgegen und ergänzten sich. Man hatte dort die Folgen des Unehrlichkeitswesens rechtzeitig erkannt und bekämpfte sie gemeinsam. Daß diese Bestrebungen für beide Teile erfolgreich gewesen sein müssen, zeigt einmal die Tatsache, daß sich Beschwerden über die Fluktuation, wie wir sie in der Hirzfeldener Ordnung fanden, in den Statuten weiterer Schäfervereinigungen Süddeutschlands nicht wiederholen. Zum anderen scheint uns der Hinweis auf eine württembergische Ordnung von 1579 wichtig zu sein, nach welcher die Schäfer bei der Festsetzung von Taglohngebühren mit Handwerkern wie Schreinern, Schlossern usw. auf eine Stufe gestellt worden sein sollen[309]. In dieser Gleichsetzung dürfte sich bereits ein gewisser Erfolg der Schäfer in ihrem Ringen um soziale Anerkennung ausdrücken. Das frühe Datum von 1579 mag sich daraus erklären, daß neben dem fränkischen das württembergische schäferliche Verbandswesen das älteste und organisierteste in Deutschland gewesen ist.

Anders als in Süddeutschland entwickelte sich das Schäferverbandswesen im Raum nördlich des Mains. Auch hier wirkte sich der Unehrlichkeitsmakel negativ aus, und auch hier war es seit jeher das Bestreben der Schäfer, durch Zunftgründungen ihren Verruf zu beseitigen. Während in Süddeutschland die Landesherren diesen Bemühungen Verständnis, aber auch aus Gründen, die wir nannten, Interesse entgegenbrachten, versagten sich die norddeutschen Territorialfürsten den Bitten ihrer Schäfer um Zunftgründungen. Der immer stärker anwachsenden Fluktuation versuchten sie mit scharfen Verbotsedikten zu begegnen, bei denen oft eine uns unverständlich erscheinende Verkennung der wirklichen Sachlage zutage tritt. Die Schäfer selbst griffen zur Notwehr, indem sie sich entgegen den herrschaftlichen Verboten, deren Wirkungslosigkeit dadurch unterstrichen wird, daß sie z. B. in Brandenburg-Preußen in relativ kurzen Abständen zum Teil wortgleich über zweihundert Jahre wiederholt werden, zu illegalen Bünden zusammenschlossen, die sich vor allem dadurch auszeichneten, daß sie ihre Mitglieder mit einer rigorosen, bisweilen schon brutal zu nennenden Art von Zunftzwang zusammenhielten. Das Vorbild der Handwerkerzünfte ist auch hier nur zu deutlich erkennbar und zeigt, daß es ebenfalls in diesen Gebieten den Schäfern allein um ihre gesellschaftliche Anerkennung zu tun war. Daß tätliche Übergriffe gegenüber den Exekutivbehörden oder dem Gutsherrn, die entgegen den Forderungen der illegalen Vereinigungen billigere, nichtzünftige Schäfer eingestellt hatten, vorkamen, ist nicht zu verwundern. Die negativen Auswirkungen des Pachtschäfereiwesens gerade in diesen Gebieten mögen zu einem gewissen Teil mit dazu beigetragen haben, die illegalen Schäferbünde zu radikalisieren.

Trotzdem hat es auch dort nicht an Versuchen der Schäfer gefehlt, den Landesherrn von der Notwendigkeit zu überzeugen, Zünfte ins Leben zu rufen bzw. ihre Errichtung zu gestatten. Aktenkundig sind jedoch nur zwei dieser Petitionen geworden, von denen die erste im Jahre 1653 von den Schäfern des Beetzendorfischen Kreises bei Salzwedel ausgeht. Diese können sogar auf das frühere Bestehen einer autorisierten Schäferzunft hinweisen und machen mit einer rührend anmutenden Bescheidenheit darauf aufmerksam, daß allein die Errichtung der alten Zunft wieder geordnete Verhältnisse in die Schafhaltung bringen könne. Da aber die Verbote in Brandenburg auch nach 1653 weitergehen, darf man annehmen, daß der Bitte der Beetzendorfischen Schäfer nicht entsprochen wurde. — In das Jahr 1723 bzw. 1729/30 fällt der Versuch der Schäfer des meißenschen und erzgebirgischen Kreises, den König von Sachsen zu einer Zunftgründung nach dem kaiserlichen Vorbild in Böhmen und Österreich zu bewegen. Der erschütternde Bericht, geschrieben von Menschen, welche die bedrückende Last der Unehrlichkeit mit allen ihren üblen Auswirkungen durch die Errichtung einer autorisierten Zunft zu beseitigen hoffen, ist mit detailliertem Satzungsentwurf verbunden, der ganz darauf abgestellt ist, den wirtschaftlichen Interessen des Königs zu dienen. Nach sieben Jahren erst entscheiden sich die Behörden, und zwar negativ. — Lediglich in Schlesien, wo 1652 bzw. 1676 ebenfalls Verbote gegen nicht autorisierte Schäferbünde ausgesprochen wurden, entschließt sich 1717 der Kaiser als Landesherr, eine Schäferzunft mit zwei Laden in Breslau und Troppau zu errichten. Mit entsprechenden Gründungen in Böhmen und Österreich hat er damit ein für seine Hauslande einheitliches Schäferzunftsystem geschaffen, das ganz im Dienste des Ausbaus der habsburgischen Schafzucht steht.

Wie das Jahr 1548 einen gewissen Wendepunkt in der Geschichte des schäferlichen Verbandswesens darstellt, so bringt die kaiserliche Verordnung von 1731, in welcher außer den Schindern alle unehrlichen Berufe noch einmal ausdrücklich für ehrlich erklärt und die Rechte der Handwerkerzünfte eingeschränkt werden, einen gewissen Wandel in den Auffassungen. In den Statuten der hessischen Schäferzünfte, die erstmalig in den Jahren 1734/36 in unseren Gesichtskreis treten, haben die Tendenzen, die Unehrlichkeit der Schäfer zu beseitigen, nur noch formalen Charakter. Die für diese Zeit typischen Maßnahmen, die Rentabilität der Schafhaltung zu steigern, stehen jetzt im Vordergrund bei der Errichtung von Schäferzünften. Der Diskriminierung wird nur noch in einem bürokratischen Verweis auf den kaiserlichen Erlaß von 1731 Erwähnung getan. — Noch stärker wirken sich die wirtschaftlichen Interessen des Landesherrn bei der Schäferzunft im Herzogtum Pfalz-Zweibrücken aus, welche wahrscheinlich erst in der zweiten Hälfte des 18. Jahrhunderts, d. h. zur Zeit der Einführung spanischer Merinos, ins Leben gerufen wurde.

Man darf also sagen, daß um das Jahr 1731 die Entwicklung des Schäferzunftwesens an einem gewissen Endpunkt angelangt ist, d. h., daß mit der kaiserlichen Verordnung ein Abbau und eine Reorganisation des handwerklichen Zunftwesens begann, wodurch der Diskriminierung der Schäfer eine wesentliche Grundlage entzogen, ja ihrem Verruf nach und nach ein Ende gesetzt wurde. Das Schäferzunftwesen begann allmählich einzuschlafen, ohne daß die Schäfer etwas unternommen hätten, es am Leben zu erhalten. Im Gegenteil: Es wandten sich 1816 die Mitglieder der Markgröninger Lade an den württembergischen König mit der Bitte, sie aus dem Zunftzwang zu entlassen, da er dem Weiterkommen besonders des Nachwuchses nur noch hinderlich sei.

Was nun die Verbreitung der Schäferbünde bis zum Zeitpunkt ihrer Auflösung betrifft, so lassen sich nach historischer Entwicklung und Zusammengehörigkeit bzw. Abhängigkeit voneinander nach Landschaften geordnet ein

Fränkischer,
Württembergisch-Badensischer,
Elsässischer,
Österreichisch—Böhmisch—Schlesischer
und ein
Hessischer Kreis

herausstellen.

Die ortsmäßig nicht festgelegte Verbreitung der illegalen Schäfervereinigungen östlich der Elbe bzw. nördlich des Mains erlaubt uns vorerst nur von einem

Mecklenburg—Pommerschen,
Brandenburgischen

und einem

Lausitzisch—Sächsischen Kreis

zu sprechen.

Nicht von ungefähr liegt die größte Dichte der sanktionierten Schäferzünfte in einem Gebiet, das durch eine einheitliche Wirtschaftsform, nämlich die der Wanderschafhaltung, charakterisiert ist. Für die Beeinflussung und Abhängigkeit mancher Zünfte voneinander mag hierin ein gewichtiger Grund liegen. Um so mehr ist es zu verwundern, daß uns aus dem Verbreitungsraum der rheinischen Wanderschafhaltung, also einem Gebiet mit gleichen wirtschaftlichen Voraussetzungen, keine Hinweise auf ähnliche Zünfte bekannt geworden sind. Da man in der Forschung im allgemeinen auf diese Erscheinungen noch nicht geachtet hat, sind wir überzeugt, daß eine Durcharbeitung der rheinischen Archive noch manches wichtige Material zur Geschichte des schäferlichen Verbandswesens hervorbringen würde.

Hingegen dürften in dem westfälisch-niedersächsischen Verbreitungsgebiet der Hofschäferei keinerlei zunftähnliche Einrichtungen zu erwarten sein, da die dortigen Schäfer ja zum größten Teil aus der Bauernfamilie selbst oder aus dem Hofgesinde stammten, also eine feste gesellschaftliche Bindung hatten, welche die drückende Last der Unehrlichkeit, die etwa auf einem Dienstschäfer lastete, kaum spürbar werden ließ.

Was von den einstigen Schäferzünften in Süddeutschland übrig blieb, waren und sind die zu „Volksfesten“ gewordenen Zunfttage, die den Schäfer nur noch als Fassade und Anziehungspunkt für den Fremdenverkehr benutzen. In einigen wenigen Fällen haben die um 1900 ins Leben gerufenen Schäfervereine die Tradition der alten Zünfte bewußt oder unbewußt übernommen, so der „Brenztal-Schäferverein“, der die Fahne der alten Heidenheimer Nebenlade weitertrug, oder der „Oberhessische Schäferverein“, der an eine der späten hessischen Zünfte anschloß. — Höhepunkte des Vereinslebens waren die jährlich stattfindenden Schäferbälle. Eine Interessenvertretung im Sinne der alten Zünfte war kaum noch spürbar, wenn bei den Zusammenkünften auch fachliche Fragen und Lohnangelegenheiten zur Sprache kamen. Selbst der Zusammenschluß der Schäfervereine, die sich wie ein Netz über ganz Deutschland spannten, zu Landesschafzuchtverbänden bzw. zum Süd- und Norddeutschen Schäfereiverband (1911) brachte hier keinen Wandel. Lediglich im Bereich des Norddeutschen Schäfereiverbandes, der das Gebiet der alten illegalen Bünde umfaßte, gewann nach 1918 die Gewerkschaft der Landarbeiter Einfluß und vertrat die Belange der norddeutschen Schäfer mit. Eine echte Interessenvertretung setzte erst wieder nach dem zweiten Weltkrieg ein, als sich die Schäfer in beiden deutschen Staaten zum großen Teil den Gewerkschaften anschlossen.

Anhand vor allem mündlichen Überlieferungsgutes untersuchten wir sodann die Ausbildung und Lehre des Schäfernachwuchses mit bestimmten Einzelheiten über die Gesellen- und Meisterprüfungen, wobei wir das Nachahmen und Übernehmen handwerklichen Zunftbrauchtums feststellen konnten.

Der „Schäfergruß“ mit den Merkmalen des handwerklichen Zunftzuspruchs ist, wie das Material des Wossidlo-Archivs, Rostock, in großer Fülle ausweist, eigentlich nur in Mecklenburg verbreitet und spricht damit für die Lebenskraft der dort faktisch in Illegalität existierenden Schäferbünde. Ausgesprochen oppositionelle Fassungen des Schäfergrußes sind ein Zeichen für den Kampf, den dort die Schäfer gegen die Verbote des Landesherrn um ihre Gemeinschaften führten.

Dort, wo sich keine Vereinigungen nach handwerklichem Vorbild befanden, trafen sich die Schäfer auf den großen Woll- und Schafmärkten, die durch ihre Zusammenkünfte ein ganz besonderes Gepräge erhielten. Es ist durchaus denkbar, daß diese Märkte Schäferbünde in irgendeiner Form ersetzten. Neben diesen Zusammenkünften versammelten sich in bestimmten Abständen die Schäfer kleinerer Gebiete, oft nur einiger Dörfer zu gemeinsamen Besprechungen an entlegener Stelle. Gewisse Formen des „Zunftzwanges“ dürften sich auch dort ausgebildet haben.

Ein Exkurs über Schäferheilige, deren Verehrung sich die süddeutschen Zünfte besonders angelegen sein ließen, zeigte vor allem die Wandlung des legendären Wendelin vom anonymen Klostermönch zum Vieh- und Bauernpatron in der Gestalt eines Hirten und späteren Schäfers. Die hauptsächliche Verbreitung seines Kultes im alemannisch-fränkischen Raum konnten wir durch die in diesem Gebiet vorherrschende Wirtschaftsform der Wanderweidewirtschaft (Alpwirtschaft und Wanderschafhaltung) erklären. Seine Eigenschaft als Bauernpatron, besonders in der zweiten Blüteperiode seiner Verehrung (seit der Gegenreformation), ist in der Hauptsache wohl auf sein Bild, das ihn nach der Legende als *Schäfer* darstellt, zurückzuführen. In der Verehrung des heiligen Eberhard, der ehedem in Duntenhausen bei Freising tatsächlich Gemeindeschäfer gewesen sein soll, konnten wir eine gewisse Bestätigung dafür finden, daß man auch in St. Wendelin den Schäfer schlechthin verehrte, zu dem man mit allen Nöten und Sorgen des täglichen Lebens kommen konnte. — Hingegen sind die Beziehungen des heiligen Bartholomäus zum Schäferwesen rein zufällig. Sein Tag, der 24. August, gilt bei den Wanderschäfern als Termin für den Abmarsch von der Hochsommerweide und für den Beginn des freien Hütens im Unterland, ist also vor allem ein entscheidender *Lostag* im Arbeitsjahr des Wanderschäfers.

VI. Die Schäferfeste

Mit einer Reihe süddeutscher Schäferzünfte sind Feste verknüpft gewesen, die meist zusammen mit der Jahresversammlung abgehalten wurden. Solche Veranstaltungen waren bekanntlich ein besonderes Privileg, das im allgemeinen nur Handwerkerzünften verliehen wurde. Die Schäferfeste sind damit ein weiterer Hinweis auf die bewußte Anlehnung und Nachahmung handwerklichen Innungswesens und demnach auch Ausdruck des Ringens der Schäfer um die gesellschaftliche Anerkennung. Alle übrigen Elemente, die man zur „Sinndeutung“ dieser Feste heranziehen will, sind sekundär!

1. Der Rothenburger Schäfertanz

Früher als erste urkundliche Erwähnungen der Schäferbünde selbst sind in einigen Fällen Mitteilungen über die Feste. Das trifft z. B., wie wir schon feststellen konnten, für den Rothenburger Schäfertanz zu, auf den erste Nachrichten schon über hundert Jahre vor der ersten Brüderschaftsordnung von 1516 hinweisen. Seit dem allerdings nicht gesicherten Datum 1397 soll der jährliche Brüderschaftstag am Dienstag nach Bartholomäi stattgefunden haben, zu dem nach einer Angabe von 1660 bzw. 1667 die Schäfer aus 91 fränkischen Ortschaften nach Rothenburg kamen.[1] — Nach einem Originalbericht aus dem Jhre 1776[2] begann dieser Tag um sieben Uhr früh mit einem Empfang der fremden Schäfer durch den Pferchmeister, der ein Mitglied des Stadrates war. Danach versammelte man sich in der Herberge, wo alle Teilnehmer des Schäfertages aufgeschrieben, d. h. auf die Satzungen der Brüderschaft verpflichtet wurden. Anschließend zogen sie geschlossen zum Gottesdienst in die Wolfgangkirche. Danach bewegte sich der Zug zum Mittagessen in die Schäferherberge, wo man sich bis um Mitternacht aufhielt und die Zeit mit allerlei Kurzweil vertrieb. Auch am folgenden Tag ging das Fest weiter, nur zog man nicht wieder in die Kirche, sondern zum Spital, wo man auf das Wohl des Stadtrates einen Umtrunk hielt, tanzte und nach einer Danksagung an die Stadt eine Gans empfing, die mit Blumen und Bändern geschmückt war.

„Diese wurde von den Schäfern feierlich ... im Zug mitgeführt. Auf dem Weg wurde ständig nach allen Seiten Gesundheit getrunken. Auch der Gans goß man reichlich Wein in den Schnabel und führte sie am Stricklein dreimal um den Herterichsbrunnen. Nun mußte ihr ein Schäferknecht mit einem Hieb den Kopf abschlagen. Mißglückte der Hieb, so warf man den Schäfer unter dem Johlen und Gelächter der Menge dreimal in den Herterichsbrunnen. Das hat im Jahre 1670 fast gar einem das Leben gekostet ... Auf dem Marktplatz führten die Schäfer rings um den Herterichsbrunnen paarweise mit ihren Mädchen einen Tanz auf. Keiner durfte daran teilnehmen, ohne Willen der Schäfer. Versuchte ein Fremder sich einzuschleichen, so tauchten sie ihn voll übermütiger Lust in den Trog des Brunnens unter großem Gelächter der Zuschauer. Die jüngsten und verwegensten Paare tanzten auch auf dem Rand des hohen Rathausturmes, der damals noch flach gedeckt war. — Am 16. August 1712 wurde beschlossen, bei dem künftigen Schäfertag solle das Unwesen, wie das Werfen in den Herterichsbrunnen und das Tanzen auf dem Turm verboten werden. Dagegen sollte es beim Gänseführen bleiben.“[3]

Am dritten Tage schließlich traf man sich noch einmal, um dem Rat der Stadt Rothenburg wiederum Dank zu sagen; dann erfolgte die Rückkehr aller Teilnehmer.[4]

Wenn wir an gewisse „Zeremonien“ bei der Aufnahme junger Meister in die Reihen der mecklenburgischen Schäfervereinigungen denken, scheint auch die Enthauptung der Gans eine gewisse Geschicklichkeitsprüfung zu sein, die einem Aufnahmeritus gleichkommt. Auch die Verspottung desjenigen, der den Streich nicht genau führen konnte, spricht für diese Annahme. Dem handwerklichen Innungswesen ist schließlich auch der

Tanz der Schäfer mit Ausschluß aller „Fremden" entlehnt. Somit zeigen auch die Elemente dieses Festablaufs, daß die Schäfer bis in Einzelheiten bemüht waren, es den Handwerkerinnungen und deren Brauchtum gleichzutun.

Der Schäfertanz in der geschilderten Weise fand zum letztenmal am 27. August 1776 statt. Das Aufleben der Schäfervereine und nicht zuletzt wohl auch die Gründung des Süddeutschen Schäfereiverbandes führten im Jahre 1911 zu einer „Wiedererweckung" des Tanzes, von dem freilich weder Melodie noch Form erhalten waren. Die Mitglieder des Rothenburger Turnvereins, die den Schäfertanz für den Fastnachtsumzug (!) 1912 aufzuführen gedachten, waren „deshalb ganz auf das eigene Empfinden und auf die eigene Wahl von Motiven angewiesen".

„Man gestaltete den Schäfertanz zu einem Schau- und Figurentanz und legte ihm eine Melodie zugrunde, die teils aus volkstümlichen Weisen bäuerlicher Kirchweihmusik der Rothenburger Gegend stammte, teils einem Trio aus der Ouvertüre zur Oper ‚Die Regimentstochter' von Donizetti entnommen ist. Die Tanzgruppe erhielt eine einheitliche Kleidung und zwar die ‚Schäfer' im Stil einer altfränkischen Tracht: Lederhose, weiße Strümpfe, Schnallenschuhe, Weste und Jacke mit Silberknöpfen, weißes Leinenhemd mit Halskragen, Dreispitz und Schäferschippe; die ‚Schäferinnen' bekamen eine Biedermeierstracht, wie sie vor hundert Jahren in den fränkischen Städten getragen wurde. — Mit der Aufführung des neuen Tanzes erntete die Gruppe an Fastnacht 1912 derartigen Beifall, daß man beschloß, den ‚Schäfertanz' als ständige Einrichtung zu behalten. Er ist seither mit dem Heimatspiel ‚Der Meistertrunk von Rothenburg' zusammen in die alljährlich an Pfingsten stattfindenden Rothenburger Festspiele eingegangen und erfreut sich in der Fremdenverkehrsstadt eines großen und immer dankbaren Publikums. Er wurde als eine Glanznummer anläßlich von Tagungen und Kongressen in London und Kopenhagen, Stockholm und Berlin und in anderen Städten gezeigt und fand überall reichen Beifall. Altes und Neues, Volksmusik und Opernmusik, Biedermeier und Turnverein, altes schäferliches Kulturgut und moderne internationale Fremdenverkehrswerbung haben hier, wie so häufig, eine moderne Verbindung eingegangen. Die Ausübenden sind nicht mehr die Schäfer, sondern die aus dem Turnverein herausgewachsene Tanzgruppe, die seither den Namen ‚Verein historischer Schäfertanz' trägt."[5]

2. Der Schäferlauf zu Markgröningen

Wie kein anderes Fest hat der Markgröninger Schäferlauf große Beliebtheit und Popularität erlangt. Eine Schilderung seines Ablaufs fehlt in keiner Darstellung über das deutsche Festbrauchtum[6] und in Beschreibungen über Land und Leute in Schwaben.

Auch er ist an den Zeitpunkt des jährlichen Zunfttages gebunden, ist also ebenfalls — wir verwiesen darauf schon bei der Besprechung der Markgröninger Zunftordnung von 1651 — ein Privileg, das der Landesherr seinen Schäfern gestiftet hatte.

Nach Abschluß der eigentlichen Zunftangelegenheiten, zu denen auch der Kirchgang[7] und das Entgegennehmen der bunten Ledernesteln[8] als Zeichen der Zugehörigkeit zur Versammlung gehört, begibt man sich geschlossen auf den Festplatz, der vor den Toren der Stadt hergerichtet ist. Hier laufen nun „unter Musik und Jubel, leicht gekleidet, Schäfer und Schäferinnen im Wettlauf über ein langes Stoppelfeld, und Stoppeln dienen dem nackigten Fuß statt der Sporen. Der Preis ist ein Schöps für den Schäfer, und für die Schäferin Halstuch und Bänder."[9] Früher mußte der Sieger die Zunftfahne berühren. Mit dieser symbolhaften Handlung wollte man ihn noch fester an die Zunft binden. Werden er und seine Partnerin doch als Schäferkönig und Schäferkönigin für das kommende Jahr ausgerufen und erhalten als Zeichen ihrer Würde eine messingne Krone. Damit ist der Höhepunkt des Tages erreicht, der offizielle Teil des Zunfttages beendet und man gibt sich nun allerlei Kurzweil hin, zu der neben dem allgemeinen Tanz, den das Königspaar eröffnet, als besonderes Merkmal auch der „Hahnentanz" gehört, der folgendermaßen vor sich geht: „Auf einer Stange sitzt das schöne Tier in seinem Käfig und schaut etwas mißtrauisch dem lebhaften Treiben zu. An der Stange ist seitwärts ein Brettchen mit einem Glas Wasser aufgehängt. Nach den Klängen der Musik drehen sich die Paare um die Stange und der Bursch muß sein Mädel in den Hüften fassend, so hoch hinaufheben, daß es mit dem Kopf das Glas umwerfen kann. Das Paar, dem dies dreimal gelingt, ohne dabei naß zu werden, ist Sieger und bekommt den Hahn."[10] In heutiger Zeit wird der Wettkampfcharakter des Festes noch durch Spiele wie Sackhüpfen, Eierlaufen, Mastklettern, Wassertragen oder Stelzenlaufen unterstrichen.

Den exklusiven Zug, den der Rothenburger Schäfertanz ursprünglich dadurch hatte, daß sich kein Fremder daran beteiligen durfte, finden wir in Markgröningen nicht. Zwar müssen sich die Teilnehmer am Schäferlauf vorher in eine Liste eintragen, die genau kontrolliert wird, doch wurde das Zunftfest immer von Schäfern und Markgröninger Bürgern gemeinsam gefeiert. Es ist schon relativ früh zu einem Volksfest geworden, das die „Standesunterschiede aufgehoben" hat, denn „beim öffentlichen Tanz im Oberamteihof haben die Schäfer [nach der Schilderung eines Chronisten aus dem 18. Jahrhundert] das Recht, sich jede der Zuschauerinnen ungeachtet des Standes zu holen."[11]

Der Tag des Schäferlaufs fiel gleichzeitig mit der Markgröninger Kirchweih zusammen,[12] die auch, wie allgemein üblich, mit der Abhaltung eines großen Jahrmarkts verbunden war und dadurch schon in früher Zeit viele Menschen angezogen hat. Heißt es doch in einer Beschreibung des Kolmarer Geographen Lorenz Fries von 1525: „Allda in Gröningen ist auf nächstem Tag nach Bartholomäi ein freier Markt und uff den Tag kommt wohl soviel Volks dahin, als uff einen Tag gen Frankfurt (zur Messe)."[13] Daß es bei einem solchen Betrieb natürlich recht turbulent zuging und auch die Schäfer nicht gerade zurückhaltend waren, ergab sich ja bereits aus der Zunftordnung von 1651, welche die Durchführung des Schäferlaufs jeweils vom guten Benehmen der Schäfer selbst abhängig machte. Sie haben sich aber wohl nicht immer danach gerichtet, denn 1662 beklagt sich der Markgröninger Vogt bei seinem Herzog über die Zügellosigkeit der versammelten Schäfer: „Sie saufen sich toll und voll, dantzen und springen, schreyen und brüllen, raufen und schlagen einand manchesmal gewaltig um die Köpff. Woher diese Gewohnheit entstanden, kann ich eigentlich nicht wissen, bilde mir aber ein, es müsse bei den Schäfern von den Heyden und ihrem Abgott Pan herkommen. Es hat nun seinen Ursprung woher es wolle, so haltens doch die Gröninger für ein Sonder Privilegium und ließen ihnen eher etwas anderes als ihr Wolerhaltenes aber übel solemniertes Schäferfest nemmen."[14]

Aber nicht nur die Obrigkeit nimmt am Benehmen der Schäfer Anstoß. Auch das evangelische Konsistorium beschwert sich im gleichen Jahr über sie und den Schäferlauf:„ Es pflegen zu Gröningen alljährlich auf Bartholomäi die Schäfer im Lande zusammenzukommen und stellen eine offene Lust mit wett Lauffen an, dabey aber unterschiedlich ärgerliches wesen gewöhniglich vorgeht, in deme, weil denen Schäfern ein Hammel, und denen Mägdlein etlich Ehlen Parchet zu verlauffen gegeben werden, die Schäffer vor allem Volk sich bis aufs Hembd ausziehen, das Hembd hernach zwischen den Beinen hindurchziehen und oben umb die Hüft zussammenknüpfen, die Mägdlein aber zu ihrem Lauf sich auch sehr hoch aufschürzen. Nach vollbrachten Lauffen halten sie einen Tanz, da man jedem Schäfer ein Duzet Nestel, denen Mägdlein aber Haarschnür gibt, wann solches fürüber, begeben sie sich in die Wirtshäuser mit Sackpfeiffen und Schalmeyen, saufen sich toll und voll, schreyen, dantzen und springen und schlagen manchmal einander schrecklich, wie dann 1622 einer dabey gar todt geblieben. —

Wann nun solche alle alte noch heydnische Gewohnheit abzustellen sich die Ministri selbigen Ortes hoch bemühet, und es dennoch bey dem tummen Völklein nicht abzubringen vermöcht, heurigen Jahres aber besagter Tag Bartholomäi aber auf einen Sonntag, nemlich den 13. nach Trinitatis fällt, und wann dergleichen Schäferfest gestatet würde, der Tag des Herrn übel profanirt und entheiligt würde."[15]

Die Klagen verstummen auch nicht in der folgenden Zeit. 1787 spricht die „Geographie und Statistik des Herzogtums Wirtemberg" vom Markgröninger „Schäferfasching" als einem „pöbelhaften Fest von Trunkenen", das so arg war, daß die Pietisten für die Dauer des Jahrmarktes die Stadt verließen.[16] Schon Jahrhunderte vorher hatten sich Geiler von Kaysersberg, aber auch Sebastian Brant und Thomas Murner über die Unzüchtigkeit der Schäfertänze ausgelassen.[17] Ob sie damit freilich den Markgröninger Schäferlauf allein gemeint haben, ist nicht sicher, doch liegt es im Bereich des Möglichen, da alle drei Humanisten im süddeutschen Raum lebten und Markgröningen schon damals eine große Ausstrahlungskraft hatte.

Nach Aufhebung der Schäferzunft (1828) führte die Stadt wohl den Schäferlauf weiter durch. Doch als sich in den kommenden Jahren herausstellte, daß die Beteiligung immer geringer wurde, entschloß man sich 1833 dazu, ihn ganz einzustellen. Erst später wurde er mit Unterstützung des Oberamts Ludwigsburg neu belebt. Als Anreiz erhielt die Schäferkönigin bei der Siegerehrung als Preis nunmehr ein Schaf, auch wurde der Festtag mit landwirtschaftlichen Ausstellungen, Viehprämiierungen usw. verbunden.[18] Damit gewann der Schäferlauf wieder an Bedeutung und übertraf mit seiner Besucherzahl mitunter sogar das beliebte Cannstatter Volksfest. Außer durch Pausen während der beiden Weltkriege ist der Markgröninger Schäferlauf dann ohne Unterbrechung bis zum heutigen Tage durchgeführt worden.[19] Freilich gilt auch von ihm dasselbe, was wir schon vom Rothenburger Schäfertanz sagten: Er ist heute nur noch Aushängeschild für den Fremdenverkehr und dient als guter Kassenmagnet für die Jahrmarktsschausteller.[20] Findige Leute des Turnvereins haben sich auch hier des Festes angenommen und einen „Schäfertanz" entwickelt, für den es keine ursprünglichen Vorlagen gab. Komischerweise gerieten die Turnvereine von Rothenburg und Markgröningen wegen dieses nach dem ersten Weltkrieg erfundenen Tanzes erbittert aneinander, weil die Rothenburger den Markgröningern vorwarfen, ihre „Schöpfung" widerrechtlich übernommen zu haben.[21]

Die Zunfttage der Filialladen Wildberg, Urach und Heidenheim trugen nach dem Vorbild der Hauptlade gemeinsame Züge. Die Unterschiede sind nur unwesentlich. — An allen drei Orten findet ein Schäferlauf mit anschließender Krönung des Siegerpaares ganz nach Markgröninger Vorbild statt. Auch der übrige Ablauf des Zunfttages ist dem der Hauptlade ziemlich gleich, so daß wir darauf nicht näher einzugehen brauchen.[22] Lediglich in Wildberg, wo der Termin für die Abhaltung des Schäferlaufs des öfteren gewechselt hat, findet sich insofern eine Besonderheit, als außer für die ledigen Schäfer und Schäferinnen auch noch ein Lauf für die Verheirateten stattfindet, neuerdings sogar für die Kinder. Zum Königspaar wurden jedoch nur die Sieger aus dem Ledigenlauf gekrönt. Man darf also annehmen, daß der Wettstreit der Verheirateten eine zusätzliche spätere „Erfindung" ist. — Im übrigen haben auch die Veranstaltungen der drei Nebenladen die gleiche Entwicklung zum „Volksfest" genommen wie die von Markgröningen.

3. Der Schäfersprung zu Bretten

Die Verwandtschaft, ja Abhängigkeit der Brettener Zunft von der in Markgröningen macht es erklärlich, daß auch der Ablauf des Zunfttages in beiden Städten gleichartig ist. Eine kurze Schilderung des Brettener Schäfersprungs mag das verdeutlichen: Nach Erledigung der üblichen Zunftangelegenheiten und nach dem Kirchgang versammelten sich angeblich nur die Meistersöhne und Meistertöchter zum herkömmlichen Wettrennen, zu dem jedoch auch alle übrigen Teilnehmer des Zunfttages erscheinen mußten. Nach einem in beträchtlicher Ferne" gesteckten Ziel „eilen zuerst paarweise die ledigen Meisters-Söhne; der nun von ihnen am ersten jenes Ziel erreicht, trägt hierauf das zum Preis dafür ausgesetzte, mit buntfarbigen Bändern geschmückte Lamm davon; die alsdann gleichfalls paarweise in leichtem Gewand wetteifernde ledige Meisters-Töchter erhalten hingegen auf gleiche Art die für sie bestimmte seidene Halstücher."[23]

Da diese Schilderung Birlingers ganz offensichtlich auf der recht fragwürdigen Brettener Chronik von Gehres beruht, möchten wir nicht annehmen, daß allein die Kinder der Schäfermeister am Wettlauf teilnahmen. Denn wie Groll[24] berichtet, fanden in Bretten zwei Läufe statt, der eigentliche Schäfersprung und ein „Nachlauf mit niederen Preisen für die Bummelanten". Das aber bedeutet, daß ein jedes Mitglied des Zunfttages, soweit es noch ledig war, an diesem Wettkampf teilnehmen konnte, ja wahrscheinlich sogar daran teilnehmen mußte. Wenn auch erst 1804 nachgewiesen, ist die Krönung des Siegerpaares ein Element auch des Schäfersprungs. Brettener Schäfersprung und Markgröninger Schäferlauf dürften zwei gleichartige Veranstaltungen sein.

Der relativ spät nachgewiesene Brauch einer Krönung in Bretten läßt aber die Frage aufkommen, ob auch in Markgröningen seit jeher das Siegerpaar gekrönt wurde oder ob sich auch dort diese Gewohnheit erst später entwickelte. Darüber findet sich in all den vielen Beschreibungen nichts. Wir möchten jedoch auf eine Schilderung des Wildberger Schäferlaufs aus dem Jahre 1723 aufmerksam machen, die Hornberger[25] seiner Darstellung über den dortigen Zunfttag zugrunde gelegt hat. Danach wurde dem Sieger ein grüner Kranz und der Siegerin eine „Schapel, ähnlich einer heute noch im Schwarzwald üblichen Brautschapel, aufs Haupt gesetzt". Von einer „Krönung" spricht unseres Wissens erstmalig ein Bericht des Uracher Vogtes an den Herzog von Württemberg aus dem Jahre 1724, der uns im Original leider nicht zugänglich war.[26] Da Hornberger für 1723 ausdrücklich den grünen Kranz und die Schapel erwähnt, möchten wir annehmen, daß es sich in Urach schon um eine „Weiterentwicklung" dieses Wildberger Brauchs — eben um eine Krönung — handelte. Ob diese nun zum ersten Male in Markgröningen oder auf dem Fest einer der Nebenladen stattfand, scheint sich nicht feststellen zu lassen. Aus Bretten, wo die Krönung erstmalig 1804 erwähnt wird (Groll 1956), dürfte sie jedoch nicht stammen. Sicher scheint uns aber, daß dieser Brauch in der Form, wie er sich bis zum heutigen Tage in Markgröningen, Wildberg, Urach und Heidenheim erhalten hat, nicht viel früher als im 18. Jahrhundert entstanden ist.

Das Markgröninger Schäferfest mit Schäferlauf und anschließender Krönung des Siegerpaares ist so allgemein bekannt und beliebt geworden, daß es auf den engeren Heimatraum nicht beschränkt blieb, sondern auch in die Nachbargebiete ausstrahlte und noch in heutiger Zeit als Vorbild nachgeahmt wird.[27] Nicht überall wird sich freilich eine Übertragung des Festbrauchtums auf andere Landschaften so nachprüfen und verfolgen lassen, wie am Beispiel des Oberhessischen Schäfervereins, der 1922 seinen ersten Verbandstag abhielt und ihn auf Vorschlag des schwäbischen Metzgermeisters Übele ganz nach Markgröninger Muster gestaltete. — Seit den dreißiger Jahren unseres Jahrhunderts scheinen Schäferlauf mit Königskrönung nach Markgröninger Vorbild bei einer Vielzahl vor allem süddeutscher Schäfervereinsfeste zur Mode geworden zu sein. Denn außer dem Oberhessischen Schäferverein, bei dem der Verbandstag mit Markgröninger Festfolge Tradition wurde, hat auch der Landesverband der bayrischen Schafzüchter auf seinen jährlichen Versammlungen in Dinkelsbühl seit 1953 einen Wettlauf eingeführt, der nach Hornbergers Auffassung[28] „eine sinnvolle Weiterbildung der bekannten [schwäbischen] Formen" darstellt. „In Dinkelsbühl wird nämlich nur in voller Berufstracht mit Schaftstiefeln, Schäferhemd, Hut und Schippe gelaufen. Die Schäferstöchter tragen zum Lauf die Tracht, die sich beim Ingolstädter Schäferverein seit einigen Jahren eingebürgert hat. Mehrere Wettläufe hintereinander fassen zunächst die jüngeren Schäfer bis zu 30 Jahren, dann diejenigen über 30 Jahre und zuletzt die Schäfersfrauen und -töchter zusammen. Als Preis für Schäferkönig und -königin sind ein Hammel und ein Mutterschaf und wertvolle Geschenke vorgesehen". — Der unterfränkische Schäferverein, der seine Feste möglichst am Wendelinstag abzuhalten pflegt, führte 1953 ebenfalls den Wettlauf mit anschließender Krönung ein.[29] Dieser Schäferverein, der einer der ältesten in Bayern ist, veranstaltete in den dreißiger Jahren unseres Jahrhunderts seine Zusammenkünfte nur aus eigener Initiative „zur Wahrung der Berufs- und Standesinteressen". Kein Landesschafzuchtverband oder andere übergeordnete Institutionen hatten in die Gestaltung der Feste dreinzureden, die mit gemeinsamem Gottesdienst, Festzug, allerlei Darbietungen auf der Festwiese und einem Beisammensein aller Vereinsmitglieder jährlich begangen wurden. Die Eigenständigkeit des unterfränkischen Schäfervereins war so ausgeprägt, daß er sich auch nach 1933 den Gleichschaltungsbefehlen widersetzte. 1936 fand das letzte Fest in Poppenhausen bei Schweinfurt statt, dann wurde es verboten.[30] — Schließlich seien auch noch die kurhessischen Schäferfeste in Korbach (Waldeck) genannt, die den Veranstaltungsablauf nun nicht allein mehr nach schwäbischem Muster gestalten, sondern bereits die Tradition des Oberhessischen Schäfervereins mit dem Hürdenlauf übernommen haben.[31] — Aber nicht nur in den engeren süddeutschen Raum strahlte das Markgröninger Beispiel aus. Seit dem zweiten Weltkrieg häufen sich in der Fachpresse die Stimmen von Schäfern aus ganz Deutschland, die ein Schäferfest nach schwäbischem Muster zur Nachahmung empfehlen. Als eines von vielen Beispielen erwähnen wir die Zuschrift des Schäfermeisters Karl Klüver aus Schleswig-Holstein, der sich für den engeren Zusammenhalt unter den Schäfern seiner Heimat einsetzt, für ein gemeinsames jährliches Schäferfest plädiert und dabei u. a. „für die Sportfreunde unseres Berufsstandes ... vielleicht nach süddeutschem Muster einen Schäferlauf (Geländelauf über 3 km) arrangieren" möchte. Von einer Krönung des Siegers ist hier nicht die Rede, wohl aber von einem Ehrentanz, der zum gemütlichen Teil des Festes überleiten soll.[32] Weiteren Schäferfesten, die etwa seit den 1960er Jahren kreiert worden sind, konnten wir hier nicht nachgehen. Zu erwähnen wäre aber, daß „schäferliche Elemente" mancherlei Art als Attribute von ländlichen Festen keine geringe Rolle spielen.

4. Das Schäferfest zu Gera

Die aus Süddeutschland beschriebenen Schäferfeste waren ursprünglich ein Privileg der Landesherren an die jeweilige Schäferzunft. In Thüringen, wo sich bisher keinerlei Nachrichten über Schäferbünde irgendwelcher Art gefunden haben,[33] treffen wir nun aber auch auf eine Reihe von Schäferfesten mit Veranstaltungen, die durchaus den Charakter eines herrschaftlichen Privilegs tragen. Eine Übernahme süddeutschen bzw. schwäbischen Festbrauchtums ist zwar nicht nachweisbar, doch ließe die Zugehörigkeit Thüringens zum süddeutschen Verbreitungsgebiet der Wanderschafhaltung (Winterweide) vermuten, daß zumindest der Gedanke der Schäferfeste von schwäbischen Wanderschäfern übertragen worden sei. Sichere Hinweise auf Ursprung und Charakter der thüringischen Feste lassen sich jedoch noch nicht geben.

Der Verbreitungsraum der Schäferfeste Thüringens ist relativ klein. Er umfaßt in einem geschlossenen Gebiet die drei südlich Weimar gelegenen Ortschaften Stadtilm, Blankenhain und Kranichfeld, während Gera mit seinem jährlichen Umzug der Schäfer am Bartholomäi-, Kirmes -oder Schafmarkt vereinzelt dazustehen scheint.

Über das Geraer Schäferfest gibt es eine Schilderung aus dem Jahre 1804 von dem Chronisten Felbrig. Er schreibt: „Dieser

Gebrauch schreibt sich aus den ältesten Zeiten Gera's, so lange Rathaus und Rathskeller, sowie Jahrmarkt hier bestanden, her. Den ersten Jahrmarktstag Bartholomäi kamen die Schäfer und Schaafknechte im gedachten Rathskeller hier mit Weibspersonen zusammen, hielten Tanzmusik, fraßen und soffen übermäßig, trieben viel Unfug an beiden Jahrmarktstagen, litten weder Fremde noch Einheimische, wer nicht ihres Gleichen war, in der Wirthsstube, und wer aus Unwissenheit hineinkam, wurde gepfändet und mußte sich lösen. Abends zogen die Schaafknechte mit blasender Musik aus der Stadt auf eine der beiden Herrschaftl. Schäfereien zu Biblach und Ernsee, daselbst schwärmten sie die ganze Nacht hindurch, des Morgens zogen sie mit Musik hinaus aufs Feld, und mußten dem Schäfer die Horden förder schlagen, nach dessen Verrichtung zogen sie wieder in die Schäferei und machten Frühstück. Um die Mittagszeit hielten dieselben wieder hieher in die Stadt mit blasender Musik, fliegender Fahne und einem mit vielen Bändern geputzten Hammel ihren Einzug in den Rathsweinkeller und fingen von Neuem ihre Ausgelassenheit an, welches bis denselben Abend währte. Der Rathskellerwirth erhielt für die gehabten Unannehmlichkeiten allemal den Hammel als Präsent."[34]

Im gleichen Jahr — also 1804 — „wurde dieser Unfug abgeschafft". — Nach der Schilderung Felbrigs war der eigentliche Anlaß dieses Treibens der jährliche Jahrmarkt zu Bartholomäi. Daß dieser gerade an einem für die Schäfer so wichtigen Termin stattfand, legt die Vermutung nahe, daß es sich ursprünglich um einen Schaf- oder Wollmarkt gehandelt hat, die ja von jeher besondere Anziehungspunkte waren und durchaus auch die Funktion einer Schäferzunft ersetzen bzw. übernehmen konnten. Möglicherweise liegt also in solchen Zusammenhängen der Ursprung des Geraer Schäferfestes,[35] dessen exklusiver Charakter, der beispielsweise an den Rothenburger Schäfertanz erinnert, an die Verleihung eines herrschaftlichen Privilegs denken läßt. Diese Annahme wird dadurch unterstrichen, daß die Festteilnehmer zur Übernachtung auf eine der herrschaftlichen Schäfereien zogen. Daraus aber ergibt sich andererseits, daß sie eine eigene Herberge wie die schwäbischen Zunftschäfer nicht kannten.

Ferdinand Hahn[36] stellt nun das Geraer Schäferfest in einen anderen, stadtgeschichtlichen Zusammenhang: Zwischen 1170 und 1180 wurde in Gera eine St. Wolfgang-Kapelle gegründet, zu der am Tag des Heiligen und in der Pfingstzeit Wallfahrten und Prozessionen stattfanden, die so zahlreiches Publikum in die Stadt brachten, daß sich die Einrichtung von Sonntagsmärkten lohnte. Auf diesen Märkten sollen nun auch die Schäfer durch Darbietung besonderer Tänze hervorgetreten sein. Erst nach dem siebenjährigen Krieg, der eine Unterbrechung der Tradition mit sich brachte, verlegten sie ihr Zusammensein in den Ratskeller. „Nachklänge des Schäfertanzes haben sich indess noch lange forterhalten und ältere Personen müssen sich erinnern können, daß noch zu Ende des vorigen Jahrhunderts die Schäfer besondere Aufzüge und dann einen Tanz veranstalteten", meint der Chronist.

Es besteht hier also zwischen den beiden Terminen des Schäfertages ein offensichtlicher Widerspruch, der von der stadtgeschichtlichen Forschung Geras noch nicht gelöst zu sein scheint. Wenn man aber die Darstellungen Felbrigs und Hahns über den Ablauf des Schäfertages kombiniert, so scheint es sicher, daß das Treiben im Ratskeller nur noch ein verderbtes, des alten Sinnes entkleidetes Fest ist. Ursprünglich wurde als Ausdruck landesherrlicher Gunst ein Schäfertanz abgehalten, der durchaus nur den Schäfern und ihren Angehörigen vorbehalten war. Das Mitführen eines Hammels (Felbrig) macht es wahrscheinlich, daß dieser ehedem ausgetanzt oder sonst irgendwie verlost wurde. Später wird er dem jeweiligen Amtmann bzw. Schäfereipächter als Geschenk oder Dank für das Fest übergeben worden sein. — Anlaß der Verleihung eines Privilegs in Form des Schäfertanzes ist nach unserer Ansicht der Schaf- und Wollmarkt am 24. August. Der

Zeitpunkt des Festes ist insofern auch wahrscheinlicher, als am Tage St. Wolfgangs oder an anderen Terminen die Prozession zu seiner Kapelle nicht allein nur von Schäfern abgehalten wurde, sondern auch Landleute und Hirten den Heiligen als Viehpatron anriefen. — Wenn gesagt wurde, daß erst nach dem siebenjährigen Krieg das Fest in den Ratskeller verlegt worden ist, dann darf man wohl annehmen, daß der ursprüngliche Geraer Schäfertanz mindestens in den Beginn des 18. Jahrhunderts datiert werden kann.

5. Der Schäfertanz zu Stadtilm

Zu einem als Schäfertanz zu Stadtilm bekannt gewordenen Fest versammelten sich um den Margarethentag (20. Juli) die Schäfer der schwarzburgischen Ämter Ilm, Paulinzella und Ehrenstein. Das Fest, welches mehrere Tage dauerte, verlief nach einer Darstellung aus dem Jahre 1733 folgendermaßen: „Am letzten Abend der Woche war man in das Paulinzeller Holz hinausgezogen, um eine Fichte, gleichsam den Hippodrom, und mehrere junge Tannen zu fällen; wer mit diesem Geschäfte beauftragt war, hatte sich, wie ein Hochzeitsverkündiger, mit Blumen und Bändern geschmückt und unter fröhlichen Liedern, die lustig aus den Wäldern widertönten, auf den Weg begeben. Jene Fichte, die man unter jauchzender Musik oft erst in der Nacht in die Stadt brachte, wurde als der Schmuck des Tages angesehen und mit langen bunten Bändern am Gipfel umhängt, so daß man, wenn sie aufgerichtet war, von fern glauben konnte, es müßten Schiffe mit flatternden Flaggen in irgend einem Hafen liegen ... Auf dem Marktplatz hatte man einen Kreis von ungefähr dreißig Schritten im Durchmesser abgesteckt, die Peripherie mit den jungen Tannen bezeichnet, daß sie einem grünen Tannenkranz ähnlich sah und im Mittelpunkt eine geräumige Hütte aufgebaut, ein gastliches Dach, das jeden Fremden aufnahm, wenn er erschien, um an der Freude theilzunehmen. Aus dem Herzen dieses Hauses stieg die schwankende, mit Bändern ausgeschmückte Fichte in die Höhe ... So wie die Morgenröthe des bestimmten Montags dämmerte, ging man aus zur Feier desselben. Alle Schäfer der Gegend, aus den Dörfern der (fürstlich schwarzburgischen) Aemter Ilm, Paulinzelle und Ehrenstein und den benachbarten, machten sich früh auf, um sich in der Schäferei unterhalb Stadt-Ilm zu versammeln.“ Um zehn Uhr begann der feierliche Zug. Ein grauhaariger Schäfer, „den man nur als den Aeltesten nannte, schritt voran und trug einen entblößten Säbel in der Hand ... Nach ihm erschien ein Musikantencorps und blies lustig auf Schalmeien und liess einen Dudelsack ertönen. Hinter diesen Hirtenflötisten folgten wieder zwei Schäfer mit ihren Stäben, die sie, wie eine Lanze außer dem Kampf, an der Schulter aufrecht trugen und nach ihnen bewegte sich, stolz und ernst, der schöste Hammel der Heerden, der wie ein Opferthier, mit irdischem Schmucke, mit Bändern und Flittergold behängt war, und an einem, mit messingenen Platten verzierten Riemen von einem der Schäfer geleitet wurde. [Daran] reihten sich die Glieder des ganzen Schäferzugs, der aus funfzig Personen bestehen mochte, zwei Mann hoch und den Stab, wie der Erste tragend. Selbst die Hand wurde zum Musikinstrumente; man pfiff auf den Fingern die Lieder nach, welche die Musikante vorbliesen.“ In dieser Ordnung bewegte man sich bis auf den Festplatz, wo der geschmückte Hammel unter lauter Musik dreimal um die Fichte geführt wurde und dann dort stehen blieb. Nach kurzer Pause begann der älteste Schäfer einen Tanz aufzuführen. „Alle Bewegungen dieses Fechtspieles nämlich, die er mit seinem Säbel rechts und links, in die Höhe und auf die Erde machte, mußte der ganze Zug genau nachahmen, und zwar so, daß sich die Glieder trennten und Jeder einzeln hinter dem Andern nachhüpfte. Es konnte nicht fehlen, daß diese Schlange, die sich in hundert Windungen dahin bewegte, sich gleichsam in den Schwanz biß, das heißt, daß der erste und älteste Schäfer den letzten und jüngsten berührte und mit seinem Säbel regelmäßig und sehr deutlich auf den Rücken grüßte. Je wunderlichere

Sprünge der Letzte machte, um diesen collegialischen Complimenten zu entgehen, desto lustiger sprang der Erste, so daß man Schwanz und Kopf am Ende nicht mehr unterscheiden konnte." Schließlich ging es so weit, daß sich der ganze Zug, der sich zu einem Kreis formiert hatte, gegenseitig auf den Rücken schlug.

Der Tanz wurde noch mehrmals wiederholt und zwar im Schloßhof, vor dem Haus des Pächters, wo man viel Getränke erhielt, und bisweilen noch vor dem Haus des Amtmanns. Bei letzterem wurde der Hammel, der immer ruhig dabeigestanden hatte, mit in das Spiel hineingezogen und genau so verprügelt, bis man ihn dem Amtmann schenkte. Danach begaben sich die Schäfer auf den Festplatz mit der aufgerichteten Fichte zurück, wo sie ausgiebig tafelten und den Tag mit einem fröhlichen Tanzvergnügen beschlossen.

„Der Schluß dieses Schäferfestes wurde gewöhnlich schon auf den folgenden Dienstag Nachmittags gemacht, wo der erste Schlangentanz noch einmal mit bloßem Säbel und mit den Schäferstäben durchgesprungen wurde, wobei der letzte aber, mit einem scharfen Beil versehen, während dem Tanz der Fichte immer einen Hieb um den anderen versetzte, die anderen Schäfer aber mit ihrem Säbel und ihren Stäben die kleinen Tännchen, Maien und den ganzen Plan zusammenhieben ... Sobald der geschmückte Baum zusammenstürzte, stand plötzlich alle Bewegung still; einer der Schäfer brach der Fichte den Kopf ab und hielt ihn empor. Jetzt begann eine Wette. Derjenige, welcher Lust bezeigte, die Bänder und Blumen der Fichte zu besitzen, ergriff den abgebrochenen Gipfel, der noch mit ihnen geschmückt war und stellte sich funfzehn Schritte von der ersten Reihe der Schäfer. Auf ein gegebenes Signal stürzte er, wie vom wilden Feinde verfolgt, durch die Straßen der Stadt, welche ihm bestimmt worden waren und ein anderer Hirt ihm nach, als wenn ihm ein kostbares Schaaf davon gelaufen wäre, und mit ihm mehrere, welche um den Preis warben. War der Erste so glücklich, nicht erwischt zu werden, so wurde ihm der Tannengipfel mit seinen Bändern als Belohnung zugesprochen."[37]

Das Alter des Stadtilmer Schäfertanzes dürfte etwa mit dem des Geraer Schäferfestes korrespondieren, denn es ist bekannt, daß die zuerst genannte Veranstaltung früher einmal verboten war, aber seit 1717 wieder abgehalten wurde.[38] Das erlaubt uns immerhin, unser Fest in das Ende des 17. Jahrhunderts zu datieren. — Bis zum Jahre 1800 soll der Stadtilmer Schäfertanz weitergeführt, dann aber gänzlich eingeschlafen sein.[39] Wähler[40] hingegen spricht von einer Wiedereröffnung des Tanzes im Jahre 1800 und auch Witzschel[41] der sein Buch 1878 verlegt hat, schreibt: „Dieser Tanz ist etwa vor 16 Jahren wieder aufgebracht worden, nachdem er, wegen eines vor geraumer Zeit dabei vorgekommenen Todtschlags, abgekommen war ..." Hier liegen also offensichtlich Wiedersprüche vor, die vielleicht eingehende Archivstudien, klären könnten.

Stärker als beim Geraer Fest hinterläßt die Schilderung des Stadtilmer Schäfertanzes den Eindruck einer zunftmäßigen Veranstaltung. Hierfür sprechen die Tänze vor dem Schloß, der Wohnung des Pächters (sicher doch der Schäfereien), des Amtmannes und die Übergabe des Hammels als Geschenk und Dank für das Privileg des Tanzes. Bei der minutiösen Beschreibung des Festverlaufes findet sich jedoch kein Wort von irgendwelcher Form einer Schäfervereinigung, wie auch Hinweise etwa auf die Einzahlung gewisser Leggelder oder auf andere Verpflichtungen fehlen. Ohne sich, wie in Süddeutschland, vorher in der Herberge zu Beratungen zusammenzufinden, beginnt in Stadtilm sofort der Umzug. Eine Herberge ist also auch hier nicht vorhanden, wenn man nicht die Laubhütte am Fuße der Tanzfichte als eine solche ansehen will. — Man wird annehmen dürfen, daß sich, ähnlich wie in Gera, die Schwarzburger Schäfer mit dem Privileg eines jährlichen Schäfertanzes begnügten oder begnügen mußten. Ein Wille, sie in ihrer durch die Unehrlichkeit bedrängten Lage zu unterstützen, mag bei den Schwarzburger Fürsten durchaus vorhanden gewesen sein. Die Nähe des sächsischen Territoriums aber, wo Schäferbünde bekanntlich strikt untersagt waren, wird die Erlaubnis zur Konstituierung einer regelrechten Zunft verhindert haben. So ist die Stiftung der Schäfertänze am ehesten vielleicht als Kompromiß zu betrachten, den die thüringischen Potentaten zwischen ihren wirtschaftlichen Interessen einerseits, den Erfordernissen der Staatsraison andererseits schließen mußten. Welchen Wert aber die Landesherrschaft der Einhaltung des Schäferfestes beimaß, zeigt eine Bemerkung bei Witzschel,[42] nach welcher den Gutsherren die Unterbrechung durch den Schäfertanz gar nicht willkommen war, weil sie sich während dessen mit anderen Leuten behelfen mußten. „... sie können es aber nicht ändern", d. h., das Stadtilmer Fest ist eine von der Obrigkeit sanktionierte und gut geheißene Veranstaltung der schwarzburgischen Schäfer.

So war der Stadtilmer Schäfertanz, grob gesagt, ein Zunftersatz,[43] den die Schäfer aber ganz nach ihren Belangen mit Merkmalen des handwerklichen Innungswesens versahen. Hierzu gehörte vor allem der vorhin beschriebene „Schlangentanz", der in wesentlichen Passagen an Formen der von zünftigen Handwerkern veranstalteten Schwerttänze[44] erinnert. — Das Verbot für Schmierschäfer, sich an dem Fest zu beteiligen,[45] mag einerseits dem ebenfalls exklusiven Charakter der Veranstaltung entsprechen und die Absicht zeigen, sich von allen irgendwie anstößig wirkenden Berufsgenossen zu distanzieren, andererseits kann das Verbot natürlich auch von seiten der Behörden ausgesprochen worden sein, um die Verschleppung von Seuchen zu vermeiden.

6. Der Schäfertanz zu Blankenhain

Ebenfalls mit einem Jahrmarkt — dem Sommerjahrmarkt — war der gleichartige Schäfertanz zu Blankenhain verbunden. Ein ständig festgesetzter Termin scheint aber nicht eingeführt gewesen zu sein.

Für den betreffenden Festtag „hatte ein benachbarter Kammergutspächter einen Platz für den im Freien stattfindenden ‚Plantanz' in Ordnung zu bringen, dort eine hohe Fichte und eine ‚grüne Hütte' ... aufzustellen ... Vierzehn Tage vorher waren die Schäferknechte der umliegenden Domänen hier schon einmal zusammengekommen, um den noch vom Vorjahr dastehenden Stumpf der alten Fichte zu ‚bespringen'. Am Jahrmarktsonntag zogen dann die Schäferknechte feierlich vom nächsten Kammergut nach Blankenhain herein. Hinter dem ‚Meisterknecht', der einen am Griff mit bunten Bändern geschmückten Säbel in der Hand trug und an dessen rechter Schulter ebenfalls wehende Bänder befestigt waren, marschierten sie paarweise mit langen, über die Schulter gelegten Stecken. Sobald die Musik einmal aussetzte, pfiffen sie auf den Fingern. Auf dem Platz wurde zunächst die mit Tüchern und Bändern festlich behangene Fichte einige Male umkreist, dann begann der Tanz mit der den Platz umsäumenden Weiblichkeit. Am folgenden Tage nachmittags zogen die Schäfer vor das Haus des ‚dirigierenden Kanzleirats' und brachten ihm einen mit seidenen Bändern geschmückten Hammel als Geschenk dar. Dafür erhielten sie eine halbe Tonne Bier, die sie gleich an Ort und Stelle auf das Wohl der Herrschaft und des Kanzleirates leerten, wobei sie mit dessen Mägden tanzten. Am dritten Tage traten die Schäferknechte um zehn Uhr vormittags noch einmal auf dem Tanzplatz an, umsprangen diesen und schlugen dann alles Holzwerk zusammen. Auch wurde die Fichte gefällt, wobei der den entscheidenden Schlag führende Knecht den Schmuck des Baumes bekam. Das Holzwerk fiel dem Pächter des Kammergutes als Entschädigung zu: er hatte nämlich den Hammel zu liefern, wofür ihm allerdings jeder Teilnehmer fünf Groschen zahlte, und das Freibier zu stiften."[46]

Im Grunde ist der Festablauf der gleiche wie in Stadtilm. Abweichend ist lediglich das Überspringen des alten Baumstumpfes vierzehn Tage vor dem Fest, um nicht das Privileg zu verlieren, wie Hornberger[47] meint. Der „Schlangentanz" und der Wettlauf um den abgeschlagenen Wipfel werden allerdings nicht erwähnt. Das erstere mag auf eine Überlieferungslücke zurückzuführen sein. Der Wettkampfcharakter des Tanzes um die Fichte mit anschließendem Lauf um den geschmückten Wipfel ist aber dadurch erhalten, daß mehrere Schäferburschen die Fichte zu Fall zu bringen suchten, und der als Sieger hervorging, welcher den letzten entscheidenden Schlag führte. — Von einem zusätzlichen Element, das sowohl in Gera als auch in Stadtilm nicht überliefert ist, hören wir in einer Beschwerde des Oberamtmanns von Tennstedt an das Konsistorium zu Blankenhain, in der es heißt: „Ob nicht auch der Schaftanz mit ärgerlichem Geschrey und Pfeifen und mit Sebel und großen Schäfer Stecken, so zur Kirche in die Höhe getragen werden, mit vorhergehenden Schalmeyen, so den Gottesdienst gar nicht zieret, abgeschafft werden."[48] Dieser geschlossene Kirchgang ist wohl ein weiteres Merkmal des „Zunftersatzes".

Die Gleichartigkeit oder zumindest weit übereinstimmende Ähnlichkeit mit dem Stadtilmer Schäfertanz erlaubt es wohl, dieselben Gründe der Entstehung auch für das Blankenheiner Fest vorauszusetzen und ihm damit auch den gleichen Charakter zuzuweisen. Beide Veranstaltungen dürften zu gleicher Zeit entstanden sein, wobei man jedoch nicht sagen kann, ob Stadtilm oder Blankenhain das Beispiel gab. — In den ersten Jahren des 19. Jahrhunderts beginnt auch der Blankenhainer Schäfertanz an Bedeutung zu verlieren. Der Kammergutspächter weigerte sich fortan, die Kosten für das Fest aufzubringen. Auch soll die Beschaffung der Fichte und des Reisigs Schwierigkeiten bereitet haben. 1807 wird er endgültig zum letztenmal gefeiert.[49]

In der Literatur[50] werden leider nur in Form kurzer Notizen weitere Schäfertänze in Magdala und Ilmenau genannt. Wann diese stattfanden und ob sie nach Blankenhainer bzw. Stadtilmer Vorbild durchgeführt wurden, ließ sich bisher noch nicht feststellen. Zu Beginn des 19. Jahrhunderts sollen sie wie auch die übrigen Thüringer Schäfertänze aufgehört haben.

An die Stadtilmer und Blankenhainer Tänze unter der Fichte erinnert aber noch eine Mitteilung von Limmer,[51] der von einer Linde in der Nähe eines plauenschen Meierhofes schreibt, unter welcher ein Schäfertanz abgehalten worden sein soll. Köhler[52] fügt ergänzend hinzu, daß er vielleicht anläßlich des dortigen Pfingstmarktes veranstaltet wurde. Mehr erfahren wir von diesem „Schäferfest" nicht. Vielleicht darf man aber doch mit der Möglichkeit eines ehemals geschlossenen Verbreitungsgebiets der Schäferfeste im Stile der Stadtilmer und Blankenhainer Tänze vom Vogtland bis in den mittelthüringischen Raum rechnen. Damit fiele auch auf den ursprünglichen Verlauf des Geraer Schäferfestes, das wir ja nur in einer schon verderbten Spätform kennenlernten, ein neues Licht. Denn demselben Verbreitungsgebiet zugehörend, könnte es ehedem in der gleichen Form wie die Tänze von Stadtilm und Blankenhain gestaltet gewesen sein.

Aus Kranichfeld erfahren wir, daß dort noch um die Mitte des 19. Jahrhunderts ein Schäferfest am Michaelistag gefeiert wurde. Die Schäfer aus der näheren Umgebung versammelten sich zunächst im Ratskeller und hielten dann einen Umzug, der sich vor dem Rathaus auflöste. Darauf folgte ein einfaches Essen mit anschließendem Tanz.[53] Anklänge an Schäfertänze früherer Zeit mögen viel leicht vorhanden sein, doch scheint das Kranichfelder Fest eher in das Programm eines Schäfervereins zu gehören.

Man ist aber versucht, von der Fortführung der Tradition alter Thüringer Schäfertänze bei einigen Schäfervereinen zwischen Saale und Ilm zu sprechen, wenn man hört, daß sich die Schäfer noch am Anfang unseres Jahrhunderts jährlich einmal zusammenfanden, hinter einem geschmückten Hammel mit Musik durchs Dorf zogen und den einzelnen Schafhaltern ein Ständchen brachten. Nach einem Abendessen und anschließendem Tanz endete ein solches Fest, das nach Kück-Sohnrey[54] noch 1906 in einem Dorf bei Rudolstadt am Sonntag Reminiscere abgehalten wurde.

Von „einem Mansfelder Schäfertanz" berichtet schließlich noch Wille.[55] Er wurde „als eine Art berufliches Volksfest der Schäfer in der Grafschaft Mansfeld erst am Margaretentage ... dann am Laurentiustage ..., endlich im Spätherbst begangen. Das Fest wurde in einem der kleineren Städte (so z. B. in Schraplau, Gerbstedt, Aseleben) oder auch in einen größeren Dorf begangen ... Es haben sich Aufzeichnungen darüber gefunden, die zufällig gerade vor 200 Jahren niedergeschrieben wurden. In der ersten Schilderung von 1735 heißt es ..." Und nun folgen zum großen Teil wortgleich die Schilderungen Witzschels und Reimanns über den Stadtilmer Schäfertanz mit allen Einzelheiten.

Böhme möchte in seiner „Geschichte des Tanzes in Deutschland" (1886, Seite 174) die Bartholomäus-Schäfertänze in Thüringen, Rothenburg und Markgröningen als „schwäbisch-fränkisch-thüringische Volksfeste der Schäferfeste" zusammenfassen. Grundgedanke und Ursprung der Thüringer Schäfertänze und der süddeutschen Schäferfeste sind im wesentlichen wohl die gleichen, doch sind die Abläufe so grundverschieden, daß unmöglich von einer Zusammenfasssung beider Festtypen gesprochen werden kann.

7. Die Luxemburger Schobermesse

Wenn wir vom „Festbrauchtum" der späteren Schäfervereine absehen, das sich im allgemeinen von dem der geselligen Zusammenkünfte anderer Vereine nicht wesentlich unterscheidet und wenig landschaftliche Differenzierung aufweist, haben sich in Deutschland keine weiteren korporativen Schäferfeste erhalten.[56] Wir verweisen aber noch auf ein vielleicht recht altes Schäferfest, das in Luxemburg anläßlich der sog. Schobermesse, die Johann von Luxemburg, der Vater Kaiser Karls IV., 1340 gestiftet hat, abgehalten wurde. Sie sollte jährlich am Vorabend von Bartholomäi beginnen und acht bzw. vierzehn Tage dauern. Am Morgen des zweiten Sonntags dieses großen Marktes trieben zahlreiche Schäfer unter den Klängen des „Hämmelsmarsches"[57] eine Anzahl geschmückter Schafe durch die Stadt. Heutzutage haben die Durchführung des Hammelzuges Musikgesellschaften übernommen, deren Mitglieder überdies in den Häusern um Geld bitten. Die Schafe galten ehedem als Siegerpreise beim Armbrustschießen der Sebastians-Brüderschaft. 1739 heißt es noch in den Satzungen dieses Schützenbundes, daß der Gildemeister die Bewirtung der beiden Schäfer, welche die Preishammel herumführen, übernehmen müsse. Soweit die Schilderung der Schobermesse, wie sie für uns wichtig ist[58]. — Etwas Definitives über die Rolle der Schäfer auf diesem großen Markt zu sagen, ist nach den wenigen Angaben, die zur Verfügung stehen, nicht leicht. Nach dem Termin zu urteilen, könnte die Messe ursprünglich ein Woll- und Schafmarkt gewesen sein, der, wie überall, durch die Schäfer erst sein besonderes Gepräge erhielt. Nach den bisherigen Beispielen dürfen wir annehmen, daß dann auch ein Tanz gestiftet wurde, denn der Durchtrieb der geschmückten Hammel kann wohl nur als Relikt eines ehemaligen Schäferumzuges, bei dem Schafe als Geschenke oder Siegerpreise mitgeführt wurden, gedeutet werden. Erst später mag dieses Privileg in Vergessenheit geraten, die Hammel als Preis für den Schützenkönig der Sebastiansgilde aber beibehalten worden sein.

8. Die Schäferhochzeit

Vorwiegend aus dem niederdeutschen Bereich scheint ein Brauch zu stammen, der nach einem Bericht des Amtes Calenberg an die hannöversche Regierung aus dem Jahre 1748 auf Schäferhochzeiten im Schwange war. Zur Zeit des Berichtes soll er bereits im Abnehmen begriffen gewesen sein, viele Jahre vorher aber in hohem Ansehen gestanden haben. Der Verlauf war folgendermaßen:

Der Schäfer-Bräutigam setzte einen Hammel aus, „welcher von denen anwesen-

den unverheyratheten Weibesvolck mit Knitter-Gold, Band und Buntpapier gezieret wird. Die erkorne junge Schäffere lauffen von einem gewissen Ziel nach dem Hamel, welchen zwey an einer Linie bewahren, und der erste gewinnet den Hamel, und die übrigen müssen einen Preiss von dem Zierrath zu erhalten sich bemühen, und wer davon nichts erhalten und aufzuweisen hat, muss ein vorher Determinirtes an Brandwein zum Besten geben; der allerletzte Läuffer aber muss zur Straffe einen schwehren Holtzklotzen nach dem Hochzeitshause tragen. Der, so den Hamel gewonnen hat, wird auf eine Mistbohre gesetzt und nach den Hochzeitshause getragen. Dieser wird aber von denen Jungen, so ihn begleiten, mit Stecken, worin Nadeln gestecket sind, gestochen, die er mit einem Prügel, so ihm zur Defension gegeben worden, abzuwehren sich bemühen muss, und darauf nimmt der vorher dieses Laufens wegen eingestellete Tantz wieder seinen Anfang. Von mehrern und dabey vorgekommenen Unordnungen haben wir nichts gehöret, es möchte sonsten in einem mit unterlauffenden groben Schertz, wie Bauren Weise ist, bestehen."[59]
Ein Bericht aus dem Amt Langenhagen über dieselbe Begebenheit hebt hervor, daß der Sieger gleich von dem Hammel Besitz ergreife, indem er auf ihm zum Hochzeitshaus zurückzureiten versuche, „die anderen aber den Hamel zerren und von der Wolle abrupfen, da denn der Besitzer mit einem in der Hand habenden Stocke jene auf die Finger schläget, sie dadurch abzuhalten und seinen Hamel zu defendiren suchet, den er hernächst unter Jauchzen und andern Freudebezeigungen der Umstehenden nach Hause führet."[60] Auch das Amt Blumenau schickte einen Bericht über den Verlauf der Schäferhochzeit ein, die sich dort nur unwesentlich von den beiden vorher besprochenen unterscheidet.[61] — Von Schäferhochzeiten mit dem gleichen Brauchtum wie in Niedersachsen berichtet schließlich Wehrhan[62] aus dem Lippischen, während Weismantel[63] aus der Rhön erzählt, daß der Schäferbräutigam Anspruch auf den größten Hammel in der Herde hatte. Hier fand also kein Wettlauf der Hochzeitsgäste statt. Der Bräutigam erhielt den Hammel als Geschenk des Dorfes, dessen Herde er betreute.

Ohne nach einer Abhängigkeit der Schäferhochzeiten vom zunftgebundenen bzw. zunftartigen Brauchtum der Schäferfeste Süddeutschlands und Thüringens suchen zu wollen, ist doch zunächst eine gewisse Gleichheit festzustellen: Wettlauf von Schäfern nach einem geschmückten Hammel, den der Sieger als Preis erhält. Beide Veranstaltungsarten werden also durch ihren wettkampfartigen Charakter verbunden und es läge daher nahe, nach einem gemeinsamen Grundgedanken zu fragen.

9. Die brauchtümlichen Elemente der Schäferfeste

Aus der volkskundlichen Literatur ist eine Fülle von Belegen über Wettläufe der Hirten, Wettaustreiben des Viehs usw. bekannt, die in der Mehrzahl mit dem Brauchtum um den ersten Austrieb im Frühjahr in Verbindung stehen. Sie tragen teils magischen Charakter, wenn es um den Schutz und das Gedeihen der Herde geht, sollen vor allem aber unter mehreren Hirten, die sich in eine Weide teilen, den Tüchtigsten ermitteln oder dem Schnellsten unter ihnen die besten Futterstellen zusprechen. Zu solchen Auslesevorgängen rechnen auch andere Wettspiele, die von den Hirten — etwa den Schweizer Sennen — getrieben werden. Verallgemeinernd darf man sagen, daß der Wettkampf ein Charakteristikum aller an die Viehwirtschaft gebundenen Ethnien und Personen ist. Damit kann — jedenfalls zu einem Teil — die Vorliebe auch unserer Schäfer für die Wettläufe erklärt werden.

Da also die Hirtenwettkämpfe in Mitteleuropa vorzugsweise ein Teil des Brauchtums um den ersten Austrieb im Frühjahr sind, gilt es zunächst zu untersuchen, ob diese unmittelbares Vorbild für die Schäferläufe gewesen sein können. Hier ist nun festzustellen, daß es immer wieder Pferdehirten, Kuhhirten und vor allem die Hütejungen sind, die als Träger dieses Frühjahrsbrauchtums hervortreten. Von *Schäfern* hören wir in diesem Zusammenhang nichts. Lediglich einmal wird uns aus Bad Doberan berichtet, daß in der Vergangenheit die mecklenburgischen Frühlingsfeste mit einem „Schäferlauf" verbunden gewesen sein sollen. Selbst bei Rantasalo,[64] der wohl am ausführlichsten das Brauchtum um den Weidegang beschrieben hat, finden sich kaum Hinweise auf ein aktives Mitwirken der Schäfer bei den Hirtenwettkämpfen im Frühjahr.

Eine Erklärung hierfür ergibt sich am ehesten wohl aus der Eigenart des Weideganges bei der Schafhaltung. Da zur Zeit der Dreifelderwirtschaft eine winterliche Stallfütterung im wesentlichen nur beim Großvieh durchgeführt werden konnte, war der Schäfer angehalten, seine Tiere solange wie möglich und *sobald* wie möglich auf freier Weide zu hüten. Wenn der Kuhhirt beispielsweise seine Herde um den ersten Mai herum zum erstenmal austrieb, war der Schäfer schon lange vorher draußen. Für ihn ist der Frühling also durchaus nicht der eigentliche Beginn des Arbeitsjahres bzw. der Weidezeit.[65] Weit wichtiger ist für ihn die Zeit nach Bartholomäi als Beginn der ertragreichen Herbstweide, wenn er auch von den Bauern gern gesehen wird. Nicht ohne Grund fallen vorwiegend in diese Zeit die Schäferfeste, verbunden mit den Jahresversammlungen der Zünfte. Was also für die anderen Hirten der erste Mai oder Pfingsten, das bedeutet für den Schäfer der Herbstbeginn, der Bartholomäustag. Das durch den Wettkampfgedanken bestimmte Hirtenbrauchtum im Frühjahr dürfte aber in gewisser Variation auf das Schäferbrauchtum im Herbst übertragen worden sein. Da es jedoch weitgehend von einer zunftmäßig gegliederten Gemeinschaft getragen wurde und an diese gebunden war, trat es im üblichen Herbstbrauchtum nicht so hervor wie etwa die Frühjahrswettkämpfe der Hirten, die übrigens eine so fest gefügte Gemeinschaft wie die der Schäfer nicht kannten.

Ist der Wettkampf als ein Element der Schäferfeste erkannt worden, erhebt sich nunmehr die Frage, ob auch andere Züge dieser Veranstaltungen eine Eigenart des Hirten- oder Schäferlebens sind.

Wie der Beginn der freien Herbstweide seit Bartholomäi von den Schäfern festlich begangen wird, so feiern um den gleichen Termin die Bauern das Erntefest, oft verbunden mit der Kirchweih. Zwei wichtige Abschnitte im Arbeitsjahr beider Berufsgruppen fallen also zusammen, und das legt die Frage nahe, ob nicht etwa Übertragungen und Beeinflussungen aus dem bäuerlichen Erntebrauchtum statthatten, die sich nunmehr auch im Festbrauchtum der Schäfer abzeichnen.

Neben Hahn und Gans ist der Hammel und das Schaf altes „Herbst-Opferthier", schreibt Pfannenschmidt.[66] Nicht überall werden sie gleich geschlachtet, sondern vielfach erst ausgetanzt, ausgekegelt, ausgespielt usw. „Im Fuldaischen wird zu Anfang der Kirmes ein Hammel, mit schönen Bändern und bunten seidenen Tüchern geschmückt, unter die Linde geführt. Die verheiratheten Männer und Frauen vereinigen sich alsdann zu einer, die Burschen und Mädchen zu einer anderen Partei. Beide streben, sich in Besitz des Hammels zu setzen, welches nicht ohne einen längeren oder kürzeren Streit möglich wird ..." usw.[67].

„In vielen Ortschaften an der Mittelsaar wird die Kirmes durch den ‚Hammeltanz' beschlossen. Die jungen Burschen des Ortes kaufen einen Hammel, der mit blauem oder rotem Tuch bedeckt und mit bunten Papierstreifen ausgeschmückt wird. Burschen und Mädchen finden sich zusammen, man gruppiert sich, die Musik stellt sich an die Spitze des Zuges und Berittene reiten vorauf. Hinter den Musikanten wird der Hammel von einem Burschen in ‚Metzgermontur' am Seil geführt. Der Zug geht von einer Wirtschaft zur anderen, um dann auf einem freien Platze Halt zu machen. Nach dem Takte der Musik tanzen die Paare um den Platz herum und bilden dann einen Kreis. Die Musikanten blasen, ein mit Papierstreifen geschmückter Tannenbaum wird herumgereicht. Plötzlich ertönt ein Böllerschuss. Das Paar, in dessen Händen sich

in diesem Augenblick der Baum befindet, wird gestellt. Der betreffende Bursche muss das Herrichten des Hammels und den Nachkirmestrunk bezahlen. Der Hammel wird acht Tage später geschlachtet. Man feiert die sogenannte Nachkirmes."[68]
Im Hunsrück tanzt man den „Keerwehammel" auf folgende Art aus: In die Mitte des Tanzbodens neben einen Tisch wird der Hammel gestellt. Auf dem Tisch steht eine brennende Kerze mit einem Geldstück, das sich löst, wenn diese genügend weit herabgebrannt ist. Die Paare tanzen einzeln um den Hammel herum. Dasjenige, welches gerade vorbei kommt, wenn das Geldstück fällt, erhält den Hammel.[69]

Diese wenigen Beispiele, die sich bekanntlich um ein beträchtliches vermehren ließen, zeigen ebenfalls deutlich einen gewissen Wettkampfcharakter.[70] Wenn solche Ernte- oder Kirmesbräuche auch über weite Gebiete Deutschlands verbreitet sind, so scheinen Austanzen und Auskegeln des Hammels als typische Zeichen eines Wettstreits besonders im Schwäbischen beheimatet zu sein,[71] so daß gerade von hier aus ein gewisser Einfluß auf das Brauchtum des Schäferlaufs möglich gewesen wäre. Schon Karl Weinhold[72] hat festgestellt, daß die „Hammeltänze" ursprünglich „ein gewöhnlicher Wettlauf gewesen [sind] mit dem Preise des Hammels". Weinhold[73] ist es auch, der das Wettlaufen des Gesindes nach der letzten Garbe am Bartholomäustag (Niederlausitz, Hannover, Sachsen, Pommern, Schlesien) mit den schwäbischen Schäferläufen in Parallele stellt und sagt: „Wenn hier die Hirten, nicht die Schnitter laufen, so gründet sich das wohl darin, daß mit vollendeter Ernte die Weide auf den Stoppelfeldern offen wird." Ob allerdings eine Übertragung gerade dieses Brauchs statthatte, scheint zweifelhaft, da in den genannten Gebieten keinerlei Schäferfeste bekannt sind. — Eine gewisse Übernahme bäuerlichen Erntefestbrauchtums in Form des Austanzens bzw. früheren Wettlaufs nach einem Hammel ist jedenfalls wahrscheinlich, zumal der gemeinsame Festtermin (Bauer und Schäfer) solche Entlehnungen nur begünstigen konnte.[74] Erst im schäferlichen Festbrauchtum ist dann der eigentliche Wettkampfcharakter besonders hervorgetreten. Der Hammel ist hier nicht „kultisches" Objekt, sondern allein der Preis, nach dessen Erlangung der Sieger die Königswürde erhält. — Zu einem ausgesprochenen Charakterzug des schäferlichen Wettkampfgedankens, wie er sich z. B. in Markgröningen darbietet, möchten wir auch das Barfußlaufen über das Stoppelfeld rechnen, das nach unserer Meinung nur die Wettkampfbedingungen erschweren sollte.[75] Der mythologischen Deutung, es handele sich hier um Relikte „ritueller Nacktheit,"[76] oder sei der Lauf nach dem „entweichenden Getreidetier"[77] oder bedeute ein ehemaliges Schafopfer,[78] können wir nicht zustimmen.

Aber noch ein weiteres kommt hinzu. Römer,[79] der sich wohl am intensivsten mit dem Schäferlauf von Markgröningen beschäftigt hat, schreibt: „Im 14. Jahrhundert begegnet uns auch anderwärts das Volksvergnügen eines Wettlaufs nach Art des hiesigen. Es hieß nach der Abschrankung (mittelhochdeutsch die barre) ‚Barrelauf' und war von Hause aus ein Herrenvergnügen (zum Beispiel: ‚da liefen die jungen herren und burgersun der barr'). Grimm teilt in seinem Deutschen Wörterbuch unter ‚Barchet' Belege von solchen Wettläufen auch in Württemberg mit. Da springen bei einer Kirchweih im Jahre 1352 zuerst die Junggesellen, dann die Jungfrauen um die Wette nach einem Tuch Barchet", und dasselbe geschieht auf einem Tübinger Schützenfest im Jahre 1358. „Bis heute spielen solche Tücher auf dem Markgröninger Schäferlauf als Preise eine Hauptrolle und bis 1834 erhielt die Siegerin kein Schaf, sondern drei Ellen rotes Barchet."
Nach dieser Schilderung dürfen wir annehmen, daß neben der Übernahme von Elementen der bäuerlichen Erntefeste auch bürgerliches bzw. innungsgebundenes Handwerksbrauchtum in die Schäferläufe eingeflossen ist. Das ist um so wahrscheinlicher, als eine solche Entlehnung dem schon mehrfach genannten festen Willen der Schäfer entspricht,

auch in einzelnen Motiven des Festablaufs das Handwerkswesen nachzuahmen, um ihm so ebenbürtig wie möglich zu sein.

Ein Wort noch zum Schäferkönig, der im zentraleuropäischen Bereich sonst unbekannt ist. Auch in Markgröningen, wo er kaum früher als im 18. Jahrhundert nachzuweisen sein dürfte, spielt er nur eine untergeordnete Rolle, denn seine Würde endet ja praktisch mit dem Abschluß des Festes. Er nimmt oder nahm keinerlei Funktion innerhalb der Zunftorganisation ein.[80] Gerade hierin hätte sich aber seine Stellung manifestieren müssen, wenn sie über den Rahmen des Festes hinaus wirksam gewesen wäre. Der „Schäferkönig" ist eine relativ späte Erscheinung bei den schwäbischen Lauffesten. — Mancherlei Nachrichten über „Hirtenkönige" finden sich dagegen in ganz Europa. Sie werden zum Teil auch durch einen Wettlauf bestimmt[81] und üben das ganze Jahr hindurch die unbedingte Herrschaftsgewalt über die Hirten ihres Weidebereichs aus. Das äußerte sich in Estland zum Beispiel darin, daß der König vor dem ersten Austrieb zusammen mit den einzelnen Hirten die Weide umschritt[82] und ihnen die Hirtenstäbe zu Beginn der Weidezeit übergab.[83] Er nimmt also eine wirkliche Funktion innerhalb der Hirtengemeinschaft ein, und der Unterschied zum „Schäferkönig" ist ganz eindeutig. Beide haben nichts miteinander zu tun. Vielleicht ersetzt bei den Hirten die Herrschaft des „Königs" eine zunftartige Gemeinschaft, wie sie die Schäfer kennen.

Für den andersartigen Ablauf der Thüringer Schäferfeste trifft die bisherige Brauchtumsanalyse nur bedingt zu. Abgesehen davon, daß der „Schlangentanz" sein Vorbild im Schwerttanz des handwerklichen Innungsbrauchtums erkennen läßt, ist der Wettlauf nach dem abgeschlagenen Wipfel der Tanzfichte aus dem bäuerlichen Erntefestbrauchtum nicht herzuleiten. Nach Untersuchungen von Weber-Kellermann[84] möchten wir vielmehr annehmen, daß es sich hier um die Nachahmung eines typischen Elementes aus dem bäuerlichen Pfingstbrauchtum Thüringens handelt, denn dort findet heute noch (im Landkreis Mühlhausen) ein Kampf, ein Wettlauf der männlichen Dorfjugend nach dem Laubgestell, einer zentralen Pfingstumzugsfigur, statt. Beide Bräuche scheinen so ähnlich, daß man an eine bewußte Hervorhebung und Verstärkung des Wettkampfcharakters durch die Schäfer — wie bei den schwäbischen Festen — nicht zu denken braucht.[85]

Was schließlich noch die Schäferhochzeiten anlangt, so sind wir der Ansicht, daß sie in der geschilderten Form vor allem in niederdeutschen Gebieten stattfanden. Vielleicht sind sie sogar eine Erscheinung der dortigen Hofschäferei? Eine unmittelbare Übernahme des Wettlaufs aus dem Brauchtum der Schäferfeste halten wir nicht für möglich, da wir im mutmaßlichen Verbreitungsgebiet dieser Hochzeiten auf ehemalige schäferliche Gemeinschaftsformen nicht gestoßen sind. Ob nun der Wettlauf als solcher aus dem Pfingstbrauchtum der Hirten bzw. dem Erntefestbrauchtum der Bauern entlehnt wurde oder vielleicht auch eine eigenständige Schöpfung der niederdeutschen Schäfer war, kann nur als Frage gestellt werden.

Zusammenfassung

Schwaben und Thüringen sind die beiden Landschaften, in denen die eigentlichen Schäferfeste verbreitet sind. Sie werden im ersten Gebiet zusammen mit den jährlichen Zunftversammlungen abgehalten und sind damit äußerer Ausdruck des schäferlichen „Standes"-Bewußtseins. Die Termine ihrer Veranstaltung liegen um den Bartholomäustag, der gerade in Schwaben als Herbstanfang gilt und die bäuerlichen Erntefeste einleitet. Aber auch im Arbeitsjahr des Schäfers beginnt mit Bartholomäi ein besonderer Abschnitt, nämlich die offene Herbstweide. Zwei wichtige Termine, die jeweils von Bauern oder Schäfern festlich begangen werden, fallen also zusammen. Daraus ergeben sich mancherlei Beeinflussungen, die sich wiederum in einer gewissen Gleichartigkeit beider Festabläufe manifestieren. Eine Brauchtumsanalyse zeigt, daß die bäuerlichen Formen des schwäbischen Erntefestes mit Hammelaustanzen, Wettlaufen nach einem Schaf usw. von den Schäferzünften übernommen und nach der ihnen eigenen Pflege des Wettkampfgedankens zum „Markgröninger Schäferlauf" und seinen Varianten gestaltet wurden. Eine an und für sich naheliegende unmittelbare Übernahme des Frühjahrsbrauchtums der Hirten (Kuh-, Pferdehirten und vor allem der Hütejungen), fand nicht statt, da die Schäfer wegen der besonderen Bedingungen der Schafhaltung am Frühjahrsbrauchtum nur geringen Anteil hatten. Jedoch macht eine gewisse Gleichartigkeit mit wettkampfähnlichen Spielen der mittelalterlichen Bürgerschaft in Schwaben eine bewußte Übernahme dieser Veranstaltungen in den Ablauf der Schäferfeste wahrscheinlich. Damit zeichnet sich auch hier wieder das Bestreben der Schäfer ab, sich dem Handwerkswesen anzugleichen, um ihm ebenbürtig zu werden.

Während der Markgröninger Schäferlauf noch in unseren Tagen durchgeführt und auch jenseits der Grenzen seiner schwäbischen Heimat mehr oder weniger variiert nachgebildet wird, sind die thüringischen Schäferfeste, deren ehemals geschlossene Verbreitung vom Vogtland bis Mittelthüringen möglich ist, bereits in der ersten Hälfte des 19. Jahrhunderts zu Ende gegangen. Ihr Ablauf ist anders als der der schwäbischen Schäferläufe, doch sind auch hier die Grundzüge, nämlich die Pflege des Wettkampfgedankens, die gleichen. Wenn auch — was freilich durch die sehr lückenhafte Quellenlage bedingt sein kann — in den Festorten keine Schäferzünfte nachzuweisen sind, ist es evident, daß die thüringischen Schäferfeste ebenso wie die Süddeutschlands herrschaftliches Privileg waren. Da sie meist im Zusammenhang mit einem größeren Jahrmarkt stattfanden (zum Beispiel Bartholomäusmarkt in Gera), darf man annehmen, daß sie ehedem mit der Veranstaltung von Woll- und Schafmärkten zusammenhingen, die im schäferlichen Verbandswesen stets eine maßgebende Rolle spielten. Daß aus diesen privilegierten Festen keine Schäferzünfte hervorgingen, mag an der Nähe des sächsischen Territoriums gelegen haben, wo Schäferbünde bekanntlich verboten waren. Den thüringischen Schäfern waren sie aber so etwas wie ein Zunftersatz, dem sie durch Nachahmung einer Art handwerklichen Schwerttanzes mehr Geltung zu verleihen suchten. Der am Schluß des Festes veranstaltete Wettlauf um den abgeschlagenen Wipfel der Tanzfichte läßt sich möglicherweise auf eine Entlehnung aus dem thüringischen Pfingstbrauchtum herleiten.

Direkte Beziehungen zwischen süddeutschen und thüringischen Schäferfesten lassen sich urkundlich nicht nachweisen. Da Thüringen aber als Winterweide der süddeutschen Wanderschäfer gilt, liegt immerhin die Übertragung des Festgedankens aus Süddeutschland nahe.

Herkunft und Anlaß der Schäferhochzeiten sind noch unklar. Sie scheinen vor allem in Niederdeutschland und da im Bereich der Hofschäferei verbreitet zu sein. Wenn sie mit den schwäbischen und thüringischen Schäferfesten auch das Brauchtumselement des Wettlaufs gemeinsam haben, ist eine Beeinflussung von daher nicht anzunehmen.

VII. Der Schäfer in der dörflichen Gemeinschaft

1. Der Gemeindeschäfer

Das Bild, das wir bisher vom Schäfer hinsichtlich seiner wirtschaftlichen Bedeutung, seiner sozialen Stellung und seines Gemeinschaftswesens entwerfen konnten, kann nicht vollständig sein. Um es zu ergänzen und abzurunden, ist es notwendig, ihn in der Umgebung zu sehen, in welcher er im täglichen Leben steht und den Pflichten seines Berufs nachkommt: in der Gemeinschaft des Dorfes. Welche Stellung er in ihr einnimmt, in welcher Weise er sich mit ihr auseinandersetzen muß, wie sie ihn einschätzt und sich ihm gegenüber verhält, das sind Fragen, auf die wir in diesem Kapitel eine Antwort suchen wollen. Dabei wird in erster Linie der Typ des Gemeindeschäfers das Objekt unserer Darstellung sein, denn nur er lebt ja im Dorfe und mit dessen Einwohnern. Den *Gutsschäfer* dagegen binden die wirtschaftlichen Interessen seines Dienstherrn und oft macht er sich zu seinem Beauftragten, wenn es gilt, dessen Trift- und Weidegerechtigkeit auf Kosten der Bauern auszulegen und wahrzunehmen. Von ihm wird das bäuerliche Überlieferungsgut nur wenig zu berichten haben.[1]

Über die wirtschaftlich-soziale Stellung des Gemeindeschäfers zur Zeit der voll ausgebildeten Dreifelderwirtschaft hatten wir schon die Urkunden sprechen lassen (Kap. II B). Wir können daher an das dort Gesagte anknüpfen und beschäftigen uns im folgenden zunächst mit Erscheinungen, die sich aus der Bedeutung des Schafhirten als Hüter eines sehr wesentlichen und wertvollen Teils des gemeinschaftlich verwalteten Besitzes ergeben.

a) Verdingen

Aus den bisherigen Quellen über die Gemeindeschäferei sprach die Sorge, daß durch Vernachlässigung der in den Weistümern festgesetzten Verpflichtungen gegenüber dem Schäfer das Dorf „hirtelos" werden könnte. Immer wieder — durch Jahrhunderte hindurch — werden Maßnahmen getroffen, die Hirten fest an das Dorf zu binden bzw. für günstige Einstellungsbedingungen Sorge zu tragen. Es ist daher verständlich, daß Tag und Termin des Aufdingens eines neuen Schäfers im Dorf eine gewisse Rolle spielten.

Der Zeitpunkt der Anstellung liegt im allgemeinen nicht fest. Selbst innerhalb einer geschlossenen Landschaft kann er verschieden sein. Für gewöhnlich sind die Termine über das ganze Jahr verteilt. Besondere Tage kehren jedoch immer wieder: Dreikönigstag, Lichtmeß, Peterstag, Fastnacht, Ostern, Urbanstag, Johanni, Jacobi, Bartholomäi, Michaelis und Martinstag.[2] Diese Ding- und oft auch Ziehtage werden sich jeweils nach den Erfordernissen der Schafhaltung richten, die natürlich überall verschieden sind und allein schon vom Zustand und der Ergiebigkeit der Weidegründe abhängig sein können. Sie fallen vielfach mit den Terminen für das Dingen des bäuerlichen Gesindes und der Anstellung anderer Gemeindebediensteter wie Nachtwächter, Schmied und Großviehhirt zusammen.

Anstellen und Verdingen eines neuen Gemeindeschäfers[3] sind Anlaß genug, dieses Ereignis gebührend zu begehen. Wohl in allen deutschen Landschaften feierte man nach Abschluß der Verhandlungen — wenn man sich also einig geworden war — den „Schäferweinkauf,"[4] welcher im Gasthaus oder in der Wohnung des Schäfers abgehalten wurde und den beide Vertragspartner gemeinsam ausgestalteten. Dabei sorgte der Schäfer meist fürs Essen, das z. B. in der hessischen Schlitz traditionsgemäß aus Kartoffelbrei, Sauerkraut und Schweinefleisch bestand.[5] Die Schafhalter waren für den notwendigen Vorrat an Getränken verantwortlich. Bisweilen nahmen auch die Frauen an diesen Gastereien teil, bei denen es oft so hoch herging, daß Behörden und Kirche dagegen einschritten. In Hessen hat die Regierung nach 1828 den Schäferweinkauf nicht nur verboten, sondern auch das gegenseitige Beschenken und Bewirten untersagt,[6] und schon die Ordnung der Pfaffenhoffener Schäferzunft von 1745 gestattete in Artikel 9 den Schäfern die Ausgabe von nur zwei Gulden für den Weinkauf. Offenbar wurden bei diesen Anlässen so große Summen vergeudet, daß manche Schäfer in Geldnot gerieten.

Ursprünglich ist der Weinkauf ein Rechtsgeschäft zwischen Schäfer und Schafhalter, wobei auch dem gemeinsam veranstalteten Essen und Trinken eine rechtliche Sinngebung zugrunde liegt. Aus dem Fränkischen berichtet nämlich Bossert[7]: „Nur wer an Pfingsten [das ist dort der Termin des Verdingens] Hirtenweinkauf trinkt, darf selbiges Jahr Vieh halten." Ist zu diesem Geschäft der Mann verhindert, muß ihn die Frau vertreten. Mit der Teilnahme am Umtrunk geht also der jeweilige Schafhalter seine Verpflichtungen gegenüber dem Schäfer ein und bekräftigt sie. Dieser wird seinerseits dem Dorfschulzen verpflichtet, sein Amt getreulich und zugunsten der Gemeinde wahrzunehmen, wofür ihm auch Schutz und Unterstützung seitens der dörflichen Behörden zugesichert werden.[8] Der ausgeprägte juristische Charakter des Verdingens zeigt sich auch darin, daß im Mittelalter die Hirten zum Teil auf den Gerichtsversammlungen und Thingsitzungen für das folgende Jahr bestellt wurden.[9] In der lippischen Stadt Barntrup wurden sie sogar zusammen mit dem Bürgermeister auf der sog. Fastnachtssitzung der Stadtväter gewählt,[10] und in vielen flämischen Gemeinden erfolgte das Verdingen der Gemeindeschäfer bei brennender Kerze.[11] — Eine Variante des Weinkaufs scheint die Schwälmer „Schäferkirmes" am 22. Februar, dem Peterstag, zu sein. Nachdem sie an diesem Termin neu gemietet waren, zogen die Schäfer durchs Dorf, um allerlei Gaben, vor allem Speck und Eier zu heischen. „Jedermann schenkte ihnen gern ..." heißt es in einer Beschreibung dieses Festes,[12] und das will besagen, daß der Heischeumzug die rechtliche Funktion des Umtrunks beim Weinkauf übernommen hat, d. h. mit dem Geschenk bekräftigt der Schafhalter seine Verpflichtungen dem Hirten gegenüber. — Die Veranstaltungen von sog. Hirtentänzen nach dem Verdingen, wobei die Gemeinde Freibier spendierte,[13] kann wohl auch aus dem Weinkauf hergeleitet werden.

Unabhängig von den rechtlichen Bräuchen des Verdingens sind Feiern und Umzüge zu Ehren des neu gedingten Hirten. Wellnhofer[14] berichtet aus Franken: „Sobald der Hirte in einen anderen Ort verzieht, wird er von dessen Bewohnern auf ihre eigenen Kosten abgeholt." Im Siegerland knüpfte sich noch in den ersten Jahren unseres Jahrhunderts an den Einzug eines neuen Schäfers ein wirkliches Volksfest: „Ist ein Hirte von der Gemeinde gewählt und will seinen Einzug in das Dorf halten, so gehen ihm alt und jung bis zur Ortsgrenze entgegen, in den Händen das Schellengeläute der Viehherde, auf dessen harmonischen Zusammenklang von jeher großer Wert gelegt wurde. Unter Gesang und dem Herdengeläute hält dann der Hirte nach der üblichen Begeisterung Einzug in das Dorf, für das die Einführung ein Festtag ist. Noch kürzlich konnte man sich in der Gemeinde Klafeld-Geisweid davon überzeugen, wie sehr man an dem alten Brauch hängt. Nicht nur die Einwohner der Gemeinde selbst, sondern auch die freiwillige Feuerwehr, der Turnverein und zwei Gesangvereine zogen dem neuen Hirten entgegen und führten ihn unter Musik ins Dorf, wo dann gespielt und getanzt wurde. — Der alte Brauch hängt ohne Frage mit der großen Achtung zusammen, welche die Hirten auf dem Lande genossen und auch heute noch genießen."[15]

Aber auch für den Schäfer ist der Antritt der neuen Stelle ein besonderes Ereignis. Er wandert dorthin, „den Hut, die Schippe und den Hund mit Kunstblumen und farbigen Bändern geschmückt", teilte uns z. B. Pfarrer Dannheimer aus der Gegend um Rothenburg o. d. Tauber mit.

Das Verdingen des Schäfers durch die Gemeinde wurde bis weit ins 19. Jahrhundert vornehmlich dort beibehalten, wo eine gemeinschaftliche Herde zu hüten war. Erst mit dem Einschränken der Schafhaltung auf einzelne Berechtigte wurden Schäferstellen öffentlich ausgeschrieben, wenn nicht sogar in Zeitungen annonciert.

b) Hirtenschutt

Die Rechtsbräuche beim Verdingen setzten also nicht nur die Befugnisse des Schäfers gegenüber den Schafhaltern bzw. gegenüber der Dorfgemeinde fest, sondern regelten auch deren Verpflichtungen gegenüber dem Gemeindehirten. Hierzu gehörte in erster Linie die pünktliche Auszahlung des vereinbarten Lohnes, worauf bereits die frühen deutschen Rechtsquellen bis hin ins 18. und 19. Jahrhundert hinweisen.[16] Die Zahlungstermine fallen meist mit den sogenannten Ziehtagen zusammen, die zeitlich genau so stark variieren wie die Dingtage. Mitunter hat man den Lohn auch mehrmals im Jahr gezahlt, wie etwa in den thüringischen Gemeinden Achelstädt und Barchfeld, wo diese Termine zu Lichtmeß und Walpurgis lagen[17] oder aber, wie im fränkischen Hambühl, auch zu Jacobi (25. Juli) und Andrei (30. November).[18]

Über ähnliche Feste, wie sie mit dem Verdingen verknüpft waren, gibt das Material, das uns zur Verfügung steht, nicht viel her. Aus Nordkampen, Kreis Fallingbostel, teilt man uns lediglich mit, daß sich dort am Sylvesternachmittag die Bauern zum Schäfer begaben, um ihm seinen Lohn zu überreichen. Bei Schnaps und Kartenspiel waren sie selbst Gastgeber in dessen Behausung. — Der Lohntag war aber sonst eine durchaus ernste und feierliche Angelegenheit. So schreibt Hartmann[19] aus Demern bei Schönberg/Mecklenburg, daß eine Dorfversammlung zu dem Zweck einberufen wurde, für den Schäfer den „Borlohn tausammen tau kriegen". Diese Versammlung, zu welcher der Gemeindehirt selbst einladen mußte, war jährlich „dei einzigst, dei äöwerhaupt bi uns afholn wür". Alle Beteiligten erscheinen zum festgesetzten Termin in ihrem Sonntagsstaat, und keiner von den alten Bauern hätte es fertig gebracht, sich etwa durch seinen Sohn vertreten zu lassen.

Die Auszahlung des Lohnes erfolgte vor allem in früheren Zeiten in Naturalien und nur zum geringeren Teil in barem Geld. Der Begriff, der sich dafür bildete, war „Hirtenschutt" oder „Schiede" (Schafschiede) und ist auf das „Abschütten" oder „Erschütten" besonders des Getreides als Lohn für den Hirten zurückzuführen.[20] Aus Holland, aus der schafreichen Provinz Drenthe, ist uns noch aus den zwanziger Jahren unseres Jahrhunderts überliefert, wie der Schäferlohn buchstäblich „geschüttet" wurde: Zahltag war der erste Sonnabend im November. Durch Rundschreiben an alle in Frage kommenden Schafhalter erfolgte — unterzeichnet von einem Bevollmächtigten — die Mitteilung über den Termin des „Schäfertags" oder den „Tag des Einzugs des Schäferlohnes". Zur festgesetzten Stunde ertönte das Bauernhorn, das die Halter noch einmal an ihre Pflicht mahnte. Sie zogen dann zum Haus des Schäfers, „ein jeder mit zwei Säcken ganz oder teilweise mit Kartoffeln und Roggen gefüllt. Wer viel Schafe, 40—60 Stück, hatte, brachte seine Last auf einem Schiebkarren an, wer weniger hatte, trug sie auf den Schultern. Die Besucher kamen regellos zwischen 8 und 11 Uhr". Mit entsprechenden Meßgefäßen ausgerüstet, wurden sie in der „Schäferei" von zwei Bevollmächtigten der Genossenschaft oder der Gemeinde empfangen, welche die jeweilige Menge abmaßen und sie in des Schäfers Sack *schütteten*. Für die Kartoffeln war der Schäfer selbst der Empfänger.[21] Außerdem erhielt er für jedes geworfene Lamm einige Cents, die anscheinend auch zwei Bevollmächtigte entgegennahmen. Zu den übrigen Leistungen gehörten freie Wonung und etwas Land. Um dieses zu düngen, wurde ihm im September die gesamte Schafherde für vier Nächte zur Verfügung gestellt.[22]

Bei dem holländischen Beispiel wurde also der „Hirtenschutt" nach der Anzahl der Schafe des Berechtigten gemessen, wobei pro Schaf 2 Zentner und 1$^1/_2$ Liter Kop[23] Roggen und 1$^1/_2$ Liter Kop Kartoffeln abzuliefern waren. Diese Berechnung des Hirtenschutts ist die allgemein übliche. Doch bereits zur Zeit des Sachsenspiegels wendete man noch ein anderes Berechnungssystem an, da die Viehzahl in einer Herde oft so stark schwankte, daß die Naturallieferungen zu knapp ausfielen und kein Hirt davon leben konnte. Man war daher dazu übergegangen, den Hirtenschutt nach der Anzahl der Hufen des Schaf-Berechtigten festzulegen. Stellenweise scheint auch diese Regelung nicht genügt zu haben, denn bereits aus dem Sachsenspiegel hatten wir erfahren, daß der „Dreihufenmann", der seine Herde schon von einem eigenen Schäfer betreuen lassen durfte, trotzdem seinen Hufenanteil für die Entlohnung des Gemeindeschäfers abzuliefern hatte. Noch 1796 schlug ein Dorf im Meiningenschen vor, jedem Schafhalter eine gewisse Summe — seinem Stande entsprechend — für eine bestimmte Anzahl Schafe aufzuerlegen, ganz gleich ob er diese hielt oder nicht. Ein „halber" Bauer hatte z. B. für 5 Schafe, ein „viertel" Bauer für 3 und ein „Hintersättler" für 2 Schafe Schutt zu zahlen. — Beide Berechnungsarten schlossen aber einander nicht aus, auch löste das „Hufenprinzip" das der Schafanzahl nicht ab. In manchen Dörfern galten beide Systeme sogar nebeneinander und wurden z. T. miteinander ausgetauscht.[24] — Die Höhe des Hirtenschuttes nach dem Hufenprinzip war einfach zu bestimmen und stand im wesentlichen für immer fest. Hingegen machte die Lohnausschüttung auf der Grundlage der Schafanzahl eine Überprüfung bisweilen mehrmals im Jahr zu den einzelnen Zahlungsterminen notwendig. Dies geschah dadurch, daß der Dorfschulze ein Verzeichnis anlegte oder die Anzahl der Tiere von jedem Halter auf einem Kerbholz einschneiden ließ. Eine Ordnung aus den thüringischen Dorf Raitzhein vom Jahre 1576 gibt hierzu genauere Anweisungen: „Auf den Tag Sankt Johannis des Täufers sagt ein jeglicher Nachbar in des Dorfrichters Hause sein Vieh an, so wird es an einen Stab geschnitten, und vierzehn Tage nach gebotenem Tage, läßt die Gemeinde von Haus zu Haus umgehen, und so einer etwas verschwiegen oder versehen hätte und in vierzehn Tagen nicht eingebracht hat, ehe die Gemeinde aus des Richters Hause gehet, der muss der Gemeinde eine Tonne Bier oder das beste Noss zur Buße geben."[25]

Neben dem Hirtenschutt wurden auch noch andere Lohnsysteme angewendet. An Stelle der nach Hufe oder Schafanzahl abgemessenen Naturalien konnte z. B. auch ein Deputat treten, dessen Höhe einmal festgelegt war und kaum verändert wurde. Nach einer Altenburger Ordnung von 1744 war es den Deputatschäfern gestattet, eine Anzahl Schafe als Lohn zu nehmen.[26] Damit sollte die Differenz zwischen Hirtenschutt und Deputat ausgeglichen werden. Denn nun hatte der Schäfer die Möglichkeit, durch Verkauf der Wolle oder selbst des Schafes sich ein Stück Geld zurückzulegen. — Ähnlich verfuhr man dort, wo der Schäfer bei den einzelnen Haltern nur beköstigt[27] wurde. Im Dillkreis zum Beispiel fütterten ihm die Bauern ein bis zwei eigene Schafe mit durch.[28] Diese Art der Bezahlung war natürlich recht kümmerlich. In der Eifel dagegen war man schon großzügiger, denn dort hatte der Schäfer „bei jedem Bauer so viele eigene Mutterschafe im Futter und in der Pflege, wie er ‚Tage dort in der Kost' war. Der Erlös aus Wolle und Jungtieren brachte ihm alljährlich ein gutes Stück Geld". Da er auch noch für eine Reihe von Nebenbeschäftigungen besonders entlohnt wurde, konnte ein „sparsamer Schafhirt ... in wenigen Jahren ein ‚gemachter' Mann sein."[29]

Im allgemeinen aber war das System des Hirtenschutts im Bereich der bäuerlichen Schafhaltung das vorherrschende.[30] Erst sehr spät — im 19./20. Jahrhundert — wurde es durch die Geldentlohnung abgelöst, die schließlich am einfachsten für beide Seiten war und Unstimmigkeiten zwischen den Vertragspartnern, die bei der Schwankung des Naturallohns leicht möglich sein konnten, weitgehend ausschloß.[31]

Die Sorgfalt, mit der — fast nach rituellen Bräuchen — das Verdingen eines Schäfers vor sich ging, treffen wir beim Vorgang der Lohnausschüttung wieder an. Die Sorge, daß das Dorf „hirtelos" werden könnte, führt zu strengen Maßnahmen, die zum Ziel hatten, die Befürchtungen aus der Zeit des Sachsenspiegels nicht Wirklichkeit werden zu lassen. Diese waren um so mehr berechtigt, als der Gemeindeschäfer trotz allen Entgegenkommens der Gemeinde im Vergleich zum Gutsschäfer, der als Menger oder Pächter aus dem Verkauf eigener Schafe beträchtliche Geldgewinne erzielen konnte, relativ schlecht gestellt war. Die Gefahr, daß man eines Tages zu den zwangsläufig gegebenen Bedingungen keinen Schäfer mehr bekam, war also recht groß und erklärt die Strenge der Gemeinde als persona obligata gegenüber denjenigen Schafhaltern, die es an der nötigen Sorgfalt für ihre Verpflichtungen fehlen ließen.

Um von vornherein mögliche Lohnstreitigkeiten auszuschließen, konnte sich eine Gemeinde bisweilen recht großzügig verhalten, indem sie sich mit Hirt oder Schäfer auf eine Pauschale festlegte. So hieß es 1740 im fränkischen Hambühl: „Nach deme der Hirt an Korn etwaß zu viel, an Dinckel und geldt weniger, ist von der gemeindt mit dem Hirten bewilligt worden, daß eines daß andere aufhebe, und diß daher seine Richtigkeit habe."[32]

In diesem Zusammenhang muß auch erwähnt werden, daß die Bauernschaft nicht kleinlich war, wenn es galt, dem Schäfer für Arbeiten und Dienste, zu denen er nicht unbedingt verpflichtet war, eine Anerkennung zukommen zu lassen. Besonders freigebig war man, wenn er bis weit in den Herbst, über Martini hinaus, seine Herde austrieb. Denn dadurch wurde die ohnehin nur knappe Futterreserve für die Stallhaltung im Winter nicht vorzeitig angegriffen und überdies erhöhte jeder zusätzliche Pferchtag den Ertrag der Felder im nächsten Jahr. So stifteten noch um 1890 die Schafhalter in Eisbergen, Kreis Minden, dem Betreuer ihrer Herden einen „nieen Schäperrock" mit großen blanken Knöpfen.[33] War es möglich, noch bis Weihnachten auszutreiben, erhielt der Schäfer in Thüringen eine neue lederne Hose.[34] Später erst scheint in einigen Gegenden die Sitte allgemein zu werden, ihm für die späte Herbst- und Winterweide einen neuen Hut zu schenken.[35] Schäfermeister Nau aus Heblos/Hessen berichtet uns, daß der neue Schäferhut noch am Abend untersucht wurde, ob er „dicht" sei, d. h. es fand ein Gelage im Dorfgasthaus statt.[36] — Aber auch bei anderen Gelegenheiten fehlte es nicht an Anerkennung für die Leistung des Schäfers. Aus Thüle, Kreis Cloppenburg, wird z. B. berichtet, daß man ihm zur Wollschur extra ein Hütelamm schenkte.[37] Auch das Amt des Kastrierens, das ja mit dem Hirtenberuf eng zusammenhängt, wurde besonders entlohnt.[38] — Es war im allgemeinen Usus, die Schäfer auch zu den großen Jahresfesten zu beschenken. Der thüringische Schäfer erhielt z. B. von jedem Schafherrn eine Ecke nassen und eine Ecke trockenen Kuchen.[39] In der Rhön spendeten ihm die Schafhalter zu Pfingsten und zur Kirchweih je einen „Bloatz", also einen Kuchen, oder sonst etwas anderes.[40] Aus dem Jahre 1702 ist uns überliefert, daß der Gemeindeschäfer von Dobraschütz von jedem Schafhalter ein Weihnachtsbrot von je 16 Pfund erhielt. Zu allen anderen hohen Festtagen schenkte man ihm ebenfalls Kuchen. Wenn man dazu rechnet, daß derselbe Dobraschützer Schäfer eine Entlohnung von 16 Doppelzentnern Getreide und 48 Schütten Stroh erhielt und außerdem 6 bis 8 eigene Schafe und etliche Gänse halten durfte,[41] dann sind seine jährlichen Einkünfte durchaus nicht gering zu veranschlagen. Im allgemeinen war der Verdienst des Gemeindeschäfers jedoch nicht so hoch und die Geschenke und Prämien — ob freiwillig oder im Anstellungskontrakt verbrieft — verfolgten den Zweck, sein Einkommen aufzubessern.

Häufig genug hatten die Gemeinden wie z. B. die im fränkischen Hambühl Zeugnisse auszustellen, „daß weil er in dürftigen Verhältnissen sich befindet und ohnehin kein Vermögen hat, als arm angegeben wird" (Mitte 19. Jahrhundert). Andere besaßen mehr als Tagelöhner oder Lohnarbeiter bzw. hatten das ungefähr gleiche Einkommen wie ein Lehrer oder ein Handwerker.[42]

c) Heischeumzüge

In den gleichen Zusammenhang stellen wir auch die von Hirten und Schäfern veranstalteten bzw. ihnen häufig vertraglich zugesicherten Heischeumzüge, deren Gebundenheit an das entsprechende Brauchtum der großen Jahresfeste keinen Ursprung in bestimmten magischen Vorstellungen suchen läßt. — Es ist nun auffallend, daß beispielsweise die Kuhhirten als Veranstalter solcher Heischeumzüge weit stärker in Erscheinung treten als etwa die Schäfer. Eigentlich nur dort — so ergibt es sich jedenfalls aus dem zu dieser Frage durchgearbeiteten Material —, wo für jede Viehart ein besonderer Hirt angestellt ist, zieht auch der Schäfer mit und bittet um Gaben. Ist er aber der einzige Hirt des Dorfes, wird er nur in seltenen Fällen daran teilhaben. — Jungbauer[43] hat schon festgestellt: „Sind in einer Gemeinde mehrere Hirten, so nimmt das gemeinsame Lohneinsammeln die Formen von Bettelumzügen an, dies besonders, seitdem an Stelle des einen Gemeindehirten die Jugend das Hirtenamt übernommen hat." Ehedem, so meint er weiter, hätten die Hirten auf diesen Umzügen ihren Naturallohn eingesammelt und dabei eine segenspendende Rute überreicht oder einen Spruch aufgesagt. Unser Material ist nicht ergiebig genug, um diese Ansicht Jungbauers bestätigen zu können. Wenn man sich jedoch vor Augen führt, daß etwa der Gemeindekuhhirt rangmäßig unter dem Schäfer stand und auch lohnmäßig schlechter gestellt war, dann erscheinen die Heischeumzüge weniger als Aktion, um den Lohn einzusammeln, sondern vielmehr als eine willkommene Gelegenheit, *zusätzliche* Gaben zu erbitten.[44] Der Schäfer, der in einem Arbeitsverhältnis stand, das ihm gemeinhin ausreichenden Lohn zusicherte, war auf solche Bettelumzüge, wie sie Jungbauer nannte, weniger angewiesen.

Sicher spielten magische Vorstellungen eine Rolle, denn wer gibt nicht gern oder viel, wenn man ihm zu Neujahr Glück wünscht, das Vieh mit Martinsgerten oder Osterruten vor Unheil zu schützen vorgibt und Haus und Hof durch dreimaliges Klopfen an der Tür oder durch Anbringen apotropäischer Zeichen vor Feuer und Blitz bewahren zu können glaubt? Wer aber kannte sich nach der sog. Volksmeinung besser in allen geheimen Praktiken aus als Hirten und Schäfer?[45] Sie waren besonders in der Zeit der Rauhnächte gefürchtete Leute, denn sie konnten ja auch denen, welchen sie nicht wohlwollten, allerlei Schaden stiften. Aus einem Dorf im ehemaligen Westpreußen wird aus dem letzten Viertel des vorigen Jahrhunderts berichtet, daß am Dreikönigstag die viehbesitzenden Bauern immer voller Ungeduld auf das Erscheinen der heischenden Hirten warteten, um ihre Gabe los zu werden, denn man hielt es nicht für günstig, wenn die drei Gemeindehirten (Kuh-, Schweine- und Schafhirt) an einem Hause vorbeizogen, ohne anzuklopfen. „Und als es einmal aus zu grobem Spaße ... vorkam, daß etwas Widerliches in die Wurst gefüllt war, wurde die Familie förmlich verfolgt, auf die der Verdacht gefallen war."[46] — Bezeichnend, wenn auch hier nur von Kuhhirten gesprochen wird, scheint uns ein Vorgang, der sich im 17. Jahrhundert in Gunzenhausen abspielte. Am Walpurgistag ließen dort die Bürger zum erstenmal ihr Vieh durch den Stadthirten austreiben und zogen dafür pro Stück sieben Pfennige, die sog. Kühelosung, ein. Diese Umlage, immerhin einige Gulden, erhielt der Hirt mit seiner Familie samt dem Hütejungen und verzehrte sie am Tage des ersten Austriebs bei Spiel und Tanz auf freiem Feld. Man nannte dieses Fest die sog. „Hirtenkirchweih". 1685 verlangte der Markgraf von Ansbach als Landesherr ein Drittel der Kühelosung. Das wurde ihm verweigert,[47] und sicher aus Furcht der Viehhalter, ihre Tiere könnten nun, wenn man den Hirten um seine traditionelle Gabe brachte, Schaden erleiden.[48] — Das „Weihnachten vom Himmel blasen,"[49] das „Weihnachtsknallen"[50] oder das Einläuten des Weihnachtsfestes durch die Hirten, wozu sie im ehemaligen Oberschlesien das Geläute ihrer Herden benutzten,[51] ist ebenfalls mit Gabenheischen verbunden. Die biblische Vorstellung von der Verkündigung der Geburt Christi an die Hirten steht bei diesen Bräuchen im Vordergrund. — Eine besondere Bedeutung hat die Fastnachtszeit gehabt, in der die Hirten mancherorts ihren Karneval abhielten. Nach einer chronikalischen Aufzeichnung aus Zella-Mehlis wurde dieses Fest dort jährlich gefeiert. Von jeher hatten „die Hirtenweiber am Fastnachtsdienstag freien Umgang. Am Mittwoch sodann gingen die Hirten selbst herum. Ihnen wurden zwei Männer aus der Nachbarschaft als Ochsen-Schulzen[52] beigegeben. Die haben von Haus zu Haus Brot, Fleisch, Würste und anderes Essbare gesammelt. Haben alles in Wirtshaus getragen. Da hat der Wirt Kessel voll kochen müssen. Die ganze Gemeinde ist zu solchem Gastmahl geladen worden, um mit zu verzehren. Jeder Nachbar hat dazu eine Kanne Bier gegeben. Dabei haben sie ihren närrischen Karneval gefeiert mit dem damaligen Fastnarren". Dieser Hirtenkarneval ist wohl mit Einführung der Reformation abgeschafft worden. 1684 hören wir aber immer noch von Heischezügen der Mehliser Hirten.[53] — Vom Heischerecht der Hirtenfrauen zu Fastnacht berichtet auch Ullius[54] aus dem Nassauischen. Doch wird über ein gemeinsames Verzehren der Gaben wie in Zella-Mehlis nichts erwähnt.[55] — Wir berichten nur noch von zwei den Heischeumzügen verwandten Veranstaltungen, bei denen der Schäfer die tragende Rolle spielte: „Am Ostermontage gehen in merern Orten in den Würtembergischen Gegenden, die Schäfer mit zwölf ihrer schönsten Hämmel, welche sie mit Bändern und Büschen zieren, durch die Straßen, wo ihnen dann alle Einwohner, welche Schafen haben, ein Geschenk mit Gelde, Mehl, Eiern und anderen Eswaren machen."[56] Offenbar hängt dieser Heischezug mit den Bräuchen des ersten Austriebs zusammen, ist also möglicherweise aus dem Hirtenbrauchtum übernommen worden. — Eine sicher relativ junge Erscheinung ist der in Dillenburg bekannte „Schäfertanz", der mit den Veranstaltungen der süddeutschen Schäferfeste nichts zu tun hat und sich folgendermaßen abspielt: Auf dem Tanzsaal erscheint, angetan mit Schäfertracht, die Schippe in der Hand, der Schäfer mit dem Lehrling. In der Mitte legt er sein Bandelier mit dem Leitriemen aus und hält es mit der geschmückten Schippe fest. Der Lehrling steht dabei mit dem Hut in der Hand. Dann beginnt der Tanz. Ein langsamer Walzer, an welchem sich alle anwesenden Paare beteiligen müssen. Wer dabei die ausgelegten Lederriemen berührt, muß eine Münze in den Hut werfen. Den Erlös teilen sich Schäfer und Junge. Er gilt als Belohnung für ihre Mühe während der Lammzeit.[57] Ganz offensichtlich sind hier mehrere Brauchtumselemente vereinigt, von denen man nicht sagen kann, welches das ursprüngliche ist. Der Dillenburger Schäfertanz scheint aber seinem Charakter nach den Heischeumzügen am nächsten zu stehen.

Wir schließen damit dieses Thema ab, dessen Behandlung in diesem Abschnitt die Zusammenhänge wohl am besten erkennen läßt.[58]

d) Funktionen und Beschäftigungen außerhalb des Hutamtes

Wenn wir von Lohnfragen sprachen und Maßnahmen erörterten, welche die Gemeinde ergriff, um die Einnahmen ihres Schäfers zu erhöhen, gehört in den gleichen Themenkreis auch die Frage nach Beschäftigungen außerhalb des Hutamtes. Es gibt nämlich eine stattliche Anzahl von Belegen, nach denen der Schäfer eine Reihe von Funktionen im Dienste der Gemeinde wahrnahm, die mit seinen eigentlichen Aufgaben jedoch nichts zu tun hatten. — Am häufigsten wird erwähnt, daß er das Amt des *Nachtwächters* mit übernehmen mußte. Neben allgemeineren[59] gibt es darüber auch detaillierte Angaben: Im Herzogtum Lauenburg hatte der Gemeindeschäfer von 23 Uhr bis 3 Uhr früh die Nachtwache.[60] Für den gleichen Dienst erhielt er z. B. in der Altmark jeweils zwei Mark oder Naturalien.[61] In Bad Langensalza war er außerdem noch Bullenvorführer.[62] — Des weiteren finden wir den Gemeindeschäfer als *Angehörigen der Exekutivorgane* erwähnt, nämlich als Dorfpolizisten in Weidebrunn, Kreis Schmalkalden,[63] als Weibervogt noch in den neunziger Jahren des 19. Jahrhunderts in Schlagwitz, Kreis Oschatz[64] und schließlich mehrfach als Gemeindediener. In letzterer Funktion ist er bereits aus dem 16. Jahrhundert bekannt, wie aus dem Weistum von Bellheim bei Germersheim (1565)[65] hervorgeht: „Zum ersten soll dis grafengericht alle jar ... durch die gemein dorfhirten offentlich verkunt und uf gemeiner gassen zu halten auszgeschrien werden...." — Einen verantwortungsvollen Posten hatte der Schäfer dort, wo er bei nahendem Unwetter das *Wetterhorn* zu blasen[66] oder nahenden Regen durch das Aufziehen eines Korbes anzukündigen hatte.[67] Erwähnen wollen wir bereits hier, daß in Wallenrod/Vogelsberg bis zum Jahre 1899 nur Kuh- und Schweinehirt die „Blaswacht" wahrnahmen,[68] also Hirten, die sich mit ihren Herden meist in der Nähe des Dorfes aufhielten. — Als *Meß- und Kirchendiener* oder auch als *Glöckner* wird der Gemeindehirt, wie es scheint, vorwiegend aus katholischen Landschaften erwähnt.[69] In Niederbayern soll er sogar die Maiandacht abgehalten (?) und bisweilen auch den Rosenkranz in der Dorfkapelle vorgebetet haben. Für den Glöcknerdienst erhielt er den „Läutleib."[70]

Wenn wir uns daran erinnern, daß der Schäfer ehedem nicht ding- und waffenpflichtig war, weil sein verantwortungsvolles Hutamt ihn unentbehrlich machte, so will uns das als ein Gegensatz zu den oben mitgeteilten Nachrichten erscheinen. — Wie erklärt er sich? Es kann keinen Zweifel geben, daß der Schäfer in der Hauptweideperiode solche Nebenfunktionen, die ebenfalls ein hohes Maß an Verantwortung verlangten, nicht ausüben konnte. Seine Weidegründe lagen oft stunden-, manchmal tageweit vom Dorf entfernt, so daß er beispielweise das Wetterblasen gar nicht hätte durchführen können. Vor allem aber verbrachte er die Nächte draußen am Pferch bei seinen Schafen. Anders dagegen die Kuh- oder Schweinehirten, die in der Nähe des Dorfes ihre Arbeit verrichteten und die Herden nachts meist wieder in die Ställe trieben. Ihnen konnte man also schon eher weitere Funktionen auferlegen, die sie auch auszuführen in der Lage waren. Da die Terminologie im allgemeinen zwischen Hirt und Schäfer nicht exakt scheidet,[71] wird man annehmen dürfen, daß vorwiegend *Hirten* und nicht Schäfer z. B. einen Nachtwächterposten wahrgenommen haben. Sobald aber der Schäfer für das gesamte Weidevieh des Dorfes verantwortlich war oder umgekehrt als Angestellter des Kuhhirten die Gemeindeschafe mitweidete, mag auch ihm ein zusätzlicher Posten übertragen worden sein, denn dann war er mit seiner Herde dem Dorfe enger verbunden, trieb seine Tiere zur Nacht wohl auch ein usw. Doch sind solche Fälle sicher nicht allzu häufig. Wir betonen daher nochmals, daß die Schäfer in der Hauptweideperiode allein ihrem übernommenen Hutamt oblagen und in dieser Zeit Nebenfunktionen von ausgesprochenen „Hirten" (Kuh-, Schweine-, Gänse-, Pferde-, Kälberhirt usw.) ausgeübt wurden und auch nur ausgeübt werden konnten.[72]

Ganz anders lagen natürlich die Dinge im Winter, wenn der Schäfer nicht regelmäßig austrieb und pferchte. Dann war auch er frei, denn gemeinhin nahmen die Bauern oder Schafberechtigten in einer Gemeindeschäferei ihre Tiere während der kalten Jahreszeit in eigene Pflege.[73] Diese Jahreszeit war für den Schäfer die schwierigste, denn vielfach endete sein Hütekontrakt zu Martini, was bedeutete, daß die Lohnzahlungen eingestellt wurden.[74] Er war also gezwungen, sich mit anderer Arbeit sein Brot zu verdienen, und das tat er dann als Nachtwächter, Glöckner, Gemeindediener,[75] ja selbst als „Winterschulhalter", wie uns aus Oberfranken berichtet wird.[76]

Solche Art Nebenverdienste, einschließlich landwirtschaftlicher Tätigkeit, waren für Schäfer und Hirten als Gemeindebedienstete eine Notwendigkeit, „aber nur durch die tatkräftige Unterstützung durch Frau und Kinder möglich". Kam dazu gelegentlich noch die Haltung hauptsächlich von Kleinvieh, konnte sich eine solche „Produktionsfamilie" wohl recht und schlecht selbst versorgen. So besaß beispielsweise der Schäfer Weiss im fränkischen Hambühl 1899 eine Kuh, zwei Schweine und allerlei Federvieh, „dazu als landwirtschaftliche Geräte eine Häckselmaschine und eine Schubkarre."[77]

Wir treffen den Schäfer im Winter aber auch bei der Ausübung von manueller Arbeit, wenn er sich z. B. als Weber oder als Holzfäller[78] verdingte oder als Schlachter[79] von Hof zu Hof zog. — Besonders kommen ihm in dieser Zeit aber seine Handfertigkeiten zustatten, die er in der Hauptweideperiode mehr zum Nebenverdienst ausübt, nun aber vielfach als Grundlage seines Broterwerbs anwendet. Vor allem aus dem niederdeutschen Raum stammen die Nachrichten über das Herstellen praktischer Holzgeräte für Haus und Hof,[80] als da sind Reiserbesen, Holzpantinen, Wurstspeiler, Schüttgaffeln, Körbe u. a. m. (Solche Arbeiten mögen z. T. auch für die Entwicklung dörflicher Heimindustrie ausschlaggebend gewesen sein, denn „mit dem Hirtenwesen eng verbunden ist die Begründung der Löffelmacherei hier im Orte, ein Hausgewerbe, das noch heute besteht, aber vielleicht bald dem Aussterben nahe ist“ teilte uns Lehrer Buerschaper für das Dorf Bernhausen im Kreis Duderstadt mit.) Aber auch die Strickkunst der Schäfer gehört mit zu diesen Handfertigkeiten. — Außer als Hersteller für einfache praktische Gerätschaften treffen wir sie überall als Schnitzkünstler von hohen Graden an. „Die Kunst der bildlichen Darstellung“ ist nach Hornberger,[81] ein „weithin bekanntes Kennzeichen ihres Standes,“[82] und „das ständige Anschauen der Natur, die wechselnde Farbenpracht der Wälder, Felder und blumigen [Wiesen] entfacht [ihr] ästhetisches Empfinden derart, daß sie es nicht unterlassen können, auch die alltäglichsten Gebrauchsgegenstände zu verzieren“, schreibt Téglás[83] zwar über die ungarischen Hirten und Schäfer, doch können wir seine Ansicht auch auf unsere Schäfer übertragen. Unsere Museen sind voll von solchen Erzeugnissen der Hirtenkunst, von denen wir nur die aus einem Stück geschnitzten Krüselhaken „reich geschmückt mit Gesichtsmaske, Krone und Anhängseln in Form von Eicheln und Tannenzapfen“[84] oder die prachtvollen Ellen, die das Braunschweiger Museum aufbewahrt,[85] erwähnen wollen. Eine Vielzahl der als Minnegaben in den Sammlungen ausgestellten Mangelbretter,[86] Bindestöcke, Brautharken usw. stammen ganz fraglos aus der Hand von Schäfern,[87] die als Künstler freilich in den meisten Fällen anonym geblieben sind. Selten nur hat sich ein Name erhalten, wie der des Karl Wöger aus Heidenheim, über dessen Wanderskizzenbuch Hornberger[88] noch berichten konnte. — Vor allem im Winter entstanden wohl auch die vielen Gerätschaften, die der Schäfer zu seinem Tagewerk brauchte: die Schäferstöcke mit dem meist als Tier oder Tierkopf stilisierten Fanghaken, die selbstgefertigten, buntbemalten und geschnitzten Schellenbögen oder Kanfen,[89] die aus Knochen gearbeitete Troddel am Holster des Heideschäfers, die reichverzierten Schmierbüchsen und die „Märte- oder Koschalmollen“[90] vornehmlich der Thüringer und Harzer Schäfer.

Zusammenfassung

Die Frage nach der Beschäftigung und den Funktionen, die der Schäfer neben und außerhalb seines eigentlichen Amtes wahrzunehmen hatte, hängt aufs engste mit den Bedingungen der Schafhaltung zusammen. In der Hauptweideperiode ist er mit der Betreuung seiner Herde vollauf beschäftigt und findet in den wenigsten Fällen Zeit, sich als Gemeindebediensteter zu betätigen. Erst der Winter, die Zeit also, in der sein Hütekontrakt abgelaufen ist, zwingt ihn zur Annahme anderer Arbeiten, zu denen in hohem Maße auch das bewußte Einsetzen seines manuellen Geschicks und seiner künstlerischen Fähigkeiten für den Broterwerb gehören. Der Sommer beschert ihm wohl manche Mußestunde, in der er seine Schnitzkunst üben und pflegen kann, doch wird er sich erst im Winter darauf konzentrieren können. — Soweit es sich um Funktionen im Gemeinde- oder Kirchendienst handelt, wird man annehmen dürfen, daß sie dem Schäfer für die Dauer der kalten Jahreszeit zugesichert wurden, denn das Bestreben ist doch gewesen, einen Schäfer, mit dem man zufrieden war, so lange wie möglich ans Dorf zu binden. Die Überbrükkung der relativ kurzen Periode, in welcher die Tiere im Stall blieben und der Schäfer sich um ihre Betreuung nur wenig zu kümmern hatte, geschah aber am einfachsten durch Beschäftigung im Gemeindedienst. — Das Brauchtum bei Verdingen und Lohnauszahlen (Hirtenschutt) zeigte die Bedeutung, welche der Gemeindeschäfer innerhalb der Dorfgemeinschaft hatte.

2. Der Schäfer als Heilkundiger

Als Betreuer der Schafherde war dem Schäfer große Verantwortung übertragen. Nicht allein das Gedeihen der Herde hing von seinen Fähigkeiten und Kenntnissen ab. Er hatte dafür Sorge zu tragen, daß das Vieh auf den bebauten Feldern, in den Wäldern und Gärten keinen Schaden anrichtete und neu angepflanzte Kulturen nicht vernichtete. Schließlich kam es auch mit auf ihn an, ob die Ernteerträge gut oder schlecht ausfielen, denn er mußte zu rechter Zeit den Pferch weiter schlagen, damit eine möglichst intensive Düngung stattfinden konnte. Wir haben mehrfach darauf verweisen können, wie die Dorfbewohner Wert und Bedeutung eines solchen Mannes einzuschätzen wußten und alles taten, ihn zufriedenzustellen und zu fördern.

Man verlangte von ihm als Hirten jedoch weit mehr als allein die speziellen Berufskenntnisse. Nicht nur, daß er die ihm anvertrauten Tiere auf eine nahrhafte und bekömmliche Weide trieb, mußte er im Stande sein, sie vor Unglück zu bewahren, d. h., er mußte Krankheiten erkennen, deren Ursachen wissen und Mittel zu ihrer Bekämpfung anzuwenden verstehen. Es mußte ihm aber auch „ein Leichtes sein, dem Wolf den Rachen zu verschließen und dem Zauberer den Mund; er muß die feindlichen Kräfte der Natur zu beschwören ..., bösen Zauber zu bannen wissen — er der Wissende unter den Dummen, der Weise unter den Thoren“[91] — Ein Gedicht aus Hersbruck, der Pflegestätte deutscher Schäfer- und Hirtenkultur, läßt diese besondere Stellung des Hirten deutlich werden und erweist, daß man von ihm mehr erwartete, als nur das Vieh zu hüten[92]:

„Unsere altn Bauern froiha
Wenn doi hobn an Hirtn braucht,
Hobnsn ins Verhör zerscht gnumma,
Ob er a zum Hirtn taugt.

Un is noachat so weit kumma,
Daß er a der Hirt is wurn,
Frognsn: ‚Kost du a schoi' blousn
Auf dem langa Hirtenhurn?

Du mousst a kuriern könna,
D' Leit, as Vöich und wos ner is,
Und mousst den Beweis uns bringa,
Daß d'a gescheita Hirt du bist.

Alle Hexn mousst votreibn,
Und die Drudn a dazu,
Und die boisn Geista banna,
Daß im Dürfla is a Rouh.

Nou, wenn mir a Kouh vakaffn,
Mousst als Schmisa tüchti loign,
Und toust dös net firti bringa,
Mousst afs Jouhr wieda floign.

Ferner als Geburtenhelfa
Mousst du dou sei jede Zeit,
Kumma mousst ba jedn Weda
A bei Nacht, wenns nu su schneit.‘“

Entspricht dieses noch in neuerer Zeit entstandene Gedicht ganz dem Denken und der Einstellung des Dorfes zum Schäfer und seinem Wissen, so sind wir doch erstaunt, in einer nüchternen fiskalischen Verordnung des 18. Jahrhunderts über seine Aufgaben unter Artikel 16 folgendes zu lesen: Er, der Schäfer, soll niemand zu nahe an die Schafe herankommen lassen „denn es giebt mehrmalige boshafftige, neidische und zauberische Leute, die mit ihrem entweder durch öffentlichen mit dem Teufel gemachten Bund, oder heimlich und verborgen Segenwerck, Zauberey und Schelmenwerck, den Schaafen Schade thun...“[93] Deshalb, so heißt es im folgenden Artikel, soll er stets einen „starcken Schäfer-Stecken“ mit sich führen und wachsame Hunde bei sich haben. Sie selbst aber sollen sich „vor Aberglauben, Zauberey, Segensprechen, und dergleichen bösen Stücken ... hüten, darzu sie meistentheils durch den Müßiggang und böse Anführung ihrer Gesellschaft verleitet werden“ (Artikel 12). Zwar wird hier vom Schäfer nicht gefordert, daß er durch zauberisches Können die Herde schützen soll, im Gegenteil, man verbietet ihm die Anwendung solcher Praktiken. Aber doch fürchtet man den Einfluß bösen Zaubers, rechnet mit ihm und weiß auch durchaus um die besonderen Gaben des Schäfers.

Der echte Schäfer kann mehr als Brot essen, heißt es in mancher Sage, die von ihm und seinem Wirken berichtet, und in jedem Fall haben sich die Dörfler mit ihm gut zu stellen gesucht. Denn wie er auf der einen Seite durch seine Fähigkeiten viel Gutes wirken konnte, bestand andererseits immer die Gefahr, „daß mit seiner Hilfe die etwaigen Neider der Herde an das Ziel ihrer Wünsche gelangen könnten."[94] Wie man ihn einesteils also achtete und ehrte, fürchtete man ihn andererseits auch.

Durch die ständige Abgeschiedenheit, das Allein-auf-sich-gestellt-sein, mußte der Schäfer jederzeit in der Lage sein, wirksame Maßnahmen zu ergreifen, wenn sich Krankheitsanzeichen bei seinen Tieren einstellten (und kaum ein anderes unserer Weidetiere ist anfälliger als das Schaf). Das Abledern der Schafe war ja ursächlich auf diese besonderen Umstände, d. h. auf Verhütung und Ausbreitung von Seuchen, zurückzuführen. — In heutiger Zeit wird der junge Schäfer über alle vorkommenden Erkrankungen und ihre Bekämpfung genauestens auf den Fachschulen unterrichtet. Bei großer Gefahr wird auch ein Tierarzt schnell zur Stelle sein. Früher aber waren solche Voraussetzungen nicht gegeben, da mußte der Schäfer allein von sich aus wirksam eingreifen können, denn eine einmal grassierende Seuche konnte binnen kurzem ganze Herden von Schafen dahinraffen.

Woher aber nahm der Schäfer seine Kenntnisse? — Jahr für Jahr, fast ein ganzes Leben widmet er seinen Tieren. Er kennt jedes Schaf der Herde, weiß um ihre Eigenschaften, ihr Verhalten bei bestimmten Situationen, kennt ihre Lebensgewohnheiten genau und stellt sich ganz auf sie ein. „Le berger", schreibt Nelli[95] von den südfranzösischen Schäfern, „était également en rapport direct avec le monde animal. On croyait qu'il entendait le langage des bêtes et qu'il pouvait se faire comprendre d'elles. Encore aujourd'hui les bergers parlent presque continuellement á leurs moutons, surtout de nuit ... Mais autrefois, ils parlaient a l'oreille d'une brebis malade."[96] — Eine solche Kenntnis von Natur und Gewohnheit des Schafes beruht natürlich nicht allein auf Erfahrung und Beobachtungsgabe des einzelnen Schäfers. Jahrhundertelange Berufstradition innerhalb der Familie haben das Wissen von Generation zu Generation, durch neue Erfahrungen bereichert, weitergegeben, haben das Gefühl für die Behandlung und das Verhältnis zu den Tieren übertragen, den Sinn für die Beobachtung von Natur und Tierwelt geschärft.

Nur aus solchem Wissen und Kennen, das durch die Erfahrung und Erkenntnis eines jeden einzelnen Schäfers immer wieder verstärkt wird, lassen sich besondere Behandlungsmethoden erklären, die er anwendet, um die Tiere leichter leiten zu können, sie bei guter Gesundheit zu erhalten usw. — Die den Schäfern früher ganz geläufige Anwendung solcher Praktiken ist allgemein bekannt gewesen, und man hat sie auch von Staats wegen als für einen guten Schäfer selbstverständlich vorausgesetzt und gefordert. So heißt es beispielsweise in Artikel 5 der schon einmal zitierten fiskalischen Verordnung über die Pflichten des Schäfers[97], er möge „seine Schäflein an zweyerley Geschrey gewöhnen, als erstlich, wann sie fortgehen sollen, so soll er ihnen hell und lieblich zuschreyen, und weiter zu gehen anmahnen; zum andern, wann sie in unrechtem Wege, oder wieder zurück gehen sollen, mit einer andern Stimme zuruffen, daß sie durch solches Geschrey iederzeit wissen, was er meyne, und ihnen befehle". Er soll auch, heißt es dann in Artikel 14 „wenn die Schaafe weyden, zu Zeiten mit Pfeiffen, lieblichen Gesang oder dergleichen die Schaafe erfreuen und lustig machen". Diese Fähigkeit der Schäfer, die Tiere durch bestimmte Rufe und durch Singen zu leiten, hat zu der Vorstellung geführt, daß die Schafe allein schon durch das Musizieren fett würden. Gegen diese Vorstellung wendet sich zwar die kameralistische Literatur entschieden, spricht jedoch auch von der Notwendigkeit, daß der Schäfer ein Blasinstrument spielen solle, „nicht des alten Wahns wegen", daß die Schafe mehr durch

Schafpferch aus Geröllsteinen im Hochgebirge

Elektrisch gesicherter Schafpferch bei der LPG „8. Mai" in Brodowin, Kr. Eberswalde (1985)

Die schwere Arbeit des Wolle-Scherens wurde oft von Frauen übernommen (um 1930)

Schafpferch im ungarischen Komitat Pest (1934)

Schafmelken in der ungarischen Tiefebene (1907)

Widderhirt in der ungarischen Tiefebene mit seiner Ausrüstung (1907)

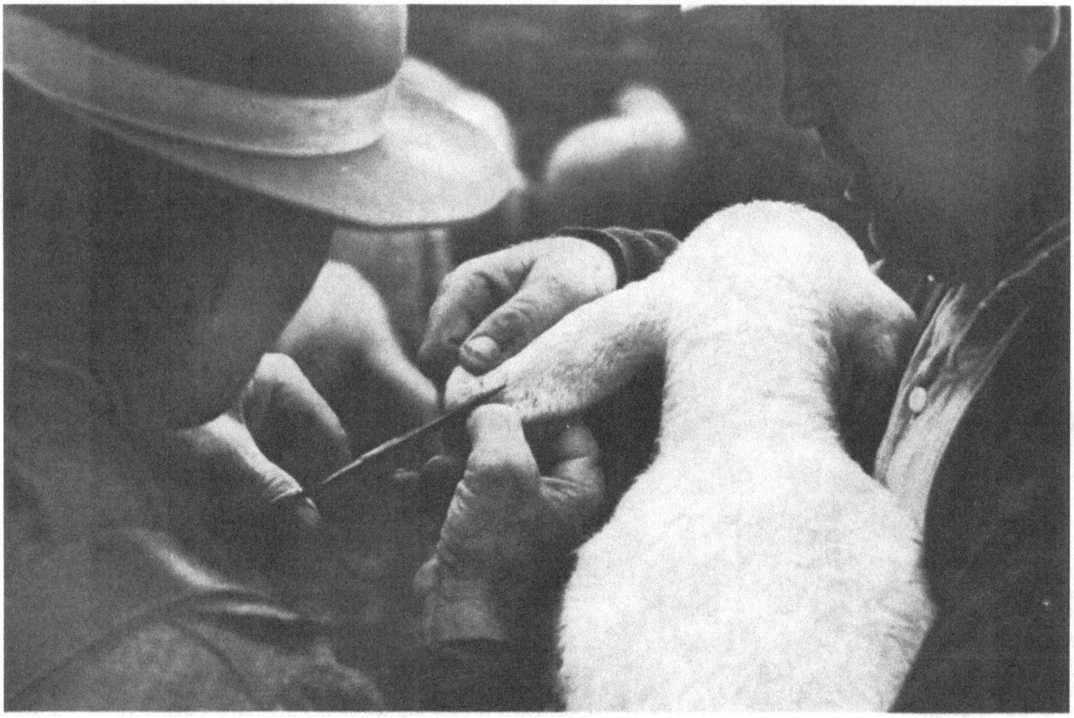

Schweizer Schäfer schneiden Eigentumszeichen in die Ohren der Tiere einer Gemeinschaftsherde

Schäferschippe und Hundekette sind für die sorgsame Führung einer Herde unerläßlich

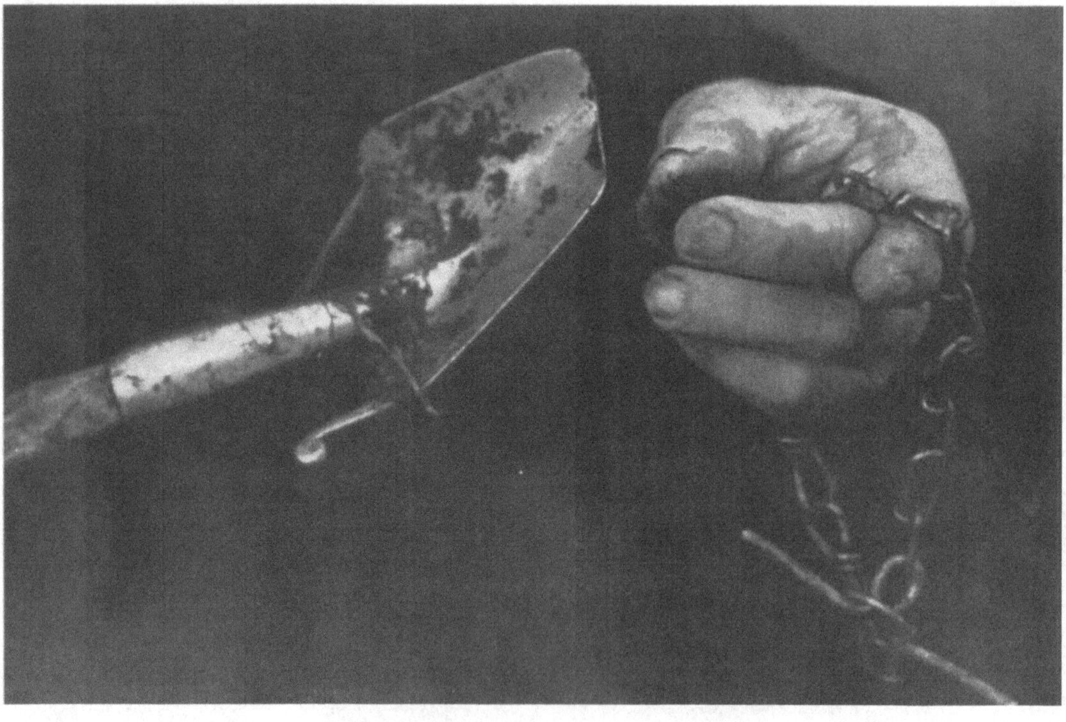

Am Hinterfuß fängt der Schäfer mit der Hakenschippe kranke Tiere aus der Herde

Ein Schäfer muß Knochenbrüche und andere Erkrankungen bei seinen Tieren sofort behandeln können

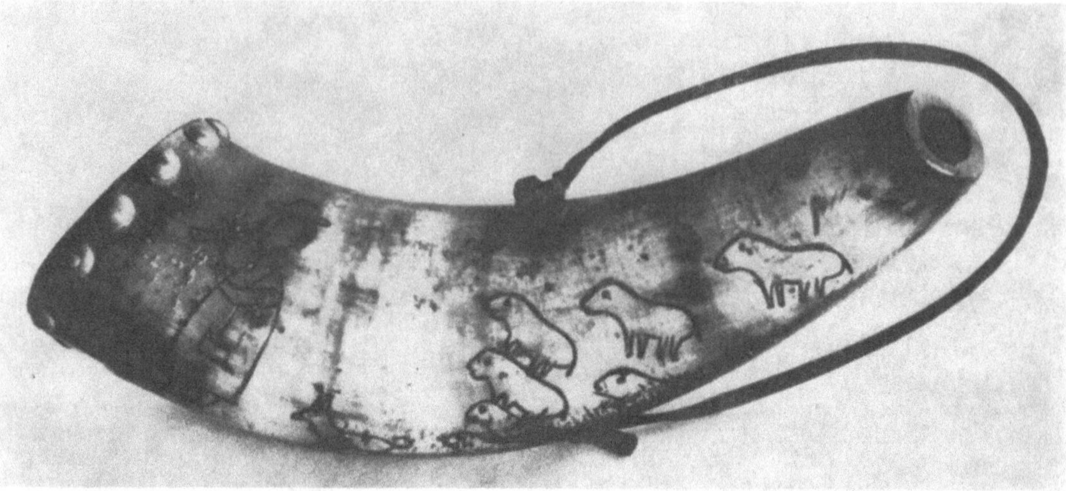

Salzhorn eines braunschweigischen Schäfers (1803)

Hölzerne Trinkschale, sog. Müllechen, eines Harzer Schäfers (19. Jahrhundert)

Beschnitzte Salbenbüchse eines Thüringer Schäfers (19. Jahrhundert)

Melkbottich aus Mecklenburg (19. Jahrhundert)

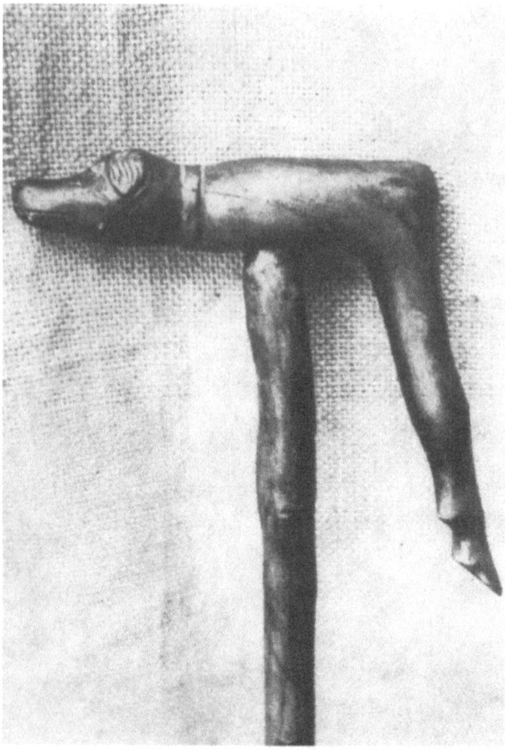

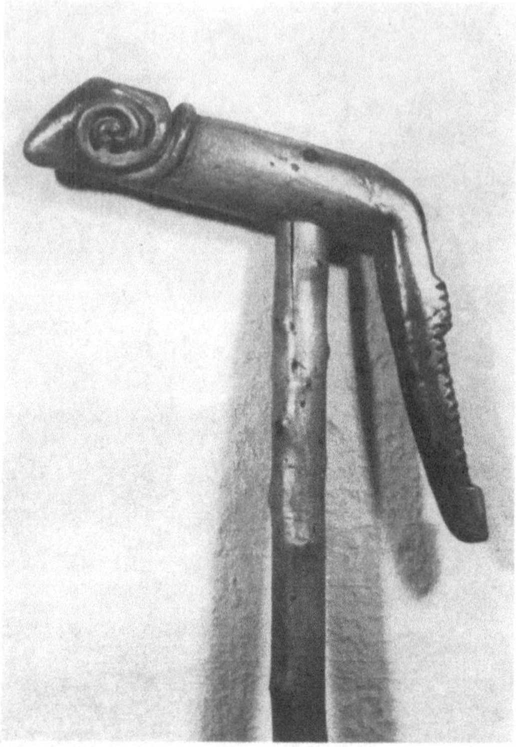

Drei mecklenburgische Schäferstäbe mit geschnitzten und aufgesetzten Fanghaken (19. Jh.)

Musik als durch das Weiden fett würden, sondern weil sie Musik lieben, davon munter werden, und der Schäfer sie mit bestimmten „Stückgen“ leichter kommandieren kann.[98] Reste dieser alten Erfahrung haben sich bis in die neuere Zeit erhalten. So schreibt v. Schulenburg[99] von den märkischen Schäfern, daß sie eine Holzflöte bliesen, auf deren Töne die Schafe sofort reagierten. Über die gleiche Praktik berichtet auch Hörmann[100] von Wanderschäfern auf dem Balkan. Schließlich dürfte auch das für den Schäfer so charakteristische Birkenblattblasen und das grelle Pfeifen auf den Fingern, womit er seine Tiere zum Weidegang sammelte,[101] ein Relikt aus der Zeit sein, als die Schafe zum großen Teil tatsächlich durch Rufen und Singen gelenkt wurden.[102] Die romantische Vorstellung von dem träumerisch vor sich hin musizierenden Schäfer hat also einen recht realen Hintergrund.

a) Der Veterinär

Wie die Anwendung der Musik beim Leiten einer Herde setzen die veterinärmedizinischen Kenntnisse eine lange Erfahrung voraus, die wirklich nur der besitzen kann, welcher ein „echter“, geborener Schäfer ist. — Interessant ist dabei, daß eine Reihe von Praktiken an verschiedenen Stellen Europas genau die gleichen sind. Das könnte auf eine einstige gemeinsame europäische Schafhirtenkultur hinweisen. Gerade die Verbreitung solcher Erscheinungen, die sich seit Jahrhunderten kaum geändert haben, wäre mit ein wichtiges Kriterium für die einmal im europäischen Rahmen notwendigen Untersuchungen über wirtschaftlich-kulturelle Typen. Als Beispiel nennen wir nur das Kastrieren der jungen Widder, das die Schäfer in Niederdeutschland, in der Fränkischen Schweiz, in Frankreich, in Ungarn und in Skandinavien mit den Zähnen vornahmen.[103]

Die am häufigsten auftretende Schafkrankheit ist die Räude, von der plötzlich eine Herde befallen werden kann. Die Schäfer waren darauf immer vorbereitet und trugen eine meist reich verzierte Knochenbüchse mit sich, in welcher sich der Extrakt für das Einreiben der kranken Tiere befand.[104] Als gebräuchlichstes Mittel hat man dabei einen Tabakextrakt verwendet, der durch Einweichen von Tabakblättern und durch nachträgliches Auspressen gewonnen wurde.[105] Einfacher machten es die Schäfer, welche priemten. Sie spuckten einfach auf die von der Räude angegriffenen Stellen.[106] Älter ist freilich die Anwendung einer aus Schafbutter und Teer hergestellten Salbe, die noch bis ins 19. Jahrhundert von den schottischen Schäfern benutzt wurde.[107] Ähnliche Zusammensetzungen dürften alle diese Mittel gehabt haben, da ihre Rohprodukte jederzeit leicht zu gewinnen waren. Aus der holländischen Provinz Drenthe hat ein Tierarzt das Rezept für die Schmiersalbe, das die Schäfer sonst vor Fremden geheimhielten, erfahren und hielt es für gut. Es bestand aus „1/2 pond witte mer-

Schmierbüchse aus Thüringen, aus Horn gefertigt. Höhe 10 cm. (Museum Waltershausen)

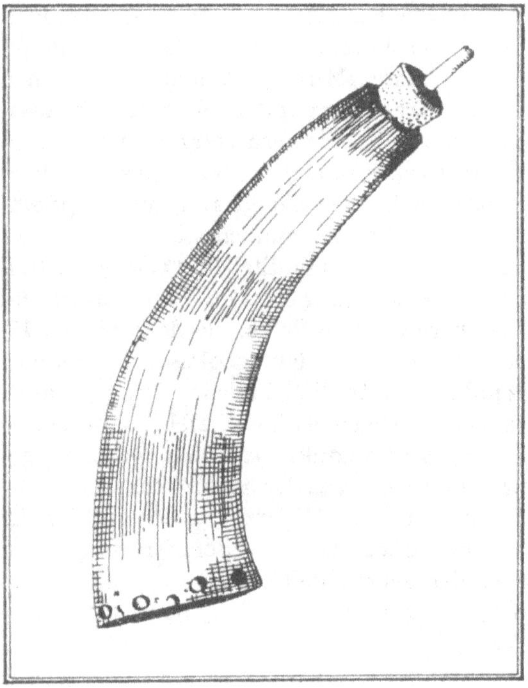

Gußhorn für Tabaksud, Hessen. (Museum Bad Hersfeld)

curius, 1 pond kwik, 20 cent blauw vitriolsteen, 1 ons dikke terpentijn, $^1/_2$ ons groene zeep, 1 pond runderniervet,"[108] enthielt also lauter Ingredienzien, die auch sonst in der Volksheilkunde angewendet werden. — Das Vertrautsein mit den Tieren ließ einen guten Schäfer wohl auch den bevorstehenden Ausbruch der Räude erkennen. Er konnte dann bereits prophylaktisch eingreifen, wie uns v. Engel[109] durchaus glaubwürdig zu berichten weiß: Im Brandenburgischen gab es eine Schäferei, die schon seit 40 Jahren von der Räude befallen wurde. Die Krankheit kam aber nie recht zum Ausbruch, weil der Schäfer ein Mittel wußte, das er bei den ersten Anzeichen den Tieren vierzehn Tage unter das Futter mischte. v. Engel wünschte vom Besitzer der Schäferei „die Species von diesem Pulver zu erhalten", um es im gegebenen Falle selbst anwenden zu können, aber dieser gab die Zusammensetzung nicht preis und beschwor, daß er, der Schäfereibesitzer, „es nur zweyen Menschen lernen dürfte, und dieses wäre geschehen, wodurch er denn meine Schäferey schon nach seinem Tode gesichert hätte; so bald er stürbe, sollte einer von diesen es mir lernen, weil es nicht mehr als Drey wissen dürften, und dabey wäre nun alles Zureden umsonst". v. Engel hat dann versucht, vom Schäfer selbst „das Geheimniß zu kaufen ..., aber mein Versuch war vergebens, ich bot ihm zwanzig Dukaten, und er blieb unbeweglich, versprach mir aber, ich sollte nach seinem Herren zum dritten angenommen werden, ohne Geld; es leben aber noch bis hieher die ersten Drey". So groß war das Vertrauen der aufgeklärten Agronomen zur Heilkunst des Schäfers, daß sie sich ohne weiteres nach seinen Geheimhaltungsvorschriften richteten und fürchteten, sie durch Preisgabe des Rezeptes an einen „Vierten" zu übertreten.

Auch eine weit gefährlichere Krankheit, nämlich die Schafpocken, wußten die Schäfer wirksam zu behandeln, indem sie die Therapie des Impfens anwendeten. Eigentlich war es auch mehr eine Prophylaxe, die sie vornahmen, denn sie übertrugen das Pockenserum der kranken Tiere durch einen Einstich in das Ohr der gesunden Schafe und machten sie dadurch immun. Heintl[110] berichtet aus seiner Zeit dieser Methode zwar von den Griechen; wir können aber annehmen, daß sie auch in unserem Bereich mit Erfolg angewendet wurde.[111] v. Lengerke[112] zum Beispiel teilt uns ein Rezept gegen die Schafpocken mit, welches neben mancherlei Kräutern und Wurzeln auch Ingredienzien aus der „Dreckapotheke" enthält und immer gewirkt haben soll. Er schreibt den Erfolg aber „andern Umständen" zu, die er zwar nicht angibt, von denen wir aber glauben, daß sie auch eine Impfung waren, die der Schäfer unter allerlei Beschwörungsformeln bei den noch gesunden Schafen vornahm.

Nicht alle Krankheiten waren aber durch Salben und Mixturen zu kurieren. Oft war es auch nötig, einen Eingriff vorzunehmen, ein gebrochenes Glied zu schienen usw.[113]. Die Schäfer mußten sich also auch als Chirurgen betätigen können, und das setzte eine gründliche anatomische Kenntnis voraus.

— Ein Operationsinstrument, das sie noch heute stets mit sich führen, ist der „Trokkar“, der in Mitteldeutschland nach der jeweiligen Mundart auch „Druckar“[114] oder „Dragor“[115] genannt wird. Dieses Gerät wird dann benutzt, wenn sich ein Schaf „verfangen“ hat, d. h., wenn es zu lange im frischen Klee oder in Zuckerrübenfeldern geweidet hat. Durch die entstehenden Gase treibt das Tier schnell auf, und leicht kann der Pansen platzen, wenn der Schäfer nicht sofort zum Trokkar greift. Der Name dieses Instruments geht wohl „auf das französische ‚trois quarts‘ zurück und stellt einen dreikantigen Dornspitz dar, der in einem Holzgriff steckt und gleichzeitig mit genau anliegender Hülse in den Pansen eines aufgeblähten Tieres eingeführt wird. Beim Entfernen des Trokkars bleibt die Hülse stecken, durch die die schädlichen Gase entweichen können. Es ist ein schlichtes Werkzeug, beweist aber in seiner Unentbehrlichkeit den sicheren chirurgischen Griff des Schäfers.“[116] Nun ist der Trokkar in der geschilderten Form, wie er auch in der Fachpresse überall annonciert wird, durchaus kein so „schlichtes Werkzeug“ mehr. Ursprünglich wurde er natürlich nicht industriell gefertigt. Wie uns Lehrer Steidl aus Osterburg/Altmark mitteilen konnte, erfolgte dort die gleiche Operation ganz einfach noch mit dem Messer. Damit sich aber der Einstich beim Herausziehen nicht wieder schloß und den Gasen der Austritt versperrt wurde, führte man einen Holz-„Zwiesel“ ein, um den Einstich offen zu halten. Als einem weiteren Operationsinstrument, das beim Verfangen Anwendung gefunden haben soll, wurde uns von einem „Schlundrohr“ berichtet[117] mit dessen Hilfe man die Futterballen hinunterstoßen oder die schädlichen Gase entweichen lassen konnte. Schäfermeister Ohme aus Sausedlitz bestreitet jedoch Existenz und Anwendung eines solchen Instruments. Wir schließen uns seiner Ansicht an, da uns aus keiner anderen deutschen Landschaft ein „Schlundrohr“ o. ä. bekannt geworden ist. — Nicht überall aber verfügte der Schäfer über solche anatomischen Kenntnisse, daß er den Trokkar sicher anzusetzen verstand. Er wußte sich aber auch dann zu helfen, indem er das aufgetriebene Schaf zwischen die Beine nahm und mit beiden Fäusten den Leib des Tieres so lange bearbeitete, bis die Gase entwichen.[118] Angeblich half gegen diese Kolik auch das Eingeben von „Schnapsweichen“ (mit Schnaps getränktes Brot) oder Kaffeeaufsud.[119] — Wenn alle Methoden und Mittel aber nicht anschlugen, dann konnte nur noch das Besprechen „helfen“. Eine Formel, die man dabei hersagte, ist von Wossidlo aufgezeichnet worden[120]:

„Hast du dich verfungen im Wind,
so hilft dir Jesus Kind.
Hast du dich verfungen im Futter,
so hilft dir Jesu Mutter.
Hast du dich verfungen im Waater,
so hilft dir Gott der Vater.“[121]

Eine Operation, die großes Können und chirurgisches Geschick voraussetzte, war die Trepanation bei Auftreten der gefürchteten Drehkrankheit[122]. Aus Coerde bei Münster ist uns die Schilderung eines solchen Eingriffs aufgezeichnet worden, die so instruktiv ist, daß wir sie im vollen Wortlaut zitieren wollen.[123] „Bei der tollsten aller Operationen, die sich ein Schäfer erlaubte, habe ich selber mitgeholfen, insofern, als ich das Tier festhalten mußte. Das Schaf war an einer ‚Gehirnblase‘ erkrankt, das Tier lief ständig in der Runde ... — Dort wo der Drehwurm auf dem kleinen Gehirn liegt, bildet sich in der Schädeldecke eine kleine weiße Stelle. Nun meißelte er mittels eines eisernen Eggenzinkens und eines Holzhammers eine kleine Öffnung in die Schädeldecke und versuchte dann mit einer bleiernen Pumpe die besagte Blase, in der der Drehwurm saß, vom Gehirn abzuziehen. Er versuchte es zwei- dreimal vergebens, so daß ich ihn bat, das Tier doch abzuschlachten, ich konnte seine Qualen nicht mehr mit ansehen. Dann versuchte er es zum vierten Mal und tatsächlich, an der Spitze der Pumpe hing eine kleine, fast zentimetergroße graue Blase, in der ein heller, kleiner Wurm steckte. Das Schaf wurde gut verbunden, und nach etlichen Tagen war es schon wieder wie alle anderen Tage.“[124]

Der Erfolg, den die Schäfer bei der Behandlung ihrer Herden hatten, ließ sie zum *allgemeinen Tierarzt* des Dorfes werden. — Von jeher waren sie aber darauf bedacht, ihre Praktiken geheimzuhalten, sie mit mystischem Beiwerk zu verbrämen und dadurch zu verschleiern. In dem von allen heilkundigen Schäfern immer wieder benutzten „Vieharzneibuch des alten Schäfers Thomas“[125] sind hierüber höchst interessante Ausführungen gemacht worden, welche erkennen lassen, daß sie ganz bewußt ihre „magischen Fähigkeiten“ bei der Behandlung kranker Tiere um sehr realer materieller Vorteile willen einzusetzen verstanden. Ob dieses Vieharzneibuch wirklich von einem Schäfer für Schäfer geschrieben wurde, ist in diesem Zusammenhang eine sekundäre Frage. Erwiesen ist jedenfalls, daß sie und alle anderen Leute, die vorgaben, krankes Vieh heilen zu können, vieles aus diesem „Ratgeber“ entnahmen und anwendeten: „Um sich bei den Leuten beliebt zu machen und ihr Zutrauen zu gewinnen“, so beginnen diese Instruktionen des „alten Schäfers Thomas“, „ist es nicht genug, daß man etwas rechts gelernt hat und in der Ausübung desselben geschickt und erfahren ist, man muß auch den Menschen ihre Schwächen und Vorurtheile, ihr Interesse und ihre Eigenliebe kennen und zu behandeln wissen, und sich allerorten so benehmen, wie es die Lebensklugheit verlangt, außerdem gilt man höchstens bei ihnen als ein geschickter nur nicht als ein beliebter Mann, mit dem man als Arzt höchstens nur im äußersten Nothfall Umgang pflegt. Merk also wohl auf, mein Sohn, welche Lehren ich dir hierüber geben werde, sie beruhen auf vieler Erfahrung, sind aus dem Umgange mit allerhand Menschen geschöpft und in der Natur dieser Menschen selbst begründet.

Hast du das Pferd eines wissenschaftlichen und gebildeten Mannes zu behandeln, so sprich offen mit ihm darüber, schlage deine Kunst nicht so hoch an, sondern gieb zu, daß die Natur die Heilung größtentheils allein bewirkt, deren Handlanger du nur gleichsam bist und ihr die Hindernisse aus dem Wege räumst. Thue nicht geheimnisvoll mit deinen Mitteln, verbirg deinen Mangel an Kenntnissen von der eigentlichen Natur des Uebels nicht hinter gelehrten Floskeln oder gar mystischen Alfanzereien ... Beweise deine Geschicklichkeit mehr durch die That, als durch Worte. Auf diese Weise wirst du dir das Vertrauen des Gebildeten am ersten verschaffen ...“ — Aber „auch auf den Wärter des Thieres ist Rücksicht zu nehmen ... Bei ihm] thue geheimnißvoll ..., empfiehl ihm ja mit dem Waschwasser behutsam und schonen umzugehen und ja nichts davon zu verschwenden oder zu vergießen, indem es die theuerste Arznei wäre, wenn es schon nur gefärbtes Wasser mit einigen Tropfen Kampfergeist riechbar gemacht ist, das er sich ohne diesen nutzlosen Zusatz an dem ersten besten Brunnen eimerweise genug holen kann. Bringe den Hufumschlag von Kuhmist selbst mit, menge etwas rothen Bolus darunter und vermische ihn mit einer verdünnten Auflösung von Assa; unter diesen Beisätzen erkennt er ihn nicht, rühmt nach der Herstellung des Thieres deinen herrlichen Hufumschlag seinem Herrn an: der aber freilich ... sehr theuer seyn muss, denn er hat ihn aus der Apotheke verschrieben, nach der er roch; der Herr glaubt ihm dies, und bezahlt dir seines Nachbarn Kuhmist theuer genug, den er, soviel er nur wollte, umsonst haben konnte, wäre er anders so vernünftig gewesen, sich zu überzeugen, daß auch die einfachsten Mittel hülfreich sind, sobald sie nur mit Sachkenntniß angewandt werden.“[126]

„Bei den ganz Unwissenden schlage den entgegengesetzten Weg ein. Mache deine Kunst zu einer Geheimnißkrämerei, lasse etwas von sympatischen Kuren fließen, gieb allen Mitteln, die du anwendest — und wäre es nur frisches Wasser, das du mit rother Dinte färbst, ein unbekanntes Ansehen, schüttle in zweifelhaften Fällen der Herstellung blos bedenklich das Haupt, bitte dir es aus, daß Alles aus dem Stalle geht, wenn du das kranke Thier beobachtest und ihm Arzneien giebst oder sonst etwas anwendest. Sprich von Mond und Sternen, von geheimen Arkanas, die du von deinen Voreltern ererbt.

Mache Kreuze an die Thüre und treibe allerlei Alfanzereien, und sie halten dich für einen Wunder-Doktor, der die Krankheit und das Gebrechen des Thieres beschwören kann, durch verborgene Dinge heilt, und das gemeine Volk strömt dir zu ...

Gegen Gebildete sei bescheiden, gegen halb Gebildete prahle mit deinen Kuren, fasse überall deinen Mann so gut wie das kranke Thier, ins Auge, und nimm und behandle ihn, wie er genommen und behandelt sein will. Durch eine richtige Menschenkenntniß wird dein Ruf als Thierarzt ebenso begründet, als durch eine richtige Erkenntniß von der Natur des Leidens, das du heilen sollst ...

Verrathe bei Keinem, daß dir die Krankheit oder das äußerliche Übel, zu deren Heilung man dich herbeirufte, selbst noch fremd und unbekannt ist und du es noch nicht behandelt hast, wenn dir auch der besondere Fall noch niemals vorgekommen; zeige dich nie unentschlossen über den Weg, den du zu der Heilung einzuschlagen hast und thue, als wenn das eigene Leiden zwar nicht ein gewöhnliches, dir aber nichts desto weniger als fremd sei und du es schon mit Glück behandelt hättest, wenn es auch schon ein Fall wäre, der weder dir noch Andern, deren Schriften du gelesen, vorgekommen ist. Verliere den Muth und das Zutrauen zu dir selbst dabei nicht, wenn du auch schon noch gar nicht weißt, was eigentlich dem Thiere fehlt und auf welche Art du es herstellen sollst. Die Natur des Thieres wird dir schon selbst auf die Spur helfen; beobachte es nur recht aufmerksam und anhaltend, gieb auf sein ganzes Geberdenspiel, seine Haltung, seine Stellung, seinen Gang, Achtung, vergleiche dies alles mit seinem vorigen Benehmen, prüfe und untersuche das Leiden nach allen seinen Zufällen, und du wirst, wäre es auch nicht sogleich, bei deinem ersten Krankenbesuche durch Nachdenken, Vergleichen und Beurtheilen schon einen Aufschluß darüber bekommen und danach deinen Heilplan einrichten können. Durch dieses Benehmen erwirbst du dir auch das Zutrauen in ganz besonderen Krankheitsfällen, man sieht dich als einen sehr erfahrnen Mann an, dem auch die seltensten Krankheitsfälle schon vorgekommen sind, und schenkt dir sein ganz besonderes Zutrauen, von dem dir nur deine eigene Ueberzeugung sagt, daß, was die Erfahrung darüber anbetrifft, du es nicht so unbeschränkt verdienst.[127] Stelle dich also gar nicht unbekannt mit dem Uebel, wäre es dir auch selbst noch das größte Geheimniß; wende nur etwas an, was gerade nicht schädlich ist, wenn es auch nicht hilft, und du gehst doch als ein hülfreicher Arzt fort und hast das Zutrauen von dem Besitzer des Thieres, wenn du auch nach deiner innern Ueberzeugung nichts weniger als hülfreich gewesen bist und das Zutrauen zu dir selbst verloren hast ... Mißglückt dir eine Kur ... so nimm weder von Reichen noch von Armen ein Honorar für deine Bemühung an, sondern begnüge dich mit den wenigen Groschen, die du an den dabei gebrauchten Medikamenten gewinnst ..., denn über den Gewinn, dir nichts geben zu dürfen, vergißt er zum Theil den Verlust, den er durch den Tod des Thieres hatte. Dafür lass dir eine geglückte Kur doppelt bezahlen ..."

Eine praktische Nutzanwendung und Beherzigung dieser Ratschläge und Instruktionen zeigt folgende Schilderung aus Coerde bei Münster.[128] „Im Frühjahr kam es oft vor, daß Kühe durch schlechtes Futter und schlechte Pflege nicht in der Lage waren, aufzustehen. Dann wurde der Schäfer geholt, um diese ‚Balkendröse', wie sie genannt wurde, zu kurieren. Dann nahm er eine scharfe Schusterahle ... und stach damit oberhalb des Haarquastes durch den Schwanz und zog dann eine Kalmuswurzel hindurch. Wenn er die Prozedur beendet hatte, empfahl er, dem Tier dreimal am Tage einen halben Eimer voll aufgeweichtes Schwarzbrot mit Hächsel zu geben, dann könnte das Tier wieder nach acht Tagen stehen, und man staunte, nach acht Tagen stand das Tier. Wovon? von der Kalmuswurzel im Schwanz bestimmt nicht, aber von dem besseren Futter."

Ganz offensichtlich verschleierte dieser westfälische Schäfer seine höchst einfache, aber wirksame Kur mit mystischem Hokuspokus, von dem die Bauersleute glaubten, daß er allein geholfen habe.[129]

Da, wie der alte Schäfer Thomas seine Mitmenschen schon richtig eingeschätzt hatte, das zauberische Tun am meisten ansprach, ja bei der Behandlung förmlich vorausgesetzt wurde, ist es klar, daß viele Schäfer, wenn sie von eigentlicher Tierheilkunde auch nichts verstanden, sich als zaubermächtige Leute ausgaben und dadurch großen Zulauf hatten. Von einem solchen „Heilkundigen" berichtet sehr anschaulich Dageförde[130] aus der Lüneburger Heide: „Ein Hofbesitzer hatte jahrelang über Unglück unter seinem Vieh zu klagen. Er ließ heimlich einen berühmten Schäfer kommen, der weit und breit mit seinen Beschwörungsformeln geholfen haben sollte. — Eines Abends, an einem bestimmten Tage nach Neumond, kam er in das Dorf zu dem Hilfesuchenden. Seine Anwesenheit blieb selbst den teils schon erwachsenen Kindern und den Dienstboten geheim. Nach Mitternacht machten sich die Wissenden bereit. Der Schäfer nahm eine alte brennende Stalleuchte und hielt sie vor die Brust. Der Bauer mußte eine Forke nehmen, die Frau ebenso über die Schulter einen Reisigbesen und der Bruder des Bauern einen Spaten. Im Flett traten sie an, keiner durfte sprechen. Der Schäfer vorauf und im Gänsemarsch die anderen hinterdrein. Erst ging's aus der Seitentür einmal um jedes Gebäude, worin Vieh war, dann kamen sie wieder in das Flett. — Jetzt fing der Schäfer an, Zaubersprüche herzusagen und begab sich mit den Hausgenossen über die Diele in den Kuhstall. Mit seinem Stock stieß er nach bedächtigem Suchen auf den Boden des Kuhstalles, der mit Steinen gepflastert war. Nun warf der Hausvater mit der Forke den Dung von der Stelle fort und die Frau fegte den Rest mit dem Besen weg. Beide Männer gruben und forkten die Steine fort und schaufelten ein $1^1/_2$ Fuß tiefes Loch. In dasselbe ließ der Schäfer unter lautem Gemurmel einen kleinen gelben Streifen Zeug fallen, den er weidlich bekreuzte. Nun wurde das Loch auf seinen Wink in aller Stille wieder zugeworfen und überpflastert. Von hier ging es nach dem Schweinestall, wo dasselbe vor sich ging. Darnach zogen sie noch einmal in der oben angegebenen Reihenfolge unter stetem Gemurmel des Schäfers um die Gebäude und zurück in das Flett. Ein gutes Nachtvesper und eine gute Geldgabe beschloß den nächtlichen Akt. Hat's geholfen? Nein, es ging hernach genau so wie vorher. Als aber eine junge Frau ins Haus kam, die aufpaßte, daß das Vieh sein Recht bekam, und die Tröge und Futterkrippen oft auswaschen ließ, hatten die Leute auch Glück mit dem Vieh."

Gewiß waren nicht alle, die mit zauberischem Tun Viehkrankheiten und Seuchen zu heilen vorgaben, Scharlatane, die es — nach dem Vorbild des alten Schäfers Thomas — allein auf das Geld der von ihrer „Kunst" überzeugten Leute abgesehen hatten. Die häufige Benutzung der *SATOR*-Formel,[131] das Anzünden von Notfeuern gegen Seuchen,[132] das Schlachten von Schafen als Notopfer[133] und vieles andere mehr erweisen deutlich, daß diese Dinge ursprünglich durchaus auch zum festen Glaubensgut mancher Schäfer zählten. Man mag über die Anwendung solcher „Mittel" bei Viehkrankheiten „den Schäfer ausschelten so viel man will, er versucht sie doch, und wollte man ihn durch Strenge davon abhalten, so würde er sich aus Verdruß selbst aufhenken", schreibt Büsching[134] und zeigt damit, wie stark manche Schäfer dem Glauben an die Kraft von Beschwörungs- und Segenformeln und gewissen magischen Praktiken verhaftet sein konnten.

Es ist in unserem Zusammenhang gleichgültig, auf welche Art und Weise die Schäfer krankes Vieh behandelten. Ihre Heilerfolge sind jedoch ganz unzweifelbar,[135] und wir sagten schon, daß sie zum allgemeinen Tierarzt des Dorfes wurden[136] bzw. diesen vertraten, wenn schnelle Hilfe nottat.[137] Manche Schäfer waren berühmt geworden, hatten großen Zulauf und wurden reiche Leute, wie etwa der alte Hirt von Enzendorf bei Altdorf im Fränkischen, der zu Pferde in seine Praxis ritt.[138]

Wie stand nun die Schul-Veterinärmedizin zu seinen Heilkünsten? Rohlwes, ein königlich-preußischer Tierarzt, weist in seinem

„Receptbuch“[139] mehrfach auf die guten Kenntnisse hin, die mancher Schäfer beim Erkennen der so schwer zu behandelnden „Lungenfäule“ der Schafe habe. Er rät sogar, die entscheidende Untersuchung von einem kundigen Schäfer vornehmen zu lassen. „Um aber ... sicher zu gehen, müßte ich rathen, einem geschickten Schäfer solche anzuvertrauen ...“ Rohlwes weiß also gut zwischen einem Schäfer, der sich auf der Grundlage ausreichenden Wissens und langer Erfahrung als Tierarzt betätigt hat, und einem solchen, der nach dem Muster des alten Schäfers Thomas arbeitet, zu unterscheiden. Von jenem hat er ganz offensichtlich eine Reihe von Arzneien übernommen, die sogar Ingredienzien aus der „Dreckapotheke“ enthalten, wie überhaupt die Erfahrung und Ratschläge, welche Rohlwes in seinem Büchlein gibt, auf Erkenntnisse und Praktiken solcher „geschickter“ Schäfer zurückgehen dürften. — Wenn man dem alten Schäfer Thomas glauben darf, sind die von ihm entwickelten veterinärmedizinischen Geräte von dem Major und Oberpferdearzt v. Tennecker in Dresden übernommen worden, der auch die wiederholten Auflagen des „Vieharzneibuchs“ in die Wege geleitet und gefördert haben soll.[140] Diese Angaben des Schäfers Thomas sind freilich unsicher. Wie aber Rohlwes manches aus der Schäferheilkunde übernommen hat, so ist es auch möglich, daß sich v. Tennecker schäferliche Erfahrungen zu nutze machte. — Noch heute, schreibt Hornberger,[141] beruht ein Teil der modernen Veterinärmedizin auf der Schäferheilkunde, „und der tierärztliche Nachwuchs der Gegenwart wird auch heute noch zu einem auffallend hohen Anteil von den Schäferfamilien gestellt“.

Nicht überall haben sich die Veterinäre der schäferlichen Erfahrungen und Praktiken zur Verbesserung ihrer eigenen Untersuchungs- und Heilmethoden bedient. Bisweilen war eine Schäferpraxis wohl eine ernsthafte Konkurrenz für beamtete Tierärtzte, und letztere sparten nicht mit Verleumdungen, ihre Gegner aus dem Felde zu schlagen.[142] Aber die Schäfer wußten sich, wenn sie ihrer Sache sicher waren, durchaus zu verteidigen. Eine Notiz aus dem Wittenberger Kreisblatt vom 22. September 1849 (Nr. 38) mag hier als ein Beispiel genannt werden. Unter der Rubrik „Gemeinnütziges“ ist dort folgendes zu lesen: „Der wohl bekannte medizinische Pfuscher — ehemalige Schäfer — jetzt Kossäthe H. in D., bedient sich beim Eingeben von Tränken bei Krankheiten des Viehes, namentlich bei Pferden, des Weges durch die Nase, wobei gewöhnlich ist, daß von dem Tranke, der oftmals sehr reizende Arzneimittel z. B. Kienöl — ein Lieblingsmittel von ihm — enthalten mag, in die Luftröhre, ja bis in die Lungen fließt, wodurch heftiges Husten, ja selbst Lungenentzündung erzeugt wird. Dieser letztere Fall ist erst am 4. d. M. mit einem Pferde des Kossäthen Voigt in Pratau passiert. — Es ist hier der Ort nicht, zu erörtern, wie und weshalb dies Eingeben schädlich wirkt (auf besondere Anfragen stehe ich jedoch sehr gern mit Erklärungen zu Diensten), bemerke indessen, daß sie in dem anatomischen Baue der Thierköpfe, besonders des Pferdekopfes ihren hauptsächlichsten Grund haben. Ich hielt für meine Pflicht, vor dieser Procedur, die nur hier und da noch von völlig kenntnißlosen thierärztlichen Pfuschern ausgeführt wird, als vor etwas Gefährlichem, das Vieh besitzende Publikum zu warnen.

Wittenberg, im September 1849

Lehnhardt, K. Kr. Thierarzt“.

Der angegriffene Schäfer, mit Namen Hackemesser, blieb jedoch keine Antwort schuldig. In der gleichen Zeitung veröffentlichte er postwendend eine Notiz, welche die Dinge richtig stellte und die Verleumdung des Kreistieraztes als Konkurrenzneid brandmarkte: „Auf die gemeinnützige Anzeige des Herrn Kr. Thierarztes Lehnhardt erlaube ich mir eine noch gemeinnützigere Antwort folgen zu lassen.

Ich habe nicht nur die Erlaubniß des Königl. Landraths Herrn v. Jagow, Viehkuren zu ünernehmen, sondern kann auch auf Verlangen Atteste beibringen von Viehbesitzern, daß man mit meinen Kuren sehr zufrieden ist und dadurch nur das volle Vertrauen des Publikums erworben habe. Warum der Herr Kr. Thierarzt Lehnhardt durch Gründe der Unwahrheit meine gemeinnützige Wirksamkeit zu verdächtigen sucht, weiß ich nicht; so viel kann ich aber versichern, daß ich mich bei dergleichen Kuren des Kienöls als Hauptmittel niemals bedient habe, daß also die Anzeige des Herrn Lehnhardt nicht um des gemeinen Nutzens, sondern nur um seines Nutzens willen ergangen ist.

Hackemesser in Dabrun."

b) Der Arzt

Als eine Grundvoraussetzung für Heilerfolge am kranken Tier hatte der alte Schäfer Thomas seinen Nachfahren eine gründliche Menschenkenntnis anempfohlen, welche sie in die Lage versetzen würde, die Leute an sich zu binden, ihr Zutrauen zu erwerben und – dadurch wohlhabend zu werden. Wenn ein Schäfer – und das ergibt sich logischerweise daraus – eine glückliche Hand in der Behandlung kranker Tiere hatte, dann lag es nahe, daß die Dorfbewohner auch mit eigenen Krankheiten und Schmerzen zu ihm kamen und um Hilfe baten. – In der Therapie konnte sich der Schäfer dank seiner Naturkenntnisse oft gleicher bzw. ähnlicher Mittel bedienen oder sie ausprobieren, und was das mystische Drumherum anbetrifft, so war es bei der Behandlung von Menschen noch weit eher am Platze.

Berichte über die Ausführung von Krankenbehandlungen gibt es u. W. nur wenige (vgl. aber für Skandinavien die vorzügliche Arbeit von Carl-Herman Tillhagen: Folklig läkekonst, Stockholm 1958). Dies mag besonders daran liegen, daß die Schäfer mehr als in der Tierheilkunde ihre Kunstgriffe und Heilmittel geheimzuhalten bemüht waren. Wie geschickt sie das taten, berichtet Wehrhan[143] aus dem Lippischen: Ein Mann hatte sich einmal das Schultergelenk verrenkt und mußte einen Arzt konsultieren, der ihm jedoch nicht recht helfen konnte. Da schickte man nach einem Schäfer, der durch seine Heilerfolge auf diesem Gebiet bekannt war. Der Arzt bat sich jedoch aus, bei der Untersuchung anwesend zu sein, um zu sehen, wie der Schäfer den Arm wieder in die richtige Lage bringen würde. Dieser antwortete nichts, untersuchte das kranke Gelenk, und plötzlich verstand er es, die Aufmerksamkeit der Zuschauenden geschickt abzulenken. Selbst der Arzt ließ sich bluffen. In diesem Augenblick hatte der Schäfer mit einigen Griffen den Arm wieder eingerenkt, ohne daß jemand, besonders aber der Arzt, hinter das Geheimnis seiner Kunst gekommen wäre. – Es ist auffallend, daß die Schäfer gerade auf dem chirurgischen Gebiet der Heilung von Brüchen und Verrenkungen tätig waren. 1742 hatte ein ehemaliger Tangermünder Schäfermeister von der Stadt die „Immediat-Konzession auf Verrenkungen und Verstauchungen" erhalten.[144] Aus anderen Teilen Deutschlands werden uns bis in die neuere Zeit hinein solche chirurgischen Behandlungen berichtet, allerdings ohne nähere Angaben. Wie uns Herr Lindau aus Thale im Harz mitteilte, lebte um 1900 in Cunrau, Kreis Klötze/Altmark, der als Arzt weitbekannte Schäfer Feindt. Zu ihm schickten die Schulmediziner Patienten mit komplizierten Brüchen oder Verrenkungen. Der Donnerstagszug von Oebisfelde nach Cunrau hieß allgemein der „Krankenzug". So viele Menschen fuhren an diesem Wochentag in die Schäferpraxis. – Es ist einleuchtend, daß die Schäfer gerade auf diesem Sektor zu Hilfe gerufen wurden, denn hier verfügten sie schon von der Tierheilkunde her über besondere Kenntnisse.

Alle anderen Behandlungen beruhen auf der Anwendung von Naturheilmitteln, deren Zusammensetzung die Schäfer natürlich geheimhalten. In der Leidensgeschichte eines Blinden, bei dem keine ärztliche Behandlung angeschlagen hatte, ist der Besuch bei einem bekannten „Schäferdoktor" ausführlich beschrieben,[145] welcher versuchte, das kranke Auge durch Salben und Mixturen zu heilen: Als der Blinde dem Schäfer vorgeführt wurde besah der das kranke Auge lange „und brummte dabei in den Bart, endlich holte er ein Büchschen herbei und strich nur wenig Balsam hinein, von dessen Wirkung ich nicht den mindesten Schmerz empfand, während meine Begleiter vor Schrecken außer sich geriethen, indem das Auge, wie sie sagten, nach wenig Minuten wie ein rothes Stück Fleisch erschien. — Der alte Schäfer meinte, gerade dieses plötzliche Rothwerden sei ein gutes Zeichen, und gab mir beim Weggehen außer der Versicherung einer unfehlbaren Genesung ein Fläschchen mit Augenwasser nebst einem Pulver zum Einstreuen mit, wofür ich eine Kleinigkeit bezahlte". Auf der Heimfahrt riß plötzlich der Schleier vor dem Auge des Erblindeten und er konnte alles eine Zeitlang sehen. Bevor er jedoch seine Heimatstadt erreichte, verdunkelte sich sein Blick wieder. Eine weitere Behandlung mit dem Schäferbalsam hatte keinen Erfolg mehr. — Andere Berichte sprechen vom Erfolg der angewendeten Kuren bei Kranken, die vergeblich vom Arzt Heilung erhofft hatten.[146] Wuttke[147] weiß von einem schlesischen Schäfer, der im 19. Jahrhundert „alle möglichen Krankheiten mit altbackener Semmel [heilte], weil er herausgefunden hatte, daß fast alle Krankheiten ihren Grund in einer im Magen sich bildenden ‚Luhsche' ... haben, die eben durch die altbackene Semmel aufgetunkt werden müsse; der Mann hat jahrelang ungeheuren Zudrang von weit und breit und wurde dabei wohlhabend". Im Grunde handelt es sich hier um ein Verfahren, das von der heutigen Schulmedizin als „Hungerkur" gegen viele Erkrankungen angewendet wird.

Über die Heilkunst der Schäfer sagt das „Handwörterbuch des deutschen Aberglaubens"[148] sie beruhe „auf dem einfachen Grundsatz similia similibus". Das mag für die allgemeine Volksmedizin zutreffen. Der Schäfer aber, der nur auf der Grundlage seiner Erfahrungen praktizierte, wußte mehr als manch anderer „Heilkundiger" über Ursache und Charakter von Erkrankungen, die durchaus nicht alle nach der gleichen Formel zu behandeln waren. Er ist nicht in jedem Fall — das sahen wir bereits bei der Besprechung seiner Tätigkeit als Tierarzt — mit den üblichen Volksheilkundigen auf eine Stufe zu stellen.

Von den magischen Praktiken bei der Krankenbehandlung gilt das gleiche, was der alte Schäfer Thomas konsequent anwendete, um seinen Ruf als Wunderdoktor zu festigen. Analogie- und Schwindezauber, wie er allgemein üblich ist, findet sich in großer Anzahl bei den schäferlichen Heilmethoden. Auch beliebte Mittel aus der „Dreckapotheke" werden wie überall bei der Quacksalberei gern verwendet.[149] Das Heimatmuseum Schloß Wilhelmsburg bei Schmalkalden bewahrt z. B. die Magensteine eines Auerhahns auf, mit denen der Schäfer von Fambach sympathetische Kuren trieb. — Wie aber ein Schäfer, der von der ärztlichen Tätigkeit wirklich etwas verstand und sie verantwortungsbewußt ausübte, über das „Brauchen" und allerlei andere magische Praktiken dachte, das zeigt sehr deutlich ein Gespräch zwischen dem Hirten Kortebein und dem Pastor des Dorfes Kreienhagen im Hannöverschen.[150] Letzterer hatte den Hirten zu sich rufen lassen, um ihm das „Besprechen" zu verbieten. Kortebeins Antwort auf die Vorwürfe des Geistlichen waren folgende: „Tja, Herr Pastor! Dat is jo woll sau, aberst Unsinn un Duiwelsspauk ist dat up neinen Fall — im Gegendeil, dei Duiwel werd dör dat Bespräken iutedreben, denn eine Bespräkunge kan blot ünner Anraupunge der heiligen Dreieinigkeit un in Namen Gottes wirken, un dat wirket ok. Un ob eck da an gläube? — Gewiss gläube eck da an! Wat diusend un aberdiusend gläubet, das gläube eck ok, eck will nich bäter un kläuker seen, wee dei annern. Un Verbeien künnt Se meck dat ok nich, denn möttet sei meck erst beweesen, dat eck meck davor betahlen late. Un iutrotten lett seck dat ok nich sau lichte, wat all hunnerte von Jahren Gebriuk ist. Un wenn eck et nich daue, denn maketet dei ole Lehmkiulsche, dei jetzt all up meenen Dot liuert. Un schaden deiht dat Bespräken up neinen Fall. Un denn mott'n ok en betten nahelpen künnen, dat Bespräken deiht et mitünner nich allene". — Der Pastor hält ihm dann vor Augen, wieviel Unheil schon dadurch angerichtet wurde, daß die Leute erst zum Arzt gingen, wenn es schon zu spät sei und das Besprechen nicht geholfen habe. Und was Kortebein denn mit dem „Nachhelfen" meine?.

„Tja, wettet se, Herr Pastor, das Nahelpen ist mitünner dat beste. — Da kümmt vor acht Dagen en Deinstmäken iut'r Stadt und kloget, se härre sau en scheusslich dicket Owerbein up dei linke Hand 'ekreegen, dei Dokter härre öhr wat tauen Inreeben vorschreeben, dat härre aberst nicht 'ewippet; niun schöll eck öhr doch mal dat bespräken. Eck sä, dat wöre en ganzen eigenen Fall, se schölle manne mal an'n Disch sitten gahn. Da möss'se seck mit'n Koppe upbucken un dei Hand mit den Owerbein nach boben flach uppen Disch leggen. Denn decke eck öhr en Dauk von meener Olschen owern Kopp, sau dat se nicks seihn künne. Niun besprok eck dei Hand, un slaug öhr mit'n Mangelholt kräftig up dat Owerbein. Vor Schreck was dat Friunsmensche ganz slapp 'eworen, aberst dat Owerbein wäre wege, wee weg 'epiustet. Se keim aberst balle tau seck sülbenst. — Seihn se Herr Pastor — dabei keek Kortebein öhne sau listig an — dat Bespräken hat 'ehulpen, un dat Mäken hat seck hundertmal bedanket." Der Pastor meint darauf, daß er ja nichts gegen die Anwendung und Verabreichung von irgendwelchen Hausmitteln einzuwenden habe, nur das Besprechen sei Sünde. Das solle er bleiben lassen. Darauf Kortebein: „Tja, Herr Pastor! Dei Minschen gläubet niun mal an dat Bespräken, und nich an dat Nachhelpen, un dat is ja dei Hauptsaake."

Der große Sammler und Kenner fränkischen Hirtenwesens Konrad Hörmann[151] stellte in diesem Zusammenhang fest: „Vom Volk für heilkundig gehaltene Hirten haben keinen leichten Stand, wenn sie nicht praktizieren wollen, denn die Nachbarn feinden sie an, falls sie sich weigern von den Kenntnissen Gebrauch zu machen, die man bei ihnen vermutet."

Weil sich die Schäfer nach dieser Einstellung der Leute richteten — ganz gleich aus welchen Gründen — und tatsächlich Heilerfolge aufzuweisen hatten, ersetzten sie auch hier den Schulmediziner. Selbst bei kleinen Verletzungen suchte man sie auf. „Gah man eens na'n Scheper", sagte man in Mecklenburg,[152] wenn sich jemand verbrannt hatte. Auch aus einer Sage[153] geht deutlich hervor, wie tief der Glaube an das heilkundige Wirken des Schäfers war: In Spickendorf wurde ein Säugling verschrien. Er wurde immer kränker und elender. Der herbeigerufene Schäfer gab allerlei Anordnungen, wie das Kind zu behandeln sei. Trotzdem starb es. „Vielleicht", so schließt die Sage, „hatten die Eltern den Schäfer zu spät geholt." Er wäre also der einzige gewesen, der hätte helfen können. Der Glaube an sein Können ist auch heute noch nicht erloschen, „Es kommt sogar vor, daß unglückliche junge Mädchen dem Schäfer ihren Liebeskummer anvertrauen, weil sie das Vertrauen zu ihm haben, er könne auch dagegen ein Heilmittel verschaffen", berichtet ein westfälischer Schäfer aus seinem Alltagsleben.[154] Daß im Burgenland die Frau des heilkundigen Schäfers als Hebamme des Dorfes fungierte,[155] scheint uns nicht verwunderlich. — Die achtbare Stellung, die er durch seine Heilkünste im Dorf einnahm, drückt sich wohl am besten in der Meinung der Mecklenburger aus, die Schäfer und Professor auf eine Stufe stellen[156] oder sagen: „Ut'n Scheper kann'n Apteiker maakt warden, sünt beid gliek klook."[157]

Von Schäfern, die als Heilkundige für Menschen praktizierten, sind eine ganze Anzahl namentlich bekannt.[158] Die Beschreibungen, die von ihrem Wirken gegeben werden, sind mehr oder weniger ausführlich. Gemeinsam betonen aber alle, daß sie großen Zulauf hatten und eine achtbare Stellung einnahmen. Einige von ihnen genossen eine heiligenähnliche Verehrung,[159] wie z. B. Joannes-Arnoldus Schoemans, der berühmte Schäfer von Naanhoven in Holland, dessen Bild in manchen Wohnungen hing,[160] oder Heinrich Mohr (1798—1884), der als „heiliger Schäfer von Niederembt ... längere Zeit im Rufe eines Wunderdoktors stand und zu dem Heilungssuchende nicht nur aus der nahen und weiten Umgebung, sondern sogar aus Holland, Belgien, Frankreich und Österreich kamen, bis die Bevölkerung nach 1843 wieder zur Besinnung kam. Aus Städten und Dörfern waren Prozessionen nach Niederembt gezogen mit dem Rufe ‚Heiliger Schäfer, bitt' für uns'. Bilder und mit seinem Bilde bedruckte

Taschentücher fanden reißenden Absatz."[161] — Am bekanntesten unter allen „Schäferdoktoren" ist wohl Schäfer Ast aus Radbruch, Kreis Harburg, geworden, der aus einer alten Schäferfamilie[162] stammte. Die Diagnosen stellte er aus den Nackenhaaren des Patienten. Sein Ruf drang bis nach Übersee, woher ihn viele Kranke um Hilfe baten.[163] Seinen Sohn hatte er Medizin studieren lassen. Nach dem Tode des Vaters übernahm er die Praxis, zu der noch heute aus dem Kirchspiel Sülze, Kreis Celle, monatlich ein Omnibus mit Patienten nach Radbruch fahren soll.[164] Ob auch Ast-Sohn seine Diagnosen nach den Nackenhaaren stellt, haben wir nicht in Erfahrung bringen können. — International war auch der Patientenkreis des Schäfers Ausmeyer in Kirchgandern im Eichsfeld. Er stellte die Diagnosen aus dem Urin der Kranken, die bisweilen zu Hunderten seine Praxis belagerten. Aus Göttingen sind mir Ausmeyer-Patienten persönlich bekannt, die von Heilerfolgen bei Kranken berichteten, welche von den Ärzten bereits aufgegeben waren. Sie schwören heute noch auf das Können des alten Schäfers, dessen Praxis sein Sohn ebenfalls als approbierter Mediziner übernommen hat und der in einem Dorf bei Göttingen wohnt. Dorthin fuhr jede Woche einmal ein Sonderomnibus. Die Diagnose stellt der Sohn ebenfalls noch nach der Methode des Vaters. Seine Rezepte, wie auch die des alten Ausmeyer, fertigte eine spezielle homöopathische Apotheke in Göttingen an.[165] — Wie Ast und Ausmeyer hatte auch der schon einmal erwähnte „Scheper van Naanhoven", Joannes-Arnoldus Schoemans, großen Zulauf von Arm und Reich. „Hij kon menschen en dieren cureeren, muizen en ratten verjagen, onkriud verdelgen en de kwade hand in stal en huis te keer gaan. Ook geloofde iedereen, dat hij verschijningen had en voorteekenen van komende dingen."[166] (Bei seinen deutschen Kollegen hörten wir von einer Inanspruchnahme über das Medizinische hinaus nichts. Doch darf man annehmen, daß auch sie nicht nur als Ärzte gerufen wurden, sondern in allen Nöten und Sorgen helfend eingreifen mußten.) Schoemans hielt seine Sprechstunden in der Ortschaft St. Truiden ab und hatte, wie Ausmeyer, mit dem dortigen Apotheker einen Vertrag abgeschlossen, der ihm seine Rezepte herstellte. Während der Behandlung legte er großen Wert auf Besprechen, auf äußerliche Zauberzeremonien und benutzte dazu auch das Johannesevangelium. Größten Einfluß hatte er erklärlicherweise auf Schwangere. In gewissen Fällen verordnete er auch Gebete oder Pilgerfahrten, und man darf annehmen, daß er das speziell bei „eingebildeten Krankheiten" tat. Über die schon von Schäfer Thomas so hervorgehobene und als notwendig erkannte Menschenkenntnis verfügte also auch dieser holländische „Wonderdoktor en Heksenmeester" im hohen Maße. Schoemans war auch recht geschäftstüchtig. Wenn er offiziell auch keine Honorare einzog, richtete sich die Wirksamkeit seiner Mittel und Kuren doch stets nach der Höhe der „freiwilligen Spende". Wie bei Ausmeyer waren auch seine Medikamente auf homöopathischer Grundlage zusammengesetzt. Häufig verordnete er Kaltwasserkuren in den verschiedensten Formen. Er selbst lief jeden Morgen mit bloßen Füßen durch den Tau, ein Heilverfahren, das als „Tautreten" in Kneipp-Kuranstalten oft verordnet wird.

Andere „Schäferärzte" sind noch in großer Zahl bekannt, doch hat sich von ihrem Wirken nur wenig erhalten. Sie mögen vielleicht nicht gerade international bekannt gewesen sein, doch hatten sie auch im Bereich ihrer Heimat großen Zulauf, wie etwa der alte Schäfer Ehrt aus Krosigk im Saalkreis, der täglich Hunderte von Patienten mit seinen Kräuterkuren „verarztet" haben soll.[167] Auch aus Neckeroda bei Blankenhain wird von einem Schäfer berichtet, der als Wunderdoktor stark frequentiert wurde.[168] Der „schwarze Hüter" praktizierte als Menschen- und Tierarzt in Elxleben, Kreis Arnstadt.[169] Von weiteren heilkundigen Schäfern wird aus der Umgebung von Zella-Mehlis[170] und aus den westthüringischen Dörfern Stedtlingen, Gleimershausen, Bischofsroda u. a. berichtet.[171] Ob der von Quensel[172] als Wunderdoktor bezeichnete Johannes Hornschuh, genannt „Vorwärts-Henns", der aus Thal stammen soll, ein Schäfer gewesen ist, können wir nur vermuten. Im Umgang mit Hirten hatte er sich „manche geheime Kenntnis" erworben. Aus dem Sächsischen berichten unsere Gewährsleute von einem Schäfer aus Großthienig bei Großenhain, der sich als Arzt einen Namen gemacht hatte und starken Zulauf bekam.[173] Ebenso praktizierte in Deutschenbora bei Nossen lange Zeit ein Schäfer als Wunderdoktor.[174] Im Magdeburgischen, in Calbe an der Saale, war noch vor dem zweiten Weltkrieg ein Arzt aus dem Schäferstand tätig.[175] Um 1920 soll ein Schäfer bei Frankfurt/Oder seine Diagnosen nach dem getragenen Hemd des Patienten gestellt haben. Er war dort so bekannt, daß die Kranken mit Omnibussen aus der weiteren Umgebung an seinen Wirkungsort fuhren.[176] Dem historischen Verein zu Dillingen a. d. Donau verdanken wir Nachrichten über einige Schäferdoktoren aus dem bayrisch-württembergischen Grenzgebiet, die sich auch als Zauberer betätigten, indem sie des Diebstahls verdächtige Personen feststellten. „Große Heilkraft gegen Leiden bei Mensch und Vieh und bei Hexenspuk wurden dem Schäfer Kottl in Binswangen zugeschrieben. Dieser hatte großen Zulauf und konnte aus einem Spiegel die verdächtigen Personen feststellen." Mit einem Spiegel arbeitete auch der Peterswörther Schäfer. Später war er Heilpraktiker. Einen großen Patientenkreis hatte um 1900 der Schäfer von Nordfeldhof bei Fristingen. Der Kreisheimer Schäfer gab seinen Patienten etwas in einem Säckchen eingenähtes, das sie sich umbinden mußten. Auch er war wie alle anderen Genannten weit bekannt. Unter dem Titel „Der Schäfer von Heiningen, der Wunderdoktor und Betrüger" schickte uns Martin Freitag eine ausführliche Schilderung über einen württembergischen Scharlatan namens Frasch, der die Gutgläubigkeit und den Hang der Leute zum Mystizismus weidlich ausnutzte. Er verbüßte mehrere hohe Zuchthausstrafen, setzte aber sein „Gewerbe" immer wieder fort und das mit großem Gewinn. Über empirische Kenntnisse in der Heilkunde, über Erfahrungen durch Naturbeobachtungen usw. haben Schäfer dieses Schlages kaum verfügt. Einem Schäfer, der in der Gegend von Müns in Hessen als „Arzt" einen großen Patientenkreis hatte, schrieb man ob seiner Erfolge übernatürliche Kräfte zu.[177] Ebenfalls aus Hessen berichtet Zaunert[178] von einem Schäfer auf dem Schafhofe bei Marburg. Der „machte Heiltränke, kurierte Beinbrüche, konnte aber auch Diebsgesichter im Eimer Wasser zeigen, Hexen beschwören, Kindern im Mutterleibe was antun, Hunde still machen, daß sie verenden mussten und Geister bannen." Nach seinem Tode mußte er umgehen. Aus dem Oberfränkischen stammt ein älterer Beleg über das Wirken eines Hirten als weitbekannter Arzt: 1715 ließ sich ein gewisser Simon Geiß aus Niederlamitz, der „wegen seiner Heilkunst großen Zulauf hatte, für ehrlich erklären, erwarb für sein Haus die Schankgerechtigkeit, um seinen Patienten auch gleich einen Trunk reichen zu können."[179] Diese Begebenheit ist im Zusammenhang mit der Frage des Unehrlichkeitswesens insofern interessant, als Simon Geiß, der *Schäfer*, wohl als Unehrlicher gemieden wurde, als *Heilkundiger* aber einen großen Zulauf hatte. — Es scheint, als habe die heilkundliche Tätigkeit der Schäfer im ostelbischen Raum keine besondere Rolle gespielt. Lediglich Pfarrer Peters aus Blankensee, Kreis Luckenwalde, berichtete uns von einem Gutsschäfer in Schönermark bei Prenzlau, dessen Praxis sich über die gesamte Uckermark erstreckt haben soll. Es ist zwar verfrüht, aus dem noch notwendigerweise recht lückenhaften Material letzte Schlüsse zu ziehen. Es scheint aber, daß die Schäfer als Ärzte insbesondere im Verbreitungsgebiet des klein- bis mittelbäuerlichen Besitzes, d. h. in den Kernlandschaften der Gemeindeschäferei, tätig waren. Im Bereich der Gutsschäfereien dagegen mögen sie mehr als Tierheilkundige gewirkt haben.[180]

Wenn wir auch hier von den Beziehungen der Schäfer zur Schulmedizin sprechen wollen, so müssen wir zunächst darauf hinweisen, daß sie selbst bemüht waren, einen engen Kontakt zu ihr zu schaffen, jedenfalls in neuerer Zeit. Denn wir hörten ja, daß z. B. Ast und Ausmeyer ihre Söhne Medizin studieren ließen und ihnen dann die Praxis übergaben. Auf der Grundlage der väterlichen Tätigkeit, und das will besagen, auf der traditionsreichen Erfahrung der schäferlichen Heilkunde, führten diese dann mit dem gleichen Erfolg die Krankenbehandlung fort, förderten und verbesserten sie. — Von einem Doktor Wilke aus Hannover-Kleefeld schreibt unser Gewährsmann Lehrer Barth, Rade, Kreis Gifhorn, daß dieser früher selbst Schäfer war, dann aber seine Erfahrungen und Kenntnisse durch exaktes Medizinstudium erweitert und dann erst — bis 1943 — als ausgebildeter und promovierter Arzt praktiziert habe. Joseph Triphaus berichtet aus Grafeld, Kreis Bersenbrück (Westfalen), daß der dortige Schäfer nebenbei studierte und später Kreisarzt in Meppen wurde.[181]

Die Schulmedizin hat eigentlich erst in neuester Zeit begonnen, die Erfahrungen der Volksmedizin zu überprüfen und sie sich, wenn brauchbar, anzueignen. Vieles aus der Schäferheilkunde, was sich in langer Praxis als wertvoll erwiesen hat, kommt heute wieder der Behandlung kranker Menschen zugute. — Der bekannte und volkstümliche Berliner Arzt Ernst Ludwig Heim (1747—1834), der gleichzeitig ein sehr belesener Botaniker war, gab zwar damals schon offen zu, daß er auch von Schäfern mancherlei für seine ärztliche Tätigkeit gelernt habe,[182] doch war man ihnen gegenüber im allgemeinen sehr skeptisch und verbot behördlicherseits ihre Tätigkeit als Heilkundige. So erschien 1840 in Sachsen eine Verfügung, wonach ihnen der Verkauf von Heilkräutern und das Massieren bei rheumatischen Erkrankungen untersagt wurde.[183] In seinen ökonomisch-kameralistischen Schriften (1784) hat sich J. C. Schubart[184] sehr scharf über die heilkundigen Schäfer ausgesprochen und sie mit all den Scharlatanen, die es unter ihnen natürlich in beträchtlicher Anzahl gab, auf eine Stufe gestellt: „In den vielen 1000 Dörfern, als ein Land erhält, befinden sich ebensoviel 1000 müßiges, rohes und dem Staate schädliches Hirtengesindel. Unter denselben sind eine große Menge Landstreicher, Betrüger, Diebe, Diebeshehler und sogar Mörder, die sich in die innere und äußerliche Arzneikunde mischen und Herden leichtgläubigen Landvolkes töten. Dieses Volk, das mit Recht der Abschaum genannt werden kann, schadet der Ökonomie unaussprechlich. Der Bauer muß sie, weil es einmal eingerührt ist, bezahlen und ernähren, damit sein Vieh, welches er bei der Stall- und Hoffütterung gesund und lebendig erhalten könnte, beim Austreiben und Hüten geschlagen, geworfen, gehetzet, zum Krüppel werde und sterbe. Alles liederliche Volk, das nicht arbeiten will, wird am Ende Hirten, also privilegierte Faulenzer."
Schubart verfolgt mit diesem Angriff vor allem ökonomische Ziele, die darauf hinausliefen, die freie Weide einzuschränken und zu rationalisierter Stallhaltung überzugehen.[185] Aber im Hintergrund stehen auch die beamteten Ärzte, die nicht immer aus Verantwortungsgefühl, sondern auch aus Konkurrenzneid die heilkundigen Schäfer angriffen. — Einige Schwanksagen scheinen darauf hinzudeuten, daß man die Heilkunst des Schäfers bewußt verunglimpfen wollte. Heckscher [186] hat einen solchen Sagentyp in Mandelsloh aufgezeichnet: Einst kam der Herzog von Hannover im Verlaufe einer Jagd in die Gegend von Hope, wo er einen Schäfer antraf, der seine Tiere hütete. Er kam ins Gespräch mit ihm und fragte, ob die Schäferei genug einbringe. „Dat is man watt knapp", meinte der. Dann soll er sich doch eine Nebenbeschäftigung suchen. Der Schäfer gab zu bedenken, daß er ja nichts gelernt habe. Dann solle er es doch einmal mit dem Besprechen versuchen, schlug der Herzog vor. „Dat is wider nich so schlimm, du brukst bloss lise to seggen: Helpt dat nich, so schad dat nich."[187] Der Schäfer nahm den Rat an und hatte Glück. Er wurde ein berühmter Mann, zu dem die Leute von weither kamen. Da erkrankte der Herzog eines Tages an einer im Halse steckengebliebenen Gräte. Als alle Ärzte vergeblich versucht hatten, ihm zu helfen, entsann man sich des berühmten Schäfers und holte ihn herbei. Als ihn der Herzog sah, mußte er so lachen, daß ihm die Gräte aus dem Halse flog. „... und so hatte ihn der Schäfer doch geheilt. Reich beschenkt zog er nach Hope zurück und nun wuchs sein Ruhm derart, daß er bald ein reicher Mann wurde."[188]

Gegen seine akademischen Gegner wußte der Schäfer sich aber auch auf die ihm eigene Art zu wehren, wie folgende Sage zeigen soll: Ein Bauer in der Lüneburger Heide hatte sich mit einer Heugabel schwer verletzt. Ein Arzt wurde zur Hilfe gerufen. Er kannte jedoch den Weg nicht so genau und fragte einen Schäfer, der in der Nähe der Straße seine Herde weidete, nach dem Hof des Verletzten. Mürrisch gab der ihm die Richtung an, doch machte er es, daß der Arzt sein Ziel nicht erreichte. Der Bauer starb, bevor man ihm helfen konnte. So rächte sich der Schäfer dafür, daß man statt seiner den Doktor aus der Stadt geholt hatte.[189] In dieser Sage spiegelt sich sehr deutlich die Vorstellung von dem zauberkräftigen Schäfer wider, den man wegen seiner Fähigkeiten fürchtet und mit dem man es nicht verderben darf.

Zusammenfassung

Es ist einmal gesagt worden, daß der Schäfer wegen seiner Heilversuche dem „Medizinmann der Naturvölker" ähnlich sei.[190] Wir glauben, daß man mit einem solchen Vergleich dem Wesen der schäferlichen Heilkunst nicht gerecht wird. Beim Medizinmann und beim Schamanen gilt in der Anwendung deren Mittel in erster Linie der Grundsatz „similia similibus", den das „Handwörterbuch des deutschen Aberglaubens" auch auf die Schäfer anwenden möchte. Außerdem kommt bei ihnen den magisch-zauberischen Vorstellungen und Praktiken eine weit größere Bedeutung zu als beim wirklich heilkundigen Schäfer,[191] der mit mystischem Hokuspokus seine Handgriffe und Kuren vor den Augen allzu Neugieriger lediglich verschleiern will oder sie als notwendiges Beiwerk benutzt, um den Vorstellungen des Patienten über die Möglichkeiten seiner übernatürlichen Kräfte entgegen zukommen. In Wahrheit aber ist das ärztliche Wirken eines Schäfers, der es mit seiner Heilkunst ernst meint und sich die Anregungen des alten Schäfers Thomas nicht allein zur Richtschnur seines Handelns nimmt, auf guter Kenntnis und Erfahrung aufgebaut, die er sich zunächst im Umgang mit seinen Tieren, an der Beobachtung ihrer Gewohnheiten, ihrer Krankheiten, der Anatomie usw., erworben hat. Jahrhundertelange Berufs- und Familientradition haben darüber hinaus in ihm den Sinn für die Anwendung bestimmter Naturheilmittel geschärft, die heute immer mehr und mehr in die Therapie der modernen Schulmedizin Eingang finden. — Freilich ist nicht zu bestreiten, daß unter den „Schäferdoktoren" viele Scharlatane leichtfertig den Aberglauben und die Leichtgläubigkeit der Bevölkerung ausnutzten und dadurch gewiß viel Unheil anrichteten. Auch andere Schäfer gab es in genügender Anzahl, die, selbst zaubergläubig, wirklich versucht haben, mit ihren „Fähigkeiten" zu helfen. Ihnen wollen wir aber ganz entschieden den Schäfer gegenüberstellen, der ein wirklicher Naturheilkundiger war und durch sein Können viel Gutes gewirkt hat.

3. Der Schäfer in Volksglaube und Sage

Die Heilerfolge, die der Schäfer an Mensch und Tier zu verzeichnen hatte, wurden von den Leuten weniger als Folge oder Ergebnis alter Erfahrungen in der Anwendung natürlicher Medikamente und in einer profunden Kenntnis von Art und Charakter einer Erkrankung erkannt, sondern waren nach ihrer Auffassung auf übernatürliche Fähigkeiten, auf zauberisch-magische Kräfte zurückzuführen, die dem Schäfer eigneten. Er war es, der auch Diebe erkennen konnte und wußte, wie das Gestohlene wieder zu beschaffen war. Er wußte sofort, wenn Tier oder Mensch verhext waren und verstand es, durch Anwendung eines Gegenzaubers Schaden zu beheben. Genauso aber konnte er sich selbst und seine Herde vor bösen Einflüssen und Gefahren schützen. Stand er doch nach dem Volksglauben auch mit den Unterirdischen, den Waldweiblein usw. in Verbindung, die ihm halfen, wenn es nottat. Und auch mit dem Teufel schloß er wohl einen Vertrag, wenn es sein mußte.

Genährt wurden all diese Vorstellungen dadurch, daß der Schäfer Tag und Nacht mit seiner Herde meist auf sich selbst gestellt, relativ selten im Dorf anwesend und sein Tun nicht leicht zu überschauen war. Durch das lange Alleinsein mögen die einen oder anderen bisweilen auch ein menschenfremdes und scheues Verhalten angenommen haben, das den Ruf ihrer Zaubermächtigkeit nur noch verstärkte. Einen solchen Sonderling, welchen man den „Kanibalen" nannte, schildert Wenz[192] aus Frankreich: „Il vivait aux côtés de ses contemporains, aveugle pour cequi ne concernait pas ses bêtes, les oreilles fermées aux nouvelles et aux bruits de dehors; sourd même aux chuchotements des garçons de ferme lorsqu' ils passaient près de lui." Man wußte nichts von ihm weiter, außer daß er seit elf Jahren die Schafe hütete und sechzig Jahre alt war. Da er weder lesen noch schreiben konnte, dafür aber allerlei Heilmittel wußte, stand er auch im Verdacht der Zauberei. — Auch ihr Äußeres, das durch den Aufenthalt in Wind und Wetter oft rauh und ungepflegt gewesen ist, hat dazu beigetragen, den Schäfern übernatürliche Fähigkeiten zuzusprechen. Hierauf geht eine Nachricht aus dem Burgenland zurück, wo man einen zauberkräftigen Schafhirten daran zu erkennen glaubte, daß er einen stark behaarten, einen sogenannten „Schweinsrücken" hat. Noch 1954 wußte man von einem solchen Mann in Rechnitz, der dort als „Wender" vor Behexungen schützte, das Vieh heilte, usw.[193] — Manche Schäfer hatten wohl auch sonderbare Angewohnheiten, die auf ihren Ruf und ihre Stellung im Dorf Einfluß haben mußten, wie etwa der Heideschäfer Georg Bars aus Nienhof bei Celle, der in 35jähriger Tätigkeit als Schnuckenhirt eine Sammlung von 500 sog. Alraunen zusammengetragen und zu jeder Figur einen kleinen Vers gemacht hatte.[194] — Schäfer sind in den Augen des Volkes Personen, die man wegen ihrer übernatürlichen Kräfte achtet und verehrt, denen man aber auch mit einem leichten Grauen gegenübersteht und die man fürchtet. „Schepers künnen mihr as'n gewöhnlich Mensch", heißt es in Mecklenburg.[195]

Um die primäre Tätigkeit des Schäfers als Betreuer und Beschützer der Herde, die zum wertvollsten Besitz der Dorfbewohner gehörte, rankt sich in allen deutschen Landschaften eine große Anzahl von Sagen und Glaubensvorstellungen. Sie beschäftigen sich insbesondere mit zauberischen Maßnahmen, die er ergreift, um das ihm anvertraute Gut vor Dieben zu schützen, das Gedeihen der Herde zu fördern usw. Wie überall in Europa gehörte dazu das Anlegen eines Feuers, durch dessen Qualm die Schafe beim ersten Weidegang getrieben wurden, um sie vor Seuchen zu bewahren. Ein solches „wildes Feuer" ist in Ebergötzen bei Göttingen noch für das Jahr 1837 nachgewiesen. Es hatte seinen Namen daher, daß es durch Reiben zweier Hölzer aneinander angezündet wurde. Das Stroh lieferte die Gemeinde.[196] Den gleichen Zweck verfolgten andere Handlungen, wie das Austreiben der Herde über zwei in Kreuzform übereinandergelegte Gegenstände,[197] das dreimalige Umwandeln der Herde oder des Pferchs durch den Schäfer, wovon schon in einem Magdeburger „tractatus de superstitionibus" aus dem Jahre 1470 berichtet wird,[198] das Anbeten des Planeten Venus als des „étoile du berger"[199] in Frankreich, usw.[200]

Alle diese Praktiken gelten jedoch quasi nur als vorbeugende Maßnahmen. Man erwartet aber vom Schäfer, daß er im Falle akuter Gefahr für die ihm anvertrauten Tiere seine Fähigkeiten einzusetzen weiß, denn groß waren früher die Verluste, die etwa durch Wölfe entstehen konnten.[201] Sie waren die ärgsten Feinde der Schäfer, die sie so sehr fürchteten, daß sie es nicht wagten, den Namen auszusprechen und ihn auch nicht gern nennen hörten.[202] Wenn eines dieser Untiere erlegt wurde, war die Freude unter den Schäfern groß. In Schwaben verehrten sie dem glücklichen Jäger nach altem Herkommen ein mit Bändern verziertes Lamm und sagten dabei einen Spruch her.[203] Aber nicht immer war ein Jäger zur Stelle, den Räuber zu erschießen. Die Hirten — in der Mehrzahl der Fälle nur mit dem Stab ausgerüstet, denn das Tragen von Schußwaffen verboten die landesherrlichen Kleiderordnungen — waren auf ihre eigenen „Künste" angewiesen, und die Sagen wissen zu berichten, daß sie es durch Bannformeln vermochten, die Wölfe von der Herde fernzuhalten[204] oder sie zu zwingen, die geraubte Beute wieder unbehelligt zurückzubringen.[205] Von einem badensischen Schäfer wird gar berichtet, daß er mit den Wölfen eine Art Kontrakt eingegangen sei. Wenn er in den berüchtigten Wäldern der Sirnitz weidete, betete er jeden Tag den „Wolfssegen". Das hatte zur Folge, daß die Wölfe ihn und seine Herde ungeschoren ließen, ja „sie mischten sich sogar unter sie und thaten mit ihnen ganz freundlich. Wenn der Hirt sie fort haben wollte, so durfte er nur mit seiner Peitsche knallen: sie liefen dann ungesäumt weg und kamen an demselben Tage nicht wieder". Er mußte ihnen nur ein Opfer aus der Herde überlassen und hatte dazu eine junge Ziege gewählt. Aber erst mit Erlaubnis des Schäfers durften die Wölfe das Tier reißen, das sie „getreulich" unter sich teilten.[206]

Meist aber sind es erbitterte Kämpfe, welche die Schäfer mit den angreifenden Raubtieren zu bestehen haben, die in vielen Fällen auch als Werwölfe „identifiziert" werden. In jeder Sagensammlung findet sich darüber eine Fülle von Belegen. Nur selten geht ein Werwolf straffrei aus. Meist wird er erbarmungslos von den Schäfern erschlagen, wie die folgende niederdeutsche Sage mit aller Eindringlichkeit schildert: „Bei Eggenstedt erhebt sich auf dem Anger nach Seehausen zu ein großer Stein, den das Volk den Wolf- oder Werwolfstein nennt. Vor langer, langer Zeit hielt sich an dem Brandsleber Holze ein Unbekannter auf, von dem man nie erfahren hat, wer er sei, noch woher er stamme. Überall bekannt unter dem Namen ‚der Alte', kam er öfters ohne Aufsehen in die Dörfer, bot seine Dienste an und verrichtete sie zu der Landleute Zufriedenheit. Besonders pflegte er die Hütung der Schafe zu übernehmen. Es geschah, daß in der Herde des Schäfers Melle ein niedliches, buntes Lamm fiel; der Unbekannte bat den Schäfer dringend und ohne Ablaß, es ihm zu schenken. Der Schäfer wollte es aber nicht lassen. Am Tage der Schur brauchte Melle den Alten, der ihm dabei half; bei seiner Zurückkunft fand er zwar alles in Ordnung und die Arbeit getan, aber weder den Alten noch das bunte Lamm. Niemand wußte geraume Zeit lang von dem Alten. Endlich stand er einmal unerwartet vor Melle, der im Kettental weidete, und rief höhnisch: ‚Guten Tag, Melle! dein bunt Lamm läßt dich grüßen!' Ergrimmt ergriff der Schäfer seinen Krummstab und wollte sich rächen. Da wandelte plötzlich der Unbekannte seine Gestalt und sprang ihm als Werwolf entgegen. Der Schäfer erschrak, aber seine Hunde fielen wütend auf den Wolf, welcher entfloh; verfolgt rannte er durch Wald und Tal bis in die Nähe von Eggenstedt. Die Hunde umringten ihn da, und der Schäfer rief: ‚Nun sollst du sterben!' Da stand der Alte wieder in Menschengestalt, flehte bittend um Schonung und erbot sich zu allem. Aber wütend stürzte der Schäfer mit seinem Stock auf ihn ein — urplötzlich stand vor ihm ein aufsprießender Dornstrauch. Auch den schonte der Rachsüchtige nicht, sondern zerhieb grausam die Zweige. Noch einmal wandelte sich der Unbekannte in einen Menschen und bat um sein Leben. Allein der hartherzige Melle blieb unerbittlich. Da suchte der Alte als Werwolf zu entfliehen, aber ein Streich Melles streckte ihn tot zur Erde. Wo er fiel und beigescharrt wurde, bezeichnet ein Felsstein den Ort und heißt nach ihm auf ewige Zeiten."[207]

Die Sage kennt den Schäfer aber nicht nur als Verteidiger der Schafe gegen Wolfsgefahr. Es gibt eine Reihe von Belegen, in denen er selbst als Werwolf über die Herde, die ihm anvertraut wurde, herfällt. Solche Sagen mögen sich vor allem aus den Vorstellungen von seinem zauberkräftigen Wesen herleiten. Denn welche Erklärungen konnte es für den Menschen früherer Zeiten dafür geben, wenn eine Wolfsplage lange anhielt, ohne daß sie der zauberkundige Schäfer zu bannen vermochte? Nur er selbst konnte als Werwolf solchen Schaden anrichten.[208] War aber ein Werwolfschäfer erkannt worden, traf ihn die Strafe der Bauern hart und unerbittlich: Im luxemburgischen Rosport hatten sie einen dieses frevelhaften Tuns überführt. Sie bemächtigten sich seiner, „führten ihn vor den Richter und peitschen ihn dreimal nackend um den Galgen herum. Darauf wurde er mit Frau und Kind des Landes verwiesen."[209] — Eine Werwolfsage, die Wossidlo[210] 1892 aufzeichnete, läßt einen anderen Hintergrund vermuten: „In Sembzin hett früher de Scheperfru sik in'n Wulf üerwandeln künnt. Se hett de Schaap ut anner Hörten na Huus dragen". Wenn wir uns daran erinnern, wie gerade im ostelbischen Raum das schnelle Reichwerden der Pachtschäfer seinen Niederschlag im Erzählgut des Volkes gefunden hat, so dürfen wir diese Mecklenburger Sage in den gleichen Zusammenhang stellen. Denn auch hier scheint dem Erzähler das rasche Anwachsen der Schäferherde nicht mit rechten Dingen zuzugehen. Eine Erklärung dafür kann aber die Werwolfsage geben. — Im Bereich der balkanischen Wanderschafhaltung kennt man neben dem Schäfer als Werwolf noch den „Wolfshirten", d. h. einen Schäfer, der in Wirklichkeit eine Herde Wölfe betreut und diesen die Beute zuweist. Der Wolfshirt sorgt aber auch für die anderen Schäfer, und es darf keiner von ihnen, dem ein Schaf verloren gegangen ist, verprügelt werden sonst könnte — nach dem Glauben der Serbokroaten — der Wolfshirt den Schaden noch größer machen.[211]

Aber eigentlich nur in der Gestalt des Werwolfs kennt die Volkserzählung den Schäfer als einen, welcher der Herde Schaden zufügt. Stets setzt er sich sonst rückhaltlos für das Wohl seiner Tiere ein und kennt keinen Pardon mit Dieben, die während seiner Abwesenheit, der Beute gewiß, z. B. in den Pferch einsteigen wollen. Er weiß mancherlei Mittel, sie daran zu hindern: In Mecklenburg, so berichtet Bartsch,[212] besprachen die Schäfer die Hürden- und Pferchgatter mit einer Bannformel. Dann war die lagernde Herde gegen Eindringlinge gesichert. — Aber auch durch Fernzauber wußten sie, wann jemand der Herde zu nahe kam: So saß in der Umgebung von Nördlingen einmal ein Schäfer — er soll 1885 gestorben sein — im Wirtshaus. Seine Schäferschippe hatte er so in die Ecke gelehnt, daß die Innenfläche zur Gaststube wies. Ein paar Burschen, die am Nebentisch saßen und ihren Spaß mit dem Schäfer trieben, sagten, als sie fortgingen: „So, jetzt stehlen wir einen Hammel!" Darauf unser Schäfer: „Wenn ihr das fertig bringt, dann schenke ich ihn euch." Die Burschen machten sich auf den Weg. In dem Augenblick aber, als sie sich dem Pferch näherten, drehte sich im Wirtshaus das Schäufelchen von ganz allein und die Burschen waren gebannt. Etliche Stunden ließ der Schäfer sie stehen. Dann ist er hinaus zu seiner Herde gegangen, hat jedem der Burschen ein paar kräftige Ohrfeigen verpaßt und zu ihnen gesagt: „So, jetzt geht und laßt in Zukunft solche Dummheiten bleiben."[213] — „Ein anderer Schäfer aus dem Ries pflegte ruhig vor seinem Krug im Wirtshaus zu sitzen. Wenn Diebe in den Pferch steigen wollten, ging der Krugdeckel von selbst auf und sie konnten nicht mehr weiter, bis der Schäfer hinauskam, und sie vom Bann löste."[214] — Nicht immer aber kommen die Diebe so glimpflich weg. Der versuchte Einbruch kann lebensgefährlich sein. Nach einer Sage aus Schleswig-Holstein[215] muß nämlich der gebannte Dieb „mit dem Schaf auf dem Nacken die Nacht über auf der Hürde reiten. Vor Sonenaufgang aber löst ihn der Schäfer, da sich der Kopf des Diebes mit der Sonne herumdreht und ihm das Genick abgedreht werden könnte". In Mecklenburg, aber auch in anderen Landschaften, ist die Vorstellung vertreten, daß der Dieb, wenn man ihn nicht vor Sonnenaufgang vom Bann löst, schwarz wird[216]. — Im Zusammenhang mit diesen Bannsagen sei noch eine Motivgruppe erwähnt, in der davon erzählt wird, wie der Schäfer, ohne daß er anwesend ist, seine Herde zusammenhält. „In Unter-Thürnau (Waldviertel) lebte ein Halter, der folgendes Zauberstück ausführen konnte: Hatte er das Vieh zu hüten, so steckte er auf dem Weideplatz seinen Hirtenstab in einen Scherhaufen (Maulwurfshügel), hing Hut und Rock darauf und ging fort. Sein Vieh verlief sich nicht. Man sagte, er hätte in seinem Stabe eine Hostie versteckt gehabt. Ähnliche Zauberkunst wurde auch von anderen Haltern in der Gegend erzählt."[217]

Aber nicht nur im Zusammenhang mit seiner Herde kennt die Volkssage den Schäfer als Banner. Man hat ihn auch bei anderen Gelegenheiten, wo es nottat, zu Hilfe gerufen: Eine Frau, die im Ruf stand, eine Hexe zu sein, ertappte der Schäfer bei dem Versuch, mit einem Hammel zum Blocksberg zu reiten. Er bannte sie vor der Stalltür mit dem Tier fest, so erzählte 1895 der Kuhhirt von Jabel.[218] Auch von Spukerscheinungen vermag er die Menschen zu befreien, so wie es ein mecklenburgischer Schäfer tat, der eine Spukgestalt im Schloß von Ivenack bei Stavenhagen in einen Sack bannte und vergrub.[219] Ähnliches berichtete Panzer[220] aus der Oberpfalz: In Sulzbach lebte eine Gutsherrin, ein „gottloses Weib", die ihre Leute sehr schlecht behandelte. Nach ihrem Tode mußte sie als Hase umgehen und peinigte noch immer die Hofleute. Der Schäfer des Dorfes befreite die Leute von ihrer Qual und bannte den Hasen in einen alten Baumstock. — In der Fülle der allgemeinen Bannsagen, die in den Sammlungen aufgezeichnet sind, wird der Schäfer immer wieder genannt: „Der Schäfer Fischer in Ober-Ohmen brauchte bloß dreimal mit dem Hut zu schwenken, damit konnte er machen, daß ein Pferdefuhrwerk, wenn's auch flott dahinrollte, nicht mehr von der Stelle kam."[221] Von einer unheimlichen Schäfergestalt, welche einen Fuhrmann aus Tuttlingen festbannt, weiß Kapff zu berichten.[222] — Es gibt aber auch Sagen, die davon erzählen, wie der bannende Schäfer seinen Meister gefunden hat: Ein Fuhrmann aus Medernach, der sich aufs Zaubern verstand, ließ im Vorüberfahren die Herde eines Schäfers tanzen. Der rächte sich dadurch, daß er den Wagen festbannte. Der Fuhrmann aber wußte sich zu helfen, zerschlug die Speiche eines Wagenrades und konnte weiterfahren.[223] Dem Schäfer aber war ein Bein gebrochen.[224] — Aus dieser Sagengruppe wollen wir lediglich noch ein Beispiel aus der Eifel nennen, das vom Schäfer Tönes aus Burg erzählt, der ein Mittel gegen das Bannen wußte: Ein Mörder, der in einem Wald festgemacht war, rief ihn um Hilfe an. Tönes sagte nur: „Thu' deinen rechten Fuß in den linken Schuh und den linken in den rechten, so wirst du zu mir kommen können." So geschah es und der Mann war gelöst.[225]

Zeigten die Bannsagen den Schäfer vor allem als Beschützer der eigenen Herde vor Diebsgefahr, so beweist die Fülle der Zaubersagen, in denen er eine Rolle spielt, wie sehr die Dorfgenossen seine Hilfe für alle möglichen Dinge in Anspruch nahmen. An erster Stelle erwähnen wir sein Mitwirken bei der Aufklärung von Diebstahl: „Ein Bauer, dem auch viel auf seinem Hofe gestohlen wurde, ging mit ein paar andern zu einem Schäfer ‚wit drübe in den Bergen'. Der sagte ihm, er sollte an einem Wagenrade drehen, das da frei gelegen hat. Doch nur mit einem Schwung, sonst müßte der Dieb sterben." Der Bauer dreht aber zweimal, worauf in seiner Nachbarschaft eine alte Frau stirbt.[226] Neben solchen Sagen, bei denen allgemein das zauberische Können der Schäfer im Vordergrund steht, sind andere aufschlußreicher. Von diesen ein Beispiel, das Hörmann[227] aufgezeichnet hat. Es befaßt sich mit dem alten Hirten Hildel aus Eschfelden, der im Fränkischen weit bekannt und ob seiner magischen Kräfte gefürchtet war: „An Rosenbacher Müllner is a' Geldbörs mit beiläufi 15 Gulden gstuhln worn. Sei Maining wor, daß d'Dienstbut'n habn, oba ausbracht haut er nix bam Nauchfrag'n. Öitz haut er a par Tog g'wart, nau haut er zo seiner Frau g'sagt während'n Essen on Tisch, wous die Ehhalten ah gjäirt homm, daß er derfahrn haut, daß 'n der alt Hirt z'Eschafeldn mit sein Erdspiegel den Döib fürd Aug'n stellen kon, wenns Göld nit übers Wasser trogn worn is. In der Fröih is as Göld mitsamtn Geldbaitl am Fensterbrett g'legn." So groß war die Furcht und die Gewißheit vor dem Erkanntwerden durch den Zauberspiegel des alten Hildel,[228] daß der Dieb sich schnell seiner gewiß sicher versteckten Beute entäußerte. — Auch ein walachischer Schäfer, der um 1850 in den Beskiden lebte, von überall her großen Zulauf hatte und von dem selten jemand „ungetröstet" davon ging, konnte meist den Dieb benennen, nachdem er sich die Affäre in allen Einzelheiten und auch die Hausgenossen ein-

gehend hatte schildern lassen. Natürlich nahm er einen Zauberspiegel zu Hilfe, verbrannte stark durftende Kräuter und machte allerlei Hokuspokus bei seinen Versuchen, den Täter herauszufinden. Gelang es ihm aber nicht, den Fall zu lösen, verfuhr er ganz nach den Anweisungen des alten Schäfers Thomas, sah wohl in seinen Erdspiegel und sagte: „Den Dieb, der den Schmuck deiner Frau aus euerem Glaskasten entwendet hat, werdet ihr kaum mehr fangen; ich sehe ihn hier im Spiegel auf einem großen Schiff sitzen, das gerade übers Meer fährt.“[229] — Am instruktivsten ist aber wohl in diesem Zusammenhang die Geschichte vom Hirten Kortebein, der seinem Pfarrer klar machen will, wie „nützlich“ das Besprechen sein kann[230]. „Tja, Herr Pastor! Dei Minschen gläubet nium mal an dat Bespräken, un nich an dat Nachhelpen, un dat is ja dei Hauptsaake. Un dat dat Bespräken tau wat nütte is, da will eck sei noch einen Fall vertellen.“ Und er erzählt, daß vor kurzem dem Nachbarn eine seiner beiden Ziegen gestohlen worden sei. Der Verdacht des Dorfes richtete sich auf einen Mann, der als Tagedieb berüchtigt war. Kortebein, um die Aufklärung des Falles gebeten, glaubt das nicht. Sein Verdacht lenkt sich vielmehr auf einen Mann, der als großer Geizhals bekannt war. Nach einigen Tagen rief er die ganze Nachbarschaft zusammen und erklärte, nun den Ziegendieb finden zu wollen. Die beiden Verdächtigen waren auch da. Kortebein forderte alle auf, in den Stall mitzukommen, wo er die zweite Ziege besprechen wolle, da sie ja den Dieb gesehen habe und ihn nun auch erkennen werde. Darauf bespricht er das Tier, fordert die Anwesenden auf, dreimal am Schwanz der Ziege herunterzu streichen, läßt sie die Hände hoch heben und stellt fest, daß alle außer dem geizigen Nachbarn des Bestohlenen schwarze Finger hatten. (Er hatte den Schwanz nämlich mit Ruß bestreut). Da sagte er diesem den Diebstahl auf den Kopf zu, und der gesteht seine Tat auch ein. Bezeichnend ist nun aber die Erklärung, die Kortebein selbst für die Lösung des Falles gibt: „Un weil Slenkermann [der Dieb] seck woll dachte, dat dat an den Swanz faten wat up seck härre un hei en beuset Geweeten harre un ängsterlich was, dat hei seck verrahen künne, streegele nich, hei make blos sau. Derentwägen kreeg hei neine swarte Hand un het seck up düsse Weese verrahen. Da wast heriut. Wenn eck et sau nich annefongen, denn wär et woll noch nich heriut'ekomen, un Fritze Knoke leipe huite noch as Zeegendeif herümmer.“
Was wir bereits bei der Betrachtung über die Heilmethoden und die Ansichten des alten Schäfers Thomas sagen konnten, gilt letztlich in allen hier genannten Fällen: Mit viel Geheimnistuerei und Hokuspokus versteht der Schäfer die Beteiligten davon abzulenken, daß er lediglich auf Grund seiner scharfen Beobachtungsgabe und seines psychologischen Einfühlungsvermögens den Dingen auf die Spur kommt. In der Sage freilich finden solche Zusammenhänge keinen Platz. Dort erkennt er den Dieb eben nur wegen seiner angeblichen zauberischen Fähigkeiten und Kräfte.

Der Schäfer weiß auch sonst in allen Dingen Rat und wird wegen seines „Könnens“ bei allen möglichen Vorkommnissen um Hilfe gerufen. Hierzu einige Sagenbeispiele: Ein Mädchen aus Junglinster hatte sich mit einem Zwerg eingelassen. Als der Pastor davon erfuhr, verbot er ihr dieses Verhältnis. Aber sie konnte dem Zwerg nicht entgehen. Der Pfarrer, der selbst keinen Rat mehr wußte, wandte sich nun an den Schäfer von Beidweiler mit der Bitte, das Mädchen von den Nachstellungen des Zwerges zu erlösen. Nach langem Überlegen willigte der auch ein, „nahm ... eine Handvoll Salz, löste es in Wasser auf, tauchte ein Stück Brot hinein, bestreute das stark mit Schwefel und ließ es auf dem Ofen trocknen. Das gab er nun dem Mädchen, und das nächste Mal, wenn der Zwerg sie besuchte, sollte sie es vorher essen, und wenn er dann käme, sich auf den Leib drücken.“ So geschah es, der Zwerg ergriff die Flucht und kam nie wieder.[231] — Am 11. März 1670 war bei Berge die Elbe durch den Deich gebrochen. Als man nach der Überschwemmung daran ging, den Bruch wieder zu schließen, stellte sich heraus, daß der Fluß immer wieder an der gleichen Stelle den Damm unterspülte. „Da gab ein Schäfer den Rat, man solle ein Kind in den Bruch des Deiches werfen und dann den Bruch zukarren; dann werde der Damm halten." Dieser Rat wurde befolgt und von da an hielt der Deich.[232] — Wie der Schäfer es in vielerlei Weise verstand, Verhexungen zu lösen, Hexen zu beschwören usw., weiß er auch Mittel und Wege, sie zu vernichten. „Man legt auf Rat eines Schäfers der Hexe, die nicht brennen will, eine Erbbibel unter die Füße — da wird sie vom Feuer erfaßt."[233] — In diesem Zusammenhang sei eine Begebenheit erzählt, die Hörmann[234] wieder vom alten Hirten Hildel aus Eschenfelden aufgezeichnet hat, und die so recht die Vorstellungen des Volkes von den magischen Kräften eines Schäfers erkennen läßt: „Dau is in Kirchenreinbach wos passiert. Dau haut sie der Wirt eibild' es is a Geist dau bei ihm. Er haut also zon Hildel g'schickt nach Eschenfelden: Hirt, Ihr sollt nach Kirchenreinbach kumma, zon Wirt, dau is a Geist, den möisst er forttrogn. Recht, haut der Hirt g'sagt, ih kumm — ins Wertshaus haut mern nit lang bitt'n brauchn — und in der sellen Nacht is nau dös vür si ganga. A Nachbar hat no zou in g'sagt: Hirt, ih möchts mit anschaua, döi G'schicht, ih macht' scho lang an hom, der Kurasch hat. Den haut er also mitbracht ins Wertshaus und dau hom's die selle Nacht nu an Gast beherbergt in der Stub'n der hauts ah mit angsehgn. Zäirst haut er an Kreis hihgmacht in d'Stubn, dau haut er a weiss Touch drafbrat't und daubei haut er glösn in sein Bouch. Überaweil is der Geist kumma, in der G'stalt, wöi er gwöst is, wöi a Mensch. Haut 'n der Hirt ohg'wunken, si konn er 'n nit brauchn. S'zweit mal haut ern wieder beschworn, is er wiederkumma, klenner, als wöi a Hund ungfähr. Haut ern wieder fort g'schickt, er kohna no njöt brauchn. Er haut'n also numol beschworn, dau is er kumma wöi a Kraua. Und nau, natürli, haut er 'n eini b'schworn in dös Tuch, dau hat er möissen draf hupfen, nau haut ern zsammpackt mitsamt'n Touch. Wöi dös der Gast haut gsögn, is er vur Furcht zon Fenster eichi und haut die Leut afgweckt in der Nachbarschaft in seiner Angst. Der ander ober, der scho mit'n Hirten kumma war, der is nau mit'n ganga. Nau hen's af's Windloch zou, bei Buchhof, dau haut er's gwöhnli einilaua. Öitz wöis neih sen, haut der Hirt g'sagt: s'sen scho drei drinna, döi then' karten mitananer. Wennst es söah willst, nau schaugst ma über d'recht Achsel neih. Nau hautern aua laun as'n Touch und der is gleich hih an Tisch zo denan, haut sie hih g'hockt und haut ah mit 'kart."

Es erinnert an Zusammenhänge, die wir bei der Betrachtung über die Schäferheiligen erwähnt hatten, wenn wir lesen, daß es Schäfer sind, welche die Pest von einem Dorf abwenden können: „Bei Merschwitz hütete der alte Schäfer am Waldrande seine Schafe. Da sah er von Goltzsche her eine Dunstwolke kommen. Die kroch in die hohle Weide, die vor ihm stand. Der Schäfer wußte, was das war. Schnell eilte er hin und stopfte die Weide zu. Nun war die Pest eingespundet und konnte nicht weiter." Nach des Schäfers Tod wurde der Stöpsel entfernt und die Pest kam über das Land.[235]

Neben manchen anderen Zaubersagen, in denen Schäfer eine Rolle spielen,[236] wollen wir eine Gruppe herausstellen, die davon berichtet, wie sie sich mit Hilfe ihrer magischen Fähigkeiten zu helfen wissen, wenn man sie angreift oder ihnen irgendwelchen Schaden zufügt: Hierzu gleich eine allgemeine Bemerkung von Depiny[237] aus Oberösterreich: „Hirten, Jäger und Viehschneider konnten sich durch gewisse Kräuter gegen Hiebe und Stiche festmachen, sie schützten sich durch Zauberbücher gegen Angriffe". Im einzelnen gehören zu dieser Sagengruppe etwa solche Motive: „Fernzauber war's den einst ein Schäfer trieb. Der stand auf seinen Stab gestützt, als ihm ein trefflicher Jäger aus Übermut diesen zerschoß, daß er rücklings zu Boden fiel. Der Schäfer zog darauf den Mantel aus und hieb mit der einen Hälfte seines zerschossenen Stockes auf das Kleidungsstück. Oh weh! jeden Streich empfand der Jäger an seinem Leibe."[238] Oder: Bei Rinzenberg hütete der alte Schäfer mit einem sehr guten Hund. Dieses Tier wurde ihm aber erschossen. Der Alte, der ein Zauberbuch besaß und

hexen konnte, rächte sich an dem Übeltäter auf folgende Weise: „Da schnitt er dem Hund das Herz heraus und hing es in den Rauchfang. Ebenso wie das Herz eintrocknete, trocknete auch der Mann ein, der den Hund erschossen hatte. Und wenn das Herz ganz vertrocknet wäre, so hätte er sterben müssen." Die gutmütige Frau des Schäfers nahm aber heimlich das Herz wieder aus dem Schornstein. „Von Stund an ging der Kranke wie ein Licht an und war bald wieder gesund."[239] — Aber auch derjenige, welcher an der Kunst des Schäfers Zweifel äußert, tut das nicht zum zweitenmal. Der schon mehrfach genannte Hildel von Eschenfelden hat hierfür ein gutes Beispiel geliefert: „Dau is a Bauer gwest, as den sein Mund habis g'häiert, der is mit'n Hildel von Prubach nach Eschenfelden ganga. Unterwegs sagt da Bauer zon Hirten: Du konnst jo doch nix, haut er g'sagt zou in. Sagt der Hirt: willst wos seha? Und im sellen Augnblick es er verschwundn g'west, dös haut ma da Bauer selber verzehlt. Noh, dös war den Bauern doch nit ans. Öitz wöi er a Stück weit is ganga gwest, nau is a Schrank'n kumma, dau is afahmol der Hirt drong 'loint. Noh haut da Bauer g'sagt, mit haut's alli Hauer ge Berg zug'n, i hab nix mäir von in wissen wolln."[240] In diesen Zusammenhang gehört auch wohl eine von Hörmann[241] aufgezeichnete Sage, mit welchen Mittelchen und Hokuspokus sich ein Schäfer — in diesem Fall wieder der alte Hildel — Leute gefügig zu machen verstand: „Wenn der alt Hirt am Hamweg war, is er durch Mittelreinbach ganga und dau haut er si' immer an Mann verlangt, der haut mit ihm göi möin. Den haut er zahlt dafür. Amal is aner mit'n ganga, der haut si 'recht geförcht. Der Hirt haut ah gmerkt, daß der Mann recht Angst haut und haut'n gfraugt, ob er eppa krank is. Senn's ins Bisserloh ba der Wirtsleiten eichikumma. Dau haut der Hirt angfangt und haut mit sein Steck'n rechts und links rumg'haut, als wenn er mit ahn raffn thät. Göih mer ner njöt an Leib, haut er gschriah, ih lauss di nit her zu mir, ih nehms mit der af, ih färcht mi njöt. Der Mann, den er mitg'numma haut, haut si' denkt, oh wenn in ner gar drin häit in Eschafelden, der konn zahln wos der wöll ih gäi nimmer mit. Und wöis vorüber war, is der Hirt ganz abgespannt gwest und haut recht gschwitzt. Drum haut mer jo ah su g'sagt von alten Hirten, er hauts mit'n Teufel!"
Wie man sich gegen Spukhaftes schützt, das einem nachts am Pferch begegnen kann, wußte der Schäfer von Hörnfeld: „Als er einmal wieder ein Irrlicht sah, nur drei Mannslängen war es vor ihm, da drehte er sich geschwind dreimal um sich selbst und schloß die Augen ein Vaterunser lang. Als er sie wieder aufmachte, war der Irrwisch weg."[242]

Wir erwähnen schließlich noch eine Gruppe von Zaubersagen, in denen — ähnlich wie bei den Bannsagen — die zauberkundigen Schäfer ihren Meister finden. Bisweilen tragen sie schwankhaften Charakter, wie etwa diese Begebenheit: Ein Schäfer fuhr einst auf einem Boot von Brügge nach Ostende. Unterwegs sah er am Ufer einen anderen Schäfer mit seiner Herde ruhig da stehen. Ihm wollte er einen Schabernack spielen. Nur ein paar Handbewegungen genügten, um die Schafe tanzen zu machen. Ihr Hirt aber verstand in dieser Hinsicht keinen Spaß. Er rief etwas hinüber, was man an Bord nicht verstand, und ein paar Minuten später lag der übermütige Schäfer wimmernd und sich vor Schmerzen krümmend auf den Planken des Bootes. Erst in Ostende, am Zielort seiner Reise, ließen die Schmerzen nach.[243] — Manchmal nimmt der Inhalt dieser Sagen auch ernstere Formen an: In Sebnitz wohnten ein Schäfer und ein Förster, die beide die schwarze Kunst verstanden. Der Schäfer hätte gern die Tochter des Försters geheiratet. Sie wurde ihm aber abgeschlagen. Darauf rächte er sich, indem er zauberte, daß der Förster nicht mehr essen konnte. Nach geraumer Zeit vergalt dieser ihm das, indem er machte, daß der Schäfer nicht mehr trinken konnte. Da mußte dieser klein beigeben und den Förster als den Stärkeren anerkennen. Beide versöhnten sich wieder.[244]

Karl Schmeing[245] schreibt einmal: „Ich kenne Fälle, wo vollkommen normale und gute Frauen in den Ruf der Hexerei gerieten, so daß die Geistlichen den Unfug steuern mußten. Was ist natürlicher, als daß eine so verdächtige ... Frau sich ihrerseits zurückzieht. Das wird dann wieder als Beweis bewertet, daß bei ihr etwas nicht stimmt. Wer ohne eigenes Verschulden in diese verhängnisvolle Spirale gerät, ist nicht von vornherein Außenseiter, aber er wird dazu gemacht." Wenn wir dazu noch einmal an die in anderem Zusammenhang von Hörmann[246] gemachte Äußerung erinnern, wonach für heilkundig gehaltene Hirten angefeindet werden, wenn sie sich weigern, zu praktizieren oder von ihren Kenntnissen keinen Gebrauch machen wollen, dann trifft die Bemerkung Schmëings auch auf den „zauberkundigen" Schäfer zu, dem man schnell manches unterschieben kann, was nach den Vorstellungen früherer Zeiten nicht mit rechten Dingen zugegangen ist. So sehr man ihn in allen möglichen Dingen brauchte und aufsuchte, und — wie wir ja an vielen Beispielen sahen — gerade seine angeblich übersinnlichen Kräfte in Anspruch nahm, so sehr suchte man ihm zu schaden, wenn er vielleicht einmal nicht helfen konnte oder wollte. In den Zeiten des Hexenwahns und der Hexenverfolgung kam es dann schnell zu irgendwelchen Verdächtigungen, zu Denunziationen vor den Tribunalen der Inquisition oder den ihrem Geiste entsprechenden Justizbehörden, denen mancher Schäfer, auf der Folter zum „Geständnis" gebracht, zum Opfer fiel. Wenn auch die Sage kaum besondere Spuren solcher Prozesse aufweist, gibt es doch urkundliches Material, nach welchem Schäfer als Hexenmeister angeklagt und der Tortur unterworfen wurden; denn das haben wohl viele der unschuldigen Frauen in ihrer Todesangst auf der Folter gestanden, daß sie ihr „Hexenwesen" von Schäfern hätten.[247]

Von Prozessen gegen zaubermächtige Schäfer gibt es einen Beleg aus dem Jahre 1579. Damals wurde einer in Seitenstetten (Niederösterreich) verhaftet und vom Landgericht „Burg Enns" der Tortur unterzogen. Mehr ist über sein Geschick nicht bekannt geworden.[248] — Untrügliche Zeichen eines auf der Folter erpreßten Geständnisses trägt der kurze Bericht über einen ähnlichen Prozeß aus dem Jahre 1608, gegen zwei wegen Diebstahls verhaftete Schäfer. Das Verhör ergibt, daß der eine von ihnen, Hans Lipp von Ergenzingen, Schäfer zu Hirrlingen, den Wunsch gehabt habe, die schwarze Kunst zu erlernen. Er sei mit einem Unbekannten zusammengetroffen, der sich angeboten habe, ihn diese zu lehren. Nach einigem Zögern habe er angenommen. Der Unbekannte forderte ihn auf, den Junker von Hirrlingen zu töten oder ihm wenigstens mit einer Zauberrute zu schaden. Das habe er nicht getan. Doch habe der Fremde ihm Schäferhunde geschenkt, von denen über 30 Schafe gerissen wurden. Ein zweites Geschenk von Hunden habe sogar 65 Opfer unter der Herde gefordert. Der Unbekannte sei auch vors Gefängnis gekommen und habe ihm Hilfe versprochen. Beide Schäfer wurden hingerichtet.[249] Aus der gleichen Zeit stammt ein Bericht über einen Stolberger Hirten, der auch viel von der schwarzen Kunst verstand und zu Protokoll gab, daß er sie von seiner Mutter gelernt habe. Im einzelnen heißt es da: „Unter andern konnte er wissen / wo eine Kuhe zurücke blieb / und des Abends nicht nach Hause kam / daß man dem Bürger sagen konte den Ort / wo solche Kuh blieben war. Man verlohr auch dazumal keine Kühe / und konte der Hirte alle Krankheiten derselben leichtlich heilen. Letzlich ist man es gewahr geworden / daß es durch des Teufels Betrug / List und Macht zugegangen / ist darauf gesetzt / und durch allerhand Tortur mit Feuer / Schwefel und allerley unglaubliche Marter versuchet worden / aber man hat nichts aus ihm bringen können / sondern er hat solches alles verlachet / und darneben alle Zeit gesagt: Ihr Brüderken ... fahrt fort, wie sanfte thuet mick dat. Ist letztlich im Gefängnis gestorben / und unter dem Galgen begraben worden."[250]

In die Zeit der böhmischen Gegenreformation führt uns ein Bericht über die Verurteilung des Schäfers Caspar Grün-Weber von Tannowitz vor einem Brünner Gericht im Jahre 1662: „Weber habe ‚mit Hilff des bösen Feindts und seiner Zauberey durch eine unge-

wöhnliche große Kälte und Frost das Wein-Gewächs, Getraid und andere Früchte verderbt, auch mehrere unerhörte Uebelthaten begangen'. Weber hatte ausserdem ‚auch das Laster der belaidigten Göttlichen Majestät begangen, indem er nemblich den allmächtigen Gott in dem Hochheiligsten Sacrament des Altars mit grausam abscheulichen Worten verunehrt, gelästert und verflucht. Gott, seine seligste Mutter und alle Heiligen verläugnet, sich dem Teuffel mit Leib und Sel ergeben und den Pakt mit seinem Blute bekräfftiget; auch sonsten durch die Zauberey, andere mehr erschröckliche Müssethaten und Laster bekennt.'"[251]
In dieser Zeit soll es dort mehreren Schäfern so ergangen sein.[252] — In Gießen existierte ein Konvensprotokoll aus dem Jahre 1647, aus welchem hervorging, daß die Kirche einen Kuhhirten Niclas, der geäußert habe, zaubern zu können, zum Verhör „fürn Herrn Rentmeister" geschickt hat.[253] — Es sei aber auch von einer Affäre berichtet, die sich 1687 in Frankreich abspielte und in die neun Schäfer, eine wirkliche Bande, verwickelt waren. Wissentlich hatten sie eine Viehseuche verursacht. Sie brüsteten sich damit und glaubten, tatsächlich zaubern zu können bzw. gezaubert zu haben. Gegen die Verfolgung durch die Gerichte schützten sie sich zunächst dadurch, daß sie drohten, jeden zu vergiften, der sie anzeigen würde. In kurzer Zeit waren sie die Beherrscher ganzer Kirchspiele geworden, verlangten Geld und „l'honneur des maîtresses, filles ou veuves". Der Schade, der durch die Seuche angerichtet wurde, war beträchtlich, und eine von zweihundert Bauern unterzeichnete Petition forderte vom König, daß in Zukunft die Schäfer nicht über zwanzig Jahre alt sein dürften.[254] Der genaue Hergang der Affäre war folgender: Chef der Bande war ein Schäfer namens Pierre Hocque, der auf einem Gut beschäftigt war. Er hatte die Seuche ausgelöst, weil ihm eine höhere Lohnforderung abgeschlagen worden war und er außerdem wegen eines Diebstahls durch seine Kinder Prügel bekommen hatte. Kurz darauf dezimierte die Seuche die Herden des Gutes und Hocque brüstete sich, der Urheber zu sein. Er erhielt vom Gericht neun Jahre Galeere. Noch in seiner Haftzeit ließ er verlauten, daß seine neun Mitverschworenen noch neun Jahre lang die Seuche andauern lassen würden. Sie waren nämlich alle durch einen Eid gebunden: „Du sang et de la fiente d'animal, de l'eau bénite et du pain bénit de cinq paroisses, notamment de celle où est le troupeau, un morceau d'hostie consacrée, quelques crapauds, couleuvres et chenilles; le tout dans un pot de terre neuf — acheté sans marchander ..." Wahrscheinlich aber, um seine Strafe zu mildern, ließ Pierre Hocque durch einen Mitgefangenen einen Brief schreiben, worin er mitteilte, daß ein anderer Schäfer, genannt „Bras de Fer", die Verschwörung lösen könne. Der Brief erreichte „Eisenarm", aber da er nicht unterzeichnet war, wußte er nicht, wer eigentlich der Urheber der Seuche war und erklärte, daß der Zauberer sterben würde, wenn er — Bras de Fer — die Verschwörung löse. Zur gleichen Zeit, als Pierre Hocque den Brief geschickt hat, soll er von einer „mortelle inquiétude" befallen worden sein und erklärt haben, daß er sterben werde, wenn Eisenarm den Zauber löse. „Et il mourut en effet." — Eisenarm, die Kinder Pierre Hocques und andere Schäfer wurden festgesetzt. „Et toujours les bergers se vengeaient sur les bestiaux de M. Visier [dem ehemaligen Arbeitgeber Pierre Hocques] qui fut ruiné. L'affaire se termina par l'exécution de deux bergers qui furent brulés à Pacy, le 22 décembre 1691." Hausuchungen förderten bei ihnen Arsenik, Sublimat und Kanthariden zu Tage. „Mais il est certain qu'ils croyaient eux-mêmes avoir une puissance diabolique et que les magistrats qui les jugeaient en étaient peut-être aussi persuadés."[255]
Abschließend sei erwähnt, daß Herr Baar aus Ehlbeck, Kreis Lüneburg, als er Material für unseren Fragebogen zusammenstellte, von einer „Standesperson" gefragt wurde, ob er wisse, daß der Schäfer X ein Hexenmeister sei.[256] So geschehen 1951/52!

Wir sagten, daß Denunziationen, auf der Folter erpreßte Geständnisse usw. dazu geführt haben, Schäfer vor die Schranken der geistlichen und weltlichen Gerichte zu bringen. Der einfache Mensch des Dorfes aber glaubte an ihn und seine „Kräfte" und brauchte ihn in mancherlei Nöten des Alltags. Er verdammte ihn wegen seines zauberischen Tuns am allerwenigsten. Diese Einstellung liegt wohl all den Sagen zugrunde, wo von unschuldig hingerichteten Schäfern und Hirten erzählt wird, denen man wegen Zauberei den Prozeß gemacht hat. — Bartsch[257] belegt eine solche Sage aus Penzlin, wo der dortige Schäfer der Hexerei beschuldigt wurde, weil eines seiner Tiere Blut statt Milch gebe. Alle seine Beteuerungen, daß er daran unschuldig sei, helfen ihm nichts. Er wird zum Tode verurteilt. Als Beweis seiner Unschuld — so sagt er voraus — würden nach seiner Hinrichtung drei Blumen wachsen, die man in Penzlin vordem nie gesehen habe. So geschah es auch. Eine weitere Sage aus Penzlin berichtet von einem unschuldig hingerichteten Kuhhirten, den man ebenfalls der Hexerei bezichtigt hatte.[258] — Bei Stelzen im Vogtland wird ein alter Schäfer, den man der Zauberei verdächtigte, aufgeknüpft. Als Beweis seiner Unschuld schlägt der in die Erde gestoßene Schäferstab aus.[259] — Wenn in der folgenden Sage auch nichts über den eigentlichen Gegenstand der Anklage gesagt wird, möchten wir doch annehmen, daß der Verdacht des Gerichtes auf Zauberei gerichtet war. Der Schäfer kann sich dem Todesurteil nur dadurch entziehen, daß er auf Verlangen des Tribunals einen sogenannten Wunderkreis schafft. Dieser — auf dem Hausberg bei Eberswalde angelegt, dort, wo einst eine Burg gestanden haben soll — „ist ein aus vielen Kreisen bestehender, zwischen Rasenanlagen sich hinziehender Gang, dessen Biegungen so durcheinander laufen, daß, wenn man ihn zu Ende geht, man an derselben Stelle wieder ankommt, an der man hineingegangen ist."[260] Durch die Schaffung einer solchen labyrinthartigen Anlage, welche früher die Kinder zu Ostern auszulaufen pflegten, kann sich der Schäfer also von dem gegen ihn erhobenen Verdacht reinigen und seine Unschuld beweisen. (In anderen Sagenmotiven, in denen unschuldig verurteilte Schäfer eine Rolle spielen, stehen kriminelle Delikte, Verräterei usw. im Vordergrund.[261] Wir kommen darauf noch zurück.)

Die Einstellung des Volkes zum zauberischen Treiben des Schäfers spiegelt sich auch deutlich in den Spuksagen wider, die nur relativ selten für den Grund des Umgehens Hexerei und ähnliche Dinge anführen.[262] Weit mehr sind es Brotfrevel, Weidevergehen und andere Delikte, welche den Schäfer nach dem Tode nicht zur Ruhe kommen lassen.

Auch die Sagen vom Zusammentreffen zwischen Teufel und Schäfer lassen in ihrer fast durchweg schwankhaften Gestaltung erkennen, daß er in den Augen des Volkes nicht derjenige gewesen ist, welcher sich leichtfertig mit „dem Leibhaftigen" eingelassen, dadurch Böses gewirkt hatte und darum zu verurteilen war. Der Teufel erscheint meist als der im Endeffekt vom Schäfer geprellte: Der Gutsschäfer von Piepenburg, Kreis Regenwalde, hatte immer einen langen Weg um einen See zurückzulegen, wenn er mit der Herde zur Weide gelangen wollte. Er hätte gern einen Damm quer durch den See gehabt, welcher ihm viel Zeit und Weg erspart hätte. Da erbot sich der Teufel in einer Nacht einen solchen Damm zu bauen. Dafür mußte sich der Schäfer verschreiben. Er überlistet aber den Bösen kurz vor Vollendung des Bauwerks, indem er den Hahn zum Krähen bringt. Daraufhin ist der fast fertige Damm allerdings verschwunden.[263]
Lediglich aus Oberösterreich[264] hören wir von einem ausdrücklich als „gottlos" bezeichneten Hirten, der nie in die Kirche ging, nur Flüche im Munde führte und den Teufel, der ihn zum reichen Mann machen sollte, zu sich rief. Als dieser ihm aber in einer grausigen Gestalt erschien, fiel der Hirt tot nieder.

Mag die Sagenbildung um den frommen und gottesfürchtigen Schäfer, dem die heilige Jungfrau erscheint, der wundertätige Reliquien findet, Kapellen erbaut, die später zu Wallfahrtsorten werden, usw., auch bewußt von kirchlich-katholischer Seite gefördert worden sein, stand dieser Schäfer, der durch seine Fähigkeiten half und Gutes wirkte, der Bevölkerung weit näher als der

Teufelsbündner und Hexenmeister, als welcher er von den Gerichten verurteilt wurde. Von dieser Seite her gesehen spiegelt also auch der vielschichtige Sagenkomplex um den frommen Schäfer und sein Wirken im sakralen Raum[265] die Einstellung der Menschen ihm gegenüber wider, soweit es sein zaubermäßiges Tun betrifft.

Der Glaube an die Wunder- und Zauber kraft des Schäfers und nicht zuletzt der Hokuspokus, womit er selbst sein Praktizieren umgab, ließen auch die Herkunft aller seiner „Fähigkeiten" nur in gewissen mystischen Zusammenhängen erscheinen. Daß sein Können oft auf alter Berufs- und Familientradition,[266] auf einer stark ausgeprägten Beobachtungsgabe von Tier, Mensch und Natur beruhte, sahen wohl die wenigsten, die sich bemühten, hinter sein Tun zu blicken, d. h. dem Ursprung seiner „Kräfte" auf den Grund zu kommen.

Die Schäfer selbst waren natürlich in erster Linie bemüht — ganz nach den Grundsätzen des alten Schäfers Thomas — die Gloriole des Mystizismus, die um sie schwebte, nicht verblassen zu lassen. Daraus erklären sich wohl die meisten der Auskünfte, die sie gaben, wenn sie nach der Herkunft ihrer Fähigkeiten und Kenntnisse gefragt wurden. Der alte Schäfer Bernd aus der Altmark meinte dazu: „Weil dät sick dät so gehört för en'n Schoper, un wöcker dät nich kann, de sall bliewen, wat'r is, öwer nich Schoper wä'n. Wi hem dät vörweg van de erste Wiehnachtsnacht her, as uns Herrgott insach, dät wi to äm passten, to dät, wat de Engels to de säggt hem, de dunn grod in Bethlehem eher Schop höten, — — un dätt hett sick öwerdragen bet up de, de allwiel noch Schopers sünd!"[267]

Ähnlich, aber noch konkreter, drückt sich ein „weiser Schäfer" aus der Sologne aus, den J. M. Simon[268] über den Ursprung seiner geheimen Kenntnisse befragte: „Dieu avait voulu ..., que ceux qui les premiers viendraient rendre hommage à son fils fussent les Bergers. Ceux-ci avaient compris le Grand Mystère, dont depuis des siècles, de pasteur à pasteur, par imitation, ils se léguaient le secret. Ils avaient donc bien mérite."

Solche Anschauungen bewirkten natürlich, daß sich manche zu einem Kreis Auserwählter zählten, wie etwa jener Schäfer aus Schwemmelsbach in Unterfranken, der jede Predigt des Geistlichen als abtrünnig nnd antichristlich bezeichnete, ihr seine „echte christliche Weisheit" nach Salomo entgegensetzte und damit auch auf die öffentliche Meinung im Dorf entsprechend einwirkte. In den Behörden, vor allem in den Gendarmen sah er „Werkzeuge des Satans". Wenn er sich auch sehr bescheiden gegeben haben soll, war seine Stellung unter den Bauern doch außerordentlich stark.[269] — Ihre Menschenkenntnis, ihr psychologisches Einfühlungsvermögen machten es den Schäfern nicht schwer, sich als in die letzten Dinge Eingeweihte zu geben und damit nicht nur auf die Dörfler einzuwirken, sondern auch auf gebildete Menschen, die sich für sie und ihre Geheimnisse interessierten, Eindruck zu machen. Ein sprechendes Beispiel dafür ist wieder jener Schäfer aus der Sologne, der J. M. Simon Glauben machen wollte, daß er zu einer Gesellschaft der „weisen Männer" gehöre und es bedauere, keinen anderen Schäfer zu kennen, den er vor seinem Tode zu einem „Berger-Voyant" weihen könne, um ihm seine Geheimnisse anzuvertrauen.

Nicht aber jeder Schäfer, der als Arzt und Wundertätiger im Dorf fungierte, mag sich als auserwählter Nachfahre der Hirten aus der biblischen Weihnachtslegende und damit als „Weiser" gefühlt haben. Doch scheint es in unserem Untersuchungsbereich weit verbreitet gewesen zu sein, daß sich unter ihnen eine geheime Überlieferung von medizinischen Praktiken und Heilmitteln fortpflanzte: „Erst bei seinem herannahenden Tode gab er [der Schäfer] davon einer nahestehenden weiblichen Person Kenntnis", heißt es in Mecklenburg.[270] „Die Eingeweihte übermittelte das anvertraute Geheimnis einem Mann, den ihr der Sterbende vorher zu bezeichnen pflegte. Wollte ohne Vermittlung ein Mann einen anderen in diese Heilgeheimnisse einweihen, so sollte die Kur an Wirksamkeit verlieren, denn so hieß es: Alles in de Welt hett so siene Satzung."[271] — Andererseits aber vermittelten die älteren Schäfer ihre Kenntnisse den jüngeren Berufskollegen bei den verschiedensten Gelegenheiten, ob während der Ausbildung, ob auf den Zunftfesten oder anläßlich der großen Wollmärkte. Die Wahrung des „Geheimnisses" galt in erster Linie für den Außenstehenden, den man mit mystisch-mythisch anmutenden Dingen abspeiste oder dem man irgendwelche anderen märchen- und sagenhaften Zusammenhänge nahebrachte, wenn er seine Fragen nach dem Ursprung ihrer geheimen Kräfte stellte. So erzählte z. B. der Sohn des schon genannten Schäfers von Naanhoven, wie sein Vater zur Kenntnis der Heilkunst gekommen sei: „Daar kwam eens een dwergachtig manneken in't veld geneeskundige planten zoeken. 't bracht vader op de hoogte, mits belofte zijn kunst voor zich te houden en het geheim niet te verklappen. Niemand heeft ooit geweten, wie dat manneken was, 't verdween even geheimzinnig als 't gekomen was."[272] — In einem anderen Falle will sich — allerdings ein Kuhhirt — seine wundertätige Hand dadurch erworben haben, daß er einen Maulwurf so lange darin hielt, bis dieser gestorben war. „Der sterbende Maulwurf gab dieser Hand eine solche Heilkraft, daß er jedem half, der zu ihm kam, die Leute im Dorf schätzten ihn alle und zum Dank dafür bauten sie ihm das kleine Häuschen am Bache, in dem er noch lange wohnte."[273] — Zahlreich sind auch Sagen in allen deutschen Landschaften, die davon berichten, daß die Schäfer ihre Künste und Kenntnisse von Zwergen, Moosweibchen usw. erhalten, denen sie einmal einen Gefallen getan haben. Ganz konkret berichtet darüber eine Thüringer Sage.[274] „Der Hirt von Moderwitz wurde beim Frühstück von einem Moosweibchen um Brot gebeten. Er sagte: ‚Wenn du mir ein Mittel für kranke Schafe lehren willst, sollst du Brot haben.' Jenes teilte ihm viele mit; er aber erwiderte: ‚Nun gut, jetzt kenne ich deine Heilmittel; nun sieh zu, wo du Brot herbekommst!' Da lachte das Moosweibchen und rief: ‚Das Beste weißt du noch nicht, was wider den Bettel hilft!' Und richtig, bald nacher starben alle seine Schafe am Bettel."[275]

Und doch haben die wundertätigen „Kräfte" der Schäfer einen realen Ursprung, von dem sie freilich selten und nur ungern sprechen. „Ik heff'n Scheper kennt", zeichnete Wossidlo[276] 1929 in Bad Doberan auf, „dat wier süß'n ruhigen Kerl — oewer he hadd de Böker un wüßt, wat los wier". Auch eine böhmische Sage[277] weiß um solche „Bücher": Ein Wunderdoktor in Permesgrün nämlich, ehemals ein Hirt, hatte während seiner Arbeit unter einem Stein ein altes Buch gefunden und daraus seine Weisheit gewonnen. Auf dem Einband stand: „Wende den Inhalt wohl an, und du wirst der Menschheit nützen." Der Hirt beherzigte diesen Satz und heilte eines Tages sogar den schwer erkrankten Sohn des Herzogs.

Wenn wir nun danach fragen, um welche Art Bücher es sich hier handelt, aus denen die Schäfer ihre Weisheit schöpfen, dann sind es in der Hauptsache zunächst zahlreiche handschriftliche Hefte und Notizbücher, die nachweislich unter ihnen kursieren,[278] von Generation zu Generation weitergegeben und vom jeweiligen Inhaber auch ergänzt und fortgeführt werden.[279] Ihre stark abgegriffenen Seiten lassen deutlich erkennen, wie oft sie zu Rate gezogen wurden. — Ihr Inhalt entspricht im großen und ganzen aber dem der üblichen Brauchbüchlein, d. h., sie umfassen vor allem magische Heilanordnungen, Rezepte aus der Volksmedizin, Segen, Beschwörungsformeln usw. und geben über deren Rahmen gemeinhin auch nicht hinaus. Das wiederum bedeutet, daß sie im eigentlichen Sinne gar nichts typisch Schäferliches enthalten und nur im Rahmen der üblichen Brauchbücher betrachtet werden können. — Soweit uns aber solche Hefte, deren Eintragungen nachweislich von der Hand eines Schäfers stammen, bekannt geworden sind, wollen wir sie hier erwähnen: Ein handschriftliches „Schäferbuch" [10 × 17 cm) angeblich aus dem Jahre 1670 bewahrt das Heimatmuseum in Hoyerswerda auf. Es enthält 32 unnumerierte Seiten. Vorder- und Rückblatt sind unbeschrieben, die vorletzte Textseite ist stark vergilbt und abgegriffen. Das Heft umfaßt vorwiegend Rezepte, aber nur wenige Segen und Tabellen. Nach den verschiedenen Schriften zu urteilen, ist es mehrfach ergänzt worden. — Als Leihgabe befindet sich im Hirtenmuseum in Hersbruck das „Kurbug des Johann Huzler", Gemeindehirt in Haimendorf. Im Format Din A 5 enthält es insgesamt 81 Segen, 75 Rezepte und ein Verzeichnis der Unglückstage. 3 Texte sind nicht mehr lesbar. An den Ecken ist es sehr stark abgegriffen, was auf häufige Benutzung hinweist. Anscheinend haben Schäfer aus der gleichen Familie daran geschrieben, denn auf der Deckelinnenseite steht in gemischter lateinischer und deutscher Schrift:

„Georg Stephan Hutzler von Haimendorf, 1878,
geboren den 9. März 1858. Geschrieben den 1. Januar 1878."

Darunter liest man in Fraktur:

„Wield Huzler.
Gemeindehirth in Haimendorf 1859."

Unter dem Segen Nummer 223 schließlich findet sich die Eintragung:

„Johann Huzler von Leinburg gebürdig
ein Hirdenson Gemeindehirt in Haimendorf 1830."

Von den aus der Literatur bekannten handschriftlichen Schäferbüchern nennen wir zunächst das Merkheft des pommerschen Hirten David Friedrich Vauck (1762—1828), das dieser bereits als 25jähriger anlegte.[280] „Da scheidet er die Eintragungen tierärztlicher Art von den Ratschlägen für Jäger, die Hausmittel für den Bedarf der eigenen Familie von Aufzeichnungen allgemeiner Art. Und fast jede Eintragung wird mit Datum- und Ortsangabe versehen und oft auch mit dem Namen dessen, dem der Schreiber sein Wissen verdankt ... Dieser Mann hat sein Fach geradezu studiert, immer bereit, Neues zu lernen und das Neugelernte in sein Hausbuch, das ihn bis an sein Lebensende treulich begleitet hat, hineinzuschreiben." Wie in den üblichen Brauchbüchlein wird auch hier zwischen „natürlichen und übernatürlichen Mitteln" nicht unterschieden. „So stehen allerorten magische Handlungen, Zaubersprüche, Mittel aus der Dreckapotheke und richtige Rezepte unmittelbar nebeneinander." Auch an Eintragungen volksläufiger Weisheiten, an echten und Schwankrätseln fehlt es nicht, wie gleichfalls eine Liste der 44 Unglückstage im Jahr mit in das Vauck'sche Merkbuch aufgenommen worden ist. Der Sohn des Schäfers wurde Lehrer, führte aber das Buch seines Vaters weiter.[281] Wir nennen schließlich noch das Notizbuch eines Hunsrück-Schäfers aus dem Kreise Simmern mit der Eintragung:

„Michel Nied in Gösenroth.
Geschrieben den 22ten May auf Fronleichnamstag 1835."[282]

Soweit mitgeteilt, enthält dieses Heft vor allem Segen und Beschwörungsformeln für Besprechungen von Vieh- und Menschenkrankheiten.[283]

Eine ganz andere Kategorie von „Schäferbüchern" haben wir bereits bei der Besprechung „Des alten Schäfers Thomas Vieharzneibuch" kennengelernt, worin eben ein „Schäfer Thomas" seinem Sohn, das will heißen allen Schäfern bzw. Personen, die sich mit der Heilkunst an Mensch und Tier beschäftigen, seine psychologischen Tips für die Behandlung der Patienten vermittelt hat, um ihnen dadurch zu Ansehen und Wohlstand zu verhelfen. Neben solchen „Anregungen" aber ist dieses Buch, das 1846 seine vierte Auflage erlebte, voller wichtiger und durchaus brauchbarer Hinweise für die veterinärmedizinische Praxis, vor allem für die Heilung von Pferden,[284] und hat fraglos auf die nichtakademischen Praktizierenden eingewirkt. Wenn andererseits auch manches aus den handschriftlichen Brauchbüchern in das Thomas'sche Buch eingeflossen ist, wird man ihm in keinem Fall eine gewisse Ernsthaftigkeit und damit auch eine Brauchbarkeit für die tägliche Praxis des Tierarztes — ganz gleich welcher Ausbildung — absprechen dürfen. — Eine andere Frage ist, ob der Verfasser „Thomas" tatsächlich ein Schäfer war oder ob man lediglich deshalb einen „Schäfer" in den Titel setzte, weil sich der Verleger davon eine größere Zugkraft, d. h. ein größeres Geschäft versprach. Hinweise hierfür lassen sich aus dem Vieharzneibuch nicht entnehmen. Anders wird es jedoch, wenn wir „Des alten Schäfer Thomas Geheim- und Sympathiemittel"[285] betrachten. Hier kann es gar keinen Zweifel geben, daß sich „des weit verbreiteten Glaubens an die Schäferklugheit ... eine schmachvolle, die Bildung unseres Volkes beleidigende Buchhändlerspekulation bemächtigt [hat], die sich leider nicht verrechnet". Wurden doch von den acht Bänden der Geheim- und Sympathiemittel, in denen „vieler toller Unsinn zusammengeschmiert [ist],[286] in wenig Jahren an 40000 Exemplare in 20 verschiedenen Auflagen abgesetzt."[287]

Außer den „Geheim- und Sympathiemitteln" existieren noch „Prophezeiungen" des Schäfers Thomas, von denen uns leider nur die dritte (für die Jahre 1852/53), die vierte (für die Jahre 1853/54), die siebzehnte (für die Jahre 1866/67), sowie die für die Jahre 1877, 1879 und 1881/83 erreichbar waren.[288] Neben den für solche „Bücher" üblichen Voraussagen werfen vor allem die politischen Prognosen des „Schäfers Thomas" ein bezeichnendes Licht auf die Absicht des Verlegers und seiner Hintermänner, den Glauben der Bevölkerung an die übersinnlichen und zauberischen Kräfte eines Schäfers für ihre Zwecke zu mißbrauchen: Zu den rein finanziellen Interessen, die mit dem Vertrieb der „Geheim- und Sympathiemittel" verfolgt wurden, treten nun auch solche der politischen Propaganda und Beeinflussung. Hierfür einige Beispiele: Aus der dritten Prophezeiung (1852/53) glaubt man — das ist geschickt gemacht — zunächst die Meinung eines alten „Achtundvierzigers" herauszuhören, der über das Wirken der reaktionären Kräfte in den fünfziger Jahren des 19. Jahrhunderts ergrimmt ist und fürchtet, daß die Zeiten der Heiligen Allianz wiederkommen könnten. Den äußeren Anlaß für seine Voraussagen sieht Schäfer Thomas in der Kaiserproklamation Napoleons III., der sich zum Diktator aufschwingen und eine neue Revolution entfachen wolle, die „ärger" als die von 1789, ihren Einfluß auf ganz Europa ausdehnen werde. Um die Ordnung, vor allem in Frankreich, wiederherzustellen, werde eben die Heilige Allianz auferstehen. Thomas weissagt einen neuen Krieg, den bereits ein westfälischer Bauer „bald nach dem Jahre 1850" vorausgesagt habe. Es ist ganz eindeutig, daß reaktionäre deutsche bzw. preußische Kreise, die der Revolution von 1848 zustimmende Haltung der Bevölkerung in eine andere Richtung lenken wollten, welche am ehesten wohl mit der späteren Bismarckschen Politik gleichzusetzen ist. Der Kernpunkt der Prophezeiung ist eindeutig die Warnung vor einer neuen Revolution und zielt ganz bewußt darauf hin, den fortschrittlichen Kräften in Deutschland das Wasser abzugraben. Auf der anderen Seite wird ganz im Sinne der herrschenden politischen Kreise Preußens auf eine Stimmung gegen Frankreich als den Störenfried in Europa, als den deutschen „Erbfeind", hingearbeitet.

Diese Tendenzen aus der dritten Prophezeiung werden in der vierten (1853/54) zum Teil wiederholt, treten andererseits aber auch klarer hervor und bestätigen damit nur unsere Auffassung von der Absicht, die mit den politischen „Prognosen" des „Schäfers Thomas" verfolgt werden sollte. Die vierte Prophezeiung beschäftigt sich u. a. eingehend mit den sozialen Mißständen in Europa und mit Maßnahmen, wie diesen zu begegnen sei. Was nützen, so heißt es da, alle „papiernen Constitutionen, die Niemend von oben hält, und die Jedermann von unten zu umgehen sucht; was nützen alle politischen Freiheiten, wenn wir kein Brod haben. Mögen die Regierungen alle politischen Freiheiten aufheben, wenn sie nur für materielles Wohl sorgen."[289] Dieser sehr durchsichtigen Absicht der vierten Prophezeiung ist in ihrer Eindeutigkeit nichts mehr hinzuzufügen. In unserem Zusammenhang gesehen, bestätigt sie nur erneut die Gewissenlosigkeit reaktionärer Verleger und ihrer Auftraggeber, den Glauben der Bevölkerung an Wissen und Können der Schäfer für ihre Ziele auszunutzen. Der „Schäfer Thomas“ ist, was die „Geheim- und Sympathiemittel“ und vor allem die „Prophezeiungen“ anlangt, nichts weiter als ein zugkräftiger Köder, mit dem man das Volk wieder in die Botmäßigkeit der alten Ordnung zurückführen will.

Die siebzehnte Prophezeiung für die Jahre 1866/67 erwähnt die „Gefahr“ der fortschrittlichen Tendenzen in Deutschland nicht mehr. Bismarck hat gerade mit „Blut und Eisen“ den preußischen Primat in der deutschen Frage erkämpft, der Chauvinismus läuft auf vollen Touren. Sprachen die vorherigen Prophezeiungen ganz allgemein von ernsten, unruhigen Zeiten und von Kriegsgefahr, werden nach der siebzehnten Voraussage die außerdeutschen Staaten von Katastrophen usw. heimgesucht werden. Frankreich, so weissagt „Schäfer Thomas“, sehe seiner baldigen Aufteilung entgegen und England werde aus einer „schweren Prüfungszeit, die es allein schon verdient hat wegen seiner gehässigen Politik gegen Deutschland“ gedemütigt hervorgehen. Aber: „Weit heller breitet sich der Himmel über Preußen aus; denn es ist das Land der kühnen That geworden und das wahre Bollwerk Deutschlands. Obgleich die Politik der kühnen That bemäkelt wird von vielen Seiten, so ist sie doch das einzige Mittel, das große deutsche Reich wieder zu Ruhm, Macht und Ehre zu bringen und eine Einheit herzustellen, nach welcher jeder wackere Deutsche sich schon seit langen Jahren vergeblich gesehnt hat.“ Das deutsche Volk soll mit der Politik Bismarcks und ihren Zielen vertraut gemacht werden.

Antidemokratische Tendenzen zeigen sich in den Prophezeiungen für das Jahr 1877, wo u. a. von dem Streben gewisser Mächte gesprochen wird, die versuchen wollen, die bestehende Ordnung zu zerstören und „sich bemühen, ganz Europa zu einem Feuerbrande zu machen ... Von diesen Mächten ist es besonders die rothe Internationale, genannt Sozialdemokratie. Aber selbst das Bündniß dieser Mächte wird nicht hinreichen zur Vollführung ihres Strebens. Die Sozialdemokratie wird schließlich wegen Mangel an Mitteln zu Agitation, und weil sie nicht mehr Köpfe genug findet, welche sich ihren hirnverbrannten Theorien öffnen, in sich selber zerfallen.“ — Wie diese Diffamierung der deutschen Arbeiterbewegung ganz im Sinne der Bismarckschen Bestrebungen stand, die zum Sozialistengesetz des Jahres 1878 führten, versuchen die Prophezeiungen für die Jahre 1881/83 dem Volke weiterhin Sand in die Augen zu streuen: „Den Arbeiterverhältnissen wird vom Reiche alle Aufmerksamkeit gewidmet, eine Verbesserung der Lage der Arbeiter wird durch ein Versicherungsgesetz bewirkt werden, das in Krankheitsfällen und bei Arbeitsunfähigkeit die Existenz des Arbeiters sichert. Der Arbeiter kann dadurch ohne Sorgen der Zukunft und dem Alter entgegensehen, und es wird der Socialdemokratie viel Boden entzogen, deren verlockende, aber nichtige Ideen ohnedies nicht mehr so ziehen, nachdem die Häupter derselben uneinig geworden sind und sich gegenseitig Dinge vorwerfen, die gar manchem Jünger der Socialdemokratie die Augen öffnen.“ — Natürlich wird in den beiden zuletzt genannten Heften der Prophezeiungen weiterhin der Bismarckschen Außenpolitik und dem deutschen Nationalismus das Wort geredet, wenn es etwa heißt: „All die Reden vom Ehrgeize Bismarcks und von der Kriegslust Preußens sind der Thatsache gegenüber verstummt, daß der seitherige Frieden nur Bismarcks Einflusse zu danken und daß es nicht seine Schuld ist, wenn er je gestört würde.“ Aber schon nach wenigen Zeilen plädiert der „Schäfer Thomas“ für eine forcierte Aufrüstung: „Jeder Einsichtige wird ... sich sagen, so gerne er sich mit geringeren Steuern belastet sähe, daß ... nachdem alle benachbarten Staaten die Armeekraft auf's Höchste steigern ... sich Deutschland keinem Vertrauensdusel hingeben darf, der alle seine Errungenschaften in Frage setzen würde.“ Um der eigenen Sicherheit willen seien die Deutschen gezwungen, den Rückhalt in der eigenen Armee zu suchen, „so lange sie in Frankreich noch von Revanche sprechen, und so lange Rußland auf Verrath sinnt, weil wir ihm keine Hausknechtsdienste mehr leisten wollen". — Auch die imperialistischen Ziele der Politik des zweiten Deutschen Kaiserreiches werden offen verkündet: „Möge die Zeit nicht mehr ferne sein, wo Deutschland durch vorsichtige Auswahl von Kolonien seinen Auswanderern in ferner, fruchtbarer Zone eine neue Heimat bieten kann, zum Heile der Auswanderer, welche hiedurch der Heimat und dem Deutschthum nicht verloren gehen, zum Heile des Reiches, dessen Kinder auch in der Ferne treue Stützen des Vaterlandes bleiben können."

Soweit diese Auszüge[290] aus den Prophezeiungen des „Schäfers Thomas", die in ihrer bewußt irreführenden Tendenz eindeutig zeigen, daß sie ein äußerst gefährliches Instrument der herrschenden, reaktionär-nationalistischen Kreise gegen die fortschrittlichen Kräfte und gegen die Arbeiterbewegung in Deutschland waren. Denn es kann keinen Zweifel geben, daß diese Machwerke zu Tausenden im Volke kursierten und — eben weil sie von einem „Schäfer" verfaßt waren — ihre Wirkung in damaliger Zeit nicht verfehlten. Wie stark der *Glaube* an Thomas' Prophezeiungen war, mag die Tatsache verdeutlichen, daß Jahn[291] an zwei Orten im ehemaligen Pommern eschatologische Sagen aufgenommen hat, die sich ausdrücklich auf Vorhersagen des Schäfers Thomas berufen. Ingenieur Hrandek, Wien, teilte uns freundlicherweise mit, daß er Thomas'sche Schriften noch in den 50er Jahren in den Bücherkästen der Burgenländischen Bauern des Bezirkes Rust gefunden habe, und daß einem dortigen Schäfer, der als „Wender" bekannt ist, der „Schafthomerl", von dem er allerdings hervorhebt, er sei ein lutherischer Schafhalter gewesen, kein Unbekannter war, daß er dessen Schriften genau kannte und sich auch wohl danach richtete. Wir dürfen also annehmen, daß „Schäfer Thomas" auch heute noch herumspukt und manche Menschen an seine Prophezeiungen genau so fest glauben[292] wie seinerzeit jener Schäfer Bernd aus der Altmark, der einen furchtbaren Krieg voraussagte und auf die Frage, woher er das denn wisse, antwortete: „Dät weet ick ut dät Book van Schoper Thomas, de hett dät da all rin schrewen, hat he vörut sehen kunn, de kunn profezeihen — — — is allen's ümmer indropen, wat he vörut sehen hett, un de Krieg, de kümmt ok, un de wärt dull, — da schleiht Vader dänn Sohn un Brorer dänn Brorer dot, säggt Schoper Thomas. — Ick aflew't jo nich mehr, öwer ji aflewen't woll noch, un ji könn mi dur'n!" Und weiter erklärte er: „Dät geiht all sin'n Gang un is nich uptholln!"[293]

Gerade diese letzte Bemerkung zeigt deutlich, wie groß die Gefahr solcher „Bücher" ist, wenn sie von gewissenlosen Personen zu politischen Zwecken mißbraucht werden und in Hände von Menschen geraten, die derartige „Prophezeiungen" dann für unabdingbar halten.

Die Spekulation der Verleger hat sich jedoch nicht allein nur auf den „Schäfer Thomas" als fiktiven Verfasser beschränkt. Soweit bekannt, ist bereits 1711 in St. Annaberg ein „Schäferbuch" unter dem Titel „Opilio" erschienen.[294] Ihm folgten die „Mitteilungen eines Schäfers" (Nusholt 1825)[295] und ein „Sympathetisches Wunderbüchlein oder die enthüllten Zauberkräfte und Geheimnisse der Natur, enthaltend die wichtigsten sympathetischen Mittel gegen schwere Krankheiten und Gebrechen und viele wundersame Geheimnisse zum Nutzen und Vergnügen für jederman von Hans Tobias Velten, dem bekannten Alpenschäfer."[296]

Das u. W. bisher älteste „Schäferbuch" dürfte aus Frankreich bekannt sein, wo der Verleger Guy Marchant am 2. Mai 1491 „Le Compost et Kalendrier des Bergiers" herausgab. Über dieses Buch sagt Pierre Champion, der die Einführung zu der Faksimileausgabe von 1493 schrieb: „Telle est cette encyclopédie populaire du XVe siècle. N'y voyons pas qu'un almanach, mais bien le trésor des simples. Enveloppé d' astrologie, ce livre d' astronomie et de médecine, le Compost et Kalendrier des Bergiers est un admirable document pour connaître non pas le berger, mais le paysan de France, sa vie et ses curiosités, sur lesquelles Guy Marchant, theologien, imprimeur, artiste, s'est penché avec une sympathie qui nous touche aujourd'hui."

Man müßte diese Einschätzung der Leistung Marchants allerdings noch nach der Seite ergänzen, daß auch er ganz bewußt einen anonymen „Schäfer" zum Autor machte[297] und sich dabei nicht verrechnete, denn das Buch hatte großen Erfolg, wurde mehrmals in den verschiedensten Ländern nachgedruckt und erweitert. In Frankreich, so teilt uns J. M. Simon mit, ist es sogar bis zur Revolution fortgeführt worden. — Im einzelnen enthält der Compost et Kalendrier des Bergiers „les procédés mnémotechniques pour trouver le nombre d'or ou la lettre dominicale, les allégories poétiques des mois et des saisons, quand il donne la table des lunaisons, les dates de Pâques et des fêtes mobiles". Daneben gibt es Abhandlungen und Ermahnungen zu Sittsamkeit und einwandfreiem Lebenswandel. Drastische Holzschnitte führen dem Leser die Schrecken der Höllenstrafe vor Augen. Ein weiterer Teil des Buches ist der Verehrung der heiligen Dreifaltigkeit, der Mutter Maria und der Apostel, wie überhaupt der Glorifizierung der Kirche gewidmet. Dann wird auf die Vergänglichkeit des Lebens verwiesen. Der Tod, in einem schauerlichen Holzschnitt dargestellt, mit einem Sargdeckel in der Hand, schreitet über einen Friedhof voller großer und kleiner Kreuze ,darauf hinweisend, daß vor ihm alle Menschen, ob arm oder reich, gleich seien. Noch einmal folgt eine Aufzählung der Höllenstrafen, der eine lange Liste der Tugenden gegenübergestellt wird. Ein anderer Teil des Schäferkalenders ist der Physik und Medizin, soweit sie den Menschen betreffen, vorbehalten: Die Tierkreiszeichen, welche die einzelnen Körperpartien beherrschen, sind eingezeichnet, Symptome für Krankheiten werden aufgezählt und entsprechende Verhaltensweisen vorgeschlagen. Es schließen sich astrologische Betrachtungen über den Einfluß der Planeten auf die Menschen an, wobei die Erde noch als Mittelpunkt des Weltalls gedacht wird. Eine Beschreibung der Nacht und ihrer Wunder wird zum Anlaß genommen, darauf zu verweisen, daß diese nur ein Schäfer erleben kann. „Car le savant berger, qui couche sur la dure, dans les champs, en sait plus que ceux qui dorment dans leur lit." Ein kleines Poem, welches das Leben des Menschen in den einzelnen Monaten des Jahres allegorisiert und noch einmal das grausige Bild vom Tode wiederholt, beschließt dieses Schäferbuch des 15. Jahrhunderts, von dem man den Eindruck gewinnt, daß es den Menschen dieser Zeit einen Spiegel vorhalten soll. Was es mit den bisher besprochenen „Schäferbüchern" gemein hat, ist die Tendenz, durch einen „Schäfer" als Autor ganz bewußt auf die Menschen einwirken zu wollen.

Um ein Schäferbuch ganz anderer Art handelt es sich bei der nur noch in wenigen Exemplaren vorhandenen Schrift „Le bon berger ou le vray régime et gouvernement des bergers et bergères, composé par le rustique Jehan de Brie, le bon berger."[298] Nach der französischen Forschung war dieser Jean de Brie ein Schäfer, der 1349 in Villiers-sur-Rognon geboren wurde. Bei der Ausübung seiner Tätigkeit war er so gewissenhaft und gewandt, daß seine Dienstherren auf ihn aufmerksam wurden und seine Ausbildung im weitesten Maße förderten. Einer seiner Herren, Jean de Hatomesnil, Ratgeber Karls V. von Frankreich, stellte ihn eines Tages auch dem König vor, der Jean de Brie den Auftrag gab, seine Erfahrungen und Vorschläge für eine prosperierende Schafhaltung niederzuschreiben. 1379 soll dieses Buch zusammengestellt worden sein,[299] wurde aber erst fast 100 Jahre später durch Simon Vostre unter dem o. g. Titel verlegt. Ob Jean de Brie sein Buch selbst schrieb, ist fraglich. Aus Stiluntersuchungen möchte die französische Forschung schließen, daß vielmehr ein Geistlicher als „interprête de Jean de Brie" dessen Gedanken niedergeschrieben hat.[300] Sicher ist aber zumindest, daß im Gegensatz zu den bisher besprochenen Büchern und Schriften ein wirklicher und erfahrener Schäfer mitgewirkt hat. — Das Werk, welches bis zum Erscheinen der bekannten Unterweisungen Daubentons „Instruction pour les bergers et pour les proprietaires de troupeaux", Paris 1782, das einzige seiner Art in Frankreich war,[301] behandelt in zwölf Kapiteln die für jeden Monat des Jahres notwendigen Arbeiten bei der Schafhaltung, enthält Anweisungen für Verhalten und Benehmen eines guten Schäfers und schließt mit einer Aufzählung aller damals bekannten bzw. erkannten Schafkrankheiten und deren Heilung. Neben manchem geheimnisvollen Tun wendet Jean de Brie im wesentlichen Mittel und Praktiken an, die in der volksläufigen Veterinärmedizin bis in unsere Tage gebraucht werden.[302] — Ihrer Thematik entsprechend wird man diese Schrift am ehesten zum Vieharzneibuch des alten Schäfers Thomas" in Parallele setzen müssen. Mit den anderen „Schäferbüchern" aus der Hand irgendwelcher Schreiberlinge hat Jean de Bries Werk nichts zu tun, denn es ist ein echtes Schäferbuch.

Wir schließen an die Betrachtung über diese Bücher, welche z. T. um eine angebliche Fähigkeit der Schäfer, künftige Dinge voraussagen zu können, entstanden sind, die Frage an, ob die Schäfer tatsächlich eine natürliche Gabe des Vorhersagens, etwa die des „zweiten Gesichts", besitzen. Das Sagenmaterial weiß von manchen schäferlichen Prophezeiungen zu berichten,[303] und bis in die neueste Zeit hinein gilt in Mecklenburg ganz allgemein die Ansicht: „Wenn dat Unglück gew, wüsten se [die Schäfer] ümmer vörher, ok wenn eener dood bliwen der,"[304] d. h. man vertritt die Meinung, daß sie „Seher" sind und über die Gabe des „zweiten Gesichts" verfügen.[305] Jungwirth[306] betrachtet die „Gabe der Zukunftserkundigung" sogar als ein allgemeines Charakteristikum der Schäfer. Solchen Meinungen möchten wir aber das Untersuchungsergebnis Schmeings[307] entgegensetzen, dessen Kompetenz in diesen Fragen ja bekannt ist. Er schreibt: „Wer sich ‚den' Seher nur als blassen, scheuen, gedrückten, verschlossenen Menschen mit starrem, weitblickendem, stechendem Blick oder als träumerischen Schäfer vorstellt, der die ‚Schlacht am Birkenbaume' sieht, ist weit von der Wirklichkeit entfernt. Auch dieses Schäferidyll ist, wie das des 17. und 18. Jhd., ein Stück Poesie und Illusion. Es gibt oder gab wohl Seher von diesem romantisch-mystischem Typ, aber sie sind mir nicht begegnet; ich war im Gegenteil erstaunt über die Vielseitigkeit der verschiedenen Seherpersönlichkeiten, von denen keine der anderen vollkommen glich."
Auf einem Gebiet jedoch, nämlich dem der Wetterprognose, besitzen manche Schäfer eine stark entwickelte Fähigkeit zum „Voraussagen". Die Grundlagen einer solchen Gabe sind aber, wie bei ihrem übrigen mystisch umstrahlten Können und Wirken, allein eine gute Naturbeobachtung und eine reiche eigene sowie durch eine generationenlange Traditionskette erworbene Erfahrung. Hornberger[308] hat das sehr treffend zum Ausdruck gebracht, wenn er über den Schäfer als Wetterprophet sagt, daß er ein „Beobachter des Himmels, aber kein Sterngucker [ist], sondern einer, der Wolken und Winde beobachtet und am Verhalten der Tiere[309] ein aufziehendes Gewitter schon erkennt, wenn der Himmel noch keine allgemeinen sichtbaren Anzeichen verrät". Nicht ohne Grund waren die Schäfer früherer Zeiten in manchen Gegenden verpflichtet, das Wetterhorn zu blasen. — Gewiß gab es auch auf diesem Gebiet wieder manche pfiffige Leute, die mit ihren Wetterprognosen immer recht behielten,[310] aber im allgemeinen war der Schäfer wirklich der verläßlichste „Wetterfrosch"[311] des Dorfes, und das hat neben dem Glauben an ihre übernatürlichen „Kräfte" zu der Vorstellung, sie besäßen die Gabe der Prophezeiung, wesentlich beigetragen.

Wenn der heilkundige und zaubermächtige Schäfer im Dorf auch eine achtunggebietende und gefürchtete Stellung einnahm, so war er doch bei besonderen Anlässen als Unterhalter gern gesehen, denn er sorgte oft mit seiner Ziehharmonika für die notwendige Stimmung.[312] Heckscher[313] erwähnt sogar, daß man ihn im Hannoverschen ganz allgemein mit der Leitung des Schützenfestes betraut habe. Derlei Nachrichten stammen natürlich aus relativ später Zeit — zum größten Teil erst aus unserem Jahrhundert —, und wir werden zu fragen haben, ob der Schäfer auch vordem bei Festen und Geselligkeiten mitgewirkt hat, und wie er es tat.

Die Form der Unterhaltung auf dem Dorfe beschränkte sich in früherer Zeit nicht ausschließlich auf Musik und Tanz. Das Unterhaltenwerden durch einen Menschen, der gut und spannend zu erzählen wußte, stand damals noch im Vordergrund. Unter den Erzählerpersönlichkeiten aber — das fällt bei einer Durchsicht des Sagenmaterials auf — werden immer wieder Schäfer genannt. — Neben allgemeinen Angaben[314] gibt es auch ganz konkrete Berichte über ihre Erzählkunst und die Wirkung, die sie auf ihre Zuhörer ausübten. So etwa bei Zaunert[315] oder Schwartz,[316] deren Gewährsleute den sagenhaften Berichten und Erzählungen von Schäfern unbedingten Glauben schenkten. Schell[317] weiß von einem Schäfer beim Deilbach zu erzählen, um den sich an Sonntagnachmittagen die Jugend des Dorfes versammelte, weil er so gut von alten Zeiten zu sprechen verstand, und um 1900 gab es in Coerde bei Münster einen Schäfer, der an den langen Abenden die ganze Hofgemeinschaft mit gruseligen Geschichten in seinen Bann zog. „Dann konnte er Sachen erzählen, daß es einem kalt über den Rücken lief und die Mädchen bald nicht zu Bett wollten.“[318] — Ein wahrer Meister soll der belgische Schäfer Baronheit aus Xhoffraix, der als Schmuggler weit bekannt war, gewesen sein.[319] Seine Geschichten drehten sich meist um Affären, die er mit den Zöllnern ausgetragen hatte. Einmal, so berichtete Baronheit dem Abbé Toussaint, wäre er seinen Verfolgern beinahe ins Netz gegangen, und nur dadurch konnte er entkommen, daß er mitten durch eine große Fensterscheibe ins Freie sprang: „Jamais“, so berichtet der Abbé, „je n'oublierai les gestes et la mimique dont il émaillait son récit, qu'il racontait toujours debout au dénouement tout le monde s'attendait á lui voir renouveler son bond à travers la fenêtre“. — Allgemein erwähnt Thies,[320] daß die Schäfer „die Hauptträger alter Überlieferungen und Sagen“ gewesen seien. Aber aus der Anonymität werden sie nur selten als Erzählerpersönlichkeiten gehoben. „Wenn man dem Schäfer Lorey aus Poppendorf glauben darf, ...“ beginnt eine Thüringer Sage,[321] und von einem Schäfer Spieckermann aus Winkhausen (Gemeinde Oberkirchen/Westfalen), der von einem schwarzen Hund erzählte, dem er nachts am Pferch oft begegnet sei, bis ihn ein Priester bannte, wird aus dem Kreis Meschede berichtet.[322] Nur die Erzählerkarteien einiger Sagenarchive, wie z. B. die des Wossidlo-Archivs in Rostock, enthalten eine Anzahl namentlich genannter Schäfer. Es kann aber keinen Zweifel geben, daß die Schäfer, weit mehr als bisher bemerkt, zu den Hauptträgern der Sagenüberlieferung gehören und ihre Geschichten bei allen möglichen Gelegenheiten, z. B. auch in der Spinnstube, zum Besten gaben. Und wenn wir erfahren, daß man sie mancherorts auch zu Begräbnissen einlud,[323] dann darf man annehmen, daß sie auch dort die Versammelten mit ihren Geschichten ablenken sollten.

Was nun den Inhalt des schäferlichen Erzählgutes anbelangt, so entspringt er einem Erlebnisbereich, welcher hauptsächlich auf die Bedingungen und Erfordernisse seines Berufs zurückzuführen ist, dem er oft weit entfernt von der dörflichen Gemeinschaft, bei Tag und Nacht, auf sich selbst angewiesen, nachgehen muß. Hornberger[324] hat das sehr klar zum Ausdruck gebracht, wenn er sagt: „Es ist nicht allein das physische Alleinsein ..., es ist ebensosehr und vielleicht noch mehr das psychische Alleinsein, das auf-sich-selbst-Angewiesensein, auch das Gefühl der Verlassenheit. Der Schäfer empfindet eine innige Vertrautheit mit den Naturvorgängen, doch gleichzeitig auch ein Ausgeliefertsein an ihre unbestimmbaren Kräfte. Daraus erwachsen dem Schäfer die stärksten Kräfte seiner Persönlichkeitsbildung und der Vertiefung seiner Lebens- und Wesensart.“
Typisch für eine solche Haltung und Einstellung mag eine Sage aus Hessen-Nassau[325] sein, nach der ein Schäfer zum Gevatter gebeten, zuvor vom Pfarrer des Dorfes gefragt wird, ob er „dem Teufel, allen seinen Werken, Wesen und Willen“ widersagen wolle. Der Schäfer antwortete mit nein. Nach dem Grund gefragt, sagte er: „Herr Pfarrer, Ihr wißt wohl, daß ich ein armer Schäfer bin, und muß Tag und Nacht im Felde sein. Nun ist der Teufel ein Schelm er möchte mir leicht einen Possen tun. Das will ich zwar tun, ich will ihm

im Herzen heimlich Feind sein, aber daß ich es so öffentlich sagen soll, das werdet Ihr mich nicht heißen, Herr Pfarrer." – Es sind also bestimmte Ereignisse und Erscheinungen, die dem Schäfer während des Hütens bei Tag und Nacht widerfahren und die auch nur ihm begegnen können. „Während der Bauer z. B. die Nacht im Schutze seines Hauses schlafend verbringt, muß der Schäfer im Karren draußen mindestens einmal aufstehen und den Pferch um eine Länge weiterschlagen. Genau um die Mitternacht, wenn die Kirchturmuhr die Geisterstunde schlägt, tut er den ersten Schlag, um die Pfosten an den Hürden zu befestigen. Ein empfindsamer, aufgeschlossener und phantasiebegabter Geist wird den altüberkommenen Vorstellungen einer Mitternachtsstunde dabei nicht unzugänglich bleiben."[326] Hierzu finden wir folgenden treffenden Bericht über das nächtliche Erlebnis eines Schwälmer Schäfers: „Lag da so ein Schäfer weit, weit da hinten in der ‚Dornshecke'. Und in der Dornshecke, da war's nicht richtig, das wußten alle Leute. Auf einmal hört er ein schreckliches Geschrei auf dem Hüttendache über sich. Kalter Angstschweiß trat ihm auf die Stirn. ‚Huhuhuh – huhuhuh ...' ‚Ich armer, armer Kerl' ächzte er.

‚Huhuhuh! Komm mit – komm mit' ....

‚Ach, du liewer himmlischer Vater, ich sall met. Bohin da?' Damit sprang der Schäfer mit gleichen Füßen von seinem Lager hinaus ins Freie und schrie: ‚Hopsa, hej steh ich, Diwel wet de mich, da lang mich.'

Diesmal war's noch nichts. Nur eine Eule verschwand gespenstigen Fluges im Dunkel der Nacht!"[327]

Hornberger[328] ist nicht zu Unrecht der Auffassung, „daß im allgemeinen nicht der Bauer, wie man bisher annahm, der Erfinder und Träger von Sagen und Märchen und der Erzähler der vielen geisterhaften Erscheinungen ist, sondern der Schäfer, der Hirte und gerade der nichtbäuerliche Mensch".

Zu den Sagen, die zum unmittelbaren Erlebnisbereich des Schäfers gehören, zählen wir zunächst alle diejenigen, die wir als *Schatzsagen* bezeichnen können. Ihr Schauplatz ist meist ein Hügel, ein Berg, auf dessen Gipfel ehedem eine Burg gestanden haben soll, oder sonst eine Landschaft, die zum *Feldbau wenig geeignet* ist. Mit anderen Worten sind es in erster Linie die Plätze mit absolutem Schaffutter, die der Schäfer mit seiner Herde vorzugsweise aufsuchte, die für den Bauern aber von nur geringem Interesse sind und von ihm daher kaum genutzt wurden.[329] – In dieser Motivgruppe dominieren diejenigen Sagen, welche davon erzählen, wie sich die Schäfer ihr Glück immer wieder dadurch verscherzen, daß sie es nicht verstehen, den Schatz, der ihnen plötzlich sichtbar wird, zu heben bzw. ihn recht zu hüten und zu bewahren. Meist erkennen sie den wahren Wert der Wunderblume, die ihnen den Berg, d. h. die Schatzkammer, aufschließt, nicht, und trotz aller Mahnungen der Schatzjungfrauen vergessen sie das „Beste", nämlich die Blume und stopfen sich stattdessen die Taschen mit Gold und Edelsteinen voll.[330] Aber – so heißt es von einem solchen Schäfer aus Reinhardshausen im Waldeckschen – „er kannte ja nichts Besseres,"[331] d. h., er war ein armer Teufel, sicher ein Lohn- oder Deputatschäfer, der aus seiner täglichen Misere herauszukommen hoffte. Aber seine Reichtümer brachten ihm kein Glück, denn als er mit Schätzen beladen aus dem Berg tritt, fliegt dieser so heftig zu, daß es ihm die Ferse abschlägt. Alles muß er für die Arztkosten aufwenden und stirbt am Ende doch elendiglich. – Ein anderer Schäfer – aus Kleinbreitenbach bei Plaue in Thüringen – öffnete mit einer Wunderblume ebenfalls das Tor zu einer Grotte mit unermeßlichen Schätzen. „Bei seiner Ehrlichkeit aber wagte er nicht, etwas davon zu berühren, denn er gedachte an die Fallstricke des Satans."[332] Wie es dem Waldeckschen Schäfer aus Reinhardshausen darauf ankam, auf seine soziale Notlage hinzuweisen, so fühlte sich der aus Kleinbreitenbach bemüßigt, seine Ehrlichkeit, die ja oft genug angegriffen wurde, unter Beweis zu stellen. – In anderen Sagen der gleichen Motivgruppe versäumen es die Schäfer und Hirten, den Schatz zu heben, weil sie nicht ihre Herde im Stich lassen wollen. In einem Beispiel aus der Nähe von Durlach heißt es:

„Der Hirt, ein alberner Bursch, weigert sich hartnäckig, seine Herde zu verlassen, obgleich die Jungfrau sie inzwischen hüten wollte, und ihm unter inständigem Flehen den goldenen Stab als Belohnung in Aussicht stellte.“[333] In anderen Sagen gehen die Schäfer erst in den Schatzberg hinein, wenn sie die Gewähr dafür haben, daß die Herde nicht ohne Aufsicht bleibt. So bei Frankenhausen, wo der Schäfer Kaiser Friedrich erst dann in den Kyffhäuser folgt, als der ihm versichert, daß seinen Tieren nichts zustoßen werde.[334] Daß aber die spukhaften Gestalten, die dem Schäfer zu Reichtum verhelfen wollen, auch Wort halten, zeigt eine schwäbische Sage, die bei Iburg spielt: Als der reich Beschenkte wieder aus dem Berg hinaus geführt wurde, fand er seine Herde vollzählig beisammen, „die mit einem Spinnengewebe, wie mit einer Hürde, umgeben war. Es war so undurchdringlich, daß die Schafe nicht eher den Platz verlassen konnten, als bis die Spinne, welche das Gewebe um sie gesponnen, dessen Fäden wieder eingezogen hatte.“[335] In einer anderen schwäbischen Sage, so berichtet Baader,[336] ist die Sorge um die Herde bzw. die Freude, sie unversehrt wiederzufinden, so groß, daß der Schäfer die mitgenommenen Schätze darüber vergißt. — Manche Schäfer und Hirten haben das Glück, einen Schatz wirklich zu bergen oder ihnen wird die Möglichkeit gegeben, sich im Bedarfsfalle wieder Zutritt zu den Reichtümern im Berge zu verschaffen. Doch sie geraten bald in Armut, weil sie das Geheimnis ihrer plötzlichen Wohlhabenheit ausplaudern.[337] Nach einer brandenburgischen Sage fand ein Schäfer in der Nähe von Straußberg an einer bestimmten Stelle seiner Hutung täglich einen Groschen. Er nahm sie mit nach Hause und sammelte alle in seinem Strohsack. Eines Tages entdeckte seine Frau diesen Schatz, die nun der Annahme war, daß er „ein Spitzbube sei ... und sie habe solange geglaubt, einen ehrlichen Mann zu haben.“[338] Daraufhin erst berichtet der Schäfer über die Herkunft des Geldes und — niemals fand er einen Groschen wieder. Was wir schon oben sagten, trifft auch hier wieder zu: Der Nachweis, ein ehrlicher Mensch zu sein, geht dem Schäfer über alles. Seinem guten Ruf opfert er Reichtum und Wohlergehen. — Oft ist es aber nicht Schuld der Schäfer, wenn sie des vielen Geldes wieder verlustig gehen. Und das geht dann etwa so zu: Ein Hirt aus Drübeck hilft einer verwünschten Gesellschaft an der Stelle des versunkenen Klosters Himmelspforte beim Kegeln. Als Belohnung darf er Kugel und Kegel behalten, die, wie sich herausstellt, aus purem Gold sind. Doch „was er mitgebracht hatte, wurde dem Grafen Stolberg in Wernigerode übergeben ... und dieser sorgte für den Hirten.“[339] Ähnlich verfuhr ein Graf in Schwerinsburg, der einen Schatz, welchen ein Geist dem alten Schäfer gewiesen hatte, auf seine Burg bringen ließ, wo er noch gezeigt worden sein soll.[340] In beiden Fällen versteht es der Dienstherr, den Schatz an sich zu bringen und den rechtmäßigen Besitzer mit einem Almosen abzuspeisen. — Der habgierige Herr schreckt auch nicht vor einem Mord zurück, wenn er den Schatz für sich allein haben will: „Nach Ilsenburger Erzählungen geht ein Hirt, nachdem er zuerst allein dagewesen, nacher mit seinem Herrn in die Himmelpforte [versunkenes Kloster]. Der Herr wollte die Schätze allein haben und tötete ihn in der Höhle. Seitdem hat diese sich geschlossen.“[341] — In keinem Fall aber bringt der unrechtmäßig erworbene Schatz Glück: Ein Schäfer im Dienste des Grafen von Falkenstein fand am Johannistage die Wunderblume. Er öffnete mit ihr eine Höhle, die voll des feinsten Goldes war. Der Graf erfährt davon und veranlaßt den Schäfer, mit ihm zu teilen. Der willigt auch ein. Aber eines Tages übermannt den Graf die Habgier und er läßt den Schäfer blenden. Darauf verflucht dieser das Geschlecht der Falkensteiner und wünscht, daß sich die Höhle schlösse.[342] Oder: Bei Joachimsthal fand ein Hütejunge eine Menge bunter Leinwandfleckchen beim Hüten. Er suchte die schönsten aus, um sie den Kindern seines Herrn zu bringen. Als er sie zu Hause auspackte, waren es lauter Goldstücke. Der Bauer schickte ihn sofort mit dem Befehl zurück, alle Fleckchen zu sammeln. An der Fundstelle wartete aber ein Zwerg, der ihm sagte: „Du bist unschuldig, aber dein habsüchtiger Herr soll bestraft werden, er wird arm werden.“ Als Bettler ging der Bauer später durchs Land.[343] — Wir werden auf ähnliche Sagen noch in anderem Zusammenhang zurückkommen, möchten aber schon hier sagen, daß es sich bei den zuletzt genannten fündigen Schäfern um Pacht- oder Mengeschäfer handeln könnte, die bekanntlich schnell zu Reichtum gelangten und im Stande waren, ganze Rittergüter aufzukaufen. Und dies zu einer Zeit, als der Landadel zum großen Teil finanziell und besitzmäßig darnieder lag. Daß in gewissen Fällen verarmte Grundherren selbst vor einem Verbrechen nicht zurückschreckten, wenn sie glaubten, mit dem Geld des wohlhabenden Schäfers ihre Wirtschaft wieder sanieren zu können, halten wir nicht für ausgeschlossen.

Die Sage kennt aber auch Schäfer, die es verstanden, nicht nur einen Schatz zu heben, sondern auch damit reich und angesehen zu werden: Ein armer Schäfer aus Sittendorf am Kyffhäuser hatte weder „Hüttchen“ noch Geld, um heiraten zu können. Da findet er ein Gewölbe mit lauter glänzenden Steinen, die er an sich nimmt. Am Abend zeigt er den Fund seiner Braut, da waren es lauter Goldstücke. „Nun kauften sie sich ein Hüttchen und ein Stück Acker dazu“ und heirateten.[344] Andere Schäfer erwerben gleich einen Bauernhof.[345] — Groß ist auch die Zahl derjenigen Schäfer, die als Stifter von Kirchen, Klöstern usw. in den Sagen genannt werden.[346] Ihr Bild ist meist über dem Portal eingemeißelt. So z. B. am Magdeburger Dom, der nach seiner Vernichtung im Jahre 1207 mit Hilfe eines Schatzes, welchen der Schäfer des St. Mauritius-Klosters, Heinrich Falke, gehoben hatte, zum Teil wieder aufgebaut werden konnte.[347] (Wir erwähnen aber, daß das Bild des Schäfers nach Untersuchungen von kunsthistorischer Seite eher zu einer frühen Darstellung der Weihnachtslegende gehört zu haben scheint, von welcher allein die Schäferfigur übrig blieb, an die sich nun die o. g. Sage heftet.)[348] — Reich werden die Schäfer aber nicht allein durch Schätze, die sie finden. Namentlich wohl in Niederdeutschland ist es der „Draak“, der Gelddrache, den sie sich dienstbar zu machen verstehen: „En Scheper süht ok eens 'n Draak. He hett sik dükert vör em: he leggt sik uppe Knee hen un bädt — Schepers sünd jo oft so gottsfürchtig. Dor ward dem Draak dat so wehmödig — he denkt so bi sik: saßt den Scheper 'ne lütt Gaw schenken un schürrt em 'n Hümpel Geld hen — dor hett de Scheper de Scheperie in Stich laten künnt.“[349]

Von vielen anderen Dingen, welche Schäfer auf ihren Weidegründen finden, erwähnen wir nur die Entdeckung eines Kohlenlagers bei Pesterwitz im Plauenschen Grund,[350] einer Quelle[351] oder das Auffinden von wundertätigen Bildstöcken und Marienbildern. Dahin gehört auch eine Sage, die Zaunert[352] aus Westfalen berichtet: Oberhalb Siedlingshausen stand einst die Negerkirche, die ganz plötzlich zugrunde gegangen sein soll. Unter den Trümmern fand ein Schäfer eines Tages ein Faß Bier, von dem er so viel trank, „daß er oft betrunken nach Hause kam, und kein Mensch konnte begreifen, woher er da in der Einöde so was Gutes und Köpfendes zu trinken bekommen“ habe. Ähnliches erzählt Baader[353] aus Eisingen, wo ein Gänsehirt unter den Trümmern eines Heidentempels den Keller mit dem Opferwein entdeckte und sich daran sehr oft gütlich tat.

Eng verbunden mit den Schatzsagen sind die Erlösungssagen, in denen Schäfer und Hirten eine Rolle spielen. In der Mehrzahl der Fälle versäumen sie es aber oder haben Furcht, eine Jungfrau — meist ist es die, welche den Schatz hütet — zu erlösen und gehen daher des Reichtums, der ihnen geboten wird, verlustig.[354]

Wie die Schatzsagen spielen auch die Volkserzählungen, welche von Begegnungen zwischen Schäfern und Zwergen bzw. Moos- oder Waldweibchen[355] berichten, vor allem an Bergen und Hügeln, also dort, wo für Schafe die besten Weidemöglichkeiten sind. Mit ihnen stehen sich Schäfer und Hirten im allgemeinen gut. Die Unterirdischen helfen bei der Arbeit, mitunter übernehmen sie sogar das Hüten,[356] mahnen auch liederliche Hirten an ihre Pflicht[357] und quittieren ihren

Dienst eigentlich nur dann, wenn man ihnen neue Kleider schenkt. Oft sind sie es auch, welche den Schäfer zum reichen Manne machen oder ihm Geschenke geben — z. B. ein Knäuel Wolle oder ein Brot —, die nie alle werden, außer wenn das Geheimnis ausgeplaudert wird. Bisweilen sind solche Geschenke auch nur Gegenleistungen dafür, daß der Schäfer ein Moosweibchen vor den Nachstellungen des wilden Jägers schützte, das Essen mit den Zwergen teilte oder gar mit einem Waldweibchen eine Liebschaft hatte,[358] usw. — Nur wenn man es ganz bewußt auf ihre Gutmütigkeit und Freigebigkeit abgesehen hat, können sie furchtbare Rache nehmen. So erging es einem fürwitzigen Schäfer, der gehört hatte, daß der Zwergenkönig es mit einer Bauernfamilie am Schneeberg im Puchbergertal gut meine. Er bestieg den Berg, um ebenfalls von den Zwergen beschenkt zu werden. Diese zerschmetterten ihn aber mit einem ungeheuren Felsblock und verschwanden aus der Gegend. Der Fels soll noch da liegen, und wer an ihm vorübergeht, „sagt ein kurzes Gebet für die arme Seele des unglücklichen Schäfers."[359] — Die Rache der Zwerge trifft natürlich auch denjenigen, der sich ihrer Gaben unwürdig erweist oder ihnen bewußt Schaden zufügen will. Hierfür nur zwei Beispiele: In Westerhausen und Börnecke borgten sich die Bauern zu Hochzeits- und Kindtauffesten von den Zwergen immer Schüsseln und Tischgerät. Nach Gebrauch setzten sie die geliehenen Gegenstände, die sie zum Dank mit Kuchen und Speisen reichlich versehen hatten, zum Abholen wieder an die verabredete Stelle. Einmal findet ein Schäfer das ganze Geschirr, ißt alle die guten Dinge auf und verunreinigt die Schüsseln noch obendrein. Die Zwerge rächen sich dadurch, daß sie ihm eine Tarnkappe geben und ihn auf eine große Bauernhochzeit mitnehmen, wo sie ihn auffordern, die letzte Schüssel auf der Tafel ebenfalls zu verunreinigen. In dem Augenblick, wo das der Schäfer tut, reißen ihm die Zwerge die Nebelkappe vom Kopf, er wird sichtbar und erhält schwere Prügel.[360] — Noch schlimmer erging es einem Schäfer bei Pößneck, der die Braupfanne eines grauen Männchens beschmutzt hatte. Er konnte noch gerade sein Testament machen und darum bitten, daß man zweimal in der Woche für ihn läuten solle, dann versank er mitsamt der Braupfanne. In der dortigen Kirche soll sich eine Darstellung dieses Ereignisses befunden haben.[361]

Waren die Schatz- und Zwergensagen vorwiegend an den Ort der täglichen Hutung gebunden, spielt eine dritte Gruppe meist bei Nacht in der Nähe des Pferchs. Vor allem für diese Sagen trifft das zu, was Hornberger[362] so treffend über das nächtliche Erlebnis des Schäfers sagte. In den Nachtstunden nämlich begegnen ihm die umgehenden Grenzfrevler, die ihn und seine Karre beiseite fegen, wenn er sich ihnen in den Weg stellt,[363] erscheint das wilde Heer, Hackelberg oder der Nachtrabe, welche ihn zwar ungeschoren lassen, wenn er still ist oder beiseite geht, vor denen er sich aber nur noch mit Not und Mühe retten kann, wenn er zu übermütig ist und sie herausfordert.[364] Kurzum, alle die bekannten spukhaften Erscheinungen der Nacht, die wir nicht alle aufführen wollen, erlebt der Schäfer in seiner Karre oder bei der Arbeit am Pferch sehr intensiv. Sie bilden den Großteil seines Erzählrepertoires.

Ein dritter und letzter großer Sagenkomplex behandelt schließlich den Schäfer in seiner Eigenschaft und in seinem Verhalten als Gemeinde- oder als herrschaftlicher Schäfer, beleuchtet sein Verhältnis zum Grundherrn und zeigt manches Vergehen auf, dessen er sich schuldig gemacht hat.

Häufig sind hier die Sagen, welche von Streitigkeiten zwischen Schäfern oder Hirten um das Hüterecht in der Gemarkung handeln: „Die Andershäuser Hut und Weide hat früher bis zur Lit an der nordöstlichen Seite der Hube gereicht. Jetzt gehört das ‚Andershäuser Wendfeld' den braunschweigischen Dörfern Brunsen und Holtershausen, ist Gemeinheit ... und dient zur Hut und Weide. Solange es noch den Andershäusern gehörte, hatte der Schäfer aus Salzderhelden daselbst Hut und Weide ... Der Andershäuser Kuhhirt hütete auch dort, und der Brunser und

Holtershäuser kamen ebenfalls dahin. Diese Hirten mit Ausnahme des Schäfers von Salzderhelden gerieten einst auf dem Wendfelde hinter dem Hubeturme über die Weide miteinander in Streit, der so heftig wurde, daß sie ihre Messer in die Peitschen banden und sich damit zuschanden schlugen'. Seit der Zeit trieb der Andershäuser Hirt nicht mehr dahin ..."[365]
Auch die „Schäfersteine", von denen manche Sage berichtet, haben ihren Ursprung in einer solchen Auseinandersetzung zwischen zwei Schäfern, die soweit gehen kann, daß sie sich nicht nur selbst gegenseitig erschlagen, sondern auch ihre Hunde sich totbeißen.[366] — Sind solche Sagen aber eigentlich mehr Berichte über tatsächliche Geschehnisse, die sich zwar auch zwischen Gemeindeschäfern abspielen konnten, aber doch in erster Linie wohl Vorkommnisse zwischen Gemeinde- und Gutsschäfern betreffen, — über die Grenzverletzungen und Überschreitungen der grundherrlichen Weidegerechtigkeiten durch die Gutsschäfer, gegen die sich auch die Bauern entschieden zur Wehr setzten,[367] handelten wir ausführlich — schließen andere Sagen die Bestrafung desjenigen an, welcher zu Unrecht das fremde Weidegebiet für seine Herde beansprucht: „Die Hirten von Polchow und Wussow stritten einst um die Grenze zwischen den beiden Dorfschaften. Da sagte der eine von beiden, der den anderen durch eine falsche Angabe zu übervorteilen suchte: ‚Wenn dies hier nicht die Grenze ist, so soll mich der Teufel holen!' Alsbald kam der Teufel herbei, nahm den betrügerischen Hirten beim Kragen und flog mit ihm durch die Luft davon. Auf diese Weise brachte er ihn an die richtige Grenze, nämlich nach der Stelle, wo noch jetzt der Teufelsstein von Polchow liegt. Hier packte ihn der Teufel abermals mit seinen Krallen und stieß ihn mehrmals mit voller Wucht auf den Stein nieder, daß ihm Hören und Sehen verging. Als Merkmale dieses Vorganges drückten sich ein Pferdefuß, ein Kopf, eine Hand und die fünf Stricknadeln von dem Strickzeug des Hirten in dem Steine ab, und diese Zeichen sind bis auf den heutigen Tag noch erkennbar."[368]
Auch der meineidige Schäfer, der in der Mehrzahl der Fälle als Gutsschäfer seinem Herrn das strittige Weideland vor Gericht zuschwört[369], geht nicht straffrei aus. Er stirbt entweder gleich nach der frevelhaften Tat[370] oder muß nach dem Tode umgehen wie etwa jener „ropen Kärl" in den Oldenburgischen Ämtern Vechta und Cloppenburg: „Der rufende Kerl ist ein Schäfer aus dem Kirchspiel Goldenstedt, welcher ehemals für eine Speckseite vor dem Desumschen Gerichte mit einem Meineide eine Markengrenze abgeschworen haben soll. Er geht nun jede Nacht von Desum nach Grossenfeldhaus bei Goldenstedt und ruft von Zeit zu Zeit mit ganz kläglicher Stimme: ‚O Gott!' Von vielen ist er gehört worden, und mancher ist vor ihm gelaufen."[371]
Sicher beziehen sich auch alle die Sagen, in denen Schäfer ohne Angabe von Gründen umgehen müssen, auf Grenzfrevel, auf meineidige Aussagen vor Gericht oder auf Überschreitung der grundherrlichen Weidegerechtigkeiten.[372]

Es gibt aber auch eine Reihe von Sagen, worin ein Schäfer vom Gutsherrn erschlagen wird, weil er diesem das Weiderecht streitig macht: Zu Kampehlen bei Wusterhausen hauste der Herr von Kahlebutz. Als er eines Tages nach Wusterhausen ritt, traf er am Bückwitzer See einen Schäfer. „Mit diesem geriet er in Streit wegen des Weideplatzes, und als der Schäfer sein gutes Recht behauptete, erschlug ihn der jähzornige Mann."[373]
Um den gleichen Fall handelt es sich in Dassel, wo ein Herr von Ellensen den Schäfer erschlug, welcher auf dem Ziegenanger seine Herde weidete und dazu den Dudelsack blies. Angeblich konnte der Grundherr das Musizieren nicht vertragen. Die Sage fährt nun fort: „Da nun die Schäfer damals noch Hauptpersonen in der Gemeinde waren, seien die Mädchen und Frauen von Dassel so erzürnt gewesen, daß sie dem Herrn von Ellensen aufgelauert und ihn erschlagen hätten ..."[374]
Nach diesen beiden Sagen kann es keinen Zweifel geben, daß es Gemeindeschäfer waren, die sowohl gegenüber dem Herrn von Kahlebutz als auch dem von Ellensen das Weide-

recht der Gemeinde verteidigten und dafür mit dem Leben bezahlten. In den gleichen Zusammenhang muß auch eine Sage aus Vorpommern[375] gestellt werden: Ein Schäfer übernachtete mit seinen Tieren am Waldrand. Da erschien der wilde Jäger und forderte ihn auf, Platz zu machen. Das lehnte der Schäfer mit dem Bemerken ab, daß er das gleiche Recht am Walde habe. Darauf zerriß ihn der wilde Jäger. – Möglicherweise gehören in den gleichen Motivkreis auch Sagen von unschuldig hingerichteten Schäfern. Bei den bekannten Übergriffen, welche sich die Grundherren gegenüber den Bauern herausnahmen, darf man annehmen, daß es manche mutige Schäfer gab, die das Recht der Gemeinden zu wahren versuchten und dafür den Tod erlitten. — Auch aus den Sagen ergibt sich also in aller Deutlichkeit, welche Bedeutung der Weidegerechtigkeit, sowohl von seiten der Gemeinde als auch von der des Grund- oder Gutsherrn, beigemessen wurde, wie stark die Gegensätze zwischen beiden Parteien in dieser Frage waren und welche Rolle der Schäfer als Günstling und Vertrauter der Herrschaft, aber auch als mutiger Verteidiger der rechtmäßigen Ansprüche des Dorfes, spielte.

Zu den Gründen, die mit zum Verruf der Unehrlichkeit der Schäfer beigetragen haben, zählten wir auch das Hüten auf verbotenem Gelände und ähnliche Delikte. In der Sage haben auch diese Vergehen ihren Niederschlag gefunden und meist entgeht darin der Schäfer seiner Strafe nicht. Bezeichnend hierfür ist die Sage vom umgehenden Fuchseckschäfer auf der Schwäbischen Alb, der es verstanden hat, seine Schafe in Fliegen oder Raben zu verwandeln und sie in die Ebene von Schlath herabfliegen zu lassen, wo sie Felder und Wiesen abweideten. Alljährlich um Bartholomäi (!) soll er zur Strafe mit seiner großen Herde am Fuchseckhof umgehen. „Er steht dann da in weißem Zwillichkittel und hat einen dreieckigen Bauernhut auf."[376] Diese Sage ist insofern recht interessant, als sie die Verhältnisse im Bereich der schwäbischen Wanderschäferei getreu widerspiegelt. Der Fuchseckschäfer ist kein anderer als einer der württembergischen Wanderschäfer, die den kargen Boden der Alb bis Bartholomäi abweiden lassen, dann aber in die fruchtbare Ebene auf die Winterweide ziehen. — Von einem anderen Weidevergehen erzählt eine Sage aus dem Vogtland[377]: „Vor mehreren Jahren stand am Wege von Hauptmannsgrün nach Waldkirchen ein Stein mit eingehauener Ofengabel. An dieser Stelle soll nämlich ein Schafhirte von einigen Weibern mit einer Ofengabel erstochen worden sein. Der Hirte hatte mehr Schafe für sich behalten, als ihm zukam, und als er deswegen von den Frauen zur Rede gesetzt ward', wurde er grob; es kam zu Streit und Thätlichkeiten und endigte mit dem gewaltsamen Tode des Hirten." Ganz sicher liegt auch dieser Sage eine wirkliche Begebenheit zugrunde, denn nicht umsonst setzten Weistümer und Verordnungen die Höchstzahl von Schafen fest, welche ein Schäfer als eigenes Vieh halten durfte. Mit welchen Mitteln sie diese Grenze mitunter zu überschreiten versuchten, ist bekannt. — Daß sie sich aber ihres unrechten Tuns wohl manchmal bewußt waren, zeigt eine Sage aus Mesiger im Kreise Demmin.[378] Ein Schäfer hütete heimlich des Nachts auf fremder Weide, als er den wilden Jäger daherziehen hörte. Weil er wußte, daß dieser kein Unrecht ungestraft läßt, warf er sich platt in den Grenzgraben, und das rettete ihm das Leben, denn der wilde Jäger rief ihm zu: „Is din Glück, dat du uns ut den Wech gan büst, süs harren wi di dei Bedreijeri anstreken." — Bisweilen scheinen sie jedoch auch versucht zu haben, für die wegen ihres Vergehens erlittene Strafe Rache zu nehmen, Das tat z. B. ein Schäfer, der eine alte römische Wasserleitung, welche das Dorf Soller bei Münstereifel mit frischem Quellwasser versorgte, zustopfte. Niemand wußte, warum die Leitung plötzlich versiegt war.[379] — Mit der ihnen eigenen Schalkhaftigkeit verstehen sie es aber auch, sich bei Weidevergehen der Strafe zu entziehen und sich darüber hinaus noch Vorteile zu verschaffen: Östlich von Hagenow in Mecklenburg hütete der Schäfer vom Sudenhof unweit des Stadtfeldes. Einmal war er eingeschlafen. Als er erwachte, mußte er feststellen, daß die Schafe in das Haferfeld der Stadt eingefallen waren und großen Schaden angerichtet hatten. Nun bekam er wohl große Angst, wußte sich aber zu helfen. Er machte sich einen Apparat, der aussah wie ein Bock und bei jedem Schlag oder Stoß einen Schrei von sich gab. Als die Hagenower nun den Schäfer für den Schaden verantwortlich machen wollten, sagte er, daß ihn nicht die Schuld träfe, daß vielmehr im Haferfeld der Pipenbock (im Mecklenburgischen = Dudelsack) läge und das Korn abfresse. Die Hagenower zogen gegen dieses Ungeheuer zu Felde, je mehr sie aber auf das Gestell einstießen, desto lauter schrie es. Da gaben sie es auf. Der Schäfer aber erbot sich, das Untier aus der Welt zu schaffen. „Das glaubten sie (zumal man in früherer Zeit der Meinung war, daß die Schäfer die Zauberei verständen) und handelten deshalb mit ihm, was er haben wolle. Er forderte die Erlaubnis, nach der Ernte auf der ganzen Feldmark hüten zu dürfen. Die Forderung war ihnen zu hoch; aber eine ziemliche Ecke wollten sie abstehen. Von der Zeit an hütet noch immer der Sudenhöfer Schäfer eine große, am Vietzer Aege gelegene Ecke der Hagenower Feldmark."[380]

Umgehende Schäfer haben nicht nur Weidevergehen verübt, sie finden auch wegen vieler anderer Delikte keine Ruhe. Bei Turnhout in Holland „brennt" ein Schäfer, der seinen Herrn um eine Geldbörse betrogen hatte.[381] Ein anderer muß umgehen, weil er einen französischen Soldaten, bei dem er Geld vermutete, erschlug.[382] Schäfer, die Brotfrevel begingen, sich an Mutter-Gottes-Bildern versündigten usw., haben die ewige Ruhe ebenfalls verwirkt.[383] Hingegen scheint es keine Schäfer zu geben, die etwa wegen schlechter Behandlung ihrer Herde umgehen mußten, wie dies z. B. von Sennen erzählt wird.[384] Groß ist die Zahl derjenigen Sagen, in denen von Schäfern die Rede ist, die mit Hund und Herde in Steine verwandelt wurden. Als Gründe werden vor allem Brotfrevel, Verspottung eines Priesters, Teilnahme an einer frevelnden Gesellschaft usw. angegeben.[385] Auffallend ist, daß wir diese Sagen nach unserer Kenntnis vorwiegend im Bereich der früheren ostelbischen Gutsherrschaft finden. Man könnte daraus schließen, daß die Frevler vor allem Gutsschäfer waren, die es ihren Herren gleichzutun versuchten. Der mecklenburgische Tagelöhner hat sie mit dem Gutsbesitzer auf eine Stufe gestellt und sie in seinem Erzählgut verdammt. Die gleiche Verwandlung erfahren auch Schäfer und Hirten, die hartherzig sind, bettelnden Leuten ein Stück Brot verweigern oder sie gar davonjagen.[386]

Von Unglücksfällen während der Arbeit erzählen die Sagen ebenfalls. Außer allgemeinen Angaben, wonach Schäfer im Moor versunken oder ertrunken sind,[387] — hierher zählen wir auch die Sagen, nach denen sie von Nixen gefangen wurden[388] — finden wir Berichte über die Angriffslust der Schafböcke, denen manche Schäfer zum Opfer gefallen sind. In der Nähe von Tetendorf bei Soltau z. B. stand an der Landstraße ein altes Holzkreuz mit der Inschrift:

„Hier ward ein Hirt
von seiner Herd erschlagen,
Weh dir, o Seele,
würdest du danach nicht fragen.
Wohl dir, willst um den treuen Hirten du
in Reu und Liebe klagen".

An dieser Stelle war ein Schäfer, an eine Birke gelehnt, schläfrig geworden. Der Kopf fiel ihm immer wieder vornüber. Das soll der Widder als eine Herausforderung zum Kampf aufgefaßt haben. Er rannte gegen den Hirten an und zerschmetterte ihm den Schädel. Der Hof, dessen Widder das Unglück verursacht hatte, muß das Kreuz unterhalten, „sonst gehen ihm die Schafe ein."[389] Dieser Sage liegt ganz fraglos eine tatsächliche Begebenheit zugrunde, denn auch in anderen Gegenden spricht man von der Angriffslust der Schafböcke,[390] und Jean Giono[391] erzählt die Geschichte eines südfranzösischen Wanderschäfers, der den „großen Aufruhr" miterlebt hat. Danach war eine Wanderherde von 2000 Schafen plötzlich wild geworden, hatte Hunde und Schäfer eingekreist und sie totgetrampelt. Die Schuld an dieser Katastrophe sollen Hirten gehabt haben, welche die Tiere am Vortage geschlagen hatten.

Wir beschließen unsere Darstellung mit einer Sagengruppe, die das Verhältnis von Schäfer zu Dienstherrn behandelt. Man wird gleich vorab sagen dürfen, daß es vornehmlich Gutsschäfer sind, deren Schicksal hier berichtet wird. — Bereits bei den Schatzsagen erwähnten wir einen Motivkomplex, in welchem davon gesprochen wird, wie der Gutsherr den fündigen Schäfer um seine rechtmäßigen Reichtümer prellt und dabei selbst vor einem Mord nicht zurückschreckt. In den nun folgenden Sagen wird dieses Motiv wieder aufgenommen, nur hat hier der Schäfer keinen Schatz gefunden, sondern er *ist* eben wohlhabend und daher hat es der Herr auf sein Geld abgesehen: In der Gegend um Wernigerode hatte sich ein Schäfer durch Fleiß und Sparsamkeit ein gutes Sümmchen zurückgelegt. Das wußte der Sohn des Grafen von Regenstein und forderte den ahnungslosen Mann auf, ihm das Geld als Darlehen zur Verfügung zu stellen. Gutmütig wie der Schäfer war, willigte er ein. Als er aber eines Tages um Rückzahlung des geliehenen Betrages nachsuchte, wurde er nicht nur abgewiesen, sondern sogar aus der Burg gejagt. Ein kleines Männchen gesellt sich in seiner Not und Verzweiflung zu ihm, nimmt ihn in die Hölle mit, wo er seinen Schuldner — der war inzwischen gestorben — schmoren sieht. Als der Graf den betrogenen Schäfer erblickt, gibt er ihm einen Ring als Erkennungszeichen, womit er sich den geliehenen Betrag wiederholen und gleichzeitig für die Erlösung des Verdammten beten soll. Der Schäfer gehorchte diesen Anweisungen und erhielt tatsächlich sein Geld zurück.[392] — In anderen Sagen ist es ein Pachtschäfer, der den fälligen Zins pünktlich bezahlt hat, ohne eine Quittung dafür genommen zu haben. Als der Gutsherr plötzlich stirbt, fordert dessen Frau den Betrag noch einmal. Alles Beteuern des Schäfers, daß er ihn schon entrichtet habe, hilft nichts. Die Frau droht, ihn einsperren zu lassen. Da erscheint auch wieder ein Männchen, das ihn zu dem Verstorbenen in die Hölle bringt. Von dem erfährt er, daß die Quittung hinterm Spiegel stecke. Als Wahrzeichen nimmt der Schäfer die Mütze des Gutsherrn mit, die Quittung wird gefunden, und er kann sein Geld behalten.[393] — Von einem Betrugsmanöver eines Amtmanns im pommerschen Greifenhagen berichtet eine Sage bei Jahn[394] ausführlich. Dieser Amtmann war sehr reich, sein Korn wuchs am besten, seine Herden vermehrten sich am schnellsten. „Da nahm er zuletzt einen Schäfer an, dem er auf dessen eigene Gefahr seine Schafherde verpachtete, und siehe, von Stund an verdarb dieselbe. Es ging beinahe kein Tag vorbei, daß nicht von den schönen Tieren etliche starben. Der Schäfer mußte sie mit schwerem Gelde ersetzen, so daß er endlich so arm wurde, daß er kein Brot mehr im Hause hatte. Da starb der reiche Amtmann." Der Schäfer, dem Selbstmord nahe, erhielt aber auch hier auf die gleiche Weise das Geld zurück mit dem Geständnis des Verstorbenen, daß er ihn betrogen habe. — Soweit diese Sagenbeispiele, bei denen es sich fraglos um wohlhabende Menge- oder Pachtschäfer handelt, die der meist bedürftige Gutsherr betrügt und hintergeht, um seiner Wirtschaft wieder aufzuhelfen.

Von schweren Auseinandersetzungen zwischen dem Herrn und seinem Schäfer wird in anderen Sagen erzählt: „Auf den Spitzbergen unterhalb Welkershausen weidete ein Schäfer die Heerde seines Herrn. Da kam ein schweres Wetter angezogen, das sämmtliche Schafe auseinander jagte. Der herbeigeeilte Herr stürzte zornig auf den Schäfer los, schimpfte und schmähte ihn ob seiner Unachtsamkeit und gerieht mit ihm, trotzdem, daß er seine Unschuld aufs Heiligste betheuerte, so hart zusammen, daß er ihn auf der Stelle erdrosselte. Im Sterben verfluchte der Schäfer den dortigen Hutstrich, und seitdem will Nichts mehr an den Spitzbergen gedeihen."[395] Von einer ähnlichen Begebenheit kündet ein Steinkreuz an der Bottmersdorfer Landstraße in Wanzleben.[396] — Nicht immer kommt es zum Totschlag des Hirten. Der hartherzige Besitzer nimmt ihm, dem ohne eigenes Verschulden ein Unglück mit der Herde zugestoßen ist, das letzte Stück

Vieh aus dem Stall und liefert ihn damit an den Bettelstab.[397] Wir betrachten in diesem Zusammenhang das Schicksal des Schäfers András Juhász aus dem ungarischen Komitat Somogy, der zu einem bekannten Betyaren wurde. Juhász war ehedem Gutsschäfer in Felsöbogát. Eines Tages geriet seine Herde in ein Kleefeld und einige Schafe hatten im Nu so viel gefressen, daß sie verendeten. J. war bereit, den Verlust zu ersetzen, aber der Verwalter kündigte ihm und stellte ein Zeugnis aus, nach dessen Inhalt er nirgends mehr eine Anstellung gefunden hätte. Daraufhin wurde er Betyar (1868).[398] Es ist also ein ähnlicher Fall, wie ihn unsere deutsche Sage erzählt, und es scheint nicht ausgeschlossen, daß manche Klagen über herumstrolchende und betrügerische Schäfer auf die hartherzige Behandlung dieser Menschen durch die Gutsherren zurückzuführen sind.

Andererseits kennen wir auch eine Reihe von Sagen, in denen von einem ausgesprochenen Vertrauensverhältnis zwischen Herrn und Schäfer, das ja in Wirklichkeit — meist auf Kosten der Bauern und Tagelöhner — durchaus bestehen konnte, die Rede ist. Eine solche Sage — das erwähnten wir bereits — gibt es z. B. vom treuen Schäfer Barthel in Markgröningen, der seinen Herrn vor dem Zugriff der Feinde rettete. Das gleiche tut der Hirt von Zavelstein für Graf Eberhard den Greiner.[399] Aber auch in anderen Nöten ist der Schäfer zur Stelle. Wenn sein Herr mit dem Teufel einen Pakt geschlossen hat, versteht er es, den Bösen zu überlisten und jenen damit aus den Krallen des Satans zu reißen.[400] Er tritt an die Stelle des Herrn, wenn dieser sich für schlechte Verwaltung rechtfertigen muß und paukt ihn raus[401] oder rät die Stelle an, wo eine neue Burg gebaut werden soll, und sein Vorschlag wird akzeptiert.[402] Er enttäuscht seinen Herrn auch nicht, wenn dieser ihn vor einem Nachbarn wegen seiner Ehrlichkeit auf die Probe stellen will.[403] Von diesem Vertrauensverhältnis ausgehend, erklären sich wohl am ehesten die Sagen, in denen der Schäfer für seine Dienste geadelt wird, eine achtbare Stellung selbst am Hofe des Königs erhält usw.: „Dät is nun all lang' her, dunn is in Sukkow 'n Scheper west, de het Arndt heten. De het eens schön'n Dags an'n Uckersee sine Schap högt. As he so hinner sine Schap stunn, un knütt't 'n Por witte Strümp, dunn kümmt da de Markgraf von Brandenburg angeräden. De het grad'n Krieg hat mit de Pommern. He was besiegt word'n un woll sich nu retten. Dabei ist he an'n Uckersee kam'n, grad an de Stell', wo de Scheper Arndt högte.

Nu wull he öber de Ucker un de Pommern in de Flank' fallen. Wo aber öber kam'n?

Da hat em Scheper Arndt'ne flake Stell 'wist; dörch de is de Markgraf met sine Mannschaft dörchräden. He het de Pommern besiegt, un as he torügg kem, het he den Scheper an deselbe Stell' troffen.

He woll'n belohn'n un bot em Geld an, de Scheper aber woll nischt nähm'n.

Da sä de Markgraf dremal: ‚Arndt, nimm!' un woll em Geld gäb'n aber de Scheper het't nich dahn.

Dunn het de Markgraf seggt, denn will he em anners belohn'n; he het'n adlig makt und het em den Nam'n von Arnim gäb'n."[404]

Ähnlich ist auch die Sage von der Herkunft Hermann Billungs, die Reinstorf[405] folgendermaßen erzählt: „Zwei Stunden von Soltau liegt der Hof Stübeckshorn, früher ein freier Sattelhof. An ihm zog einst Kaiser Otto der Große mit seinem Gefolge vorbei. Um eine Biegung des Weges abzuschneiden, wollte er quer über das Feld reiten. Da aber trat ihm Hermann, der junge Sohn des Meiers, der hier die Schafe seines Vaters hütete, entgegen, stellte sich mit seinem Hirtenstabe, an dem ein kleines Beil befestigt war, vor den Pferden auf und drohte, beim Weiterreiten mit seinem Beile einzuhauen. Diese Keckheit des Knaben gefiel dem Kaiser ungemein. Er nahm ihn mit Erlaubnis des Vaters an seinen Hof, machte ihn zum Edelmann und nannte ihn nach dem Beil, das er ihm entgegengehalten hatte, Hermann Bieling oder Billung."[406]

Zusammenfassung

Wir haben damit den Kreis dieser Vorstellungen, der sich um die Gestalt des Schäfers gebildet hat, abgeschritten. Dabei ergab sich, daß der Sagenkomplex, der von seinen angeblich übernatürlichen Kräften handelt, primär aus seinem Wirken als Heilkundiger an Mensch und Vieh entstanden ist. Der Glaube der Leute an das geheime Wissen und das zauberische Können des Schäfers, der bis in die neueste Zeit lebendig geblieben ist, hat es weitgehend verhindert, daß sein Tun als Anwendung rationaler Erfahrung und Beobachtung von Mensch, Tier und Natur erkannt wurde. — Der zaubermächtige Schäfer nimmt eine maßgebliche Stellung im täglichen Leben des Dorfes ein.[407] Buchhändler und Verleger haben sich diese Einstellung des Volkes zunutzte gemacht, indem sie Traktätchen, die angeblich aus der Feder eines „weisen" Schäfers stammten, in Umlauf setzen und damit horrende Geschäfte machten. Mit den „Prophezeiungen" des Schäfers Thomas schufen sich darüberhinaus reaktionäre Kräfte in Deutschland ein Instrument politischer Beeinflussung und Propaganda, mit dem sie die revolutionäre Stimmung des Volkes nach 1848 in andere Bahnen zu lenken gedachten und um die Zeit des Bismarckschen Sozialistengesetzes die Arbeiterbewegung diffamierten. — Eine zweite große Sagengruppe geht im wesentlichen vom Schäfer selbst, als einer im Dorf begehrten und beliebten Erzählerpersönlichkeit, aus. Den Stoff seiner Geschichten entnimmt er vor allem den Ereignissen, die er während seiner Tätigkeit bei Tag und Nacht erlebt, oft weit vom Dorf entfernt und ganz auf sich allein gestellt. Was ihm da begegnet, zählen wir zu den Schatz-, Zwergen- und Spuksagen, die wir zu einem beträchtlichen Teil auf ihn und die Verbreitung durch ihn zurückführen müssen. Gewisse Züge in dieser Sagenkategorie lassen erkennen, daß der Schäfer in seinen Erzählungen bestrebt war, sich als ehrlichen Menschen und verantwortungsbewußten Hirten darzustellen. — Ein dritter und letzter Vorstellungskreis sieht ihn schließlich in seiner Eigenschaft als Gemeinde- und als Gutsschäfer, d. h. in seiner sozialen Stellung als Verteidiger der Rechte einer Dorfgenossenschaft und als Beauftragter und Günstling eines Grund- oder Gutsherrn, der seine Weidegerechtsame vielfach überschreitet und mißbraucht. Darüber hinaus werden Vergehen gebrandmarkt, die der Schäfer vor allem als Weidefrevel begangen hat und die er büßen muß.

4. Der Schäfer in Lied und Spruch

Wie die Sage kennt auch das Volksliedgut, soweit es sich in den gängigen Sammlungen darbietet, eine große Zahl von Liedern, in welchen Schäfer und Schäferinnen besungen werden. Hervorgehoben werden darin vorab ihre Naturverbundenheit, ihr lustiges, ungezwungenes Leben, ihre Bescheidenheit und die Liebe zu den Tieren. Einige Beispiele mögen hier für eine Fülle von solchen Liedern stehen:

1) „Nichts kann auf Erden
Verglichen werden
Der Schäfers-Lust;
Auf grünen Haiden,
Verblümten Weiden,
Giebt's wahre Freuden,
Mir ist's bewußt.

2) Bei kühlen Bronnen,
Bei heißer Sonnen
Bestralet seyn;
Ohn Furcht der Waffen
Im Grünen schlafen,
Bei meinen Schafen
Ist Freud allein.

3) Bald geh' ich leiern,
Bald wieder feiern
Durch's tiefe Thal;
Dann muß ich springen,
Mich ganz aussingen,
Thut wieder klingen
Der Echo Schall.

4) Ums' Schäferleben
Soll man gern geben,
Ich weiß nicht was;

Ich tausch mit keinem
Und schlaf bei meinen
Herzliebsten Schäfchen
Im grünen Gras."[408]

Ein Lied, das wohl in keiner deutschen Sammlung fehlt und dessen Strophen dementsprechend variiert sind, lautet nach einer Fassung, die Hoffmann von Fallersleben[409] in Fürstlich-Ellgut bei Bernstadt aufgenommen hat, so:

1) „Ob ich gleich ein Schäfer bin,
Hab' ich doch ein'n frohen Sinn,
Führ' ich doch ein solches Leben,
Das mit lauter Lust umgeben;
Wechsle meinen Hirtenstab
Nicht mit Kron' und Scepter ab.

2) Wenn dann früh die Sonn' aufgeht
Und der Thau am Grase steht,
Treib' ich ja mit Glockenschalle
Meine Schäflein aus dem Stalle
Auf die grünen Wiesen hin,
Wo ich ganz alleine bin.

3) Meinen Spitz, das treue Thier
Hab' ich allezeit bei mir.
Wenn ich liege oder schlafe,
Dann bewacht er meine Schafe
Und vertreibt mir manches Leid
Bis zur späten Abendzeit.

4) Wird mir dann die Zeit zu lang,
Sing' ich einen Waldgesang;
Dehne mich auf meinem Stecken
Oder kriech' in grüne Hecken,
Und ergreif' die Feldschalmei,
Diese macht mich sorgenfrei.

5) Wenn ich hungrig und durstig bin,
Treib' ich zu der Quelle hin,
Da ich meine Schäflein wasche;
Lang' aus meiner Schäfertasche
Butter, Käs' und Brot herfür,
Oh wie süße schmeckt das mir!

6) Wird es Nacht, so treib ich ein,
Was kann wol erwünschter sein?
So kann ich nach Wunsch und Willen
Meinen Durst mit Molken stillen.
Ei so bleibt es doch dabei:
Lustig ist die Schäferei!"[410]

Die gleiche häufige Verbreitung hat ein anderes Lied, welches ebenfalls das lustige, freudvolle Schäferleben besingt:

1) „Schäferlein sag, wo willst du weiden,
Auf dem Feld, auf grüner Heiden?
Auf dem Feld, auf grüner Heiden
Tut der lustge Schäfer weiden.
Und ich sag, es bleibt dabei
Lustig ist die Schäferei!

2) Schäferlein sag, was willst du essen?
Kraut, Salat und Pfeffer messen.
usw.

3) Schäferlein sag, was willst du trinken?
Roten Wein und Zucker drin.
usw.

4) Schäferlein sag, wo willst du tanzen?
Auf dem Feld bei Musikanten.
usw.

5) Schäferlein sag, wo willst du schlafen?
Auf dem Feld bei seinen Schafen.
usw.

6) Schäferlein sag, wo willst du sterben?
Auf dem Feld bei seiner Herden.
usw.

7) Schäferlein sag, wo hast du deine Herde?
Draußen im Feld auf grüner Weide.
usw.

8) Schäferlein sag, wo hast du deine Hunde?
Den ganzen Tag wohl angebunden.
usw.

9) Schäferlein sag, wo hast du deine Schippe?
Draußen im Feld bei meiner Hütte.
usw.

10) Schäferlein sag, wo hast du deine Flasche?
Draußen im Feld in meiner Tasche.
usw.

11) Schäferlein sag, wo hast du deine Kuppel?
In dem Feld auf meinem Buckel.
usw."[411]

Auch in die sogenannten Liebeslieder haben Schäfer und Schäferinnen Eingang gefunden, wofür ein weit verbreitetes Beispiel genannt sein soll:

1) „Dort wo die klaren Bächlein rinnen,
Sah ich von fern ein Hüttchen stehn.
Da wohnt von allen Schäferinnen
Die Schönste, die ich je gesehn.
Und gäbe man mir Gold und Kronen,
So dächt' ich doch in meinem Sinn:
In dieser Hütte möcht ich wohnen,
Dort bei der schönen Schäferin.

2) Treibt sie beim frühen Morgenschimmer
Die zarten Lämmlein in den Hain,
So denkt mein traurig Herz doch immer,
O könnt ich doch ihr Schäfer sein.
Dann nähm ich heimlich meine Flöte
Und schleich mich an der Herde her
Und wenn man mir den Himmel böte,
Nach Hause kehrt ich nimmermehr.

3) Des Nachts, wenn alle Sternlein blinken
Und alles in dem Haine ruht,
Dann läßt sie ihren Schleier sinken,
Und wirft sich in die klare Flut.
Wie gerne möcht ich sie belauschen
Und ihre junge Kraft erspähn,
Dann könnte sich ein Blättlein rauschen
Und nie dürft ich sie wiedersehn.

4) Doch durch die grünumrankten Scheiben
Schaut sie mich stets so freundlich an,
So freundlich, daß ichs nicht beschreiben
Und daß ichs kaum ertragen kann.
Dort zwischen Ranken, Blüten, Bäumen
Könnt ihr das Fensterlein erspähn,
Ich mag nun wachen oder träumen,
Ihr Fenster muß ich immer sehn.

5) Des Nachts, wenn zwölf die Uhr hat geschlagen,
Schleich ich mich an ihr Fensterlein
Und sprech ganz leis, mach auf,
mein Liebchen,
Mach auf, und laß mich zu dir ein.
Ach nein, sie könnt mein Kommen hören,
Mein leises Klopfen an der Tür.
Und das könnt ihren Schlummer stören,
Drum bleib ich lieber einsam hier."[412]

Mit diesen Beispielen, die in den Sammlungen gemeinhin als „Schäferlieder" deklariert sind und die durch ihre Variantenfülle zeigen, wie häufig sie gesungen wurden bzw. allerorts verbreitet waren, wollen wir es vorerst bewenden lassen. Ihr Inhalt und ihre Aussage sind der bucolischen Dichtung verwandt, der Idyllendichtung, wie auch den Sujets der Malerei vor allem des 18. Jahrhunderts — wir erinnern nur an Lancret und Watteau[413] —, wo die Schäfer außer Singen, Musizieren und Spielen nichts weiter zu tun haben. Konfrontiert man diese Lieder, die in erster Linie für das gesellschaftliche Leben bei Hofe gemacht wurden, mit der Wirklichkeit des Schäferlebens, so zeigt sich, daß sie mit ihr nichts gemein haben.[414]

Es ist aufschlußreich, dies an einigen Beispielen aufzuzeigen: Nehmen wir das erste Lied „Nichts kann auf Erden ...", so ist es im Grunde recht nichtssagend. Der Schäfer erscheint als eine stets zu Fröhlichkeit und Singsang aufgelegte Gestalt, zu romantischer Schwärmerei neigend, den keine sonderlichen Pflichten drücken. — Im Beispiel „Ob ich gleich ein Schäfer bin ..." verstärkt sich jener Eindruck noch mehr. Überdies aber enthält dieses Lied einige Stellen, die dem üblichen Tageslauf eines Schäfers und den Pflichten, die ihm erwachsen, widersprechen. Strophe 2) z. B. erwähnt, daß die Schafe ausgetrieben werden, wenn noch „der Thau am Grase steht". In unserer Darstellung konnten wir aber darauf hinweisen, daß den Schafen gerade die Weide auf taufeuchtem Grase sehr gefährlich werden kann, und daß es zu den immer wiederkehrenden Verpflichtungen eines Schäfers gehört, nur auf abgetrockneten Wiesen zu hüten. Auch die 3. Strophe schildert einen Zustand, der der Wirklichkeit widerspricht, denn es ist den Schäfern bekanntlich in den jeweiligen dienstherrlichen Verordnungen untersagt, sich während der Weidezeit auf die faule Haut zu legen und die Tiere ohne genügende Obhut zu lassen. Auch sie selbst legen ja größten Wert darauf, nicht als „Mietlinge", die ihre Aufsichtspflicht der Herde gegenüber versäumen, betrachtet zu werden. Nach Strophe 5) schließlich muß der Eindruck entstehen, als würden die Schafe mindestens einmal am Tage gewaschen, was in Wirklichkeit ja bestenfalls zweimal im Jahr, nämlich vor der Schur, geschieht. — Nichtssagend, fast sinnlos — wenn man es zur Wirklichkeit des Schäferlebens in Beziehung setzt — erscheint das dritte Beispiel „Schäferlein sag, wo willst du weiden ...“ — Die schwärmerische Verherrlichung einer Schäferin im vierten Lied „Dort wo die klaren Bächlein rinnen ...“ läßt die Frage auftauchen, warum im Verlauf unserer Darstellung von Schäferinnen überhaupt noch keine Rede war. Tatsächlich kennt unser Untersuchungsbereich keine weiblichen Schafhirten. Man kann sie sich bei den Schwierigkeiten und Strapazen dieses Berufs auch gar nicht vorstellen. Wir kennen wohl Fälle daß die Frau des Schäfers z. B. den Dienst einer Gänsehirtin mit übernahm,[415] doch ist eine solche Tätigkeit, die sich im wesentlichen sogar auf dem Dorfanger vollzog, fast selbstverständlich, da der Schäfer, wenn er beispielsweise die gesamte Dorfherde bzw. das Kleinvieh unter sich hatte, auch für einen Gänsehirten sorgen mußte. Ehe er da eine fremde Person einstellte, wird er den zusätzlichen Verdienst durch seine Frau vorgezogen haben. — Von wirklichen Schäferinnen wird allerdings im Alten Testament gesprochen. Die schöne Rahel, die Jacob nach jahrelangem Werben zur Frau bekommt, hütete die Schafe ihres Vaters Laban.[416] Bekannt sind Schäferinnen auch in späterer Zeit aus Frankreich. Wir erinnern nur an Jeanne d'Arc, welche die Tiere ihres Vaters betreute. Zur Zeit der Revolution schrieb die Schäferin Françoise Perrot eine Autobiographie unter dem Titel „Histoire de l'enfance de la petite paysanne.“[417] Schäferinnen dürften unter besonders günstigen Umständen die, wenn auch nur kleineren Herden ihrer Väter, wirklich gehütet haben.

Diese knappe Analyse zeigt aber den im allgemeinen wirklichkeitsfernen Charakter dieser Art Schäferlieder, den schon Gottsched[418] — wenn in manchem auch etwas überspitzt — erkannt hatte: „Will man nun wissen, worin das Wesen eines guten Schäfergedichtes besteht, so kann ich kürzlich sagen: in der Nachahmung des unschuldigen, ruhigen und ungekünstelten Schäferlebens, welches vorzeiten in der Welt geführt worden. Poetisch würde ich sagen, es sei eine Abschilderung des güldenen Weltalters, auf christliche Art zu reden aber: eine Vorstellung des Standes der Unschuld oder doch wenigstens der patriarchalischen Zeit, vor und nach der Sündflut. Aus dieser Beschreibung kann ein jeder leicht wahrnehmen, was für ein herrliches Feld zu schönen Beschreibungen eines tugendhaften und glücklichen Lebens sich hier einem Poeten zeiget. Denn die Wahrheit zu sagen, der heutige Schäferstand, zumal in unserm Vaterlande, ist derjenige nicht, den man in Schäfergedichten abschildern muss. Er hat viel zu wenig Annehmlichkeiten, als daß er uns recht gefallen könnte. Unsre Landleute sind mehrenteils armselige, gedrückte und geplagte Leute. Sie sind selten die Besitzer ihrer Herden, und wenn sie es gleich sind, so werden ihnen doch so viel Steuern und Abgaben auferlegt, daß sie bei aller ihrer sauren Arbeit kaum ihr Brot haben. Zudem herrschen unter ihnen schon so viel Laster, daß man sie nicht mehr als Muster der Tugend aufführen kann ...“

Ergänzend zu der Stellung und Bedeutung des sogenannten Schäferliedes wäre noch nachzutragen, daß auch die weihnachtlichen Hirtenlieder und Hirtenspiele, wie vielfach auch die geistlichen Schäfer-, Abend- und Wiegenlieder nur wenig der schäferlichen Berufssphäre entsprechen, wenn auch ihr Inhalt teilweise realistischer ist.[419]

Es kann keinen Zweifel geben, daß die aus der Idyllendichtung hervorgegangenen Lieder auch im berufsständischen Singgut der Schäfer nicht ohne Bedeutung waren und es noch sind, obwohl ihr Inhalt meist unwirklich ist. — Es will uns aber eigenartig erscheinen, daß die Schäfer, wie Böckel[420] meint, „im deutschen Volksliede weniger als sonstwo eine blühende eigene Poesie geschaffen“ haben sollen.[421] Haben sie nicht auch eigene Lieder, deren Inhalt nicht so gefühlvoll ist, der Wirklichkeit, dem Alltagsleben des Hirten aber weit eher entsprechen? Gewiß gibt es solche. Doch treten sie in den Sammlungen hinter den romantisierenden, idyllisierten Beispielen zurück und sind daher weniger bekannt und verbreitet.

Das unter diesen „realistischen“ Liedern bekannteste und variantenreichste, das wir in einer Fassung aus der Altmark belegen, trägt folgenden Text:

1) „Ein Schäfer trägt Sorgen
Des Morgens sehr früh,
Seine Schäflein zu weiden
Er spart keine Müh.

2) Des Abends spät nieder,
Des Morgens früh auf,
Seine Sorgen bis am Morgen,
Die wecken ihn auf.

3) War David nicht ein König
Aus Abrahams Geschlecht?
War Rahel nicht die Schönste
Aus Schäfersgeschlecht?“[422]

Dazu noch eine Variante aus dem ehemaligen Schlesien, die uns Professor Müller, Angermünde, freundlicherweise mitteilte:

„Der Schäfer trägt Sorgen
Des Morgens sehr früh,
Seine Schäflein zu versorgen,
Hat niemals keine Ruh.
Geht abends spät schlafen,
Steht morgens früh auf,
Und dann kommt das liebe Hundl
Und wecket ihn auf.“

Ganz offensichtlich abgeändert wurde ein idyllisches Schäferlied durch folgenden Text, den Hornberger[423] 1938 von einem Schäfer in Oggenhausen bei Heidenheim aufzeichnen konnte:

„Lustig ist das Schäferleben,
Alles ist mit Lust umgeben.
Nur das Aufstehn bei der Nacht,
Das ist von dem Teufel gemacht.“

Betrafen diese drei Liedbeispiele, von denen es unserer Meinung nach keinen Zweifel geben kann, daß sie von Schäfern gemacht wurden, die Schwere und die Strapazen bei der Arbeit, die zu Lust und Frohsinn nur wenig Zeit lassen und daher kaum genannt werden, so schildert das folgende Lied die ganze Verzweiflung eines Wanderschäfers darüber, daß ihm die Berufsausübung in einer Zeit, als die Schafhaltung immer weiter an Boden verlor, so schwer gemacht wird:

1) „Ach, es ist ein traurig Leben,
Jetzt ein Schäfer noch zu sein.
Allerorten hört man klagen,
Der Verdienst ist gar zu klein.

2) Früher wars ein schönres Leben,
Heut ist es ein anderlei,
Heut ruft jeder kleine Gütler:
Nieder mit der Schäferei.

3) Es ist alles uns entleidet,
Es ist aus, es ist vorbei,
Wird nur eine Furch beweidet,
Heißt es gleich, ein Beet es sei.

4) Alle Vorsicht ist nichts nütze,
Ist der Hund auch noch so gut,
Wo wir uns nur lassen blicken,
Kommt der Bauer gleich in Wut.

5) Geht der Bauer auf die Wiesen,
Sieht er alles zehnmal an,
Ist der Klee auch gleich erfroren,
Hats der Schäfer doch getan.

6) Anderntags sobald als möglich
Geht es auf die Klagebank,
Und dann heißt es vor dem Richter,
Schäfer zieh den Beutel blank.

7) Und so gehts in allen Dingen,
Überall nur Not und Pein,
Nichts mehr mag uns wohl gelingen,
Nichts mehr mag uns noch erfreun.

8) Ist es da dann noch ein Wunder,
Wenn man die Geduld verliert,
Und ganz krank von allem Ärger,
Nichts als Unmut noch verspürt.

9) Drum ihr lieben Kameraden,
Wer das Schicksal mit mir fühlt,
Der trinke schleunigst einen Humpen,
Der den Kummer nunter spült.“[424]

In einer Zeit, in welcher besonders in Süddeutschland die Schäfervereine — z. T. bewußt auf der alten Zunfttradition aufbauend — als Berufs- und Interessenverbände hervortraten, entstanden solche Lieder wie das folgende, welches Schäfermeister Greb in der „Süddeutschen Schäferzeitung" (1926) extra zum Auswendiglernen veröffentlichte, damit es beim unterfränkischen Schäferfest nach der Melodie „Ich weiß nicht, was soll es bedeuten" gesungen werden sollte. Sinn und gewollter Zweck des Textes ist es, die Schäfer an die Standesehre zu mahnen und ihr Bewußtsein zu festigen. Daß in diesem Lied manches stark idealisiert ist, werden wir nicht zu kritisieren haben, denn es ist ein echtes Dokument schäferlichen Denkens aus einer Zeit, in der es immer schwieriger wurde, dem Beruf treu zu bleiben:

1) „Schlicht sieht man durchs Leben ihn schreiten,
Er führt weder Würde noch Amt,
Sein Dasein er fristet bescheiden,
Ihn kleiden nicht Seide noch Samt;
Es mangelt ihm Orden und Titel,
Die man wohl an andre vergab,
Sein Kleid ist der Schäferkittel,
Sein Szepter der Hirtenstab.

2) Er schreitet bei Frost wie bei Hitze
Wohl über die Berge, das Tal,
Ihn schreckt nicht das Zucken der Blitze,
Ihn schreckt nicht der Wetterstrahl;
Er scheuet nicht Müh noch Beschwerde
Bei Tage wohl als bei Nacht,
Wenn er auf das Wohl seiner Herde
Mit Sorge und Fleiß ist bedacht.

3) Genüsse, die andre erstreben,
Der Schäfersmann kennt solche nicht,
An Freude wohl arm ist sein Leben,
Groß aber an Treue und Pflicht.
Drum steht außer Zweifel die Frage,
Wenn einst seine Seele entschwebt,
Das Urteil am End seiner Tage:
Auch er hat für andre gelebt.

4) Drum solang die Welt mag bestehn,
Den Schäfer hat je man genannt,
Im Werden, im Sein und Vergehen
Blieb stets doch sein Name bekannt.
Was man ihm je mochte bereiten,
Es zeigte der Schöpfer der Welt,
Daß er durch den Wandel der Zeiten,
Den Schäfer beschirmt und erhält."[425]

Im gleichen Zusammenhang steht ein ca. 50 Verse umfassendes Festgedicht, das Schäfermeister Müller zum ersten Treffen des „Oberhessischen Schäfervereins" in Hungen (1922) verfaßte.[426]

Unmittelbare Widerspiegelungen des Berufslebens sind einige Liedchen und Verse, die am Ende der sommerlichen Hutzeit, zu Beginn der freien Weide (um Michaelis), gesungen wurden. Sie stammen vor allem aus dem ehemals schlesischen Raum und sollen zum Liedgut der Kuhhirten gehört haben. Was sie allerdings aussagen, entspricht ganz den Verhältnissen der Schafhaltung im Herbst, so daß wir sie den Kuhhirten allein nicht zuweisen möchten. Zwei Beispiele mögen das verdeutlichen:

„Schtrololoo!
Meichel is doo,
Meichel is kumme,
Do hitt m·r baisamme,
B·r hitt·n bountaus,
B·r hitt·n dam Pau·r d·Heeg·waed aus.
An wänn ar wied kumme,
An wieds ouns f·rwäen,
Do waan m·r dam Pau·r a Reicke auskäen.
An wänn har wied kumme
An wieds ouns f·rbitte,
Do waan b·r da Pau·r bain Lood·n
rächt schippe."[427]

Und

„Hohoo, Hohoo!
Meicheel is doo,
Meicheel is f·riib·r,
Do hitt m·r bountiib·r,
Bountiib·r, bountaus,
Ai Riibe, ai Kraut,
Ai Grumm·t, ai Graas,
Was iis m·r au daas?
Ir Pau·rn kummt raus,
Ich mach m·r nischt draus,
Ich hitt d· ganze Wiis aus.
An daar mich wied präsche,
Dan waar ich schun jäche,
An daar mich wied joen,
Dan waar ich f·rkloen.
Hohoo, hohoo!"[428]

Die bekantlich gerade um das Weiderecht immer wieder aufbrechenden Gegensätze zwischen Bauer und Schäfer haben gerade in diesen beiden Liedern beredten Ausdruck gefunden.

Anders die Lieder, welche ebenfalls um Michaelis gesungen werden, aber die schlechte Behandlung der Hütejungen[429] durch den geizigen Bauern anklagen. Ein Beispiel aus dem Isergebirge lautet:

„Hoo-raus, hoo-raus!
Heut treib 'ch zum letztn Moo aus.
(Dr Herr schlät mich immer,
's Weib is noch viel schlimmer.)
Buttr gibt se kleene.
Mulkn gibt se himmelbloo, —
ich bleib keene Stunde meh do!“[430]

Wenn wir von Liedern sprachen, die bestimmte Züge aus dem Berufsleben widerspiegeln, so gehört dazu auch jenes romantisch verbrämte, dessen Text der Wanderschäfer H. Funk aus Bonfeld im Württemberg verfaßt hat und das vom Heimweh dieses Mannes durchzogen ist, der sich nach monatelanger Abwesenheit auf das baldige Wiedersehen mit den Seinen freut:

1) „Am Waldesrand stand ich abends beim Sonnenuntergang,
Die Schafe um mich habens genug und nicht mehr lang,
Treib ich nach alter Sitte dem Stall im Felde zu,
Und leg mich in die Hütte und schlaf in guter Ruh.

2) Dabei gedenk ich gern der Lieben aller wohl,
Wie ich in weiter Ferne als Fremdling bleiben soll.
Doch bald die Ähren reifen, die Schnitter jauchzend schrein,
Dann werd zum Stab ich greifen,
zur Heimat kehren heim.“[431]

Schließlich zählen wir zu den berufsbedingten Versen, deren Verfasser sämtlich Schäfer sind, ein Gedicht, das ein Ungenannter in der „Deutschen Schäferzeitung“ (43/1951, S.23) abdrucken ließ und das vom Bemühen des modernen Schäfers um das Gedeihen seiner Tiere Zeugnis ablegt:

„Ist's im Stalle feucht und duster
Kann darin kein Tier gedeih'n.
Deine Wohnung nimm als Muster,
Auch ein Stall soll Schlafraum sein.
Deiner Hausfrau Schrubben, Fegen
Scheint dir manchmal nicht ganz nett.
Doch gereicht's dir dann zum Segen,
Kriechst du in ein frisches Bett.
Denk, daß Sauberkeit und Sonne
Auch dem Tiere machen Spaß.
Auch sie strecken sich voll Wonne
Lieber trocken aus als naß.
Also treib' auch du Hygiene
In dem Stall, der dir gehört.
Kalke, lüfte und verpöne,
Was der Tiere Dasein stört,
Solch Beginnen wird sich lohnen,
Manche Krankheit wird dann flieh'n,
Du wirst Deinen Beutel schonen,
Aus dem Stall nur Nutzen zieh'n.“

Wir wollten und konnten mit der Darbietung dieser Kategorie von Schäferliedern und -gedichten keine Vollständigkeit erreichen. Es kam uns allein darauf an, den Gegensatz zum idyllenhaften Lied aufzuzeigen, das im schäferlichen Singgut zwar auch einen bedeutenden Platz einnimmt, mit dem eigentlichen Schäferleben kaum etwas zu tun hat.

Wie die Sage enthält auch das Volkslied eine Anzahl von Belegen, die das betrügerische Treiben der Schäfer brandmarken, also kaum von Schäfern selbst verfaßt sind. Einige Mißfallensäußerungen, die besonders das widerrechtliche Abweiden von Feldern betreffen, nannten wir schon im entsprechenden Zusammenhang. Wir ergänzen sie noch durch die Strophe eines Liedes, welches 1938 durch Hornberger aufgezeichnet, zum Tanz vorgesungen worden sein soll und das anscheinend im Schwäbischen seine Heimat hat[432]:

„Lustig Schäferle, sei wohlauf,
Laß dei Hundle laufe drauf.
Hüat de Baura d' Kleala a,
No saischt, di seischt verschlofa dra“[433].

Deutlicher ist die Aussage noch in zwei Ulmer Varianten[434]:

„Frisch auf, frisch auf, mei Schäferbua
Und lass dei Hondle laufa.
Weid du den Baura die Klai recht a,
Na kannst du bald verkaufa.“

Und:

„Schäferle, Schäferle, Schippenstiel,
Lass dei Hondle laufa,
Hütst de Baura d'Klaia a,
Wart i laß de straufa.“

Zu den Betrügereien der Schäfer gehört auch das Wolleausraufen bei den ihnen anvertrauten Schafen.[435] Das Volkslied klagt sie dieses Vergehens ebenfalls an:

„Wenn der Schäfer scheeren will,
Legt er sich hinter die Hecke,
Pflückt dem Schaf die Woll heraus,
Steckt sie in die Säcke.
Dann fängt er an zu singen,
zu tanzen und zu springen,
Spielt auf seinem Dudeldu:
Lieber Bruder bring mirs zu.
Abram ist gestorben:
Wo liegt er denn begraben?
Zu Jerusalem, lemmelemmelemm usw.
Solche Brüder müssen wir haben
Die versaufen Mantel und Kragen,
Strümpf und Schuh,
Laufen dem Teufel barfuß zu.“[436]

Ein weit verbreitetes Volkslied balladesken Charakters handelt vom „betrügerischen“ oder „untreuen“ Schäfer, der das beste Schaf aus der Herde an einen umherziehenden Metzger verschachert hat und, von seinem Herrn zur Rede gestellt, nur Ausflüchte finden kann. Er wird für sein Vergehen meist gehängt.[437] Als Beispiel sei die aus einer Handschrift des 17. Jahrhunderts stammende Fassung in der Engelströmschen Bibliothek zu Stockholm angeführt[438]:

1) „Es sollt sich ein Schäfer weiden,
So fern in grüner Heiden.

2) Was begegnet ihm? ein Fleischer:
Gott ehre dich, lieber Meister!

3) Ach Schäfer! wie giebst du das bunte Schaf,
Das vorne an der Spitzen geht?

4) Ich geb es dir um die neune.
Das Schaf ist viel zu kleine.

5) Ich geb es dir um die achte.
Das Schaf ist gut zu schlachten.

6) Ich geb es dir um die sieben,
Die Glocke gib mir wieder.

7) Ich geb es dir um die sechse,
Die Glocke gehört dem Knechte.

8) Der Junker zu dem Hof ausreit,
Gar bald er zu dem Schäfer schreit:

9) Schäfer, wo hast du das bunte Schaf,
Das vorn pflegt an der Spitzen gahn?

10) So fern im grünen Walde,
Da frassens mir die Wölfe.

11) Wo hattest du dann da die Hunde?
Ach Junker! sie lagen im Grunde.

12) Wo hattest du dann deinen Stecken?
Ach Junker! er war zerbrochen.

13) Wo hattest du dann deinen Brotsack?
Dort fern bei meiner Horden er lag.

14) Sie warfen den Schäfer wol in ein Thorn,
Viel lieber hätt er die Schafe geschorn.

15) Der Schäfer hat ein Paar rote Schuh,
Damit trat er dem Galgen zu.

16) Die Schäfer und die sind Diebe,
Sie haben weder Siegel noch Briefe.

17) Die Schäfer haben ihr eigen Recht:
Man henket den Meister oder den Knecht.

18) Die Pfeife hänget man auch dabei,
Darbei man kennt, daß ein Schäfer sei.“[439]

Einen Hinweis auf die jährlichen Zusammenkünfte der Schäfer — sei es bei den Zunfttagen oder während der Wollmärkte — gibt ein Lied, das Erk-Böhme[440] aus Breslau verzeichnet und das „Die Schäfer-Courante“[441] überschrieben ist:

1) „Es reisten drei Schäfer aus Breslau 'raus,
Sie hatten rauche Ranzen;
Sie kehrten in ein Wirtshaus ein
Und wollten eines tanzen.
Sie wollten auch brav lustig sein,
Bei gutem Bier und Brantewein.
Oho! so, so! das ist die Schäfer-Courante!

2) Und wenn die Schäfer geschwemmet hoan,
Da treeba s' hinter de Hecka.
Da reisa s' da Schaufe die Wulle oas
Und stecka s' ei die Säcke,
Da gehn sie krumb und sehr gebückt
Als wenn sie Niemand sehn thät.
Oho! so, so! das ist die Schäfer-Courante!

3) Geh, Junge, hull das Gezeuke h'ree,
Die Schaufel und die Peetsche,
Das Laubärtla und da Lämmersack,
Die siebalöchriga Pfeefe;
Und dazu och da Dudelsack:
Tanza wulln' m'r a ganze Tag.
Oho! so, so! das ist die Schäfer-
Courante!"[442]

Ein rheinländischer Spottvers auf den Schäfertanz läßt unschwer erkennen, daß man auf den Schäfer im allgemeinen nicht gut zu sprechen war:

„Dat os de Schieferschdanz!
Honnert dem Hamel do bommelt de Schwanz.
Hätte mer'n Weck, mer früße na janz;
Schlöge dem Schiefer de Schöpp öm de Pans.
Schäfer, Schäfer, Ühlekopp!
Wo jeiht deng Sonn op?
Zweschen Berg on deefem Dal,
Wo mer de Schäfer hange sal."[443]

Wenn wir sagten, daß die Schatzsagen an Plätzen spielen, wo sich der Schäfer mit seiner Herde vorzugsweise aufhält, dann trifft das auch für die weit verbreitete Volksballade von der *Rabenmutter* zu. Der Hergang ist folgender: Ein Schäfer, der früh austreibt, entdeckt, in einem Strauch oder in einem hohlen Baum versteckt, ein Kind, welches ihn bittet, es nach Hause zu bringen, wo sich seine Mutter rüste, Hochzeit zu halten. (In einigen Varianten ist die Mutter sogar des Schäfers Tochter.) Dieser wundert sich über die Erzählung des Kindes, da die Braut doch den „grünen Kranz" trage. Da berichtet das Kind, daß seine Mutter schon dreimal geboren habe. Zwei Kinder hätte sie umgebracht, das dritte, eben es selbst, aber an einem entlegenen Ort ausgesetzt, wo es allerdings von der Mutter Gottes oder von Engeln ernährt worden und daher am Leben geblieben sei. Der Schäfer geht ins Dorf zurück, entdeckt vor der Hochzeitsgesellschaft die Verbrechen der Braut, die darauf vom Teufel geholt wird.[444] — Die Rolle, die hier der Schäfer spielt, scheint beim ersten Augenschein rein zufällig und bedeutungslos zu sein.[445] Aber im Grunde kann nur er, der fast als einziger die entlegenen, weil für den Anbau ungünstigen Stellen der Umgebung des Dorfes aufsucht, das ausgesetzte Kind finden.[446] Überdies aber ist er derjenige, welcher das Verbrechen zur Anzeige bringt und die Kindesmörderin der gerechten Strafe zuführt.[447]

Eine andere weit verbreitete und variantenreiche Volksballade handelt von einem *verschmähten Schäfer*. Nach einer in Thüringen verbreiteten Fassung lautet sie:

1) „Ein Mädchen von achtzehn Jahren,
Die hatte zwei Burschen so lieb,
Der eine, der war ein Schäfer,
Der andre ein Hauptmannssohn,
Der andre ein Hauptmannssohn.[448]

2) Sie wollte die Mutter wohl fragen,
Welchen sie heiraten soll.
Den Schäfer, den lässest Du fahren
Und heiratst Hauptmanns Sohn.

3) Es vergingen wohl kaum drei Wochen,
Da nun der Schäfer kam:
Wie steht es mit meiner Verlobten?
Wie steht es mit meinem Ring?

4) Weiß nichts von einem Verlobten,
Weiß nichts von einem Ring!
Hier hast du 15 Taler,
Und kauf dir einen Ring!

5) Es vergingen wohl kaum 4 Wochen,
Da nun die Hochzeit war,
Da kam ein Reiter geritten
Und setzte sich obenan.

6) Wer will dem Reiter aufwarten?
Wer will sein Diener sein?
Ich brauche ja keinen Bedienten,
Ich tanz mit der Braut einen Reihn!

7) Sie tanzten wohl um die Runde,
Wohl auch zum Fenster hinaus,
Hinunter zum Vaters Schloßgarten,
Wohl unter den Feigenbaum.

8) Die Augen ihr ausgestochen,
Die Zunge ihr abgelöst,
Die Beine ihr waren zertrümmert,
Wohl unter dem Feigenbaum."[449]

In anderen Fassungen besteht der reiche Bauer darauf, daß die Tochter auf den armen Hirten verzichtet, obwohl sie sich ihm schon versprochen hat:

1) „Es war einmal ein reicher Bauer,
Der sprach zu sein einzig Kind:
Du kannst dir ja einen Mann erwählen,
Grad wie es dein Herze wünscht.

2) Nur den armen Hirtenknaben,
Den schlag du dir aus dem Sinn,
Denn der darf niemals der deine werden
Solang ich dein Vater bin.

3) Und an einem Sonntag morgen,
Da ertönten die Schalmeien,
Und es zog der arme Hirtenknabe
An Marichens Tür vorbei.

4) Und Marichen stand am Fenster,
Weinte laut und bitterlich:
Du hast mir ja deine Eh' versprochen
Und auf ewig lieb ich dich.

5) Und er brach die letzte Rose,
Steckt' sie an Marichens Brust,
Und unter vielen heißen Tränen
Gab er ihr den Abschiedskuß."[450]

Nach einer in der Pfalz sehr verbreiteten Variante können sich die Liebenden nicht trennen und gehen gemeinsam in den Tod.[451] — Zur gleichen Ballade möchten wir auch eine Fassung rechnen, wonach ein „Jungknab", also der Sohn eines Edelmanns, einer Schäferstochter die Ehe versprochen hat, aber nun nicht zu seinem Wort steht. Das betrogene Mädchen sagt ihm darauf:

„Gelt wenn mein Vater ein Edelmann wär,
Und ich dät' goldene Ketten tragen
So dätst du mich begehren.

So aber mein Vater ein Schäfer ist
Und alle Bauern ihr Diener ist
So thut's du mir's abschlagen."[452]

Der soziale Bezug ist in allen Varianten dieser Ballade der gleiche: Der Schäfer gilt als armer Mann, dem man den reichen, geachteten Sohn eines Offiziers, eines Amtmanns oder eines Kaufherrn vorzieht. Wir dürfen annehmen, daß hier ein Gemeindeschäfer, der in Lohn oder Deputat steht, und „allen Bauern ihr Diener ist", gemeint ist. Dafür spricht auch, daß die Ballade nach unserer Kenntnis nicht in Niederdeutschland aufgezeichnet wurde, wo die reichen Menge- und Pachtschäfer dominierten, sondern im Bereich der kleinbäuerlichen Wirtschaft mit vorwiegender Gemeindeschafhaltung.

Dort aber, im ostelbischen Gebiet, kennt man ein Volkslied, das man in den Spinnstuben sang: Angehörige handwerklicher Berufe wie Müller, Schmied und Bäcker bemühen sich um die Gunst eines Mädchens. Alle werden sie abgelehnt, weil der Angebeteten bestimmte Berufseigenheiten nicht gefallen. Als aber der Schäfer um sie wirbt, antwortet sie:

„Du mit dienen Schaperhaken
Kannst 'n manigen Dahlde [Taler] maken.
Ja, Schaper, ja!
Wie beide wer'n Paar!"[453]

Auch hier gibt es Varianten, in denen der Schäfer abgelehnt wird, aber dann heißt es:

„Sön'n ollen Schaoperhaok'n
Mütt sin Fru ut't Bett ruthaok'n.
Nein, Schäfer, nein!
Ein andrer soll es sein?"[454]

Sein sozialer Stand entscheidet hier also nicht.

Einen wahrhaft dokumentarischen Wert für die Geschichte des Schäferstandes trägt die Volksballade von *Schäfer und Edelmann*, die nach der bisher ältesten bekannten Fassung[455] von Elwert[456] folgendermaßen lautet:

1) „Und als der Schäfer über die Brücke trieb,
Warum.
Ein Edelmann ihm entgegen ritt,
Hopp, hopp, hopp entgegen ritt.

2) Der Edelmann thät sein Hütlein ab,
Er bott dem Schäfer n' guten Tag.

3) Ach Edelmann laß dein Hütlein stahn
Ich bin ein armer Schäfersmann.

4) Bist du ein armer Schäfersmann
Und hast doch Edelmanns Kleider an.

5) Was geht dich's lumpigen Edelmann an
Wenn sie mein Vater bezahlen kan.

6) Der Edelmann ward voll Grimm und Zorn
Er schmiß den Schäfer in tiefsten Thurn.

7) Als es des Schäfer sein Mutter erfuhr
Da macht' sie früh sich auf die Spur.

8) Ach Edelmann gib meinen Sohn heraus,
Ich will dir geben eine Tonne Golds.

9) Eine Tonne Golds ist mir kein Geld,
Der Schäfer soll lenken ins weite Feld.

10) Und als es des Schäfer sein Vater erfuhr
Er machte sich früh wol auf die Spur.

11) Ach Edelmann gib meinen Sohn heraus,
Ich will dir geben zwei Tonnen Golds.

12) Zwei Tonnen Golds ist mir kein Geld,
Der Schäfer soll lenken ins weite Feld.

13) Und als das des Schäfers Schaz erfuhr,
Sie machte sich früh wol auf die Spur.

14) Ach Edelmann gib meinen Schaz heraus'
Ich will dir geben ein' Perlenstraus.

15) Ein Perlenstraus kost mir viel Geld
Der Schäfer soll lenken bei dir ins Feld ..."

Wird in der Elwertschen Fassung der Schäfer freigelassen, nachdem die Braut ein hohes Lösegeld geboten hat, trägt in einer Anzahl weiterer Varianten der Edelmann die Hand seiner Tochter an, als er durch die trotzige Antwort des jungen Schäfers oder durch die hohe Kaution vom Reichtum der Schäfersleute erfährt. Fast in allen Fällen wird aber die Heirat mit der Edelmannstochter rundweg ausgeschlagen. Es sind vorwiegend diese beiden Grundfassungen,[457] vielfach miteinander verschmolzen, denen wir immer wieder begegnen. Die Kernpunkte der Ballade bleiben im wesentlichen konstant und lassen sich folgendermaßen zusammenfassen.

Reicher Schäfer und Edelmann

Im allgemeinen beginnt unsere Ballade damit, daß dem austreibenden, reich angezogenen Schäfer ein Edelmann begegnet, der ihn grüßt. Offensichtlich hält er den Hirten für seinesgleichen[458] oder gar für eine noch höher gestellte Person.[459] Auf dessen Bemerkung, er sei ja nur eines armen Schäfers Sohn, folgt die stereotype Frage nach der Herkunft der reichen Kleidung, die meist trotzig und patzig beantwortet wird. In den meisten Fällen wird dafür der Schäfer bestraft, aber — und das ist wichtig — eigentlicher Anlaß bleibt immer die Kleiderfrage. In einigen Varianten kommt das noch deutlicher zum Ausdruck:

„Es war einmal ein Schäfersmann,
Der hatte Edelmannskleider an.

Und als er über die Brücke zog,
Ein Edelmann ihm entgegenflog.

Was hast du Edelmannskleider an,
Und bist doch nur ein Schäfersmann?"[460]

Oder:

„Der Edelmann schaute zum Fenster raus,
Der Schäfer ihm keinen guten Morgen bot.

Du bist ein armer Schäferssohn
Und gehst in Samt und Seide schon?"[461]

Der Entrüstung des Edelmannes über die Anmaßung des Schäfers entspricht in einer anderen Variante die Mahnung:

„Bist dusen ein armer Schäferssohn,
So darfst du in Sammt und Seide nicht gohn!"[462]

Die Bemerkungen über das üppige Auftreten der Schäfer lassen uns an Zusammenhänge denken, die wir bereits bei unserer Untersuchung über die Menge- und Pachtschäfer erörterten, deren Reichtum und Luxus — zumal nach dem Dreißigjährigen Krieg — die Obrigkeit zu Maßnahmen zwang, wie sie z. B. in den neumärkischen Ordnungen vom 16. Juni 1646 und vom 14. Dezember 1685 aufgezeichnet sind: „Es ist endlich billig und erfordert es auch die Ehrbarkeit, daß ein Jeder seinem Stande in Kleidung und Tractamenten sich gemäß verhalte. Darum ordnen Wir .... hiermit und wollen es ernstlich, daß kein Schäfer (ob er schon ein Arrendarius Adlicher Güter oder sonsten wäre) noch Schäferknecht sich unterstehen solle, zu tragen und zu führen: à la mode Hüte oder Röcke, Federbüsche, große Ueberschläge, Handblätter, abgesetzte Stiefeln, Sporen, Sattelzeug, Pistolen, Degen, Windhunde, oder zu ihrer Kleidung Tuch zu gebrauchen, dessen die Elle über einen Gulden kostet, dann solches alles ihnen abzunehmen einem Jeden freistehen solle, und sooft darwider gehandelt wird, soll der Verbrecher Uns 10 Rthlr. Strafe abzulegen schuldig sein. So soll auch vor jedes Essen, welches sie bei ihren Gelagen über drei aufsetzen werden, drei Rthlr. Strafe abgefordert werden."[463]

Es hat also diesen reich gekleideten Schäfer namentlich seit der zweiten Hälfte des 17. Jahrhunderts gegeben, und wir finden ihn auch verschiedentlich abgebildet; so z. B. auf einer Fensterbierscheibe des Jahres 1754, wie er selbstbewußt, den linken Arm in die Hüfte gestemmt, inmitten seiner Herde steht. Unter dem Dreispitz quillt die Allongeperücke hervor und fällt in langen Locken auf den feinverarbeiteten von oben nach unten durchknöpfbaren einreihigen Mantel mit weiten aufgeschlagenen Stulpenärmeln. Im Besitz des Thüringer Volkskundemuseums Erfurt befindet sich eine Lauschaer Glasflasche aus dem Jahre 1721 (Inv. Nr. IV 379) mit dem Bild eines Schäfers in der herrschaftlichen Tracht des ausgehenden 17. Jahrhunderts, wie er auf seinen Stab gestützt die Herde überwacht.[464] — Der wohlhabende, reich gekleidete Schäfer war aber auch sonst bekannt. Das zeigt ein von Hornberger[465] als Kinderabzählvers deklariertes Liedchen folgenden Inhalts von der Schwäbischen Alb:

„Fahre aufe, fahre abe,
Fahr Engeland zu,
Dau tanzet die Schäfer
mit silberne Schuh,
Mit silberne Schnalle,
Des laß mr no gfalle,
Mit schneeweiße Strümpf,
So machets die lustige Schäfer nau
gschwend."[466]

Diese so dargestellten Schäfer geben uns auch einen ersten Hinweis auf das Alter der Ballade, von der John Meier[467] meinte, daß sie „wohl keinesfalls älter als das 17. Jahrhundert [sei], vielleicht aber auch erst dem 18. Jahrhundert [entstamme], aus dem sie zuerst überliefert wurde". Brockpähler[468] hält es zwar für möglich, daß die Ballade bereits im späten Mittelalter entstanden sei, doch fehle „es für diese Annahme an sicheren Beweisen". Bei Erk-Böhme[469] ist ferner die Vermutung geäußert worden, daß sie möglicherweise schon im 16. Jahrhundert bekannt war, da aus dieser Zeit ein Fragment aus Calbe a. d. Saale erhalten sei, welches lautet:

„It wolde ein Scheper,
juch, juch! weide wol!
So fern op gröner Heiden —
das tyrleton, das tyrleton."

Da es äußerst fragwürdig erscheint, ob dieses Fragment überhaupt der Anfang der Schäfer-Edelmann-Ballade ist — denn eine ganze Reihe anderer Schäferlieder können mit diesen beiden Strophen beginnen — möchten wir uns in der Altersbestimmung der schon zitierten Auffassung John Meiers anschließen und meinen dazu ergänzend, daß die eigentlichen Voraussetzungen für den reich gekleideten Schäfer erst durch die Folgen des Dreißigjährigen Krieges gegeben waren, als eine intensive Schafhaltung auf Kosten der Anbauwirtschaft einsetzte und sich das System der Menge-, Hälfte- und Pachtschäferei bis zur Perfektion entwickelte. Im 18. Jahrhundert mögen zwar noch gewisse Züge aus der Idyllendichtung bzw. aus der für diese Zeit üblichen Vorstellung vom höfischen Rokokoschäfer in die Ballade eingeflossen sein,[470] doch kann es keinen Zweifel geben, daß die Periode der Gegensätze zwischen den schnell zu Reichtum und Wohlleben gekommenen Menge-, Hälfte- oder Pachtschäfern und dem verarmten Grundherrn,[471] der froh war, wenn er seine Weide- und Triftprivilegien einem Schafhalter zur Nutzung überlassen konnte, besonders in der 2. Hälfte des 17. Jahrhunderts aufbrach und in dieser Zeit also die Ballade vom Schäfer und Edelmann entstanden sein muß. Nirgendwo sind die Schäfer damals aber so reich gewesen wie im Bereich der großen Gutsherrschaften, und wir können annehmen, daß sich das Geschehen der Ballade ehedem in diesen Gebieten abspielte.

Bestrafung des Schäfers

Die Bestrafung des Schäfersohnes erfolgt meist auf Grund seiner Antwort auf die Frage nach der Herkunft der reichen Kleider oder wenn er die Tochter des Edelmanns verschmäht. Von einer Unterwürfigkeit diesem gegenüber ist da nichts zu spüren. Allein die Formulierung:

„Was gehts Dich ... Edelmann an,
Wenns nur mein Vater bezahlen kann“,

zeugt von so viel Standesstolz und Selbständigkeit,[472] daß die Bezeichnungen des Edelmanns wie „lumpig“, „lausig“, „kahl“ usw. gar nicht mehr so verwunderlich scheinen. In erster Linie sind sie wohl Ausdruck einer gewissen Verachtung dem verarmten Grundherrn gegenüber, dem sich der reiche Schäfer nicht zu Unrecht überlegen dünkt. — In einem Falle verwahrt sich der Edelmann gegen die trotzige Antwort in Form einer Warnung:

„Ich bitt mir solche Redensart aus,
Sonst laß ich ihn sitzen in mein zuchtfestes Haus.“[473]

Im allgemeinen aber macht er sofort von seiner grundherrlichen Gerichtsbarkeit Gebrauch und läßt den Schäfer ins Gefängnis werfen oder droht ihm mit Hinrichtung. — In anderen Fassungen — vor allem aus Hessen-Nassau — heißt es auf die vergebliche Bitte der Angehörigen, den Sohn freizugeben: „Euer Sohn muss ins weite, breite Feld“, und in der Schlußstrophe ist das „Urteil“ schon vollzogen: „Der Schäfer ist ins weite, breite Feld.“[474] In einer Variante dazu heißt es: „Der Schäfer soll lenken ins weite Feld.“ Als die Braut ihn frei gekauft hat, schließt die Ballade: „Der Schäfer soll lenken bei dir ins Feld.“[475] Das könnte bedeuten, daß der Schäfer während seiner Gefangenschaft entweder die Herde des Edelmannes hüten oder mit seinen eigenen Tieren zum Nutzen des Edelmanns dessen Grund und Boden beweiden mußte. Als er aber frei wird, darf er seine Schafe wieder dorthin treiben, wo er vordem schon hütete, d. h. zum eigenen Vorteil. — Im allgemeinen gelingt es den Angehörigen, den eingesperrten Sohn gegen hohes Lösegeld zu befreien. Es sind aber auch Fassungen überliefert, nach denen der Schäfer tatsächlich hingerichtet wurde, die Bitten der Eltern also keinen Erfolg hatten. In Mecklenburg endet daraufhin eine Variante der Ballade mit der Verwünschung des Grundherrn:

„Und hilft dann kein Bitten und kein Flehen nicht mehr,
so wollt' ich, daß der Edelmann zum Teufel mehr wär'!“[476]

Auch eine Schäferin mußte ihr Leben lassen:

„Und als es kam zum Scheidegruß,
Da gab man ihr den Abschiedskuß.“[477]

In einigen Fällen erfolgt die Hinrichtung erst dann, als der Schäfer die Tochter des Edelmanns ablehnt:

„O, hätte der Schäfer das Wort verschwieg'n,
Sein Sohn wär' nicht an den Galgen gestieg'n.

Der Schäfer bekam ein' Haferbrei,
Das sollt' seine letzte Mahlzeit sein.

Der Schäfer bekam ein weißes Hemd,
Am Galgen ward sein Leben zu End'.“[478]

Der Edelmann trägt aber auch keine Bedenken, den Schäfer einfach im Kerker verschmachten zu lassen, was ihm aber nicht gelingt:
„Da saß der Schäfer Jahr und Tag,
Daß er nicht Sonn' und Mond mehr sah.

Und als er aufschloß seinen Thurm,
Da saß der Schäfer frisch und gesund.

Ach Schäfer, wie hast du dich ernährt,
Das dich die Würmer nicht hier verzehrt?

Die leidigen Thiere thun mir nichts,
Ich hab' Maria die Jungfrau lieb."[479]

Es kommt auch vor, daß der Edelmann seinen Gefangenen einfach vergessen hat oder vorgibt, ihn vergessen zu haben:
„Hab ich einen Gefangenen, das weiß ich ja nicht,
Ich habe ja niemals zu essen geschickt.

Und als man den tiefsten Turm aufschloß,
Da blühte der Schäfer wie Rosen so rot."[480]

Grausamkeit und Geldgier des Edelmannes kommen schließlich in folgender Fassung treffend zum Ausdruck: Erst nach sieben Jahren erfährt man von der Kerkerhaft des Schäfersohnes, für dessen Freilassung der Vater nun 300 Schock Gold bietet. Darauf der Edelmann:
„Dreihundert Schock Gold, die wären schon gut,
Ja, wenn ok der Schäfer nicht wäre gar todt.

Ei, wie der Herr den Thurm aufschloß,
Do saß der Schäfer und bloste sein Horn."[481]

Anbieten von Lösegeld

Die Hinrichtung des Schäfers, welche auf die oft recht willkürliche Handhabung der herrschaftlichen Gerichtsbarkeit ein bezeichnendes Licht wirft, ist jedoch im Vergleich zu den Varianten, in denen der Schäfer freigekauft wird, weniger häufig. Und das wieder zeigt deutlich, wie sehr es dem Edelmann darauf ankam, zu Geld, und zwar zu viel Geld zu kommen. Er war eben gänzlich verarmt, und, wie es in einer Fassung aus Mecklenburg heißt:
„Des Schäfers Gold war für'n Edelmann 'ne Freud',
Denn er hatte nicht viel, das wußten alle Leut'."[482]

Entsprechend ist auch der Schacher, der um das Leben des gefangenen Schäfersohnes getrieben wird. Wie schon die Elwertsche Fassung von 1784 zeigt, erscheinen nacheinander Vater, Mutter — bisweilen auch noch Bruder und Schwester — sowie die Braut und steigern ihre Angebote. Dabei treten sie ihrem Reichtum entsprechend auf:

„Das wurden dem Schäfer seine Eltern gewahr,
Sie kamen in Kutschen und Chaisen gefahren."[483]

Der Edelmann ist aber nicht leicht zufriedenzustellen. Er weiß die Gelegenheit, die reichen Schäferleute zu erpressen, geschickt wahrzunehmen und gibt den Sohn im allgemeinen erst frei, wenn ihm nach den Angeboten von Geld oder gemünztem Gold eine Krone aus Gold, Perlen oder gar Diamanten offeriert wird:

„Eine güldne Kron ist mir genug,
Nimm du und setz sie auf mein Hut!"[484]

Oder:

„Eine Perlenkron, die wär schon gut.
Der Schäfer zog hin mit frischem Muth."[485]

Bisweilen ist der Edelmann aber, wenn er dieses hohe Lösegeld angenommen hat, der Geprellte und seine Geldgier erfährt die gerechte Strafe:

„Und als man die Krone besah bei Licht,
Da war sie aus lauter Heu und Stroh."[486]

Wütend bereut er, auf den Handel eingegangen zu sein:

„Hätt ich meine Tonnen Goldes eher besehn,
Der Schäfer hätt müßen an den Galgen gehn."[487]

Recht häufig wird der Gefangene auch gegen eine stattliche Anzahl von Schafen aus der

Herde des Schäfers freigelassen. Die Zahlen schwanken dabei von 100 bis zu 10000 Tieren:

„Dreihundert Schaflämmer ist mir brav Geld,
Dein Sohn soll fahren in's weite Feld.“[488]

Oder:

„Sechshundert Schaflämmer ist mir es ein Hauf,
Der wackere Schäfer darf wieder heraus.“[489]

Oder:

„Zehntausend Schafhämmele ist mir ein Hauf,
Der wackere Schäfer darf wieder herauf.“[490]

Auch die ganze Herde wird mitunter angeboten.[491] In einem Fall[492] gibt der Schäfer, um das Leben zu retten, sogar seinen Stock und Hut preis, d. h. die Insignien seines Berufes. – Die Annahme des Lösegeldes in dieser Form ist wieder bezeichnend für den Zustand und die Verhältnisse der Gutsherrschaft nach 1650: Die Kriegsläufte haben den Herdenbestand des Landadels so dezimiert, daß die Weide- und Triftgerechtsame mit eigenen Tieren vielfach nicht mehr aufrechtzuerhalten waren. Durch die Kaution von Hunderten von Schafen, vielleicht auch ganzer Herden, die der Edelmann dem Schäfer abringt, ist er aber in der Lage, seine Wirtschaft wieder auf eine festere Basis zu stellen. Denn der Erlös, den er aus der Herde ziehen kann, ist, auf die Dauer gesehen, größer als ein einmaliges Lösegeld, und mag es zunächst noch so hoch erscheinen.

Eigentlich wird in allen Fassungen der Ballade von vornherein vorausgesetzt, daß der Schäfer und seine Familie reich sind.[493] Nur einmal bezweifelt ein Ritter, daß der Vater einer Schäferin soviel Geld habe, um ihr so reiche Kleider geben zu können:

„Dein Vater, der hat nicht so vieles Geld,
Und du mußt sterben, wenn's mir gefällt.“[494]

In vielen Fassungen der Ballade ist es den Eltern trotz sehr hoher Angebote aber nicht möglich, ihren Sohn aus dem Kerker zu befreien. Da erscheint zu guter Letzt die Liebste, setzt den grünen Brautkranz gegen das Leben ihres Verlobten, und diesen Preis nimmt der Edelmann stets an:

„Willst du mir das grüne Brautkränzlein gebn,
So will ich wohl schenken deim Liebsten das Lebn.“[495]

Nur einmal lehnt er auch den Kranz ab, gibt sich aber dann mit dem Verlobungsring zufrieden:

„Den Brautring, den nehm' ich gern,
Und deinen Liebsten schenk' ich dir gern.“[496]

Wichtig und interessant sind die Varianten, in denen sich Eltern und Angehörige vergeblich oder gar nicht um die Freilassung des Schäfers bemühen, wohl aber seine Berufsgenossen. Etwas verschwommen kommt das in einer Ballade zum Ausdruck, die Hornberger[497] in einer „übertragenen Fassung“ veröffentlicht hat. Es heißt dort, nachdem über die achtjährige Haft des Schäfers berichtet worden ist:

„Da kamen die Jünger vor Edelmanns Haus,
Herr Edelmann, laßt den Gefangenen raus.“

Andere Fassungen sind schon konkreter:

„Dort mußt' er liegen sieben Jahr,
Bis 's wurden die Schäfer im Lande gewahr.“[498]

Oder:

„Das wurden die Schäfer im Lande gewahr,
Sie kamen auf Böcken und Hämmeln an.

„Ach, Edelmann, gieb uns den Schäfer heraus,
Tausend Thaler zahlen wir dir aus.“[499]

Oder:

„Das wurden die Schäfer im Lande gewahr,
Sie kamen auf Hämmeln geritten an.

Ach Edelmann laß den Schäfer los,
Wir wollen dir dreißig Thaler geb'n.“[500]

Es kann wohl kein Zweifel daran bestehen, daß mit diesen Eingreifen der Berufsgenossen die Aktion einer Schäfervereinigung, und zwar einer illegalen, gemeint ist. Das häufige Vorkommen dieser Fassungen im ehemals hessischen Raum, wo bekanntlich die Regierung den Forderungen nach einer regulären Schäferzunft nur widerstrebend und sehr spät nachgab, stützt unsere Annahme über Aktionen illegaler Bünde, welche wir ohnehin in diesem Gebiet vermuteten.[501] Im übrigen können wir feststellen, daß gerade in diesen Fassungen der Schäfer hingerichtet wird, das Eingreifen des Bundes also nicht von Erfolg war. Oder ist die Hinrichtung vielleicht sogar als Vergeltungsakt des Grundherrn gegen die Protestaktion der Schäfer zu werten?

Heirat mit Tochter des Edelmannes

Die zweite große Gruppe der Ballade berichtet, daß der Edelmann, nachdem er sich vom Reichtum der Schäferfamilie überzeugt hat, die Hand seiner Tochter anbietet, ja in manchen Varianten eine Heirat sogar zur Bedingung der Freilassung macht. Er stellt sein Angebot entweder gleich am Anfang der Ballade, wenn die Antwort auf die Frage nach der Herkunft der Kleider gefallen ist:

„Un häff din Vader soviël Geld,
Dann woll ik di mine Dochter wull gieb'n,“[502]

oder nach dem letzten, d. h. höchsten Lösegeldangebot der Schäfersleute:

„Willst Du mir eine Deamant Krone geben,
So will ich dir meine jüngste Tochter zum Weibe geben.“[503]

Es ist also ganz eindeutig, daß seine Geldnöte allein bestimmend für den Plan des Edelmannes ist, den reichen Schäfer für immer an sich zu binden und durch ihn wieder zu Wohlhabenheit und Ansehen zu gelangen. — Obwohl in manchen Fällen das Leben des Schäfers von der Annahme der letzten Bedingung abhängt, schlägt er dennoch diese Heirat ohne Zögern aus. Die Gründe, die er anführt, entsprechen in ihrer Deutlichkeit ganz den Beschimpfungen, die er beim ersten Wortwechsel dem Edelmann gegenüber gebraucht. Sie sollen auch an dieser Stelle die Verachtung, die ein standesbewußter, stolzer Schäfer für einen verarmten Grundherrn empfindet, ausdrücken. Nur einmal, scheint es, lehnt der Schäfer die Tochter mit einer weniger krassen Begründung ab:

„Keine Edelmannstochter heirath ich nicht,
Ich bin so jung und heirathe noch nicht.“[504]

Häufig wiederkehrend sind aber diese Gründe:

„Herr Edelmann, eure Tochter, die will ich nicht.
Das ist eine Hure, die nehme ich nicht.“[505]

Abgewandelt heißt es auch:

„Und wenn juë Dochter ne reine Jungfer wäör,
Dann woll se doch kinen Scheiper mähr.“[506]

Oder:

„Wär' deine Tochter eine Ehrenkron',
So tät sie nicht nehmen den Schäfersohn.“[507]

Vereinzelt sind folgende Fassungen:

„Ei, wie wird denn ihre Tochter ein'n armen Schäfer nehmen,
Der schwarzbraun lederne Hosen trägt!
Denn solch' eine alte Hexe, wie ihre Tochter ist,
Die find't man bei dem Bauer wohl auf dem Mist.“[508]

Oder:

„Eines Edelmannstochter, die will ich nicht,
Die sind so schmutzig und waschen sich nicht.“[509]

Oder:

„Mein Sohn soll deine Tochter nicht haben,
Er soll eine gemeine Schäferin haben.“[510]

u. a.

In einer Variante aus Niedersachsen ist sich der Schäfer über die Folgen, die seine Weigerung mit sich bringt, im klaren. Trotzdem läßt er sich nicht verkuppeln:

„Da nehm' ich noch lieber den Tod für mich —
Ihre Tochter ist 'ne Hure, die will ich nicht.“[511]

Aus all den angeführten Gründen für die Ablehnung der Tochter, die sich in einigen Fassungen auch selbst anbietet,[512] klingt neben der Verachtung für die Edelleute immer wieder heraus, wie sehr die Schäfer — in diesem Falle die Pachtschäfer und ihresgleichen — bestrebt waren, ihren Stand rein zu halten.

Die Reaktion des Edelmanns auf die krasse und unzweideutige Ablehnung ist unterschiedlich. Entweder erfolgt jetzt erst die Gefangennahme oder der Schäfer wird hingerichtet. In einigen Fällen tut der Grundherr sehr erstaunt über die Meinung des Schäfers von seiner Tochter und will sie bestrafen lassen:

„Und ist sie eine Hure und weiß ich es nicht,
So hetzte ich alle meine Hunde auf sie.“[513]

Oder:

„Ist meine älteste Tochter eine Hur,
So laß ich sie werfen gleich in den Turm.“[514]

Nach den bisherigen in der Ballade so eindeutig festgehaltenen negativen Eigenschaften des Edelmannes will uns die angekündigte Bestrafung der Tochter nicht logisch erscheinen, und wir müssen diese Strophen als eine Folge des Umsingens oder des nicht-mehr-Verstehens des geschilderten Tatbestandes ansehen. Weit klarer und für das Verhalten des Edelmannes bezeichnender sind vielmehr die Fassungen, in welchen zum Ausdruck gebracht wird, daß die verkommene Tochter für den Schäfer gut genug gewesen wäre:

„Hätte ich nicht gewußt,
daß meine Tochter eine Hurin wär',
So hätt' ich sie dem lausigen Schäfer
nicht gegeben.“[515]

Vorherrschend ist in unserer Ballade also die Ablehnung der Edelmannstochter durch den Schäfer. Zwei Fassungen nur, wie uns scheint, sprechen von einer Heirat.
Ganz eindeutig wird das in einer Aufzeichnung aus Eitelborn im Unterwesterwaldkreis gesagt:

„Der Herr, der ließ ein Häuslein bauen,
Für seine Tochter und des Schäfers Sohn.“[516]

In einer bei Erk-Böhme[517] publizierten Variante wird der Schäfer — sicher auf Grund seines Reichtums — durch die Heirat sogar in den Edelmannsstand erhoben, obwohl er sich dagegen zu sträuben scheint:

„Da half kein Drohen und kein Bitten,
Der Schäfer ward nur als Edelmann gelitten.“

Daß Heiraten zwischen Schäfern und Töchtern der Grundherrn wirklich stattgefunden haben, halten wir durchaus für möglich. Den Edelmann haben dazu in erster Linie finanziell-wirtschaftliche Notwendigkeiten veranlaßt, während manche reich gewordenen Schäfer, von denen wir erfuhren, daß sie ganze Rittergüter aufkauften, durch eine „Standesheirat“ zu größerem Ansehen zu gelangen hofften. In der Ballade hat aber der dem Edelmann Trotz bietende Schäfer die größere Zuneigung und Beliebtheit.

Nur der Vollständigkeit halber erwähnen wir in diesem Zusammenhang, daß in einigen Fassungen der Vater des Schäfers seine Tochter dem Edelmann als Lösegeld für die Freilassung des Sohnes anbietet, was aber mit zum Teil ähnlichen und gleichen Begründungen abgelehnt wird. Wahrscheinlich sind auch diese Varianten Entstellungen aus späterer Zeit, in der die alten Zusammenhänge nicht mehr bekannt waren[518].

Wir haben noch zwei anscheinend landschaftlich gebundene und von dem bisher kennengelernten Hergang der Ballade abweichende Fassungen zu besprechen, von denen die erste vorwiegend in Mecklenburg verbreitet zu sein scheint. Darin trägt der Schäfer seine schönen Kleider nicht zu Unrecht, denn als ihn der Edelmann nach dem üblichen Disput gegen Diamenten oder gar eine Kaiserkrone frei lassen will, erwidert der Schäfer:

„Die ewige Freiheit hab' ich schon,
Ich bin eines russischen Kaisers Sohn.“

Darauf der Edelmann:

„Bist du eines russischen Kaisers Sohn,
So bitt' ich um Verzeihung schon.“

In einer anderen mecklenburgischen Variante hat sich der Edelmann aber doch wieder düpieren lassen, denn es heißt da:

„Und als der Edelmann die Krone besah,
Da war es lauter Haferstroh.“[519]

Vielleicht soll diese Fassung auf der einen Seite die Unterwürfigkeit des Edelmanns vor höher gestellten Personen und andererseits die Schlagfertigkeit und Gerissenheit des Schäfers ausdrücken.

Die zweite regional gebundene Form der Ballade findet sich unserer Kenntnis nach nur bei den Sorben und ist ganz anders aufgebaut:

1) „Der Schäfer der weidet im grünen Hain,
Die Schäfflein glänzen so weiss wie der Schnee,
Der Schäfer geht wie ein Herr umher.

2) Viel Leute gehn dort bei dem Schäfer vorbei,
und alle die sagten zu ihm: Helf Gott!
Und alle die nahmen die Hütlein ab.

3) Was nehmet Ihr denn eure Hütlein ab?
Ich bin ja doch nicht ein Edelmann.

4) Wenn Du nicht wärest ein Edelmann,
So würd'st du nicht gehen in Seide und Sammt
So würd'st du nicht tragen den Tressenhut.

5) Warum denn sollt' ich so schön nicht gehn,
Wenn mich mein Liebchen so lieb gehabt,
Daß sie mich so herrlich bekleidet hat?

6) O gieb nicht, o gieb nicht so stolze Wort',
Wir werfen dich sonst in den Thurm hinein,
In den Thurm, in das harte Gefängnis hinein."[520]

Im weiteren Verlauf wird der Schäfer tatsächlich gefangen gesetzt. Seine Angehörigen lösen ihn jedoch nicht nur aus, sondern beteuern sogar, daß er immer ein ungehorsamer Sohn gewesen sei. Erst seine Liebste kauft ihn gegen ihre Korallenkette frei. In einer Variante, die aber statt des Schäfers einen berittenen, fein gekleideten Bauernsohn kennt, bemerken die Angehörigen:

„Wenn du mein Söhnlein was nütze wärst,
Würd'st du im Dresdner Gefängnis nicht sein."[521]

Dieser im sorbischen Gebiet belegten Fassung liegt eine ganz andere Situation zugrunde. Während in den bisherigen Balladenfassungen der reiche, fein gekleidete Schäfer als eine Selbstverständlichkeit vorausgesetzt wurde, an der sich außer dem Edelmann niemand stieß, im Gegenteil, auf dessen Seite stets die Zuneigung der Bevölkerung war, fällt hier der neidische Edelmann ganz aus. Statt dessen erregt der wie ein Herr angetane Schäfer Aufsehen und Empörung bei seinen Landsleuten. Das bedeutet, daß im sorbischen Raum die Gestalt des protzigen Menge- oder Pachtschäfers wohl weniger bekannt war, daß dort der ärmere Lohn- oder Deputatschäfer vorherrschte, von dem man einen solchen Aufputz nicht gewöhnt war. Interessant ist, daß selbst die Angehörigen nicht auf seiner Seite stehen, d. h. also ihn wegen seines hoffärtigen Gehabes verstoßen. Oder war er einer der gerade im ehemals königlich-sächsischen Gebiet so verhaßten Gutsschäfer, an denen die Bauern Rache für unberechtigtes Weiden im Auftrage der Grundherren genommen hatten?

Will man zur Gesamteinschätzung der Schäfer-Edelmann-Ballade in ihrer allgemeinüblichen Form etwas sagen, ist es notwendig, die Fassungen zu berücksichtigen, in denen die Ballade als Tanz — später als Kinderreigen — mit mehreren handelnden Personen aufgeführt wurde. In dieser Form ist ihre Aussage gemeinhin oppositioneller als in der reinen Liedfassung. — Es ist typisch, daß sich gerade in Mecklenburg, also im Kerngebiet des ehemaligen Junkertums, wo die Fülle von oppositioneller Volksdichtung lange Zeit so gut wie unbekannt war,[522] besonders viele Nachrichten über den Schäfer-Edelmann-Tanz erhalten haben. Wenn wir anfangs meinten, daß unsere Ballade ihrem Kolorit entsprechend im Bereich der Gutsherrschaft entstanden sein muß, so bestätigt das häufige Vorkommen und die Variantenfülle des thematisch gleichen Tanzes in Mecklenburg unsere Ansicht. — Bei Erk-Böhme[523] findet sich als Einschätzung der Ballade folgender Satz: „Standesvorrechte und gewaltiger, frevelhafter Uebermuth des Adels erpreßt im Mittelalter beim Volk unendliches Leid und Haß. Solche Zustände sind in der Ballade von

‚Edelmann und Schäfer' geschildert, die zugleich ein Spottlied auf den verarmten und verkommenden Adelstand ist." Ähnlich heißt es in den „Heimatblättern der Roten Erde" (1/1919–20), daß der Inhalt der Ballade „nur aus einer Zeit verständlich ist, in der das Volk seinem Ingrimm über gewisse Übergriffe des Adels auf andere Weise nicht Luft machen konnte." Heiske[524] nennt sie das Beispiel eines „geradezu feindlichen Gegensatzes gegen die Junker in Rechtssachen."[525] – Diese auch unserer Meinung entsprechenden Äußerungen können wir durch eine Reihe von Beispielen belegen: Nach einer Variante aus Rothspalk bei Langhagen im alten Amt Güstrow[526] läßt der über die Antwort des Schäfers erzürnte Gutsherr Holz zum Galgen besorgen. Das kümmert den Schäfer aber vorerst wenig:

„Herr Edelmann, was wollen sie mit dem Galgen machen,
Da werden ja alle Leute drüber lachen."

Als der Edelmann aber doch ernst macht und den Schäfer hängen lassen will, beginnt der in der üblichen Form um sein Leben zu bitten. Interessanterweise berichtet der Einsender dieser Zeilen, daß in seiner Jugend – das mag am Ende des vorigen Jahrhunderts gewesen sein – dieser Schäfertanz fester Bestandteil der Erntefeste gewesen sei. Man habe da eine Variante gesungen, in welchem dem Herrn eine „Liebenswürdigkeit" gesagt wurde, die allerdings niemand ernst genommen habe. Unserer Meinung nach kann das auch nur eine ähnliche in die Ballade eingekleidete Verhöhnung des Edelmanns gewesen sein. – Einige Fassungen der Tanzballade enden aber auch mit folgenden Worten:

„Der Schäfer faßt einen grimmigen Muth
Und schlägt den Edelmann wohl an seinen Huth."[527]

Dazu nun einige Bemerkungen, wie man bei der Aufführung des Tanzes die Gestalt des Edelmanns behandelte: „Een as düwel utkledt, hadd sik ganz swart makt. Dee hadd'n groten reep, den smeet he den eddelmann öwer, denn fägt he mit'n eddelmann rut ut de dör."[528] In einer anderen Aufführung heißt es: „... wenn der Schäfer von der Hure sagt, würd rupperhaugt mit'n Knüppel up Eddelmann."[529] Aus dem Kreis Ludwigslust wird schließlich erzählt, daß am Schluß des Tanzes der Schäfer seinen Hund auf den Edelmann hetzt, welcher fliehen muß.[530] – Was in der reinen Liedform zwar anklang, wird im Tanz zur handfesten Aktion gegen den verhaßten Edelmann.

Dieser Tanz mit seinen stark oppositionellen Fassungen und Handlungen wurde wohl vorwiegend auf dem Lande aufgeführt und gesungen: „... hebben de dachlöhners schäperdanz in Bölkow danzt na't pingstbier. Een wier de hund ... se hebben sik all anfaat', denn güng't rüm."[531] Im Wossidlo-Archiv Rostock gibt es auch Nachrichten darüber, daß die Handwerker den gleichen Tanz gern aufführten: „... den heff ik öfter danzt up't quartal von de timmerlüd."[532]

Die Ballade – gerade in der Tanzform – war also in allen Volkskreisen weit verbreitet und sehr beliebt wegen ihres oppositionellen Inhalts gegen die Willkür des Junkertums.[533] Der Schäfer als tragende Gestalt ist für den Menschen der damaligen Zeit der Held, der Kämpfer gegen Not und Unterdrückung, der es wagt, dem Edelmann Trotz zu bieten. Wenn er in einer Tanzballade aus Celle dennoch vom Edelmann erschlagen wird, treten die Umherstehenden hinzu, hüllen ihn schweigend in ein Tuch und tragen ihn feierlich davon.[534] Der Schäfer war im Glauben des Volkes derjenige, welcher alles kannte, wußte und stets zu helfen verstand. Ist es da nicht erklärlich, daß sich die Hoffnung der unterdrückten Tagelöhner und Bauern auf Besserung ihrer Lage gerade auf ihn richteten? Oder dürfen wir hinter der Schäfergestalt gar einen der illegalen Bünde vermuten, die sich trotz aller Verbote und Verfolgungen durch Jahrhunderte behaupteten und die sich in ihrer Opposition gegen die Feudalklasse die Achtung des unterdrückten Volkes erworben hatten?

Vorwiegend auch aus dem Verbreitungsraum der ehemaligen Gutsherrschaften stammt eine stark variierte Wechselrede zwischen dem Schafhirten und seinem Herrn, die wir im Anschluß an die Schäfer-Edelmann-

Ballade noch kurz besprechen wollen. Auffallend sind darin nämlich die trotzigen und hohnvollen Antworten auf die Fragen des Dienstherrn nach einem Schaf, das die Wölfe gerissen haben:

„No, Jochem, wat weent'e?
Ja, Here, lachen wer' eck nich!
Is wol de Wulf twischen den Schaapen ewesen?
No, de Schaape willt wol nich twischen de Wülwe gahn!
Denn het hei wol eint henenohmen?
Ja, bringen werd hei keent!
Da het wol de Wulf dat Schaap wegesleepet?
Ja, dat Schaap will wol keinen Wulf wegsleepen!
Is'r denne midde in't Holt elopen?
No, in de Kerke werd hei wol nich lopen!
Het hei denn keine Hunne bi seck ehat?
No, Katten sind et doch nich!
Is hei'r denn nich hinderher egahn?
Ei, vorher wer'eck doch nich gahn!
Schaper, het denn de Wulf dat Schaap upefreten?
Ih, hat Schaap werd doch den Wulf nich upfreten!
No, denn mot eck ehene doch wol wat an sinen Lohne awtrecken?
Ei, tauleggen werd hei meck wol nix?"[535]

In einer Fassung aus Holstein ist der Schäfer noch schroffer, wenn er seinem Herrn die gleichen Schimpfworte, mit denen dieser ihn bedenkt, wieder an den Kopf wirft:

„Löpst du denn den Wulf nich na, du Esel?
Ja, du Esel, löpst du denn den Wulf nich na!
Vörop lopen will ik em wol nich.
Löp de Wulf denn na den Wold, du Dösmichel?
Ja, du Dösmichel, löp de Wulf denn na den Wold?
Na'n Dörpen ward he doch nich lopen."[536]

In Schwaben wird der Schäfer ermahnt, nicht so grobe Antworten zu geben, aber der kümmert sich nicht darum:

„Büble, sei nit so grob, i bin a Ratsherr!
Na, so rat mal, was i in meiner Tasche han!
Ha, was wirst du drin han! A Stückle Brod?
Ja Dreckle, meine Hänschich!"[537]

Diese Beispiele der Wechselrede zwischen Schäfer und Herrn mögen genügen. Nach außen scheinen sie zwar recht witzig und spaßig zu sein; die Verhöhnung des Herrn aber und damit der oppositionelle Ausdruck stellen diese Stücke[538] unbedingt neben die Schäfer Edelmann-Ballade.

Zusammenfassung

War der Vorstellungskreis um den Schäfer, wie er sich im Sagengut darbietet, im Grunde aus den besonderen Bedingtheiten seiner beruflichen Tätigkeit erwachsen, stellen ihn Lied und Spruch eigentlich mehr in das allgemeine Erscheinungsbild seiner Standesentwicklung. — Dem weit verbreiteten, aber irrealen Schäfer- und Hirtenlied, das aus der Idyllendichtung des 17. und 18. Jahrhunderts entstanden ist und trotzdem auch im Singgut der Schäfer in beträchtlicher Zahl Eingang gefunden hat, konnten wir das realistische Schäferlied gegenüberstellen. In seinen Versen ist kein Platz für die romantische Verherrlichung des Schäferlebens. Sehr nüchtern werden Schwierigkeiten und Strapazen der Hirtentätigkeit genannt, das Unverständnis, das man ihnen und ihrem Beruf entgegenbringt, beklagt und schlechte Behandlung gebrandmarkt. Bis in unsere Tage lassen sich solche Nachweise schäferlicher Dichtkunst erbringen. — Während sich in der Ballade vom verschmähten Schäfer die soziale Stellung des gering geachteten Gemeindeschäfers widerspiegelt, zeigt uns die Schäfer-Edelmann-Ballade den reichen Menge-, Hälfte- oder Pachtschäfer im Gegensatz zum verarmten Grundherrn vornehmlich aus der zweiten Hälfte des 17. Jahrhunderts. Durch sein trotziges Aufbegehren gegen die Willkür des Edelmanns machen ihn die unterdrückten Tagelöhner und Kleinbauern vorwiegend aus dem Bereich der ostelbischen Gutsherrschaft zum Symbol ihrer Gegnerschaft, ihres Widerstandes gegen das Junkertum.

VIII. Das Arbeitsgerät des Schäfers

In unserer Darstellung über die Geschichte des Wendelinkultes konnten wir als Attribute des Heiligen die Hirtenkeule, vor allem aber den Schäferstab mit Schäufelchen bzw. Schippe belegen. Der Schäferstab begegnete uns auch noch an anderer Stelle unserer Untersuchung; etwa in jenen Sagen, die davon berichten, wie die Schippe anzeigt, daß sich ein Dieb dem Pferch nähert, oder wie sie der Schäfer aufrecht in die Erde stößt, wenn er anderen Dingen nachgeht, die Herde aber nicht unbeaufsichtigt lassen möchte. Erinnert sei schließlich noch an eine Fassung der Schäfer-Edelmann-Ballade, in der als Lösegeld dem Edelmann Stab und Hut angeboten werden. Wir dürfen also zunächst sagen, daß der Stab äußeres Zeichen des Schäferberufs ist. — In Wirklichkeit aber ist er mehr als nur ein Berufsmerkmal, er ist stellvertretend für die Person des Hirten selbst[1] oder kann rechtliches Sinnbild für das Hüteamt schlechthin sein. Heißt es doch in einem südwestdeutschen Weistum des Mittelalters „... daz die frawen [die Nonnen des Klosters Eberbach] zwen steb solten han zu den schoffen und einen stab zu den rindern und einen zu den schwynen."[2] Auch die Grenzen des Weideareals werden mit Hilfe dieses Geräts bestimmt: „... der Hirt darf mit der Herde soweit in den Wald, als er mit seinem Stabe hineinwerfen kann."[3] Der Stellung als Rechtssymbol in Fragen des Weideganges entspricht auch die Bestimmung eines Weistums von Wiener Neustadt aus dem Jahre 1499, wonach der Schäfer bei Verlust eines Tieres seine Unschuld auf Stab oder Keule beschwören konnte. „Der Schwur auf den Knüttel entspricht ganz dem Schwur auf die Waffe,"[4] und wenn der Schäfer bei Aufkündigung des Dienstes im Odenwälder Gebiet sagte: „Ich stell ihm die Schipp hin,"[5] dann sagt diese Äußerung, daß auch den Hirten die alte Rechtsbedeutung des Stabes voll bewußt war. — In seiner Untersuchung über die Martini-Gerte als das „eigentliche Zeichen des Hüteamtes beziehungsweise die symbolische Wiederholung und Vervielfachung des wichtigsten Hütegerätes", sagte Leopold Schmidt[6] ganz mit Recht, daß magische oder mythische Deutungsversuche der Symbolkraft der Martini-Gerte, welche wir in diesem Fall mit dem Schäferstab gleichsetzen dürfen, ihrer eigentlichen Bedeutung nicht entsprechen können. „Beide geben nur allgemeine Rahmenbegriffe, nicht aber die Wirklichkeit, dieses so bezeichnende symbolische Brauchtum, das man nicht von den verschwommenen religionswissenschaftlichen Begriffen her begreifen kann, sondern weitaus eher von der zeichenhaften Sprache des mittelalterlichen Rechts."[7] Aus dieser rechtlichen Bedeutung allein erklären sich letztlich die Vorstellungen, daß dem Stab eine besondere Kraft innewohne, die dem Gedeihen der Herde zugute komme und sie vor Gefahren schütze: „L'attribut indispensable de la fonction de pâtre est la houlette. Si on la conserve jusqu'à l'année suivante, le bétail prospère ... La pâtre doit bien garder la houlette, afin que personne ne la prenne, autrement il perdrait ses vaches."[8] — Dort aber, wo diese alte Rechtssymbolik nicht mehr verstanden wurde, werden die Stäbe zusätzlich magisch geweiht, wie etwa im alten Estland, wo es „dicke Knüttel aus Ebereschenholz mit vielen eingeschnittenen Zeichen" waren[9] oder wo man, wie übrigens in anderen Landschaften auch, kirchlich geweihte Gegenstände einarbeitete, um den Stab besonders „kräftig" zu machen.[10]

Die rechtlich-symbolische Bedeutung eines Gegenstandes, eines Gerätes, resultiert aber nicht zuletzt aus einem alten Gebrauch, einer wichtigen Funktion, die er bei der Ausübung einer entsprechenden Tätigkeit, eines Berufs, besitzt. Das bedeutet in unserem Zusammenhang, daß wir Entwicklung und Funktion der Schäferstäbe im täglichen Leben der Schafhirten zu betrachten haben, um deren Wichtigkeit und Notwendigkeit richtig einschätzen zu können.

1. Der Hakenstock

In allen europäischen Schäfereigebieten führen die Hirten einen Stock oder einen Stab mit einem in mannigfacher Weise geformten Hakenende mit sich. Dieses Gerät ist für die Ausübung des Hüteamtes sehr wichtig, da sie mit ihm am bequemsten einzelne Tiere, die Symptome von Erkrankungen oder durch ihr Verhalten den Beginn einer ausbrechenden Seuche anzeigen, die sie auch schlachten oder melken wollen usw., herausfangen können. Bei der oft beträchtlichen Stückzahl einer Herde und der sprichwörtlichen Scheu des Schafes wäre es für den Schäfer zu schwierig und mühsam, mit bloßen Händen ein Tier greifen zu wollen. Er bedient sich daher dieses Werkzeugs, „das bei einfachster Handhabung die zweckmäßigste Lösung darstellt."[11]

Mecklenburgischer Schäferstab mit engem Haken. Länge 88 cm. (Müritz-Museum Waren)

Die Länge der Stöcke schwankt zwischen Hüft- bzw. Brusthöhe[12] und Mannesgröße, liegt also etwa zwischen 1,25 m und 1,80 m. Es hat den Anschein, als würden gleichzeitig verschieden lange Stöcke in ein und demselben Gebiet verwendet, so daß eine landschaftliche Differenzierung nach der Größe des Geräts nicht möglich sein dürfte.

Nach den Untersuchungen Heimbergers,[13] der sich um die Erforschung der schäferlichen Fangwerkzeuge verdient gemacht hat, sind formenmäßig weit- und enghakige Schäferstäbe zu unterscheiden. Diese Formen richten sich danach, ob es gebräuchlich ist, das Schaf am hinteren Oberschenkel oder am Knie- bzw. am Sprunggelenk eines Hinterfußes zu fassen. Das Gerät nach diesen beiden Möglichkeiten seiner Anwendungsweise zu unterscheiden, scheint auch uns der einzig gangbare Versuch einer Klassifikation.

Trotz einer großen Zahl von Beispielen, die Heimberger[14] anführt, wird man aber über Verbreitung und zeitliche Einordnung weit- bzw. enghakiger Schäferstäbe noch nichts Definitives sagen können. Letztlich trifft auch hier das gleiche zu, was wir von der verschiedenen Länge der Fangstöcke sagten: Beide Hakenformen können ebenfalls gleichzeitig und in ein und demselben Gebiet angewendet werden, wobei noch hervorzuheben ist, daß beide in nord-südlicher Verbreitung von der Ostsee bis zur Ägäis nebeneinander auftreten.

Gerade dieses Nebeneinander beider Stab- bzw. Hakentypen über weite Räume hinweg läßt uns aber vermuten, daß hier keine zufällige Erscheinung vorliegt. Im allgemeinen ist es nämlich Sache der Schäfer, ihre hölzernen Fangstöcke[15] selbst zu formen und herzustellen. Da sie diese Arbeit vorwiegend im Freien während des Hütens verrichten, sind sie in erster Linie auf das Material angewiesen, das ihnen die Natur bietet, d. h., sie bedienen sich der Äste und Zweige eines Baumes oder Busches, die schon eine natürliche Krümmung besitzen und damit fürs erste sofort zu gebrauchen sind. (Die Auszier des Hakens oder des Schaftes selbst kann ruhig längere Zeit in Anspruch nehmen oder zu einem späteren Zeitpunkt ausgeführt werden.)

Beispiel schäferlicher Schnitzkunst am natürlich gebildeten Hakenstock, Thüringen. Länge 150 cm. (Museum Sondershausen)

Allerdings ist geeignetes Holz für einen Stab mit weitem Haken schwieriger zu finden als solches für einen engen. Die Schäfer haben daher bestimmte Methoden entwickelt, die Krümmung des Holzes auch künstlich vorzunehmen. In einem Falle wird das Stabende „in Wasser gekocht, gebogen und bis zur völligen Austrocknung in der gewünschten Krümmung festgebunden. Dann muß der Haken präpariert werden, um die feuchtigkeitsempfindliche Eigenschaft des Holzes auszuschalten, sonst streckt sich die Krümme wieder. Die dazu benutzten Mittel Harz und Wachs sind jedoch nicht von anhaltender Wirkung."[16] Es gibt noch eine andere Art, die Krümmung herzustellen, wenn kein geeigneter natürlicher Hakenast aufzutreiben ist: „Junge Gerten werden am Wurzelansatz mit in den Boden geschlagenen Pflöcken zu einem Bogen gezwungen und erst dann abgeschnitten, wenn sie eine brauchbare Stärke haben. Auf solche Weise richten sich die ungarischen Hirten südlich des Plattensees ihre Stöcke zu, daher besitzen diese durchweg knollige Enden." — Hingegen „bietet die Natur den Schäfern in allen Hecken" brauchbares Material für einen enghakigen Stab.[17] „Sie variieren sehr je nach dem Wuchs des Seitenastes und haben oft nur die Länge von Spazierstöcken."[18] — Vergleichen wir nun die Herstellungsart weithakiger mit der enghakiger Stäbe, so fällt es auf, daß für den ersten Typ ungleich mehr Zeit — bisweilen sogar Jahre (!) — in Anspruch genommen werden können als für den zweiten Typ, der praktisch nur vom Baum oder Strauch abzuschlagen oder abzuschneiden ist. Das aber bedeutet, daß der Schäfer, der einen Stab mit weitem Haken haben will, sich möglicherweise auf einen jahrelangen Aufenthalt am gleichen Ort eingerichtet hat, was aber nur bei stationärer Schafhaltung möglich ist. Der Wanderschäfer aber verfügt nicht über soviel Zeit und ist vor allem auf das natürliche Material angewiesen. In diesen Zusammenhängen scheint uns der Ansatzpunkt für die Lösung der Frage nach der Verbreitung bzw. Abgrenzung weit- und enghakiger Fangstöcke zu liegen: Es ist bei Vorhandensein genügenden Vergleichsmaterials aus ganz Europa zu untersuchen, in welcher Form der Schafhaltung einer der beiden Typen von Fangstöcken vorzugsweise verwendet wird.

Beide Hakentypen reizen natürlich zur Auszier und zur bildnerischen Gestaltung, wobei allerdings meist in Tierform geschnitzte Haken, welche gesondert hergestellt und dann auf den Stab festgekeilt werden, allmählich vorwiegen dürften. Heimberger[19] schreibt, daß diese Konstruktionen auf der Wirkung des Hebelgesetzes beruhten und sich sehr bewährt hätten, „da dadurch das Sichstrekken künstlich gebogener Holzhaken ausgeschaltet" sei. Ein Schäferstock aus dem Staatlichen Museum in Schwerin läßt eine solche Konstruktion, die jede Auszier vermissen läßt und bei welcher reine Zweckmäßigkeitsgründe maßgebend waren, besonders deutlich erkennen.[20] — Anstelle der hölzernen, geschnitzten Hakenteile treten vor allem in neuerer Zeit eiserne, weit und eng geformte Haken, die, mit einer Tülle versehen, auf das Ende des Stabes gesteckt, aber auch seitlich angebracht werden können. Schmiedeeiserne Verzierungen sind selten.[21]

Der Hakenstock ist im deutschen Verbreitungsraum der ganze Stolz seines Trägers. Auf sein Aussehen legt er großen Wert, und es ist bei einigen Ehrensache, daß sie den Haken selbst schnitzen.[22] Auch der eigentliche Stabteil erfährt besondere Behandlung und Präparation. Im früheren schlesischen Kreis Oels wurde der sorgfältig ausgesuchte Stock noch während des Wachstums mit Nadeln geritzt oder gestochen, um Knotenbildung zu verursachen.[23] In Mecklenburg „wier de scheeperstock meist ut Wittduurn. De würd in Piermess oder in gelöschten Kalk leggt, dat

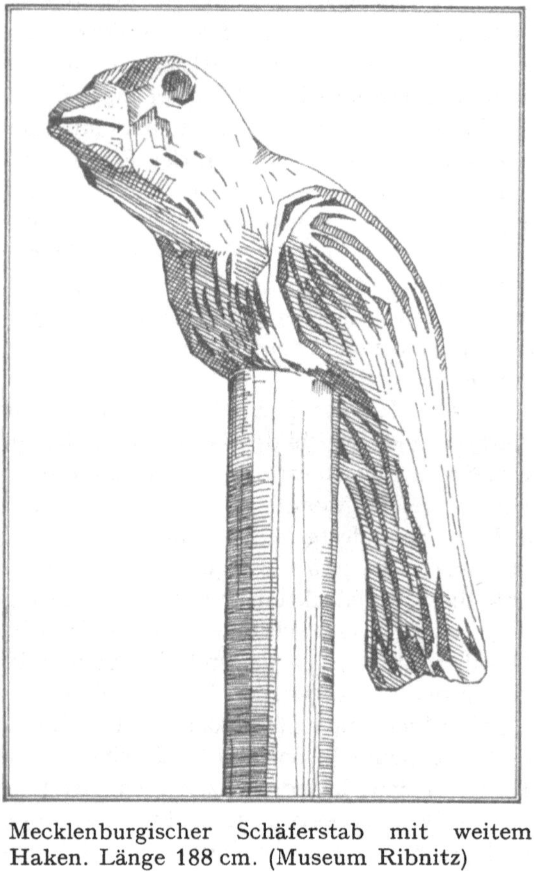

Mecklenburgischer Schäferstab mit weitem Haken. Länge 188 cm. (Museum Ribnitz)

he schön bruun ward.“[24] Auch im Feuer gebrannte Stöcke sind sehr beliebt. Man findet sie häufig in Thüringen.

Eine mehrfach gemeldete Eigenart des mecklenburgischen Schäferstabes war seine zusätzliche Verwendung als Signalpfeife, welche in die Krücke bzw. in den Hakenteil eingeschnitten wurde.[25] Ein alter Schäfer aus Dabel im Kreis Wismar sagte dazu: „Mit dissen Stock holl ik den Hof sauber. Wenn ik den Stock hew, hew'k de Fläut, un wenn'k de Fläut hew, hew'k ok den Hund. Stock, Piep und Hund hollen den Hof rein.“[26] Als Signalinstrument kann man den Schäferstab aber auch so gebrauchen, wie es uns zwei Thüringer Schäfer berichten ließen[27]: „In unserer Gegend wird der Schäferstab gleichzeitig als sog. Lämmerpfeife benutzt, d. h. der Stab wird zwischen den geöffneten Lippen des Mundes schnell von oben nach unten bewegt und dabei ein tenoraler Kehlkopfton ausgestossen, wodurch ein weit hörbarer Ruf entsteht, der hier mit ‚Wuppern‘ bezeichnet wird und als allgemeiner Schäfergruß der verschiedenen Schäfer gilt. Es wird meistens dann dieser Ruf ertönen, wenn die Herde auf ihrem Weideplatz angelangt ist.“

Auf antiken und frühchristlichen Darstellungen[28] wird der mannshohe oder hüfthohe hölzerne Hakenstock auch mit der Milchwirtschaft in Verbindung gebracht, denn an ihm sind vielfach Melkgefäße befestigt. Möglicherweise trug sie der Schäfer am Stabe über der Schulter, wenn er sich am Abend zum Melken der Herde begab. Völlig unsinnig ist aber die Verbindung Hakenstock—Milchwirtschaft in einem Deutungsversuch von L. v. Sybel,[29] der selbst „auf den arkadischen Bergweiden“ festgestellt haben will, wie der Schäfer die Tiere mit dem schwersten Euter dadurch herausfand, daß er die ganze Herde fortscheuchte, hinterher rannte und eben diese Schafe, die nicht mehr so schnell laufen konnten, mit dem Hakenstock einfing, um sie melken zu können. — Eine weitere Funktion des Stabes ist schließlich die einer Waffe vor allem gegen Wölfe. Nach Pauly-Wissowa[30] war er in der Antike mit einer eisernen Spitze versehen, konnte aber auch — wie im deutschen Mittelalter — in eine Keule auslaufen.[31] Diese Verwendung als Waffe ist im allgemeinen aber weniger gebräuchlich gewesen.[32] Hierzu diente in erster Linie die knorrige Keule selbst, die wir auf vielen mittelalterlichen Darstellungen als ausgesprochenes Hirtenattribut belegen können.[33] Hakenstock und Keule wurden wohl nebeneinander gebraucht, wie z. B. aus einem Mühlhäuser Rechtsbuch über das Verhalten des Hirten bei einem Hilferuf hervorgeht: „Die herte, sal och volge mit siner kulin unde mit sine crummin stabe unde sal daz vi laze ste."[34]

2. Die Schäferschippe

Der Hakenstock, den wir in seiner weiträumigen europäischen Verbreitung von der Antike bis in unsere Zeit hinein verfolgen können, muß auf seine vorwiegende Funktion als Fanggerät im wesentlichen beschränkt bleiben. Die anderen genannten Verwendungsmöglichkeiten sind im Vergleich zu dieser nur unbedeutend und nicht ausschlaggebend.

Ein Gerät aber, welches die wichtige Funktion des Fangens mit der Möglichkeit kombiniert, die Herde gleichzeitig einfacher und bequemer leiten zu können, ist die Schäferschippe, auch „Schapschüffel"[35] (Lüneburger Heide), „Klutenschüpp"[36] (Kreis Ahaus/Westfalen), „Schafferschaufel"[37] oder „Schäferschöpfe"[38] (Thüringen) genannt. Diese landläufigen Ausdrücke lassen das Wesentliche und Typische klar erkennen: Es ist ein schaufel-, auch löffelförmiges Gerät aus Eisen, das am Ende eines meist brusthohen Stabes steckt, mit dem der Schäfer Sand oder Erde heraussticht, um sie nach einem Schaf zu schleudern, das beim Marsch hinter der Herde zürückbleibt, vom Wege abweicht usw. Das Tier wird dadurch erschreckt und in die Herde zurückgescheucht. Die Funktion des Hakenstockes, also das Fangen eines Tieres aus der Herde, wird dadurch beibehalten, daß an der eigentlichen Schippe ein eiserner Haken angeschmiedet ist, den man genauso wie den weiten oder engen Holzhaken anwendet. Bei manchen Schippen fehlt er zwar, dafür trägt das andere Ende des Stabes eine meist eiserne Fangvorrichtung. In solchen Fällen ist er also doppelseitig verwendbar[39] und ist in dieser Form noch heute bekannt.[40] Andere Schippenstäbe lassen allerdings jeden Haken vermissen. Sie sind nur zum Erde-Schleudern eingerichtet. Wie es scheint, gehören aber gerade sie zu den ältesten Schippenbelegen, und die Schäfer mögen sich zusätzlicher Geräte bedient haben, wenn sie ein Schaf fangen wollten.[41] Schippen mit angeschmiedetem Haken treten nach unserer Kenntnis eigentlich erst im 18. Jahrhundert auf[42] und drängen die Schippen ohne Fanghaken fast ganz zurück.

Es ist Heimbergers Verdienst, als erster die verschiedenen Schippen- oder Schäufelchenformen erkannt und ihre Verbreitung in Deutschland erforscht zu haben. Nach seinen Untersuchungen gab es seit der zweiten Hälfte des 18. Jahrhunderts in den südwestdeutschen Schäfereigebieten Schmiedemeister, welche aus alten Sensenblättern Schäferschippen herstellten, die als „Herzschippen" und „Schäufelchen" — beide mit Fanghaken versehen — überall in Deutschland Verbreitung fanden. Sie ersetzten und verdrängten die bis ins 18. Jahrhundert hinein gebräuchliche Löffelschippe, die wir so häufig als Attribut von Wendelinsfiguren aus der Barock- und Rokokozeit finden. Herzschippen und Schäufelchen werden noch heute von den Schäferausrüstungsgeschäften Südwestdeutschlands vertrieben und tragen die Firmenzeichen der alten Schippenschmiede.[43] Man darf sagen, daß fast alle heute in Deutschland gebrauchten Schäferschippen im Letzten südwestdeutscher Provenienz sind. Lediglich die norddeutsche „Schapschüffel", deren Verbreitungszentrum vor allem in der Lüneburger Heide liegt, darf nach der Ansicht Heimbergers[44] noch als bodenständig für ein größeres Gebiet gelten. Sie läßt sich über das 18. Jahrhundert hinaus nicht zurückverfolgen. Im Prinzip entspricht sie wohl dem südwestdeutschen Schäufelchen, nur ist sie im allgemeinen etwas länger und schmaler bei gleichbleibender Breite; der Fanghaken ist zopfartig geschmiedet, Tülle und Schaufelteil stehen meist nicht axial, sondern sind nach links oder rechts verschoben. Man darf aber auch nicht außer acht lassen, daß Schäferschippen — mit und ohne Fanghaken — auch von Dorfschmieden angefertigt wurden. Die Form dieser Geräte lehnt sich dann entweder an die genannten Typen an oder nimmt eine ganz andere, von den sonst gebräuchlichen Schäufelchen abweichende Gestalt an.

Auch die Altersfrage der Schäferschippe konnte Heimberger weitgehend klären. Seine Forschungen ergaben, daß sich die älteste Darstellung unseres Geräts auf dem Barbara-Altar des Hamburger Meisters Francke im finnischen Kirchspiel Kalanti findet und in das Jahr 1410 datiert werden kann.[45] Die beiden Schäfer auf dem „Verratsbild" des Altars halten „lange Stöcke in den Händen, auf deren unteren Enden unverkennbar stark gewölbte Schippen mit langen Tüllen stecken. Leider sind sie in der Seitenansicht gemalt und mit ihren Stechkanten ins Erdreich gestoßen, so daß nicht festzustellen ist, ob die Seitenflächen parallel laufen oder sich nach vorn zu verengen. Bemerkenswert ist die Schrägstellung der Blätter; sie beträgt 30 bis 35°."[46] — Aus derselben Zeit stammen zwei Schäufelchen-Darstellungen vom gleichen Typ auf einer Miniatur aus dem Werk „Les très riches heures de Jean de France, Duc de Berry", angefertigt von den Brüdern Paul, Johann und Hermann von Limburg.[47] — Wenn auch nicht so stark abgewinkelt und nach vorn spitzer zulaufend, gehören auch die Schäufelchen auf dem Portinari-Altar des Hugo van der Goes (1476) zum gleichen Formenkreis. Eine instruktive Darstellung eines stark abgewinkelten Schäufelchens findet sich auch auf einer französischen Anbetungsszene aus dem Ende des 15. Jahrhunderts.[48] — Hingegen möchten wir das Schäufelchen, welches die um 1430 entstandene Gelbgußstatuette des heiligen Wendelin in der rechten Hand hält und die, wie Heimberger[49] richtig meint, für das Schleudern von Erde „schlechterdings unmöglich" ist — da diese „beim Ausholen zum Wurf nach allen Seiten" wegrutschen würde — nicht zu dem bisher kennengelernten Typus zählen. Mag hier vielleicht auch eine vereinfachende Stilisierung in der Darstellung vorliegen, so ist doch wahrscheinlicher, daß die Schäferschippe Südwestdeutschlands bis zum 18. Jahrhundert eine andere Entwicklung genommen hat, als sie uns die Darstellungen auf dem Barbara-Altar, im Stundenbuch des Duc de Berry usw. zeigen. Der große Unterschied liegt nämlich in der stark hervortretenden Schrägstellung des Schippenblatts auf den genannten Darstellungen, im Gegensatz zu den vorwiegend süd- und südwestdeutschen Schippen und Schäufelchen in der Zeit vom 15. bis 18. Jahrhundert, bei denen Blatt, Tülle und Stab meist in einer Ebene zu liegen scheinen. Die Abwinkelung des Blattes aber gestattet dem Schäfer nicht nur eine „bequeme Aufnahme der Erde", sondern sie verleiht dem Wurf auch „besseren Schwung und genauere Zielrichtung."[50] Die Vorteile gegenüber der Schippe mit geradem Blatt sind also unverkennbar, und auch Heimberger findet es eigenartig, daß die süddeutschen Formen bis hin ins 18. Jahrhundert diese Entwicklung zum besser durchdachten Gerät mit abgewinkeltem Blatt nicht mitgemacht haben. Erst mit der Herstellung der „Herzschippen" und „Schäufelchen" erfolgt seit dem 19. Jahrhundert die bewußte Abkehrung[51] von der Löffelschippe, die wir wohl als Prototyp der Schippe mit geradem Blatt ansehen dürfen, auch in Süddeutschland.[52] — Zusammenfassend darf man sagen, daß sich die abgewinkelte Schippe des frühen 15. Jahrhunderts letzten Endes doch überall durchgesetzt hat, wenn auch parallel dazu die Schippe mit geradem Blatt in einigen Landschaften vorkam und z. T. auch zu dominieren schien. Erst aber in der Endphase der Entwicklung des schrägen Blatts scheint allgemein der Fanghaken angeschmiedet worden zu sein, den wir auf den Darstellungen des 15. Jahrhunderts im wesentlichen vermissen.

Aus dieser letzten Tatsache aber muß man folgern, daß in gewissen Gegenden um 1400 die bisher wichtigste Funktion des Schäferstabes als Fanggerät von sekundärer Bedeutung geworden war. Starke Schafhaltung in einem trotzdem intensiven Anbauge-

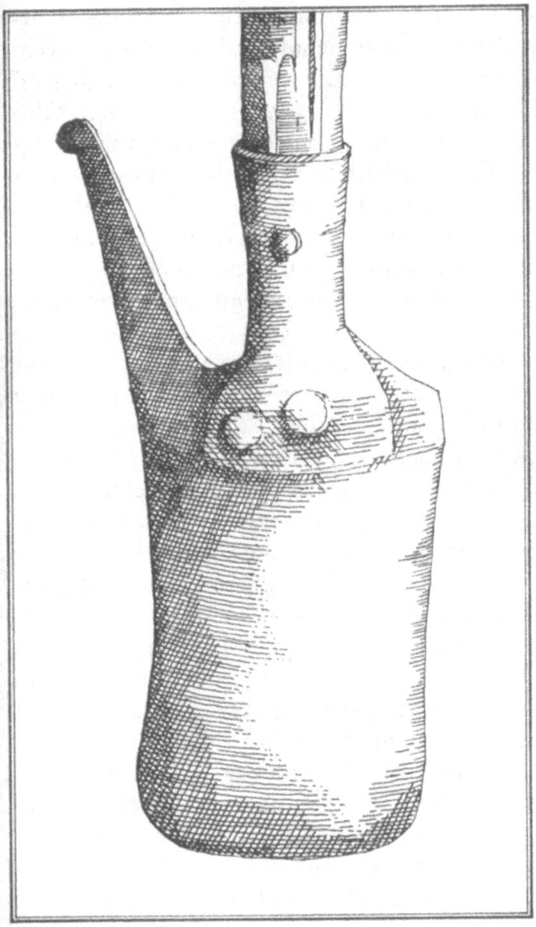

„Schäufelchen". Gesamtlänge 123 cm, Länge des Schäufelchen mit Tülle 16,5 cm. (Museum Stadtilm)

„Herzschippe". (Museum Osterburg/Altmark)

biet mußte im Laufe der Zeit geeignete Maßnahmen notwendig machen, um Hütungsschäden weitgehend auszuschalten. Das aber konnte nur dadurch geschehen, daß dem Schäfer Leitung und Führung der Herde erleichtert wurden. Es war wohl die Aufgabe der Hunde, die Herde überhaupt zusammenzuhalten, doch konnten sie — zumal bei einer großen Herde — nicht immer verhindern, daß einzelne Schafe bisweilen ausbrachen, zurückblieben, auf Nebenwege gerieten und dadurch manchen Schaden anrichteten. Mit dem Fanghaken allein war aber auch der Schäfer nicht in der Lage, das Tier in die Herde zurückzubringen, wohl aber mit der Schippe, mit der er Sand oder Erde auf das Schaf schleuderte und es so zurückscheuchte. Die Schäferschaufel war also vor allem dort notwendig, wo ein „weites Gehüt" infolge der Intensivierung des Anbaus nicht mehr möglich war, eine starke Schafhaltung aber trotzdem durchgeführt wurde.[53] Es ist daher nicht verwunderlich, daß wir dieses spezielle „Leit"-Gerät eigentlich nur in kleiner parzellierten Anbaugebieten Deutschlands, Belgiens, der Niederlande, Nord- und Mittelfrankreichs antreffen.[54] In allen anderen Landschaften, die noch ein großzügigeres Gehüt erlauben, ist die Schippe z. T. bis in unsere Tage hinein weniger gebräuchlich, ja unbekannt. Das gilt z. B. auch für den Bereich der ehemaligen ostelbischen Gutsherrschaften, wo noch heute der hölzerne Fanghaken vorherrscht.[55]

Diese Überlegungen erlauben es uns, eine Antwort auf die Frage zu finden, in welcher Landschaft die Schäferschippe ohne angeschmiedeten Haken — und zwar die mit schräggestelltem Blatt als ältester und durchdachtester Typ — entwickelt und zuerst gebraucht wurde. — Gehen wir zunächst von den drei ältesten Nachweisen aus, so können wir feststellen, daß sich der Schöpfer des Barbara-Altars, Meister Francke, wahrscheinlich den im gleichen Zeitraum schaffenden „Maître des Heures du Maréchal de Boucicaut"[56] zum Vorbild genommen hat. Die Entlehnung der französischen Malweise dieser Zeit ist so unverkennbar, daß die kunsthistorische Forschung sogar annimmt, daß Francke selbst in Frankreich gewesen ist und dort gearbeitet hat. Möglich ist aber auch, daß er aus dem holländischen Zütphen stammt.[57] Mit einer gewissen Wahrscheinlichkeit dürfen wir also annehmen, daß die Schäfer des Barbara-Altars mit ihren Schippen Vorbilder im französisch-niederländischen Raum haben. — Aus dem gleichen Gebiet stammen auch die Brüder von Limburg als Schöpfer des Stundenbuchs des Duc de Berry, in welchem die gleiche Geräteform wie auf dem „Verratsbild" des Barbara-Altars dargestellt ist. — Schließlich weisen auch die Darstellungen des Portinari-Altars aus der Hand des Hugo van der Goes in den gleichen Raum. — Noch ist zu wenig ikonographisches Material über abgewinkelte Schäferschippen bekannt, als daß man aus den drei Beispielen schon letzte Schlüsse ziehen könnte. Immerhin ist es aber nach der Herkunft der Meister und der Provenienz ihrer Vorbilder nicht ausgeschlossen, daß die Form dieser ältesten Schäferschippen mit abgewinkeltem Blatt typisch für den französisch-niederländisch-flandrischen Raum gewesen ist.[58] Somit liegt es nahe, ihre Entwicklung und — da sie die bisher bekannten ältesten Darstellungen überhaupt sind — die Notwendigkeit ihrer Entstehung vor allem in diesem Raum zu suchen; und das um so mehr, als die wirtschaftlichen Voraussetzungen für die Entwicklung des Leitgeräts — starke Schafhaltung bei intensivem Anbau — wie kaum in einer anderen Gegend Europas um 1400 gegeben waren. Wir erinnern nur daran, daß nächst Spanien und England die stärkste Schafhaltung um diese Zeit im flandrischen Raum lag. Während aber in den erstgenannten Ländern die Grundlagen des Bauerntums bewußt zerschlagen wurden, um soviel Kapital wie möglich aus dem Wollaufkommen zu schlagen, war man hier darauf bedacht, das naturgegebene Gleichgewicht zwischen Anbauwirtschaft und Schafhaltung bestehen zu lassen und es zu festigen. Hierzu dienten Maßnahmen und Mittel, das für dieses Gebiet notwendigerweise enge Gehüt so zu verbessern und zu organisieren, daß so wenig Schaden wie möglich angerichtet wurde. Die Schäferschippe mit *abgewinkeltem* Blatt, die ihrer Funktion entsprechend ideal gestaltet war, gehörte dazu in erster Linie. (Nicht ohne Grund hat sich allein in diesem Raum die Sitte erhalten, daß bei den jährlichen Schäferzusammenkünften die Jungschäfer als Beweis für ihre Treffsicherheit mit einer abgewinkelten (!) Schippe drei Lehmkugeln ins Ziel zu schleudern hatten.)[59] — Ob sich in Südwestdeutschland — ebenfalls ein Gebiet mit relativ starker Schafhaltung bei intensivem Anbau — die Schippe mit *geradem* Blatt autochthon entwickelt hat oder aus Flandern übernommen wurde, kann nicht gesagt werden. Für letztere Möglichkeit spräche die Tatsache, daß die württembergischen Herzöge zur Aufkreuzung der heimischen Bestände flandrisches Zuchtmaterial einführten und auf diesem Wege die Kenntnis von der Schippe und ihrer Verwendung dorthin getragen wurde. Erst im 18. bis 19. Jahrhundert setzen sich auch dort abgewinkelte Schippen und Schäufelchen durch.

Mit der Erfindung der Schäferschippe war der alte Hakenstock natürlich nicht abgetan. Wie heutzutage noch beide Geräte in der gleichen Landschaft nebeneinander verwendet werden können,[60] so natürlich auch in älterer Zeit.[61] Die Schippe gilt heute allerdings weitgehend als Symbol des Schäferstandes, wenn sie auch, außer vielleicht dem eigentlichen Stabteil, im Gegensatz zum hölzernen Fanghaken vom Schäfer selbst nicht mehr gestaltet wird. Er setzt aber seinen ganzen Stolz darein, ein sauberes ordentliches Gerät mit sich zu führen, und in Südwestdeutschland heißt es unter den Schäfern: „Die Schippe muß so blinken, daß man mit ihr essen könnte“ oder „Blank die Schipp und scharf der Hund.“[62] „An der Schippe erkennt man den Schäfer“ oder „Der Schäfer mit einer rostigen Schippe taugt nichts“, sagen die Bauern.

Dort wo ein enges Gehüt notwendig, die Schippe aber unbekannt war, bediente sich der Schäfer auch anderer Gerätschaften, mit denen er seine Herde lenkte. Vornehmlich waren es lärmerzeugende Instrumente, wie die mit eisernen Klapperringen versehenen „Klingel- oder Rasselstöcke“, welche über die Herde hingeschleudert werden, um sie in eine bestimmte Richtung zu lenken.[63] Wie Heimberger[64] zu berichten weiß, wenden die Schäfer von Montana und die südamerikanischen Gauchos noch heute das gleiche Prinzip an, wenn sie mit handgroßen Blechen oder gar mit zusammengebundenen Konservendosen rasseln und klappern. Im allgemeinen muß man aber sagen, daß diese Lärmgeräte in der Schafhaltung ursprünglich fremd sind. Weit mehr werden sie von Großviehhirten gebraucht, deren Schützlinge nicht so geräuschempfindlich wie Schafe sind. — Aus dem Bereich der Großviehhirten ist ebenfalls die lange Ringelpeitsche[65] entlehnt, deren Knall der Lautstärke eines Pistolenschusses gleichkommen soll. Allein das Sausen des langen Peitschenriemens ist schon so stark, daß die Tiere davon zurückgescheucht werden. Wir kennen die Anwendung der Ringelpeitsche als Führungs- und Leitgerät heute noch aus dem Bereich der südfranzösischen Wanderschafhaltung, vor allem während des Marsches. Man geht mit der Peitsche aber sehr vorsichtig um. Wirksam ist sie in erster Linie auch hier durch das Geräusch und den Knall, welche sie verursacht: „Il n'est pas toujours nécessaire de frapper les moutons. Le bruit de la lanière sur le macadam les effrait suffisamment. Le berger évite de frapper sur le dos au risque de blesser les moutons aux yeux, un fouettage dans les pattes étant beaucoup plus efficace et moins dangereux.“[66]

3. Der Stützstab

Hakenstock oder Schippe sind zwei Geräte, welche der Schäfer zur Betreuung und Führung der Herde benötigt. So verschieden ihre Anwendung auch ist, verbindet beide doch eine *gemeinsame* Funktion, nämlich die, dem Schäfer während des langen Stehens bei Beaufsichtigung der Herde als Stütze zu dienen.[67] Gerade aber diese Funktion hat entscheidend zu der Vorstellung einerseits von der Faulheit, andererseits von der Versonnenheit der Schäfer beigetragen.

In einem Mindener Sakramentar aus dem 11. Jahrhundert[68] befindet sich im Format von 19,2 × 13,8 cm eine Verkündigungsszene, auf der drei Hirten dargestellt sind, welche Stäbe tragen, deren oberes Ende mit einem waagerechten, unverzierten Querholz versehen ist. Das untere Ende — bei zwei Figuren verdeckt — ist bei der dritten (links im Vordergrund) gut erkennbar und läuft keulenförmig zu, d. h., dieser Stab kann auch als Waffe verwendet werden. Was nun das waagerechte Querholz, das wir in dieser Form bei Hakenstock und Schippe bisher noch nicht erwähnt haben, anbelangt, so wird seine Funktion eindeutig und klar, wenn wir die Darstellung des Hirten betrachten, der mit dem Engel spricht. Vornüber geneigt hat er, das Querholz als Krücke benutzend, den Stab unter die rechte Achsel geschoben und kann so entspannt der Verkündigung des Engels lauschen. Aus der gleichen Zeit stammen weitere Darstellungen, die den Stab mit waagerechtem Querholz in gleicher Funktion zeigen.[69] In späteren Jahrhunderten finden wir ihn auf mitteleuropäischen Darstellungen nicht mehr. Das bedeutet, daß er in unserem Raum keine lange Lebensdauer hatte. Wenn wir überdies feststellen müssen, daß die Darstellungsart der in Betracht kommenden Bilder auf byzantinisch-oströmische Vorlagen zurückgeht, erhebt sich die Frage, ob der

Stützstab in der geschilderten Form jemals im mittelalterlichen Zentraleuropa gebraucht wurde. In jedem Fall werden wir also, um das Gerät näher kennenzulernen, auf antike und spätantike Quellen zurückgehen müssen.

Focke, der sich in einer symbolgeschichtlichen Untersuchung mit dem antiken Schäferstab eingehender beschäftigt hat, ist der Ansicht, daß der z. B. bei Virgil als „pedum" genannte Hirtenstab dem Schäfer zur Stütze gedient habe. Denn seiner Meinung nach kommt pedum nicht von pes = „das Bein", an welchem man Schafe einfängt, sondern von pedare = „mit einem Fuß versehen", „stützen."[70] Focke plädiert für die Verbindung pedum — pedare aber nicht nur aus sprachwissenschaftlichen Überlegungen, er macht auch kulturgeschichtliche Gründe geltend, die ihn zu einer Untersuchung über die griechische Herrenschicht führten, die nach Homer und nach der antiken Sage vielfach als Hirten galten und lebten. „Allenthalben", so meint er,[71] „wird es denn auch Hirtenstäbe gegeben haben. Dabei ist gleich zu berücksichtigen, daß Hirten mehr zu stehen als zu gehen pflegen, einem ‚Steh'-stock also den Vorzug vor dem Gehstock geben werden. Mag es nun ursprünglich eine Hirtengewohnheit oder eine Städtersitte gewesen sein, im Umkreis des Mittelmeeres war es jedenfalls weithin üblich, sich bei längerem Stehen einen Stock von entsprechender Länge als Stütze unter eine Achsel zu stellen." Diese Langstäbe waren an einem Ende natürlich entsprechend zugerichtet, trugen also ein Querholz, einen Knauf oder eine Krümme. Aus solchen Stütz- oder Stehstäben, das weist Focke nach, hat sich das Signum der Bischöfe, der Krummstab, herausgebildet,[72] dessen „rechtsgeschichtliche Entwicklung ... durch Vereinigung des Pastoralen mit dem Regimentalen ... im Zeitalter Papst Incocenz des III. ... einen gewissen Abschluss gefunden zu haben" scheint.[73] „Nunmehr konnte auch die künstlerische Ausstattung insbesondere der Krümme beginnen ..."[74]

Spezielle Stützstäbe nach dem Vorbilde der Antike und Spätantike sind also wahrscheinlich in Zentraleuropa weder im Mittelalter noch in späterer Zeit verwendet worden. Der Gedanke des Sich-Stützens, das Bedürfnis sich beim stundenlangen Stehen auszuruhen und sich zu entspannen, war aber hier natürlicherweise genauso vorhanden, und man stützte sich in der gleichen Weise etwa auf einen natürlichen Ast, wie es der Schäfer auf dem bekannten Junibild des Breviarium Grimani tut, oder auf den Schäferstab. — Hakenstock und Schippenstiel bieten aber auch andere Möglichkeiten, sie als Stütze zu verwenden. Welche Stellung der Schäfer dabei einnehmen kann, erfahren wir aus einer Schilderung des Schäferstocks im ehemaligen Ostpreußen: „Der Schäferstock ist ... ein großer Stab mit kleinem, halbkugeligem Kopfe, mit rother und schwarzer Farbe verziert. ‚Auf das Pilzchen kann der faule Schäfer die Brust oder den Kopf stützen!'"[75] Im ehemaligen schlesischen Kreis Oels „stützte sich der Schäfer mit eingewinkelten Armen und mit dem Kinn" auf den Stab.[76] Die typische Haltung des niedersächsischen Heideschäfers ist die des Auflegens der Arme auf ein Querholz des Hakenstocks oder der „Schapschüffel."[77] Bei dieser Art des Stützens, welche am verbreitesten sein dürfte, ist die Haltung des Schäfers leicht vorgebeugt, der Stab ist meist — je nach der Länge — schräg nach vorn ge-

Schäfer aus der Provence in verschiedenen Ruhestellungen. (aus: Bourillon 1958, S. 54)

stellt (siehe Abb. S. 328, linke Figur). — Es gibt aber auch noch andere Stellungen, den müden Rücken auszuruhen und den Stab dabei zu Hilfe zu nehmen. Bourillon[78] zeigt sie uns an sehr anschaulichen südfranzösischen Beispielen (siehe Abb. ebda), zu denen er schreibt: „Toutefois pour se détendre le berger adopte d'autres attitudes. Il tient alors son bâton horizontalement sur ses épaules, les bras repliés au-dessus, ou bien encore, toujours dans la même position, mais le bâton appuyé sur les reins et les coudes maintenus au corps." Diese Arten des Ausruhens und der Entspannung des Rückens sind so natürlich, daß sie kaum eine Eigenart der provencalischen Wanderschäfer sein dürften. Ungarische Schäfer aus dem Komitat Hajdú-Bihar haben z. B. die Angewohnheit, sich in der Hocke rittlings auf ihren Stab zu setzen, den sie, mit beiden Händen festhaltend, nach oben ziehen, so daß er eine schräge Lage hat.[79]

4. Weitere Gerätschaften

Überall in Europa sind Hakenstock bzw. Schippe die eigentlichen Berufsmerkmale eines Schäfers. Weniger typisch und landschaftlich differenziert sind andere Gerätschaften, die in erster Linie der Versorgung der Herde bzw. einzelner kranker Tiere dienen. Für Deutschland scheint die Ausrüstung des Schäfers am besten in Westfalen[80] und im niedersächsischen Raum erforscht worden zu sein. Andrees[81] Schilderung darüber ist eine der ausführlichsten, die es gibt. Nach der Beschreibung einzelner Gegenstände zu urteilen, dürfte sie auch für andere deutsche Landschaften verbindlich sein: „Ein Hauptstück war der schaperranzen oder holster, ein rucksackartiger Beutel aus derbem Leder, in welchem der Schäfer Brot, Medikamente u. dgl. bei sich führt. Er wird an der Seite an einem breiten, über Schulter und Brust gehenden Lederriemen getragen, der mit Messingzieraten und Messingringen, die klingend herabhängen, versehen ist.[82] Das wichtigste am Ranzen aber ist eine Troddel, die aus Röhrenknochen mit abwechselnd dazwischen liegenden Querscheiben geziert ist. In die Knochen sind Ornamente, Gesichter usw. eingeschnitzt und mit farbigem Wachs ausgelegt.[83] Dann gehört dazu eine hölzerne Füllkelle in Form einer Schaufel, etwa 18 cm lang, die der Schäfer zum Wasserschöpfen benutzt.[84] Weiter ein Trinkhorn, aus Kuhhorn gefertigt, mit Lederriemen, hölzernem Boden und Stöpsel, dann ein kleines Salbenbüchschen, 8 cm lang, aus dem Ende eines Kuhhorns verfertigt. An diesem manchmal Schnitzereien ursprünglichster Art. Es enthielt eine Salbe gegen den Grind der Schafe." — Im Frühjahr, zur Lammzeit, wurde die Ausrüstung des Schäfers „um einen großen Leinenbeutel bereichert, den er über die Schulter hängte. Wenn sich in Feld und Heide Geburten ereigneten, steckte er die Kleinen in den Beutel, damit sie nicht ‚verlammten', in Kälte und Nässe zugrunde gingen. War — auch das kam vor — der Beutel voll, so trug der Schäfer die nächsten auf dem Arm."[85] — Seine Hunde dirigiert der Schäfer im allgemeinen nur durch

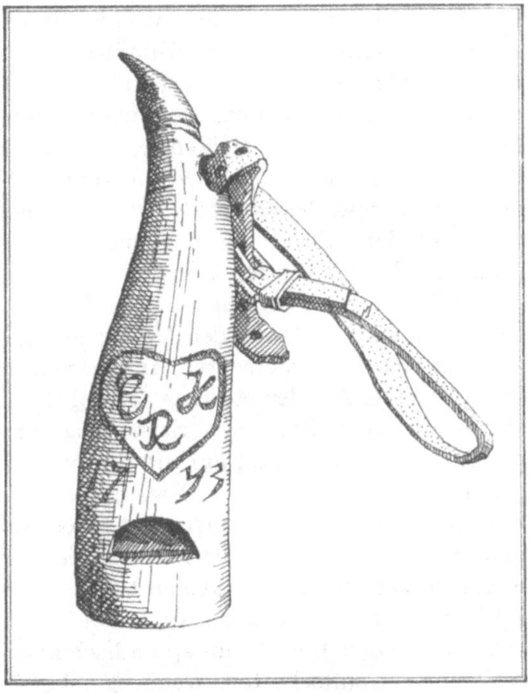

Hundepfeife, aus Horn gefertigt. (Museum Ballenstedt/Harz)

bestimmte Laute und Zurufe. In einigen Gegenden (z. B. in Nordthüringen und Sachsen-Anhalt) benutzte er aber wohl auch noch einen Wurfstock mit daran hängender Kette, den er nach seinem vierbeinigen Helfer schleuderte, wenn dieser nicht parieren wollte. Ein Thüringer Schäfer, so erzählte mir Herr Herre, Weimar, trug nur noch zwei alte, abgescheuerte Glieder einer solchen Kette in der Tasche, mit denen er nur zu klappern brauchte, um den Hund zur Raison zu bringen. So groß war dessen Respekt noch vor dem Wurf mit dem Kettenstock.[86] — Mannigfaltig waren die Instrumente, die sich der Schäfer aus einem Kuhhorn selbst fertigte: Salbenbüchse, Trinkhorn, Salzhorn,[87] Hundepfeife u. a. Alle sind im üblichen Kerbschnitt verziert und mit den Initialen ihres Besitzers versehen.

Einen beträchtlichen Teil des schäferlichen Arbeitstages nahm in früherer Zeit das Melken der Schafe und die Verarbeitung der Milch in Anspruch. Leider ist in Deutschland zu diesem gerätekundlich so wichtigen Gebiet bisher zu wenig Material gesammelt worden, als daß wir hier Eingehenderes sagen könnten. Wir möchten nur auf einen interessanten Melkbottich aus Bundwerk mit Eisenreifen im Staatlichen Museum zu Schwerin aufmerksam machen, der trotz seiner Höhe von 71 cm zum Melken der Schafe in der Art verwendet wurde, wie sie Bomann[88] aus Ostfriesland beschreibt: „... das Schaf wird mit dem Euter darüber und mit gespreizten Beinen auf den Rand des Bottichs gesetzt“ und — bei dem Schweriner Stück — gegen den als Schutz für den Melker hochgezogenen Oberteil abgemolken. Interessanterweise ist diese Art des Melkens als Relief auf einem präkonstantinischen Sarkophag dargestellt: Das Schaf steht auf die Vorderläufe gestützt schräg nach vorn. Die Hinterläufe sind angewinkelt und ruhen zweifellos auf dem Rand eines Melkbottichs. — Über die Arbeitsmethoden und Praktiken bei der Verarbeitung der Schafmilch zu Käse oder Butter geben die in den Museen nur sporadisch anzutreffenden Gerätschaften wenig Auskunft. Wir sind jedoch aus der umfangreichen ethnographischen Literatur namentlich der süd-

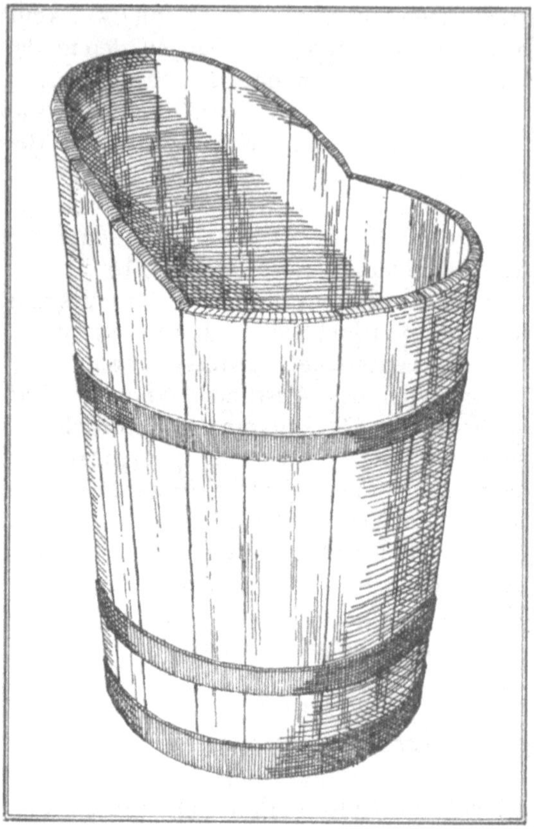

Melkbottich aus Mecklenburg, Bundwerk. Größte Höhe 71 cm, oberer Durchmesser 38 cm. (Staatl. Museum Schwerin. Inv. Nr. 6898 WK)

osteuropäischen Länder besonders im letzten Jahrzehnt über die Milchverarbeitung bei den unterschiedlichen Formen der Schafhaltung gründlich informiert.

5. Der Schäferkarren

Überall dort, wo ein Pferch aufgeschlagen ist, steht auch heute noch ein Gefährt auf zwei, drei oder vier Rädern mit einer Stangen- oder Gabeldeichsel und einem hüttenartigen Aufbau versehen, daneben. Es ist der Schäferkarren, der dem Pferchwächter als nächtliche Ruhestatt dient. — Der Aufbau, d. h. der eigentliche Hüttenteil, ist verschieden gestaltet. Meist besitzt er ein mehr oder weniger steiles Giebeldach aus Brettern, die parallel bzw. senkrecht zu den Seitenwänden angebracht sind. Man kennt auch Stroh- und Schilfbedachung. Verschieden sind Giebelhöhe und First- bzw. Gesamtlänge der Hütte. Die Tür bzw. der Einstieg wird in Mitteleuropa meist im vorderen Giebelteil liegen, mitunter noch mit einer kleinen Öffnung auf der rückwärtigen Seite. Sie kann aber auch, wie etwa in Bulgarien oder in der Provence, als Schiebetür in eine der Seitenwände eingelassen sein. Mitunter war noch eine Bodenluke angebracht.

In deutschen Landschaften ist der Schäferkarren meist zweirädrig. Der ca. 2 m lange Holzkasten ist 80 cm hoch und breit. Unter der Tür im Vorderteil ragt die über 2 m lange Stangendeichsel vor. „Tagsüber ruht deren vorderes Ende schräg nach unten auf dem Erdboden, wodurch auch der Holzkasten in die gleiche schräge Lage kommt. Am Abend vor dem Besteigen der Karre hebt der Schäfer die Deichsel und damit zugleich den Holzkasten in eine waagerechte Lage. Sie wird in dieser durch einen unter die Deichsel gestellten Holzpfahl mit natürlicher Gabel oder durch Auflegen der Deichsel auf den Hürdenzaun festgehalten. Der Schäfer steigt mit den Beinen voran in die Karre. Er schläft folglich mit dem Kopf nach vorn, weil die Gefahr für ihn zu groß ist, wenn der Karren, wie es wohl vorgekommen ist, durch Bubenstreiche nach hinten übergekippt wird.“ Der Hund schläft zwischen den Rädern.[89]

Bequem war es in dem Karren freilich nicht. Das zeigt uns eine Schilderung aus Mecklenburg, wo übrigens dreirädrige Karren („vör'n en Rad, hinnen twee“[90]) häufiger genannt werden: „Wi müssten uns buten uttrecken, de Hütt wier to lütt (de Bücks behölen wi an); wenn de Strümp natt worden wieren, würden se unnern Noors leggt, dat se morgens drög wiren. Trüggwarts mit de Been toihrst müßt ik rin krupen. Vörn wir so'n Twäl, dat de Hütt vörn lütt bäten höger stünn, dat de Kopp bäten höger lägen hett.“[91]

Aus Mecklenburg ist uns übrigens auch überliefert, daß die Soldatenwerber, die es auf Schäfer besonders abgesehen hatten, nächtlicherweise den Karren mitsamt dem schlafenden Schäfer davonfuhren. Aber „wenn se denn mit de karr afjagen deden, denn leten se [die Schäfer] sik rutfallen ut dat boddenlock; denn glöwten se, se hadden's un se hadden's doch nich.“[92]

Wenn wir sagten, daß Pferch und Schäferkarren erst seit dem 19. Jahrhundert in der Lüneburger Heide bekannt waren, dann weist das auf ursächliche Zusammenhänge zwischen der Pferchdüngung durch Schafe und dieser fahrbaren Schlafstatt für den Hirten hin. Auch für die Altersfrage des Schäferkarrens ist dieser Zusammenhang wichtig, denn er dürfte erst dann aufgekommen und bekannt geworden sein, als man im Stadium der vollausgebildeten Dreifelderwirtschaft auf das Pferchen besonderen Wert zu legen begann. — Es ist das Verdienst Vakarelskis,[93] diese Zusammenhänge als erster erkannt zu haben. Wenn seine Untersuchungen auch in erster Linie das Balkanmaterial ausschöpfen, so zieht er doch weitgehend gesamteuropäische Parallelen heran und gelangt so zu verbindlichen Folgerungen und Ergebnissen für unseren Kontinent. Auf dem Balkan konnte Vakarelski noch zwei Vorstufen der „ziehbaren Räderhütte“ feststellen, nämlich die „tragbare Betthütte mit oder ohne Füße“ und die „gleitbare Schlittenhütte,“[94] die wir in ähnlicher Form auch für das mittelalterliche Zentraleuropa vermuten dürfen. Allen drei Typen aber ist die „Abhängigkeit ... vom Düngen auf den Feldern durch das in den Zäunen befindliche Vieh [gemeinsam]. Auf den hohen Bergen, wo das Düngen überflüssig ist, da dort kein Ackerbau getrieben wird, und die ausgedehnten Weiden keine Einschränkung für das Übernachten fordern, findet man ständige oder zumindest lang andauernde Zäune und dauernde bequeme Hütten.“[95] (Aber auch die bewegliche Einmannhütte ist „ausschließlich als Schlafstätte für den Schäfer“ zu betrachten.)[96] Es kann auch vorkommen, daß sie größer gebaut werden und dann auch zur Aufbewahrung der Milchprodukte dienen.[97] — Ob wir für unseren Untersuchungsraum in früher Zeit mit dem Aufstellen von Windschirmen[98] als notdürftigen Schutz für den Schäfer und damit als eine Frühform transportabler Hütten rechnen dürfen, kann hier nicht gesagt werden. Für den Bereich der südeuropäischen Wanderschafhaltung und extensiven Viehwirtschaft, wo der Schäfer in Pelze gehüllt nachts neben seiner Herde auf dem Boden ruhte,[99] wird man es annehmen können.

Dort, wo man im allgemeinen nicht pfercht und die Herde zur Nacht in einem großen Stall unterbringt — das trifft vor allem für den Bereich der Hof- und Gutsschäferei zu — bleibt der Schäfer mitunter auch dort bei seiner Herde.[100] Er nächtigt dann in einem Bett, das im Stall über den Schafen aufgehängt ist[101] und ihm dadurch die Möglichkeit gibt, die Herde gut zu übersehen. „In Passentin wier in den Schaapstall in de Midd'n Küsel upmuert, dee wier baben mit Steen afleggt. Dor hebben (früher) Bettstellen upstahn för de Schepers, dat de Schaap dor nich ankamen künnt hebben, un se de Schaap goot öwersehn können."[102] In den südfranzösischen Grandes-Landes hat man im Schafstall für den Schäfer einen erhöhten Verschlag angelegt, der so klein ist, daß er einer Hundehütte gleichen soll.[103]

Die Herde vor Unheil zu bewahren, sie unter ständiger Aufsicht zu halten, ist mit ein Grundprinzip für die Entwicklung des Schäferkarrens, der Schlafgelegenheiten in den festen Ställen usw. Nur ein Minimum an Ruhe und Bequemlichkeit kann der Schäfer selbst bei Nacht für sich in Anspruch nehmen.

Zusammenfassung

In diesem Kapitel kam es uns vor allem darauf an, die dreifache Funktion des heutigen Schäferstabes als Fang-, Leit- und Stützgerät aufzuzeigen, wobei wir ethnographisch-historisch seinen Entwicklungsgang verfolgten: Der Hakenstock, der vor allem als Fanggerät benutzt wird, steht dabei am Anfang und wird seit dem 15. Jahrhundert vorwiegend in den Gebieten, deren landwirtschaftliche Struktur ein „enges Gehüt" erforderlich macht, durch die Schäferschaufel als Leitgerät verdrängt. Die ideal-typische Form des abgewinkelten Schäufelchenblattes dürfte im flandrischen Raum entstanden sein. Gewisse Vorrichtungen am Schäferstab, die speziell dem Sich-Stützen dienen, konnten wir eigentlich nur auf Bildwerken vom Ende des frühen Mittelalters feststellen, die jedoch auf byzantinische Vorlagen zurückgehen. Die Art des Sich-Stützens ist aber auch in Zentraleuropa bis in die heutige Zeit die gleiche geblieben. — Neben einer erläuternden Aufzählung übriger Schäfergerätschaften beschäftigten wir uns weiterhin mit dem Schäferkarren und stellten fest, daß er in erster Linie im Zusammenhang mit der Pferchwirtschaft betrachtet werden muß.

Die Erörterung über die Arbeitsgeräte der Schäfer in Zentraleuropa konnte im Rahmen dieser Gesamtdarstellung nur knapp sein. Es kam auch hier mehr auf ein Hervorheben der Grundzüge von Bedingungen für die Entwicklung und Funktion der Arbeitsgeräte an. Der Versuch, die mannigfachen landschaftlichen Formen- oder gar Verzierungsvarianten, Sonderentwicklungen u. ä. aufzuzeigen, wurde erst gar nicht unternommen. Noch weniger betrachtete es der Verf. als sein Anliegen, vergleichende Gerätestudien etwa im gesamteuropäischen Verbreitungsraum der Schafhaltung und Schäferei vorzunehmen. Ihm war es wichtiger, auf kulturelle Gemeinsamkeiten innerhalb historisch gewachsener, von gleichartigen sozialökonomischen Voraussetzungen geprägte Großlandschaften hinzuweisen. Diese Bemerkung möchte der Verf. allfälligen Kritikern entgegenhalten, die nach einer mehr und mehr überholten Auffassung von „materieller Kultur" möglicherweise die Auflistung langer Typenreihen der vielfältigen schäferlichen „Sachzeugen" zumindest Zentraleuropas erwartet haben. Die einschlägige Literatur zu solchen Fragestellungen ist jedoch auch in der Bibliographie so erschöpfend wie möglich zusammengestellt worden.

IX. Die Schäferkleidung

Es bedürfte spezieller trachtenkundlicher Forschungen, wollte man die Besonderheiten des Arbeits- und Festtagskleides der Schäfer in den verschiedenen Landschaften aufzuzeigen versuchen. Das kann jedoch nicht Aufgabe unserer Untersuchung sein.

Gehen wir vom heutigen Erscheinungsbild aus, so stellen wir zunächst fest, daß sich der Schäfer in der Arbeitskleidung von der Landbevölkerung meist kaum noch unterscheidet. Lediglich Hakenstock oder Schippe weisen ihn als Schäfer aus. — Die als Berufstracht von den Schäferbekleidungshäusern etwa seit 1875 kreierte schwarze Samtweste mit Perlmutterknöpfen, die dazugehörige schwarze Stiefelhose mit Langschäftern, der breitkrempige Hut und das über eine Schulter laufende Lederbandelier mit aufgesetzten Messingplatten in Herzform sind im Schwinden und werden mehr bei Festlichkeiten als bei der täglichen Arbeit getragen.[1] In Hitlerdeutschland zur „Schäferuniform" proklamiert, wurde der eng geschlossene Kragen der Weste mit Paspelierungen und kleineren Knöpfen versehen, aus deren Anzahl sich der „Dienstgrad" des Schäfers vom Lehrling bis hin zu den einzelnen Rängen des Schäfermeisters erkennen ließ. — In einigen Landschaften Mitteldeutschlands hat sich diese sonst so kleidsame Weste mit dem weißen Knopfbesatz großer Beliebtheit erfreut. Anderswo war man entgegengesetzter Ansicht und bezeichnete diese Tracht als „Unsinn ... der weiter nischt uff sich hat, als daß' e Geld kostet"; so ein alter Schäfer aus der Eilenburg-Grimmaer Gegend,[2] wo man ehedem keine Tracht trug und sie erst später aus der Umgebung von Eisleben und Halle einführte,[3] eben unter Vermittlung der Schäferbekleidungshäuser. Schäfermeister Thrams aus Trebatsch, Kreis Beeskow, bestätigt diesen Tatbestand für Teile Brandenburgs.[4] Auch Dillner,[5] der u. W. am ausführlichsten die Besonderheiten der deutschen Schäfertracht zusammengestellt hat, weist gelegentlich darauf hin, daß das Tragen der „Schäfereinheitsweste" in einigen Landschaften ungebräuchlich war und diese erst später eingeführt wurde. — Man wird also sagen dürfen, daß die Schäfer sich mancherorts der von außen kommenden Uniformierung durch eine Tracht widersetzten und nur ungern die neue Mode — denn etwas anderes ist letztlich die „Schäfereinheitsweste" nicht — mitmachten.

Vor der Zeit der „Schäfereinheitsweste" hat es aber in einzelnen deutschen Landschaften gewisse Trachtenelemente in der schäferlichen Berufskleidung gegeben. Sie wurden vielfach durch die Notwendigkeit bestimmt, ihrem Träger je nach den allgemeinen geographisch-meteorologischen Bedingungen einer Landschaft den besten Schutz gegen die Witterung zu verleihen. Mit anderen Worten, die Kleidung des Schäfers wurde durch Zweckmäßigkeitserwägungen bestimmt. Das zeigt sich bereits an der für mittelalterliche Hirtendarstellungen charakteristischen Gugel, die — bei schlechtem Wetter — „übergezogen nur das Gesicht freiläßt und, wenn zurückgeschlagen, in einem langen Zipfel über den Rücken herabhängt."[6] Ähnlich war der Schulterkragen mit angeschnittener Kapuze zu verwenden, wie er etwa auf einer Schäferdarstellung des Ulmer Meisters Zeitblom um 1500[7] zu sehen ist. — Zweckmäßigkeitsgründe sind es also, die bis in neuere Zeit hinein die Schäferkleidung in gewissem Maße bestimmt haben. Sie besteht beim niedersächsischen Schäfer „im Sommer aus einer langen Hose von blauem Leinen und einer kurzen Jacke, dem Kaput aus demselben Stoffe; dazu trägt er eine Mütze. Ist rauhes Wetter, so setzt er einen alten Filzhut auf und zieht über die Hose eine weite Schipperböx oder Sludderböx aus weißem oder blauem Leinen. Im Winter trägt er statt des Kaputs einen langen blauleinene Schlups und bei Schnee und Regen oder starker Kälte darüber die Chenille aus dunkelblauem Wollstoff, an deren Stelle später vielfach ein bis an die Knie reichender Schafpelz getreten ist, dazu auf dem Kopfe eine aus schwarzem Lammfell gearbeitete Pelzmütze mit Niederschlagkragen hinten und an den Seiten. Als

Fußbekleidung dienen außer den wollenen Strümpfen im Sommer einfache Lederschuhe und im Winter Schaftstiefel, bei hohem Schnee aber weit über die Knie hinaufgehende ‚Krempstiefel'. Viele Schäfer machten sich in alten Zeiten Höltenstäwel, an deren lederne Schäfte Holzsohlen angenagelt sind; sie waren bei hohem Schnee und großer Kälte beliebt, da sie die Füße besonders gut warm hielten."[8]

Mit gewissen aber unbeträchtlichen Variationen, die etwa die Art der Kopfbedeckung, die Farbe der Leinenkleider oder ähnliches betreffen, kann diese Schilderung der Kleidung eines Heideschäfers eigentlich für das gesamte Niederdeutschland, besonders für den westlichen Teil, gelten.[9] Lediglich im Emsland ist der „weiße Haiken", der bei schlechtem Wetter angelegt wird, eine Besonderheit. „Der Stoff ist von grober, aber reiner weißer Wolle, die im Herbst selbst gesponnen und verwebt wird."[10] Charakteristisch scheint aber für Niederdeutschland sonst die praktische Leinwandbekleidung zu sein. — Dagegen dürften im mitteldeutschen Raum die Lederweste (farbig) und Lederhose als Wetterschutz vorgeherrscht haben. Der Thüringer Schäfer trug dazu lange Stiefel „oder Schuhe mit Tuchgamaschen, die bis zu den Knien reichten."[11] Bei warmer Witterung zog er in Südthüringen wohl eine kurze Lederhose vor, wozu dann „lange, wollene selbstgestrickte Strümpfe" gehörten, die in derben Leder- oder Holzschuhen steckten.[12] Als Kopfbedeckung diente in der Rhön und in Südthüringen ein schwarzer, steifer breitrandiger Hut, der mit lang flatternden Bändern verziert war.[13] — Für Oberdeutschland von Württemberg bis Niederbayern ist ein langes schwarzes oder blaues Staubhemd zum Schutze der Unterkleider charakteristisch.[14] Wir möchten dieses Kleidungsstück aus den Bedingungen der Wanderschafhaltung herleiten, wo auf dem Marsch viel Staub aufgewirbelt wird, dem besonders der hinter der Herde gehende Schäfer ausgesetzt ist. Lange Röhrenstiefel und ein grauer Schlapphut vervollständigen die Kleidung des oberdeutschen Schäfers.[15] Im Ries trug er statt des Hutes ein rundes Käppchen mit Quaste, den „Klotzen."[16] — Es ist evident, daß diese aufgeführten Elemente der schäferlichen Berufskleidung ausschließlich von Zweckmäßigkeitsgründen bestimmt wurden. Daß sie in klimatisch oder geographisch ähnlichen Gebieten ein zumindest verwandtes, wenn nicht gar gleiches Aussehen haben, ist nicht verwunderlich und berechtigt uns auch, von gewissen Trachtenelementen der Arbeitskleidung des Schäfers innerhalb größerer Landschaftsräume in Deutschland zu sprechen.[17]

Zu diesen zweckgebundenen Formen tritt aber noch ein weiteres Element, das für unsere Erörterung wichtig ist. — Wir werden an den reich gekleideten Schäfersohn aus der Schäfer-Edelmann-Ballade, an die Kleiderordnungen über die Prunksucht und den Luxus der Schäfer oder an die in Hofmannsmanier gekleideten Rokokoschäfer Watteaus erinnert, wenn wir Bomanns[18] Schilderung von der Kleidung eines niedersächsischen Milchschafhirten um 1900 lesen. Im Gegensatz zum Schnuckenschäfer trug er „im Sommer einen langschößigen, mit Hornknöpfen besetzten weißen leinenen Rock, der rot gefüttert war. Alte rote Soldaten- und Beamtenröcke lieferten häufig das Rockfutter. In Kniehosen, Gamaschen und Schnallenschuhen, auf dem Kopfe den Dreimaster, schritt der Schäfer daher, meistens eifrig strickend". — Hierzu noch die Schilderung eines Harzer Schäfers: „Um 1900 bestand die Schäfertracht aus einem langen, hochschließenden, schwarzen oder dunkelblauen Tuchmantel, der mit hochrotem Flanell gefüttert und mit blanken, gemusterten Messingknöpfen zweireihig besetzt war; darunter saß eine hochschließende schwarze Samtweste mit runden Kugelknöpfen oder ein blauer Kittel. Die Hose war eine aus dunklem Gurtstoff gefertigte, eng anliegende Latzhose, die entweder lang getragen oder in Tuchgamaschen gesteckt wurde. Den Hals schützte ein wollenes Halstuch, und als Kopfbedeckung diente entweder ein breit- oder schmalkrempiger, hoher Filzhut bzw. der ‚Kalabreser': ein grosser, runder schwarzer Filzhut mit breiter, gerade abstehender Krempe, die bei schlechtem Wetter gegen

Regen schützte, bei gutem Wetter an zwei Seiten mit Hilfe durchgezogener Schnüre aufgeklappt wurde. Er bildete dann einen Dreimaster, dessen eine Spitze nach hinten zeigte, während vorn die Krempe gegen die Sonne heruntergelassen werden konnte."[19] Der braunschweigische Schäfer hatte „den ganz im 18. Jahrhundert wurzelnden langen und hinten in Falten gelegten Schoßrock beibehalten und mit Stickerei, Schnurbesatz und Knöpfen noch besonders ausgestattet. Auch sein Dreimaster ist von recht altertümlicher Form. Dazu trägt er an den Füßen Gamaschen, auch sie aus der militärischen Tracht des 18. Jahrhunderts stammend."[20] — In der zweiten Hälfte des 19. Jahrhunderts lebte in Oldenrode bei Moringen (Solling) der Schäfermeister Hannemann, der dort als Original galt. Er trug als Kopfbedeckung einen hohen, altmodischen Zylinder, Schnallenschuhe mit großen, fein geputzten Beschlägen, lange, bis über die Knie reichende Gamaschen und gelbe Samthosen. Dazu gehörte weiter ein langer weißer Rock mit fein bestickten Schulterstücken und Aufschlägen, der bis zur Kniehöhe mit großen blanken Knöpfen zusammengehalten war, unten aber dann weit offenstand. Die Schäferschippe war aus Messing und immer gut geputzt.[21] — Von einer „Schäferuniform", welche man ebenfalls noch in der zweiten Hälfte des vorigen Jahrhunderts trug, und zwar am Vogelsberg, berichtete uns Schäfermeister Greb aus Burgsinn/Rhön: Sie bestand aus dem „Schäferrock", der fast bis ans Knie reichte, aus grauem Wollstoff gefertigt war und frackartig in zwei Schößen auslief. Der Kragen war jägergrün und die Brustseite mit grünen Schnüren gleich einer Husarenattila verziert. Jede Brustseite trug außerdem noch eine Reihe von 6 Perlmutterknöpfen. Auch die Frackschöße waren mit je drei solcher Knöpfe und einer grünen Schnurverzierung versehen. Zu diesem Uniformrock gehörte ein besonderer Hut, der nur auf Bestellung angefertigt wurde und z. T. noch um 1950 in Hessen getragen worden sein soll. Er war nicht zu biegen, hatte ein kreisrundes, ganz ebenes Dach mit sehr breitem Rand. An der Stirnseite trug er eine silberne Doppelschnalle, durch welche die beiden Enden eines schwarzen Samtbandes sehr kleidsam hervortraten.

Solche Phantasieuniformen waren in Deutschland bis um 1900 sehr verbreitet, und es kann keinen Zweifel geben, daß sie, wie Jesse schon von der braunschweigischen Schäfertracht sagte, den Soldatenuniformen bzw. der höfischen Tracht des 18./19. Jahrhunderts entlehnt waren. Sie waren in ihrer Vielgestaltigkeit ursprünglich natürlich nicht als einheitliche Tracht zu werten. — Vielen aber ist ein Kleidungsstück gemeinsam gewesen, das sich — man darf sagen — über ganz Deutschland als beständiges Element der Schäferkleidung — ob bei der Arbeit oder am Feiertag — verbreitet hat, auch dort, wo man keine uniformartige Kleidung trug: Das war der lange dunkle oder blaue Tuchmantel mit dem roten Innenfutter.[22] Wenn Hörmann[23] sagt: „Auf ihre Tracht taten sich die Hirten viel zu Gute und trugen sie mit großem Stolze, sie erhöhte ihr Standes- und Zusammengehörigkeitsgefühl", dann ist damit in erster Linie dieser weit auffallende, vornehme Mantel gemeint. Er erinnerte die Schäfer an die Blütezeit der Schafhaltung am Ende des 18. Jahrhunderts, an ihre Wohlhabenheit als Pacht- und Mengeschäfer in der gleichen Zeit, da ihnen der Makel der Unehrlichkeit endgültig genommen wurde. Dieser Mantel war also tatsächlich ein Symbol ihres „Standes- und Zusammengehörigkeitsgefühls", ein echtes Trachtenelement. Dieses Kleidungsstück unterscheidet sich also wesentlich von der „Schäfereinheitsweste", durch die kein Standes- und Zusammengehörigkeitsgefühl geweckt oder erhalten, sondern die Schäferschaft in anonymer Uniformität gleichgeschaltet werden sollte. Daß diese im wesentlichen von außen an sie herangetragene „Tracht" eine relativ kurze Lebensdauer hatte — wir sagten, daß sie heute mehr und mehr im Schwinden begriffen ist —, zeigt, wie fremd sie letztlich dem traditionsreichen Lebenskreis der Schäfer war. Hingegen knüpften sie mit dem weiten blauen Mantel im Schnitt des 18. Jahrhunderts u. E. bewußt an die Geschichte ihres Standes an.

X. Anhang

Urkunden

Verzeichnis

Rothenburg	1516
Halberstadt	1516
Hirzfelden	1584
Brandenburg	1620
Beetzendorfischer Kreis	1653
Markgröningen	1651
Bretten	1634
Bretten	1763
Pfaffenhoffen	1745
Meißenscher und Erzgebirgischer Kreis	1729/30
Böhmen	1709
Hessen-Darmstadt	1770
Trillfingen	1780

Urkunde der Rothenburger Schäferbruderschaft aus dem Jahre 1516[1]

Wir Burgermaister und Rathe des hailigen Reichs Stat zu Rotenpurg uff der thauber, Enbietten allen und ieglichen Maisteren und Gesellenen der Schäffer Bruederschafft ,den dieser unser prieff zukomet oder gezaigt würdet, unser freuntschafft und gunst und fuegen euch zu wissenn, das uns unser liebe rathfreundt Hans Hornburg der älter und Hainrich Mor, derzeit geordnet pflegere Sant Wolffgangs kirchen vor unser Statt klingenthor gelegen, die da in der ere von unser lieben Frawen der Junckfraw Marie, des vorgenanten Sant Wolffgangs und Sant Wendels geweiht ist. In welicher kirchen dan die Schäffer ir pruederschafft habenn mit volpringung der gotlichen ambte, die sie alle iar ierlich in sollicher Kirchen mit gesungen und gesprochen messen und sonderlichen alle wuchen den verstorben, auch den lebendigen auss sollicher pruederschafft zu trost unnd hilff zwu messenn lassen halten, der dan diser zeit geordent pfleger sind Mit namen Mathes Trechssel unser burger und eusseren Rats und Bernhart guckenperger haben furpracht, wie sie dem almechtigen got, der junckfrawen Marie, den vorgemelten patronen und allem himelischem here zu lobe und allenn christglaubigen seelen und besonders deren so in der vermelten pruederschafft sein zu ewigem trost und haile auch zu aufrung [= Erhöhung] und merung sollicher loblicher pruederschafft und der Gottesdienst so aus sollicher pruederschafft volgent diese gegenwürtig paulus scheffern und Martin more zaiger ditz brieffs baid samentlich und ieden allain und insonderhait geordnet und abgevertigt habenn allenthalben sich zu den Schäffern zue fugenn, hilff und Steuer an sollich obgemelt pruederschafft und ir hantraichung zu geben und zu tun zu ermanen. Nachdem sie auch ietzund zwu kostlicher tafeln [gemeint sind wohl die Tafeln des Hauptaltars] mit etlichen pilden in gemelter kirchen ereugt [= anfertigen lassen] und auffrichten lassen haben daneben auch ine den tag darauff die pruederschafft gehalten werden solle zu verkonden und uns darauff angerueffen und gepetten Inen darinnen unser furderung und furpit mitzuthailen demnach so pitten wir einen ieden zu den die vorgenennten Paulus Scheffer und Martin Mor samentlich oder sonderlich komenn werden mit vleis guttlich Ir wollen ansehen sollich loblich gotzdienst und zierde So als obstet ierlichen und wuchentlichen gehalten und volpracht werden und das auch das almusen das ain ieglicher nach seinem vermogen mag geben ein sonderlich loblich und verdienstlich gut werckh gegen got dem almechtigen ist und euch also die obgenenten Paulus Scheffern und Martin More samentlich und sonderlich getreulich bevolchen sein lassen, Ine eur hailigs almusen zu raichen und gutwillige furderung zu thun zu merung und volpringung sollicher loblicher gotzdienst guten willen mitthailn und erzaigen. Das wollen wir zusampt dem lone den ir von got und den obgemelten patronen deshalb emtpfangen werden mit willen freuntlich verdienen und beschulden. Des zu warem Urkund haben wir unser Stat Secret Insigel offentlich an disen prieff gehangen, der geben ist uff freitag nach dem Sontag Exaudi als man zalt nach christi unseres lieben hern gepurt Funffzehenhundert und Sechzehen Jahre.

(Gleiche Schreiben liegen vor aus den Jahren 1518 und 1520.)

Consens des Convents des Klosters auf dem Münzenberge zu Quedlinburg zur Einrichtung einer Brüderschaft Seitens der Schäfer zu Halberstadt und in den Nachbardörfern bei der Capelle zum hl. Kreuz auf der Klus vor Halberstadt (1516)[2]

In nomine Sancte et indiuidue trinitatis amen! Nos Elisabeth de Schulenborg, abbatissa, Gerhardus Gerhardi prepositus, Sophia de Bodendyck, priorissa, totusque conuentus sanctimonialium monasterii beate Marie virginis Montission prope Quedelingborg, Halberstadensis diocesis, vniuersis et singulis Christi fidelibus tam presentibus quam futurius notum fieri cupientes, quod honorabilis vir dominus Fredericus Brand, Rector capelle nostre sancte Crucis in Clusa, que Kensteyn vocatur, extraciuitatem halberstadensem situata necnon deuoti homines hans Loth, Dionisius Wulff, Cordt Ridder Senior et Junior, Henningh pyngsten, Valentin Kock, hermen Vtrecht, Antonius herde, hans Bruell, Bartholt Bruell et hinrick hardegge, ceterique pastores et opiliones in ciuitate halberstad ac de prope eandem videlicet in hersleuen et Werstede et alibi existentes pro se necnon vxoribus, filiis et sucessoribus suis pio zelo moti ad laudem omnipotentis dei, etiam ad salutem tam viuorum quam mortuorum, communuem fraternitatem, que videlicet fraternitas pastorum siue opilionum nuncupari debeat, de nostra voluntate et consensu erexerunt, ipsamque cum quibusdam ouibus et aliis piis elemosinis pro diuino cultu augmentando dotarunt ac specialiter fieri ordinarunt, quod Rector dicte capelle pro tempore singulis quintis feriis, videlicet quatuor temporibus anni, in eadem capella vigilias et dehinc proxima sexta feria demane vnam uel duas aut plures missas pro salute viuorum et mortuorum in et de fraternitate huiusmodi existentium atque decedentium celebrare ac celebrari facere, necnon in vna predictarum missarum registrum mortuorum ab ipsa fraternitate defunctorum recitare, eciam pro fratribus et sororibus eiusdem fraternitatis animabusque sibi commissis fideliter exorare debeat et teneatur. Ita tamen, quod memorato rectori vnacum aliis sacerdotibus et ministris pro officio vigilarum et missarum huiusmodi obseruandis necessariis per prouisores antedicte fraternitatis, qui ab eodom rectore ac communibus fratribus ipsius fraternitatis tociens, quociens opus fuerit, eligi de presenti possint et valeant, de condigno sipendio laboris, prout id rationabiliter inter se ordinauerint, de fructibus ouium et aliarum elemosinarum predictorum prouideatur. Et quod prouisores fraternitiatis de expositis [Ausgaben] et subleuatis [Einnahmen] annuatim circa festum mychaelis in presencia rectoris ac fratrum generalem computacionem faciant et teneantur de nouo prouisore eligendo, si opus fuerit, tractant et eligant. Idcirco Reuerendissimo in Christo patri Illustrique principi et domino, domino Alberto, dei et apostolice sedis gracia sanctarum Magdeburgensis et Maguntinensis archiepiscopo ac Halberstadensis ecclesiarum administratori, Marchionique Brandenburgensi etc., domino nostro generoso eiusque Reverendi patris per diocesim halberstadensem in spiritualibus vicario cum debita reuerentia humiliter supplicamus, quantenus erectionem, dotationem et ordinationem huiusmodi omniaque alia et singula premissa auctoritate ordinaria generose ac benigne admittere, approbare et confirmare necnon omnibus et singulis Christifidelibus, qui in diebus sancte Crucis, patronorum ac dedicationis eiusdem capelle ac predictis sextis feriis quatuor temporum visitauerint ac pias suas elemosinas eedem seu fraternitati prefate porrexerint, indulgentias consuetas concedere dignemini, de gracia speciali offerentes nos pro exhibitione gratiarum huiusmodi cum orationibus nostris iugiter recommendatos. In cuius rei testimonium sigillum nostrum abbaciale hiis litteris est appensum, quo Nos abbatissa, prepositus, priorissa et conuentus pretacti etc. capitulariter ad presens vtimur, de quo solempniter protestamur. Datum et actum sub anno a natiuitate domini millesimo quingentesimo sexto decimo, die vero dominica post Luce euangeliste.

Ordnung der Sankt-Michaelis-Brüderschaft zu Hirzfelden (1584)[3]

Wir der Fürstlichen Durchleuchtigkeit Ertzhertzog Ferdinanden zue Oesterreich und meins gnedigsten Herrn Landvogt, Regenten und Rath im Obern Ellsas, bekhennen und verkhunden hiemit, dass Hanss Satt, Höchstermelter Fürstlicher Durchleuchtigkeit Schefer zue Erbenheim, Hanss Schmol, Scheffer zu Dessenheim, Scheffer Hanss zue Bantzenheim und Wilhelm Nabel zue Schweckhaussen, alss Ausschütz gemeiner Scheffer Bruederschafft diser Ellsässischen, Sundt- und Breyssgeuischen Gestaden, an unss zu etlichen malen underteniglichen supplieciert, wie auch der wolgeboren Herr Egenollff, Herr zu Rappoltzstein, Hohenackh und Geroltseckh am Wassichin, unss angelangt und ersuecht, dass wir von Oberkeit wegen inen nachvolgende unss zuegestellte neuw uffgerichte Ordnung, so sey von Ires und derselben erben und Nachkhomen fromen und nutzen auch von mehrers ansehen wegen fürgenomen, bestättigen, ratifieciren, und confirmieren wolten, welche ihr gehorsame und zimliche Pitt wir Ihnen uf Wolgefallen ins Werkh zue richten bewilligt und zuegelassen haben, allss von Articeln und Punkten darinen begriffen, und lautet anfangs Dieselbigen Ir ubergebene Articeln, so zum Theil geendert, gemindert und gemehrt, wie hernach volgt:

Zue wissen allss die Schefer und deren Bruederschafftten Ellsässischer, Sundtgauwer und Breissgewischer gestaden vor langen unverdenkhlichen Jaren von der Herrschafft Rappoltzstein sondere Freyheiten, järliche Zuesamenkünften auch altem Herkhomen und gewonheiten gehabt, darin versehen gewesen, das den Herrschafften, denen vom Adel, Gemeinden und andern zum trewlichisten gedient auch under Inen selbs guethe ordnung erhalten werde, welche nit allein von der Herrschafft Rappoltzstein allss Irem Oberherren sondern auch einer Loblichen Oesterreichischen Regierung und andern Herrschafften ratifieciert, becreftiget und den Iren darob zue halten alles ernst bevolhen worden; weil aber solche schriftliche ordnung durch unfleiss und sondern vortheil etlicher Schäffer, die deren nit gern gehorsamen wollen, verlegt und man dieselbigen nit mehr zue bekhemen waisst und gleichwohl bey unss, Egnolphen Herren zu Rappoltzstein, durch etliche viel Scheffer manigfaltig suppliciert und gebetten worden, dass wir allss Ir Oberher mäniglich zu gueth, nutz und fromen von newen Dingen andern steiffe ordnung geben und allso die bey wenig Jaren abgangene Sanct Michaelis Bruderschafft zu Hirtzfelden wider uffrichten wolten. Allso haben wir nachvolgende Articul doch uf Ratification Höchstgedachter Fürstlichkeit oder anstatt derselben Irer Fürstlichkeit Herren Landvogt, Regenten und Räthen Irer Liebden und günstigen Herren, verfassen und stellen lassen, und beyneben sollich Ir, der Schefferbruderschafft unterthenig Pitt auch nit für unzimlich angesehen und ein Lobliche Vorderösterreichische Regierung selbst umb bestettigung sambt ubersendung allerley dokumenten alles vleiss dienstlich gebetten, dise Puncten und Articul zu confirmiren und zue bestettigen, die eines nach beschribenen Inhalts sind.

Erstlich, demnach sich bis dahero under den Schefferkhnecht und Jungen ein solcher Missbrauch erhalten und man noch ergers darduch zu erwartten (wie auch biss anhero an etlich örtern sich begeben und zugetragen haben solle), dass sye von Iren Herren, Junkhern und gemeinen Scheffermeistern zu Zeiten von Irer unerbaren Diensten wegen sich enteussern, von dannen weglauffen und nichts desto weniger andern Herren Junkhern und gemeinen Scheffern ohne einige Abscheid Ires Haltens und allso in solche Leichtferttigkheit erwachsen, dass sie demnach in kheinen weg mehr guet thuen, dem darmit zu firkhomen, ist geordnet, dass hinfürter khein Herr, Junckher oder gemeiner Scheffermeister kheinen Knecht oder Jungen anstellen solle, er were dan mit guetem wissen und willen von andern abgescheiden und brächte dessen von demselben seines Haltens schriftlichen schein, und dass auch kheiner dem andern seinen Diener abpracticiren und endtfieren solle.

Dass auch khein Schefferkhnecht oder Junge, so ausserthalben diser Bruderschaft gedient, zu kheinem Schefferknecht oder Jungen (und sonderlich die sich für Maister aussgeben und setzen wollen) von Niemanden nicht angenomen werden, er bringe dan sein gueth Mannrecht und seines Wohlhaltens schriftlichen Schein und Abscheidt, auch kein Knecht sich für ein Maister aussgeben, er seye dan zuvor von den vier Maistern dieser Bruderschafft darzu für gueth erkhandt und hab dessen auch von Inen schriftliche Kundtschafft, damit niemandts weder Herr, Junckher noch andere, so Schöffereyen haben, dardurch in schaden khomen oder betrogen werden.

Darmit man auch die Knecht Recht erkhenne und Ires Haltens desto bass Zeugnus mittheilen khönne, sollen sie sich bey der Bruderschafft järlich erzeigen und Ire Maister die daran nit hindern; allss auch jederzeit im Brauch gewesen, dass die Scheffermeister oder Knecht Iren Herren, Junckhern oder Mayern umb lebendige und abgangne Schaff oder Lämer ordenliche Rechnung thuen und die abgangne (mit reuerentz zue melden) ausziehen müessen, aber dessen allwegen die Freyheit gehabt, dass kheiner weder Maister, Knecht oder Junger seiner ehren halben von Niemanden nicht anzogen oder gescholtten werden sollen, ist das begeren, weil man für die abgangne Schaaf oder Lämer, gleich sowol allss die Lebendigen ordenliche Raitung haben will, oder da mangel erscheint, die Maister das ersetzen müessen, dass die Maister oder Knecht hierüber, wie von Altem her gefreyt, geschützt und geschirmbt allso, dass sye von Niemanden desswegen Irer ehren angetastet, dass derselbig darumben nit allein durch die gemeine Bruderschafft sonder auch jedes Oberkheit umb ein ansehnlichs abgestrafft werde, und dass man insonderheit uber diesen Articul gewisse strafen an dem ort der Jurisdiction, da das beschicht oder zuetragen möchte, die Oberkheit bestimmen und gegen den verbrechern mit oder ohne Recht mit gepürender straf volnfaren sollen.

Item, ob sich gebebe, dass einem Herren Junckher oder andern gemeinen Leutenan wass orten dass were, Hämel, Schaaf oder Lämer abgiengen, die sollen bey güeter Zeit, ehe die verdorben sein, den Schöfern oder Iren Knechten gelüeffert und nit durch Ir gesindt abzogen werden.

Und dieweil bissher durch die Schefferkhnecht vil betrugs gebraucht und geüebt worden mit tauschen und verkhaufen, so uff den velden und Inen selbs auch gegen Mezgern und andern fürgangen, solches soll hinfürter dergestalt verbotten und kheiner mehr zu tauschen oder verkhauffen erlaubt sein, es seyen dan die Maister oder Jemands von jedes orth Oberkheit darbey; wer dass verbreche, soll der Straff desshalben, wie oben gemeld, der Oberkeit underworffen sein.

Ob sich auch künfftig begeben würdt, dass die Herrschaften, die vom Adel, Scheffermeister oder Bauersleutt Hemel, Schaf oder Lämmer werden aussleichen und verkhauffen, soll man den Schäffern, wievil der stüeckh aussgeleicht oder verkhaufft werden, yedesmal ohn lenger Verziehen anmelden, damit sie weiter anforderung uberhaben bleiben und, wie starckh Ire Herden seyen, wissens haben auch ohne betrug oder gefahr bey willkhürlicher straff bericht werden.

Es soll auch verner khein Scheffer, der haussheblich sitzt, oder Schefferkhnecht dene andern gefahrlicher weiss noch seinem Dienst stellen, vil weniger, wie die Oberkheiten hin und wider mit den Scheffermeistern oder Knechten Irer besoldung halben uberkhommen, eintrag oder hinderung thuen. Von wem dass uberfahren würdt, der soll zu der Oberkheit straff Peenfellig erkhant werden.

Dessgleichen ist abgeredt, daß ein jeder Scheffermeister oder Knecht sich umb ein besoldung, wie er khan und mag, verdingen möge und die andern Inen darumben zue straffen nit macht haben, und da sye, Maister und Knecht, diser Bruderschafft der besoldung halben mit frucht, geld und unterhaltung einer anzal Schaaf einiche ordnung oder Conspiration nit machen sollen, weder offentlich noch heimlich, alles bey willkhürlicher ansehenlicher hoher Straff der Oberkeit, darunder sye gesessen sein.

Und weil nun ein Zeit hero den Scheffermeistern auch Iren ehelichen Kindern und Knechten vil schmach und nachtheils widerfahren umb dass die abgestorbne Schaff, Hamel oder Lämer, wie doch allewegen breuchlich gewesen, abzogen und desshalber mit beschwerden leiden müssen, dass sie an ehren angetast, auch Ire liebe Kinder von erlernung der Handtwerkhen und andern ehrlichen Sachen aussgeschlossen werden wollen, dass und dergleichen soll man in obgemeltem Bezirkh und soweit sich diese Schöferordnung erstreckht, nit mehr gestatten und sye auch Ire Kinder und gesündt hinfüro von Niemand desshalben an Ehren verletzt noch bey Handtwerkhen oder andern ehrlichen sachen aussgeschlossen oder verkleinert werden.

Zu erhaltung und aufpflantzung frid und einigkheit solle auch kheiner den andern under diser bruderschafft mit freuenlicher that beleidigen, sonder da einer an den andern ansprach zue haben vermeint, dasselbig nit selb rechen. Wo aber einer gegen den andern freffenlich gehandlet hette, dass alle büessen und straffe, sye seyn hoch oder nider, so diser bruderschafft verwandten verwürkhen, der Oberkheit, darunder delinquiet, bezalt und abgericht und auch unter derselben Oberkheit Gerichtszwang umb alle sachen, darunder begangen, Recht geben und nehmen.

Und weil bey der alten Bruderschaft vil höher weltlich oder geistliche Personen hieuor eingeschriben worden, so soll einem jeden zuegelassen sein, er seye Edel oder unedel, Mann oder Weibspersonen, so in dieser bruderschafft sein will, sich in das ordentlich buech einschreiben ze lassen. Doch weil sonst nit vil im Vorath vorhanden, das den darzu verordneten in nammen gemeiner bruderschafft, die so allss obsteeth darin begeren, fünff Schillinge Rappen zu erlegen, und die Jeder Zeit verordnete vier Maister alle Jare uff Sanct Bartholomeis tag vor gemeinen Bruedern bey Iren Pflichten darumben und andere gefell guethe Erbare und ufrechte Rechnungen zu thuen schuldig und verpunden.

Darmit im faal under disen brüedern oder Schwestern einer oder mehr durch Alter oder sonst in blödigkheit khomen, allso, dass er oder sye sich mit Irer Handtarbeit nicht mehr ernähren könden, von gemeiner bruederschafft erhalten werden mögen und nit sonst am bettelstaab umbziehen müessen.

Und da einer oder mehr von Bruedern oder Schwöstern bey diser bruderschafft nit mehr sein oder bleiben wolt oder khönndt, dass er dessen erhebliche ursachen anzeigen, sich von vier Maistern im Buech aussthuen lassen und darfür abermal fünff schilling Rappen erlegen.

Da auch under disen Bruedern oder Schwestern eins mit thot abgehn, dass seine Erben derselbigen Bruederschafft fünff schillinge stebler erlegen, dorauss zu den vier hohen Festen christenliche Kirchendienst gehalten auch jedes operbar mensch diser bruderschaft angehörig und zuegegen dem Priester ein Pfennig zu Opfergelt zue lüffern schuldig sein solle.

Item alle Jar uff Sanct Bartholomeustag sollen alle brueder uff drej, vier oder mehr meil wegs, soweit sich die Bruderschafft in Ellsassischer, Breysgäuischer und Sundtgauischen Staden erstreckht, zue Hirtzfelden zuesamen khommen. Wo aber einer under disen bruedern oder mehr nit erscheinen und Ires aussbleibens nit genugsamen ursachen anzeigen würden, dass er der Bruederschafft darfür fünff schilling Rappen zue straff zue bezahlen schuldig seyn; und damit sich Niemand der unwissenheit zu endtschuldigen habe, solle die Ordnung alle Jar uf bestimbten Tag durch den Landtweibel zu Ottmarssheim, der, wie hernacher volgt, hierzue bestellt sein soll, mit vleiss vorgelesen werden, damit sich ein jeder darnach wisse zue halten.

Letslich da einer oder mehr brueder von dem andern ettwas, so der Erberkheit zuewider und straffbar sein möchte, wisse, dass er solches uff bemelten tag Irer Furstlichen Durchleuchtigkeit Landwaibel zu Ottmarssheim, der doch uf der Vorderösterreichischen Regierung wolgefallen und widerruefen zu einem Staabfuerer hiemit fürgeschlagen und die Ordnung der bruederschafft für zue halten schuldig sein würdt, bey seinen Pflichten anzeigen, damit das Uebel alssbald, doch mit obangezogner beschaidenheit, abstraffe, der guet vor dem bösen geschützt, geschirmt bleiben köndte und ein guethe, erbare, redliche Manszucht gepflanzt werde.

Also haben wir an statt und in namen hochstgedachter Fürstlicher Durchleuchtigkeit hierauf diese Schefferordnung ratificiert, confirmiert doch soll diese ordnung der F. D. unserm gnedigsten Herren und Landtsfürsten an derselben Landtsfürstlichen auch hohen und nidern Oberkeiten ohne nachtheilig wie auch meniglichen an seinen befuegen Rechten und gerechtigkeiten unvergriffen, sonder allweg darzu ein jeder befuegt und von altersherkhommen vorbehalten, dardurch wass benommen oder praeiudiciert sein.

Dem allen nach behalten beschliesslichen anstatt Fr. D. wir unss veuor, diese Schefferordnung, so offt es die Notturft erfordern unss auch fur gueth ansehen würdt, zu endern, niemands wehren, gar oder zum theil abzuthun nach unserm belieben und wolgefallen; das zue urkundt mit unser Georg Graffen von Thurn, Valsasina und zum Crantz Freyherr, hochstermelter Fr. gehaimben Raths, Camerers und Landvogts obgenannt anhangendem angeborn Ingesigel, doch unss, unsern erben, einer Regierung und deren nachkommen in allweg ohne schaden, verwart und geben zu Ensisheim, den fünften tag des Monats Juny nach unssers Lieben Herrn und seelig machers geburtt im Fünffzehenhundert und vier und achtzigsten Jare.

Aus der „Gesinde, Hirten Vnd Schäffer-Ordnung" Markgraf Georg Wilhelms von Brandenburg (1620)[4]

„Ferneres verbieten Wir auch allen Hirten vnnd Schäffern, alle verbündnüsse, vergadderungen, verknüpfung und jnnung, deren sie sich an eins theils orten, gantz frevelhaffter, boßhaffter, vnnd hochstraffbahrer weisen, vnterwunden.

Vnnd setzen dahingegen auff, das die jenigen, so sich zur verachtung dieser Vnserer Ordnung, dergleich mheer vnterstünden, vnd thürstiglich vnterfiengen: jhr weren viel, oder wenig: durch die Landtreuter, vnnd Einspenniger, so bald es kundt wird, von stunden an, zur verhafftung gebracht: vnd nacher den Vestungen geführet werden sollen: Da sie, nach beschaffenheit der vnthaat, vnnd mißhandlung, entweder auch gar am leben gestrafft: oder aber, in die Eisen geschlagen: vnd theils, die so viele verwircket, zeit jhres lebens, gefangen bleiben: theils aber, deren verbrechen, nicht von alsothaner schärffen, vnd erhebligkeit, auff eine zeitlang, an den Wällen, vnnd wo man jhrer sonsten bedarff, arbeyten sollen. Biß so lange, daß diese letzten, frömmer worden: aber vber dem, daß sie ins künfftige frömmer sein, vnd sich besser verhalten wollen, gnugsame verbürgung bestalt.

Auch sol sich kein Hirte oder Schäffer mheer vnterziehen, auch dem geringsten, in seinen Gerichten, masse zu geben, was er vor satzung, wegen bestellung der Hirten- vnnd Schäfferdienste: auch deroselbten belohnung, machen: oder wen er hierzu mieten, oder annehmen solle: ohne vnterscheidt, ob einer, der zum Hirten, oder Schäffer angenommen werden soll: von Hirten, oder Schäffern oder andern Leuten erbohren. Alles bey Leibesstraffe, Dann es ist dieses Gesindleins boßheit also hoch gestiegen, daß sie auch vngeschewet, zum schimpffe vnnd despect des Landesfürsten, eine solche Ordnung (da es anders des Nahmens wirdig ist) vnter sich machen dürffen: keinen, vor einen Hirten, oder Schäffer zu leyden: dessen Eltern nicht auch Hirten, oder Schäffer, gewesen weren: daferne er nicht die Gülde bey jhnen gewönne: auch zu derselbten Gülden schwüre.

Auch haben sie die, nicht leyden wollen, die sich vmb geringern Lohn, mieten lassen: oder aber anderer gestalt, als wie es jhnen gefellig: die Schaffe verpachteten, oder auch zu hauffen setzeten.

Vnd das mheer ist, haben sie sich auch, so weit verbinden türren: das sie vor niemanden, wer der auch were, dieses wesens halb, Rede, oder Antwort geben: oder auch sich von jemanden wolten straffen lassen: als bloß, vor, vnnd von denen Richtern, welche sie sich selbst erkohren, vnd gesatzt hetten. Welches hernacher auff die, so sich noch in etwas zur frömmigkeit bevlissen: hinauß gangen.

Ja sie seynd auch weiter zugefahren, vnnd da es nicht überall nach ihren Köpffen gangen: sondern solche zu Schäffèrn, oder Hirten angenommen, die jhnen nicht gefellig, haben sie alsobalden Vehdebrieffe, an die Dörffer, vnnd orte, in welchen, die jenigen, so jhnen mißfellig gewesen, sich auffgehalten, vnd gedienet: abgehen lassen: auch Brandzeichen gestackt.

An einstheils orten, seind auch die jenigen, so in ihrem bösen Rhat, vnd vbele meinung, nicht willigen wollen: eben dadurch auffgetrieben, vnnd gantz verjagt worden.

Es seind auch Vnsere selbst Ampter, hierunter, nicht vbersehen, noch verschonet blieben.

Das also hohe zeit waar, diesem vngehaltenen, frechem, bösem Gesinde, gebührenden ernst sehen zu lassen.

Wir befehlen auch allen Vnsern Häupt: vnd Amptleuten, allen Vnsern Städten, vnnd insgemein, allen denen, die wegen Vnser, einige Verwaltung der Gerichte, jnnen haben :auch Schultzen, vnd Gemeinden, eigentlicher vnd entlicher meinung, vber dieser Vnserer Gesinde- Hirten- vnd Schäffer-Ordnung, fest, steiff vnnd vnverbrüchlich, nicht alleine vor sich zu halten : sondern auch allen denen, welchen etwas, so gegenwertiger dieser Vnserer verordnung zuwieder, bezeiget were, auff ihr gebührendes anruffen : zu fester handhabung dieses Vnsers edicts, alle mügliche befodderliche handbietung zu erweisen.

Es sol auch ein jedtweder Gerichtsherr, die vnfeilbahre vesehung thun: damit diese Ordnung: den nechsten Sontag darnach: nach deme sie jhme zukommen: öffentlich von der Cantzel: auch auff dem Kirchhofe, abgelesen werde.

Welches ablesen auch also, je von einem halben Jhaare zum andern, erwiedert, vnd wiederholet werden soll. Damit niemands, durch vnwissenheit sich zuentschüldigen. Vrkündtlich, ist diese Ordnung, vnter Vnserm Secreet außgangen. Geschehen, vnd geben zu Cöln an der Spree, am 11. Maij, nach Christi Vnseres Herren, vnnd Seligmachers Geburt, im 1620ten Jhaare."

Urkunde der Schäferzunft des Beetzendorfischen Kreises (1653)[5]

Altmeister und sämtliche Schäfer des Beetzendorfischen Kreises an sämtliche von der Schulenburgk, auf Beetzendorf und Apenburgk erbgesessen, wegen Wiederaufrichtung ihrer Zunft.

HochEdle Gestrenge, Undt Veste Großgonstige Hochgeehrte, gebohrne Sembtliche von der Schulenburg großmechtige Beforderer EW. HHH. GGGest. konnen in hogester Untertähnikeitt hiemit nicht bergen, weß gestaldt in dem abgewichenen Verderblichen Krigeswesen, Unter Unß Viell Unordentliche Verenderungen eingeschlichen. also das fast keine Ordnung mehr beobachtet oder gehalten wirdt, solchen aber lenger nicht kan zugesehen werden, Maßen dadurch Unser Ehrlicher Nahm Verunglimpfet, bey Vielen geheßig gemacht wirdt, Alß nuhn Undencklich Von Ihr Churf. Durchleuch. selbesten auch Unser Vorgesatzten Obrikeit es also Vergonstiget Und zugelaßen, gewesen, eine Zunfft oder Gilden Unter Unß zu halten, das keiner sich Unserer gilden durben ausschlißen, der sich zum Schafhirten wollen gebrauchn laßen, ist auch gebreuchlichen befunden, da ein oder der ander Unter Unß sich außerhalb der Gilden Verwanten wollen beheirahten, derselbige alßdan der gilden eine Tonne Bieres zum abtrag oder einzeugung tuhn mußen.

Wan dan solche Undt dergeleichen Ordenungen bißhero in Unserem Kreise Verkehret Undt abgeschaffet worden, dahinkegen allerhandt Ungerechtikeiten erfolget, ein jeder nach seinem gefallen gelebet, daher sich auch allerhandt einschleichere gefunden, die, weill sie nicht zu leben gehabt, hirten zu werden sich unterstanden, damit sie nuhn desto ehr mochten befodert werden, einen geringeren Lohn sich loben laßen, wan solcher nicht zureichen wollen, haben sie sich zu anderen Verbotenen Mittelen begeben, die Schaffe Vertauschet, Verkaufft oder gahr getohtet, daß Fleischs genutzet, Vorgebende, der Wolf hette es gefreßen, zerrißen oder abhendig gemacht, dahero Unß allerhandt schimpffliche Nachrede geworden, wan dan solches Unordentliches, Vervorthelschs wesen, Von Tage zu Tage mehr einreißet Und fast Ueberhandt nehmen will, Solchen aber woll leicht konte gesteueret werden, wan Unter Unß, wie bereits in etzlicher andren Churfürstlichen Undt Adelichen botmeßigkeit gescheen, eine gute Ordenung Undt Zunfft wider auffgerichtet würde, damit wier aber hirin nicht zu Viel tuhn mochten, haben wier solches Ordentlich Vorhero suchen Undt der sachen Verordenung erwarten wollen. Gelanget derowegen an EEE. HHH. GGGest. Unser Untertahn gessuchen Undt bitten großgonstig zugeruhen Unß in solchem wolmeindtlichen Vorhaben behulfflichen beyzuspringen, mit einer zugelaßenen Schrifflichen Kundschafft zubegnaden, daß hinfüro keiner, er hette sich dan solcher Ordenung vorhero ergeben, einschleichen dürfe, Alß erbieten wier Uns dahinkegen, Unser Hirten Ambt treulich zuversehen, die Verbrechere Unter Unß nicht zu dulden, besonderen wan solche tauschere gefunden, der Vorgesatzten ordentlichen Obrikeit gebührlichen abzustrafen zuhinterbringen, damit die auffrichtikeit befordert Undt allem Unterschleiff Undt Trigerey die thüre versperret sein moge. Deßen Umb EEE. Hhh. GGest. Untertahnigest zuverdienen erbieten wier Unß gehorsahm willich / EEE. Hhh. GGGest. / Untertahnige / Altmeistere, auch sembtliche Scheffer deß Betzendorffischen / Kreises. — Saltzwedell den 12 8 br. Ao 1653.

Statuten der Schäferzunft zu Markgröningen (1651)[6]

Von Gottes Gnaden, Wir Eberhard, Hertzog zu Würtemberg und Teck, Graf zu Mömpelgardt, Herr zu Heydenheim etc.

Entbieten allen und jeden Unsern Ober- und Unter-Vögten, Kellern und Schultheissen, Burgermeistern, Gerichten und Unterthanen, dieses Unsers Herzogthums, Unsere Gnad und Gruß zuvoran, und fügen denselben in Gnaden zu vernehmen, was gestalten Wir auf unterthänig Ansuchen, uns in Gnaden belieben lassen, wiederum eine Schäfer-Ordnung anzurichten und dieselbige den Schäfern, dieses Unsers Hertzogthums und Landen, zu ihrer Nachricht jährlichen zu seiner Zeit an gewöhnlichem Ort, und ihrer Zusammenkunfft offentlich verlesen zu lassen, damit sich männiglich darnach zu richten wisse, allermassen ausser folgendem Innhalt unterthänigst zu vernehmen ist.

Erstlich. Und demnach Uns für das erste gnädig bekannt, daß die Schäfer dieses Unsers Hertzogthums, von Alters her, diese Freyheit gehabt, jährlichen auf den Feyertag Bartholomäi in Unserer Stadt Marggrönningen, zusammen zu kommen, daselbsten ihnen von gemeiner Stadt wegen, mit Haltung Trommeln und Pfeiffen, ein Hammel, den Mägden aber etlich Ehlen Barchet zu verlaufen, und ein Seckel zu vertantzen verehrt, und nachmahl ein freyer Tantz auf offentlicher Gassen zu halten erlaubt, darbey auch von der Stadt wegen, dem Herkommen gemäß zu einem angedencken, den ältesten Meistern, noch ein Dutzet Nestel, etlich gegeben werden; Als lassen Wir bey dieser der Stadt und der Schäfer altem Herkommen auch ferner habenden Freyheiten es annoch allerdings in Gnaden bewenden.

Zweytens. Wollen aber für das andere, daß alle und jede Schäfer, so auf den Tag Bartholomäi zu Grönningen anlangen, nachdeme sie zeitlich kommen, die Vor- und Nachmittags-Predig besuchen, und nicht darzwischen in Wirthsoder andern Häusern, bey Trincken oder Spielen sitzen, dann welcher also betretten werden sollte, der solle gleichbalden dem Heiligen oder Armen-Kasten zur Straf erlegen, sieben Schilling. Damit nun

Drittens. Ein jeder die Predig anhören, und nicht etwann zwischen der Predig er erst kommen, zumahlen die Verlesung der Ordnung versaumen möge: So wollen Wir, daß diejenige Schäfer, die den Schäfer-Tag besuchen werden, sich also befördern thun, damit sie zu Grönningen, wenigst einmal in die Kirchen kommen, dann gleich nach gehaltener Mittag Predig ihnen diese Ordnung auf offentlichem Marckt vor und abgelesen werden solle, welcher nun also die Predig, und Verlesung der Ordnung versaumen wird, der solle dem Heiligen oder Armen-Kasten fünff Schilling, und in die Laden, den Meistern auch fünff Schilling zur Straf erlegen. Wann dann

Viertens. Die Predigen vorüber, mögen die Schäfer, so bald die Obrigkeit günstig eingewilligt, ihrer frey und Gewohnheit nach, in ihrem Hammel-Laufen und Tantzen fürfahren, Vogt, Burgermeister und Gericht um den Fahnen und Hammel, durch die vier Obrist- und älteste Meister, neben dem Stadt-Schäfer, welcher jeder Zeiten altem Herkommen gemäß ein Ober-Meister zu seyn berechtiget, ersuchen, nach verrichtetem Actu aber den Fahnen der Burgermeister in sein gewahrsamen, auf das Rathhauß in guter Ordnung, samt allen alt- und jungen Meistern auch Knechten, liefern, und vor die empfangene Verehrung und erlangte Freyheiten gnädigster Herrschafft, gemeiner Stadt unterthänig und dienstliche Dancksagung thun lassen, bey welchem Actu dann wie auch vor und nach in Wirthshäusern, und sonsten sie sich aller Bescheidenheit befleissen, insonderheit auch vor Schlag-Händeln, sich hüten sollen, sonsten Wir die Ubertretter nach gestaltsame ihres Verbrechens abstrafen zu lassen gedencken. Und damit

Fünfftens. Die Schäfere wissen mögen, wann bey solch ihrer Zusammenkunfft beywesend unsers Vogts, oder wer sonsten von Obrigkeits wegen darzu geordnet, zu pariren und zu gehorsamen haben; So wollen Wir ihnen hiemit Endres Brodbecken, Stadt-Schäfern zu Grönningen, Georg Speidlern von Albershausen, Göppinger Amts, Jacob Renfflin von Cantstatt, Hannß Klingen von Dürrmentz, Maulbronner-Amts, zu Ober-Meistern bestimmt und gesetzt haben, und so unter ihnen einer oder der andere mit Tod abgehen sollte, sollen neben dem Magistrat zu Grönningen, die übrige vier, ihrem Belieben nach, einen andern zu erwählen, und zu ihnen zu ziehen befugt seyn, gestalten dann diese jetzt und künfftige Zeit verordnete Meistere sich jedes Jahrs auf den Schäfer-Tag bey dem Fahnen zu Grönningen einstellen, auch bey den sonders angestellten Verhör-Tagen, bey ohnnachläßiger Straf eines Guldens den Meistern in die Laden zu erlegen, ohne Erlaubnuß und genugsam habende Entschuldigung nicht ausbleiben solle. Was zum

Sechsten. Diese jetzt benannte Obmeistere, das gantze Jahr hindurch nicht allein von ihren Knechten, ohngebührliches und so dieses unserer verfaßten Ordnung zuwider liefe, strafwürdiger oder auch sonsten von andern benachbarten Meistern und Knechten, gesehen oder glaubwürdiges gehört, das sollen sie auf obbestimmten Tag Bartholomäi bey ihren tragenden Pflichten, damit Uns sie zugethan, einander zu eröffnen und anzuzeigen schuldig seyn, und solches neben andern Klagden mehr auf hernach bestimmten Tag (worunter die gantze Schäfer-Versammlung, auch Knecht- und Jungen-Händel verstanden) zu erörtern und zu rechtfertigen schuldig seyn, bey Straf gnädigster Herrschafft einer kleinen Frevel, gemeiner Stadt Ein und den Meistern in die Laden ein Gulden zu erlegen. Damit aber die Obrigkeit zuforderst: dann sie die Meistere fürs

Siebende. Am Tag Bartholomäi als dem Schäfer-Tag, von andern um ein oder anderer Ursach willen, nicht ererst auf den Abend, überloffen werden, wie gemeiniglich geschicht, wann man reverenter voll und toll ist, so wollen Wir, daß auf solchen Tag, jeder was er zu klagen oder anzubringen, vor dem Vogt, und zweyen Burgermeistern beywesend der obvermeldten fünff Meistern bey Zeiten, und ehe er sich überweint, gebührend fürtragen, und ihres Bescheids erwarten solle, bey obgesetzter Straf. Als auch für das

Achte. Biß anhero zwischen Meister und Knechten, nachdeme selbige zusammen gedingt, unterschiedlicher Orten Klagen vorkommen, so wollen Wir, daß jetzo und künfftig, kein Meister seinem Knecht, auch kein Knecht seinem Meister ohne sonderbare erhebliche Ursachen, acht Tag, nach der Verdingung mehr auf oder abkünden solle, bey vorstehend gnädiger Herrschafft Straf und Erlegung eines Guldens in die Laden den Meistern.

Zum Neunten. Solle kein Meister dem andern die Knecht verführen oder abdingen, es habe dann der Knecht sein Jahr ausgedient, und dem Meister ein Viertel-Jahr zuvor aufgekündt, welches auch der Meister gegen dem Knecht thun solle; da aber ja hierwider gehandelt, und der Knecht vor Endung des Jahrs sich anderwärts verdingen, und aus dem Dienst gehen würde, der Knecht und jenige Meister so ihn gedingt, gnädiger Herrschafft, mit einander eine kleine Frevel, und in die Laden zwey Gulden zur Straf erlegen sollen, allermassen dann des Knechts Schaaf, so er dem Meister gestellt, so lang verhafft seyn sollen, biß die verwürckte Straf erlegt worden, und solle noch darzu dem Meister frey stehen, dem Knecht die Schaaf vor Ausgang des Jahrs, wie er Anfangs versprochen, zu dienen, abfolgen zu lassen oder nicht.

Zehendens. Weilen sich vielmahlen begibt, daß ob sich schon ein Knecht zu einem Meister verdingt, und versprochen, derselbige doch entweder aus Leichtfertigkeit oder aus eines andern verhetzen, und weiteren Versprechens willen, dem Meister gleich wieder aufkünden, und sich von Stund an, zu den andern, zu deme er verleitet, wieder verdingen darf; So wollen Wir, daß fürohin kein Knecht, den andern Tag, nach seines mit dem andern Meister gemachten Gedings, mehr abzukünden befugt seyn solle, bey Straf eines Guldens, und so es auch offenbar würde, daß der Knecht sich den andern Tag nach dem beschehenen Aufkünden wieder anderwärts verdingte, oder schon verdingt hätte, so solle derjenige Meister, welcher ihne gedingt, weil wohl zu vermuthen, daß er den Knecht verführt, auch einen Gulden in die Laden zu erlegen schuldig seyn, und gnädiger Herrschafft Straf darbey leyden.

Zum Eilften. Solle ein jeder Meister seinen Knecht, nach verflossenen vierzehen Tagen in Städten vor den Vogt oder Amtmann, in Dörffern aber vor den Schultheissen bringen, denselben mit Hand-Treu an Aydsstatt angeloben lassen, daß er Uns als dem Lands-Fürsten, so dann der Stadt oder Flecken, selbiger Obrigkeit und seinem Meister, dem er zu dienen versprochen, getreu und hold seyn wolle, auch seinen Tauf und Zunahmen und woher er seye, aufschreiben lassen, auch daß er sich auf Erfordern, an dem Ort, da er gefrevelt, oder aber Schulden halber anzusprechen wäre, sich einstellen solle und wolle, welcher Meister aber das nicht thäte, und den Knecht, Krafft unserer ausgekündten Lands-Ordnung, durch den Amtmann oder Schultheissen in Gelübd nehmen liesse, derselbe Meister, solle auf erfolgend Unglück, so der Knecht anstellen, und darüber ausreissen möchte, an desselben Lucken tretten, und nichts destoweniger in Unsere Straf gefallen seyn. So dann

Zum Zwölfften. Ein Knecht ohne Vorwissen und Erlauben seines Meisters, entweder bey Tag oder Nacht von den Schaafen gienge, und dieselbige allein liesse, solle derselbe, da solches auf ihn angebracht wird, in der Meister Straf verfallen, und da den Schaafen Schaden widerführe, denselben abzulegen schuldig und verbunden seyn.

Dreyzehendens. Wann ein Schäfer-Knecht, Burger oder Innwohner in einer Stadt, Flecken oder Dorff, so zuvor kein Schäfer gewesen, zu einem Schäfer-Meister angenommen wird, solle derselbige Einstand und Meister-Geld erlegen, zum Fahnen drey Gulden, ein anderer Burger und Innwohner aber des Hochlöbl. Hertzogthums, so um das Meister-Recht ansuchet, soll vor die Aufnahm und Einkaufung fünff, acht, zehen, fünffzehen oder mehr Gulden vor das Meister-Recht erlegen und davon die Gebühr zu unserer Hochfürstl. Rennt-Cammer und zur Hauptladen, das übrige aber zu der Zunfft-Laden und dero Meisterschafft zu gutem Nutzen angewendet werden. Da nun

Zum Vierzehenden. Ein oder der andere Schäfer innen und gewahr würde, daß ein oder mehr Stuck Schaaf, unter seiner Heerd anbrüchig oder reppich, solle derselbe bey Straf einer grossen Frevel, solches innerhalb zewyen Tagen dem Vogt auch Burgermeistern, dahin er ins Amt gehörig, anzeigen, darauf dieselbige die Anstalt verfügen, daß solche alsgleich durch die Verordnete besichtiget werden, damit man grösserm Unglück in Zeiten vorbiegen, und der Nachbarschafft vor Schaden seyn möge, allermassen dann dasselbige von geschwornen Schaaf-Beschauern hinweg erkennt, selbiges keineswegs länger im Land geduldet werden sollen. Auf den Fall aber

Fünffzehendens. An einem oder dem andern Ort, die Schaaf entweder die Urschlechten, Maul oder Fuß-Wehe bekommen, solle der Schäfer, welcher dergleichen Waar hat, bey einer grossen Frevel, oder noch höhere Straf, auf seiner Markkung bleiben, und bey einem Musqueten-Schuß an kein andere fremde Marckung fahren, damit nicht andere noch gesunde Waar, durch die Seinige auch angesteckt, ja endlich der Schaden an ihn gesucht werde. Und demnach für das

Sechzehende. Mit dergleichen Schaafen die etwann ausserhalb, oder auch im Land erkaufft und durch das Land getrieben werden, leichtlich ein oder anderer Ort angesteckt werden kan, so wollen Wir, daß wann ja dergleichen durchgetrieben, und durchgelassen werden müßten, derjenige, deme selbige zuständig oder solche treibt, bey Verliehrung der Waar immerfort einen Mann, ein Meilwegs voran laufen, und solches jedem Orts Amtmann oder Schultheissen, ansagen lasse, damit man hierinnen nothwendige Anstalt zu machen verfügen und ohnversehenem Schaden zu begegnen wissen möge; Und damit man auch desto gewisser versichert, von wannen und woher die Schaaf kommen, so sollen und mögen diejenige, welche künfftig ein oder andern Ort Schaaf erkaufen möchten, ihnen beglaubte Kundschafften, unter der Stadt oder Flecken Insigel, oder aber der Amtleuthe oder Schultheissen Unterschrifften, und Pittschafften jeniger Ort, da die Schaaf gangen, und nicht von jeniger Person von dem sie erkaufft worden, ertheilen lassen, selbige im Land haben vor- und aufzuweisen, wie dann ein jeder Schäfer, da er in seiner Marckung fremde Schaaf durch und vorüber treiben siehet, dieselbe zu rechtfertigen und zu besichtigen Macht haben, auch da er etwas verdächtiges merckte, gleichbalden seiner Obrigkeit anzuzeigen schuldig seyn solle. Wobey Wir dann noch ferner ernstlich befehlen, daß ein jeder Meister oder Knecht, so bald ein Stuck von seiner Heerd sollte kranck werden, dasselbige sowohl als sein Eigenthum, gantz fleißig in acht nehmen, und seinem guten Verstand nach, mit ordentlich erlaubten Mitteln helffen, auch so eines abgieng, gleich andern oder dritten Tags, das Fell dem Eigenthums-Herrn zu Hauß liefern, oder das Stuck ersetzen, oder mit Geld bezahlen solle, bey Straf was ihme jedes Orts die Obrigkeit setzen wird. So nun zum

Siebenzehenden. Sich das Jahr hindurch begebe und zutrüge, daß ein oder anderer Schäfer oder Kencht, Schmach- oder Schlag-Händel bekäme, so wollen Wir nicht, daß solches biß auf den hierinn bestimmten Meister-Tag differirt und verschoben würden, sondern daß solches durch den Beaydigten, gleichbalden seiner Obrigkeit angezeigt, und dieselbe nach ihrem Verbrechen abgestrafft, die Straf auch gleichbalden eingezogen werde, sintemahlen dieser hierinn bestimmte Meister-Tag, vornehmlich zu dem Ende angesehen, das was dieser ihrer Ordnung, auch der Hochfürstl. Wäyd- und Schäfer-Ordnung zuwider laufft, und biß dahin Verzug leiden mag, daran vor- und angebracht, und durch die Obrigkeit auch die Obermeistere gerechtfertiget werden sollen. Was also vor das

Achtzehende. Wie hierinnen vermeldet, vor Strafen, oder auch an Weg- und Meister-Geld zum Fahnen in die Laden erkennt wird, davon solle hiefornen vermeldten fünff Meistern, samt den zweyen zum Meister-Tag geordneten Burgermeistern der halbe Theil gehörig seyn, der andere halbe Theil aber zu Erhaltung ihr der Schäfer Gerechtigkeit-Ordnung und Fahnen angewendet werden.

Schließlich wollen Wir nochmahlen, daß diese Unser verfaßte Schäfer-Ordnung vorgelauter massen den Schäfern dieses Unsers Hertzogthums in gedachter Unserer Stadt Marckgrönningen, allwegen auf den Tag Bartholomäi nach gehaltener Mittag-Predigt auf freyem Marckt offentlich verlesen, und derselben in allweg unterthänigst nachgelebet, auch von ob Eingangs bemeldten Unserer Ober- und Unter-Amtleuthen, Burgermeister und Gerichten, darob mit Ernst gehalten, und darwider nicht gethan noch gehandelt werde, in kein Weiß noch Weg; Doch behalten wir Uns, Unsern Erben und Nachkommen hiemit in allweg bevor, sonderlich da einer mehr dieser Ordnung zuwider handlen würde, Unser Obrigkeit, Herrlichkeit, Strafen und Bussen, deßgleichen diese Ordnung zu ändern, zu mindern, zu mehren, gar oder zum Theil abzuthun, oder von neuem zu machen, wie es jederzeiten für nutz und gut angesehen, auch die Nothdurfft erfordern wird, alles ohne Gefährde.

Und dessen zu wahrem Urkund, haben wir Uns eigenhändig unterzogen, und Unser Fürstl. Secret-Insigel hieran hängen lassen. So geschehen zu Stuttgardt, Donnerstag, den Ein und Zwanzigsten Monaths-Tag Augusti, als man zehlt von Christi unsers einigen Erlösers und Seeligmachers Geburt, Ein Tausend Sechshundert, Fünffzig und Ein Jahr.

(L. S.) Eberhard H. Z. W.

Satzung der Schäferzunft zu Bretten (1634)[7]

Zue Wißen und Kund sye Allermäniglichen, daß auf Heutt dato die Schäfer Ordnung durch undergenannte Meister wiederumb erneuert und Uff Gericht wordten, Nämlich allßo und folgender Gestallten:

Erstlich Soll jedem seys Maister oder Knecht verbotten sein, wann man in die Kirchen geht, daß keiner mit seinem Steckhen stoßen oder Stoppen soll, Bey Straff zween Kreutzer in das Almosen.

Zum Andern soll kein Maister seinen Knecht auch kein Knecht seinen Maister ohne sonders wichtige Ursache nach Laurenty als auf den Tag der Verdingung Vff. oder Abkünden bey Straff eines Guldens.

Ittem Dritten soll kein Maister Einem andern Einen gedingten Knecht Ungebührlich abspannen oder verführen bey Straff ein Gulden.

Ittem Vierdten, es soll auch jeder Maister seinen Knecht nach verfloßenen 14 Tagen zu seiner Gebührenden Obrigkeit führen mit Handtrew an Aydesstatt angloben laßen, daß er selbiger Obrigkeit und seinem Maister trew und Holld sein, Auch seine Tauff und Zu Nahmen auch wo er heh sey, Aufgeschreiben laßen, und daß er sich auff einfordern An den Ohrt da er Gefrävelt oder sonsten Schuldenhalber an zusprechen wäre, sich einstellen solle und wolle, Welcher Maister daß nicht thäte und etwa ein Knecht Unglück anstellte und Ausriß, soll derselbe Maister in daßselbe [Ein?] tretten und doch in der Obrigkeit Brettheim, wie auch in der Maister Straff Unnachläßig gefallen sein.

Ittem Fünftens, Es soll auch da ein Knecht mit seinen Schafen bey einem Maister eingefahren und über 14 Tag hernach Ausstehen wolle, soll er alle seine Schafe stehen lassen bis sie das Jahr ausgedient. Es seye denn daß sie ihm der Maister gutwillig wollt folgen lassen.

Ittem Sechsten sollen auch alle Schaaf jedes Knechts, der bey einem Maister eingewesen solang Vorhafft sein, biß die Lüfferung geschehen.

Ittem Sibentens da ein Knecht ohne Vorwissen des Maisters von den Schaafen bey Tag oder nacht hinweggeht und die Schaafe allein läßt söll derselbig nicht allein in der Obrigkeit sondern auch in der Maister Straff gefallen sein.

Ittem Achtens wann ein Burger oder Einwohner in Einer Stadt, Flecken oder Dorf, So zuvor kein Schäfer gewesen zu keinem Schäfer angenommen wird soll derselbig Einstandt- und Maister Geltt zum fahnen erlegen drey Gulden.

Ittem Neuntens Da ein Schäfer oder Fremdter mit Schaafen oder Hämmeln an einem Orth durchführet, derselb soll gerechtfertigt werden Urkunden aufzulegen, wo er solche erkaufft und solle solchs ein jeder Maister oder Schaafknecht Macht haben so er etwa einen uff Wegen oder Feldern getroffen oder aufgestoßen. Solchen nicht allein zu rechtfertigen, Sondern auch die Schaaf besichtigen, ob sie Auff recht- oder nicht und daß er etwas Verdächtiges merkt solle er solches alsobald der Obrigkeit anzuzeigen schuldig seyn, auff daß nicht die Waydten beschißen werden, Auch andere Schaaf Diebställ desto baß möcht verhüthet werden.

Ittem Zehendens Weil auf den Bestimmten Laurenty Markt sich etliche Maister und Schaafknecht bißhero zusammengerottet und Außer der Stadt Brettheims Würthshäusern, selbig Tags in andern Neben Dörffern auffgehalten und in gefährliche Schlaghändel kommen und gerathen, solle solches hiermit verbotten auch gewarnt sein, da Ein oder ander Unglück anstelle, solle er nicht allein in der Obrigkeit doppelt sondern auch in der Maister Straff gefallen sein. soll deswegen Ein jeder in der Statt da es ihm gefällig, Zöchen und Lustig sein, wo er will, so lang biß die Schäffer ihre Läuff gethan. Hernach mag ein Jeder uff siner Haimrayß zöhren wo er will, doch sich vor unnöthigen Händeln hüethen.

Ittem Eilfften soll auch keiner aus der Statt Brettheimb Würth uf gedachten Schäffertag keinen Maister oder Knecht haimlich oder öffentlich einziehen viel weniger etwas zum Verlauffen geben, Bey Straff von zween Gulden halb der Obrigkeit Brettheim, halb den Maistern zuerlegen.

Ittem Zwölften soll ein jeder Maister oder Knecht Fug und Macht haben in einem Würthshaus in der Statt Brettheim zu Zehren da er will, doch mit dem Geding, daß er in ein Weg als den Andern, wann er zu Lauffen begehrt mit dem Fahnen hinaus geht und bis zum End dabei verharren und bleiben soll Bey Straff von einem Gulden.

Ittem Dreyzehnten sollen diejenigen so beyn Fahnen gezehrt den Vorlauff, die Andern so in Andern Würthshäußern gezehrt oder von einem Würthshauß in das andere geloffen den Nachlauff haben und wer sich darwider setzt und Unordnung anfangen würdte, so soll derselbe zur Straff verfallen sein, halb der Obrigkeit, das ander den Maistern.

Ittem Vierzehndens Wann ein Würth in der Statt etlichen Maistern oder Knechten etwas zum Verlauffen geben oder verehrt wird, so sollen dieselben mit ihrer Verehrung auch mit dem Fahnen hinaus gehen und den Nachlauff haben Bey Straff von einem Gulden Halb wie oben gemeldt.

Ittem Fünfzehenden Da sich ein Maister oder Knecht mit Fluchen, Schwören und Vollsaufen vor der Predigt und andern ungebührlichen Reden wider den Fahnen und diese Ordnung setzen und sonsten Händel anfangen würdte, soll derselbig allein in der Obrigkeit Straff gefallen sein.

Ittem Sechzehenden da ein Maister oder Knecht etwas zu klagen, sol er solches zu Endt Benandten auß der Vier Herrschaften verordneten Maistern anzuzeigen schuldig sein, bey Straff eines Guldens den vier Maistern zu erlegen.

Ittem Siebenzehenden Dieweilen sich bishero allerhandt Unordnung begeben, daß etliche Maister und Knecht wenn sie doll und voll gewesen die genanndten vier hochlöblichen vier Herrschaft Maister in ihrer Mahlzeit überloffen, solle solches hinfüro verbotten sein bei Straff eines Guldens, sondern so einer etwas zu klagen habe solle er sich auff den nächsten Sonndag nach Bartholomäi allhier zu Brettheim auff der gewöhnlichen Herberg einstellen und seine Klage gebührlich vortragen lassen, solle derselbe gehört und jedem widerfahre was recht sein wird.

Ittem Achtzehenden Es soll auch ein jeder verordtnete Maister under den vier Herrschaften, pflichtig verbunden sein, daß derselbig auff dem bestimmten Laurenty waß er daß ganze Jahr über, nicht allein von seinen Gesellen oder Knechten, sondern auch von andern Benachbarten ungebührliches gesehen oder gehört, daß glaubwürdig sey seinen Mitmaistern anzeige bey Straff eines Guldens, deßgleichen solle ein jeder verordnete Maister sich auff dem Schäffertag beim Fahnen einstellen auch dabey dem angestellten Vorhörtag nicht ohne Erlaubniß außbleiben, bei unnachlässiger Straff. Un sollem diese die verordneten Maister aus viererley Herrschaften sein, heißen und bleiben so lang dieselbig leben und zu dem Fahnen dienlich erkannt werden.

Caspar Wagner zu selbiger Zeit Schäffer zu Brettheim Churpfälzischer Meister

Michael Weinle von Derdtingen
Lorentz Schwarz von Maulbronn
Württembergische Herrschaft

Andreas Kutze von Pfortzen [Pforzheim]
Markgräfliche

Mattes Ditz von Philippsburg
Michael Waßert von Bruchsal
Bischöflich Speyerische

Da aber derer mit Tod abgeht soll allerweg wieder ein anderer in deßen Verstorbenen oder hinweg gezogenen Herrschaftsstand verordnet von den übrigen Maistern gezogen und geordnet werden.

Dießem oben gemeldten Allein nach solle durch dies jeder Zeit der Gebühr nach gehalten, gehebet und nachkommen werden und da einer oder ander in solchen Punkten strefflich erfunden werde, solle derselbige solches ohnnachlässig erlegen und bezallen. Alles trewlich und ohn alle Gefehrte.

(Copia der auf Laurenty Anno 1634 durch die damaligen Schäfermeister der 4 Herrschaften, Chur Pfallz, Würtemberg, Markgraf Baden-Durlachische und Bischöflich Speyerische zu Bretten verordnete Schäferordnung.)

Satzung der Schäferzunft zu Bretten (1763)[8]

Von Gottesgnaden Wir Carl Theodor, Pfalzgraf bey Rhein, des Heiligen Römischen Reiches Erzschatzmeister und Churfürst in Bayern, zu Gülich, Cleve und ... Herzog, Fürst zu Mörs, Marquis zu Bergen op Zoom, Graf zu Veldenz, Sponheim, der Mark und Ravenperg, Herr zu Tackenstein etc.

Fügen hiermit zu wissen, demnach bey uns die Schäffer des Oberamts Bretten unterthänigst angesucht Wir gnädigst geruhen wollen ihnen eine Zunft und Ordnung, nach welcher sie sich in allen Vorfallenheiten zu richten und zu verhalten haben, daß wir ihnen darauß folgende Ordnung nach jeziger Zeiten Zustandt und Gelegenheit einrichten lassen, verwilligen ihnen auch solche hiermit und in ... dieses folgender gestalten:

1. Derweilen auswärtige Schäffer vermög von ihren Herrschaften erhaltenen Befehl von dieser Brettener Zunft abgegangen, wodurch die aus dem Oberamt allein bestehende solende Zunft geschwächet, so sollen die Hilspacher Schäffer, sowohl als andere angränzende, sofern dieselbe nicht allschon vorhero einer anderen Zunft einverleibet seynd in die ihrige aufzunehmen verstattet sein.

2. Soll sich jeder zur Zunft gehörige Meister auf dem Schäffertag nemblich Laurenty bei dem Fahnen einstellen und in der Ordnung auf bestimmte Zeit mit dem Fahnen in die Kirch gehen, Amt und Predigt beiwohnen, auch bei angestellten Verhörtägen nicht ohne Erlaubnis ausbleiben bei Straf eines Guldens.

3. Soll einem jeden, er sei Meister oder Knecht verboten sein, wann man in die Kirch geht mit seinem Stecken zu stoßen oder stoppen bey (Straf ...)

4. Soll kein Meister seinem Knecht, auch kein Knecht seinem Meister ohne sondere richtige Ursachen nach Laurenti, als auf den Tag der Verdingung auf- oder abkünden bei Straf eines Guldens.

5. Soll keine Meister einem andern eingedingten Knecht ungebührlich abstannen oder verführen bei Straf eines Guldens.

6. Es soll auch ein jeder Meister seinen Knecht nach verfloßenen 14 Tagen zu seiner gebührenden Obrigkeit führen und mit Hannstreu an Eidesstatt angeloben lassen, daß er selbiger Obrigkeit und seinem Meister treu und hold sein, auch sein Tauf- und Zunamen aufschreiben lassen und daß er sich auf Erfordern an den Ort da er gefrevelt oder aber schuldhalber anzusprechen wäre, sich einstellen solle und wolle, Welcher Meister das nicht täte und etwa ein Knecht Unglück anstelle und ausreiße, so soll derselbe Meister in desselben Lücken treten und doch in der Obrigkeit Bretten, wie auch zugleich in der Meister Straf unnachläßig gefallen sein.

7. Es soll auch da ein Knecht mit seinen Schafen bei einem Meister eingefahren und über 14 Tage hernacher ausstehen wolle, derselbe all seine Schafe stehen lassen bis sie das Jahr ausgedienet, es sei denn, daß ihn der Meister gutwillig wolle folgen lassen.

8. Sollen auch alle Schafe jedes Knechts, der bei seinem Meister eingetreten so lang verhalt sein bis die Lieferung geschehen.

9. Da ein Knecht ohne Vorwissen seines Meisters von den Schafen bei Tag oder Nacht hinweggehet und die Schafe allein lässt, soll derselbe nicht allein in der Obrigkeit, sondern auch in der Meister Straf gefallen sein.

10. Wenn ein zünftig gelernter Schäfer, so aber keines Meisters Sohn verlangt in die Zunft eingeschrieben und aufgenommen zu werden, soll er Meistergeld erlegen 15 Gulden und die andern Kösten als Schreibgebühr Meisterbrieff etc.

11. So aber ein Meisters Sohn als Meister eingeschrieben werden will soll er Meistergeld bezahlen 7 Gulden 30 Kreuzer nebst den obbemelten Kösten.

12. So ein Schäfer oder Fremder mit Schafen oder Hämmeln an einem Ort durchführe, derselbe soll gerechtfertigt werden Urkunden aufzulegen, wo er solche erkaufet und solle solches ein jeder Meister oder Schafknecht in acht haben, wo er einen auf Weg oder Feld anträfe oder auftriebe, solcher nicht allein zu rechtfertigen, sondern auch die Schafe besichtigen ob sie aufrecht oder nicht, und da er etwas verdächtiges merkte, solle er solche alsbald der nächsten Obrigkeit anzuzeigen schuldig sein auf daß nicht etwa die Weid S. v. beschießen, auch andere Schafdiebstähl desto besser möchte verhütet sein.

13. Dieweilen auf den bestimmten Laurentymarkt sich etliche Meister und Schafknecht bishero zusammengerottet und ausser der Stadt Bretten Wirtshäuser selbigen Tags in andern Nebendörfen sich aufgehalten und in gefährliche Schlaghändel kommen und geraten soll solches hiermit verboten und auch gewarnet sein, da einer oder anderer Unglück anstellete solle er nicht allein in der Obrigkeit doppelte sondern auch in der Meister Straf gefallen sein. Solle derentwegen jeder in der Stadt zechen und lustig sein, solange bis die Schäfer ihren Lauf getan, hernacher mag jeder auf seiner Heimreis zechen wo er will, jedoch der unnützen Händel sich hüten.

14. Solle auch keiner aus der Stadt Bretten Wirt auf gedachtem Schäfertag keinen Meister oder Knecht heimlich oder öffentlich einziehen, viel weniger etwas zu verlaufen geben bei Straf von zwei Gulden, halb der Obrigkeit, halb denen Meistern zu erlegen.

15. Solle auch kein Meister oder Knecht befugt sein vor dem Kirchengang und Hammelslaufen in andern Wirtshäusern außer dem Zunfthaus herum zu laufen und zu zechen sondern ein jeder Meister oder Knecht solle sich beim Jahrstag auf der Herberg beim Fahnen einfinden, in der Ordnung in die Kirchen und bei dem Lauf auf bestimmten Platz gehen bei Straf eines Guldens.

16. Da sich ein Meister oder Knecht mit Fluchen, Schwören, Vollsaufen und andern ungebührlichen Reden vor dem Gottesdienst wider den Fahnen und diese Ordnung setzen und sonst Händel anfangen würde, soll derselbe allein in der Obrigkeit Handen verfallen sein.

17. Da ein Meister oder Knecht etwas zu klagen, soll er solches den zu Endt benannten Zunftmeistern anzeigen schuldig sein, bei Straf eines Guldens, den Meistern zu erlegen.

18. Dieweilen sich anhero allerlei Unordnungen begeben, daß etliche Meister und Knecht, wann sie voll und doll gewesen, die geortneten Zunftmeister bei ihrer Mahlzeit überloffen, solle solches hinfüro verboten sein bei Straf eines Guldens sondern da einer etwas zu klagen, solle er sich auf den näch-

sten Sonntag nach Bartholomäi zu Bretten auf gewöhnlicher Herberg einstellen, seine Klag gebührend fürtragen lassen, solle derselbe gehört und jedem widerfahren was Rechtens sein wird.

19. Es solle auch ein jeder verordneter Meister dieser zu melden pflichtschuldig und verbunden sein, daß derselbe auf bestimmten Laurenti, was er das ganze Jahr über nicht allein von seinen Knechten, sondern auch von andern benachbarten Meistern und Knechten gesehen, oder glaubwürdig gehört hätte seinen Mitmeistern anzuzeigen bei Straf eines Guldens ...

20. Hinfüro alles ordnungsmäßig und zunftmäßig traktiert werde, soll keiner für einen Schafknecht gehalten werden, er habe denn vorher 3 Jahre als ein Jung bei einem Meister gestanden und sei ordentlich aufgedinget und ledig gesprochen worden.

21. Dargegen der Schäfermeister dem Jungen dann diese 3 Jungjahre den Lohn reichen soll, wie es bei den Schäfern üblich.

22. Das ordentliche Leggeld zum Laden auf den Jahrstag soll bestehen vor einen Meister 15 Kreuzer und vor einen Knecht 12 Kreuzer endlichen.

23. Sollte ein Meisterssohn seine Eltern verloren haben und durch Unglück auch Krankheiten oder ander Fatalitäten in Armut geraten sein, dergestalten, daß er aus erwähnten Ursachen nichts mehr vermöge und sich helfen könne, so solle ihm nach christlicher Lieb aus dem Laden solche Beisteuer verreichet werden, daß er wiederum sich etwas kaufen und bei einem Meister dienen kann.

Solchem nach befehlen wir unserm Oberamt Bretten und Stadrat daselbsten gnädigst und ernstlich, daß sie die Schäfer die jetzo seind oder fürders kommen werden bei vorbeschriebene von uns aus gnädigst erteilten Artikeln künftig hin schützen und handhaben dargegen nicht beschwehren, beschwehrt und beeinträchtiget zu werden, gestatten sollen. Jedoch behalten wir uns gnädigst vor, dieselben nach künftiger Zeit zu mehren oder mindern, ja ganz oder zum Teil abzustellen. Dessen allem zu Urt [?] und meheren Bekräftigung, wir unser churfürstliches Kanzeleisekret hiervor drücken lassen. So geschehe Mannheim 6. April 1763

gez. JH von Schoppen.

Ordnung der Schäferbrüderschaft zu Pfaffenhoffen (1745)[9]

Vor uns Claude Felix de Fouquerolles Hochfürstl: Hessen-Hanau-Lichtenbergischen Amtmann, der Ämter Buchssweyler, Pfaffenhoffen, Ing- und Neuweyler, als verordnetem Oberherrn T: E: Bruderschaft der Schäfern zu Pfaffenhoffen, erschienen persönlichen Johannes SCHNEIDER, der herrschaftliche Schäfer zu Eckendorf, als diesjähriger Brudermeister, Caspar HORN der Schäfer zu Utweiler, Theobald WALTHER der Schäfer zu Prinsheim, Abraham SCHNEPP und Hanns Jacob CREUTZ, beede Schäfern zu Obermothern, hisig hochfürstlich. Hessen-Hanau-Lichtenbergischer Herrschaft, Hanns VOGLER der Schäfer zu Kindweiler, Janns Jacob VOGLER der Schäfer zu Hochfelden und Hanns JOST der Schäfer zu Minversheim, Königlich-Landvögtischer- und Jacob HIERONIMUS der Schäfer zu Zutzendorf, Freyherrlich Fleckensteinischer oder Ritterständischer Jurisdiction, und dieser ebenfalls als Brudermeister T/T/Bruderschaft der Schäfer zu ermeltem Pfaffenhoffen, all vorstehende aber so wohl für sich, als im Nahmen aller übrigen Ihrer Mitbrüder gedachter Bruderschaft, die gaben einmüthig zu vernehmen, demnach seit der in anno 1659 beschehenen Erneuerung ihrer articul, die Bruderschaft allzeit mehr und mehr in Abgang gerathen, dergestelten dass da ehedessen schier alle Schäfer des unterelsässischen Bezirxs darinnen einverleibet waren, kaum mehr viertzig bis fünftzig dabey erscheineten, welches wohl daher rühren mögte, weilen sie in Ansehung der damahligen Kriegsläuften, die bey denen articuln angesetzte Strafen, theils allzu gelind angesetzet, theils auch die zur Straf gezogene in andern ausser dieser Herrschaft gesessene Brüder oder Schäfer mit würcklicher Execution nicht angehalten werden können, auch ein und andere nothwendige articul der Bruderschaft bestens und Aufnahm betreffend, ausser acht gelassen worden, damit nun wie es das Ansehen würcklichen hat, diese ihre Brüderschaft nicht gäntzlichen Zerfalle, als hätten sie sich dahin einmüthig entschlossen, ihre obangezogene articul der Bruderschaft nicht allein bey gnädigster hoher Herrschaft erneuern, sondern auch von einem Königlichen Hohen Souverainen Rath zu Collmar, ratificieren, und homologiren zu lassen, und als ihren verordneten Oberherrn anneben geziemend ersuchend, diese ihre künftighin zu halten vorgebende articul der Bruderschaft, zu genähmigen, und durch den Amtschreibern des Amtes Pfaffenhoffen, als dero Zunftschreibern praeliminariter notieren zu lassen, um solche sofort zur Renovation, Confirmation und Homologation behöriger

Orten eingeben zu können, in folgenden bestehend als

ERSTLICHEN solle künftighin wie vor uhralten Zeiten, die Zusammenkunft der Bruderschaft in dem Städtlein Pfaffenhofen, als dem gelegensten Ort, den nächsten Tag nach Michaelis stili veteris, in der daselbsten bestellten Herberg, durch die samtliche Brüder morgens früh um sieben Uhren beschehen, nach deren Versammlung Sie alle bey Straf Sieben Schilling sechs Pfennig von dannen in ordentlicher Procession still und ehrbarer weiss zur Kirchen gehen, daselbsten Gottes Wort, andächtig wie Christen gebühret, von Anfang bis zu ende anhören, und wie bishero beschehen, ordentlicher weisse zum Opfer gehen, hernachmals in gleichmässiger ordentlichen procession wieder auf den Platz allwo der Hammel von denen Jungen Schäfers Söhnen und Knechten, die Strümpf aber von denen Mägdlein ausgelosen werden,/: welche beede Stuck der Brudermeistern aus der Zunft Einkommen anzuschaffen/: verfügen, dann endlichen von der wiederum in gleicher Ordnung nach der bestelten Herberg sich begeben, daselbsten der Ablesung der Articul der Bruderschaft beywohnen, welchemnach ein Jeder Bruder seine Schuldige Auflag denen Brudermeistern in die Büchsen handreichen solle, wäre es aber sach dass einer oder der andere derer Brüder, Leibes oder Herrn noth, oder auch anderer erheblicher Verhinderung halben, bey dem Brüdertag nicht selbsten erscheinen könnte, solchenfalls solle derselbe die ihnen vorgefallene Verhinderung, beneben der Auflag denen Brudermeistern durch Jemand ankünden und entrichten lassen, bey Straf Sieben Schilling, sechs Pfennig, sollte aber auch der St. Michaelis Tag Stili veteris, auf einen Donnerstag, Freytag oder Samstag fallen, so soll die Zusammenkunft oder der Brudertag bis auf den nächst darauf folgenden Montag verschoben bleiben, und der Imbiss auf solche Zeit gehalten werden, wie dann auch

ZWEYTENS sothaner Imbiss durch die jeweilige Brudermeistern vierzehn Täg vor der Zusammenkunft bey einem willkührlichen wirth zu Pfaffenhofen bestellt, und durch die bey dem Brudertag beschäftigte personen genossen werden, Keinem der Brüder aber erlaubt seyn solle, an solchem Tag in einem andern Wirths Haus als auf der Herberg wo der Imbiss bestellt, zu zehren, bey Straf zehen Gulden, und solle

DRITTENS einem jeweiligen pfarrherrn von haltung des Gottesdiensts auf den Brudertag, mit Inbegriff des Imbiss Einen Gulden fünf Schilling dem Schulmeister vor seine Müh, fünf Schilling, dem Oberherrn, dem Brudertag bey zu wohnen, Sechs Gulden und von der Abhör der Rechnung Einen Gulden fünf Schilling, und dann dem Zunftschreiber, weilen er bey Haltung des Brudertags, jedes mahl zwey Täg, dann auf den letztern Wollmarkt mit Stellung der Rechnung, und andrer geschäften auch zwey Täge mehr oder weniger aufwendet, als sollen demselben seine Diaeten nach sonstigen Herrschaftliche Tax bezahlt werden. Über dies soll ein jeder Brudermeister wann sie den Imbiss verdingen, und die Brüderschaft zusammen kommt, auch die Rechnung thun, jeder vier Schilling haben, und nichts weiter, wann nun

VIERDTENS ein Schäfer in diese Bruderschaft sich zu begeben begehrte, der soll wann er ein zunftgenossener Meister anfangs und folgende alle Jahr Einen Schilling acht Pfenning ein Knecht aber jährlichen Einen Schilling in die Büchse geben und erlegen, insoferne auch

FÜNFTENS Ein in dieser Bruderschaft zünftiger Meistersohn wollte Schäfer Meister werden, der soll bey seiner Aufnahm gleich baar Einen Gulden fünf Schilling, zum Meistergeld erlegen, anneben auch noch die Meister Kand mit Wein füllen lassen. Ein Schäfer oder Schäfers Sohn aber, welcher zwar anderwärts aber allhier nicht zünftig soll neben Füllung der Meisterkand bey dessen Aufnahm auch gleich baar fünf Gulden zu Meistergeld abtragen, so nun auch

SECHSTENS Ein Baur oder sonstige person die ihres Stands und Herkommens kein Schäfer wäre, auch ein Schäfer werden wollte, der soll neben Füllung der Meisterkand bey dessen Aufnahm gleich baar zu Meistergeld handreichen zehen Gulden, hinwiederum da

SIEBENTENS einem oder dem andern der Brüder in dieser Bruderschaft zu verbleiben nicht beliebte, der einmahl in dieselbe sich begeben, soll sich neben Füllung der Meisterkand mit zwey Gulden, so er denen Brudermeistern zu geben ablösen können, damit von aller vorbeschriebenen ordnung entlediget seyn, jedennoch dessen nahmen aus der Bruderschaft nicht ausgelöschet werden, sondern deroselben einverleibet bleiben, hierauf und

ACHTENS soll kein Schäfer sich unterstehen, einen andern von seinem Dienste abzustehen, ehe er ordentlicher weiss durch Ankündigung eines oder des andern Theils entleediget, gleichergestalten solle er auch, vor vorbesagter Aufkündigung den lohn, nicht verringern oder verstümlen, beedes unter zehen gulden Straf, nicht weniger, solle ihm auch nicht erlaubt sein, weder vor noch nach der Aufkündigung, für sich weniger Schaaf zu halten, als es vorhin dem Schäfer von der Gemeind vergünstiget gewesen, bey Straf zehen gulden ohnnachlässig, desgleichen und

NEUNDTENS da ein Schäfer derjenigen Gemeind von welcher er gedingt wird, mehr denn zwey gulden, in gold oder gelds werth, zu weinkauf verspricht der soll in sechs gulden Straf der Bruderschaft verfallen seyn, es soll auch

ZEHENDENS kein zünftiger Meister einen unzünftigen zu gehülfen nehmen zum Scheeren, bey straf wieder den zünftigen Meister, so vielmahl Er darwider handelt, von Einem gulden, gleichergestalten und

EILFTENS soll keinem zünftigen Meister erlaubet seyn, einem Handelsmann der eine Schäferey hat, oder einem Juden ein Schaf weniger dann um vier pfenning zu scheeren, bey Straf Einen gulden, fünf schilling, wann nun

ZWÖLFTENS Ein Meister einen Knecht dingt, sollen beede Meister und Knecht vierzehn Tag Wandel haben, binnen welcher Zeit, einer dem andern wiederum aufsagen mag, geschege aber solches nach Verlauf der vierzehen Tagen, so soll der aufsagende Theil zween gulden, wie nicht weniger da ein Meister dem andern sein gesind, Knecht oder Buben, vor der Zeit, da sie sich zu dem Meister versprechen, suchte abzuspannen, derselbe soll gleicher gestallten der Brüderschaft zwey Gulden straf erlegen.

DREYZEHENDENS welcher Meister oder Knecht bey haltendem Brudertag einen Zank, Haader, oder Streit anfanget, auch unnützl: fluchet, bey Gottes heiligen Sacramenten, Himel, Erde und dergleichen, der soll je nach beschaffenheit der Sache drey Gulden, welcher aber auch denselbigen Tages ropft oder schlägt, der soll auch nach gestallten seines Verbrechens mit Sechs gulden Straf mehr oder weniger belegt werden, so auch

VIERZEHENDENS, ein Schäfer sich irgend vergreift, an einem schaaf dasselbige entwendet oder wann es ihme unter seine Herde kommt, böslich oder betrüglich heelhält, und nicht wieder an seinen gehörigen ort kommen lasst, der soll mit Vorbehaltung weiterer herrschaftlicher Straf der Brüderschaft Sechs gulden Straf handreichen, auch soll

FÜNFZEHENDENS ein jeder unzünftiger Schäfer oder sonstiger Handelsmann auf denen jeweiligen Pfaffenhofer Wollmarkten welche Woll verkaufen, von jedem verkauften Centner Woll in Ansehung die Wollmarkte der Schäferzunft halben zu Pfaffenhofen aufgerichtet worden, der Bruderschaft Einen gulden abrichten, disemnach und zim

SECHSZEHENDEN dieweilen wie vor alters Herkommen, so solle die verstorbene Schaaf durch keinen Wasenmeister, sondern durch die Schäfer abgezogen werden, bey Straf wieder die Wasenmeistern oder sonst darwieder handlende, Vier Gulden der Bruderschaft abzutragen, es haben auch

SIEBENZEHENDENS die Brüder T:T/: Schäferzunft hiermit einzusetzen, vor gut erachtet, dass obschon sonsten denen Schäfern ohnedem erlaubet, ihre Söhne redliche Handwerke erlernen zu lassen, und ihre Töchter an dergleichen leut zu verheurathen, es dannoch als einen apparten articul hiermit zu inserieren.

ACHTZEHENDENS sollen die alte Brudermeister alle jahr denen neuen in gegenwart derer Brüder vor ihrem Oberherrn ihrer einnahm und Ausgaab auch des Recesses Rechnung und Lieferung thun, samt Überreichung der büchsen, sodann

NEUNZEHENDENS sollen die Brüdern denen Meistern wann sie sich in dieser Bruderschaft begeben, angeloben, dass sie alle vorbeschriebene puncten, getreulich aufrecht und fest halten, so lang sie darinnen denen selben nachkommen wollen, Endlichen und ...

ZWANTZIGSTENS dieweilen von uhralten zeiten her, alle und jeede Schäfern aus allen orten und Herrschaften des unterelsässischen Bezirxs ihre jährliche Zusammenkunft zu ermeldetem Pfaffenhofen gehabt, diejenige Schäfer aber die ausser hiesig hochfürstlich — in andern Herrschaften eingesessen, wenigsten theils der Bruderschaft einverleibet, oder die so auch darinnen, dennoch nicht erschienen, als sollen solche wo möglich sich in die Bruderschaft zu begeben, und die darinnen einverleibte auf dm Brudertag zu erscheinen unter einer gewissen Straf engehalten werden, welchemnach alle Späne und Irrungen, dieser Bruderschaft durch die Brüdern, nicht aber vor gericht noch Recht, sondern vor Meister und Brüdern geschlichtet werden, wie es dann dabey sein festes Verbleiben haben solle, so wie sie es ausmachen und schlichten werden.

All welch vorbeschriebene Articul, so die Eingangs benamste Schäfer, zum Nutzen und zunahm ihrer Bruderschaft beförderlich und dienlich zu sein erachteten, wollten auch dass solche steif und ohnverbrüchlichen fürs Künftige gehalten werden sollen, gestalten sie sich so wohl in ihrem als im Nahmen der gantzen Bruderschaft von dero sie hierzu bevollmächtiget zu sein declariren auf nochmalige vor und ablesung hierorts eigenhändig unterschrieben und theils unterzeichnet.

Buchsweiler den neunden Marti Ein Tausend Siebenhundert fünf und viertzig.

Auf dem Original sind theils unterschrieben, und theils unterzeichnet,

Johannes SCHNEIDER, Jacob HIERONIMUS, Hanns Jacob CREUTZ, Abraham SCHNEPP, Diebold WALTHER, Caspar Hornen Signum, Hanns VOGLERs Signum, Hanns JACOB + VOGLERS Signum, Hanns JOSTen Signum,

FOUQUEROLLE und BESNARD amtschreiber.

(Vorbeschriebene Articull seind auss der bey der Ambtsschreiberey Pfaffenhofen verwarlich hinterlegten Minutte hier nidergeschriben, und facta collatione deroselben berbotenus gleich lautend befunden worden welches hiermit Attestiert

Buchsweyler den 14ten Aprilis 1745.

BESNARD Ambtschrbr des Ambts
Pfaffenhoffen und Zunftschreiber
E/E: Schäferbuderschaft.)

Anschreiben, Innungsartikel und nochmaliges Bittschreiben der Schäfer des Meißenschen und Erzgebirgischen Kreises an den König von Sachsen (1729/30)[1]

Allerdurchlauchtigster Großmächtigster König und Churfürst, Allergnädigster Herr,

Ew. Königl. Mayest. und Churfürstl. Durchl. seynd annoch allergnädigst erinnert, wie daß wir, die Schäffere des Meißnischen und Erzgebürgischen Creyses in einem sub dato Dresden den 1. Juny 1723 fußfälligst überreichten allerunterthänigsten Memorial unsere große Drangsahle, und daß wir uns von denen Bürgern und Bauern, als ob wir nicht so gut, und redlich als sie, verspotten und verachten, sonderlich aber wenn wir zu Ehren Gelacken, Hochzeiten undt Kindtauffen geladen werden, oder auch nur zuweilen in einer Schenck uns blicken laßen, Niemand mit uns weder eßen noch trincken will, oder doch die ehrenrührigsten Wortte, Verschmähungen und vieles Ungemach dar bey erdulden müßen, und endlich, daß der Policey-Ordtnung zuwider unsere Kinder in die Handtwercke keineswegs auff undt angenommen, oder doch außer Landes, weil ein Unterschied zwischen gemeinen und zünfftigen Schäffern gemachet zu werden pfleget, nicht gefördert werden wollen, Denenselben wehmüthigst vorgestellet, zugleich ein gedrucktes Exemplar derer von Kayserl. Mayest. denen Schäffern in Böhmen und Schlesien allergnädigst verliehenen und confirmirten Innungs Articul, krafft welcher ihnen zwey Hauptladen in der Stadt Prag und Kuttenberg nebst verschiedenen sogenannten Filialladen in allen Creysen auffzurichten verstattet worden, sammt einem sèhr hart verpoenten Kayserl. General Mandat, nach welchen berührte Schäffere allen andern redlichen Leuten an Ehren und Würden gleich declariret worden, allergehorsamst überreichet und uns Dero armen Unterthanen, ebenfalls aus unserer Schmach allergnädigst zu liberiren fußfälligst angesuchet: Wie wir denn zu solchen Ende gewiße Articul einer ebenmäßig im Meißnischen und Erzgebürgischen Creysen zu errichtenden Innung allerunterthänigst überreichet, und um deren Confirmation allergehorsamst gebethen: Alleine es ist diesem unserem allergehorsamsten Bitten noch zur Zeit nicht allergnädigst deferiret worden, sondern die Sache seit dem Jahre 1723. also erliegen blieben. Nun continuiren unsere große Drangsahlen nicht nur noch bis diese Stunde, sondern vergrößern sich auch immer von Tage zu Tage, ja es ist sogar einem unsres Mittels, der seinen Sohn vor 4. Wochen bey einen Maurer Meister zu Vilßdruff das Handwerck erlernen laßen wollen, von dem Meister zur Antwortt ertheilet worden; daß wenn auch sein Kind kein Schäffers Sohn wäre und nur einen Schäffer zum Pathen gehabt hätte, so nähme er ihn nicht in die Lehre. Viele seit der Zeit vor denen adelichen Gerichten zu Hirschfeld und sonst gehabte und ohne vieles Versäumnüß Mühe und Unkosten nicht abgegangene Injurien Prozeße zu geschweigen: Indem nun unter der Hand wir verständiget worden, als ob unsere allerunterthänigst entworffene Innungs Articul denen Herrschafften auf dem Lande präjudicirlich zu seyn schienen, unsere Meynung aber keineswegs dahin gehet, denenselben im mindesten Ziel und Maaß, wie sie es in einem oder andern Fall bei ihren Schäffereyen und mit unseren Diensten gehalten wißen wollen. vorzuschreiben, sondern nur lediglich unserer Schmach zu entkommen, und unseren armen Kindern zu prospiciren suchen: Alß haben unsere überreichten Innungs Articul wie soviel die Herrschafften anbetrifft, gänzlich geändert und solche lediglich auff eine gute Ordtnung unter uns eingerichtet, denen Herrschafften freygelaßen Schäffere nach Belieben anzunehmen, auch uns nach selbigen lediglich zu richten. Überreichen dahero solche von uns geänderte Articul Ew. Königl. Mayest. und Churfürstl. Durchl. hierdurch anderweit allerunterthänigst gehorsamst undt bitten vor uns, unsere armen Weiber undt Kinder Dieselben fußfälligst, Sie geruhen, Sich unserer in Höchsten Gnaden nunmehro zu erbarmen, solche Articul allergnädigst zu confirmiren, uns eine Innung in ieden creyse, und in denen, in solchen Creysen gelegenen anderen Ämbtern einige Bey-Laden auffzurichten, in Höchsten Gnaden zu gestatten, auch ins Land und in alle Creyse, Ämbter und Städte ein General Mandat ergehen zu laßen, daß förderhin Niemand bey einer nahmhafften Straffe sich unterstehen solle, uns und unsere armen Weiber und Kinder als unehrlich zu halten, oder von Erlernung derer

Handwercker und aus denen Zünfften zu verstoßen. Es zeiget der 31. Innungs Articul, was vermittelst dieser uns allergnädigst zu verstattenden Innung Ew. Königl. Mayest. und Dero zukünftigen Hohen Herren Nachfolgern an dem Ehrwürdigsten Churhause Sachsen alljährlich vor ein confiderables Intereße zuwachsen werde, da wir nach erlangter Innungsfähigkeit sofort Mann vor Mann, Meister, Meister-Knechte, Knechte und Jungens bey Ausferttigung unserer Innungs Scheine, und in was Qvalitat sich ieder befindet, und eingeschrieben wird, Stempelpappier gebrauchen, und ein Meister einen Stempelbogen von Zwölff Grsch. Ein Meister-Knecht einen Stempelbogen von Acht Grsch. Ein Knecht einen Stempelbogen von Sechs Grsch. und ein Lehrjunge einen Stempelbogen von Vier Grsch. gebrauchen, auch solches von Zeit zu Zeit bey allen Auffdüngungen derer Jungen, Lossprechung dererselben, bey declarirung derer Meister Knechte, auch wenn sie Meister werden und Schäffereyen bekommen, solange die Innung stehet, es also halten wollen: Allermaßen die Menge derer Schäffereyen in Dero Churfürstenthum und Landen notorisch, bey ieder Schäfferey auch 3. 4. und mehr Personen, so dergleichen contribuiren, befindlich, auch von Jahren zu Jahren mit denen Jungen und Knechten Veränderung vorgehet. Wir wollen also nunmero um soviel weniger an Allergnädigster Erhöhrung zweifeln, jemehr soviel tausend in größester Verachtung und Schmach aniezo darnieder liegenden und zu Gott seuffzenden Leuten von uns ausgeholfen, dadurch auch endlich dasjenige, was in der Landes und Policey-Ordtnung derer Schäffer halber per expressum von Ew. Königl. Mayest. Glorwürdigsten Herren Vorfahren an den Chur Sachsen so heylsam verordtnet, einen Entzweck erreichen und zur Erfüllung gebracht wird. Undt vor solche Ew. Königl. Mayest. und Churfürstl. Durchl. höchste Milde und Gnade werden wir, unsere armen Kinder und Nachkommen zu Gott um zeitliches und ewiges Hohes Wohlseyn bey Ew. Königl. Mayest. und Dero Hohen Königl. Churhause bitten, auch lebenslang verharren, Ew. Königl. Mayest. und Churfürstl. Durchl.

Dresden
den 10. März 1729

allerunterthänigst
gehorsamst Sämtliche
Schäffere des Meißnischen und Erzgebürgischen Creyses.

Innungs Articul derer Schäffer im Churfürstenthum Sachsen

Art. I

Es soll ein iedweder, der in diese Innung auff- und angenommen werden will, dem wahren Christlichen Glauben beygethan seyn, Gottes Heiligen Nahmen niemahls unnüze im Munde führen, vielmehr Sein Heiliges Wortt stets vor Augen haben, und sein Leben und Wandel nach dieser Richtschnur einzig und alleine anstellen, und darinnen verharren.

Art. II

Soll ein ieder aus einem reinen und keuschen Ehebette gezeuget und gebohren seyn.

Art. III

Soll ein iedweder Junge, so auffgenommen werden will, wenigstens Vier Wochen lang bey seinem Lehr-Meister vorhero zur Probe seyn, und das nächste Michaelis Quartal darauff, nebst dem Meister bei dem er auslernen will sich bei der Lade vor versammleter Innung persönlich angeben, und sich einschreiben laßen, auch angeloben bei seinem Lehr-Meister treu und redlich die Lehrzeit über sich aufzuführen, und das ihm untergebene Vieh also und dergestalt zu hüthen, zu warten und zu pflegen, wie es ihm sein Meister, dem er in allen Stücken zu gehorsamen schuldig, anbefiehlet: Insonderheit aber soll ein iedweder Lehrjunge angeloben, daß er auf der Weyde nicht schlaffen, noch das ihm anvertraute Vieh verlaßen, am wenigsten aber dasselbe in die Lachen und Brüche, allwo es sich verfänget, und anbrüchig wird, hüthen, noch weniger aber Gott und Ehr vergessener Weise dasselbe heimlich berupffen und berauben will. Wer wieder dieses leztere handelt, soll aus der Innung gestoßen, und noch darzu der Obrigkeit zur Bestraffung überantworttet werden.

Art. IV

Soll ein iedweder Lehr-Junge, wenn ihn sein Lehrmeister im Michaelis Qvartal sich auffdüngen läßet, Drei hinter einander lauffende Jahre lang, als ein Junge lernen, und dienen, und in währenden diesen seinen Lehrjahren nicht etwa entlauffen. Nach Verfluß dieser seiner Lehrjahre aber, von der Innung zu einen ehrlichen Knecht gesprochen und ausgelernet, auch ihm sein Lehrbrieff unweigerlich ausgeantworttet werden.

Art. V

Diejenigen Jungens, so vor Erlangung der Innungsfähigkeit bei denen Meistern seithero in der Lehre sich befunden, denenselben sollen zwar die bereits ausgestandene Lehrjahre zu Gute gehen, sie sich aber nichtsdestoweniger gleich denen Meistern und Knechten behörig bey der Lade einschreiben zu laßen schuldig seyn.

Art. VI

Wolte ein Knecht Meister-Knecht werden, soll er wenigstens zwey Jahr lang als Knecht gedienet und gehüthet haben, sodann aber das Muth Jahr antreten, damit nicht ein iedweder unerfahrener Mensch zum größten Schaden Hoher und anderer Herrschafften Schäffereyen, sobaldt er aus der Lehre kommt, wie bis anhero geschehen, die Herrschafft auffseze und als ein unerfahrener Pursch, durch die zuweilen ganze Schäffereyen ruiniret, und verderbet worden, sich zum Meister gebrauchen laße. Sondern es soll vielmehr ein ieder Knecht, wenn er Meister-Knecht werden will, zuvorhero das Seinige erst wohl verstehen lernen, nach Verfluß des Muthjahres aber, und wenn er das Seinige wohl erlernet, zu einen ehrlichen Meister-Knecht das Michaelis-Qvartal darauff von der Innung gesprochen, und allen Herrschafften zum beliebigen Dienst überlaßen werden.

Art. VII

Jedoch soll gleichwohl denen Herrschafften hierdurch unbenommen seyn, vielmehr ihnen freystehen, einen Knecht oder Meister nach eigenen Gefallen, er habe gleich seine Zeit erstreckt oder nicht, zu erwehlen undt anzunehmen: Und will einen solchen von der Obrigkeit erwehlten Knecht oder Meister die Innung, sobald er Schein hierunter vorzuzeigen vermag, und nur von redlicher Geburth und Herkommen, ohne Wiederrede in solcher Qvalitaet, wofür ihn die Herrschaft erkennet, auf und annehmen einschreiben und dulden: Nur daß der Innung, wenn er der Sache sodann nicht recht vorstehet, hierunter nichts beygemessen werde.

Art. VIII

Verstirbet ein Meister, und hinterläßet eine Wittib, welche die Herrschafft bey der Schäfferey gerne beybehalten will, sollen alle die Knechte und Jungens so bey ihr dienen vor so gültig, und düchtig, als ob sie bey einen andern ehrlichen Meister dieneten und ihre Zeit erstreckten geachtet und gehalten werden.

Art. IX

Es wollen auch die Meistere in einem ieden Ambts Bezirck alljährlich in der ihnen am bequehmsten liegenden Stadt einmahl und zwar den Tag nach Michaelis zusammen kommen, allda von besonderen Zufällen, so etwa zuweilen bey ihren unterhabenden Schäffereyen vorgehen, berathschlagen und einander hierunter mit Rath und That beistehen, damit soviel möglich alles Unglück bey derer Herrschafften Schäffereyen vermieden werde. Wie denn auch, und wenn außer dieser Zeit etwas besonderes bey eines oder des andern unterhabenden Schäfferey vorginge die Meistere auch außerordentlich sich versammlen, berathschlagen, und soviel an ihnen einander mit Rath und Tath beystehen wollen.

Art. X

Bey der ordentlichen Zusammenkunfft derer Meistere, so den Tag nach Michaelis ieder Zeit in einem ieden Ambts Bezirck geschehen soll, werden auch ieder Zeit die Lehrjungens auffgedünget, eingeschrieben und ausgelernet, Lehrbrieffe ausgeantworttet, zu Knechten und Meister-Knechten gesprochen, Meistere eingeschrieben, auch andere bey der Innung etwa vorkommende Sachen und Beschwerden abgethan: Und soll ieder Zeit, wenn das letzte beschiehet, der Königl. und Churfürstl. Herr Beambte darzugezogen werden: als um dessen Gebühr man sich hierunter mit demselben in einem ieden Ambts Bezirck vergleichen wird.

Art. XI

Nachdem auch der Meißnische und Erzgebürgische Creys diese Innungsfähigkeit bey Königl. Mayest. und Churfürstl. Durchl. erbethen, die Articul entworffen undt bis solche allergnädigst zur Confirmation gediehen, sowohl auch sonst bey der Sache viele Arbeit Mühe und Unkosten gehabt, dahingegen die anderen Creyse ohne dergleichen Mühe und Kosten die Innungsfähigkeit erlangen werden: als sollen die anderen Ämbter und Creyse hiesiger Lande, wenn sie ebenfalls von Königl. Mayest. als Innungsfähig allergnädigst beliehen werden wollen, gegenwärtige Innungs Articul von diesen Zwey Haupt Laden so in Neu Ostra bey Dresden und in der Stadt Freyberg oder dasigen Ambts Bezirck angeleget werden sollen, um ein billiges Entgeldt abzuholen schuldig und verbunden seyn.

Art. XII

Die Hauptlade iedes Orths wird besetzt mit Drey Altmeistern und Sechs geschwornen Innungs Beysizern, und hohlen von diesen beyden Haupt Laden die in ieden Creys einbezirckten anderen Ämbter ebenfalls die Innungs Articul ab: Allermaßen sie sogleich von Königl. Mayest. und Churfürstl. Durchl. ebenfalls als in die Creyse einbezirckt darüber allergnädigst beliehen undt ihnen besondere Laden in iedweden Ambte der Bequemlichkeit halber auffzurichten hoffentlich allergnädigst verstattet werden wird.

Art. XIII

Damit auch die Zusammenkunft der Innung ohne derer Herrschafften Beschwerde abgehen möge, soll ein iedweder, der zu solcher Zeit bey der Innung zu verrichten hat vorhero in Zeiten Uhrlaub von seiner Herrschafft nehmen, alles zu Hause wohl bestellen, und da er Herrschaftlicher Verrichtungen halber nicht abkommen könnte, oder durch Kranckheit daran verhindert würde, sich geziemend entschuldigen laßen, oder sonst in die Innungs Straffe verfallen seyn.

Art. XIV

Wenn ein Meister oder Knecht aus einem Ambte in das andere ziehet, oder zu einer andern Schäfferey gelanget, soll er zwar überall paßiren, iedoch sich beym Abzuge ein beglaubtes Attestat, daß er seiner vorigen Herrschaft treu und redlich gedienet ausantwortten und mittheilen laßen: Solches sodann beym Michaelis Qartal bey der Innung vorzeigen, und ehender nicht wiederum von neuen eingeschrieben werden. Wie denn und woferne ein Meister oder Knecht hierunter kein Attestat seines Wohlverhaltens halber vorzuzeigen hat, die Innung sich der Sachen Beschaffenheit bey der Herrschafft oder bey dem Meister, wo der Knecht gedienet sodann erkundigen will, und soll ein solcher Meister oder Knecht sich der Innung Ausspruches bey beschehenen üblen Verhaltens sodann zu unterwerffen schuldig seyn.

Art. XV

Die Entscheidung derer Handwercksangelegenheiten, geschiehet allezeit nach denen Stimmen, so die geschworenen Altmeister und Beysizere nach gewißen undt der Sachen Beschaffenheit auch denen Articuln gemäß von sich geben und wenn die Stimmen einander in der Zahl gleich im Ausspruch aber entgegen. Soll der Königl. und Churfürstl. Beambte, welche Meynung die beste, und ihr nachgegangen werden soll, ieder Zeit den Ausspruch thun, und dem selben nachgegangen werden.

Art. XVI

Soll kein Meister, Knecht, oder Junge ein umgefallenes Vieh berühren oder solches abfellen, sondern wenn sich etwas dergleichen, es sey im Felde oder Schaaffstalle ereignete, wollen die Meister einen Abtecker oder Caviller auf ihre Kosten halten, damit mit dem Felle der Herrschafft berechnet werden könne: Und zwar solches um soviel lieber, weil bisanhero zunächsten einiger Verdacht auff die Schaaffmeistere, als ob mit Berechnung des Felles Unterschleiff vorgehe, gelegt werden, welchem hierdurch abgeholffen, auch sonst aller schimpfflicher Vorwurff von andern Handwerckern vermieden werde.

Art. XVII

Soll kein Meister oder Knecht den anderen verachten, verunglimpffen, schelten oder schmähen, noch weniger aber ihm seine Knechte und Leute abspenstig machen, oder mit List an sich bringen, oder des Handwercks Straffe unterwürffig seyn.

Art. XVIII

Die Meistere und Knechte sollen auch mit verdächtigen liederlichen Volcke, Faullenzern, und Landtstreichern keine Gemeinschafft halten, vielmehr solche der Obrigkeit, wenn sie was auf ihren unterhabenden Brieffen vermercken solten, allsofort anzeigen, oder wiedrigenfalls gewärtig seyn, daß sie darüber zur Verantworttung gezogen, und der Obrigkeit zur Bestraffung überlassen werden.

Art. XIX

Wenn die Innung versammlet, soll solches mit entblößten Haupt geschehen, und sich ein iedweder darbey stille, erbar und bescheyden verhalten, gegen die Altmeister undt Geschworene aller Ehrerbiethigkeit sich gebrauchen, solange die Lade offen, und von denen vorfallenden Angelegenheiten, welche ein ieder, der hervortritt, es sey Meister oder Knecht, mit Erlaubnüß anzubringen, geredet, gehandelt, und verabschiedet wird, keineswegs von andern Dingen schwazen, oder sonst Unordtnung anrichten, betrunckener Weise erscheinen, oder ohne Erlaubnüß darvon gehen. Wer darwieder handelt soll in Strafe verfallen seyn.

Art. XX

Soll kein Knecht oder Junge ohne Vorwißen seines Meisters des Nachts aus denen Hirthen oder außer dem Schaaffstalle bleiben, dieweil zum öfftern groß Unheyl beym Vieh und sonst daraus enstanden bey unnachbleiblicher Straffe.

Art. XXI

Vielmehr sollen alle Meister schuldig seyn auff die ihnen anvertraute Schaaff-Ställe und Vieh treuliche und genaue Obsicht zu halten; dahero ieder Zeit zuzusehen und sich fleißig dahin zu bemühen, daß das Schaaff Vieh in Zeiten mit aller Nothdurfft versorget, auch allem besorglichen Unheyl und Schaden in Trifften, sonderlich aber dem Einfall an ungesunde morastige Örther und sonst vorgebauet, auch sonderlich die Knechte und Jungens treulich diesfalls verwarnet werden mögen, damit nicht auff ein oder der andern Herrschafft Beschwerde, einem solchen Meister oder Knechte hierunter Verwahrlosung und Schuldt beygemeßen, und er sowohl bey der Innung, als sonst zur Verantwortung gezogen, und bey erweißlicher Verwahrlosung ihm die Ersezung des Schadens befindenden Umbständen nach zuerkandt werden möge. Wie dann auch

Art. XXII

Kein Meister, Knecht oder Junge sich unterstehen soll mit brennenden Lichte ohne Laterne in den Schaafstall des Nachts zu gehen, wiedrigen Falls, und wenn es bey der Innung gemeldet wird, ein solcher Meister, Knecht oder Junge, zu geziemender Straffe gezogen werden soll.

Art. XXIII

Ferner soll sich ein iedweder Meister, Knecht und Junge aller groben Verbrechen und Laster, als Ehebruch, Hurerey und anderer Üppigkeiten gänzlich enthalten: Und daferne einer eines solchen Lasters beschuldiget und überführet werden möchte, wird er nicht nur der ordentlichen Herrschafft undt Obrigkeit zur Bestraffung überlaßen, sondern auch nicht eher hinwiederum bey der Innung zugelaßen, bis er seines Verbrechens halber, auch hinwiederum bey der Brüderschafft sich ausgesöhnet, undt billigen Abtrag gethan habe.

Art. XXIV

Begehet aber einer Diebstahl, undt wird diesfalls überführet und bestraffet, soll er der Innungsfähigkeit verlustig seyn, und aus dem Bruder Buche gestrichen werden.

Art XXV

Wenn einer vor offener Lade oder in Beyseyn derer Altmeister und Geschworenen seinen Mitmeister und Innungsgenoßen einer Lügen bestrafft, und solches hernach nicht darthunkann, oder sonst mit unziemenden Reden beleydiget, soll sofort zu gebührenden Abtrag und Straffe gezogen werden.

Art. XXVI

Daferne ein Knecht bey seinen Meister nicht länger dienen wolte, oder aber der Meister selbst mit dem Knechte Änderung vornehmen wolte, soll solches bey Straffe nicht außer der bisher gewöhnlichen Zeit geschehen, damit sowohl Meistere als Knechte sich anderswo versorgen können, oder weiter zu dienen und den Knecht zu behalten schuldig seyn. Wohin iedoch nicht zu ziehen, wenn die Herrschafft einen solchen Knecht nicht weiter dulden will, allermaßen der Herrschafft sowohl dem Meister als Knecht bey verspührten üblen Verhalten auch außer der Zeit Abschied zu geben vor wie nach unbenommen bleibt.

Art. XXVII

Es soll auch die Innung dahin trachten daß alle Jahre zu Michaelis, wenn sie versammlet, von Meistern und Knechten ein bey andern Innungen gewöhnliches an Gelde zu unumgänglichen Ausgaben, Allmosen, und Handreichung armer und nothleidender Innungs-Verwandten, Verunglückten, auch Wittwen und Waysen eingeleget und gesammlet werde, und sollen dieses gesammlete Geldt die Ältesten und Geschworenen in Verwahrung nehmen, ieder Ein Jahr lang über Einnahme und Ausgabe Rechnung halten, die Rechnung auch iederzeit zu Michaelis vor versammleter Innung abgenommen und was nicht wahrscheinlich berechnet, sofort ersezet werden.

Art. XXVIII

Wann eines Schaaff Meisters Eheweib in den Wittwen Standt versezet würde, undt solche Wittib die Herrschafft gerne bey der Schäfferey beybehalten wißen wolte, soll ihr sofort ein guter tüchtiger Meister Knecht auf Verlangen abgefolget, und zu ihren Fortkommen überlaßen werden.

Art. XXIX

Es sollen auch alle Meister, Knechte und Jungens alle dasjenige, was in der Churfürstl. Sächs. Landes Ordtnung der Wild-Bahne halber enthalten, genau beobachten: Dannenhero auff denen Trifften keinesweges Geschoß und anderes Gewehr oder Zeich, wodurch einiger Verdacht zum Schaden der Wild Bahne auf sie geleget werden könnte, bey sich führen, auch in denen

Königl. und Churfürstl. Gehegen darüber halten, daß die Hunde ieder Zeit mit einem Klöppel 5/ ... lang geklöppelt seyn mögen.

Art. XXX

Damit auch ein iedweder Meister wiße, wer ein zünfftiger Knecht seye, und nicht etwa Landtstreicher und anderes loses Gesindel sich darfür ausgeben mögen, soll der Knecht ieder Zeit, wenn er beym Meister zuspricht oder Dienste sucht, folgende Handwercks Gewohnheit mit Haltung eines Stabes in der Handt beobachten und den Meister also grüßen:
Gott die Ehre, und unserm allergnädigsten LandesHerrn, der uns unsere Innungs-Freyheit verliehen hat der ewige Ruhm! Erbarer lieber Meister, dieweil ich ein ehrlicher Knecht bin, auch bey Meister N. zu N. gedienet, so will ich bey euch lieber Meister iezo einsprechen, und euch freundlich bitten, ihr wollet mich in eure Dienste aufnehmen, ich will mich treu und redlich verhalten, und es heut oder morgen gegen euch und die Eurigen wieder verschulden.

Der Meister soll hierauff dem Knechte, wenn er ihn in Dienst nehmen will, also antwortten:
Dieweil du Gott zu Ehren, und unserm allergnädigsten Landes-Herrn, der uns unsere Innungs-Freiheit verliehen hat, zu ewigen Ruhm, bey mir einwanderst, und treu und redlich zu dienen versprichst. So heiße ich dich nach Handwercksgebrauch willkommen, und will dich in meine Dienste annehmen. Du solst dich aber in deinen Diensten so aufführen, und bezeigen, wie es unsere Innungs Articul auch Handwercksgebrauch und Gewohnheit erfordern, Gott willkommen!

Braucht er aber Niemand in Dienste, oder der Knecht stehet ihm sonst nicht an, antworttet der Meister dem Knechte also:
Habe Danck vor deinen Zuspruch geleithe dich Gott auff deiner Wanderschafft und beschehre dir dein Brodt anderer Orthen.

Art. XXXI

Damit auch endlich Se. Königl. Mayest. in Pohl. und Churfürstl. Durchl. zu Sachsen unserm allergnädigsten Herrn, sowohl als dero zukünfftigen Hohen Herrn Nachfolgeren an der Chur Sachsen, durch gegenwärtige Verleihung der Innungsfähigkeit ein besonderes Interesse zuwachsen möge: So seynd sämmtliche Schaaff Meistere, Meister Knechte, Knechte undt Jungens zur allergehorsamsten Dancksagungs Bezeigung vor die verliehene Hohe Gnade vor sich und ihre Nachkömmlinge, welche die Innungsfähigkeit erlangen wollen nicht nur des alleruntertänigsten gehorsamsten freywilligen Erbiethens, bey Auffdüngung derer Jungens, zum Auffdünge Brieffe iedesmahl einen Stempel Bogen von Vier Groschen zum Lehr Brieffe eines gemeinen Knechtes daß er ausgelernet worden iedesmahl einen Stempel Bogen von Sechs Groschen, zum Brieff eines Meister Knechts iedesmahl einen Stempel Bogen von Acht Groschen, und wenn der Meister Knecht Schaffmeister wird, iedesmahl wegen des Meister Brieffs einen Stempel Bogen von Zwölf Groschen in Zukunfft zu gebrauchen, auch ehender, undt bis nicht ein ieder einen dergleichen Stempel Bogen, sowohl Meister, Meister Knechte, gemeine Knechte und Lehrjungen überbringet, keinen in die Innung auff und anzunehmen, loszusprechen, zum Meister Knecht, oder Meister zu machen, einzuschreiben und ihm Uhrkunde auszustellen, sondern wollen auch, gleich nach erlangter Innungsfähigkeit, Mann vor Mann beym Einschreiben ins Bruder und andere Innungsbücher damit sofort aniezo den Anfang machen, und die Scheine so ein iedweder Innungs Verwandter erhalten soll auf dergleichen Stempel Bogen schreiben nun und zu ewigen Zeiten, und solange diese Innung stehen und bleiben wird, sowohl vor sich als ihre Nachkommen auch darüber steiff fest und unverbrüchlich halten; In der allergehorsamsten Zuversicht, es werde dieses freywillige alleruntertänigste Offertum, welches bey sämmtlichen Schäffern dieser Lande ein considerables alljährlich betragen wird, in Gnaden auf und angenommen werden. Und damit ein iedweder Innungs Verwandter den Innhalt dieser Articul um soviel beßer wißen und sich darnach achten könne:

So sollen diese Articul alle Jahre vor offener Lade zu Jedermanns Wißenschafft öffentlich vor und abgelesen, solche auch Ihre Königl. Mayest. in Pohlen, und Churfürstl. Durchl. zu Sachsen unserm allergnädigsten Herrn zu dero Höchsten Landesherrlichen ... Confirmation fördersamst fußfällig vorgetragen werden.

Aller Durchlauchtigster Großmächtiger König und Churfürst,
Allergnädigster Herr,

Ew. Königl. Mayest. und Churfürstl. Durchl. haben auff unsere derer Schäffere des Meißnisch- und Erzgebürgischen Creyses nunmehro sei 7. Jahren aller unterthänigst eingereichte fußfällige preces, daß uns, gleich denen Böhmischen undt Schlesischen Schäffern, die Innungsfähigkeit verstattet werden möchte, wie wir aus Dero Hohen Königl. Landes-Regierung mündlich benachrichtiget worden, Sich dergestalt nunmehro in Hohen Königl. Gnaden resolviret, und entschloßen, daß in alle Dero Churfürstenthums und incorporirte Lande Creyse und Städte Dero Hoher Landes Herrlicher General Befehl Krafft dessen wir auch unserer Kinder Knechte und Jungens als Innungsfähig durchs ganze Land declariret uhd unweigerlich in alle ehrliche Zünfte auff- und angenommen werden sollen, ergehen wird.

Gleichwie wir nun solches Zeit Lebens mit allerunterthänigst gehorsamsten Danck erkennen werden: also unterwinden wir arme verachtete Schäffere uns annoch darbey allergehorsamst vorstellig zu machen, und fußfällig zu bitten, daß dieses Dero Hohes Königl. General-Mandat, gleich von Königl. Kayserl. Mayest., nach dem von uns allerunterthänigst mit überreichten Exemplar allergnädigst geschehen, iedoch, sonder allerunterthänigster Maaßgebung, ebenfalls mit einer auf die contravenienten ausdrücklich zusezenden Hohen Poen an Hundert Rheinischen Goldgülden, oder wer es nicht um Vermögen mit einer hartten Leibes Straffe möge communiret und verknüpffet werden: Anderer Gestalt wir gewiß versichert, daß von denen Zünfften und gemeinen Pöbel Dero allergnädigster Intention so wenig, als Zeithero mit der Landes und PoliceyOrdtnung beobachtet worden, werde nachgelebet werden. Hiernächst können wir auch nicht umhin, Ew. Königl. Mayest. nochmahls in Allerunterthänigkeit vorstellig zu machen und ebenfahls fußfällig zu bitten, daß nebst Verstattung der Innungsfähigkeit gleich anderen redlichen Innungen in Dero Churfürstenthum und Landen, nur einige wenige Articul, die ganz unschuldig, und ganz kein Bedencken veruhrsachen können, aus denen allergehorsamst überreichten Articuln, uns verstattet werden möchten, damit wir von anderen Handtwerckern und Pöbel um soviel mehr als redliche Leute geachtet, und hiernächst auch Ew. Königl. Mayest. uns erzeigte Hohe Landes Väterliche Gnade mittelst, das von uns bey denen Lehr- und anderen Brieffen und Uhrkunden zu adhibiren allerunterthänigst offerirten starkken Imposts, so gewiß in allen Dero Landen jährlich an die 1000 hinnansteigen dürfte, zu Dero eigenem Hohen Interesse gereichen möge. Wobey wir nochmahls in Allerunterthänigkeit versichern und heilig angelóben, daß wir keinesweges gemeynet, denen Herrschafften auf dem Lande damit eine Last aufzubürden, oder sie dadurch zu vinculiren, noch weniger gehet unsere Intention dahin, die von Ew. Königl. Mayest. darunter uns zu erzeigende Hohe Gnade auf andere Arth zu mißbrauchen; Sondern wir geloben was unsere Herrschafften betrifft, diejenigen, die sie zu Schaaff Meistern erwehlen, wenn sie auch schon auf die Schäfferey nicht ausgelernet, im Fall sie nur von ehrlicher Geburth und redlichen Herkommen, unweigerlich anzunehmen, und unter uns zu dulden, auch im übrigen Ew. Königl. Mayest. Landesgesezen. was die Innung betrifft, genau nachzukommen, Da auch nur vor Zween Jahren Ew. Königl, Mayest. die Peruquiers zu Dresden, Schnührmacher zu Radeberg, und in dem Dorffe Groß Röhrsdorff, auch andere Professiones, allergnädigst erhöret, und ihnen die Innungsfähigkeit nebst gewißen Articuln verliehen: So versprechen wir armen Schäffere uns auch unseres Orthes hierinnen allergnädigste Erhörung: Um soviel mehr, da, und ob wir schon wesendlich nicht wie sie theils in denen Städten wohnen, mithin uns die Landes Ordtnung vielleicht hierunter im Wege stehen, und Ew. Königl. Mayest. unseren Supplicibus zu deferiren, Bedencken veruhrsachen könnten, doch, auf diesen unverhofften Fall, Ew. Königl. Mayest. in allergerechtesterg Erwegung zuziehen geruhen werden, daß diesfalls der Landes Ordtnung absehen lediglich darauff, daß denen Städten nicht die Nahrung entzogen, und die Handwercke aufs Land gebracht, sondern ein iedes bey seinem Gewerbe und Nahrung verbleiben solle, gerichtet; Unsere, derer Schäffere Profession hergegen, in keiner Stadt befindlich mithin auch dieses Ew. Königl. Mayest. keinesweges einen effectum suspensivum beybringen wird. Da auch bey allen Innungen Meistere auf dem Lande geduldet zu werden pflegen, wenn sie es nur mit denen Städten halten, und allda, wenn Handwerck gehalten wird, zusammen kommen. Wir hergegen uns in Allerunterthänigkeit erbothen, daß wir bey iedem Ambts Bezirck in einer darinnen gelegenen Stadt Handwerck halten, und Meistere, Knechte und Jungens sprechen und annehmen wollen: So werden auch die Städte durch dasjenige, was wir dabey verzehren, einen sonst noch nie gehabten Nuzen zugleich mit genießen, und also auch unsere Innung denen Städten mit zum besten gereichen. Und wie also alles, nach wie vor, unsres Orthes, außer, daß wir nicht mehr abfellen, sondern den Caviller auff unsere Unkosten halten wollen, bey unserer Profession unserer bisherigen Ordtnung und Maaße bleibet, folglich unsere Innungsfähigkeit weder denen Herrschafften, noch sonst jemande zum Schaden gereichet, wir denn auch die Abfellung des todten Schaaff Viehes, daß solche durch den Abtecker auf unsere Kosten geschehen soll, denen Herrschafften ebenfalls zur Beruhigung und avantage gereichet, da des Cavillers Büchel, sowie wegen derer Sterbelinge mit ihm, den Abtecker, halten wollen, ieder Zeit mit dem unserigen, sowie mit der Herrschafft halten, übereintreffen muß, und also die Herrschaften alles übeln Verdachts, daß weniger Sterbelinge, als eingeschrieben, bey ihren Schäffereyen sich befunden, und Unterschleiff damit vorgegangen, überhoben seyn können. Leben also zu Ew. Königl. Mayest. der allerunterthänigst gehorsamsten Zuversicht, da unsere Innungsfähigkeit sowohl zu Dero eigenem, als unserer Obrigkeiten, und des ganzen Landes Besten gereichet. Sie werden uns arme verachtete Leute auch hierinnen allergnädigst erhören; Und ergehet an Dieselbte hierdurch nochmahls unser fußfälliges Bitten, Sie geruhen Dero in alle Creyse und Städte zu publiciren allergnädigst resolvirten Höchsten General-Mandato, nach welchen wir, auch unsere Kinder, Knechte Jungens und Nachkommen, als Innungsfähig declariret, zu Erlernung aller ehrlichen Professionen admittiret, und durchs ganze Landt, bey allen Zünfften gefördert zu werden verhoffen, die Contravenienten, dieser Ew. Königl. Mayest. so heilsamen allergnädigsten Verfügung, mit einer scharffen Poen, womit sie unnachbleiblich bestraffet werden sollen, zu belegen, nicht weniger uns nur einige wenige Articul, damit, gleich anderen Professionen in Dero Churfürstenthum und Landen, wie eine ebenmäßige redliche Innung überkommen mögen, und keinen Vorwurff leiden dürffen, aus denen bereits allerunterthänigst überreichten Articuln uns allergnädigst zu verleihen. Wir geloben nochmahls den allerunterthänigst offerirten starcken Impost darbey zu adhibiren an: Und werden vor solche Hohe Gnade erstreben.

Ew. Königl. Mayest. und
Churfürstl. Durchl.
Dresden
den 21. May 1730

allerunterth. gehorsamst.
Die Schäffere des Meißnischen
und Erzgebürgischen Creyses.

Aus den Zunftartikeln, die Kaiser Josef I. den Schäfern in Böhmen verlieh (1709)[11]

(Übersetzung)

„Wir, Joseph, ... tun mit diesem Brief allen den Unseren, die noch während der glücklichen Regierungszeit des ruhmreichen und heiligen Gedenkens des Kaisers Leopold ... kund ... die in den vier nachfolgenden Gegenden, und zwar namentlich um Čáslav, Kouřim, Chrudim und Hradec Králové befindlichen Landwirte und Hirten von Schafvieh, von sich aus und anstatt der gesamten, in den übrigen Gegenden Unseres erblichen Böhmischen Königtums wohnenden Hirten, in aller Demut und Untertänigkeit vermittels ihres allergehorsamsten Schreibens vorstellig geworden sind und um gnädige Versorgung ihrer aller gemeinsam auf Ehrlichkeit und guten Ruf, sodann um Aussetzung und Erteilung neuer Zunftartikel für sie, auch um Einführung einer ordentlichen Zunft der Ordnung und einer Lade, und zwar in Unserer königlichen Bergstadt Kutna Hora, untertänig gebeten haben. Deren demütige und untertänige Bitte hat der höchst erwähnte Unser Herr Vater im längst vergangenen siebzehnhundertsten Jahr auf Unsere königliche böhmische Prager Kanzley um Bericht und Gutdünken zu senden geruhet; die auch noch in demselben Jahr zu Händen unserer königlichen böhmischen Hofkanzlei offenbaret wurde, und nach ihrem Wortlaut wurde den gesamten, sich in Unserem obererwähnten erblichen Böhmischen Königtum befindlichen Schafviehhirten, die den Fall nicht berühren, im nachfolgenden Jahre die Versorgung auf Ehrlichkeit und guten Ruf vermittels eines Briefes und Leopoldinischen Majestäts erteilet. Aber ihrer zweiten demütigen Forderung betreffs Erteilung neuer Zunftartikel für sie und der Einführung einer ordentlichen Zunft oder Innung und einer Lade wurde zu dieser Zeit nicht stattgegeben. Da sie aber immer weiter bei uns wegen ihrer vorangegangenen Bitte vorstellig wurden und wegen der Erteilung derselben Artikel, der Innung und der Lade demütig supplicieret haben, und wir solche ihre Forderung, in bedachtsame Erwägung und in Betracht ziehend, wie durch die Erteilung selbiger Artikel der Innung und der Lade nicht nur die Ehre und der Ruhm des Allerhöchsten gepriesen und vermehret, sondern auch bei denen Hirten eine gute Ordnung, Furcht und Zucht eingeführet werde: weshalb wir auch ihrer demütigen und untertänigen Bitte mit kaiserlicher und königlicher Gnade uns zuzuneigen und mit Unserem guten Bedacht, sicherer Kunde und mit dem Rat Unserer Getreuen, auch durch die Königliche Macht in Böhmen, allen böhmischen Hirten des Schafviehs diese ansuchenden, in böhmischer und deutscher Sprache niedergeschriebenen Zunftartikel, nicht minder auch die Innung und Lade auf die unten beschriebene Art und Weise gnädig zu geben, zu erteilen und zu verleihen, geruhen, welche Artikel wortwörtlich folgendermassen lauten:

Zuvörderst soll keiner in die Zunft und Innung aufgenommen werden, der nicht des rechten Römisch-Katholischen Glaubens sei: was ein jeder ... mittels glaubwürdigen Zeugnisses seines geistlichen Verwesers zu erweisen verpflichtet sein wird.

Zweitens. Jeder Meister von Schafvieh sol seine Leute und sein Gesinde zur Frömmigkeit führen und ihnen das Lästern verwehren, ansonsten denjenigen, solcher so gewaltig lästerte und Untertan sei, bei seiner Herrschaft, einen Freien aber bei Gericht zu seiner verdienten Bestrafung bringen.

Drittens hat in Unserer Königlichen Stadt Prag die Hauptzeche und die Lade, und zu dieser acht alte und sechs junge geschworene Meister eingerichtet [zu sein]; die Filialordnungen dann und Filialladen im Lande sollen nur mit vier alten und drei jungen geschworenen Meistern besetzet sein, auf daß sich bei solcher Anordnung der Zechen und Laden die Meister und das Gesinde des Schafviehs bei ihnen um so leichter einfinden und auch um so früher wieder nach Hause zurückkehren könnten. Wohingegen in die Prager Hauptzunft und -lade folgende Gegenden, nämlich die von Slany, Rakovník, Podbrdy, Vltava und Kouřim inkorporieret werden.

Was nun die übrigen Filialzechen und -laden betrifft, so soll eine in Chlumec nad Cidlinou mit Einschluß der Gegenden von Hradec Králové und Chrudim,
eine zweite in Unserer Königlichen Stadt Hora Tábor, mit Einschluß der Gegenden von Čáslav und Bechyné,
eine dritte in Unserer treuen Königlichen Provinzstadt Plzeň, mit Anschluß der Gegenden von Plzeň und Práchno,
eine vierte in Unserer Königlichen Provinzstadt Žatec, mit Anschluß der Provinzen Žatec und Loket,
die letzte oder fünfte in der Stadt Česká Lípa mit Einschluß der Provinzen Litoměřice und Bóleslav, geschaffen werden.

Viertens soll es dem Willen jeder Herrschaft überlassen bleiben, sich jemanden von ihren Untertanen als Knecht oder Meister nach ihrem Gutdünken zu nehmen und zu wählen, und wird die Innung verpflichtet sein, solchen von der Obrigkeit als Knecht oder Meister angenommenen Hirten als tauglichen zu erkennen, denn eine jede Herrschaft weiß am besten, welcher der taugliche sei. Und ist folglich nicht erlaubet, daß solcher vorher von den älteren Zechenmeistern examinieret werde, sondern wird es genug sein, wenn die Obrigkeit solchem als Knecht oder Meister Angenommenen einen Brief betreffs seiner Aufnahme in den Dienst aushändigt, der solchen dann der Zeche und Innung zu übergeben hat.

Fünftens soll der Gewisse, den die Herrschaft einmal als Meister erkennt, auch von der Zeche und Innung ohne vorhergehendes Examen für solchen unveränderlich gehalten sein: soll dieser aber einmal für immer drei Meißener „Kopy", eine jede Kopa zu 70 Kreuzern gerechnet, bar bei der Lade entrichten.

Sechstens. Alle Hirten von Schafvieh, die im Böhmischen Königreich wohnen, haben sich, wenn sie von der Zeche berufen werden, bei ihren Innungen und Laden einzufinden, unter Strafe von 1 Meißener Kopa. Dergleichen Zusammenkünfte sollen nicht häufiger als viermal jährlich abgehalten werden, jeweils an den „trockenen Tagen".

Siebentens. Welcher Meister in eine andere Gegend ziehen will, soll sich bei der Innung, von der er wegzieht, melden, und soll er ein Attestatum von der Obrigkeit zeigen, bei der er gedienet und von der bei der er in den Dienst eintreten will; der Zechenmeister soll es ohne Bezahlung vermerken, bei der Obrigkeit der anderen Gegend soll er ohne neue Bezahlung anerkannt werden, als der, so er bei der vorherigen Zeche gehalten worden.

Achtens. Jeder Obrigkeit stehet frei, ihren Schafstall dem anzuvertrauen, den sie will und soll kein Meister dawider sprechen.

Neuntens. Die Hirten haben die Macht, sich bei denen nächstgelegenen Innungen höchstens viermal jährlich einzustellen, und auch bei der Hauptinnung, die am nächsten Wohnenden an allen Fasten. Aber aus allen Gegenden dürfen sie nur einmal im Jahre zusammenkommen, und zwar am Fronleichnamstage, wann sie ohnehin zur feierlichen Prozession zusammentreten; haben aber nicht alle Meister oder älteren Knechte zu kommen, sondern sollen von jeder Filialzeche zwei ausgesandt sein, die bei der Hauptzeche und Lade einzig ihre allgemeinen Zechenpflichten ordnen und abhandeln und dann nach drei Tagen nicht säumen sollen. Bei solcher ihrer Verrichtung soll eine Ratsperson, die der Altstädtische Magistrat dazu vorschlägt, als Inspektor präsidieren.

Zehntens. Sie werden verpflichtet sein, am Fronleichnamstage mit der gewöhnlichen Prozession zu gehen; die Geschworenen und älteren Meistern in Mänteln, ein jeder gut bekleidet mit einem Halstuch versehen, sich mit Musik bei ihrer Fahne einzufinden, von jeder Zunft zwei Abgesandte. Denen Hirtenknechten, die nahe bei Prag wohnen, denen die Obrigkeit zu solcher Prozession zu gehen erlaubte, soll nicht verwehret sein, sich einzufinden. Es soll auch den Hirten bei den Filialinnungen erlaubet sein, daß sie sich mit Einverständnis der Obrigkeit am Fronleichnamstage zur Prozession in der Stadt Prag einfinden.

Elftens. Von den älteren und geschworenen Meistern bei den Provinzladen in der Kirche, wo die Zunftfahnen und Gestelle gewartet werden, soll jeden Mittwoch an den „trockenen Tagen" früh um sieben und acht Uhr für alle toten Meister, ihre Ehegemahlinnen und Kinder, Knechte und Lehrjungen eine gesungene Messe, sowie auch eine gelesene heilige Messe für die Lebenden abgehalten werden.

Zwölftens und dreizehntens. Die Namen der toten Meister und ihrer Angehörigen werden zur Zunft geschickt, damit sie vor der Großen

Messe beim Gebet gelesen werden. — Wer sich etwa bei der Prozession am Fronleichnamstage nicht ehrenhaft aufführt, wird zur Strafe zwei libra Wachs niederlegen.

Zum Vierzehnten soll kein Meister, Knecht oder Lehrjung irgendwelches gefallene Vieh berühren oder von ihm die Haut abziehen, jedoch, wenn sich etwas Derartiges entweder auf dem Feld oder in dem Schafstall ereignen sollte, halten sie dazu erforderliche Personen, die gefallene Tiere berühren, auf ihre eigenen Kosten, und zwar sind in einer jeden Gegend zwei zu nehmen, in größeren Gebieten aber drei einzusetzen, aber für das Leder werden sie nicht Rechenschaft ablegen müssen. Wenn nun die Obrigkeit selbst solche mit gefallenen Tieren umgehenden Leute halten wollte, so soll ihnen darin nicht gewehret werden.

Fünfzehntens. Sie sollen sich nicht mit Zauberei und Wundern abgeben, solcher das täte, soll der Obrigkeit zugeführt werden; welcher Meister einen Zauberer verheimlicht, legt 5 libra Wachs bei der Innung nieder.

Sechzehntens. Ein Meister soll den anderen nicht schaden, bei Strafe von 4 libra Wachs. Niemand soll [einem anderen] das Gesinde abspenstig machen, sonst wird der Meister mit 6, der Knecht mit 3 libra Wachs bestraft. Der Untertan soll bei solchem Vergehen vor seiner Obrigkeit angeklagt werden.

Zum siebzehnten. Soll ein jeder älterer und jüngerer Knecht verpflichtet sein, so er bei seinem Meister nicht länger dienen will, seinen Dienst ein Vierteljahr früher aufzukündigen, unter Strafe von vier libra Wachs, so daß sich der Meister in dieser Zeit einen anderen tauglichen Knecht beschaffen kann. Demgegenüber soll es aber dem Meister freistehen, einen untauglichen und incorrigibilen Knecht, auch vor der Zeit, ohne Ankündigung, wenn sich ihm dazu genügender Grund bietet, aus einem Dienst zu entlassen; freilich dabei aber mit der Ausnahme, daß die Meister mäßig mit ihren Knechten umgehen. Solches ist bei einem freien Knecht zu verstehen. Wenn aber ein solcher Knecht ein Untertan sei, so soll er nicht die Macht haben, seinem Meister den Dienst aufzukündigen, ja er soll so lange dienen, wie es seiner Obrigkeit und dem Meister gut erscheinen wird. In dem Falle aber, wo die Obrigkeit ihren Untertanen mit guter und triftiger Ursach aus dem Dienst seines Meisters rufen will und ihn anderswohin befördern will: dann soll ihm das Attestatum seines guten Verhaltens die Obrigkeit und nicht sein Meister geben.

Achtzehntens. So die Schafe krank sein, und der Meister ihnen nicht helfen kann, soll er mit der Erlaubnis der Obrigkeit einen anderen Meister um Rat fragen.

Zum neunzehnten. Wie die Meister, so sollen auch die Knechte mit keinen Faulenzern und Landstreichern Gemeinschaft oder Umgang haben, sondern solche aus dem Lande herausbefördern und auszureuten bevollmächtiget sein. Der Meister aber, der einen solchen Müßiggänger und Landstreicher bei sich beherberget (was ihnen aber allen öffentlich verwehret ist), [soll] sechs libra Wachs als Strafe niederlegen."

(Die Originalurkunde ist auf 4 Foliobogen gedruckt. Am Schluß fehlt aber mindestens ein Blatt, wo weitere Artikel verzeichnet waren. Das kaiserliche Patent ist also nur als Fragment erhalten).

Ordnung der Hessisch-Darmstädtischen Schäferzunft (1770)[12]

Von Gottes Gnaden, Ludwig, Landgraf zu Hessen, Fürst zu Herßfeld, Graf zu Cazenelnbogen, Diez, Ziegenhain, Nidda, Hanau, Schaumburg, Isenburg und Büdingen etc. etc. Ihro Rußisch kayserlichen Majestät bestellter General-Feldmarschall, des St. Andreas, wie auch des königlich Preusischen schwarzen Adler Ordens-Ritter etc. etc.

Thun kund und bekennen hiermit, als Uns Unsere Unterthanen, die Meistere der Samt-Schäfer-Zunft von einigen Aemtern Unser's Oberfürstenthums, als Alsfeld, Romrod, Grebenau, Homberg an der Ohm, Burggemünden, Grünberg, Uhlrichstein, und Allendorf, unterthänigst angesucht und gebetten, daß Wir gnädigst geruhen mögten, ihnen die von Unsers hochseel. Herrn Vatters und Herrn Grosvatters Gnaden, Gnaden, erhaltene Zunft-Articul, zu erneuren, zu verbessern und zu confirmiren, welchergestalten Wir hierinnen in Gnaden willfahret, thun das auch, erneuern, verbessern und confirmiren ihnen besagte Zunft-Articul also und dergestalten.

1.

Wer in Unsern Fürstl. Landen eine Schaafhuth haben, oder dabey sich als Knecht oder Jung gebrauchen lassen will, soll sich respective in diese Zunft begeben, einschreiben und aufdingen lassen. oder gegenfals nicht gelitten und angenommen werden, bey Strafe acht Gulden, halb Uns, und halb der Zunft.

2.

Wenn derjenige, so sich in die Zunft begeben will, wegen seiner Person und Wohlverhaltens unbekannt ist, so soll derselbe zuvorderst darüber ein glaubhaftes Attestat beybringen und vorzeigen.

3.

Soll ein Schäfer, welcher dermalen in Unsern Fürstl. Landen eine Huth hat und vor einheimisch geachtet wird, mithin sich zur Zunft begiebet, in recognitionem solcher Schäfer-Zunft acht Gulden, für Uns, und für die Zunft drey Gulden sogleich entrichten. Des gleichen soll

4.

auch demjenigen, der ausländisch und in einer andern Herrschaft eine Schaafhuth hat, nicht verwehret seyn, sich gegen Abstattung vorberührten Zunft-Geldes, nebst der verordneten alljährlichen Auflage, in Unsere Schäfer-Zunft einzulassen.

5.

Soll hingegen ein Ausländischer, der nicht vorhin in dieser Unserer Zunft gestanden, jedoch aber in Unsern Fürstl. Landen eine Schaafhuth einnehmen will, sich zuvorderist in selbige, als Mit-Schäfer-Meister, begeben, und alsdann zehen Gulden für Uns und vier Gulden für die Zunft erlegen, ausser in dem Fall, da Unsere zünftige Meister in denen Chur-Maynsischen Landen ohne weitere besondere Kosten für zünftig gehalten und passiret werden, bey denen Chur-Maynzischen das reciprocum, sofort gleiche, zunftmäsige Freyheit statuiret werden, jedoch mit Vorbehalt der gewöhnlichen Einschreib-Gebühr, item des jährlichen Hammel-Geldes auch Zulage, weniger nicht, daß ein solcher Ausländischer qua Meister oder Meister Knecht bey der Zunft-Reception einen Beytrag von fünfzehn Albus in die Zunftlade zur Aufkunft erlegen solle.

6.

Alldieweilen in verschiedenen Dorfschaften, insonderheit in Unserm Oberfürstenthum, sich geringe Schäfereyen befinden, allwo die Schäfer nur als Knechte dienen und wenig Lohn bekommen, und kein Knecht noch Junge halten können, mithin ihnen schwehr fällt, sich als Schäfer-Meister in die Zunft zu begeben, so soll es solchen freystehen, nur als Schäfer-Meisters-Knechte sich einschreiben zu lassen, darvor ein solcher die Helfte, nehmlich vier Gulden Uns, und zwey Gulden der Zunft, zahlen, und hingegen unter einem Schäfer-Meister, zu welchem der Schaaf-Herr das Vertrauen hat, so lang stehen, bis ein solcher auch Schäfer-Meister werden wird.

7.

Sollen die Schäfer-Meister keinen Knecht oder Jungen annehmen oder behalten, der nicht bey der Zunft eingeschrieben worden, oder stehet, und zwar bey Straf vier Gulden, wovon die Helfte Uns und die andere Halbschied der Zunft gebühret.

8.

Soll ein solcher Schäfer-Knecht vor Einschreibung in die Zunft fünfzehn Albus sogleich erlegen, jedoch wenn er fremd und von unbekannten Orten ist, sich wegen seines Herkommens und Wohlverhaltens, auch wie lange er schon gehütet, vorhero legitimiren.

9.

Wenn ein Lehrjung aufgedingt seyn will, so soll er ernstlich ein beglaubtes Attestat wegen seines Herkommens und Wandels beybringen, und wenigstens vierzehn Jahre alt seyn; jedoch ist einem Schäfer-Meister ohnverwehret, seinen Jungen noch vor dem 14ten Jahr bey der Huth zu gebrauchen und anzuziehen, ausser daß die Aufdingung nicht vor dem 14ten Jahr geschehen könne.

10.

Wann ein Lehrjunge aufgedinget wird, soll dieser weiter nichts als bey dem Aufdingen und Lossprechen denen dabey nöthig seyenden Schäfer-Zunft-Meistern jedesmahlen fünf Albus zum vertrinken geben; dafern aber derselbe nachgehends sich zu einer Huth als Knecht verdingen will, so muß er sich vorhero gegen das verordnete Quantum zünftig einschreiben lassen.

11.

Soll ein solcher Lehrjunge drey Jahr stehen und dienen; wenn er sich aber übel aufführet, und seinem Schäfer-Meister oder sonsten denen Unterthanen Schaden verursachte, so soll derselbe Macht haben, jedoch auf vorherige Anzeige und Genehmhaltung des im Amt sich befindenden Schäfer-Zunftmeisters, selbigen wegzujagen; hingegen soll ein Lehrjung von einem zünftigen inländischen Schäfer-Meister nur zwey Jahr stehen, allermassen dann auch dergleichen Lehrjungen, wann sie ihre Zeit ausgestanden und nach der Ordnung loßgesprochen seynd, ohne Unterschied für Knechte passiren und gehalten werden, jedoch dasjenige, was am Ende des vorherigen §phi 10mi gemeldet und ausbedungen worden, prästiren sollen.

12.

Dafern aber der Schäfer-Meister seinen Lehrjung ohnverantwortlich dergestalt hart halten würde, daß dieser ohnmöglich bleiben könnte, so soll einem solchen Jungen nach vorheriger Erkänntniß über sothanes üble Tractament verstattet seyn, sich bey einem andern Schäfer-Meister zu verdingen und seine noch mangelnde Lehrjahre vollends auszuhalten.

13.

Eines zünftigen Schäfer-Meisters Sohn soll, wenn er Schäfer-Meister werden will und eigne Huth bekommet, an Zunftgeld nur vier Gulden Uns, und zwey Gulden der Zunft entrichten, hingegen

14.

soll ein zünftiger inländischer Knecht, so kein Schäfer-Meisters Sohn ist, doch aber eine Schäfer-Meisters Tochter heurathet und eine eigne Heerd zu hüthen bekommt, und Schäfer-Meister werden will, an Zunftgeld sechs Gulden Uns, und zwey Gulden der Zunft erlegen; Desgleichen Beschaffenheit hat es auch mit einem solchen Schäfer-Knecht, der eine Schäfer-Meisters Wittib heurathen wird.

15.

Soll künftig keinem Schäfer-Meister einige Huth anvertrauet werden, der nicht gute Wissenschaft und Erfahrung von Schaafvieh hat, und zuforderist dieserhalben von einigen Schäfer-Zunftmeistern, zu denen der Schaafherr das Vertrauen hat, examiniret und darzu tüchtig befunden worden, wie dann auch keiner ein Schäfer-Meister werden kann, wo nicht derselbe Schäfer gewesen, oder als Schäfer-Knecht eine Zeitlang gedienet, so dann eine Heerd zu hüten hat oder bekommt.

16.

Es sollen auch die Schäfer-Meister, welche bey Heerden stehen, wo Herrschaftliche Schäfereyen seynd, mit Achtung haben, ob nicht das Leyhe-Geld von diesen letzteren einigermassen verbessert, oder sonsten darunter guten Nutzen geschaffet werden könne, ingleichem, daß wir wegen der Schnit- und Wayd-Hämmel, item Zehend-Lämmer, so von Privaten-Schäfereyen gefallen, auf keine Weise vervortheilet werden, gestalten die Schäfer-Zunftmeister ebenfalls darauf gute Aufsicht haben, und dasjenige, was Uns Schaden bringet, und ihnen davon wissend ist und seyn kann, Unserm Beamten pflichtmäsig entdecken, und solchergestalt Unser bey allen Schäfereyen obwaltendes Interesse, möglichst wahren und befördern sollen.

17.

Soll keiner den andern ohne erhebliche Ursache von seiner Huth vertreiben, oder darnach stehen, wie auch des andern Knecht verführen, bey Straf sechs Gulden halb Uns und halb der Zunft.

18.

Wann eine Commun oder Schaaf-Herr mit seinem Schaf-Meister nicht zufrieden wäre, und gegen diesen erhebliche Klage hätte, so soll zwar diese von des Orts Beamten wohl untersuchet und entschieden, auch der Schäfer-Meister nach Verdienst abgeschaffet, oder zur Strafe gezogen werden, diese aber Uns allein verbleiben; in so ferne aber der Schäfer-Meister vermeinet, daß ihme hierunter zu viel geschehen und er die Cassation nicht verdienet hätte, so solle ihme verstattet seyn, seine habende erhebliche Beschwerung bey dem Ober-Zunftmeister, oder nach der Sachen Wichtigkeit, und denen ereignenden Umständen, bey Unserer Schäfer-Zunft-Commission, an- und vorzubringen, jedoch daß derselbe hernacher mit dem ausfallenden Spruch und Urtheil ein vor allemahl zufrieden seyn müsse.

19.

Da es auch zuweilen geschieht, daß Schaaf-Herrn ihrem Schäfer-Meister auf Michaeli oder kurz vorhero aufzukündigen pflegen, mithin dadurch mancher gar übel gesetztet wird. indeme ein solcher keine Huth mehr bekommen kan; so ist hiermit verordnet worden, daß die Aufkündigung von einem so wohl als anderem Theil auf Johannis-Tag geschehen solle, weshalben dann Unsern Beamten die gehörige Publication diesfalls intimiret worden; gleichermassen sollen auch die Schäfer-Meistere ihren Knechten, und diese jenen, den Dienst wenigstens sechs Wochen vor Michaelis-Tag aufkündigen, damit einer wie der andere in Zeiten respective Dienst und Gesind bekommen möge.

20.

Dieweilen auch die Schäfer-Meistere unter andern in der Herrschaft Epstein bishero den übeln Gebrauch gehabt, daß sie zwischen denen Jahren auf- und abgezogen seynd, und ihre Schaf-Huth changiret haben, wodurch aber grosse Unordnung verursachet worden; als ist für gut befunden worden, daß vor Michaeli dergleichen ohne Noth nicht geschehen, sondern allenfalls auf Erfordern dem Zunft-Directori angezeigt werden solle.

21.

Es sollen auch nach Maasgab Unserer bereits ertheilten gnädigsten Resolution vom 30ten Jan. 1743. bey Verlehnung der gemeinen Schaaf-Huthen die grosse Weinkäufe durchaus verbotten seyn, weilen solches überhaupt denen Schäfern nicht allein schädlich, sondern auch denen Armen nachtheilig ist, welche dergleichen Kosten zu tragen nicht im Stande seynd, folglich öfters um dieser Ursachen willen zu keiner Huth gelangen können.

22.

Sollen auch alle Schaaf-Herrn und Schäfer, so viel nur thunlich, sich eigen Vieh stellen, durchaus aber keines von Metzgern und Parthierern oftmalen zusammen getriebenes unreines Vieh, wodurch leichtlich grosser Schaden einer Schäferey zuwachsen kann, aufnehmen, sondern im Nothfall Schaafvieh, mit Vorzeigung glaubhafter Bescheinigung von sichern Orten, um die Helfte zu Anziehung eines Stammes entlehnen und einführen.

23.

Obwohlen Kauf und Verkauf jederzeit erlaubt bleibt, so soll doch ein jeder, der den Pferch mithält, und wo die Schäfereyen gemeinschaftlich seynd, seinen Abgang in kurzer Zeit wieder herstellen, und zwar allenfalls bey Verlust seines nächst darauf zugewarten habenden Pferch-Looses, jedoch die Fälle eines starken Viehecrepirens ausgenommen; ferner sollen die Schaafhalter bey nahmhafter Straf, besorget seyn, daß wegen des Pferchs, item Saltzträgen, Saltzes und Schmeer nichts mangeln möge, worauf die Zunftmeister gleichfalls mitzusehen haben.

24.

Sollen die Schäfer allen Unterschleifs sich enthalten, und nicht ohngefordert bey einem Kauf oder Verkauf erscheinen, oder die einfältige Schaafherrn um ein schlechtes Trankgeld betrügen helfen, auch zu Verhütung mehrerer Betrügerey von ihrem eigenen Viehe verkauffen, sie hätten dann die zeitige Saltzmeistere, oder, in Ermanglung derselben, ihre Schaafherrn, darzu beruffen, oder ihnen davon gebührende Anzeige getahn, und dieses bey Strafe zwey Gulden, halb Uns und halb der Zunft.

25.

Es soll auch ein Schäfer seinem Schaafherrn, oder auch demjenigen, so Vieh mit unter der Heerde hat, das Pech oder Orzeichen nicht ändern und ihn dadurch um eines oder anderes Stück Vieh zu bringen suchen, weniger nicht dem Schaafherrn oder Saltzmeister, auf beschehende Nachfrage, oder Begehren, jedesmalen die richtige Anzahl des im Pferch habenden Viehes treulich anzeigen, ingleichem sein Vieh ohne Zeichen führen, sondern dazu allezeit ein ganz besonderes und kundbares Pech gebrauchen, so in des Schaafherrn Willkühr stehet, bey Vermeidung zehen Gulden Straf, halb Uns, und halb der Zunft.

26.

Es soll auch kein Schäfer verhehlen, wann er fremd Vieh bey seiner Heerd bekommt, sondern sogleich seinem Mit-Nachbarn dessen kund machen, damit es public werde, weme solches zugehöre, bey Strafe vier Gulden, halb Uns und halb der Zunft.

27.

Es soll auch kein Schäfer dem andern an seinen Ort gehen, umzustören und Lämmer zu verschneiden, es seye dann, daß derselbe es nicht könnte, oder zufrieden wäre, ingleichem in eines andern Pferch gehen, wann der darzu gehörige Schäfer nicht da ist, bey Vermeydung zwey Gulden Straf halb Uns, und halb der Zunft.

28.

Sollen die Schäfer sich auf alle Weise hüten, weder ihren Schaafherrn, noch denen Unterthanen, durch ihre Huthen einigen Schaden zu thun, oder zuzuwenden, auf Betrettungsfall aber, nach Befinden, zur gebührenden Bestraffung gezogen werden.

29.

Es soll auch kein Schäfer dem andern vorsetzlicher Weise in seinen Weydgang treiben, bey Straf acht Gulden, halb Uns, und halb der Zunft.

30.

Dieweilen auch öfters Schäfer-Knechte gefunden werden, welche sehr betrüglich seynd und das Schaafviehe verderben, und zu Schaden weyden lassen, auch nachgehends, wann ihre böse Händel offenbar werden, heimlich darvon lauffen, so sollen die Schaafmeistere auf ihr Gesind ein wachsames Auge haben, auch in solchem Fall ihnen bey Zeiten begegnen, und sie, nach Verdienst, ohne Abschied abschaffen, jedoch vorhero denen Schäfer-Zunftmeistern im Amt davon die Ursach zeitig anzeigen.

31.

Soll ein rechtschaffener Schäfer-Meister seine Heerde Schaafe fleißig visitiren, und einer etwa bey derselben sich einschleichenden Seuche zuvor kommen, auch durch dienliche Mittel das Inficiren verhüten, weniger nicht dem Schaafhalter sogleich und in Zeiten darvon Nachricht geben, ingleichem diesem oder demjenigen, so jener auf die Schäferey etwa bestellet hat, ohngesaumte Anzeige thun, wann ein Stück Vieh crepiren würde, bey Straf acht Gulden, halb Uns und halb der Zunft.

32.

Es sollen auch gewisse Schäfer-Zunftmeister, und zwar einer in jedem Amt, zwey aber, wann dasselbe groß ist, bestellet, jedoch hierzu solche Schäfer, welche ein gutes Lob von Wohlverhalten, auch sonsten in Schäferey-Sachen gute Erfahrung und Wissenschaft haben, angenommen, sodann dieselbe, nach vorheriger Verpflichtung, dahin angewiesen werden, in dem Amt, wo sie wohnen, und die Huth haben, die darinnen befindliche Schäfereyen, des Jahres wenigstens zweymal, und zu rechter Zeit, auch ganz ohnversehens, mit Beyziehung derer etwa vorhandenen Salzmeister oder Schaafherrn, wohl zu visitiren, ob auch jeder Schäfer seine Schaafhuth wohl und gebührend versehe, ingleichen die etwa dabey sich äusernde Mängel und Gebrechen zur remedur gehörig anzuzeigen, auch im übrigen auf die in diesem Zunftbrief die Schäfer-Meister, deren Knechte, und Lehrjungen angehende Articuln genaue Achtung zu geben, und die Straffällige bey dem Gebott oder Zunft pflichtmäsig anzubringen, darneben aber nicht die geringste Passion oder Neben-Absicht spühren zu lassen, sondern in allem aufrecht zu verfahren, wobey jedoch jede Gemeind oder der Schaafherr, wegen des durch sothane Visitation habenden Vortheils, gegen einen solchen Schäfer-Zunftmeister für die Bemühung sich erkenntlich zu erweisen hat.

33.

Soll jedem Schäferzunftmeister von der anbringenden Straf der vierte Theil für Gebühr bezahlet — das übrige aber für Uns und vor die Zunft, nach der determinirten Austheilung, verbleiben und eingebracht werden etc.

34.

Sollen auch alle Straf-Posten so wegen der Schäfer und der Gesind angesetzet werden, von dem Schäferzunftmeister, wo er wohnet, und die Straf gefallen, attestiret werden.

35.

Sollen alle drey Jahr neue Schäferzunftmeister unter Direction und Ratihabition des Oberzunftmeisters erwehlet und gemacht in dem Fall aber die alte gelassen werden wann etwa keine tüchtige und brauchbare vorhanden seyn.

36.

Sollen die Schäferzunftmeister unter andern besonders gute Acht haben, daß kein Schäfer oder Knecht und Jung sich bey seiner Heerd Schaaf befinde, welcher nicht der Zunft einverleibet ist sodann das etwa findende Gegentheil so gleich bey Unserm Oberzunftmeister, auch des Orts Beamten, zu weiterer Verfügung anzeigen etc. etc.

37.

Sollen alle Jahr entweder auf oder Acht Tag nach Bartholomäi ein ordtl. Zunft-Quartal, in Beyseyn derer Schäferzunftmeister an dem Ort wo ihr Herberg mit dem ausgehangenen Schild aufgerichtet worden, gehalten werden, gestalten ein zeitiger Zunft-Director einem oder zwey aus jedem Amt nach Gutbefinden jedoch alternatiue, zu Menagirung grosser Kosten, darzu beschreiben kann, wie dann, die persönliche Erscheinung aller Schäfermeister, wegen der Entlegenheit Versäumung und Kosten ohnnöthig gehalten wird (ausgenommen diejenige so zur Zunftmäsigen Bestrafung angebracht worden, ingleichen sich aufs neue in die Zunft begeben wollen) hingegen derjenigen von denen Schäferzunftmeister, so ohne erhebliche Entschuldigung nicht erscheinen wird, zwey Gulden Straf der Zunft erlegen solle.

38.

Nachdeme auch die Schäfer gegen viele Beysassen und Taglöhner welche nicht allein jährlich ein gewisses Beysaßgeld zahlen, sondern auch noch darneben allerhand herrschaftliche und gemeine Handfrohnen thun müssen, auch wohl letztere bey ihrem ohnedem unständigen, Taglohn wenige Nahrung haben, gröstentheils weit besser conditioniret seynd, und bishero von allen solchen praestandis exempt geblieben, gleichwohlen aber Schutz und Nahrung in Unsern Fürstl. Landen geniesen, auch darneben ihnen diese Zunft zum Besten aufgerichtet worden; So haben Wir bey solchen einleuchtenden Umständen Kraft Landesfürstl. Hoheit in Gnaden verordnet, daß ein jeder Schäfer so eine Heerd-Schafe zu hüthen hat, nach Unserer untern 14ten Novembr. 1735. ergangenen Verordnung und dem darinn, gemachten Ansatz, anstatt Beysaßgeldes, jährlich ein gewisses an Hammelgeld, an Unsern Beamten desjenigen Amts worunter der Schäfer stehet, jedesmahlen auf Bartholomäi ohnfehlbar und bey Straf des dupli entrichten, so dann von demselben solches nebst einfallenden Zunftgeld auch Strafposten an den zeitigen Zunft Directorem zu weiterer Besorgung und zwar allemahl zur Zeit des Zunft Quartals richtig eingeliefert werden, und im übrigen der Schaaf-Herr dafür nöthigenfalß die Auslage thun solle; allermassen Wir Uns dergleichen von dieser Schäferzunft abfallende Einkünfte zu Unserer alleinigen gnädigsten Disposition vorbehalten haben. Hingegen

39.

Damit auch die Zunft bestehen und unterhalten werden möge, soll jährlich und bey dem Quartal zur Zunft-Lade ein jeder zünftiger Schäfermeister so wohl, als auch Schäfermeisters Knecht, fünf Albus, ingleichem ein Schäferknecht zwey Albus Auflage geben, und keiner in der Zahlung sich säumig erweisen, bey funfzehen Albus Straf, so der Zunft alleinig vorbehalten bleibet; allermassen derjenige Schäferzunftmeister in dem Amt so des Jahres bey dem Quartal erscheinen muß, verbunden ist, von denen in selbigem sich befindenden Schäfern und Knechten sothane Auflagsgelder einzubringen und bey Haltung des Zunft-Quartals einzuliefern. Ferner

40.

Soll kein unzünftiger Schäfer oder Knecht zur Huth angenommen werden, er habe dann sich zuvorderist in die gehörige Zunft begeben und darinn einschreiben lassen, auch zugleich das gewöhnliche Zunftgeld an den zeitigen Zunft-Directorem baar erleget, welches dieser hernacher an den gehörigen Rechnungs-Beamten zu Berechnung mit Attestation einzuliefern hat, wie es dann auch eben also mit denen zunftmässigen Strafen zum Herrschaftlichen Antheil gehalten werden solle, damit die bisherige Unordnung und Unterschleife unterbrochen werden mögen, indeme mancher aus einem Amt ins andere, ja gar ausser Land gezogen, ohne daß er das Geld für die Zunft oder Buse vorhero richtig gemacht .etc.

41.

Sollen dieselbe sich bey ihrer Zusammenkunft ehrbahrlich betragen, keiner den andern mit Lügen bestraffen, oder mit ehrenrührigen Worten angreifen auch sich sonsten alles Balgens und Schlagens enthalten, in gleichem nichts reden, was bey versammeleter Zunft oder Verordnung zum Besten beschlossen wird bey Strafe vier Gulden halb uns und halb der Zunft, welches leztere dann auch ebenmässig von dem Wirth oder Hausherrn allwo die Herberg gehalten wird, zu verstehen ist.

42.

Wann auch sonsten Jemand denen Schäferzunftgenossenen wegen ihrer Zunft oder Schild etwa einen verächtlichen Vorwurf machen oder sie an ihrer Ehre antasten sollte, der solle mit zehen Rthlr. Strafe, halb für Uns, und halb für die Zunft, angesehen werden, ein ohnvermögender hingegen sothane Geldstrafe mit Gefängniß ordnungsmässig verbüssen, sintemahlen dieselbe ohnedas ehrliche Leute, und nach der im Druck ausgegangenen Reichsverodnung de ao. 1731. §.4. zu allen Zünften qualificiret seynd, mithin ihnen, wann deren einer oder der andere sich in Schranken halten, und sonsten sich für Uebelthat hüten wird, auf keine Weise etwas unehrliches in Weg gelegt werden kan und soll.

43.

Sollen Unsere Beamten denen Schäfern zu ihrem Lohn, wann sie von ihrem Schaaf-Herrn wiederrechtlich damit aufgehalten werden, ohne die geringste Beschwehrung und Kosten verhelfen. Auch soll

44.

Einem Schäfer eine Geise, zu sein und der Seinigen, auch des Schaaf-Hundes Unterhalt bey seiner Heerde mitzuführen erlaubet seyn. So dann soll

45.

Einem Schäfermeister, wann er von seiner Huth kommet, und sich wieder um eine andere bewirbt, jedoch wegen seines Wohlverhaltens ein glaubhaftes Attest vorzeigen kan, ein Jahr lang in Unsern Fürst. Landen ohne Prästation einiger Herrschaftl. und gemeinen Beschwerden vor seiner Person aufzuhalten erlaubet: Weniger nicht

46.

Da er ausser Unserm Lande und in einer benachbarten auswärtigen Herrschaft, eine Schaafhuth annehmen wird, jedoch aber seine jährliche Auflage nach, wie vor, zur Lade entrichten, und damit continuiren würde, ihm mit seinen Kindern die Zunft jedesmalen beybehalten seyn.

47.

Weilen auch öfters Schaafmeister frühzeitig sterben, und viele annoch ohnerzogene Kinder ohne Vermögen hinterlassen, so, daß die Wittib denenselben weder das nothdürftige Brod und Kleidung anschaffen noch die erforderliche Kosten zur Schul geben können; als soll nach vorheriger Erkänntniß solchen Nothleidenden, aus der Zunftlade, so weit die Interesse vom Capital zureichen mag, jährlich etwas verabreichet werden; gleichwie Wir dann auch insgemein sowohl denen zünftigen Schäfer-Meister, wann sie nach dem sechzigsten Jahr ihre Huthe abgeben, mithin Alters halber unvermögend seynd, selbigen abzuwarten, als' auch ohne Unterscheid derer Schäfer-Meister Wittiben, so lang sie sich in Unsern Fürstl. Landen mit Wohlverhalten aufhalten und in solchem ihrem Stande unverrükt bleiben werden, auf ihre Personen die gänzliche Freyheit von allen Frohnen, wie auch Beysaßgeld weniger nicht gemeinen Beschwehrungen und Lasten, zugedacht und Kraft dieses ertheilet haben.

48.

Es sollen die Schäfer-Meisters-Knechte auch blosse Schäfer-Knechte in Unserer Schäfer-Zunft, wann sie sich einmal dareinschreiben und aufnehmen lassen, ob sie sich gleich ausser Lands verdingen, jedoch gegen die jährliche Aufgabe, bleiben, auch ihnen bey Wiederbegebung in Unsere Lande wegen der Zunft nichts in Weeg geleget und abgefordert werden.

49.

Sollen die Schäfer-Zunftmeister auch um die Schäfer-Meistere und deren Knechte welche keine Huth haben, angelegentlichst besorget seyn, wie etwa selbige dergleichen hin und wieder bekommen mögten, worzu dann die Mit-Meister ebenfalls verbunden seyn, und hiermit angewiesen werden.

50.

Weilen die Schäferzunftmeister für andern viele Bemühung haben, so sollen diese, so lang sie deren seyn werden, dessentwegbn zu welcher Ergötzlichkeit, mit Vorbehalt deren zugedachten Straf und anderer Gebühren, bis auf anderweite Verordnung der Helfte des jährlichen Hammelgeldes befreyet seyn. etc. etc.

51.

Soll der zeitige Oberzunftmeister vor seine Beywohnung und Direction wann das Zunft Quartal gehalten wird die gewöhnliche Diäten und Kosten aus der Zunftlade haben, so dann ihme vor des Zunft-Einschreiben von einem Schäfer-Meister zehen Albus einem Schäfer-Meisters Knecht acht Albus einem Schäfer-Knecht drey Albus wie auch Ertheilung eines Attestats, ohne Unterschied von einem als dem andern sechs Albus ingleichem wegen dieses letzteren einem Schäfer-Zunftmeister eben so viel bezahlt werden. etc.

52.

Soll dieser Zunftbrief nicht nur Unseren Beamten, sondern auch denen Schäferzunftmeister, so viel es die Hauptarticuln betrifft, mittelst beglaubter Abschrift zu gehöriger respective Beobachtung, communiciret, nebst deme denen Zunftgenossen, so wohl für jetzo, als auch hinkünftig, bey der alljährlichen Zusammenkunft, zu eines jeden Nachricht vorgelesen und bekannt gemacht werden, damit Niemand mit der Unwissenheit sich entschuldigen möge.

53.

Und letzl. behalten Wir Uns, Unsern Fürstl. Erben und Nachkommen am Regiment bevor diese Ordnung jederzeit nach Unserm Gefallen und Gutbefinden zu mindern, zu mehren oder gar aufzuheben, wie Uns das bequem, eben und gefällig seyn wird. Alles getreulich und ohne Gefährde. Dessen zu Urkund haben wir Unser Fürstl. Geheimdes Innsiegel wissentlich hierauf drucken lassen. So geschehen Darmstadt den 23ten April 1770.

Ad speciale Mandatum Serenissimi
Fürstl. Heßische Präsident, Canzler
und Geheime Räthe daselbsten.
von Hesse, Miltenberger, Schulzl
(L.S.)

Bruderschaftsbrief der Schäferbruderschaft von Trillfingen (1780)[13]

Zu wissen und kundgetan sei männiglich, daß Gott dem Allmächtigen fürdersamt und seiner geliebten Mutter Maria, dem zu sonderbaren Ehren des Heiligen Wendelin, welcher das Schaf und Rinderin dahier und aller Orten gesund erhalten und durch seine Fürbitt alle schädlichen Seuchen, gefährliche Krankheiten und andere widrige Zufälle abwenden möge.

Wir Endesunterzeichnete mit wohlbedachtem Rat und Benehmigung eines Hochfürstlichen Oberamts eine Bruderschaft aufrichten. wollen und daher uns entschloßen, nachstehende Satzungen steet und fest zu halten und zwar:

Erstens soll alle Jahr der Gottesdienst oder sogenannte Jahrtag, bestehend in einem Seel- und Lobamt, nebst einer stillen Meße, auch einer Vigill nach dem Gottesdienst, jedesmal den Montag nach St. Wendelinstag in der Wendelinskapelle zu Trillfingen durch 3 geistliche Herrn abgehalten werden.

Zweitens haben wie uns mit unserm Herr Pfarr Vicario verabredet — Gottfried Gipser — und beide Teile zu ewiger Festhaltung beschloßen, daß vor die gm. heiligen Ämter und stille Meße jährlich 1. Fl. 36 kr. vor die Vigill und Vesper 24 kr., dem Musikanten 40 kr. und Ministranten 6 kr., dem einem jeweiligen Bruder oder Eremiten bei der Wendelinskapelle 12 kr. in Summa 2 Fl. 58 kr. bezahlt nebst dem aber

Drittens alle Jahr eine anderhalbpfündige Wachskerze in die Wendelinskapelle von der Bruderschaft gestiftet werden, welche auf einem besonders hiezu angeschafften Leuchter aufgesteckt und während dem Gottesdienst brennen wird. wobei noch die Todenbahre ausgesetzt und nebenher von der Bruderschaft 4 Kerzen angezündet werden sollen.

Viertens, das Opfer an dem Jahrtag selbsten betreffend, so haben die Vorgesetzten der Bruderschaft die gefallenen Opfer nach geendetem Gottesdienst dem Herrn Pfarrer Vicario sogleich vorzuzählen, solches aber alsdann in der Rechnung in die behörigen Einnahmen zu bringen, welche alle Jahre bei öffentlicher Versammlung abgehört und von den Ersparnissen jedesmal die Notwendigkeiten in der Wendelinskapelle zu Trillfingen bestritten werden sollen. Hingegen was

Fünftens andere Einkünfte anbelangt und was ausser dem Opfer in Vorrat kommt, solches ist am Jahrtag gleich auszuteilen, jedoch aber nicht eher, als bis alles was zu Abhaltung des Gottesdienstes gebraucht werden muß, bezahlt sein wird.

Sechstens ist bedungen worden, dass keiner in dieser Bruderschaft aufgenommen und eingeschrieben werden soll, er lege dann zuvor dahin 2 Fl. nebst einem Vierling Wachs und 8 kr. Einschreibegeld. Damit aber

Siebentes alle Brüder und Schwestern an dem Jahrtag fleissiger kämen und dem Gottesdienst um so eher beiwohnen, ist beschlossen und ausgemacht worden, dass derjenige, welcher ohne wichtigen und gegründete Ursach ausbleiben wird, wenn er ein Legegeld auch schon durch einen Mitbruder übergeben würde, nicht das mindeste zu geniessen haben soll, es wäre denn Sache, dass er krank und eben darum zu erscheinen ausser Stand gesetzt würde, weilen

Achtens der Gottesdienst pünktlich um 9 Uhr vormittags seinen Anfang nimmt, so werden die Brüder alle auf der Herberge zuvor sich einfinden und ihr Legegeld daselbst entrichten, damit man gleich nach vollbrachtem Gottesdienst die Bruderschaftsrechnung vornehmen kann und die etwas weiter entlegenen Mitbrüder, ihrer Belegenheiten und zu rechter Zeit wieder nach Hause kommen können, vor eines und vor des andern, damit derjenige, welcher nicht mit der ganzen Versammlung von der Herberge aus in der Ordnung in die Kirche und von da wieder zurück auf die Herberge gehen würde — wovon aber die etwas weiter entlegenen Mitbrüder befreit sein mögen — an die Bruderschaftskerze 2 kr. bezahlen solle.

Neuntens wenn einer aus der Bruderschaft an dem Jahrtag Händel und Streitigkeiten mutwilligerweise anfangen oder sonsten sich unartig gegen seine Mitbrüder betragen sollte, derselbe solle an die Bruderschaft Kerzen zahlen, ein halb Pfund Wachs und drei Schilling ohne Nachlass, welche hohe Strafe von darum angesetzt wurde, damit sich ein jeder Mitbruder vor Streit und Ungelegenheiten hüten wolle, wodurch unser heiliger Bruderschaftspatron mehr entehrt, als verehrt werden dürfte.

Nicht weniger zehntens wenn ein Mitbruder sich auch verfehlen und was immer für eine Art strafwürdig machen würde, der solle, nachdem er zuvor bei einem Hochfürstlichen Oberamt seines Verbrechens halber abgestraft sein wird, an die Bruderschaftskasse zahlen: ein Vierling Wachs und 3 Schilling und des weitern

Elftens wenn einer von seinem andern Mitbruder etwas wieder vorstehende Satz und Ordnungen rügbares in Erfahrung brächte ,der soll es dem Zunftmeister am Jahrtag, jedoch in geheim melden, und behörig anzeigen, damit ein solcher in engster Stille seines Fehlers wegen abgewandelt werden kann: Zu dem Ende deß auch die Straf in die Rechnung ohne Beisetzung des Namens gebracht werden solle: Jedoch kann ein solcher Strafwürdiger nicht eher als bis ihm von einem Hochfürstlichen Oberamt, wie vor gemeldet die Straf andiktiert ist, zu dem ein Vierling Wachs und drei Schilling angehalten werden. Endlich und

Zwölftens wollen wir miteinander verordnen, daß wenn ein Mitbruder von dieser Welt in die Ewigkeit abberufen wird, von selben eine heilige Meße abgelesen werden solle: derhalben des Verstorbenen Freundschaft den Todfall bevor der Leichnam begraben ist dem Zunft oder Kerzenmeister zu erörtern und kund zu tun hat, damit hernach einige Mitbrüder, womöglich mit der Leiche gehen sollen und selber die heilige Meße von den angesammelten Schillingen, wenn aber noch gar nichts vorhanden und eingegangen wäre, das hiezu benötigte Geld auf die ganze Bruderschaft umgelegt und von selber bezahlt werden. 2 solch vorstehende Saz und Ordnungen auf untertäniges ersuchen der Bruderschaft mit dem Hochfürstlichen Hohenzollerischen und Haigerlochischen Oberamts Kanzleisiegel (jedoch in allweg unschädlich) verstärkt worden.

So geschehen

Haigerloch, den 19 Weinmonat 1780.

Literaturnachweis

Abkürzungen

DVA = Deutsches Volksliedarchiv Freiburg. (Kopien aus Berlin-Charlottenburg.)

WAR = Unveröffentlichtes Material aus dem Wossidlo-Archiv in Rostock an der Akademie der Wissenschaften der DDR.

Mitteilung(en) = Eingesandte Antworten auf den Schäferfragebogen (siehe Vorwort und Jacobeit 1957b).

Abel, Wilhelm
1935 Agrarkrisen und Agrarkonjunktur in Mitteleuropa vom 13.—19. Jahrhundert. Berlin.
1978 Handwerksgeschichte in neuer Sicht (= Göttinger Beiträge zur Wirtschafts- und Sozialgeschichte, Bd. 1). Göttingen. (Hrsg.).
Aereboe, Friedrich
1918 Betriebsformen der Schafhaltung (= Arbeiten der deutschen Landwirtschaftsgesellschaft, Heft 293). Berlin.
Agrar-Bibliographie
1954 Bayerische Agrar-Bibliographie. München.
Alemannia
1878 Alemannia. Zeitschrift für Sprache, Litteratur und Volkskunde des Elsasses, Oberrheins und Schwabens 6.
Aller deß Heiligen Römischen Reichs gehaltene Reichstäge, Abschiede vnd Satzunge ...
1660 Mainz.
Alphirtenfeste
1946 Die Alphirtenfeste zu Unspunnen 1805 und 1808, hrsg. von Hans Spreng. Bern.
Amira, Karl v.
1902/26 Die Dresdener Bilderhandschrift des Sachsenspiegels. 3 Bde. Leipzig.
Amtsurkunden
1915 Frankfurter Amtsurkunden (= Veröffentlichungen der historischen Kommission der Stadt Frankfurt a. M., Bd. 6).
Anderlind, O. V. Leo
1889 Die Landwirtschaft in Egypten. Dresden.
Andree, Richard
1889 Ethnographische Parallelen und Vergleiche N. F. Leipzig.
1896 Braunschweiger Volkskunde. Braunschweig.
1904 Votive und Weihegaben des katholischen Volks in Süddeutschland. Braunschweig.
Angerstein, Wilhelm
1868 Volkstänze im deutschen Mittelalter. In: Sammlung gemeinverständlicher wissenschaftlicher Vorträge, hrsg. von R. Virchow und Fr. v. Holtzendorff, 3. Serie, Heft 58. Berlin.
Angstmann, Else
1928 Der Henker in der Volksmeinung. Seine Namen und sein Vorkommen in der mündlichen Volksüberlieferung. In: Teuthonista, Zeitschrift für deutsche Dialektforschung und Sprachgeschichte, Beiheft 1. Bonn.
Anton, Karl Gottlob
1799/1802 Geschichte der teutschen Landwirthschaft von den ältesten Zeiten bis zu Ende des funfzehnten Jahrhunderts. Bd. 1.2.3. Görlitz.
Anzeiger
1934/1935 Gießener Anzeiger vom 5. 2. 1934 und vom 25. 2. 1935.
Appenzell
1983 Das Land Appenzell. Volkskunst und Brauchtum zwischen Säntis und Bodensee. Katalog einer Ausstellung des Rautenstrauch-Joest-Museums Köln. Köln.
Arbos, Philippe
1923 The geography of pastoral life illustrated with European examples. In: Geographical Review 13, S. 559ff.
1924 La vie pastorale dans les Alpes françaises. Paris.
Archiv
1913 Archiv Český 29, S. 391ff. Prag.
Arens, Franz
1903 Die sozialen Anschauungen der Tiroler Weistümer. Phil. Diss. Leipzig.
Arnaudoff, M.
1917 Die bulgarischen Festbräuche. Leipzig.
Ashley, W. J.
1896 Englische Wirtschaftsgeschichte, Bd. 2. Leipzig.
Aubin, Gustav
1915 Die Leineweberzechen in Zittau, Bautzen und Görlitz. In: Jahrbücher für Nationalökonomie und Statistik, 3. Folge, Bd. 49, S. 577ff.
Ausfeld, O.
1912 Zur Geschichte des Aberglaubens in Gießen. In: Hessische Blätter für Volkskunde 11, S. 31f.

Baader, Bernhard
1851 Volkssagen aus dem Lande Baden und den angrenzenden Gegenden. Karlsruhe.
1859 Neu gesammelte Volkssagen aus dem Lande Baden und den angrenzenden Gegenden. Karlsruhe.
Baasen, Carl
1940 Wald und Bauerntum. In: Forschungen zur deutschen Landeskunde 33.
Backhaus, Alexander
1888 Entwicklung der Landwirtschaft auf den Gräflich Stolberg-Wernigerödischen Domänen. In: Sammlung nationalökonomischer und statistischer Abhandlungen des staatswissenschaftlichen Seminars zu Halle a. d. S. 5, Heft 6.

Badermann
1920 Verbreitung und Entwicklung von Schafrassen auf der Erde. In: Zeitschrift für Schafzucht 9, S. 49ff., S. 69ff., S. 93ff., S. 122ff.
Bárányi-Oberschall, Magda v.
1958 Baculus pastoralis. Keltisch-irische Motive auf mittelalterlichen beingeschnitzten Bischofsstäben. In: Zeitschrift für Kunstwissenschaft 12, S. 13ff.
Barfuß-Sprinter
um 1938 Die Barfuß-Sprinter von Markgröningen. In: Süddeutsche Sonntagspost Nr. 35.
Barnewitz, H. W.
1930 Geschichte des ritterschaftlichen Gutes Gr. Lunow, Kr. Malchin. In: Ostmecklenburgische Heimat, Heft 3.
Bartels, Adolf
1900 Der Bauer in der deutschen Vergangenheit (= Monographien zur deutschen Kulturgeschichte, Bd. 6). Leipzig.
Barthelmes, Hermann
1955 Das Hirtenfest in Zella-Mehlis. Suhl.
Bartsch, Karl
1879 Sagen, Märchen und Gebräuche aus Mecklenburg. Bd. 1. 2. Wien.
Baum, Hanns
1938 Buntes Allerlei vom schwäbischen Schäfer. In: Süddeutsche Schäfereizeitung 28, S. 254f.
Baumann, Ernst
1945 Geschichte der St. Wendelinskapelle Kleinblauen. Laufen.
Baumann, Franz Ludwig
1890 Geschichte des Allgäus. Bd. 3. Kempten.
Baumgart, August
1894 Verschiedenes von Aberglauben, von Sitten und Gebräuchen in Mittelschlesien. In: Zeitschrift des Vereins für Volkskunde 4, S. 80ff.
Baumhauer, Friedrich
1934 Bäuerliche Schnitzereien des ostpreußischen Oberlandes. In: Jahrbuch für historische Volkskunde 3/4, S. 3ff.
Bavaria
1865 Bavaria, Landes- und Volkskunde des Königreichs Bayern. Bd. 3. München.
Beck, H.
1899 Niederdeutsche Sprüche und Redensarten aus Nordsteimke in Braunschweig. In: Zeitschrift des Vereins für Volkskunde 9, S. 89ff.
Beck, Otto
1868 Beschreibung des Regierungsbezirks Trier. Bd. 1. Trier.
Becker, Heinrich
1937 Schiffervolkskunde. Grundlegung der Volkskunde eines nichtbäuerlichen Standes (= Volk. Grundriß der deutschen Volkskunde in Einzeldarstellungen, Ergänzungsreihe Bd. 3). Halle.
Becker-Dillingen, J.
1935 Quellen und Urkunden zur Geschichte des deutschen Bauern. Berlin.
Behre, Otto
1905 Geschichte der Statistik in Brandenburg-Preußen. Berlin.
Beier, Adrian
1688 De collegiis opificum perscriptus ad principem Joh. Wilh. Saxon. Jul. Cliv. et Mont. Ducem tractatus gratulatorius, Von der Handwercks-Zünffte Wesen und sonderbarem Gerichtsbrauch. Jena.
Beneke, Otto
1889 Von unehrlichen Leuten. Berlin.
Benekendorf, Carl Friedrich v.
1775 Oeconomia forensis. Bd. 1. Berlin.
Bensch, Peter
1949 Die Entwicklung des Nomadentums in Afrika. Phil. Diss. Göttingen. (Maschinenschrift.)
1952 Die Entstehung der primären Hochkulturen als ethnologisches Problem. In: Zeitschrift für Erdkunde 77, S. 165ff.
Bentzien, Ulrich
1980 Bauernarbeit im Feudalismus. Landwirtschaftliche Arbeitsgeräte und -verfahren in Deutschland von der Mitte des ersten Jahrtausends u. Z. bis um 1800 (= Veröff. z. Volkskunde u. Kulturgeschichte, Bd. 67). Berlin.
Béres, András
1953 Adatok a juhászkampó készítéséhez és használatához Hajdú-Bihar megyéból [Angaben zur Verfertigung und des Gebrauchs des Hakenstocks der Hirten aus dem Komitate H.-B.]. In: Ethnographia 64, S. 257ff.
Beschreibung
1859 Beschreibung des Oberamts Ludwigsburg (= Beschreibung von Württemberg, Bd. 39). Stuttgart.
1909 Beschreibung des Oberamts Urach (= Beschreibung des Königreichs Württemberg nach Oberamtsbezirken. 2. Aufl.). Stuttgart.
Beyer, Lotte
1937 Der Waldbauer in den Landes der Gascogne. Bd. 1. In: Hamburger Studien zu Volkstum und Kultur der Romanen 24.
Bing, M.
1942 Das Handwerk der Pußtahirten. In: Ciba-Rundschau, Nr. 57, S. 2078ff.
Binzer, C. A. L. v.
1899/1900 Die Heidschnucke und der Schäfer der Lüneburger Heide. In: Niedersachsen 5, S. 23ff.
Birlinger, Anton
1861 Volksthümliches aus Schwaben. Bd. 1. 2. Freiburg.
1874 Aus Schwaben. Bd. 1. 2. Wiesbaden.
Bischoff, Georg
1927 Das Zunftwesen Neubrandenburgs. In: Mecklenburg-Strelitzer Geschichtsblätter 3, S. 209ff.
Bladé, J. F.
1894 Essai sur l'histoire de la transhumance dans les Pyrénées françaises. In: Revue des

Pyrénées et de la France méridionale. Tome 6, S. 515ff.
Blau, Josef
1911 Böhmerwälder Hirtenleben. In: Zeitschrift für österreichische Volkskunde 17, S. 48ff.
Blümcke
1884 Die Handwerkszünfte im mittelalterlichen Stettin. In: Baltische Studien 34, S. 81ff.
Blümke
1944 Die bäuerliche Schafhaltung. In: Handbuch der Schafzucht und Schafhaltung. 2. Aufl., Bd. 3. S. 151ff. Berlin.
Blum, Joachim Christian
1780/82 Deutsches Sprichwörterbuch. Bd. 1. 2. Leipzig.
Bobek, Hans
1959 Die Hauptstufen der Gesellschafts- und Wirtschaftsentfaltung in geographischer Sicht. In: Die Erde 90, S. 259ff.
Bock, Ernst
1915 Ein Heimatbuch des alten Landkreises Linden. Hannover.
1926 Alte Berufe Niedersachsens. Hannover.
Boeck, Wilhelm
1948 Joseph Anton Feuchtmayer. Tübingen.
Böckel, Otto
1885 Deutsche Volkslieder aus Oberhessen. Marburg.
1908 Handbuch des Deutschen Volksliedes. Marburg.
Böckenhoff-Grewing, Josef Johann
1929 Landwirtschaft und Bauerntum im Kreise Hümmling. Math. Nat. Diss. Jena.
Böhme, Franz M.
1886 Geschichte des Tanzes in Deutschland. Bd. 1. Leipzig.
Böhmert, Victor
1862 Beiträge zur Geschichte des Zunftwesens (= Preisschriften von der Fürstlich Jablonowskischen Gesellschaft, Bd. 9). Leipzig.
Boesch, Hans
1951 Nomadismus, Transhumanz und Alpwirtschaft. In: Die Alpen, Monatsschrift des Schweizer Alpenclubs 27, S. 202ff. Bern.
Bohm, J.
1883 Die Schafzucht mit ihrem jetzigen rationellen Standpunkt. Bd. 1. Berlin.
Boll, Ernst
1855/56 Geschichte Mecklenburgs. Bd. 1. 2. Neubrandenburg.
Bolte, Johannes
1897 Schäfergruß. In: Zeitschrift des Vereins für Volkskunde 7, S. 97ff.
1902 Doktor Siemann und Doktor Kolbmann, zwei Bilderbogen des 16. Jahrhunderts. In: Zeitschrift des Vereins für Volkskunde 12, S. 296ff.
Bomann, Wilhelm
1941 Bäuerliches Hauswesen und Tagewerk im alten Niedersachsen. 4. Aufl. Weimar.
Bossert, G.
1886 Fränkisches Gemeinderecht. In: Württembergische Jahrbücher für Statistik und Landeskunde 9, S. 71ff., 119ff., 225ff., 277ff.
Bouchholtz, Fritz
1944 Elsässische Stammeskunde. Jena.
Bourillon, Léonce
1958 Bâton et fouets du berger provençal. In: Pâtre, Heft 59, S. 53ff.
Brandenburg
1927 Brandenburg. Zeitschrift für Heimatkunde und Heimatpflege 5.
Brauneis, Lothar
1951 Zur Geschichte der Viehhirten. In: Unsere Heimat, hrsg. vom Verein für Landeskunde von Nieder-Österreich und Wien, N. F. 22, S. 172ff.
Braungart, Richard
1914 Die Südgermanen. Bd. 2. Heidelberg.
Brendel, Otto
1934 Die Schafzucht im alten Griechenland. Phil. Diss. Berlin.
Brendler, Edgar
1930 Die Dreifelderwirtschaft in Württemberg. Diss. Landwirtschaftliche Hochschule. Hohenheim.
Brentano, Lujo
1927 Eine Geschichte der wirtschaftlichen Entwicklung Englands. Bd. 2. Jena.
Bringemeier, Martha
1931 Gemeinschaft und Volkslied (= Veröffentlichungen der volkskundlichen Kommission des Provinzialinstituts für westfälische Landes- und Volkskunde, Reihe 1, Heft. 1). Münster.
1954 Über Schäfer und Schafzucht (= Berichte aus dem Archiv für westfälische Volkskunde in der Volkskundlichen Kommission — Münster/Westfalen). Münster.
Brockhaus
1928ff. Der Große Brockhaus. Leipzig.
Brockpähler, Renate
1954 Edelmann und Schäfer. Wie aus einer alten Ballade ein Kinderlied wurde. In: Westfälischer Heimatkalender 8, S. 100ff. Münster.
Brückner, G.
1870 Landes- und Volkskunde des Fürstenthums Reuss j. L. Bd. 2. Gera.
Brüggemann, Hans
1954/55 Viehhaltung im Bauernbetrieb. Frankfurt/M.
Brunhes Delamarre, Mariel-Jean
1962 Bergers de France. Katalog einer gleichnamigen Ausstellung im Musée des arts et traditions populaires Paris (= Arts et Traditions Populaires, Jahrgang X). Paris.
Brunhes Delamarre, Mariel-Jean
1970 Le berger dans la France des villages. Bergers communs à Saint-Véran en Queyras (Hautes-Alpes) et à Normée en Champagne (Marne). Une étude comparée d'ethnologie et de géographie humaine. Paris.

Brunner, J.
1921 Der Dorfhirt. In: Die Oberpfalz 15, S. 59ff.
Brunner, Karl
1925 Ostdeutsche Volkskunde. Leipzig.
Buchda, Gerhard
1935 Der Hirtenschutt. In: Festschrift für Rudolf Hübner, S. 218ff. Jena.
Bucher, Bruno
1889 Die alten Zunft- und Verkehrs-Ordnungen der Stadt Krakau. Wien.
Buchinger, J.
1952 Der Bauer in der Kultur- und Wirtschaftsgeschichte Österreichs. Wien.
Budde, Johann Friedrich
1842 Ueber Rechtlosigkeit, Ehrlosigkeit und Echtlosigkeit. Bonn.
Büff, Ludwig
1863 Das Schäfereirecht auf Grundlage des gemeinen Rechts und seine Ausbildung in Kurhessen. Cassel.
Büsching, Johann Gustav
1812 Volks-Sagen, Märchen und Legenden. Bd. 2. Leipzig.
Bull, E.
1930 Vergleichende Studien über die Kulturverhältnisse des Bauerntums. In: Instituttet for sammenlignende Kulturforskning, Serie C II-1. Oslo—Leipzig.
Burgstaller, Ernst
1954 Schafmusterung im Salzkammergut. In: Oberösterreichische Heimatblätter 8, S. 64ff.
Buttler, Werner — Waldemar Haberey
1936 Die bandkeramische Ansiedlung bei Köln-Lindenthal. In: Römisch-Germanische Forschungen, Bd. 11.

Carande, Ramón
1952 Der Wanderhirt und die überseeische Ausbreitung Spaniens. In: Saeculum 3, S. 373ff.
Carnap, Ernst Günter
1939 Das Schäferwesen in der deutschen Literatur des 17. Jahrhunderts und die Hirtendichtung Europas. Phil. Diss. Frankfurt/Main.
Carrier, E. H.
1932 Water and grass. A study in the pastoral economy of Southern Europe. London.
Childe, V. Gordon
1950a Prehistoric migrations in Europe. In: Instituttet for sammenlignende Kulturforskning, Serie A/XX. Oslo.
1950b The Dawn ... of European Civilisation. 5. Aufl. London.
Clark, J. G. D.
1952 Prehistoric Europe. The economic basis. London.
Clemens, Paul
1951 Unsere Heimat zur Zeit des Heidebauerntums. In: Volkstum und Landschaft 11, Nr. 9, S. 16 (Heimatbeilage der Münsterländischen Tageszeitung).
Codex Augusteus oder Neuvermehrtes Corpus juris Saxonici
1724 Bd. 1, 2, 3. Leipzig.
1772 Bd. 1, 2. 3, 1. Fortsetzung. Leipzig.
1806 Bd. 1, 2. 3, 2. Fortsetzung. Leipzig.
Coleridge, J.
1759 Von einem Gebrauche der Hirten bey den alten Juden. In: Hamburgisches Magazin 22, S. 517ff.
Colerus, M. Johannes
1604 Oeconomia oder Haußbuch. 4. Theil. Wittenberg.
Compost
1493 Le Compost et Kalendrier des Bergiers. Reproduction en facsimile de l'édition de Guy Marchant. Paris.
Corpus
1740 Corpus Constitutionum Marchicarum. Teil 5. Berlin.
Cramer, Ullrich Freiherr v.
1763 Wetzlarische Nebenstunden. Teil 37, Abh. 1. Ulm.
Cremer, Eckhardt
1932 Aus der Geschichte der ostfriesischen Schafzucht. Aurich.
Cunow, Heinrich
1926/31 Allgemeine Wirtschaftsgeschichte. Bd. 1. 2. 3. 4. Berlin.
Curtze, L.
1860 Volksüberlieferungen aus dem Fürstenthum Waldeck. Arolsen.

Dageförde, Bernhard
1929 Leben und Treiben auf dem alten Bauernhofe (1780—1880). o. O.
Danckert, Werner
1963 Unehrliche Leute. Die verfemten Berufe. Bern—München.
d'Ancona, Paolo — Erhard Aeschlimann
1949 Dictionnaire des miniaturistes du Moyen Age et de la Renaissance dans les différentes contrées de l'Europe. Mailand.
Danneil, Friedrich
1874 Die Brüderschaft der Hirten und Schäfer bei der Klus vor Halberstadt. 1516. In: Zeitschrift des Harz-Vereins für Geschichte und Alterthumskunde 7, S. 267ff.
1898 Beitrag zur Geschichte des magdeburgischen Bauernstandes, Bd. 2. Halle.
Danneil, Johann Friedrich
1859 Wörterbuch der altmärkisch-plattdeutschen Mundart. Salzwedel.
Davies, Elwyn
1941 The Patterns of Transhumance in Europe. In: Geography 26, S. 155ff.
Dedijer, Jevto
1916 La transhumance dans les pays dinariques. In: Annales de Géographie 25, S. 347ff.

Deffontaines, M.
1927 Les types de la vie montagnarde en Tchécoslovaquie. In: La Géographie 48, S. 171ff.
De iure pascendi et in primis de iure ovium.
1714 Celle.
Demme, Louis
1893 Nachrichten und Urkunden zur Chronik von Hersfeld. Bd. 2. Hersfeld.
Depiny, Adalbert
1932 Oberösterreichisches Sagenbuch. Linz.
Detten, Georg v.
1903 Westfälisches Wirtschaftsleben im Mittelalter. Paderborn.
Deubner, Ludwig
1910 Lupercalia. In: Archiv für Religionswissenschaft 13, S. 481ff.
Deutschösterreich
1927 Deutschösterreich, sein Land und Volk und seine Kultur. Hrsg. v. Michael Haberlandt. Weimar.
Dias, A. Jorge
1951 Les troupeaux transhumants et leurs chemins. In: Compte Rendu de XVIe Congrès International de Géographie à Lisbonne 1949, S. 23ff. Lissabon.
1962 Aspectos da vida pastoril em Portugal (= Revista de Etnografia, Bd. 8.) Porto.
Dichterwald
1813 Deutscher Dichterwald. Tübingen.
Dieffenbach. Lorenz
1880 Völkerkunde Osteuropas. Bd. 1. Darmstadt.
Diener
1937 Die Schafdichte Bayerns. In: Süddeutsche Schäfereizeitung 27, S. 129ff.
Diener, Walter
1925 Hunsrücker Volkskunde. Bonn — Leipzig.
Dillner, Ernstkonrad
1941 Der Schäfer in alter Zeit. In: Norddeutsche Schäfereizeitung 33, S. 240f.
1944 Der Schäfer. In: Handbuch der Schafzucht und Schafhaltung. 2. Aufl., Bd. 3, S. 541ff. Berlin.
Ditfurth, Franz Wilhelm Freiherr v.
1855 Fränkische Volkslieder. Teil 2. Leipzig.
Dittrich, Paul
1905 Amtliches aus dem 18. Jahrhundert. In: Mitteilungen der schlesischen Gesellschaft für Volkskunde 7, S. 112f.
Ditz, Heinrich
1867 Die ungarische Landwirthschaft. Leipzig.
Döhler-Schütz
1935 Sitten und Gebräuche aus dem Schäferleben. In: Arbeiten der Landesbauernschaft Thüringen, Heft 20: Die Schafzucht in Thüringen.
Domluvil, E.
1910 Aus dem Leben der Walachen oder Schafhirten in der mährischen Walachei. In: Zeitschrift für österreichische Volkskunde 16, S. 108ff., S. 184ff.
Dopsch, Alfons
1922 Die Wirtschaftsentwicklung der Karolingerzeit vornehmlich in Deutschland. Bd. 2. Weimar.
1930 Die ältere Wirtschafts- und Sozialgeschichte in den Alpenländern Österreichs. In: Instituttet for sammenlignende Kulturforskning, Serie A: Foreksninger Bd. 11. Oslo.
Dornheim, A.
1937 Die bäuerliche Sachkultur im Gebiet der oberen Ardèche. In: Volkstum und Kultur der Romanen 9. (Vierteljahresschrift.)
Draeger, Georg
1918 Verfassung und Verwaltung von Alt- und Neustadt Brandenburg bis zum 30jährigen Kriege. In: Festschrift zur Gedenkfeier des 50jährigen Bestehens des Historischen Vereins Brandenburg/Havel.
Drechsler, Paul
1903 Sitte, Brauch und Volksglaube in Schlesien, Leipzig.
Drenthe
um 1846 Drenthe in vlugtige en losse omtrekken geschetst door drie podagristen. 2. e. deel, S. 90ff.
Dübi, H.
1914 Die Verdienste der Berner um die Volkskunde im 18. Jahrhundert. In: Schweizerisches Archiv für Volkskunde 18, S. 57ff.
Dünninger, Josef
1953 Die Wallfahrtslegende von Vierzehnheiligen. In: Festschrift für Wolfgang Stammler, S. 192ff. Bielefeld.
Duensing, H.
1936 Die Hausinschriften von Nörten-Hardenberg. In: Heimatblätter (Northeim) 12, S. 113ff.
1951 Schafmeister Hannemann. In: Aus der Heimat (Kr. Northeim) Nr. 22 vom 31. 5. 1951.
Dürrbeck, Paul
1953 Zur Familiengeschichte der Dürrbeck. Teil 4. Wunsiedel.

Eberstadt, Rudolph
1900 Der Ursprung des Zunftwesens und die älteren Handwerkerverbände des Mittelalters. Leipzig.
Eccardus
1907 Geschichte des niederen Volkes in Deutschland. Bd. 1. Braunschweig — Stuttgart.
Eckart, Rudolf
1899a Stand und Beruf im Volksmund. Göttingen.
1899b Südhannoversches Sagenbuch. Leipzig.
Eckhardt, Karl August
1934 Die Gesetze des Karolingerreiches 714 bis 911. Teil 2 (= Germanenrechte, Bd. 2). Weimar.
1935 Die Gesetze des Merowingerreiches 481 bis 714 (= Germanenrechte, Bd. 1). Weimar.
Eisel, Robert
1871 Sagenbuch des Voigtlandes. Gera.

Eisenhart, Johann Friedrich
1759 Grundsätze der deutschen Rechte in Sprüchwörtern. Helmstädt.
Elevage du mouton. In: Collection „Pâtre", Nr. 104. Paris o. J.
Elkar, Rainer S. (Hrsg.)
1983 Deutsches Handwerk in Spätmittelalter und Früher Neuzeit. Sozialgeschichte—Volkskunde—Literaturgeschichte (= Göttinger Beiträge zur Wirtschafts- und Sozialgeschichte, Bd. 9). Göttingen.
Elsaß-Lothringen
1901/03 Das Reichsland Elsaß-Lothringen. Teil 3. Straßburg.
Elsner, J. G.
1842 Die Schafzucht Schlesiens. Breslau.
Elwert, A.
1784 Ungedrukte Reste alten Gesangs nebst Stücken neurer Dichtkunst. Giesen—Marburg.
1848 Neuausgabe Marburg.
Engel, Lüder Hermann Hanß v.
1791 Die Schäfereyen im Sächsischen Erzgebirge und in Mecklenburg gegen einander gestellt. Dresden.
Engelien, A. — W. Lahn
1848 Der Volksmund in der Mark Brandenburg. Berlin.
Enquêtes
1936 Enquêtes du musée de la vie wallonne. Bd. 3. Liège.
Epperlein, Siegfried
1960 Bauernbedrückung und Bauernwiderstand im hohen Mittelalter (= Forschungen z. mittelalterl. Gesch., Bd. 6). Berlin.
Erhardt, Kurt
1921 Ein Beitrag zur Kenntnis der württembergischen Schafzucht. Vet.-med. Diss. Gießen.
Erk, Ludwig
1856 Deutscher Liederhort. Berlin.
Erk-Böhme
1893/94 Deutscher Liederhort. 2. Aufl. Bd.1. 3. Leipzig.
Erk-Irmer
1838 Die deutschen Volkslieder mit ihren Singweisen. Bd. 1, Heft 2. Berlin.
Erlach, Friedrich Karl Freiherr v.
1834/35 Die Volkslieder der Deutschen. Bd. 2. 3. Mannheim.
Ermann, Adolf
1923 Aegypten und sein aegyptisches Leben im Altertum. Tübingen.
Eschenmayer, D. E.
1809 Lehrbuch über das Staats-Oeconomie-Recht. Bd. 1. Frankfurt.
Estor, Johann Georg
1757 Bürgerliche rechtsgelehrsamkeit der Teutschen. Bd. 1. Marburg.
Faber, J. E.
1783 Geographisches Magazin Bd. 1.
1784 Geographisches Magazin Bd. 3.
1786 Neues geographisches Magazin Bd. 3.
Falke, Johannes
1886 Die Geschichte des Kurfürsten August von Sachsen in volkswirtschaftlicher Beziehung (= Preisschriften der Fürstlichen Jablonowskischen Gesellschaft, Bd. 13). Leipzig.
Feige, Ernst
1928 Die Haustierzone der alten Welt. In: Petermanns Mitteilungen, Bd. 43. Ergänzungsband.
Fense, Helmut
1938 Das Pferchen der Schafe unter besonderer Berücksichtigung der Verhältnisse in Thüringen. Weimar.
Festschrift
1865 Festschrift zur Säcularfeier der Königlichen Landwirtschaftsgesellschaft zu Celle am 4. 6. 1864. 2. Abt., Bd. 2. Hannover.
Festschrift
1951 Festschrift des „Fränkischen Anzeigers" zu Pfingsten.
Fiedler, Eduard
1847 Volksreime und Volkslieder in Anhalt-Deßau. Deßau.
Firbas, Franz
1949 Spät- und nacheiszeitliche Waldgeschichte Mitteleuropas nördlich der Alpen. Bd. 1. Jena.
Firmenich, Johannes Mathias
1854 Germaniens Völkerstimmen. Bd. 3. Berlin.
Firnhaber, J. H.
1782 Historisch-politische Betrachtung der Innungen und deren zweckmäßige Einrichtung. Hannover.
Fischer, Christian August
1804 Bergreisen. Bd. 1. Leipzig.
Fischer, Edgar
1938 Stand und Aufgaben der Urlandschaftsforschung. In: Zeitschrift für Erdkunde 6, S. 737ff.
Fischer, Georg
1933a Der Einzelgänger in der Volkskunde. In: Mitteldeutsche Blätter für Volkskunde 8, S. 37ff.
1933b Nochmals die Einzelgänger. In: Mitteldeutsche Blätter für Volkskunde 8, S. 92ff.
Fischer, Hermann
1901ff. Schwäbisches Wörterbuch. Bd. 1. 2. 5. Tübingen.
Fleischmann, Wilhelm
1919 Capitulare de villis (= Landwirtschaftliche Jahrbücher 53).
Florinus, Franciscus Philippus
1702 Oeconomus prudens et legalis oder Allgemeiner Klug- und Rechts-verständiger Haus-Vatter. Nürnberg.
Focke, Friedrich
1950 Szepter und Krummstab. Eine symbolgeschichtliche Untersuchung. In: Festgabe für

Alois Fuchs zum 70. Geburtstag, S. 337ff. Paderborn.
1951 Ilias und Odyssee im Rahmen Alteuropas. In: Saeculum 2, S. 575ff.
Förderreuther, Max
1929 Die Allgäuer Alpen. 3. neu bearbeitete Aufl. München.
Förstemann, E. G.
1843 Die Gesetzsammlungen der Stadt Nordhausen im 15. und 16, Jahrhundert (Fortsetzung). In: Neue Mittheilungen aus dem Gebiet historisch-antiquarischer Forschungen Bd. 6, 2. Heft. Halle.
Fontaine, Edouard de la
1883 Luxemburger Sitten und Bräuche. Luxemburg.
Forgeot, Léon
1953 Pacages et pâtres d'autrefois. In: Les cahiers Haut-Marnais, S. 86ff.
Fox, Nikolaus
1927 Saarländische Volkskunde. Bonn.
Frahm, L.
1890 Norddeutsche Sagen von Schleswig-Holstein bis zum Harz. Altona-Leipzig.
Franck, David
1756 Des Alt- und Neuen Mecklenburgs dreyzehendes Buch. Leipzig—Güstrow.
Frankenberg, Jeremias
1719 Illustrium materiarum juris Praxis moderna, pluribus locis denuo aucta. Das ist: Auserlesene, und zu denen vornehmsten Materien der Kayserlichen Rechten sehr dienliche jetziger Zeit in Praxi hin und wieder übliche anjetzo auffs neue vermehrte Rechts-Sprüche. Francckfurt und Leipzig.
Frauenstädt, Paul
1902 Aus der Geschichte der Zünfte. In: Zeitschrift für Sozialwissenschaft 5, S. 847ff., 939ff.
Freitag, Martin
1951 Der Schäfer von Heiningen, der Wunderdoktor und Betrüger. (Manuskript.).
Frensdorff, Ferdinand
1907 Das Zunftrecht insbesondere Norddeutschlands und die Handwerkerehre. In: Hansische Geschichtsblätter 13, S. 1ff.
Frenzel—Karg—Spamer
1932 Grundriß der sächsischen Volkskunde. Leipzig.
Frère, Jules
1929 De Scheper van Naanhoven. In: Nederlandsch Tijdschrift voor Volkskunde 34, S. 39ff.
Freybe, Albert
1900 Züge zarter Rücksichtsnahme und Gemütstiefe in deutscher Volkssitte. Gütersloh.
Freyer, G.
1913 Die Verbreitung und Entwicklung der deutschen Schafzuchten (= Arbeiten der Deutschen Landwirtschafts-Gesellschaft, Heft 292). Berlin.
Fribourg, André
1910 La transhumance en Espagne. In: Annales de Géographie 19, S. 231ff.
Fricke, Ernst
1913a Schäferlehrlingszeit und Anderes. In: Zeitschrift für Schafzucht 2, S. 25ff.
1913b Aus der Praxis des Hütens. In: Zeitschrift für Schafzucht 2, S. 80ff.
Friedenberg, Joannes Antonius Ritter v.
Tractatus juridico—practicus, de generalibus et particularibus quibusdam Silesiae juribus. Oder: Abhandlung Von denen in Schlesien üblichen Rechten. Breßlau.
1738 Tomus 1.
1741 Tomus 2.
Friess, G. E.
1895 Aus den Papieren eines alten Rathhauses in Österreich. In: Blätter des Vereins für Landeskunde von Niederösterreich N. F. 29, S. 90ff.
Frischbier, Hermann
1867 Preußische Volksreime und Volksspiele. Berlin.
1870 Hexenspruch und Zauberbann. Berlin.
1877 Preußische Volkslieder in plattdeutscher Mundart. Königsberg.
Fröbe, Walter
1930 Herrschaft und Stadt Schwarzenberg bis zum 16. Jahrhundert. Schwarzenberg.
Frödin, John
1940 Zentraleuropas Alpwirtschaft. In: Instituttet for sammenlignende Kulturforskning, Serie B, Bd. 38, 1. Oslo.
1944 Neue kulturgeographische Wandlungen in der östlichen Türkei. In: Zeitschrift der Gesellschaft für Erdkunde zu Berlin, S. 1ff.
Froehner, Reinhard
1954 Kulturgeschichte der Tierheilkunde. Bd. 2. Konstanz.

Gabke, Ludewig Friederich
1780 Grundsätze des Dorf- und Bauernrechts. Halle.
Gander, Karl
1894 Niederlausitzer Volkssagen. Berlin.
Gassies, Georges
1909 Jehan de Brie et les bergers d'autrefois. Meaux.
Gatermann, W. H.
1920 Die Bewegung der Schafhaltung und ihre Bedeutung für die heutige Landwirtschaft. In: Zeitschrift für Schafzucht 9, S. 193ff., S. 241ff.
Gaue
1930 Deutsche Gaue. Zeitschrift für Heimat- und Volkskunde 30/31. Kaufbeuren.
Geen, H. van
1934 Het Schaapsgilde te Esschen. In: Gedenkschriften betreffende de Aloude Heerlijkheid Esschen-Calmpthout-Huybergen. Uitgegeven door den Oudheidkundige Kring Esschen-Calmpthout, gevestigd te Esschen. Bd. 6, S. 79ff.

Gegel, Georg Jacob
1769 Sammlung derer Kayserlichen- Chur- und Reichsfürstlich-Landesherrlichen Verordnungen und Rescripten etc. Bd. 1. Offenbach.
Gehres, Sigmund Friedrich
1805 Bretten's kleine Chronik. Esslingen.
Gengler, Heinrich Gottfried
1853 Des Schwabenspiegels Landrechtsbuch. Erlangen.
Geramb, Viktor v.
1948 Sitte und Brauch in Österreich. Graz.
1953 Der Volksbegriff in der Geistesgeschichte und in der Volkskunde. In: Zeitschrift für Volkskunde 50, S. 7ff.
Gerke, Friedrich
1934 Der Ursprung der Lämmerallegorien in der altchristlichen Plastik. In: Zeitschrift für die neutestamentliche Wissenschaft und die Kunde der älteren Kirche 33, S. 160ff.
1940 Die christlichen Sarkophage der vorkonstantinischen Zeit (= Studien zur spätantiken Kunstgeschichte, Bd. 11). Berlin.
Gerstlacher, Carl Friedrich
Handbuch der teutschen Reichsgeseze.
1788 Teil 9. Frankfurt—Leipzig.
1791 Teil 10. Stuttgart.
Geschichte
1922 Geschichte des Rheinlandes von der ältesten Zeit bis zur Gegenwart. Bd. 2. Essen.
Geschichten
1825 Münsterische Geschichten, Sagen und Legenden. Münster.
Gesemann, Gerhard
1935 Helden, Hirten und Hajduken. München.
Gesetze
1765/1769 Sammlung gemeiner und besonderer Pommerscher und Rügischer Landes-Urkunden, Gesetze, Privilegien, Verträge, Constitutionen und Ordnungen. Hrsg. v. Johann Carl Dähnert. Bd. 1. 3. Stralsund.
o. J. Sammlung von Gesetzen, Verordnungen, Ausschreiben und anderen allgemeinen Verfügungen für Kurhessen. Bd. 5 (f. d. Jahre 1827 bis 1830). Kassel.
Gesindeordnung
1654 Renovierte Gesinde-Tagelöhner-Baur-Schäffer-Tax- und Victualordnung erlassen von Herzog Adolf Friedrich von Mecklenburg aus dem Jahre 1654. Abschn. 4: „Von den Schäffern und jhrer Unterhaltung".
Gfrörer, A. F.
1866 Zur Geschichte deutscher Volksrechte im Mittelalter. Bd. 2. Schaffhausen.
Gierke, Otto
1868 Das deutsche Genossenschaftsrecht. Bd. 1. Berlin.
Gigot, Jean
1947 Bergers champenois au XVIIIe siècle. In: Les cahiers Haut-Marnais, S. 202ff.
Ginet-Pilsudzki, B.
1916 Almen-Viehzucht im Tatra-Gebirge in Polen. In: Schweizerisches Archiv für Volkskunde 20, S. 236ff.
Giono, Jean
1937 Die Sternenschlange [Le Serpent d'Etoiles]. Berlin.
Gleisberg, Hermann
1956 Das kleine Mühlenbuch. Dresden.
Göbel, Heinrich
1946 Wandteppiche in den Niederlanden. Leipzig.
Göhre
1944 Das Hüten der Schafe in Mitteldeutschland. In: Handbuch der Schafzucht und Schafhaltung. 2. Aufl., Bd. 3, S. 494ff. Berlin.
Göriz, K.
1853 Die landwirthschaftliche Betriebslehre als Leitfaden für Vorlesungen und zum Selbststudium für Landwirthe. 3 Teile. Stuttgart.
Görlitz, Walter
1941 Des Reiches unbekanntes Land Mecklenburg. Rostock.
Goertz-Wrisberg, Werner Graf
1880 Die Entwicklung der Landwirtschaft auf den Goertz-Wrisbergschen Gütern. Phil. Diss. Leipzig.
Goess, Georg Michael Ferdinand
1798 Von der Spanischen Schaafzucht in den Fürstenthümern Ansbach und Baireuth, wie auch im Würtembergischen. Nürnberg.
Goldstern, Eugenie
1922 Hochgebirgsvolk in Savoyen und Graubünden (= Ergänzungsband 14 zur Wiener Zeitschrift für Volkskunde).
Golf, Artur
1920 Neuzeitliche Schafzucht mit vorwiegender Berücksichtigung Sachsens. In: Zeitschrift für Schafzucht 9, S. 89ff., S. 117ff.
1944 Die deutschen Schafrassen. In: Handbuch der Schafzucht und Schafhaltung. 2. Aufl., Bd. 1, S. 55ff. Berlin.
Goltz, Theodor Freiherr v. d.
1902 Geschichte der deutschen Landwirtschaft. Bd. 1. Stuttgart—Berlin.
Gothein, Eberhard
1892 Wirtschaftsgeschichte des Schwarzwaldes und der angrenzenden Landschaften. Bd. 1. Straßburg.
Gottsched, Johann Christoph
1742 Versuch einer kritischen Dichtkunst. Leipzig.
Graber, Georg
1944 Sagen aus Kärnten. Graz.
Gradmann, Robert
1936 Vorgeschichtliche Landwirtschaft und Besiedlung. In: Geographische Zeitschrift 42, S. 378ff.
Graf-München, Fred
1909 Die soziale und wirtschaftliche Lage der

Bauern im Nürnberger Gebiet zur Zeit des Bauernkrieges. In: 56. Jahresbericht des Historischen Vereins für Mittelfranken, S. 1ff.
Graf, Eduard—Mathias Dietherr
1864 Deutsche Rechtssprichwörter. Nördlingen.
Graham, J. M.
1953 Transhumance in Ireland. In: Advancement of Science 10, S. 74ff.
Grammes, A.
1960 Fabrication d'un manche de houlette en Alsace. In: Pâtre 79, S. 2f.
Grand, Roger—Raymond Delatouche
1950 L'agriculture au Moyen-Age de la fin de l'empire romain au XVIe siècle (= L'agriculture à travers les âges, Tome 3). Paris.
Grass, Nikolaus
1948 Beiträge zur Rechtsgeschichte der Alpwirtschaft (= Schlern-Schriften, Bd. 56). Innsbruck.
Gredt, N.
1883 Sagenschatz des Luxemburger Landes. Luxemburg.
Gress, Kurt
o. J. Holzlandsagen. 2. Aufl. Leipzig.
Grimm, Jacob
1840/1878 Weisthümer. Bd. 1—7. Göttingen.
Grimm, Jacob und Wilhelm
Deutsches Wörterbuch. Leipzig.
1877 Bd. 4.
1893 Bd. 8.
Grimmelshausen
1949 Grimmelshausens Simplicissimus. Teutsch. Hrsg. v. I. H. Scholte. 2. Aufl. Halle.
Grohmann, Josef Virgil
1863 Sagen aus Böhmen. Prag.
1864 Aberglauben und Gebräuche aus Böhmen und Mähren. In: Beiträge zur Geschichte Böhmen's, Abt. 2, Band 2. Leipzig.
Groll, Rudolf
1956 Wie alt ist Brettens Schäferlauf? In: Brettener Neueste Nachrichten, Festnummer zum Peter- und Paul-Fest.
Grosser, Martin
1590 Kurtze vnd gar einfeltige anleytung / zu der Landtwirtschafft: beydes im Ackerbau / vnd in der Viehezucht: Nach arth vnd gelegenheit dieser Land vnd Orth Schlesien: Wie man gemeiniglich die Ecker zubawen vnd wo man jede Arth des Getreydes hin zu seen — Auch Wie man gewöhnlich das Viehe zu ziehen — zunehren — vnd zufüttern pfleget. Durch Martinum Grossern / PfarrErrn zur Schewitz / im Breßlawischen Fürstenthumb gelegen. Görlitz.
Grotefend, C. L.
1873 Beiträge zur Culturgeschichte Niedersachsens. In: Zeitschrift des historischen Vereins für Niedersachsen, S. 179ff.
Grothe, Hermann
1866 Die Geschichte der Wolle und Wollenmanufactur im Alterthum. In: Deutsche Vierteljahresschrift 116, S. 259ff.
Grubber-Gross, Rolf
1962 Moderne Transhumanz in der Schweiz. Phil. Diss. Zürich.
Grünn, Helene
1960 Die Pecher. Volkskunde aus dem Lebenskreis des Waldes. Wien—München.
Grupp, Georg
Kulturgeschichte des Mittelalters. Paderborn.
1907 Bd. 1.
1908 Bd. 2.
1919 Bd. 5.
1925 Bd. 6.
Günther, Ludwig
1919 Die deutsche Gaunersprache und verwandte Geheim- und Berufssprachen. Leipzig.
Gummerus, Hermann
1906 Der römische Gutsbetrieb als wirtschaftlicher Organismus nach den Werken des Cato, Varro und Columella. In: Beiträge zur alten Geschichte. 5. Beiheft. Leipzig.
Gumpert, K.
1942 Die Lengfelder Kultur und die Frage des Überganges Paläolithikum—Mesolithikum. In: Quartär 4, S. 38ff.
Gutsschäfereien
1935 Richtlinien und Anordnungen für die Gutsschäfereien in der Provinz Sachsen und im Freistaat Anhalt.
Gutzeit, W. v.
1864 Wörterschatz der deutschen Sprache Livlands. Bd. 1. Riga.
Gutzwiller, K.
1936 Hirtentum, Alpenwirtschaft und Handelsverkehr über die Alpen in der Pfahlbauzeit. Waldshut.
1939 Das Hirtentum der Vorzeit und seine nomadenhaften Ueberbleibsel in den Alpen. In: Alpwirtschaftliche Monatsblätter 73, S. 431ff.
1940 Hirten und Bauern der Urzeit (mit besonderer Berücksichtigung alpenländischer Verhältnisse). In: Alpwirtschaftliche Monatsblätter 74, S. 43ff., S. 82ff., S. 108ff.
1941 Struktur und Dynamik des neolithischbronzezeitlichen Wirtschaftslebens der Alpenländer. Zurzach.
Györffy, Stephan
1938 Die extensive ungarische Viehhaltung. In: Ungarische Jahrbücher 18, S. 318ff.

Haas, A.
1904 Sagen und Erzählungen von den Inseln Usedom und Wollin. Stettin.
1912 Rügensche Sagen und Märchen. 4. Aufl. Stettin.
1926 Pommersche Sagen (= Eichblatts deutscher Sagenschatz, Bd. 1). Leipzig.
Haberlandt, Arthur
1912 Beiträge zur bretonischen Volkskunde. In:

Zeitschrift für österreichische Volkskunde, Ergänzungsheft 8 zu Jg. 18.
1917 Kulturwissenschaftliche Beiträge zur Volkskunde von Montenegro, Albanien und Serbien. In: Zeitschrift für österreichische Volkskunde, Ergänzungsband 12 zu Jg. 23.
1926 Die volkstümliche Kultur Europas in ihrer geschichtlichen Entwicklung. In: Georg Buschan: Illustrierte Völkerkunde. Bd. 2.2. und 3. Aufl., S. 305ff. Stuttgart.
Haberlandt, Michael
1928 Die Völker Europas und ihre volkstümliche Kultur. Stuttgart.
Hacquet
1791 Hacquet's neueste physikalisch-politische Reisen in den Jahren 1788/89 und 90 durch die dacischen und sarmatischen oder nordlichen Karpathen. 2 Teile. Nürnberg.
Häbler, Konrad
1888 Die wirtschaftliche Blüte Spaniens im 16. Jahrhundert und ihr Verfall. In: Historische Untersuchungen, Heft 9. Berlin.
Haefcke, H.
1906 Handbuch des Abdeckereiwesens. Berlin.
Haff, Karl
1909 Die dänischen Gemeinderechte. Leipzig.
Hagemann, Theodor
1807 Handbuch des Landwirtschaftsrechts. Hannover.
Hahn, Eduard
1891 Waren die Menschen der Urzeit zwischen der Jägerstufe und der Stufe des Ackerbaus Nomaden? In: Das Ausland 64, S. 481ff
1896 Die Haustiere und ihre Beziehungen zur Wirtschaft des Menschen. Leipzig.
1913 Die Hirtenvölker in Asien und Afrika. In: Geographische Zeitschrift 19, S. 305ff., 369ff.
Hahn, Ferdinand
1855 Geschichte von Gera und dessen nächster Umgebung. Bd. 1. Gera.
Haller, Joseph
1883 Altspanische Sprichwörter und sprichwörtliche Redensarten. Bd. 1. Regensburg.
Hammerstein-Loxten, Freiherr v.
1869 Der Bardengau. Hannover.
Hančar, Franz
1956 Das Pferd in prähistorischer und früher historischer Zeit (= Wiener Beiträge zur Kulturgeschichte und Linguistik, Bd. 11).
Handbuch
1927 Handbuch der Berufe. Bd. 1. Marburg.
Handbuch
1944 Handbuch der Schafzucht und Schafhaltung. 2. Aufl. Bd. 3. Berlin.
Handwerksordnungen
o. J. Sammlung derer samtlichen Handwerksordnungen des Herzogthums Würtemberg. Stuttgart.
Handwörterbuch
1927ff. Handwörterbuch des deutschen Aberglaubens, hrsg. v. Hanns Bächtold-Stäubli Berlin-Leipzig.
Hanefeld, Kurt
1935 Geschichte des deutschen Nährstandes. Leipzig.
Hansen, H. P.
1941 Hyrdeliv paa heden. København.
Hanslik, Erwin
1907 Kulturgrenzen und Kulturzyklus in den polnischen Westbeskiden. In: Petermanns Mitteilungen, Ergänzungsheft 158, S. 1ff.
Hartmann
1930 Von Scheper, Schap, un Schillings. In: Mitteilungen des Heimatbundes für das Fürstentum Ratzeburg 12, S. 26ff.
Hartung, Oskar
1896 Zur Volkskunde aus Anhalt. In: Zeitschrift des Vereins für Volkskunde 6, S. 429ff.
Hastfer, Friedrich v.
1754 Ausführlicher Unterricht von der Zucht und Wartung der besten Art von Schafen zum gemeinen Nutzen.
Hauger, Alphons
1921 Zur römischen Landwirtschaft und Haustierzucht. Hannover.
1922 Altrömische Schäferei. In: Zeitschrift für Schafzucht 11, S. 1ff.
Haupt—Schmaler
1953 Volkslieder der Sorben in der Ober- und Nieder-Lausitz. Anastatischer Neudruck (= Veröff. der Kommission für Volkskunde, Bd. 3). Berlin.
Heckscher, Kurt
1930 Die Volkskunde der Provinz Hannover. Hamburg.
1938 Heidmärker Volkskunde. Oldenburg i. O.
Heichelheim, Fritz M.
1938 Wirtschaftsgeschichte des Altertums. Bd. 1. Leiden.
Heimatblätter
1919/20 Heimatblätter der Roten Erde, Jg. 1. Münster.
Heimatschollen
1929 Heimatschollen. Beilage zum Hornberger Kreisblatt 9, S. 38f.
Heimberger, Heiner
1955 Von Schippenschmieden und Schäferschippen. In: Bayerisches Jahrbuch für Volkskunde, S. 57ff.
Heimer, Wilhelm
1936 Der Schäfer putzte sich zum Tanz. In: Der Schwarzwald 73, S. 148f.
Heintl, Franz
1808 Die Landwirthschaft des österreichischen Kaiserthumes. Bd. 1. Wien.
Heiske, Wilhelm
1956 Rechtsbrauch und Rechtsempfinden im Volkslied. In: Deutsches Jahrbuch für Volkskunde 2, S. 73ff.

Henggeler, P. Rudolf
1956 Die kirchlichen Bruderschaften und Zünfte der Innerschweiz. Einsiedeln.
Henning, Georg
1940 Stadthirte, Viehhaltung und Hutung in Grimma. In: Die Grimmaer Pflege 19, Nr. 7. (Monatsbeilage der Nachrichten für Grimma.)
Hennrich, Karl
1927 Volkskundliches aus Lodenau und Zoblitz OL. In: Mitteilungen der schlesischen Gesellschaft für Volkskunde 28, S. 270ff.
Henseler, H.
1939 Sprache, Schrift, Religion, Kunst, Kleidung und Volksbräuche als Quellen der Geschichte unserer Haustiere, dargestellt an unserem Hausschaf. In: Zeitschrift für Schafzucht 28, S. 85 ff.
Hepding, Hugo
1934 Ein Schwank über das Segensprechen. In: Hessische Blätter für Volkskunde 23, S. 78ff.
Hermanns, Matthias
1949 Die Nomaden von Tibet. Die sozial-wirtschaftlichen Grundlagen der Hirtenkulturen in A-Mod und Innerasien. Ursprung und Entwicklung der Viehzucht. Wien.
Herre, Ernst
1944 Gemeinde-, Korporations- oder Genossenschaftsschäferei. In: Handbuch der Schafzucht und Schafhaltung. 2. Aufl. Bd. 3, S. 164ff. Berlin.
Herrlein, Adalbert — Johann Schober
1946 Spessart-Sagen. Aschaffenburg.
Herter, M. — G. Wilsdorf
1918 Die Bedeutung des Schafes für die Fleischerzeugung (= Arbeiten der Deutschen Landwirtschafts-Gesellschaft, Bd. 295). Berlin.
Hertz, Gustav
1879 Die Rechtsverhältnisse des freien Gesindes nach den deutschen Rechtsquellen des Mittelalters (= Untersuchungen zur deutschen Staats- und Rechtsgeschichte, Bd. 6). Breslau.
Herzog, Oscar
1883 Die Schafzucht in Ungarn. Phil. Diss. Leipzig.
Herzog, Rolf
1956 Veränderungen und Auflösungserscheinungen im nordafrikanischen Nomadentum. In: Paideuma 6, S. 210ff.
1963 Seßhaftwerden von Nomaden. Geschichte, gegenwärtiger Stand eines wirtschaftlichen wie sozialen Prozesses und Möglichkeiten der sinnvollen technischen Unterstützung (= Forschungsberichte des Landes Nordrhein-Westfalen, Bd. 1238). Köln-Opladen.
Hescheler, Karl
1924 Die Tierwelt der schweizerischen Pfahlbauten. In: Mitteilungen der anthropologischen Gesellschaft in Zürich. 10. Pfahlbaubericht, S. (98)ff.
Hetzger, Albert
1937 Schäfer, Hirten und Herden. In: Ahnen und Enkel, Heft 5—8. (Heimatblatt der Zörbiger Pflege.)
Heuser, Otto, E.
1944 Die geschichtliche Entwicklung der deutschen Schafhaltung zum landwirtschaftlichen Betriebszweig. In: Handbuch der Schafzucht und Schafhaltung. 2. Aufl. Bd. 3, S. 1ff. Berlin.
Heusler, Andreas
1885 Institutionen des deutschen Privatrechts. Bd. 1. Leipzig.
Heyd, L. F.
1829 Geschichte der vormaligen Oberamts-Stadt Markgröningen. Stuttgart.
Heyl, Adolf
1897 Volkssagen, Bräuche und Meinungen aus Tirol. Brixen.
Heyne, Johannes
1924 Großes Handbuch der Schafzucht auf neuzeitlicher Grundlage. 2. Aufl. Leipzig.
Heyne, Moriz
1901 Das deutsche Nahrungswesen (= Fünf Bücher deutscher Hausaltertümer, Bd. 2). Leipzig.
1906 Deutsches Wörterbuch. 2. Aufl. Bd. 2. Leipzig.
Hildebrand, Bruno
1866 Zur Geschichte der deutschen Wollenindustrie. In: Jahrbücher für Nationalökonomie und Statistik 6, S. 186ff.; 7, S. 81ff.
Hillebrand, J. H.
1858 Deutsche Rechtssprichwörter. Zürich.
Hirsch, J. Ch.
1764 Der redliche Schäffer. Anspach.
Hirtenbruderschaft
1939 Hirtenbruderschaft, Hirtenzunft und Hirtenmahl im Schwäbischen. In: Heimat, Monatsbeilage zur Hersbrucker Zeitung 15, S. 32.
Hirtenhaus
1909 Das alte Hirtenhaus zu Hornbostel. In: Heimatbote, Monatsblatt für die Kirchengemeinde Winsen/Aller 6, S. 111ff.
Höeg, Carsten
1925 Les Saracatsans, une tribu nomade grecque. Paris—Kopenhagen.
Höfler, M.
1899 Deutsches Krankheitsnamen-Buch. München.
Hönn, Georg Paul
1753 Betrugs-Lexikon, worinnen die meysten Betrügereyen in allen Ständen verzeichnet. Coburg.
Hörmann, Konrad
Herdengeläute und seine Bestandteile. In: Hessische Blätter für Volkskunde
1913 Jg. 12, S. 1ff.
1914 Jg. 13, S. 1ff.
1926 Jg. 15, S. 1ff.

Hörpel, Bernhard
1925 Beiträge zur Geschichte der Westerwälder Schafzucht. In: Zeitschrift für Schafzucht 14, S. 229ff.
Hoffmann von
1797 Ueber den glücklichen Erfolg der Inoculation der Pocken bey einer schon angesteckten Schaafherde zu Dieskau im Saalkreise im October 1795. In: Annalen der Märkischen Oekonomischen Gesellschaft zu Potsdam, Bd. 3, Heft 1, S. 37ff. Potsdam.
Hoffmann von Fallersleben
1856 Zur Geschichte des deutschen Kirchenliedes. In: Weimarisches Jahrbuch für deutsche Sprache, Litteratur und Kunst 5, S. 77ff.
Hoffmann von Fallersleben — Ernst Richter
1842 Schlesische Volkslieder mit Melodien. Leipzig.
Hofmeister, Burkhard
1953 Name und Wesen der Transhumance. In: Geogr. Rundschau 5, S. 169ff.
Holler, Joseph
1883 Altspanische Sprichwörter und sprichwörtliche Redensarten. Bd. 1. Regensburg.
Holschbach, Heinrich
1929 Volkskunde des Kreises Altenkirchen. Elberfeld.
Hoops, Johannes
1918/19 Reallexikon der germanischen Altertumskunde. Bd. 4. Straßburg.
Hornberger, Theodor
1950a Die Fränkischen Schäferfeste. In: Süddeutsche Schäfereizeitung 40, S. 381f.
1950b Die Thüringischen Schäferfeste. In: Süddeutsche Schäfereizeitung 40, S. 403f.
1950c Kunst und Künstler im Schäferstand. In: Süddeutsche Schäfereizeitung 40, S. 479f.
1950d Des Schäfers Stand und Beruf. In: Rund um den Schäferkarren, Nr. 1. (Beilage der Süddeutschen Schäfereizeitung 40).
1950e Aus Leben und Arbeit des Albschäfers. Blätter des schwäbischen Albvereins 56, In: S. 53ff.
1951a Beiträge zu einer Volkskunde des Schäfers. Vortrag auf dem Deutschen Volkskunde-Kongreß in Jugenheim.
1951b Der Schäferstand in Vergangenheit und Gegenwart. In: Süddeutsche Schäfereizeitung 41, S. 65ff.
1951c Schäfer, wie wird's Wetter? In: Süddeutsche Schäfereizeitung 41, S. 117f.
1951d Das Pariser Geschäft. In: Rund um den Schäferkarren, Nr. 9 (Beilage der Süddeutschen Schäfereizeitung 41).
1951e Bei den südfranzösischen Wanderschäfern. In: Rund um den Schäferkarren, Nr. 10. (Beilage der Süddeutschen Schäfereizeitung 41).
1952a Zerfall und Neuordnung der schäferlichen Standesgemeinschaft. In: Süddeutsche Schäfereizeitung 42, S. 256ff.
1952b Vom Wettlaufen und Preishüten. In: Süddeutsche Schäfereizeitung 42, S. 331f.
1953 Ergebnis der Rundfrage über die süddeutschen Schäferfamilien. In: Süddeutsche Schäfereizeitung 43, S. 73ff.
1955 Der Schäfer. Landes- und volkskundliche Bedeutung eines Berufsstandes in Süddeutschland (= Schwäbische Volkskunde N. F. 11/12. Buch). Stuttgart.
1956 Das einstige Schäferfest in Bretten (Baden). In: Süddeutsche Schäfereizeitung 46, S. 266ff.
1959 Die kulturgeographische Bedeutung der Wanderschäferei in Süddeutschland. Süddeutsche Transhumanz (= Forsch. z. deutschen Landeskunde, Bd. 109). Remagen.
Howald, Oskar
1946 Einführung in die Agrarpolitik. Bern.
Hruschka — Toischer
1888 Deutsche Volkslieder aus Böhmen. 1. Lieferung. Prag.
Huber, Konrad
1954 Bergamaskische Wanderhirten. In: Atlantis, Heft 12, S. 557ff.
Huebner, Alfred
1910 Das erste deutsche Schäferidyll und seine Quellen. Phil. Diss. Königsberg.
Hübner, Rudolf
1930 Grundzüge des deutschen Privatrechts. 5. Aufl. Leipzig.
Hückel, Barthold Ludewig
1745 Abhandlung vom Schaf-Vieh. Stargard.
Hüllmann, Karl Dietrich
1806 Geschichte des Ursprungs der Stände in Deutschland. Bd. 2. Frankfurt/Oder.
Hüser, Clemens
1939 Betriebswirtschaftliche Untersuchungen in den Schafhaltungen im Kreise Büren. Diss. Tierärztliche Hochschule. Hannover.
Hüten
1942 Vom Hüten einst und jetzt. In: Lauterbacher Anzeiger 109, Nr. 75.
Hütteroth, Wolf-Dieter
1959 Bergnomaden und Yaylabauern im mittleren kurdischen Taurus (= Marburger Geographische Schriften, Heft 11). Marburg.
Hunsrücker-Bauer
1904 Vom Hunsrücker Bauern. In: Monatsschrift für die kirchliche Praxis 4, S. 412ff.
Huppertz, Barthel
1939 Räume und Schichten bäuerlicher Kulturformen in Deutschland. Bonn.
Hutten
1938 Das Deutsche veredelte Landschaf (Württemberger) unter besonderer Berücksichtigung der Zucht und Haltung in Süddeutschland. In: Aus deutschen Zuchten, Heft 5. Berlin.
Huzler
1849/61 Kurbug des Gemeindehirten Johann Huzler aus Haimendorf bei Nürnberg. Hand-

schrift. Als Leihgabe unter Inv. Nr. 4146 im Hirtenmuseum zu Hersbruck.

Inama-Sternegg, Karl Theodor v.
1909 Deutsche Wirtschaftsgeschichte bis zum Schluß der Karolingerperiode. 2. Aufl. Leipzig.
Ingram, Arthur
1977 Shepherding Tools and Customs (= Shire Album, Heft 23).
Irimie, Cornel
1965 Das Hirtenwesen der Rumänen. Forschungen in der Marginimea Sibiului bei Hermannstadt/Sibiu (Südosteuropa-Studien, Heft 7). München.
Ischirkoff, A.
1917 Bulgarien, Land und Leute. Bd. 2. Leipzig.
Ivanič, Josef
1916 Über die apulischen Tratturi in ihrer volkswirtschaftlichen und rechtlichen Stellung. In: Illyrisch-albanische Forschungen 1, S. 527.
Ivánka, Endre v.
1950 Berghirtentum und Staatenbildung im antiken und mittelalterlichen Balkan. In: Saeculum 1, S. 349ff.

Jacobeit, Wolfgang
1954a Beiträge zu einer Volkskunde des Schäfers. In: Rheinisch-westfälische Zeitschrift für Volkskunde 1, S. 150ff.
1954b Transhumanz und Wanderschäferei. In: Völkerforschung, S. 70ff. (= Veröff. d. Inst. f. deutsche Volkskunde, Bd. 5). Berlin.
1954c Zur Frage der urgeschichtlichen Siedlung und Wirtschaft in Mitteleuropa. In: Ethnographisch-Archäologische Forschungen 2, S. 159ff.
1957a Hirt und Schäfer. In: Agrarethnographie, S. 184ff. (= Veröff. d. Inst. f. deutsche Volkskunde, Bd. 13). Berlin.
1957b Ein Fragebogen zur Schäfervolkskunde in Deutschland. In: Deutsches Jahrbuch für Volkskunde 3, S. 485ff.
1960 Der Stab des heiligen Wendelin. In: Deutsches Jahrbuch für Volkskunde 6, S. 182ff. In: Zwischen Kunstgeschichte und Volkskunde, Festschrift für Wilhelm Fraenger, S. 182ff. (= Veröff. d. Inst. f. deutsche Volkskunde, Bd. 27). Berlin.
1962 Die böhmische Schäferzunft von 1709 und ihre Bedeutung. In: Ethnographica, Bd. 3. Brno, S. 274ff.
1969 Die ehemaligen Schäferzünfte in Mähren. In: Viehwirtschaft und Hirtenkultur. Budapest, S.
1983 Das Appenzell — ein ethnographischer Vergleich. In: Das Land Appenzell. Volkskunst und Brauchtum zwischen Säntis und Bodensee (Katalog der gleichnamigen Ausstellung im Rautenstrauch-Joest-Museum für Völkerkunde Köln). Köln.
Jacoby, Adolf
1910 Der Ursprung des Judicium offae. In: Archiv für Religionswissenschaft 13, S. 255ff.
Jahn, Ulrich
1884 Die deutschen Opfergebräuche bei Ackerbau und Viehzucht (= Germanistische Abhandlungen, Bd. 3). Breslau.
1890 Volkssagen aus Pommern und Rügen. 2. Aufl. Berlin.
Jahresbericht
1850/1852 Fünf und zwanzigster, sechs und zwanzigster und sieben und zwanzigster Jahresbericht des Voigtländischen Alterthumsforschenden Vereins, hrsg. v. Friedrich Alberti, Hohenleuben.
Jahresbericht
1925 43. Jahresbericht des altmärkischen Vereins für vaterländische Geschichte zu Salzwedel.
Jesse, Wilhelm
1950 Die Sammlung bäuerlicher Altertümer aus dem Lande Braunschweig. Braunschweig.
Jessen, Otto
1930 La Mancha. Ein Beitrag zur Landeskunde Neukastiliens. In: Mitteilungen der Geographischen Gesellschaft in Hamburg 41, S. 123ff.
Jettmar, Karl
1953 Neue Beiträge zur Entwicklungsgeschichte der Viehzucht. In: Wiener völkerkundliche Mitteilungen 1, Heft 2, S. 1ff.
Jiriczek, Otto Luitpold
1892 Färöische Märchen und Sagen. In: Zeitschrift des Vereins für Volkskunde 2, S. 1ff., S. 142ff.
John, Alois
1905 Sitte, Brauch und Volksglauben im deutschen Westböhmen. In: Beiträge zur deutschböhmischen Volkskunde, Bd. 6, Prag.
1908 Egerländer Tänze. In: Zeitschrift für österreichische Volkskunde 14, S. 96ff.
Jost, Wilhelm
1939 ποιμην. Das Bild vom Hirten in der biblischen Überlieferung und seine christologische Bedeutung. Theol. Diss. Gießen.
Jostes, Franz
1904 Westfälisches Trachtenbuch. Leipzig.
Journal
1784 Journal von und für Deutschland.
Jungbauer, Gustav
1924 Böhmerwald-Sagen. Jena.
Jungraithmayr, Hermann
1953 Volks- und sprachkundliche Studien in Korsika. In: Wiener völkerkundliche Mitteilungen 1, Heft 2, S. 42ff.

Kadner, Th.
1931 Aus der Schafzucht vergangener Tage. In: Zeitschrift für Schafzucht 20, S. 162ff.
Kästner, Max
1933 Der Streit des Frankenberger Fleischhauer-Handwerks mit dem Sachsenburger Amtspäch-

ter um die Schafhaltung auf den Stadtfluren im Jahre 1725. In: Heimat, Monatsschrift des Altertumsvereins für Frankenberg und Umgegend 12, S. 36ff.
Kahlo, Gerhard
1923 Niedersächsische Sagen. Teil 1. Leipzig.
Kaindl, Raimund Friedrich
1894 Die Huzulen. Ihr Leben, ihre Sitten und ihre Volksüberlieferung. Wien.
1900 Beiträge zur Volkskunde des Ostkarpathengebietes. In: Zeitschrift für österreichische Volkskunde 6, S. 226ff., S. 237ff.
Kapff, Rudolf
1926 Schwäbische Sagen. Jena.
Karasek-Langer, Alfred und Elfriede Strzygowski
1932 Sagen der Deutschen in Galizien. In: Ostdeutsche Heimatbücher, Bd. 4. Leipzig.
Karcher, Richard
1911 Das deutsche Goldschmiedehandwerk bis ins 15. Jahrhundert. In: Beiträge zur Kunstgeschichte N. F. Bd. 37. Leipzig.
Karrig, O.
1920/21 Der Schäfer und das mecklenburgische Volk. In: Niedersachsen 26, S. 339f.
Kaspar
1928 Die Abstammung unserer Hausschafe. In: Zeitschrift für Schafzucht 17, S. 350ff.
1929 Das Stein- oder Zaupelschaf. In: Zeitschrift für Schafzucht 18, S. 58ff.
Kaufmann, Alexander
1857 Zur Geschichte des Tanzens. 1. Der Schäfertanz zu Rothenburg an der Tauber. In: Zeitschrift für deutsche Kulturgeschichte 2, S. 97ff.
Kavadias, Georges B.
1965 Pasteurs-Nomades méditerranéens. Les Saracatsans de Grèce. (= Collection sciences humaines appliquées). Paris.
Kehrein, Joseph
1891 Volksthümliches aus Nassau. Leipzig.
Keller, Albrecht
1912 Die Handwerker im Volkshumor. Leipzig.
1921 Der Scharfrichter in der deutschen Kulturgeschichte. Bonn–Leipzig.
Keller, Conrad
1902 Die Abstammung der ältesten Haustiere (= Schriften, hrsg. von der Stiftung von Schnyder v. Wartensee, Bd. 11). Zürich.
1909 Die Stammesgeschichte unserer Haustiere (= Aus Natur und Geisteswelt, Bd. 252). Leipzig–Berlin.
Keller, Otto
1909 Die antike Tierwelt. Bd. 1. Leipzig.
Kellermann, Walter
1933 Gemeindebier. In: Das Thüringer Fähnlein 2, S. 583ff., S. 662ff., S. 726ff.
Kerler, Dietrich Hinrich
1905 Die Patronate der Heiligen. Ulm.
Kersten, Karl
1939 Vorgeschichte des Kreises Steinburg. Neumünster.
Kersting, Hermann
1857 Die Sonderrechte im Kurfürstenthume Hessen. Fulda.
Keutgen, Friedrich
1903 Ämter und Zünfte. Jena.
Kirchhof, Hans Wilhelm
1869 Wendunmuth. Bd. 1., hrsg. v. Hermann Österley (= Bibliothek des literarischen Vereins in Stuttgart, Bd. 95). Stuttgart.
Klein, Ernst
1920 The Mesta. A Study in Spanish Economic History, 1273–1836 (= Harvard Economic Studies, Bd. 21). Cambridge.
Klenz, Heinrich
1910 Schelten-Wörterbuch. Die Berufs- besonders Handwerkerschelten und Verwandtes. Straßburg.
Klingner, Johann Gottlob
1750 Sammlungen zum Dorf- und Bauern-Recht Bd. 2. Leipzig.
Klocke, F.
1958 Märtemollen. In: Harz-Zeitschrift 10, S. 91ff.
1961 Harzer Schäfer und Hirten (= Museumsbücherei Quedlinburg, Bd. 7). Quedlinburg.
Knapp, Theodor
1902 Gesammelte Beiträge zur Rechts- und Wirtschaftsgeschichte vornehmlich des deutschen Bauernstandes. Tübingen.
1919 Neue Beiträge zur Rechts- und Wirtschaftsgeschichte des württembergischen Bauernstandes. Bd. 2. Tübingen.
Knoop, Otto
1885 Volkssagen, Erzählungen, Aberglauben, Gebräuche und Märchen aus dem östlichen Hinterpommern. Posen.
Knuchel, Eduard Fritz
1919 Die Umwandlung in Kult, Magie und Rechtsbrauch (= Schriften der Schweizerischen Gesellschaft für Volkskunde, Bd. 15). Basel.
Koberg, Fritz
1937 Der walachische Schäfer. In: Sudetendeutsche Zeitschrift für Volkskunde 10, S. 18ff.
Kochanowska, A. v.
1902 Der Schafhirt der Bukowinaer Karpathen. In: Zeitschrift für österreichische Volkskunde 8, S. 252f.
Kochanowski, Auguste
1914 Aus dem Leben der Schafhirten in der Bukowina. In: Zeitschrift für österreichische Volkskunde 20, S. 106ff.
Köhler, J. A. Ernst
1867 Volksbrauch, Aberglaube, Sagen und andere alte Überlieferungen im Voigtlande. Leipzig.
Koehne, Carl
1915 Gewerberechtliches in deutschen Rechtssprichwörtern. Zürich.

1917 Die Gliederung der deutschen Gewerbegeschichte nach sozialen Gesichtspunkten. In: Zeitschrift für Sozialwissenschaft N. F. 8, S. 325ff., S. 500ff., S. 589ff., S. 692ff.
Könnecke, Otto
1912 Rechtsgeschichte des Gesindes in West- und Süddeutschland (= Arbeiten zum Handels-, Gewerbe- und Landwirtschaftsrecht, Bd. 12). Marburg.
Köster, Friedrich
1856 Alterthümer, Geschichten und Sagen der Herzogthümer Bremen und Verden. Stade.
Kötzschke, Rudolf
1908 Deutsche Wirtschaftsgeschichte bis zum 17. Jahrhundert (= Grundriß der Geschichtswissenschaft, Bd. 2). Leipzig.
1924 Allgemeine Wirtschaftsgeschichte des Mittelalters (= Handbuch der Wirtschaftsgeschichte, Bd. 2). Jena.
Kolb, Karl
1952 Bildstöcke im Taubertal. Tauberbischofsheim.
o. J. Barock-Kunst und Künstler im Taubertal. Tauberbischofsheim.
Kothe, Heinz
1958 Die völkerkundliche Agrarforschung im Rahmen der Ethnohistorie. In: Ethnographisch-Archäologische Forschungen 4, S. 52ff.
Kraft, Georg
1926 Die Kultur der Bronzezeit in Süddeutschland (= Veröffentlichungen des urgeschichtlichen Forschungs-Institutes Tübingen, Bd. 3). Augsburg.
Král, Jiři
1928 Die Almwirtschaft in Karpathorußland. In: Mitteilungen der geographischen Gesellschaft in Wien 71, S. 112ff.
Krapp, H.
1904 Odenwälder Spinnstube. Darmstadt.
Krause, Fritz
1924 Das Wirtschaftsleben der Völker. Breslau.
Krebs, W.
1933 Alte Handwerksbräuche (= Schriften der schweizerischen Gesellschaft für Volkskunde, Bd. 23). Basel.
Kreisblatt
1849 Wittenberger Kreisblatt.
Kreisblatt
1952 Haller Kreisblatt, Nr. 53 (Halle/Westf.).
Kretzenbacher, Leopold
1958 Volkskultur des Hirtentums. In: Zeitschrift des Historischen Vereins für Steiermark 49, S. 166ff.
Kretzschmer, August
1840 Deutsche Volkslieder nach ihren Original-Weisen. Bd. 2. Berlin.
Krüger, E. C. Hermann
1948 Aus der Heide raunt und klingt es. Erinnerungen an Karl Söhle. Hamburg.
Krüger, Fritz
1935a Die Hochpyrenäen. B. Hirtenkultur. In: Volkstum und Kultur der Romanen 8, S. 1ff. (Vierteljahresschrift.)
1935b Die Hochpyrenäen. D. Hausindustrie — Tracht — Gewerbe. In: Volkstum und Kultur der Romanen 8, S. 210ff. (Vierteljahresschrift.)
1936 Die Hochpyrenäen. A. Landschaften. Haus und Hof. Bd. 1 (= Hansische Universität, Abhandlungen aus dem Gebiet der Auslandskunde, Bd. 44). Hamburg.
Kruse, Hans
1934 Sach- und Wortkundliches aus den südfranzösischen Alpen: Verdon-, Vaïre- und Vartal (= Hamburger Studien zu Volkstum und Kultur der Romanen, Bd. 18).
Krzymowski, Richard
1951 Geschichte der deutschen Landwirtschaft. 2. Aufl. Stuttgart.
Kuczynski, Jürgen
1949 Die Geschichte der Lage der Arbeiter in England von 1640 bis in die Gegenwart (= Die Geschichte der Lage der Arbeiter unter dem Industriekapitalismus, Bd. 4). Berlin.
1980 Geschichte des Alltags des deutschen Volkes. Studien. Bd. 1 1600—1810. Berlin.
Kück, Eduard
1906 Das alte Bauernleben der Lüneburger Heide. Leipzig.
1908 Hirtengerät in der Lüneburger Heide. In: Schütting, S. 74f. Hannover.
Kück, Eduard — Heinrich Sohnrey
1925 Feste und Spiele des deutschen Landvolks. Berlin.
Kümmerlen
1905 Die Geschichte der Landwirtschaft auf der Leutkircher Heide. In: Württembergische Jahrbücher für Statistik und Landeskunde, Heft 1, S. 124ff.
Künssberg, Eberhard Freiherr v.
1925 Rechtsgeschichte und Volkskunde. In: Jahrbuch für historische Volkskunde 1, S. 69ff.
1926 Deutsche Bauernweistümer. Jena.
1936 Rechtliche Volkskunde (= Volk. Grundriß der deutschen Volkskunde in Einzeldarstellungen, Bd. 3). Halle.
Künstle, Karl
1926 Ikonographie der Heiligen. Freiburg i. Br.
Künzig, Johannes
1930 Schwarzwald-Sagen. Jena.
Küster, A.
1894 Gerichtshalter- und Gutsunterthanen-Eide im 18. Jahrhundert. In: Niederlausitzer Mitteilungen 3, S. 268ff.
Kuhn, Adalbert
1843 Märkische Sagen und Märchen. Berlin.
1859 Sagen, Gebräuche und Märchen aus Westfalen. Bd. 1. 2. Leipzig.

Kuhn — Schwartz
1848 Norddeutsche Sagen, Märchen und Gebräuche. Leipzig.
Kulenkamp, E. J.
1807 Das Recht der Handwerker und Zünfte. Marburg.
Kulischer, Josef
1954 Allgemeine Wirtschaftsgeschichte des Mittelalters und der Neuzeit. Bd. 1. Berlin.
Kunkel, Otto
1926 Oberhessens vorgeschichtliche Altertümer. Marburg.
Kunze, F.
1892 Der Gebrauch des Kerbholzes auf dem Thüringer Walde. In: Zeitschrift des Vereins für Volkskunde 2, S. 50ff.

La Baume, Wolfgang
1948 Die ältesten europäischen Haustiere. In: Verhandlungen der Deutschen Zoologen in Kiel, S. 74ff.
1954 Herkunft und älteste Kulturgeschichte der Haussäugetiere. In: Beiträge zur Frühgeschichte der Landwirtschaft. Bd. 1, S. 53ff. Halle.
Lahrkamp, Wilhelm
1928 Die westdeutsche Wanderschäferei und ihre Standortbedingungen. Diss. Landwirtschaftliche Hochschule Bonn—Poppelsdorf.
Lamprecht, Karl
1886 Deutsches Wirtschaftsleben im Mittelalter. Bd. 1, Tl. 1. Leipzig.
Landau, G.
1842 Beschreibung des Kurfürstenthums Hessen. Kassel.
Landeskunde
1912 Landeskunde der Provinz Brandenburg. Bd. 3. Berlin.
Landkammer, Helmut
1950 Halbnomaden in Vorarlberg. In: Mitteilungen der Geographischen Gesellschaft Wien 92, S. 206f.
Langethal, Ch. E.
Geschichte der teutschen Landwirtschaft. Jena.
1847 Bd. 1.
1856 Bd. 4.
Lauffer, Otto
1949 Volkskundliche Erinnerungen aus Göttingen und dem oberen Leinetal. Göttingen.
Laur, Ernst
1930 Einführung in die Wirtschaftslehre des Landbaus. 2. Aufl. Berlin.
Lecotté, Roger
1947 Bâton de lit en Mantois. In: Bulletin Folklore d'Ile de France, S. 13.
Lehmann, v.
1916 Schafhaltung und Weidegang. In: Mitteilungen der deutschen Landwirtschafts-Gesellschaft 31, S. 365.
Lehmann, C.
1917 Aussichten und Entwicklung der deutschen Schafzucht. (Rede, geh. am 26. 2. 1917 in der Landwirtschaftlichen Hochschule Berlin.)
Lehmann, Emil
1926 Sudetendeutsche Volkskunde. Leipzig.
Lehmann-Filhés, M.
1896 Kulturgeschichtliches aus Island. In: Zeitschrift des Vereins für Volkskunde 6, S. 235ff., S. 373ff., S. 438ff.
Le Lannou, Maurice
1941 Pâtres et paysans de la Sardaigne. Tours. (Zitiert nach der Besprechung in Volkstum und Kultur der Romanen. Vierteljahresschrift 15, 1942/43, S. 339ff.)
Lemke, E.
1899 Volksthümliches in Ostpreußen. 3. Theil. Allenstein.
Lengerke, Alexander v.
1831 Darstellung der Landwirthschaft in den Großherzogthümern Mecklenburg. Bd. 1. Königsberg.
Lenz, Karl
1937 Schäfertanz in Dillenburg. In: Süddeutsche Schäfereizeitung 27, S. 241f.
Leonhard, Rudolf
1909 Agrarpolitik und Agrarreform in Spanien unter Carl III. München—Berlin.
1916 Die Transhumanz im Mittelmeergebiet. Eine wirtschaftsgeographische Studie über den Seminomadismus. In: Festschrift für Lujo Brentano, S. 327ff. München—Leipzig.
Lesturgeon, A. L.
1870 De Drenthsche Scheper. In: De oude tijd, S. 266ff., S. 285ff.
Letz, Ch.
1890 Die Pfaffenhofer Schäferzunft. In: Elsaßlothringisches Samstagsblatt 2, S. 198ff.
Leupolz, Wilfried
1984 Der lange Marsch zum kollektiven Leben. Schäfereigenossenschaft Finkhof. Ravensburg.
Leutscher, I. J.
1955 De Drentse herder en zijn breikous. In: Schapen scheren, Fest in Laren (2. Juli 1955). Hrsg. v. Ambacht en Verkeer.
Ligers, Ziedonis
1954 Ethnographie lettone. Bd. 1 (= Publications de la Société Suisse des Traditions populaires, Vol. 35). Bâle.
Limmer, Karl August
1826 Entwurf einer urkundlichen Geschichte des gesammten Voigtlandes. Bd. 2. Gera.
Linde, Richard
1904 Die Lüneburger Heide. Bielefeld—Leipzig.
Lindemans, Paul
1952 Geschiedenis van de landbouw in België. Bd. 1. 2. Antwerpen.
Löffler, Marianne
1942 Beiträge zur Volkskunde und Mundart von Ustou (Ariège). Phil. Diss. Tübingen.

Löher, Franz v.
1891/94 Kulturgeschichte der Deutschen im Mittelalter. Bd. 1. 3. München.
Loersch, Heinrich v.
1907 Die Kölner Zunfturkunden nebst anderen Kölner Gewerbeurkunden bis zum Jahre 1500. Bd. 1. Bonn.
Lohmeyer, Karl
1913 Brauch bei Viehseuchen in der Gegend von Nahe, Mosel und Saar. In: Zeitschrift des Vereins für Volkskunde 23, S. 59ff.
1924 Die Sagen des Saarbrücker und Birkenfelder Landes. 2. Aufl. Saarbrücken—Völklingen—Leipzig.
1952 Die Sagen der Saar von ihren Quellen bis zur Mündung. Saarbrücken.
Lohre, H.
1921 Märkische Sagen (= Eichblatts deutscher Sagenschatz, Bd. 2). Leipzig.
Lorenz, Johannes
1938 Die Magdeburger Schäfersage. In: Magdeburgische Zeitung 80 (Beilage).
Lorez, Christian
1943 Bauernarbeit im Rheinwald (= Schriften der Schweizerischen Gesellschaft für Volkskunde, Bd. 25). Basel.
Losch, Friedrich
1890 Deutsche Segen, Heil- und Bannsprüche. In: Württembergische Vierteljahreshefte für Landesgeschichte 13, S. 157ff.
Ludewig, Johann Peter v.
1743 Gelehrte Anzeigen. Halle.
Lüdecke, August
1930 Ländliche Hochzeitsgebräuche. In: Der Speicher. Heimatbuch für den Landkreis Celle, S. 310ff. Celle.
Lüpkes, W.
1925 Ostfriesische Volkskunde. 2. Aufl. Emden.
Lyncker, Karl
1860 Deutsche Sagen und Sitten in hessischen Gauen. 2. Aufl. Cassel—Göttingen.

Maas, Walter
1930 Die Almwirtschaft in den Ostkarpathen. In: Zeitschrift der Gesellschaft für Erdkunde, S. 185ff.
Mackensen, Lutz
1931 Die Ballade von der Rabenmutter. In: Oberdeutsche Zeitschrift für Volkskunde 5, S. 28ff.
1934 Ein pommersches Hirtenbuch des 18. Jahrhunderts als Quelle zur religiösen Volkskunde. In: Volkskunde-Arbeit. Festschrift zum 60. Geburtstag von Otto Lauffer, S. 196ff. Berlin—Leipzig.
1935 Ein pommersches Schäferbuch aus dem 18. Jahrhundert. In: Unser Pommernland 20, S. 214ff.
Macůrek, Josef
1959 Valaši v západních karpatech. Ostrava.
Madarassy, Ladislaus
1906a Werkzeuge zur Ledererzeugung in der Hand von Hirten des Alföld. In: Anzeiger der ethnographischen Abteilung des ungarischen Nationalmuseums 5, S. 47ff.
1906b Die Trinkglocke. In: Anzeiger der ethnographischen Abteilung des ungarischen Nationalmuseums 5, S. 111ff.
1907 Hirten-Windschirme in der kleinen Kumanei. In: Anzeiger der ethnographischen Abteilung des ungarischen Nationalmuseums 6, S. 30ff.
Maeder, Herbert — Kruker, Robert
1983 Hirten und Herden. Alpkultur in der Schweiz. Olten.
Maier
1922 Kurzer Rückblick über die Entwicklung der württembergischen Schafzucht und ihre Ziele. In: Zeitschrift für Schafzucht 11, S. 417ff.
Maier, Harri
1930 Beiträge zur sprachlichen Gliederung der Pyrenäenhalbinsel und ihrer historischen Begründung (=Hamburger Studien zu Volkstum und Kultur der Romanen, Bd. 3).
Mailly, Anton
1926 Niederösterreichische Sagen (= Eichblatts deutscher Sagenschatz, Bd. 12). Leipzig.
Mais, Adolf
1947 Die serbokroatischen Ziehbauern. Eine volkskundliche Darstellung als Beitrag zur Frage der Ziehbauernkultur. Phil. Diss. Wien. (Maschinenschrift).
Malaschofsky, Alfred
1938 Einflüsse des Hirtenlebens auf die Entwicklung von Volk und Staat in Rumänien. In: Südostdeutsche Forschungen 3, S. 810ff.
Malereien
1903 Die Malereien der Katakomben Roms, hrsg. v. Joseph Wilpert. Freiburg/Br.
Mang, Ludwig — Theodor Zink
1913 Das Wirtschaftsleben der Pfalz in Vergangenheit und Gegenwart. München.
Manga, J.
1951 Betyarendarstellungen auf den Schnitzereien ungarischer Hirten. In: Acta Ethnographica 2, S. 217ff.
Markgröninger Schäferlauf, Der, hrsg. von Tomschik, Erich. Ludwigsburg. 1971
Martell, P.
1918 Zur Stammesgeschichte des Hausschafes. In: Zeitschrift für Schafzucht 7, S. 126ff.
Martens, Bella
1929 Meister Francke. Bd. 1. 2. Hamburg.
Martin, Peter—Vogeding, Rolf—Bedal, Konrad
1984 Hirten, Schäfer und Arme Leute. Die Schäferei aus Hambühl und ihre Bewohner (= Schriften und Kataloge des Fränkischen Freilandmuseums, Bd. 5). München—Bad Windsheim.

Martiny, Benno
1895 Kirne und Girbe. Berlin.
Martonne, Emmanuel de
1904 La vie pastorale et la transhumance dans les Karpathes méridionales; leur importance géographique et historique. In: „Zu Friedrich Ratzels Gedächtnis“, S. 225ff. Leipzig.
Marx, Karl
1962 Das Kapital (= MEW, Bd. 23). Berlin.
Marzell, Heinrich
1954 Wörterbuch der deutschen Pflanzennamen. Bd. 2. Leipzig.
Maurer, Georg Ludwig v.
1824 Geschichte des altgermanischen und namentlich altbairischen oeffentlich-muendlichen Gerichtsverfahrens, dessen Vortheile, Nachtheile und Untergang in Deutschland ueberhaupt und in Baiern insbesondere. Heidelberg.
1862/63 Geschichte der Fronhöfe, der Bauernhöfe und der Hofverfassung in Deutschland. Bd. 1. 2. Erlangen.
Maurer, Oskar
1927 Die Hirtenkirchweih in Gunzenhausen. In: Gunzenhausener Heimatbote 2, S. 55f.
May, Georg
1868 Das Schaf. Breslau.
Mayer, Robert
1937 Drei Jahrzehnte almgeographischer Forschung in einigen Hochgebirgen Europas. In: Zeitschrift für Erdkunde 5, S. 769ff.
Meier, Ernst
1852 Deutsche Sagen, Sitten und Gebräuche aus Schwaben. Bd. 1. Stuttgart.
1855 Schwäbische Volkslieder mit ausgewählten Melodien. Berlin.
Meier, John
1916 Ein Schifflein sah ich fahren, Capitän und Leutenant. In: Schweizerisches Archiv für Volkskunde 20, S. 206ff.
1936 Balladen. Bd. 2 (= Deutsche Literatur. Reihe: Das deutsche Volkslied). Leipzig.
Meier, John — Erich Seemann
1937 Lesebuch des deutschen Volksliedes, 1. Teil (= Literar-historische Bibliographie, Bd. 19). Berlin.
Meier-Böke, A.
1950 Schabernack der Schäfer. Erinnerungen aus der Zeit der alten Sennehirten. In: Lippische Blätter für Heimatkunde 8, S. 32.
Meische, Alfred
1903 Sagenbuch des Königreichs Sachsen. Leipzig.
Meissner, Bruno
1920 Babylonien und Assyrien. Bd.1. Heidelberg.
Meitzen, August
1869 Der Boden und die landwirthschaftlichen Verhältnisse des Preussischen Staates. Bd. 2. Berlin.
1895 Siedlung und Agrarwesen der Westgermanen und Ostgermanen, der Kelten, Römer, Finnen und Slaven. Bd. 2. Berlin.
Menghin, Oswald
1931 Weltgeschichte der Steinzeit. Wien.
Mensing, Otto
1929 Schleswig-holsteinisches Wörterbuch. Bd. 2. Neumünster.
Merkel, Horst
1933 Eine Wirtschaftsgeographie des vogtländischen Wollgewerbes. Phil. Diss. Leipzig.
Merner, Paul-Gerhard
1936 Das Nomadentum im nordwestlichen Afrika. Math.-Nat. Diss. Berlin.
Metscher, Gustav
o. J. Der märkische Gemeindehirte. (Unveröff. Manuskript.)
Meuli, Karl
1941 Der Ursprung der olympischen Spiele. In: Die Antike 17, S. 189ff.
1947 Gotthelf über Bauern und Hirten. In: Schweizer Volkskunde 37, S. 81ff.
Mewis-Insel, Luise
1940 Schäfer Bernd. In: Altmärkischer Hausfreund 61, S. 81ff.
Meyer, Christian
1891 Die „Ehre“ im Lichte vergangener Zeit. In: Zeitschrift für deutsche Kulturgeschichte N. F. 1, S. 26ff.
1895 Die unehrlichen Leute in älterer Zeit. In: Sammlung gemeinverst.-wissenschaftl. Vorträge N. F., 9. Serie, S. 1ff.
Meyer, Elard Hugo
1898 Deutsche Volkskunde. Straßburg.
1900 Badisches Volksleben im neunzehnten Jahrhundert. Straßburg.
Meyer, E. H. Wilhelm
1927 Ein niedersächsisches Dorf am Ende des 19. Jahrhunderts. Bielefeld.
Meyer, Gustav F.
1929 Schleswig-Holsteiner Sagen. Jena.
Meyer, Johannes
1880 Die drei Zelgen. Ein Beitrag zur Geschichte des alten Landbaues. In: Wissenschaftliche Beilage zum Programm der thurgauischen Kantonsschule in Frauenfeld.
Mielke, Robert
1934 Zur Entstehung der Viehzucht und des Stalles. In: Niederlausitzer Mitteilungen 22, S. 120ff.
Mittler, Franz Ludwig
1865 Deutsche Volkslieder. Frankfurt/M.
Mitteilungen, Landwirtschaftsgesellschaft
1916 Mitteilungen der deutschen Landwirtschaftsgesellschaft 31.
Mitteilungen, Niederlausitzer
1904 Niederlausitzer Mitteilungen 8.
Möser, Justus
1819 Osnabrückische Geschichte. Teil 1. Berlin — Stettin.
1914 Patriotische Phantasien, hrsg. v. Heinrich Schierbaum. Bd. 1. München.
Mone, F. J.
1863 Zunftorganisation vom 13. bis 16. Jahr-

hundert in der Schweiz, Baden, Elsaß, Bayern und Hessen. In: Zeitschrift für die Geschichte des Oberrheins 15, S. 1ff.
1864 Über das Kriegswesen vom 13. bis 17. Jahrhundert in Baden, Bayern, Elsaß, Schweiz, Vorarlberg, Hessen und Rheinpreußen. In: Zeitschrift für Geschichte des Oberrheins 16, S. 1ff.
Moonen, Marc
1949 Duitse Schapers. In: Volkskunde 50, S. 127f. Amsterdam.
Morus (Richard Lewinsohn)
1952 Eine Geschichte der Tiere. Hamburg.
Moser, Hans Joachim
1935 Tönende Volksaltertümer. Berlin.
Mottek, Hans
1957 Wirtschaftsgeschichte Deutschlands. Ein Grundriß. Bd. 1. Berlin.
Moutons
1955 Moutons et bergers. Katalog einer Ausstellung zum 600. Geburtstag von Jehan de Brye „Le bon berger“ im Musée des Arts et Traditions Populaires. Paris.
Müllenhoff, Karl
1845 Sagen, Märchen und Lieder der Herzogthümer Schleswig Holstein und Lauenburg. Kiel.
1920 Deutsche Altertumskunde. Bd. 4. Berlin.
Müller, Alfred
1883 Volkslieder aus dem Erzgebirge. Annaberg.
Müller, Elli
1938 Die Herdenwanderungen im Mittelmeergebiet (Transhumance). In: Petermanns geographische Mitteilungen 84, S. 364ff.
Münster, C. E.
1804 Das Weide-Recht. Hannover.
Münzinger, A.
1944 Die süddeutsche Wanderschäferei. In: Handbuch der Schafzucht und Schafhaltung. 2. Aufl., Bd. 3, S. 93ff. Berlin.
Mut, D. W.
1935 Hirtenhunde. Die ältesten Hunderassen der Welt. In: Norddeutsche Schäfereizeitung 27, S. 4ff.
Mylius, Ch. F.
1819 Malerische Fußreise durch das südliche Frankreich und einen Theil von Ober-Italien. Bd. 3. Carlsruhe.

Nachtsheim, Hans
1949 Vom Wildtier zum Haustier. 2. Aufl. Hamburg—Berlin.
Nehring, Alfons
1936 Studien zur indogermanischen Kultur und Urheimat. In: Wiener Beiträge zur Kulturgeschichte und Linguistik, Bd. 4, S. 1ff.
Nelke, Georg
1924 Volkskundliches aus dem ostschlesischen Grenzgebiet. In: Mitteilungen der schlesischen Gesellschaft für Volkskunde 25, S. 88ff.
Nelli, René
1951 Le Berger dans le pays d'Aude. (Manuskript.)
Nemnich, Philipp Andreas
1809 Tagebuch einer der Kultur und Industrie gewidmeten Reise. Bd. 1. Tübingen.
Nestle, E.
1906 Die Hirten von Bethlehem. In: Zeitschrift für die neutestamentliche Wissenschaft und die Kunde des Urchristentums 7, S. 257ff.
Neuburg, C.
1880 Zunftgerichtsbarkeit und Zunftverfassung in der Zeit vom 13. bis 16. Jahrhundert. Jena.
Neumann, Theodor
1852 Magdeburger Weisthümer. Görlitz.
Niedersachsen (Zeitschrift)
1900/01 Jg. 6.
1907/08 Jg. 13.
1909/10 Jg. 15.
Niederwieser, Hans
1950 Hammelkönig auf der Kirchweih. In: Der schwäbische Postbote 41.
Nietsch, Helmuth
1935 Steppenheide oder Eichenwald? Weimar.
1939 Wald und Siedlung im vorgeschichtlichen Mitteleuropa (= Mannus-Bücherei, Bd. 64). Leipzig.
Nieuwsblad van het Noorden
1951 Nieuwsblad van het Noorden vom 31. 10.
Nobis, Günter
1955 Die Entwicklung der Haustierwelt Nordwest- und Mitteldeutschlands in ihrer Beziehung zu landschaftlichen Gegebenheiten. In: Petermanns Geographische Mitteilungen 99, S. 2ff.
Normann, Mathäus v.
1777 Wendisch rügianischer Landgebrauch. Stralsund—Leipzig.
Nothelfer
1937 Vierzehn Nothelfer, hrsg. von Carl Hanns Erkelenz. Freiburg i. Br.
Nouvelles
1953 Les dernièresNouvelles d'Alsace, No. 21 du 26. 1. 1953, S. 13.

Odebrecht
1847 Die mißbräuchlichen Gilden der Märkischen Schäfer und Hirten im 16.—18. Jahrhundert. In: Märkische Forschungen 3, S. 292ff.
Oesch, Will A.
1945 Spanische Sprichwörter. Zürich.
Ortleb, G.
1937 Das Schäferfest in Kranichfeld. In: Das Thüringer Fähnlein 6, S. 588f.
Osenbrüggen, Eduard
1858 Deutsche Rechtsalterthümer aus der Schweiz. In: Monatsschrift des wissenschaftlichen Vereins in Zürich 3, S. 137ff., S. 321ff.
Oswald, Werner
1931 Wirtschaft und Siedlung im Rheinwald. Phil. Diss. Zürich.

Otmar
1800 Volcks-Sagen. Bremen.
Otto, Karl Heinz
1954 Bemerkungen zur gesellschaftlichen Bedeutung der frühbronzezeitlichen „Fürstengräber“ in Mitteldeutschland. In: Völkerforschung, S. 107ff. (= Veröffentlichungen des Instituts für deutsche Volkskunde, Bd. 5). Berlin.
1955 Die sozialökonomischen Verhältnisse bei den Stämmen der Leubinger Kultur in Mitteldeutschland. In: Ethnographisch-Archäologische Forschungen 3, Tl. 1.

Pagels, E.
1905/06 Alte mecklenburgische Tänze und Tanzspiele. In: Niedersachsen 11, S. 184ff.
Panzer, Friedrich
1855 Bayerische Sagen und Bräuche. Teil 2. München.
1956 Bayerische Sagen und Bräuche. Teil 2 (= Denkmäler deutscher Volksdichtung, Bd. 2. Hrsg. u. eingel. v. Will-Erich Peuckert). Göttingen.
Paret, Oscar
1921 Urgeschichte Württembergs. Stuttgart.
1946 Das neue Bild der Vorgeschichte. Stuttgart.
Pasterstwo Tatr polskich i Podhala. Krakow. 10 Bde., 1959ff.
Pâtre. Revue mensuelle de l'élevage ovin. Paris.
1956 Heft 38.
1957 Heft 44.
1958 Heft 55.
1960 Heft 72, Heft 76.
Pauly-Wissowa
1921 Real-Encyclopädie der classischen Altertumswissenschaft 2. Reihe. 3. Halbband. Stuttgart.
Peter, Anton
1865/1867 Volksthümliches aus Österreichisch-Schlesien. Bd. 1. 2. Troppau.
Péterfi, Márton
1905 Schafzucht auf dem Paring. In: Anzeiger der ethnographischen Abteilung des ungarischen Nationalmuseums 4, S. 171ff.
Petri, Bernhard
1825 Das Ganze der Schafzucht für Deutschlands Klima und das der angränzenden Länder mit Hinsicht auf die Pflege der Merinos. Ein Handbuch für Guts- und Schäfereybesitzer, Beamte und Schäfer. 2. verm. Auflage. Wien.
Peuckert, Will-Erich
1924 Schlesische Sagen. Jena.
1928 Schlesische Volkskunde. Leipzig.
Pfannenschmid, Heino
1878 Germanische Erntefeste im heidnischen und christlichen Cultus, mit besonderer Beziehung auf Niedersachsen. Hannover.
Pfeiffer, Gerhard
1929 Das Breslauer Patriziat im Mittelalter (= Darstellungen und Quellen zur schlesischen Geschichte, Bd. 30). Breslau.
Pfeufer
o. J. Rhönerisch und Fränkisch, eine vergleichende Volkskunde. Kallmünz.
Pfingstbräuche
1938 Pfingstbräuche auf dem Lande. In: Süddeutsche Schäfereizeitung 28, S. 337f.
Pflaumer, Ernst
1978 Deutsches Hirtenmuseum. Hersbruck.
Phieler, Willy
1934 Volkskundliches aus den Marken. Eine Studie aus den italienischen Provinzen der „Marche“ (= Hamburger Studien zu Volkstum und Kultur der Romanen, Bd. 17).
Pistorius, Georg Tobias
1724 Thesaurus paroemiarum germanico-juridicarum. Bd. 7. Augsburg.
Pistorius, Wilhelm
1838 Beiträge zur Geschichte des Schäfereiwesens in Württemberg. Diss. Tübingen.
Pittioni, Richard
1931 Urzeitliche „Almwirtschaft“. In: Mitteilungen der Geographischen Gesellschaft in Wien 74, S. 108ff.
1936 Über die Anfänge der Almwirtschaft. In: Heimatland, Monatsschrift für Volksleben und Volkskunst in Österreich 5, S. 30. Wien.
Platner, Victor F.
1875 Sachenrecht, mit besonderer Rücksicht auf das frühere Kurfürstenthum Hessen. Marburg.
Pöhlmann, C.
1911 Die Schafzucht im Herzogtum Zweibrücken zu Ende des 16. Jahrhunderts. In: Pfälzische Heimatkunde 7, S. 5ff., S. 17ff.
Pohl, Erich
1943 Die Volkssagen Ostpreußens. Königsberg.
Pohlhausen, Henn
1953 Nachweisbare Ansätze zum Wanderhirtentum in der niederdeutschen Mittelsteinzeit. In: Zeitschrift für Ethnologie 78, S. 65ff.
1954 Das Wanderhirtentum und seine Vorstufen (= Kulturgeschichtliche Forschungen, Bd. 4). Braunschweig.
Poppinga, Ernst
1926 Das ostfriesische Milchschaf und seine Bedeutung für den Wiederaufbau der deutschen Wirtschaft. In: Arbeiten der Landwirtschafts-Kammer für die Provinz Hannover 55.
Pradel, F.
1899 Volkstümliches aus Goldberg in Schlesien. In: Mitteilungen der schlesischen Gesellschaft für Volkskunde 6, S. 89ff.
Prettenhofer, Emmerich
1927 Sardinien und die Sarden. In: Mitteilungen der geographischen Gesellschaft in Wien 70, S. 31ff.
Preuß, Hans
1915 Das Bild Christi im Wandel der Zeiten. Leipzig.

Pröhle, Heinrich
1856 Unterharzische Sagen. Aschersleben.
Pröve, Heinrich
1930 Hut und Weide im Flotwedel. In: Der Speicher. Heimatbuch für den Landkreis Celle, S. 275ff. Celle.

Quelle, O.
1910 Die Herdenwanderungen in Spanien. In: Petermanns geographische Mitteilungen 56, S. 75.
Quensel, Paul
1926 Thüringer Sagen. Jena.
Quietzsch, Rudolf
1975 Der Kampf der Bauern um Triftgerechtigkeit in Thüringen und Sachsen um 1525. In: Der arm man 1525. Volkskundliche Studien, hrsg. v. H. Strobach, S. 52ff. (= Veröff. z. Volkskunde u. Kulturgeschichte, Bd. 59). Berlin.
Quitta, Hans
1952 Siedlung und Wirtschaft der Tripoljekultur. In: Arbeits- und Forschungsberichte zur sächsischen Bodendenkmalpflege, S. 25ff. Dresden.

Radermacher, Ludwig
1919 Beiträge zur Volkskunde aus dem Gebiet der Antike. In: Sitzungsberichte der Kaiserlichen Akademie der Wissenschaften in Wien, Phil. hist. Klasse 187, 3. Abt.
Rantasalo, A. V.
Der Weidegang im Volksaberglauben der Finnen. Helsinki.
1945 Teil 1. FFC 134.
1953 Teil 3. FFC 143.
1953 Teil 4. FFC 148.
Ratzel, Friedrich
Der Ursprung und das Werden der Völker geographisch betrachtet. In: Berichte über die Verhandlungen der Königlich Sächsischen Gesellschaft der Wissenschaften zu Leipzig. Phil. hist. Kl.
1898 Jg. 50, S. 1ff.
1900 Jg. 52, S. 23ff.
1921 Deutschland. 5. Aufl. Leipzig.
Reallexikon
1924ff. Reallexikon der Vorgeschichte, hrsg. v. Max Ebert. Berlin.
Rechte
1957 Rechte und Pflichten der altmärkischen Schäfer Anno 1722. In: Der Altmarkbote, S. 341ff. Salzwedel.
Rechtsbuch
1941 Freisinger Rechtsbuch, bearb. v. Hans Kurt Claußen (= Germanenrechte N. F. Bd. 1). Weimar.
Rechtsquellen
1910/41 Württembergische ländliche Rechtsquellen, bearb. v. Friedrich Wintterlin. Bd. 1. 2. 3. Stuttgart.
Reichardt, R.
1901 Sagen aus Nordthüringen. In: Zeitschrift des Vereins für Volkskunde 11, S. 68ff.
Reifferscheid, Alexander
1879 Westfälische Volkslieder in Wort und Weise. Heilbronn.
Reimann, F. A.
1839 Deutsche Volksfeste im neunzehnten Jahrhundert. Weimar.
Reinboth, Gerhard
1935 Die Schafzucht im Ausland. In: Zeitschrift für Schafzucht 24, S. 285ff.
Reinsberg-Düringsfeld, Otto Freiherr v.
1898 Das festliche Jahr in Sitte, Gebräuchen, Aberglauben und Festen der germanischen Völker. 2. Aufl. Leipzig.
Reinstorf, E.
1925 Das Lüneburger Land in der Geschichte und Sage. Verden.
1937 Lüneburger Bauerntum. Harburg-Wilhelmsburg.
Reiser, Karl
1897 Sagen, Gebräuche und Sprichwörter des Allgäus. Bd. 2. Kempten.
Reusch, R.
1863 Sagen des Preussischen Samlandes. Königsberg.
Rexroth
1953 Der Schäfer und die Kirmes in Kieselbach. (Manuskript.)
Reyscher, A. I.
1842 Vollständige Sammlung der württembergischen Gesetze. Bd. 13. Tübingen.
Rhamm, Karl
1905 Ethnographische Beiträge zur germanisch-slavischen Altertumskunde. Bd. 1. Braunschweig.
Richter, Werner
1925 Die Organisation einer Grund- und Gutsherrschaft im Saale-Unstruttal um die Mitte des 16. Jahrhunderts (= Beiträge zur mitteldeutschen Wirtschaftsgeschichte und Wirtschaftskunde, Bd. 3). Halberstadt.
Rieck, Wilhelm
1928 Altberliner Schäfer (1450—1700). In: Zeitschrift für Schafzucht 17, S. 172ff.
Riedel, Adolf Friedrich
1832 Die Mark Brandenburg im Jahre 1250. Bd. 2. Berlin.
Riedl, Adalbert
1951 Ein Beitrag zur Geschichte der Hafner im Bezirk Oberpullendorf. In: Burgenländische Heimatblätter 13, S. 109ff.
1962 Die Hirtenzunft im Burgenland. Ein Beitrag zur Geschichte des Hirtenwesens im burgenländischen Raum. (= Wissenschaftliche Arbeiten aus dem Burgenland, Bd. 28). Eisenstadt.
Riedl, Emil
o. J. Das Hirtenleben in der fränkischen

Schweiz. Separatdruck aus einer bisher noch nicht ermittelten Zeitschrift.
Rieger, Dietrich
1966 Wanderschäferei im süddeutschen Raum. Anpassungsmöglichkeiten an die veränderten Wirtschaftsbedingungen. In: Berichte über Landwirtschaft. Zeitschrift für Agrarpolitik und Landwirtschaft NF, Bd. XLIV, Heft 3/4.
Riegler, R.
1928 ‚Widder' und ‚Schaf' als Krankheitsnamen. In: Archiv für das Studium der neueren Sprachen und Literaturen. Neue Serie 54, S. 80f.
Rinschede, Gisbert
1976 Transhumante Hirten und Betriebe in den französischen Alpen und in den Pyrenäen. In: Sociologia Ruralis XVI, S. 291ff.
Rodiczky, Eugen v.
1913 Zünftige Schäfer. In: Zeitschrift für Schafzucht 2, S. 73ff.
Röhricht, Reinhold
1883 Die Pastorellen (1251). In: Zeitschrift für Kirchengeschichte 6, S. 290ff.
Römer, Hermann
1931 Der Markgröninger Schäferlauf. In: Schwäbisches Heimatbuch, S. 55f. Esslingen.
1939 Markgröningen im Rahmen der Landesgeschichte. Bd. 1. Markgröningen.
Röver, Friedrich
1825 Der Schäfer auf dem Lande. Magdeburg.
Rohlwes, Johann Nicolaus
1813 Receptbuch für Schäfer. Berlin.
Rohr, Julius Bernhard v.
1738 Hauß-Haltungs-Recht ... 2. Aufl. Leipzig.
Ropeid, Andreas
1960 Skav. Ein studie i eldre tids fôr-problem. Oslo-Bergen.
Ropp, Goswin Freiherr v. der
1907 Göttinger Statuten (= Quellen und Darstellungen zur Geschichte Niedersachsens, Bd. 25).
Roscher, Wilhelm
1860 Nationalökonomik des Ackerbaues und der verwandten Urproductionen (= System der Volkswirthschaft, Bd. 2). Stuttgart.
Rosen, Georg
1878 Die Balkan-Haiduken. Leipzig.
Rottmann, Friedrich Julius
1717 Schauenburgische Policey-Ordnung. Rinteln.
Rübel, Hans Ulrich
1950 Viehzucht in Oberwallis. Sachkunde—Terminologie—Sprachgeographie (= Beiträge zur schweizerisch-deutschen Mundartforschung, Bd. 2). Frauenfeld.
Rühl, Eduard
1936 Alte Hirtenkultur und das Hersbrucker Hirten-Museum. In: Das Bayerland 47, S. 405ff. München.
Rütimeyer, L.
1924 Ur-Ethnographie der Schweiz (= Schriften der Schweizerischen Gesellschaft für Volkskunde, Bd. 16). Basel.
Rumpf, Max
1936 Deutsches Bauernleben. Stuttgart.
1955 Deutsches Handwerkerleben. Stuttgart.

Saalfeld, Diedrich
1960 Bauernwirtschaft und Gutsbetrieb in der vorindustriellen Zeit (= Quellen und Forsch. z. Agrargeschichte, Bd. 6). Stuttgart.
Sachsenspiegel
1936 Der Sachsenspiegel (Landrecht), hrsg. v. Hans Christoph Hirsch. Berlin—Leipzig.
1938 Sachsenspiegel (Landrecht), hrsg. v. Clemens Freiherr v. Schwerin. Leipzig.
Sack, Friedrich
1938 Schönheitsmittel, wie sie Schäfer Velten verrät. In: Norddeutsche Schäfereizeitung 30, S. 494f.
Sakramentar
Mindener Sakramentar aus dem 11. Jahrhundert. Staatsbibliothek Berlin, Sign. Ms. theol. lat. Fol. 2.
Sanders, Daniel
1876/85 Wörterbuch der deutschen Sprache. Bd. 1. 2. 3. 4. Leipzig.
Santé des troupeaux
o. J. „Santé des troupeaux“. In: Collection „Pâtre“, Nr. 105. Paris.
Sartori, Paul
1907 Zur Volkskunde des Regierungsbezirkes Minden. In: Zeitschrift des Vereins für rheinisch-westfälische Volkskunde 4, S. 1ff.
1910ff. Sitte und Brauch. Leipzig.
1929 Westfälische Volkskunde. 2. Aufl. Leipzig.
Sawicki, Ludomir, Ritter v.
1915/16 Almenwirtschaft und Hirtenleben in der Mährischen Walachei. In: Zeitschrift für österreichische Volkskunde 21/22, S. 1ff., S. 37ff., S. 69ff.
Sborník
1929 Sborník československé společnosti zeměpisné. Prag.
Schade, Oskar
1856 Vom deutschen Handwerksleben in Brauch, Spruch und Lied. In: Weimarisches Jahrbuch für deutsche Sprache, Litteratur und Kunst 4, S. 241ff.
Schäfer Thomas
1834 Des alten Schäfer Thomas aus Bunzlau in Schlesien seine Kuren an Pferden, herausgegeben von seinem Sohn dem Schäfer Thomas in Weissenborn. 2. Aufl. Glogau.
1846 Allgemeines Vieharzneibuch oder des alten Schäfers Thomas aus Bunzlau in Schlesien seine Kuren an Pferden, Rindvieh, Schafen, Schweinen, Ziegen und den übrigen Hausthieren, so wie seine Kenntnisse, Erfahrungen und Hülfsleistungen bei den Geburten der Pferde. 4. Aufl.,

hrsg. von seinem Sohn Schäfer Thomas in Weissenborn. Glogau.
1852a Des alten Schäfer Thomas seine dritte Prophezeiung für die Jahre 1852 und 1853. 3. Aufl. Altona.
1852b Des alten Schäfer Thomas seine vierte Prophezeiung für die Jahre 1853 und 1854. Hamburg.
1866 Des alten Schäfer Thomas seine siebenzehnte Prophezeiung für die Jahre 1866 und 1867. Altona und Hamburg.
1877 Schäfer Thomas neueste Prophezeiung über den russisch-türkisch-europäischen Krieg des Jahres 1877 und die zukünftige Weltlage. Oranienburg.
1879 Das neueste Lied! Schäfer Thomas Prophezeiungen für das Jahr 1879. Hamburg.
1881 Des alten Schäfer Thomas wichtige Prophezeiungen auf die Jahre 1881. 1882. 1883. Reutlingen.
o. J. Geheim- und Sympathie-Mittel des alten Schäfer Thomas. 3. Aufl. Bd. 1. Altona.
Schäfer
1710 Der redlich — und aufrichtige Schäfer. Nürnberg—Prag.
Schäfer
1808 Die Bergamasker Schäfer in Bünden. In: Der neue Sammler, ein gemeinnütziges Archiv für Bünden 4, S. 204ff. Chur.
Schäfer
1922 Schäfer der alten und der neuen Zeit in Drenthe. In: Zeitschrift für Schafzucht 11, S. 455f.
Schäfer
1928 Der Schäfer im alten Niederdeutschland. In: Am pommerschen Herd 26. Demmin.
Schäfer
1935 Als die Schäfer noch eine Bruderschaft waren. In: Süddeutsche Schäfereizeitung 25, S. 102f.
Schäfereien
1914 Schäfereien in Mittelschwaben. In: Deutsche Gaue 15, S. 68ff.
Schäfereigerechtigkeit
1785 Widerlegung des Tractats von der Schäferey-Gerechtigkeit sammt einigen sicheren Rechtsgründen. Braunschweig.
Schäfereizeitung, Deutsche
Deutsche Schäfereizeitung
38/1946 40/1948 41/1949 42/1950 43/1951 44/1952 45/1953 46/1954 47/1955 48/1956.
Schäfereizeitung, Norddeutsche
Norddeutsche Schäfereizeitung
26/1934 27/1935 29/1937 33/1941.
Schäfereizeitung, Süddeutsche
Süddeutsche Schäfereizeitung
23/1933 38/1948 39/1949 40/1950 41/1951 42/1952 43/1953.
Schäferlauf
1930 Festschrift zum Schäferlauf in Wildberg.
1949 Festschrift zum Schäferlauf in Heidenheim.
1950 Festschrift zum Schäferlauf in Wildberg.
Schäferlehre
1916 Die Schäferlehre und was von ihr verlangt wird. In: Mitteilungen der deutschen Landwirtschaftsgesellschaft 31, S. 433ff.
Schäfer-Ordnung
1705 Königliche Preussische erneuerte Schäfer-Ordnung. Cölln a. d. Spree.
1818 Versuch einer Erläuterung der Renov. Gesinde- und Schäferordnung von 1654. Tit. IV, § 19. Nebenbey von den verschiedenen Ausgaben derselben. In: Beylagen zu den wöchentlichen Rostockschen Nachrichten und Anzeigen, 3.—7. Stück. Rostock.
Schäfertanz
1932 Ein Anhängsel zum Schäfertanz von 1652. In: Die Linde 22, Nr. 3/4, S. 14ff.
Schaeff-Scheefen, G. Harro
1950 Der Rothenburger Schäfertanz. In: Der Bergfried 2, S. 54f. Rothenburg.
Schaf
1921 Das Schaf als Erdbebenkünder. In: Zeitschrift für Schafzucht 10, S. 55f.
Schafhirten
1808 Ueber die italiänischen Schafhirten. In: Der neue Sammler, ein gemeinnütziges Archiv für Bünden 4, S. 351f. Chur.
Schafzucht
1765 Von der Schaafzucht in Spanien. In: Hannoverisches Magazin 3, S. 242ff.
1952 Maßnahmen zur Förderung der Schafzucht in Deutschland während der ersten Hälfte des 19. Jahrhunderts und ihre Bedeutung für die Gegenwart, dargestellt durch Abschriften und Fotokopien aus Veröffentlichungen von und über den Land- und Volkswirt Dr. h. c. Johann Heinrich von Thünen-Tellow und seinen Zeitgenossen und Mitarbeitern. Bearb. v. Prof. Dr. Hermann von Wenckstern. Bd. 1—4. Rostock. (Maschinenschrift.)
Schakir-Zade, Tahir
1931 Grundzüge der Nomadenwirtschaft. Diss. Heidelberg.
Schambach, Georg
1863 Niederdeutsche Sprichwörter der Fürstenthümer Göttingen und Grubenhagen. 2. Sammlung. Göttingen.
Schambach — Müller
1948 Niedersächsische Sagen und Märchen (= Denkmäler deutscher Volksdichtung, Band 1. Hrsg. u. eingel. von Will-Erich Peuckert). Stuttgart.
Scharlau, Kurt
1941 Siedlung und Landschaft im Knüllgebiet (= Forschungen zur deutschen Landeskunde, Bd. 37).
1953 Landeskulturgesetzgebung und Landeskulturentwicklung im ehemaligen Kurhessen

seit dem 16. Jahrhundert. In: Zeitschrift für Agrargeschichte und Agrarsoziologie 1, S. 126ff.
Schelkle, Karl Hermann
1939 Virgil in der Deutung Augustins. In: Tübinger Beiträge zur Altertumswissenschaft 32.
Schell, Otto
1897 Bergische Sagen. Elberfeld.
1910 Der Klingelstock der Hirten. In: Zeitschrift des Vereins für Volkskunde 20, S. 317ff.
Scherer, Georg
1875 Jungbrunnen. Die schönsten deutschen Volkslieder. 3. Aufl. Berlin.
Scheuermeier, Paul
1943 Bauernwerk in Italien, der italienischen und rätoromanischen Schweiz. Bd. 1. Zürich.
Schewe, Harry
1956/57 Schillers „Räuber", das Volkslied und die Kleiderordnung. In: Zeitschrift für Volkskunde 53, S. 164ff.
Schickele, Rainer
1931 Die Weidewirtschaft in den Trockengebieten der Erde. Jena.
Schipflinger, Anton
1944 Bauerndoktoren und Hexenglauben im Brixental. In: Wiener Zeitschrift für Volkskunde 49, S. 13ff.
Schläger, Georg
1907 Nachlese zu den Sammlungen deutscher Kinderlieder. In: Zeitschrift des Vereins für Volkskunde 17, S. 264ff.
Schlag, Ch.
1907/08 Hirten und Hirtenwesen in Glattenstein. In: Das Land 16, S. 447ff., S. 496ff.
Schmëing, Karl
1937 Das „zweite Gesicht" in Niederdeutschland. Leipzig.
1954 Seher und Seherglaube. Darmstadt—Eberstadt.
Schmid, Heinrich
1955 Die Oberengadiner Land- und Alpwirtschaft. Phil. Diss. Zürich.
Schmidt, Benno
1914 Frankfurter Zunfturkunden bis zum Jahre 1612. Bd. 1. 2. (= Veröffentlichungen der historischen Kommission der Stadt Frankfurt a. Main, Bd. 6). Frankfurt.
Schmidt, Erich
1904 Deutsche Volkskunde im Zeitalter des Humanismus und der Reformation. In: Historische Studien, Heft 47. Berlin.
Schmidt, Leopold
1947 Der Widder im kultischen Brauchtum. In: Die Österreichische Milch- und Fettwirtschaft 2, S. 275ff.
1950a Gestaltheiligkeit im bäuerlichen Arbeitsmythos. In: Mitteilungen der Anthropologischen Gesellschaft in Wien 80, S. 2ff.
1950b Zu den Tierkämpfen beim Zillertaler Gauderfest. In: Tiroler Heimatblätter 25, S. 134ff.
1950c Altes Hirtenbrauchtum in Niederösterreich. In: Bauernbundkalender, S. 82ff. Wien.
1951 Volkskunde des Burgenlandes. In: Burgenland-Landeskunde, S. 621ff. Wien.
1952 Gestaltheiligkeit im bäuerlichen Arbeitsmythos (= Veröff. d. Österr. Mus. f. Volkskunde, Bd. 1). Wien.
1955 Der Martinisegen der burgenländischen Hirten. In: Burgenländische Heimatblätter 17, S. 11ff.
1959 Der Ringstock der Hirten im Burgenland und in der Dreiländerecke. In: Burgenländische Heimatblätter 21, S. 207ff.
1960 Das Stachelhalsband des Hirtenbundes. In: Deutsches Jahrbuch für Volkskunde 6, S. 154ff. In: Zwischen Kunstgeschichte und Volkskunde, Festschrift für Wilhelm Fraenger, S. 154ff. (= Veröff. d. Inst. f. deutsche Volkskunde, Bd. 27). Berlin.
Schmidt, Rudolf
1936 Oberbarnimer Schäfereien einst und jetzt. In: Oberbarnimer Kreiskalender 25, S. 43ff.
1939 Geschichte der Stadt Eberswalde. Bd. 1. Eberswalde.
Schmidt, P. Wilhelm
1951 Zu den Anfängen der Herdentierzucht. In: Zeitschrift für Ethnologie 76, S. 1ff.
Schmidt-Ebhausen, Friedrich Heinz
1952 Aus der Geschichte der württembergischen Schäferei. In: Aus den Tannen 2, Nr. 4, S. 1ff. Wildberg.
Schmieder, Eberhard
1939 Geschichte des Arbeitsrechts im deutschen Mittelalter. Bd. 1. Leipzig.
Schmitz, J. H.
1858 Sitten und Sagen, Lieder, Sprüchwörter und Räthsel des Eifler Volkes. Bd. 2. Trier.
Schmolke—Mellwig
1942/43 Das Wirtschaftsleben eines Hochgebirgsortes im romanischen Wallis (Évolène, Eringertal). In: Volkstum und Kultur der Romanen 15, S. 1ff. (Vierteljahresschrift.)
Schmoller, Gustav
1871 Die historische Entwicklung des Fleischconsums, sowie der Vieh- und Fleischpreise in Deutschland. In: Zeitschrift für die gesamte Staatswissenschaft 27, S. 284ff.
Schnebel, Michael
1925 Die Landwirtschaft im hellenistischen Ägypten. In: Münchener Beiträge zur Papyrusforschung und antiken Rechtsgeschichte, Heft 7. München.
Schneiter, Fritz
1948 Alpwirtschaft. Graz—Wien.
Schnizlein, A.
1922 Altes und Neues vom Schäfertanz. In: Die Linde 12, S. 25ff., S. 36ff.
Schnucken
1954 Schnucken und Bienen in der Lüneburger Heide. In: Führer durch eine gleichnamige

Sonderausstellung des Bomann-Museums in Celle.
Schöller, Rainer G.
1973 Der Gemeine Hirte. Viehhaltung, Weidewirtschaft und Hirtenwesen vornehmlich des nachmittelalterlichen Umlandes von Nürnberg.
Schönberg, Gustav
1867 Zur wirthschaftlichen Bedeutung des deutschen Zunftwesens im Mittelalter. In: Jahrbücher für Nationalökonomie und Statistik 9, S. 1ff., S. 97ff.
Schoerner, Josef
1936 Die geographische Verbreitung der deutschen Schafhaltung im 19. und 20. Jahrhundert. Phil. Diss. Würzburg.
Scholz III., Julius
1837 Das Schäfereirecht nach gemeinem Rechte. Braunschweig.
1841 Hirten, Verträge mit ihnen, Beitrag zum Lohne u. s. w. In: Zeitschrift für Landwirthschaftsrecht 2, S. 187ff.
Schott, Carl
1939a Urgermanische Siedlungs- und Wirtschaftsformen in Skandinavien. In: Kieler Blätter, S. 146ff.
1939b Die Kulturlandschaft Mitteleuropas. In: Zeitschrift für Erdkunde 7, S. 641ff.
Schrader – Nehring
1929 Reallexikon der indogermanischen Altertumskunde. Bd. 2. Berlin.
Schreiber, Georg
1938 Zur Wendelinsforschung. In: Volk und Volkstum 3, S. 347ff.
Schreiber, Walter
1928 Die Marschweidenwirtschaft Butjadingens. Diss. Landwirtschaftliche Hochschule Bonn—Poppelsdorf.
Schubart, E.
1935 Als noch der Wolf in die Schafherde brach. In: Norddeutsche Schäfereizeitung 27, S. 654f.
Schütte, Otto
1910 Der Schäfergruß. In: Zeitschrift des Vereins für Volkskunde 20, S. 328.
Schütz
1952 Aus den Lebenserinnerungen des Lehrschäfermeisters Max Schütz, jetzt Neukirchen, Kr. Wetzlar. Manuskript.
Schulenburg, Willibald v.
1904 Das Hirtenwesen in einem märkischen Dorfe in der ersten Hälfte des vorigen Jahrhunderts. In: Archiv der „Brandenburgia" 11.
1934 Wendisches Volkstum in Sage, Brauch und Sitte. 2. Aufl. (= Veröff. d. Slawischen Inst. an der Friedrich Wilhelm Universität Berlin, Bd. 11). Leipzig.
Schultz, Alwin
1892 Deutsches Leben im 14. und 15. Jahrhundert. 2. Halbband. Leipzig.
Schumacher, K.
1918 Die mittelrheinischen Hallstattkulturen. In: Germania 2, S. 97ff.
Schwalm, J. H.
1917 Falleppel on Läsreiser. In: Hessische Lesestube, Heft 5. Marburg.
Schwartz, W.
1886 Sagen und alte Geschichten der Mark Brandenburg, 2. Aufl. Berlin.
Schwarz, Klaus
1848 Lagen die Siedlungen der linearbandkeramischen Kultur Mitteldeutschlands in waldfreien oder in bewaldeten Landschaften? In: Strena praehistorica, Festgabe für Martin Jahn, S. 1ff. Halle.
Schwerz, Johann Nepomuk v.
1836 Beschreibung der Landwirthschaft in Westfalen und Rheinpreussen, Teil 1. 2. Stuttgart.
Sebök, Samu
1805 Die wandernde Stina im Hortobágyer Gebirge. In: Anzeiger der ethnographischen Abteilung des ungarischen Nationalmuseums 4, S. 51ff.
Seefried-Gulgowski, Ernst
1911 Von einem unbekannten Volke in Deutschland. Berlin.
Seidel, E.
1956/57 Zur Lehnprägung. Eine Aufgabe der vergleichenden Sprachwissenschaft. In: Wissenschaftliche Zeitschrift der Ernst-Moritz-Arndt-Universität Greifswald. Gesellschafts- und sprachwissenschaftliche Reihe 1/2, S. 53ff.
Selzer, Alois
1936 St. Wendelin. Leben und Verehrung eines alemannisch-fränkischen Volksheiligen. Phil. Diss. Münster.
Senkiv, Johann
1942 Der huzulische Hof. In: Volkswerft, S. 245ff. Jena.
Sieber, Friedrich
1926 Sächsische Sagen. Jena.
1928 Harzland-Sagen. Jena.
Sieber, Jacob Gottlieb
1771 Abhandlung von den Schwierigkeiten in den Reichsstädten das Reichsgesetz vom 16. August 1731 wegen der Misbräuche bey den Zünften zu vollziehen. Goslar—Leipzig.
Sieber, Siegfried
1916 Nachbarschaften, Gilden, Zünfte und ihre Feste. In: Archiv für Kulturgeschichte 12, S. 56ff.
Siebs, Th.
1893 Das Saterland. In: Zeitschrift des Vereins für Volkskunde 3, S. 239ff, S. 373ff.
Simon, Jules Marie
1952 Un Berger-Voyant de Sologne. (Manuskript.)
Simrock, Karl
1851 Die deutschen Volkslieder. Frankfurt/M.

Sinnhuber, Karl A.
1954 Eine agrarhistorische Tagung in London. In: Zeitschrift für Agrargeschichte und Agrarsoziologie 2, S. 66ff.
Sison, R.
1873 Kurze Notizen über die Einführung der Merinos in Sachsen. In: Jahrbücher für Volks- und Landwirtschaft 10, S. 199ff.
Smiljanić, M.
1898 Die Hirten und Hirtennomaden Süd- und Südostserbiens. In: Globus 74, S. 53ff.
Sohnrey, Heinrich
1924 Die Sollinger, Berlin.
1929 Tschiff, tschaff, toho. Berlin.
Sombart, Werner
1888 Die römische Campagna. In: Staats- und Sozialwissenschaftliche Forschungen 8.
Someșan, Laurian
1934 La transhumance des bergers transsylvains dans les provinces roumaines. In: Revue de Transsylvanie 1, S. 465ff.
Sommer, Emil
1846 Sagen, Märchen und Gebräuche aus Sachsen und Thüringen. Halle.
Spalding, Joachim Heinrich
1792 Mecklenburgische öffentliche Landes-Verhandlungen aus öffentlichen Landes- und Landes-Convents-Protocollis. Rostock.
Spamer, Adolf
1928 Wesen, Wege und Ziele der Volkskunde. In: Sächsisches Volkstum, Heft 1. Leipzig.
1958 Romanusbüchlein. Aus seinem Nachlaß. Bearb. von Johanna Nickel (= Veröff. d. Inst. f. deutsche Volkskunde, Bd. 17). Berlin.
Spiess, Balthasar
1869 Volksthümliches aus dem Fränkisch-Hennebergischen. Wien.
Spitzner, M.
1791 Von der Hirtenzunft im Kreisamt Wittenberg, derselben nöthigen und möglichen Verbesserung. In: Wittenbergisches Wochenblatt 24, S. 225ff., S. 233ff., S. 265ff.
Spreitzer, Hans
1924 Der Almnomadismus des Klagenfurter Beckens. In: Festschrift für Robert Sieger, S. 70ff. Wien.
Staffler, Johann Jakob
1839 Tirol und Vorarlberg. Bd. 1. Innsbruck.
Stafford, William
1581 William Stafford's drei Gespräche über die in der Bevölkerung verbreiteten Klagen. London. Hrsg. v. Emanuel Leser. Leipzig.
Stahl, F. Wilhelm
1874 Das deutsche Handwerk. Bd. 1. Gießen.
Staiger, Wolfgang — Heidi-Barbara Kloos
1983 Mit Schippe, Pferch und Karren. Ein Wanderschäfer auf der Schwäbischen Alp. Stuttgart.
Stebler, F. G.
1903 Alp- und Weidewirtschaft. Berlin.
1913 Sonnige Halden am Lötschberg. In: Jahrbuch des Schweizer Alpen-Clubs 49 (Beilage).
Zürich.
Steck, F. X.
1914 Schäfereien in Mittelschwaben. In: Deutsche Gaue 15, S. 68ff.
Steeb, Johann Heinrich
1784 Staatswirtschaftliche Betrachtungen über Schäferey, Hornviehzucht und Akerbau. Tübingen.
Steffen Hans
1903 Beiträge zur Geschichte des ländlichen Gesindes in Preussen am Ausgange des Mittelalters. Phil. Diss. Königsberg.
Stegmann v. Pritzwald, F. P.
1924 Die Rassengeschichte der Wirtschaftstiere. Jena.
Steig, Reinhold
1904 Volksgebräuche, Volksglauben und Volkssagen im Ländchen Bärwalde. In: Zeitschrift des Vereins für Volkskunde 14, S. 423ff.
Steinitz, Wolfgang
1953 Aufgaben und Ziele der volkskundlichen Arbeit in der Deutschen Demokratischen Republik. In: Wissenschaftliche Annalen 2, S. 1ff.
1954 Deutsche Volkslieder demokratischen Charakters aus sechs Jahrhunderten. Bd. 1 (= Veröffentl. d. Inst. f. deutsche Volkskunde, Bd. 4). Berlin.
Stephan, Oskar
1925 Beiträge zur askanischen Volkskunde. Aschersleben.
Stobbe, Otto
1893 Handbuch des deutschen Privatrechts. 3. Aufl. Berlin.
Strackerjan, Ludwig
1909 Aberglaube und Sagen aus dem Herzogtum Oldenburg. 2. Aufl. Bd. 1. Oldenburg.
Strohmer, Konrad
1933 Die Viehhirtenzunft in Thaya. In: Das Waldviertel. Blätter für Heimat und Volkskunde des niederösterreichischen Waldviertels 6. Folge 1, S. 12.
Strübin, Eduard
1952 Baselbieter Volksleben. Sitte und Brauch im Kulturwandel der Gegenwart (= Volkstum der Schweiz, Bd. 8. Hrsg. v. d. Schweizer. Gesellschaft f. Volkskunde). Basel.
Stumpf, Georg
1785 Versuch einer pragmatischen Geschichte der Schäfereien in Spanien etc. Leipzig.
Sugenheim, Samuel
1861 Geschichte der Aufhebung der Leibeigenschaft und Hörigkeit in Europa bis um die Mitte des neunzehnten Jahrhunderts. St. Petersburg.
Sybel, Ludwig v.
1906 Christliche Antike. Bd. 1. Marburg.
Szabó, Emerich
1907 Der Mädchenmarkt in Gaina. In: Anzeiger

der ethnographischen Abteilung des ungarischen Nationalmuseums 6, S. 286ff.
Szabó, Mátyás
1970 Herdar och husdjur. En etnologisk studie över Skandinaviens och Mellaneuropas beteskultur och vallningsorganisation (= Nordiska museets Handlingar, Bd. 73). Lund.

Tackenberg, Kurt
1954 Zum Siedlungswesen der Tripolje-Kultur. In: Anthropos 49, S. 67ff.
Taege, Erna
1934 Schäfereiwesen in altuckermärkischer Zeit. In: Templiner Kreis-Kalender 7, S. 33f.
Tálasi, István
1936 A kiskunság népi állattartása [Die Tierhaltung in der kleinen Kumanei] (= Néprajzi füzetek, Bd. 6). Budapest.
1955 Az anyagi kultúra néprajzi vizsgálatának tiz éve (1945—1955) [L'étude ethnographique de la culture matérielle. Rassemblement de matériaux et recherches 1945—1955]. In: Ethnographia 66, S. 5ff.
Tangermünde
1926 Das alte Tangermünde. Heimatbeilage des Tangermünder Anzeigers 30.
Téglás, Gabriel
1907 Die Schnitzkunst der Hirten in der Gegend des Retyezát. In: Anzeiger der ethnographischen Abteilung des ungarischen Nationalmuseums 6, S. 299ff.
Temme, J. D. H.
1840 Die Volkssagen von Pommern und Rügen. Berlin.
Temple, Rudolf
1860 Die Gebirgsbewohner in Galizien. In: Mitteilungen der k. k. geographischen Gesellschaft in Wien 4, S. 37ff.
Thaer, Albrecht
1811 Handbuch für die feinwollige Schafzucht. Berlin.
Thieling, Gauthier
La Confrérie des Bergers de Pfaffenhoffen et son Marché de Laine. (Unveröffentlichtes Manuskript.)
Thies, Wilhelm
1911 Niedersächsisches Bauerntum. Hannover.
1923 Der Hannoversche Bauer. Hannover.
1925 Die Heidewildnis. Meine Heimat. Hannover.
Thomasische Gedanken
1720 Ernsthaffte aber doch Muntere und Vernünfftige Thomasische Gedancken und Erinnerungen über allerhand ausserlesene Juristische Händel. Bd. 1. Halle.
Thurnwald, Richard
1931/1932 Die menschliche Gesellschaft. Bd. 1. 3. Berlin—Leipzig.
Tienken, A.
1899 Kulturgeschichtliches aus den Marschen am rechten Ufer der Unterweser. In: Zeitschrift des Vereins für Volkskunde 9, S. 45ff., S. 157ff., S. 288ff.
Tiesing, Harm
1943 De geschriften van Harm Tiesing over den landbouw en het volksleven van Costelijk Drenthe, verzameld en samengevat door Dr. C. H. Edelman, S. 306ff. Assen.
Toussaint, Abbé
1923 Les derniers bergers. In: Folklore, Eupen-Malmedy-St. Vith. 2, S. 20ff.
Treichel, A.
1899 Die Rogallen in Westpreußen. In: Zeitschrift für Ethnologie 21, S. (749)ff.
Trier, Jost
1959 Wonne. In: Sprache-Schlüssel zur Welt. Festschrift für Leo Weisgerber, S. 229ff. Düsseldorf.
1963 Venus Etymologien um das Futterlaub (= Münstersche Forschungen, Bd. 15. Köln—Graz.
Trilling, Friedrich
1931 Die Landwirtschaft im Kreise Norden. In: Arbeiten zur Landeskunde und Wirtschaftsgeschichte Ostfrieslands, Heft 7. Aurich.
Tröge, Walter
1940 Schäfer und Schäferei auf altthüringer Boden. In: Norddeutsche Schäfereizeitung 32, S. 129ff.
Trübner
1939 Trübners Wörterbuch. Bd. 3. Berlin.
Tschinkel, Wilhelm
1907 Brauch und Volksglauben in Gottschee. In: Zeitschrift für österreichische Volkskunde 13, S. 18ff.
Tschumi, Otto
1949 Urgeschichte der Schweiz. Bd. 1. Frauenfeld.
Turmair, Johannes
1883 Johannes Turmairs genannt Aventinus Bayerische Chronik, hrsg. v. Mathias Lexer. Bd. 1. München.

Uhland
1866 Uhlands Schriften zur Geschichte der Dichtung und Sage. Bd. 3. Stuttgart.
Ullius, Fritz
1928 Sitte und Brauch im Nassauer Land beim Arbeitsleben. (Das heimische Hirtenleben.) In: Nassauische Blätter 8, S. 224ff., S. 246ff.
Ulrichs
1818 Schafweiden (= Arbeiten der deutschen Landwirtschafts-Gesellschaft, Heft 293). Berlin.
Umek, Ema
1957 Prispevki k zgodovini ovčereje na krasu in v Slovenski Istri [Beitrag zur Geschichte der Schafzucht am Karst und im slowenischen Istrien]. In: Slovenski Etnograf 10, S. 71ff.

Václavík, Antonín
1936 Slovenské palice [Slowakische Stöcke]. St. Martin.
Vakarelski, Christo
1955/1957 Die bulgarischen wandernden Hirtenhütten. In: Acta Ethnographica 5, S. 1ff.; 6, S. 1ff.
Varga, Gyula
1956 Vándorló juhászok a kismarjai szíken [Wanderschäfer auf der Trift von Kismarja]. In: Ethnographia 67, S. 109ff.
Vasel, A.
1898 Volkstümliche Schnitzereien an Gerätschaften im Lande Braunschweig. In: Beiträge zur Anthropologie Braunschweigs, S. 135ff.
Verhandlungen
1883 Verhandlungen der Berliner Gesellschaft für Anthropologia, Ethnologie und Urgeschichte, S. 246ff.
Vernaleken, Theodor
1859 Mythen und Bräuche des Volkes in Österreich. Wien.
Viehzucht und Hirtenleben in Ostmitteleuropa. Ethnographische Studien, hrsg. v. Földes, László. Budapest.
1961.
Viehwirtschaft und Hirtenkultur. Ethnographische Studien, hrsg. v. Földes, László. Budapest.
1969.
Vilkuna, Kustaa
1963 Volkstümliche Arbeitsfeste in Finnland (= FF Communications, Bd. 191). Helsinki.
Vloberg, Maurice
1938 Les Noëls de France. Grenoble.
Voges, Th.
1895 Sagen aus dem Lande Braunschweig. Braunschweig.
Volckmann, Erwin
1921 Alte Gewerbe und Gewerbegassen. Würzburg.
Volkswörterbuch
1944 Hessen-Nassauisches Volkswörterbuch. Bd. 3. Marburg.
Volz, Präceptor
1845 Beiträge zur Geschichte der Schafzucht in Württemberg. In: Württembergische Jahrbücher, S. 236ff. Stuttgart.

Wackernagel, Hans Georg
1936a Die geschichtliche Bedeutung des Hirtentums. Basel.
1936b Der Trinkelstierkrieg vom Jahre 1550. In: Schweizerisches Archiv für Volkskunde 35, S. 1ff.
1951 Burgen, Ritter und Hirten. In: Schweizerisches Archiv für Volkskunde 47, S. 215ff.
1956 Altes Volkstum der Schweiz. Gesammelte Schriften zur historischen Volkskunde (= Schriften der Schweizerischen Gesellschaft für Volkskunde, Bd. 38). Basel.
Wackernagel, Jacob
1923 Die Viehverstellung. Weimar.
Wächter, Carl Georg
1839 Handbuch des im Königreiche Württemberg geltenden Privatrechts. Bd. 1, Teil 1. Stuttgart.
Wähler, Martin
1940 Thüringische Volkskunde. Jena.
Wahle, Ernst
1920 Die Besiedlung Südwestdeutschlands in vorrömischer Zeit nach ihren natürlichen Grundlagen (= 12. Bericht der Römisch-Germanischen Kommission). Frankfurt/Main.
Walde, Phielo vom
1883 Schlesien in Sage und Brauch. Berlin.
Walter, Max
1931 Die Bildstöcke zum hl. Wendelin im Kirchspiel Mudau. In: Oberdeutsche Zeitschrift für Volkskunde 5, S. 95ff.
Walter, Theobald
1911 Zur Geschichte der Schäferbruderschaft am Oberrhein. In: Elsässische Monatsschrift für Geschichte und Volkskunde 1, S. 705ff.
1928 Eine alte Schäferbruderschaft. In: Neuer Elsässer Kalender, S. 61. Mulhouse.
Waltershausen, Sartorius Frh. v.
1913 Die sizilianische Agrarverfassung und ihre Wandlungen 1780—1912. Leipzig.
Waltinger, M.
1921 Aus dem Hirtenleben in Niederbayern. In: Monatsschrift für die ostbayrischen Grenzmarken 10, S. 29f.
Wander, Karl Friedrich Wilhelm
1867/80 Deutsches Sprichwörter-Lexikon. Bd. 1. 2. 3. 4. 5. Leipzig.
Weber, C. J.
1826/28 Deutschland oder Briefe eines in Deutschland reisenden Deutschen. Bd. 1. 4. Stuttgart.
Weber-Kellermann, Ingeborg
1957 Ludolf Parisius und seine altmärkischen Volkslieder (= Veröffentlichungen des Instituts für deutsche Volkskunde, Bd. 10). Berlin.
1958 Laubkönig und Schößmeier. Zur Geschichte und Deutung pfingstlicher Vegetationsbräuche in Thüringen. In: Jahrbuch für deutsche Volkskunde 4, S. 366ff.
Weber-Kellermann, Ingeborg
1981 Volksfeste in Deutschland (= Bildatlas Spezial, Bd. 3). Hamburg.
Wehner, R.
1887 Über Abdecker und Abdeckereien. In: Deutsche Vierteljahresschrift für öffentliche Gesundheitspflege 19, S. 197ff.
Wehrhan, K.
1934 Aus der Zeit des alten lippischen Schäfers. In: Lippischer Kalender, S. 73ff.
Wehrmann, Carl Friedrich
1864 Die älteren Lübeckischen Zunftrollen. Lübeck.

Weichs, Engelhart Frh v.
1938 Studien zum Handwerkerrecht des ausgehenden 17. Jahrhunderts unter besonderer Berücksichtigung der Schriften von Adrian Beier. Diss. Königsberg.
Weinhold, Karl
1856 Altnordisches Leben. Berlin.
1869 Die deutschen Monatsnamen. Halle.
1893 Der Wettlauf im deutschen Volksleben. In: Zeitschrift des Vereins für Volkskunde 3, S. 1ff.
1894 Schlesische Sagen. In: Zeitschrift des Vereins für Volkskunde 4, S. 452ff.
1895 Die Widderprozession von Virgen und Prägratten nach Lavanten im Pusterthal. In: Zeitschrift des Vereins für Volkskunde 5, S. 205ff.
1897 Schlesische Sagen. In: Zeitschrift des Vereins für Volkskunde 7, S. 101ff.
Weinhold, Rudolf
1958 Töpferwerk in der Oberlausitz (= Veröffentlichungen des Instituts für deutsche Volkskunde, Bd. 18). Berlin.
Weismantel, Leo
1928 Das alte Dorf. Berlin.
Weiss, Richard
1941 Das Alpwesen Graubündens. Zürich.
1946 Volkskunde der Schweiz. Erlenbach-Zürich.
Weisser, J. F. Christoph
1823 Recht der Handwerker. Ulm.
Weistümer
1914 Die Weistümer des Kurfürstentums Köln (= Publikationen der Gesellschaft für rheinische Geschichtskunde, Bd. 18). Bonn.
Weitemeyer, Max
1900 Die Arbeit und ihre soziale Bewertung. In: Jahrbücher der Königlichen Akademie gemeinnütziger Wissenschaften zu Erfurt N. F. Heft 25, S. 163ff.
Wellnhofer, Ph.
1922 Hirtenbräuche im unteren Altmühltal. In: Die Oberpfalz 16, S. 84f.
St. Wendelinsbuch
1903 St. Wendelinsbuch, hrsg. v. J. B. Zürcher. Menzingen.
Wenz, Paul
1919 Choses d'hier („Le Berger"). In: Collection France, S. 5ff. Nancy — Paris — Strasbourg.
Werth, Emil
1939 Grundsätzliches zum Problem der Haustierwerdung. In: Die Naturwissenschaften 27, S. 271ff.
1950 Zur Verbreitung und Entstehung des Hirtennomadentums. In: Der Forschungsdienst, Folge 2, S. 3ff.
1954 Grabstock, Hacke und Pflug. Versuch einer Entstehungsgeschichte des Landbaues. Ludwigsburg.
Wetzer, Rudolf
1950 Fränkische Hirtenkultur. Vortrag, gehalten am 14. 12. 1950 vor dem Kulturzirkel Hersbruck.
Wever, Lotte
1918 Die Anfänge des deutschen Leinengewerbes. Phil. Diss. Freiburg.
Wichmann, August
1801 Leben des blinden Franz Adolf Sachse. Gera—Leipzig.
Wiedemann, A.
1920 Das alte Ägypten (= Kulturgeschichtliche Bibliothek, Bd. 2). Heidelberg.
Wiese, B.
1925 Schafhaltung im 16. Jahrhundert. In: Zeitschrift für Schafzucht 14, S. 504ff.
Wiese, Ernst
1911 Urkundenbuch der Stadt Wetzlar. Marburg.
Wildhaber, Robert
1950 Vom Schafmist in Avers. In: Schweizer Volkskunde 40, S. 50ff.
Wildhaber, Robert (Hrsg.)
1966/67 Hirtenkulturen in Europa. Katalog zur gleichnamigen Sonderausstellung im Schweizerischen Museum für Volkskunde. Basel.
Wille, Louis
1937 Harzer Volkskunde. Heft 6/7. Magdeburg.
1956 Der Mansfelder Schäfertanz. In: „Ascherslebener Freiheit" vom 6. Juli 1956.
Willems, Bernhard
1948a Aus der Geschichte des Hofes und der Herrschaft Bütgenbach. In: Ostbelgische Chronik 1, S. 64ff.
1948b Von Schäfern und Schafen der guten alten Zeit. In: Ostbelgische Chronik 1, S. 179ff.
Wilm
1956 „Und es waren Hirten auf dem Felde ..." In: Märkische Union, Weihnachtsbeilage.
Winkler, Hugo
1906 Die Gesetze Hammurabis. In: Der alte Orient 4, Heft 4.
Winzer, J.
1859 Die deutschen Bruderschaften des Mittelalters. Gießen.
Wiora, Walter
1949 Zur Frühgeschichte der Musik in den Alpenländern (= Schriften der Schweizerischen Gesellschaft für Volkskunde, Bd. 32). Basel.
Wirth, Alfred
1932 Anhaltische Volkskunde. Dessau.
Wirth, Paul
1951 Die Wanderschäferei in der Schweiz. In: Geographica Helvetica 6, S. 233ff.
1954 Hirtennomaden und Wanderschäferei in der Schweiz. In: Süddeutsche Schäfereizeitung 44, S. 428ff.
Wissel, Rudolf
1929 Des alten Handwerks Recht und Gewohnheit. Bd. 1. 2. Berlin.
Wittich, Engelbert
1911 Zauber und Aberglaube der Zigeuner. In:

Schweizerisches Archiv für Volkskunde 15, S. 147ff.
Witzschel, August
1866/78 Sagen, Sitten und Gebräuche aus Thüringen. Bd. 1. 2. Wien.
Wölfel, Dominik Josef
1942 Die Hauptprobleme Weißafrikas. In: Archiv für Anthropologie N. F. 27, S. 89ff.
Wörterbuch
1931 Wörterbuch der Volkswirtschaft. Bd. 1, Artikel „Allmende", S. 88f., Jena.
Wörterbuch
1935 Rheinisches Wörterbuch. Bd. 3. Berlin.
Wohlbrück, Siegmund Wilhelm
1829 Geschichte des ehemaligen Bisthums Lebus und des Landes dieses Nahmens. Bd. 1. Berlin.
Wolf, Johann Wilhelm
1843 Niederländische Sagen. Leipzig.
Wolf, Paul
1929 Die Ratsschäferei zu Küstrin. In: Die Neumark 6, S. 102ff.
Wolff, Theodor
1905 Volksglauben und Volksgebräuche an der oberen Nahe. In: Zeitschrift des Vereins für rheinische und westfälische Volkskunde 2, S. 177ff., S. 277ff.
Wolfram, Ernst H.
1894 Nassauische Volkslieder. Berlin.
Woltereck
1750 Kurtzer Begrif Braunschweig-Wolfenbüttelscher Landes-Ordnungen und Gesetze. Braunschweig.
Wopfner, Hermann
1925 Urkunden zur deutschen Agrar-Geschichte. Stuttgart.
Wossidlo, Richard
1910 Aus dem Lande Fritz Reuters. Leipzig.
1939 Mecklenburgische Sagen. Bd. 2. Rostock.
Wossidlo, Richard — Gisela Schneidewind
1960 Herr und Knecht. Antifeudale Sagen aus Mecklenburg (= Veröff. d. Inst. f. deutsche Volkskunde, Bd. 22; = Deutsche Sagen demokratischen Charakters, Bd. 1). Berlin.
Wrede, Adam
1919 Rheinische Volkskunde. Leipzig.
1924 Eifeler Volkskunde. Bonn—Leipzig.
Wucke, C. L.
1864 Sagen der mittleren Werra nebst den angrenzenden Abhängen des Thüringer Waldes und der Rhön. Bd. 1. 2. Salzungen.
Wüstefeld, Karl
1929 1000 Jahre Duderstadt. Duderstadt.
Wundt, Wilhelm
1920 Völkerpsychologie. Bd. 10. Leipzig.
Wuttke, Adolf
1900/1925 Der deutsche Volksaberglaube der Gegenwart. 3. Aufl. Berlin; 4. Aufl. Leipzig.
Zacke
1882 Ehre, Ehrenstrafe, unehrliche Leute im Mittelalter bis zur neuern Zeit mit Beziehung auf Sachsen und Magdeburg. In: Geschichtsblätter für Stadt und Land Magdeburg 17, S. 339ff.
Zander, Robert
1952 Geschichte des Gärtnertums. Stuttgart.
Zangen, Carl Georg v.
1785 Abhandlung von der Zunftfähigkeit der Schäfer. Gießen—Marburg.
Zaunert, Paul
1924 Rheinland-Sagen. Bd. 1. Jena.
1927 Westfälische Sagen. Jena.
1929 Hessen-Nassauische Sagen. Jena.
Zedler, Johann Heinrich
1742 Großes vollständiges Universal-Lexikon Aller Wissenschaften und Künste. Welche bisher durch menschlichen Verstand und Witz erfunden und verbessert worden. Bd. 33. Leipzig —Halle.
Zeitschrift der Gesellschaft für Erdkunde.
1920
Zeitschrift, Mecklenburgische
1895 Mecklenburgische Zeitschrift für Rechtspflege und Rechtswissenschaft 13, S. 310ff.
Zeitschrift, Neue
1832 Neue Zeitschrift für die Geschichte der germanischen Völker, Heft 1/2, S. 14.
Zeitschrift für Schafzucht
1916 Jg. 5.
1920 Jg. 9.
1926 Jg. 15.
1928 Jg. 17.
1929 Jg. 18.
1939 Jg. 28.
Zeitschrift für Sozialwissenschaft
1902 Jg. 5.
Zeitschrift, Sudetendeutsche
1933 Sudetendeutsche Zeitschrift für Volkskunde 6.
Zeitschrift des Vereins für rheinisch-westfälische Volkskunde
1908 Jg.5.
1911 Jg.8.
Zelenin, Dmitrij
1927 Russische (ostslawische) Volkskunde. Berlin—Leipzig.
Ziegler, Otto
1933 Das Zunftwesen der Markgrafschaft Baden-Baden von 1535—1771. Diss. Frankfurt/Main.
Ziesemer, Wilhelm
1934 Das Land der Basken. Berlin.
Zimmer, Heinrich
1879 Altindisches Leben. Berlin.
Zimmermann
1933 Betrachtungen über die Rassenfrage in der deutschen Schafzucht unter besonderer Berücksichtigung der für Thüringen geeigneten Schaf-

rassen. In: Zeitschrift für Schafzucht 12, S. 173ff.
Zincke, George Heinrich
1744 Allgemeines Oeconomisches Lexikon. 2. Aufl. Leipzig.
Zingerle, Ignaz v.
1857 Sitten, Bräuche und Meinungen des Tiroler Volkes. Innsbruck.
1859 Sagen, Märchen und Gebräuche aus Tirol. Innsbruck.
Zöbel, Dorothea
1982 Die Transhumanz der europäischen Mittelmeerländer im Mittelalter in historischer, geographischer und volkskundlicher Sicht (= Berliner Geographische Studien, Bd. 10). Berlin.
Zollikofer
1919 Etwas über Schafställe. In: Zeitschrift für Schafzucht 8, S. 366ff.
1920 Die Heidschnucke. In: Zeitschrift für Schafzucht 9, S. 414ff.

Anmerkungen

Vorwort

1 Schafhaltung und Schäfer in Zentraleuropa bis zum Beginn des 20. Jahrhunderts (= Veröff. d. Instituts f. deutsche Volkskunde a. d. Deutschen Akademie der Wissenschaften zu Berlin, 25).
2 Martin-Vogeding-Bedal 1984, S. 62.
3 Brunhes-Delamarre 1970.
4 Szabó 1970.
5 Maeder-Kruker 1983.
6 Staiger-Kloos 1983.
7 Martin-Vogeding-Bedal 1984.
8 Maeder-Kruker 1983, S. 7.

Einleitung

1 Colerus 1604, S. 245f.
2 Krzymowski 1951, S. 196.
3 Ebd., S. 296.
4 Vgl. u. a. Dageförde 1929, S. 39.
5 Vgl. u. a. Beyer 1937, S. 41; Merkel 1933; Bladé 1894, S. 517; Heimberger 1955, S. 57; v. Schwerz 1836, Teil 1, S. 361f.; Hornberger 1955, S. 73ff. und mehrere Mitteilungen.
6 Gemeint ist der Außenstall auf der Heide.
7 Im Stadium der extensiven Dreifelderwirtschaft war Heu als Zufutter für den Winter nur knapp. Zusätzliche Nahrung für die Stallhaltung lieferten aber Blätter und Zweige der Laubbäume, die in der warmen Jahreszeit abgeschnitten und getrocknet wurden. (Vgl. Ropeid 1960.) — Wie uns Hauptlehrer Löber, Langenaubach/Dillkreis mitteilte, wurde im Westerwald noch bis etwa 1948 die Laubfütterung speziell für die winterliche Stallhaltung der Schafe folgendermaßen durchgeführt: „Im Sommer, wenn das Laub der Bäume voll entwickelt und kräftig war, stieg man — z. T. mit Leitern — auf die an trockenen Hängen locker auseinander oder in kleineren Gruppen stehenden ‚Schoafbeeme' (Schafbäume) oder ‚Kippajche' (Kippeichen, mundartl. ‚kippe' = abschlagen). Das waren also fast durchweg Eichen, mitunter aber auch Eschen. Mit kurzen Beilen oder mit ‚Häben' (Hippe = Haumesser) schlug man die Jungtriebe des Jahres ab, warf sie nach unten, bündelte sie locker und luftdurchlässig zu ‚Schoafwelln' (Schafwellen, ‚Welle' = Reisigbündel), die dann rund um die Bäume zum Trocknen aufgestellt wurden. Bei richtiger Trocknung mußte das Laub schön hellgrün aussehen und fest an den Ästen sitzen. Die ‚Schoafwelln' fuhr man nach Hause und bewahrte sie in einem Schuppen für den Winter auf, wenn die Schafe im Stall bleiben mußten, um sie dann den Tieren vorzuwerfen. Die Bäume bekamen durch dieses dauernde Behauen einen fast pyramidalen schmal-hohen Wuchs und fallen auch Fremden heute noch auf." (Vgl. dazu auch Marzell 1954, Sp. 491.) — Aus den dreißiger Jahren unseres Jahrhunderts wird berichtet, daß z. B. in einzelnen Gebirgsregionen Bulgariens alle zwei Jahre die Zweige von Esche, Ahorn, Eiche und Haselnuß „abgehackt, mit Stroh zusammengebunden, getrocknet und bei feuchtem Wetter oder im Morgentau, damit die Blätter nicht so leicht abfallen, eingefahren" werden. Das Laub soll man dort in der Zeit vom 25. Juli bis Mitte August ernten, weil es sonst zu bitter würde (Handbuch 1944, S. 312).
8 v. Schwerz 1836, Teil 1, S. 200. Ähnliches berichtet Heintl (1808, S. 390) über die extensive Haltung des ungarischen Zackelschafes. Bezeichnend für eine solche prekäre Lage, wie sie nach Grupp (1907, Bd. 1, S. 213) allgemein in der frühen Form der Landwirtschaft gewesen sein dürfte, ist das Sprichwort „Auf Lichtmessen hat der Schäfer lieber den Wolf im Stalle, als die Sonne" (Blum 1780/82, Bd. 1, S. 190, Nr. 281). D. h., wenn zu Lichtmeß die Sonne scheint, gibt es noch viel Schnee, und der kann für die Herde gefährlicher sein als ein Wolf, der in sie einbricht. — In der Frenzelschen Chronik von Hoyerswerda wird für 1709 von einem so strengen Winter gesprochen, daß ihm ganze Schäfereien zum Opfer gefallen sein sollen (Mitteilung der dortigen Museumsleitung).
9 Erwähnt sei hier, daß die kärgliche Futtergrundlage im Winter nicht etwa auf der Unkenntnis des Landmanns beruhte, so viel Heu zu ernten als nötig gewesen wäre. Schuld daran sind zu einem nicht unbeträchtlichen Teil die feudalen Verhältnisse, über die Faber im dritten Band seines Geographischen Magazins von 1784, S. 72f. (nach Mitteilung von Dr. Sieber, Dresden) schreibt. Im Neustädter Kreis des kursächsischen Vogtlandes (etwa die Gegend um Weida) berichtet er lobend über die Erfolge der Bauern beim Anbau. Unverständlich aber bleibt ihm zunächst der vernachlässigte Zustand der Wiesen, die nur kurzes und schlechtes Heu geben, obwohl sie oft eine günstige Lage haben. Er erfährt dann, daß der Bauer diese Wiesen weder wässern

noch düngen darf, da auf ihnen der Edelmann seine Schafe weiden läßt. — Über die schlechte Beschaffenheit der Wiesenververhältnisse vgl. aber auch Saalfeld 1960, S. 101.

10 Die Wichtigkeit der Brachweide erhellt beispielsweise Artikel 89 der Vogtordnung von Mittelbiberach (1610), in der es heißt: „Mit diser gelegenheit würdet auch erineret dass ein jeder undertan, der mit ackerveld versehen, wenigist den vierten tail seines brachvelds bis Georgi unumbgeackert zur schaffwaid ligen lassen solle, bey straff 3 fl." (Rechtsquellen 1910/41, Bd. 3, S. 806 [89]). — Lehrer Barth aus Rade, Kreis Gifhorn, teilte mit, daß man dort das brachliegende Stück Feld „Schapbrak" nannte, was die Wichtigkeit der Brache für die Existenz der Schafe in der Dreifelderwirtschaft aus dieser Gegend ebenfalls unterstreicht.

11 Blümke (1944, S. 152f.) interpretiert aus diesem Flurzwang auch das Sprichwort: „Den letzten beißen die Hunde", nämlich die des Schäfers, der sich sein Recht nicht vorenthalten ließ.

12 Mitteilung des Heimatpflegers von Wallenrod/Vogelsberg. — Lehrer Hildebrandt aus Sprakensehl, Kreis Gifhorn, berichtet aus Steinhorst, daß auf dem väterlichen Besitz um 1900 jährlich eine zehn Morgen große abgeerntete Roggenfläche unbestellt blieb, um sie als Schafweide zu nutzen.

13 Steeb 1784, S. 35f.

14 Die Schäfer hassen den Klee, heißt es bei Schwerz (1836, Teil 2, S. 229), und das will besagen, daß mit dem Besäen der Brache der eigentliche Niedergang der Schafhaltung begann.

15 Anton 1799/1802, Teil 3, S. 402f.; Amtsurkunden 1915, S. 164, Nr. 94; Dürrbeck 1953, S. 60; Corpus Constitutionum Marchicarum 3. Abt., Sp. 163f., § 3; u. a. — Neben der Gewinnung von „Laubheu" für die winterliche Stallfütterung aller Weidetiere wurden die Wälder in der Zeit der Dreifelderwirtschaft als Weide für das Großvieh, welches nicht wie das anspruchlose Schaf überall Futter fand, genutzt. Diese Weidemöglichkeit durch den Verbiß der Schafe und Ziegen nicht schmälern zu lassen, war der Sinn der erwähnten landesherrlichen Bestimmungen. — Die große wirtschaftliche Bedeutung von Waldweide und Laubheu in dieser Zeit zeigen sehr instruktiv die Arbeiten von Jost Trier 1959 und 1963.

16 Interessant war in diesem Zusammenhang die Mitteilung von Minister Dr. Koch, Lüneburg, der 1952 als Präsident des Regierungsbezirks Lüneburg seine zuständige Behörde mit der Prüfung der Frage beauftragen wollte, „ob und in welchem Umfange die Möglichkeit gegeben sei, die Heidschnuckenzucht zu fördern, da die Erhaltung der Heidschnucken die Voraussetzung für die Erhaltung der Heide ist." — Die Aufforstung der Heide wurde aber auch von den schafhaltenden Bauern sabotiert, indem sie, wie Hauptlehrer i. R. Ostendorf aus Langförde mitteilt, den vom Staat gelieferten Tannensamen vor der Aussaat kochten, damit er nicht aufgehen sollte. — Vgl. hierzu auch Meier-Böke (1950), der über den Widerstand der Schäfer gegen die Aufsiedlung der Senne bei Bielefeld um 1790 berichtet.

17 Hornberger 1955, S. 74f.

18 Vgl. dazu auch Mais 1947, S. 41.

19 Hanslik 1907, S. 87.

20 Gemeint ist hier der Unterschied zwischen Großvieh- und Schafhaltung, die in Form und Auswirkung gegensätzlich sind.

21 An entsprechender Stelle (Jacobeit 1954c) wurde auf die Bedeutung dieser Eigenschaft des Schafes für die urgeschichtliche Siedlung und Wirtschaft eingegangen.

22 Gewiß werden mancherorts Schafe auch in Wäldern geweidet, doch sind dann meist daran besondere Bestimmungen gegen das Beschädigen des Baumbestandes geknüpft. So schuldet im Kreise Büren der Schäfer, welcher im Frühjahr fast täglich in den Wald treibt, dem Waldbesitzer für jede beschädigte Fichte in der Schonung ein Schaf (Hüser 1939, S. 38).

23 Bei intensivem Anbau konnte sich die Schafhaltung meist nur dort behaupten, wo Wolle verarbeitende Industrie vorhanden oder der Fleischbedarf der Großstädte ein ausschlaggebendes Moment war.

24 Grosser 1590. — Nach einer Eintragung im Erbregister des Amtes Wickensen (Solling) aus dem Jahre 1580 wurde der geringe Schafbestand darauf zurückgeführt, daß die dortigen Weiden bei regenreichem Wetter so naß wären, daß sie den Schafen schädlich und gefährlich seien und diese „um das 3. 4. oder so ums 5. Jahr ... bei Haufen" verendeten. (Saalfeld 1960, S. 70, Anm. 289.)

25 Hornberger 1955, S. 72.

26 Festschrift 1865, S. 124 f.; Clemens 1951, S. 16; Mitteilung des Museums für Hamburgische Geschichte.

Kapitel I

1 Es kann hier nicht der Ort sein, sich mit der Fülle von Problemen zu beschäftigen, die mit der Erstdomestikation des Schafes zusammenhängen (z. B. Wildformen, Ur-

heimat, Domestikationszentren usw.). Wir werden solche Dinge nur so weit zu besprechen haben. als sie — namentlich bei der später darzustellenden Altersfrage der Wirtschaftsform der Schafhaltung — für unser Thema von Wichtigkeit sind. Das gilt im besonderen Maße für die Frage der neolithischen Schafhaltung, die in diesem Abschnitt nur gestreift werden kann.

2 Jacobeit 1954c.

3 Nehring 1936, S. 64; im gleichen Sinne äußern sich Hermanns 1949, S. 99 und Schrader — Nehring 1929, S. 286, S. 603. Ähnlich auch Domluvil 1910, S. 111; Moriz Heyne 1901, S. 182.

4 Nehring 1936, S. 66f.

5 Die paläo-zoologische Forschung scheint hinsichtlich der genetischen Frage des mitteleuropäischen Hausschafes noch nicht einhelliger Meinung zu sein; vgl. z. B. Tschumi 1949, S. 298 mit Anm. 4a, S. 313; Conrad Keller 1902, S. 170; Hescheler 1924, S. 107, Anm. 5.

6 Hescheler 1924, S. 103.

7 Daß man mit einer solchen Möglichkeit rechnen kann, erweist die Bemerkung Meissners (1920, S. 217), daß man im Zweistromland schon in den ältesten Zeiten „Schafe zum Essen" und „Wollschafe" unterschied. — Stegmann v. Pritzwald (1924, S. 149) glaubt sogar sagen zu können, daß die Semiten das Fett produzierende Schaf, die Indoeuropäer dagegen das Wollschaf bevorzugt hätten. Vgl. auch Pauly-Wissowa 1921, Sp. 387.

8 Pauly-Wissowa 1921, Sp. 375.

9 Jost 1939, S. 7.

10 Ebd., S. 8.

11 Ebd., S. 14.

12 Otto Keller 1909, S. 320, S. 325; Badermann 1920, S. 53; Hückel 1745, S. 75; Jost 1939, S. 19; Grothe 1866, S. 289f.; Hauger 1921, S. 32; Pauly-Wissowa 1921, Sp. 381, Sp. 391; u. a.

13 Otto Keller 1909, S. 319; Preuß 1915, S. 24; v. Sybel 1906, S. 240, S. 244; u. a.

14 Hauger 1921, S. 109f.

15 Otto Keller 1909, S. 311f.

16 Hauger 1922, S. 6f.

17 Schrader-Nehring 1929, S. 286; Badermann 1920, S. 94; u. a.

18 Anton 1799/1802, Bd. 1, S. 109ff. und die verschiedenen bekannten Ausgaben der germanischen Volksrechte.

19 Vgl. Anton 1799/1802, Bd. 3, S. 402; Cunow 1926/31, Bd. 2, S. 211f.

20 Hildebrand (1866, S. 188, Anmerkung 8) berichtet, daß zur Karolingerzeit auf drei königlichen Gütern die Schafe zusammen 46,7% des gesamten Viehbestandes ausmachten. Es entfielen auf Schweine 26%, auf Pferde 10,85%, auf Kühe 10% und auf Ziegen 6,45%.

21 Falke 1886, S. 108f.

22 Hildebrand 1866, S. 189f.

23 Erwähnen müssen wir allerdings, daß „dès l'époque romaine, l'élevage du mouton avait été en honneur en Gaule, particulièrement en Belgique. Mais c'est la laine que l'on recherchait avant tout; elle était travaillée sur place et les lainages de Belgique, au dire de Strabon, était importés dans toute l'Italie" (Grand 1950, S. 489). Diese belgischen, d. h. flämischen Schafe, deren Wolle schon Strabo rühmte, spielen auch noch bis ins späte Mittelalter und danach eine bedeutende Rolle, da mit ihnen die europäische Wollschafhaltung verbessert und verdelt wird (Hildebrand 1866, S. 190f.).

24 vgl. hierzu von Detten 1903, S. 111f.; Cunow 1926/31, Bd. 3, S. 16; Grupp 1919, Bd. 5, S. 91; Friedrich Danneil 1898, S. 181; Saalfeld 1960, S. 123, S. 149; Quietzsch 1975.

25 von Inama — Sternegg 1909, Bd. 3, Tl. 1, S. 352f.

26 vgl. Bentzien 1980, S. 88ff.

27 Schneiter 1948, S. 366f.; vgl. dazu von Benekendorf 1775, S. 9; Saalfeld 1960, S. 69, S. 133.

28 Mais (1947, S. 37) unterscheidet eine „Schafdüngung" von der „Pferchdüngung" und versteht dabei unter dem ersten freilich nicht sehr glücklich gewählten Begriff das einfache Übertreiben der Felder als eine Form des „unbewußten" Düngens.

29 Hildebrand 1866, S. 194.

30 Vgl. dazu Sinnhuber 1954, S. 68; Festschrift 1865, S. 119. — Im westfälischen Kreis Meschede nannte man noch zu Ende des 19. Jahrhunderts den Schafpferch „Pirk" (von pirken = pferchen) und den Schäfer bisweilen „Pirker", ebenfalls ein Beweis dafür, daß der Pferch mitunter den Wert der Schafhaltung ausmachen konnte (Bringemeier 1954, S. 80/Prof. Schauerte, Paderborn).

31 Um 1890 hatte der Schäfer des Rittergutes in Eisbergen, Kr. Minden, die Auflage, mit der Gutsherde die Felder der Bauern zu bepferchen, über welche die Wasserleitung des Gutes geführt war (Bringemeier 1954, S. 48/Karl Wehage, Rinteln).

32 Gabke 1780, S. 281, § 504.

33 Eschenmayer 1809, S. 280.

34 Martin-Vogeding-Bedal 1984, S. 42.

35 Albrecht Thaer: Grundsätze der rationellen Landwirtschaft (zit. nach Fense 1938, S. 6).

36 Fense 1938, S. 12f.
37 Bringemeier 1954, S. 80/Prof. Schauerte, Paderborn; Lahrkamp 1928, S. 15.
38 von Engel 1791, S. 82.
39 Fense 1938, S. 7.
40 Tálasi 1936.
41 Im Gebiet von Ballenstedt/Harz nennt man sie „Hortwieden" (Mitt. v. Dr. Klocke, ebd.)
42 Fense 1938, S. 7; vgl. auch Handbuch 1944, S. 243ff.; Bringemeier 1954, S. 98/Hermann Tripp, Herne.
43 Fense 1938, S. 8; Bringemeier 1954, S. 74/ Hermann Hillebrand, Münster; Scheuermeier 1943, S. 3, Fig. 1.
44 Fense 1938, S. 11. – In Westfalen spricht man von „schüppen" (Bringemeier 1954, S. 67/ Hermann Hillebrand, Münster).
45 Fense 1938, S. 11. – Aus Bulgarien berichtete Vakarelski (1955/57, 1. Teil, S. 16f.), daß man mitunter den Pferch nur alle vier Tage vorschlage.
46 Nach Handbuch 1944, S. 243, Abb. 101.; vgl. auch Scheuermeier 1943, S. 4f., Abb. 3–9.
47 Handbuch 1944, S. 243; vgl. auch Fense 1938, S. 13.
48 Es ist nicht allzu häufig, daß man die Schafherde auch tagsüber in den Pferch treibt.
49 Göriz 1853, Teil 2, S. 20.
50 Ebd., S. 19. – Vgl. auch Fense 1938, S. 13.
51 Hutten 1938, S. 13f.; vgl. auch Münzinger 1944, S. 102ff.; Fense 1938, S. 20.
52 Je nach der anzubauenden Pflanze wurde entsprechend lange gepfercht. Für Kohlacker wurde zum Beispiel dreimal umgeschlagen (Mitteilung von Ortsheimatpfleger Rahl, Bansstorf, Kr. Wolfenbüttel).
53 Hornberger 1955, S. 73.
54 Hutten 1938, S. 13f., S. 25; vgl. auch Brendler 1930, S. 120.
55 Corpus 1740, Abt. 3, Spalte 86, § 16.
56 Zincke 1744, Sp. 2547.
57 Baum 1938, S. 254f.
58 Mitteilung von Herrn Freyer, Kahla; Schäfermeister Müller aus Altengottern, Kr. Mühlhausen, teilt mit, daß derjenige, auf dessen Feldern gepfercht wurde, dem Schäfer ein Frühstück geben mußte.
59 Mitteilung von Herrn Varrelmann, Neudorf über Arolsen.
60 Weber (1826/28, Bd. 4, S. 169) spricht über solche Praktiken, die wir durchaus für glaubhaft halten können: „Ob wohl die deutschen Schäfer das Kunststückchen kennen, das ich von Nantucky gelesen habe? dreimal in der Nacht erschröken sie die eingepferchten Schaafe durch glühende Kohlen, und dreimal geben sie in der Angst das von sich, weswegen sie eingepfercht sind."
61 Mitteilung von Pfarrer Dannheimer, Schweinsdorf bei Rothenburg ob der Tauber.
62 „Göttinger Presse" vom 22. 3. 1955.
63 Mitteilung von Ortsheimatpfleger Duensing, Nörten-Hardenberg. – Die Einnahmen der Gemeinde Zella-Mehlis aus Pferch- und Triftgeld machten jährlich 398 Taler aus.
64 Lindemanns 1952, Bd. 1, S. 24f.
65 Ebd.
66 Von „stiweln" = pferchen.
67 Mitteilung von Schulrat a. D. Becker, Boppard. – Diese Art, den Schafdung zu nutzen, wird in der Fachliteratur (Fense 1938, S. 9ff.) als „Streustandpferch" bezeichnet.
68 Bringemeier 1954, S. 66 / Hermann Hillebrand, Münster.
69 Ebd., S. 106 / Elisabeth Reinke, Vechta i. O.
70 Mitteilung des Staatsarchivs in Aurich. – Die Möglichkeit, sich eine solche Menge besten Düngers allein nutzbar zu machen, mag manchen Landmann veranlaßt haben, seine Schafe aus der Gemeindeherde herauszunehmen und sie im Stall selbst durchzufüttern. Roscher (1860, S. 200) berichtet jedenfalls von solchen Fällen aus dem Elsaß.
71 Mitteilung von Lehrer Niebuhr, Schätzedorf, Kreis Harburg.
72 Rübel 1950, S. 105.
73 Wildhaber 1950, S. 50ff.; vgl. auch Lorez 1943, S. 194; Lehmann-Filhés 1896, S. 373.
74 Wildhaber 1950, S. 50ff.
75 Heckscher 1930, S. 294.
76 Mitteilung aus dem Heimatmuseum Demmin; vgl. auch Hutten 1938, S. 13f. – Den festen Tritt des Schafes machte man sich in der Lüneburger Heide zunutze, wenn eine neue Lehmdiele angelegt werden sollte. Dann ließ man die Schafe zunächst dort übernachten, denn der Mist war ein gutes Bindemittel. Am anderen Morgen trieb man sie auf der neuen Diele hin und her, damit der Boden richtig fest wurde (Kück 1906, S. 64).
77 Schneiter 1948, S. 366f.
78 Ebd.
79 Ermann 1923, S. 517; Eduard Hahn 1896, S. 161.
80 Stegmann von Pritzwaldt 1924, S. 132f.
81 Heckscher 1938, S. 120.
82 Auch die ägyptischen Schafe des Alten Reichs taten diese Arbeit ungern und mußten dazu besonders gelockt werden.
83 Willems 1948, S. 189.
84 Toussaint 1933, S. 26.

85 Herr Herre, Weimar, machte uns freundlicherweise darauf aufmerksam, daß das Saateintreten durch Schafe noch bis zum Ende der 1940er Jahre im Thüringer Wald bisweilen anzutreffen war.
86 Lamprecht 1886, S. 536
87 Ebd.
88 Pfeiffer 1929, S. 211, Anmerkung 3.
89 So erfahren wir aus dem Klosterextrakt von 1569 für das Kloster Verchen, daß dort jährlich geschlachtet wurden: 780—800 Schafe, 90—120 Lämmer, aber nur 70—85 Schweine, 66—88 Ochsen und 16—26 Kälber (Mitteilung vom Heimatmuseum Demmin); vgl. auch Falke (1868, S. 108f.) über den Schaffleischbedarf am kursächsischen Hof des 16. Jahrhunderts.
90 Der Schaffleischbedarf für eine Stadt mit 10000 Einwohnern (Bayreuth) betrug 1793 immerhin 2802 Schafe gegenüber 915 Schweinen, 1997 Kälbern, 806 Rindern und 141 Kühen. Es ist bei diesen Zahlen zu berücksichtigen, daß es sich lediglich um Schlachtungen durch das städtische Metzgerhandwerk handelt (Mitteilung von Dr. Müller, Bayreuth). Es fehlen also die Hausschlachtungen, die für diese damaligen Ackerbürgerstädte auch beträchtlich waren.
91 Schmoller 1871, S. 333f.
92 Es findet sich allerdings im Capitulare de villis eine Bestimmung, nach welcher fette Hammel zur Talggewinnung gehalten werden sollen (Fleischmann 1919, S. 27, § 35). Grand (1950, S. 492f.) erwähnt den Hammeltalg als Grundstoff für die frühere Kerzenherstellung.
93 Aus Schafdärmen wurden die Saiten für Streichinstrumente angefertigt (Grand 1950, S. 492f.).
94 Z. B. das ostfriesische Milchschaf.
95 Das Rittergut in Neukirch/Lausitz beabsichtigt aber, 1754 eine Schafkäserei einzurichten. (Mitteilung von Herrn Nierich, Neukirch/Lausitz.)
96 Göriz 1853, Teil 3, S. 39.
97 Falke 1868, S. 110.
98 Goeß 1798, S. 71.
99 Anton 1799/1802, Teil 3, S. 408f.
100 Göriz 1853, Teil 3, S. 39.
101 Wir denken dabei etwa an den Raum der balkanischen Transhumanz.
102 Die entsprechende ethnographische Literatur mit detaillierten Schilderungen der Arbeitsabläufe über Melken, Milchverarbeitung und Herstellung sowie Verkauf von Käse einschließlich einer Fülle minutiöser Zeichnungen und zahlreicher Fotos ist schier unübersehbar und wächst weiter. Eine auswertende Zusammenfassung der Forschungen über diesen milchwirtschaftlichen Zweig der Schafhaltung Europas zu geben, wäre längst an der Zeit, zumal die Ähnlichkeit bzw. Gleichheit von Arbeitsgeräten, Arbeitsmethoden, dabei geübten Brauchhandlungen, Glaubensvorstellungen u. a. m. nicht von der Frage des Ethnischen zu trennen ist. Diese Arbeit war jedoch im Rahmen dieses Buches erklärlicherweise nicht zu leisten.
103 Vor allem trifft dieser Umstand für die ehemaligen herrschaftlichen „Wollschäfereien“ zu. Der Bauer nutzte, wie wir noch sehen werden, auch noch zur Zeit der Wollkonjunktur das Schaf ohne speziellen Zweck. Bei ihm spielte die Schafmilcherzeugung und ihre weitere Verwertung noch eine Rolle, namentlich im bäuerlichen Einzelhaushalt.
104 Im Verbreitungsgebiet dieser Rasse — besonders also in Norddeutschland — ist die Milcherzeugung und -verarbeitung noch heutzutage bedeutend. (Handbuch 1944, S. 292ff., S. 355; Mitt. von Herrn Herre, Weimar.)
105 Grand 1950, S. 492f.
106 Es sei hier schon Gelegenheit genommen, die weit verbreitete These von den Gegensätzen zwischen Anbauwirtschaft und Schafhaltung bzw. zwischen Bauer und Schäfer zu erwähnen. Nach dem, was wir bisher feststellen konnten, besteht ein solcher Gegensatz in der formulierten Ausschließlichkeit eines Kain-Abel-Motivs(!) zunächst überhaupt nicht. Im Gegenteil: Sahen wir doch, wie sich in einer gut ausgewogenen Landwirtschaft beide Komponenten ausgezeichnet ergänzen und voneinander profitieren. Erst von dem Zeitpunkt ab, da dieses Gleichgewicht dadurch gestört wird, daß man einen der beiden Faktoren überbewertet — das geschieht einerseits zunächst durch die forcierte Wollproduktion, andererseits aber später durch die Einführung der künstlichen Düngemittel und anderer notwendiger Verbesserungen der Anbauwirtschaft — treten Gegensätze zu Tage, von denen wir im Verlauf unserer Untersuchung noch berichten werden.
107 Conrad Keller 1902, S. 174.
108 Bei der Besprechung der spanischen Wanderschafhaltung kommen wir ausführlicher darauf zurück.
109 Hildebrand 1866, S. 190f.
110 Grand 1950, S. 490f. — Hornberger (1959, S. 35ff.) geht ausführlich auf die Förderung der Wollverarbeitung und Wollproduktion durch die Zisterzienser in Deutschland ein. Er hält es nicht für ausgeschlossen, daß ihre Schäfereien in Süddeutschland schon im

Hochmittelalter eine „bewegliche oder auch nur zeitweilig bewegliche [also transhumanzartige] Weidewirtschaft“ geführt haben.
111 Grand 1950, S. 491f.
112 Mitteilung von Hauptlehrer Flügge, Brietlingen über Lüneburg.
113 Grand 1950, S. 490f.
114 Ebd.
115 Ebd., S. 494.
116 Hildebrand 1866, S. 190f.
117 Schon im späten Mittelalter sind die wichtigsten Standorte forcierter Wollschafzucht in Deutschland die oberrheinischen Gebiete, Schwaben, Franken, die Landschaften am Niederrhein und an der Mosel und schließlich die nordöstlichen Teile des Reiches bis ins Ordensland Preußen (von Inama-Sternegg 1909, Band 3. Teil 1, S. 355ff.).
118 Im Bereich des deutschen Ritterordens, besonders in der Zeit der Hochmeister Winrich von Kniprode und Konrad von Jungingen, wurden zur Anschaffung von Schafherden sogar Unterstützungsgelder gezahlt oder unter der Bedingung, eine Schäferei einzurichten, Land zur Verfügung gestellt. (Hildebrand 1866, S. 191f.; von Inama-Sternegg 1909, Bd. 3, Teil 1, S. 355ff.)
119 von Inama-Sternegg 1909, Band 3, Teil 1, S. 355ff. — Wir werden in anderem Zusammenhang auf die Auswirkungen zurückkommen, die sich aus der Schmälerung der Gemeinderechte ergeben, über die sich vor allem der Landadel mit beispielloser Willkür hinwegsetzte.
120 Abel 1935, S. 41f. — Über die Bedeutung der Wüstungen für die Schafhaltung vgl. Saalfeld 1960, S. 14, S. 69.
121 Ebd.
122 Z. B. 100jähriger Krieg, Grafenfehde in Dänemark usw. (Abel 1935, S. 41f.).
123 Kuczynski 1949, S. 19. — Abel (1935, S. 41f.) sieht einen weiteren Grund für das Anwachsen der englischen Schafhaltung im Sinken der Getreidepreise, die keinen Anreiz mehr für den Landmann boten, der entweder in die Stadt abwanderte oder zu einer „zeitgemäßen“ Betriebsgestaltung überging, eben zur extensiven Weidewirtschaft. Denn sie verursacht nur „geringe Kosten und geringe Arbeit“, und „was durch Weidewirtschaft erzeugt wird“, kann im Gegensatz zu den Produkten der Anbauwirtschaft „zum höchsten Preise verkauft werden“. (Abel, ebd.)
124 Kuczynski 1949, S. 20.
125 Brentano 1927, S. 402; u. a.
126 Cunow 1926/31, Bd. 3, S. 408ff.
127 Kuczynski 1949, S. 21.
128 Morus 1952, S. 188f.
129 MEW 1962, Kap. 24, bes. Abs. 2.
130 Stafford 1581, S. 22.
131 Ebd., S. 50.
132 Morus 1952, S. 189.
133 Abel 1935, S. 55.
134 In Villingen z. B. ließen die dortigen Webereien im Laufe des 15. Jahrhunderts immer mehr Ackerfluren als Weideland veröden (Gothein 1892, S. 533).
135 In anderem Zusammenhang werden wir auf ähnliche Erscheinungen auch in Deutschland und anderen Ländern zu sprechen kommen. Erwähnt sei hier nur, daß in Spanien der Zustand einer überkompensierten Schafhaltung jahrhundertelang angedauert hat.
136 Das Verhältnis zwischen Getreidepreisen und Wollpreisen entwickelte sich folgendermaßen:

	Getreide		Wolle
1590/1640	1	:	9,7
1640/1690	1	:	16,5
1690/1740	1	:	15,5
1740/1790	1	:	16,5

„In der Kaufkraftentwicklung übertraf die Wolle ... alle anderen Vieherzeugnisse“ (Saalfeld 1960, S. 147).
137 Vgl. Friedrich Danneil 1898, S. 459f.
138 Nach Mitteilung von Herrn Nötzold, Waldenburg/Sa., verdiente Ernst II. von Sachsen am Schafverkauf 990 Gulden, am Wollverkauf hingegen 1176 Gulden.
139 Nach einem Manuskript von Dr. W. F. Langer, Freiberg/Sa. — Ein kurfürstlich-sächsischer Erlaß von 1548, der die Zahl der Herden einschränkte, scheint wenig beachtet worden zu sein (ebd.).
140 Scharlau 1953, S. 127.
141 Vgl. Hanefeld 1935, S. 258f. — Nach Mitteilung des Lippischen Landesarchivs in Detmold wurde auch die Schafhaltung der Bauern durch landesherrliche Verordnungen unter Kontrolle genommen und folgende Kopfzahlen festgesetzt:

1542

Vollspänner	25 Schafe
Halbspänner	13 Schafe
Kötter	7 Schafe
Leibzüchter	7 Schafe

Die allgemeine Zunahme der Schafhaltung führte aber dazu, daß diese Zahlen noch einmal revidiert werden mußten, und so dürfen

1563

Meier	12 Schafe
Vollspänner	8 Schafe
Halbspänner	6 Schafe
Kötter	nicht über 4 Schafe halten.

Derlei Bestimmungen sind in Deutschland stark verbreitet und lassen die leitende Hand der Landesherren deutlich erkennen.

142 Die große Zahl landesherrlicher Schäfereien — 1568 zählt man z. B. in Sachsen nicht weniger als 40 kurfürstliche Schafhöfe (Falke 1868, S. 108f.) — gab natürlich Gelegenheit, Erfahrungen hinsichtlich einer zweckmäßigen Pflege und Wartung des kostbaren Schafviehs zu sammeln.
143 Corpus 1740, 3. Abteilung, Spalte 6, Nr. II.
144 Könnecke 1912, S. 896ff.
145 Eine Erscheinung, die wir in verstärktem Maße noch bei der Merinoeinfuhr beobachten werden. Dieser Widerstand der ländlichen Bevölkerung gegen Neuerungen liegt weitgehend im Feudalismus begründet, der durch sein Steuer- und Zinssystem dem Bauern jede Initiative zur Steigerung und qualitativen Verbesserung der land- und viehwirtschaftlichen Produktion nahm. — Vgl. auch Tálasi 1936, S. 9; Krzymowski 1951, S. 202ff.; Hornberger 1959, S. 51.
146 Schäfer 1935, S. 309.
147 Preußen, Brandenburg, Sachsen, Schlesien, Hessen (das man im 16. Jahrhundert schon das „Wollenland" nannte) auch Niedersachsen (Hildebrand 1866, S. 195ff. und Anmerkung 36).
148 Hanslik 1907, S. 86f.
149 Falke 1868, S. 108f.
150 Ebd., S. 108f.
151 Tálasi 1936, S. 9.
152 Einen großen Raum in den landesherrlichen Verordnungen nehmen Bestimmungen über die Bekämpfung von Schafseuchen ein, welche oft ein solches Ausmaß annehmen konnten, daß ganze Schäfereien vernichtet wurden. Polizeierlasse in großer Zahl suchen vor allem die Verbreitung der Schafräude (sogenannte Schmierschafe) einzudämmen. Hierzu gehören auch alle die Maßnahmen, die ergriffen werden, um einen gut geschulten Schäferstand heranzubilden und zu fördern.
153 Wilhelm Pistorius 1838, S. 13.
154 Hetzger (1937, Heft 6) ist der Ansicht, daß erst nach dem 30jährigen Krieg die Grundherren ihre Weidegerechtsame auf Kosten der Untertanen ins Maßlose steigerten.
155 Der Rückschlag durch den 30jährigen Krieg war so groß, daß die deutsche Schafhaltung im 17. und im Anfang des 18. Jahrhunderts etwa dem Zustand des 16. Jahrhunderts oder mitunter noch dem früherer Zeiten entsprach (Hildebrand 1866, S. 195ff.).
156 Über die Herkunft des Namens „Merino" hat Conrad Keller (1902, S. 192, Anmerkung 1) festgestellt, daß es zunächst ein spanischer Begriff sei, der „einen mit großen Machtbefugnissen ausgestatteten Weiderichter, der allerlei Anstände zu schlichten hatte, wenn die Hirten mit ihren Wanderschafen das Land durchzogen", bezeichne. „Ein Merino war gleichsam Schirmherr der Herden, und man übertrug später seinen Namen auf die Wanderschafe." Diese Deutung haben später zum Teil wörtlich Badermann (1920, S. 72) und Schoerner (1936, S. 10) übernommen. Andere Deutungen stammen von Gatermann (1920, S. 193), der Merino mit „unstet", „Wanderer" oder „gekräuselt" in Zusammenhang bringt, und von Jessen (1930, S. 185, Anmerkung 2), der die Ansicht vertritt, daß die Merinos zur Zeit der Almohaden von dem nordafrikanischen Stamm der Beni-Merini in Spanien eingeführt wurden. Nur der Kuriosität halber sei die Ansicht von Heintl (1808, S. 396) wiedergegeben: „... und weil ein Theil von ihnen [den Schafen] in seinen Wanderungen an das Meer kömmt; so nennet man sie auch Marino-Schafe". — Nach Auskunft des ehemaligen Instituts für romanische Sprachwissenschaft an der Deutschen Akademie der Wissenschaften zu Berlin ist die etymologische Bedeutung des Wortes Merino noch nicht geklärt.
157 Conrad Keller 1902, S. 193.
158 Mais 1947, S. 4f.
159 Ausführlicheres über die Mesta siehe S. 72ff.
160 Der spanische Wollexport soll
1512 ca. 50000 Zentner,
1557 120—150000 Zentner,
1610 180000 Zentner betragen haben
(Häbler 1888, S. 24, Anmerkung 2).
Der Gewinn, den die spanische Krone aus diesem Wollaufkommen zog, war beträchtlich. Um die Mitte des 18. Jahrhunderts soll der Erlös für Wolle von 5000000 Merinos insgesamt 1500000 Pfund Sterling betragen haben. „Daher nennen die Könige von Spanien diese Schäferey in ihren öffentlichen Verordnungen, das kostbare Kleinod der Krone" (Schafzucht 1765, S. 243f.).
161 Leonhard 1909, S. 282.
162 Ebd.
163 Original-spanische Merinowidder sind in Österreich mit 3650 Gulden gehandelt worden. (Heintl 1808, S. 468).
164 Als erster deutscher Fürst importierte Friedrich II. von Preußen 1748 spanische Zuchtböcke. Der Versuch schlug ebenso wie ein zweiter im Jahre 1786 fehl. Erst 1802 konnte in Preußen eine Merino-Stammherde aufgebaut werden. (Schoerne 1936, S. 11ff.; Freyer 1913, S. 100). — Am 20. Juni 1765 traf die erste spanische Herde mit 200 Tieren in Sachsen ein. Sie wurde der Stamm der sächsischen Schäfereien, die als Ausstrahlungszentrum auf die benachbarten deutschen Länder wirkten.

(Schoerner 1936, S. 11ff.; Sison 1873, S. 202.) Johannes Heyne (1924, S. 9) nennt den 31. Juli 1765 als Zeitpunkt des Eintreffens der ersten spanischen Herde in Sachsen. — 1785/86 führte der württembergische König (Goeß 1798, S. 77f.; Hornberger 1955, S. 74f., S. 80; Krzymowski 1951, S. 198f.; Volz 1845), 1788 der Markgraf von Ansbach-Bayreuth (Mitteilung von Dr. Müller, Bayreuth) die ersten Originalmerinos ein. — Außerhalb Deutschlands kauften Schweden 1723, Österreich-Ungarn 1773, Frankreich 1776 und England 1788 spanische Wollschafe. (Krzymowski 1951, S. 197, Anmerkung 2.) — Eine detaillierte Aufstellung über die Einführung spanischer Merinos in die einzelnen europäischen Länder gibt Hornberger (1959, S. 54, Anm. 73).

165 Goeß 1798, S. 18.

166 Abel 1935, S. 111.

167 Bis zum Ende des 18. Jahrhunderts waren nach Schoerner (1936, S. 10f.) in Deutschland rund 5 heimische Landschläge bekannt:

1. Das sogenannte „rauhe Schaf" östlich der Elbe (Pommern, Mecklenburg, Ostpreußen [dort Skudde = dürftig genannt]).
2. Das ,,deutsche Landschaf" im Flachland westlich der Elbe bis zu den Ardennen, das im südhannoverschen „Leineschaf" noch rein erhalten sein soll.
3. Das schwarzköpfige deutsche Land- oder „Rhönschaf".
4. Das deutsche Marschschaf (ostfriesisches Milchschaf und Wilstermarschschaf).
5. Die „Heidschnucken" der Lüneburger Heide mit den Abarten der Bentheimer und Bremer Marschschnucken.

168 Goeß 1798, S. 16f.; u. a.

169 Heintl 1808, S. 451f.

170 Dillner 1941, S. 241.

171 von der Goltz 1902, S. 251f.

172 Vgl. hierzu von Engel 1791, S. 94.

173 Leipziger Intelligenzblatt vom 25. 8. 1792, Art. X „Von der Veredlung der Schäfereien im Fränkischen" (zitiert bei Goeß 1798, S. 60).

174 von Engel 1791, S. 13ff.

175 Wir gehen auf diese Zusammenhänge noch ausführlicher ein.

176 Tröge 1940, S. 46.

177 Herter-Wilsdorf 1918, S. 546.

178 Eckart 1899a, S. 181, Nr. 2616.

179 Ebd., Nr. 2619.

180 Ebd., Nr. 2620.

181 In der Regel waren die Großviehhirten aber weit schlechter als die Schäfer gestellt. Vgl. dazu: Scholz der Dritte 1841, S. 190, Anm. 1; Birlinger 1874, Bd. 2, S. 350f.; Starkenberger Gerichtsbuch Nr. 11, Blatt 10 (nach Mitt. von Herrn Aupel, Knau b. Altenburg/Thür.); Jacobeit 1957a.

182 Faber 1786, S. 372ff.

183 Mitt. von Dr. Müller, Bayreuth.

184 Norddeutsche Schäfereizeitung 29/1937, S. 345ff.; Rudolf Schmidt 1936, S. 47.

185 In welchen Teilen Deutschlands weitere Schäferschulen bestanden, ist in unseren Zusammenhängen nicht weiter verfolgt worden, obwohl es nicht unwichtig wäre, die jeweiligen Lehrmethoden hinsichtlich des Verhältnisses von Wissenschaftlichkeit und Empirie kennenzulernen.

186 Johannes Heyne 1924, S. 8ff.

187 Goeß 1798, S. 20.

188 Faber 1786, S. 372ff.

189 Daubenton, der Autor der „Instruction pour les bergers" hatte selbst den Schäferberuf erlernt (Gassies 1909, S. 15).

190 Goeß 1798, S. 77f; Volz 1845.

191 Ebd., S. 85f.; Mitt. von Dr. Müller, Bayreuth.

192 Goeß 1798, S. 20f.

193 In Lohmen war eine weit berühmte Merinoschäferei des sächsischen Königs entstanden, von der nicht nur Zuchttiere in die österreichischen Stammschäfereien, sondern selbst nach Spanien (1829) verschickt wurden (Sison 1873, S. 202).

194 Sison 1873, S. 202.

195 Faber 1786, S. 372ff.

196 Behre 1905, S. 285.

197 Deutsche Schäfereizeitung 47/1955, S. 236.

198 Kadner 1931, S. 162. — „Eine spezielle Literatur über die bayerische Schafzucht beginnt erst mit den Bestrebungen zu ihrer Hebung und ‚Veredelung' in der späteren Aufklärungszeit." (Agrar-Bibliographie 1954, S. 273).

199 Z. B. hat Küster (1894, S. 271, S. 272) zwei Schäfereide von 1764 und 1803 veröffentlicht, die sich hinsichtlich der Aufgabenstellung für den Schäfer stark unterscheiden.

200 Mitt. von Herrn Krügel, Berlin.

201 Mackensen 1934, S. 213.

202 Mitt. von Prof. Tálasi, Budapest.

203 Ebd.

204 Die „Birkás" brachten, scheint es, überhaupt erstmalig wirkliche Heilpraktiken für die Schafe mit, denn bei der „unbändigen Viehhaltung" legte man auf echte Behandlung kranker Tiere wenig Wert (Györffy 1938, S. 341).

205 Die Zackelschafhaltung, wie überhaupt die „unbändige Viehhaltung" der Ungarn, kannte zwei große Hunde, den „Komondor" und den „Kuvasz". Beide waren vor allem

Wachhunde, die weiß gezüchtet wurden, um sie in der Nacht von angreifenden Wölfen unterscheiden zu können. — „Der Treibhund des Merinoschafes [dagegen] ist der ‚Puli' (eine Art Schäferhund) in schwarzer oder grauer Farbe", der zusammen mit dem Merino eingeführt wurde (Györffy 1938, S. 329f).

206 Tálasi 1955, S. 52.

207 Goeß 1798, S. 9f.

208 Ebd., S. 23f.

209 Johannes Heyne 1924, S. 8.

210 Vgl. hierzu Umek 1957. S. 73f. — Der Verf. schildert hier, wie z. Z. des „Physiokratismus" die Existenzgrundlage der ländlichen Bewohner Istriens dadurch erschüttert wird, daß adlige Grundherren den Transhumanzbetrieb verbieten, um mehr Weideland für stationäre Merinoherden zu erschließen; eine Maßnahme, die dadurch verständigere Leute zumindest in ihrer Wirkung eingedämmt wird.

211 Scharlau 1953, S. 142.

212 Ebd., S. 144.

213 „Ihr Bauern schafft die Schafe ab,
Sie fressen euch die Ohren ab."
Oder:
„Wie glücklich ist der Ackersmann,
Der seine Berge schonet.
Er sieht sie wachsen himmelan,
Und reichlich sich belohnet".
(Gegen die Folge des Schafverbisses.) (Bringemeier 1954, S. 77f./Prof. Schauerte, Paderborn.)

214 Vgl. aber Buchinger 1952, S. 331; Král 1928, S. 113; Heckscher 1930, S. 806; Ullius 1928, S. 217; Pistorius 1838, S. 21; Reinboth 1935, S. 285; Somesan 1934, S. 467; Hetzger 1937, Heft 7; Schlag 1907/08, S. 499; Mielke 1934, S. 121; Faber 1786, S. 372ff. und viele Mitteilungen.

215 Pöhlmann 1911, S. 6.

216 Vgl. u. a. von Lehmann 1916, S. 365.

217 Norddeutsche Schäfereizeitung 27/1935, S. 667.

218 Stebler 1903, S. 151f.

219 Merkel 1933.

220 Abel (1935, S. 116) zeigt, daß „im Zuge des von Nordwesten nach dem Osten zu fortschreitenden Intensivierungsprozesses" das Schaf zunächst in die östlichen Provinzen abwanderte und dort einen Höchststand erreichte, als in den mitteldeutschen und westdeutschen Provinzen bereits der rückläufige Prozeß eingetreten war.

221 Rudolf Schmidt 1936, S. 49. — Ähnlich liegen die Angaben für Malmedy (Willems 1948, S. 197f.).

222 Mitt. des Amtes Datteln bei Recklingshausen.

223 C. Lehmann 1917, S. 6. — Eine sehr anschauliche graphische Darstellung über die Entwicklung der Schafhaltung in Deutschland von 1810—1955 (Hornberger 1959, Abb. 1) zeigt ein Anwachsen des Schafbestandes von 15 Millionen (1810) auf 30 Millionen (1850). Von da ab fällt die Kurve steil, um 1955 einen Tiefstand von weit unter 5 Millionen Tieren zu erreichen.

224 C. Lehmann 1917, S. 6.

225 Mitt. von Dr. Weber, Osterholz-Scharmbeck.

226 Mitt. von Reg.-Rat i. R. Lentes, Geldern.

227 Vgl. die Schäferfachpresse nach 1945, außerdem mehrere Mitteilungen.

228 Willems 1948, S. 193.

229 Nelli 1951.

230 Ebd.

231 Ebd.

232 Scheuermeier 1943, S. 7.

233 Zahlreiche Mitteilungen aus dem ganzen Flußgebiet des Rheins, aus dem Saargebiet und der Pfalz.

234 Heckscher 1930, S. 808.

235 Lahrkamp 1928, S. 54; Krzymowski 1951, S. 298.

236 Vgl. z. B. Schoerner 1936, S. 14.

237 Man rechnete im Gebiet der Lüneburger Heide mit $1^1/_2$ Pfund Wolle pro Schaf. Die Hofherden betrugen 200—450 Tiere. Um 1850 sollen dort immerhin 20000 Zentner Wolle produziert worden sein (Schnucken 1954, S. 3ff.).

238 Zitiert nach Clemens 1951, S. 16; eine Mitteilung des Museumsdorfs Cloppenburg bestätigt den Bericht.

239 Bringemeier 1954, S. 105 / Elisabeth Reinke, Vechta i. O.

240 Kück 1906, S. 97; vgl. auch Thies 1911, S. 56.

241 Mitt. von Landw.-Rat Hering, Stuttgart-Zuffenhausen.

242 Wie aus dem Bericht des Hauptmanns Flensberg weiter hervorgeht, hat man anscheinend auch Wolle verstrickt, die nicht aus dem eignen Aufkommen stammte, hat also in Form der Heimarbeit gegen Lohn für einen Verleger gearbeitet.

243 Mitt. von Fräulein Töffels, Potsdam.

244 Schulenburg 1904, S. 25.

245 Fritz Krüger 1935a, S. 63f.

246 Beyer 1937, S. 44.

247 Könnecke 1912, S. 896f.

248 Mitt. von Herrn Duden, Bad Sülze/Mecklenburg.

249 Kellermann 1933, S. 728.

250 Vgl. hierzu Bomann 1941, S. 189; Karl Weinhold 1869, S. 37; Handwörterbuch 1927ff., Bd. 1, Sp. 555; Ligers 1954, S. 459; Zelenin 1927, S. 171; Sartori 1910ff., Bd. 3,

S. 274, Anm. 4; Anton 1799/1802, Bd. 1, S. 135f.; Bringemeier 1954, S. 104 / Elisabeth Reinke Vechta i. O.
251 Moriz Heyne 1901, S. 185.
252 Ebd., S. 184, Anm. 106.
253 Ebd., S. 184f.
254 Das Abwerfen der Wolle bei den Färöerschafen erklärt sich vor allem aus der Art der Haltung. Man überläßt die Tiere ganz und gar sich selbst, so daß sie sehr bald in den Wildzustand zurückfallen. Dieser äußert sich auch darin, daß die Tiere im allgemeinen nur ein dichtes Grannenhaarkleid tragen. Lediglich im Winter wächst Wolle, die sie dann in der wärmeren Jahreszeit wieder abwerfen bzw. sich abschaben.
255 Petri 1825, S. 102.
256 Ebd., Moriz Heyne 1901, S. 184f.
257 Schrader-Nehring 1929, S. 285; Rütimeyer 1924, S. 162.
258 Hauger 1922, S. 8; 1921, S. 118; Pauly-Wissowa 1921, 2. Reihe, 3. Hlbbd., Sp. 387; vgl. auch Badermann 1920, S. 94; Schickele 1931, S. 52. — Auch die Nomaden Tibets kannten erst das Ausraufen der Wolle, bevor sie diese mit langen Messern abschnitten (Hermanns 1949, S. 84f.).
259 Hierzu sei erwähnt, daß nach Varro die Schafscherer frühestens im Jahre 299 v. d. Ztw. von Sizilien nach Rom kamen, wo man den Schafen die Wolle noch ausraufte. (Moriz Heyne 1901, S. 184, Anm. 106; ergänzend hierzu Hauger 1922, S. 8; 1921, S. 118). — Wenn die Scherer aber aus Sizilien kamen, dann stammten sie aus einem Gebiet, das vermutlich schon feinwollige, ja merinoartige Tiere züchtete, deren Wolle man nicht mehr raufte, sondern die man scheren mußte, da sie ohne Beeinflussung durch den Wechsel der Jahreszeiten ein ständiges Wollkleid trugen. Das gewöhnliche römische Schaf scheint jedenfalls noch vorwiegend grobwollig gewesen zu sein.
260 Arbos 1924, S. 587; vgl. auch Fritz Krüger 1935a, S. 59ff.
261 Anton 1799/1802, Bd. 1, S. 440; Zeitschrift für Schafzucht 17/1928, S. 213, S. 378.
262 Mais 1947, S. 54.
263 Fritz Krüger 1935a, S. 59ff.
264 Mitt. von Museumsleiter Krüger, Belzig.
265 Bringemeier 1954, S. 72, S. 76 / Hermann Hillebrand, Münster.
266 Süddeutsche Schäfereizeitung 27/1937, S. 361f; Hetzger 1937, Heft 7.
267 Hutten 1938, S. 10f.; vgl. auch Bringemeier 1954, S. 72f., S. 76, S. 61, S. 64, S. 54, S. 30ff (mehrere Manuskripte).
268 Bringemeier 1954, S. 31f. / Hermann Möcklinghoff, Coerde.
269 Bringemeier 1954, S. 61, S. 64 / Johannes Brand, Benhausen; vgl. auch Gaue 1930, Bd. 31, S. 122f.
270 Bringemeier 1954, S. 72f., S. 76 / Hermann Hillebrand, Münster.

Kapitel II

1 Jacobeit 1954b, S. 70.
2 Ebd.
3 Lahrkamp 1928, S. 10; Leonhard 1916, S. 344; Schmolke-Mellwig 1942/43, S. 43; Werth 1954, S. 114f.; Wirth 1951, S. 233; Werth 1950, S. 4; Spreitzer 1924, S. 70; Landkammer 1950, S. 206f.; Kaindl 1894, S. 62f.; Smiljanic 1898, S. 53; Haff 1909, S. 33; Davies 1941, S. 156; Jacobeit 1954b, S. 73.
4 Die Belege sind mit unter Anm. 3 eingefügt.
5 Boesch 1951, S. 202. — Auch Hütteroth (1959, S. 10) bemängelt die unexakte Anwendung der Terminologie.
6 Wir betrachten hier lediglich den für unsere Themenstellung wichtigen Nomadismus in Nordafrika, Zentral- und Vorderasien. Der Rentiernomadismus basiert auf anderen Voraussetzungen.
7 Hančar 1956, S. 121; vgl. auch Bensch 1949, S. 18f.
8 Merner 1936, S. 7; ihm schließen sich Bensch 1949, S. 16 und Jacobeit 1954b, S. 70 an.
9 Krause 1924, S. 104; Schickele (1931, S. 68) spricht für 1911 von ca. 67% Schafen im Gesamtviehbestand der Kirgisensteppe.
10 Schickele 1931, S. 69.
11 Ebd., S. 61f.
12 Schakir-Zade 1931, S. 106f.; vgl. auch Hermanns 1949, S. 224.
13 Merner 1936, S. 21f.
14 Bensch 1949, S. 171.
15 Schakir-Zade 1931, S. 109f.
16 Hermanns 1949, S. 223.
17 Ebd., S. 85f.
18 Bensch 1949, S. 28.
19 Hermanns (1949, S. 86) erwähnt, daß alle Wortbildungen für Schaf beim tibetischen Stamm der A-Mdo pa gleichbedeutend sind mit „Glück“, „Segen“, „Reichtum“, „gut“, usw.
20 Bensch 1949, S. 18f.; vgl. auch P. Wilhelm Schmidt 1951, S. 26.
21 Rolf Herzog 1956, S. 221.
22 Ebd.; vgl. auch Bensch 1949, S. 16f.
23 Mitt. von Dr. Rolf Herzog Kairo.
24 Rolf Herzog 1956, S. 221.
25 Hermanns 1949, S. 227ff.
26 Vgl. Rolf Herzog 1956; vgl. auch Bobek 1959, S. 273f.
27 Wir lassen dabei die Rentiernomaden außer Betracht, die nach Wölfels Ansicht (1942)

„als die eigentlichen reinen Nomaden gelten", welche „ausschließlich von ihren Herden zu leben" scheinen; vgl. Bensch 1949, S. 282.
28 Eduard Hahn 1891; vgl. Merner 1936, S. 8; Bobek 1959, S. 272.
29 Wir werden darauf noch in anderem Zusammenhang hinweisen.
30 Werth 1954, S. 116.
31 Rolf Herzog 1956, S. 210.
32 Schickele 1931, S. 88f.
33 Schickele (1931, S. 54f.) bemerkt: „... stets gewinnt das Rind mit steigender Seßhaftigkeit steigenden Anteil an den Viehbeständen. Das Verhältnis von Schaf zu Rind in den Herden läßt mit wenigen Ausnahmen geradezu auf den Grad der Seßhaftigkeit und auf die Länge der Wanderwege schließen".
34 Merner 1936, S. 17.
35 Ebd., S. 59.
36 Ebd., S. 118.
37 Ebd.
38 Jacobeit 1954b, S. 71.
39 Ebd.
40 Elli Müller 1938, S. 365.
41 Weiss 1941, S. 25ff.
42 Ebd.
43 Weiss 1941, S. 25ff.
44 Ebd.
45 Ebd.
46 Ebd., S. 53.
47 Ebd., S. 31f. — Selbstverständlich konnte hier nur ein Schema des Ablaufs einer Alpwirtschaft gegeben werden. Tatsächlich aber „gibt es selbst auf kleinem Raume kaum zwei Alpbetriebe, welche sich mit Bezug auf ihre funktionelle Eingliederung und ihre formale Struktur als identisch erweisen" (Boesch 1951, S. 206).
48 Scheuermeier 1943, S. 8.
49 Vgl. hierzu Boesch 1951, S. 205.
50 Vgl. die Definition bei Stebler (1903) bzw. bei Merner (1936, S. 66), der sie übernommen hat.
51 Natürlich gibt es auch Ausnahmen, vor allem dort, wo die Grundlage des Systems nicht genossenschaftlich, sondern privat ist (vgl. z. B. Landkammer 1950, S. 206f.).
52 Erwähnen müssen wir hier aber die Schweizer „Küher", die eigene Tiere, aber keinen festen Wohnsitz im Tal haben. „Während des Sommers weideten sie ihre Herden auf den hochgelegenen Alpmatten, im Winter aber nahmen sie ihre Zuflucht zu den Bauernhöfen des Schweizer Mittellandes. ‚Der Hirt und sein Vieh erhalten Obdach den Winter über sowie Futter und Lebensmittel und lieferten als Entgelt ihren Wirtsleuten eine entsprechende Menge Viehprodukte ... Oft zog ein solcher Küher mit seiner Herde von einem Hof zum anderen, falls Futter und Lebensmittelvorrat ..., für seinen Bedarf während des ganzen Winters nicht ausreichten'. Es hat sich also eine Symbiose zwischen Hirten und Ackerbauern herausgebildet, die auf Gegenseitigkeit beruht, wobei der Küher durchaus die Rolle eines wirklichen Nomaden spielt" (Werth 1950, S. 4). — Daß das „Küherwesen" jedoch alles andere als „nomadistisch" ist, braucht wohl nicht mehr näher gesagt zu werden.
53 In der geschilderten freilich etwas schematischen Form treffen wir das Alpwesen in allen Hoch- und Mittelgebirgsländern Europas an. Vgl. dazu Frödin 1940; Karl Weinhold 1856; Schmolke-Mellwig 1942/43; Fritz Krüger 1935a; Král 1928; Smiljanic 1898 u. a. m. einschließlich der jüngst erschienenen Literatur: Das Appenzell 1983; Maeder-Kruker 1983.
54 Gutzwiller 1941, S. 9ff.
55 Smiljanic 1898, S. 53.
56 Temple 1860, S. 37ff.
57 Ebd., S. 47.
58 Kochanowska 1902, S. 106ff., S. 252f. Hinweise auf mögliche Alpwirtschaft mit Schafhaltung siehe auch bei Dornheim 1937, S. 319; Frödin 1940, S. 359, Anm. 4; Leonhard 1916, S. 346f.; Maas 1930, S. 195.
59 Péterfi 1905, S. 171.
60 Ebd.
61 Siehe Anm. 33.
62 Zieger ist eine quarkähnliche Masse (Molkeneiweiß), die bei der Fettkäserei abfällt und roh genossen wird.
63 Hans Georg Wackernagel 1936a, S. 7f.; 1956, S. 39f.
64 Ebd.
65 Grass 1948, S. 92f.
66 Z. B. Mitteilung aus Hindelang-Bad Oberdorf/Allgäu.
67 Weiss 1941, S. 80f.
68 Rübel 1950, S. 106ff.
69 Weiss 1941, S. 64f.
70 Ebd. — In den französischen Alpen werden heutzutage solche hoch gelegenen und schwer zugänglichen Schafweiden z. T. mit Hilfe von Hubschraubern versorgt (Pâtre 55/1958, S. 25).
71 Herre 1944, S. 167; Karl Weinhold 1856, S. 41f.; Bohm 1883, S. 437.
72 Rübel 1950, S. 106ff.
73 Burgstaller 1954, S. 64ff.; vgl. auch Scheuermeier 1943, S. 6; Schneiter 1948, S. 365f.
74 Scheuermeier 1943, S. 6.
75 Weiss 1941, S. 64f.
76 Über den Begriff selbst, siehe S. 119ff.
77 Elli Müller 1938, S. 365.

78 Jacobeit 1954b, S. 72.
79 Elli Müller 1938, S. 365.
80 Vgl. aber auch Merner 1936, S. 60ff.; Bensch 1952, S. 175f.; Boesch 1951, S. 203f.; Leonhard 1916, S. 330; Mayer 1937, S. 774; Fribourg 1910, S. 231, Anm. 1; Martonne 1904, S. 238f.; Frödin 1940, S. XIX; Bull 1930, S. 61f.; Quelle 1910, S. 75; Arbos 1923, S. 559f.
81 Frödin 1940, S. XIX.
82 Boesch 1951, S. 203f.
83 Ebd.
84 In den Großräumen mittelmeerischer Transhumanz bestanden die bekanntesten Wanderstraßen zwischen den transsilvanischen Karpaten und der rumänischen Tiefebene, zwischen Balkan und dem Gebiet südlich von Saloniki, den Bergamasker Alpen und der Lombardei, den französischen Seealpen und der Provence oder zwischen den Pyrenäen und der Ebene von Roussillon, zwischen den Pyrenäen und der südspanischen Ebene, zwischen den Abruzzen und Apulien, usw. (Leonhard 1909, S. 250.) — Hornberger (1959, S. 25, Anm. 17) gibt eine namentliche Aufstellung der Bezeichnungen für die Wanderstraßen in den einzelnen mediterranen Verbreitungsräumen der Transhumanz.
85 Aus der Länge und Beschwerlichkeit der Wanderstraßen ergibt sich die notwendige Bevorzugung der Schafhaltung. (Bladé 1894, S. 517f.)
86 Frödin 1940, S. 351f.
87 Vgl. Martonne 1904, S. 241.
88 Dedijer 1916, S. 365.
89 Zitiert bei Mais 1947, S. 13; vgl. auch Hornberger 1959, S. 19f.
90 Bensch 1952, S. 176.
91 Dedijer 1916, S. 347; vgl. auch Wölfel 1941, S. 120f.; Boesch 1951, S. 203f.; Elli Müller 1938, S. 369.
92 Frödin: Quelques traits de la végétation et de l'habitat pastoral de la Turquie du Nord. In: Geografiska Ann. XIV/1932, S. 241 (zitiert bei Elli Müller 1938, S. 365).
93 Vgl. hierzu Heintl 1808, S. 394f. — Diese Wanderungen sind den klimatisch bedingten Zügen der Rentiere im nördlichen Europa vergleichbar.
94 Hancăr 1956, S. 150.
95 Dias 1951, S. 29.
96 Mais 1947, S. 13.
97 Elli Müller (1938, S. 365) schreibt: „... im Normalfall gehören die Herden den Bewohnern der Ebene, die ihre Tiere im Sommer ins Gebirge schicken. Aber auch die Gebirgsbewohner lassen umgekehrt ihre Tiere im Winter gern in die Ebene ziehen; sie brauchen sie nicht einzustallen und keine Vorräte zu sammeln [inverse Transhumance]. — Von doppelter Transhumance endlich möchte ich in den Fällen sprechen, wo die Besitzer der Herden ihren Wohnsitz im Hügeland zwischen Ebene und Gebirge haben." — Gerade an die Unterschiede zwischen normaler und inverser Transhumanz haben sich Erörterungen über das höhere Alter des einen oder anderen Systems angeknüpft (Frödin 1940, S. 357, S. 361, S. 375ff.), auf die wir in diesem Zusammenhang nicht näher eingehen können.
98 „Liegt die Dauersiedlung so, daß sie unmittelbar die Möglichkeit einer Winterweide gewährt, wie an mehreren Stellen in der West- und Nord-Türkei, so spricht man von ‚Kleintranshumance' " (Werth 1954, S. 106); vgl. auch Frödin 1944, S. 15.
99 Mais 1947, S. 13; vgl. auch Hornberger 1959, S. 28.
100 Mit Recht weist Bensch (1952, S. 175) aber auch darauf hin, daß es sich bei der Transhumanz „um eine historisch außerordentlich bedeutsame, kulturell geschlossen Gruppe handelt, eine der Grundformen menschlicher Kulturentwicklung", die man „nur selten generell zusammengestellt und gut beschrieben" findet. — Konrad Huber (1954, S. 560) ergänzt durch folgende wichtige Aussage: „Die rechtliche und technische Organisation der Wanderhirten ist in ganz Europa von einer verblüffenden Einheitlichkeit. Von Skandinavien bis Sizilien, von den Pyrenäen bis zu den Karpathen wiederholen sich mit geringfügigen Abweichungen dieselben Erscheinungen."
101 Die spanische Forschung hat sich, soweit ich übersehen konnte, der spanischen Transhumanz mit ihren historischen Folgeerscheinungen kaum angenommen. Die entsprechende Literatur verzeichnet fast nur ausländische Autoren. — Vgl. aber für Portugal Dias 1961.
102 Elli Müller 1938, S. 366f.
103 Fribourg 1910, S. 233.
104 Ebd., S. 231; vgl. auch Leonhard 1916, S. 331; Elli Müller 1938, S. 366f.; Jessen 1930, S. 184f.
105 Jessen 1930, S. 187; Fribourg 1910, S. 241; u. a.
106 Häbler 1888, S. 21ff.; Elli Müller 1938; S. 366f.; Leonhard 1916, S. 330; 1909, S. 151; u. a.
107 Häbler 1888, S. 21ff.
108 Elli Müller 1938, S. 366f.
109 Vgl. hierzu Morus 1952, S. 187.
110 Leonhard 1909, S. 252.
111 Eine ausführliche Untersuchung hat Julius Klein (1920) der Mesta gewidmet.

112 Diese Vorzugsrechte bestanden u. a. darin, daß die Mestaherden überall freies Weide- und Trinkrecht außer auf Getreidefeldern, Weinbergen, Gärten und Mähwiesen hatten. Zum anderen hatten sie das ausschließliche Recht auf Nutzung der Wanderwege. Schließlich waren die Mitglieder des Verbands von bestimmten Steuern befreit und hatten das Recht des Holzschlags (Elli Müller 1938, S. 366f.; Fribourg 1910, S. 234). In der Konsequenz gerade des Steuerprivilegs soll es 1473 den Schäfern bzw. den Schafhaltern von Ocaña und von Santa Maria de Nieva gestattet worden sein, den Steuereintreibern mit bewaffneter Hand Widerstand zu leisten (Fribourg 1910, S. 234, Anm. 4).

113 Leonhard 1909, S. 250; vgl. auch Carande 1952, S. 378.

114 Leonhard (1916, S. 330) ist z. B. der Ansicht, „daß die Mesta ursprünglich als kommunistisch-demokratische Einrichtung aus dem Zusammenschluß von Gemeinden entstand, die gegenseitige Weiderechte ausübten, also große Markgenossenschaften bildeten und auch gemeinsam auf die Wanderung gingen". Dieser Ansicht können wir nicht zustimmen, sondern sind vielmehr der Meinung, daß die Mesta mit einer sehr stark ausgeprägten marktwirtschaftlichen Komponente allein grundherrlich-feudalen Ursprungs sein kann.

115 Leonhard 1909, S. 252.

116 Ebd., S. 252f.

117 Ebd., S. 254.

118 Ebd., S.255.

119 Ebd., S. 259f.

120 Ebd., S. 249f., S. 270; Jessen 1930, S. 186; Bohm 1883, S. 664; Häbler 1888, S. 24, Anm. 2; S. 28, S. 33f.

121 Sugenheim 1861, S. 44.

122 Fribourg 1910, S. 234.

123 Arbos 1924, S. 570.

124 Wir können nicht die Meinung Hornbergers (1959, S. 27) teilen, der annimmt, daß „das Hirtentum die politische und gesetzgeberische Gewalt und die Privilegien in der Hand" gehabt habe, welche dann zur Mesta geführt hätten.

125 Siehe Kapitel 1, Anm. 160.

126 Carande 1952, S. 385.

127 Vgl. z. B. Quelle 1910, S. 75.

128 Leonhard 1916, S. 331.

129 Ebd., S. 332, Anm. 1.

130 Dias 1951.

131 Ebd., S. 24.

132 Ebd., S. 24f.

133 Ebd., S. 26f.

134 Ebd., S. 27; Dias unterscheidet den „Maïoral contractant" für die Dauer der Wanderung und den „Maïoral du troupeau" für die Weidezeit.

135 Ebd., S. 28.

136 Dias 1951, S. 29.

137 Ebd., S. 30f.

138 Scheuermeier 1943, S. 1.

139 „In seiner ganzen Länge wird Italien vom Apennin durchzogen, dem im Westen die toskanischen Maremmen und die römische Campagna, im Osten die apulischen Tafel vorgelagert sind. Sie boten eine natürliche Grundlage für die Entwicklung der Transhumance" (Elli Müller 1938, S. 365f.).

140 Elli Müller 1938, S. 365f.

141 Leonhard 1909, S. 250f.; Elli Müller 1938, S. 365f.; Ivanič 1916, S. 527f.

142 Leonhard 1916, S. 339f.

143 Pauly-Wissowa 1921, 2. Rh., 3. Halbbd., Sp. 392.

144 Martonne 1904, S. 239. — Die Bedeutung, welche die Transhumanz im alten Italien hatte, erweist die Bemerkung von A. Grenier (La transhumance des troupeaux en Italie et son rôle dans l'histoire. In: Mélanges d'Archéolohie et d'Histoire 25/1905, S. 293ff.): „Die Geschichte der Transhumanz in Italien ist die Landesgeschichte" (zitiert nach Hornberger 1959, S. 26f.).

145 Leonhard 1916, S. 339f.

146 Elli Müller 1938, S. 365f.

147 Sombart (1888) nennt sie „Dogana della mena del Tavoliere di Puglia".

148 Elli Müller 1938, S. 365f.

149 Leonhard 1916, S. 338ff.; 1909, S. 250f.; Elli Müller 1938, S. 365f.; Sombart 1888; Ivanič 1916, S. 527f.

150 Sombart 1888.

151 Ivanič 1916, S. 527f.

152 Ebd.

153 Ebd.

154 Ebd.

155 Leonhard 1916, S. 340.

156 Ebd.

157 Ebd.

158 Ebd.

159 Ebd., S. 338.

160 Ivanič 1916, S. 527f.

161 Elli Müller 1938, S. 365f.

162 Ebd.

163 Ebd.

164 v. Waltershausen, 1913, S. 103ff.

165 Ebd.

166 Ebd., S. 104f. — Das gemeinsame Band dieser Gesellschaften ist also im letzten die Wirtschaftsform selbst, ist die Transhumanz, die durch das ausdrückliche Hervorheben des Wanderviehs gekennzeichnet wird. Bei Besprechung balkanischer Verhältnisse werden uns derlei Gesellschaften ebenfalls begegnen. Uns will scheinen, als

seien solche Weideverbände mit gemeinsamem Besitz Kennzeichen der Wanderweidewirtschaft überhaupt.
167 Ebd., S. 104f.
168 Grothe 1866, S.293.
169 Le Lannou 1941.
170 Ebd.
171 Jungraithmayr 1953, S. 46.
172 Diesen Begriff prägte Wölfel für den „Transhumanten". Wir werden darauf später eingehen.
173 Elli Müller 1938, S. 365f.; vgl. auch Leonhard 1916, S. 338. — Auch der Rheinwald wurde als Sommerweide von italienischen Schäfern aufgesucht (Oswald 1931, S. 101).
174 Paul Wirth 1951, S. 233.
175 Ebd.
176 Stebler 1903, S. 156.
177 Ebd.
178 Paul Wirth 1951, S. 233.
179 Schäfer 1808, S. 210.
180 Scheuermeier 1943, S. 7.
181 Paul Wirth 1951, S. 233.
182 Ebd.
183 Ebd.
184 Ebd., S. 233f.
185 Man schätzt am Bergamasker Schäfer vor allem seine gute Hütetechnik. Während nämlich die Hutung der Stand-Schafe auf den Almen recht unordentlich ist und diese sich — wie wir schon feststellten — vielfach selbst überlassen bleiben, halten die Bergamasker Schäfer ihre Herden eng zusammen, weiden systematisch eine Parzelle nach der anderen ab und fangen dann wieder von vorn an (Stebler 1903, S. 156f.).
186 Auch der Wanderschäfer der römischen Campagna ist meist in den Bergen beheimatet. 15 Tage im Jahr hat er die Möglichkeit, mit seiner Familie zu leben. Diesen kurzen Aufenthalt nennt man den „Hirtenkarneval" (Sombart 1888, S. 84f.).
187 Paul Wirth 1951, S. 235.
188 Elli Müller 1938, S. 365f.
189 Staffler 1839, S. 301f.
190 Ebd.
191 Schafhirten 1808, S. 351f.
192 Sombart 1888, S. 83.
193 Scheuermeier 1943, S. 2.
194 Ebd.
195 Wie der Bergamasker Schäfer in Oberitalien, kennt auch der Schäfer in den Abruzzen kein Dach über dem Kopf. Eingehüllt in seinen Mantel verbringt er mit seinen Tieren die Nacht auf der bloßen Erde. Die Behausungen auf den Sommerweiden reichen von der Form des einfachen Windschirms bis zu Hütten, in denen auch gekäst werden kann. Vielfach behilft er sich aber auch mit einem Unterschlupf in Grotten oder unter Felsüberhängen (Scheuermeier 1943, S. 2).
196 Scheuermeier 1943, S. 1.
197 Sombart 1888, S. 84f.
198 Ebd., S. 87.
199 Da die Sommerweide meist auf Gebieten mit absolutem Schaffutter stattfindet, ist im allgemeinen wenig Gelegenheit zum Pferchen gegeben. Hier bezahlt der Schäfer oder der Schafhalter nur ein gewisses Pachtgeld, wenn die Sommerweide nicht überhaupt frei ist.
200 Vgl. auch Grass 1948, S. 156f.
201 Scheuermeier 1943, S. 3, Fig. 1. — Siehe auch S. 17.
202 Phieler 1934, S. 15, Anm. 1.
203 Bladé 1894, S. 515; Frödin 1940, S. 355f.; Aereboe 1918, S. 3; Dornheim 1937, S. 319, Anm. 2; Arbos 1924, S. 12; u. a.
204 Vgl. u. a. Arbos 1923, S. 565.
205 Bladé 1894, S. 521.
206 Grand 1950, S. 489.
207 Leonhard 1916, S. 347; Martonne 1904, S. 239; Bladé 1894, S. 525f.
208 Arbos 1924, S. 571f.
209 Frödin 1940, S. 361.
210 Arbos 1924, S. 571.
211 Ebd., S. 574f.
212 Ebd., S. 587f.
213 Ebd., S. 594.
214 Besitzer dieser Herden waren vor allem die französischen Klöster in den Alpen und Voralpen (Arbos 1924, S. 517; Jacobeit 1954b, S. 74.).
215 Hornberger 1959, S. 14; vgl. auch Martonne 1904, S. 239.
216 Arbos 1924, S. 575f.
217 Diese Glocken sind auf einen bestimmten Ton abgestimmt und werden lediglich auf der großen Wanderung getragen. Auf der Sommerweide werden sie wieder abgelegt (Moutons 1955, S. 8).
218 Arbos 1924, S. 575f.; — über das Stachelhalsband vgl. Leopold Schmidt 1960.
219 Aereboe 1918, S. 12.
220 Ebd.
221 Arbos 1924, S. 575f; vgl. auch Arbos 1923, S. 564.
222 Arbos 1924, S. 586f. — Solche Einrichtungen scheinen jedoch nicht vereinzelt zu sein, denn Kruse (1934, S. 63, Anm. 1) weiß zu berichten, daß an den Durchzugsstraßen der Schafherden in größeren Ortschaften, z. B. in Castillon, große Steingebäude errichtet sind, wo die Tiere übernachten können. Allerdings ist nichts davon gesagt, daß sie dort zusätzliches Futter bekommen.
223 Arbos 1924, S. 586f.
224 Frödin (1940, S. 374f.), der diesen Begriff von Philippe Arbos, La vie pastorale dans

les Alpes françaises. Etude de géographie humaine. In: Bulletin de la Société de l'Isère. Tome XLIII. Grenoble 1922, S. 600f. übernommen hat.

225 Frödin (1940, S. 374f.) und ergänzt durch F. Cusin, Les améliorations pastorales dans le département des Hautes-Alpes. L'économie alpestre française. In: Bulletin de la Fédération Française de l'économie alpestre. 13/1933. — „Pâtre" Nr. 72 vom März 1960 bringt zwei Abbildungen von der Einschiffung nordafrikanischer Schafe nach Frankreich aus dem Jahre 1894.

226 Siehe S. 61.

227 In seinem Aufsatz „Transhumanz und Wanderschäferei" (Jacobeit 1954b, S. 75) hat Verf. diese möglichen Zusammenhänge noch nicht gesehen und schloß sich der Auffassung an, daß die „transhumance commerciale" Arbos' wirkliche Transhumanz sei.

228 Vgl. Rinschede 1976.

229 Vgl. dazu Jacobeit 1954b, S. 75.

230 Vgl. Leupolz 1984.

231 Zu dem ganzen Komplex der Pyrenäen-Transhumanz vgl. Martonne 1904, S. 239; Bladé 1894, S. 516, 522ff.

232 Ein erster Bericht über die Tätigkeit der Kommission erschien in „Sbornik československé společnosti zeměpisné", Praha 1929, S. 64ff.

233 Martonne 1904, S. 240; vgl. auch Elli Müller 1938, S. 368f.

234 Leonhard 1916, S. 344.

235 Malaschofsky 1938, S. 817f.; vgl. auch Elli Müller 1938, S. 368f.; Petri 1825, S. 105f.

236 Vgl. Elli Müller 1938, S. 368f.; Mais 1947, S. 29f., S. 32f.; Smiljanic 1898, S. 54; Martonne 1904, S. 235f.; Höeg, 1925, S. 8.

237 Vgl. Mais 1947, S. 35f.; Elli Müller 1938, S. 368f.; Leonhard 1916, S. 344.

238 Heintl 1808, S. 398.

239 Ebd., S. 400. — Wir verweisen in diesem Zusammenhang auf das schon einmal genannte deutsche Sprichwort: „Im Herbst soll man dem Schäfer mit einem Stück Brot nachspringen ..."

240 „... bei den Bewohnern der Hercegovina, Montenegros und Südserbiens... sind es erfahrene Stammesmitglieder, denen die Herden anvertraut werden und nur die Unterhirten werden in Vertrag aufgenommen" (Mais 1947, S. 32f.).

241 Mais 1947, S. 33f.

242 Vgl. z. B. Maas 1930, S. 195.

243 Irimi 1965, S. 20f.

244 1959 haben Ethnographen aus Mähren, der Slowakei, aus Polen und Rumänien eine Arbeitskommission gebildet, die es sich zur Aufgabe gestellt hat, das Walachenproblem und die Formen der Schafhaltung im Karpatenraum eingehend zu untersuchen. Die von ihren Mitgliedern vertretenen Theorien weichen in machem von den Ansichten der älteren Forschung ab, können aber im Rahmen unserer Untersuchung, die aus angegebenen Gründen (s. S. 90) die balkano-karpatischen Probleme der Transhumanz nur streifen kann und darf, lediglich ergänzend eingefügt werden. — Dr. Podolák, Bratislawa, der mir seine Forschungsergebnisse zur Verfügung stellte, bin ich zu großem Dank verpflichtet.

245 Smiljanic 1898, S. 55f.

246 Král 1928, S. 112f.

247 Derselbe nimmt an, daß die Transhumanz schon Illyrern und Thrakern bekannt war.

248 Nach freundlicher Mitteilung von Dr. Podolák, Bratislava.

249 Král 1928, S. 112f. — Vgl. zu dem Gesamtkomplex „Vlachen" immer noch Macůrek (1959).

250 Vgl. dazu Arthur Haberlandt 1917, S. 19.

251 Král 1928, S. 112f.; vgl. auch Malaschofsky 1938, S. 815.

252 Malaschofsky 1938, S. 814.

253 Bei der unexakten Anwendung der Terminologie ist es nicht klar, ob mit Hochweidewirtschaft tatsächlich nur Transhumanz gemeint ist. Genau so gut könnte man darunter Alpwirtschaft verstehen.

254 Malaschofsky 1938, S. 816.

255 Vgl. hierzu auch Arthur Haberlandt 1917, S. 135.

256 Král 1928, S. 112f.

257 Malaschofsky 1938, S. 819.

258 Diese Ansicht können wir nicht teilen, denn Bevölkerungsverschiebungen pflegen besonders dann einzutreten, wenn kriegerisch-erobernde Handlungen im großen Maße vor sich gehen. In der Meinung Malaschofskys spiegelt sich eine Verkennung der Transhumanz wider, der man stets und zu Unrecht nomadistische Züge bzw. eine nomadistische Grundhaltung andichtet. Transhumanz ist ein durchaus unkriegerischer Vorgang, der — wie auf dem Balkan — zu gegenseitigen Beeinflussungen führt, Möglichkeiten der Kulturübertragung fördert usw.

259 Someşan 1934, S. 474.

260 Dr. Podolák hebt in einer brieflichen Mitteilung hervor, daß die Transhumanz einen großen Einfluß auf die Einigung der auf rumänischen Gebiet ansässigen zahlreichen ethnischen Gruppen ausgeübt habe; eine Tatsache, die auch die moderne rumänische Ethnographie ihren Untersuchungen zugrunde legt.

261 Martonne 1904, S. 225ff.

262 Arthur Haberlandt 1917, S. 122.

263 Seidel 1956/57, S. 55f.
264 Prof. Gavazzi (Zagreb) äußerte jedoch z. Zt. in einem Gespräch die Ansicht, daß von Bilinguismus bei wandernden Schäfern kaum die Rede sein könnte, da die Kontakte zwischen Wanderschäfern verschiedener Sprache z. B. auf der Sommerweide zu gering seien.
265 Giono 1937, S. 120f.
266 Dedijer 1916, S. 365.
267 Smiljanić 1898, S. 56.
268 Die angeführten Beispiele zeigen, welche Bedeutung die Erörterung und Beschäftigung mit wirtschaftsethnographischen Erscheinungen für die Lösung mancher kulturgeschichtlicher und sprachwissenschaftlicher Probleme haben können.
269 Someşan 1934, S. 469.
270 Král 1928, S. 113.
271 Malaschofsky 1938, S. 811.
272 Someşan 1934, S. 469f.
273 Malaschofsky 1938, S. 819.
274 Someşan 1934, S. 467.
275 Král 1928, S. 113f.
276 Irimie 1965, S. 23f.
277 Vgl. für Nordafrika: Elli Müller 1938, S. 367f.; Leonhard 1916, S. 333f.; Merner 1936, S. 61; Hermanns 1949, S. 98; Wölfel 1941; Bensch 1949, S. 282f. Für Kleinasien: Roscher 1860, S. 209, Anm. 1; Elli Müller 1938, S. 369; Hermanns 1949, S. 98; Frödin 1944; u. a.
278 Wir stellten bereits zu Beginn dieses Kapitels fest, daß echte Herdenwanderungen auch auf gleicher Höhenlage zwischen Sommer- und Winterweide durchgeführt werden.
279 Zeitschrift für Schafzucht IX/1920, S. 435f.; vgl. auch Hornberger 1951a; Jacobeit 1954b, S. 75ff.; Golf 1944, S. 110f.
280 Vgl. auch Zeitschrift d. Ges. f. Erdkunde 1920, S. 156.
281 Aereboe 1918, S. 11.
282 Münzinger 1944, S. 94f.
283 Johannes Heyne 1924, S. 365f.
284 Hornberger 1950e, S. 54; vgl. auch ds. 1951a bzw. Jacobeit 1954b, S. 75.
285 Diese aus früheren Publikationen Hornbergers zitierten Sätze erweisen deutlich, wie notwendig es ist, die drei Formen der Wanderweidewirtschaft streng auseinanderzuhalten.
286 Da man sich über den echten transhumanten Charakter der Wanderschäferei nicht recht klar ist, werden auch solche Formen der Schafhaltung als Wanderschäferei betrachtet, bei der die Herden eines Dorfes oder einer Genossenschaft tagsüber auf den Weiden eines nahe gelegenen Nachbarorts gehütet werden (Lahrkamp 1928, S. 9). Es nimmt dann freilich nicht wunder, wenn man über die Verbreitung der Wanderschäferei liest, daß sich — außer in Süd- und Westdeutschland — in den meisten Gebieten Deutschlands die „Wanderherden ... auf die Beweidung der Nachbargemarkungen" beschränken (Lahrkamp 1928, S. 8). — Typisch ist in diesem Zusammenhang auch, daß Thies (1925, S. 48) die italienischen „tratturi" mit Triftwegen in der Lüneburger Heide vergleicht.
287 Schmid 1955, S. 118.
288 Münzinger 1944, S. 94; vgl. auch Hutten 1938, S. 6; Hornberger 1955, S. 80; 1959, S. 14.
289 Hornberger 1955, S. 74f.
290 Das Kreuzungsprodukt zwischen ihnen und den heimischen Schafrassen war das allseits bekannte „Württemberger Schaf" (Hornberger, ebd.)
291 Vgl. Goeß 1798, S. 76; Wilhelm Pistorius 1838, S. 25.
292 Hornberger 1955, S. 74f. — Am Ausgang des 19. Jahrhunderts machte die Wanderschäferei mehr als 90% der gesamten württembergischen Schafhaltung aus. „Sie eroberte sich von Württemberg aussehend im 19. Jahrhundert, nachdem die engen territorialen Bindungen gefallen waren, ganz Süddeutschland und weite Gebiete darüber hinaus als einheitliches Wandergebiet, das ... sich bis in die Gegenwart erhalten und weiter ausgebaut hat" (Hornberger 1959, S. 59f.).
293 Schon bei der Besprechung der spanischen Transhumanz wiesen wir auf die Bedeutung dieses Datums hin.
294 Hornberger 1955, S. 81.
295 Ebd., S. 18f.
296 Hutten 1938, S. 6; Johannes Heyne 1924, S. 366.
297 Hornberger 1955, S. 82; zur Charakteristik der einzelnen Landschaften vgl. auch Hornberger ebd., S. 72, S. 73f., S. 75, S. 76; Aereboe 1918, S. 20, S. 22.
298 Mitt. von Herrn Freyer, Kahla.
299 Mitt. von Herrn Barthelmes, Zella-Mehlis.
300 Lahrkamp 1928, S. 25; Schäfereizeitung, Süddeutsche 27/1937, S. 720f.; Mitt. von Herrn Wiswe, Fummelse über Wolfenbüttel.
301 Frödin 1940, S. 74ff.; vgl. auch Hornberger 1955, S. 81f.
302 Hornberger 1951d; 1955, S. 82; vgl. auch die Hornbergers Publikation (1959) beigegebene Karte der Schafherdenwanderungen in der BRD.
303 Ebd.
304 Hornberger 1951a.
305 Das Heimatmuseum in Schalkau, Bez. Suhl, besitzt eine Schafsglocke, die im Ge-

gensatz zu den im allgemeinen handgeschmiedeten eisernen, aus Bronze gegossen ist und am unteren Rand die Einprägung „PARIS" trägt. Im Museum für Thüringer Volkskunde in Erfurt findet sich sogar ein dreifaches Geläut aus solchen Glocken. Zweifellos stammen diese Stücke von Parisfahrten süddeutscher Wanderschäfer, die ihre Winterweide in Thüringen gehabt haben mögen.

306 Hutten 1938, S. 8.

307 Ebd., S. 14.

308 Paul Wirth 1951, S. 235. — Wir erwähnen in diesem Zusammenhang, daß im rheinisch-westfälischen Raum die sauerländischen und Paderborner Schäfer die gleiche Achtung und Wertschätzung wie ihre süddeutschen Kollegen genießen (Lahrkamp 1928, S. 39).

309 Hutten 1938, S. 7f. — Wie die Deutsche Schäfereizeitung (42/1950, S. 106f.) zu berichten weiß, kapitulieren gut ausgebildete und erfahrene Gutsschäfer Norddeutschlands vor den Anforderungen der rheinischen Wanderschäferei.

310 Hutten 1938, S. 6, S. 8; vgl. auch Golf 1944, S. 111.

311 Aereboe (1918, S. 13f.) übernimmt aus der Illustrierten Landw. Zeitung (1912, Nr. 49) die Ansicht, daß es der fehlende Landbesitz des Wanderschäfers sei, der ihn zwinge, fürs ganze Jahr Weiden zu pachten. Man glaubt aus dieser Äußerung die Meinung herauslesen zu können, als sei die süddeutsche Transhumanz lediglich eine Folgeerscheinung dieses Mangels an Landbesitz.

312 Mitt. von Schäfermeister Müller, Gießen.

313 Münzinger 1944, S. 94; Hornberger 1959, S. 41ff.

314 Wächter 1839, S. 133f.; vgl. auch Roscher 1860, S. 223, Anm. 7; Zeitschrift für Schafzucht 15/1926, S. 47ff.

315 Volz 1845, S. 246; Hornberger 1955, S. 80. — Von 1442 bis um 1600 bestanden in Württemberg 36 namentlich bekannte herzogliche Schafhöfe bzw. Schäfereien. Dazu kamen 11 Orte für die Überwinterung (Hornberger 1959, Karte 2).

316 Zeitschrift für Schafzucht 15/1926, S. 47ff.; Wilhelm Pistorius 1838, S. 6.

317 Hornberger (1951a) spricht von der württembergischen Wanderschäferei als einer Erscheinung, die sich bis ins 14. Jahrhundert zurückverfolgen lasse.

318 Vgl. dazu die für diese Zeit entsprechenden Ausführungen im 1. Kapitel.

319 Z. B. werden — aber erst 1723 — in einem Generalreskript feste Triftwege für das Landgefährt bestimmt (Reyscher 1842, S. 1237ff.; Wilhelm Pistorius 1838, S. 12, Anm. 17).

320 Wilhelm Pistorius 1838, S. 9f.

321 Ebd., S. 12, Anm. 17.

322 Hornberger (1955, S. 80) schreibt, daß es auch schon früher die sog. „Landgefährtsbriefe" gegeben habe, amtlich beglaubigte Geleitbriefe, welche die herrschaftlichen Wanderschäfer mit sich zu führen hatten.

323 Ganz den landwirtschaftlichen Verhältnissen der Zeit entsprechend (siehe Kapitel 1) wurde in dieser Ordnung der Hauptgrundsatz geprägt, „daß durch das Waiderecht die Benützung des Grundeigenthums mittelst des Feldbaus nie beschränkt werden könne, während früher die Schäfer den Nichteinbau der Brache als ein Recht verlangten" (Wilhelm Pistorius 1838, S. 21).

324 Zeitschrift für Schafzucht 15/1926, S. 47ff.

325 Lahrkamp 1928, S. 11. — Interessant ist die Mitteilung Hornbergers (1959, S. 45), daß im 16. Jahrhundert „das Herzogtum Württemberg das einzige Territorium in Süddeutschland [gewesen sei], in dem sich eine bewegliche Weidewirtschaft nachweisen läßt. Alle Bemühungen durch Auswertung von Archivalien in anderen Territorien ähnlicher Größe, z. B. dem Fürstentum Ansbach-Bayreuth, dem Kurfürstentum Bayern u. a. gleiche Entwicklungen zu finden, blieb bis jetzt erfolglos".

326 Lahrkamp 1928, S. 11.

327 Aereboe 1918, S. 21.

328 Lahrkamp 1928, S. 63.

329 Mitt. von Reg.-Rat i. R. Lentes, Geldern.

330 Mitt. von Herrn Pesch, Zülpich; vgl. auch Hornberger 1955, S. 82.

331 Lahrkamp 1928, S. 27, S. 29.

332 Hornberger 1955, S. 72.

333 Wir möchten in diesem Zusammenhang wieder auf die Bedeutung der Transhumanz als einer Wirtschaftsform hinweisen, durch die Kulturübertragungen usw. gefördert werden. Siehe S. 95ff.

334 Hornberger (1959, S. 167) bezeichnet die Wanderschafhaltung „in dem geschlossenen mitteleuropäischen Verbreitungsgebiet zwischen den Alpen und dem Niederrhein, zwischen der Alb und der Côtes Lorraines ... als den m i t t e l e u r o p ä i s c h e n T y p u s der Transhumanz. Dies scheint um so eher erlaubt, als der klassische mediterrane Typus der Transhumanz bereits durch einen südfranzösischen Pyrenäentypus oder einen pannonischen Karpathentypus abgewandelt, und daneben auch der Begriff der tropischen Transhumanz geprägt wurde." Nach unseren Untersuchungen halten wir eine solche Differenzierung nach landschaftlichen Typen für nicht durchführbar. Die Abwandlungen der transhumanten Erschei-

nungsformen sind vom Gesamtbild her betrachtet nur gradueller Art, so notwendig es ist, sie im einzelnen kennenzulernen.
335 Vgl. Rieger 1966; Staiger 1983.
336 Aereboe 1918, S. 21f.
337 Lahrkamp 1928, S. 23. — Wie wir oben schon ausführten, ist auch Lahrkamp (ebd.) der Ansicht, daß der eigentliche Wanderschäfer keine Herbst- und damit auch keine eigentliche Frühlingsweide kennt. Er durchzieht in beiden Jahreszeiten bestimmte Landschaften, um so schnell wie möglich zur eigentlichen Sommer- und Winterweide zu kommen.
338 Mitt. d. Hist. Ver. zu Dillingen/Donau; vgl. auch Beck 1868, S. 527f.
339 Mitt. von Dr. Müller, Bayreuth.
340 Lahrkamp 1928, S. 68.
341 Ebd., S. 10.
342 Hutten 1938, S. 8.
343 Baum 1938, S. 254f.;
344 Göriz 1853, Teil 3, S. 33.
345 Mitt. d. Hist. Ver. zu Dillingen/Donau.
346 Bringemeier 1954, S. 80 / Prof. Schauerte, Paderborn.
347 Lahrkamp 1928, S. 15.
348 Aereboe 1918, S. 14.
349 Ebd., S. 21.
350 Mitt. von Prof. Hurtig, Greifswald.
351 Lindemans 1952, Bd. 2, S. 397.
352 Ebd., S. 398.
353 Mitt. von Dr. Fleuren, Lodon.
354 Lahrkamp 1928, S. 64. — Auch Aereboe (1918, S. 3) spricht von Wanderschäferei in England.
355 In welchem Umfang sich Transhumanz außerhalb Europas findet bzw. wie weit sie sich eventuell mit dem starken Anstieg der Schafhaltung in Australien, Amerika oder Südafrika herausgebildet hat, ist nicht Aufgabe dieser Untersuchung. Daß sie dort vorhanden ist, bezeugt Schmid (1955, S. 118), der „weitläufige Transhumanzwanderungen von Schafen ... aus dem Südwesten der Vereinigten Staaten von Nordamerika ... z. B. Züge aus der Gilawüste (Arizona) auf das Coloradoplateau" erwähnt. — Hornberger (1959, S. 29f.) beschreibt Beispiele von „tropischer Transhumanz" aus Südamerika, Abessinien und dem Himalayagebiet. — Es wäre aber eine lohnende Aufgabe wirtschaftsethnographischer Forschung, einmal der *Gesamt*-Erscheinung der Transhumanz nachzugehen, die in der Kulturentwicklung der Menschheit ganz fraglos einen hervorragenden Platz einnimmt. Erste Ansätze hierzu finden sich bei Bensch (1952), der die Zusammenhänge unserer Meinung nach allerdings etwas zu überspitzt sieht und zu stark schematisiert. — Eine Verbreitungskarte der Transhumanz auf der ganzen Welt (Hofmeister 1953, S. 172) ist unbrauchbar, da H. jegliches Wandern von Herden verzeichnet hat.
356 Vgl. dazu Jacobeit 1954c.
357 Mottek 1957, S. 29f.
358 Hančar (1956) bringt auf Seite 607—629 eine ausführliche sowjetische Bibliographie zu diesen Ausgrabungen und zur Interpretation ihrer Ergebnisse.
359 Hančar 1956, S. 78, Tabelle 24; vgl. Quitta 1952, S. 26f.
360 Tackenberg 1954, S. 78f.
361 Wenige Sätze vorher hat Tackenberg darauf aufmerksam gemacht, daß Schaf- und Pferdehaltung auf Kosten des Rindes zugenommen habe, ja dominierend geworden sei (Tackenberg, ebd.).
362 Ebd., S. 78f.
363 Hančar 1956, S. 78f.
364 Es ist hier nicht der Platz, zu der Frage Stellung zu nehmen, ob tatsächlich ein „Hackbau" die Form der damaligen Anbauwirtschaft war. Wir verweisen auf die Ausführungen von Kothe (1958), der die Frage der neolithischen Anbauformen behandelt hat. — Vgl. aber auch Ulrich Berner: Die Furchenstock-Theorie. In: Anthropos 54/1959, Fasc. 1—2, S. 218ff.
365 Tackenberg 1954, S. 78f.
366 Vgl. auch Mottek 1957, S. 29f.
367 Brüggemann 1954/55, S. 25.
368 Hančar 1956, S. 81ff.
369 Ebd., S. 397.
370 Otto 1955, S. 10.
371 Ebd., S. 29.
372 Vgl. die Ausführungen im Kapitel 1.
373 Otto 1955, S. 29.
374 Hančar 1956, S. 152.
375 Ebd.
376 Ebd., S. 148f.
377 Ebd., S. 148f., außerdem S. 152, S. 557, S. 558f.
378 Wenn wir hier von Transhumanz sprechen, so tun wir das unter einem gewissen Vorbehalt, dem Jettmar (1953, S. 8ff.) dadurch Ausdruck gegeben hat, daß er darauf aufmerksam macht, daß bei allen Überlegungen über Beginn, Grund, Konsequenzen usw. der Viehhaltung in früher Zeit nicht angenommen werden darf, sie „habe gleich in ihrer modernen, differenzierten Form eingesetzt". Wir müssen fest damit rechnen, daß hier ein lang anhaltender Prozeß mit vielen Vor- und Zwischenstufen, mit Fehlschlägen usw. vor sich gegangen ist, der sich freilich in den urgeschichtlichen Hinterlassenschaften kaum abzeichnen wird. Es wäre also richtiger, in diesem Zusammen-

hang eher von transhumanzartiger Wirtschaftsform, statt direkt von Transhumanz zu sprechen.

379 Hančar 1956, S. 558f.; vgl. aber auch ebd., S. 78f.

380 Unter Jelažnoje (Ejlažnoje-) oder Koševoje-Betrieb versteht Hančar (1956, S. 150) immer Transhumanz.

381 Bobek (1959, S. 272) sieht die Transhumanz ebenfalls als Übergangsform zwischen bäuerlichem Getreidebau und Nomadismus an. Auch was die Entstehung des Nomadismus anlangt, kommt er zu den gleichen Ergebnissen wie Hančar (ebd. S. 272f.).

382 Hančar 1956, S. 150.

383 Vgl. dazu Jettmar 1953, S. 11.

384 Verf. hat dazu bereits einige Hinweise geben können (Jacobeit 1954c, S. 164f.); vgl. auch Paret 1921, S. 72f., S. 78.

385 Vgl. wieder Jacobeit 1954c, S. 165f.; außerdem Nelli 1951; ebenso Wölfel 1942, S. 121.

386 Pittioni 1936, S. 39.

387 Pittioni 1931, S. 112f.

388 Hančar 1956, S. 30f.

389 Vgl. Gutzwiller 1936, S. 36.

390 Nietsch 1939, S. 197ff.

391 Kersten 1939, S. 49.

392 Otto 1955, S. 9.

393 Ähnlich äußerte sich s. Zt. Prof. La Baume, Unteruhldingen, in einer brieflichen Mitteilung.

394 Kothe 1958, S. 109f.

395 Ebd., S. 109.

396 Hančar 1956, S. 78f., S. 558f.

397 Ebd., S. 150.

398 Vgl. dazu auch Lahrkamp 1928, S. 7.

399 Boesch 1951, S. 204.

400 Nach Auskunft des Berliner Instituts für romanische Sprachwissenschaften der Akademie der Wissenschaften. — „Trashumanar" soll nach Hornberger (1959, S. 22) schon Dante im 3. Teil seiner Divina commedia im Sinne von „ein Wandern und ein Schweben, ein Durchschreiten der drei Reiche des Jenseits zu Gott" verwendet haben.

401 Vgl. u. a. Hofmeister 1953, S. 169. — Den Begriff „Transhumance" führte J. F. Bladé (Essai sur l'histoire de la transhumance dans les Pyrénées françaises. = Bull. de Géogr. hist, et descript. 1892) in die wissenschaftliche Literatur ein. Er übernahm ihn von Edmond de Limairac (Sur les avantages et les moyens d'entretenir de nombreux troupeaux. = Journal d'agricult. prat. et d'écon. rurale pour le Midi de la France. 2. Série, Tome 2, 1839, S. 161ff.) (nach Hornberger 1959, S. 22, Anm. 4).

402 Diese unklaren Vorstellungen haben z. B. zu folgender Formulierung geführt: „Die Transhumanten oder Ziehbauern haben ihren Namen vom Herumziehen der Kleinviehherden über angeerntete Äcker, welche auf diese Weise mit Schaf- und Ziegenmist gedüngt werden ..." (W. Straub: Grundriß einer allgemeinen Wirtschafts- und Handelsgeographie, München-Basel 1951. Zitiert nach Hofmeister 1953, S. 170). — Hütteroth (1959, S. 41) wendet „Zieh-Bauern" für Halbnomaden an. — Hornberger (1959, S. 24) lehnt den Terminus „Ziehbauerntum" ebenfalls ab.

403 Hančar 1956, S. 82, Anm. 5a.

404 Bensch 1952, S. 175f.

405 Mayer 1937, S. 774.

406 An Stelle von Ziehbauerntum schlägt Hornberger (1959, S. 24) „Wanderschäfertum" vor, einen Begriff, den wir durchaus akzeptieren.

407 Boesch 1951, S. 205, Fig. 1.

408 Einige charakteristische Merkmale über den Nomadismus ergänzte freundlicherweise Prof. Dr. Rolf Herzog, Freiburg.

409 Martonne 1904, S. 237, S. 241.

410 Vgl. auch Frödin 1940, S. 352.

411 Werth 1954, S. 106.

412 Werth 1950, S. 15; ds. 1954, S. 126f.

413 Siehe Anm. 52.

414 Boesch 1951, S. 202.

415 Wir möchten an dieser Stelle das Kain-Abel-Motiv erwähnen, unter dem vielfach das Verhältnis Schäfer bzw. Hirt — Bauer gesehen wird. Jettmar (1953, S. 2) meint, der Ursprung dieser alttestamentarischen Erzählung sei darin zu suchen, „daß Ackerbau und Viehzucht zunächst innerhalb einer Familie vereinigt sind. Erst nach dem Verbrechen gehen die Wege auseinander." Könnte man nicht annehmen, daß die Stufe der Gemeinsamkeit die Wanderschafhaltung, das „Verbrechen" aber der Übergang oder das Ausweichen zum Nomadismus gewesen ist, und daß sich dieser revolutionierende Vorgang in der Mythologie des Alten Testaments niedergeschlagen hat?

416 Siehe Anm. 378.

417 „Eine Schäferey heist nicht allein eine Scheune oder Stallung, darein die Schaafe gestellet werden, sondern es wird das alles, Scheuren, Stall, Schaafe, Wiesen und Weyde, damit die Schaafe müssen unterhalten werden, mit einem Worte eine Schäfery genennet" (v. Rohr 1738, Buch 6, Kap 8. § 19, S. 823f.).

418 Mais (1947, S. 9) spricht zwar auch von „mannigfachen Übergängen" zwischen den beiden Formen der Schafhaltung, bringt dafür aber leider keine Beispiele. Er unterscheidet aber für Europa Schafzucht mit und ohne Wanderschafhaltung (ebd.).

419 Vgl. Sanders 1876/85, Bd. 2, Teil 2, S. 880.
420 Aereboe 1918, S. 25.
421 Ebd.
422 Sachsenspiegel 1938, Buch 2, Artikel LIV.
423 Jacob Grimm 1840/78, Bd. 3, S. 484.
424 Ebd., Bd. 1, S. 513; ähnlich ein Weistum von Steinfeld im fränkischen Amt Rotenfels von 1494 (ebd., Bd. 6, S. 49).
425 Mitt. von Herrn Schuknecht, Dorsten/Westf.
426 Kellermann 1933, S. 728; vgl. auch Förstemann 1843, S. 49, § 23 und Jacob Wackernagel 1923, S. 29f.
427 Mitt. aus dem Stadtarchiv Nordhausen/Thür. (fol. 31, Art. 18, Sig. IV, B 1).
428 Ebd. (fol. 405, Art. 17, Sig. IV, B. 1).
429 Pfeiffer 1929, S. 212, Anm. 1.
430 Gabke 1780, S. 280f., § 503.
431 Ebd., S. 279, § 501; vgl. Hagemann 1807, S. 589, Anm. 2.
432 Kellermann 1933, S. 729.
433 Bezahlt wurde der Gemeindehirt bzw. der Gemeindeschäfer entweder nach der Anzahl des Viehs oder nach der Hufenanzahl des Berechtigten (Anton 1799/1802, Bd. 3, S. 357f.).
434 Klingner 1750, S. 238.
435 Auf diesen Begriff gehen wir später ein.
436 Kellermann 1933, S. 729.
437 Gabke 1780, S. 298f., § 533; vgl. dazu auch Buchda 1935, S. 218f.; Anton 1799/1802, Bd. 3, S. 355f., S. 402; Golf 1944, S. 57; Bartels 1900, S. 150; Könnecke 1912, S. 891.
438 Martin-Vogeding-Bedal 1984, S. 38f.
439 Aereboe 1918, S. 28.
440 Vgl. dazu Hildebrand 1866, S. 189f., S. 192ff.; Buchda 1935, S. 221f.; Krzymowski 1951, S. 152; Herre 1944, S. 164f.; Blümke 1944, S. 151f.; Aereboe 1918, S. 23f.
441 Auch Hornberger (1959, S. 41) hält die Gemeindeschäferei als „älteste schäferliche Wirtschftsform in Deutschland" für wahrscheinlich.
442 Aereboe 1918, S. 29.
443 Ebd., S. 26.
444 Freyer 1913, S. 326.
445 Herr Petersen, Seulingen, Kr. Duderstadt, teilt z. B. mit, daß in seinem Berichtsort die bis zur Verkopplung bestehende Gemeindeschäferei in eine Genossenschaftsschäferei ungewandelt wurde.
446 Wie z. B. das Heimatmuseum in Buttstädt mitteilt, war dort noch neben einer LPG-eigenen Herde eine genossenschaftliche Schafherde vorhanden.
447 Ullius 1928, S. 225.
448 Mitt. von Lehrschäfermeister Max Schütz (Thüringen).
449 Hornberger 1955, S. 78.
450 Vgl. z. B. Schäfereizeitung, Deutsche 40/1948, S. 75 und mehrere Mitteilungen.
451 Unabhängig von der jeweiligen Weidewirtschaftsform tragen die Schafe überall dort, wo sie genossenschaftlich gehalten werden, entsprechende Kennzeichen oder Besitzmarken. Sie sind also nicht nur an Gemeinde- oder Genossenschaftsschäferei im Sinne der „Standschäferei" gebunden.
452 Im östlichen Harzgebiet nannte man diese Kennzeichen „Ohrmalisen", die man auf eine recht rohe Art einkerbte. Das Ohr des Schafes wurde auf einen Pfahl gelegt, ein entsprechend geformtes Eisen angesetzt und dann zugeschlagen. (Mitt. v. Dr. Klokke, Ballenstedt/Harz.) — Eine Zusammenstellung der in der Lüneburger Heide gebräuchlichen Ohrmarken gibt Bormann (1941, S. 183). Die gleichen oder ähnlichen Zeichen finden sich jedoch nicht nur in Deutschland, sondern *überall* in Europa, wo Viehherden in Gemeinde- oder Genossenschaftsbesitz gehalten werden.
453 Das Aufmalen oder Stempeln geschah auf der Körperseite, die beim Heimtrieb der Tiere dem Hof zugekehrt war (Mitt. v. Dr. Klocke, Ballenstedt/Harz). — Vgl. über diese Art des Kennzeichnens u. a. auch Bringemeier 1954, S. 81 / Prof. Schauerte, Paderborn.
454 Vgl. Beyer 1937, S. 21; Weiß 1941, S. 121; Lorez 1943, S. 196f.; u. a.
455 v. Künßberg 1936, S. 151.
456 Deutschösterreich 1927, S. 247f.
457 v. Künßberg 1936, S. 148; Deutschösterreich 1927, S. 247f.
458 Stebler 1903, S. 159f.
459 v. Künßberg 1936, S. 151.
460 Vgl. aber Kunze 1892, S. 54f.; Kaindl 1894, S. 64; Goldstern 1922, S. 96f.
461 Brockhaus 1928ff., Bd. 17, S. 83.
462 Buchda 1935, S. 219; vgl. auch Gengler 1853, Kap. 180, S. 125f.
463 Hildebrand 1866, S. 193f.
464 Weisungen des Gerichts aus der Altenhaslauer Mark bei Gelnhausen von 1461 (Jacob Grimm 1840/78, Bd. 3, S. 417f.).
465 Ebd.
466 Hildebrand 1866, S. 193f.; vgl. auch Riedel 1832, S. 206; Schmoller 1871, S. 306f.; Römer 1939, S. 184.
467 Hildebrand 1866, S. 193f.
468 v. Friedenberg 1738, Kap. 30, S. 147, § 1.
469 Vgl. aber auch v. Benekendorf 1775, S. 96f.; Knapp 1902, S. 284; Hagemann 1807, S. 585f.
470 Eschenmayer 1809, S. 268.
471 Ebd.
472 Hagemann 1807, S. 584f.; vgl. auch Eschenmayer 1809, S. 268.

473 Ebd.
474 Eschenmayer 1809, S. 268.
475 Ebd.; fast wörtlich auch Hagemann 1807, S. 584f.; bei Gabke (1780, S. 278, § 499) hat man den Eindruck, als habe er Schäfereigerechtigkeit mit Schäfereirecht verwechselt.
476 Gabke 1780, S. 267, § 480.
477 Rudolf Schmidt 1936, S. 43; vgl. Hagemann 1807, S. 589.
478 Gabke 1780, S. 262, § 471; vgl. auch Eschenmayer 1809, S. 294; Hagemann 1807, S. 581; Göriz 1853, Teil 1, S. 58f. — vgl. Abb. e.
479 Gabke 1780, S. 263f., § 474; Quietzsch 1975.
480 Eschenmayer 1809, S. 295f.; vgl. auch Gabke 1780, S. 265f., § 477.
481 Eschenmayer 1809, S. 295f.
482 Hagemann 1807, S. 581. — Abb. e) läßt deutlich erkennen, wie leicht es für den Gutsschäfer war, von der „Schaftreibe" auf die Felder der Bauern überzuwechseln und dort Schaden zu stiften.
483 Vgl. Platner 1875, S. 258f.
484 Über die Verhältnisse am Hellweg (in der Grafschaft Mark und im Herzogtum Westfalen) schreibt v. Schwerz (1836, Teil 1, S. 257) bezeichnenderweise: „Nur einzelne große Höfe, und meistens alle adeliche Güter, halten Schafheerden, weil das Recht der Schafhut auf Gemeinheiten, des Sommers nach der Erndte auf den Feldern und des Winters auf den Weiden, nur diesen größern Wirthschaften anklebt". Und v. Engel (1791, S. 89f.) berichtet, daß in Sachsen „das Schaafhalten allein ein Vorrecht der Herrschaften [sei], und außer einigen Lehngerichten darf der Bauer nicht mehr als etliche Küchenschaafe halten"; ganz im Gegensatz also zu gewissen Bestimmungen der alten Dorfordnungen, wo die Grundherrschaft ihre Küchenschafe in der Herde der Gemeinde mittrieb.
485 Wir wollen auch nicht vegessen, daß es außerdem unter der „starken Beanspruchung bäuerlicher Frondienste ... natürlich doppelt gewinnbringend [war], herrschaftliche Großschäferei zu betreiben" (Tröge 1940, S. 130). — Schon im 13. Jahrhundert kam es zwischen Bauern und dem mittelrheinischen Kloster Eberbach zu Streitigkeiten, ja zu Tätlichkeiten über die Weiderechte. Erst nach Urteilsspruch der päpstlichen Gerichte verzichteten die Bauern auf die ihnen zustehenden Rechte (Epperlein 1960, S. 36ff.).
486 Anton 1799/1802, Bd. 3, S. 403.
487 Vgl. Grupp 1919, S. 91; Mitt. von Herrn Lüders, Rhene, Kr. Wolfenbüttel.
488 Wie Dr. Thierfelder, Altenburg/Thür. mitteilte, besaß das Rittergut Wilchwitz ehedem in 43 (!) Dörfern Hutungsrechte.
489 Mitteilung von Herrn Jeremias, Neuhausen/Erzgebirge, der für die Beantwortung unseres Fragebogens eine Durcharbeitung noch unbekannter Purschensteiner Gutsakten vorgenommen hat.
490 Vgl. z. B. Faber 1784, S. 72f.; v. Benekendorf 1775, S. 98; Tröge 1940, S. 130; Boll 1855/56, Bd. 1, S. 367; Mitteilungen, Niederlausitz 1904, S. 129 und mehrere Mitteilungen.
491 Rechte 1957, S. 341ff.
492 Siehe S. 30.
493 Vgl. einen Landtagsabschied vom 10. Januar 1566 (Gesetze 1765/69, Bd. 1, S. 496), in dem es u. a. heißt, daß sich wegen der Schäfereigerechtigkeiten „auch sonst viel Zankens und Widerwillens zuträgt".
494 Dafür nur ein Beispiel: Als die herzogliche Schäferei in Camburg a. d. Saale als unrentabel aufgelöst wurde (1658), mußten die mit der Schäferei- und Triftgerechtigkeit belasteten Dörfer als Ausgleich eine jährliche Rente zahlen (Mitt. von Herrn Türk, Camburg).
495 Es kann uns daher nicht überraschen, wenn sächsische Bauern am 28. August 1790 vor dem Amtmann zu Penig Beschwerde darüber führen, daß sie fünfzig(!) Jahre lang vergeblich gegen die Übergriffe der herrschaftlichen Schäferei- und Triftgerechtigkeit prozessiert hätten (Mitt. von Herrn Schönfeld, Moritzburg/Sachsen).
496 Quietzsch 1975.
497 Frau Herzberg, Hoyerswerda teilte z. B. mit, daß 1668 die Bauern des Dorfes Neida beim Amtsvogt über den markgräflichen Schäfer Beschwerde führen, der ihnen zwei Roggenschläge abgeweidet hatte. — Die Akten des Gutsarchivs Purschenstein berichten über ähnliche Schritte der Bauern aus den Jahren 1556 und 1623 (Mitt. von Herrn Jeremias, Neuhausen/Erzgebirge).
498 Das Dorf Rottleben bestimmte (1550 bis 1570): „Es sol keiner recht haben, einen eigen hirten antzunehmen, ehr sey Edel ader Bauer, sondern sol ein Vihe unter den gemeinen dorf hirten gehen und hueten lassen, damit die gemeinen hirten von einer Samblunge der gemein erholten werden müchte. Wo sich aber einer das unterstehen würde, so oft es geschieht, soll ehr der gemein mit funf Schneb. zur straf verfallen sein und gleichwohl seinen eigenen hirten abschaffen" (Mitt. vom Stadtarchiv Nordhausen/Thür. [fol. 119, Art. 23, Sig. IV, B1]).
499 Vgl. Römer 1939, S. 184.

500 Zahlreiche Sagen legen dafür Zeugnis ab.
501 So Rittergutsbesitzer Crusius auf Sahlis (1843!) (Mitt. von Dr. Thierfelder, Altenburg/Thür).
502 Heimatkalender des Kreises Lebus 1931, S. 85 (nach Mitt. von Prof. Müller, Angermünde). — Im Verlauf des großen Schönbergischen Bauernaufstands von 1658 schickte der Edelmann von Planitz seine Reiter und seine Schäfer mit den Hunden in ein aufrührerisches Dorf, um dort Vergeltung zu üben. Der Schäfer nimmt also an einer herrschaftlichen Exekution teil. Herr Schönfeld, Moritzburg/Sachsen, der uns diese Mitteilung nach der Durchsicht von bisher unpubliziertem Quellenmaterial machte, führt noch einen ähnlichen Fall an, in dem ein herrschaftlicher Schäfer als „Gutspolizei" fungiert und einen Bauern, der für den Neubau seines Hofes die dafür benötigten Steine auf eigenem (!) Grund und Boden brach, wegen „geschmälerter Schafhaltung" anzeigte.
503 Leonhard 1916, S. 341, Anm. 1; vgl. auch Klingner 1750, S. 237f.
504 Leonhard 1916, S. 341.
505 Mitt. von Herrn Schönfeld, Moritzburg/Sachsen.
506 Mitt. v. Dipl. ethn. H. Fröhlich, Vogtlandmuseum Plauen.
507 Mitt. von Dr. Thierfelder, Altenburg/Thüringen.
508 Mitt. von Lehrer Jung, Schmölln, der sich um die Erhaltung des dortigen Gutsarchivs große Verdienste erworben hat.
509 Mitt. von Herrn Jeremias, Neuhausen/Erzgebirge.
510 Hetzger 1937, Heft 6.
511 Solche rein willkürlichen Maßnahmen der Gutsherrschaften sind nicht zu verwechseln mit notwendigen Anweisungen der Landesherren, ja der Gemeinden selbst, nur soviel Schafe zu halten, als es die Weiden erlauben.
512 Heimatkalender des Kreises Lebus 1931, S. 85.
513 Vgl. auch Barthelmes 1955, S. 8.
514 Wir haben diese Dinge hier ausführlicher abgehandelt, um auf ein regionalhistorisch-volkskundliches Problem aufmerksam zu machen, das in seiner weiteren Verbreitung und geschichtlichen Tiefe einer eingehenderen Untersuchung wert wäre und von R. Quietzsch (1975) bereits für die Zeit der Frühbürgerlichen Revolution behandelt wurde. Wirft es doch ein scharfes Schlaglicht auf die vom Klassenkampf bestimmten Verhältnisse zwischen Bauern und herrschender Feudalklasse; vgl. hierzu neuerdings und grundsätzlich Kuczynski (1980).
515 Mitt. von Herrn Schönfeld, Moritzburg/Sachsen.
516 Brüggemann 1954/55, S. 26.
517 Schnucken 1954, S. 3f.
518 Dageförde 1929, S. 39.
519 Hüser 1939, S. 15.
520 Mitt. des Stadtarchivs Landsberg/Lech.
521 Vgl. z. B. Heckscher 1938, S. 129 und mehrere Mitteilungen.
522 Vgl. Heckscher 1930, S. 808 und mehrere Mitteilungen.
523 Bringemeier 1954, S. 65 / Hermann Hildebrand, Münster.
524 Kreisblatt 1952; Linde 1904, S. 36; Thies 1911, S. 58 und mehrere Mitteilungen.
525 Heckscher 1938, S. 94, S. 129, S. 151; Reinstorf 1937, S. 117; Thies 1925, S. 42; Dageförde 1929, S. 31f.; Thies 1923, S. 65 und mehrere Mitteilungen.
526 Heckscher 1938, S. 129; Reinstorf 1937, S. 117; Bringemeier 1954, S. 14 / Heinz Bügener, Ahaus und mehrere Mitteilungen.
527 v. Binzer 1899/1900, S. 25 und mehrere Mitteilungen.
528 Heckscher 1938, S. 139 und mehrere Mitteilungen.
529 Mitteilung der Museumsverwaltung Hermannsburg.
530 Bomann 1941, S. 180f.
531 Ebd., S. 138.
532 Ebd., S. 180f.; Kück 1906, S. 55.
533 Kück 1906, S. 64.
534 Mitt. von Lehrer Niebuhr, Schützendorf, Kr. Harburg.
535 Vgl. Jacobeit 1954a, S. 157. — Siehe auch S. 133.
536 Mitt. aus Wanne-Eickel.
537 Walter Schreiber 1928; Festschrift 1865, S. 124f.
538 Poppinga 1926, S. 17.
539 Brüggemann 1954/55, S. 328.
540 Ebd.
541 „Tüdern" ist eine allgemeine Hüteart bei Einzelviehhaltung.
542 Poppinga 1926, S. 18.

Kapitel III

1 v. Amira 1902/26, Tafel 64.
2 Jacobeit 1954a, S. 152f; vgl. auch Rechtsquellen 1910/41, Bd. 1, S. 170f.; Könnecke 1912, S. 669, Anm. 1.
3 Hornberger 1955, S. 24; vgl. Hirsch 1764, S. 4ff.
4 Ebd., S. 21.
5 Dillner 1944, S. 561; vgl. auch Golf 1944, S. 57.
6 Vgl. u. a. Hornberger 1955, S. 21.

7 Vgl. z. B. Aereboe 1918, S. 27; Sohnrey 1924, S. 321; Mitt. aus Brockzetel, Kr. Aurich; Mitt. aus Bad Neustadt/Saale; Mitt. aus Schatense, Kr. Ülzen; Mitt. aus Holland.

8 Vgl. z. B. Scholz III. 1841, S. 195f. — Die Fachleute des Landwirtschaftsrechts sind in dieser Frage nicht einhelliger Meinung. U. E. liegt das daran, daß sie zu ungenau differenzieren, und daß die angeführten Beispiele andere Typen betreffen, aber nicht den ausgesprochenen Lohnschäfer (vgl. ebd., S. 196, Anm. 1; Hagemann 1807, S. 101; Klinger 1750, S. 201f.; Könnecke 1912, S. 247f.; Gabke 1780, S. 293, § 524).

9 Willems 1948b, S. 185f.

10 „Ueber den empfangenen Lohn, mag er in Geld oder Naturalien bestehen, pflegen selten Quitungen gestellt zu werden. (Ein sogenannter Kerbstock vertritt oft die Stelle der Quitung)". (Scholz III. 1841, S. 197.)

11 Vgl. aber Jacobeit 1957a, S. 191.

12 Vgl. zur Bezahlung des Lohnschäfers: Wrede 1924, S. 187f.; Kück 1906, S. 81; Könnecke 1912, S. 651; Bock 1926, S. 13; Heckscher 1930, S. 220; Ullius 1928, S. 247; Schlag 1907/08, S. 479; aber auch Smiljanić 1898, S. 54.

13 Eschenmayer 1809, S. 271; vgl. auch v. Benekendorf 1775, S. 125.

14 Schäferordnung 1818.

15 Vgl. dazu Jacob Wackernagel 1923, u. a. S. 26.

16 Schon aus den Dorfordnungen, die wir kennenlernten, ergab sich, daß alles getan wurde, um zu verhindern, daß ein Dorf hirtenlos wurde, d. h. aber auch, daß man nicht ohne weiteres irgendwelche Leute als Schäfer dingen konnte.

17 Vgl. dazu Richter 1925, S. 50.

18 Wopfner 1925, S. 285f., Nr. 225.

19 Rudolf Schmidt 1939, S. 81.

20 Jacob Wackernagel 1923, S. 48f.

21 Codex Augusteus 1724, Teil 3, Sp. 94.

22 Ebd., Sp. 123.

23 Lindemans 1952, Bd. 2, S. 418, Anm. 46.

24 Ebd.

25 Langethal 1856, S. 242f.

26 Vgl. Jacob Wackernagel 1923, S. 73, Anm. 1 (allerdings schon aus dem 16. Jahrhundert); v. Friedenberg 1738, Bd. 1, Kap. 30, § 2, S. 154f.

27 Vgl. auch Schäferordnung 1705, S. 12f.

28 v. Friedenberg 1738, Bd. 1, Kap. 30, § 2, S. 154f.; vgl. aber auch Schafzucht 1952, Bd. 1, S. 23aff.; Scholz III. 1841, S. 191f.

29 Z. B. Falke 1868, S. 108.

30 v. Lengerke 1831, S. 277f.

31 Man sprach von ihnen als den Kostknechten oder Kostschäfern, die im Grunde nicht viel besser als Lohnschäfer gestellt waren. Was sie von diesen jedoch unterschied, war die Befugnis, „eine Anzahl ihnen eigenthümlich gehörender Schafe als Vorvieh in die Heerde zu bringen und bei ihrem Abzuge mit hinweg zu nehmen" (Odebrecht 1847, S. 293). — v. Benekendorf (1775, S. 129f.) nennt sie „eine Erfindung eigennützjger Eigenthümer, welche den Schäfern den Vortheil, den sie bey dem Aufmengen genießen, nicht gönnen, sondern sich solchen lieber selbst zueignen wollen". Gewiß mag in einer Reihe von Fällen der Standpunkt v. Benekendorfs zutreffend sein. Wir werden aber im weiteren Verlauf unserer Darstellung sehen, daß die Einsetzung eines Kostschäfers auch als eine Art Notmaßnahme gegen die Übergriffe der Mengeschäfer gewertet werden kann.

32 Boll 1855/56, Bd. 2, S. 481f.

33 Odebrecht 1847, S. 293f.

34 Ebd.

35 Vgl. Thaer 1811, S. 113; Dillner 1844, S. 562,; Odebrecht 1847, S. 293f.; Jacobeit 1954a, S. 154. — Wir kommen im anderen Zusammenhang noch einmal auf diese Fragen zurück.

36 Prof. Staudinger, Löbau/Sachsen, teilte mit, daß der Oberschäfer des Löbauer Ratsvorwerks „Menger" (also Mengeschäfer) genannt wurde.

37 Eschenmayer 1809, S. 272.

38 Hirsch 1764, S. 4ff.

39 Eschenmayer 1809, S. 271f.; vgl. auch v. Benekendorf 1775, S. 128.

40 Vgl. dazu Tröge 1940, S. 131.

41 Er wird bisweilen auch als Wild- oder Triftschäfer bezeichnet.

42 Eschenmayer 1809, S. 272; vgl. auch v. Benekendorf 1775, S. 129.

43 v. Benekendorf 1775, S. 129; vgl. auch Eschenmayer 1809, S. 272; Odebrecht 1847, S. 293; Dillner 1944, S. 561; Aereboe 1918, S. 14f.

44 In Frage kommt eigentlich nur die Verpachtung der vorhandenen Schäfereigerechtigkeit einer Gemeinde. Es würde unserer Meinung nach dem gemeinschaftlich-genossenschaftlichen Charakter einer Gemeindeschäferei widersprechen, wollte ein Pachtschäfer die Gemeindeherde in der oben beschriebenen Form eines Pachtvertrags nutzen; vgl. aber Eschenmayer (1809, S. 273, § 226), der gewisse Klauseln gegen Betrug für den Fall eingesetzt wissen will, daß ein Pachtschäfer tatsächlich den Herdenbestand einer Gemeindeschäferei pachten sollte.

45 Siehe S. 76f.

46 Mitt. v. Landwirtschaftsrat Blümke, Northeim/Hann.
47 Odebrecht 1847, S. 293.
48 Gemeint sind hier Mengeschäfer.
49 „Demnach auch bey vorgegangener Unruhe, und der Haußwirthe auf dem Lande erfolgeten Ruin, derer Hirten und Schäfere, insonderheit derjenigen, so ihre eigene Schaafe zu halten der Herrschafft zugebracht, Stoltz und Hochmuth also gewachsen, daß sie fast nicht gewust, wie sie die Herrschafft mit Lohn übersetzen, oder sonsten an Pacht übervortheilen sollen, denselben hinfüro der Gebühr nach abzuhelfen", soll eine Ordnung erlassen werden, nach welcher sich Schäfer und Herrschaft zu richten haben. (Codex Augusteus 1724, Teil 3, Sp. 459.)
50 v. Engel 1791, S. 32.
51 Ebd.
52 Ebd., S. 32ff.
53 Ebd., S. 94.
54 Mitteilung von Pfarrer i. R. Bettac, Beetz, Kr. Oranienburg.
55 Mitteilung von Rektor Hoffmann, Hittfeld über Hamburg-Harburg.
56 Mitteilung von Museumsleiter Burmeister, Hohenwestedt.
57 Frahm 1890, S. 245, Nr. 6.
58 Jahn 1890, S. 57f., Nr. 72.
59 Haas (1912, S. 187, Nr. 215) erzählt die gleiche Sage in gekürzter Form, ergänzt aber noch einige historische Daten, wonach „in der zweiten Hälfte des achtzehnten Jahrhunderts ... zu Grabitz und Breesen (Kr. Rügen) ein Herr von Schlagenteufel [gewohnt habe], dessen Vater früher ein armer Schäfer gewesen, aber unvermutet zu großem Reichtum gelangt war". Das Gut Grabitz soll „später in den Besitz des Klosters St. Jürgen vor Rambin" gelangt sein; vgl. auch Zaunert 1927, S. 70f. — Hartmann (1930, S. 27) berichtet aus Nordwestmecklenburg: „Ja, dat is ok vökam', dat so'n Scheper eines gauden Dags ... sülben Her up'n Hof worden is un dull wirtschaft het, un sin Säöhn oke Enkel is gar Eddelmann worden; ick weit von so'n Fall."
60 Jahn 1890, S. 26ff., Nr. 35.
61 Bartsch 1879, Bd. 1, S. 260f., Nr. 337.
62 Haas 1912, S. 193ff.
63 Gesetze 1765/69, Bd. 3, S. 832, Tit. X.
64 Corpus 1740, Abt. 3, Sp. 89, § 25 (Aus der „Pauer Gesinde, Hirten und Schäffer Ordnung..." vom 16. Juni 1646); vgl. auch Odebrecht 1847, S. 298f.
65 Pauly-Wissowa 1921, 2. Reihe, 3. Hlbbd., Sp. 389.
66 Becker-Dillingen 1935, S. 709.
67 Gutsschäfereien 1935, § 2, Abs. II.
68 Ebd. und § 3.
69 „Eigentlich hat ein Schäfer seinen Nahmen von der Schäferey, und ist derowegen kein Hirt zu nennen, dieweilen er die meiste Zeit mit Anordnung, was zur Schäferey und Hausshaltung gehöret, zubringet, ingleichen wie die Pferch-Ställe auf dem Felde anzuordnen und zu schlagen, woran auch sehr viel gelegen ist; darbey muss der Schaaf-Meister auch offt auf das Felde gehen, und fleissig zusehen, ob die Knechte auch fleissig und treu seyn" (Schäfer 1710, S. 24).
70 Im holländischen Drenthe nennt man ihn auch „Geburtenschäfer" (Tiesing 1943, S. 306ff.).
71 Thaer 1811, S. 111.
72 Unveröffentlichtes Material aus dem Wossidlo-Archiv der Akademie der Wissenschaften der DDR in Rostock (aus Schönbeck und Roggenhagen). (Im folgenden zitiert als WAR.)
73 Hornberger 1955, S. 77.
74 Mitt. von Dr. Lademann, Berlin; Golf 1920, S. 121.
75 Mitt. von Herrn Mertin, Delitzsch/Sachsen; Mitt. von Dr. Barnewitz, Bützow/Mecklenburg; Mitt. von Herrn Freitag, Mehrstetten; Mitt. von Rektor Bäthge, Ebergötzen.
76 Mitt. von Rektor Bäthge, Ebergötzen.
77 Mitt. von Landwirtschaftsrat Hering, Stuttgart-Zuffenhausen.
78 Gigot 1947, S. 206.
79 Mitt. von Herrn Mertin, Delitzsch/Sachsen.
80 WAR (aus Ahrenshagen, Kr. Güstrow).
81 Mitt. von Lehrer Schmidt, Löderburg-Staßfurt; Mitt. von Herrn Duden, Bad Sülze/Mecklenburg.
82 Neben einer Anzahl eigener Schafe konnte der Meisterknecht eine Barentlohnung von ca. 97 Reichstalern bekommen (v. Lengerke 1831, S. 282; vgl auch schon Corpus 1740, Abt. 3, Sp. 44: „Renovirte Gesinde Hirten u. Schäffer Ordnung" v. 3. Dez. 1644).
83 WAR.
84 Mehrere Mitteilungen.
85 Ebd.
86 Mitt. aus Dettum, Kr. Wolfenbüttel.
87 Knapp 1902, S. 55, S. 177.
88 Ebd., S. 177, Anm. 7; vgl. auch Bossert 1886, S. 124f.
89 Sachsenspiegel 1938, Buch 2, Art. LIV.
90 Mitt. von Schulrat a. D. Borst, Bad Neustadt/Saale.
91 Hornberger 1955, S. 24.
92 Hirsch 1764, S. 98f.
93 Mitt. von Herrn Wolff, Wadern/Saar; vgl. auch Dillner 1941, S. 240f.; 1944, S. 561.
94 Gesetze 1765/69, Bd. 3, S. 825.

95 Moriz Heyne 1906, Bd. 3, Sp. 246; vgl. auch Jacob und Wilhelm Grimm 1893, Sp. 2002f.; Florinus 1702, S. 1030.
96 Hermann Fischer 1901ff., Bd. 3, Sp. 1692.
97 Dillner 1941, S. 240f.; 1944, S. 561.
98 Neues Testament, Johannes 10, Vers 12/13.
99 Jesse 1950, S. 18.
100 Nach einer Mitt. von Herrn Mertin, Delitzsch/Sachsen.
101 In diesem Zusammenhang spielt natürlich auch eine Rolle, daß die Gemeindeschäfer oft arme, eingesessene Leute waren, ohne die erlernten Kenntnisse der herrschaftlichen Schäfer (nach Unterlagen des Hofgutes Dagstuhl, mitgeteilt von Herrn Wolff, Wadern/Saar).
102 Nach einer Mitt. vom Altmärkischen Museum in Stendal.
103 v. Amira 1902/26, Tafel 64, Erläuterungen I, S. 418.
104 Vgl. z. B. Zaunert 1927, S. 172; 1929, S. 308; u. a.; siehe S. 425.
105 Hirsch 1764, S. 98f.; Gabke 1780, S. 287, § 515.
106 Schwalm 1917, S. 35.
107 Ein alter französischer Schäfer berichtet: „... à chaque porte de chaque bergerie, à chaque claie de chaque parc, j'ai toujours vu accrocheé la bouteille de nicotine ou de crésyl pour l'avoir sous la main en permanence, tant cette gale était maligne et fréquente" (Pâtre 44/1957, S. 10). Er nennt die Räude eine „triste célébrité de ce mal redoutable, de cette corvée pour le berger" (ebd.).
108 Mitt. von Herrn Jacobi, Stadtilm.
109 Hutten 1938, S. 7f.
110 Schäfereizeitung, Deutsche 42/1950, S. 106f.
111 Ebd. 46/1954, S. 93f. — Möglicherweise lassen sich auch gewisse Sagen, auf die wir noch später eingehen werden, auf solche Streitigkeiten zurückführen.
112 Nach Mitt. von Herrn Duden, Bad Sülze/Mecklenburg.

Kapitel IV

1 Scholz III. 1841, S. 187.
2 Wir können in unserem Zusammenhang die anderen unehrlichen Gewerbe nur so weit behandeln, als sie zur Erklärung und Interpretation gewisser Vorgänge um die Schäfer notwendig sind.
3 Frensdorff 1907, S. 35f.; Schmieder 1939, S. 115, Anm. 7.
4 Frensdorff 1907, S. 35f.; Wissel 1929, Bd. 1, S. 72.
5 Neuburg 1880, S. 28f.
6 Bischoff 1927, S. 222.
7 Benno Schmidt 1914, Bd. 1, S. 351, § 9.
8 Vgl. Wissel 1929, Bd. 1, S. 72, S. 73, S. 79; Benno Schmidt 1914, Bd. 2, S. 162, § 16; Gleisberg 1956, S. 79; v. d. Ropp 190 7, S. 191, S. 415 (Nr. 239, § 6) und mehrere Mitt.
9 v. d. Ropp 1907, S. 191.
10 Christian Meyer: Quellen zur Geschichte der Stadt Bayreuth, S. 21 (zitiert nach einer Mitt. von Oberstudiendirektor Hartmann, Bayreuth).
11 Grupp 1925, S. 148.
12 Nach Mitt. von Herrn Höfer, Ehrenfriedersdorf/Erzgebirge befand sich diese Verordnung in einer Akte der dortigen Schuhmacherinnung.
13 Meitzen 1869, S. 506.
14 Aller deß Heiligen Römischen Reichs gehaltene Reichstäge ... 1660, S. 472, Tit. XXXVII, § 1; vgl. auch Schade 1856, S. 255f., Anm.; Gerstlacher 1791, S. 2061.
15 Benno Schmidt 1914, Bd. 2, S. 411, § 31.
16 Aller deß Heiligen Römischen Reichs gehaltene Reichstäge ... 1660, S. 866f., Tit. XXXVIII, § 1; vgl. auch Schade 1856, S. 255f., Anm.
17 Und doch müssen auch andere Fassungen der Ordnung von 1577 kursiert sein — ob vielleicht von den Zünften bewußt verbreitet, kann hier nicht untersucht werden —, die einen Gegensatz zu der ersten Erklärung von 1548 darstellen und unter den Juristen eine gewisse Verwirrung hervorgerufen haben, denn ein Mann wie Adrian Beier (1688, S. 67f.) ist sich völlig im unklaren, wie er sich bei einer Entscheidung, ob ein Schäferskind in die Zunft aufgenommen werden soll oder nicht, verhalten muß, da es im Gegensatz zu 1548 in der zweiten Erklärung von 1577 heiße: „Von Handwercks Söhnen, setzen und ordnen Wir, daß Bader, Barbierer, Müller, Leinweber, Hirten, Schäfer, Zöllner, Spielleute und dergl. Personen als Ambts-Frohnen, Stadt- und Land-Knechte Kinder, keine andere Handwercke denn ihre Eltern lernen, noch zu den Zünfften auffgenommen werden möchten."
18 Münter 1804, S. 226f., Anm. 5.
19 Sächsisches Landeshauptarchiv Dresden, Loc. No. 518, Fol. 1321.
20 Wissel 1929, Bd. 1, S. 87.
21 Frauenstädt 1902, S. 942, Anm. 3.
22 Florinus 1702, S. 1030f.
23 Ebd.
24 Ebd.
25 Frankenberg 1719, S. 41f.
26 Wissel 1929, Bd. 1, S. 87.
27 V. Ludewig 1743, S. 554, Anm. 14.
28 Vgl. v. Friedenberg 1738, Kap. 30, § 3, S. 156; Woltereck 1750, S. 90, S. 405; Cor-

pus 1740, Sp. 639ff., Nr. XII; Codex Augusteus 1724, Bd. 1, Sp. 1585f.; 1772, Tl 2, Sp. 582, Abs. IV; Wissel 1929, Bd. 1, S. 82f.; Thieling; Andree 1896, S. 160 und mehrere Mitt.

29 Publiziert u. a. bei Jacob Gottlieb Sieber 1771, S. 241f.; Schade 1856, S. 255f., Anm.; vgl. auch Wissel 1929, Bd. 1, S. 558.

30 Gerstlacher 1791, S. 1991, Anm.; Kulenkamp 1807, S. 86.

31 v. Friedenberg 1738, Kap. 30, § 3, S. 156.

32 Beneke 1889, S. 21.

33 Mitt. des Krahuletz-Museums Eggenburg/Niederösterreich.

34 Klingner 1750, S. 200, Anm. 1.

35 Beerdigungsbuch von Wunsiedel 1724, S. 379, Nr. 10 (nach Mitt. von Archivpfleger Jäger, Wunsiedel).

36 Ebd. 1727, S. 418, Nr. 15.

37 Im „Journal von und für Deutschland" 1784, Teil 1, S. 447ff.; ebd., S. 63; ebd. 2. Teil, S. 360 finden sich eine Anzahl von Schilderungen über die Behandlung anderer „Unehrlicher".

38 Möser 1914, Bd. 1, S. 235.

39 Ebd., S. 233ff.

40 Corpus 1740, Sp. 639ff., Nr. XII; vgl. auch Wissel 1929, Bd. 1, S. 82.

41 Sächsisches Landeshauptarchiv Dresden, Loc. No. 518, Fol. 1321.

42 Friess 1895, S. 92f; Christian Meyer 1895, S. 5f.

43 Daß einige Landesherren so lange gezögert haben, den Schäfern eigene Zünfte zu gewähren, ja sie verboten, wenn diese sich aus eigener Initiative zusammengeschlossen hatten, liegt wohl in der allgemeinen negativen Einstellung dem Zunftwesen gegenüber begründet. Wir kommen darauf im folgenden Kapitel ausführlich zu sprechen.

44 Sartori 1910ff., Bd. 2, S. 147.

45 Thieling.

46 Mitt. von Prof. Müller, Angermünde.

47 Meitzen 1869, S. 506.

48 Sachsenspiegel 1938, Buch 1, Art. XXXVIII; vgl. auch Gengler 1853, S. 30, Cap. XXXVIII.

49 Vgl. dazu Christain Meyer 1891, S. 31; v. Loersch 1907, S. 72f.; Stahl 1874, S. 110f.

50 Thomasische Gedanken 1720, S. 195; zur Frage der Einführung des römischen Rechts und ihren Folgen vgl. in unserem Zusammenhang v. Zangen 1785, S. 7ff.; Budde 1842, S. 120f.

51 Beneke 1889, S. 5f.

52 Kulischer 1954, S. 198f.

53 v. Zangen 1785, S. 23; Eisenhart 1759, S. 62.

54 Stahl 1874, S. 84; v. Zangen 1785, S. 23.

55 Rudolf Weinhold (1958) bringt eine große Anzahl von Belegen für die Absonderung der einzelnen Handwerkszünfte, die sich z. B. in einer sehr strengen Auslese der Bewerber für das Töpfergewerbe ausdrückt und nur in der Furcht vor wirtschaftlicher Konkurrenz seine Erklärung findet; vgl. auch Stobbe 1893, S. 417; Stahl 1874, S. 148f.; Koehne 1915, S. 17f.; Mottek 1957, S. 179 sowie Beiträge in der von W. Abel und K. H. Kaufhold herausgegebenen Reihe „Göttinger Beiträge zur Wirtschafts- und Sozialgeschichte", namentlich die Bände 1 und 9.

56 Vgl. dazu Schmoller 1871, S. 348ff.; — Sehr treffend bezeichnet Rudolf Weinhold (1958, S. 38) das von den Zünften so forciert herausgestellte Unehrlichkeitswesen als ein „borniertes Vorurteil".

57 Frenzel-Karg-Spamer 1932. S. 199f.

58 Ebd.

59 Von mir hervorgehoben.

60 Aubin 1915, S. 588.

61 Frenzel-Karg-Spamer (1932, S. 199f.) lehnen dies zugunsten ihrer „Bibel-Theorie" ab.

62 Mitt. von Pfarrer Dannheimer, Schweinsdorf b. Rothenburg o. d. Tauber; Schäfertanz 1932, S. 15.

63 Wissel 1929, Bd. 1. S. 564.

64 Frauenstädt 1902, S. 943.

65 Florinus 1702, S. 1029.

66 Lahrkamp 1928, S. 41; vgl. auch Blum 1780/82, Bd. 2, S. 133f., Nr. 531.

67 Daß die Schäfer bei ihren Betrügereien öfter gefaßt wurden, erweisen eine ganze Reihe von Volkserzählungen. Hierzu nur ein Beispiel aus Gust im ehemaligen Kreis Bublitz (Jahn 1890, S. 567, Nr. 706, II): Ein Schäfer namens Ahrendt hatte hinter einem Berge ein Schaf geschlachtet, um Fell und Fleisch zu verkaufen. Da erschienen drei Krähen und schrien hintereinander:
„Ååndt ! Åândt ! Åândt !"
„Schlacht Schåpp ! Schlacht Schåpp !
Schlacht Schåpp !"
„HinnenBâårch ! Hinnen Bâårch !
Hinnen Bâårch !"
Das Gekrächze vernahm der Herr und faßte den Dieb. — Aus anderen Landschaften gibt es hierzu ähnliche Sagen, auf die wir noch zu sprechen kommen werden.

68 v. Friedenberg 1738, Kap. 30, § II, S. 150f.

69 Vgl. ebd.; — Hönn (1753, S. 385ff.) führt eine ganze Liste all der Vergehen auf, deren sich die Schäfer gemeinhin schuldig machten.

70 v. Friedenberg 1738, Kap. 30, § II, S. 150f.

71 Vgl. u. a. Florinus 1702, S. 1029.

72 Könnecke 1912, S. 894f.

73 Ebd.

74 Andree 1889, S. 77.

75 Vgl. z. B. v. Friedenberg 1738, Kap. 30, § II, S. 150f.
76 Ebd.
77 Colerus 1604, Buch 12, Kap. XIV, S. 257.
78 Das Sprichwort „Es ist nicht jeder ein Schäfer, der einen Stab trägt“ (Eckart 1899a, S. 180f., Nr. 2604) zeigt, daß durchaus zwischen wirklichen Schäfern und solchen, die sich als Schäfer ausgaben, unterschieden wird.
79 v. Benekendorf 1775, S. 132, Anm. a.
80 v. Friedenberg 1738, Kap. 30, § II, S. 150f. — Wir erinnern in diesem Zusammenhang an die auf S. 184 gemachte Feststellung, daß die Verarbeitung von Raufwolle den Handwerker in den Verruf der Unehrlichkeit bringen konnte. Warum? Diese Wolle war natürlich billiger und darum sicher auch begehrt. Man konnte sie aber wohl nur durch direkte Verhandlungen mit dem „unehrlichen“ Schäfer erwerben. Im übrigen war sie ja von diesem gerauft, also berührt worden. Die Hantierung mit Raufwolle barg für den Handwerker also durchaus die Gefahr in sich, unehrlich zu werden. — Die mindere Güte der Raufwolle wirkte sich natürlich auf die Qualität des Tuches aus. (Siehe dazu S. 49.)
81 WAR.
82 Amtsurkunden 1915, S. 304, Nr. 206.
83 Falke 1868, S. 108.
84 Zincke 1744, Sp. 2543; Zedler 1742, Bd. 34, S. 740 (zitiert nach Friess 1895, S. 111).
85 v. Friedenberg 1738. Kap. 30, § II, S. 150.
86 Heckscher 1938, S. 180.
87 Mitt. von Herrn Pälecke, Gardelegen.
88 Mitt. von Herrn Kade, Römhild/Thür.; ähnlich auch eine Mitt. von Dr. Engel, Eversberg/Ruhr.
89 Wander 1867/80, Bd. 3, Sp. 762, Nr. 58.
90 Mitt. des Hist. Ver. z. Dillingen/Donau; vgl. auch Koehne 1915, S. 37; Eckart 1899a, S. 80f., Nr. 2608.
91 Koehne 1915, S. 37.
92 Mitt. von Herrn Freitag, Mehrstetten, Kr. Münsingen; ähnlich ist eine Variante aus dem Braunschweigischen, die allerdings nur Schneider, Leineweber und Müller, aber keinen Schäfer nennt (H. Beck 1899, S. 81ff.).
93 v. Künssberg 1925, S. 125; als Liedstrophe vgl. Hornberger 1955, S. 189.
94 Heiske 1956, S. 78; als Liedstrophe vgl. Hornberger 1955, S. 189.
95 Mitt. des Hist. Ver. z. Dillingen/Donau.
96 Das schon in anderem Zusammenhang zitierte Sprichwort „Im Herbst soll man dem Schäfer mit einem Stück Brot nachspringen und im Frühjahr mit dem Besenstiel“ (Baum 1938, S. 254f.) spiegelt so recht die Situation wider: Im Herbst ist er der begehrte Mann; da steht ihm die Weide in Hülle und Fülle zur Verfügung. Im Frühjahr aber, wenn der Bauer keinen Wert mehr auf das Pferchen legt, wird die Weide knapp und mancher Schäfer treibt wohl seine Herde schnell einmal über die junge Saat, um die Tiere nicht allzu schwach werden zu lassen. Das ist dann die Zeit der Auseinandersetzung zwischen Bauer und Schäfer.
97 Mitt. von Landwirtschaftsrat Kruse, Damme i. O.
98 Mitt. von Lehrer Stephan, Uetze, Kr. Burgdorf.
99 Andere Berichte entbehren freilich solcher Komik: „ Am Niederrhein wurden im Winter 1952 auf 53 einige Schäfer zum Schrekken der gesamten Landbevölkerung. Sie bahnten sich ihren Weg durch Weidezäune und über Saaten, um auf das entlegenste Stammkohl- oder Rübenfeld zu gelangen. Wer hinter ihnen herkam, mußte fast annehmen, es habe dort ein alliiertes Truppenmanöver stattgefunden. Es ist sogar vorgekommen, daß die Schäfer gegen die geschädigten Bauern Ringkämpfe austrugen. Es gibt noch viele derartige Beispiele“ (Schäfereizeitung, Deutsche 46/1954, S. 165). — Es ist im übrigen interessant festzustellen, daß die Schäfer selbst, wenn man sie nach dem Grund ihrer „Unehrlichkeit“ fragt, entweder ganz entrüstet aufbegehren, es gäbe kaum einen Beruf, der ehrlicher als der ihre sei, oder aber meinen, daß der Grund im widerrechtlichen Abweiden der Felder läge (Mitt. von den Schäfermeistern Paul Abe, Langula, Kr. Mühlhausen; Karl Müller, Altengottern, Kr. Mühlhausen; Johann Gaedt, Bad Sülze/Mecklenburg; Rudolf Nau, Heblos/Hessen u. a.)
100 Baum 1938, S. 254f.
101 Hornberger 1955, S. 219.
102 Mitt. d. Heimatver. der Heinsberger Lande.
103 v. Ditfurth 1855, S. 255f., Nr. 335.
104 Mitt. des Stadtarchivs Gera.
105 Hörmann 1926, XV, S. 12f.; mehrere Mitt.
106 Ebd.
107 Wir meinen, daß zur Zeit des Vorherrschens der Gemeindeschäferei die Dorfgemeinschaft bestrebt war, einen Schäfer oder Hirten so fest wie möglich an den Ort zu binden.
108 Wir werden im folgenden Kapitel auf diese Schäfer noch eingehender zu sprechen kommen.
109 Engelien-Lahn 1868, S. 103, Nr. 67.
110 Mitt. von Rektor Bäthge, Ebergötzen, Kr. Göttingen-Land.
111 Jacob und Wilhelm Grimm 1893, Sp. 2002; vgl. auch Spiess 1869, S. 28.

112 Aus dem ungedruckten Nachlaß Mensings mitgeteilt von Bibliotheksdirektor Dr. Klose, Kiel-Wik (aus dem Kirchspiel Kaltenkirchen, Kr. Segeberg).
113 WAR.
114 Andree 1896, S. 160; — Die gleiche Erzählung hat auch Richard Wossidlo in Mecklenburg aufgezeichnet (WAR).
115 Bringemeier 1954, S. 59 / Johannes Brand, Benhausen.
116 Mitt. von Herrn Schreck, Kranichfeld/Thür.
117 Walter Diener 1925, S. 215.
118 Rechte 1957, S. 341ff.
119 Grupp (1919, S. 29, Anm. 1) schreibt in diesem Zusammenhang, daß nach mittelalterlichen Bestimmungen der Schäferstab am oberen Ende eine Spitze trug, die den Hirten ins Kinn stach, wenn er stehend einschlief und sein Kopf dabei vornüber fiel.
120 v. Löher 1891/94, Bd. 1, S. 247.
121 Fricke 1913b, S. 80.
122 Rantasalo 1953, S. 50ff.
123 Von mir hervorgehoben.
124 Fricke 1913b, S. 81.
125 v. Sawicki 1915/16, S. 72.
126 Volckmann 1921, S. 332; vgl. auch Wissel 1929, Bd. 1, S. 70; Handwörterbuch 1927ff., Bd. 8, Sp. 1400; Dillner 1944, S. 545; Hörmann 1926, XV, S. 34; Stahl 1874, S. 138ff.; „Leipziger Sammlungen von ... wirtschaftlichen, Policey- Finanz- und Cammerwesen dienlichen Nachrichten", IV/1746, S. 947 (zitiert nach Wissel 1929, Bd. 1, S. 78); mehrere Mitt.
127 Gfrörer 1866, S. 140f.
128 Maurer 1862/63, Bd. 1, S. 6.
129 Cunow 1926/31, Bd. 2, S. 427.
130 Ebd., Bd. 3, S. 308.
131 Witzschel 1866/78, Bd. 2, S. 107, Nr. 130.
132 Beneke 1889, S. 4f., S. 13; Hörmann 1926, XV, S. 34; Möser 1914, Bd. 1, S. 233ff., Nr. 49; Frensdorff 1907, S. 39.
133 Möser 1914, Bd. 1, S. 233ff., Nr. 49.
134 Frensdorff 1907, S. 39, Anm. 2.
135 Jacob Grimm 1840/78, Bd. 2, S. 444; vgl. auch ebd., S. 215.
136 Ebd., S. 370f.
137 Mone 1864, S. 13ff.
138 Lamprecht 1886, S. 524.
139 Könnecke 1912, S. 380.
140 Codex Augusteus 1772, Teil 2, Sp. 1240, 8.
141 Ebd., Sp. 1258.
142 Ebd. 1806, Teil 3, Sp. 605, 8.
143 Ebd. 1772, Teil 2, Sp. 1374.
144 Ebd., Sp. 1243f., Abs. 9.
145 Mitt. von Pfarrer Schäfer, Losheim/Saar.
146 Mitt. von Herrn Rux, Fehrbellin. (Akte: „Aufstellung einer Landsturmkompagnie Fehrbellin".)
147 Sachsenspiegel 1938, Buch 2, Artikel LIV.
148 Wir verweisen hierzu noch auf einige Beispiele: Am 8. Juli 1300 verkaufte der Schäfer zu Silhofen Wetzlarer Bürgern einen Acker, den er s. Zt. selbst von diesen gekauft hatte (Ernst Wiese 1911, S. 225, Nr. 478). — Im gleichen Jahr — am 9. August — nennt eine Wetzlarer Urkunde den Schäfer Walter und dessen Frau „con[ci]ves nostri (!) (ebd. S. 225, Nr. 480). — „Theodericus, natus quondam Waltheri opilionis" wird 1316 ein Bürger Wetzlars genannt (ebd., S. 369, Nr. 885). — Diese angeführten Urkundenbelege zeigen gleichzeitig, daß zu Beginn des 14. Jahrhunderts von einer allgemeinen Unehrlichkeit der Schäfer im Hessischen noch nicht die Rede sein kann.
149 Stobbe 1893, S. 418; v. Zangen 1785, S. 47.
150 Gerstlacher 1788, S. 1768; 1791, S. 2061.
151 Estor 1757, S. 431, § 1009.
152 Eckhardt 1935, S. 93.
153 Rechtsbuch 1941, S. 200/201.
154 Ebd., S. 106/107, S. 122/123.
155 v. Zangen 1785, S. 15f.
156 v. Maurer 1824, S. 245; vgl. auch Osenbrüggen 1858, S. 147.
157 Osenbrüggen 1858, S. 342; vgl. dazu auch Wehner (1887, S. 197), welcher die Ansicht vertritt, daß, als Scharfrichter und Henker noch ehrlich waren, der Schinder bereits gemieden wurde.
158 Codex Augusteus 1772, Teil 2, Sp. 908, § 9b und c.
159 In einer erweiterten, den gleichen Gegenstand behandelnden Verordnung vom 13. Mai 1780 müssen bereits vier Wochen Gefängnis angedroht werden (Codex Augusteus 1806 Teil 1, Sp. 798, § 50).
160 Ebd. 1772, Teil 2, Sp. 588, Absatz XIII, 1.
161 Ebd., Sp. 779ff.
162 Für gewöhnlich mußte das krepierte Vieh im ganzen vergraben werden.
163 Codex Augusteus 1772, Teil 2, Sp. 908, § 9b und c.
164 Von mir hervorgehoben.
165 Brockhaus 1928ff., Bd. 1, S. 33; vgl. auch Wehner 1887, S. 201.
166 Haefcke 1906, S. 9.
167 Von mir hervorgehoben.
168 Thieling.
169 Wissel 1929, Bd. 1, S. 102.
170 Vgl. eine schlesische Gesindeordnung vom 1. März 1652 bzw. ein oberamtliches Patent vom 9. September 1676 (v. Friedenberg 1738, Kap. 30, § II, S. 150).
171 Vgl. z. B. Hörmann 1926, XV, S. 35; Wissel 1929, Bd. 1, S. 102; Pfeufer, S. 349; mehrere Mitt. aus beiden deutschen Staaten und dem benachbarten Ausland.

172 Wissel 1929, Bd. 1, S. 109.
173 Rechtsquellen 1910/41, Bd. 1, S. 111.
174 Jacob Grimm 1840/78, Bd. 6, S. 231, 34.
175 Stadtarchiv Windsheim B 357—359. Nach frdl. Mitt. von Prof. Dr. K. S. Kramer, Kiel.
176 Colerus 1604, Buch 12, Kap. 22, S. 269.
177 In früheren Zeiten wurden die Hirtenhunde in erster Linie zur Abwehr der Wölfe gehalten. Sie waren besonders stark und sind nicht mit unseren heutigen Schäferhunden, die als Hütehunde abgerichtet sind, zu verwechseln. Die ungarischen Hunderassen „Komondor" und „Kuvasz" dürften diesem Typ des Wach- und Abwehrhundes in Zentraleuropa entsprochen haben.
178 Vgl. auch Schubart 1935, S. 654f.; Hirsch 1764, S. 98ff.
179 Mitt. von Archivpfleger Jäger, Wunsiedel.
180 Ebd.
181 Aus der Metzgerordnung der Stadt Bayreuth von 1464 (?) erfahren wir: „Keyns schefers son soll man auf das Handwerk zue Leerknecht nit nehmen, der selbs mit der Hand Schelmen geschunden oder dazu geholfen hat" (Mitt. v. Oberstudiendirektor Hartmann, Bayreuth).
182 v. Zangen 1785, S. 48f.
183 Ebenso rechnet Estor (1757, S. 427, § 997) neben Gerichts- und Amtsdienern, Landsknechten und deren Familien die Schäferskinder ausdrücklich nicht zu den Unehrlichen, obwohl es in einem noch zu behandelnden Sprichwort heiße: „Schäfer und Schinder sind Geschwisterkinder".
184 Um 1750 wünschte ein westfälischer Schafhalter in die Bauernschaft seines Dorfes aufgenommen zu werden. Das Ersuchen wird abgelehnt. Ein Jahr später stellt der Betreffende noch einmal den gleichen Antrag. Da wird ihm bedeutet, daß man seinem Wunsche nur willfahren könne, wenn er ein Jahr lang einen Schäferknecht halte, da er sonst einem Abdecker gleichkomme (Mitt. von Herrn Engels, Geseke/Westf.). Offenbar soll der Knecht alle als Schindertätigkeit angesehenen Arbeiten ausführen. — Vgl. auch Eccardus 1907, S. 289; Hornberger 1955, S. 40f.; Zacke 1882, S. 345; u. a.
185 Wissel 1929, Bd. 1, S. 98.
186 Kersting 1857, Sp. 14.
187 Ebd.
188 Zeitschrift, Mecklenburgische 1895, S. 310ff.
189 v. Zangen 1785, S. 44f.
190 v. Rohr 1738, Buch 6, Kap. 9, § 1, S. 836.
191 v. Zangen 1785, S. 44f.
192 Vgl. u. a. Wissel 1929, Bd. 1, S. 81; Handwörterbuch 1927ff., Bd. 8, Sp. 1404, Anm. 41; Hornberger 1955, S. 41; Eckart 1899a, S. 180f., Nr. 2609; mehrere Mitt.
193 Sohnrey 1924, S. 392; vgl. auch Lüpkes 1925, S. 192; Schambach 1863, S. 88, Nr. 352.
194 „Mine Kinner un minen Cousin sien Kinner, dat sünd Böölkenkinner." (WAR).
195 WAR.
196 Hornberger 1955, S. 41; Mitt. von Museumspfleger Heckel, Langenau b. Ulm.
197 v. Zangen 1785, S. 17; Koehne 1915, S. 39.
198 Hornberger 1955, S. 41; Mitt. von Museumspfleger Heckel, Langenau b. Ulm.
199 Das gleiche Sprichwort teilte uns freundlicherweise auch Heimatpfleger Nowraty, Schlitz aus Hessen mit.
200 Mitt. von Herrn Volland, Gerstungen/Thü.
201 Koehne 1915, S. 38.
202 Ebd.; vgl. auch Wander 1867/80, Bd. 4, Sp. 188, Nr. 8 (a. d. Sauerland); Wolff 1905, S. 209.
203 Mitt. von Dr. Held, Schönebeck/Elbe (aus Ohrsleben, Kr. Oschersleben).
204 Mitt. von Dr. Hansen-Ostfalen, Eilsleben (a. d. Magdeburger Börde).
205 Hornberger 1955, S. 41.
206 Koehne 1915, S. 42.
207 Wander 1867/80, Bd. 4, Sp. 72.
208 WAR; vgl. auch Klenz 1910, S. 67; Wossidlo 1910, S. 133.
209 Gottfried August Bürger nennt in seiner bekannten Ballade „Kaiser und Abt" den Schäfer „Hans Bendix".
210 Mitt. von zwei Schäfern aus Bad Sulza.
211 Mitt. von Herrn Wurche, Sondershausen; Mitt. von Herrn Herre, Weimar, der den gleichen Namen ebenfalls aus dem Kreis Sondershausen belegt.
212 Angstmann 1928, S. 6.
213 Vgl. Günther 1919, S. 182.
214 Klenz 1910, S. 66.
215 Kerler 1905, S. 168.
216 Klenz 1910, S. 66f.
217 Nach Angstmann (1928, S. 6) soll Luther in seinen Schriften öfter von Meister Bendix als dem Henker sprechen.
218 Ebd.
219 Mitt. des Heimatmuseums Stolberg/Harz.
220 Mitt. von Herrn Wurche, Sondershausen.
221 Mitt. des Gemeindeamts Hedeper, Kr. Wolfenbüttel.
222 Zander 1952, S. 24.
223 Friess 1895, S. 112.
224 Vgl. u. a. Beneke 1889, S. 18.
225 Wir werden im gegebenen Zusammenhang auf diese Dinge noch näher zu sprechen kommen.
226 Beim Schäfer war das sogar im mehrfachen Sinne der Fall, denn er war sowohl als Hüter der Herde oft lange Zeit von zu Hause fort,

hatte nachts die Aufsicht über den Pferch und stand, wenn er sich noch als Schinder betätigte, aus seuchenpolizeilichen Bedingungen außerhalb der Gemeinschaft.

227 Mitt. von Schulrat a. D. Borst, Bad Neustadt/Saale. — Wir verweisen im gleichen Zusammenhang auch auf Artikel 16 des Entwurfs einer sächsischen Schäferzunftordnung von 1729, auf die wir im folgenden Kapitel ausführlich eingehen werden.

228 Hornberger 1955, S. 41.

229 Hirsch 1764, S. 98ff.; vgl. auch ebd., S. 93.

230 Siehe S. 120f.

231 Florinus 1702, S. 1030; vgl. auch Rieck 1928, S. 172.

232 Vgl. dazu Dillner 1944, S. 563.

233 Mitt. von Schulrat a. D. Borst, Bad Neustadt/Saale.

234 Mitt. von Archivpfleger Jäger, Wunsiedel.

235 Brauneis 1951, S. 174.

236 Staatsfilialarchiv Ludwigsburg A 228 (zitiert nach Hornberger 1955, S. 45).

237 Lohre 1921, S. 174f., Nr. 270. (Sagen dieses Inhalts werden allerdings auch von Jägern, Soldaten usw. erzählt.)

238 WAR (aus Klütz, Kr. Schönberg).

239 Ebd. (aus Neubrandenburg).

240 Lahrkamp 1928, S. 40.

241 Schäfereizeitung, Deutsche 44/1952, S. 135.

242 Ebd. 40/1948, S. 75.

243 Schäfermeister Müller ist auch in seinen weit bekannten und geschätzten Gedichten immer wieder für die Ehrenrettung seines Standes eingetreten. Als Beispiel mögen einige Verse aus seinem Festgedicht für den Schäfertag von Hungen 1922 zitiert sein:

„In Ägypten ist der Hirtenstand
Dereinstmals auferstanden,
Er war geachtet im ganzen Land
Bei König, Fürst und Banden.

Bei Israel war's auch noch so,
Da galt der Hirt noch etwas.
Da waren noch die Leutchen froh,
Die Zeiten halt, die brachten's.

War'n wir nicht auch die Zeugen
Als Christ geboren ward?
Da stand bei seiner Herde
Der Hirte fromm und hart."

Andere Verse lauten so:

„Wenn früh aufsteht ein jeder Schläfer,
Marschiert schon heim der faule Schäfer.

Den Faulen hat man ihn genannt,
Weil seine Arbeit nicht bekannt
Den meisten Herrn in Dorf und Hof
Und doch ist er ein Philosoph.

Kein Studium der neuen Zeit
Uns irgendwie die Kunst verleiht,
Die Kenntnisse sind uns angeboren,
Sonst sind wir radikal verloren."

Auch für die Reinhaltung des Schäferberufs von zwielichtigen Elementen hat sich Müller in seinen Gedichten eingesetzt. Davon folgendes Beispiel:

„Ein Schäfer, der nicht hat Talent,
Man ganz mit Unrecht Schäfer nennt.
Die Sache ist so einfach nicht,
Sonst kommst du oft vor das Gericht,
Das treffen muß all' solche,
Die den Beruf erdolchen.

Ein Schurke, der nicht Hirte ist,
Der gar nichts kennt von Schafen,
Den kriegen wir einmal mit List,
Denn wir ham ausgeschlafen.

Wenn jener anfängt müd zu sein,
Dann geht es los bei Mondenschein
In sein Gehege feste,
Dann gibt's was auf die Weste".

Das Festgedicht für Hungen, aus dem diese Beispiele stammen, ist vollständig bei Hornberger (1955, S. 239ff.) publiziert.

244 Mitt. von Bürgermeister Klewe, Bad Sulza.

245 Goertz-Wrisberg 1880, S. 23.

246 Schäfereizeitung, Deutsche 38/1946, S. 120.

247 Mitt. von Schäfermeister Paul Abe, Langula, Kr. Mühlhausen/Thür.

248 Schäfereizeitung, Norddeutsche 33/1941, S. 208.

249 Mitt. von Herrn Rux, Fehrbellin.

250 Mitt. von Landwirtschaftsamt und Landwirtschaftsschule Coburg.

251 Mitt. von Bürgermeister Klewe, Bad Sulza.

252 Hornberger 1955, S. 30.

253 Ebd.

254 Hirsch 1764, S. 92f.

255 „Weck Herrschaften nehmen bloot son, dee ut't Schepergebläut wiren" (WAR).

256 Vgl. dazu auch Hornberger 1955, S. 32.

257 Zollikofer 1920, S. 446f.

258 Mitt. von Herrn Wolff, Wadern/Saar.

259 Hutten 1938, S. 8; vgl. auch Schäfereizeitung, Deutsche 48/1956, S. 377.

260 WAR.

261 Vgl. Göhre 1944, S. 494.

262 Schäfereizeitung, Deutsche 48/1956, S. 377.

263 Hörmann 1926, XV, S. 30.

264 Gassies 1909, S. 9f.; siehe S. 415f.

265 Vgl. auch Hastfer 1754, S. 185f.; Beneke 1889, S. 24; Hörmann 1926, XV, S. 29f.

266 „Von der freiheitlichen und demokratischen Gesinnung der mittelalterlichen Zünfte war bei den Zünften des 17. und 18. Jahrhunderts jedenfalls nichts mehr zu spüren" (Gleisberg 1956, S. 66).

Kapitel V

1 Hornberger 1955, S. 61.
2 Hornberger 1950a, S. 381.
3 Wir lassen dabei selbstverständlich nicht das außer Betracht, was wir bereits über das gegenseitige Verhältnis zwischen den einzelnen Schäfertypen konstatieren konnten. Beides schließt jedoch einander nicht aus.
4 Hornberger 1955, S. 31.
5 Schäfereizeitung, Norddeutsche 33/1941, Schäfereizeitung, Deutsche 48/1956, S. 377.
6 Mitt. von Rektor Spangenberg, Ebstorf, Kr. Ülzen.
7 Dürrbeck 1953, S. 93.
8 Hornberger 1955, S. 37.
9 Keutgen 1903, S. 171; vgl. auch Eberstandt 1900, S. 8ff.; Siegfried Sieber 1916, S. 64.
10 Mottek 1957, S. 179.
11 Ebd.
12 Keutgen 1903, S. 171.
13 Kötzschke 1924, S. 585.
14 Die Kirche kennt zweierlei Arten von Brüderschaften: Solche die — seit dem Tridentinum — von den kirchlichen Behörden gutgeheißen wurden und ,,lose Vereinigungen von Gläubigen, die sich zusammen taten, um eine alljährliche wiederkehrende ,Jahrzeit' zu halten" (Henggeler 1956, S. 9f.). Sie bedurften der kirchlichen oder kurialen Zustimmung nicht. — Diese letzte Form entspricht wohl am ehesten der handwerklichen Brüderschaft, wenn Henggeler auch das nach Mottek (1957, S. 179) Primäre einer handwerklichen Verbandsbildung, das Ökonomische, nicht erwähnt. Diese Brüderschaften, in denen zweifellos Religiöses mitwirkte, benutzte die Kirche, um ihren Einfluß geltend zu machen. Denn nach dem Verfall des Brüderschaftswesens im Zeitalter der Reformation, erfolgte ein neuer, starker Aufschwung im 17. und 18. Jahrhundert (Henggeler 1956, S. 9), in der Zeit der Gegenreformation und des Kampfes gegen die Aufklärung. In diese Perioden fallen wohl die meisten der Wendelinus-Brüderschaften, zu denen sich namentlich die Sennen zusammenfanden (vgl. dazu Hornberger 1955, S. 56).
15 Vgl. Eberstadt 1900, S. 1; Frensdorff 1907, S. 13.
16 Vgl. Hornberger 1955, S. 50.
17 Schnizlein 1922, S. 26.
18 Das Motiv ist in den Sagen sehr häufig.
19 Festschrift 1951; vgl. auch Hornberger 1955, S. 126.
20 Hornberger 1955, S. 125.
21 Schaeff-Scheefen 1950, S. 54.
22 Hornberger 1955, S. 125.
23 Schnizlein 1922, S. 28f.
24 Ebd.
25 Vgl. auch Hornberger 1955, S. 125.
26 Stadtarchiv Rothenburg Nr. 2183 (zitiert nach Schnizlein 1922, S. 26f.).
27 Der gesamte Wortlaut der Urkunde findet sich im Anhang.
28 Stadtarchiv Rothenburg Nr. 992 (zitiert nach Schnizlein 1922, S. 26f.).
29 Römer 1939, S. 172; Hornberger 1955, S. 43. — Die Rechnungsurkunde befindet sich im Rathhaus zu Markgröningen.
30 Römer 1931, S. 66 (zitiert nach Hornberger 1955, S. 43).
31 Römer 1939, S. 172; Hornberger 1955, S. 43.
32 Heyd 1829, S. 153.
33 Publiziert bei Reyscher 1842, S. 103ff. und Birlinger 1862, Bd. 2, S. 281ff., Anm. 1.
34 Aus den gleichen Gründen stellen wir auch die Untersuchung über die Schäferzunft der Stadt Bretten, deren Gründung aller Wahrscheinlichkeit nach am Ende des 15. Jahrhunderts liegt, noch zurück, da ihre erste gesicherte und erhaltene Zunftordnung aus dem Jahre 1634 stammt.
35 Hornberger 1955, S. 44, Anm. 53.
36 Wir erinnern uns, daß auch in Rothenburg der Schäfertanz am Dienstag nach Bartholomäi stattfand, obgleich die beiden Patrone der Schäferkirche am Klingentor St. Wendelin und St. Wolfgang waren.
37 Vgl. Hornberger 1955, S. 81; Römer 1931, S. 63.
38 Schnizlein 1922, S. 39; vgl. auch Heyd 1829, S. 153f.
39 Birlinger 1862, Bd. 2, S. 280f; Hornberger (1955, S. 94ff.) bringt als Beispiel für die Lebendigkeit dieses Motivs noch in neuerer Zeit eine dichterische Gestaltung des Sagenstoffs aus der Feder eines unbekannten Schäfers.
40 Hornberger 1955, S. 96.
41 Römer 1939, S. 108; vgl. auch Kapff 1926, S. 143.
42 Römer 1931, S. 63.
43 Friedrich Danneil 1874, S. 267f.; S. 270f.; siehe Anhang.
44 Henggeler 1956, S. 9f.; siehe auch Anm. 14.
45 Die bisher behandelten frühen Schäferbrüderschaften Süddeutschlands hatten ihren Sitz in den einzelnen Städten.
46 Hörmann 1926, XV, S. 35.
47 Hornberger 1955, S. 55f.
48 „Das geldt der scheffer bruederschafft belangen.
Item dem burgkgraffen ist befolhen, daß er dem Michel Pflannen und Hannsen Lehenner zu Schneytach soll zu im fodern, furter mit dem Ubelman und Fritzen Rauhen dasselbig gelt zusammen rechnen. Was sich

dann inn der hauptsuma und zinß befindt, soll er zum pesten mit handeln der gestaldt, das solich gelt von ine verpurgt und furter zu fristen von in eingenumen werdt.
Meer der scheffer geldt bedreffen.
Item wen solich geldt eingenumen und dieweyl das gotzhauß zu Schnaytach seer arm, soll der purgkgraff ime dem gotzhauß darvon ein ziemlich lehen thon. Doch wen man solich geldt von inn wider will haben, daß sies den von deß gotzhauß wegen einem burgkgraffen oder wo sie hinverwisen betzaln sollen".
(Staatsarchiv Nürnberg. Bestand: Ganerbenschaft Rothenburg Nr. 2536, S. 369).

49 Ausführlich hat sich mit dieser Brüderschaft Theobald Walter (1911, S. 705ff.; 1928, S. 61ff.) beschäftigt, dessen Darstellung wir folgen.

50 Theobald Walter 1911, S. 710ff.; siehe Anhang.

51 Ebd.

52 Vgl. dazu auch Hornberger 1955, S. 61f.

53 Das Führen der fürstlichen Wappen im Schild der Brettener Schäferzunft dürfte auch den Zweck verfolgt haben, das Ansehen der Vereinigung besonders in den Augen des städtischen Handwerks zu heben.

54 „Policey und Landtordenunge", Rostock 1572, S. CXXXI (zitiert nach einer Mitteilung von Herrn Schult, Güstrow). Ein ähnlicher Eid gilt auch für die Müller.

55 Das Treiben der Schäfer in Norddeutschland war so bekannt, daß es selbst in der Dichtung seinen Niederschlag fand. So verfaßte 1595 Johannes Cuno, Diakon zu Calbe a. d. Saale „Ein schön Christlich Action, Von der Geburt und Offenbarung unsers HERRN und Heylandts Jhesu CHrist", in welcher auch vier Schafknechte auftreten: „Jacob, David, 2 fromm gottfürchtige, reden Thüringisch; Laban, Nabel, 2 böse verwogene Buben, reden Sächsisch" (also niederdeutsch). In der Vorrede zu seinem Stück sagt Cuno, daß er durch die beiden Dialekte der Schäfer der einen oder der andern Landschaft nicht habe treffen wollen, doch solle dadurch eine „christliche Obrigkeit verstehen, daß eben im Land zu Sachsen aller Örter eine gemeine Landklage sei über die Schäfer, dass sie es so treiben, wie allhier spielsweise fürgemahlet wird, und hiervon Ursach nehmen, dass armen Unterthanen, die der Obrigkeit allerlei Zins, Schoß, Schatzung, Rent und Dienst verrichten müssen, ihre Feldfrüchte nicht so jämmerlich und muthwillig von bösen Buben verderbet werden ..." (Hoffmann von Fallersleben 1856, S. 77ff.).

56 Spalding 1792, S. 268.

57 In einer „Fürstlichen Resolution auf der Stände Erinnerung" vom 12. Februar 1601 heißt es: „Es wollen auch I. F. G. in die Chur Brandenburg sowol, als auch ins Herzogthum Mecklenburg gelangen lassen, ob I. F. G. daher eine Ordnung und Bericht erlangen können, wie es mit den Schäfern daselbst gehalten wird, daraus I. F. G. sich ersehen mögen, wie weit die Ordnungen, die deshalben seyn, oder wie sonsten es gehalten wird, übereinkommen oder discrepiren, und wo es seyn kann, wollen I. F. G. Fleiß anwenden, daß sie mit den benachbarten Chur- und Fürstenthümern deshalb Vergleichung treffen mögen." (Gesetze 1765/69, Bd. 1, S. 784).

58 Ebd., Bd. 3, S. 845ff.

59 „Ich N. N. lobe und schwöre dem N. N., daß ich demselben reine gesunde Schaafe ins Gemenge zubringe; daß ich auch, so lange ich in seinem Dienste bin, treu und hold seyn will, sein Beßtes wissen und fördern, Schaden und Nachtheil nach höchstem Verstand und Vermögen hindern und wehren, daß ich der Schaafe mit allem getreuem Fleisse warten, dieselben mit Willen nicht verhüten, oder sonsten verwahrlosen und versäumen, und mich durchaus im angenommenen Schäferdienst nicht anders nach unsers, denn genädigen Landes-Fürsten und Herrn etc. gemeiner Schäfer-Ordnung, so mir vorgelesen, und so viel dieselbe meine Person betrift, ohne alle Finanz, Betrug oder Vervortheilung halten, auch sonsten alles, so mir zu thun oder zu lassen gebühret, ob es schon in der Ordnung nicht begriffen, thun und lassen, auch sonsten mich getreulich, ehrlich, aufrichtig und fleißig, wie einem getreuen Diener gegen seinem Herrn eignet und wohl anstehet, schicken und erzeigen will; So wahr als mir Gott helfen soll, durch Jesum Christum, Amen."

60 Vgl. auch Hornberger 1955, S. 37.

61 Franck 1756, S. 250.

62 Odebrecht 1847, S. 299f.

63 Corpus 1740, Abt. 3, Sp. 17/18; vgl. auch Odebrecht 1847, S. 296f.; siehe Anhang.

64 Hierzu v. Weichs (1938, S. 35). Er „unterscheidet zwischen ‚collegia licita' und ‚illicita', den Zünften, die sich auf öffentliche Autorität und das Gesetz stützen, die durch die Gewohnheit oder eigentümliche Erlaubnis des Herrschers gebildet sind, und den Zünften, die ohne öffentliche Autorität de facto entstanden und, mag auch das Handwerk an sich erlaubt sein und die Ausübung desselben das religiöse Empfingen, das Ehrgefühl, den Ruf oder das Wohl der

Menschen nicht verletzen, wegen der fehlenden Genehmigung der Obrigkeit verboten sind. Diese letzten Zünfte dürfen im Staate nicht geduldet werden; ihre Ausübung wird daher nach römischem Recht unter außergewöhnliche Verbrechen gezählt. Man vermutet sogar, daß eine Vereinigung dann unerlaubt ist, wenn über die erlangte Zustimmung oder Genehmigung derselben ein Zweifel besteht!"

65 In den Wiederholungen dieser Ordnung von 1644 und 1645 wird direkt von „Güldemeistern und Schulzen" gesprochen, welche den Schäferbünden vorstehen (Odebrecht 1847, S. 297f.).

66 Corpus 1740, Abt. 3, Sp. 133ff.

67 Weil die Verhältnisse in der Uckermark und im „Stolpischen Kreis" besonders arg waren, mußte am 21. September 1664 für dieses Gebiet eine besondere Schäferordnung erlassen werden (Corpus 1740, Abt. 3, Sp. 135ff.).

68 „Da nun die Schäfer einmal wissen, wieviel die Wahrnehmung der ihnen anvertrauten Heerde zum Nutzen eines Landguts beyzutragen vermögend ist; so vielfältige Klage darüber entstanden, daß sie ihre Dienste öfters allzuhoch geschätzet" oder ihren eigenen Vorteil und Nutzen zu hoch stellten (Gabke 1780, S. 294, § 525).

69 Codex Augusteus 1724, Bd. 3, Sp. 459ff.; vgl. auch Zedler 1742, Sp. 749f.; Leonhard 1916, S. 341, Anm. 1.

70 v. Friedenberg 1738, Kap. 30, § II, S. 156.

71 Siehe S. 129.

72 Gesetze 1765/69, Bd. 3, Tit. IV, § 4, S. 877.

73 Ebd., S. 866f.

74 In diesen Zusammenhang gehört wohl auch das Sprichwort
„Hätte der Hirt nicht mehr Freiheit als das Schaf,
So müßt' er auch Gras fressen"
(Eckart 1899a, S. 182).

75 Gesetze 1765/69, Bd. 3, S. 867f.

76 Vgl. unsere Darstellung der Hirzfeldener Brüderschaftsordnung von 1584.

77 Jahresbericht 1925, S. 58f.; siehe Anhang; — Das Original der Urkunde befand sich im Besitz des Pastors i. R. Carl Philipp zu Salzwedel. Nach Mitt. von Schulrat a. D. Voigt, Salzwedel, ist Pastor Philipp verstorben. Über den Verbleib der Urkunde scheint nichts bekannt zu sein.

78 In einem Schreiben des Herzogs Friedrich Karl von Württemberg an den Keller von Wildberg vom 19. August 1685 wird ausdrücklich von der „Schäferzunft zu Gröningen" gesprochen. Hornberger (1955, S. 43) billigt der Markgröninger Vereinigung zwar auch zunftmäßigen Charakter zu, behauptet aber, daß die „Bezeichnung Zunft selbst nicht vorkomme".

79 Über das Alter der dortigen Vereinigung siehe S. 229f.

80 Reyscher 1842, S. 103ff.; vgl. z. T. auch Birlinger 1861, Bd. 2, S. 281ff., Anm. 1; siehe Anhang.

81 In Bretten wurde sie in der Zunftherberge aufbewahrt.

82 Hornberger 1955, S. 229f.

83 Es sind immer wieder — das sahen wir auch in den gleichzeitigen Ordnungen der niederdeutschen Territorien — die Schäferknechte, denen irgendwelche Delikte zur Last gelegt werden. Das liegt zu einem maßgeblichen Teil daran, daß sie nicht oder noch nicht selbständig waren und ihnen nur eine kleine Anzahl von Schafen gehörte. Den Stand eines unabhängigen Schäfers mit eigener Herde zu erreichen, war ihr Bestreben. Daß sie sich bei der Verfolgung dieses Zieles auch nicht vor strafbaren Handlungen scheuten, bemerkten wir in unserer Darstellung über den Menge- und Pachtschäfer. Auf der anderen Seite erinnert das „widerspenstige" Verhalten der Schäfer auch an das Aufbegehren von Handwerksgesellen gegen Zunftordnungen und territorialstaatliche Subordinationsmaßnahmen im 17./18. Jahrhundert.

84 Hornberger 1955, S. 46ff., dessen Darstellung wir im wesentlichen folgen.

85 Der entsprechende Schriftwechsel befindet sich im Staatsfilialarchiv Ludwigsburg (A 228, Bund 48, Nr. 6,3 und 6,21). (Nach Hornberger 1955, S. 46, Anm. 58.)

86 Staatsfilialarchiv Ludwigsburg A 228, Bund 48, Nr. 6 (1658—1685) 19. (Nach Hornberger 1955, S. 227, Anm. 3.)

87 Staatsfilialarchiv Ludwigsburg, Oberrathandwerker A 228, Bund 45, Nr. 2. (Nach Hornberger 1955, S. 227, Anm. 4.)

88 Hornberger 1955, S. 46.

89 Staatsfilialarchiv Ludwigsburg A 228, Bund 48, Nr. 6 (1723—1732) 19. (Nach Hornberger 1955, S. 228, Anm. 5.)

90 Staatsfilialarchiv Ludwigsburg, Oberrathandwerker A 228, Bund 48, Nr. 6 (1723 bis 1732) 8. Abschriftlich A 228, Nr. 1, Schäfer-Normalia 1539—1798, Nr. 6,2, Bund 45 (nach Hornberger 1955, S. 229, Anm. 6).

91 Hornberger 1955, S. 47.

92 Ebd.

93 Römer 1931, S. 55.

94 Herr Groll stellte uns nicht nur seinen Aufsatz „Wie alt ist Brettens Schäferlauf?" (1956), sondern auch die Abschriften der Zunftordnungen von 1634 und 1763 freundlicherweise zur Verfügung.

95 Gehres 1805, S. 30ff.
96 Hornberger 1955, S. 49f.
97 Hornberger 1956.
98 Bretten war seit 1349 kurpfälzisch, aber als Exklave von württembergischem und Speyrer Besitz umgeben. 1504 fiel das Maulbronner Klostergebiet, das unter kurpfälzischer Schirmherrschaft stand, an Württemberg, wobei aber die Pfalz bei etlichen Ortschaften noch das „Reiß- und Folgerecht" behielt (Mitt. von Herrn Groll, Bretten).
99 Groll 1956.
100 Wenn sich allerdings herausstellen sollte, daß die der Stadt Bretten verliehenen vier Märkte viel älter sind und der Akt von 1492 lediglich eine „Bestätigung längst vorhandener Zustände" darstellt (Mitt. von Herrn Groll, Bretten), müßten auch über das Alter der Brettener Zunft neue Überlegungen angestellt werden.
101 Siehe Anhang.
102 Ein solcher Artikel findet sich in keiner anderen deutschen Schäferzunftordnung.
103 Merkwürdigerweise sind seuchenpolizeiliche Anordnungen in der Brettener Ordnung nicht enthalten.
104 Noch 1715 stellt die Stadt Markgröningen fest, daß die Brettener Ordnung mit der ihren „gleich lauttend erfunden worden" sei (Mitt. von Herrn Groll, Bretten).
105 Wir können in diesem Wunsch eine eigene Initiative der Schäfer erblicken, gerade nach Zeiten der Unruhe und Kriegswirren um Aufrechterhaltung bzw. Bestätigung ihrer alten Zunftprivilegien nachzusuchen.
106 1709 ließ der Markgraf von Baden-Durlach als letzte der alten Berufsverbände seines Territoriums die Brettener Schäferzunft aufheben. Allen Untertanen wurde der Besuch des Schäfertages untersagt (Gothein 1892, S. 435).
107 Ist vielleicht die Enz eine alte Verwaltungsgrenze, die es erklärt, daß die Maulbronner Schäfer, obschon seit 1504 zu Württemberg gehörig, nicht zur Lade nach Markgröningen mußten? Bei dem Kompetenzstreit zwischen der Württembergischen Hauptlade und den Nebenladen von Wildberg, Urach und Heidenheim ist es doch auffällig, daß Markgröningen die Existenz der unweit gelegenen Brettener Zunft widerspruchslos hingenommen zu haben scheint.
108 Gewiß ist das nur ein Vorwand, denn so weit dürfte die Selbständigkeit der Schäfer nicht gegangen sein, daß sie ohne Billigung ihres Landesherren von sich aus die Ordnung von 1634 erneuert hätten.
109 Herr Groll stellte uns auch dieses Aktenstück in einer Abschrift freundlicherweise zur Verfügung:
„Daß gegenwärtige, der von dem löbl. Oberamt Brettheimb Ihrer Schäferordnung der fürstl. Würtembergischen Statt Markgröningen ertheilten bei der Schäferladen des Orths noch befindlichen Copia von Punkten zu Punkten alles wortlichen Inhalts Collationando, Auscultando gleich lauttend erfunden worden attestieret under aigenhändiger Unterschrifft und hir vorgetruckten Pittschaffts d. 25. Aug. 1715.
Statt und Ambtsschreiber
Markgröningen Georg Jakob Seefridt" (Stadtarchiv Bretten XI. 3. A 2470 Polizei und Sittlichkeit).
110 Groll 1956.
111 Siehe Anhang S. 346f.
112 Nach Groll (1956) handelt es sich um die nördlich von Bretten gelegene Kellerei Hilsbach, die wohl noch zum Gebiet des alten Kraichgaus, aber nach den Verwaltungsgrenzen des 18. Jahrhunderts nicht mehr zum Oberamt Bretten gehört, sondern zu einer der vielen Exklaven kurpfälzischen Besitzes auf fremden Territorien.
113 Schon 1763 beschweren sich die Obermeister Peter Baum und Georg Michael Gernsheimer, daß die Hilsbacher Schäfer nicht zum Zunfttag erschienen seien (Groll 1956).
114 Groll 1956.
115 Als zu Württemberg gehörig dürften die Maulbronner Schäfer nach 1689 schließlich der Markgröninger Lade angeschlossen worden sein.
116 Groll 1956.
117 Letz 1890, S. 198ff.
118 Monsieur Gauthier Thieling stellte uns in einem Manuskript „La confrérie des Bergers de Pfaffenhoffen et son Marché de Laine" eine Abschrift dieser Ordnung freundlicherweise zur Verfügung. Siehe Anhang.
119 Ebd.
120 v. Friedenberg 1738, Kap. 30, § II, S. 156.
121 Ebd.
122 Dittrich 1905, S. 112.
123 v. Friedenberg 1738, Kap. 30, § II, S. 156.
124 Siehe S. 276.
125 Dittrich 1905, S. 112.
126 v. Friedenberg 1738, Kap. 30, § II, S. 156.
127 In Auszügen, ebd., S. 156ff.
128 Eine ähnliche Bestimmung enthält die kaiserlich-böhmische Schäferzunftordnung von 1709 in Artikel 15. Siehe Anhang.
129 In einem besonderen Abschnitt werden wir auf diese Bünde mit z. T. starkem brüderschaftlichen Charakter noch zu sprechen kommen.

130 Wir hatten schon für das Jahr 1723ff. festgestellt, daß auch der Herzog von Württemberg mit der Bildung der drei Nebenladen Wildberg, Urach und Heidenheim eine Dezentralisierung des schäferlichen Verbandswesens anstrebte, die den Erfordernissen der Schafhaltung zugute kam.

131 Becker 1937, S. 35.

132 Ich verdanke diese Entdeckung Herrn Dr. F. Sieber, Dresden, und seinen Mitarbeitern, die auf meine Bitte im Sächsischen Landeshauptarchiv Dresden nach Hinweisen auf sächsische Schäferbünde forschten. Siehe Anhang.

133 Gemeint sind die Reichtagsabschiede von 1548 und 1577.

134 Die kaiserlich-böhmische Ordnung ist publiziert in „Archiv Český" XXIX, Prag 1913, S. 391ff.

135 Ganz nach Vorbild der Handwerkerinnungen bestimmt Punkt 2 des Satzungsentwurfs: „Soll ein ieder aus einem reinen und keuschen Ehebette gezeuget und gebohren seyn".

136 Ähnlich lauten die Bestimmungen in Artikel 4 der kaiserlich-böhmischen Zunftordnung von 1709. Siehe Anhang.

137 Der letzte kaiserliche Reichstagsabschied, der alle Unehrlichen außer den Schindern noch ehrlich spricht, liegt erst 1731.

138 Bis zu diesem Passus entspricht der Entwurf der sächsischen Schäfer — und zwar fast wörtlich — dem kaiserlichen Vorbild in Böhmen (Art, 14).

139 Siehe S. 150.

140 Vgl. auch Artikel 19 der kaiserlich-böhmischen Schäferzunftordnung.

141 Auch in diesem Kotau spiegelt sich das Bemühen der Schäfer wider, den Landesherrn für die Annahme ihrer Petition günstig zu stimmen.

142 Siehe S. 101f.

143 Ziegler 1933, S. 30.

144 Codex Augusteus 1772, Teil 2, Abs. 1, Sp. 579.

145 Thaer 1811, S. 111f.; vgl. auch Dillner 1941, S. 241.

146 Siehe Anhang S. 359ff.

147 Die Jahreszahl ist nach Ausweis des Kommentars zur Publikation der Zunftordnung (Archiv Český 1913) nicht sicher belegt. Sie stammt lediglich aus den Liedern des Schäfers Lukáš Volný, in denen er die Verbesserung der Zustände nach der Errichtung der Zunft besingt.

148 Ob dabei das Schafvieh ausgenommen war, ergibt sich aus der Urkunde nicht. Nach Artikel 14, allerdings der späteren Ordnung von 1709, möchte man jedoch annehmen, daß entgegen der Pfaffenhoffener Ordnung von 1745 auch tote Schafe zum gefallenen Vieh zählten und dessen Beseitigung Sache des Schinders war.

149 Auf diese Zusammenhänge werden wir bei der Behandlung der österreichischen Viehhalterzechen näher eingehen.

150 Die Originalurkunde ist leider nur für insgesamt 19 Artikel erhalten. Nach Angaben des Kommentators fehlt am Schluß mindestens noch ein Foliobogen, wo weitere Artikel verzeichnet waren.

151 Archiv Český 1913, S. 394; vgl. zu der mährischen Zunft Iasobeit 1969.

152 Hornberger 1955, S. 50.

153 Hornberger 1950a, S. 382; 1955, S. 124.

154 v. Zangen 1785, S. 52, S. 135; Hornberger 1955, S. 50f.

155 v. Zangen 1785, S. 61ff., Beilage A; Hornberger 1955, S. 232f.; siehe Anhang.

156 v. Zangen 1785, S. 50ff., Anm. 27; Hornberger 1955, S. 50f.

157 Dem widerspricht allerdings Artikel 53, nach welchem der Zunftbrief auf den Jahresversammlungen allen Schäfern verlesen werden soll, damit sie sich nicht mit Unwissenheit entschuldigen können.

158 Sinngemäß noch einmal in Artikel 36 wiederholt.

159 Könnecke 1912, S. 811, Anm. 5.

160 Hirsch 1764, S. 99f.

161 Gemeint sind diejenigen, die sich zu einer Schinderarbeit hergeben.

162 Elsaß-Lothringen 1901/03, S. 1195.

163 Tálasi 1955, S. 52.

164 Beide Städte liegen südlich Stuhlweißenburg im Komitat Tolna.

165 Rodiczky 1913, S. 76.

166 Ditz 1867, S. 304.

167 Michaelis ist der Tag des Dienstantritts,

168 Rodiczky 1913, S. 76f.

169 Das Gebiet um den Plattensee wurde von den ungarischen Wanderschäfern und benachbarten ausländischen Schafhaltern stark besucht und galt als das „Schäfer-Paradies".

170 Leopold Schmidt 1950c, S. 82.

171 Brauneis 1951, S. 173.

172 Leopold Schmidt 1950c, S. 82.

173 Brauneis 1951, S. 173.

174 Leopold Schmidt 1950c, S. 83.

175 Leopold Schmidt (1955, S. 25) berichtet aus dem Weinviertel, daß die Protestanten der Gemeinde von Obergrafendorf noch 1710 zum Gottesdienst nach Ungarn gingen, angeführt von dem Halter Philipp Haas, „der auch über den Pfarrer schimpft und unter einem gotteslästerlichen Segen das Vieh austreibt".

176 Klinger 1750, S. 830f.

177 Brauneis 1951, S. 173.

178 Ebd.
179 Friess 1895, S. 112f.
180 Mitt. von Dr. Brauneis, Wien.
181 Brauneis 1951, S. 173.
182 Leopold Schmidt (1950c, S. 83) erwähnt, daß „durch die katholische Gegenreformation ... späterhin häufig auch Hirtenbräuche als unkirchlich angesprochen wurden, die nur das Festhalten der Hirten an altem, meist an mittelalterlichem Brauchtum bezeigten".
183 Brauneis 1951, S. 174.
184 Ebd., S. 173f.
185 Ebd., S. 175; Leopold Schmidt 1950c, S. 82.
186 Brauneis 1951, S. 175.
187 Ebd.
188 In etwa läßt dieser Rechtsstreit Vergleiche mit den Klagen der Markgröninger Hauptzunft über die Nebenladen von Wildberg, Urach und Heidenheim zu.
189 Für den „Atlas der burgenländischen Volkskunde" (ABV) ist unter der Rubrizierung IV/26 auch eine Karte „Hirtenzünfte" vorgesehen, welche die bisherigen Kenntnisse von den burgenländischen Halterzechen wesentlich erweitern wird (Leopold Schmidt 1959, S. 207; Riedl 1962).
190 Mitt. von Prof. Leopold Schmidt, Wien.
191 Die frühesten Zeugnisse burgenländischer Halterzechen sind anscheinend zwei Zunftkrüge von 1788 und 1798, von denen der letztere aus Steinberg stammt. (Leopold Schmidt 1951, S. 627; Adalbert Riedl 1951, S. 123.)
192 Leopold Schmidt 1951, S. 627.
193 Ebd.
194 Hornberger 1955, S. 56.
195 Wir besprechen daher auch den von Hornberger (1955, S. 55), wenn auch nur bedingt zu den Schäferzünften gezählten „Hirtenpakt" von Oberlauterbach/Niederbayern, nicht, da er unserer Meinung nach ebenfalls zu den üblichen Wendelinsbrüderschaften gehört. Das gleiche gilt auch von der sog. Hirtenzunft zu Munderkingen, die 1777 zu Ehren St. Wendelins allein von Hirten und nicht von Schäfern gegründet wurde, in der Folgezeit auch Angehörige anderer Berufe aufnahm und sich in der Art der allgemeinen Wendelinsbrüderschaften bis in unsere Tage erhalten hat (Hornberger 1955, S. 55). Der Anlaß zu ihrer Gründung mag wohl auf Einflüsse aus der nahen Schweiz zurückzuführen sein. Andererseits befand sich der Ort Munderkingen in der österreichischen Grafschaft Hohenberg, die als katholische Enklave inmitten protestantisch bestimmter württembergischer Gebietsteile lag.
196 Im „St. Wendelinsbuch" (1903, S. 55f.) ist über die Zweckbestimmung der Wendelinsbrüderschaften folgendes gesagt: „Diese religiösen Genossenschaften haben — neben der Pflege des religiösen, katholischen Sinnes im Allgemeinen — die Verehrung des hl. Wendelin als Beschützer des Viehes im Besonderen im Auge."
197 Dillner 1944, S. 568.
198 Hornberger 1955, S. 46.
199 Ebd., S. 54.
200 Ebd.
201 Ebd., S. 234ff.; siehe Anhang.
202 Willems 1948, S. 190f.; vgl. auch Toussaint 1923, S. 27.
203 van Geen 1934.
204 Das soll der erste Montag nach „Heilige drei Könige" oder St. Antonius sein.
205 Heyd 1829, S. 153; Schäferlauf 1949, S. 21.
206 Hornberger 1955, S. 44.
207 Ebd.
208 Neuburg 1880, S. 32.
209 Riedel 1832, Abt. 1, Bd. 9, S. 121.
210 Mone 1863, S. 51.
211 Mitt. vom Heimatmuseum Bad Kreuznach.
212 Brauneis 1951, S. 175.
213 Hornberger 1955, S. 56.
214 Hornberger 1952a, S. 256ff.
215 Die Auflösung der Handwerkerinnungen erfolgte in Württemberg erst um die Mitte des 19. Jahrhunderts.
216 Siehe S. 104ff.
217 Staatsfilialarchiv Ludwigsburg: Landwirtschaft, Gewerbe und Handel A 58, Bund 1b (nach Hornberger 1955, S. 236).
218 Hornberger 1955, S. 56f.
219 Hornberger 1952, S. 256ff.
220 Schäfereizeitung, Süddeutsche 38/1948, S. 120; 44/1954, S. 431ff.
221 Hornberger 1955, S. 116.
222 Ebd., S. 120.
223 Ebd., S. 58.
224 Schäfereizeitung, Deutsche 41/1949, S. 5.
225 Es ist übrigens interessant, daß das Preis- und Leistungshüten im eigentlichen Sinne kein schäferliches Element ist, sondern erst mit der Gründung des Vereins für deutsche Schäferhunde eingeführt wurde (Schäfereizeitung, Süddeutsche 40/1950, S. 430; vgl. auch Hornberger 1955, S. 144f.).
226 Mitt. des Heimatmuseums Stolberg/Harz.
227 Mitt. von Museumsleiter Ebruy, s. Zt. Osterburg/Altmark.
228 Diese Schilderung übernahm Hörmann (1926, XV, S. 20, Anm.1) aus dem „Nürnberger Generalanzeiger" vom 20. Januar 1907.
229 Hornberger 1955, S. 58.
230 Ebd.
231 Ebd., S. 58f.
232 Immerhin haben unsere Untersuchungen ergeben, daß auch die Schäfer nördlich des

Mains eine starke Initiative zur Zunftbildung ergriffen hatten. Daß es ihnen nicht gelang, sie durchzusetzen, liegt allein am Unverständnis der jeweiligen Potentaten. Trotzdem erwiesen sich auch in der Illegalität ihre Bünde als lebenskräftig. Eine Ausbildung speziellen Brauchtums wie in Süddeutschland war jedoch weitgehend unterbunden.

233 Hornberger 1955, S. 59.

234 Ebd.

235 Vgl. als relativ frühe Erwähnung für die DDR Klorke 1961, S. 20f.

236 Ganz nach Handwerkerart wurden auch Meisterbriefe ausgestellt, von denen uns durch Dillner (1944, S. 568f.) ein Exemplar aus dem Jahre 1738 überliefert wurde. Es heißt darin: „Wir Endes Unterzogene herzogl. Wirtemberg. Oberamtmann, Burgermeister und Landzahlmeister auch verordnete Obermeister der Schäferladen zu Wildberg urkunden und bekennen hiemit:

Demnach heute Dato Ludwig Kienzlen von Ehningen bei allhiesiger Zunft um das Meisterrecht geziemend angesucht, wird auch demselben, nachdem er ordnungsmäßig ein- und ausgeschrieben, auch von Uns aus das Schäfereiwesen behörig examiniert und tüchtig erfunden worden, als einen Schäfermeister anerkannt und bei der Laden aufgenommen haben.

Als wird ihm Ludwig Kienzlen dieser Meisterbrief unter nachfolgender Fertigung hiemit zu seiner Legitimation erteilt..."

237 Vgl. u. a. Hornberger 1955, S. 226; Freyer 1913, S. 305; Weisser 1823, S. 285f.; v. Friedenberg 1741, S. 158; Mitteilungen, Landwirtschaftsgesellschaft, S. 433ff.

238 Eschenmayer 1809, S. 269f.

239 Zeitschrift für Schafzucht 15/1926, S. 72.

240 Metscher o. J.

241 Hornberger 1955, S. 45; Dillner 1944, S. 568.

242 WAR.

243 Wossidlo 1910, S. 138; WAR.

244 Lindemans 1952, Bd. 1, S. 385; vgl. auch Heimberger 1955, S. 67.

245 Gemeint ist die Schäferschippe, auch Schäferschäufelchen genannt. Siehe S. 478ff.

246 Die folgenden Beispiele stammen alle aus WAR.

247 Siehe S. 370.

248 Folgende Variante berichtete Wossidlo 1930 der Schäfer Weden aus Kargow: „In Klockow in de holl Eik wiren soväl Schaplüs: De jung Scheper, dee dat in den holl Eik am längsten uthöll, un sik an düllsten von de Lüs biten laten künn, wier Meister" (WAR).

249 Von einem solchen Aufnahmeritus für Schäfergesellen bringt Wossidlo folgendes Beispiel, das er 1912 in Wilsen, Kr. Güstrow notierte: „Wenn se Quartal hatt hebben, hebben de schepers musik hatl, de uppe naheit wäst sünd, sünd all kamen. Denn hebben se ton gesellen makt. De Oltgesell hett ne räd' makt, twee gesellen dee dor up folgt hebben [auf den Altgesellen — im Alter] hebben hakstock twischen sik hollen —dor hett he röwerspringen müsst. Da gebett weet ik nich."

250 Wir verdanken die Kenntnis davon ebenfalls wieder dem Sammeleifer Richard Wossidlos. Alle zitierten Beispiele stammen aus WAR.

251 Ein Schäfergruß aus Hohenwalde, ehem. Neumark, ist bei Firmenich (1854, S. 118) aufgezeichnet; vgl. auch Bolte 1897, S. 97.

252 „... to Weitendörp bi Feldbarg unner de grot eik, säden se, stünn de scheperlad ..." oder „in Tuddlow [Torgelow bei Waren] im wulfsbrook is scheperquartal hollen worden". Beim Steintanz in Boitin sollen sie zusammengekommen sein usw. (WAR). Erst aus späterer Zeit, aus der Zeit der Schäfervereine, stammt wohl diese Nachricht: „In Penzlin is dat scheperquartal wäst, se sünt all mit musik rinmarschiert nan gasthaus" (WAR).

253 Eine ähnliche, aber kürzere Variante des Schäfergrußes teilte Dr. Klocke, Ballenstedt/Harz, aus Güntersberge mit; vgl. auch Klocke 1961, S. 22.

254 WAR.

255 Mackensen 1934, S. 211, Anm. 1.

256 Schütte 1910, S. 328.

257 Die beiden als „Schäfergruß" bezeichneten Rätsel lauten:

„Wannehr dregt et Schap de meiste Wulle?
(Wenn er de Bock uppe sitt)."

„Wann is de Schaper ein Schaper?
(Wenn e allene bi den Schapen is)."

Die anderen Abzählverse ähnlichen Fassungen sind:

„Buffen, schillen, schaben,
Fix, geist op en Graben."

„Ene Bene
Pitschenrinne,
Ränzel in en Ring,
De Hunne sind flink."

Ein dritter als Schäfergruß bezeichneter Vers ist nach Aussage des Sammlers „verderbt", so daß wir darauf verzichten können, ihn hier anzuschließen.

258 Lahrkamp 1928, S. 29f.

259 Ebd., S. 32.

260 „On dit que de là venait leur savoir en sciences occultes“.
261 Mitt. des Stadtarchivs Landsberg/Lech.
262 Mitt. aus Nordkampen, Kr. Fallingbostel.
263 Vgl. z. B. Hüser 1939, S. 41; Hörmann 1926, XV, S. 19f.; Mitt. d. Hist. Ver. zu Dillingen/Donau; Mitt. von Rektor Hoffmann, Hittfeld über Hamburg-Harburg.
264 Willems 1948, S. 184; vgl. auch Arnold Ortmanns: Der fränkische Königshof Büllingen, S. 318 (zitiert nach Willems, ebd.).
265 Eisel 1871, S. 297f., Nr. 749.
266 Ähnliche Bedeutung mag der Jahresfesttag der Schäfer auf der Tanzwiese in Caschwitz gehabt haben, von dem ebenfalls Eisel (1871, S. 298, Nr. 749, Anm.2) berichtet.
267 Auf die Frage der möglichen Beziehungen zwischen St. Wendelin und dem hl. Leonhard können wir hier nicht eingehen. Unserer Meinung nach ist Leonhard vor allem als der Patron des Großviehs anzusprechen.
268 Wir geben sie nur in großen Zügen wieder und verzichten auf die verschiedenen Ausschmückungen in den zahlreichen Fassungen der Vita des Heiligen.
269 Hornberger 1955, S. 165.
270 Ebd., S. 166.
271 Künstle 1926, S. 590; Selzer 1936; vgl. auch Hörmann 1926, XV, S. 30.
272 Selzer 1936.
273 Ebd., S. 62; — Schon Künstle (1926, S. 590) spricht von der „geschichtlich wertlosen“ Vita Wendelins.
274 Selzer 1936, S. 98.
275 Ebd., S. 10.
276 Ebd., S. 126f.
277 Ebd., S. 127.
278 Ebd., S. 127.
279 Ebd., S. 330, S. 331ff., S. 335 und Tafelteil.
280 Jacobeit 1960.
281 Selzer 1936, S. 186ff.
282 Ebd.
283 Ebd., S. 158.
284 Noch 1861 wurden auf den Märkten in St. Wendel 11750 Stück Rindvieh, 80600 Schweine und Ferkel, 1700 Schafe und 700 Pferde umgesetzt (Selzer 1936, S. 158).
285 Selzer 1936, S. 296f.
286 Vgl. dazu auch „Blätter für württembergische Kirchengeschichte“ NF 15/1911, S. 102 (zitiert nach Selzer 1936, S. 297, Anm. 17). — Um nur ein Beispiel zu nennen, finden sich im Schafweidegebiet des Fränkischen Jura St. Wendelinsfiguren in einer Vielzahl von Kapellen und Dorfkirchen, im Gegensatz zum Tiefland, wo man in der Hauptsache nur Kreuze und Marterln antrifft (Emil Riedl).
287 Selzer 1936, S. 188.
288 Ebd., S. 297f. — „Gerade dieses Einhalten der Sprach- und Stammesgrenzen zeigt deutlich, daß wir es mit der Verehrung eines ausgesprochenen Volksheiligen zu tun haben“ (ebd.), denn Heilige, deren Kult von Klöstern und Kirchen verbreitet wurden, richten sich nicht nach solchen Grenzen. Bezeichnenderweise nimmt selbst das Kloster Tholey, wo der Legende nach der Heilige Abt war, am Wendelinskult nicht teil (Selzer 1936, S. 10).
289 Georg Schreiber 1938, S. 348; vgl. auch Dünninger 1953, S. 201f.
290 Selzer 1936, S. 188.
291 Kolb o. J., S. 10.
292 Bringmeier 1954, S. 101 / Joseph Triphaus, Grafeld.
293 Georg Schreiber 1938, S. 352.
294 Nikolaus Keller: Beschreibung des tugendreichen Lebens deß hl. Einsiedlers und Abts Wendelini ... Saarlouis 1704, S. 45 (zitiert nach Selzer 1936, S. 124).
295 Wir erinnern im Zusammenhang mit dieser „Begebenheit“ aus der Zeit der Gegenreformation an die gleichzeitigen Tendenzen der katholischen Kirche durch Bildung von Wendelinsbrüderschaften ein Gegengewicht z. B. gegen den Einfluß der protestantischen Schäferzünfte zu bilden.
296 Vgl. zu dieser Frage Hornberger 1955, S. 164.
297 Mitt. von Prof. Hess, Luxemburg; vgl. auch Sartori 1910ff., Bd. 3, S. 243f.; de la Fontaine 1883, S. 65ff.
298 v. Reinsberg- Düringsfeld 1898, S. 309.
299 v. Geramb 1948, S. 149.
300 v. Reinsberg-Düringsfeld 1898, S. 309.
301 Handwörterbuch 1927ff., Bd. 1, Sp. 931ff.; vgl. auch Leopold Schmidt 1952, S. 19.
302 Auch in einigen anderen Landschaften ist der 24. August der Beginn der freien Weide, die bis zu Walpurgis dauern kann (vgl. dazu Kästner 1933, S. 36; Grass 1948, S. 162).
303 v. Reinsberg-Düringsfeld 1898, S. 387; Kerler 1905, S. 170; Hornberger 1955, S. 164f.
304 Mitt. von Herrn Wolff, Wadern/Saar.
305 Vgl. dazu Kerler 1905, S. 168ff.; Künstle 1926, S. 607.
306 Birlinger 1974, Bd. 1, S. 295, Nr. 329.
307 Hörmann 1926, XV, S. 30f.; Hörmann (ebd., S. 31, Anm.1) berichtet auch ein Lied, das sich im Bereich der Verehrung des Heiligen erhalten hat und folgendermaßen lautet:
„Wann recht ein Hirt sein Ampt verwaltet,
Kann er Gott seyn sehr angenehm:
Ein Hirt den Kopf dem Riesen spaltet:
Die Hirten seind zu Bethlehem

Die Erste, da Gott Mensch gebohren!
Auch Eberhard auf guldnem Rind
Dem Lamm zu singen, wird erkohren,
Dass Rein Drey heilig Schäfer-Lied."

308 Vgl. u. a. Danskert 1963.

309 Wilhelm Pistorius 1838, S. 14.

Kapitel VI

1 Hornberger 1955, S. 126, Anm. 57.

2 Kaufmann 1857, S. 97ff.

3 Hornberger 1955, S. 127.

4 Zur Schilderung des Rothenburger Schäfertanzes vgl. u. a. Zedler 1742, Sp. 753; v. Reinsberg-Düringsfeld 1898, S. 302; Hornberger 1950a, S. 381f.; Handwörterbuch 1927ff., Bd. 7, Sp. 986.

5 Hornberger 1955, S. 147.

6 Wir nennen hier nur Reimann 1839, S. 319f.; v. Reinsberg-Düringsfeld 1898, S. 300; Ernst Meier 1852, S. 437; Kück-Sohnrey 1925, S. 252f.; Birlinger 1861, Bd. 2, S. 280; neuerdings und mit Einschluß der Feste der ehemaligen Markgröninger Nebenladen Weber-Kellermann 1981, S. 30ff.

7 Hornberger (1955, S. 168) weist darauf hin, daß „der Schäfergottesdienst ... eine Einmaligkeit unter den protestantischen Gottesdiensten in Württemberg [bildet] und es ... keineswegs in der Linie der evangelischen Kirche [liegt], heute noch Apostelfeiertage ... mit einem Gottesdienst zu begehen". Andererseits ist es erstaunlich, mit welcher Zähigkeit die Schäfer selbst an diesem traditionellen Kirchgang festhielten, denn als die faschistischen Machthaber den Gottesdienst durch eine sogenannte „Feierstunde" ersetzen wollten, erlebten sie „die schwersten Widerstände von Seiten der Schäfer ... Es wurden Schäfergottesdienste in der überkommenen Form auch gegen den Willen der Behörden auf Wunsch der Schäfer durchgeführt, die drohten, sonst überhaupt nicht mehr beim Schäferlauf zu erscheinen" (Hornberger 1955, S. 167). — Hingegen findet sich in all den vielen Darstellungen des Festes kein Hinweis darauf, daß, wie es seit „mehreren Jahrhunderten" üblich gewesen sein soll, an die Schäfer und Schäferinnen Ausgaben des Neuen Testamentes verlost worden seien (Schäfereizeitung, Deutsche 48/1956, S. 267).

8 Diese Ledernesteln, von denen bereits in der Spitalrechnung aus dem Jahre 1443 die Rede war (siehe S. 229), sind bunte Schaflederstreifen, die man sich heutzutage ins Knopfloch steckt. Hornberger (1955, S. 164) möchte sie als ein mögliches Zeichen „urtümlicher Beziehungen" der Schäfer zum heiligen Bartholomäus verstanden wissen.

9 Weber 1826/28, Bd. 1, S. 205.

10 Hornberger 1955, S. 90.

11 Ebd., S. 100.

12 Römer 1931, S. 55; Beschreibung 1859, S. 34.

13 Zitiert nach Hornberger 1955, S. 99 und Anm. 16.

14 Römer 1939, Bd. II, 1, S. 86 (zitiert nach Hornberger 1955, S. 102).

15 Staatsfilialarchiv Ludwigsburg A 228, Bund 48, Nr. 6,11 (nach Hornberger 1955, S. 237).

16 Römer 1931, S. 68.

17 Schultz 1892, S. 491f.; vgl. auch Grupp 1925, S. 40; Böhme 1886, S. 102f.

18 Diese Neubelebungen erfolgten zunächst also weniger auf Grund schäferlicher Initiative. Vielmehr nahmen sich Behörden und Geschäftsleute der Weiterführung alter Traditionen an, um damit gleichzeitig für bestimmte Zwecke zu werben oder irgendwelche Dinge dem Publikum schmackhaft zu machen. Ein typisches Beispiel dafür ist das Schweizer Hirtenfest zu Unspunnen (1805/08), von dem es heißt, daß die „Festorganisation noch Nebenabsichten z. T. volkswirtschaftlicher Natur" hatte. So wollte man u. a. mehrere spanische Merinos als Preise für die Sieger der verschiedenen Wettkampfspiele stiften, „um die Schafzucht im Oberlande zu heben ... Es war vorgesehen, einen der Widder gleich am Feste zu scheren, damit sich die Leute von der Trefflichkeit der Wolle überzeugen könnten". Selbst entsprechende Werbeslogans fehlten nicht: „Der Mann das Schaf gewinnt; Die Frau die Wolle spinnt; Die Strümpfe trägt das Kind" (Alphirtenfeste 1946, S. 7f.).

19 Hornberger 1955, S. 103f.

20 Vgl. dazu Hornberger 1952a, S. 256ff.

21 Hornberger 1955, S. 149.

22 Außer Hornberger (1955, S. 104ff.), Markgröninger Schäferlauf (1971) und Weber-Kellermann (1981, S. 29ff.) ist an Literatur folgendes zu nennen. Wildberg: Birlinger 1874, Bd. 2, S. 212f.; Schmidt-Ebhausen 1952, S. 2; Heimer 1936, S. 148; Schäferlauf 1930. — Urach: Ernst Meier 1852, S. 434f.; Weber 1826, S. 231; Beschreibung 1909, S. 584. — Heidenheim: Schäferlauf 1949; — Der Heidenheimer Schäferlauf gilt als der am wenigsten bekannte. Außer lokalen Schriften sind mir keine weiteren Darstellungen bekannt. Nach der Auflösung der Markgröninger Zunft und ihrer Nebenladen (1828) ist der Heidenheimer Schäferlauf 1922 zum erstenmal wieder abgehalten worden.

23 Birlinger 1874, Bd. 2, S. 210f.; vgl. auch Elard Hugo Meyer 1900, S. 189; Gehres 1805, S. 32f.; Hornberger 1955, S. 119f.
24 Groll 1956.
25 Hornberger 1955, S. 104ff.
26 Vgl. ebd., S. 109.
27 Hornberger (1959, S. 154) berichtet, daß nach New York ausgewanderte Württemberger den Markgröninger Schäferlauf dort noch als Heimatfest begehen.
28 Hornberger 1955, S. 129.
29 Mitt. von Schäfermeister Müller, Bad Neustadt/Saale; vgl. auch Hornberger 1955, S. 131, Anm. 63.
30 Nach einer Mitt. von Schäfermeister Greb, Burgsinn/Rhön, der Ehrenvorsitzender des Unterfränkischen Schäfervereins war.
31 Schäfereizeitung, Deutsche 44/1952, S. 292, S. 306.
32 Ebd. 40/1948, S. 44.
33 Entsprechende Nachfragen im Thüringer Landeshauptarchiv zu Weimar sowie in den Landesarchiven Rudolstadt und Greiz waren ohne Erfolg. — Hornbergers Meinung (1959, S. 51), in Thüringen hätten Schäferbünde existiert, ist bisher also nicht nachzuweisen.
34 Jahresbericht 1850/52, S. 38; vgl. auch Köhler 1867, S. 217f.; Handwörterbuch 1927ff., Bd. 7, Sp. 986; Hornberger 1955, S. 134.
35 Ohne sie derzeit nachprüfen zu können, möchten wir doch an dieser Stelle eine Bemerkung Böhmes (1886, S. 174) anführen, in der es heißt: „Auf dem weltberühmten Breslauer Wollmarkte tanzten in früherer Zeit die Schäfer bei den Wollsäcken..." Die Verbindung von Wollmarkt und Schäfertanz ist hier also ganz evident; warum sollte Gleiches nicht auch für Gera gelten? Nur gab es dort keine Schäferzunft, wie sie in Breslau seit 1717 bestand.
36 Ferdinand Hahn 1855, S. 174f.; vgl. auch Brückner 1870, S. 431; Köhler 1867, S. 217f.
37 Wir folgten in dieser Darstellung den Schilderungen bei Reimann 1839, S. 310ff. und Witzschel 1866/78, Bd. 2, S. 318ff.; vgl. auch Kück-Sohnrey 1925, S. 252; Wähler 1940, S. 462; Handwörterbuch 1927ff., Bd. 7, Sp. 985; Hornberger 1955, S. 131f.; „Teutschenbachs Schwarzburgische Annalen von 1601 bis 1757" (= Landesarchiv Rudolstadt A VIII, 1c, Nr. 8, S. 709); „Allgemeine Thüringische Vaterlandskunde" 1823, 38. Stück. S. 302 (nach einer Abschrift aus dem Thüringischen Landeshauptarchiv Weimar).
38 Reimann 1839, S. 310, Anm.
39 Ebd., vgl. auch Handwörterbuch 1927ff., Bd. 7, Sp. 985; Hornberger 1955, S. 132.
40 Wähler 1940, S. 462.
41 Witzschel 1866/78, Bd. 2, S. 318.
42 Ebd. und eine gleichlautende Mitt. des Stadtmuseums in Stadtilm.
43 Das gleiche dürfte natürlich auch für das Geraer Schäferfest gelten, obgleich dort infolge der mangelhaften Überlieferung die Zunftelemente nicht mehr so stark hervortreten.
44 Angerstein 1868, S. 11.
45 Mitt. von Stadtmuseum in Stadtilm.
46 Dillner 1944, S. 550; vgl. auch Hornberger 1955, S. 133f.; W. Bankwitz: Geschichte der Stadt und Herrschaft Blankenhain, Weimar 1922, S. 175f. (nach einer Abschrift aus dem Thüringischen Landeshauptarchiv Weimar). — Während über den Stadtilmer Schäfertanz an mehreren Stellen ausführlich berichtet wird, sind dem Blankenhainer nur kurze Notizen gewidmet: v. Reinsberg-Düringsfeld 1898, S. 300; Reimann 1839, S. 310, Anm.
47 Hornberger 1955, S. 133.
48 Thüringisches Landeshauptarchiv Weimar (B 2926c, Bl. 47); vgl. auch Hornberger 1955, S. 134.
49 Hornberger 1955, S. 134; W. Bankwitz: Geschichte der Stadt und Herrschaft Blankenhain, Weimar 1922, S. 175f. (nach Abschrift aus dem Thüringischen Landeshauptarchiv Weimar).
50 v. Reinsberg-Düringsfeld 1898, S. 300; Reimann 1839, S. 310, Anm.; Witzschel 1866/78, Bd. 2, S. 319; Hornberger 1955, S. 134.
51 Limmer 1826, S. 407.
52 Köhler 1867, S. 220.
53 Ortleb 1937; Hornberger 1955, S. 135.
54 Kück-Sohnrey 1925, S. 251.
55 Wille 1956.
56 Soweit Schäfervereine alte zunftbedingte Festbräuche bewußt übernommen haben, erwähnten wir sie bereits.
57 Bis 1930 spielte das Glockenspiel von Notre-Dame in Luxemburg diese Melodie zu jeder vollen Stunde.
58 Wir verdanken die Nachrichten über die Schobermesse einer brieflichen Mitteilung von Prof. Hess, Luxemburg; vgl. auch de la Fontaine 1883, S. 65ff.
59 Grotefend 1873, S. 181.
60 Ebd., S. 182.
61 Ebd., S. 182f.; Heckscher 1930, S. 164; Andree (1896, S. 255f.) und Bock (1915, S. 110) haben nach diesen Berichten die niedersächsischen Schäferhochzeiten geschildert.
62 Wehrhan 1934, S. 74.
63 Weismantel 1928, S. 183ff.
64 Rantasalo 1945—1953.

65 Aus der mährischen Walachei berichtete uns Dr. Kunz, Brno, von Wettkampfspielen der Pferdehirten im Frühjahr, durch die der Anführer für das laufende Weidejahr ermittelt werden sollte. Dagegen waren bei den walachischen Wanderschäfern solche Bräuche unbekannt.
66 Pfannenschmid 1878, S. 290.
67 Ebd., S. 292; vgl. auch v. Reinsberg-Düringsfeld 1898, S. 365.
68 Fox 1927, S. 426.
69 Walter Diener 1925, S. 245. – Dieser Brauch ähnelt gewissen Formen von Hahnentänzen, wie sie bei den schwäbischen Schäferfesten veranstaltet wurden.
70 Ähnliche „Wettkämpfe" der bäuerlichen Bevölkerung um einen Hammel finden auch zu Pfingsten statt.
71 v. Reinsberg-Düringsfeld 1898, S. 362; vgl. auch Ernst Meier 1852, S. 437; Elard Hugo Meyer 1900, S. 189.
72 Karl Weinhold 1893, S. 12.
73 Ebd., S. 11f.
74 Die Hahnen-, Becher- oder Füllestänze, die wir bei den schwäbischen Schäferfesten kennenlernten, sind ganz sicher Übernahmen aus dem bäuerlichen Erntefestbrauchtum.
75 Die spätere Einführung des Hürdenlaufs oder das Tragen der ganzen Ausrüstung während des Wettlaufs sind gewiß auch nur aus solchen Gedanken zu erklären.
76 Handwörterbuch 1927ff., Bd. 1, Sp. 916.
77 Ebd., Bd. 7, Sp. 985.
78 Ebd., Sp. 974.
79 Römer 1931, S. 62f.
80 Im Nassauischen soll es einen „Schäferkönig" gegeben haben, der in den 70er Jahren des vorigen Jahrhunderts über die Schäfer des Landes „regierte". Er war jedoch gar kein Schäfer, sondern ein Lithograph aus Wiesbaden, der von der fixen Idee befallen war, „König der Schäfer" zu sein. In dieser „Eigenschaft" zog er, phantastisch aufgeputzt, durchs Land, um seine „Untertanen" zu inspizieren. Er endete in der Irrenanstalt (Ullius 1928, S. 247).
81 Hornberger 1955, S. 139; Vernaleken 1859, S. 292, Nr. 15.
82 Rantasalo 1945, S. 109.
83 Ebd. 1953, Teil 3, S. 31.
84 Weber-Kellermann 1958 u. a.
85 Über ähnliche Bräuche beim niederösterreichischen „Kirtag" (Umhacken des Kirtagbaumes, Kampf der Burschen um den Wipfel) berichtet allerdings auch Grünn 1960, S. 111.

Kapitel VII

1 Aus Herberhausen bei Göttingen teilte uns Amtsgerichtsrat Schmidt mit, daß der Nicht-Gemeindeschäfer im dörflichen Brauchtum und Volksglauben keine Rolle spiele.
2 Vgl. u. a. Kück-Sohnrey 1925, S. 119; Alfred Wirth 1932, S. 39, S. 206; Walter Diener 1925, S. 216; Andree 1896, S. 159; Sartori 1907, S. 20; Emil Lehmann 1926, S. 148; Karl Brunner 1925, S. 34; mehrere Mitt.
3 In der Literatur wird im allgemeinen viel zu wenig zwischen Hirt und Schäfer unterschieden. Hinsichtlich der hier behandelten Fragen wird leider nur zu oft vom Hirten schlechthin gesprochen. In der Mehrzahl der Fälle ist nach unseren Erfahrungen aber der Schäfer gemeint; vgl. Jacobeit 1957a.
4 Schäfereizeitung, Süddeutsche 27/1937, S. 53f.; Dillner 1944, S. 550; Hartung 1896, S. 431; Mensing 1929, Sp. 635; Zeitschrift des Vereins für rheinische und westfälische Volkskunde 1908, S. 74; mehrere Mitt. – Eine anschauliche Schilderung über den Ablauf des Schäferweinkaufs in Wallonien gibt Toussaint 1923, S. 21ff.
5 Mitt. von Herrn Dückert, Ützhausen/Schlitz.
6 Könnecke 1912, S. 421f.; vgl. auch die Zunftordnung der hessischen Schäfer vom 23. April 1770, § 21 (s. Anhang S. 537).
7 Bossert 1886, S. 226f.
8 Könnecke (1912, S. 421f.) hält es für möglich, daß solche „Mietfeste", wie er den Weinkauf nennt, auf „die uralten Schäfertage zu Markgröningen" zurückgehen könnten, weil die schwäbischen Schäfer ohnehin gewöhnt und verpflichtet waren, „Einstand und Meistergeld" an ihre Zunft abzuführen. K. zeigt damit, daß er den ganz andersartigen Rechtscharakter des Weinkaufs nicht gekannt hat.
9 Grupp 1925, S. 13.
10 Zeitschrift des Vereins für rheinische und westfälische Volkskunde 1908, S. 74.
11 Lindemans 1952, Band 1, S. 385. – Eine Bemerkung von Lüpkes (1925, S. 192), wonach die Dorfgemeinde mit dem Horn zusammengeblasen wird, um den Hirten zu wählen und diesem anschließend Stab und Horn unter „Einschärfungen seiner Verpflichtungen" zu übergeben, dürfte den Großviehhirten betreffen.
12 Volkswörterbuch 1944, Sp. 74; Schwalm 1917, S. 44f., S. 47.
13 Vgl. Böhme 1886, S. 173; Kück-Sohnrey 1925, S. 119.
14 Wellnhofer 1922, S. 85.

15 Niedersachsen 1907/08, S. 135.
16 Außer den schon auf S. 131 genannten Quellen nennen wir ergänzend noch die Offnung von Töss (zwischen Winterthur und Zürich) von 1536, in welcher darauf hingewiesen wird, daß des Hirten Lohn pünktlich zu Martini zu zahlen sei, anderenfalls das Geld durch Boten eingezogen werde (Jacob Grimm 1840/78, Bd. 1, S. 134).
17 Tröge 1940, S. 146. – Buchda (1935, S. 223) kann von einem Ort Poppendorf berichten, wo der Lohn zu Walpurgis, Jacobi und Andreas „geschüttet" wurde.
18 Martin-Vogeding-Bedal 1984, S. 45.
19 Hartmann 1930, S. 28.
20 Buchda 1935, S. 220f.
21 Wir folgten hier den Darstellungen aus Tiesing (1943, S. 306ff.) und aus Schäfer (1922, S. 455f.).
22 Ebd.
23 1 Kop = $^1/_{32}$ Scheffel.
24 Vgl. hierzu Buchda (1935, S. 221ff.), dem wir in dieser Darstellung gefolgt sind.
25 Buchda 1935, S. 223.
26 Könnecke 1912, S. 651.
27 Das bei Eckart (1899a, S. 182, Nr. 2623) aufgezeichnete Sprichwort: „Wie der Hirt im Dorfe zu Gaste geht" – nämlich reihum, scheint auf diese Art der Entlohnung hinzuweisen.
28 Ullius 1928, S. 247.
29 Wrede 1924, S. 187f.; vgl. auch Heckscher 1930, S. 220.
30 Wir erwähnen der Vollständigkeit halber, daß im Bereich der Hofschäferei die Bezahlung nach dem Muster der Gesindeentlohnung vorgenommen wurde; vgl. z. B. Kück 1906, S. 81.
31 Vgl. auch Hornberger 1955, S. 22.
32 Martin-Vogeding-Bedal 1984, S. 47.
33 Bringemeier 1954, S. 48 / Karl Wehage, Rinteln.
34 Döhler-Schütz 1935, S. 42.
35 Ebd.; Mitt. von Ortsheimatpfleger Duensing, Nörten-Hardenberg b. Göttingen; Mitt. von Herrn Dückert, Ützhausen/Schlitz; Mitt. v. Schäfermeister Rudolf Nau, Heblos/Hessen.
36 Über Belohnungen für langes Pferchen siehe auch S. 20.
37 Bringemeier 1954, S. 104 / Elisabeth Reinke, Vechta i. O.
38 Mitt. des Heimatmuseums Buttstädt/Thür.
39 Döhler-Schütz 1935, S. 42.
40 Mitt. von Herrn Jessenberger, Oberweissenbrunn/Rhön.
41 Mitt. von Herrn Fuchs, Altenburg/Thür.
42 Martin-Vogeding-Bedal 1984, S. 49.
43 Handwörterbuch 1927ff., Bd. 4, Sp. 137.
44 Im 17/18. Jahrhundert wird dem gemeinen Viehhirten von Marienberg/Sachsen, der nach Aussage der Urkunden mit Schafen nichts zu thun hatte, gestattet, „jährlich einmal bei einem Umgang die viehhalten Bürger um Almosen zu bitten" (Mitt. von Herrn Roitzsch, Marienberg/Sa.).
45 Ganz bewußt bedienten sich die Hirten gewisser Praktiken, um sich einen guten Kundenkreis zu sichern. In Wunsiedel heißt es beispielsweise in einem Gemeindeprotokoll vom 1. Juli 1828: „Die Bettelei der Hirten an der Fassnacht, wo sie durch Herumtragen eines Kreuzchens dem Aberglauben frönen, wird untersagt" (Mitt. von Archivpfleger Jäger, Wunsiedel).
46 Treichel 1899, S. (749ff.); vgl. über einen ähnlichen Fall in Belgien Toussaint (1923, S. 20f.).
47 Oskar Maurer 1927, S. 55f.
48 In ähnliche Zusammenhänge gehört eine Affäre, die Leopold Schmidt (1955, S. 24f.) aus Patzmannsdorf im nördlichsten Weinviertel berichtet: 1695, am Sonntag vor Martini, verbot das geistliche Konsistorium das Umhertragen von Martinigerten als einen „teuflischen Segen". Der Hirt Michael Schrembser mißachtete jedoch dieses Verbot, worauf Gemeinde und Halter in eine Untersuchung verwickelt wurden, „die unnötige Verbitterung hervorrief. Der Halter wollte seine Geber und die Gemeinde ihren Martinisegen nicht entbehren. Die Folgen des Verfahrens zeigten sich bald. Viele Bauern verweigerten ‚halsstarrig und trutzig' die österliche Beicht". Bis zum Jahre 1706 soll diese Affäre nachgewirkt haben.
49 Mitt. von Pfarrer Peters, Blankensee, Kr. Luckenwalde.
50 Vom Walde 1883, S. 117.
51 Drechsler 1903, S. 30f.
52 Offenbar handelt es sich hier um Beauftragte der Gemeinde, die dafür Sorge tragen mußten, daß das Treiben der Hirten nicht über die Stränge schlug.
53 Barthelmes 1955, S. 6.
54 Ullius 1928, S. 226.
55 Die aus Weissingen in Schwaben von Panzer (1855, S. 42, Nr. 49) berichtete Sitte, daß der Hirt einen großen Kuchen backen ließ, von dem ihm jeder Viehhalter ein Stück für den Umtrunk im Wirtshaus gegen ein gewisses Trinkgeld abnahm, gehört wohl mehr zum Rechtsbrauch des Schäferweinkaufs.
56 Faber 1783, S. 28; vgl. auch Birlinger 1874, Bd. 2, S. 212, Anm.; Wissell 1929, Bd. 2, S. 589. – Über das Eiersammeln eines Schäfers zu Ostern vgl. Strübin 1952, S. 15.
57 Lenz 1937, S. 241f.

58 An ergänzender Literatur zu den Heischeumzügen der Schäfer und Hirten nennen wir noch: Schlag 1907/08, S. 498; Dillner 1944, S. 549; Taege 1934, S. 34; Deutschösterreich 1927, Bd. 1, S. 247f.; Sartori 1907, S. 12; Alfred Wirth 1932, S. 360, Anm. 15; Atlas der deutschen Volkskunde, Frage 108/109 (aus Wollin, Kr. Magdeburg); Hörmann 1926, XV, S. 22 sowie die Alltags- und Pauperismusliteratur zum 18./19. Jahrhundert der 1970/80er Jahre.

59 Mitt. aus Furth im Wald; Mitt. von Bibliotheksdirektor Dr. Klose, Kiel-Wik; Mitt. von Herrn Müller, Bad Neustadt/Saale.

60 Dillner 1944, S. 564.

61 Mitt. von Museumsleiter Ebruy, Osterburg/Altmark.

62 Mitt. von Herrn Fiedler, Bad Langensalza.

63 Mitt. des Heimatmuseums Schloß Wilhelmsburg/Kr. Schmalkalden.

64 Mitt. von Herrn Thomas, Schlagwitz, Kr. Oschatz.

65 Jacob Grimm 1840/78, Bd. 5, S. 554,1.

66 John 1905, S. 337.

67 Mitt. von Dr. Kunz, Brno, den Ort Vizovice in der mähr. Walachei betreffend.

68 Mitt. des Heimatpflegers von Wallenrod/Vogelsberg. — Wie uns vom Krahuletz-Museum in Eggenburg/Niederösterreich mitgeteilt wird, oblag dort dem Halter früher das „Wetterschießen".

69 Waltinger 1921, S. 29, J. Brunner 1921, S. 59ff.; Mitt. des Krahuletz-Museums in Eggenburg/Niederösterreich.

70 Waltinger 1921, S. 29.

71 Jacobeit 1957a.

72 Daß eine zusätzliche Belastung auch nicht gern gesehen wurde, zeigt eine Bemerkung von Scholz III. (1841, S. 189f.), in der es heißt: „Eine Ausnahme, vielleicht Mißbrauch ist, wenn der Hirte auch zur Beaufsichtigung der Felder, zu Pfandungen und Nachtwachen gebraucht wird. Wer des Nachts wachen soll, kann am Tage nicht gehörig wachsam sein, und eben so wenig kann der auf das Vieh achten, der die Felder zu andern Zwecken durchgehen soll." In diesem Zusammenhang erwähnen wir auch eine Mitteilung von Schäfermeister Robert Schulz (mitgeteilt von Herrn Duden, Bad Sülze/Mecklenburg), wonach dem Schäfer auf manchen Gütern selbst das Stricken untersagt war, weil er dadurch zu sehr abgelenkt würde.

73 Anders in der Guts- oder Genossenschaftsschäferei, z. T. auch in der Hofschäferei, wo die gesamte Herde in einem Stall überwinterte und auch während dieser Zeit vom Schäfer betreut werden mußte.

74 Mitt. von Museumsleiter Wurche, Sondershausen; Mitt. von Herrn Achilles, Baddekenstedt, Kr. Wolfenbüttel.

75 Hartmann 1930, S. 27; Mitt. von Landwirtschaftsrat Blümke, Northeim/Hannover; Mitt. von Museumsleiter Wurche, Sondershausen.

76 Dürrbeck 1953, S. 101; Mitt. von Archivpfleger Jäger, Wunsiedel.

77 Martin-Vogeding-Bedal 1984, S. 51f.

78 Mitt. von Museumsleiter Wurche, Sondershausen.

79 WAR; Mitt. von Schäfermeister Nau, Heblos/Hessen; Mitt. von Herrn Herre, Weimar; Mitt. von Ortsheimatpfleger Rahl, Banstorf, Kr. Wolfenbüttel.

80 Bomann 1941, S. 53, S. 189; Bringemeier 1954, S. 27f. / Hermann Möcklinghoff, Coerde; Hartmann 1930, S. 27; mehrere Mitteilungen.

81 Hornberger 1955, S. 216; Birlinger 1861, Bd. 1, S. 393.

82 Eine große Anzahl von Volkssagen aus allen Landschaften, welche von wundertätigen Madonnenbildern und Altären berichten, die das Werk schnitzender Schäfer gewesen sein sollen, läßt erkennen, wie stark die Vorstellung vom Schäfer als bildender Künstler verbreitet war.

83 Téglás 1907, S. 299.

84 Bomann 1941, S. 116.

85 Jesse 1950, S. 8.

86 Schlag 1907/08, S. 498.

87 Eine s. Zt. von der Presse („Die Neue Zeitung", Nr. 293 vom 12. 12. 1952) verbreitete Nachricht, wonach das berühmte Krefelder Spekulatiusgebäck der Weihnachtszeit nach 400 bis 500jährigen Vorlagen rheinischer Schäfer hergestellt werde, stellte sich nach einer Rückfrage beim Kaiser-Wilhelm-Museum in Krefeld als falsch heraus.

88 Hornberger 1950c, S. 479f.; 1955, Abb. 1 und 2.

89 Rühl 1936, S. 406.

90 Mitt. von Dr. Klocke, Ballenstedt a. Harz.

91 Frischbier 1870, S. 140; vgl. auch Rantasalo 1953, Teil 3, S. 8.

92 Rühl 1936, S. 407.

93 v. Rohr 1738, Kap. 9, § 7, S. 840ff.

94 Es wird hier klar, daß der Verruf der Unehrlichkeit niemals vom Dorf, sondern nur von der Stadt ausgehen konnte, wo die Verbindung zu ihm, seinem Wissen und Wirken kaum vorhanden war.
Gegenzauber o. ä. anzuwenden.

95 Nelli 1951.

96 Vgl. auch Schäfer 1808; Heintl 1808, S. 453.

97 v. Rohr 1738, Kap. 9, § 7, S. 840ff.; vgl. auch Hückel 1745, S. 70f.

98 Hastfer 1754, S. 193, Anm. b; vgl. auch Hörmann 1913, XII, S. 14.
99 v. Schulenburg 1904, S. 9.
100 Hörmann 1913, XII, S. 14.
101 Vgl. dazu Wrede 1924, S. 188; Ullius 1928, S. 226.
102 Um das hohe Alter von der Anwendung dieser Methoden zu dokumentieren, sei darauf verwiesen, daß bereits in den alten Kulturen des Zweistromlandes Darstellungen bekannt sind, auf denen die Herden den Laute schlagenden Hirten lauschen (Meissner 1920, S. 331).
103 Bringemeier 1954, S. 24f. / Hermann Möcklinghoff, Coerde; Emil Riedl o. J.; Forgeot 1953, S. 90f.; Györffy (1938, S. 340), der auch erwähnt, daß Lappen und Mongolen die gleiche Art des Kastrierens kennen. Das bestätigte auch Prof. Tegengren, Åbo/Finnland, in einer brieflichen Mitteilung.
104 Daher der Begriff „Schmierschäfer".
105 Im Vogelsberggebiet nannte man diese Mixtur den „Schäfergruß" und das Horn, in dem sie der Schäfer aufbewahrte, das „Gußhorn" (Mitt. des Hirtenmuseums Hersbruck).
106 Mitt. des Hirtenmuseums Hersbruck.
107 Martiny 1895, S. 20, Anm. 171.
108 Leutscher 1955, S. 15; vgl. auch Hornberger 1955, S. 217.
109 v. Engel 1791, S. 27ff.
110 Heintl 1808, S. 450.
111 Vgl. v. Hoffmann 1797.
112 v. Lengerke 1831, S. 266.
113 Wie uns zwei Schäfer aus Bad Sulza (Mitt. des dortigen Bürgermeisters) berichteten, führte der Schäfer stets Nadel und Faden mit sich, um entstandene Verletzungen gleich nähen zu können.
114 Mitt. von Museumsleiter Mertins, Delitzsch; Mitt. v. Frau Sturm-Francke, Grimma.
115 Mitt. vom Herrn Schumann ,Naundorf Kr. Grimma.
116 Mitt. von Frau Sturm-Francke, Grimma.
117 Mitt. von Herrn Mertins, Delitzsch.
118 Mitt. von Museumsleiter Waurisch, Ketzin/Havel; vgl. auch Handbuch 1944, S. 502, Abb. 225.
119 Mitt. des Heimatmuseums Schloß Wilhelmsburg, Kr. Schmalkalden.
120 WAR.
121 Zu dieser und den noch folgenden Segens- und Beschwörungsformeln vgl. das aus dem Nachlaß Adolf Spamers von Johanna Nickel herausgegebene „Romanusbüchlein", Berlin 1958.
122 Meist bei verunreinigten Weiden können die Schafe bestimmte Würmer mitfressen, die durch die Nasenwege ins Gehirn des Tieres gelangen und dort Zerstörungen anrichten, die zu einem qualvollen Tod führen. Ein erstes Anzeichen sind Störungen im Gleichgewichtsempfinden des Tieres, das sich im Kreise zu drehen beginnt; daher „Drehkrankheit".
123 Bringemeier 1954, S. 25 / Hermann Möcklinghoff, Coerde.
124 Über Trepanation bei Drehkrankheit berichten noch Willems (1948, S. 184) aus Ostbelgien und Hörmann (1926, XV, S. 15, Anm. 1) aus Nordafrika und Nicolae Dunare aus Rumänien. — Der Befall der Schafe durch den Drehwurm gilt als eine der gefährlichsten Krankheiten, die größten Schaden stiften kann. In Finnland und Dänemark suchte man die Herde dadurch zu „schützen", daß man dem vermeintlichen „Schafwurm" (Fåreorm), Wolle opferte und dazu sprach: „Kleiner Schafswurm, ich kleide dich dieses Jahr, dann kleidest du mich im nächsten". Versäumte man es, dem Fåreorm dieses Opfer zu bringen oder zertrat ihn gar — wenn auch aus Versehen — bedeutete das für die Schafe Unheil und Tod (Rantasalo 1945, S. 58f.).
125 Allgemeines Vieharzneibuch oder des alten Schäfers Thomas aus Bunzlau in Schlesien seine Kuren an Pferden, Rindvieh, Schafen, Schweinen, Ziegen und den übrigen Hausthieren, so wie seine Kenntnisse, Erfahrungen und Hülfsleistungen bei den Geburten der Pferde. Glogau 1846, 4. Auflage. Hrsg. von seinem Sohn Schäfer Thomas in Weissenborn.
126 Schäfer Thomas 1834, S. 264f.
127 Vgl. dazu Lohmeyer 1952, S. 111f., Nr. 118; 1924, S. 14, Nr. 23.
128 Bringemeier 1954, S. 23f. / Hermann Möcklinghoff, Coerde.
129 Dazu gehörte auch, daß die Schäfer sich selbst und ihrer Praxis bisweilen einen mystisch-gelehrten Anstrich gaben, um die harmlosen Dörfler ganz nach dem Vorbild des alten Schäfers Thomas zu düpieren und zu prellen: „Bei den Gemeinen und Ungebildeten erweckt es ... Zutrauen, ja Staunen und ein geheimnißvolles Grauen für einen Wunderthäter und Wunderdoctor, das aber noch mehr zu ihm hinzieht, als abstösst, wenn der Vieharzt seine ganze Stube mit Skeletts und allerhand anatomischen und patologischen Präparaten, ungeborenen Thieren in Weingeist und andern Naturmerkwürdigkeiten ausschmückt, daneben eine Reihe von Büchsen und medizinischen Geräthschaften, Instrumenten etc. aufstellt und selbst mitten in diesem Zimmer, unter alten Folianten sitzend, eine geheimnißvolle Miene, ein mirakulöses, verstelltes und mystisches Benehmen im Allgemeinen

annimmt, was den Eintretenden mit einer gewissen Scheu, Verwunderung, Furcht, Achtung und Zutrauen und einem Glauben für übernatürliche Weisheit dieses Mannes erfüllt, der im Ganzen vielleicht nur der unwissendste unter allen Thierärzten und ein elender Schäfer oder sonstiger Empiriker ist, dessen grösste Weisheit uud Wissenschaft nur die richtige Menschenkenntnis, und ein listiges Benehmen ausmacht, womit er den Unwissenden und Unerfahrenen zu täuschen sucht. Indessen auf dem Standpunkt, auf welchem jetzt noch die Thierarzneikunst steht, gehört ein solches Benehmen und Verhalten mit dazu, um sich bei dem gemeinen Volke Zutrauen als Vieharzt zu verschaffen, und daß dein seliger Grossvater für ein wahrer Zauberer und Wunderdoctor gehalten wurde, kam nur einzig mit daher, daß er in seiner Stube, die mit alle dem ausgeschmückt war, was ich auch Dir über den Aufputz Deines Aufenthaltsortes anrathe, auch noch eine lebendige Schlange in derselben hielt, die sich ihm um Hals und Arm wand und auf sein Wort wieder in ihren Käfig zurückkroch, wenn er ihr den Befehl dazu gab" (Schäfer Thomas 1846); vgl. dazu auch Hörmann 1926, XV, S. 15.

130 Dageförde 1929, S. 100f.

131 Jacoby 1910, S. 531; Taege 1934, S. 34; Verhandlungen 1883, S. 248.

132 Vgl. z. B. Lohmeyer 1913, S. 59ff.; A. F. Büsching: Reise nach Rekahn, 1775, S. 232 (zitiert nach „Brandenburg" 1927, S. 128).

133 Vgl. z. B. Karl Weinhold 1894, S. 458 bzw. Peuckert 1924, S. 80.

134 A. F. Büsching: Reise nach Rekhan 1775, S. 232 (zitiert nach „Brandenburg" 1927, S. 128).

135 Ein sehr instruktives Beispiel dafür ist der Fall eines Schäfers Nerg, der 1703 eine Rinder und Schafpest in Brabant dadurch erfolgreich bekämpfte, daß er die unheilbaren Tiere tötete und die erkrankten von den gesunden sonderte. In Lüttich soll er später Alkohol- und Kräuterkuren durchgeführt und eine Schrift „Onz Levensgrond-het klaar Huisje" verfaßt haben (Schäfereizeitung, Deutsche 48/1956, S. 259).

136 Interessant ist in diesem Zusammenhang, daß ein 80jähriger Einwohner von Niederrottendorf, der an Mensch und Tier Heilkunde trieb, „Schäfer" genannt wurde, obwohl er selbst niemals etwas mit Schafhaltung zu tun gehabt hatte. Allerdings sollen seine im 18. Jahrhundert in Schlesien ansässigen Vorfahren Schäfer gewesen sein (Mitt. von Herrn Reymann, Neustadt/Sachsen). Der Schäfer galt und gilt eben als der Heilkundige ds Dorfes.

137 Bock 1915, S. 109f, — Die Schäfer lehnten es aber gemeinhin ab, Krankheiten in ihren Herden durch Veterinäre behandeln zu lassen (Mitt. von Herrn Fiedler, Bad Langensalza).

138 Hörmann 1926, XV, S. 15.

139 Rohlwes 1813, S. 37f.

140 Schäfer Thomas 1846, S. 109, Anm.

141 Hornberger 1955, S. 218.

142 Auf diese „Gefahr" weist schon der alte Schäfer Thomas (1846, S. 139f.) hin, wenn er die akademischen Ärzte abtut, die ja über keine richtige Beobachtungsgabe verfügten, um die Krankheiten der Tiere erkennen zu können.

143 Wehrhan 1934, S. 73.

144 Mitt. von Herrn Kohlmann, Tangermünde.

145 Wichmann 1801, S. 205ff.

146 Mitt. von Museumsleiter Ebruy, Osterburg/Altmark u. a.

147 Wuttke 1900, Bd. 1, S. 147f.

148 Handwörterbuch 1927ff., Bd. 9, Sp. 125.

149 Vgl. dazu Handwörterbuch 1927ff., Bd. 9, Sp. 125; John 1905, S. 337; Nelke 1924, S. 89; Frère 1929, S. 43; Karrig 1920/21, S. 399f.; Schäfer 1928; Hornberger 1955, S. 217; mehrere Mitt.

150 Bock 1915, S. 172ff.

151 Hörmann 1926, XV, S. 16.

152 WAR.

153 Friedrich Sieber 1928, S. 263.

154 Schäfereizeitung, Deutsche 43/1951, S. 47.

155 Deutschösterreich 1927, S. 248.

156 Mitt. des Mecklenburgischen Wörterbuchs, Rostock.

157 WAR.

158 Wenn wir von namentlich bekannten Tierärzten nichts hörten, mag das einmal daran liegen, daß sie mehr oder minder nur im engeren Bereich wirkten. Zum anderen waren die berühmt gewordenen „Menschenärzte" vielfach auch als Tierärzte tätig.

159 Wir verweisen in diesem Zusammenhang auf die Heiligen Habnit und Eberhard, die wir bereits behandelten.

160 Frère 1929, S. 44.

161 Mitt. von Herrn Schläger, Bergheim/Erft.

162 Schäfereizeitung, Deutsche 44/1952, S. 158; vgl. auch Tröge 1940, S. 47.

163 Mitt. von Rektor Hoffmann, Hittfeld über Hamburg-Harburg.

164 Mitt. von Lehrer v. d. Kammer, Eversen, Kr. Celle.

165 Über Ausmeyer und seinen Sohn berichtete uns freundlicherweise auch Herr Herre, Weimar.

166 Unsere Darstellung stützt sich hier und im folgenden auf den Aufsatz von Frère (1929).

167 Mit. von Fräulein Patzsch, Zörbig, Kr. Bitterfeld; Mitt. von Frau Siepl, Sausedlitz, Kr. Delitzsch.
168 Mitt. von Herrn Schreck, Kranichfeld/Ilm
169 Mitt. von Herrn Herre, Weimar.
170 Mitt. von Herrn Barthelmes, Zella-Mehlis.
171 Schlag 1907/08, S. 498.
172 Quensel 1926, S. 285f.
173 Mitt. von Herrn Käseberg, Oschatz.
174 Mitt. von Herrn Degenkolb, Rosswein/ Sachsen.
175 Mitt. des Heimatmuseums Kölleda/Thüringen.
176 Mitt. von Dr. J. Nickel, Berlin.
177 Mitt. von Schäfermeister Nau, Heblos/ Hessen.
178 Zaunert 1929, S. 327.
179 Dürrbeck 1953, S. 61f.
180 Selbstverständlich können diese Vermutungen nicht für alle Zeiten in Betracht gezogen werden, da unser diesbezügliches Material kaum älter als das 18. Jahrhundert ist.
181 Bringemeier 1954, S. 101.
182 Wähler 1940, S. 345.
183 Mitt. von Herrn Höfer, Ehrenfriedersdorf/ Erzgebirge. — Eine Mitt. von Dr. Kunz, Brno, besagt, daß sich im böhmischen Raum die Ärzte gegen die heilkundigen Schäfer zusammengetan hatten.
184 Zitiert nach einer Mitt. von Herrn Schönfeld, Moritzburg/Sachsen.
185 Wir erinnern daran, daß Kaiser Josef II. die österreichischen Halterzechen auflöste, um durch Ausschaltung der Hirten das gleiche Ziel zu erreichen.
186 Heckscher 1930, S. 307f.
187 „Bat't et nich, so schat't et nich“, lautet ein bekanntes niederdeutsches Sprichwort.
188 Vgl. auch Wehrhan 1934, S. 74; Hepding 1934, S. 79, S. 82f.
189 E. C. Hermann Krüger 1948, S. 8ff.
190 Handbuch 1927, S. 91.
191 Das bewußte Herbeiführen eines tranceartigen Zustandes, das wir bei den Schamanen so häufig antreffen, ist uns bei der Fülle des vorliegenden Materials für Hirten und Schäfer nur einmal begegnet, und zwar bei Panzer (1855, S. 213, Nr. 359), der aus einer alten Quelle über die Wurzel Mandragora zitiert: „Wann Alrun ist ein Krut mit Blettern gar nahe glich dem Lattich mit einer großen Wurtzeln der Rinden, vast in der Ertzeney gebraucht wurd, und trägt groß schwarz Ber, die von den Hirten dick gegessen werden, daß sie davon schlafend“, d. h. hier, sich in einen tranceartigen Rausch versetzen.
192 Wenz 1919, S. 6.
193 Mitt. von Ing. Hrandek, Wien.
194 Schäfereizeitung, Deutsche 44/1952, S. 174f.
195 WAR; vgl. aber auch Handwörterbuch 1927ff., Bd. 9, Sp. 123; Lindemans 1952, Bd. 2, S. 407; mehrere Mitt.
196 Mitt. von Rektor Bäthge, Ebergötzen; vgl. dazu auch Kaindl 1894, S. 63; Senkiv 1942, S. 248f.
197 Vgl. z. B. Peter 1865/67, Bd. 2, S. 251.
198 Knuchel 1919, S. 36.
199 J. M. Simon (1952), der sich im Gebiet der Sologne gerade mit diesen magischen Dingen des Schäfertums eingehend beschäftigt hat, konnte noch den ersten Teil eines solchen Gebets, welches nach dem Pater Noster und dem Ave Maria auf den Knien liegend gesprochen wurde, aufnehmen:
„Etoile des Bergers,
Oeil de Dieu dans la nuit profonde,
Bénis des pasteurs ...
Etoile des Bergers,
Force et Lumière,
Eclaire nos chiens contre les loups ...
Etoile des Bergers
Protège nos troupeaux ...“
200 Den besten Überblick über dieses sehr umfangreiche Material bietet noch immer Rantasalo (1945 bis 1953), bei dem auch die einschlägige Literatur aufgeführt ist.
201 Einen Einblick, wie stark die Verluste durch Wölfe sein können, gibt Hančar (1956, S. 148, Anm. 97) aus dem südlichen Teil der Sowjetunion: „Noch in jüngster Vergangenheit erreichte im Nalčikkreis das Viehsterben durch Wölfe bei den Schafen bis 20 Prozent, beim Rind ungefähr 5 Prozent, und am kaukasischen Schwarzmeerufer wurde von erfahrenen Viehzüchtern das Schaf wegen der Unmöglichkeit, es vor Raubtieren schützen zu können, aufgegegen.“ — Aus Bürgermeisterrechnungen von Ochsenfurt (16. Jahrh.) ergibt sich deutlich, wie groß die Wolfsgefahr war und wie man sie durch Prämien für das Erlegen eines solchen Untieres zu mildern suchte: „1512: 1 lb dem zigler, do er den wolf hat gefangen. 1515: 24 dn einem von Ohausen der ein wolf bracht. 18 dn eym von Eiuelstat bracht ein wolf. 1519: 1 lb dem zigler von eym gefangen wolf sontag nach Conceptionis Mariae. 1520: 12 dn etlichen gesellen geben die ein wolf bracht vnd gefangen hetten. 1521: 12 dn einem von Sultzfelt bracht ein wolf, 1522: 18 dn einem von Zeübelriedt bracht zwen wolff. 1528: 24 dn ir viren geben brachten 9 jung wolff im forts außgenomen. 1556: 3 lb geben von drey wolffen, so von außwendigen nachparn gefangen vnd herpracht, damit verehrt.“ (Stadtarchiv Ochsenfurt. Nach frdl. Mitt. von Dr. K. S. Kramer, München.)

202 Kahlo 1923, S. 13; Kirchhof 1869, S. 295, Nr. 242; siehe auch S. 320.
203 Birlinger 1874, Bd. 2, S. 349.
204 Voges 1895, S. 105f., Nr. 88.
205 Reusch 1863, S. 103f., Nr. 86; danach auch Wuttke 1900, S. 437.
206 Baader 1851, S. 20f., Nr. 28.
207 Kahlo 1923, S. 12f., Nr. 15. — vgl. auch Bartels 1900, S. 60, Abb. 70.
208 Vgl. u. a. Jahn 1890, S. 385, Nr. 492; Wossidlo 1939, Bd. 2, S. 403, Nr. 1370/71; Gredt 1883, S. 299f., Nr. 556.
209 Gredt 1883, S. 594f., Nr. 1102.
210 Wossidlo 1939, Bd. 2, S. 399, Nr. 1354.
211 Mais 1947, S. 58.
212 Bartsch 1879, Bd. 2, S. 322.
213 Nach einer Mitteilung des historischen Vereins zu Dillingen/Donau; vgl. auch Gaue 31/1930, S. 143.
214 Ebd. — Bezeichnend ist eine Bemerkung am Ende der beiden Geschichten in „Deutsche Gaue“ (ebd.), in der es heißt: „Das sind nur Beispiele von so erlogenen Schäfergeschichten, die in Umlauf gesetzt werden, damit man glauben soll: Der Schäfer ‚kann etwas‘.“
215 Gustav Fr. Meyer 1929, S. 303.
216 „Ens het in Warbende eener n'haomel stehlen wullt. De is up den'n Tun fastbannt west. Wenn em de Scheeper nich noch vörher losspraoken har, ihrer dat de Sünn upgaohn wier, denn wier kaohlenraobenschwart worden. Dat har ok sien Dood sind künt“ (WAR).
217 Mailly 1926, S. 77, Nr. 131; vgl. auch Panzer 1855, S. 106f., Nr. 159; Johann Wilh. Wolf 1843, S. 293f., Nr. 188; siehe auch S. 472.
218 Wossidlo 1939, Bd. 2, S. 371, Nr. 1236.
219 Bartsch 1879, Bd. 1, S. 189f., Nr. 238.
220 Panzer 1855, S. 105f., Nr. 157.
221 Zaunert 1929, S. 274.
222 Kapff 1926, S. 27.
223 Gredt 1883, S. 553, Nr. 1024.
224 Vgl. z. B. Birlinger 1874, Bd. 1, S. 320, Nr. 356; Schell 1897, S. 49, Nr. 74b; Reichardt 1901, S. 68.
225 Schmitz 1858, S. 32.
226 Zaunert 1929, S. 273.
227 Hörmann 1926, XV, S. 17.
228 Vom Erdspiegel des alten Hildel berichtet Hörmann (1926, XV, S. 16f.) noch folgende Begebenheit: „Ja, der Hirt hat den Ruf g'hat, daß er wos machen konn. In wass no, wöimer su Boub 'n gwen san, haut ma g'sagt, er haut an Erdspöigl. Mir sen amal in Dorfhaus g'west ..., kumt aner nei, der haut a Zwaguldenstück verlurn. Nau is er nüber zon Hirten und hat 'n g'fraugt, ob'n dös Zwaguldenstück is aua kuma oder ob er's verlurn haut. Der Hirt haut in sein Erdspiegl neig'schaut und nau haut er'n g'sagt, verlurn haustes, s'liegt in an Fuhrglois. Sellmal hauts ober an Schnäi g'habt. Wöi nau der Schnäi wegganga is, haut mer ah dös Zwaguldenstück g'funna. Dös macht halt der Erdspöigl, haut er g'sagt, der Hirt.“
229 Koberg 1937, S. 18ff.
230 Bock 1915, S. 172ff.; siehe auch S. 382.
231 Zaunert 1924, S. 250f.; ebenso Gredt 1883, S. 59f., Nr. 101.
232 Kahlo 1923, S. 35f., Nr. 51. — Dieses Motiv ist auch in anderen Sagen häufiger anzutreffen, nur wird dann der Ratgeber seltener genannt.
233 Wossidlo 1939, Bd. 2, S. 389, Nr. 1315; vgl. auch Bartsch 1879, Bd. 1, S. 114.
234 Hörmann 1926, XV, S. 18f.
235 Friedrich Sieber 1926, S. 95; vgl. auch Depiny 1932, S. 25, Nr. 42. — Ein ähnliches Motiv findet sich bei Müllenhoff 1845, S. 345f., Nr. CDLXII.
236 Vgl. z. B. Schell 1897, S. 49, Nr. 74a; Eisel 1871, S. 206f., Nr. 545; ebenso Greß o. J., S. 82; Kahlo 1923, S. 118, Nr. 193.
237 Depiny 1932, S. 202, Nr. 258.
238 Peuckert 1924, S. 83; vgl. auch Kapff 1926, S. 99f.; Spamer 1958, S. 370.
239 Lohmeyer 1924, S. 122, Nr. 312.
240 Hörmann 1926, XV, S. 17f.
241 Ebd., S. 19.
242 Zaunert 1929, S. 339.
243 Moonen 1949, S. 127f.
244 Meiche 1903, S. 580, Nr. 722; vgl. auch Jahn 1890, S. 347, Nr. 436.
245 Schmëing 1937, S. 122.
246 Hörmann 1926, XV, S. 16.
247 „Abelke Bleken, die im Jahre 1583 in Hamburg verbrannte Hexe, hatte von Peter Went, dem Schäfer zu Ochsenwärder, ihre Künste erlernt, wie von dem alten Hirten Rolf Moller, der bereits auf seinen Zauberglauben gestorben war.“ (Beneke 1889, S. 18); vgl. auch Weismantel 1928, S. 166ff.; Birlinger 1874, Bd. 1, S. 144, Nr. 154, § 19.
248 Friess 1895, S. 112, Anm. 2.
249 Birlinger 1874, Bd. 1, S. 156f., Nr. 154, § 44.
250 Friedrich Sieber 1928, S. 262f.
251 Leopold Schmidt 1950c, S. 85.
252 Ebd., vgl. dazu auch Blau (1911, S. 55), der ein entsprechendes Verhörprotokoll der Hofmark Eisenstein von 1751 bespricht.
253 Ausfeld 1912, S. 31f.
254 Diese Forderung scheint uns recht wichtig; zeigt sie doch, daß zu jungen Schäfern gewisse Kenntnisse und vielleicht auch magische „Fähigkeiten“ noch nicht zugetraut wurden. Außerdem läßt sie vermuten, daß diese erst von einem gewissen Alter ab in bestimmte Geheimnisse eingeweiht wurden.

255 Gassies 1909, S. 13. (Die Unterlagen für den Prozeß befinden sich in der Bibliothèque Mazarine, Paris, Nr. 43.420.)

256 Zur Illustrierung teilen wir eine Notiz mit, welche in der „Deutschen Schäfereizeitung" (42/1950, S. 78) abgedruckt war. Danach fand 1950 in der BRD eine Plakataktion für einen verstärkten Konsum von Schaffleisch statt. Zu seinen Vorteilen gehöre es, so stand da, daß es Rheuma- und Gichterkrankungen keinen Vorschub leiste. Darauf die „Norddeutsche Zeitung" vom 23. Februar 1950: „Hier haben wir ein alltägliches Beispiel, wie Hammelfleisch in den magischen Kreis des Abergaubens einbezogen wird." — Wie lange sich die Erinnerung an „zaubermächtige" Schäfer halten konnte, zeigt eine Aufzeichnung Hörmanns aus Franken (1926, XV, S. 13), wonach ihm auf seinen Kundfahrten ein Hirt genannt wurde, der als Zauberer bekannt sei. „An Ort und Stelle aber fand sich, daß er schon vor 20 Jahren das Zeitliche gesegnet hatte."

257 Bartsch 1879, Bd. 1, S. 463, Nr. 648.

258 Ebd., S. 110f., Nr. 126.

259 Eisel 1871, S. 270, Nr. 680.

260 Schwartz 1886, S. 91f., Nr. 58; vgl. auch Kuhn 1843, S. 175f., Nr. 169.

261 Bartsch 1879, Bd. 1, S. 463, Nr. 649; Meiche 1903, S. 601f., Nr. 745; Eisel 1871, S. 271, Nr. 682.

262 „Zu Lichtenberg war ein alter Schäfer, von dem schon bei Lebzeiten nicht viel Gutes gesprochen wurde, denn er hatte Leute und Wagen festgemacht und viele andere Zaubereien getrieben. Da er gestorben war, konnte er nicht zur Ruhe kommen und hat noch lange Zeit alle Nächte seine Schafe aus den Hürden heraus und in die Gegend des Ronneburger Forstes getrieben" (Eisel 1871, S. 77, Nr. 195).

263 Haas 1926, S. 66ff., Nr. 132; vgl, auch Knoop 1885, S. 123, Nr. 253; Bartsch 1879, Bd. 1, S. 400f., Nr. 555; S. 406f., Nr. 564; Schwartz 1886, S. 42, Nr. 26.

264 Depiny 1932, S. 193, Nr. 201.

265 Vgl. u. a. Kahlo 1923, S. 87, Nr. 139; Schambach-Müller 1948, S. 41f., Nr. 31; Friedrich Sieber 1928, S. 161; Lohmeyer 1952, S. 312f., Nr. 334; Birlinger 1874, Bd. 1, S. 65, Nr. 73; S. 69, Nr. 82; Zaunert 1924, S. 209; Kapff 1926, S. 117f.; Pohl 1943, S. 248; Zaunert 1927, S. 104f.; Bouchholtz 1944, S. 222, S. 224; Quensel 1926, S. 87f.; ebenso Witzschel 1866/78, Bd. 2, S. 138f., Nr. 172; Graber 1944, S. 258f.; Mailly 1926, S. 80f., Nr. 156; S. 82, Nr. 158; Künzig 1930, S. 227f; Baader 1859, S. 54f., Nr. 78; Gredt 1883, S. 34, Nr. 52, § 2; Kuhn-Schwartz 1848, S. 88f., Nr. 97; Schmitz 1858, S. 72f.; ebenso Zaunert 1924, S. 258f.; Herrlein 1946, S. 134f.; Dünninger 1953, S. 192, S. 201f.; Weismantel 1928, S. 87ff.

266 Vgl. dazu auch Hornberger 1955, S. 32.

267 Mewis-Insel 1940, S. 81.

268 Simon 1952.

269 Mitt. von Schulrat a. D. Borst, Bad Neustadt/Saale.

270 Wuttke 1900, S. 147, Nr. 206.

271 Karrig 1920/21, S. 400; ebenso Schäfer 1928; vgl. auch Mais 1947, S. 56.

272 Frère 1929, S. 45, Anm. 3.

273 Karasek-Langer 1932, S. 235, Nr. 626.

274 Quensel 1926, S. 214.

275 Mit „Bettel" ist nach Höfler (1899, S. 393) das Milzbrandfieber, eine häufig vorkommende infektiöse Schafseuche, gemeint.

276 Wossidlo 1939, Bd. 2, S. 304f.

277 Grohmann 1863, S. 314; vgl. auch Friedrich Sieber 1926, S. 224.

278 Mitt. von Studienrat i. R. Buff, Hildburghausen; Mitt. von Monsieur Lecotté, Paris.

279 Darauf weisen eindeutig die verschiedenen Handschriften innerhalb solcher Hefte hin.

280 Mackensen 1935, S. 215; in 1934, S. 211ff. spricht M. vom Kuhhirten David Friedrich Fauck aus Labenz im ehemaligen Kreis Schivelbein.

281 Ebd.

282 Zeitschrift des Vereins für Rheinische und Westfälische Volkskunde 1911, S. 76ff.; Walter Diener 1925, S. 95.

283 Losch (1890, S. 220, S. 224) erwähnt noch zwei handschriftliche Brauchbücher von Schäfern aus Vaihingen a. E. und aus Erkenbrechtsweiler.

284 Schäfer Thomas 1834.

285 Eine Übersicht über 14 Bändchen dieses „Werks" gibt Losch 1890, S. 217ff.

286 Zur Illustrierung dieses Machwerks geben wir im folgenden eine Inhaltsübersicht über den 1. Band:

1) Spargel Winter und Sommer zu gewinnen
2) Stets viele und gesunde Kartoffeln zu erndten
3) Das berühmte von der Trappen'sche Mittel um gesunde Kartoffeln zu erndten
4) Mittel gegen den Magenkrampf
5) Gegen Leisten-, Nabel- und Scrotalbrüche kleiner Kinder
6) Racahout des Arabes als Mittel gegen Magerkeit
7) Ein Sympathie-Mittel gegen Gicht und Rheumatismus
8) Dem Rauchtaback einen lieblichen Geruch und Geschmack zu geben

(Fortsetzung der Anmerkung 291 auf S. 410)

287 Wuttke 1900, S. 148, Nr. 206; vgl. auch Losch 1890, S. 219, Anm.

288 Die drei zuletzt genannten stammen aus dem Nachlaß Adolf Spamers und werden im Wissenschaftsbereich Kulturgeschichte/Volkskunde am Zentralinstitut für Geschichte der Akademie der Wissenschaften der DDR aufbewahrt.
289 Von mir hervorgehoben.
290 Wir bemerken, daß die in Versform als „Das neueste Lied!" deklarierte Prophezeiung für das Jahr 1879 von einem gewissen M. B. Schilling, der als Autor von Bänkelsängerliedern bekannt ist, gedichtet wurde und nach dem Gassenhauer „Mamsell Angot" zu singen war. Diese „Prophezeiung" ist weniger politisch. Sie will die herrschenden Zustände allein durch eine optimistische Brille betrachtet wissen.
291 Jahn 1890, S. 39, Nr. 52.
292 Herr Prochaska, Heiligenstadt, teilte uns nach einer Notiz in einer Heiligenstädter Zeitung von 1903 mit, daß man damals im Eichsfeld noch fest an eine Prophezeiung des Schäfers Thomas glaubte: Eines Tages — wie schon einmal zur Zeit der Gegenreformation — werde zwischen den Dörfern Hohen-, Kirch- und Niedergandern das Blut drei Schuh hoch stehen. — Vgl. auch Handwörterbuch 1927ff., Bd. 9, Sp. 382.
293 Mewis-Insel 1940, S. 84.
294 Froehner 1954, S. 5.
295 Ebd.
296 Dillner 1944, S. 542; Sack 1938, S. 494f. — Das Erscheinungsjahr dieser Schrift konnten wir nicht ermitteln.
297 Marchant stellt diesen „weisen Schäfer" auch vor und erzählt: Es war einmal ein Schäfer, der hütete seine Schafe auf den Feldern und war des Lesens und Schreibens unkundig, „mais seulement par son sens naturel et entendement disoit". Dieser Schäfer nun erzählt im ersten Teil des Buches seinen Berufsgenossen — wie den Menschen überhaupt — vom Ablauf des Lebens, das er mit dem Jahreskalender und den Jahreszeiten vergleicht.
298 Grand 1950, S. 494ff.; Gassies 1909.
299 Angeblich nennen die Quellen für das gleiche Jahr Jean de Brie sogar einen „secrétaire du roi" (Gassies 1909, S. 4f.).
300 Grand 1950, S. 494ff.
301 Gassies 1909, S. 1f.
302 Ebd., S. 11f.
303 Graber 1944, S. 227ff.; Grohmann 1863, S. 231f.; Kuhn 1859, Bd. 1, S. 205, Nr. 230.
304 WAR; vgl. auch Elard Hugo Meyer 1898, S. 150; Heckscher 1930, S. 50.
305 Vgl. vor allem Bringemeier 1954, S. 39f., S. 97; Schell 1897, S. 43, Nr. 61.
306 Handwörterbuch 1927ff., Bd. 9, Sp. 124.
307 Schmëing 1954, S. 55.
308 Hornberger 1950d, S. 45.
309 Heckscher (1930, S. 43) schreibt: „Wenn die Schafe auf der Weide unruhig sind, gibt es schlechtes Wetter ... Stoßen sie sich, kommt Wind auf ..., fressen sie scharf, Regen ..." — Aus England wird für das Jahr 1921 berichtet, daß eine Schafherde, die, plötzlich von panischem Schrecken ergriffen, davonraste, auf Erdbebenstöße reagiert habe (Schaf 1921, S. 95f.).
310 Hornberger (1951c, S. 118) erzählt von einem Schäfer aus Öchselbronn, der, wenn er zum Oberdorf austrieb, Regen voraussagte. Führte er seine Tiere aber zum Unterdorf hinaus, prophezeite er Sonnenschein. Je nach dem Wetterverlauf mußte er aufpassen, wieder in den richtigen Teil des Dorfes einzutreiben. — In Göttingen erzählte man sich von einem Schäfer, dessen Wetterprognosen immer zutrafen. Auf die Frage, wie er das mache, behauptete er, nur das Gegenteil vom amtlichen Wetterbericht zu sagen.
311 Oberlehrer Martens, Paleuen/Vogtland, kannte aus dem westlichen Teil seiner Heimat den Ausspruch: „Dös hoste woll vun Schwander Scheefer?", wenn jemand von Wetteränderung spricht.
312 Bringemeier 1954, S. 30 / Hermann Möcklinghoff, Coerde; mehrere Mitteilungen, besonders aus dem niederdeutschen Raum.
313 Heckscher 1930, S. 182.
314 Wucke 1864, Bd. 2, S. 170; Kuhn-Schwartz 1848; Steig 1904, S. 426; Senkiv 1942, S. 261; mehrere Mitteilungen.
315 Zaunert 1927, S. 318f.
316 Schwartz 1886, S. 83ff., Nr. 52.
317 Schell 1897, S. 49, Nr. 74a.
318 Bringemeier 1954, S. 28 / Hermann Möcklinghoff, Coerde.
319 Toussaint 1923, S. 27f.
320 Thies 1925, S. 47.
321 Quensel 1926, S. 232.
322 Bringemeier 1944, S. 82 / Prof. Schauerte, Paderborn.
323 Vgl. z. B. Lesturgeon 1870, S. 266ff., S. 285ff.; mehrere Mitteilungen.
324 Hornberger 1955, S. 218.
325 Zaunert 1929, S. 294; vgl. auch Beneke 1889, S. 18f.
326 Hornberger 1955, S. 218.
327 Schwalm 1917, S. 37.
328 Hornberger 1955, S. 218.
329 Im Gegensatz zum südlichen Vorland des Thüringer Waldes — von Meiningen ab Werra aufwärts — hatten die Waldhufendörfer zwischen Schleusingen und Suhl nur geringe oder keine Schafhaltung. Dieser Unterschied zeigt sich — nach einer Mitteilung von Museumsleiter Jäger, Suhl — auch in der Sagengeographie, denn in Wun-

derblumensagen, welche um Suhl nicht selten sind, tritt nie ein Schäfer auf.
330 Vgl. Lohmeyer 1952, S. 162f., Nr. 175; 1924, S. 36, Nr. 82; Panzer 1855, S. 159f., Nr. 252; Wucke 1864, Bd. 2, S. 166f., S. 167ff.; u. a.
331 Curtze 1860, S. 205ff., Nr. 28, § 3.
332 Witzschel 1866/78, Bd. 2, S. 70f., Nr. 81; vgl. auch Quensel 1926, S. 239.
333 Künzig 1930, S. 128.
334 Quensel 1926, S. 172.
335 Baader 1851, S. 130, Nr. 142.
336 Baader 1859, S. 82, Nr. 111.
337 Eisel 18711, S. 240f., Nr. 596—598; Lohmeyer 1952, S. 360, Nr. 377; 1924, S. 48f., Nr. 114; vgl. auch Schambach-Müller 1948, S. 121, Nr. 139, § VI.
338 Schwartz 1886, S. 83ff., Nr. 52.
339 Pröhle 1856, S. 86, Nr. 201.
340 Temme 1840, Nr. 200; danach Jahn 1890, S. 280, Nr. 350; vgl. auch Friedrich Sieber 1928, S. 259.
341 Pröhle 1856, S. 88, Nr. 204; vgl. auch Kuhn 1843, S. 149f., Nr. 142; Jungbauer 1924, S. 77f.
342 Friedrich Sieber 1928, S. 228f.
343 Ebd., S. 148.
344 Büsching 1821, S. 325ff., Nr. 3.
345 Kuhn 1859, Bd. 1, S. 272ff., Nr. 312; ebenso Zaunert 1927, S. 70f.; Frahm 1890, S. 253f., Nr. 21; Eckart 1899b, S. 133f.; Knoop 1885, S. 50f., Nr. 98.
346 Kuhn-Schwartz 1848, S. 122f., Nr. 140; Pröhle 1856, S. 91, Nr. 215; Sommer 1846, S. 68, Nr. 59; Zeitschrift, Neue 1832, Heft 2, S. 14.
347 Kahlo 1923, S. 152f., Nr. 243.
348 Lorenz 1938.
349 Wossidlo 1939, Bd. 2, S. 250, Nr. 734; vgl. auch ebd. S. 266, Nr. 801; Lohre 1921, S. 34, Nr. 60.
350 Meiche 1903, S. 877f., Nr. 1090.
351 Kahlo 1923, S. 118, Nr. 193; Schäfereizeitung, Deutsche 43/1951, S. 327.
352 Zaunert 1927, S. 241.
353 Baader 1851, S. 237ff., Nr. 248.
354 Wossidlo 1939, Bd. 2, S. 60; Bock 1915, S. 8ff.; Eckart 1899b, S. 184f.; Kahlo 1923, S. 25f., Nr. 40; Wucke 1864, Bd. 1, S. 1ff.; Bd. 2, S. 72f.; u. a.
355 Vgl. auch Handwörterbuch 1927ff. Bd. 9, Sp. 124.
356 Quensel 1926, S. 215; Kahlo 1923, S. 69f., Nr. 117; Wossidlo 1939, Bd. 2, S. 294, Nr. 895a, b; Köhler 1867, S. 493, Nr. 68.
357 Gredt 1883, S. 58f., Nr. 99; ebenso Zaunert 1924, S. 249.
358 Handwörterbuch 1927ff., Bd. 8, Sp. 1405f.; Quensel 1926, S. 205, S. 215; Eckart 1899b, S. 220ff.; Gredt 1883, S. 61f., Nr. 106; Köhler 1867, S. 468f., Nr. 37; ebenso Witzschel 1866/78, Bd. 1, S. 222, Nr. 221; Quensel 1926, S. 216; Schell 1897, S. 399f., Nr. 7; Zaunert 1924, S. 203.
359 Vernaleken 1859, S. 207f., Nr. 31; vgl. auch Mailly 1926, S. 33, Nr. 69.
360 Friedrich Sieber 1928, S. 52; vgl. auch Bock 1915, S. 39f.; Kuhn-Schwartz 1848, S. 164f.; Eisel 1871, S. 300, Nr. 758, Anm.
361 Eisel 1871, S. 300f., Nr. 759.
362 Hornberger 1955, S. 218.
363 Quensel 1926, 1926, S. 315f.; Wucke 1864, Bd. 1, S. 132.
364 Vgl. z. B. Schambach-Müller 1948, S. 82, Nr. 96; ebd. S. 87, Nr. 99 § 17; Kahlo 1923, S. 78f., Nr. 128; Wucke 1864, Bd. 2, S. 160f.; Schwartz 1886, S. 49f., Nr. 29; Frère 1929, S. 41.
365 Schambach-Müller 1948, S. 53, Nr. 53.
366 Zaunert 1927, S. 172; vgl. auch ds. 1929 S. 308; Heyl 1897, S. 19, Nr. 6; Voges 1895, S. 245f., Nr. 229; Heckscher 1930, S. 323.
367 Herr Fritzsching aus Limbach/Oberfrohna teilte uns freundlicherweise zwei Sagen von einem „Schäferkreuz“ bei Röhrsdorf und einem „Schäferstein“ bei Markersdorf (beide Bezirk Karl-Marx-Stadt) mit, nach denen Bauern herrschaftliche Schäfer, die mit der Gutsherde über ihre Felder trieben, an dieser Stelle erschlagen haben.
368 Haas 1926, S. 63, Nr. 126; vgl. auch Bock 1915, S. 2.
369 In allen diesen Rechtsfällen gibt die Stimme des Schäfers den Ausschlag, denn er kennt die Gemarkungsgrenzen am besten. Heißt es doch im Holländischen nicht zu Unrecht: „De man was een wandelend kadaster...“ (Leutscher 1955, S. 15; vgl. auch Kück-Sohnrey 1925, S. 131.).
370 Schambach-Müller 1948, S. 46, Nr. 42; Bartsch 1879, Bd. 1, S. 206f., Nr. 257.
371 Strackerjan 1909, S. 238, Nr. 181a; vgl. auch Panzer 1855, S. 107f., Nr. 161; Bartsch 1879, Bd. 1, S. 210, Nr. 256, § 2; Peuckert 1924, S. 156; Meiche 1903, S. 226, Nr. 286; Herrlein 1946, S. 175f.; Schambach-Müller 1948, S. 50f., Nr. 51.
372 Vgl. etwa Siebs 1893, S. 394; Friedrich Sieber 1928, S. 196; v. Schulenburg 1934, S. 4, Anm. 1; Schambach-Müller 1948, S. 230f., Nr. 240, § 8; Peuckert 1924, S. 164; Eisel 1871, S. 76f., Nr. 192, Nr. 194; Bouchholtz 1944, S. 326; Jungbauer 1924, S. 50; Vernaleken 1859, S. 41, Nr. 18; S. 156, Nr. 31; Birlinger 1861, Bd. 1, S. 296, Nr. 468; Karl Weinhold 1894, S. 103, Nr. 4; Stephan 1925, S. 121.
373 Lohre 1921, S. 102f., Nr. 172; Schwartz 1886, S. 137, Nr. 92.

374 Kuhn 1859, Bd. 2, S. 148f., Nr. 242; Eckart 1899b, S. 165.
375 Jahn 1890, S. 7, Nr. 5; vgl. auch Kuhn 1859, Tl. 1, S. 361, Nr. 402.
376 Ernst Meier 1852, S. 95; Birlinger 1861, Bd. 1, S. 16f., Nr. 17; Kapff 1926, S. 27.
377 Köhler 1867, S. 598, Nr. 251.
378 Jahn 1890, S. 13, Nr. 13.
379 Mitt. des Leopold-Hoesch-Museums, Düren.
380 Bartsch 1879, Bd. 1, S. 345f., Nr. 473.
381 Johann Wilhelm Wolf 1843, S. 525, Nr. 438.
382 Lohmeyer 1924, S. 109, Nr. 283.
383 Peuckert 1924, S. 175; Birlinger 1861, Bd. 1, S. 430, Nr. 659; Gredt 1883, S. 541, Nr. 998.
384 Heyl 1897, S. 70, Nr. 30, § 1/2; Zingerle 1859, S. 159ff.
385 Bartsch 1879, Bd. 1, S. 425, Nr. 594; S. 427, Nr. 599; S. 431f., Nr. 605; Handwörterbuch 1927ff., Bd. 8, Sp. 1637; Knoop 1885, S. 133, Nr. 270; S. 141, Nr. 286; Jahn 1890, S. 200, Nr. 251; S. 242f., Nr. 303; S. 247, Nr. 309.
386 Friedrich Sieber 1928, S. 203; Kahlo 1923, S. 44, Nr. 64; Sommer 1846, S. 10f., Nr. 7; ebenso Friedrich Sieber 1928, S. 222; Handwörterbuch 1927ff., Bd. 8, Sp. 1638.
387 Schell 1897, S. 278, Nr. 40; Wucke 1864, Bd. 2, S. 82.
388 Vgl. z. B. Eisel 1871, S. 85f., Nr. 69; Kahlo 1923, S. 64, Nr. 108.
389 Linde 1904, S. 35; Heckscher 1938, S. 202.
390 Bing 1942, S. 2084.
391 Giono 937, S. 44f.
392 Friedrich Sieber 1928, S. 100f.
393 Sommer 1846, S. 68f., Nr. 60; Kahlo 1923, S. 30, Nr. 45; Bartsch 1879, Bd. 1, S. 453f., Nr. 632.
394 Jahn 1890, S. 268f., Nr. 360.
395 Wucke 1864, Bd. 1, S. 3f.
396 Kahlo 1923, S. 113, Nr. 181.
397 Schambach-Müller 1948, S. 201f., Nr. 210.
398 Manga 1951, S. 235f.; — Über den berüchtigten Räuber Doubusz bei Czernowitz, der ehedem auch Schäfer war, vgl. Kaindl 1894, S. 43f.; 1900, S. 237ff.
399 Kapff 1926, S. 144; vgl. auch Voges 1895, S. 175f., Nr. 145; Bartsch 1879, Bd. 1, S. 320f., Nr. 430.
400 Schwartz 1886, S. 42, Nr. 26; ebenso Kuhn 1843, S. 151ff., Nr. 144.
401 Birlinger 1874, Bd. 2, S. 371f., Nr. 2; vgl. auch die Ballade vom Kaiser und Abt von Gottfried August Bürger.
402 Zaunert 1929, S. 144; Curtze 1860, S. 266, Nr. 119.
403 Otmar 1800, S. 295ff.; ebenso Friedrich Sieber 1928, S. 109ff.; WAR.
404 Lohre 1921, S. 144f.
405 Reinstorf 1925, S. 167f.
406 Wir erwähnen, daß nach einer Sage auch das Geschlecht der schlesischen Schaffgotschs von einem Schäfer abstammen soll (Peuckert 1924, S. 242).
407 Frischbier (1870, S. 139; ebenso Treichel 1899, S. (752); vgl. auch Günther 1919, S. 173) berichtet aus dem ehemaligen Ost- und Westpreußen, daß man dem Gemeindeschäfer wohl allgemein „Burgemeister" genannt habe, was er damit begründet, daß der Schäfer „vielleicht die wichtigste öffentliche Persönlichkeit des Dorfes" gewesen sei. Gewiß gibt es auch aus anderen Landschaften ähnliche Hinweise auf die bevorzugte Stellung des Schäfers im Dorf (vgl. Faber 1784, S. 264; Kück-Sohnrey 1925, S. 125; Thies 1911, S. 58; Drenthe 1846, S. 90ff.; mehrere Mitt.), aber wir möchten doch annehmen, daß hier vielmehr der Bürgermeister im übertragenen Sinne scherzhaft mit einem Gemeindeschäfer gleichgesetzt wird.
408 v. Erlach 1834/35, Bd. 2, S. 555f., Nr. 18.
409 Hoffmann v. Fallersleben 1842, S. 310, Nr. 266.
410 Nach den eingegangenen Antworten auf unseren Fragebogen ist dieses Lied auch heute noch sehr bekannt.
411 Hornberger 1955, S. 190f.
412 Ebd., S. 198.
413 Wir weisen aber darauf hin, daß z. B. auf niederländischen Gobelins aus dem Anfang bzw. dem ersten Drittel des 16. Jahrhunderts bereits höfische Schäferspiele mit Schäferinnen dargestellt sind (Göbel 1946).
414 Es ist nicht unsere Aufgabe, hier über die Geschichte der Idyllendichtung zu referieren. Wir zitieren aber berufene Fachleute, die ihre Ansicht über die Herkunft dieser „Schäferlieder" folgendermaßen zum Ausdruck gebracht haben: Böckel (1908, S. 275): „Die Schäfer und Hirten ... haben im deutschen Volksliede weniger als sonstwo eine blühende eigene Poesie geschaffen, es gibt zwar eine Reihe Lieder von der Schäferei, doch schmecken sie mehr nach der Rokokoschäferei als nach der frischen Natur." Moser (1935, S. 96): „Die meisten ... Schäfer- und gar Schäferinnenlieder zeigen sich von der barocken und empfindsamen Mode des Pastorals angekränkelt und sind vielfach nur aufs Land hinausgewanderte Rokokoschäferei." — vgl. auch Huebner 1910, S. 5; Hornberger 1955, S. 206f.
415 Mitt. von Pfarrer Dannheimer, Schweinsdorf über Rothenburg o. d. T.
416 Moses, Buch 1, Kap. 29.
417 Foregeot 1953, S. 91f.
418 Gottsched 1742, S. 480ff.
419 Vgl. Hornberger 1955, S. 209, S. 212, S. 215.

420 Böckel 1908, S. 275.
421 Im Gegensatz zu dieser Äußerung schreibt der gleiche Verf. Böckel 1885, S. 152) allerdings: „Am Dichten, Verbreiten und Singen der Volkslieder nehmen alle Klassen des Volkes theil, indeß giebt es nach der Art ihres Berufes einige, die besonders daran betheiligt sind; es waren dies besonders die drei Klassen, welche das freieste, sorgenloseste Leben führten: Weiber, Soldaten, Schäfer."
422 Weber-Kellermann 1957, S. 534, Nr. 616 (185).
423 Hornberger 1955, S. 194.
424 Ebd., S. 196f. – Das Lied stammt von einem unbekannten Schäfer und soll in den neunziger Jahren des vorigen Jahrhunderts in Schwaben weit verbreitet gewesen sein.
425 Ebd., S. 196.
426 Abgedruckt ebd., S. 238ff.
427 Peter 1865/67, Bd. 1, S. 288f., Nr. 94.
428 Ebd., S. 288, Nr. 93; vgl. für beide Lieder auch Hruschka-Toischer 1888, S. 452, Nr. 429; etwa auch Moser 1935, S. 89 (aus Westfalen).
429 Hier handelt es sich tatsächlich um Kuhhirtenlieder, denn Schafe werden Hütejungen gemeinhin nicht anvertraut.
430 Peuckert 1924, S. 81; vgl. auch Hruschka-Toischer 1888, S. 454, Nr. 437 (aus dem Erzgebirge); vgl. auch Steinitz 1954, S. 145ff.
431 Hornberger 1955, S. 195.
432 Es hat überhaupt den Anschein, als beträfen gerade diese Lied- und Spruchbeispiele über das widerrechtliche Abweiden fremder Felder Verhältnisse aus der süddeutschen Wanderschafhaltung.
433 Hornberger 1955, S. 205f.
434 Württembergisches Volksliedarchiv Stuttgart, Nr. 17927 (nach Hornberger 1955, S. 206).
435 Siehe S. 133f.
436 Simrock 1851, S. 525, Nr. 336; vgl. auch Erk-Irmer 1838, Bd. 1, Heft 5, S. 24, Nr. 21; Erk-Böhme 1894, Bd. 3, S. 345, Nr. 1492 (Strophe 2).
437 Siehe S. 132ff.
438 Erk-Böhme 1894, Bd. 3, S. 343f., Nr. 1490; vgl. auch ebd., S. 343, Nr. 1489; Simrock 1851, S. 404f., Nr. 263; Mittler 1865, S. 168f., Nr., 187; Hornberger 1955, S. 189; Peter 1865/67, Bd. 1, S. 299f., Nr. 121.
439 Über die letzte Strophe siehe S. 189; vgl. auch v. Künßberg 1936, S. 162.
440 Erk-Böhme 1894, Bd. 3, S. 345, Nr. 1492; vgl. auch Erk-Irmer 1838, Bd. 2, Heft 4/5, S. 47, Nr. 44.
441 Unter „Courante" ist lt. Nachsatz zu dieser Fassung ein französischer Tanz des 17. Jahrhunderts zu verstehen.
442 Siehe S. 235, Anm. 35.
443 DVA A 97544 (nach der Kopie in Berlin-Charlottenburg).
444 John Meier 1936, Bd. 2, S. 254ff., Nr. 96; Mackensen 1931, S. 28ff.
445 Lediglich in einer Variante aus der Gottschee wird des Schäfers noch einmal am Schluß gedacht. Das Findelkind wird zum Priester erzogen und
„Die erste Messe, die er gelesen hat,
Er hat sie gelesen fürs Schafhirtlein."
(John Meier 1936, Bd. 2, S. 254ff., Nr. 96.)
446 „Naturgemäß muß diese Szene im Freien spielen; eng mit der freien Natur verbunden ist der Beruf dessen, der das Kind findet; er ist im südwest- und südostdeutschen Sprachgebiet ein Hirt, in Mitteldeutschland und Pommern ein Schäfer, gelegentlich im gleichen Gebiet ein Jäger"; hin und wieder finden sich Bezeichnungen wie Müller, Herr, Mensch oder gar Ritter (Mackensen 1931, S. 34).
447 Wir verweisen in diesem Zusammenhang noch auf einige Sagen, in denen Schäfer als unbemerkte Zeugen Verbrechen beobachten und die Schuldigen sofort oder nach einiger Zeit der Justiz überantworten. Da es sich meist um Morde handelt, die an entlegenen Stellen ausgeführt werden, ist es nur zu natürlich, daß es gerade Schäfer sind, die den Hergang beobachtet haben (vgl. z. B. Haas 1912, S. 4f., Nr. 6; Pröhle 1856, S. 95f., Nr. 227).
448 In anderen Fassungen ist es ein Kaufmanns- oder Amtmannssohn.
449 DVA A 104471 (nach der Kopie in Berlin-Charlottenburg); vgl. ebd. A 104470; A 100785; A 97122; u. a.; Hornberger 1955, S. 203.
450 DVA A 105658 (nach der Kopie in Berlin-Charlottenburg).
451 Hornberger 1955, S. 203f.
452 DVA A 93869 (nach der Kopie in Berlin-Charlottenburg); vgl. auch ebd. A 93901, A. 100842; u. a.
453 Mitt. von Dr. Held, Schönbeck/Elbe.
454 Johann Friedrich Danneil 1859, S. 265, Nr. 5.
455 Mitt. von Prof. Seemann, Freiburg i. Br.
456 Elwert (1784, S. 43ff., Nr. 19) hat sie „Eine alte Romanze" überschrieben.
457 Der Einteilung Reifferscheids (1879, S. 143f., Nr. 7) in drei Gruppen können wir nicht zustimmen.
458 „Der Edelmann that dem Hut, als Mann er glaubt, es sei ein Edelmannssohn" (DVA A 93541 aus Michelau/Oberfranken

— nach der Kopie in Berlin-Charlottenburg).
459 „Der Edelmann dreht sein Hütchen schön, Er glaubt, es wär dem König sein Sohn" (Krapp 1904, S. 45f., Nr. 65).
460 Reifferscheid 1879, S. 14f., Nr. 7.
461 Weber-Kellermann 1957, S. 361f., Nr. 410 (170).
462 Hruschka-Toischer 1888, S. 230, Nr. 228a; vgl. auch Mittler 1856, S. 166f. Nr. 185.
463 Odebrecht 1847, S. 98f.
464 Die Inschrift auf der Glasflasche lautet:
„Alle morgen wenn der dag anbricht,
mein gebeth ich zu gott verricht
Hernach weyd ich die Herte mein, auff grüner auen auß vnd ein
Anno Domini
1721."
465 Hornberger 1955, S. 215; vgl. auch Hermann Fischer 1901ff., Bd. 5, Sp. 653.
466 Interessant ist der Hinweis auf den reichen Schäfer in England, wo die forcierte Schafhaltung den Beteiligten großen Reichtum eingebracht hatte. Siehe S. 30f. — Es gibt aber auch Lieder, in denen sich der Schäfer bewußt gegen die Prunksucht seiner Berufsgenossen stellt. So lautet die dritte Strophe aus einem „Schäferberufslied" (Hornberger 1955, S. 194):
„Lieber wolln wir mit Lodenröcklein
Halten Kitz, Schaf, Geis und Böcklein
Als in Seiden gehn daher,
Freiheit lieben wir Hirten sehr."
467 John Meier 1936, Bd. 2, S. 70f.
468 Brockpähler 1954, S. 101.
469 Erk-Böhme 1893, Bd. 1, S. 158.
470 Dafür sprechen einige Varianten, in denen statt des Schäfers eine Schäferin auftritt.
471 Wir werden im weiteren Verlauf der Erörterung dieser Ballade auf die wirtschaftliche Notlage des Landadels noch öfter zu sprechen kommen.
472 Auf die Ballade sind die Schäfer im allgemeinen „ungeheuer stolz, weil [darin] ihre charakteristischen Eigenschaften (maßloser Stolz und Standesbewußtsein) und die oft kaum geahnte Wohlhabenheit zutage traten", berichtet Lehrer Karl Toenges, Lierscheid, Kr. St. Goarshausen, der die Ballade auf einer „Schäferkonferenz" in Auel, Kr. St. Goarshausen, aufgezeichnet hat (DVA A 101713 — nach der Kopie in Berlin-Charlottenburg).
473 WAR (aus Schönberg). — In einer thüringischen Variante fühlt sich der Edelmann beleidigt und droht dem Schäfer:
„Und bin ich ein lumpiger Edelmann nur,
So will ich dich werfen in einen Turm"
(Schläger 1907, S. 291f., Nr. 91a-. — In Mecklenburg heißt es in einer anderen Variante:
„Da ergrimmte der Edelmann in seinem Zorn
Und bot dem Schäfer einen an die Ohrn"
(WAR).
Oder:
„Und du Schäfer sollst sterben für meine Ehr'!"
(WAR aus Güstrow.)
474 Erk-Böhme 1983, Bd. 1, S. 156f., Nr. 43g.
475 Elwert 1784, S. 43ff., Nr. 19.
476 WAR (aus Dammhusen, Kr. Wismar).
477 DVA A 105460 aus Berlin-Neukölln (nach der Kopie in Berlin-Charlottenburg).
478 John Meier 1936, Bd. 2, S. 67; vgl. auch Hoffmann v. Fallersleben 1842, S. 20; Wolfram 1894, S. 46f., Nr. 18; DVA A 101461 aus Neunkirchen (nach der Kopie in Berlin-Charlottenburg); u. a.
479 Kretzschmer 1840, S. 178ff., Nr. 86; vgl. auch Böckel 1885, S. 66, Nr. 80A; Ernst Meier 1855, S. 281ff., Nr. 160; u. a.
480 Hornberger 1955, S. 187.
481 Hruschla-Toischer 1888, S. 231, Nr. 228c.
482 WAR (aus Cosa, Kr. Stargard).
483 Böckel 1885, S. 66f, Nr. 80 B; vgl. Hoffmann v. Fallersleben 1842, S. 21, Nr. 10; Hornberger 1955, S. 185.
484 Erk 1856, S. 181f., Nr. 51a; Erk-Böhme 1893, Bd. 1, S. 154, Nr. 43d; u. a.
485 Erk 1856, S. 183f., Nr. 51b; Erk-Böhme 1893, Bd. 1, S. 152f., Nr. 43b; u. a.
486 Hornberger 1955, S. 188; vgl. auch Frischbier 1867, S. 166ff.; Pagels 1905/06, S. 184f.; u. a.
487 Mittler 1865, S. 169f., Nr. 189; u. a.
488 Scherer 1875, S. 171ff., Nr. 18 B; Erk-Böhme 1893, Bd. 1, S. 156f., Nr. 43f.; vgl. auch Hornberger 1955, S. 185.
489 Ernst Meier 1855, S. 283, zu Nr. 160; vgl. auch Erk 1856, S. 186f., Nr. 51d; Frischbier 1867, S. 169ff.
490 Hornberger 1955, S. 186.
491 Weber-Kellermann 1957, S. 313f,, Nr. 341 (170); S. 467f., Nr. 551 (170); Hornberger 1955, S. 188; Holschbach 1929, S. 69f.; Frischbier 1867, S. 166ff.
492 Pagels 1905/06, S. 184f.
493 Zitiert sei hier nur die Eingangstrophe einer niederrheinischen Variante:
„Es trieb ein Schäfer wohl über die Brück',
Er hat 'nen Geldsack auf dem Rück."
(Kretzschmer 1840, S. 178ff., Nr. 86).
494 Schläger 1907, S. 293f., Nr. 91c.
495 Erk-Böhme 1893, S. 151f., Nr. 43a; vgl. auch Hoffmann v. Fallersleben 1842, S. 19f., Nr. 9; Erk 1856, S. 180f., Nr. 51; Scherer 1875, S. 70f., Nr. 18 A; Simrock 1851, S. 73f., Nr. 31. — Wir schließen uns der

Auffassung Reifferscheids (1879, S. 143f., Nr. 7) an, daß mit der Preisgabe des grünen Brautkranzes das jus primae noctis des Edelmanns ausgedrückt werden soll.

496 Fiedler 1847, S. 141ff., Nr. 2.

497 Hornberger 1955, S. 187.

498 Hruschka-Toischer 1888, S. 231, Nr. 228c.

499 Wolfram 1894, S. 46f., Nr. 18 (an mehreren Orten aufgezeichnet).

500 DVA A 101461 aus Neunkirchen, Essershausen (nach der Kopie in Berlin-Charlottenburg).

501 Siehe S. 198.

502 Bringemeier 1931, S. 198f., Nr. 141; vgl. auch Dichterwald 1813, S. 175ff.; Hornberger 1955, S. 186; DVA A 96815, aus dem Kreis Ahrweiler (nach der Kopie in Berlin-Charlottenburg).

503 WAR (aus Barnstorf, Kr. Rostock); vgl. auch Mittler 1865, S. 169, Nr. 188; Geschichten 1825, S. 225ff.; Weber-Kellermann 1957, S. 194ff., Nr. 170; Frischbier 1867, S. 169ff.; Erk 1856, S. 186f., Nr. 51d; Hornberger 1955, S. 185, S. 188; u. a.

504 Mittler 1865, S. 169, Nr. 188.

505 WAR (aus Güstrow); vgl. auch Weber-Kellermann 1957, S. 313f., Nr. 341 (170); S. 467f., Nr. 551 (170); S. 194ff., Nr. 170; Erk 1856, S. 186f., Nr. 51d; Hornberger 1955, S. 188; Frischbier 1867, S. 169ff.; u. a.

506 Bringemeier 1931, S. 198f., Nr. 141; Geschichten 1825, S. 225ff.; Erk-Böhme 1893, Bd. 1, S. 157f., Nr. 43h; u. a.

507 Hornberger 1955, S. 186, S. 188; vgl. auch DVA A 96815, Kr. Ahrweiler (nach der Kopie in Berlin-Charlottenburg); Hruschka-Toischer 1888, S. 230f., Nr. 228b.; v. Erlach 1834/35, Bd. 3, S. 454ff., Nr. 4; Scherer 1875, S. 71ff., Nr. 18 B; Dichterwald 1813, S. 175ff.; u. a.

508 Erk-Irmer 1838, S. 65, Nr. 67.

509 Hornberger 1955, S. 188.

510 Steinitz 1954, S. 154f.; vgl. auch Wolfram 1894, S. 46f., Nr. 18.

511 Niedersachsen 1900/01, S. 186f.

512 Erk-Böhme 1893, Bd. 1, S. 157f., Nr. 43h; Wolfram 1894, S. 46f., Nr. 18; u. a.

513 WAR.

514 Weber-Kellermann 1957, S. 194ff., Nr. 170.

515 WAR (aus Barnstorf, Kr. Rostock); vgl. auch Weber-Kellermann 1957, S. 467f., Nr. 551 (170); u. a.

516 DVA A 101565 (nach der Kopie in Berlin-Charlottenburg).

517 Erk-Böhme 1893, Bd. 1, S. 155, Nr. 43e.

518 Vgl. Peter 1865/67, Bd. 1, S. 214f., Nr. 23; Schläger 1907, S. 292f., Nr. 91b; DVA A 104478 — aus Thüringen (nach der Kopie in Berlin-Charlottenburg); ebd. A 96536 — aus Mecklenburg (nach der Kopie in Berlin-Charlottenburg); WAR (aus Malchin und Schönberg); u. a.

519 WAR.

520 Haupt-Schmaler 1953, Teil 1, S. 107ff., Nr. 74.

521 Ebd., S. 109f., Nr. 75.

522 Wossidlo-Schneidewind 1960.

523 Erk-Böhme 1893, Bd. 1, S. 158.

524 Heiske 1956, S. 78.

525 Schewe (1956/57) hingegen glaubt, daß lediglich der Widerstand des Volkes gegen die Kleiderordnungen der Landesherren in der Tanzballade seinen „klassischen Ausdruck“ finde.

526 WAR.

527 WAR (aus Grevesmühlen); vgl. auch Ernst Meier 1855, S. 283, zu Nr. 160.

528 WAR (aus Neukloster, Kr. Wismar).

529 WAR (aus Warnemünde).

530 WAR.

531 WAR (aus Güstrow).

532 WAR (aus Parchim); — Dasselbe wird von den Maurern aus Wismar und den Schuhmachern aus Rhena berichtet.

533 Aus dem ehemaligen Pommern wird dazu berichtet, mit welcher Begeisterung und Anteilnahme ältere Leute der Aufführung des Tanzes beiwohnten: „Diese Tanzweise wurde noch vor 40 Jahren auf dem Lande (Erntebier- und Erntefeste) getanzt und gesungen. Ich habe sie mit meinen Kindern beim Kinderfest getanzt und die Augen der Alten leuchteten, als sie die Klänge aus der Jugendzeit hörten“ (DVA A 106196 aus Pommern, nach der Kopie in Berlin-Charlottenburg).

534 Niedersachsen 1900/01, S. 186f. — In einem entsprechenden Kinderkreisspiel aus dem Erzgebirge wird der Schäfer erschossen (Alfred Müller 1883, S. 191ff.).

535 Bolte 1897, S. 97f.; vgl. auch Wissel 1929, Bd. 2, S. 562; WAR.

536 Bolte 1897, S. 98.

537 Ebd., S. 99.

538 Nach Bolte (ebd., S. 210) soll diese Unterhaltung zwischen Schäfer und Herr bereits auf den Beginn des 17. Jahrhunderts zurückzuführen sein, und zwar auf die mehrstimmigen Lieder, die der Stadtschreiber und Schulrektor Johann Hänisch aus Heiligenbeil zusammenstellte.

Kapitel VIII

1 Darin liegt die eigentliche Bedeutung der Sagen, in denen der Schäfer den Stab bei der Herde stehen läßt, damit diese nicht ungeschützt sei (vgl. dazu Rantasalo 1953, Teil 3, S. 7, S. 15ff.), oder wenn durch das

Schäufelchen das Nahen eines Diebes angezeigt wird.

2 Moriz Heyne 1901, S. 212f., Anm. 266.

3 v. Künßberg 1936, S. 129.

4 Leopold Schmidt 1950c, S. 82f.

5 Heimberger 1955, S. 59.

6 Leopold Schmidt 1955, S. 12.

7 Ebd.

8 Ligers 1954, S. 383.

9 Rantasalo 1953, Teil 3, S. 31.

10 Ebd.; vgl. auch Sartori 1910ff., Bd. 2, S. 152, Anm. 2; Birlinger 1874, Bd. 1, S. 407.

11 Heimberger 1955, S. 60. — Nach Béres (1953, S. 276) sind die Hakenstöcke in Ungarn erst „seit Einführung der ausländischen Wollschafe" bekannt. vgl. S. 41.

12 Solche relativ kurzen Fanggeräte haben im allgemeinen das Aussehen eines Hand- oder Spazierstocks, sind in ihrer Funktion aber durchaus als Hakenstöcke zu werten. Wir finden sie bereits auf Darstellungen der antiken und frühchristlichen Kunst und können sie über den „Hortus Deliciarum" bis in die moderne Zeit hinein, wo sie uns als typisches Schäfergerät z. B. aus dem Bereich der früheren ostelbischen Gutsherrschaften genannt werden, verfolgen (Mitt. von Herrn Hagemann, Friedland/Mecklenburg und vom Heimatmuseum in Güstrow; vgl. auch Baumhauer 1934, S. 5f., Abb. 1).

13 Heimberger 1955; vgl. allgemein über die Hakenstöcke in Deutschland Dillner (1944, S. 559f.).

14 Heimberger 1955, S. 61.

15 Ebd., Tafel 1, bildet auch Fangstöcke mit eisernen weiten und engen Haienöffnungen ab, die im wesentlichen aber wohl aus neuerer Zeit stammen und als Endphase in der Entwicklung bzw. in der Auszier der Krümmung aufzufassen sind.

16 Heimberger 1955, S. 61.

17 Nach einer Aufzeichnung aus Güstrow (WAR) nennt man ihn dort „Adeboorsnabel".

18 Heimberger 1955, S. 61.

19 Ebd., S. 62.

20 Möglicherweise sind ähnliche Konstruktionen, wie sie das Stück aus den Schweriner Sammlungen zeigt, bereits zu Beginn bzw. im ersten Drittel des 16. Jahrhunderts in den Niederlanden in Gebrauch gewesen. Schäferdarstellungen auf Wandteppichen dieser Zeit lassen das jedenfalls vermuten Göbel 1946, Tafel 233, 236, 240).

21 Vgl. Heimberger 1955, S. 62; Péterfi 1905, S. 174.

22 Mitt. von Herrn Pälecke, Gardelegen; u. a.

23 Mitt. von Lehrer Baldeweg, Krevese/Altmark.

24 WAR (aus Wismar). — Dr. Klocke, Ballenstedt, teilte mit, daß man dort den Stab zum Gären in Schafmist legte, damit er elastisch würde — vgl. auch Grammes 1960.

25 Z. B. WAR (aus dem Kreis Ludwigslust).

26 WAR (aus Dabel, Kreis Wismar).

27 Mitt. von Bürgermeister Klewe, Bad Sulza.

28 Malereien 1903, S. 24; v. Sybel 1906, S. 244f.; über den antiken Hakenstock allgemein vgl. Pauly-Wissowa 1921, Sp. 389.

29 v. Sybel 1906, S. 244f.

30 Pauly-Wissowa 1921, Sp. 389.

31 Moriz Heyne 1901, S. 212f. und Anm. 266; für die Antike vgl. Radermacher 1919, S. 73f.

32 Heimberger 1955, S. 60 betrachtet auch die mit beilförmigen Holz- oder Messinghaken versehenen Fangstöcke — etwa der Goralen und Balkanschäfer — als ausgesprochene Waffen.

33 Ebd. Györffy 1938, S. 324; Fritz Krüger 1935a, S. 15; Thies 1911, S. 49f.

34 Moriz Heyne 1901, S. 213, Anm. 267.

35 z. B. Bomann 1941, S. 182.

36 Bringemeier 1954, S. 16 / Heinz Bügener, Ahaus.

37 Mitt. von Herrn Kade, Römhild/Thüringen.

38 Mitt. von Herrn Türk, Camburg/Saale.

39 Abbildungen solcher Geräte finden wir bereits auf niederländischen Gobelins des beginnenden 16. Jahrhunderts (Göbel 1946, Tafeln 233, 235, 236, 240) und auf einem französischen Holzschnitt von 1542, welcher Jean de Brie darstellt, der König Karl V. sein Buch über die Schafhaltung überreicht (siehe S. 415f.);

40 Leutscher 1955, S. 14; Mitt. von Herrn Zumpfe Kölleda/Thüringen; Mitt. von Frau Fink, Jüterbog.

41 Die Schäferdarstellung aus einer Anbetungsszene vom Portinarialtar des Hugo van der Goes (um 1476) zeigt möglicherweise ein solches Fanggerät, das an der linken Hüfte des im Vordergrund knienden Hirten hängt

42 Vgl. auch Heimberger 1955, S. 66.

43 Nach einem Katalog der Firma Karl Räpple, Kirchheim/Teck von 1936.

44 Heimberger 1955, S. 65f.

45 Ebd., S. 63; Martens 1929, Textband, Tafel XIV.

46 Ebd. 1955, S. 63.

47 Ebd.

48 Vloberg 1938, S. 77.

49 Heimberger 1955, S. 63.

50 Ebd., S. 66f.

51 Ebd., S. 67.

52 Bei der noch ungenügenden ikonographischen Quellenlage müssen wir uns jedoch sehr vor Verallgemeinerungen hüten. In

mehreren Fällen konnten wir nämlich feststellen, daß im holländisch-flandrischen Raum zur gleichen Zeit auch Schäferschippen mit geradem Blatt auftreten. Wir verweisen nur auf eine Anbetungsszene des Hieronymus Bosch im Kölner Wallraf-Richartz-Museum, die einen Schäfer mit einem solchen Gerät zeigt. Interessant ist aber bei dieser Darstellung, daß das Blatt tüllenförmig gestaltet und fast wie ein Rohr geschlossen ist, weil eben die Erde bei diesen Schippen zu leicht wegrutscht.

53 Es ist Heimbergers Verdienst, auch diese Zusammenhänge als erster weitgehend erkannt und dargestellt zu haben (vgl. Heimberger 1955, S. 62f.).

54 Solange noch kein Fanghaken an die Schippen geschmiedet war, bediente man sich anderer Lösungen, die wir bereits nannten (beiderseits verwendbarer Schäferstab mit Schippe und Haken, zusätzliches Fanggerät[?]).

55 Zum Verbreitungsraum des hölzernen Fanghakens gehörte ehedem ganz sicher auch die Lüneburger Heide, ein Gebiet mit extensiver Landwirtschaft, also mit weitem Gehüt. Die charakteristische „Schapschüffel" des Heideschäfers ist eine relativ junge Erscheinung, die sich, wie wir bemerkten, nicht über das 18. Jahrhundert hinaus zurückverfolgen läßt.

56 d'Ancona-Aeschlimann (1949, S. 50, Stichwort Coëne, Jacques) bezeichnen diesen Meister als den „Chef" der flandrischen Malerschule von Tournai.

57 Martens 1929, Textband, S. 175f., S. 187ff.

58 Vgl. aber Anm. 62.

59 Heimberger 1955, S. 67; siehe auch S. 304. — Wie uns Herr Herre, Weimar, mitteilt, waren aber auch die thüringischen Schäfer mit der Schippe sehr treffsicher. Mit Leichtigkeit vermochten sie es z. B., den Porzellanisolator einer Telegrafenleitung auf längere Distanz zu treffen. Als eine Art Prüfung führten sie solche Kunststückchen nicht vor, höchstens als Wettbewerbe unter sich.

60 Mitt. von Herrn Weiner, Hainichen/Sachsen; Mitt. von den Heimatmuseen in Perleberg und Schloß Wilhelmsburg, Kr. Schmalkalden.

61 Heimberger 1955, S. 62.

62 Ebd., S. 59.

63 Ebd., S. 67; vgl. zu diesen Geräten Schell 1910; Sartori 1910ff., Bd. 2, S. 152; Hansen 1941, S. 61.

64 Heimberger 1955, S. 67.

65 Rühl 1936, S. 407; Emil Riedl, o. J.

66 Bourillon 1958, S. 56.

67 Die dreifache Funktion des Schäferstabes ist erstmalig bei Bringemeier (1954, S. 57 / Johannes Brand, Benhausen) erwähnt worden.

68 Sakramentar, Mindener, Blatt 12r. Siehe Abb. 23.

69 Z. B. auf einem Lindenauer Evangeliar.

70 Focke 1950, S. 379 und Anm. 127.

71 Ebd., S. 345f.

72 Ebd., S. 371f.

73 Vgl. hierzu auch v. Bárányi-Oberschall 1958, S. 24.

74 Focke 1950, S. 384f.

75 Lemke 1899, S. 15.

76 Mitt. von Lehrer Baldeweg, Krevese, Kr. Osterburg/Altmark.

77 Mitt. von Herrn Gleitz, Schöppenstedt, Kr. Wolfenbüttel.

78 Bourillon 1958, S. 54f.

79 Béres 1953, Abb. 6.

80 Bringemeier 1954. — Eine gute Darstellung der Schäfer- und Hirtengeräte Dänemarks gibt Hansen (1941, S. 55ff.); für Südosteuropa geben die beiden großen, von Laszlo Földes 1961 und 1969 herausgegebenen Sammelbände die derzeit beste Auskunft.

81 Andree 1896, S. 161f.

82 Die ausführlichste Schilderung des Schäferranzens gibt Dillner (1944, S. 556ff.).

83 Bei dieser Troddel dürfte es sich vorwiegend um eine niederdeutsche Eigenart handeln. Die gleichen Troddeln finden wir auch bei Schäfern auf niederländischen Kalendarien des späten Mittelalters; vgl. auch Jesse 1950, S. 18; Vasel 1898, Tafel X, Abb. 1—3.

84 Die schönsten dieser Schöpfkellen gibt es wohl in Thüringen, wo sie „Müllechen" oder „Müllchen" genannt werden. Im Harzgebiet bezeichnet man sie als „Märte" — oder „Koschalmollen". Nicht nur zum Wasserschöpfen brauchte man sie. „Schäfer und Holzarbeiter benutzten diese Holzschalen, um ihr Brot in Bier einzubrocken. Um die Weihnachtszeit aber wurde Honigkuchen in Branntwein eingebrockt. Das war die Honigkuchenmärte ..." (Klocke 1958). Thüringer Gewährsleute berichten, daß man die „Müllechen" auch beim Heischen verwendete; vgl. auch Dillner 1944, S. 560.

85 Dageförde 1929, S. 44; vgl. auch Bomann 1941, S. 186.

86 Ähnliches teilte mir Dr. Held, Schönebeck/Elbe aus der Magdeburger Börde mit.

87 Ein Behältnis für Salz — ganz gleich welcher Art — führte wohl jeder Schäfer mit sich, da den Schafen von Zeit zu Zeit ein bestimmtes Quantum Salz verabreicht werden muß.

88 Bomann 1941, S. 178.

89 Ebd., S. 185f.

90 WAR (aus Neubrandenburg und Penzlin).

91 WAR (aus Grevesmühlen).

92 WAR (aus Penzlin).
93 Vakarelski 1955/57.
94 Ebd., V, S. 24; — Fritz Krüger (1936, S. 67) kennt für den Pyrenäenraum drei Vorformen des dortigen Schäferkarrens, die aber wohl mehr zeltartig zusammenlegbar sind. Ähnliche Frühformen gab es auch in Südfrankreich als „cabane portative des bergers" (ebd.); vgl. auch ebd., S. 64.
95 Vakarelski 1955/57, VI, S. 14f. — Man wird den Schäferkarren also vorwiegend als Element der stationären Schafhaltung ansehen müssen.
96 Ebd., V, S. 15, S. 59.
97 Vgl. z. B. Sebök 1905, S. 52f. und neueste ethnographische Literatur.
98 Madarassy 1907, S. 30ff.
99 Phieler 1934, S. 15; Scheuermeier 1943, S. 1; Heintl 1808, S. 390.
100 vom Walde 1883, S. 8.
101 Böckenhoff-Grewing 1929, S. 281.
102 WAR (aus Malchow).
103 Beyer 1937, S. 46.

Kapitel IX

1 Ob und wieweit die Schäferbekleidungshäuser auf schon bestehende Elemente einer Schäfertracht zurückgegriffen haben oder sie als Vorbild benutzten, konnten wir im Rahmen unserer Untersuchung nicht nachprüfen.
2 Hetzger 1937, Heft 7.
3 Mitt. von Herrn Mertins, Delitzsch.
4 Mitt. von Fräulein Töffels, Potsdam.
5 Dillner 1944, S. 553ff.
6 Buchda 1935, S. 227, Anm. 8; vgl. auch v. Amira 1902/26, Bd. 1, S. 14.
7 Hornberger 1955, Abb. 80.
8 Bomann 1941, S. 182.
9 Vgl. Andree 1896, S. 162; Kück 1908, S. 75; Linde 1904, S. 36; Dageförde 1929, S. 30; v. Schulenburg 1904, S. 44ff.; Dillner 1944, S. 553; Sartori 1929, S. 39; Jostes 1904, S. 169f.; Bringemeier 1954, S. 16; S. 29f.
10 Jostes 1904, S. 169f.
11 Döhler-Schütz 1935, S. 42.
12 Dillner 1944, S. 555f.
13 Ebd.
14 Ebd., S. 553, S. 560; Steck 1914, S. 68ff.
15 Dillner 1944, S. 553.
16 Mitt. des Hist. Vereins zu Dillingen/Donau.
17 Es muß dem Spezialisten überlassen bleiben, zu untersuchen, welche Elemente der reinen, zweckgebundenen schäferlichen Berufskleidung aus der bäuerlichen Arbeitstracht entlehnt und welche eigenständig sind.
18 Bomann 1941, S. 178.
19 Wille 1937, S. 39. — Vgl. auch Klocke 1961, S. 6ff.
20 Jesse 1950, S. 25f.
21 Duensing 1951.
22 Volkswörterbuch 1944; Sp. 74; Karrig 1920/21, S. 399; vgl. aber auch Bock 1915, S. 191; Deutschösterreich 1927, S. 247f.; — Mitteilungen aus Sachsen, Thüringen, der Altmark, aus Mecklenburg, Franken und Schwaben bestätigen uns die weite Verbreitung dieses Mantels.
23 Hörmann 1926, XV, S. 22.

Urkunden

1 Stadtarchiv Rothenburg Nr. 2183 (nach Schnizlein 1922, S. 26f.); siehe S. 337.
2 Publiziert bei Friedrich Danneil 1874, S. 270f.; siehe S. 338.
3 Publiziert bei Theobald Walter 1911, S. 710ff.; siehe S. 338ff.
4 Publiziert in Corpus 1740, Abt. III, Kap. 1, Nr. 5, Sp. 17f.; siehe S. 341f.
5 Publiziert in Jahresbericht 1925, S. 58f.; siehe S. 342f.
6 Publiziert bei Reyscher 1842, S. 103ff.; siehe S. 343ff.
7 Stadtarchiv Bretten XI 3/A 2470, Polizei und Sittlichkeit (Abschrift); siehe S. 346f.
8 Ebd., siehe S. 347ff.
9 Stadtarchiv Bouxwiller No. 459, „Schaeferzunft und Wollmarkt" (Abschrift); siehe S. 349ff.
10 Sächsisches Landeshauptarchiv Dresden, Loc. 518, Fol. 1321; siehe S. 352ff.
11 Publiziert in Archiv Český 1913, S. 391ff.; siehe S. 359ff. — Die Übersetzung besorgte freundlicherweise Herr Dr. Wilfried Fiedler, Berlin.
12 Publiziert bei v. Zangen 1785, S. 61ff.; siehe S. 361ff.
13 Publiziert bei Hornberger 1955, S. 234ff.; siehe S. 367ff.

Sachregister

Abbildungsnachweis

Fotos

Herbert Maeder, Rehetobel (Schweiz): 1; 4,2; 5; 16; 25,1
Helga Reuter (VBK-DDR), Berlin: 2; 3; 25,2
Wolfgang Staiger, Stuttgart: 4,1; 28,2; 29
Dr. B. Gries, Münster/Westfalen: 19
W. Jacobeit, Berlin: 32

Museen, Bibliotheken, Archive

Staatsgalerie Stuttgart: 6,1
Bomann-Museum Celle: 10
Johann Friedrich Danneil-Museum Salzwedel: 13
Finnisches Nationalmuseum Helsinki: 18
Museum für Thüringer Volkskunde: Erfurt: 20
Erzgebirgisches Spielzeugmuseum Seiffen: 24
Städtisches Museum Braunschweig: 30,1
Freilichtmuseum Schwerin-Müß: 26,1; 31
Heimatmuseum Ballenstedt: 30,3
Sammlung Herre, Weimar: 30,2
Staatliche Kunstsammlungen Weimar: 23
Staatliche Kunstsammlungen Dresden, Museum für Volkskunst: 21,3
Städelsches Kunstinstitut Frankfurt am Main: 22
Sächsisches Landeshauptarchiv Dresden: 21,1; 21,2
Sächsische Landesbibliothek, Deutsche Fotothek Dresden: 14,2
Bibl. Nationale Paris [Sign. Rés. S. 1001): 9
Néprajzi Múzeum Budapest (Istvan Györffy): 26,2; 27

Personen

Erich Tomschik Markgröningen: 6,2; 7; 8

Bildquellen

Topographie des M. Merian: 14,1
Leipziger Illustrierte 1847: 15

Kolibri 360 GmbH
Ferdinand-Jühlke-Straße 7
99095 Erfurt, Deutschland
produktsicherheit@kolibri360.de